计算机科学丛书

64位汇编语言的编程艺术

THE ART OF 64-BIT ASSEMBLY

X86-64 MACHINE ORGANIZATION AND PROGRAMMING

[美] 兰德尔·海德（Randall Hyde）著 江红 余青松 余靖 译

机械工业出版社
CHINA MACHINE PRESS

本书源于作者的经典书籍 *The Art of Assembly Language*，从 32 位汇编语言升级为 64 位汇编语言，基于 MASM 讲解 x86-64 CPU 上汇编语言的编程艺术。本书从计算机的组成结构开始介绍，包括计算机数据表示和运算，以及内存的访问和组织等。之后详细讲解汇编语言程序设计，涉及过程和算术运算的相关知识，再通过低级控制结构过渡到高级主题，如表查找和位操作。此外，还探索了 x87 浮点单元、SIMD 指令，以及 MASM 的宏工具。书中的程序清单均可免费下载，供读者即学即用。

本书适合计算机专业的学生、相关领域的从业人员以及对汇编语言感兴趣的技术人员阅读。

图书在版编目（CIP）数据

64 位汇编语言的编程艺术 /（美）兰德尔·海德（Randall Hyde）著；江红，余青松，余靖译 .—北京：机械工业出版社，2023.12

（计算机科学丛书）

书名原文：The Art of 64-Bit Assembly: x86-64 Machine Organization and Programming

ISBN 978-7-111-74126-8

I. ① 6…　II. ①兰…　②江…　③余…　④余…　III. ①汇编语言 – 程序设计　IV. ① TP313

中国国家版本馆 CIP 数据核字（2023）第 201588 号

机械工业出版社（北京市百万庄大街 22 号　邮政编码 100037）

策划编辑：曲　熠　　　　责任编辑：曲　熠

责任校对：李可意　孙明慧　张　薇　　责任印制：单爱军

保定市中画美凯印刷有限公司印刷

2024 年 1 月第 1 版第 1 次印刷

185mm × 260mm · 45.25 印张 · 1182 千字

标准书号：ISBN 978-7-111-74126-8

定价：199.00 元

电话服务　　网络服务

客服电话：010-88361066　机　工　官　网：www.cmpbook.com

010-88379833　机　工　官　博：weibo.com/cmp1952

010-68326294　金　书　网：www.golden-book.com

封底无防伪标均为盗版　机工教育服务网：www.cmpedu.com

译 者 序

在信息时代和大数据时代，掌握一门计算机程序设计语言已经成为不可或缺的技能。随着计算机程序设计语言的发展，高级语言（例如 C++、C、Java 和 Python 等）广泛应用于各种系统开发环境。然而，由于汇编语言可以最大限度地利用计算机硬件特性，并且能够通过汇编指令直接控制机器硬件，因此利用汇编语言可以充分挖掘计算机硬件的全部潜力，编写出在时间上和空间上最具效率的程序。利用汇编语言不仅可以编写与底层硬件相关的驱动程序，而且可以提升程序的关键性能部分，为大数据时代的计算密集型问题领域提供有效的解决方案。同时，汇编语言还有助于读者了解程序设计语言的基本原理。

本书是汇编语言程序设计方面的经典参考图书 *The Art of Assembly Language* 的升级版本，主要讲述 x86-64 CPU 上的 64 位汇编语言。讲述 32 位汇编语言的 *The Art of Assembly Language* 基于高级汇编程序（high-level assembler，HLA），本书则基于 MASM。本书的作者兰德尔·海德（Randall Hyde）拥有 40 多年的汇编语言项目开发和教学经验，对 x86 硬件架构和汇编语言程序设计有长期而深入的研究。本书是 x64 汇编语言的扛鼎之作。

本书全面系统地阐述了现代 x86-64 CPU 上 64 位汇编语言编程技术的原理、方法和技巧，是系统学习和掌握汇编语言编程的首选教程。本书篇幅巨大，囊括了 64 位汇编语言的大量知识，是使用汇编语言进行程序设计不可或缺的参考书。另外，本书还包含了大量的 x86-64 汇编语言（以及 C/C++）源代码，可以应用于实际的汇编语言程序项目。

本书由华东师范大学江红、余青松和余靖共同翻译。翻译也是一种再创造，同样需要艰辛的付出，感谢朋友、家人以及同事的理解和支持。在翻译本书的过程中，译者力求忠于原著，但由于时间和学识有限，故书中的不足之处在所难免，敬请诸位同行、专家和读者指正。

译者

2023 年 7 月

推荐序

The Art of 64-Bit Assembly: x86-64 Machine Organization and Programming

汇编语言程序员经常听到这样一个问题："既然有那么多更容易编写和理解的程序设计语言，为什么我们还要费力地学习汇编语言呢？"答案只有一个：我们之所以编写汇编程序，是因为我们掌握了汇编语言。

在汇编程序设计语言中，不存在任何其他的假设，没有人为的结构化，也没有许多其他程序设计语言强加的限制，编程者使用汇编语言可以在操作系统和处理器硬件允许的情况下创建任何程序。程序员可以充分挖掘 x86 和更高版本 x64 硬件的全部潜力。在代码设计和布局的时候，只要是位于操作系统的范畴之内，程序员可以选择使用任何结构。

曾经存在许多优秀的汇编器，但使用微软宏汇编器（通常被称为 MASM）具有更大的优势：MASM 早在 20 世纪 80 年代初就已经存在，当其他汇编器出现了又被淘汰时，作为操作系统权威供应商的微软会根据需要对 MASM 进行及时更新，以适应实现技术和操作系统的不断变化。

MASM 最初是一个实模式的 16 位汇编器，随着时间的推移和技术的变化，MASM 已经更新为 32 位的版本。随着 64 位 Windows 的引入，64 位版本的 MASM 可以编译生成 64 位的目标模块。32 位版本和 64 位版本的 MASM 是 Visual Studio 套件工具中的组件，可以被 C、C++ 以及纯汇编器可执行文件和动态链接库使用。

兰德尔·海德的 *The Art of Assembly Language* 是近 20 年来汇编语言程序设计方面的经典参考书，本书得益于作者对 x86 硬件架构和汇编语言程序设计的长期而深入的研究，是未来高性能 x64 编程知识库的有益补充。

Steve Hutchesson

本书是作者30年工作的结晶。本书最早的版本是作者在加州理工大学波莫纳分校和加州大学河滨分校提供给学生的课堂笔记，标题是"如何使用8088汇编语言为IBM PC编程"。学生们和作者的一个好朋友玛丽·菲利普斯（Mary Philips）提出了很多宝贵的意见。比尔·波洛克（Bill Pollock）最先在互联网上发现了课堂笔记的早期版本，并在卡罗尔·朱拉多（Karol Jurado）的帮助下，使 *The Art of Assembly Language* 第1版于2003年正式出版。

后来，基于数以千计读者的意见和反馈，以及在No Starch出版社的比尔·波洛克（Bill Pollock）、艾莉森·彼得森（Alison Peterson）、安塞尔·斯塔顿（Ansel Staton）、莱利·霍夫曼（Riley Hoffman）、梅根·邓查克（Megan Dunchak）、琳达·雷克滕瓦尔德（Linda Recktenwald）、苏珊·格利纳特·史蒂文斯（Susan Glinert Stevens）、南希·贝尔（Nancy Bell）和技术审稿人内森·贝克（Nathan Baker）的支持下，*The Art of Assembly Language* 的第2版于2010年出版。

转眼十年过去了，*The Art of Assembly Language*（作者将其简称为 *AoA*）渐渐失去了流行度，因为该书所阐述的内容与英特尔x86的35年前的32位设计紧密关联。今天，打算学习80x86汇编语言的人可能想学习在较新的x86-64 CPU上的64位汇编语言。因此，鉴于32位的 *AoA* 基于HLA，在2020年年初，作者即开始使用MASM，逐步将陈旧的32位 *AoA* 转换为64位的。

刚开始着手这个将 *AoA* 从32位转为64位的项目时，作者曾天真地认为只需要把少量HLA程序翻译成MASM，调整一些文本，花费少量的精力即可。结果证明作者的想法大错特错。No Starch出版社的工作人员希望在可读性和易理解性方面取得突破，托尼·特里贝利（Tony Tribelli）在对这本书中的每一行文本和代码进行技术审查时所做的工作令人难以置信。因此，这个从32位到64位转换项目的工作相当于从头开始撰写一本新书。不过至少所有的努力都是值得的，相信读者能从我们辛勤编撰的成果中有所领悟。

关于本书中所提供的源代码

本书中包含了大量的x86-64汇编语言（以及C/C++语言）源代码。通常情况下，源代码有三种形式，即代码片段（code snippet）、单一汇编语言过程或函数（single assembly language procedure or function）以及完整程序（full-blown program）。

代码片段是程序的片段。代码片段不是独立的程序，并且不能使用MASM进行编译或汇编（如果是C/C++源代码，则不能使用C/C++编译器编译这些代码片段）。本书中之所以使用代码片段，是为了说明一个观点或提供一个编程技术的小例子。本书中代码片段的典型示例如下：

```
someConst = 5
.
.
.
mov eax, someConst
```

垂直省略号表示可能出现在其位置的任意代码（需要注意的是，并非所有代码片段都使用垂直省略号）。

汇编语言过程或函数也不是独立的程序。虽然读者可以对本书中出现的许多汇编语言过程加以汇编（只需将本书中的代码直接复制到编辑器中，然后在生成的文本文件上运行MASM），但这些过程并不会自行执行。代码片段和汇编语言过程的主要区别在于：汇编语言过程包含在本书可下载的源文件中（下载网址为 https://artofasm.randallhyde.com/）。

在本书中，可以编译和执行的完整程序被标记为程序清单（listing），它有“程序清单 *C-N*”形式的编号或标识符，其中 *C* 是章编号，*N* 是顺序递增的程序清单编号，每章中编号 *N* 从 1 开始。以下是本书中出现的程序清单示例。

程序清单 1-3　MASM 程序（listing1-3.asm 文件），被程序清单 1-2 中的 C++ 程序调用

```
; 程序清单 1-3
; 一个简单的 MASM 模块，包含一个空函数，被程序清单 1-2 中的 C++ 代码调用。

        .CODE

;（有关 option 伪指令的说明，请参见后续正文。）

        option casemap:none

; 以下是“asmFunc”函数的定义。

        public asmFunc
asmFunc PROC
; 空函数，直接返回到 C++ 代码。

        ret ; 返回到调用方

asmFunc ENDP
        END
```

与汇编语言过程一样，在作者的网站（https://artofasm.randallhyde.com/）上也可以找到本书所有的程序清单。该网站包含了本书所有源代码文件以及相关资源信息（例如勘误表、电子版和其他有用信息）的页面。为了便于阅读，有几个章节将程序清单编号附加到过程和宏上，这些过程和宏不是完整的程序。有些程序清单只用来演示 MASM 的语法错误，因此无法运行。源代码发行包中仍然包含这些程序清单的源代码，代码名称为对应的程序清单名。

通常情况下，本书使用 build 命令和示例输出跟踪可执行的程序清单。以下是一个典型示例（用户输入内容以黑体字的形式给出）：

```
C:\>build listing4-7

C:\>echo off
Assembling: listing4-7.asm
c.cpp

C:\>listing4-7
Calling Listing 4-7:
aString: maxLen:20, len:20, string data:'Initial String Data'
Listing 4-7 terminated
```

本书中的大多数程序是从 Windows 命令行（即在 cmd.exe 应用程序中）运行的。默认情况下，本书假定读者从 C: 驱动器的根目录下运行程序。因此，对于每个 build 命令和示例输出，通常在用户使用键盘往命令行键入的任何命令之前都有文本前缀 C:\>。当然，读者可以在任何驱动器或目录下运行程序。

如果读者完全不熟悉 Windows 命令行，那么建议花一点时间了解一下 Windows 命令行解释器（command line interpreter，CLI）。可以通过 Windows 的 run 命令执行 cmd.exe 来启动 CLI。在阅读本书时，读者将需要经常运行 CLI，因此建议读者在计算机桌面上创建 cmd.exe 的快捷方式。在附录 A 中，作者描述了如何在计算机的桌面上创建这个快捷方式，以自动设置轻松运行 MASM（以及微软 Visual C++ 编译器）所需的环境变量。

致　谢

感谢 No Starch 出版社为本书的高质量出版和发行做出贡献的所有工作人员，他们的努力值得称道，感谢以下所有人士：

主管 Bill Pollock

执行编辑 Barbara Yien

制作编辑 Katrina Taylor

助理制作编辑 Miles Bond

开发编辑 Athabasca Witschi

开发编辑 Nathan Heidelberger

市场营销经理 Natalie Gleason

市场营销协调员 Morgan Vega Gomez

文稿编辑 Sharon Wilkey

校阅编辑 Sadie Barry

排版编辑 Jeff Lytle

兰德尔·海德

目　录

The Art of 64-Bit Assembly: x86-64 Machine Organization and Programming

第二部分 汇编语言程序设计

附录

第一部分

The Art of 64-Bit Assembly: x86-64 Machine Organization and Programming

计算机的组成结构

汇编语言的第一个程序

本章是一个“快速入门”章节，可以让读者尽快开始编写基本的汇编语言程序。通过本章的学习，读者应该了解 MASM 的基本语法，以及后续章节中学习汇编语言新功能所需的先决条件。

注意：本书使用在 Windows 环境下运行的 MASM，因为它是迄今为止编写 x86-64 汇编语言程序最常用的汇编器。此外，英特尔文档通常使用与 MASM 语法兼容的汇编语言示例。读者在现实世界中遇到的 x86 源代码，就很有可能是使用 MASM 编写的。也就是说，还有许多其他流行的 x86-64 汇编器，包括 GNU 汇编器（gas）、Netwide 汇编器（NASM）、Flat 汇编器（FASM）等。这些汇编器所使用的语法与 MASM 不同（gas 的语法与其区别最大）。在某种程度上，如果读者经常使用汇编语言，就可能会遇到使用其他汇编器编写的源代码。不要因此感到焦躁不安，因为一旦掌握了使用 MASM 的 x86-64 汇编语言，学习各种汇编器之间的语法差异就没那么困难了。

本章将涵盖以下内容：

- MASM 程序的基本语法
- 英特尔中央处理器（central processing unit，CPU）的体系结构
- 如何为变量保留内存
- 使用机器指令控制 CPU
- 将 MASM 程序与 C/C++ 代码相链接，以便可以调用 C 标准库中的例程
- 编写一些简单的汇编语言程序

1.1 先决条件

学习使用 MASM 进行汇编语言程序设计需要如下的先决条件：一个 64 位版本的 MASM 和一个文本编辑器（用于创建和修改 MASM 源文件）、链接器、各种库文件，以及 C++ 编译器。

如今，只有当 C++、C#、Java、Swift 或 Python 代码运行速度太慢，而且需要提高代码中某些模块（或函数）的性能时，软件工程师才会采用汇编语言。在现实世界中使用汇编语言时，通常会编写 C++ 或其他高级语言（HLL）代码来调用汇编语言。在本书中，我们也将采用相同的模式。

使用 C++ 的另一个原因是 C 标准库。虽然不同的个体为 MASM 创建了若干实用的库（典型的例子请参见 http://www.masm32.com/），但没有一套公认的标准库。为了使 MASM 程序能够方便地访问 C 标准库，本书提供了一个简短的 C/C++ 主函数示例，该函数调用使用 MASM 汇编语言编写的单个外部函数。编译 C++ 主程序和 MASM 源文件将生成一个可运行的文件，用户可以运行和测试该文件。

学习汇编语言需要掌握 C++ 吗？答案是并非必需。本书将为读者提供运行示例程序所需的 C++ 代码。尽管如此，汇编语言并不是入门程序设计语言的最佳选择，因此本书假设

读者对其他计算机程序设计语言，例如 C/C++、Pascal（或 Delphi）、Java、Swift、Rust、BASIC、Python 或任何其他命令式及面向对象的程序设计语言有一定的了解。

1.2 在计算机上安装 MASM

MASM 是微软公司的产品，它是 Visual Studio 开发工具套件的一部分。因为 MASM 是微软的工具集，所以读者需要运行某个版本的 Windows（在编写本书时，Windows 10 是最新版本，不过 Windows 10 以后的任何新版本也都可能满足要求）。附录 A 提供了如何安装 Visual Studio 社区版的完整说明。Visual Studio 社区"免费"版包括 MASM 和 Visual C++ 编译器，以及其他使用者需要的工具。有关更多详细信息，请参阅附录 A。

1.3 在计算机上安装文本编辑器

Visual Studio 包含一个文本编辑器，可以用来创建和编辑 MASM 与 C++ 程序。为了获取 MASM，用户必须安装 Visual Studio 包，因此会自动获得一个产品质量级别的程序员文本编辑器，可以用于编辑汇编语言源文件。

当然，用户也能使用任何可以直接处理 ASCII 文件（或 UTF-8）的编辑器，例如 https://www.masm32.com/ 上提供的文本编辑器，来创建 MASM 和 C++ 源文件。文字处理程序（例如 Microsoft Word）不适用于编辑程序源文件。

1.4 MASM 程序的结构剖析

一个典型的（并且可以独立运行的）MASM 程序如程序清单 1-1 所示。

程序清单 1-1　一个简单的 shell 程序（programShell.asm 文件）

```
; 注释是从一个分号字符开始到行尾的所有文本。

; “.code”伪指令指示 MASM 该指令后的语句位于保留给机器指令（代码）的内存段（section）中。

        .code

; 以下是“main”主函数的定义。
;（本示例假定该汇编语言程序是一个独立可运行的程序，拥有自己的 main 主函数。）

main PROC

; 此处包含机器指令

        ret ; 返回到调用方

main ENDP

; END 伪指令标记源代码文件的结束。
        END
```

典型的 MASM 程序包含一个或多个段，段表示内存中出现数据的类型。这些段以 MASM 语句（例如“.code”或“.data”）开始。变量和其他内存值均位于数据段（data section）中，汇编语言过程中的机器指令位于代码段（code section）中。在汇编语言源文件中，不同的段是可选的，因此特定的源文件中并非包含每种类型的段。例如，程序清单 1-1 只包含一个代码段。

在程序清单 1-1 中，“.code”语句是一条汇编伪指令。汇编伪指令的功能是指示 MASM

有关程序的一些信息，并不是实际的x86-64机器指令。具体而言，“.code”伪指令指示MASM将其后面的语句分组到一个特殊的内存段中，而这个内存段是专门为机器指令预留的。

1.5　运行第一个MASM程序

按程序设计语言界的惯例，用新学语言写的第一个程序是“Hello, world!”程序，该程序出自Brian Kernighan和Dennis Ritchie编写的*The C Programming Language*（Prentice Hall出版社，1978年），随后开始流行。“Hello, world!”程序的主要目标是提供一个简单的示例，让学习一种新程序设计语言的人可以使用该示例了解如何使用该语言提供的工具去编译和运行程序。

遗憾的是，在汇编语言中，编写类似于“Hello, world!”这样简单的程序却需要先学习大量的汇编知识。为了打印字符串“Hello, world!”，必须学习一些机器指令和汇编伪指令，还需要学习Windows的系统调用方法。就这一点而言，可能给刚开始使用汇编语言的程序员提出了过高的要求。当然，对于那些迫不及待想挑战并自行完成这个编程任务的人，可以参见附录A中的示例程序。

程序清单1-1中的程序shell实际上是一个完整的汇编语言程序。用户可以编译（汇编）并运行该程序，程序不产生任何输出。启动后，程序会立即返回Windows。但是，该程序确实可以运行，它将作为一种机制，向用户展示如何汇编、链接和运行一个汇编语言源文件。

MASM是一个传统的命令行汇编器，这意味着用户需要从Windows命令行提示符窗口运行MASM（用户可以通过运行cmd.exe程序打开Windows命令行）。为了执行此操作，请在Windows命令行提示符窗口或者shell窗口中输入以下内容：

```
C:\>ml64 programShell.asm /link /subsystem:console /entry:main
```

以上命令指示MASM对programShell.asm程序（注意，程序清单1-1被保存为programShell.asm文件）进行汇编，生成一个可执行文件，并将结果进行链接以生成一个控制台应用程序（用户可以从命令行运行这个应用程序），然后在汇编语言源文件的标签main处开始执行。假设汇编和链接的过程中没有发生错误，则可以通过在命令行提示符窗口中键入以下命令来运行所生成的结果程序：

```
C:\>programShell
```

Windows立即响应一个新的命令行提示符（因为programShell应用程序在开始运行之后立即将控制权返回给Windows）。

1.6　运行第一个MASM和C++的混合程序

本书通常将汇编语言模块（包含一个或多个使用汇编语言编写的函数）与调用它的C/C++主程序相结合。由于由汇编语言和C++语言组成的混合程序的编译及执行过程与独立MASM程序的略有不同，因此本节将演示如何创建、编译和运行这样一个混合程序。程序清单1-2提供了调用汇编语言模块的C++主程序。

程序清单1-2　示例C/C++程序（listing1-2.cpp文件），该程序调用了汇编语言函数

```
// 程序清单1-2
// 一个简单的C++程序，该程序调用了一个使用汇编语言编写的函数。
// 需要包含stdio.h头文件，以便程序能够调用“printf”函数。

#include <stdio.h>
```

```
// extern “C” 命名空间可以防止 C++ 编译器的“名称篡改”。
extern "C"
{
    // 以下是使用汇编语言编写的外部函数，本程序将调用该函数：
    void asmFunc(void);
};

int main(void)
{
    printf("Calling asmMain:\n");
    asmFunc();
    printf("Returned from asmMain\n");
}
```

程序清单 1-3 是可独立运行 MASM 程序的改进版，其中包含 asmFunc() 函数，此函数被 C++ 程序调用。

程序清单 1-3　MASM 程序（listing1-3.asm 文件），被程序清单 1-2 中的 C++ 程序调用

```
; 程序清单 1-3
; 一个简单的 MASM 模块，包含一个空函数，被程序清单 1-2 中的 C++ 代码调用。

        .CODE

;（有关 option 伪指令的说明，请参见后续正文。）

        option casemap:none

; 以下是“asmFunc”函数的定义。

        public asmFunc
asmFunc PROC
; 空函数，直接返回到 C++ 代码。

        ret ; 返回到调用方

asmFunc ENDP
        END
```

相对于原始的 programShell.asm 源文件，程序清单 1-3 包括三处修改。首先，有两个新的语句，即 option 语句和 public 语句。

option 语句指示 MASM 将区分所有符号的大小写。这是非常必要的操作，因为在默认情况下，MASM 不区分大小写，并将所有标识符映射为大写（意味着 asmFunc() 函数将转换为 ASMFUNC()）。而 C++ 是区分大小写的程序设计语言，会将 asmFunc() 和 ASMFUNC() 视为两种不同的标识符。因此，必须指示 MASM 区分标识符的大小写，以免混淆 C++ 程序的语义。

注意：MASM 标识符可以以美元符号（$）、下划线（_）或字母字符开头，后面跟零个或多个字母、数字字符、美元符号或下划线字符。标识符本身不能由 $ 字符组成（$ 符号在 MASM 中具有特殊意义）。

public 语句声明 asmFunc() 标识符将对 MASM 源文件和目标文件的外部可见。如果没有该语句，那么只能在 MASM 模块内访问 asmFunc()，C++ 编译就会报错：asmFunc() 是一个未定义的标识符。

程序清单 1-3 和程序清单 1-1 之间的第三个区别是，函数名从 main() 更改为 asmFunc()。如果在汇编代码中使用名称 main()，则由于 C++ 程序中也包含一个名称为 main() 的函数，因此 C++ 编译器和链接器会出现混乱。

为了编译和运行这些源文件，可以使用如下所示的命令：

```
C:\>ml64 /c listing1-3.asm
Microsoft (R) Macro Assembler (x64) Version 14.15.26730.0
Copyright (C) Microsoft Corporation. All rights reserved.
Assembling: listing1-3.asm

C:\>cl listing1-2.cpp listing1-3.obj
Microsoft (R) C/C++ Optimizing Compiler Version 19.15.26730 for x64
Copyright (C) Microsoft Corporation. All rights reserved.
listing1-2.cpp
Microsoft (R) Incremental Linker Version 14.15.26730.0
Copyright (C) Microsoft Corporation. All rights reserved.
/out:listing1-2.exe
listing1-2.obj
listing1-3.obj

C:\>listing1-2
Calling asmFunc:
Returned from asmFunc
```

ml64 命令使用了“/c”选项，该选项表示“仅编译”，并且不尝试运行链接器（如果运行链接器则将失败，因为 listing1-3.asm 不是一个可独立运行的程序）。MASM 的输出是一个目标代码文件（listing1-3.obj），该文件作为下一个命令中 Microsoft Visual C++（MSVC）编译器的输入。

cl 命令在 listing1-2.cpp 文件上运行 MSVC 编译器，并将汇编代码（listing1-3.obj）进行链接。MSVC 编译器的输出是一个可执行文件 listing1-2.exe，从命令行执行该程序就会产生预期的输出结果。

1.7 英特尔 x86-64 CPU 系列简介

到目前为止，读者已经学习了一个可以编译并运行的 MASM 程序。然而，该程序没有执行任何操作，只是将控制权返回到 Windows。在进一步学习真正的汇编语言之前，必须先了解硬件方面的知识。读者必须了解英特尔 x86-64 CPU 系列的基本结构，否则将无法理解机器指令。

英特尔 CPU 系列通常被归类为冯·诺依曼体系结构的计算机。冯·诺依曼计算机系统包含三个主要的组成部分：中央处理器（CPU）、内存（memory）和输入/输出（I/O）设备。这三个组件通过系统总线（包括地址总线、数据总线和控制总线）互连。图 1-1 中的方框图显示了这三个组件之间的关系。

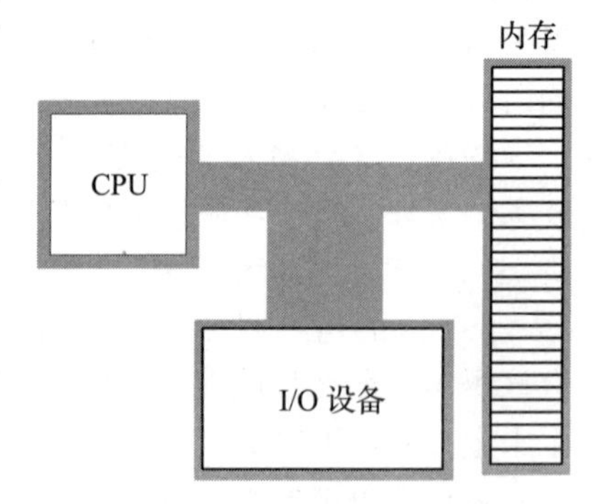

图 1-1　冯·诺依曼计算机系统的方框图

CPU 通过在地址总线上放置一个数值，来选择一个内存位置或者 I/O 设备端口位置（每个位置都有一个唯一的数字地址），从而与内存或 I/O 设备通信。然后，CPU、内存和 I/O 设备这三个组件通过将数据放在数据总线上，实现数据传输。控制总线包含确定数据传输方向（从内存到 I/O 设备或从 I/O 设备到内存）的信号。

在 CPU 中，寄存器（register）用于操作数据。x86-64 CPU 的寄存器可分为四种类型：通用寄存器（general-purpose register)、专用应用程序访问寄存器（special-purpose application-accessible register)、段寄存器和专用内核模式寄存器（special-purpose kernel-mode register)。由于段寄存器在现代 64 位操作系统（例如 Windows）中使用不多，因此本书中将不加讨论。专用内核模式寄存器用于编写操作系统、调试器和其他系统级的工具。这种软件构造远远超出了本书的讨论范围。

x86-64（英特尔系列）CPU 提供多个通用寄存器供应用程序使用。通用寄存器包括如下几类。

- 16 个 64 位寄存器，对应的名称如下：RAX、RBX、RCX、RDX、RSI、RDI、RBP、RSP、R8、R9、R10、R11、R12、R13、R14 和 R15。
- 16 个 32 位寄存器，对应的名称如下：EAX、EBX、ECX、EDX、ESI、EDI、EBP、ESP、R8D、R9D、R10D、R11D、R12D、R13D、R14D 和 R15D。
- 16 个 16 位寄存器，对应的名称如下：AX、BX、CX、DX、SI、DI、BP、SP、R8W、R9W、R10W、R11W、R12W、R13W、R14W 和 R15W。
- 20 个 8 位寄存器，对应的名称如下：AL、AH、BL、BH、CL、CH、DL、DH、DIL、SIL、BPL、SPL、R8B、R9B、R10B、R11B、R12B、R13B、R14B 和 R15B。

遗憾的是，以上列举的 68 个寄存器都不是独立的寄存器。实际上，x86-64 的 64 位寄存器覆盖在 32 位寄存器上，32 位寄存器覆盖在 16 位寄存器上，16 位寄存器覆盖在 8 位寄存器上。表 1-1 显示了这些寄存器之间的关系。

表 1-1　x86-64 上的通用寄存器

0～63 位	0～31 位	0～15 位	8～15 位	0～7 位	0～63 位	0～31 位	0～15 位	8～15 位	0～7 位
RAX	EAX	AX	AH	AL	R8	R8D	R8W		R8B
RBX	EBX	BX	BH	BL	R9	R9D	R9W		R9B
RCX	ECX	CX	CH	CL	R10	R10D	R10W		R10B
RDX	EDX	DX	DH	DL	R11	R11D	R11W		R11B
RSI	ESI	SI		SIL	R12	R12D	R12W		R12B
RDI	EDI	DI		DIL	R13	R13D	R13W		R13B
RBP	EBP	BP		BPL	R14	R14D	R14W		R14B
RSP	ESP	SP		SPL	R15	R15D	R15W		R15B

通用寄存器不是独立的寄存器，使得修改其中 1 个寄存器可能引发对其他寄存器的修改。例如，修改 EAX 寄存器的内容可能也会正好修改 AL、AH、AX 和 RAX 寄存器的内容。这一连锁反应现象需要引起足够的重视。在汇编语言初级程序员编写的程序中，一个常见的错误是寄存器值的损坏，这是程序员没有完全理解表 1-1 中所示关系的后果。

除通用寄存器外，x86-64 还提供专用寄存器，包括在 x87 浮点单元（floating-point unit，FPU）中实现的 8 个浮点寄存器（floating-point register)。英特尔将这些寄存器命名为 ST(0) 到 ST(7)。与通用寄存器不同，应用程序不能直接访问这些寄存器，它会将浮点寄存器文件视为一个可以包括 8 个项的栈，并只访问栈最上面的一个或两个项（有关更多的详细信息，可以参阅 6.5 节的相关内容）。

每个浮点寄存器的宽度为 80 位，包含一个扩展精度实数值（以下简称扩展精度）。尽管多年来英特尔在 x86-64 CPU 中增加了其他浮点寄存器，但 FPU 寄存器在代码中仍然很常用，因为这些寄存器支持这种 80 位的浮点格式。

20 世纪 90 年代，英特尔推出了 MMX 寄存器集和指令，以支持单指令多数据（Single Instruction, Multiple Data，SIMD）操作。MMX 寄存器集由 8 个 64 位的寄存器组成，覆盖 FPU 上的 ST(0) 至 ST(7) 寄存器。英特尔选择覆盖 FPU 寄存器，是因为这种方式使得 MMX 寄存器能够立即与多任务操作系统（例如 Windows）兼容，而无须针对这些操作系统进行任何代码更改。遗憾的是，这种选择意味着应用程序不能同时使用 FPU 指令和 MMX 指令。

英特尔在 x86-64 的后续版本中通过添加 XMM 寄存器集解决了以上问题，因此用户很少看到使用 MMX 寄存器和指令集的现代应用程序。如果用户真想使用 MMX 寄存器和指令集，也不是不可以，但还是建议使用 XMM 寄存器（和指令集），同时将 MMX 寄存器保持为 FPU 模式。

为了打破 MMX 寄存器和 FPU 寄存器之间冲突带来的限制，AMD/ 英特尔增加了 16 个 128 位的 XMM 寄存器（XMM0 到 XMM15）和 SSE/SSE2 指令集。每个寄存器可以配置为 4 个 32 位的浮点寄存器，2 个 64 位的双精度浮点寄存器，或者 16 个 8 位、8 个 16 位、4 个 32 位、2 个 64 位或 1 个 128 位的整数寄存器。在 x86-64 CPU 系列的后续版本中，AMD/ 英特尔将寄存器的大小增加了一倍，每个寄存器的大小变为 256 位（并将这些寄存器重命名为 YMM0 到 YMM15），以支持 8 个 32 位的浮点数值或者 4 个 64 位的双精度浮点数值（整数运算仍限制为 128 位）。

RFLAGS（或 FLAGS）寄存器是一个 64 位寄存器，它封装了多个 1 位的布尔值（真 / 假）[㊀]。RFLAGS 寄存器中的大多数位或者是为内核模式（操作系统）函数保留的位，或者是应用程序程序员不关心的位。编写汇编语言应用程序的程序员特别关注其中的 8 个位（或称为标志）：溢出（overflow）、方向（direction）、中断（interrupt）[㊁]、符号（sign）、零（zero）、辅助进位（auxiliary carry）、奇偶校验（parity）以及进位（carry）标志。图 1-2 显示了 RFLAGS 寄存器低 16 位中各个标志位的布局。

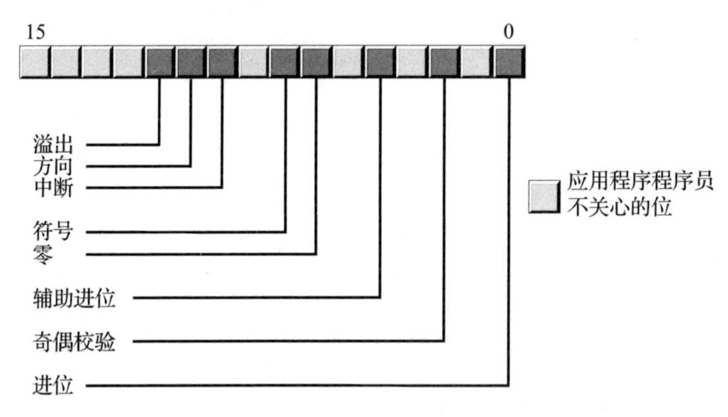

图 1-2　RFLAGS 寄存器的布局（位于 RFLAGS 寄存器的低 16 位）

在图 1-2 中，4 个标志特别重要，分别是溢出、进位、符号和零标志，统称为条件码（condition code）[㊂]。这些标志的状态允许用户测试先前计算的结果。例如，比较两个值后，条件码标志将告知用户第一个值是否小于、等于或大于第二个值。

㊀ 从技术上讲，输入 / 输出特权级别（IOPL）占用两位，但是用户模式下程序无法访问这些位，因此本书忽略该字段。

㊁ 该标志位禁用。应用程序无法修改中断标志，但本书将在第 2 章中讨论此标志，因此这里提及到该标志。

㊂ 从技术上讲，奇偶校验标志也是一种条件码，但在本书中没有使用该标志。

对于那些刚刚学习汇编语言的人而言，他们惊讶于一个重要事实，即 x86-64 CPU 上几乎所有的计算都涉及寄存器。例如，为了将两个变量相加并将总和存储到第三个变量中，就必须将其中一个变量加载到寄存器中，将第二个操作数与寄存器中的数值相加，然后将寄存器中的值存储到目标变量中。在几乎所有的计算中，都需要以寄存器作为中介。

用户还应该知道，尽管寄存器被称为通用寄存器，但用户不能将任何寄存器用于任何目的。所有 x86-64 寄存器都有自己的特殊用途，从而限制了寄存器在某些上下文中的使用。例如，RSP 寄存器有一个非常特殊的用途，可以有效地防止用户将其用于任何其他用途（该寄存器是堆栈指针）。同样，RBP 寄存器也有一个特殊用途，限制了其作为通用寄存器的作用。目前，用户应该避免使用 RSP 和 RBP 寄存器进行一般的计算任务；另外，请记住，其余寄存器在程序中不能完全互换。

1.8　内存子系统

内存子系统（memory subsystem）保存程序变量、常量、机器指令和其他信息等数据。内存由内存单元（或称为内存位置）组成，每个内存单元都保存着一小段信息。系统可以将来自这些小的内存单元的信息组合成更大的信息片段。

x86-64 支持字节可寻址内存（byte-addressable memory），这意味着基本内存单元是一个字节，足以容纳单个字符或者（非常）小的整数值（我们将在第 2 章中详细讨论）。

可以把内存想象成一个线性字节数组，第一个字节的地址为 0，最后一个字节的地址为 $2^{32}-1$。对于安装了 4GB 内存的 x86 处理器[⊖]，以下伪 Pascal 数组声明是对内存的最佳近似表示：

```
Memory: array [0..4294967295] of byte;
```

C/C++ 和 Java 用户可能更喜欢以下的语法：

```
byte Memory[4294967296];
```

例如，为了执行等价于 Pascal 语句“ Memory[125] := 0;”的操作，CPU 将值 0 放在数据总线上，将地址 125 放在地址总线上，并断言写入线（该操作通常将该写入线设置为 0），如图 1-3 所示。

为了执行等价于语句“CPU := Memory [125];”的操作，CPU 将地址 125 放置在地址总线上，并断言读取线（因为 CPU 正在从内存读取数据），然后从数据总线读取结果数据（请参见图 1-4）。

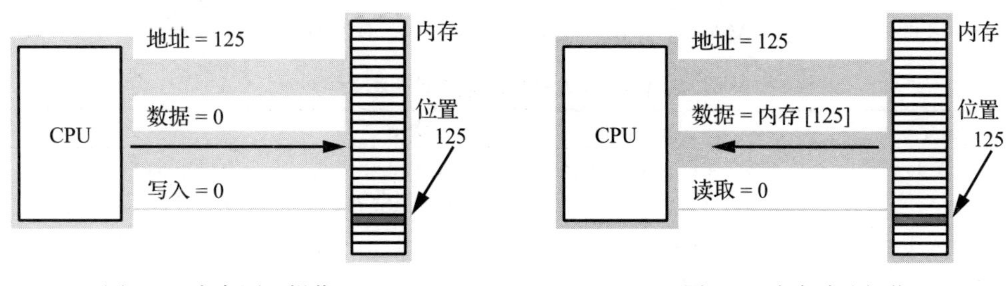

图 1-3　内存写入操作　　图 1-4　内存读取操作

⊖ 以下讨论将使用较旧的 32 位 x86-64 处理器的 4GB 地址空间。运行现代 64 位操作系统的典型 x86-64 处理器最多可访问 2^{48} 个内存位置，或使用的地址空间略高于 256TB。

为了存储更大的值，x86 使用一系列连续的内存位置。图 1-5 显示了 x86 如何在内存中存储字节、字（2 个字节）和双字（4 个字节）。对象的内存地址是其第一个字节的地址（即最低地址）。

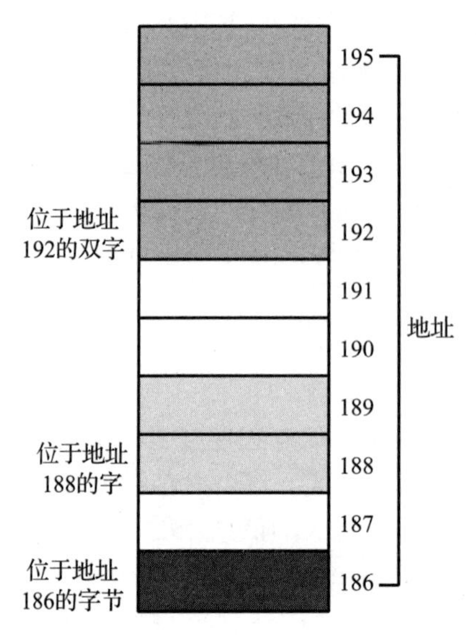

图 1-5　内存中字节、字和双字的存储方式

1.9　在 MASM 中声明内存变量

在汇编语言中，虽然可以使用数字地址引用内存，但这样做非常麻烦，而且容易出错。与其在程序中声明如下语句："获取内存地址 192 处的 32 位值，获取内存地址 188 处的 16 位值"，不如采用这个声明更加优雅："获取变量 elementCount 的内容，获取变量 portNumber 的内容"。使用变量名而不是内存地址，可以使程序更易于编写、阅读和维护。

为了创建（可写入的）数据变量，必须将数据变量放在 MASM 源文件的数据段中，数据段使用".data"伪指令定义。该伪指令指示 MASM：以下所有语句（直到下一个".code"伪指令或其他段定义伪指令出现）将定义数据声明，并被分组到内存的读取 / 写入段中。

在".data"段中，MASM 允许用户使用一组数据声明伪指令来声明变量对象。数据声明伪指令的基本形式如下：

```
label directive ?
```

其中，label 是一个合法的 MASM 标识符，directive 是表 1-2 中显示的一个伪指令。

表 1-2　MASM 数据声明伪指令

伪指令	含义	伪指令	含义
byte（或 db）	字节（无符号 8 位）值	sqword	有符号 64 位整数值
sbyte	有符号 8 位整数值	tbyte（或 dt）	无符号 80 位（十字节）值
word（或 dw）	无符号 16 位（字）值	oword	128 位（八字）值
sword	有符号 16 位整数值	real4	单精度（32 位）浮点值
dword（或 dd）	无符号 32 位（双字）值	real8	双精度（64 位）浮点值
sdword	有符号 32 位整数值	real10	扩展精度（80 位）浮点值
qword（或 dq）	无符号 64 位（四字）值		

问号（?）操作数指示 MASM：当程序加载到内存中时，对象是没有显式值的（默认初始化为 0）。如果要使用显式值对变量进行初始化，则可以使用具体的初始值替换问号操作数。例如：

```
hasInitialValue sdword -1
```

表 1-2 中的一些数据声明伪指令（带有 s 前缀的伪指令）具有有符号版本。在大多数情况下，MASM 会忽略此前缀。用户编写的机器指令会区分有符号和无符号操作，MASM 本身则通常不关心变量是取有符号值还是无符号值。事实上，MASM 允许以下两种情况：

```
.data
u8    byte  -1 ; 允许负的初始值
i8    sbyte 250 ; 虽然 +128 是最大的有符号字节值，但此处仍然使用 250
```

MASM 关心的只是初始值是否放入一个字节中。即使“ -1”不是一个无符号值，也可以放入内存的一个字节中。即使“250”超出了一个有符号 8 位整数的数值范围（请参阅 2.7 节的相关内容），MASM 也会接受该初始值，因为它可以放入一个字节变量中（作为一个无符号数值）。

可以在单个数据声明伪指令中，为多个数据值保留存储空间。字符串多值数据类型对本章至关重要（后面的章节将讨论其他数据类型，如第 4 章中的数组）。用户可以使用如下 byte 伪指令在内存中创建以 null 结尾的字符串：

```
; 0（null）结尾的 C/C++ 字符串。
strVarName byte 'String of characters', 0
```

请注意，字符串后面包含“ ,0”。在任何数据声明（不仅仅是字节声明）中，都可以在操作数字段中放置多个数据值，并用逗号分隔各数据值，MASM 将为每个操作数定义一个指定大小和值的对象。对于字符串值（在本例中字符串值包括在单引号中），MASM 为字符串中的每个字符定义一个字节（加上一个零字节，表示字符串末尾的“ ,0”操作数）。MASM 允许用户使用单引号或双引号来定义字符串，并且必须使用与字符串开头相同的分隔符（单引号或双引号）终止字符串。

1.9.1　将内存地址与变量关联

使用 MASM 这样的汇编器 / 编译器的一个优势在于，用户不必关心数值形式的内存地址。用户只须在 MASM 中声明一个变量，MASM 会将该变量与一组唯一的内存地址相关联。例如，假设用户定义了以下声明段：

```
      .data
i8    sbyte     ?
i16   sword     ?
i32   sdword    ?
i64   sqword    ?
```

MASM 将在内存中查找一个未使用的（8 位）字节，并将其与变量 i8 相关联；查找两个未使用且连续的字节，并将这两个字节与变量 i16 相关联；查找四个未使用且连续的字节，并将这四个字节与变量 i32 相关联；查找八个未使用且连续的字节，并将这八个字节与变量 i64 相关联。用户只需要按名称引用这些变量，通常不必关心变量所关联的数值地址。不过，用户应该知道是 MASM 完成了这些关联操作。

当MASM处理“.data”段中的声明时，将为每个变量分配连续的内存位置[⊖]。假设前面声明的变量i8位于内存地址101，则MASM将把表1-3中出现的地址分配给变量i8、i16、i32和i64。

表1-3 变量地址分配

变量	内存地址
i8	101
i16	102（i8的地址+1）
i32	104（i16的地址+2）
i64	108（i32的地址+4）

当数据声明语句中有多个操作数值时，MASM会按照值在操作数字段中出现的顺序将值输出到连续的内存位置。与数据声明关联的标签（如果存在）将与第一个（最左侧）操作数值的地址相关联。具体请参见第4章。

1.9.2 将数据类型与变量关联

在汇编过程中，MASM将数据类型与用户定义的每个标签（包括变量）相关联。这对于汇编语言来说属于相当高级的操作，因为大多数汇编器只是将一个值或地址与一个标识符相关联。

在大多数情况下，MASM使用变量的大小（字节）作为其数据类型（请参见表1-4）。

表1-4 MASM数据类型

类型	大小	说明
byte(db)	1	1字节的内存操作数，无符号（一般整数）
sbyte	1	1字节的内存操作数，有符号整数
word (dw)	2	2字节的内存操作数，无符号（一般整数）
sword	2	2字节的内存操作数，有符号整数
dword (dd)	4	4字节的内存操作数，无符号（一般整数）
sdword	4	4字节的内存操作数，有符号整数
qword (dq)	8	8字节的内存操作数，无符号（一般整数）
sqword	8	8字节的内存操作数，有符号整数
tbyte (dt)	10	10字节的内存操作数，无符号（一般整数或BCD）
oword	16	16字节的内存操作数，无符号（一般整数）
real4	4	4字节的单精度浮点内存操作数
real8	8	8字节的双精度浮点内存操作数
real10	10	10字节的扩展精度浮点内存操作数
proc	N/A	过程标签（与PROC伪指令关联）
label:	N/A	语句标签（后面紧跟“:”的任何标识符）
constant	可变	常量声明（等于），使用“=”或“EQU”伪指令
text	N/A	文本替换，使用“macro”或“TEXTEQU”伪指令

后续章节将全面讨论proc、label、constant和text类型。

1.10 在MASM中声明（命名）常量

MASM允许用户使用“=”伪指令声明明示常量（manifest constant，也被称为明显常量）。明示常量是一个符号名称（标识符），MASM将该符号名称与一个值相关联。无论符号名称出现在程序中的何处，MASM都将直接使用与符号名称对应的值替换该符号名称。

明示常量的声明采用以下形式：

⊖ 从技术上讲，MASM将偏移量分配给“.data”段中的变量。Windows在运行时将程序加载到内存中后，会将这些偏移量转换为物理内存地址。

```
label = expression
```

其中，label 是一个合法的 MASM 标识符，expression 是一个常量算术表达式（通常是单个字面常量值）。以下示例定义符号名称 dataSize 等于 256：

```
dataSize = 256
```

大多数情况下，MASM 的“equ”伪指令是“=”伪指令的同义词。就本章而言，以下语句大体上等同于上面的常量声明：

```
dataSize equ 256
```

常量声明（等同于 MASM 术语）可以位于 MASM 源文件的任何位置，但必须位于常量首次使用之前。常量声明可以在“.data”段中、“.code”段中，也可以在任何段之外。

1.11　基本的机器指令

根据用户定义机器指令的方式，x86-64 CPU 系列提供了多达几百条到数千条的机器指令。但是大多数汇编语言程序使用大约 30 条到 50 条机器指令[1]，而且只需要几条指令就可以编写若干有意义的程序。本节介绍少量机器指令，以便用户可以立即开始编写简单的 MASM 汇编语言程序。

1.11.1　mov 指令

毫无疑问，mov 指令是最常用的汇编语言语句。在典型的程序中，25% 到 40% 的指令都是 mov 指令。顾名思义，这条指令将数据从一个位置移动到另一个位置[2]。mov 指令的通用 MASM 语法形式如下所示：

```
mov destination_operand, source_operand
```

source_operand（源操作数）可以是（通用）寄存器、内存变量或常量。destination_operand（目标操作数）可以是寄存器或者内存变量。x86-64 指令集不允许两个操作数都是内存变量。在高级程序设计语言（例如 Pascal 或 C/C++）中，mov 指令大致相当于以下的赋值语句：

```
destination_operand = source_operand;
```

mov 指令的两个操作数必须大小相同。也就是说，用户可以在两个字节（8 位）对象、字（16 位）对象、双字（32 位）对象或者四字（64 位）对象之间移动数据，但是不能混合操作数的大小。表 1-5 列出了 mov 指令的所有合法操作数组合。

建议用户仔细研究一下表 1-5，因为大多数通用 x86-64 指令都使用此语法。

表 1-5　x86-64 mov 指令的合法操作数组合

源操作数[1]	目标操作数	源操作数[1]	目标操作数	源操作数[1]	目标操作数
reg_8	reg_8	constant[2]	reg_8	reg_{16}	mem_{16}
reg_8	mem_8	constant	mem_8	mem_{16}	reg_{16}
mem_8	reg_8	reg_{16}	reg_{16}	constant	reg_{16}

[1] 不同的程序可能使用不同的 30 条到 50 条指令，但很少有程序使用超过 50 条不同的指令。

[2] 从技术上讲，mov 指令将数据从一个位置复制到另一个位置。该指令不会破坏源操作数中的原始数据。也许这条指令更恰当的名称应该是 copy。只是遗憾的是，现在想改名也为时已晚。

（续）

源操作数[①]	目标操作数	源操作数[①]	目标操作数	源操作数[①]	目标操作数
constant	mem_{16}	constant	reg_{32}	mem_{64}	reg_{64}
reg_{32}	reg_{32}	constant	mem_{32}	constant	reg_{64}
reg_{32}	mem_{32}	reg_{64}	reg_{64}	$constant_{32}$	mem_{64}
mem_{32}	reg_{32}	reg_{64}	mem_{64}		

① reg_n 表示 n 位寄存器，mem_n 表示 n 位内存位置。

② 常量必须足够小，以便可以放入指定的目标操作数。

在表 1-5 中，需要注意一个重要事项：x86-64 仅允许将 32 位的常量值移动到 64 位的内存单元（对 32 位的常量值进行符号扩展，达到 64 位。有关符号扩展的更多信息，请参见 2.8 节中的相关内容）。允许 64 位常量操作数的唯一一条 x86-64 指令是将 64 位常量移动到 64 位寄存器的指令。x86-64 指令集中的这种不一致性会令人感到恼火，但是仍然推荐使用 x86-64！

1.11.2 指令操作数的类型检查

MASM 对指令操作数强制执行某些类型检查，特别是要求指令操作数的大小必须一致。例如，对于以下的代码，MASM 将生成错误信息：

```
i8 byte ?
.
.
.
mov ax, i8
```

问题在于，用户试图将 8 位变量（i8）加载到 16 位寄存器（AX）中。由于两者的大小不兼容，因此 MASM 假定这是程序中的逻辑错误，并报告错误信息[⊖]。

在大多数情况下，MASM 将忽略有符号变量和无符号变量之间的差异。对于以下两条 mov 指令，MASM 不会报错：

```
i8 sbyte ?
u8 byte ?
.
.
.
mov al, i8
mov bl, u8
```

MASM 关心的只是我们是否将字节变量移动到了字节大小的寄存器中。区分这些寄存器中有符号和无符号值的任务则交给应用程序。MASM 甚至允许以下的操作：

```
r4v real4 ?
r8v real8 ?
.
.
.
mov eax, r4v
mov rbx, r8v
```

⊖ 用户可能真想执行这样的操作：使用 mov 指令将内存中位置为 i8 的内容加载到 AL，位置紧挨在 i8 之后的内容加载到 AH。如果用户确定要执行这样的操作（无可否认这是一种疯狂的行为），那么请参阅 4.5 节的内容。

同样，MASM 真正关心的只是内存操作数的大小，至于将浮点变量加载到通用寄存器（通常保存整数值）中的操作，MASM 将不加干涉。

在表 1-4 中，包含 proc、label 和 constant 类型。如果用户试图在 mov 指令中使用 proc（过程）或 label（标签）保留字，则 MASM 将报告错误信息。过程或标签类型与机器指令的地址相关联，而不是与变量相关联，况且将过程加载到寄存器中是没有任何意义的。

但是，用户可以指定一个 constant 符号名称作为指令的源操作数，例如：

```
someConst = 5
.
.
.
mov eax, someConst
```

由于常量没有大小，因此 MASM 对常量操作数进行的唯一类型检查是验证常量是否可以放入目标操作数中。例如，MASM 将拒绝执行以下的代码：

```
wordConst = 1000
.
.
.
mov al, wordConst
```

1.11.3 add 和 sub 指令

x86-64 中的 add 和 sub 指令分别对两个操作数进行加法和减法运算。这两条指令的语法与 mov 指令几乎相同：

```
add destination_operand, source_operand
sub destination_operand, source_operand
```

但是，常量操作数的最大值限制为 32 位。如果目标操作数为 64 位，CPU 仅允许 32 位的立即源操作数（则它将该操作数进行符号扩展至 64 位。有关符号扩展的详细信息，请参见 2.8 节中的相关内容）。

add 指令执行以下的操作：

```
destination_operand = destination_operand + source_operand
```

sub 指令执行以下的操作：

```
destination_operand = destination_operand - source_operand
```

有了这三条指令，再加上一些 MASM 的控制结构，用户就可以编写复杂的汇编程序了。

1.11.4 lea 指令

有时用户需要将变量的地址加载到寄存器中，而不是加载该变量的值。为此，可以使用 lea（load effective address，加载有效地址）指令。lea 指令采用以下的语法形式：

```
lea reg64, memory_var
```

这里，reg64 是任何通用的 64 位寄存器，memory_var 是变量名。请注意，该指令与 memory_var 的类型无关，不要求其类型为 qword 变量（与 mov、add 和 sub 指令一样）。每个变量都有一个与其相关联的内存地址，并且该地址始终为 64 位。以下示例将 strVar 字符串中第一个字符的地址加载到 RCX 寄存器中：

```
strVar byte "Some String", 0
.
.
.
lea rcx, strVar
```

lea 指令大致相当于 C/C++ 的一元运算符“&”(address-of，取地址)。上述汇编程序示例在概念上等同于以下 C/C++ 代码：

```
char strVar[] = "Some String";
char *RCX;
.
.
.
RCX = &strVar[0];
```

1.11.5　call 和 ret 指令以及 MASM 过程

为了进行函数调用（以及编写自己的简单函数），用户需要使用 call 和 ret 指令。

ret 指令在汇编语言程序中的作用与 return 语句在 C/C++ 中的作用相同：该指令从汇编语言过程（汇编语言中称函数为过程）中返回控制权。本书暂且使用 ret 指令的变体，该变体没有操作数：

```
ret
```

ret 指令允许使用单个操作数，但与 C/C++ 语言不同，操作数不指定函数返回值。

用户可以使用 call 指令调用 MASM 过程。这个指令可以采取两种形式，最常见的语法形式如下：

```
call proc_name
```

其中，proc_name 是用户想要调用的过程的名称。

正如我们已经讨论的若干代码示例所示，MASM 过程包含以下代码行：

```
proc_name proc
```

然后是过程主体（通常以 ret 指令结束）。在过程结束时（通常紧随 ret 指令之后），使用以下语句来结束过程：

```
proc_name endp
```

endp 伪指令上的标签必须与用户为 proc 语句提供的标签相同。

在程序清单 1-4 中的独立汇编语言程序中，主程序调用 myProc 过程，该过程将立即返回到主程序，然后主程序立即返回到 Windows。

程序清单 1-4　汇编语言程序中的用户定义过程示例

```
; 程序清单 1-4

; 用户定义过程的简单演示。

    .code

; 用户定义的过程示例，可供本程序调用。

myProc proc
```

```
    ret ; 立即返回到调用方
myProc endp

; 以下是“main”过程。

main PROC

; 调用用户定义的过程。

    call myProc

    ret ; 返回到调用方
main endp
    end
```

用户可以使用以下命令编译以上的程序，并尝试运行该程序：

```
C:\>ml64 listing1-4.asm /link /subsystem:console /entry:main
Microsoft (R) Macro Assembler (x64) Version 14.15.26730.0
Copyright (C) Microsoft Corporation. All rights reserved.
Assembling: listing1-4.asm
Microsoft (R) Incremental Linker Version 14.15.26730.0
Copyright (C) Microsoft Corporation. All rights reserved.
/OUT:listing1-4.exe
listing1-4.obj
/subsystem:console
/entry:main

C:\>listing1-4
```

1.12　调用 C/C++ 过程

编写自定义的过程并对其加以调用，是一种非常有效的程序设计方式，但本章引入过程的原因并不是让用户编写自定义过程，而是训练用户具备调用 C/C++ 过程（函数）的能力。编写自定义的过程，以将数据转换并输出到控制台是一项相当复杂的任务（目前为止可能远远超出用户的能力范围）。不过，用户可以调用 C/C++ 语言中的 printf() 函数来生成程序输出，并在运行程序时验证程序是否确实在执行某些操作。

如果用户在汇编语言代码中调用 printf()，而不提供 printf() 过程的定义，那么 MASM 会给出如下的错误信息：“使用了未定义的符号”。为了在源文件外部调用过程，需要使用 MASM 的 externdef 伪指令[⊖]。externdef 伪指令的语法形式如下所示：

```
externdef symbol:type
```

此处，symbol 是用户想要定义的外部符号，type 是该符号的类型（定义外部过程时，类型是 proc）。为了在汇编语言源文件中定义 printf() 符号，可以使用以下语句：

```
externdef printf:proc
```

当定义外部过程符号时，应将 externdef 伪指令放在“.code”段中。

externdef 伪指令不允许向 printf() 过程指定需要传递的参数，call 指令也不提供指定参数的机制。取而代之的是，用户可以使用 x86-64 的寄存器 RCX、RDX、R8 和 R9，向

⊖ MASM 还包含两个伪指令——extrn 和 extern，也可以使用它们。本书使用 externdef 伪指令，因为该指令是最通用的指令。

printf() 函数传递最多 4 个参数。printf() 函数要求第一个参数是格式字符串的地址。因此，在调用 printf() 之前，应该将字符串的地址加载到 RCX 寄存器，注意，该字符串以零结尾。如果格式字符串包含任何格式说明符（例如，%d），则必须在寄存器 RDX、R8 和 R9 中传递适当的参数值。第 5 章将详细讨论过程参数，包括如何传递浮点值以及 4 个以上的参数。

1.13 “Hello, world!”程序

至此（本章前面包含大量篇幅），我们终于学习了足够知识，可以编写程序“ Hello, world! ”，如程序清单 1-5 所示。

程序清单 1-5 “Hello, world!”程序的汇编语言代码

```
; 程序清单 1-5

; “Hello, world!” 汇编语言程序,
; 该程序使用 C/C++ 的 printf() 函数提供输出。

    option casemap:none
    .data

; 注意：ASCII 码 10 是换行符，也称为“C”换行符。

fmtStr byte 'Hello, world!', 10, 0

    .code
; 外部声明，以便 MASM 可以调用 C/C++ 的 printf() 函数

externdef printf:proc
; 以下是“asmFunc”过程的定义。

    public asmFunc
asmFunc proc

; 以下提供的“魔法”指令，先暂时不予解释：

    sub rsp, 56

; 这里我们将调用 C 的 printf() 函数来打印“Hello, world!”。
; 将格式字符串的地址传递到 RCX 寄存器中供 printf() 使用。
; 使用 lea 指令获取 fmtStr 的地址。

    lea rcx, fmtStr
    call printf

; 以下是另一条“魔法”指令，在该过程返回到调用方之前，撤销前一条指令的影响。

    add rsp, 56

    ret ; 返回到调用方

asmFunc endp
    end
```

在上述汇编语言代码中，包含两条“魔法”语句，本章暂不做进一步的解释。只需要接受这样一个事实：需要在函数开始时从 RSP 寄存器中减去 56，然后在函数结束时将该值累加回 RSP，才能正常地调用 C/C++ 函数。第 5 章将更全面地解释这些语句的作用。

程序清单 1-6 中的 C++ 函数调用汇编代码，并使得 printf() 函数可用。

程序清单 1-6　用于“Hello, world!”程序的 C++ 代码

```
// 程序清单 1-6
// 可供汇编语言程序调用 printf() 的 C++ 驱动程序。
// 需要包含 stdio.h 头文件，以便这个程序可以调用“printf()”函数。

#include <stdio.h>

// extern “C” 命名空间可防止 C++ 编译器的“名称篡改”。

extern "C"
{
    // 以下是使用汇编语言编写的外部函数，该程序将调用这个外部函数：
    void asmFunc(void);
};

int main(void)
{
    // 需要在 C 程序中至少调用一次 printf()，以允许从汇编语言中调用该函数。
    printf("Calling asmFunc:\n");
    asmFunc();
    printf("Returned from asmFunc\n");
}
```

在作者本人的计算机上编译和运行此代码所需的一系列步骤如下所示：

```
C:\>ml64 /c listing1-5.asm
Microsoft (R) Macro Assembler (x64) Version 14.15.26730.0
Copyright (C) Microsoft Corporation. All rights reserved.
Assembling: listing1-5.asm

C:\>cl listing1-6.cpp listing1-5.obj
Microsoft (R) C/C++ Optimizing Compiler Version 19.15.26730 for x64
Copyright (C) Microsoft Corporation. All rights reserved.
listing1-6.cpp
Microsoft (R) Incremental Linker Version 14.15.26730.0
Copyright (C) Microsoft Corporation. All rights reserved.
/out:listing1-6.exe
listing1-6.obj
listing1-5.obj

C:\>listing1-6
Calling asmFunc:
Hello, World!
Returned from asmFunc
```

我们终于可以在控制台上输出“Hello, world!”字符串啦！

1.14　在汇编语言中返回函数结果

在上一节中，我们学习了向使用汇编语言编写的过程传递多达 4 个参数的方法。本节将描述其相反的过程：向调用过程的调用方代码返回值。

在纯汇编语言中（也就是一个汇编语言过程调用另一个汇编语言过程），严格而言，传递参数和返回函数结果是调用方（caller）和被调用方（callee）过程共享的约定。被调用方或者调用方可以选择函数结果出现的位置。

从被调用方的角度来看，返回值的过程确定调用方可以在哪里找到函数结果，并且调用该函数的调用方都必须尊重该选择。如果过程在 XMM0 寄存器（这是返回浮点结果的常用位置）中返回函数结果，那么调用该过程的调用方必须期望在 XMM0 中找到结果。而另一

个不同的过程可以在 RBX 寄存器中返回其函数结果。

从调用方的角度来看，选择是相反的。现有代码期望函数在特定位置返回其结果，而被调用的函数必须遵守该期望。

遗憾的是，如果没有适当的协调机制，则一段代码可能会要求它调用的所有函数在一个位置返回函数结果，同时一组现有的库函数可能会坚持在另一个位置返回自己的函数结果。显然，这些函数与调用代码不兼容。虽然有一些方法可以处理这种情况［通常通过编写位于调用方和被调用方之间能够移动返回结果的外观（facade）代码］，但最好的解决方案是确保各位编程人员在编写代码之前就在何处可以找到函数返回结果等事项达成协议。

此协议被称为应用程序二进制接口（application binary interface，ABI）。某种程度上，ABI 是不同代码段之间的一种契约，描述调用约定（在哪里传递值，在哪里返回值，等等）、数据类型、内存使用和对齐，以及其他属性。CPU 制造商、编译器编写者和操作系统供应商都提供自己的 ABI。出于显而易见的原因，本书使用了 Microsoft Windows ABI。

再次强调，必须充分理解在编写自己的汇编语言代码时，在过程之间传递数据的方式完全取决于用户自身。使用汇编语言的好处之一是，用户可以根据具体的过程来确定相应的接口。如果遵循 ABI 协议，那么用户只需要在调用自己无法控制的代码时（或者在外部代码调用自己的代码时）担心。本书涵盖了在 Microsoft Windows 下编写汇编语言（特别是与 MSVC 接口的汇编代码）的内容，因此在处理外部代码（Windows 和 C++ 代码）时，必须使用 Windows/MSVC ABI。微软 ABI 指定，传递给 printf()（或者任何 C++ 函数）的前 4 个参数必须传递到 RCX、RDX、R8 和 R9 中。

Windows ABI 还声明，函数（过程）会返回 RAX 寄存器中存储的整数和指针值（可以放入 64 位中）。因此，如果某些 C++ 代码希望汇编程序返回一个整数结果，则汇编程序在返回之前需要将整数结果加载到 RAX 中。

为了演示汇编程序如何返回函数结果，我们将使用程序清单 1-7 中的 C++ 程序（c.cpp 文件，这是本书之后演示大多数 C++/ 汇编示例时使用的 C++ 程序）。这个 C++ 程序包括两个额外的函数声明：getTitle()（由汇编语言代码提供），该函数返回一个指向包含程序标题的字符串的指针（由 C++ 代码打印这个标题）；以及 readLine()（由 C++ 程序提供），汇编语言代码可以调用该函数从用户处读取一行文本（然后放入汇编语言代码的字符串缓冲区中）。

程序清单 1-7　调用汇编语言程序的通用 C++ 代码

```
// 程序清单 1-7
// c.cpp
// 通用 C++ 驱动程序，用于演示从汇编语言程序返回函数结果到 C++ 程序的过程。
// 该驱动程序还包括一个“readLine”函数，用于从用户处读取字符串并将读取的字符串传递给汇编语言代码。

// 程序中需要包含 stdio.h 头文件，以便这个程序可以调用 printf() 函数，
// 还需要包括 string.h 头文件，以便这个程序可以调用 strlen() 函数。

#include <errno.h>
#include <stdio.h>
#include <stdlib.h>
#include <string.h>

// extern “C” 命名空间可以防止 C++ 编译器的“名称篡改”。
extern "C"
{
    // asmMain 是汇编语言代码的“主程序”:

    void asmMain(void);
```

```
    // getTitle 函数会返回一个指针，指向来自汇编语言代码的字符串，
    // 该字符串指定该程序的标题
    //（使得该程序具有通用性，并可用于本书中的大量示例程序）。

    char *getTitle(void);

    // 供汇编语言程序调用的 C++ 函数：

    int readLine(char *dest, int maxLen);
};

// readLine 函数会从用户处（即控制台设备）读取一行文本，
// 并将读取的字符串存储到第一个参数指定的目标缓冲区中。
// 字符串的长度为第二个参数的值减 1。

// 此函数返回实际读取的字符数，如果出现错误则返回 -1。

// 请注意，如果用户输入的字符太多（长度大于或等于 maxlen），
// 则此函数仅返回前 maxlen - 1 个字符。这种情况不被视为错误。

int readLine(char *dest, int maxLen)
{
    // 注意：如果出现错误，则 fgets 函数将返回 NULL，
    // 否则该函数将返回指向读取的字符串数据的指针（即 dest 指针的值）。

    char *result = fgets(dest, maxLen, stdin);
    if(result != NULL)
    {
        // 删除字符串末尾的换行符：
        int len = strlen(result);
        if(len > 0)
        {
            dest[len - 1] = 0;
        }
        return len;
    }
    return -1; // 出现错误时的返回语句
}

int main(void)
{
    // 获取汇编语言程序的标题：
    try
    {
        char *title = getTitle();
        printf("Calling %s:\n", title);
        asmMain();
        printf("%s terminated\n", title);
    }
    catch(...)
    {
        printf
        (
            "Exception occurred during program execution\n"
            "Abnormal program termination.\n"
        );
    }
}
```

try-catch 语句块将捕获汇编代码生成的任何异常，当程序异常中止时，用户将得到某种提示。

程序清单 1-8 提供的汇编代码演示了汇编语言中的一些新概念，第一个新概念是如何将函数的结果返回 C++ 程序中。汇编语言函数 getTitle() 返回一个指向字符串的指针，调用方的 C++ 代码将该字符串作为程序的标题进行打印。在“.data”段中，包含一个字符串变量 titleStr，该变量初始化为该汇编代码的名称（即“Listing 1-8”）。getTitle() 函数将该字符串的地址加载到 RAX 寄存器中，并将该字符串指针返回到 C++ 代码中。C++ 代码在运行汇编代码之前和之后均会打印标题（具体请参见程序清单 1-7）。

该程序还演示了如何从用户处读取一行文本。汇编代码调用 C++ 代码中定义的 readLine() 函数，readLine() 函数需要两个参数：字符缓冲区的地址（C 字符串）和最大缓冲区长度。程序清单 1-8 中的代码通过 RCX 寄存器将字符缓冲区的地址传递给 readLine() 函数，并通过 RDX 寄存器将最大缓冲区长度传递给 readLine() 函数。最大缓冲区长度必须包含两个额外字符的空间，用于存放换行符和零终止字节。

最后，程序清单 1-8 演示了如何声明一个字符缓冲区（即一个字符数组）。在“.data”段中，包括以下声明：

```
input byte maxLen dup (?)
```

“maxLen dup (?)”操作数指示 MASM 复制 (?)（即未初始化的字节）maxLen 次。maxLen 是一个常量，由源文件开头的等于伪指令“=”设置为 256。（有关更多详细信息，请参阅 4.9.1 节中的相关内容。）

程序清单 1-8　返回函数结果的汇编语言程序

```
; 程序清单 1-8
; 一个汇编语言程序，演示了如何将函数结果返回给 C++ 程序。

        option  casemap:none

nl      =       10              ; 换行符的 ASCII 码
maxLen  =       256             ; 最大字符串长度 + 1

        .data
titleStr byte 'Listing 1-8', 0
prompt  byte    'Enter a string: ', 0
fmtStr  byte    "User entered: '%s'", nl, 0

; input 是一个缓冲区，包含 maxLen 个字节。
; 该程序将读取一个由用户输入的字符串到该缓冲区中。

; “maxLen dup (?)”操作数指示 MASM 复制 maxLen 个字节，
; 每个字节都未被初始化。

input   byte    maxLen dup (?)

        .code

externdef printf:proc
externdef readLine:proc

; 调用此汇编语言模块的 C++ 函数期望一个名为“getTitle”的函数，
; getTitle 函数返回一个指向字符串的指针，该字符串作为函数的结果。
; getTitle 函数的定义如下：

        public  getTitle
getTitle proc
```

```
; 将变量“titleStr”的地址加载到 RAX 寄存器（RAX 保存函数的返回结果），
; 并返回到调用方：

    lea rax, titleStr
    ret
getTitle endp

; 以下是“asmMain”函数的定义。
    public asmMain
asmMain proc
    sub rsp, 56

; 调用 readLine 函数（由 C++ 语言编写），
; 从控制台读取一行文本。

; int readLine(char *dest, int maxLen)

; 通过 RCX 寄存器，传递指向目标缓冲区的指针。
; 通过 EDX 寄存器，传递最大缓冲区大小（最大字符数 +1）。
; 此函数忽略 readLine 函数的返回结果。提示用户输入字符串：

    lea rcx, prompt
    call printf

;（当发生错误时）确保输入字符串以零结尾：

    mov input, 0

; 从用户处读取一行文本：

    lea rcx, input
    mov rdx, maxLen
    call readLine

; 调用 printf()，打印用户输入的字符串：

    lea rcx, fmtStr
    lea rdx, input
    call printf

    add rsp, 56
    ret                     ; 返回到调用方
asmMain endp
    end
```

为了编译和运行程序清单 1-7 与程序清单 1-8 中的代码，可以使用如下的命令：

```
C:\>ml64 /c listing1-8.asm
Microsoft (R) Macro Assembler (x64) Version 14.15.26730.0
Copyright (C) Microsoft Corporation. All rights reserved.
Assembling: listing1-8.asm

C:\>cl /EHa /Felisting1-8.exe c.cpp listing1-8.obj
Microsoft (R) C/C++ Optimizing Compiler Version 19.15.26730 for x64
Copyright (C) Microsoft Corporation. All rights reserved.
c.cpp
Microsoft (R) Incremental Linker Version 14.15.26730.0
Copyright (C) Microsoft Corporation. All rights reserved.
/out:listing1-8.exe
c.obj
listing1-8.obj
```

```
C:\> listing1-8
Calling Listing 1-8:
Enter a string: This is a test
User entered: 'This is a test'
Listing 1-8 terminated
```

命令行中的选项“/Felisting1-8.exe”指示 MSVC 将可执行文件命名为 listing1-8.exe。如果没有指定“/Fe”选项，那么 MSVC 将可执行文件命名为 c.exe（因为程序清单 1-7 中的通用示例 C++ 文件名保存为 c.cpp，该文件在 c.cpp 之后）。

1.15　自动化构建过程

到目前为止，每当编译和运行程序时，都需要键入较长的命令行，用户可能会觉得有些麻烦。当用户开始向 ml64 和 cl 命令中添加更多命令行选项时，尤其感觉如此。请考虑以下的两个命令：

```
ml64 /nologo /c /Zi /Cp listing1-8.asm
cl /nologo /O2 /Zi /utf-8 /EHa /Felisting1-8.exe c.cpp listing1-8.obj
listing1-8
```

“/Zi”选项指示 MASM 和 MSVC 将额外的调试信息编译到代码中。“/nologo”选项指示 MASM 和 MSVC 在编译期间跳过打印有关版权以及版本的信息。MASM 的“/Cp”选项指示 MASM 在编译时不区分大小写（以便用户在编写汇编语言源文件中不需要使用“options casemap:none”伪指令）。“/O2”选项指示 MSVC 优化编译器生成的机器代码。“/utf-8”选项指示 MSVC 使用 utf-8 Unicode 进行编码（这是 ASCII 兼容的编码），而不是 utf-16 编码（或者其他字符编码）。“/EHa”选项指示 MSVC 处理处理器生成的异常（例如内存访问故障——汇编语言程序中一种常见的异常）。“/Fe”选项指定可执行的输出文件名。每当用户想要构建一个示例程序时，键入所有这些命令行选项将是一项艰巨的工作。

最简单的解决方案是创建一个批处理文件，使构建过程自动化。例如，用户可以在文本文件中键入前面的 3 个命令行，将该文本文件命名为 l8.bat，然后只须在命令行中键入 l8 即可自动执行这 3 个命令。这省去了大量的键入工作，还不容易出错。

将这 3 个命令放入批处理文件的唯一缺点是，该批处理文件只适用于 listing1-8.asm 源文件，在编译其他程序时用户必须创建一个新的批处理文件。幸运的是，很容易创建一个用于处理任何单个汇编程序源代码文件的批处理文件，该批处理文件对汇编程序源文件进行编译，并链接到通用 c.cpp 程序。请考虑下面的 build.bat 批处理文件：

```
echo off
ml64 /nologo /c /Zi /Cp %1.asm
cl /nologo /O2 /Zi /utf-8 /EHa /Fe%1.exe c.cpp %1.obj
```

这些命令中的“%1”项用于指示 Windows 命令行处理器，使用命令行参数（特别地，命令行参数数字 1）代替 %1。如果从命令行键入以下的内容：

```
build listing1-8
```

那么，Windows 将执行以下 3 个命令：

```
echo off
ml64 /nologo /c /Zi /Cp listing1-8.asm
cl /nologo /O2 /Zi /utf-8 /EHa /Felisting1-8.exe c.cpp listing1-8.obj
```

使用这个 build.bat 文件，只须在 build 命令行上指定汇编语言源文件名（不带 .asm 后缀），即可编译多个项目。

build.bat 在编译并链接程序后，不会运行它。用户可以通过在批处理文件末尾附加一行包含 %1 的内容，将运行功能添加到批处理文件中。但是，当编译因为 C++ 或汇编语言源文件中的错误而失败时，批处理文件也会尝试运行程序。因此，在使用批处理文件构建程序后，最好手动运行所生成的程序，如下所示：

```
C:\>build listing1-8
C:\>listing1-8
```

可以肯定的是，手动方式稍微多一些键入操作，但从长远来看更安全。

微软公司提供了另一个从命令行控制编译的有用工具：makefiles。这是一个比批处理文件更好的解决方案，因为 makefiles 允许用户根据前面步骤的成功情况，有条件地控制流程中的执行步骤（例如运行可执行文件）。但是，使用微软公司的 make 程序（nmake.exe）超出了本章的知识范围。make 程序是一个值得学习的好工具（第 15 章将简单介绍该工具的基础知识）。然而，批处理文件对于本书大部分内容中出现的简单项目来说已经足够了，并且使用者只需要很少的额外知识或培训。如果用户有兴趣了解有关 makefiles 的更多信息，请参阅第 15 章或者 1.17 节。

1.16　微软 ABI 注释

微软 ABI 是一个程序中各个模块之间的契约，用于确保模块（特别是使用不同程序设计语言编写的模块）之间的兼容性[⊖]。在本书中，C++ 程序将调用汇编语言代码，汇编模块将调用 C++ 代码，因此汇编语言代码必须遵守微软 ABI 的契约。

即使编写独立的汇编语言代码，也仍然会调用 C++ 代码，因为将（毫无疑问地）调用 Windows 应用程序编程接口（application programming interface，API）。Windows API 函数都是使用 C++ 编写的，所以对 Windows 的调用必须遵循 Windows ABI 的契约。

由于遵循微软 ABI 的契约非常重要，因此本书每一章（如果适用的话）的最后都包括一小节，重点讨论本章介绍的或者大量使用的微软 ABI 组件。本节介绍微软 ABI 中的几个概念：变量大小、寄存器的用途和栈对齐。

1.16.1　变量大小

尽管在汇编语言中处理不同的数据类型完全取决于汇编语言程序员（以及对使用在该数据上的机器指令的选择），但在 C++ 和汇编语言程序之间保持数据大小（以字节为单位）的一致性是至关重要的。表 1-6 列出了几种常见的 C++ 数据类型和对应的汇编语言类型（类型中蕴含数据大小信息）。

表 1-6　C++ 和汇编语言类型

C++ 类型	大小（以字节为单位）	汇编语言类型	C++ 类型	大小（以字节为单位）	汇编语言类型
char	1	sbyte	short int	2	sword
signed char	1	sbyte	short unsigned	2	word
unsigned char	1	byte	int	4	sdword

⊖ Microsoft 还在其文档中将 ABI 称为 X64 调用约定。

（续）

C++ 类型	大小（以字节为单位）	汇编语言类型	C++ 类型	大小（以字节为单位）	汇编语言类型
unsigned (unsigned int)	4	dword	__int64	8	sqword
long	4	sdword	unsigned __int64	8	qword
long int	4	sdword	Float	4	real4
long unsigned	4	dword	double	8	real8
long int	8	sqword	pointer（例如 void *）	8	qword
long unsigned	8	qword			

尽管MASM提供有符号类型声明（sbyte、sword、sdword和sqword），但汇编语言指令不区分无符号类型变体和有符号类型变体。可以使用无符号指令序列处理有符号整数（sdword），也可以使用有符号指令序列处理无符号整数（dword）。在汇编语言源文件中，这些不同的伪指令主要发挥文档辅助功能，用以帮助描述程序员的意图[⊖]。

程序清单1-9是一个简单的程序，用于验证这些C++数据类型的大小。

注意：%2zd格式字符串显示size_t类型值（sizeof运算符返回size_t类型的值）。这样可以避免MSVC编译器产生警告信息（如果仅使用%2d，则会生成警告信息）。大多数编译器可以使用%2d。

程序清单1-9　输出常见C++数据类型的大小

```
// 程序清单1-9

// 一个简单的C++程序，用于演示微软C++数据类型的大小：

#include <stdio.h>

int main(void)
{
    char v1;
    unsigned char v2;
    short v3;
    short int v4;
    short unsigned v5;
    int v6;
    unsigned v7;
    long v8;
    long int v9;
    long unsigned v10;
    long long int v11;
    long long unsigned v12;
    __int64 v13;
    unsigned __int64 v14;
    float v15;
    double v16;
    void * v17;

    printf
    (
        "Size of char: %2zd\n"
        "Size of unsigned char: %2zd\n"
        "Size of short: %2zd\n"
```

⊖ MASM的早期32位版本包括一些高级语言控制语句（例如，.if、.else、.endif），这些语句使用有符号和无符号的声明。但是，微软不再支持这些高级语句。因此，MASM不再区分有符号声明和无符号声明。

```
        "Size of short int: %2zd\n"
        "Size of short unsigned: %2zd\n"
        "Size of int: %2zd\n"
        "Size of unsigned: %2zd\n"
        "Size of long: %2zd\n"
        "Size of long int: %2zd\n"
        "Size of long unsigned: %2zd\n"
        "Size of long long int: %2zd\n"
        "Size of long long unsigned: %2zd\n"
        "Size of __int64: %2zd\n"
        "Size of unsigned __int64: %2zd\n"
        "Size of float: %2zd\n"
        "Size of double: %2zd\n"
        "Size of pointer: %2zd\n",
        sizeof v1,
        sizeof v2,
        sizeof v3,
        sizeof v4,
        sizeof v5,
        sizeof v6,
        sizeof v7,
        sizeof v8,
        sizeof v9,
        sizeof v10,
        sizeof v11,
        sizeof v12,
        sizeof v13,
        sizeof v14,
        sizeof v15,
        sizeof v16,
        sizeof v17
    );
}
```

程序清单 1-9 的 build 命令和输出结果如下所示：

```
C:\>cl listing1-9.cpp
Microsoft (R) C/C++ Optimizing Compiler Version 19.15.26730 for x64
Copyright (C) Microsoft Corporation. All rights reserved.
listing1-9.cpp
Microsoft (R) Incremental Linker Version 14.15.26730.0
Copyright (C) Microsoft Corporation. All rights reserved.

/out:listing1-9.exe
listing1-9.obj

C:\>listing1-9
Size of char: 1
Size of unsigned char: 1
Size of short: 2
Size of short int: 2
Size of short unsigned: 2
Size of int: 4
Size of unsigned: 4
Size of long: 4
Size of long int: 4
Size of long unsigned: 4
Size of long long int: 8
Size of long long unsigned: 8
Size of __int64: 8
Size of unsigned __int64: 8
```

```
Size of float: 4
Size of double: 8
Size of pointer: 8
```

1.16.2 寄存器的用途

汇编语言过程（包括汇编语言主函数）中寄存器的用途（register usage）也受某些微软ABI规则的约束。在一个过程中，微软ABI对寄存器的用途有如下说明[⊖]。

- 调用函数的代码可以通过寄存器RCX、RDX、R8和R9，将前四个（整数）参数分别传递给函数（过程）。程序可以通过寄存器XMM0、XMM1、XMM2和XMM3传递前四个浮点参数。
- 寄存器RAX、RCX、RDX、R8、R9、R10和R11是易失性（volatile）寄存器，这意味着函数（过程）不需要在函数（过程）调用中保存寄存器的值。
- 寄存器XMM0/YMM0到XMM5/YMM5也是易失性寄存器。函数（过程）不需要在调用过程中保存这些寄存器的值。
- 寄存器RBX、RBP、RDI、RSI、RSP、R12、R13、R14和R15是非易失性（nonvolatile）寄存器。过程（函数）必须在调用过程中保存这些寄存器的值。如果一个过程修改了其中一个寄存器的值，则该过程必须在第一次修改之前保存寄存器的值，并在从函数（过程）返回之前从保存的位置恢复寄存器的值。
- 寄存器XMM6到XMM15是非易失性寄存器。函数必须在调用其他函数（过程）期间保存这些寄存器的值（即当过程返回时，这些寄存器必须包含在进入该过程时所具有的相同值）。
- 使用x86-64浮点协处理器指令的程序，必须在过程调用中保存浮点控制字的值。此类程序还应清除浮点栈的内容。
- 任何使用x86-64方向标志位的过程（函数），必须在从过程（函数）中返回时清除该标志位。

微软C++期望函数返回值出现在以下两个位置。整数（和其他非标量）结果返回到RAX寄存器（最多64位）。如果返回值类型小于64位，则RAX寄存器的高位未定义。例如，如果函数返回短整型（16位）结果，则RAX寄存器中的第16位至第63位可能包含垃圾数据。微软的ABI规定，浮点（和向量）函数返回结果必须返回到XMM0寄存器。

1.16.3 栈对齐

在本章的源代码程序清单中，包含一些“魔法”指令，这些“魔法”指令基本上是从RSP寄存器中加或者减一个值。这些指令与栈对齐有关（这是微软ABI契约的要求）。本章（以及随后的几章）在代码中提供了这些指令，但没有做进一步解释。有关这些指令用途的更多详细信息，请参见第5章。

1.17 拓展阅读资料

本章涵盖了很多相关知识。虽然还有很多关于汇编语言程序设计的知识需要读者学习，但本章结合HLL（特别是C/C++），为读者提供了足够的信息，让读者可以开始编写真正的

⊖ 有关更多详细信息，请参阅位于以下网址的Microsoft文档：https://docs.microsoft.com/en-us/cpp/build/x64-calling-convention?view=msvc-160/。

汇编语言程序。

本章涵盖了许多主题，其中三个主要的主题是 x86-64 CPU 体系结构、简单 MASM 程序的语法，以及与 C 标准库的接口。

以下资源提供了有关 makefiles 的更多信息：

- Wikipedia: https://en.wikipedia.org/wiki/Make_(software)。
- *Managing Projects with GNU Make*（Robert Mecklenburg，O'Reilly Media，2004）。
- *The GNU Make Book*（John Graham-Cumming，No Starch Press，2015）。
- *Managing Projects with make*（Andrew Oram and Steve Talbott，O'Reilly & Associates，1993）。

有关 MVSC 的更多信息：

- 微软 Visual Studio 网站：https://visualstudio.microsoft.com/ 以及 https://visualstudio.microsoft.com/vs/。
- 微软自由开发者提供的网站：https://visualstudio.microsoft.com/free-developer-offers/。

有关 MASM 的更多信息：

- 微软官网的 C++、C 以及汇编器文档：https://docs.microsoft.com/en-us/cpp/assembler/masm/masm-for-x64-ml64-exe?view=msvc-160/。
- *The Waite Group's Microsoft Macro Assembler Bible*（涵盖 MASM 6。虽然 MASM 6 仅针对 32 位汇编语言程序设计，但是该书仍然包含大量有关 MASM 的参考信息）：https://www.amazon.com/Waite-Groups-Microsoft-Macro-Assembler/dp/0672301555/。

有关 ABI 的更多信息：

- 最完善的文档请参考 Agner Fog 的个人主页：https://www.agner.org/optimize/。
- 以下微软网址也包含微软 ABI 调用约定的详细信息：https://docs.microsoft.com/en-us/cpp/build/x64-callingconvention?view=msvc-160。也可以在互联网上搜索 Microsoft calling conventions 关键词以获得更多信息。

1.18　自测题

1. Windows 命令行解释器程序的名称是什么？
2. MASM 可执行程序文件的名称是什么？
3. 三条主要系统总线的名称是什么？
4. 哪些寄存器覆盖了 RAX 寄存器？
5. 哪些寄存器覆盖了 RBX 寄存器？
6. 哪些寄存器覆盖了 RSI 寄存器？
7. 哪些寄存器覆盖了 R8 寄存器？
8. 哪个寄存器保存条件码标志位？
9. 以下数据类型各占用多少个字节？
   a. word
   b. dword
   c. oword
   d. 带一个“4 dup (?)”操作数的 qword
   e. real8
10. 如果一个 8 位（字节）内存变量是 mov 指令的目标操作数，那么哪些源操作数是合法的？
11. 如果 mov 指令的目标操作数是 EAX 寄存器，那么可以加载到该寄存器中的最大常量（以位为单位）是多少？

12. 对于 add 指令，请填写下表中指定的所有目标操作数对应的最大常量大小（以位为单位）。

目标操作数	常量大小	目标操作数	常量大小
RAX		AH	
EAX		mem_{32}	
AX		mem_{64}	
AL			

13. lea 指令的目标（寄存器）操作数大小是多少？
14. lea 指令的源（内存）操作数大小是多少？
15. 用于调用过程或函数的汇编语言指令名称是什么？
16. 用于从过程或函数返回的汇编语言指令名称是什么？
17. ABI 表示什么含义？
18. 在 Windows ABI 中，在何处返回以下的函数操作结果？
    a. 8 位字节值
    b. 16 位字值
    c. 32 位整数值
    d. 64 位整数值
    e. 浮点值
    f. 64 位指针值
19. 在何处将第一个参数传递给微软 ABI 兼容函数？
20. 在何处将第二个参数传递给微软 ABI 兼容函数？
21. 在何处将第三个参数传递给微软 ABI 兼容函数？
22. 在何处将第四个参数传递给微软 ABI 兼容函数？
23. 汇编语言中的哪种数据类型对应于 C/C++ 程序设计语言中的 long int？
24. 汇编语言中的哪种数据类型对应于 C/C++ 程序设计语言中的 long long unsigned？

计算机数据表示和运算

在尝试学习汇编语言的过程中，许多初学者会在学习二进制和十六进制数制系统时遇到困难。虽然二进制数字、十六进制数字与通常所用的数字之间的确存在一些差异，但它们的优点远远大于缺点。因此，理解二进制和十六进制数制系统非常重要，它们可以简化对许多其他主题的讨论，包括位运算、有符号数字的表示、字符代码和打包数据主题。

本章讨论几个重要概念，具体包括以下内容：

- 二进制和十六进制数制系统
- 二进制数据的组织形式（位、半字节、字节、字和双字）
- 有符号和无符号数制系统
- 二进制值的算术、逻辑、移位和循环移位运算
- 位字段和打包数据
- 浮点数和二进制代码的十进制格式
- 字符数据

以上内容都是基本知识，学习本书其余的章节内容离不开读者对这些概念的理解。如果读者已经从其他课程或者研究中熟悉了这些术语，那么至少应该在进入下一章之前浏览一下这些知识。如果读者对本章的知识并不熟悉，或者只是一知半解，那么应在继续之前仔细学习本章内容。本章的所有内容都很重要！请千万不要跳过任何一个知识点。

2.1 数制系统

大多数现代计算机系统都不使用十进制（以 10 为基数），而是通常采用二进制或者二进制补码（two's complement）的数制系统。

2.1.1 十进制数制系统的回顾

长期以来，人们一直使用十进制数制系统，因此可能会想当然地认为所有数字都是十进制数。现在，当看到像 123 这样的数字时，不要去考虑数值 123，而是在大脑中考虑它总共代表多少项。实际上数字 123 在十进制数制系统中的表示如下：

$$(1 \times 10^2) + (2 \times 10^1) + (3 \times 10^0)$$

或者

$$100 + 20 + 3$$

在十进制的位置数制系统中，小数点左侧的每一位数字都代表一个数值，它们是 0 ～ 9 之间的数字乘以 10 的递增次方幂；小数点右侧的每一位数字也都代表一个数值，它们是 0 ～ 9 之间的数字乘以 10 的递增负次方幂。例如，123.456 可以表示为：

$$(1 \times 10^2) + (2 \times 10^1) + (3 \times 10^0) + (4 \times 10^{-1}) + (5 \times 10^{-2}) + (6 \times 10^{-3})$$

或者

$$100 + 20 + 3 + 0.4 + 0.05 + 0.006$$

2.1.2　二进制数制系统

在大多数现代的计算机系统中都采用二进制逻辑进行运算。计算机使用两个电平（通常是 0V 和 +2.4 ～ 5V）表示数值，这两个电平正好可以表示两个不同的数值。这两个数值可以是任意两个不同的数值，但通常表示二进制数制系统中的两个数值 0 和 1。

二进制数制系统与十进制数制系统的原理类似，不同之处在于二进制数制系统中仅存在 0 和 1（而不是 0 ～ 9），并且使用的是 2 的幂（而不是 10 的幂）。因此，将二进制数字转换为十进制数字非常容易。对于二进制字符串中的每个 1，都要乘上 2^n，其中 n 是从 0 开始计数的 1 所在的位置。例如，二进制数 11001010_2 可以表示为：

$$(1 \times 2^7) + (1 \times 2^6) + (0 \times 2^5) + (0 \times 2^4) + (1 \times 2^3) + (0 \times 2^2) + (1 \times 2^1) + (0 \times 2^0)$$
$$=128_{10} + 64_{10} + 8_{10} + 2_{10}$$
$$=202_{10}$$

总而言之，首先必须找到所有 2 的幂，然后将这些幂相加，结果就等于十进制数字。

将十进制数字转换为二进制数字要稍微复杂一些，一种简单方法是“偶 / 奇——除 2”（even/odd—divide-by-two）算法。该算法使用以下的步骤。

（1）如果数字为偶数，则得到一个 0。如果数字为奇数，则得到一个 1。

（2）将数字除以 2，并舍弃小数部分或余数。

（3）如果商为 0，则算法完成。

（4）如果商不是 0 并且是奇数，则在当前二进制串前插入 1；如果数字为偶数，则在当前二进制串前面加 0。

（5）返回到步骤（2），并重复操作步骤。

虽然在高级计算机程序设计语言中，二进制数不太重要，但它们在汇编语言程序中随处可见。所以读者必须熟悉二进制数。

2.1.3　二进制约定

从最纯粹的意义上讲，每个二进制数都可以包含无限多位的数字，或者称为二进制位（bit，简称位，是 binary digit 的缩写）。例如，我们可以使用以下任意一种方式来表示数字 5：

101　00000101　0000000000101　…　000000000000101

二进制数之前可以包含任意数量的前导 0，而不改变其值的大小。由于 x86-64 通常使用 8 位的组，所以我们将使用前导 0 把所有二进制数扩展到 4 或者 8 的倍数位。按照这个约定，我们将 5 表示为 0101_2 或 00000101_2。

对于较大的二进制数，为了增加其可读性，我们将每 4 位分为一组，组之间使用下划线分隔。例如，我们将 1010111110110010 写成 1010_1111_1011_0010 的形式。

注意： MASM 不允许在二进制数的中间插入下划线。在较大数内部使用下划线分隔只是本书为便于阅读而采用的约定。

我们将按如下方式对每个二进制位进行编号。

（1）二进制数中最右边的位编号为第 0 位。

（2）从右向左的每一个二进制位连续编号。

一个 8 位的二进制数使用第 0 位～第 7 位的位置编号：

$$X_7\,X_6\,X_5\,X_4\,X_3\,X_2\,X_1\,X_0$$

一个 16 位的二进制数使用第 0 位～第 15 位的位置编号：

$$X_{15}\,X_{14}\,X_{13}\,X_{12}\,X_{11}\,X_{10}\,X_9\,X_8\,X_7\,X_6\,X_5\,X_4\,X_3\,X_2\,X_1\,X_0$$

一个 32 位的二进制数使用第 0 位～第 31 位的位置编号，依此类推。

第 0 位称为低阶（low-order，LO）位，有些人将其称为最低有效位（least signifcant bit）。最左边的位称为高阶（high-order，HO）位，或者称为最高有效位（most signifcant bit）。我们将通过中间位各自的位置编号来引用这些位。

在 MASM 中，可以将二进制数指定为以字符 b 结尾的 0 或 1 串。请记住，MASM 不允许在二进制数中使用下划线。

2.2　十六进制数制系统

不好的是，二进制数非常冗长。例如，202_{10} 需要 8 个二进制位来表示，但只需要 3 个十进制位就可以表示。当处理较大的数时，使用二进制表示很快就会变得非常不适用。然而，计算机是采用二进制进行“思考”的，所以大多数时候使用二进制编码系统会非常方便。虽然我们可以在十进制表示和二进制表示之间进行转换，但这种转换并不是一项简单的任务。

十六进制（基数为 16）数制系统解决了二进制系统中固有的许多问题：十六进制数非常紧凑，且向二进制数的转换非常简单，反之亦然。因此，大多数计算机系统工程师使用十六进制数制系统。

十六进制数的基数是 16，用十六进制小数点左边的每个位乘以 16 的递增整数次幂就得到了对应的十进制数。例如，1234_{16} 等于：

$$(1 \times 16^3) + (2 \times 16^2) + (3 \times 16^1) + (4 \times 16^0)$$

或者

$$4096 + 512 + 48 + 4 = 4660_{10}$$

每个十六进制位分别对应 0 ～ 15_{10} 之间 16 个数字中的某一个。因为只有 10 个十进制位，所以我们需要增加六个额外的数字来表示 10_{10} ～ 15_{10} 对应的十六进制位。我们没有为这些数字创建新符号，而是分别使用字母 A~F 来表示。有效的十六进制数示例如下所示：

$$1234_{16}\quad DEAD_{16}\quad BEEF_{16}\quad 0AFB_{16}\quad F001_{16}\quad D8B4_{16}$$

由于我们经常需要向计算机系统中输入十六进制数，而在大多数计算机系统中，我们不能使用下标来表示相关值的基数，因此需要采用一种不同的机制来表示十六进制数。我们将采用以下 MASM 约定。

（1）所有十六进制数均以数字字符开头，后缀为 h。例如，123A4h 和 0DEADh。

（2）所有二进制数以 b 为后缀。例如，10010b。

（3）十进制数没有任何后缀字符。

（4）如果从上下文中可以很清楚地判别出基数，本书可能会省略后缀字符 h 或者 b。

以下是一些使用 MASM 表示法的有效十六进制数示例：

1234h 0DEADh 0BEEFh 0AFBh 0F001h 0D8B4h

正如所见，十六进制数非常紧凑，并且可读性较好。此外，我们还可以轻松地在十六进制数和二进制数之间进行转换。表 2-1 提供了将十六进制数转换为二进制数所需的信息，反之亦然。

为了将十六进制数转换为二进制数，只需要将

表 2-1　二进制与十六进制之间的转换

二进制	十六进制	二进制	十六进制
0000	0	1000	8
0001	1	1001	9
0010	2	1010	A
0011	3	1011	B
0100	4	1100	C
0101	5	1101	D
0110	6	1110	E
0111	7	1111	F

数中的每个十六进制数字替换为相应的 4 位二进制数字。例如，对于 0ABCDh，可以根据表 2-1 对其中每个十六进制数字进行转换，如下所示：

A	B	C	D	十六进制
1010	1011	1100	1101	二进制

将二进制数转换为十六进制数的方法也非常简单，以下为转换步骤。

（1）使用前导 0 填充二进制数，以确保该二进制数的位数是 4 的倍数。例如，给定二进制数 1011001010，在该数字的左侧添加 2 位 0，使其包含 12 位，即 001011001010。

（2）将二进制数分成若干组，每组包含 4 位，例如，0010_1100_1010。

（3）在表 2-1 中查找这些组，并替换成对应的十六进制数字，因此得到 2CAh。

这与十进制数和二进制数之间的转换（或者十进制数和十六进制数之间的转换）复杂度形成了鲜明的对比！

因为十六进制数和二进制数之间的转换是一个需要反复执行的操作，所以建议读者花点时间牢记其转换表（表 2-1）。即使可以使用计算器进行转换，我们也会发现，在进行二进制数与十六进制数之间的转换时，手工转换会更快速，也更便捷。

2.3　关于数字与表示的注释

人们常常混淆了数字及其表示的概念。刚刚开始学习汇编语言的学生通常会提出这样一个疑问："在 EAX 寄存器中有一个二进制数，如何将其转换为 EAX 寄存器中的十六进制数呢？"答案是："不需要转换。"

尽管可以提出一个强有力的论点，即内存或寄存器中的数是用二进制表示的，但最好将内存或寄存器中的值视为抽象的数字量（abstract numeric quantity）。128、80h 或 10000000b 等符号串并不是不同的数字，它们只是同一抽象数字量的不同表示，我们称该量为一百二十八。在计算机内部，数字就是一个数字，与其表示形式无关，仅当以人类可阅读的形式输入或输出值时，才会区分该值的表示形式。

数字量可供人类阅读的形式总是字符串。为了以人类可阅读的形式打印值 128，必须将其转换为三字符序列"128"，这将提供数字量的十进制表示形式。如果需要，也可以将值 128 转换为三字符序列"80h"。这里跟"128"表示的是一个相同的值，但我们将其转换为不同的字符序列，因为（大概）我们希望使用十六进制表示法而不是十进制表示法来查看数值。同样，如果我们希望查看数值对应的二进制表示，就必须将这个数值转换成一个包含 1 个 1 和 7 个 0 的字符串。

纯汇编语言没有通用的打印或者输出函数，可以调用打印或输出函数在控制台上将数字量显示为字符串。我们可以编写自定义的过程来处理这个显示过程（本书稍后将讨论其中的一些过程）。目前，本书中的 MASM 代码依赖于 C 标准库的 printf() 函数来显示数值。请阅读程序清单 2-1 中的程序，该程序将各种数值转换为其等价的十六进制数值。

程序清单 2-1　十进制数到十六进制数的转换程序

```
; 程序清单 2-1

; 在控制台上显示一些数值。

        option  casemap:none

nl      =       10  ; 用于换行的 ASCII 码
```

```
    .data
i   qword 1
j   qword 123
k   qword 456789

titleStr byte 'Listing 2-1', 0

fmtStrI byte "i=%d, converted to hex=%x", nl, 0
fmtStrJ byte "j=%d, converted to hex=%x", nl, 0
fmtStrK byte "k=%d, converted to hex=%x", nl, 0

    .code
    externdef printf:proc

; 将程序标题返回到 C++ 程序:
    public getTitle
getTitle proc

; 将“titleStr”的地址加载到 RAX 寄存器（RAX 寄存器保存函数返回结果）
; 并返回到调用方:

    lea rax, titleStr
    ret
getTitle endp

; 以下是“asmMain”函数的定义。
    public asmMain
asmMain proc

; 以下代码提供的“魔法”指令，暂时先不解释:

    sub rsp, 56

; 调用函数 printf 三次，分别打印三个值 i、j 和 k:

; printf( “i=%d, converted to hex=%x\n” , i, i);

    lea rcx, fmtStrI
    mov rdx, i
    mov r8, rdx
    call printf

; printf( “j=%d, converted to hex=%x\n” , j, j);

    lea rcx, fmtStrJ
    mov rdx, j
    mov r8, rdx
    call printf

; printf( “k=%d, converted to hex=%x\n” , k, k);

    lea rcx, fmtStrK
    mov rdx, k
    mov r8, rdx
    call printf

; 另一条“魔法”指令，在该过程返回到调用方之前，撤销前一条指令的影响。

    add rsp, 56

    ret ; 返回到调用方
```

```
asmMain endp
    end
```

程序清单 2-1 使用了第 1 章中的 c.cpp 通用程序（以及 build.bat 通用批处理文件）。在命令行中，可以使用以下命令编译和运行这个程序：

```
C:\>build listing2-1

C:\>echo off
Assembling: listing2-1.asm
c.cpp

C:\> listing2-1
Calling Listing 2-1:
i=1, converted to hex=1
j=123, converted to hex=7b
k=456789, converted to hex=6f855
Listing 2-1 terminated
```

2.4　数据组织

单纯从数学的角度而言，一个数的表示可以取任意多位。而从另一个角度看，计算机通常使用特定数量的位来表示数。常见的二进制位组包括：1 位一组（bit，位）、4 位一组（nibble，半字节）、8 位一组（byte，字节）、16 位一组（word，字）、32 位一组（double words 或者 dwords，双字）、64 位一组（quad words 或者 qwords，四字）、128 位一组（octal words 或者 oword，八字）等。

2.4.1　位

在二进制计算机中，最小的数据单位是位。使用单个二进制位，可以表示任意两个不同的数据项。例如，0 和 1、真和假、对和错。但是，二进制位并不限于表示二进制数据类型，它也可以表示数值 723 和 1245，或者表示红色和蓝色，甚至表示红色和数值 3256。可以使用单个二进制位表示任意两个不同的值，但只能表示两个值。

不同的二进制位可以代表不同的对象。例如，可以使用某个二进制位表示值 0 和 1，而用另一个二进制位表示值 true 和 false。那么该如何区分这些二进制位所代表的对象呢？答案是无法区分。这也阐明了计算机数据结构背后的全部思想：数据代表的对象取决于我们的定义。如果使用二进制位表示布尔值，则该位（根据我们的定义）表示 true 或者 false。当然，我们必须保持前后表述的一致性。如果在程序的某一个位置点上使用某个二进制位表示 true 或者 false，那么在后面的代码中就不应使用该位来表示红色或者蓝色。

2.4.2　半字节

半字节是由 4 个二进制位组成的数据类型。对于半字节，最多可以表示 16 个不同的值，因为 4 个二进制位最多可以组成 16 种不同的字符串：

```
0000
0001
0010
0011
0100
0101
0110
```

```
0111
1000
1001
1010
1011
1100
1101
1110
1111
```

半字节是一种有趣的数据结构，因为二进制编码十进制（Binary-coded decimal，BCD）数[1]需要 4 个二进制位来表示，十六进制数中的单个位也需要 4 个二进制位来表示。在十六进制数的情况下，0、1、2、3、4、5、6、7、8、9、A、B、C、D、E 和 F 都使用 4 个二进制位来表示。BCD 使用 10 个不同的数字（0、1、2、3、4、5、6、7、8 和 9），同样需要 4 个二进制位表示（因为采用 3 个二进制位只能表示 8 个不同的值，而采用 4 个二进制位表示的其他 6 个值在 BCD 表示中从未被使用）。事实上，任何 16 个不同的值都可以用半字节表示，只是十六进制数和 BCD 数是半字节表示的主要用途。

2.4.3 字节

毫无疑问，x86-64 微处理器所使用的最重要的数据结构是字节。字节由 8 个二进制位组成。x86-64 上的主存和 I/O 地址都采用字节地址。这就意味着 x86-64 程序可以单独访问的最小项是由 8 个二进制位表示的数值。为了访问任何较小的数据，我们需要读取包含该数据的字节，并屏蔽掉不需要的二进制位。字节中的二进制位通常用 0 ～ 7 进行编号，如图 2-1 所示。

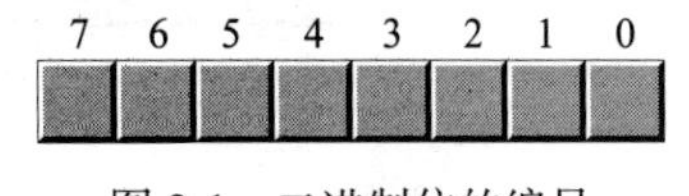

图 2-1 二进制位的编号

第 0 位是最低位，第 7 位是最高位。我们将根据位的编号来引用数值中所有的二进制位。一个字节正好包含两个半字节（参见图 2-2）。

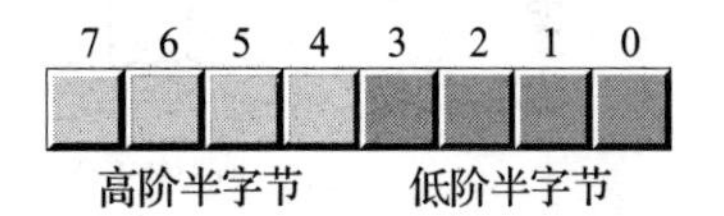

图 2-2 一个字节中的两个半字节

第 0 位～第 3 位构成低阶半字节，第 4 位～第 7 位构成高阶半字节。因为一个字节正好包含两个半字节，所以一个字节需要 2 个十六进制数来表示。

因为一个字节包含 8 个二进制位，所以字节可以表示 2^8（即 256）个不同的数值。通常情况下，我们将使用一个字节来表示 0 ～ 255 范围内的数值、−128 ～ +127 范围内的有符号数值（具体请见 2.7 节中的相关内容）、ASCII IBM 字符代码，以及其他特殊数据类型（只要这些数据类型的取值不超过 256 种）。许多数据类型包含的数据项都少于 256 个，因此 8 个二进制位通常就足够了。

由于 x86-64 是按字节寻址的计算机，对整个字节进行操作比对单个二进制位或半字节更为有效，因此使用一个整字节来表示不需要超过 256 个数据项的数据类型更为有效，甚至用不了 8 个二进制位就足以表示数据。

对于一个字节而言，其最重要的用途在于保存字符。无论是键盘上键入的字符，还是屏幕上显示的字符，再或者是打印机上打印的字符，它们都对应一个数字值。为了与世界其他地区通信，PC 通常使用 ASCII 字符集或者 Unicode 字符集的变体。ASCII 字符集包含 128 个有定义的编码。

在 MASM 程序中，字节也是我们可以创建的最小变量。为了创建一个字节变量，应该

[1] BCD 是一种用于表示十进制数的数字编码方案，每个十进制位都使用 4 个二进制位表示。

使用 byte 数据类型，如下所示：

```
    .data
byteVar byte ?
```

byte 数据类型是半非类型化的数据类型。与字节对象关联的唯一类型信息是字节大小（一个字节）[⊖]。可以将任意一个 8 位的二进制值（较小的有符号整数、较小的无符号整数、字符等）存储到字节变量中。最终由程序来控制存储在字节变量的对象类型。

2.4.4 字

字是由 16 个二进制位组成的数据类型。如图 2-3 所示，我们将一个字中的二进制位用 0 ～ 15 进行编号。与字节一样，第 0 位是低阶位。对于字而言，第 15 位是高阶位。当引用字中的其他位时，我们将使用其位置编号。

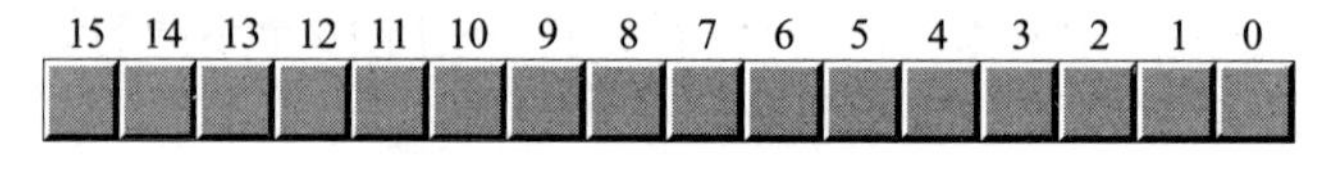

图 2-3 字中的二进制位编号

一个字正好包含 2 个字节（因此，有 4 个半字节）。第 0 位～第 7 位构成低阶字节，第 8 位～第 15 位构成高阶字节（参见图 2-4 和图 2-5）。

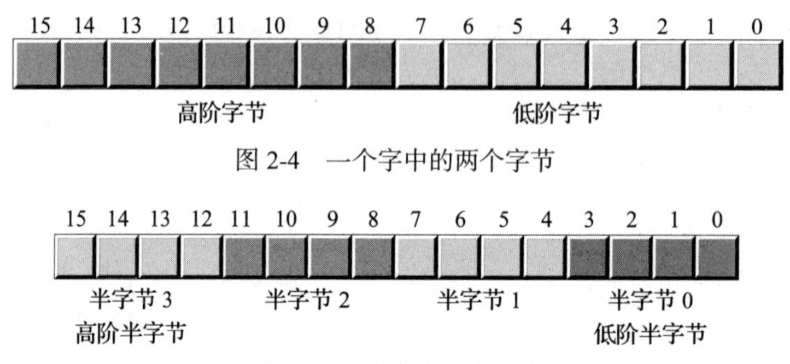

图 2-4 一个字中的两个字节

图 2-5 一个字中的半字节

使用 16 个二进制位可以表示 2^{16}（即 65 536）个数值。这些数值可以是 0 ～ 65 535 之间的值，也可以是通常情况下的有符号数值 −32 768 ～ +32 767，或者是取值不超过 65 536 个的任何其他数据类型。

字主要用于表示“短”有符号整数值、“短”无符号整数值以及 Unicode 字符。无符号数值由对应于字中各个位的二进制值表示。有符号数值以二进制补码形式来表示数值（具体请参见 2.8 节中的相关内容）。作为 Unicode 字符，字最多可以表示 65 536 个字符，允许在计算机程序中使用非罗马字符集。与 ASCII 一样，Unicode 也是一种国际标准，允许计算机处理非罗马字符，例如汉字、希腊字母和俄语字母。

与字节一样，我们也可以在 MASM 程序中创建字变量。为了创建一个字变量，可以使用 word 数据类型，如下所示：

```
.data
w   word ?
```

⊖ 对于 MASM 的 HLL 语句，byte 伪指令还表示该值是无符号值，而不是有符号值。然而，对于大多数正常的机器指令，MASM 忽略了这个额外的类型信息。

2.4.5　双字

顾名思义，一个双字由两个字组成。因此，双字的长度为 32 位，如图 2-6 所示。

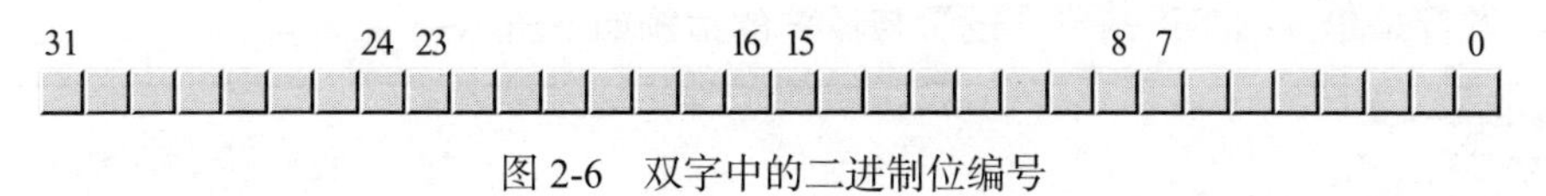

图 2-6　双字中的二进制位编号

很显然，1 个双字可以分为 1 个高阶字和 1 个低阶字、4 个字节或者 8 个不同的半字节（具体请参见图 2-7）。

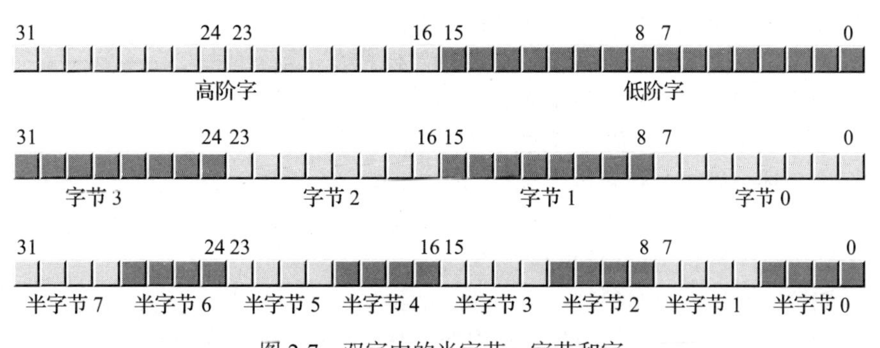

图 2-7　双字中的半字节、字节和字

双字可以代表各种不同的对象。一般使用双字来表示 32 位的整数值（允许 0 ～ 4 294 967 295 范围内的无符号数值，或者 −2 147 483 648 ～ 2 147 483 647 范围内的有符号数值）。32 位的浮点数值也可以使用双字来表示。

可以使用 dword 数据类型创建一个双字变量，如下例所示：

```
        .data
d       dword ?
```

2.4.6　四字和八字

四字（64 位）值也非常重要，因为 64 位整数、指针和某些浮点数据类型需要 64 个二进制位来表示。同样，现代 x86-64 处理器的 SSE/MMX 指令集可以处理 64 位的数值。当然，八字（128 位）数值也非常重要，因为 AVX/SSE 指令集可以处理 128 个二进制位所表示的数值。MASM 允许使用 qword 和 oword 数据类型来声明 64 位的数值以及 128 位的数值，如下所示：

```
        .data
o       oword ?
q       qword ?
```

但是，不能使用标准指令（例如 mov、add 和 sub）直接操作 128 位的整数对象，因为标准 x86-64 整数寄存器一次只能处理 64 位的数据。在第 8 章中，我们将讨论如何处理这些扩展精度值，第 11 章将讨论如何使用 SIMD 指令直接操作 oword 值。

2.5　位的逻辑运算

我们将使用十六进制数和二进制数，执行四种初级的逻辑运算（布尔函数）：AND（与）、OR（或）、XOR（异或）和 NOT（非）。

2.5.1 逻辑与运算

逻辑与运算是一种二元运算（dyadic/binary operation，表示该运算只接受两个操作数）。这些操作数都是单独的二进制位。逻辑与运算的示例如下所示：

```
0 and 0 = 0
0 and 1 = 0
1 and 0 = 0
1 and 1 = 1
```

表示逻辑与运算的紧凑方法是使用真值表。真值表的形式如表 2-2 所示。

表 2-2　逻辑与的真值表

与	0	1
0	0	0
1	0	1

这就像我们在学校里学习的乘法口诀表一样，第一列中的值对应于逻辑与运算的左操作数，第一行中的值对应于逻辑与运算的右操作数。位于行和列相交处的数值（对于特定的一对输入值）是将对应第一行与第一列的两个数值进行逻辑与运算的结果。

用文字来表述，逻辑与运算的含义是："如果第一个操作数为 1，第二个操作数为 1，那么结果为 1；否则，结果为 0。"我们也可以这样表述："如果其中一个或两个操作数都是 0，那么结果是 0。"

可以使用逻辑与运算强制得到一个值为 0 的结果：如果其中一个操作数为 0，则无论其他操作数如何，结果始终为 0。例如，在表 2-2 中，第二行仅包含值 0，第二列也仅包含值 0。此外，如果一个操作数包含 1，则结果恰好是另一个操作数的值。逻辑与运算的这些结果非常重要，特别是当我们想将某些位强制设为 0 时。我们将在下一节中，对逻辑与运算的这些用法进行深入研究。

2.5.2 逻辑或运算

逻辑或运算也是一种二元运算。其定义如下所示：

```
0 or 0 = 0
0 or 1 = 1
1 or 0 = 1
1 or 1 = 1
```

逻辑或运算的真值表如表 2-3 所示。

表 2-3　逻辑或的真值表

或	0	1
0	0	1
1	1	1

通俗而言，逻辑或运算的含义是："如果第一个操作数或者第二个操作数（或两个操作数）为 1，那么结果为 1；否则，结果为 0。"这也称为兼或运算或者同或运算（inclusive-or operation）。

如果逻辑或运算的一个操作数为 1，那么无论另一个操作数的值是多少，结果始终为 1。如果一个操作数为 0，那么结果始终是另一个操作数的值。与逻辑与运算一样，这是逻辑或运算的一个重要附加作用，后面将证实这一点非常有用。

请注意，这种形式的逻辑兼或运算与标准文字"或者"的含义存在差异。考虑这样一个语句："我将要去商店或者我将要去公园"。这句话意味着说话者将要去商店和公园中的一个地方，而不是两个地方都去。因此，文字中的逻辑或与计算机中的逻辑兼或的运算略有不同。事实上，文字中的或符合的是异或（XOR）运算的定义。

2.5.3 逻辑异或运算

逻辑异或运算也是一种二元运算。其定义如下所示：

```
0 xor 0 = 0
0 xor 1 = 1
1 xor 0 = 1
1 xor 1 = 0
```

逻辑异或运算的真值表如表 2-4 所示。

表 2-4 逻辑异或的真值表

异或	0	1
0	0	1
1	1	0

采用文字来表述，逻辑异或运算的含义就是："如果第一个操作数或第二个操作数为 1，且不是两者均为 1，则结果是 1；否则，结果是 0。"逻辑异或运算比逻辑或运算更接近文字"或者"的意思。

如果逻辑异或运算中的一个操作数是 1，则结果总是另一个操作数的相反值。也就是说，假如一个操作数为 1，那么如果另一个操作数为 1，则结果为 0；如果另一个操作数为 0，则结果为 1。如果第一个操作数为 0，那么结果正好是第二个操作数的值。这个功能允许我们有选择地反转一个位串中的某些二进制位。

2.5.4 逻辑非运算

逻辑非运算是一元运算（monadic operation，意味着这个运算只接受一个操作数）：

```
not 0 = 1
not 1 = 0
```

逻辑非运算的真值表如表 2-5 所示。

表 2-5 逻辑非的真值表

非	0	1
	1	0

2.6 二进制数和位串的逻辑运算

在上一节中，我们定义了单个位操作数的逻辑函数。由于 x86-64 使用 8、16、32、64 位或更多位构成的组[⊖]，因此我们需要扩展这些函数的定义，以处理超过两个二进制位的数据。

x86-64 上的逻辑函数按位（或逐位）进行运算。给定两个数值，这些函数对这两个值的第 0 位进行运算，产生结果的第 0 位；然后，函数对输入值的第 1 位进行运算，生成结果的第 1 位，依此类推。例如，要计算以下两个 8 位数字的逻辑与运算结果，则应单独对每列执行逻辑与运算：

```
1011_0101b
1110_1110b
----------
1010_0100b
```

同样，也可以将这种逐位运算的方法应用于其他逻辑函数。

如果要对两个十六进制数执行逻辑运算，那么首先应该将它们转换为二进制数。

在处理位串（例如二进制数）时，使用逻辑与 / 逻辑或运算强制二进制位为 0 或 1 的能力以及使用逻辑异或运算反转二进制位的能力非常重要。这些运算允许我们有选择地操纵位串中的某些位，而不影响其他位的值。

例如，如果有一个 8 位二进制值 *X*，并且我们希望将其第 4 位～第 7 位设置为 0，那么可以对值 *X* 与二进制值 0000_1111b 进行逻辑与运算，这种按位逻辑与运算会将 *X* 的最高 4 位强制设置为 0，而保持 *X* 的最低 4 位的值不变。同样，可以对 0000_0001b 与 *X* 进行逻辑

⊖ XMM 和 YMM 寄存器分别处理高达 128 和 256 个二进制位的数据。如果 CPU 支持 ZMM 寄存器，那么一次可以处理 512 个二进制位的数据。

或运算，将 X 的低阶位强制设置为 1；对 0000_0100b 与 X 进行逻辑异或运算，从而反转 X 的第 2 位。

使用逻辑与、逻辑或和逻辑异或运算，以这种方式操纵位串的方法，称为掩蔽（masking，也称为屏蔽）位串。我们之所以使用术语“掩蔽”是因为当我们希望将某些二进制位强制设置为 0、1 或其将其位取反时，可以使用某些值（1 用于逻辑与，0 用于逻辑或 / 异或）对某些位增加或者去除掩蔽。

x86-64 CPU 提供了四条指令，用于对操作数执行这些位逻辑运算。这四条指令分别是 and、or、xor 和 not。and、or 和 xor 指令的语法与 add 和 sub 指令相同：

```
and dest, source
or dest, source
xor dest, source
```

这些操作数与 add 指令的操作数具有相同的限制。具体而言，source（源操作数）必须是一个常量、内存或寄存器操作数，dest（目标操作数）必须是内存或寄存器操作数。此外，操作数的大小必须相同，并且不能两者都是内存操作数。如果目标操作数为 64 位，源操作数为常量，且该常量限制为 32 位（或更少的位数），则 CPU 将该值有符号扩展至 64 位（具体请参阅 2.8 节的相关内容）。

这些指令按位进行逻辑运算，计算等式如下：

```
dest = dest operator source
```

x86-64 逻辑非指令的语法稍有不同，因为该指令只有一个操作数。逻辑非指令的语法采用以下形式：

```
not dest
```

逻辑非指令的计算等式如下：

```
dest = not(dest)
```

其中，dest 操作数必须是寄存器或内存操作数。逻辑非指令将反转指定目标操作数中的所有的二进制位。

程序清单 2-2 中的代码读取用户输入的两个十六进制数，并计算它们的逻辑与、逻辑或、逻辑异或和逻辑非的运算结果。

程序清单 2-2　逻辑与、逻辑或、逻辑异或和逻辑非运算的示例

```
; 程序清单 2-2
; 演示逻辑运算指令：AND、OR、XOR 和 NOT。

    option casemap:none

nl = 10 ; 换行符的 ASCII 码

    .data

leftOp dword 0f0f0f0fh
rightOp1 dword 0f0f0f0f0h
rightOp2 dword 12345678h

titleStr byte 'Listing 2-2', 0

fmtStr1 byte "%lx AND %lx = %lx", nl, 0
```

```
fmtStr2 byte "%lx OR %lx = %lx", nl, 0
fmtStr3 byte "%lx XOR %lx = %lx", nl, 0
fmtStr4 byte "NOT %lx = %lx", nl, 0

    .code
    externdef printf:proc

; 将程序标题返回到 C++ 程序:

    public getTitle
getTitle proc

; 将"titleStr"的地址加载到 RAX 寄存器(RAX 寄存器保存函数的返回结果)
; 并返回到调用方:

    lea rax, titleStr
    ret
getTitle endp

; 以下是"asmMain"函数的定义。
    public asmMain
asmMain proc

; 以下提供的是"魔法"指令,此处暂时不解释:

    sub rsp, 56

; 演示逻辑 AND 指令:

    lea rcx, fmtStr1
    mov edx, leftOp
    mov r8d, rightOp1
    mov r9d, edx    ; 计算 leftOp
    and r9d, r8d    ; 与 rightOp1 进行逻辑与运算
    call printf

    lea rcx, fmtStr1
    mov edx, leftOp
    mov r8d, rightOp2
    mov r9d, r8d
    and r9d, edx
    call printf

; 演示逻辑 OR 指令:

    lea rcx, fmtStr2
    mov edx, leftOp
    mov r8d, rightOp1
    mov r9d, edx    ; 计算 leftOp
    or r9d, r8d     ; 与 rightOp1 进行逻辑或运算
    call printf

    lea rcx, fmtStr2
    mov edx, leftOp
    mov r8d, rightOp2
    mov r9d, r8d
    or r9d, edx
    call printf

; 演示逻辑 XOR 指令:
```

```
    lea rcx, fmtStr3
    mov edx, leftOp
    mov r8d, rightOp1
    mov r9d, edx    ; 计算 leftOp
    xor r9d, r8d    ; 与 rightOp1 进行逻辑异或运算
    call printf

    lea rcx, fmtStr3
    mov edx, leftOp
    mov r8d, rightOp2
    mov r9d, r8d
    xor r9d, edx
    call printf

; 演示逻辑 NOT 指令:

    lea rcx, fmtStr4
    mov edx, leftOp
    mov r8d, edx    ; 计算 not leftOp
    not r8d
    call printf

    lea rcx, fmtStr4
    mov edx, rightOp1
    mov r8d, edx    ; 计算 not rightOp1
    not r8d
    call printf

    lea rcx, fmtStr4
    mov edx, rightOp2
    mov r8d, edx    ; 计算 not rightOp2
    not r8d
    call printf

; 另一条“魔法”指令，在该过程返回到调用方之前，撤销前一条指令的影响。

    add rsp, 56
    ret             ; 返回到调用方

asmMain endp
    end
```

构建和运行此代码的结果如下所示：

```
C:\MASM64>build listing2-2

C:\MASM64>ml64 /nologo /c /Zi /Cp listing2-2.asm
Assembling: listing2-2.asm

C:\MASM64>cl /nologo /O2 /Zi /utf-8 /Fe listing2-2.exe c.cpp listing2-2.obj
c.cpp

C:\MASM64> listing2-2
Calling Listing 2-2:
f0f0f0f AND f0f0f0f0 = 0
f0f0f0f AND 12345678 = 2040608
f0f0f0f OR f0f0f0f0 = ffffffff
f0f0f0f OR 12345678 = 1f3f5f7f
f0f0f0f XOR f0f0f0f0 = ffffffff
f0f0f0f XOR 12345678 = 1d3b5977
NOT f0f0f0f = f0f0f0f0
```

```
NOT fofofofo = fofofof
NOT 12345678 = edcba987
Listing 2-2 terminated
```

顺便说一下，我们经常会看到以下“魔法”指令：

```
xor reg, reg
```

对寄存器与其自身进行逻辑异或运算，会将该寄存器设置为 0。除了 8 位寄存器外，相比将立即数常量转移到寄存器中的操作方式，xor 指令通常更高效。请考虑以下代码：

```
xor eax, eax ; 机器代码只有 2 字节长
mov eax, 0 ; 机器代码长度根据寄存器的不同，通常为 6 字节长
```

在处理 64 位寄存器时，节省的空间甚至更大（因为立即数常量 0 的长度本身就是 8 个字节）。

2.7 有符号数和无符号数

到目前为止，我们将二进制数均视为无符号数。二进制数…00000 表示 0、…00001 表示 1、…00010 表示 2，依此类推，直到无穷大。n 个二进制位可以表示 2^n 个无符号数。那么应该如何表示负数呢？如果我们将一半可能的组合分配给负值，另一半分配给正值和 0，那么用 n 位二进制就可以表示 $-2^{n-1}\sim+2^{n-1}-1$ 范围内的有符号数。因此，我们使用 8 位（字节）可以表示负值 −128 ～ −1 以及非负值 0 ～ 127；使用 16 位（字），可以表示 −32 768 ～ +32 767 范围内的数值；使用 32 位（双字），可以表示 −2 147 483 648 ～ +2 147 483 647 范围内的数值。

在数学以及计算机科学中，补码方法（complement method）将负数和非负数（0 和正数）编码成两个相等的集合，这样它们就可以使用相同的算法（或硬件）执行加法运算，并产生正确的结果，因为这其中不需要考虑数值的符号是什么。

x86-64 微处理器使用补码表示法来表示有符号数。在补码系统中，一个数的最高位是符号位（正是这个符号位将整数分成两个数量相等的集合）。如果符号位为 0，则数为正（或 0），并使用标准的二进制格式表示；如果符号位为 1，则数为负（采用补码形式，这是一种神奇的格式，支持负数和非负数的加法，无需特殊硬件的支持，稍后将讨论）。下面是一些例子。

对于 16 位的数：

- 8000h 为负数，因为最高位为 1
- 100h 为正数，因为最高位为 0
- 7FFFh 为正数
- 0FFFFh 为负数
- 0FFFh 为正数

为了将正数转换为负数，可以使用以下算法。

（1）对该数的每一位取反（应用逻辑非函数）。

（2）将取反后的结果加 1，并忽略最高位的任何进位。

利用这个算法生成的位模式，满足补码形式的数学定义。特别是，将使用此格式的负数和非负数相加，会产生预期的结果。

例如，计算 −5 的 8 位补码的过程如下：

- 0000_0101b　5（二进制）
- 1111_1010b　对所有二进制位分别取反
- 1111_1011b　加 1，得到结果

对 −5 的补码执行补码运算，结果将再次得到原始值 0000_0101b：

- 1111_1011b　−5 的补码
- 0000_0100b　对所有二进制位分别取反
- 0000_0101b　加 1，得到结果（+5）

请注意，将 +5 和 −5 相加（忽略最高位上的任何进位），将会得到预期的结果 0：

```
     1111_1011b   -5 的补码
+    0000_0101b   5
     ----------
(1)  0000_0000b   忽略进位，结果为 0
```

以下示例给出了一些正的 16 位有符号数和负的 16 位有符号数的示例：

- 7FFFh：+32 767，最大的 16 位正数
- 8000h：−32 768，最小的 16 位负数
- 4000h：+16 384

为了将示例数值转换为自己的负数（即对其取负），可以按照以下方法进行操作：

```
7FFFh:    0111_1111_1111_1111b      +32 767
          1000_0000_0000_0000b      对所有二进制位分别取反（8000h）
          1000_0000_0000_0001b      加 1（8001h 或 -32 767）
4000h:    0100_0000_0000_0000b      +16 384
          1011_1111_1111_1111b      对所有二进制位分别取反（0BFFFh）
          1100_0000_0000_0000b      加 1（0C000h 或 -16 384）
8000h:    1000_0000_0000_0000b      -32 768
          0111_1111_1111_1111b      对所有二进制位分别取反（7FFFh）
          1000_0000_0000_0000b      加 1（8000h 或 -32 768）
```

8000h 取反以后变成了 7FFFh，再加 1，就得到 8000h！等等，这是怎么回事呢？−(−32 768) 等于 −32 768 吗？当然不是。只是由于 +32 768 的值不能使用 16 位有符号数表示，因此我们不能对最小的负数再进行取负运算。

通常情况下，我们不需要手动执行补码运算。x86-64 微处理器提供一条指令 neg（negate），来执行此操作：

```
neg dest
```

该指令完成“dest = -dest;”运算，并且操作数必须是内存位置或者寄存器。neg 可以对字节、字、双字和四字大小的对象进行操作。因为这是一个有符号整数运算，所以只对有符号整数值进行运算才有意义。程序清单 2-3 中的代码演示了补码运算和对有符号 8 位整数值运行的 neg 指令。

程序清单 2-3　补码运算的示例

```
; 程序清单 2-3
; 演示补码运算和数值的输入。

        option casemap:none

nl = 10 ; 换行符的 ASCII 码
maxLen = 256
```

```
        .data
titleStr byte 'Listing 2-3', 0

prompt1 byte "Enter an integer between 0 and 127:", 0
fmtStr1 byte "Value in hexadecimal: %x", nl, 0
fmtStr2 byte "Invert all the bits (hexadecimal): %x", nl, 0
fmtStr3 byte "Add 1 (hexadecimal): %x", nl, 0
fmtStr4 byte "Output as signed integer: %d", nl, 0
fmtStr5 byte "Using neg instruction: %d", nl, 0

intValue sqword ?
input byte maxLen dup (?)

        .code
        externdef printf:proc
        externdef atoi:proc
        externdef readLine:proc

; 将程序标题返回到 C++ 程序:

        public getTitle
getTitle proc
        lea rax, titleStr
        ret
getTitle endp

; 以下是“asmMain”函数的定义。

        public asmMain
asmMain proc

; 以下提供是的“魔法”指令，此处暂时不解释:

        sub rsp, 56

; 从用户处读取一个无符号整数：此代码乐观地假定用户的输入是正确的。
; 如果用户输入中存在某种错误，atoi 函数将返回零。
; 后续章节将描述如何检查用户的错误。

        lea rcx, prompt1
        call printf
        lea rcx, input
        mov rdx, maxLen
        call readLine

; 调用 C 标准库 stdlib 中的 atoi 函数。

; i = atoi(str)

        lea rcx, input
        call atoi
        and rax, 0ffh ; 仅保留最低 8 位
        mov intValue, rax

; 将输入值（十进制）打印为十六进制数值:

        lea rcx, fmtStr1
        mov rdx, rax
        call printf

; 对输入的数值执行补码运算。
```

```
; 从对各个二进制位取反开始（这里只使用一个字节）。

    mov rdx, intValue
    not dl ; 仅适用于8位数值!
    lea rcx, fmtStr2
    call printf

; 对各个二进制位取反，然后加1（仍然只适用于1个字节）。

    mov rdx, intValue
    not rdx
    add rdx, 1
    and rdx, 0ffh ; 仅保留最低8位
    lea rcx, fmtStr3
    call printf

; 对该值取负，并打印为有符号整数
; （这里适用于一个完整的整数，因为C++的%d格式说明符期望处理32位整数）。
; RDX寄存器的最高32位被C++忽略。

    mov rdx, intValue
    not rdx
    add rdx, 1
    lea rcx, fmtStr4
    call printf

; 使用neg指令对值取负。

    mov rdx, intValue
    neg rdx
    lea rcx, fmtStr5
    call printf

; 另一条“魔法”指令，在该过程返回到调用方之前，撤销前一条指令的影响。

    add rsp, 56
    ret                 ; 返回到调用方

asmMain endp
    end
```

以下命令构建并运行程序清单2-3中的代码：

```
C:\>build listing2-3

C:\>echo off
Assembling: listing2-3.asm
c.cpp

C:\> listing2-3
Calling Listing 2-3:
Enter an integer between 0 and 127:123
Value in hexadecimal: 7b
Invert all the bits (hexadecimal): 84
Add 1 (hexadecimal): 85
Output as signed integer: -123
Using neg instruction: -123
Listing 2-3 terminated
```

除了补码运算（通过取反加1以及使用neg指令实现），该程序还演示了一个新功能：获取用户的数字输入。从用户处读取输入字符串（使用c.cpp源文件中的readLine()函数），然

后调用 C 标准库中的 atoi() 函数，就可以完成数字输入。atoi() 函数需要单个参数（在 RCX 寄存器中传递），该参数指向包含整数值的字符串，此函数将该字符串转换为相应的整数并返回 RAX 中的整数值[⊖]。

2.8 符号扩展和零扩展

将 8 位补码值转换为 16 位，或者将 16 位补码值转换为 8 位，可以通过符号扩展（sign extension）和符号缩减（sign contraction）运算来实现。

在将有符号值从一定数量的位扩展到更多数量的位时，只需将符号位复制到新格式的所有附加位中。例如，为了将 8 位数值符号扩展成 16 位数值，可以将 8 位数值的第 7 位复制到 16 位数值的第 8 ～ 15 位。为了将 16 位数值符号扩展成双字，可以将 16 位数值的第 15 位复制到双字的第 16 ～ 31 位。

在处理不同长度的有符号值时，必须使用符号扩展。例如，为了将字节数值累加到字数值中，必须先将字节数值符号扩展成字数值，再将两个值相加。其他运算（尤其是乘法和除法）可能需要符号扩展成 32 位，具体请参见表 2-6。

为了将无符号值从一定数量的位扩展到更多数量的位，必须对无符号值进行零扩展，具体请参见表 2-7。零扩展（zero extension）非常简单，只需要将 0 储存到较长操作数的 HO 字节中。例如，为了将 8 位值 82h 零扩展成 16 位值，可以将 0 附加到 HO 字节中，结果为 0082h。

表 2-6 符号扩展

8 位	16 位	32 位
80h	0FF80h	0FFFFFF80h
28h	0028h	00000028h
9Ah	0FF9Ah	0FFFFFF9Ah
7Fh	007Fh	0000007Fh
	1020h	00001020h
	8086h	0FFFF8086h

表 2-7 零扩展

8 位	16 位	32 位
80h	0080h	00000080h
28h	0028h	00000028h
9Ah	009Ah	0000009Ah
7Fh	007Fh	0000007Fh
	1020h	00001020h
	8086h	00008086h

2.9 符号缩减和饱和法

符号缩减用于将具有一定二进制位数的值转换为具有较少位数的相同值，这个操作稍微有点麻烦。给定一个 n 位数，如果 $m < n$，则不一定可以将其转换成 m 位数。例如，考虑值 −448。作为一个 16 位的有符号数，其十六进制形式表示为 0FE40h，这个数的大小超过了 8 位可表示值的范围，因此无法将其符号缩减为 8 位（否则会造成溢出）。

为了正确地对一个值进行符号缩减，需要丢弃的高阶字节必须是全部包含 0 或者 0FFh 的字节，并且结果值的高阶二进制位必须与从数值中删除的每个位相匹配。以下是将 16 位数符号缩减成 8 位数的一些示例：

- 0FF80h 可以符号缩减到 80h
- 0040h 可以符号缩减到 40h
- 0FE40h 不能符号缩减到 8 位

⊖ 从技术上讲，atoi() 在 EAX 中返回一个 32 位整数。这段代码使用 64 位值，C 标准库代码忽略 RAX 中的最高 32 位。

- 0100h 不能符号缩减到 8 位

如果必须要将较长的对象转换为较短的对象，并且愿意承受可能的精度损失，则可以使用饱和（saturation）操作。在使用饱和操作对数值进行转换时，如果较长对象的值在较短对象的取值范围之内，那么可以将较长对象的值复制到较短的对象中；如果不在，则可以将较长对象的值设置为较短对象取值范围内的最大（或最小）值来剪裁该值。

例如，将一个 16 位有符号整数转换为 8 位有符号整数时，如果 16 位数值在 −128 ～ +127 范围内，则将 16 位对象的低阶字节复制到 8 位对象中即可。如果 16 位数值大于 +127，则将该值剪裁为 +127，并将 +127 存储到 8 位对象中。同样，如果该数值小于 −128，则将最终的 8 位对象剪裁为 −128。

尽管将值剪裁到较短对象的数值界限会导致精度损失，但有时这是可以接受的，因为其他替代方法会引发异常，或者导致无法完成计算。对于许多应用，例如音频或视频处理，剪裁后的结果仍然可以被识别，因此这是一种合理的转换。

2.10　简要回顾：控制转移指令概述

到目前为止，我们给出的所有汇编语言示例都在没有使用条件执行（conditional execution）语句（即在执行代码时做出决策）的情况下按顺序运行。事实上，除了 call 和 ret 指令外，我们还没有涉及任何影响汇编代码顺序执行方式的方法。

然而，这本书正在迅速接近一个转折点：真正有趣的示例需要具有按照不同条件执行不同代码段的能力。本节将围绕条件执行以及将控制转移到程序其他部分的主题简单展开。

2.10.1　jmp 指令

也许最好从讨论 x86-64 的无条件转移控制指令 jmp 开始。jmp 指令有几种语法形式，一种最常见的形式如下：

```
jmp statement_label
```

其中，statement_label（语句标签）是一个标识符，该标识符被附加到“.code”段中的机器指令上。jmp 指令立即将控制转移到标签后面的语句。这在语义上等同于高级计算机程序中的 goto 语句。

以下示例中，mov 指令的前面，就有一个语句标签：

```
stmtLbl: mov eax, 55
```

与所有的 MASM 符号一样，语句标签具有两个相关联的主要属性：地址（即标签后面的机器指令的内存地址）和类型。类型为 label，与 proc 伪指令的标识符类型相同。

语句标签不必与机器指令位于源代码行的同一物理行上。考虑下面的例子：

```
anotherLabel:
    mov eax, 55
```

这个例子在语义上等同于上一个例子。绑定到 anotherLabel 的值（地址）是标签后面的机器指令的地址。在这种情况下，即使 mov 指令出现在下一行，anotherLabel 标签后面的指令也仍然是 mov 指令（anotherLabel 标签后紧跟着 mov 指令，二者之间没有任何由其他 MASM 语句生成的代码）。

从技术上讲，也可以跳转到 proc 标签而不是语句标签。但是，jmp 指令没有设置返回地址，因此如果该过程执行 ret 指令，则返回位置可能未定义。第 5 章将更详细地探讨返回地址。

2.10.2　条件跳转指令

虽然 jmp 指令的通用形式在汇编语言程序中是不可或缺的，但该指令不提供按条件执行不同代码段的能力，因此被称为无条件跳转（unconditional jump）[㊀]。幸运的是，x86-64 CPU 提供了大量条件跳转指令（conditional jump instruction），顾名思义，这些指令允许有条件地执行代码。

这些指令对 FLAGS 寄存器中的条件码标志位（请参阅 1.7 节中的相关内容）进行测试，以确定是否存在需要执行的语句分支。这些条件跳转指令对 FLAGS 寄存器中如下 4 个条件码标志位进行测试：进位、符号、溢出和零标志位[㊁]。

x86-64 CPU 提供了 8 条指令，分别测试这 4 个标志位（参见表 2-8）。条件跳转指令的基本操作是：测试一个标志位，以检查该标志位的状态是设置（1）还是清除（0），如果测试成功，则跳转到目标标签；如果测试失败，程序将继续执行条件跳转指令后的下一条指令。

表 2-8　测试条件码标志位的条件跳转指令

指令	说明
jc label	如果有进位，则跳转。如果进位标志位为 1（处于设置状态），则跳转到 label；如果进位标志位为 0（清除），则测试失败
jnc label	如果无进位，则跳转。如果进位标志位为 0（清除），则跳转到 label；如果进位标志位为 1（设置），则测试失败
jo label	如果有溢出，则跳转。如果溢出标志位为 1（设置），则跳转到 label；如果溢出标志位为 0（清除），则测试失败
jno label	如果无溢出，则跳转。如果溢出标志位为 0（清除），则跳转到 label；如果溢出标志位为 1（设置），则测试失败
js label	如果有符号（负数），则跳转。如果符号标志位为 1(设置)，则跳转到 label；如果符号标志位为 0(清除)，则测试失败
jns label	如果无符号，则跳转。如果符号标志位为 0（清除），则跳转到 label；如果符号标志位为 1（设置），则测试失败
jz label	如果为 0，则跳转。如果零标志位为 1（设置），则跳转到 label；如果零标志位为 0（清除），则测试失败
jnz label	如果不为 0，则跳转。如果零标志位为 0（清除），则跳转到 label；如果零标志位为 1（设置），则测试失败

为了使用条件跳转指令，必须先执行一条会影响一个（或多个）条件码标志位的指令。例如，无符号算术溢出将设置进位标志位（同样，如果没有发生溢出，进位标志位将被清除）。因此，可以在 add 指令之后使用 jc 指令和 jnc 指令，以查看计算过程中是否发生（无符号）溢出。例如：

```
mov eax, int32Var
add eax, anotherVar
jc overflowOccurred
```

㊀ 请注意，jmp 指令的变体（称为间接跳转，indirect jumps）可以提供条件执行功能。有关更多信息，请参阅第 7 章。

㊁ 从技术上讲，可以测试第 5 个条件码标志位，即奇偶校验标志位。本书没有介绍这个标志位的用途。有关奇偶校验标志位的更多详细信息，请参阅英特尔文档。

```
; 如果加法运算没有产生溢出，则继续执行后面的代码。

  .
  .
  .

overflowOccurred:

; 如果 int32Var 和 anotherVar 之和超出了 32 位的范围，则执行此代码。
```

并非所有指令都会影响标志位。到目前为止，在我们已经涉及的指令（mov、add、sub、and、or、not、xor 和 lea）中，只有 add、sub、and、or、xor 指令会影响标志位。add 指令和 sub 指令影响的标志位如表 2-9 所示。

表 2-9　执行 add 指令或 sub 指令后的标志位设置

标志位	说明
进位标志位	如果发生无符号溢出（例如，字节值 0FFh 加上 01h），则该位为 1。如果没有发生溢出，则该位为 0。请注意，从 0 中减去 1，该位也将为 0（0−1 相当于 0+（−1），−1 是 0FFh 的补码形式）
溢出标志位	如果发生有符号溢出（例如，字节值 07Fh 加上 01h），则该位为 1。当最高位的相邻位溢出到最高位时，会发生有符号溢出（例如，在处理字节大小的计算时，7Fh 变为 80h，或者 0FFh 变为 0）
符号标志位	如果设置了结果的最高位，则符号标志位为 1；否则，符号标志位为 0（即符号标志位反映结果最高位的状态）
零标志位	如果计算结果为 0，则零标志位为 1；否则，零标志位为 0

逻辑指令（and、or、xor 和 not）总是清除进位标志位和溢出标志位。这些指令将结果的最高位复制到符号标志位中，如果产生零或者非零结果，则设置或者清除零标志位。

除了条件跳转指令外，x86-64 CPU 系列还提供一组条件移动指令，7.5 节将介绍这些指令。

2.10.3　cmp 指令和相应的条件跳转

cmp（比较）指令可能是在条件跳转之前执行的最有用的指令。cmp 指令与 sub 指令具有相同的语法，事实上，它还会从第一个操作数中减去第二个操作数，并根据减法的结果，设置条件码标志位[⊖]。但是，cmp 指令不会将减法的结果存储回第一个（目标）操作数。cmp 指令的作用是根据减法的结果设置条件码标志位。

虽然可以在 cmp 指令之后立即使用 jc/jnc、jo/jno、js/jns 和 jz/jnz 指令（用以测试 cmp 指令如何设置各个标志位），然而标志位的名称在 cmp 指令的上下文中意义不大。从逻辑上讲，当看到以下指令时（请注意，cmp 指令的操作数语法与 add、sub 和 mov 指令相同）：

```
cmp left_operand, right_operand
```

可以将此指令解读为“比较 left_operand（左操作数）和 right_operand（右操作数）”。在进行比较后，我们通常会提出以下问题：

- 左操作数是否等于右操作数？
- 左操作数是否不等于右操作数？
- 左操作数是否小于右操作数？
- 左操作数是否小于或等于右操作数？
- 左操作数是否大于右操作数？

⊖　64 位指令的立即操作数也限制为 32 位，CPU 将其符号扩展为 64 位。

● 左操作数是否大于或等于右操作数？

到目前为止，我们讨论的条件跳转指令（直觉上）并没有回答上述任何问题。

x86-64 CPU 系列提供了一组附加的条件跳转指令，如表 2-10 所示，允许我们测试这些比较条件。

表 2-10　在 cmp 指令之后使用的条件跳转指令

指令	测试的标志位	说明
je *label*	ZF == 1	如果相等，则跳转。如果左操作数等于右操作数，则将控制权转移到目标标签 label。该指令是 jz 的同义词，因为如果两个操作数相等（在这种情况下，这两个操作数相减的结果为 0），则零标志位为 1
jne *label*	ZF == 0	如果不相等，则跳转。如果左操作数不等于右操作数，则将控制权转移到目标标签 label。该指令是 jnz 的同义词，因为如果两个操作数不相等（在这种情况下，这两个操作数相减的结果不为 0），则零标志位为 0
ja *label*	CF == 0 并且 ZF == 0	如果高于，则跳转。如果无符号左操作数大于无符号右操作数，则将控制权转移到目标标签 label
jae *label*	CF == 0	如果高于或等于，则跳转。如果无符号左操作数大于或等于无符号右操作数，则将控制权转移到目标标签 label。该指令是 jnc 的同义词，因为如果左操作数大于或等于右操作数，则将不会出现无符号溢出（实际上，这是向下溢出）
jb *label*	CF == 1	如果低于，则跳转。如果无符号左操作数小于无符号右操作数，则将控制权转移到目标标签 label。该指令是 jc 的同义词，因为如果左操作数小于右操作数，则将出现无符号溢出（实际上，这是向下溢出）
jbe *label*	CF == 1 或者 ZF == 1	如果低于或等于，则跳转。如果无符号左操作数小于或等于无符号右操作数，则将控制权转移到目标标签 label
jg *label*	SF == OF 并且 ZF == 0	如果大于，则跳转。如果有符号左操作数大于有符号右操作数，则将控制权转移到目标标签 label
jge *label*	SF == OF	如果大于或等于，则跳转。如果有符号左操作数大于或等于有无符号右操作数，则将控制权转移到目标标签 label
jl *label*	SF ≠ OF	如果小于，则跳转。如果有符号左操作数小于有符号右操作数，则将控制权转移到目标标签 label
jle *label*	ZF == 1 或者 SF ≠ OF	如果小于或等于，则跳转。如果有符号左操作数小于或等于有符号右操作数，则将控制权转移到目标标签 label

表 2-10 中可能需要注意的最重要的一点是，分别使用单独的条件跳转指令来测试有符号比较和无符号比较。考虑两个字节值 0FFh 和 01h。从无符号的角度来看，0FFh 大于 01h。然而，当我们将这些数值视为有符号数时（使用补码编码系统），0FFh 实际上是 −1，这显然小于 1。当将这些值视为有符号或无符号数值时，它们具有相同的位表示形式，但比较结果完全不相同。

2.10.4　条件跳转的同义词

有些指令是其他指令的同义词。例如，jb 和 jc 是同一条指令（即这两条指令具有相同的机器码编码）。设置同义词指令是为了方便和可读性。例如，在 cmp 指令之后，jb 比 jc 指令更有意义。MASM 为各种不同的条件分支指令定义了若干同义词，从而使得编码更加容易。表 2-11 列出了这些同义词指令的一部分。

表 2-11　条件跳转指令的同义词指令

指令	等价指令	描述
ja	jnbe	如果高于，则跳转；如果不低于或等于，则跳转
jae	jnb, jnc	如果高于或等于，则跳转；如果不低于，则跳转；如果不进位，则跳转
jb	jc, jnae	如果低于，则跳转；如果进位，则跳转；如果不高于或等于，则跳转
jbe	jna	如果低于或等于，则跳转；如果不高于，则跳转
jc	jb, jnae	如果进位，则跳转；如果低于，则跳转；如果不高于或等于，则跳转
je	jz	如果等于，则跳转；如果为零，则跳转
jg	jnle	如果大于，则跳转；如果不小于或等于，则跳转
jge	jnl	如果大于或等于，则跳转；如果不小于，则跳转
jl	jnge	如果小于，则跳转；如果不大于或等于，则跳转
jle	jng	如果小于或等于，则跳转；如果不大于，则跳转
jna	jbe	如果不高于，则跳转；如果低于或等于，则跳转
jnae	jb, jc	如果不高于或等于，则跳转；如果低于，则跳转；如果进位，则跳转
jnb	jae, jnc	如果不低于，则跳转；如果高于或等于，则跳转；如果不进位，则跳转
jnbe	ja	如果不低于或等于，则跳转；如果高于，则跳转
jnc	jnb, jae	如果不进位，则跳转；如果不低于，则跳转；如果高于或等于，则跳转
jne	jnz	如果不等于，则跳转；如果不为零，则跳转
jng	jle	如果不大于，则跳转；如果小于或等于，则跳转
jnge	jl	如果不大于或等于，则跳转；如果小于，则跳转
jnl	jge	如果不小于，则跳转；如果大于或等于，则跳转
jnle	jg	如果不小于或等于，则跳转；如果大于，则跳转
jnz	jne	如果不为零，则跳转；如果不等于，则跳转
jz	je	如果为零，则跳转；如果等于，则跳转

关于 cmp 指令，需要注意的是：该指令仅为整数比较设置标志位（这也将包含可以用整数编码的字符和其他类型）。具体而言，cmp 指令不会比较浮点数值，也不会根据浮点数比较情况设置标志位。为了了解浮点运算（和浮点数比较）的更多信息，请参见 6.5 节中的相关内容。

2.11　移位和循环移位

应用于位串的另一组逻辑运算是移位（shift）和循环（rotate）移位操作。这两种运算可以进一步细分为左移位（left shift）、循环左（left rotate）移位、右移位（right shift）和循环右（right rotate）移位。

左移位运算将位串中的每个位都向左移动一个位置，如图 2-8 所示。

第 0 位移动到第 1 位所在的位置，第 1 位中以前的值移动到第 2 位所在的位置，依此类推。我们将一个 0 移到第 0 位，而最高位中以前的值将成为该操作的进位标志位的值。

x86-64 提供了一条左移指令 shl 用于执行该运算。shl 指令的语法形式如下所示：

```
shl dest, count
```

操作数 count（计数）可以是 CL 寄存器，也可以是 0 ～ n 范围内的常数，其中 n 比目标操作数中的位数少一位（例如，对于 8 位操作数，n=7；对于 16 位操作数，n=15；对于 32 位操作数，n=31；对于 64 位操作数，n=63）。dest 操作数是典型的目标操作数，可以是内存位置，也可以是寄存器。

当操作数 count 为常数 1 时，shl 指令执行如图 2-9 所示的运算。

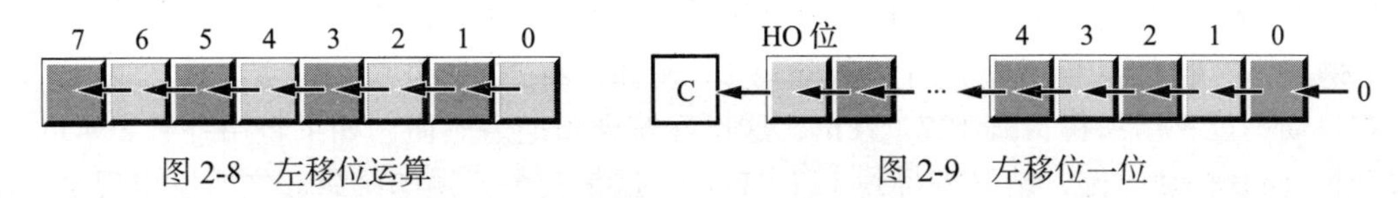

图 2-8　左移位运算

图 2-9　左移位一位

在图 2-9 中，C 表示进位标志位，也就是说，从操作数中移除的最高位被移入进位标志位中。因此，可以在执行“ shl dest, 1”指令后，通过立即测试进位标志位（例如，使用 jc 和 jnc 指令）来判断“shl dest, 1”指令是否会导致溢出。

shl 指令会根据移位结果设置零标志位（如果结果为 0，则 z=1；否则 z=0）。如果移位结果的最高位为 1，那么 shl 指令将设置符号标志位为 1。如果移位计数为 1，则在最高位改变时设置溢出标志位（即当最高位以前为 1 时将 0 移入最高位，或者当最高位以前为 0 时将 1 移入最高位）；如果移位计数不为 1，则溢出标志位未定义。

将一个值向左移动一位，与将这个值乘以该值的基数是一样的效果。例如，将十进制数值向左移动一位（在数值的右侧添加一个 0）可以有效地将其乘以 10（十进制数的基数）：

```
1234 shl 1 = 12340
```

“shl 1”指令表示向左移动 1 位。

因为二进制数的基数是 2，所以将某个二进制数值向左移动一位，结果将使其乘以 2。如果将一个二进制数值向左移动 n 次，则得到将该值乘以 2^n 的结果。

右移位运算的工作方式相同，只是将数据向相反的方向移动。对于一个字节数值，第 7 位移到第 6 位，第 6 位移到第 5 位，第 5 位移到第 4 位，依此类推。在右移位过程中，我们将一个 0 移到第 7 位，第 0 位将作为进位位被移出（具体请参见图 2-10）。

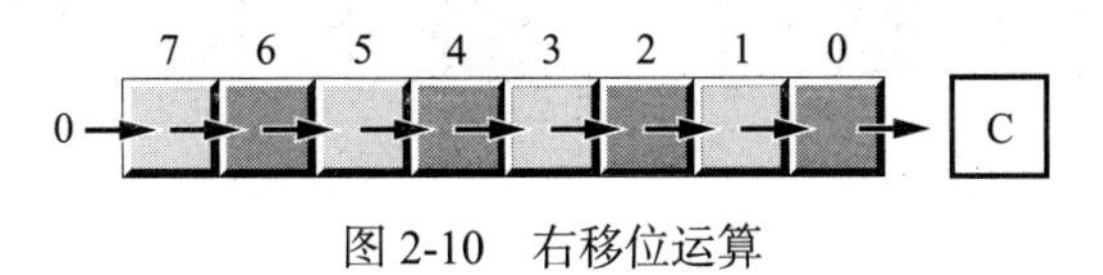

图 2-10　右移位运算

相应地，x86-64 提供了一条 shr 指令，该指令将目标操作数中的各个位向右移。shr 指令的语法与 shl 指令的语法相类似：

```
shr dest, count
```

这条指令将一个 0 移位到目标操作数的最高位；将其他各个二进制位均向右移动一位（从较高的位编号移动到较低的位编号）。最后，将第 0 位移入进位标志位。如果指定 count 为 1，那么 shr 指令将执行如图 2-11 所示的运算。

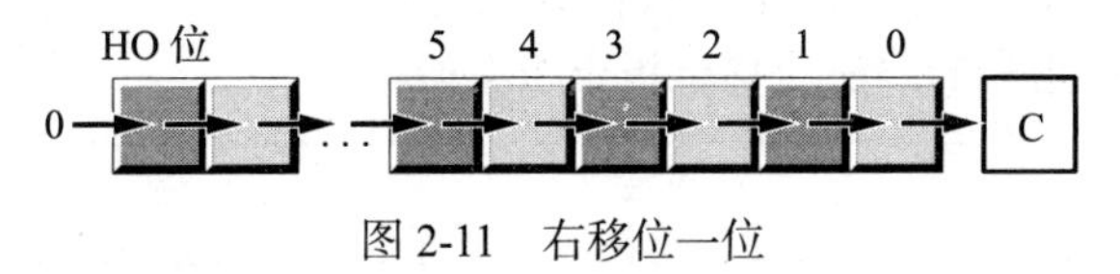

图 2-11　右移位一位

shr 指令将根据移位结果设置零标志位（如果结果为 0，则 ZF=1；否则 ZF=0）。shr 指令将清除符号标志位（因为移位结果的最高位始终为 0）。如果移位计数为 1，那么 shl 指令将在最高位改变时设置溢出标志位（即当最高位以前为 1 时将 0 移入最高位，或当最高位以前为 0 时将 1 移入最高位）；如果移位计数不为 1，则溢出标志位未定义。

因为左移位相当于乘以 2，所以右移位大致相当于除以 2（或者简而概之，右移位是除以数值的基数）。如果执行 n 次右移，则得到将该数值除以 2^n 的结果。

但是，右移位只相当于无符号数除以 2。例如，将 254（0FEh）的无符号数表示形式向右移动一位，结果将得到 127（7Fh），这正好符合预期。然而，如果将用补码表示的 -2（0FEh）向右移动一位，结果将得到 127（7Fh），这是一个错误的结果。之所以出现这个问题的原因在于，我们将一个 0 移入第 7 位。如果第 7 位之前包含一个 1，则意味着将这个数从负数改变成了正数。对于除以 2 的操作而言，这是一个错误的结果。

为了将右移位用作除法运算，必须定义第三种移位运算，即算术右移位（arithmetic shift right）[⊖]。算术右移位与正常的右移位（逻辑右移位）相类似，不同之处在于，算术右移位不是将一个 0 移入最高位，而是将最高位复制回其自身；也就是说，在移位过程中，不会修改最高位，如图 2-12 所示。

算术右移位通常会产生预期的结果。例如，在 -2（0FEh）上执行算术右移位运算，结果会得到 -1（0FFh）。但是，算术右移位会将数值舍入到小于或等于实际结果的最接近整数。例如，如果对 -1（0FFh）进行算术右移位，则结果为 -1，而不是 0。因为 -1 小于 0，所以算术右移位向 -1 舍入。这不是算术右移位中的错误，只是使用了一个不同（尽管有效）的整数除法定义。

x86-64 提供算术右移位指令 sar。sar 指令的语法与 shl 和 shr 指令几乎相同：

```
sar dest, count
```

对 count 操作数和 dest 操作数的通常限制在这里都适用指令 sar。如果 count 为 1，则此指令执行的运算如图 2-13 所示。

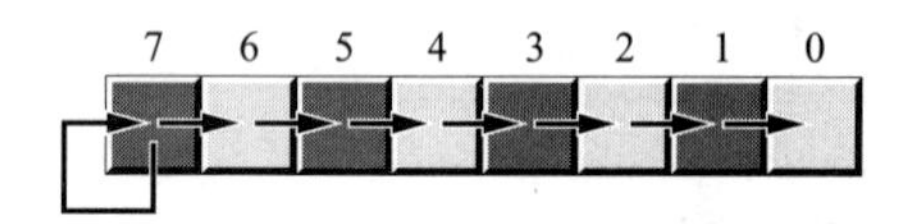

图 2-12　算术右移位运算

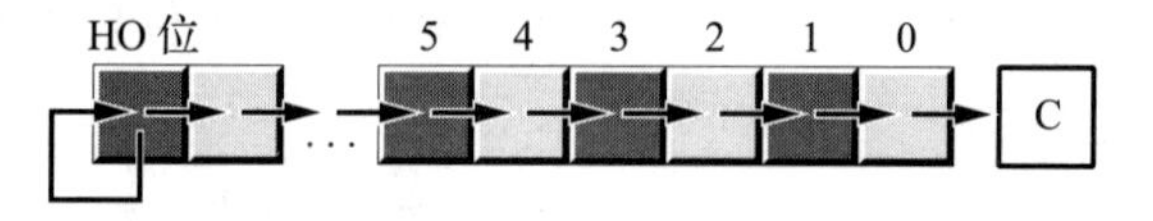

图 2-13　“sar dest, 1”运算

sar 指令将根据移位结果设置零标志位（如果结果为 0，则 z=1；否则 z=0）。sar 指令将符号标志位设置为移位结果的最高位。sar 指令执行后，溢出标志位始终为 0，因为此运算不可能产生有符号溢出。

循环左移位和循环右移位运算的行为类似于左移位和右移位运算，只是从一端移出的位移回了另一端。图 2-14 演示了这两种运算。

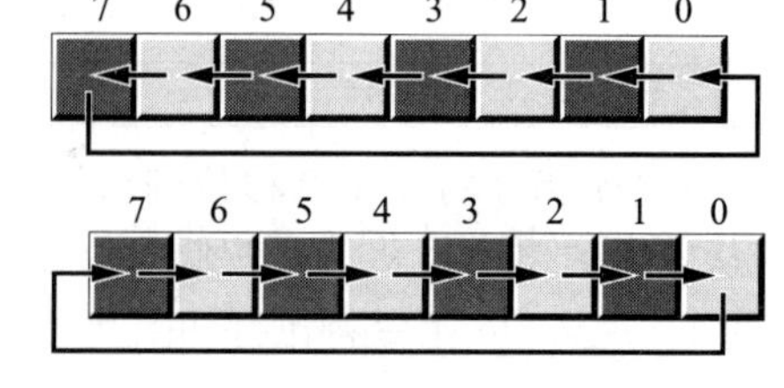

图 2-14　循环左移位和循环右移位

x86-64 提供 rol 和 ror 指令，用于对操作数执行这两种基本运算。这两条指令的语法与移位指令相类似：

```
rol dest, count
ror dest, count
```

如果 count 为 1，则这两条指令会将移出目标操作数的位复制到进位标志位中，如图 2-15 和图 2-16 所示。

⊖ 汇编语言中不需要算术左移位指令。标准的左移位操作适用于有符号和无符号数值，前提是不产生溢出。

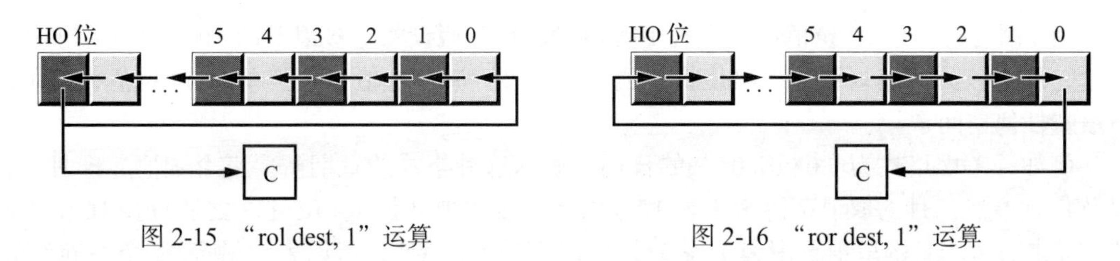

图 2-15 “rol dest, 1”运算　　　　图 2-16 “ror dest, 1”运算

与移位指令不同，循环移位指令不影响符号标志位或者零标志位的设置。仅当进行 1 位循环移位时，才定义溢出标志位，该标志位在所有其他情况下都是未定义的（仅 RCL 和 RCR 指令除外：0 位循环移位不起任何作用，也就是说，不影响溢出标志位）。对于循环左移位，溢出标志位被设置为原始高阶两位的异或结果。对于循环右移位，溢出标志位被设置为循环移位后高阶两位的异或结果。

对于循环移位操作来说，可以将输出位移位到进位标志位，并将以前进位标志位的值移回移位操作的输入位，这种做法会更方便一些。x86-64 的 rcl（rotate through carry left，通过进位标志位循环左移位）和 rcr（rotate through carry right，通过进位标志位循环右移位）指令具有这一作用。这两种指令的语法形式如下所示：

```
rcl dest, count
rcr dest, count
```

count 操作数是常量或者 CL 寄存器，dest 操作数是内存位置或寄存器。count 操作数必须小于 dest 操作数中的位数。如果 count 为 1，则这两条指令实现如图 2-17 所示的循环移位。

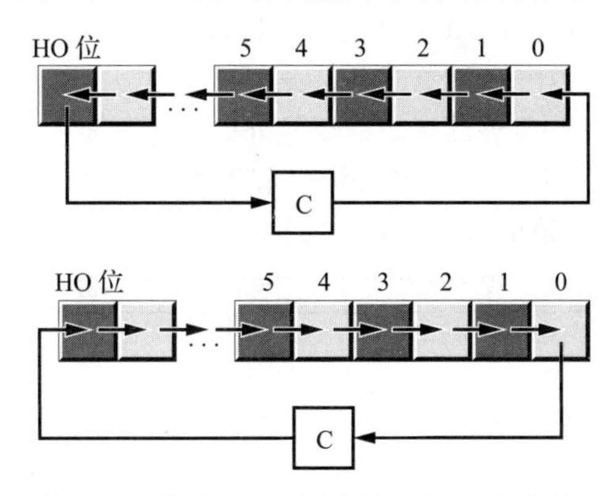

图 2-17 “rcl dest, 1”和“rcr dest, 1”运算

与移位指令不同，通过进位标志位进行循环移位的指令不会影响符号标志位或零标志位的设置。仅当进行 1 位循环移位时，才定义溢出标志位。对于循环左移位，如果原始高阶两位改变，则设置溢出标志位。对于循环右移位，溢出标志位被设置为循环移位后结果的高阶两位的异或结果。

2.12 位字段和打包数据

虽然 x86-64 对于字节、字、双字和四字数据类型运行效率最高，但有时还需要处理不为 8 位、16 位、32 位或 64 位的数据类型。我们也可以对非标准数据进行零扩展，使其大小成为比自己大的第一个 2 的幂（例如将 22 位值扩展成 32 位值）。事实证明，这样的扩展操作可以提高运行速度，但是如果有一个由此类值构成的大数组，则将浪费略多于 31% 的内存空间（因为每一个 32 位值中，都有 10 位被浪费）。假设将这被浪费的 10 位重新用于其他用途，那么该如何处理呢？答案是将单独的 22 位值和 10 位值打包为单个 32 位值，就可以不浪费任何空间了。

例如，考虑格式为“04/02/01”的日期。表示这种格式的日期需要三个数值，即月、日以及年。当然，月的取值范围为 1 ～ 12，因此至少需要 4 位（4 位可以表示最多 16 个不同的值）来表示。日的取值范围为 1 ～ 31，因此需要 5 位（5 位可以表示最多 32 个不同的值）来表示。对于年，假设我们使用 0 ～ 99 范围内的值，那么年需要 7 位（7 位可以表示多达 128 个不同的值）来表示。因此，表示这种格式的日期所需要的位数为 4+5+7=16，也就是两个字节。

换句话说，我们可以将日期数据打包成两个字节，而如果我们使用单独的字节来表示每个月、日和年，那么需要三个字节。这样存储每个日期都会节省一个字节的内存空间，在存储大量日期的情况下，可以节省大量的内存空间。使用打包数据表示日期，则各个位的排列如图 2-18 所示。

15	14	13	12	11	10	9	8	7	6	5	4	3	2	1	0
M	M	M	M	D	D	D	D	D	Y	Y	Y	Y	Y	Y	Y

图 2-18　短日期打包格式（两个字节）

MMMM 表示由 4 位组成的月，DDDDD 表示由 5 位组成的日，YYYYYYY 表示由 7 位组成的年。每个位集都称为一个位字段（bit field）。例如，2001 年 4 月 2 日将表示为 4101h：

```
0100 00010 0000001 = 0100_0001_0000_0001b 或 4101h
4    2     01
```

尽管打包值提高了空间利用率（也就是说，打包的方式有效地利用了内存），但打包值的计算效率却非常低（比较慢！）。那么是什么原因导致的呢？其实是将数据解包到不同的位字段中需要额外的指令，这些额外的指令需要额外的执行时间（还需要额外的字节来存储指令），因此必须仔细考虑打包数据字段是否可以节省整体的开销。程序清单 2-4 中的示例代码演示了打包和解包这种 16 位的日期格式所需执行的操作。

程序清单 2-4　打包和解包日期数据

```
; 程序清单 2-4
; 演示打包数据类型。

    option casemap:none

NULL = 0
nl = 10 ; 换行符的 ASCII 码
maxLen = 256

; 新数据声明段。
; .const 指令用于储存只读常量的值。

    .const
ttlStr        byte 'Listing 2-4', 0
moPrompt      byte 'Enter current month: ', 0
dayPrompt     byte 'Enter current day: ', 0
yearPrompt    byte 'Enter current year '
              byte '(last 2 digits only): ', 0

packed        byte 'Packed date is %04x', nl, 0

theDate       byte 'The date is %02d/%02d/%02d'
              byte nl, 0
```

```
badDayStr      byte 'Bad day value was entered '
               byte '(expected 1-31)', nl, 0

badMonthStr    byte 'Bad month value was entered '
               byte '(expected 1-12)', nl, 0

badYearStr     byte 'Bad year value was entered '
               byte '(expected 00-99)', nl, 0

    .data
month    byte ?
day      byte ?
year     byte ?
date     word ?

input    byte maxLen dup (?)

    .code
    externdef printf:proc
    externdef readLine:proc
    externdef atoi:proc

; 将程序标题返回到 C++ 程序：

    public getTitle
getTitle proc
    lea rax, ttlStr
    ret
getTitle endp

; 以下是一个用户编写的函数，用于从用户处读取数值：

; int readNum(char *prompt);

; 通过 RCX 寄存器传递指向包含提示消息的字符串的指针。

; 此过程打印提示消息，从用户处读取输入字符串，
; 然后将输入字符串转换为整数，并在 RAX 寄存器中返回整数值。

readNum proc

; 在调用任何 C/C++ 函数之前，必须正确设置栈（使用以下的“魔法”指令）：

    sub rsp, 56

; 打印提示消息。
; 请注意，提示消息是通过 RCX 寄存器传递给此过程的，
; 我们只是将其传递给 printf 函数：

    call printf

; 设置 readLine 函数的参数并从用户处读取一行文本。
; 请注意，如果出现错误，则 readLine 函数在 RAX 寄存器中返回 NULL（0）。

    lea rcx, input
    mov rdx, maxLen
    call readLine

; 测试错误的输入字符串：

    cmp rax, NULL
```

```
    je badInput

; 现在有了一个正确的输入，接下来将尝试调用 atoi 函数将字符串转换为整数。
; 如果存在错误，则 atoi 函数返回 0,
; 由于 0 是一个不错的返回结果，因此我们忽略错误。

    lea rcx, input ; 指向字符串的指针
    call atoi      ; 转换为整数

badInput:
    add rsp, 56    ; 取消栈设置
    ret
readNum endp

; 以下是“asmMain”函数的定义。
    public asmMain
asmMain proc
    sub rsp, 56

; 从用户处读取日期。首先读取月：

    lea rcx, moPrompt
    call readNum

; 验证月是否位于范围 1 ～ 12 之内：
    cmp rax, 1
    jl badMonth
    cmp rax, 12
    jg badMonth

; 月的值正确，保留该值：

    mov month, al ; 1 ～ 12 适合使用一个字节来表示

; 读取日：

    lea rcx, dayPrompt
    call readNum

; 此处将不严格验证日的合法性（即不考虑具体的月份天数），
; 只验证其是否位于范围 1 ～ 31 内。

    cmp rax, 1
    jl badDay
    cmp rax, 31
    jg badDay

; 日的值正确，保留该值：
    mov day, al          ; 1 ～ 31 适合使用一个字节来表示

; 读取年：

    lea rcx, yearPrompt
    call readNum

; 验证年是否位于范围 0 ～ 99 内：
    cmp rax, 0
    jl badYear
    cmp rax, 99
    jg badYear
```

```
; 年的值正确，保留该值：
    mov year, al ; 0～99 适合使用一个字节来表示

; 将数据打包到以下的位中：

; 15 14 13 12 11 10 9 8 7 6 5 4 3 2 1 0
; m  m  m  m  d  d  d d d y y y y y y y

    movzx ax, month
    shl ax, 5
    or al, day
    shl ax, 7
    or al, year
    mov date, ax

; 打印打包的日期：

    lea rcx, packed
    movzx rdx, date
    call printf

; 解包日期并将其打印：

    movzx rdx, date
    mov r9, rdx
    and r9, 7fh     ; 保留低阶 7 位（年）
    shr rdx, 7      ; 获取日
    mov r8, rdx
    and r8, 1fh     ; 保留低阶 5 位
    shr rdx, 5      ; 获取月
    lea rcx, theDate
    call printf

    jmp allDone

; 如果日的值错误，则运行以下代码：

badDay:
    lea rcx, badDayStr
    call printf
    jmp allDone

; 如果月的值错误，则运行以下代码：

badMonth:
    lea rcx, badMonthStr
    call printf
    jmp allDone

; 如果年的值错误，则运行以下代码：

badYear:
    lea rcx, badYearStr
    call printf

allDone:
    add rsp, 56
    ret ; 返回到调用方
asmMain endp
    end
```

构建和运行该程序的结果如下所示：

```
C:\>build listing2-4

C:\>echo off
Assembling: listing2-4.asm
c.cpp

C:\> listing2-4
Calling Listing 2-4:
Enter current month: 2
Enter current day: 4
Enter current year (last 2 digits only): 68
Packed date is 2244
The date is 02/04/68
Listing 2-4 terminated
```

当然，经历过“千年虫”（2000 年）的问题[⊖]之后，我们知道将日期格式限制在 100 年（或者甚至 127 年）是一种非常愚蠢的处理方式。为了进一步验证打包日期格式，我们可以将其扩展为四个字节，即打包成一个双字变量，如图 2-19 所示。（所创建的数据对象的长度应该为 2 的偶数次幂，即一个字节、两个字节、四个字节、八个字节等，否则程序性能将受到影响。）

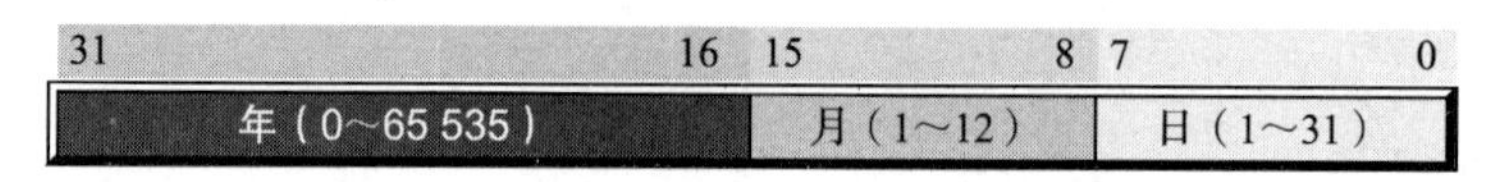

图 2-19　长日期打包格式（四个字节）

在这种打包数据格式中，月字段和日字段分别由 8 位组成，因此可以从双字中提取它们作为字节对象。剩下的 16 位用于表示年，可以表示 65 536 个年。通过重新排列这些位，使得年字段位于高阶位中，月字段位于中间位中，而日字段位于低阶位中。这种长日期格式允许我们轻松地比较两个日期，以查看一个日期是小于、等于还是大于另一个日期。请考虑以下的代码：

```
mov eax, Date1 ; 假设 Date1 和 Date2 是双字变量
cmp eax, Date2 ; 使用长日期打包格式
jna d1LEd2
当 Date1 > Date2 时执行此处的代码
d1LEd2:
```

如果将不同的日期字段保存在不同的变量中，或者以不同的方式组织字段，那么我们将无法像比较短日期打包数据格式那样轻松地比较 Date1 和 Date2。因此，此示例演示了打包数据的另一个优点，就是即使没有节约任何空间，也可以使某些计算更方便甚至更高效（这正好与使用打包数据时相反）。

在实际应用中，打包数据类型的例子比比皆是。可以将八个布尔值打包成一个字节，也可以将两个 BCD 数字打包成一个字节，等等。

打包数据的一个典型示例是 RFLAGS 寄存器，该寄存器将 9 个重要的布尔对象（以及 7 个重要的系统标志）打包到一个 16 位寄存器中。我们经常需要访问其中的某些标志位。可以使用条件跳转指令测试许多条件码标志位，还可以使用表 2-12 中直接影响某些标志位的

⊖　年轻的读者也许不记得这场惨痛的教训。二十世纪中后期的程序员们在程序项目中表示日期数据时，仅使用最后两个数字表示年份。当 2000 年来临时，这些项目就无法区分 2019 年和 1919 年等的日期了。

指令，来操作标志寄存器中的单个位。

表 2-12　影响某些标志位的指令

指令	说明
cld	清除方向标志位（设置为 0）
std	设置方向标志位（设置为 1）
cli	清除中断禁用标志位
sti	设置中断禁用标志位
clc	清除进位标志位
stc	设置进位标志位
cmc	进位标志位取反（反转）
sahf	将 AH 寄存器存储到标志寄存器的低阶 8 位中（警告：某些早期 x86-64 CPU 不支持此指令）
lahf	从标志寄存器的低阶 8 位加载到 AH 中（警告：某些早期 x86-64 CPU 不支持此指令）

lahf 和 sahf 指令提供了一种便捷的方式，可以将标志寄存器的低阶 8 位作为一个由 8 位组成的字节（而不是 8 个单独的 1 位值）来访问。有关标志寄存器的布局，请参见图 2-20。

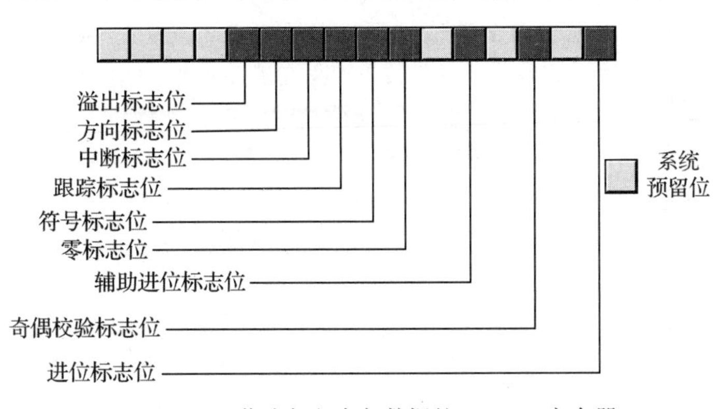

图 2-20　作为打包布尔数据的 FLAGS 寄存器

lahf 指令和 sahf 指令的语法形式如下所示：

```
lahf
sahf
```

2.13　IEEE 浮点数格式

当英特尔计划为其新推出的 8086 微处理器引入浮点单元（8087 FPU）时，尽全力聘请了最好的数值分析师来设计浮点格式，该专家随后聘请了该领域的另外两名专家。这三位专家（William Kahan、Jerome Coonen 和 Harold Stone）设计了英特尔芯片的浮点数格式。他们在设计 KCS 浮点标准方面做得非常出色，以至于 IEEE 采用了这种格式作为其浮点数格式[⊖]。

为了满足广泛的性能和精度要求，英特尔实际上引入了三种浮点数格式，即单精度、双精度和扩展精度。单精度格式和双精度格式对应于 C 语言的浮点数和双精度类型，或者 FORTRAN 语言的实数和双精度类型。扩展精度格式包含 16 个额外的位，在存储结果的过程中，向下舍入到双精度值之前，长链计算会将这些额外的位用作警戒位。

⊖ 对某些退化运算的处理方式进行了微小的更改，但位表示基本上保持不变。

2.13.1 单精度格式

单精度浮点数格式由三部分组成，分别是由反码表示的 24 位尾数 8 位的 excess-127 格式的指数以及一个符号位。尾数通常表示 1.0（包括）～ 2.0（不包括）之间的值。尾数的高阶位始终假定为 1，用于表示二进制小数点[一]左侧的数值。余下的 23 个尾数位用于表示二进制小数点右侧的值。因此，尾数表示以下的数值：

```
1.mmmmmmm mmmmmmmm
```

mmmm 字符表示尾数的 23 位。请注意，由于尾数的高阶位始终为 1，因此单精度格式实际上不会将该位存储在浮点数的 32 位内。尾数的高阶位被称为隐含位（implied bit）。

因为我们研究的是二进制数，所以二进制小数点右侧的每个位置都表示一个值（0 或 1）乘以 2 的一个负数（各位置对应的负数是连续的）次幂。隐含的那 1 位总是 1 乘以 2^0，即 1。这就是尾数总是大于或等于 1 的原因。即使其他的尾数位都是 0，隐含的 1 位也会使结果总是数值 1[二]。当然，即使二进制小数点的后面存在几乎无限个 1，它们的总和也仍然不会达到 2。这就是尾数可以表示介于 1（包含）和 2（不包含）之间的数值的原因。

虽然在 1 和 2 之间存在无限多个数值，但我们只能表示其中的 800 万个，因为我们使用的是 23 位的尾数（隐含的第 24 位始终为 1）。这就是浮点算术运算结果不精确的原因所在——在涉及单精度浮点值的计算中，存在固定位数的限制。

尾数使用反码格式而不是补码来表示有符号值。尾数的 24 位值只是一个无符号二进制数，符号位决定该值是正数还是负数。反码具有一个不寻常的特性，即 0 有两种表示（符号位分别为 1 或 0）。一般情况下，这种特性仅对设计浮点数软件系统或硬件系统的人员来说很重要。我们将假定 0 的符号位为 0。

为了表示 1.0（包含）～ 2.0（不包含）范围之外的数值，可以利用浮点数格式的指数部分。浮点数格式计算 2 的指定指数次幂，然后将尾数乘以该数值。指数为 8 位，以 excess-127 的格式存储。在 excess-127 格式中，指数 0 表示为 127（7Fh），负指数是 0 ～ 126 范围内的数值，正指数是 128 ～ 255 范围内的数值。为了将指数转换为 excess-127 格式，需要将指数值加上 127。使用 excess-127 格式可以更容易地比较浮点数。单精度浮点数格式如图 2-21 所示。

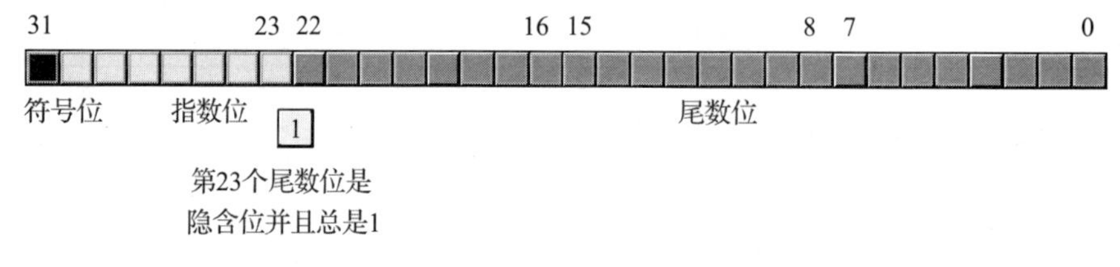

图 2-21 单精度（32 位）浮点数格式

使用 24 位尾数，我们将获得大约六位半（十进制）精度（半位精度意味着前六位数字可以全部在 0 ～ 9 范围内，但第七位数字只能在 0 ～ x 范围内，其中 $x < 9$ 且通常接近 5）的数据。采用 8 位 excess-127 格式的指数，单精度浮点数的动态范围（dynamic range）[三]大约为

[一] 二进制小数点与十进制小数点都表示一个意思，区别在于二进制小数点出现在二进制数中，而十进制小数点出现在十进制数中。

[二] 这一点并不一定永远是正确的。IEEE 浮点格式支持高阶位不为 0 的非规范化值。然而，在本书的讨论中，将忽略非规范化值。

[三] 动态范围是最小正值和最大正值之间的大小差异。

$2^{\pm127}$ 或 $10^{\pm38}$。

虽然单精度浮点数完全适用于许多实际应用，但其精度和动态范围有限，不适用于金融、科学和其他应用领域。此外，在进行长链计算期间，单精度格式的精度限制可能会引入严重误差。

2.13.2　双精度格式

双精度格式有助于解决单精度浮点数的问题。与单精度格式相比，双精度格式占用了两倍的空间。双精度格式由三部分组成，分别是 11 位的 excess-1023 格式的指数、53 位的尾数（隐含的高阶位为 1）以及一个符号位。这种格式提供了大约 $10^{\pm308}$ 的动态范围和 14.5 位的数据精度，足以满足大多数应用。双精度浮点数的格式如图 2-22 所示。

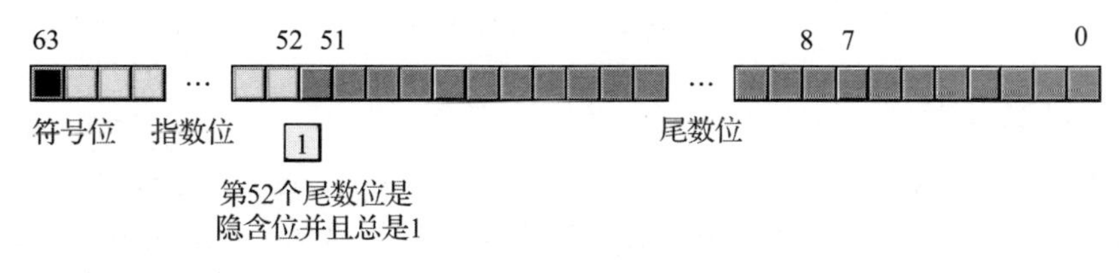

图 2-22　64 位双精度浮点数格式

2.13.3　扩展精度格式

在涉及双精度浮点数的长链计算过程中，为了确保精度，英特尔设计了扩展精度格式。扩展精度格式占用 80 位。在额外的 16 位中，12 位附加到尾数末尾，4 位附加到指数末尾。与单精度值和双精度值不同的是，扩展精度格式的尾数没有隐含的高阶位。因此，扩展精度格式提供了 64 位尾数、15 位的 excess-16383 格式的指数和 1 个符号位。图 2-23 显示了扩展精度浮点数的格式。

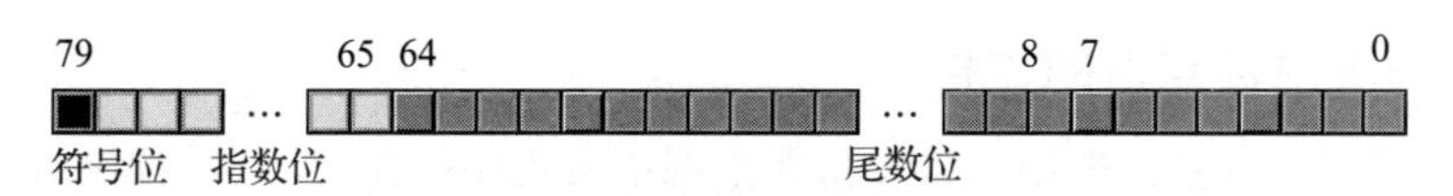

图 2-23　80 位扩展精度浮点数格式

在 x86-64 FPU 上，所有计算都使用扩展精度格式完成。无论何时，当加载一个单精度值或双精度值时，FPU 都会自动将其转换为扩展精度的数值。同样，在将一个单精度值或双精度值存储到内存中时，在存储之前，FPU 会自动将该数值向下舍入到适当的大小。通过使用扩展精度格式，英特尔保证提供大量的警戒位，以确保计算的准确性。

2.13.4　规范化浮点值

为了在计算过程中维持最大的精度，大多数计算都使用规范化值。规范化浮点值是尾数的高阶位为 1 的值。几乎任何非规范化的值都可以被规范化：将尾数的各个位向左移位，并减小指数，直到尾数的高阶位为 1。

请记住，指数是一个二进制数。每次增加指数时，浮点数都会乘以 2。同样，每当减小指数时，浮点值都会除以 2。因此，将尾数向左移位一位意味着将浮点值乘以 2；同样，将尾数向右移位一位意味着将浮点值除以 2。所以，将尾数向左移位一个位置同时将指数减 1 并不会改变浮点数的值。

使用规范化浮点数具有优势的原因是这种方式可以保证计算的最大精度位数。如果尾数的高阶 *n* 位都是 0，则尾数的计算精度位要少很多。因此，如果仅涉及规范化值，则浮点数的计算将更加准确。

在两种重要情况下，浮点数将无法规范化。第一种特殊情况是数值 0。显然，0 无法被规范化，因为在 0 的浮点数表示中，尾数的每一位值都不可能为 1。但是，这并不是问题，因为我们可以使用一个位精确地表示数值 0。

第二种情况是尾数中有一些高阶位为 0，但偏移指数（biased exponent）也为 0（我们不能通过减小指数来对尾数进行规范化）。对于尾数的高阶位以及偏移指数都为 0（所允许的最大负指数）的那些很小的数，IEEE 标准并没有排除它们，而是允许使用特殊的规范化值来表示这些较小的值。[⊖]尽管使用非规范化值可以使 IEEE 浮点数计算产生比向下溢出时更好的结果，但需要注意的是，非规范化值提供的精度位较少。

2.13.5　非数值数据

IEEE 浮点标准可以识别三个特殊的非数值数据，即 −infinity（负无穷大）、+infinity（正无穷大）和一个特殊的 NaN（not-a-number，非数值）。对于这些特殊的数值，其指数字段为全 1。

对于某个数值，如果其指数为全 1，尾数为全 0，则该值为 infinity。符号位为 0 时表示 +infinity，符号位为 1 时表示 -infinity。

对于某个数值，如果其指数为全 1，尾数不为全 0，则该值为无效数值。在 IEEE 754 术语中，称其为 NaN。NaN 表示非法操作，例如试图计算负数的平方根。

当任一操作数（或者两个操作数）为 NaN 时，会发生无序比较。由于 NaN 的值不确定，因此无法对其进行比较（即它们是不可比较的）。对执行无序比较的任何尝试通常会导致异常或某种错误。另外，有序比较所涉及的两个操作数都不可以是 NaN。

2.13.6　MASM 对浮点值的支持

MASM 提供了几种数据类型，以支持在汇编语言程序中使用浮点数据。MASM 的浮点值常量允许以下的语法形式。

- 一个可选的“+”或“−”符号，表示尾数的符号（如果没有指定，则 MASM 假设尾数为正）。
- 后面跟一个或多个十进制数字。
- 后面跟一个十进制小数点以及零个或多个十进制数字。
- （可选）后面跟 e 或 E，（可选）后面跟符号（“+”或“−”）以及一个或多个十进制数字。

浮点值必须包含小数点或者 e/E，以便将该数值与整数或无符号字面常量区分开来。以下是一些合法的字面浮点值常量的示例：

```
1.234  3.75e2  -1.0  1.1e-1  1.e+4  0.1  -123.456e+789  +25.0e0  1.e3
```

浮点值的字面常量必须以十进制数字开头，如在程序中必须使用 0.1 来表示 .1。

为了声明浮点值变量，可以使用数据类型 real4、real8 或 real10。位于这些数据类型声明末尾的数字指定用于每个类型二进制表示的字节数。因此，我们可以使用 real4 来声明单精度实数值，使用 real8 来声明双精度浮点值，使用 real10 来声明扩展精度浮点值。除了使

⊖ 另一种替代方案是将值向下溢出到 0。

用这些数据类型来声明浮点值而不是整数这一点，这些数据类型的使用方法与 byte、word、dword 等的几乎相同。以下示例演示了这些声明及语法：

```
        .data
fltVar1      real4 ?
fltVar1a     real4 2.7
pi           real4 3.14159
DblVar       real8 ?
DblVar2      real8 1.23456789e+10
XPVar        real10 ?
XPVar2       real10 -1.0e-104
```

和往常一样，本书使用 C/C++ 的 printf 函数将浮点值打印到控制台。当然，也可以编写汇编语言例程来完成同样的任务，但是 C 标准库提供了一种便捷的方法，可以避免编写（复杂的）代码，至少目前是这样。

注意：浮点算术运算不同于整数算术运算，不能使用 x86-64 的 add 和 sub 指令对浮点数进行操作，可参阅第 6 章。

2.14　BCD 表示法

尽管整数和浮点数格式能够满足一般程序对数值的大多数需求，但在某些特殊情况下，使用其他数值表示形式会更加方便。在本节中，我们将讨论 BCD 格式，因为 x86-64 CPU 为这种数据表示提供了少量的硬件支持。

BCD 值是一个由半字节形成的序列，每个半字节表示 0 ～ 9 范围内的数值。一个字节可以表示包含两个十进制数字的数值，或者 0 ～ 99 之间的数值（具体请参见图 2-24）。

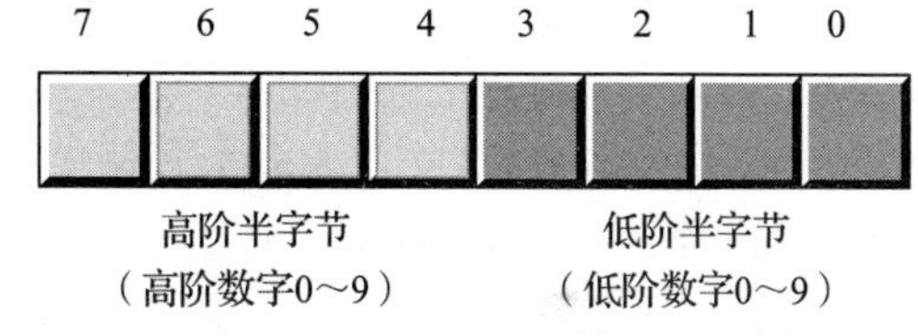

图 2-24　内存中的 BCD 数据表示

可以看出，BCD 表示对内存的利用并不是特别高效。例如，一个 8 位 BCD 变量可以表示 0 ～ 99 范围内的数值，而在保存二进制数值时，相同的 8 位可以表示 0 ～ 255 范围内的数值。同样，16 位二进制数值可以表示 0 ～ 65 535 范围内的数值，而 16 位 BCD 数值只能表示 0~9999，大约为 0 ～ 65 535 的六分之一。

不过，BCD 数值可以很容易地在内部数字表示和字符串表示之间转换，而且可以在使用 BCD 的硬件（例如，旋转控制器或刻度盘）中对多位的十进制数值进行编码。基于上述两个原因，我们发现人们经常在嵌入式系统（例如烤箱、闹钟和核反应堆）中使用 BCD，但在通用计算机软件中很少使用。

英特尔 x86-64 浮点单元支持一对用于加载和存储 BCD 值的指令。但在内部，FPU 将这些 BCD 数值转换为二进制表示，并采用二进制形式执行所有的计算。英特尔 x86-64 浮点单元仅将 BCD 码用作外部数据格式（位于 FPU 外部）。这种方式通常会产生更加准确的结果，与专门设计一个能够支持十进制算术运算的单独协处理器相比，这种方式节省了所需的硅。

2.15　字符

也许个人计算机上最重要的数据类型是字符。术语“字符”是指人或者机器可读的符号，一般是非数字实体。具体而言，字符通常是指可以通过键盘键入的任何符号（包括可能需要多个按键才能生成的某些符号），或者在视频显示器上能够显示的符号。字母、标点符号、数字、空格、制表符、回车符（ENTER）、其他控制字符以及其他的特殊符号都是字符。

注意：数字字符与数值不同：字符“1”与数值 1 不同。在计算机中，通常对数字字符（“0”、“1”、…、“9”）与数值（0 ～ 9）采用两种不同的内部表示形式。

大多数计算机系统使用一个字节或两个字节的序列将各种字符编码为二进制形式。Windows、MacOS、FreeBSD 和 Linux 使用 ASCII 或者 Unicode 编码表示字符。本节将讨论 ASCII 字符集和 Unicode 字符集，以及 MASM 提供的字符声明工具。

2.15.1　ASCII 字符编码

ASCII 字符集将 128 个文本字符映射为 0 ～ 127（0 ～ 7Fh）之间的无符号整数值。虽然字符到数值的精确映射可以是任意的并且不重要，但是使用标准化的编码进行映射非常重要，因为当需要与其他程序和外围设备通信时，通信双方需要使用相同的“语言”。ASCII 是一种几乎所有人都达成一致的标准化编码：如果使用 ASCII 编码 65 表示字符“A”，那么，无论何时向一个外部设备（例如，打印机）传输数据，外部设备都会正确地将该值解释为字符“A”。

尽管存在一些严重不足，但是 ASCII 数据已经成为跨计算机系统和程序的数据交换标准[⊖]。大多数程序可以接受 ASCII 数据，同样，大多数程序可以生成 ASCII 数据。因为我们将在汇编语言中处理 ASCII 字符，所以研究 ASCII 字符集的布局并记住一些关键的 ASCII 编码（例如，0、A、a 等）是非常必要的。

ASCII 字符集可以分为 4 组，每组 32 个字符。第一组 32 个字符［ASCII 编码 0~1Fh（31）］构成一个特殊的非打印字符集，即控制字符。我们之所以把这些字符称为控制字符，是因为它们执行各种打印 / 显示的控制操作，而不是显示符号。示例包括回车符，用于将光标定位到当前字符行的左侧[⊜]；换行符，将光标在输出设备中向下移动一行；退格符，将光标向左移回一个位置。

遗憾的是，不同的控制字符在不同的输出设备上执行不同的操作，输出设备之间几乎没有统一的标准。为了准确了解控制字符如何影响特定设备，用户需要查阅设备相关的使用手册。

第二组 32 个 ASCII 字符编码包含各种标点符号、特殊字符和数字字符。这一组中最著名的字符包括空格字符（ASCII 码值为 20h）和数字字符（ASCII 码值为 30h ～ 39h）。

第三组 32 个 ASCII 字符包含大写字母字符。大写字母 A 到 Z 的 ASCII 码值为 41h ～ 5Ah（65 到 90）。因为只有 26 个字母字符，所以剩下的 6 个编码代表各种特殊符号。

第四组也是最后一组 32 个 ASCII 字符编码表示小写字母、5 个附加特殊符号和 1 个控制字符（具于删除功能）。小写字母使用 ASCII 码值 61h ～ 7Ah。将大写字母和小写字母的 ASCII 编码转换为二进制，就会发现同一字母的大写字符与小写字符仅在一个位上有区别。例如，考虑图 2-25 中的大写字母 E 和小写字母 e 的字符编码。

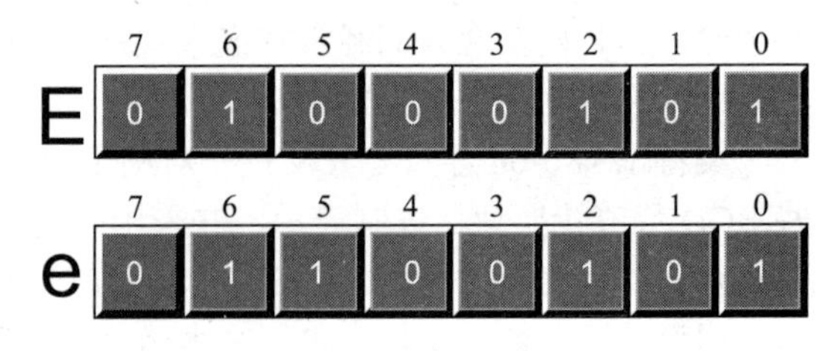

图 2-25　大写字母 E 和小写字母 e 的 ASCII 码值

⊖ 如今，Unicode（特别是 UTF-8 编码）正在迅速取代 ASCII，因为 ASCII 字符集不足以处理国际字母表和其他特殊字符。

⊜ 从历史的角度看，回车指的是打字机上使用的滑动架（打印头）：将滑动架向右移动到底，可以使下一个键入的字符出现在纸张的左侧。

这两个 ASCII 码值唯一不同的是第 5 位。所有大写字母第 5 位的值始终为 0，所有小写字母第 5 位的值始终为 1。我们可以使用这个事实实现大写字母和小写字母的快速转换。如果有一个大写字母，则可以将其第 5 位的值设置为 1，从而强制把它转换为小写字母。如果有一个小写字母，则可以将其第 5 位的值设置为 0，从而强制把它转换为大写字母。只需反转第 5 位，就可以实现字母字符在大写和小写之间的转换。

实际上，如表 2-13 所示，第 5 位和第 6 位决定了字符处于 ASCII 字符集中的哪一组。

表 2-13 ASCII 编码的分组情况

第 6 位	第 5 位	组
0	0	控制字符
0	1	数字字符和标点符号
1	0	大写字母和特殊符号
1	1	小写字母和特殊符号

例如，我们可以将第 5 位和第 6 位的值设置为 0，从而将任何大写、小写（或对应的特殊）字符转换为控制字符。

接下来请考虑表 2-14 中给出的数字字符的 ASCII 编码。

表 2-14 数字字符的 ASCII 编码

字符	十进制	十六进制
0	48	30h
1	49	31h
2	50	32h
3	51	33h
4	52	34h
5	53	35h
6	54	36h
7	55	37h
8	56	38h
9	57	39h

对于任意一个数字字符，其 ASCII 码的低阶半字节恰恰等于该字符等价的二进制值。通过去掉数字字符编码的高阶半字节（即将高阶半字节设置为 0），可以将该编码转换为相应的二进制表示形式。相反，只需将高阶半字节设置为 3，就可以将 0 ～ 9 范围内的二进制数值转换为相应的 ASCII 字符。可以使用逻辑与操作将高阶位强制设置为 0，也可以使用逻辑或操作将高阶位强制设置为 0011b（3）。

遗憾的是，对于包含数字字符的字符串，我们无法通过简单地从该字符串的每个数字中去掉高阶半字节，来将其转换为等效的二进制值。以这种方式转换 123（31h 32h 33h）将产生 3 个字节——010203h，但 123 的正确值为 7Bh。上一段中描述的转换仅适用于单个数字字符。

2.15.2 MASM 对 ASCII 字符的支持

MASM 为汇编语言程序中的字符变量和字面量提供了支持。MASM 中的字符字面常量有以下两种形式：一种是包含在单引号内的单个字符，另一种是包含在双引号内的单个字符，如下所示：

```
'A'  "A"
```

两种形式代表相同的字符“A”。

如果希望在字符串中包含单引号或双引号，则需要使用另一个字符作为字符串分隔符。例如：

```
'A "quotation" appears within this string'
"Can't have quotes in this string"
```

与 C/C++ 语言不同，MASM 对单字符对象和字符串对象使用相同的分隔符，并且不使用分单个字符区分字符常量和字符串常量。一个字符字面常量在两个双引号（或单引号）之间只有一个字符，而字符串字面常量在两个双引号（或单引号）之间有多个字符。

在 MASM 程序中，为了声明字符变量，需要使用 byte 数据类型。例如，以下示例演示了如何声明一个名为 UserInput 的变量：

```
                .data
UserInput       byte ?
```

上述声明保留一个字节的存储空间，可用于存储任何字符值（包括 8 位扩展 ASCII/ANSI 字符）。还可以按如下方式初始化字符变量：

```
                .data
TheCharA        byte 'A'
ExtendedChar byte 128 ; 大于 7Fh 的字符码
```

因为字符变量是 8 位对象，所以可以使用 8 位寄存器对其进行操作。可以将字符变量移动到 8 位寄存器中，也可以将 8 位寄存器的值存储到字符变量中。

2.16 Unicode 字符集

ASCII 码存在的问题是它只支持 128 个字符的编码。即使将定义扩展到 8 位（就像 IBM 在原始 PC 上所做的那样），我们也只能使用最多 256 个字符。这对于现代的多国 / 多语言应用程序而言实在是太少了。早在 20 世纪 90 年代，就有几家公司开发了一种 ASCII 扩展，称为 Unicode，它使用两个字节的字符大小进行编码。因此，（原始）Unicode 最多支持 65 536 个不同字符的编码。

遗憾的是，尽管最初的 Unicode 标准是经过深思熟虑的，但系统工程师发现，即使 65 536 个符号也不够用。如今，Unicode 定义了 1 112 064 个可能的字符，使用可变长度字符格式进行编码。

2.16.1 Unicode 码位

Unicode 码位（code point，又被称为码点）是一个整数值，Unicode 将其与特定字符符号相关联。Unicode 码位的约定是指定十六进制形式的值，值前面有一个“U+”前缀。例如，U+0041 是字符 A 的 Unicode 码位（41h 是字符 A 的 ASCII 码值。U+0000 ～ U+007F 范围内的 Unicode 码位对应于 ASCII 字符集）。

2.16.2 Unicode 码平面

Unicode 标准所定义的码位范围为 U+000000 到 U+10FFFF。10FFFFh 为 1 114 111，这是 Unicode 字符集中 1 112 064 个字符的大部分来源，其余 2047 个码位被保留，用作代理项（surrogate），代理项是 Unicode 的扩展。[⊖]Unicode 标准将此范围划分为 17 个多语言平面（multilingual plane），每个语言平面最多支持 65 536 个码位。6 位十六进制码位中的高阶 2 位用于指定多语言平面，其余 4 位用于指定平面内的字符。

平面 0（U+000000 到 U+00FFFF）大致对应于原始的 16 位 Unicode 定义，Unicode 标准将其称为基本多语言平面（Basic Multilingual Plane，BMP）。平面 1（U+010000 至 U+01FFFF）、平面 2（U+020000 至 U+02FFFF）和平面 14（U+0E0000 至 U+0EFFF）为补充（扩展）平面。Unicode 为将来的扩展保留了平面 3 ～平面 13，将平面 15 和平面 16 用于用户自定义的字符集。

⊖ Unicode 标量（Unicode scalar）是另一个常见的术语。Unicode 标量是除 2047 个代理项码位之外的所有 Unicode 码位集中的值。

很显然，在 BMP 之外表示 Unicode 码位需要额外的 2 个字节。为了减少内存的使用，Unicode 在 BMP 中（特别是 UTF-16 编码）使用 2 个字节表示 Unicode 码位，在 BMP 外使用 4 个字节表示码位。在 BMP 中，Unicode 保留代理项码位（U+D800−U+DFFF）以指定 BMP 后面的 16 个平面，图 2-26 显示了其编码。

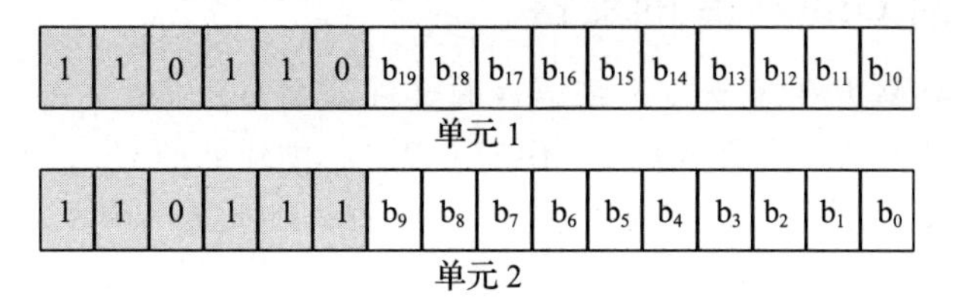

图 2-26 Unicode 平面 1 到 16 的代理项码位编码

请注意，这两个字（单元 1 和单元 2）总是同时出现。单元 1 的值（高阶位为 110110b）指定 Unicode 标量的高阶 10 位（b_{10} 至 b_{19}），单元 2 的值（高阶位为 110111b）指定 Unicode 标量的低阶 10 位（b_0 至 b_9）。因此，位 b_{16} 到 b_{19}（加 1）指定 Unicode 平面 1 到 16，位 b_0 到 b_{15} 指定平面内的 Unicode 标量值。

2.16.3 Unicode 编码

Unicode 标准从 v2.0 版本开始，支持 21 位字符空间，能够处理超过一百万个字符（尽管大多数码点仍保留供将来使用）。Unicode 公司没有采用 3 字节（或者更糟糕的 4 字节）编码方式来允许更大的字符集，而是采用不同的编码方案，每种编码都有自己的优点和缺点。

UTF-32 使用 32 位整数来保存 Unicode 标量[⊖]。UTF-32 编码方案的优点是 32 位整数可以表示每个 Unicode 标量值（只需要 21 位）。使用 UTF-32 时，程序可以随机访问字符串中的每个字符（无须搜索代理项对），并且能够以常数时间（大部分情况下）完成操作。UTF-32 明显的缺点是每个 Unicode 标量值需要 4 字节的存储空间（这是原始 Unicode 定义的 2 倍，也是 ASCII 字符的 4 倍）。

Unicode 支持的第二种编码格式是 UTF-16。顾名思义，UTF-16 使用 16 位（无符号）整数来表示 Unicode 值。为了处理大于 0FFFFh 的标量值，UTF-16 使用代理项对的编码方案来表示 010000h ～ 10FFFFh 范围内的值。因为绝大多数有用的字符可以使用 16 位，所以大多数 UTF-16 字符只需要 2 个字节。对于需要代理项的罕见情况，UTF-16 需要两个字（32 位）来表示字符。

最后一种编码是 UTF-8，毫无疑问，这是最流行的编码方案。UTF-8 编码与 ASCII 字符集向上兼容。特别是，所有 ASCII 字符都有单字节表示（字符原始的 ASCII 编码，其中包含字符的字节高阶位为 0）。如果 UTF-8 的高阶位为 1，则 UTF-8 需要额外的字节（1 ～ 3 个额外的字节）来表示 Unicode 码位。表 2-15 给出了 UTF-8 的编码模式。

表 2-15 UTF-8 编码

字节	码位占用的位数	第 1 个码位	最后一个码位	第 1 个字节	第 2 个字节	第 3 个字节	第 4 个字节
1	7	U+00	U+7F	0*xxxxxxx*			
2	11	U+80	U+7FF	110*xxxxx*	10*xxxxxx*		
3	16	U+800	U+FFFF	1110*xxxx*	10*xxxxxx*	10*xxxxxx*	
4	21	U+10000	U+10FFFF	11110*xxx*	10*xxxxxx*	10*xxxxxx*	10*xxxxxx*

⊖ UTF 是英文 Universal Transformation Format（通用转换格式）的缩写。

表中出现的 *xxx*…位是 Unicode 码位所占用的位。对于多字节序列，第一个字节包含高阶位，第 2 个字节包含下一个高阶位，依此类推。例如，一个由 2 个字节组成的序列“11011111b,10000001b”对应于 Unicode 标量 0000_0111_1100_0001b（U+07C1）。

2.17　MASM 对 Unicode 的支持

遗憾的是，MASM 几乎不支持汇编语言源文件采用 Unicode 文本。幸运的是，MASM 的宏工具提供了一种方法，允许我们在 MASM 中自己创建处理 Unicode 字符串的方法。有关 MASM 宏的更多详细信息，请参见第 13 章。在 *The Art of 64-Bit Assembly* 的 Volume 2 中还会重新讨论这个主题，该书花费了大量的篇幅描述如何强制 MASM 接受和处理源文件与资源文件中的 Unicode 字符串。

2.18　拓展阅读资料

有关数据表示和布尔函数的一般信息，请考虑阅读作者编写的另一本书 *Write Great Code* 的 Volume 1，或者任何一本数据结构和算法方面的教科书（所有的书店都有售）。

ASCII、EBCDIC 和 Unicode 都是国际标准。有关扩展 EBCDIC 字符集系列的更多信息，请参考 IBM 的网站（http://www.ibm.com/）。ASCII 和 Unicode 都是国际标准化组织（International Organization for Standardization，ISO）的标准，ISO 为这两种字符集提供了相应的报告。通常情况下，获取这些报告需要付费，但读者也可以通过在互联网上按名称搜索 ASCII 和 Unicode 字符集，来查找有关这些字符集的大量信息。读者还可以通过 Unicode 官网（http://www.unicode.org/），阅读有关 Unicode 的信息。*Write Great Code* 还包含有关 Unicode 字符集的历史、使用和编码这些额外信息。

2.19　自测题

1. 十进制值 9384.576 代表什么含义（请以 10 的幂表示）？
2. 将以下二进制值转换为十进制值：
   a. 1010
   b. 1100
   c. 0111
   d. 1001
   e. 0011
   f. 1111
3. 将以下二进制值转换为十六进制值：
   a. 1010
   b. 1110
   c. 1011
   d. 1101
   e. 0010
   f. 1100
   g. 1100_1111
   h. 1001_1000_1101_0001
4. 将以下十六进制值转换为二进制值：
   a. 12AF

b. 9BE7

c. 4A

d. 137F

e. F00D

f. BEAD

g. 4938

5. 将以下十六进制值转换为十进制值：

a. A

b. B

c. F

d. D

e. E

f. C

6. 以下数据类型各包含多少个二进制位？

a. Word

b. Qword

c. Oword

d. Dword

e. BCD 数字

f. Byte

g. Nibble

7. 以下数据类型各包含多少个字节？

a. Word

b. Dword

c. Qword

d. Oword

8. 以下数据类型分别可以表示多少个不同的值？

a. Nibble

b. Byte

c. Word

d. Bit

9. 表示一个十六进制数字需要多少个二进制位？

10. 一个字节中的位是如何编号的？

11. 一个字的低阶位的编号是什么？

12. 一个双字的高阶位的编号是什么？

13. 计算以下二进制值的逻辑与运算结果：

a. 0 and 0

b. 0 and 1

c. 1 and 0

d. 1 and 1

14. 计算以下二进制值的逻辑或运算结果：

a. 0 or 0

b. 0 or 1

c. 1 or 0

d. 1 or 1

15. 计算以下二进制值的逻辑异或运算结果：
    a. 0 xor 0
    b. 0 xor 1
    c. 1 xor 0
    d. 1 xor 1
16. 对于什么值，逻辑非操作与逻辑异或结果相同？
17. 可以使用哪个逻辑操作将位串中的位强制设置为 0？
18. 可以使用哪个逻辑操作将位串中的位强制设置为 1？
19. 可以使用哪个逻辑操作将位串中的所有位反转？
20. 可以使用哪个逻辑操作将位串中的指定位反转？
21. 哪一条机器指令可以反转寄存器中的所有位？
22. 8 位的值 5（00000101b）的补码是什么？
23. 有符号的 8 位值 -2（11111110）的补码是什么？
24. 以下哪些有符号 8 位值为负值？
    a. 1111_1111b
    b. 0111_0001b
    c. 1000_0000b
    d. 0000_0000b
    e. 1000_0001b
    f. 0000_0001b
25. 哪一条机器指令对寄存器或内存位置中的值取补码？
26. 以下哪一个 16 位的值可以正确地符号缩减为 8 位？
    a. 1111_1111_1111_1111
    b. 1000_0000_0000_0000
    c. 000_0000_0000_0001
    d. 1111_1111_1111_0000
    e. 1111_1111_0000_0000
    f. 0000_1111_0000_1111
    g. 0000_0000_1111_1111
    h. 0000_0001_0000_0000
27. 哪一条机器指令等价于高级程序设计语言的 goto 语句？
28. MASM 语句标签的语法是什么？
29. 条件码有哪些标志位？
30. JE 是哪一条用于测试条件码的指令的同义词？
31. JB 是哪一条用于测试条件码的指令的同义词？
32. 哪些条件跳转指令是基于无符号比较结果实现传输控制的？
33. 哪些条件跳转指令是基于有符号比较结果实现传输控制的？
34. SHL 指令是如何影响零标志位的？
35. SHL 指令是如何影响进位标志位的？
36. SHL 指令是如何影响溢出标志位的？
37. SHL 指令是如何影响符号标志位的？
38. SHR 指令是如何影响零标志位的？
39. SHR 指令是如何影响进位标志位的？

40. SHR 指令是如何影响溢出标志位的？
41. SHR 指令是如何影响符号标志位的？
42. SAR 指令是如何影响零标志位的？
43. SAR 指令是如何影响进位标志位的？
44. SAR 指令是如何影响溢出标志位的？
45. SAR 指令是如何影响符号标志位？
46. RCL 指令是如何影响进位标志位的？
47. RCL 指令是如何影响零标志位的？
48. RCR 指令如何影响进位标志位的？
49. RCR 指令如何影响符号标志位的？
50. 左移位指令等价于哪一个算术运算？
51. 右移位指令等价于哪一个算术运算？
52. 当执行一系列浮点数的加、减、乘和除运算时，应该首先尝试其中哪个操作？
53. 应该如何比较浮点数是否相等？
54. 什么是标准化浮点数？
55. 一个（标准）ASCII 字符占用多少个二进制位？
56. ASCII 字符 0~9 的十六进制表示是什么？
57. MASM 使用什么分隔符来定义字符常量？
58. Unicode 字符的三种常见编码是什么？
59. 什么是 Unicode 码位？
60. 什么是 Unicode 码平面？

内存的访问和组织

在第 1 章和第 2 章中，我们讨论了如何在汇编语言程序中声明和访问简单变量。本章将全面讨论 x86-64 内存访问过程。在本章中，我们将学习如何有效地组织对变量的声明，以加速对其数据的访问。我们还将讨论 x86-64 栈，以及如何处理栈中的数据。

本章将讨论几个重要概念，具体包括以下内容：

- 内存组织
- 程序的内存分配
- x86-64 内存寻址模式
- 间接索引寻址模式和缩放索引寻址模式
- 数据类型的强制转换
- x86-64 栈

本章将指导读者如何有效地利用计算机的内存资源。

3.1 运行时的内存组织

一个正在运行的程序会以多种方式使用内存，具体取决于数据的类型。以下是汇编语言程序中常见的一些数据分类。

- **代码**：对机器指令进行编码的内存值。
- **未初始化的静态数据**：计算机为整个程序运行期间存在的未初始化变量在内存中预留的一个区域。当 Windows 将程序加载到内存中时，会将该存储区域的值全部初始化为 0。
- **初始化的静态数据**：在程序运行的整个过程中一直存在的一段内存。Windows 会从程序的可执行文件中，加载该段中出现的所有变量的值，以便在程序首次开始执行时变量都具有初始值。
- **只读数据**：与初始化的静态数据类似，Windows 从可执行文件中，加载此内存段的初始数据。但是，该内存段被标记为只读（read-only），以防止无意中修改数据。程序通常在该内存段中存储常量和其他不变的数据（请注意，代码段也被操作系统标记为只读）。
- **堆**：内存中的特殊段，用来保存动态分配的存储空间。C 语言的 malloc 和 free 等函数负责在堆区域中分配和释放存储空间。4.6.4 节将更详细地阐述动态内存分配。
- **栈**：内存中的特殊段，程序在其中维护过程和函数的局部变量、程序状态信息以及其他瞬态数据（瞬态数据）。有关栈段的更多信息，请参阅 3.9 节中的相关内容。

以上所述都是常见程序（汇编语言程序或其他语言程序）中的典型内存段。较小的程序不会用到以上所有内存段（程序一般至少包含代码段、栈段和数据段）。复杂的程序可能会为自己要实现的目标在内存中创建额外的内存段。有些程序可能会将若干内存段组合在一起。例如，许多程序将代码段和只读数据段合并到内存的同一个段中（因为两个段中的数据都标记为只读)。有些程序会将未初始化的数据段和初始化的数据段合并在一起(将未初始化的所有变量都初始化为 0)。通常由链接器程序完成合并段的操作。有关合并段的详细信息，请参阅 Microsoft 链接器的相关文档[㊀]。

Windows 倾向于将不同类型的数据放入内存的不同段中。尽管在运行链接器时，可以通过指定各种参数，以根据选择重新配置内存，但在默认情况下，Windows 使用类似于图 3-1 的组织架构将 MASM 程序加载到内存中[㊁]。

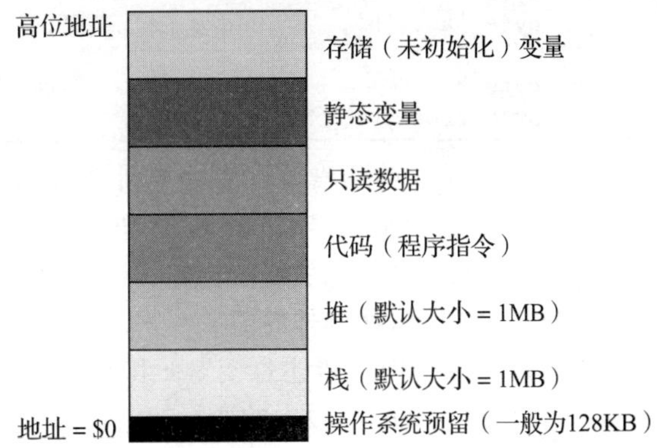

图 3-1　MASM 典型的运行时内存组织架构

Windows 本身将保留最低位的内存地址。通常情况下，应用程序无法访问这些低位地址的数据(或者执行这些低位地址的指令)。操作系统保留此内存空间的一个原因是它可以帮助捕获空指针引用，也就是说，如果程序尝试访问内存位置 0(NULL)，那么操作系统将生成一般保护故障(general protection fault)，也称为段故障(segmentation fault)，这意味着程序访问了不包含有效数据的内存位置。

内存映射中的其余 6 个段包含与程序相关的不同类型的数据。内存的这些段包括栈段、堆段、".code"(代码)段、".data"(静态数据)段、".const"(常量)段、".data?"(存储)段。每个段都对应一种可以在 MASM 程序中创建的数据类型。接下来将展开阐述".code"段、".data"段、".const"段和".data?"段[㊂]。

3.1.1 ".code"段

".code"段中包含 MASM 程序中的机器指令。MASM 将用户编写的每条机器指令转换为一个或多个字节值组成的序列。在程序执行期间，CPU 将这些字节值解释为机器指令。

在默认情况下，当 MASM 链接用户的程序时，会告诉系统用户的程序可以执行指令并从代码段读取数据，但不能将数据写入代码段。如果用户试图将任何数据存储到代码段中，那么操作系统将生成一般保护错误。

3.1.2 ".data"段

".data"段通常是程序放置变量的地方。除了声明静态变量外，还可以将数据列表嵌入".data"段。一些伪指令既可以将数据嵌入".code"段，也可以将数据嵌入".data"段，如 byte、word、dword、qword 等伪指令。请考虑下面的例子：

```
        .data
b       byte 0
        byte 1,2,3
```

㊀ 可以通过以下网址访问 Microsoft 链接器的相关文档：https://docs.microsoft.com/en-us/cpp/build/reference/linking?view=msvc-160/。

㊁ 当然，随着时间的推移，微软公司可能会因一时兴起而改变该组织方式。

㊂ 操作系统提供栈段和堆段，用户通常不会在汇编语言程序中同时声明这两个段。因此，这里没有对栈段和堆段进行展开讨论。

```
u    dword 1
     dword 5,2,10;

c    byte ?
     byte 'a', 'b', 'c', 'd', 'e', 'f';

bn   byte ?
     byte true ; 假定true被定义为1
```

MASM 使用这些伪指令将值放置到“.data”内存段时，会将这些值写入伪指令前的变量所在段的后面。例如，字节值 1、2 和 3 被写入“.data”内存段中 b 变量的第 0 个字节之后。由于没有与这些值相关联的标签，因此用户无法在程序中直接访问这些值，但可以使用索引寻址模式访问这些额外的值。

在前面的示例中，请注意变量 c 和 bn 没有（显式）初始值。如果没有提供初始值，那么 MASM 会将“.data”段中的变量初始化为 0，因此 MASM 将 NULL 字符（ASCII 代码 0）指定给 c，作为其初始值；将 false 指定为 bn 的初始值（假设 false 定义为 0）。“.data”段中的变量声明总是会占用内存，即使用户没有为这些变量分配初始值。

3.1.3 “.const”段

“.const”数据段用于保存常量、表和程序在执行期间无法更改的其他数据。可以在“.const”段中声明并创建只读对象。“.const”段类似于“.data”段，但存在以下 3 个区别。

- 常量段以保留关键字“.const”开始，而数据段以保留关键字“.data”开始。
- “.const”段中声明的所有变量都必须有一个初始值。
- 在程序运行过程中，系统不允许用户将数据写入“.const”段中的变量中。

下面是一个例子：

```
        .const
pi      real4     3.14159
e       real4     2.71
MaxU16  word      65535
MaxI16  sword     32767
```

所有的常量对象声明必须具有初始值，因为无法在程序控制下初始化对象的值。出于许多目的，可以将常量对象视为字面常量。由于它们实际上是内存对象，所以它们的行为类似于（只读）数据对象。并不是在所有允许字面常量的地方都可以使用常量对象；例如，不能在寻址模式中将常量对象用作位移（具体请参阅 3.7 节中的相关内容），并且不能在常量表达式中使用常量对象。在实践中，可以在任何能合法读取数据变量的地方，使用常量对象。

与“.data”段一样，使用 byte、word、dword 等伪指令，可以在“.const”段中嵌入数据值，但所有的数据声明都必须初始化。例如：

```
        .const
roArray byte      0
        byte      1, 2, 3, 4, 5
qwVal   qword 1
        qword 0
```

请注意，还可以在“.code”段中声明常量值。因为 Windows 对“.code”段进行写保护，所以在“.code”段中声明的数据值也是只读对象。如果确实在“.code”段中放置了常量声明，那么应该注意将这些常量放置在程序不会尝试以代码形式执行它们的位置（例如在

jmp 或 ret 指令之后)。除非用户使用数据声明手动编码 x86 机器指令（这种情况很少见，而且只能由专家程序员完成），否则用户不希望程序尝试将数据作为机器指令执行，因为结果通常是未定义的[⊖]。

3.1.4 “.data?”段

“.const”段要求用户初始化所有声明的对象。“.data”段允许用户选择性地初始化对象（或者不初始化对象，在这种情况下，对象的默认初始值为 0）。“.data?”段则允许用户声明在程序开始运行时未初始化的变量。“.data?”段开始于保留关键字“.data?”，包含不带初始值的变量声明。以下是一个例子：

```
              .data?
UninitUns32 dword ?
i           sdword ?
character   byte   ?
b           byte   ?
```

Windows 将程序加载到内存时，将所有“.data?”对象初始化为 0。然而，并不建议依赖这种隐式初始化变量的方式。如果需要使用值 0 来初始化对象，可以在“.data”中声明该对象，并显式将其设置为 0。

在“.data?”段中声明的变量，可能会使程序的可执行文件占用更少的磁盘空间。这是因为 MASM 将常量对象和数据对象的初始值写入可执行文件中，但 MASM 可能会采用打包格式表示“.data”段中未初始化的变量。请注意，具体的行为取决于操作系统版本和对象模块的格式。

3.1.5 程序中声明段的组织方式

在一个程序中，“.data”段、“.const”段、“.data”段和“.code”段可以出现零次或多次。段的声明可能以任何顺序出现，如下例所示：

```
            .data
i_static    sdword      0

            .data?
i_uninit    sdword      ?

            .const
i_readonly  dword       5

            .data
j           dword       ?

            .const
i2          dword       9

            .data?
c           byte   ?

            .data?
d           dword       ?
```

⊖ 从技术上讲，结果是明确定义的：机器将解码作为机器指令放入内存中的任何位模式。然而，很少有人能够关注一段数据并将其解释为一条机器指令。

```
        .code
此处是代码
        end
```

这些段的位置顺序没有限制，并且给定的声明段可能在程序中出现多次。如前所述，当在程序的声明段中，出现同一类型的多个声明段（例如，上面示例中的 3 个“.data ?”段）时，MASM 会将它们合并到一个组中（按任意顺序）。

3.1.6　内存访问和 4KB 内存管理单元页

x86-64 的内存管理单元（Memory Management Unit，MMU）将内存划分为人们称为页（page）的块[㊀]。操作系统负责管理内存中的页，因此应用程序通常不必关心页的组织方式。但是，在处理内存中的页时，我们应该注意以下几个问题：具体而言，CPU 是否允许访问给定的内存位置，以及给定的内存是读取 / 写入模式，还是只读模式（写保护）。

每个程序段都位于内存中的连续 MMU 页中。也就是说，“.const”段从 MMU 页中的偏移量 0 处开始存储，该段中的所有数据顺序占用内存中的页。存储内存中一个段的开始页紧跟在存储上一个段的最后一页之后，并从开始页中的偏移量 0 处开始存放一个段（可能是“.data”段）的内容。如果上一个段（例如，“.const”段）并没有占用 4KB 的整数倍空间，则该段的数据结尾与最后一页的结尾之间将包含填充空间，以确保下一个段从 MMU 的页边界开始。

每一个新的段都从自己的 MMU 页开始，因为 MMU 使用页粒度来控制对内存的访问。例如，MMU 控制内存中的页是采取可读取 / 写入模式还是只读模式。对于“.const”段，我们希望内存为只读的。对于“.data”段，我们希望同时允许读取和写入。因为 MMU 只能逐页强制执行这些属性，所以“.data”段的信息与“.const”段的信息不能存储在同一个 MMU 页中。

通常情况下，所有这些操作对用户代码都是完全透明的。在“.data”段（或者 .data? 段）中声明的数据是可读写的，“.const”段（以及“.code”段）中的数据是只读的（“.code”段的数据也是可执行的）。除了将数据放在特定的段之外，用户不必太关心内存页的属性。

但是存在这样一种情况，用户确实需要考虑内存中 MMU 页的组织方式。有时，访问（读取）内存中数据结构末尾以外的数据非常方便（想要了解这其中合理缘由的读者，请参阅第 11 章的 SIMD 指令和第 14 章的字符串指令），但是如果该数据结构与 MMU 页的结尾对齐，则访问内存中的下一页时可能会存在问题。内存中的某些页是无法访问的（inaccessible），MMU 不允许对这些页上进行读取、写入或者在这些页上执行操作。

尝试这样做将导致生成 x86-64 一般保护（段）错误，并中止程序的正常执行[㊁]。如果有一个跨越页边界的数据访问，并且内存中的下一页不可访问，则用户的程序将崩溃。例如，恰好在 MMU 页末尾的一个字节处，尝试访问一个字对象，如图 3-2 所示。

一般而言，我们不应该读取数据结构末尾以外的数据[㊂]。如果出于某种原因需要这样做，那么应该确保访问内存中的下一个页是合法的（遗憾的是，现代 x86-64 CPU 系列没有提供

㊀ 遗憾的是，早期的英特尔文档将大小为 256 字节的块称为页，而一些早期 MMU 使用的是 512 字节大小的页，因此这个术语引起了很多混淆。然而，在内存中，x86-64 上的页总是含 4 096 个字节的块。

㊁ 结果通常会导致程序崩溃，除非用户编写了一个异常处理程序来处理一般保护故障。

㊂ 不言而喻，永远不要在给定数据结构的末尾之外写入数据，这种操作永远是不正确的行为，并且可能会产生比程序崩溃严重得多的问题（包括严重的安全问题）。

允许该操作的指令。保证访问合法的唯一方法是，确保在我们正访问的数据结构之后确实存在有效的数据）。

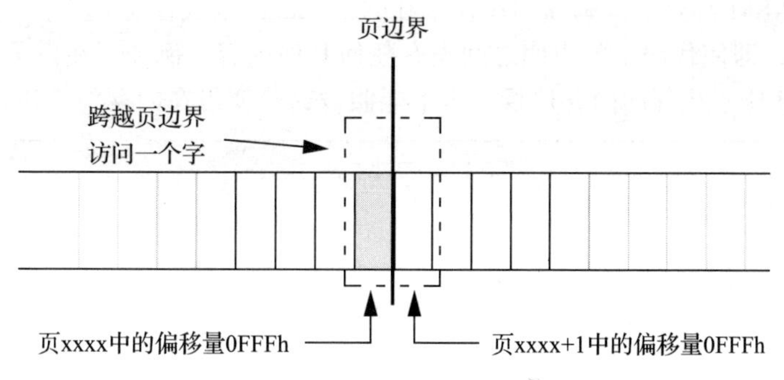

图 3-2　在 MMU 页的末尾访问一个字对象

3.2　MASM 如何为变量分配内存

MASM 将 4 个声明段（“.code”段、“.data”段、“.const”段和“.data?”段）分别与一个当前位置计数器相关联。这些位置计数器最初的值为 0，每当用户在其中一个段中声明变量（或者在“.code”段中写入代码）时，MASM 就将该段的位置计数器的当前值与该变量相关联。此外，MASM 也会根据用户声明的对象的大小来增加该位置计数器的值。请阅读以下的一个示例，假设程序中只有一个“.data”声明段：

```
        .data
b       byte ?              ; 位置计数器的值 = 0, 大小 = 1
w       word ?              ; 位置计数器的值 = 1, 大小 = 2
d       dword ?             ; 位置计数器的值 = 3, 大小 = 4
q       qword ?             ; 位置计数器的值 = 7, 大小 = 8
o       oword ?             ; 位置计数器的值 = 15, 大小 = 16
                            ; 此时，位置计数器的值 = 31
```

正如所见，在（单个）“.data”段中声明的变量，具有在该段中连续的偏移量（位置计数器的值）。根据上面的声明示例，在内存中，w 将紧跟 b 存放，d 将紧跟 w 存放，q 将紧跟 d 存放，依此类推。这些偏移量并不是变量的实际运行时地址。在运行时，系统将每个段分别加载到内存中的一个（基）地址处。链接器和 Windows 将内存段的基址加到每个位置计数器值［我们称之为位移量（displacement）或偏移量］中，以生成变量的实际内存地址。

请记住，可以将其他模块（例如，C 标准库中的函数）与用户编写的程序链接在一起。而且，同一个源文件中可能会包含其他的“.data”段，链接器必须合并各“.data”段。每个段都有自己的位置计数器，在为段中的变量分配存储空间时，该计数器也从 0 开始。因此，单个变量的偏移量可能对其最终内存地址影响不大。

请记住，MASM 将我们在“.const”段、“.data”段和“.data?”段中声明的内存对象分配到完全不同的内存区域。因此，我们不能假设以下 3 个内存对象出现在相邻的内存位置（实际上，这些内存对象可能并不会位于相邻的内存位置）：

```
        .data
b       byte ?

        .const
w       word    1234h
```

```
     .data?
d    dword  ?
```

事实上，MASM 甚至不能确保用户在单独的“ .data”（或任意）段中声明的变量在内存中是相邻存放的，即使代码中的声明之间没有任何其他内容。例如，在以下声明中，我们不能假设 b、w 和 d 位于相邻的内存位置，也不能假设这些变量在内存中不相邻：

```
     .data
b    byte   ?

     .data
w    word   1234h

     .data
d    dword  ?
```

如果代码要求这些变量占用相邻的内存位置，则必须在同一个“ .data”段中声明这些变量。

3.3 标签声明

标签（label）声明允许我们在段（“.code”段、“.data”段、“.const”段和“.data?”段）中声明变量，且不用为变量分配内存。label 伪指令指示 MASM 在声明段中将当前地址分配给变量，但不为对象分配任何存储空间。该变量与变量声明段中出现的下一个对象共享相同的内存地址。以下是标签声明的语法：

```
variable_name label type
```

以下代码序列给出了一个在“.const”段中使用标签声明的示例：

```
        .const
abcd    label     dword
        byte 'a', 'b', 'c', 'd'
```

在上面的示例中，abcd 是一个双字，其低阶字节包含 97（字母 a 的 ASCII 码值），第一个字节包含 98（字母 b 的 ASCII 码值），第二个字节包含 99（字母 c 的 ASCII 码值），高阶字节包含 100（字母 d 的 ASCII 码值）。MASM 不会为变量 abcd 保留存储空间，因此 MASM 将内存中的以上四个字节（由 byte 伪指令分配）与变量 abcd 关联在一起。

3.4 小端模式和大端模式的数据组织方式

回顾 1.8 节中的相关内容，其中指出 x86-64 在内存中存储多字节的数据类型时，将低阶字节存于内存中的最小地址处，高阶字节存于内存中的最大地址处（具体请参见图 1-5）。内存中的这种数据组织方式称为小端（little endian）模式。小端模式的数据组织方式（低阶字节在前，高阶字节在后）是许多现代 CPU 共享的一种常见内存组织。然而，小端模式并不是唯一的数据组织方式。

大端（big endian）模式数据组织方式与小端模式数据组织方式在内存字节的顺序上刚好相反。大端模式数据结构的高阶字节首先出现（在最小内存地址中），低阶字节出现在最大内存地址中。表 3-1、表 3-2 和表 3-3 分别描述了字、双字和四字的内存组织方式。

表 3-1　字对象的小端模式和大端模式数据组织方式

数据字节	小端模式数据的内存组织	大端模式数据的内存组织
0（低阶字节）	基址 +0	基址 +1
1（高阶字节）	基址 +1	基址 +0

表 3-2　双字对象的小端模式和大端模式数据组织方式

数据字节	小端模式数据的内存组织	大端模式数据的内存组织
0（低阶字节）	基址 +0	基址 +3
1	基址 +1	基址 +2
2	基址 +2	基址 +1
3（高阶字节）	基址 +3	基址 +0

表 3-3　四字对象的小端模式和大端模式数据组织方式

数据字节	小端模式数据的内存组织	大端模式数据的内存组织
0（低阶字节）	基址 +0	基址 +7
1	基址 +1	基址 +6
2	基址 +2	基址 +5
3	基址 +3	基址 +4
4	基址 +4	基址 +3
5	基址 +5	基址 +2
6	基址 +6	基址 +1
7（高阶字节）	基址 +7	基址 +0

通常情况下，我们不会太关心 x86-64 CPU 上的大端模式内存组织方式。但是，有时可能需要处理由不同 CPU（或由使用大端模式数据组织方式作为其标准整数格式的协议，如 TCP/IP）生成的数据。如果要将内存中的大端模式数据值加载到 CPU 寄存器中，则计算结果将不正确。

如果内存中有一个 16 位的大端模式数据值，并且用户将其加载到一个 16 位寄存器中，那么该数据值将进行字节交换。对于 16 位值，可以使用 xchg 指令纠正此问题。xchg 指令的语法形式如下所示：

```
xchg reg, reg
xchg reg, mem
```

其中 reg 是任何 8 位、16 位、32 位或 64 位通用寄存器，mem 则是任何合适的内存位置。第一条指令中的两个 reg 操作数的大小，以及第二条指令中的 reg 和 mem 操作数的大小都必须相同。

使用 xchg 指令可以实现任意两个（大小一致的）寄存器或者寄存器与内存位置之间值的交换，也可以实现（16 位）小端模式和大端模式数据格式之间的转换。例如，如果 AX 寄存器包含大端模式数据格式的值，并且在进行某些计算之前需要将其转换为小端模式数据格式的值，则可以使用以下指令交换 AX 寄存器中的字节实现该目的：

```
xchg al, ah
```

使用 xchg 指令，以及低位和高位寄存器标识符（AL 和 AH、BL 和 BH、CL 和 CH、DL 和 DH），可以实现 16 位寄存器 AX、BX、CX 和 DX 中的小端模式和大端模式数据值之间的转换。

遗憾的是，xchg 指令不适用于 AX、BX、CX 和 DX 以外的寄存器。为了处理较大的值，英特尔引入了 bswap（byte swap，字节交换）指令。顾名思义，这个指令交换 32 位或者 64 位寄存器中的字节内容，包括交换 HO 字节和 LO 字节的内容，以及交换（HO−1）字节和（LO+1）字节（还有交换 64 位寄存器中的其他所有相反字节对）的内容。bswap 指令适用于所有通用 32 位和 64 位寄存器。

3.5　内存访问

x86-64 CPU 通过数据总线从内存中获取数据。在理想化的 CPU 中，数据总线与 CPU 上标准整数寄存器的大小相同，因此我们期望 x86-64 CPU 具有 64 位数据总线。在实践中，现代 CPU 通常采用更大的物理数据总线连接到主存，以提高系统性能。在某次操作中，总线从内存中读取大量数据，并将这些数据放入 CPU 的高速缓存（cache）中，该高速缓存充当 CPU 和物理内存之间的缓冲区。

从 CPU 的角度来看，高速缓存就是内存。因此，本节的其余部分在讨论内存时，通常是讨论高速缓存中的数据。系统将内存访问透明地映射到高速缓存中，从而我们可以假设高速缓存不存在从而讨论内存，并根据需要讨论高速缓存的优点。

在早期的 x86 处理器上，内存被排列为字节数组（对于 8 位计算机，例如 8088）、字数组（对于 16 位计算机，例如 8086 和 80286）、双字数组（对于 32 位计算机，例如 80386）。在 16 位计算机上，地址的低阶位实际上不出现在地址总线中。因此，地址 126 和 127 在地址总线上放置了相同的位模式（126，第 0 位的值隐含为 0），如图 3-3 所示[⊖]。

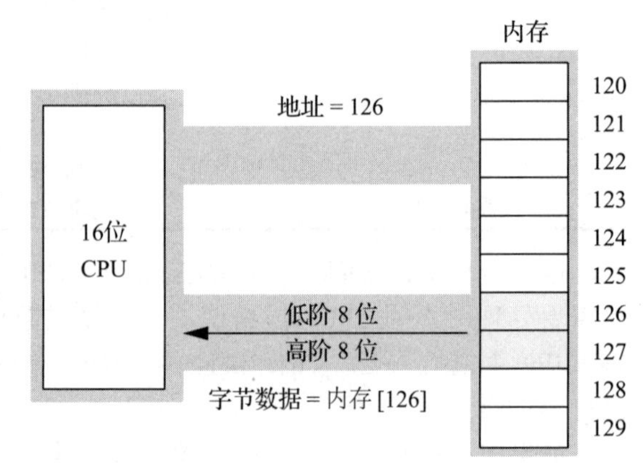

图 3-3　16 位处理器的地址总线和数据总线

当读取字节时，CPU 使用地址的最低位去选择数据总线上的低阶字节或者高阶字节。图 3-4 显示了从偶数地址（图 3-4 中的 126）读取字节的过程。图 3-5 显示了从奇数地址（图 3-5 中的 127）读取字节的过程。注意，在图 3-4 和图 3-5 中，地址总线上出现的地址都是 126。

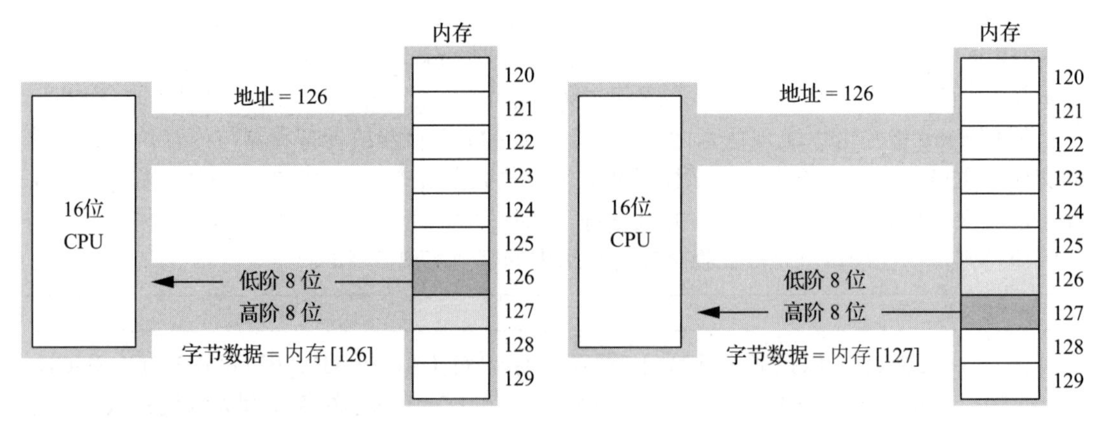

图 3-4　在 16 位 CPU 上从偶数地址读取字节　　图 3-5　在 16 位 CPU 上从奇数地址读取字节

⊖ 32 位处理器没有将最低两位放置在地址总线上，因此地址 124、125、126 和 127 在地址总线上都具有值 124。

那么，当 16 位 CPU 想要访问奇数地址上的 16 位数据时，会发生什么呢？例如，假设在图 3-4 和图 3-5 中，CPU 要读取地址 125 处的字。当 CPU 将地址 125 放到地址总线上时，低阶位不会实际出现。因此，总线上的实际地址是 124。此时，如果 CPU 从数据总线上读取低阶 8 位，则它读取的将是地址 124 而不是地址 125 处的数据。

幸运的是，CPU 足够聪明，能够弄清楚这里发生了什么，并读取地址总线上高阶 8 位的数据，将其用作数据操作数的低阶 8 位。但是，在数据总线上找不到 CPU 需要的数据的高阶 8 位。CPU 必须启动第二次读取操作，将地址 126 放在地址总线上，以获取高阶 8 位（将位于数据总线的低阶 8 位，但 CPU 可以解决这个问题）。完成此读取操作的代价是需要两个内存周期。因此，执行从奇数地址的内存单元读取数据的指令，其时间将比执行从偶数地址（2 的整数倍）读取数据的指令的时间更长。

在 32 位处理器上存在同样的问题，只是 32 位数据总线允许 CPU 一次读取 4 字节。如果地址不是 4 的整数倍，那么从该地址读取 32 位值会导致相同的性能损失。请注意，在奇数地址访问 16 位操作数则不一定会消耗额外的内存周期，只有当地址除以 4 的余数等于 3 时，才会产生性能损失。特别地，如果在低阶 2 位为 01b 的地址访问 16 位值（在 32 位总线上），那么 CPU 可以在单个内存周期内读取该字，如图 3-6 所示。

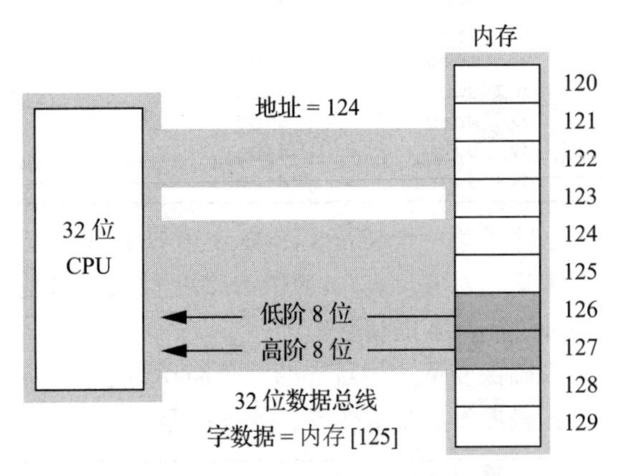

图 3-6　在 32 位数据总线上访问字

带有高速缓存系统的现代 x86-64 CPU 在很大程度上解决了这个问题。只要数据（大小为 1、2、4、8 或 10 字节）完全位于高速缓存线内，访问未对齐就不会造成内存周期的损失。如果访问确实跨越了缓存线边界，那么 CPU 会执行两个内存操作以获取（或存储）数据，因此运行速度会减慢。

3.6　MASM 对数据对齐的支持

为了编写高效的程序，需要确保合理对齐内存中的数据对象。合理对齐意味着一个对象的起始地址是某个大小的倍数，如果对象的大小是 2 的幂并且不大于 32 字节，则该大小通常是对象的大小。对于大小大于 32 字节的对象，在 8、16 或 32 字节的地址边界上对齐对象就足够了。对于大小小于 16 字节的对象，可以将比对象大小大的第一个 2 的幂作为对象对齐地址。如果数据未在适当的地址上对齐，则访问这些数据可能需要额外的时间（如前一节所述），因此如果需要确保提高程序的运行速度，应该尝试根据数据对象的大小进行对齐。

当需要为相邻内存位置中不同大小的对象分配存储空间时，数据就会发生错位。例如，如果声明了一个字节变量，则该字节变量将占用一个字节的存储空间，当在该声明段中声明下一个变量时，该变量的地址是字节对象所在的地址加上 1。如果字节变量的地址恰好是偶数地址，则该字节后面的变量将从奇数地址开始。如果后面的变量是一个字对象或双字对象，则其起始地址将不是最优的。在本节中，我们将探讨如何根据对象的大小确保变量在适当的起始地址对齐。

请考虑下面的 MASM 变量声明：

```
        .data
dw   dword  ?
b    byte   ?
w    word   ?
dw2  dword  ?
w2   word   ?
b2   byte   ?
dw3  dword  ?
```

在 Windows 下运行时，程序第一行的“.data”声明将其变量放置在 4096 字节的偶数倍的地址处。无论“.data”段中的第一个变量是什么，都保证将该变量对齐到合适的地址。其后的每个变量都将分配到一个地址，该地址是所有前面变量的大小加上“.data”段的起始地址。因此，假设 MASM 将前一示例中的变量分配到 4096 的起始地址，则 MASM 将在以下地址分配这些变量：

```
                      ; 起始地址   长度
dw   dword  ?         ; 4096       4
b    byte   ?         ; 4100       1
w    word   ?         ; 4101       2
dw2  dword  ?         ; 4103       4
w2   word   ?         ; 4107       2
b2   byte   ?         ; 4109       1
dw3  dword  ?         ; 4110       4
```

除了第一个变量（在 4KB 边界上对齐）和字节变量（是否对齐不重要）之外，其余变量都未适当对齐。w、w2 和 dw2 变量从奇数地址开始；虽然 dw3 变量在偶数地址上对齐，但该地址不是 4 的倍数。

确保变量适当对齐的一个简单方法是在声明中首先放置所有的双字变量，接着放置字变量，最后放置字节变量，如下所示：

```
        .data
dw   dword  ?
dw2  dword  ?
dw3  dword  ?
w    word   ?
w2   word   ?
b    byte   ?
b2   byte   ?
```

这种变量的组织方式会在内存中生成以下的地址分配：

```
                      ; 起始地址   长度
dw   dword  ?         ; 4096       4
dw2  dword  ?         ; 4100       4
dw3  dword  ?         ; 4104       4
w    word   ?         ; 4108       2
w2   word   ?         ; 4110       2
b    byte   ?         ; 4112       1
b2   byte   ?         ; 4113       1
```

正如所见，这些变量都在合理的地址上对齐。遗憾的是，以这种方式排列变量的可能性并不大。无法按这种方式排列变量有很多原因，一个有说服力的实践原因是 MASM 不允许我们按逻辑功能的方式组织变量的声明（也就是说，我们可能希望相关变量彼此相邻，而不管这些变量的实际大小）。

为了解决这个问题，MASM 提供了 align 伪指令，这个伪指令的语法形式如下所示：

```
align integer_constant
```

integer_constant（整型常量）必须是以下的小无符号整数值之一，即 1、2、4、8、16 中的一个。如果 MASM 在“.data”段中遇到 align 伪指令，它将对齐下一个变量到 integer_constant 的偶数倍地址。可以使用 align 伪指令重写前面的示例，如下所示：

```
     .data
     align  4
dw   dword  ?
b    byte   ?
     align  2
w    word   ?
     align  4
dw2  dword  ?
w2   word   ?
b2   byte   ?
     align  4
dw3  dword  ?
```

如果 MASM 确定 align 伪指令的当前地址（位置计数器值）不是指定常量值的整数倍，则 MASM 将在上一个变量声明之后，自动生成额外的填充字节，直到“.data”段中的当前地址是指定值的倍数。这样处理的结果是，程序代码会稍微长一些（但也只是长若干字节而已），但对数据的访问变快了。考虑到使用此功能时，程序长度只会增加若干字节，因此这可能是一个很好的折中方案。

一般而言，如果希望以尽可能快的速度访问数据，那么应选择与需要对齐的对象大小相等的对齐值。也就是说，应该使用“align 2”语句将字对齐到偶数边界，使用“align 4”将双字对齐到 4 字节边界，使用“align 8”将四字对齐到 8 字节边界，等等。如果对象的大小不是 2 的幂，则将对象与比其大小大的第一个 2 的幂对齐（最多 16 字节）。但是，请注意，只需要在 8 字节边界上对齐 real80（以及 tbyte）对象。

请注意，数据对齐并非总是必须的。现代 x86-64 CPU 系列的高速缓存体系结构实际上可以处理绝大多数未适当对齐的数据。因此，应该仅对某些变量（快速访问这些变量至关重要）使用对齐指令。这是一个合理的空间与速度之间的权衡方案。

3.7　x86-64 的寻址模式

到目前为止，我们只讨论了一种访问变量的方法：PC 相对寻址（PC-relative addressing）模式。在本节中，我们将讨论用于程序访问内存的其他 x86-64 内存寻址模式。寻址模式（addressing mode）是 CPU 用来确定指令将访问的内存位置地址的机制。

x86-64 的内存寻址模式提供了对内存的灵活访问，允许我们轻松地访问变量、数组、记录、指针以及其他复杂的数据类型。掌握 x86-64 的寻址模式是掌握 x86-64 汇编语言的第一步。

x86-64 提供了以下几种寻址模式。

- 寄存器寻址模式。
- PC 相对寻址模式。
- 寄存器间接寻址模式：[reg_{64}]。
- 间接加偏移寻址模式：[reg_{64} + expression]。
- 缩放索引寻址模式：[reg_{64} + reg_{64} * scale] 和 [reg_{64} + expression + reg_{64} * scale]。

以下各节将介绍各种寻址模式。

3.7.1　x86-64 的寄存器寻址模式

寄存器寻址模式提供对 x86-64 通用寄存器集的访问。将寄存器的名称指定为指令的操作数，就可以访问该寄存器的内容。本节将使用 x86-64 的 mov（move）指令来演示寄存器寻址模式。mov 指令的通用语法形式如下所示：

```
mov destination, source
```

mov 指令将数据从 source（源）操作数复制到 destination（目标）操作数。8 位、16 位、32 位和 64 位寄存器都是此指令的有效操作数。唯一的限制是两个操作数的大小必须相同。以下 mov 指令演示了各种寄存器的使用：

```
mov ax, bx        ; 将 BX 中的值复制到 AX
mov dl, al        ; 将 AL 中的值复制到 DL
mov esi, edx      ; 将 EDX 中的值复制到 ESI
mov rsp, rbp      ; 将 RBP 中的值复制到 RSP
mov ch, cl        ; 将 CL 中的值复制到 CH
mov ax, ax        ; 是的，这是合法的！(虽然没有什么意义)
```

寄存器是保存变量的最佳位置。使用寄存器的指令比访问内存的指令更短更快。因为大多数计算至少需要一个寄存器操作数，所以寄存器寻址模式在 x86-64 汇编代码中十分常见。

3.7.2　x86-64 的 64 位内存寻址模式

x86-64 系列提供的寻址模式包括 PC 相对寻址模式、寄存器间接寻址模式、间接加偏移寻址模式、缩放索引寻址模式。这四种形式的变体构成了 x86-64 上的所有寻址模式。

3.7.2.1　PC 相对寻址模式

PC 相对或 RIP 相对寻址模式是最常见的寻址模式，也是最容易理解的寻址模式。这个模式由一个 32 位常量组成，CPU 将该常量与 RIP（instruction pointer，指令指针）寄存器的当前值相加，得到目标位置的地址。

PC 相对寻址模式的语法使用了我们在 MASM 段（“.data”“.data ?”“.const”“.code” 等）中声明的 symbol：

```
mov al, symbol ; PC 相对寻址模式会自动提供 [RIP]
```

假设变量 j 是一个 int8 变量，位于相对于 RIP 的偏移量 8088h 处，则指令 “mov al, j” 将内存位置 RIP + 8088h 处的字节副本加载到 AL 寄存器中。同样，如果 int8 变量 K 位于内存中的地址 RIP + 1234h 处，则指令 “mov K, dl” 将 DL 寄存器中的值存储到内存位置 RIP + 1234h 中（参见图 3-7）。

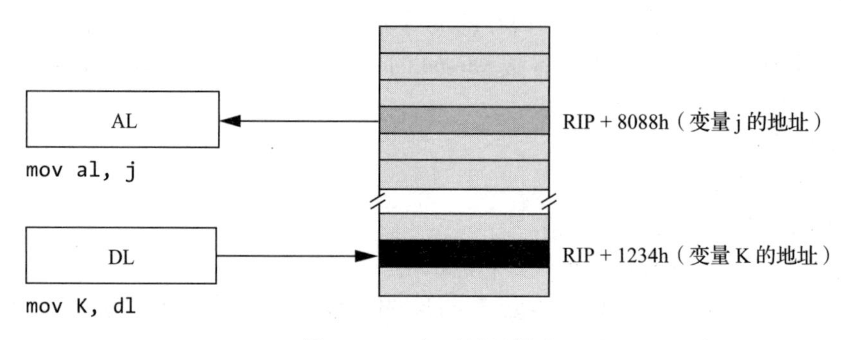

图 3-7　PC 相对寻址模式

MASM 并不会将 j 或 K 的地址直接编码到指令的操作码（operation code 或 opcode，指令的数字机器编码）中，而是对从当前指令地址末尾到内存中变量地址的有符号位移量进行编码。例如，如果下一条指令的操作码位于内存地址 8000h（当前指令的末尾）处，则 MASM 将指令操作码中的 j 编码为 32 位有符号常量 88h。

在 x86-64 处理器上，还可以通过指定字或双字的第一个字节的地址，来访问字或双字（参见图 3-8）。

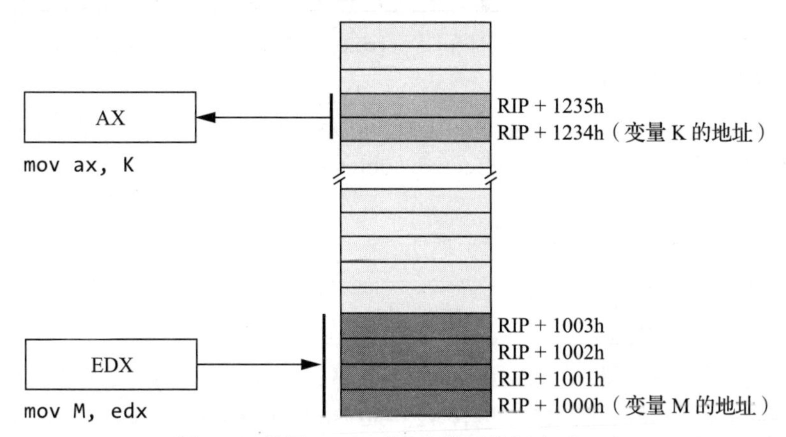

图 3-8　使用 PC 相对寻址模式访问字或双字

3.7.2.2　寄存器间接寻址模式

x86-64 CPU 系列允许我们使用寄存器间接寻址模式（register-indirect addressing mode），通过寄存器间接访问内存。术语“间接”（indirect）表示操作数不是实际地址，但操作数的值指定了需要使用的内存地址。在寄存器间接寻址模式的情况下，寄存器中保存的值是需要访问的内存位置所在的地址。例如，指令“ mov [rbx], eax”指示 CPU 将 EAX 中的值存储到当前 RBX 中保存的位置处（RBX 左右的方括号指示 MASM 使用寄存器间接寻址模式）。

x86-64 包含 16 种类似上述形式的寻址模式。以下指令给出了其中一个示例：

```
mov [reg64], al
```

其中，reg_{64} 是以下 64 位通用寄存器之一：RAX、RBX、RCX、RDX、RSI、RDI、RBP、RSP、R8、R9、R10、R11、R12、R13、R14 或 R15。寄存器间接寻址模式引用的内存位置位于方括号内寄存器指定的偏移量处。

寄存器间接寻址模式要求使用 64 位寄存器，不能在方括号中指定 32 位、16 位或 8 位寄存器。从技术上而言，可以加载具有任意数值的 64 位寄存器，并使用寄存器间接寻址模式间接访问该数值代表的位置：

```
mov rbx, 12345678
mov [rbx], al ; 尝试访问位置 12345678
```

遗憾的是（或者幸运的是，这取决于我们的视角），这可能会导致操作系统产生保护错误，因为访问任意内存位置并不总是合法的。事实证明，要将对象的地址加载到寄存器中，可以使用更好的方法。接下来我们简要讨论这些方法。

可以使用寄存器间接寻址模式访问指针所引用的数据，也可以使用这种寻址模式逐步遍历数组数据。通常情况下，在程序运行时，无论何时需要修改变量地址，都可以使用寄存器间接寻址模式。

寄存器间接寻址模式提供了匿名变量（anonymous variable）的示例。使用寄存器间接寻址模式时，可以通过变量的数字内存地址（加载到寄存器中的值）而不是变量的名称来引用变量的值。

MASM 提供了一条简单的指令，用于获取变量的地址，并将该地址放入 64 位寄存器中，即 lea 指令：

```
lea rbx, j
```

执行此 lea 指令后，可以使用寄存器间接（[rbx]）寻址模式，间接访问 j 的值。

3.7.2.3　间接加偏移寻址模式

间接加偏移寻址模式（indirect-plus-offset addressing mode）通过将 32 位有符号常量加上 64 位寄存器的值来计算有效地址（effective address）[⊖]。然后，指令使用内存中该有效地址处的数据。

间接加偏移寻址模式的语法形式如下所示：

```
mov [reg64 + constant], source
mov [reg64 - constant], source
```

其中 reg_{64} 为 64 位通用寄存器，constant 为 4 字节常量，source（源操作数）为寄存器或常量值。

如果 constant 为 1100h，且 RBX 包含 12345678h，则以下指令将 AL 中的值存储到内存中的 12346778h 位置处（参见图 3-9）：

```
mov [rbx + 1100h], al
```

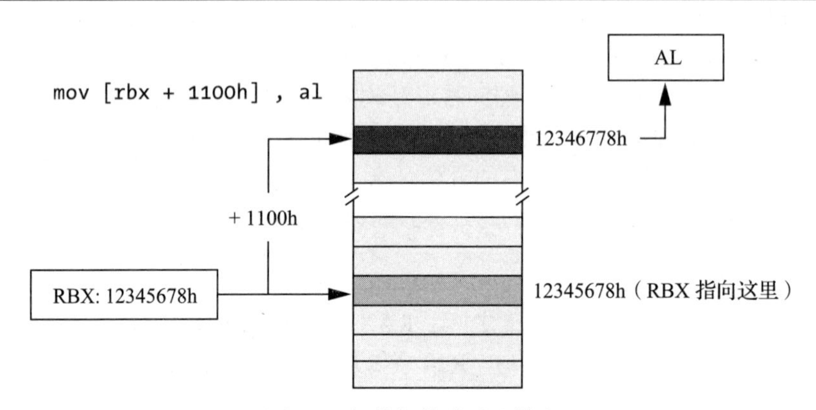

图 3-9　间接加偏移寻址模式

间接加偏移寻址模式适合于访问类和记录 / 结构的字段。对此，我们将在第 4 章中做更详细的讨论。

3.7.2.4　缩放索引寻址模式

缩放索引寻址模式（scaled-indexed addressing mode）与索引寻址模式（indexed addressing mode）类似，不同之处在于缩放索引寻址模式允许组合两个寄存器和一个位移量，并将索引寄存器乘以（缩放）因子 1、2、4 或 8 来计算有效地址。（图 3-10 显示了一个示例，包含作为基址寄存器的 RBX 和作为索引寄存器的 RSI。）

缩放索引寻址模式的语法形式如下所示：

⊖ 有效地址是所有地址计算完成后，指令将访问的内存中的最终地址。

```
[base_reg64 + index_reg64*scale]
[base_reg64 + index_reg64*scale + displacement]
[base_reg64 + index_reg64*scale - displacement]
```

$base\_reg_{64}$ 表示任何通用 64 位寄存器，$index\_reg_{64}$ 表示除 RSP 之外的任何通用 64 位寄存器，并且 scale（缩放因子）必须是常量 1、2、4 或 8。

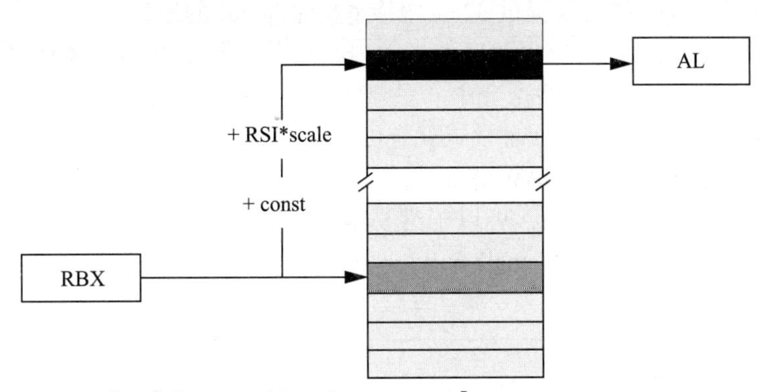

图 3-10 缩放索引寻址模式

在图 3-10 中，假设 RBX 包含 1000FF00h，RSI 包含 20h，const 为 2000h，那么以下指令可将地址 10011F80h（1000FF00h+ (20h × 4) + 2000h）处的字节移动到 AL 寄存器中：

```
mov al, [rbx + rsi*4 + 2000h]
```

缩放索引寻址模式非常适用于访问大小为 2 字节、4 字节或 8 字节的数组元素。当有指向数组开头的指针时，这些寻址模式对于访问数组元素也很有用。

3.7.3 不支持大地址的应用程序

64 位地址的一个优越性是可以访问非常多的内存单元（在 Windows 下大约为 8TB 个）。默认情况下，微软链接器（当链接器将 C++ 和汇编语言代码链接在一起时）会将一个名为 LARGEADDRESSAWARE 的编译标志选项设置为 true（yes），这使得应用程序能够访问大量内存。但是，在 LARGEADDRESSAWARE 模式下的操作需要付出代价：$[reg_{64}$ + const] 寻址模式中的 const 部分被限制为 32 位，因此不能跨越整个地址空间。

由于指令编码的限制，const 值只能取 ±2GB 范围内的有符号值。当寄存器包含 64 位基址，并且我们希望访问该基址周围的固定偏移量（小于 ±2GB）处的内存位置时，这些值可能远远足够了。使用这种寻址模式的典型代码如下所示：

```
lea rcx, someStructure
mov al, [rcx+fieldOffset]
```

在引入 64 位地址之前，（32 位）间接加偏移寻址模式中出现的 const 偏移量可以跨越整个（32 位）地址空间。因此，如果有一个数组声明，例如：

```
    .data
buf byte   256 dup (?)
```

就可以使用以下寻址模式访问该数组的元素：

```
mov al, buf[ebx] ; EBX 用于 32 位处理器上
```

试着在 64 位程序中汇编指令“mov al, buf[rbx]”（或者涉及 buf 但非 PC 相对寻址模式的其他寻址模式），会发现尽管 MASM 能够正确汇编代码，但链接器将报告错误：

```
error LNK2017: 'ADDR32' relocation to 'buf' invalid without /LARGEADDRESSAWARE:NO
```

链接器报告的错误旨在说明：在超过 32 位的地址空间中，不可能将偏移量编码到 buf 缓冲区，因为机器指令操作码仅提供 32 位偏移量来保存 buf 的地址。

不过，如果我们人为地将应用程序使用的内存数量限制在 2GB，MASM 便可以将相对于 buf 的 32 位偏移量编码到机器指令中。只要我们遵守限制，绝不使用超过 2GB 的内存，间接加偏移寻址模式和缩放索引寻址模式就有可能发展出一些新变体。

为了关闭 LARGEADDRESSAWARE 功能，需要在 ml64 命令中添加一个额外的命令行选项。利用 build.bat 批处理文件，可以很容易地实现添加。接下来创建一个新的 build.bat 文件，并称之为 sbuild.bat（表示 small build，小规模构建）。sbuild.bat 文件将包含以下几行命令：

```
echo off
ml64 /nologo /c /Zi /Cp %1.asm
cl /nologo /O2 /Zi /utf-8 /EHa /Fe%1.exe c.cpp %1.obj /link /largeaddressaware:no
```

这组命令指示 MASM，向链接器传递一个命令，以关闭 LARGEADDRESSAWARE 功能。MASM、MSVC 和微软链接器将构造一个只需要 32 位地址的可执行文件（忽略在寻址模式下出现的 64 位寄存器中的 32 个高阶位）。

一旦禁用 LARGEADDRESSAWARE，用户编写的程序就可以使用以下几种间接加偏移寻址模式和缩放索引寻址模式的新变体：

```
variable[reg64]
variable[reg64 + const]
variable[reg64 - const]
variable[reg64 * scale]
variable[reg64 * scale + const]
variable[reg64 * scale - const]
variable[reg64 + reg_not_RSP64 * scale]
variable[reg64 + reg_not_RSP64 * scale + const]
variable[reg64 + reg_not_RSP64 * scale - const]
```

其中，variable（变量名）是我们使用诸如 byte、word、dword 等的伪指令在源文件中声明的对象名称，const 是一个（最大 32 位）常量表达式，scale 是 1、2、4 或 8。这些寻址模式使用变量的地址作为基址，并将其与 64 位寄存器的当前值相加（示例请参见图 3-11 至图 3-16）。

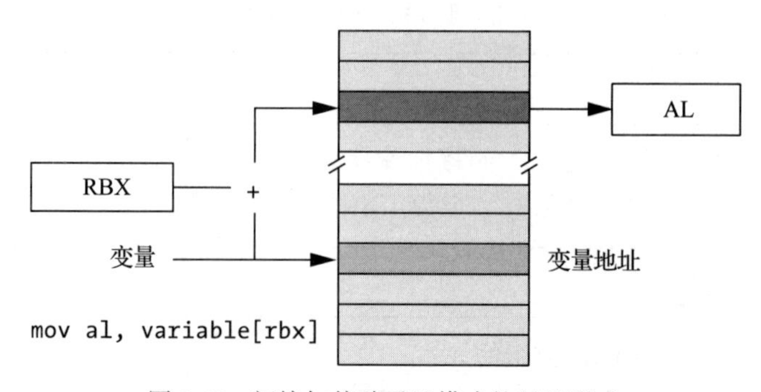

图 3-11 间接加偏移寻址模式的基址形式

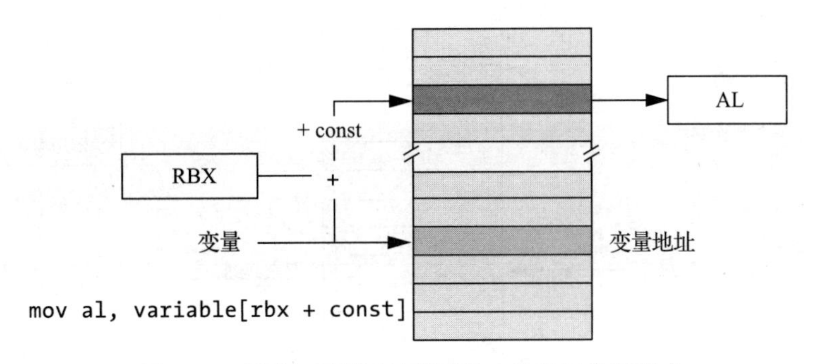

图 3-12　间接加偏移寻址模式的小地址加常量形式

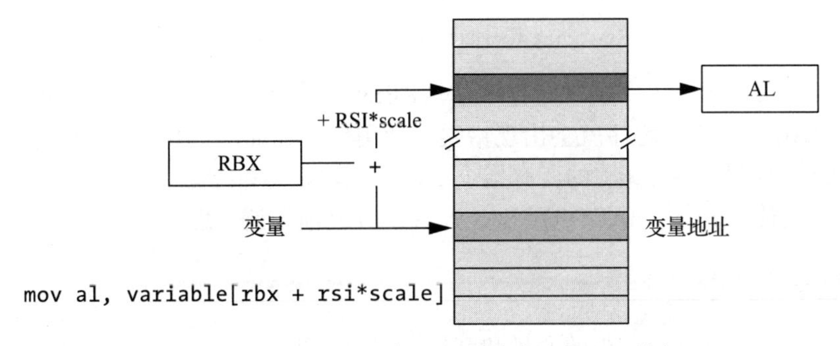

图 3-13　基址加缩放索引寻址模式的小地址形式

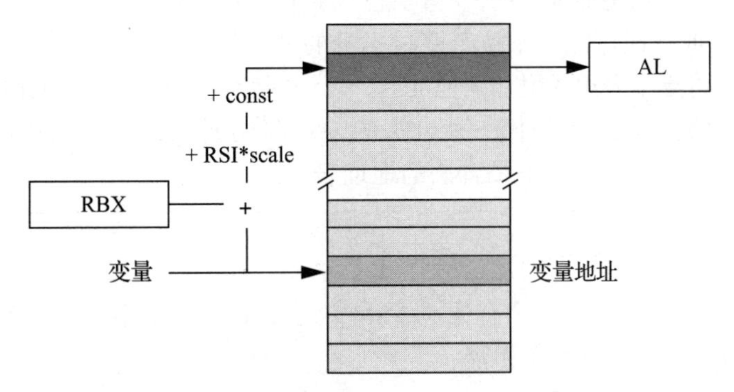

mov al, variable[rbx + rsi*scale + const]

图 3-14　基址加缩放索引加常量寻址模式的小地址形式

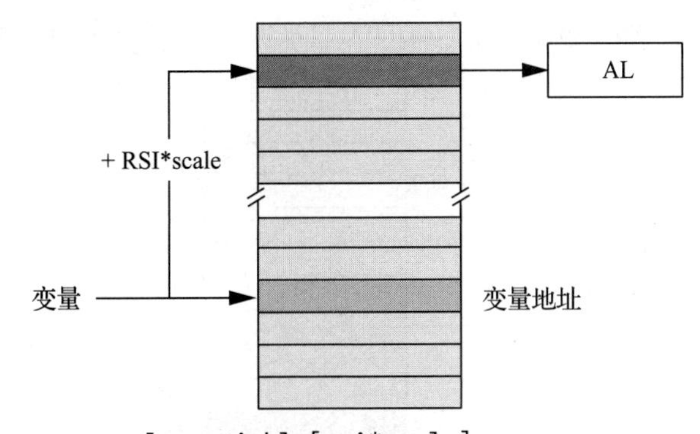

mov al, variable[rsi*scale]

图 3-15　缩放索引寻址模式的小地址形式

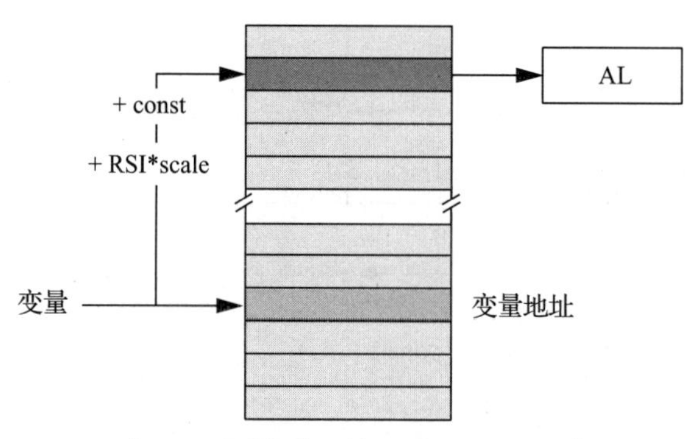


```
mov al, variable[rsi*scale + const]
```

图 3-16　缩放索引加常量寻址模式的小地址形式

虽然小地址形式（LARGEADDRESSAWARE:NO）既方便又高效，但是如果用户的程序使用了超过 2GB 的内存，程序就会出现错误，使用这些地址（使用全局数据对象作为基址，而不是将基址加载到寄存器中）的所有指令都需要重写。这可能是一件非常痛苦的事情，并且容易出错。在使用 LARGEADDRESSAWARE:NO 之前，请三思。

3.8　地址表达式

通常情况下，在访问内存中的变量和其他对象时，我们需要访问变量之前或之后的内存位置，而不是访问变量指定地址处的内存位置。例如，当访问数组的元素或者结构 / 记录的字段时，确切的元素或字段可能并不位于变量本身的地址处。地址表达式（address expression）提供了一种机制，将算术表达式附加到地址上，以访问变量地址周围的内存位置。

在本书中，地址表达式是任何一种合法的 x86-64 寻址模式，该模式包括位移量（也即变量名）或者偏移量。例如，以下是合法的地址表达式：

```
[reg64 + offset]
[reg64 + reg_not_RSP64 * scale + offset]
```

考虑下面有关内存地址的一个合法 MASM 语法，它实际上不是一个新的寻址模式，而只是 PC 相对寻址模式的一种简单扩展：

```
variable_name[offset]
```

这个扩展形式通过将变量的地址加上方括号内的常量偏移量来计算变量的有效地址。例如，指令“mov al, Address[3]”将 Address 对象后的 3 个字节，加载到 AL 寄存器中（参见图 3-17）。

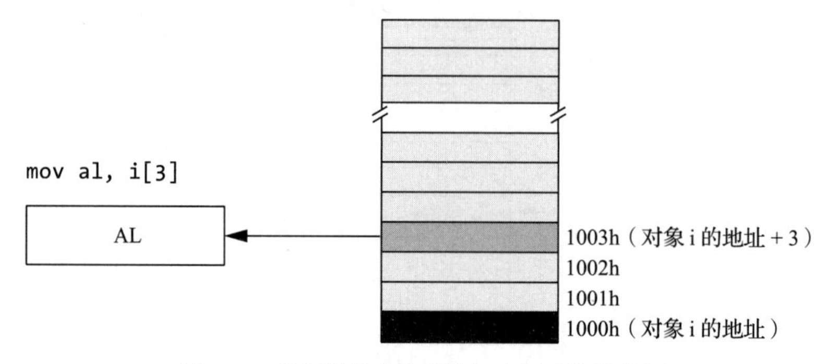

图 3-17　使用地址表达式访问变量以外的数据

请注意，这些示例中的 offset 值必须是常量。如果 index 是 int32 变量，那么 variable[index] 不是合法的地址表达式。如果希望指定在运行时可以变化的索引，则必须使用间接寻址模式或者缩放索引寻址模式。

还需要注意的是，Address[offset] 中的 offset 是字节地址。尽管这种语法让人联想到 C/C++ 或者 Java 等高级程序设计语言中的数组索引，但除非 Address 是字节数组，否则不能正确地索引到对象数组中。

在此之前，所有寻址模式示例中的偏移量都是单个数字常量。其实，MASM 还允许在任何偏移量合法的地方使用常量表达式（constant expression）。常量表达式由一个或者多个常量项组成，这些常量项进行加法、减法、乘法、除法、求余（模）等各种运算。然而，大多数地址表达式只涉及加法、减法、乘法，有时候还涉及除法运算。请考虑下面的例子：

```
mov al, X[2*4 + 1]
```

上述指令将 X 的地址 +9 处的字节移动到 AL 寄存器中。

地址表达式的值始终在编译的时候进行计算，而不是在程序运行的时候。当 MASM 遇到上面的指令时，将会立即计算 2 × 4+1，并将计算结果累加到内存中 X 的基址上。MASM 将此计算累加和（X 的基址值加上 9）的操作编码为指令的一部分，不会发出额外的指令来在运行时计算这个表达式的累加和（这种处理方式很合理，虽然效率会比较低）。因为 MASM 在编译时计算地址表达式的值，所以表达式的所有构成部分都必须是常量，因为 MASM 在编译程序时无法知道变量运行时的值。

地址表达式对于访问内存中变量以外的数据非常有用，特别是当用户在“.data”段或“.const”段中使用了 byte、word、dword 等语句，用以在数据声明后附加额外的字节时。例如，考虑程序清单 3-1 中的代码，该程序使用地址表达式访问 4 个连续字节，而这 4 个连续字节与变量 i 相关联。

程序清单 3-1　地址表达式的演示示例

```
; 程序清单 3-1

; 演示地址表达式。

    option casemap:none

nl = 10 ; 换行符的 ASCII 码

          .const
ttlStr    byte     'Listing 3-1', 0
fmtStr1   byte     'i[0]=%d ', 0
fmtStr2   byte     'i[1]=%d ', 0
fmtStr3   byte     'i[2]=%d ', 0
fmtStr4   byte     'i[3]=%d',nl, 0

          .data
i         byte     0, 1, 2, 3


          .code
          externdef printf:proc

; 将程序标题返回到 C++ 程序：
          public getTitle
getTitle proc
```

```
        lea rax, ttlStr
        ret
getTitle endp

; 以下是“asmMain”函数的定义。

        public asmMain
asmMain proc
        push rbx

; 以下提供的是“魔法”指令，此处暂时不加以解释：

        sub rsp, 48

        lea rcx, fmtStr1
        movzx rdx, i[0]
        call printf

        lea rcx, fmtStr2
        movzx rdx, i[1]
        call printf

        lea rcx, fmtStr3
        movzx rdx, i[2]
        call printf

        lea rcx, fmtStr4
        movzx rdx, i[3]
        call printf

        add rsp, 48
        pop rbx
        ret ; 返回到调用方

asmMain endp
        end
```

构建和运行该程序的命令及输出结果如下所示：

```
C:\>build listing3-1

C:\>echo off
Assembling: listing3-1.asm
c.cpp

C:\>listing3-1
Calling Listing 3-1:
i[0]=0 i[1]=1 i[2]=2 i[3]=3
Listing 3-1 terminated
```

程序清单 3-1 中的代码显示了 4 个值，即 0、1、2 和 3，并且将这 4 个值作为数组中的各个元素来处理。这是因为地址 i 处的值为 0。地址表达式 i[1] 指示 MASM 获取位于 i 的地址加 1 处的字节内容。该位置的值为 1，这是因为这个程序的 byte 语句在“.data”段中的值 0 之后定义了值 1。同理，对于 i[2] 和 i[3]，该程序显示值 2 和值 3。

请注意，MASM 还提供了一个特殊的运算符 this，用于返回位于段中的当前位置计数器的值。可以使用 this 运算符在地址表达式中表示当前指令的地址。有关更多详细信息，请参阅 4.3.1 节中的相关内容。

3.9 栈段以及 push 和 pop 指令

x86-64 在内存的栈段中维护栈。栈（stack）是一种动态的数据结构，大小可以根据程序的特定需求变大和变小。栈还可以存储有关程序的重要信息，包括局部变量、子例程信息和临时数据。

x86-64 通过 RSP（stack pointer，栈指针）寄存器控制其栈。当程序开始执行时，操作系统使用栈内存段中最后一个内存位置的地址初始化 RSP。通过将数据“压入”（push）栈，将数据写入栈段；通过从栈中“弹出”(pop) 数据，将数据从栈段中删除。

3.9.1 基本的 push 指令

x86-64 的 push 指令语法形式如下所示：

```
push reg16
push reg64
push memory16
push memory64
pushw constant16
push constant32      ; 将 constant32 符号扩展到 64 位
```

这六种形式允许我们压入以下数据：16 位的寄存器数据、64 位的寄存器数据、16 位的内存数据、64 位的内存数据、16 位的常量以及 64 位的常量。然而，不能压入 32 位的寄存器数据、32 位的内存数据以及 32 位的常量。

push 指令执行以下操作：

```
RSP := RSP - size_of_register_or_memory_operand (2 or 8)
[RSP] := operand's_value
```

例如，假设 RSP 寄存器中的值为 00FF_FFFCh，指令“push rax”将 RSP 寄存器中的值设置为 00FF_FFF4h，并将 RAX 寄存器中的当前值存储到内存单元 00FF_FFF4 中，如图 3-18 和图 3-19 所示。

尽管 x86-64 支持 16 位入栈操作，但是 16 位入栈操作主要用于 16 位的环境，例如微软磁盘操作系统（Microsoft Disk Operating System，MS-DOS）。为了获得最佳的性能，栈指针的值应该始终为 8 的倍数。实际上，如果 RSP 寄存器中包含的值不是 8 的倍数，则在 64 位的操作系统下，用户的程序可能会出现故障。一次只能往栈中压入少于 8 个字节数据的唯一实际原因是通过 4 次连续的字压入操作来构建一个四字数据。

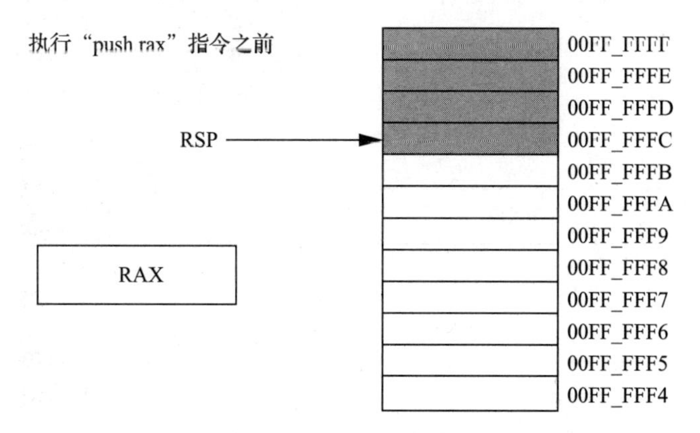

图 3-18　执行“push rax”操作之前的栈段

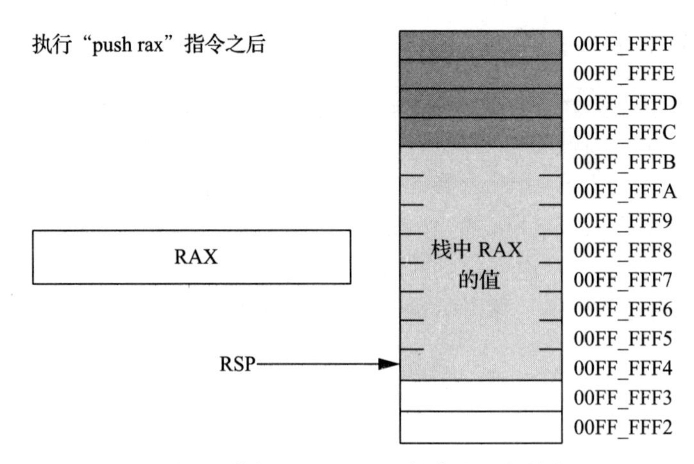

图 3-19　执行“push rax”操作之后的栈段

3.9.2　基本的 pop 指令

为了提取已经压入栈中的数据，可以使用 pop 指令。基本的 pop 指令语法形式如下所示：

```
pop reg16
pop reg64
pop memory16
pop memory64
```

与 push 指令一样，pop 指令仅支持 16 位和 64 位的操作数，不能从栈中弹出 8 位或 32 位的值。另外，与 push 指令一样，应该避免弹出 16 位的值（除非连续弹出四个 16 位的值），因为弹出 16 位的值可能会使 RSP 寄存器中包含的值不是 8 的倍数。push 和 pop 之间的一个主要区别是不能将一个常量值弹出栈（这是显而易见的，因为 push 的操作数是源操作数，而 pop 的操作数是目标操作数）。

从形式上而言，pop 指令执行以下的操作：

```
operand := [RSP]
RSP := RSP + size_of_operand (2 or 8)
```

正如所见，pop 操作与 push 操作正好相反。请注意，在调整 RSP 寄存器中的值之前，pop 指令先从内存单元 [RSP] 处复制数据。有关这个操作的详细信息，请参见图 3-20 和图 3-21。

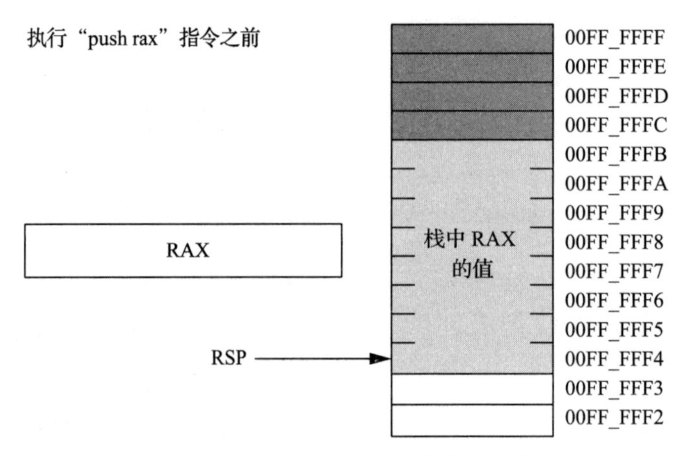

图 3-20　执行“pop rax”操作之前的内存

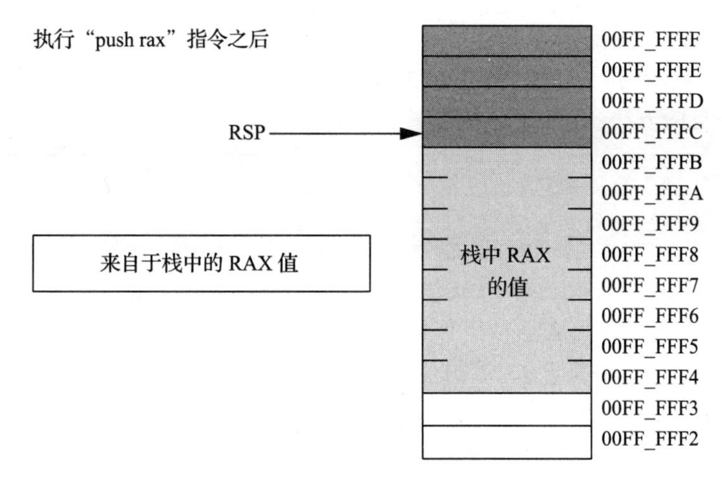

图 3-21 执行“pop rax”操作之后的内存

注意，从栈中弹出的值仍然存在于内存中，并不会被擦除。弹出操作只是调整栈指针，使栈指针指向弹出值上方的一个值。但是，永远不要尝试访问已经从栈中弹出的值。下一次将某些内容压入栈时，弹出栈的值才会被抹去。除了用户自己的代码外，其他程序也会使用栈（例如，操作系统会使用栈，子例程也会使用栈），所以一旦从栈中弹出数据，就无法确保出栈后的数据仍然保存在栈内存中。

3.9.3 使用 push 和 pop 指令保存寄存器的状态

push 和 pop 指令最常见的用途可能是在中间计算过程中保存寄存器的值。由于寄存器是保存临时值的最佳场所，并且很多寻址模式也需要用到寄存器，因此在编写执行复杂计算的代码时，很容易耗尽所有的寄存器。当发生这种情况时，可以借助于 push 和 pop 指令来保存寄存器的状态。

请考虑下面的程序框架：

```
需要使用 RAX 寄存器的指令序列
需要使用 RAX 寄存器的指令序列，但是与第一个指令序列的用途不同
需要使用 RAX 中原始值的指令序列
```

push 和 pop 指令非常适合于以上程序框架中所述的情况。在中间指令序列之前插入一个 push 指令，在中间指令序列之后再插入一个 pop 指令，就可以在这些计算中保留 RAX 寄存器值，相应的程序框架如下：

```
需要使用 RAX 寄存器的指令序列
push rax
需要使用 RAX 寄存器的指令序列，但是与第一个指令序列的用途不同
pop rax
需要使用 RAX 中原始值的指令序列
```

以上程序框架中的 push 指令将在第一个指令序列中计算的数据复制到栈中。现在，中间的那个指令序列可以将 RAX 寄存器用于其他任何目的。当中间的指令序列完成后，pop 指令恢复 RAX 寄存器中的值，以便最后一个指令序列可以继续使用 RAX 中的原始值。

3.10 栈

我们可以将多个值压入栈中，而无须先从栈中弹出以前的值。栈是一个后进先出（lastin, first-out，LIFO）的数据结构，因此在压入和弹出多个值的时候，特别需要注意数据的顺序。例如，假设希望在指令块中保留 RAX 和 RBX 寄存器的值，以下代码演示了处理此问题的一种显而易见的方法：

```
    push rax
    push rbx
        此处是使用 RAX 和 RBX 的代码
    pop rax
    pop rbx
```

遗憾的是，上述代码无法正常工作！图 3-22 至图 3-25 显示了问题所在。这段代码先将 RAX 的值压入栈中，再将 RBX 的值压入栈中，结果是栈指针指向栈中 RBX 的值。当执行“pop rax”指令时，将从栈中弹出最初位于 RBX 中的值，并将该值放入 RAX 中！同样，“pop rbx”指令将原来位于 RAX 中的值弹出并放到 RBX 寄存器中。结果，这段代码交换了寄存器 RAX 和 RBX 的值，因为是按相同的顺序对两个寄存器进行弹出与压入的。

为了纠正这个问题，必须注意，栈是一个后进先出的数据结构，最先弹出栈的内容必须是最后压入栈中的内容。因此，我们必须始终遵守以下准则：始终按照与往栈中压入值时相反的顺序弹出栈中的值。

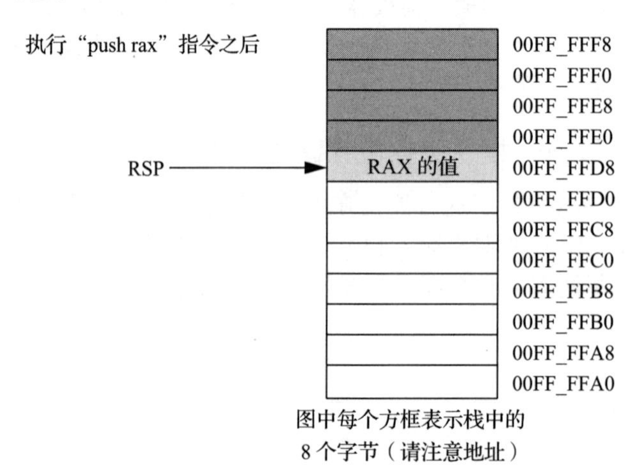

图 3-22　压入 RAX 后的栈

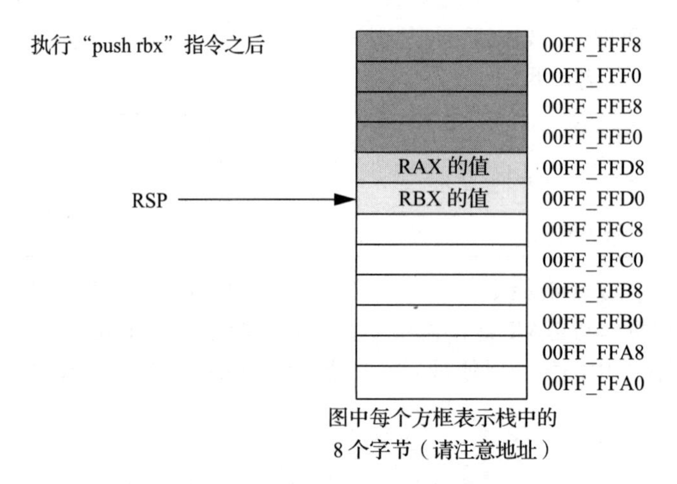

图 3-23　压入 RBX 后的栈

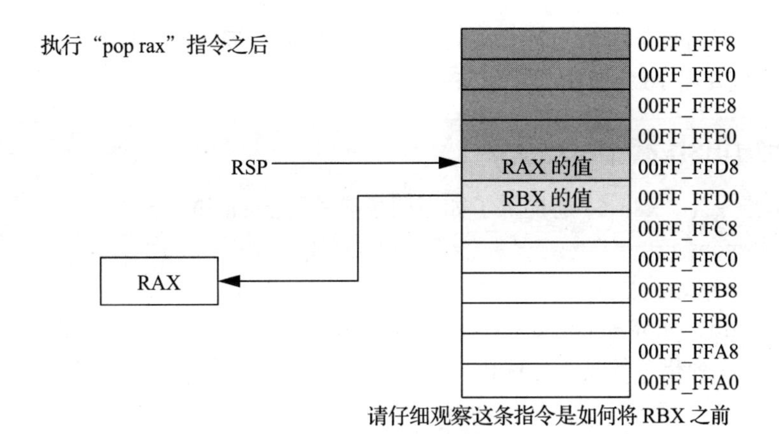

图 3-24　弹出 RAX 后的栈

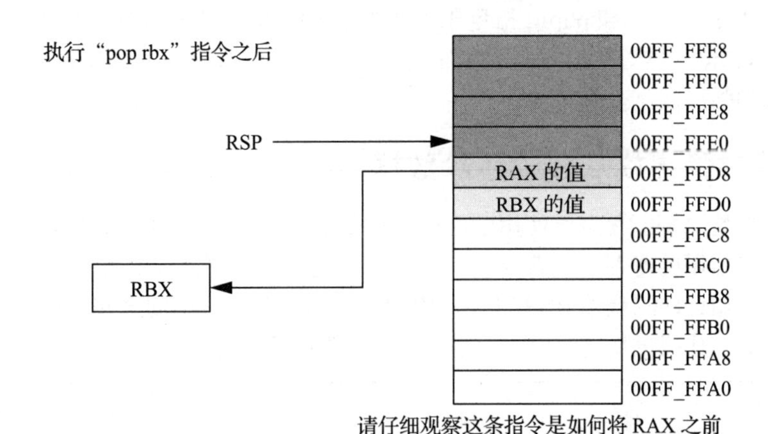

图 3-25　弹出 RBX 后的栈

先前代码的更正如下所示：

```
push rax
push rbx
    此处是使用 RAX 和 RBX 的代码
pop rbx
pop rax
```

另一条需要牢记的重要准则是：在栈中，弹出的字节数必须总是与所压入的字节数完全相同。这通常意味着入栈的操作次数必须和出栈的操作次数完全一致。如果 pop 操作次数太少，则会在栈中留下数据，这可能使正在运行的程序出现混乱。如果 pop 操作次数太多，又会意外地删除以前入栈的数据，通常会带来灾难性的后果。

上述重要准则的一个推论是，在循环语句中将数据入栈和出栈时要特别小心谨慎。经常会出现将 push 指令置于循环中，而将 pop 指令留在循环外（反之亦然）的现象，从而创建不一致的栈。请记住，重要的是 push 和 pop 指令如何执行，而不是程序中出现的 push 和 pop 指令的数量。在运行时，程序执行的 push 指令的数量（以及顺序）必须与 pop 指令的数量（以及相反顺序）相匹配。

最后需要注意的事情是：微软 ABI 要求栈在 16 字节边界上对齐。当往栈中压入和从栈中弹出数据项时，请确保在调用符合微软 ABI 的函数或过程之前，栈在 16 字节边界上对齐（并要求之后栈也要在 16 字节边界上对齐）。

3.11 其他 push 和 pop 指令

除了基本指令外，x86-64 还提供了如下四条额外的 push 和 pop 指令：

pushf　　popf

pushfq　　popfq

pushf、pushfq、popf 和 popfq 指令用于压入和弹出 RFLAGS 寄存器的值。这些指令允许用户在执行一系列指令的过程中保留条件码和其他标志位的设置。遗憾的是，保存单个标志位必定耗费巨大的精力。当使用 pushf(q) 和 popf(q) 指令时，要么对所有的标志位进行操作，要么不对任何标志位进行操作：当压入栈时，保留所有的标志位；当弹出栈时，恢复所有的标志位。

我们应该使用 pushfq 和 popfq 指令压入和弹出 RFLAGS 寄存器完整的 64 位，而不仅是其中 16 位的标志位。尽管在编写应用程序时，压入和弹出的额外 48 位基本上会被忽略，但仍应通过压入和弹出四字来保持栈对齐。

3.12 不通过弹出栈从栈中移除数据

经常会有的情况是不再需要使用已经压入栈的数据。尽管我们可以将这类数据从栈中弹出并放到某个未使用的寄存器或者内存单元中，但还有一种更简单的方法可以从栈中移除我们不再需要的数据，即只调整 RSP 寄存器中的值，从而跳过栈中的这些数据。

请考虑下面的代码困境（伪代码，不是实际的汇编语言）：

```
push rax
push rbx
    代码序列，将计算结果值保存到 RAX 和 RBX 中
if ( 执行了计算 ) then
    ; 我们不希望弹出 RAX 和 RBX！
    ; 该如何处理栈?
else
    ; 没有执行计算，因此需要恢复 RAX 和 RBX。
    pop rbx
    pop rax
endif;
```

在 if 语句的 then 部分中，希望移除寄存器 RAX 和 RBX 中的旧值，但是不会影响其他任何寄存器或者内存单元的内容。我们该如何用代码实现呢？

因为 RSP 寄存器包含栈顶部的数据项的内存地址，所以将该数据项的大小累加到 RSP 寄存器中，就可以从栈顶部移除该数据项。在前面的示例中，我们希望从栈的顶部移除 2 个四字数据项，这可以通过将栈指针加上 16 来轻松实现（有关详细信息，请参见图 3-26 和图 3-27）：

```
push rax
push rbx
    代码序列，将计算结果值保存到 RAX 和 RBX 中
If ( 执行了计算 ) then
    ; 从栈中移除不需要的 RAX/RBX 值。
    add rsp, 16
else
```

```
    ; 没有执行计算，因此需要恢复 RAX 和 RBX。
    pop rbx
    pop rax
endif;
```

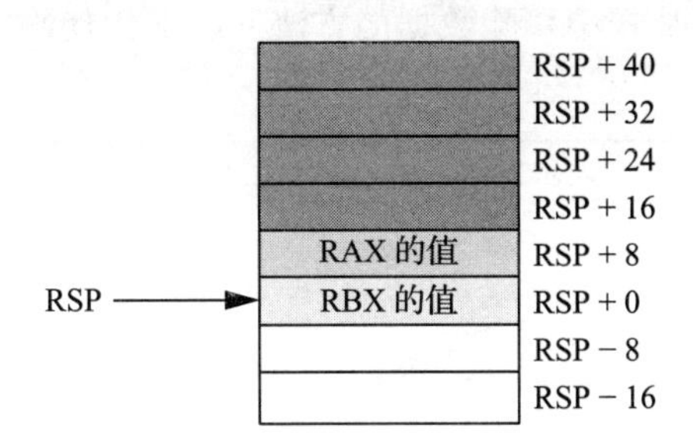

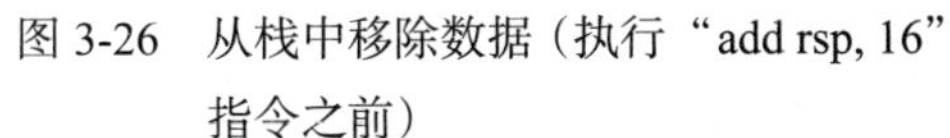
图 3-26　从栈中移除数据（执行“add rsp, 16”指令之前）

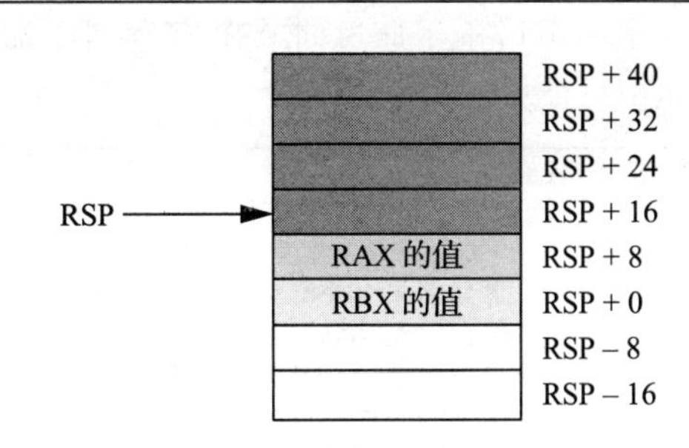

图 3-27　从栈中移除数据（执行“add rsp, 16”指令之后）

实际上，这段代码在没有将数据移动到任何地方的情况下，成功地将数据从栈中弹出。还请注意，这段代码比两条伪 pop 指令执行速度要快，因为它可以仅使用一条 add 指令就从栈中移除任意数量的字节。

注意：请记住，需要在四字边界上保持栈对齐。因此，只要从栈中移除数据时，就应该向 RSP 中添加一个常量，该常量必须是 8 的倍数。

3.13　不通过弹出栈访问压入栈的数据

有的时候，我们会将数据压入栈中，然后希望获得该数据值的副本，或者可能希望更改该数据的值，而又不真正将数据从栈中弹出（即我们希望稍后才将数据从栈中弹出）。x86-64 的 [reg_{64} ± offset] 寻址模式提供了实现该功能的机制。

请考虑在执行以下两条指令后的栈（参见图 3-28）：

```
push rax
push rbx
```

如果希望访问 RBX 中的原始值而不将其从栈中移除，那么可以从栈中弹出该值，然后立即再次压入该值。进一步，假设希望访问 RAX 的旧值，或者访问栈中离栈顶更远的另一个值。沿用刚刚的方法，就需要从栈中弹出所有的中间值然后将这些值再压入栈中，这样做即使在最好的情况下也很容易出问题，而在最坏的情况下是不可能实现的操作。如图 3-28 所示，在内存中，压入栈中的每个值都与 RSP 寄存器有一定的偏移量，因此我们可以使用 [rsp ± offset] 寻址模式直接访问我们感兴趣的值。在前面的示例中，可以使用以下单个指令重新加载 RAX 的原始值到 RAX 中：

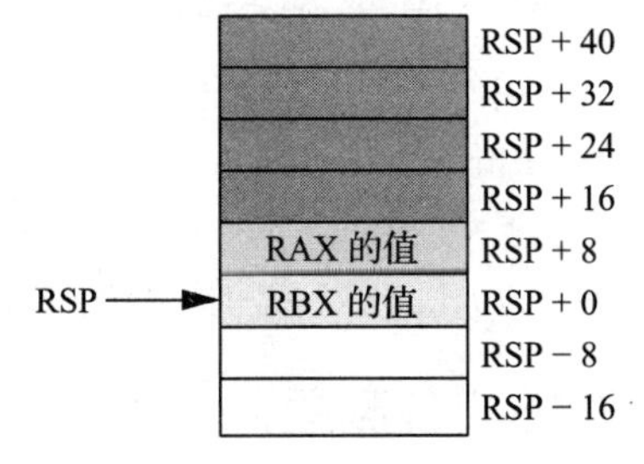

图 3-28　压入 RAX 和 RBX 后的栈

```
mov rax, [rsp + 8]
```

此代码将从内存地址 rsp+8 开始的 8 字节数据值复制到 RAX 寄存器中，这个值恰好是之前压入栈中的 RAX 值。可以使用相同的方法访问压入栈中的其他数据值。

注意：需要牢记的是，每次往栈中压入或从栈中弹出数据时，RSP 与栈中值之间的偏移量都会发生变化。滥用此功能会创建难以修改的代码。如果在整个代码中使用此功能，则在首次将数据压入到栈中的位置，以及决定使用 [rsp+offset] 内存寻址模式再次访问该数据的位置之间，想要压入和弹出其他数据项将变得非常困难。

上一节讨论了通过向 RSP 寄存器添加常量，从栈中移除数据的方法。以下伪代码实现的示例可能更加安全：

```
push rax
push rbx
    代码序列，将计算结果值保存到RAX和RBX中
If ( 执行了计算 ) then
    使用新的RAX/RBX值覆盖栈中保存的值
    (这样后续的pop操作指令就不会更改RAX/RBX中的值)。
    mov [rsp + 8], rax
    mov [rsp], rbx
endif;
pop rbx
pop rax
```

上述代码序列的计算结果存储在栈的顶部。稍后，当程序从栈中弹出这些计算值后，会将这些值加载到 RAX 和 RBX 中。

3.14　微软 ABI 注释

在本章讨论的功能中，唯一影响微软 ABI 功能的是数据对齐。作为一条通用的规则，微软 ABI 要求所有数据在该数据对象的自然边界（natural boundary）上对齐。自然边界是对象大小的倍数（最多 16 字节）地址。因此，如果用户打算将 word/sword、dword/sdword 或 qword/sqword 值传递给 C++ 程序，则应尝试将对象分别对齐到 2、4 或 8 字节的边界上。

当调用由遵循微软 ABI 规范的语言编写的代码时，在发出一条 call（调用）指令之前，必须确保栈在 16 字节边界上对齐。这会严重限制 push 和 pop 指令的实用性。如果在发出一条调用指令之前使用 push 指令保存寄存器的值，则必须确保在调用之前压入两个（64 位）值，或者确保 RSP 地址是 16 字节的倍数。第 5 章将更详细地探讨这个问题。

3.15　拓展阅读资料

在作者另一本较旧的 16 位版本的教程《汇编语言的编程艺术》（可以从 https://artofasm.randallhyde.com/ 获取）中，可以找到有关 8086 的 16 位寻址模式和段的信息。该书的出版版本（No Starch 出版社，2010 年）涵盖了 32 位寻址模式。当然，英特尔 x86 文档（http://www.intel.com/）提供了有关 x86-64 寻址模式和机器指令编码的完整信息。

3.16　自测题

1. PC 相对寻址模式对哪个 64 位寄存器进行了索引？
2. opcode 代表什么？
3. PC 相对寻址模式通常用于什么类型的数据？
4. PC 相对寻址模式的地址范围是多少？
5. 在寄存器间接寻址模式中，寄存器中包含什么内容？
6. 以下哪个寄存器适用于寄存器间接寻址模式？
   a. AL
   b. AX

c. EAX

d. RAX

7. 通常可以使用什么指令将内存对象的地址加载到寄存器中？
8. 什么是有效地址？
9. 在缩放索引寻址模式下，哪些缩放值是合法的？
10. 在使用 LARGEADDRESSAWARE:NO 选项编译的应用程序中，内存限制范围是多少？
11. 使用 LARGEADDRESSAWARE:NO 选项来编译应用程序，具有哪些优越性？
12. “.data”段和“.data?”段的区别是什么？
13. 标准 MASM 的哪些内存段是只读的？
14. 标准 MASM 的哪些内存段是可读写的？
15. 什么是位置计数器？
16. 请解释如何使用 label 伪指令将数据强制转换为其他类型。
17. 请说明在 MASM 源文件中，如果存在两个（或两个以上）“.data”段，会发生哪些情况。
18. 如何将“.data”段中的一个变量对齐到 8 字节边界？
19. MMU 代表什么？
20. 如果 b 是可读写存储器中的字节变量，请说明为什么“mov ax, b”指令会导致一个一般保护故障。
21. 什么是地址表达式？
22. MASM PTR 操作符的作用是什么？
23. 大端模式值和小端模式值之间有什么区别？
24. 如果 AX 包含一个大端模式值，则可以使用什么指令将其转换为一个小端模式值？
25. 如果 EAX 包含一个小端模式值，则可以使用什么指令将其转换为一个大端模式值？
26. 如果 RAX 包含一个大端模式值，则可以使用什么指令将其转换为一个小端模式值？
27. 逐步详细解释“push rax”指令的操作过程。
28. 逐步详细解释“pop rax”指令的操作过程。
29. 使用 push 和 pop 指令保留寄存器时，必须始终按照压入时的 ____ 顺序弹出寄存器中的值。
30. LIFO 代表什么？
31. 如何在不使用 push 和 pop 指令的情况下访问栈中的数据？
32. 在调用与微软 ABI 规则兼容的函数之前，将 RAX 的值压入栈，可能产生什么问题？

第 4 章

The Art of 64-Bit Assembly: x86-64 Machine Organization and Programming

常量、变量和数据类型

第 2 章讨论了内存中数据的基本格式。第 3 章介绍了计算机系统如何在内存中物理组织数据。本章将继续完成上一章的主题，将数据表示（data representation）的概念与其实际的物理表示联系起来。正如标题所示，本章涉及三个主要主题，即常量、变量和数据结构。本章并不要求读者正式学习过数据结构相关的课程，尽管拥有数据结构的经验将有助于理解本章的内容。

本章将讨论如何声明和使用常量、标量变量、整数、数据类型、指针、数组、记录 / 结构和联合。在学习后续章节之前，读者必须掌握这些主题。特别是声明和访问数组，往往会给汇编语言的初级程序员带来许多问题。对本文其余部分的学习效果取决于读者对这些数据结构及其内存表示的理解。希望读者不要略过这些知识，也不要认为在以后需要的时候再来学习这些知识就好。因为后续章节马上就会用到这些知识，将这些知识和以后的知识一起学习，只会让读者更加困惑。

4.1 imul 指令

本章将介绍的数组和其他概念都涉及扩展的 x86-64 指令集方面的知识。特别是，我们需要学习如何将两个数值相乘，因此本节将介绍 imul（整数乘法）指令。

imul 指令包含几种形式，本节并不全介绍，只介绍那些对数组计算有用的指令（关于其他的 imul 指令，请参阅 6.2 节的相关内容）。目前常用的 imul 指令变体如下所示：

```
; 以下指令用于计算 destreg = destreg * constant
imul destreg16, constant
imul destreg32, constant
imul destreg64, constant32

; 以下指令用于计算 dest = src * constant
imul destreg16, srcreg16, constant
imul destreg16, srcmem16, constant

imul destreg32, srcreg32, constant
imul destreg32, srcmem32, constant

imul destreg64, srcreg64, constant32
imul destreg64, srcmem64, constant32

; 以下指令用于计算 dest = destreg * src
imul destreg16, srcreg16
imul destreg16, srcmem16
imul destreg32, srcreg32
imul destreg32, srcmem32
imul destreg64, srcreg64
imul destreg64, srcmem64
```

请注意，imul 指令的语法与 add 和 sub 指令的语法不同。特别是，imul 指令的目标操作数必须是寄存器（而 add 和 sub 指令都允许使用内存作为目标操作数）。还要注意的是，当最后一个操作数是常量时，imul 允许有三个操作数。另一个重要的区别是，imul 指令只允许 16 位、32 位和 64 位操作数，不允许 8 位操作数相乘。最后，与大多数支持立即寻址模式的指令一样，CPU 将常量的大小限制为 32 位。对于 64 位操作数，x86-64 会将 32 位立即数常量符号扩展至 64 位。

imul 指令用于计算其两个操作数的乘积，并将乘积的结果存储到目标寄存器中。如果发生了溢出（总是发生有符号溢出，因为 imul 指令仅执行有符号整数值的乘法操作），则此指令会同时设置进位标志位和溢出标志位。imul 指令未定义其他条件码标志位，因此在执行 imul 指令后，检查符号标志位和零标志位没有任何意义。

4.2　inc 和 dec 指令

到目前为止，本书给出的若干示例都表明，从一个寄存器或内存单元加 1 或减 1 是一种非常常见的操作。正因如此，英特尔的工程师提供了一对指令来执行这两个特定的操作：inc（increment，加 1）和 dec（decrement，减 1）。

inc 和 dec 指令的语法形式如下所示：

```
inc mem/reg
dec mem/reg
```

inc 和 dec 指令中唯一的操作数可以是任何合法的 8 位、16 位、32 位、64 位寄存器或内存单元。inc 指令将向指定的操作数加 1，dec 指令将从指定的操作数中减 1。

与对应的 add 和 sub 指令相比，inc 和 dec 指令略短（因为其编码使用更少的字节），且不会影响进位标志位。

4.3　MASM 常量声明

MASM 提供了三条伪指令，允许用户在汇编语言程序中定义常量[⊖]，这三条伪指令统称为相等（equate）伪指令。如下为最常见的形式“=”：

```
symbol = constant_expression
```

例如：

```
MaxIndex = 15
```

一旦以这种方式声明了符号常量，就可以在任何能合法使用其对应字面常量的位置，使用该符号标识符。这些常量被称为明示常量（manifest constant，也被称为显式常量），是常量的一种符号表示，可以在程序中的任何位置替代字面常量值。

将符号常量与“.const”变量相对比，我们可以看到，“.const”变量当然是一个常量值，因为运行时不能更改其值。然而，“.const”变量与一个内存单元相关联，其只读的属性是操作系统（而不是 MASM 编译器）强设的。编写类似于“mov ReadOnlyVar, eax”的指令完全合法，虽然这种指令在运行时会导致程序崩溃。基于前面的声明编写的“mov MaxIndex, eax”指令则不合法，这就像“mov 15, eax”指令一样不合法，事实上这两条语句是等价的，因为编译器在遇到明示常量 MaxIndex 时，会使用 15 替换它。

⊖ 从技术上讲，在 MASM 中还可以使用宏函数来定义常量。有关详细信息，请参见第 13 章。

如果想定义在程序修改期间可能发生变化的“魔数”（magic number），那么常量声明非常适用。本书中的大多数程序清单都采用了明示常量，例如 nl（newline，换行符）、maxLen 和 NULL。

除了“=”伪指令外，MASM 还提供 equ 伪指令：

```
symbol equ constant_expression
```

除了个别例外，这两个相等伪指令执行相同的操作：定义一个明示常量，MASM 会将源文件中所有的 symbol 替换为 constant_expression 值。

这两个相等伪指令之间的第一个区别是，使用“=”伪指令时，MASM 允许用户重新定义符号。可以考虑下面的代码片段：

```
maxSize = 100

使用 maxSize 的代码，期望 maxSize 的值 100

maxSize = 256

使用 maxSize 的代码，期望 maxSize 的值 256
```

在本例中，maxSize 的值在源文件中的不同位置发生了变化，因此读者可能会质疑“常量”这个术语的真实含义。但是，请注意，虽然 maxSize 的值在汇编过程中确实发生了变化，但在运行时，特定的字面常量（本例中为 100 或 256）永远不会更改。

对于使用 equ 伪指令声明的常量，其值不能（无论是在运行时还是汇编时）重新定义。任何对重新定义 equ 伪指令中符号的尝试，都会导致 MASM 产生符号重新定义错误。因此，要防止意外出现重新定义源文件中常量符号的现象，应该使用 equ 伪指令而不是“=”伪指令。

“=”伪指令和 equ 伪指令之间的第二个区别是，使用“=”定义的常量必须可以表示为 64 位（或更小）整数。短字符串作为“=”伪指令的操作数是合法的，但是字符串的长度不能大于 8（否则将超出 64 位值的范围）。equ 伪指令则没有这样的限制。

“=”伪指令和 equ 伪指令之间的第三个区别在于，“=”伪指令会计算数值表达式的值，并保存该值以替换程序中出现的符号。如果 equ 伪指令的操作数可以化简为数值，则这两个伪指令的工作方式相同。如果 equ 操作数无法转换为数值，则 equ 伪指令将其操作数保存为文本数据，并使用该文本数据代替符号。

由于数字 / 文本处理，equ 伪指令有时会混淆其操作数的类型。考虑下面的例子：

```
SomeStr equ "abcdefgh"
      .
      .
      .
memStr byte SomeStr
```

MASM 将报告一个错误（初始值相较指定的大小设置得太大，或者类似的信息），因为 64 位的数值（从长度为 8 的字符中 abcdefgh 创建的一个整数值）超过了字节变量的取值范围。但是，如果我们往字符串中再添加一个字符，那么 MASM 将不会报错：

```
SomeStr equ "abcdefghi"
      .
      .
      .
memStr byte SomeStr
```

上述两个示例之间的区别在于：在第一个示例中，MASM 可以将字符串表示为 64 位整数，因此视操作数为四字常量而不是字符串；在第二个示例中，MASM 不能将字符串表示为整数，因此将操作数视为文本操作数而不是数值操作数。在第二个示例中，当 MASM 使用字符串 abcdefghi 对 memStr 进行文本替换时，MASM 会正确地汇编代码，因为字符串是 byte 伪指令完全合法的操作数。

假设用户确实希望 MASM 将含 8 个或者更少字符的字符串视为字符串而不是整数值，那么有两种解决方案。第一种解决方案是使用文本分隔符（text delimiter）把字符串操作数括起来，MASM 使用符号“<”和“>”作为 equ 操作数字段中的文本分隔符。因此，可以使用以下代码来解决第一个示例问题：

```
SomeStr equ <"abcdefgh">
     .
     .
     .
memStr byte SomeStr
```

由于 equ 伪指令的操作数有时可能会产生歧义，因此 Microsoft 引入了第三个相等伪指令 textequ，用于创建文本相等。下面是使用 textequ 伪指令的示例：

```
SomeStr textequ <"abcdefgh">
     .
     .
     .
memStr byte SomeStr
```

请注意，textequ 伪指令的操作数必须在操作数字段中使用文本分隔符（“<”和“>”）。

在源文件中，当 MASM 遇到使用 textequ 伪指令定义的符号时，将立即使用与该伪指令相关联的文本替换符号标识符。这有点类似于 C/C++ 语言中的“#define”宏（区别在于这里不能指定任何参数）。请考虑以下的示例：

```
maxCnt = 10
max textequ <maxCnt>
max = max + 1
```

在使用 textequ 伪指令声明 max 之后的程序中，MASM 都将使用 maxCnt 替换 max，故本例的第 3 行变为语句：

```
maxCnt = maxCnt + 1
```

此后，在程序中，MASM 将所有的 maxCnt 符号替换为值 11。

我们甚至可以使用 MASM 的 textequ 伪指令执行以下的操作：

```
mv textequ <mov>
     .
     .
     .
mv rax,0
```

MASM 将使用 mov 代替 mv，并将上述代码片段中的最后一条语句编译成一条 mov 指令。虽说这样做是完全合法的，但大多数人会认为这违反了汇编语言的编程风格。

4.3.1　常量表达式

到目前为止，本章给读者的印象是：符号常量定义由标识符、可选类型和字面常量组成。实际上，MASM 常量声明可能比这要复杂得多，因为 MASM 允许将常量表达式（而不仅是字面常量）赋值给符号常量。常量声明一般采用以下两种形式之一：

```
identifier = constant_expression
identifier equ constant_expression
```

常量（整数）表达式采用在高级程序设计语言（例如 C/C++ 和 Python）中常见的形式，可能包含字面常量值、先前声明的符号常量以及各种算术运算符。

常量表达式运算符遵循标准的优先级规则（类似于 C/C++ 语言中的规则），如有必要，可以使用括号覆盖优先级。通常情况下，如果优先级不明显，建议使用括号来明确指定计算的顺序。表 4-1 列出了 MASM 允许在常量表达式（和地址表达式）中使用的算术运算符。

表 4-1　常量表达式中允许的运算符

算术运算符	-	一元取负，将“-”后面的表达式取负值
	*	乘法，计算星号两侧整数值或实数值的乘积
	/	整数除法，将左整数操作数除以右整数操作数，生成整数（截断）结果
	mod	取余，将左整数操作数除以右整数操作数，生成余数结果（是整数）
	/	除法，将左数值操作数除以右数值操作数，生成浮点数结果
	+	加法，计算左数值操作数与右数值操作数之和
	-	减法，计算左数值操作数与右数值操作数之差
	[]	$expr_1[expr_2]$ 用于计算 $expr_1 + expr_2$
比较运算符	EQ	比较左操作数和右操作数。如果相等，则返回 true①
	NE	比较左操作数和右操作数。如果不相等，则返回 true
	LT	如果左操作数小于右操作数，则返回 true
	LE	如果左操作数小于或等于（≤）右操作数，则返回 true
	GT	如果左操作数大于右操作数，则返回 true
	GE	如果左操作数大于或等于（≥）右操作数，则返回 true
逻辑运算符②	AND	对于布尔操作数，返回两个操作数的逻辑与结果
	OR	对于布尔操作数，返回两个操作数的逻辑或结果
	NOT	对于布尔操作数，返回逻辑非（逆）结果
一元运算符	HIGH	返回运算符后面指定表达式的低阶 16 位的高阶字节
	HIGHWORD	返回运算符后面指定表达式的低阶 32 位的高阶字
	HIGH32	返回运算符后面指定 64 位表达式的高阶 32 位
	LENGTHOF	返回运算符后面指定变量名的数据元素个数
	LOW	返回运算符后面指定表达式的低阶字节
	LOWWORD	返回运算符后面指定表达式的低阶字
	LOW32	返回运算符后面指定表达式的低阶双字
	OFFSET	返回运算符后面指定符号相对于各自段的偏移量
	OPATTR	返回运算符后面指定表达式的属性。返回的属性为位图，各个位的含义如下 • 第 0 位——表达式中包含一个代码标签 • 第 1 位——表达式是可重定位的 • 第 2 位——表达式是一个常量表达式 • 第 3 位——表达式使用直接寻址模式 • 第 4 位——表达式是一个寄存器 • 第 5 位——表达式不包含未定义的符号

（续）

一元运算符	OPATTR	• 第 6 位——表达式是栈段内存表达式 • 第 7 位——表达式引用了外部标签 • 第 8 ～ 11 位——语言类型（对于 64 位代码可能为 0）
	SIZE	返回符号声明中第一个初始值设定项的大小（以字节为单位）
	SIZEOF	返回为给定符号分配的大小（以字节为单位）
	THIS	返回一个段中与当前程序位置计数器的值相等的地址表达式。在 this 后面必须包含类型，例如“this byte”
	$	this 的同义词

① MASM 使用全 1（−1 或 0FFFFFF⋯FFh）表示“true”。

② C/C++ 和 Java 用户注意：MASM 的常量表达式使用完整布尔求值方式，而不是短路布尔求值方式。因此，MASM 常量表达式的作用方式与 C/C++ 和 Java 表达式不同。

4.3.2 this 和 $ 运算符

本节重点讨论表 4-1 中的最后两个运算符。this 和 $ 运算符（两者大致是彼此的同义词）返回相对于其所在段的当前偏移量，相对于段的当前偏移量称为位置计数器（3.2 节已介绍相关内容）。请考虑以下代码：

```
someLabel equ $
```

该代码将设置标签的偏移量到程序中的当前位置。符号的类型是语句标签（statement label），如 proc。通常情况下，人们对分支标签（以及高级功能）使用 $ 运算符。例如，以下内容创建了一个无限循环（能够有效地锁定 CPU）：

```
jmp $ ; “$” 等价于 jmp 指令的地址
```

我们还可以使用类似以下的指令，向前（或向后）跳过源文件中固定数量的字节：

```
jmp $+5 ; 跳转到 jmp 指令后 5 个字节的位置
```

在大多数情况下，创建这样的操作数十分危险，因为跳转成功与否取决于程序是否清楚地知道每条机器指令编译后的机器代码字节数。显然，这是一个高级操作，不建议汇编语言初级程序员使用（即使对于大多数汇编语言高级程序设计人员，也很难推荐他们使用这种方式）。

$ 运算符的一个实际用途（可能是它最常见的用途）是计算源文件中某个数据声明块的大小：

```
someData byte 1, 2, 3, 4, 5
sizeSomeData = $-someData
```

地址表达式“$-someData”计算的是当前偏移量减去当前段中 someData 的偏移量的值。在本例中，这将得到 someData 操作数字段的字节数 5。对这个简单的示例，也许使用“sizeof someData”表达式更好，其同样会返回 someData 声明所需的字节数。然而，请考虑以下语句：

```
someData byte 1, 2, 3, 4, 5
         byte 6, 7, 8, 9, 0
sizeSomeData = $-someData
```

在这种情况下，“sizeof someData”仍然返回 5（因为它只返回附加到 someData 的操作数的长度），而 sizeSomeData 会被设置为 10。

如果一个标识符出现在常量表达式中，那么该标识符必须是先前在程序中使用相等伪指令定义的常量标识符。换言之，在常量表达式中不能使用变量标识符。当 MASM 计算常量表达式的值时，变量的值在汇编时是未定义的。另外，不要混淆编译时和运行时的操作：

```
; 以下是常量表达式，在 MASM 对程序进行汇编时得到计算：
x = 5
y = 6
Sum = x + y

; 运行时表达式，在 MASM 将程序汇编完，程序运行过程中得到计算：
    mov al, x
    add al, y
```

this 运算符与 $ 运算符的一个重要区别是，$ 运算符将语句标签设为默认类型，this 运算符允许用户指定类型。this 运算符的语法形式如下所示：

```
this type
```

其中，type 是常见的数据类型（byte、sbyte、word、sword 等）之一。因此，“this proc”完全等价于 $。请注意，以下两个 MASM 语句是等价的：

```
someLabel label byte
someLabel equ this byte
```

4.3.3 常量表达式求值

MASM 在汇编过程中会立即对常量表达式进行求值。对于上一节中示例的常量表达式中的 x+y，MASM 不会生成用于计算它的机器指令，而是会直接计算这两个常量值的累加和。之后的程序中，MASM 都将值 11 与常量 Sum 相关联，好像程序声明的是 Sum = 11 而不是 Sum = x + y 一样。另外，在上一节的示例中，MASM 不会为 mov 和 add 指令预计算 AL 中的值 11，而是如实地生成这两条指令的目标代码，由 x86-64 在程序运行时（汇编完成后的某个时间点）计算它们的总和。

通常情况下，汇编语言程序中的常量表达式不会非常复杂，我们用它们将 2 个整数值相加、相减或相乘。例如，以下相等伪指令定义了一组具有连续值的常量：

```
TapeDAT = 0
Tape8mm = TapeDAT + 1
TapeQIC80 = Tape8mm + 1
TapeTravan = TapeQIC80 + 1
TapeDLT = TapeTravan + 1
```

这些常量的值分别为：TapeDAT = 0、Tape8mm = 1、TapeQIC80 = 2、TapeTravan = 3 和 TapeDLT = 4。顺便说一下，这个示例演示了如何在 MASM 中创建枚举数据常量。

4.4 MASM typedef 语句

假设我们不喜欢 MASM 声明 byte、word、dword、real4 和其他变量时使用的名称，更喜欢 Pascal 语言或者 C 语言的命名约定，也就是希望使用 integer、float、double 等术语。如果在 Pascal 程序中有此想法，则可以在程序的 type 部分重新定义名称。如果在 C 程序中有此想法，则可以使用 typedef 语句。与 C/C++ 一样，MASM 也有自己的类型语句，可以为变量名称创建别名。MASM 的 typedef 语句形式如下所示：

```
new_type_name typedef existing_type_name
```

以下示例演示了如何在 MASM 程序中设置与 C/C++ 或 Pascal 兼容的一些名称：

```
integer    typedef  sdword
float      typedef  real4
double     typedef  real8
colors     typedef  byte
```

接下来，我们可以使用以下意义更明确的语句来声明变量：

```
                .data
i               integer    ?
x               float      1.0
HouseColor      colors     ?
```

如果使用 Ada、C/C++、FORTRAN（或任何其他程序设计语言）编程，那么还可以选择自己更熟悉的类型名称。当然，这种命名方式不会改变 x86-64 或 MASM 对这些变量的响应方式，但确实可以让我们创建更易于阅读和理解的程序，因为类型名称更能指示实际的底层类型。对 C/C++ 程序员的一个警告是：不要盲目尝试去定义一个 int 数据类型。巧合的是，int 是 x86-64 机器指令，用于中断（interrupt），因此 int 是 MASM 中的保留字。

4.5　类型强制

尽管 MASM 在类型检查方面相当宽松，但它确实确保用户可以为指令指定适当的操作数大小。例如，考虑以下的程序清单 4-1 中的（不正确）代码。

程序清单 4-1　MASM 类型检查

```
; 程序清单 4-1

; 类型检查错误。

    option casemap:none
nl  = 10        ; 换行符的 ASCII 码

    .data
i8  sbyte       ?
i16 sword       ?
i32 sdword      ?
i64 sqword      ?

    .code

; 以下是“asmMain”函数。

    public asmMain
asmMain proc
    mov eax, i8
    mov al, i16
    mov rax, i32
    mov ax, i64
    ret ; 返回到调用方
asmMain endp
    end
```

因为程序清单 4-1 中的四条 mov 指令的操作数大小不兼容，所以 MASM 将生成汇编错误信息。mov 指令要求两个操作数的大小要相同。第一条指令尝试将一个字节移动到 EAX 中，第二条指令尝试将一个字移动到 AL 中，第三条指令尝试将一个双字移动到 RAX 中，第四条指令尝试将一个四字移动到 AX 中。尝试汇编这个程序源文件，编译器将输出以下错误信息：

```
C:\>ml64 /c listing4-1.asm
Microsoft (R) Macro Assembler (x64) Version 14.15.26730.0
Copyright (C) Microsoft Corporation. All rights reserved.

Assembling: listing4-1.asm
listing4-1.asm(24) : error A2022:instruction operands must be the same size
listing4-1.asm(25) : error A2022:instruction operands must be the same size
listing4-1.asm(26) : error A2022:instruction operands must be the same size
listing4-1.asm(27) : error A2022:instruction operands must be the same size
```

虽然这在 MASM 中是一个很好的特性[1]，但有时这种错误信息会阻碍程序的正常运行。请考虑下面的代码片段：

```
            .data
byte_values label byte
            byte 0, 1
            .
            .
            .
            mov ax, byte_values
```

在上述示例中，假设程序员确实希望将一个从 byte_values 的地址开始的字加载到 AX 寄存器中。具体地，程序员希望通过一条指令将 0 加载到 AL 中，将 1 加载到 AH 中（0 保存在低阶内存字节中，1 保存在高阶内存字节中）。但是 MASM 将拒绝对这条语句进行汇编，并报告一条错误信息：存在类型不匹配（因为 byte_values 是一个字节对象，而 AX 是一个字对象）。

程序员可以将这条指令拆分为两条指令，一条指令将地址 byte_values 处的字节加载到 AL 寄存器中，另一条指令将地址 byte_values[1] 处的字节加载到 AH 寄存器中。缺点是，这种拆分会稍微降低程序的效率（其中的原因可能是在第一个位置使用了单个 mov 指令）。为了指示 MASM 我们清楚自己在做什么，并且希望将 byte_values 变量作为字对象处理，我们可以使用类型强制（type coercion）。

类型强制是指示 MASM 我们希望将对象视为显式类型的过程，而不管对象的实际类型如何[2]。为了强制转换某个变量的类型，可以使用以下的语法：

```
new_type_name ptr address_expression
```

new_type_name（新类型名称）是我们希望与由 address_expression 指定的内存位置相关联的新类型。可以在内存地址合法的任何位置使用这个 ptr 运算符。为了修正上一个示例的错误，从而避免 MASM 报告“存在类型不匹配”的错误信息，可以使用以下的语句：

```
mov ax, word ptr byte_values
```

这条指令指示 MASM 将内存中从地址 byte_values 开始的字加载到 AX 寄存器中。假设

[1] 毕竟，两个操作数大小不同通常表示程序中存在错误。

[2] 在某些语言中，类型强制也称为类型转换（type casting）。

byte_values 仍然包含其初始值，则该指令会将 0 加载到 AL 寄存器中，将 1 加载到 AH 寄存器中。表 4-2 列出了 MASM 中所有的类型强制运算符。

表 4-2　MASM 中的类型强制运算符

指令	含义	指令	含义
byte ptr	无符号 8 位（字节）值	tbyte ptr	无符号 80 位（10 字节）值
sbyte ptr	有符号 8 位整数值	oword ptr	128 位（八字）值
word ptr	无符号 16 位（字）值	xmmword ptr	128 位（八字）值，与“oword ptr”相同
sword ptr	有符号 16 位整数值	ymmword ptr	256 位值（与 AVX YMM 寄存器一起使用）
dword ptr	无符号 32 位（双字）值	zmmword ptr	512 位值（与 AVX-512 ZMM 寄存器一起使用）
sdword ptr	有符号 32 位整数值	real4 ptr	单精度（32 位）浮点值
qword ptr	无符号 64 位（四字）值	real8 ptr	双精度（64 位）浮点值
sqword ptr	有符号 64 位整数值	real10 ptr	扩展精度（80 位）浮点值

在直接修改内存的指令（例如，neg、shl、not 等）中，将匿名变量指定为操作数时，必须使用类型强制。请考虑以下的语句：

```
not [rbx]
```

MASM 将对这个指令生成错误信息，因为它无法确定内存操作数的大小。这条指令并没有提供足够的信息，因此无法确定程序是否应该反转 RBX 指向的字节中的位，或者反转 RBX 指向的字中的位，抑或反转 RBX 指向的双字中的位，再或者反转 RBX 指向的四字中的位。此处必须使用类型强制来显式指定匿名变量引用的大小，如以下指令：

```
not byte ptr [rbx]
not dword ptr [rbx]
```

注意：不要随便使用类型强制运算符，除非确切地知道自己在做什么，并且完全理解类型强制对程序的影响。当汇编器报告存在类型不匹配的错误时，刚开始使用汇编语言的程序员经常会使用类型强制来解决此类问题。虽然类型强制可以消除汇编器报告的错误信息，但可能并没有解决根本的问题。

请考虑下面的语句（假设其中的 byteVar 是 8 位变量）：

```
mov dword ptr byteVar, eax
```

如果没有类型强制运算符，MASM 将对此指令生成错误，因为该指令试图将 32 位寄存器中的内容存储到 8 位内存单元中。初学编程的程序员为了让自己的程序能够顺利地通过汇编，也许会走捷径采用类型强制运算符，如以上的指令所示。结果汇编器不再报“存在类型不匹配”的错误信息，因此初学编程的程序员是很开心的。

然而，程序仍然是不正确的。类型强制运算符不能解决将 32 位值存储到 8 位内存单元中的问题，它只允许指令从 8 位变量指定的地址开始存储 32 位值。程序仍然存储 4 个字节，覆盖内存中 byteVar 后面的 3 个字节。

这样做通常会产生意外的结果，比如对程序中变量的错误修改[⊖]。另一种更为罕见的情

⊖ 如果在本例中有一个变量紧跟在 byteVar 之后，那么 mov 指令肯定会覆盖该变量的值，无论用户是否真打算这样做。

况是，如果 byteVar 后面的 3 个字节没有分配到实际内存单元中，或者恰好位于内存的只读段中，那么程序会因一般保护故障而中止运行。关于类型强制运算符，需要牢记以下的要点：如果用户不能准确地说明此运算符的影响，那么请不要使用它。

同时，还要牢记的是，类型强制运算符不会对内存中的数据执行任何转换。类型强制运算符只是告诉汇编器将内存中的位视为不同的类型。类型强制运算符不会自动将 8 位值扩展到 32 位，也不会将整数转换为浮点值。类型强制运算符只是告诉编译器将内存操作数的位模式按不同的类型来处理。

4.6　指针数据类型

用户可能曾经使用过 Pascal、C 或 Ada 编程语言中的指针，因此现在正有点焦虑。在第一次使用高级语言中的指针时，几乎每个人都有不愉快的经历。但是无须恐惧！汇编语言中的指针实际上比高级语言中的更容易处理。

大多数的指针问题可能与指针无关，而是与试图使用指针实现程序功能的链表和树数据结构有关。在汇编语言中，指针的许多用途与链表、树和其他令人生畏的数据结构无关，倒是像数组和记录这样的简单数据结构常常涉及指针的使用。所以，如果读者对指针有来自内心深处的恐惧，就请忘掉关于指针的一切认知。接下来，我们将了解指针对于程序设计的重要性。

学习指针从定义指针开始。指针是一个内存位置，指针的值是另一个内存位置的地址。像 C/C++ 这样的高级语言往往将指针的简单含义隐藏在抽象概念的后面，正是这种附加的复杂性（顺便说一句，这种复杂性的存在是有原因的）让程序员感到害怕，因为他们不明白指针的操作原理。

为了说明指针真正的操作原理，请考虑以下在 Pascal 语言中的数组声明：

```
M: array [0..1023] of integer;
```

即使我们不了解 Pascal 语言，理解上述示例中的概念也很容易。M 是一个由 1024 个整数组成的数组，索引范围为从 M[0] 到 M[1023]。数组中的每一个元素都可以保存一个独立于所有其他元素的整数值。换句话说，这个数组提供 1024 个不同的整数变量，用户按编号（数组索引）而不是按名称引用这些变量。

如果遇到一个包含语句“M[0] := 100 ;”的程序，那么我们可能根本不需要考虑这条语句到底是怎么运行的。这条语句的作用是将值 100 存储到数组 M 的第一个元素中。现在考虑下面两条语句：

```
i := 0; (假设“i”是一个整型变量)
M [i] := 100;
```

毫无疑问，这两条语句执行的操作与“ M[0] := 100 ;”相同。实际上，可以使用值在 0 到 1023 范围内的任何整数表达式作为该数组的索引。以下语句序列执行的操作，仍然与在索引 0 处赋值的单条语句的操作相同：

```
i := 5; (假设所有的变量都是整数)
j := 10;
k := 50;
m [i*j-k] := 100;
```

读者可能会产生疑惑：“好吧，这有什么意义呢？”“任何产生 0 到 1023 范围内整数的语句都是合法的呀！”好吧，接着请看以下的代码：

```
M [1] := 0;
M [M [1]] := 100;
```

上述两条语句需要一些时间来消化。经过仔细思考，我们会发现这两条语句执行的操作仍与前面语句执行的操作相同。第一条语句将 0 存储到数组元素 M[1] 中。第二条语句获取 M[1] 的值 0，该值是一个整数，因此可以用作 M 的数组索引，我们根据该索引将值 100 存储到数组元素 M[0] 中。

如果能够接受上面两条语句，并认为这两条语句是合理且可用的，那么理解指针就不会有问题。因为 M[1] 是指针！虽然不是真正意义上的指针，但是如果我们把 M 改为内存，把这个数组当作整个内存，那这就是指针的确切定义：指针是一个内存位置，指针的值是另一个内存位置的地址（或者索引）。在汇编语言程序中，声明和使用指针都非常简单。我们甚至不必担心数组索引之类的问题。

4.6.1　在汇编语言中使用指针

MASM 指针是一个 64 位的值，可能包含另一个变量的地址。如果有一个包含 1000_0000h 的双字指针变量 p，那么说 p“指向”内存位置 1000_0000h。为了访问 p 指向的双字，可以使用以下的代码：

```
mov rbx, p        ; 将指针 p 的值加载到 RBX 中
mov rax, [rbx]    ; 获取指针 p 指向的数据
```

通过将 p 的值加载到 RBX 中，此代码将值 1000_0000h 加载到了 RBX 中。第二条指令将从 RBX 中包含的偏移量处开始的双字加载到 RAX 寄存器中。由于 RBX 现在包含 1000_0000h，因此会将从位置 1000_0000h 到 1000_0007h 的内容加载到 RAX 中。

为什么不使用类似于“mov rax, mem”的指令（假设 mem 位于地址 1000_0000h 处），直接将位置 1000_0000h 处的双字加载到 RAX 中？这其中存在若干原因。主要原因是这条 mov 指令固定从位置 mem 加载内容到 RAX。我们不能更改从哪个内存地址加载内容到 RAX。然而，前面的指令总是从 p 指向的位置加载内容到 RAX。这个位置在程序控制下很容易改变。事实上，指令“mov rax, offset mem2”和“mov p, rax”将导致前面两条指令在下次执行时从位置 mem2 加载内容到 RAX。请考虑以下的代码片段：

```
        mov rax, offset i
        mov p, rax
        .
        .
        .  ; 用于设置或清除进位标志位的代码。

        jc skipSetp

        mov rax, offset j
        mov p, rax
        .
        .
        .

skipSetp:
        mov rbx, p ; 假设两条执行路径都包含这两条指令
        mov rax, [rbx]
```

上述简短的示例演示了程序的两条执行路径，第一条路径将变量 i 的地址加载到变量 p 中，第二条路径将变量 j 的地址加载到 p 中。这两条执行路径的最后都是两条 mov 指令，这两条 mov 指令根据当前的执行路径，将 i 或 j 加载到 RAX 中。从多个角度来看，这就像 Swift 等高级语言中过程的一个参数。通过执行相同的指令来访问不同的变量（i 或 j），这取决于 p 中保存了哪个变量的地址。

4.6.2　在 MASM 中声明指针

由于指针的长度为 64 位，因此可以使用 qword 类型为指针分配存储空间。但是，与其使用 qword 声明，不如使用 typedef 创建一个指针类型：

```
            .data
pointer     typedef     qword
b           byte        ?
d           dword       ?
pByteVar    pointer     b
pDWordVar   pointer     d
```

上述示例演示了在 MASM 中如何声明和初始化指针变量。请注意，可以在 qword/pointer 伪指令的操作数字段中指定静态变量（“.data”“.const” 和 “.data?” 对象）的地址，因此只能使用静态对象的地址初始化指针变量。

4.6.3　指针常量和指针常量表达式

MASM 允许在指针常量合法的任何地方使用非常简单的常量表达式。指针常量表达式采用以下三种形式[⊖]

```
offset StaticVarName [PureConstantExpression]
offset StaticVarName + PureConstantExpression
offset StaticVarName - PureConstantExpression
```

PureConstantExPression 是一个数值常量表达式，不涉及任何指针常量。这种类型的表达式会生成一个内存地址，该地址位于内存中 StaticVarName 变量之前或之后（- 或 +）指定的字节数处。注意，在上述三种形式中，前两种形式在语义上是等价的，两者都返回一个指针常量，其地址是静态变量的地址和常量表达式值之和。

因为可以创建指针常量表达式，所以毫无疑问，MASM 允许使用相等伪指令来定义显式指针常量。程序清单 4-2 中的程序演示了指针常量表达式的使用方法。

程序清单 4-2　MASM 程序中的指针常量表达式

```
; 程序清单 4-2
; 指针常量的演示。

        option casemap:none

nl      =       10

        .const

ttlStr  byte    "Listing 4-2", 0
fmtStr  byte    "pb's value is %ph", nl
        byte    "*pb's value is %d", nl, 0
```

⊖ 在 MASM 语法中，形式 x[y] 等价于 x+y。同样地，[x][y] 也等价于 x+y。

```
          .data
b         byte      0
          byte      1, 2, 3, 4, 5, 6, 7
pb        textequ   <offset b[2]>

          .code
          externdef printf:proc

; 将程序标题返回到 C++ 程序:

          public getTitle
getTitle proc
          lea rax, ttlStr
          ret
getTitle endp

; 以下是“asmMain”函数的实现。

          public asmMain
asmMain   proc

; 以下提供的是“魔法”指令，此处暂时不做解释:

          sub rsp, 48

          lea rcx, fmtStr
          mov rdx, pb
          movzx r8, byte ptr [rdx]
          call printf

          add rsp, 48
          ret        ; 返回到调用方

asmMain   endp
          end
```

构建和运行该程序的结果如下所示：

```
C:\>build listing4-2

C:\>echo off
Assembling: listing4-2.asm
c.cpp

C:\>listing4-2
Calling Listing 4-2:
pb's value is 00007FF6AC381002h
*pb's value is 2
Listing 4-2 terminated
```

请注意，在不同的计算机和不同版本的 Windows 上打印的地址可能不同。

4.6.4 指针变量和动态内存分配

指针变量是存储 C 标准库中 malloc 函数返回结果的最佳位置。malloc 函数在 RAX 寄存器中返回所分配的内存地址，因此在调用该函数之后，可以立即使用一条 mov 指令将地址直接存储到指针变量中。程序清单 4-3 演示了如何调用 C 标准库中的 malloc 函数和 free 函数。

程序清单 4-3　演示 malloc 函数和 free 函数的调用方法

```
; 程序清单 4-3

; 演示 C 标准库中 malloc 函数和 free 函数的调用方法。

          option casemap:none
nl        =          10

          .const
ttlStr    byte       "Listing 4-3", 0
fmtStr    byte       "Addresses returned by malloc: %ph, %ph", nl, 0

          .data
ptrVar    qword      ?
ptrVar2   qword      ?

          .code
          externdef printf:proc
          externdef malloc:proc
          externdef free:proc

; 将程序标题返回到 C++ 程序:

          public getTitle
getTitle proc
          lea rax, ttlStr
          ret
getTitle endp

; 以下是“asmMain”函数的定义。

          public asmMain
asmMain proc

; 以下提供的是“魔法”指令,此处暂时不做解释:

          sub rsp, 48

; C 标准库中的 malloc 函数。

; ptr = malloc(byteCnt);

          mov rcx, 256 ; 分配 256 个字节
          call malloc
          mov ptrVar, rax ; 将指针保存到缓冲区

          mov rcx, 1024 ; 分配 1024 个字节
          call malloc
          mov ptrVar2, rax ; 将指针保存到缓冲区

          lea rcx, fmtStr
          mov rdx, ptrVar
          mov r8, rax ; 打印地址
          call printf

; 通过调用 C 标准库中的 free 函数,释放内存空间。

; free(ptrToFree);

          mov rcx, ptrVar
          call free
```

```
        mov rcx, ptrVar2
        call free

        add rsp, 48
        ret ; 返回到调用方

asmMain endp
        end
```

构建和运行上述程序的输出结果如下所示。请注意，根据系统、操作系统版本和其他的不同，函数 malloc 返回的地址也可能不同。因此，读者在自己计算机上运行的结果，可能与本书作者在自己计算机系统上运行得到的结果有所不同。

```
C:\>build listing4-3

C:\>echo off
Assembling: listing4-3.asm
c.cpp

C:\>listing4-3
Calling Listing 4-3:
Addresses returned by malloc: 0000013B2BC43AD0h, 0000013B2BC43BE0h
Listing 4-3 terminated
```

4.6.5　常见的指针问题

在使用指针时，程序员会遇到五个常见问题。其中一些会导致程序立即停止运行，并显示诊断消息，其他则比较微妙，会在不报告错误信息的情况下产生错误的结果，或者在不显示错误信息的情况下影响程序的性能。有关指针的这五个问题是：

（1）使用未初始化的指针；

（2）使用包含非法值（例如 NULL）的指针；

（3）在释放 malloc 函数分配的内存空间后，继续使用该内存空间；

（4）内存空间被程序使用完毕后，没能调用 free 函数释放该内存空间；

（5）使用错误的数据类型访问间接数据。

解决第一个问题的办法是，在为指针分配有效内存地址之后使用指针变量。初级程序员通常没有意识到，声明指针变量时只为指针本身保留了存储空间，并没有为指针引用的数据保留存储空间。程序清单 4-4 中的简短程序演示了这个问题（不要编译和运行这个程序，该程序会导致系统崩溃）。

程序清单 4-4　未初始化指针的示例

```
; 程序清单 4-4

; 未初始化指针的演示。
; 注意：该程序无法正常运行。

    option casemap:none
nl  =     10

    .const
ttlStr byte "Listing 4-4", 0
fmtStr byte "Pointer value= %p", nl, 0

    .data
ptrVar qword ?
```

```
    .code
    externdef printf:proc

; 将程序标题返回到 C++ 程序:

    public getTitle
getTitle proc
    lea rax, ttlStr
    ret
getTitle endp

; 以下是“asmMain”函数的定义。

    public asmMain
asmMain proc

; 以下提供的是“魔法”指令，此处暂时不做解释:

    sub rsp, 48

    lea rcx, fmtStr
    mov rdx, ptrVar
    mov rdx, [rdx] ; 将导致系统崩溃
    call printf

    add rsp, 48
    ret ; 返回到调用方

asmMain endp
    end
```

尽管我们在“.data”段中声明的变量已经初始化，但从技术上讲，静态初始化不会使用有效地址初始化此程序中的指针（而是使用 0 初始化指针，0 为 NULL）。

当然，x86-64 上没有真正未初始化的变量这一说。变量或者被显式给定了初始值，或者恰好继承了分配给自己的内存空间中已有的内容（位模式）。很多时候，这些垃圾内容所在的内存单元不存在有效的内存地址。尝试解引用（dereference）这样的指针（即访问其指向的内存中的数据）通常会引发内存访问冲突（memory access violation）异常。

然而，有时候，内存中的垃圾内容恰好位于可以访问的有效内存位置。在这种情况下，CPU 将访问指定的内存位置，而不会中止程序。对于一个还不成熟的程序员来说，这种情况似乎比停止程序更能接受，实际上情况更糟糕，因为这个有缺陷的程序会继续运行，而不会提醒出现了内存访问的问题。如果通过未初始化的指针存储数据，那么很可能会覆盖内存中其他重要变量的值。这个缺陷会在程序中产生一些很难定位的问题。

解决第二个问题的办法是，程序员避免将无效的地址值存储到指针中。第一个问题实际上是第二个问题的一个特例（内存中的垃圾内容提供了无效地址，而不是程序员的错误计算生成的无效地址），这两个问题产生的后果是相同的。如果用户试图解引用包含无效地址的指针，那么会导致内存访问冲突异常，或者访问了未知的内存位置。

第三个问题也被称为悬空指针问题（dangling pointer problem）。为了理解这个问题，请考虑以下的代码片段：

```
mov rcx, 256
call malloc ; 分配一些内存空间
mov ptrVar, rax ; 把地址存储到 ptrVar
.
```

```
. ; 使用指针变量 ptrVar 的代码
.
mov rcx, ptrVar
call free ; 释放 ptrVar 指向的内存空间
.
. ; 没有更改 ptrVar 中的值的代码
.
mov rbx, ptrVar
mov [rbx], al
```

在上面的示例中，程序分配了 256 个字节的内存空间，并将该内存空间的地址保存在 ptrVar 变量中。然后，代码会使用这个 256 字节的内存块，随后释放内存空间，将其返回给系统以用作其他用途。请注意，调用 free 函数不会以任何方式更改 ptrVar 的值，ptrVar 仍然指向前面 malloc 函数分配的内存块。free 函数也不会更改该内存块中的任何数据，因此从 free 函数返回时，ptrVar 仍然指向代码存储到该内存块中的数据。

然而，需要注意的是，调用 free 函数会指示系统，该程序不再需要这个 256 字节的内存块，系统可以将这个内存区域用于其他目的。free 函数无法强制禁止程序永远不再访问该内存块中的数据，只是程序要“信守承诺”当然，上述示例中的代码片段违背了这个承诺。正如所见，在最后两条指令中，程序获取了 ptrVar 中的值并访问了该值所指向的内存数据。

悬空指针最大的问题是，在大部分时间可以侥幸使用这些指针。只要系统不重用程序释放的内存空间，使用悬空指针就不会对程序产生不良影响。但是，每次调用 malloc 函数时，系统都可能会决定重用以前调用 free 函数时释放的内存。发生这种情况时，任何对悬空指针进行解引用的尝试都可能产生意外的后果。可能会出现的问题包括：读取的是已被覆盖（被新的合法数据覆盖）的数据，覆盖了新的数据，覆盖了系统的堆管理指针（最糟糕的情况，这样做可能会导致程序崩溃）。解决方案显而易见：一旦释放了与指针相关联的内存空间，就不要再使用该指针值。

在有关指针的五个问题中，第四个问题（没有释放已分配的内存空间）可能对程序正常运行的影响最小。以下代码片段演示了该问题：

```
mov rcx, 256
call malloc
mov ptrVar, rax
. ; 使用 ptrVar 的代码。
. ; 该代码没有释放 ptrVar 指向的内存空间。
. ;
mov rcx, 512
call malloc
mov ptrVar, rax

; 此时，无法引用 ptrVar 指向的 256 字节原始块。
```

在上面的示例中，程序分配 256 字节的内存空间，并使用 ptrVar 变量引用该内存空间。之后，程序分配另一个字节块，并用这个新字节块的地址覆盖 ptrVar 中的值。请注意，ptrVar 中的前一个值丢失了。因为程序不再有这个地址值，所以无法调用 free 函数释放 256 字节内存空间以供以后使用。

程序不再能使用第一次分配的 256 字节内存块，虽然看似无关紧要，但设想一下，如果这段代码在一个循环中被反复执行，那么每执行一次循环，程序都会丢失 256 字节的内存。当循环迭代次数足够多后，程序将耗尽堆中可用的内存。这个问题通常被称为内存泄漏（memory leak），因为其效果与程序执行期间内存位从计算机中泄漏的效果（可用存储空间越来越少）相同。

内存泄漏的破坏性远远小于悬空指针。事实上，内存泄漏只会造成如下两个问题：堆空间耗尽的危险（最终可能导致程序中止，尽管这种情况很少见）和虚拟内存页交换导致的性能问题。然而，程序员应该养成良好的习惯，在使用完存储空间后，一定要释放这些存储空间。当程序退出时，操作系统会回收所有的存储空间，包括因内存泄漏而丢失的内存空间。因此，通过泄漏丢失的内存只是对程序而言丢失了，而不是针对整个系统。

有关指针的最后一个问题换言之是，缺乏类型安全访问。其发生的原因在于，MASM不能也不强制执行指针类型检查。例如，请考虑程序清单 4-5 中的程序。

程序清单 4-5　类型不安全指针的访问示例

```
; 程序清单 4-5
; 演示汇编语言指针访问中缺少类型检查所带来的的后果。

        option casemap:none

nl      =  10
maxLen  =  256

        .const
ttlStr  byte      "Listing 4-5", 0
prompt  byte      "Input a string: ", 0
fmtStr  byte      "%d: Hex value of char read: %x", nl, 0

        .data
bufPtr  qword     ?
bytesRead qword   ?

        .code
        externdef readLine:proc
        externdef printf:proc
        externdef malloc:proc
        externdef free:proc

; 将程序标题返回到 C++ 程序：

         public getTitle
getTitle proc
         lea rax, ttlStr
         ret
getTitle endp

; 以下是“asmMain”函数的实现。

         public asmMain
asmMain proc
         push rbx ; 保留 RBX

; 以下提供的是“魔法”指令，此处暂时不做解释：

         sub rsp, 40

; C 标准库中的 malloc 函数
; 分配足够的字符，以容纳用户输入的文本行：

         mov rcx, maxLen ; 分配 256 字节的内存空间
         call malloc
         mov bufPtr, rax ; 将地址保存到缓冲区
```

```
; 从用户处读取一行文本，并放入新分配的缓冲区：
         lea rcx, prompt ; 提示用户输入一行文本
         call printf

         mov rcx, bufPtr          ; 指向输入缓冲区的指针
         mov rdx, maxLen          ; 最大输入缓冲区长度
         call readLine            ; 从用户处读取文本
         cmp rax, -1              ; 如果出错，则跳过
         je allDone
         mov bytesRead, rax       ; 保存读取的字符个数

; 显示用户输入的数据：
         xor rbx, rbx             ; 设置索引为 0
dispLp:  mov r9, bufPtr           ; 指向缓冲区的指针
         mov rdx, rbx             ; 显示缓冲区的索引
         mov r8d, [r9+rbx*1]      ; 读取四字，而不是字节！
         lea rcx, fmtStr
         call printf

         inc rbx                  ; 重复缓冲区的每个字符
         cmp rbx, bytesRead
         jb dispLp

; 通过调用 C 标准库中的 free 函数，释放内存空间

; free(bufPtr);

allDone:
         mov rcx, bufPtr
         call free

         add rsp, 40
         pop rbx                  ; 恢复 RBX
         ret                      ; 返回到调用方
asmMain endp
         end
```

构建和运行该示例程序的结果如下所示：

```
C:\>build listing4-5

C:\>echo off
Assembling: listing4-5.asm
c.cpp

C:\>listing4-5
Calling Listing 4-5:
Input a string: Hello, World!
0: Hex value of char read: 6c6c6548
1: Hex value of char read: 6f6c6c65
2: Hex value of char read: 2c6f6c6c
3: Hex value of char read: 202c6f6c
4: Hex value of char read: 57202c6f
5: Hex value of char read: 6f57202c
6: Hex value of char read: 726f5720
7: Hex value of char read: 6c726f57
8: Hex value of char read: 646c726f
9: Hex value of char read: 21646c72
10: Hex value of char read: 21646c
11: Hex value of char read: 2164
12: Hex value of char read: 21
```

```
13: Hex value of char read: 5c000000
Listing 4-5 terminated
```

程序清单 4-5 中的代码从用户处读取数据作为字符值，然后将数据显示为双字十六进制值。虽然汇编语言的一个强大特性是，无须任何开销，允许随意忽略数据类型，并自动强制数据类型，但这种特性也是一把双刃剑。如果使用错误的数据类型访问间接数据，那么 MASM 和 x86-64 可能无法捕获此错误，并且程序可能会产生不准确的结果。因此，在程序中使用指针和间接数据时，需要特别小心谨慎，一定要保持与数据类型的一致性。

上述演示程序存在一个根本的缺陷，可能会导致如下的问题：当读取输入缓冲区的最后两个字符时，程序会访问用户输入字符以外的数据。如果用户输入 255 个字符（加上 readLine 函数附加的零终止字节），那么此程序将访问 malloc 函数分配的缓冲区末尾以外的数据。理论上，这可能导致程序崩溃。这是通过指针使用错误类型访问数据时可能出现的另一个问题。

4.7　复合数据类型

复合数据类型（composite data type）也称为聚合数据类型（aggregate data type），是通过其他（通常为标量）数据类型构建的数据类型。下一节将介绍几种更重要的复合数据类型：字符串、数组、多维数组、记录 / 结构以及联合。字符串是复合数据类型的一个很好的示例，是由单个字符的序列和其他数据组成的数据结构。

4.8　字符串

除了整型数值以外，字符串可能是现代程序中应用最广泛的数据类型。x86-64 也确实支持一些字符串指令，但这些指令是针对块内存操作的，不是字符串的特定实现。因此，本节将提供字符串的定义，并讨论如何处理字符串。

通常情况下，字符串是具有以下两个主要属性的 ASCII 字符序列：长度和字符数据。不同的程序设计语言使用不同的数据结构来表示字符串。汇编语言（至少在不使用库例程的情况下）并不真正关心字符串是如何实现的。我们只需要创建一系列机器指令，使用字符串采取的格式处理字符串数据。

4.8.1　以零结尾的字符串

毫无疑问，以零结尾的字符串（zero-terminated string）是目前使用的最常见的字符串表示形式，因为这是 C、C++ 和其他程序设计语言本身所使用的字符串格式。以零结尾的字符串由零个或多个 ASCII 字符组成，并以一个 0 字节结尾。例如，在 C/C++ 中，字符串“abc”需要 4 个字节：三个字符 a、b 和 c，及后跟的一个 0。稍后我们将发现，MASM 字符串与以零结尾的字符串是向上兼容的。但读者应知道，在 MASM 中创建以零结尾的字符串非常容易，最简单的方法就是在“.data”段中，使用类似以下的代码：

```
               .data
zeroString byte    "This is the zero-terminated string", 0
```

每当如上述示例中使用 byte 伪指令定义一个字符串时，MASM 就会将该字符串中的每个字符存储到连续的内存位置。字符串末尾的零表示字符串的结束。

以零结尾的字符串具有两个主要属性：易于实现，并且可以是任意长度。当然，它也有一些缺点。首先，以零结尾的字符串不能包含 NUL 字符（其 ASCII 代码值为 0），尽管这通常不重要。一般而言，这不是一个问题，但确实偶尔也会造成严重的破坏。其次，针对以零结尾的字符串的许多操作都有些低效。例如，为了计算以零结尾的字符串的长度，必须扫描整个字符串以查找结尾的 0 字节（对 0 之前的字符进行计数）。以下程序片段演示如何计算上例定义的字符串的长度：

```
        lea rbx, zeroString
        xor rax, rax ; 设置 RAX 为 0
whileLp: cmp byte ptr [rbx+rax*1], 0
        je endwhile

        inc rax
        jmp whileLp

endwhile:

; 此时，RAX 包含字符串的长度值。
```

从上述代码中可以看出，计算字符串长度所需的时间与字符串长度成正比（随着字符串长度的增加，计算其长度的时间也会变长）。

4.8.2　带长度前缀的字符串

带长度前缀的字符串（length-prefixed string）格式克服了以零结尾的字符串的一些问题。在 Pascal 等语言中，带长度前缀的字符串非常常见，通常为一个长度字节后跟零个或多个字符值。第一个字节指定字符串长度，接下来的字节（字节数量最多为指定的长度）是字符数据。在带长度前缀的方案中，字符串“abc”将由这 4 个字节组成：03（字符串长度），及后跟的 a、b 和 c。在 MASM 中，可以使用如下代码创建带长度前缀的字符串：

```
        .data
lengthPrefixedString label byte;
        byte 3, "abc"
```

如上例所示，事先统计字符数并将数量插入 byte 语句，这似乎难以实现。不过，有一些方法可以让 MASM 自动计算字符串长度。

带长度前缀的字符串解决了与以零结尾的字符串相关的两个主要问题。带长度前缀的字符串中可以包含 NUL 字符；针对以零结尾的字符串执行效率较低的操作（例如统计字符串的长度）用在带长度前缀的字符串上时，其效率相对更高。但是，带长度前缀的字符串也有其自身的缺点，主要缺点是它们的最大长度限制为 255 个字符（假设前缀长度为 1 个字节）。

如果需要解除 255 个字符的字符串最大长度限制，那么完全可以根据需要的长度使用任意数量的字节来创建带长度前缀的字符串。例如，高级汇编器（HighLevel Assembler，HLA）使用带长度前缀的字符串的 4 字节长度变体，允许字符串长度达到 4GB[㊀]。其关键点在于，在汇编语言中，我们可以随意定义字符串的格式。

在汇编语言程序中创建带长度前缀的字符串时，不需要手动统计字符串中的字符数并在代码中储存该长度。最佳解决方案是，让汇编程序执行这种烦琐的操作。使用位置计数器运算符（$）可以轻松实现此目标，示例代码如下所示：

```
        .data
lengthPrefixedString label byte;
        byte lpsLen, "abc"
```

㊀ 有关高级汇编器的更多详细信息，请访问 https://artofasm.randallhyde.com/。

```
lpsLen = $-lengthPrefixedString-1
```

lpsLen 操作数在地址表达式中减去 1，因为 $ - lengthPrefixedString 还包括长度前缀字节，该字节不是字符串长度的一部分。

4.8.3 字符串描述符

另一种常见的字符串格式是字符串描述符（string descriptor）。字符串描述符通常是一个小的数据结构（记录或结构，请参阅 4.11 节中的相关内容），其中包含描述字符串的多个数据字段。字符串描述符至少包含两个字段：一个字段包含指向实际字符串数据的指针、一个字段包含字符串中的字符数（即字符串长度）。其他可能的字段还包含字符串当前占用的字节数[㊀]、字符串可以占用的最大字节数、字符串编码（例如，ASCII、Latin-1、UTF-8 或 UTF-16）以及字符串数据结构设计者可能需要的其他信息。

到目前为止，最常见的字符串描述符格式包含指向字符串数据的指针和指定该字符串数据当前占用的字节数的大小字段。请注意，此特定的字符串描述符与带长度前缀的字符串不同。在带长度前缀的字符串中，字符数据本身紧跟在长度之后。而在字符串描述符中，长度和指针保存在一起，这两个字段（通常）与字符数据本身分开存放。

4.8.4 字符串指针

大多数情况下，汇编语言程序不会直接处理在“.data”（或“.const”“.data?”）中出现的字符串，而是处理指向字符串（包括程序已调用 malloc 之类的函数为其动态分配存储空间的字符串）的指针。程序清单 4-5 提供了一个简单（如果顺利执行）的示例。在此类应用程序中，汇编代码通常会将指向字符串的指针加载到基址寄存器中，然后使用第二个（索引）寄存器访问字符串中的单个字符。

4.8.5 字符串函数

遗憾的是，很少有汇编器会提供一组可以从汇编语言程序中调用的字符串函数[㊁]。汇编语言程序员需要自己编写这些函数。幸运的是，如果程序员觉得自己不能胜任这项任务，那么可以采用以下几种解决方案。

可供调用的第一组字符串函数（无须自己编写）是 C 标准库中的字符串函数（来自 C 语言中的 string.h 头文件）。当然，在调用 C 标准库中的函数时，必须在代码中使用 C 字符串（以零结尾的字符串），但这通常不是什么大问题。程序清单 4-6 提供了调用各种 C 字符串函数的示例。

程序清单 4-6　在 MASM 源代码中调用来自 C 标准库的字符串函数

```
; 程序清单 4-6

; 调用 C 标准库中的字符串函数。

        option casemap:none
```

㊀ 如果字符串编码包括多字节字符序列（例如 UTF-8 或 UTF-16 编码），则字节数可能与字符串中的字符数不同。

㊁ HLA 是一个显著的例外。HLA 标准库包括一系列在 HLA 中编写的字符串函数。遗憾的是，HLA 标准库都是 32 位代码，因此不可以从 MASM 代码中调用这些函数。虽如此，但在 MASM 中重写 HLA 库函数并不难。如果需要尝试重写 HLA 库函数，则可以从以下位置获取 HLA 标准库源代码：https://artofasm.randallhyde.com/。

```
nl          =       10
maxLen      =       256

            .const
ttlStr      byte    "Listing 4-6", 0
prompt      byte    "Input a string: ", 0
fmtStr1     byte    "After strncpy, resultStr='%s'", nl, 0
fmtStr2     byte    "After strncat, resultStr='%s'", nl, 0
fmtStr3     byte    "After strcmp (3), eax=%d", nl, 0
fmtStr4     byte    "After strcmp (4), eax=%d", nl, 0
fmtStr5     byte    "After strcmp (5), eax=%d", nl, 0
fmtStr6     byte    "After strchr, rax='%s'", nl, 0
fmtStr7     byte    "After strstr, rax='%s'", nl, 0
fmtStr8     byte    "resultStr length is %d", nl, 0

str1        byte    "Hello, ", 0
str2        byte    "World!", 0
str3        byte    "Hello, World!", 0
str4        byte    "hello, world!", 0
str5        byte    "HELLO, WORLD!", 0

            .data
strLength dword     ?
resultStr byte      maxLen dup (?)

            .code
            externdef readLine:proc
            externdef printf:proc
            externdef malloc:proc
            externdef free:proc

; 一些C标准库中的字符串函数:

; size_t strlen(char *str)

            externdef strlen:proc

; char *strncat(char *dest, const char *src, size_t n)

            externdef strncat:proc

; char *strchr(const char *str, int c)

            externdef strchr:proc

; int strcmp(const char *str1, const char *str2)

            externdef strcmp:proc

; char *strncpy(char *dest, const char *src, size_t n)

            externdef strncpy:proc

; char *strstr(const char *inStr, const char *search4)

            externdef strstr:proc

; 将程序标题返回到C++程序:

            public getTitle
getTitle    proc
```

```
          lea rax, ttlStr
          ret
getTitle  endp

; 以下是“asmMain”函数的实现。

          public asmMain
asmMain   proc

; 以下提供的是“魔法”指令，此处暂时不做解释：

          sub rsp, 48

; 演示 strncpy 函数。将字符串从一个位置复制到另一个位置：

          lea rcx, resultStr       ; 目标字符串
          lea rdx, str1            ; 源字符串
          mov r8, maxLen           ; 可以复制的最大字符数
          call strncpy

          lea rcx, fmtStr1
          lea rdx, resultStr
          call printf

; 演示 strncat 函数，将字符串 str2 连接到字符串 resultStr 的末尾：

          lea rcx, resultStr
          lea rdx, str2
          mov r8, maxLen
          call strncat

          lea rcx, fmtStr2
          lea rdx, resultStr
          call printf

; 演示 strcmp 函数，对字符串 resultStr 与 str3、str4 和 str5 进行比较：

          lea rcx, resultStr
          lea rdx, str3
          call strcmp

          lea rcx, fmtStr3
          mov rdx, rax
          call printf

          lea rcx, resultStr
          lea rdx, str4
          call strcmp

          lea rcx, fmtStr4
          mov rdx, rax
          call printf

          lea rcx, resultStr
          lea rdx, str5
          call strcmp

          lea rcx, fmtStr5
          mov rdx, rax
          call printf
```

```
; 演示 strchr 函数，在字符串 resultStr 中搜索字符“,”:

            lea rcx, resultStr
            mov rdx, ','
            call strchr

            lea rcx, fmtStr6
            mov rdx, rax
            call printf

; 演示 strstr 函数，在字符串 resultStr 中搜索子字符串 str2:

            lea rcx, resultStr
            lea rdx, str2
            call strstr

            lea rcx, fmtStr7
            mov rdx, rax
            call printf

; 演示如何调用 strlen 函数:

            lea rcx, resultStr
            call strlen

            lea rcx, fmtStr8
            mov rdx, rax
            call printf

            add rsp, 48
            ret                            ; 返回到调用方
asmMain     endp
            end
```

构建和运行程序清单 4-6 的命令如下所示：

```
C:\>build listing4-6

C:\>echo off
Assembling: listing4-6.asm
c.cpp

C:\>listing4-6
Calling Listing 4-6:
After strncpy, resultStr='Hello, '
After strncat, resultStr='Hello, World!'
After strcmp (3), eax=0
After strcmp (4), eax=-1
After strcmp (5), eax=1
After strchr, rax=', World!'
After strstr, rax='World!'
resultStr length is 13
Listing 4-6 terminated
```

当然，读者也许会提出一个很好的论点，即如果汇编代码仅仅是调用一组 C 标准库中的函数，那么我们应该首先使用 C 语言来编写应用程序。使用汇编语言编写代码的主要优越性，只有在使用汇编语言而不是 C 语言进行“思考”时才会体现。特别地，如果放弃使用以零结尾的字符串并切换到另一种字符串格式（例如包含长度信息的带长度前缀的字符串，或者字符串描述符），则可以显著提高字符串函数调用的性能。

除了 C 标准库，还可以在互联网上找到许多使用汇编语言编写的 x86-64 字符串函数。推荐的 MASM 论坛网址是 https://masm32.com/board/（可能名称有所不同。此消息论坛支持 64 位和 32 位的 MASM 编程）。

4.9 数组

和字符串一样，数组（array）也是一种常用的复合数据类型。大多数刚开始编写程序的程序员并不了解数组的内部工作原理，以及数组相关的性能权衡。令人惊讶的是，有许多新手程序员（甚至包括高级程序员！）一旦学会了如何在机器级别处理数组，他们就会从完全不同的角度来看待数组。

从理论上讲，数组是一种聚合数据类型，其所有成员（元素）具有相同的类型。可以通过整数[⊖]索引从数组中选择成员，不同的索引对应数组中的不同元素。本书假设整数索引是连续的（尽管这并不是必需的）。也就是说，如果数值 x 是数组的有效索引，并且 y 也是有效索引，那么当 $x < y$ 时，所有的 i（满足 $x < i < y$）也都是数组的有效索引。

每当对数组应用索引运算符时，得到的结果就是通过该索引选择的特定数组元素。例如，A[i] 从数组 A 中选择第 i 个元素。注意，不存在正式的关于第 i 个元素必须位于内存中第 $i+1$ 个元素附近的存储空间的要求。只要 A[i] 总是指向同一个内存空间，A[i+1] 总是指向其相应的内存空间（两个内存空间位于不同的地址），就满足了数组的定义。

在本书中，我们假设数组元素占据的是内存中连续的存储空间。对于一个包括 5 个元素的数组，其在内存中按图 4-1 所示的布局存储。

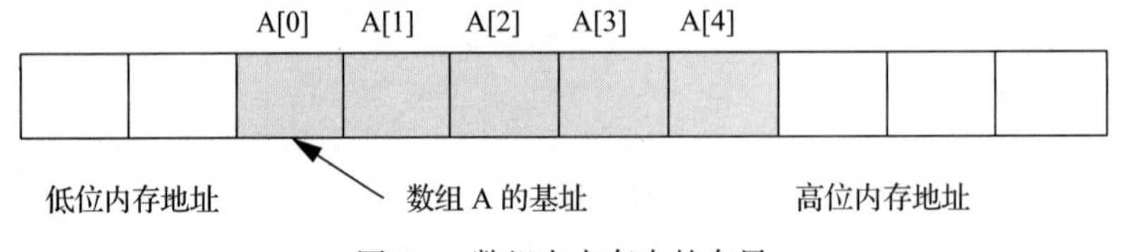

图 4-1　数组在内存中的布局

数组的基址（base address）是数组中第一个元素的地址，总是出现在最低位的内存空间。第二个数组元素紧跟着内存中的第一个数组元素，第三个数组元素紧跟着第二个数组元素，依此类推。索引并不一定从 0 开始，但必须是连续的。为了便于讨论，本书假定所有索引都从 0 开始。

为了访问数组的元素，需要编写一个函数，用于将数组索引转换为索引元素的地址。对于一维数组，这个函数非常简单，如下所示：

```
element_address = base_address + ((index - initial_index) * element_size)
```

其中，initial_index 是数组的第一个索引（如果为 0，则可以忽略该值），element_size 是每个数组元素的大小（以字节为单位）。

4.9.1 在 MASM 程序中声明数组

在访问一个数组的各个元素之前，需要为这个数组预留存储空间。幸运的是，数组声明建立在前文已经讨论的声明之上。为了给一个包含 n 个元素的数组分配存储空间，可以在变量声明段中使用如下所示的声明：

⊖ 或者底层可以表示为整数的值，例如字符、枚举和布尔型值。

```
array_name base_type n dup (?)
```

其中，array_name 是数组变量的名称，base_type 是该数组中元素的类型。该声明为数组分配存储空间。只需使用 array_name，就可以获取数组的基址。

操作数“n dup (?)”指示 MASM 将对象复制 *n* 次。现在让我们看一些具体的例子：

```
    .data

; 字符数组，包含元素 0 到 127。

CharArray byte 128 dup (?)

; 字节数组，包含元素 0 到 9。

ByteArray byte 10 dup (?)

; 双字数组，包含元素 0 到 3。
DWArray dword 4 dup (?)
```

上述示例都可以为未初始化的数组分配存储空间。我们还可以在“.data”段和“.const”段中使用声明，对数组中的元素进行初始化，示例声明如下所示：

```
RealArray        real4 1.0, 1.0, 1.0, 1.0, 1.0, 1.0, 1.0, 1.0
IntegerAry       sdword 1, 1, 1, 1, 1, 1, 1, 1
```

这两个声明都创建了包含 8 个元素的数组。第一个声明将数组的各个元素（4 字节的实数值）初始化为 1.0，第二个声明将数组的各个元素（32 位的整数值）初始化为 1。

如果所有数组元素具有相同的初始值，那么可以使用以下声明节省一些代码量（将初始值放置在括号内，MASM 将复制该值）：

```
RealArray    real4    8    dup (1.0)
IntegerAry   sdword   8    dup (1)
```

这些操作数字段指示 MASM 将括号内的值复制 8 份。在前文的例子中，括号里我们一直使用“？”来表示未初始化的值。事实上，我们可以在括号内放置一个以逗号分隔的值列表，MASM 将复制括号内的所有内容，如下所示：

```
RealArray    real4    4    dup (1.0, 2.0)
IntegerAry   sdword   4    dup (1, 2)
```

这两个示例同样会创建包含 8 个元素的数组，两个数组的元素初始值分别为 1.0, 2.0, 1.0, 2.0, 1.0, 2.0, 1.0, 2.0 以及 1, 2, 1, 2, 1, 2, 1, 2。

4.9.2　访问一维数组的元素

为了访问一个以 0 为基准的数组中的元素，可以使用以下公式：

```
element_address = base_address + index * element_size
```

如果在 LARGEADDRESSAWARE:NO 模式下操作，那么可以使用数组的名称作为 base_address 项（因为 MASM 将数组第一个元素的地址与该数组的名称相关联）。如果在大地址模式（LARGEADDRESSAWARE:YES）下操作，则需要将数组的基址加载到 64 位（基址）寄存器中，例如：

```
lea rbx, base_address
```

element_size 项是每个数组元素的字节数。如果对象是字节数组，则 element_size 为 1（计算变得非常简单）。如果数组的每个元素都是一个字（或者其他的两字节类型），那么 element_size 为 2，依此类推。为了访问上一节中 IntegerAry 数组中的各个元素，可以使用以下的公式（由于每个元素都是 sdword 对象，因此 element_size 为 4）：

```
element_address = IntegerAry + (index * 4)
```

假设编译选项为 LARGEADDRESSAWARE:NO，那么与语句 eax = IntegerAry[index] 等效的 x86-64 代码如下所示：

```
mov rbx, index
mov eax, IntegerAry[rbx*4]
```

在大地址模式下，必须将数组的地址加载到基址寄存器中，例如：

```
lea rdx, IntegerAry
mov rbx, index
mov eax, [rdx + rbx*4]
```

这两条指令不会显式地将索引寄存器（RBX）乘以 4（数组 IntegerAry 中 32 位整数元素的大小），而是使用缩放索引寻址模式来执行乘法。

关于上述指令序列，还需要注意的是：指令不会显式地计算基址与索引乘以 4 的累加和，而是依赖于缩放索引寻址模式来隐式计算该累加和。指令“mov eax, IntegerAry[rbx*4]”将位置 IntegerAry+rbx*4 处的值加载到 EAX，该位置是基址加上 index*4（因为 RBX 包含 index*4）。类似地，“mov eax, [rdx+rbx*4]”计算这个累加和，并作为寻址模式的一部分。当然，我们也可以采用以下指令代替前面的指令序列：

```
lea rax, IntegerAry
mov rbx, index
shl rbx, 2              ; 隐式计算 4 * RBX
add rbx, rax            ; 计算基址加上 index * 4
mov eax, [rbx]
```

很显然，可以使用两条或者三条指令完成相同的工作时，没有必要使用五条指令。这是一个很好的示例，该示例说明了充分理解寻址模式的重要性。选择适当的寻址模式可以减小程序的大小，从而加快程序的运行速度。

如果需要乘以其他常量（除 1、2、4 或 8 以外），则不能使用缩放索引寻址模式。类似地，如果需要乘以不是 2 的幂的元素大小，则无法使用 shl 指令将索引乘以元素大小，此时必须使用 imul 或者其他指令序列来执行乘法。

x86-64 上的索引寻址模式天然可以用来访问一维数组元素。实际上，该模式的语法甚至暗含一种数组访问方式。需要牢记的重点是，必须将索引乘以元素的大小，否则将产生不正确的结果。

本节中的示例假定 index 变量是一个 64 位的值。实际上，数组中的整数索引通常是 32 位整数或者 32 位无符号整数。因此，通常可以使用以下指令将索引值加载到 RBX 寄存器中：

```
mov ebx, index ; 零扩展到 RBX
```

由于将 32 位值加载到通用寄存器中的操作会自动将该值零扩展到 64 位，因此在将 32 位整数用作数组索引时，前面的指令序列（需要一个 64 位的索引值）仍能正常运行。

4.9.3　数组值的排序

在讨论数组时，几乎所有的教科书都会给出一个关于数组排序的示例。读者也许已经了解如何使用高级程序设计语言对数组进行排序，这有助于我们快速讨论 MASM 中的数组排序。程序清单 4-7 使用了冒泡排序的一个变体，适用于短的数据列表以及几乎已排好序的列表，但在其他列表内容的排序上表现得非常糟糕[⊖]。

程序清单 4-7　一个简单的冒泡排序示例

```
; 程序清单 4-7

; 一个简单的冒泡排序示例。

; 注意：此示例必须在编译选项 LARGEADDRESSAWARE:NO 下进行汇编和链接。

        option casemap:none

nl      =    10
maxLen  =    256
true    =    1
false   =    0

bool typedef ptr byte

        .const
ttlStr  byte     "Listing 4-7", 0
fmtStr  byte     "Sortme[%d] = %d", nl, 0

        .data

; sortMe —— 需要排序的数组，包含 16 个元素：

sortMe  label    dword
        dword    1, 2, 16, 14
        dword    3, 9, 4, 10
        dword    5, 7, 15, 12
        dword    8, 6, 11, 13
sortSize = ($ - sortMe) / sizeof dword ; 数组元素的个数

; didSwap —— 一个布尔值，指示在上次循环迭代中是否发生过数据交换：

didSwap bool     ?

        .code
        externdef printf:proc

; 将程序标题返回到 C++ 程序：

        public getTitle
getTitle proc
        lea rax, ttlStr
        ret
getTitle endp

; 以下是冒泡排序函数的实现。

;       sort(dword *array, qword count);
```

⊖ 读者请勿担忧，我们将在第 5 章中讨论性能更佳的排序算法。

```
; 注意：该函数不是外部（C 语言）函数，也不调用任何外部函数。
; 因此，该函数将省去一些 Windows 调用序列的代码。

; array —— 通过 RCX 传递的地址。
; count —— 通过 RDX 传递的数组元素个数。

sort      proc
          push rax                      ; 在纯汇编语言中，建议保留所有需要修改的寄存器
          push rbx
          push rcx
          push rdx
          push r8
          dec rdx                       ; numElements - 1

; 外循环：

outer:      mov didSwap, false

          xor rbx, rbx                  ; RBX = 0
inner:    cmp rbx, rdx                  ; 当 RBX < count - 1 时
          jnb xInner

          mov eax, [rcx + rbx*4]        ; EAX = sortMe[RBX]
          cmp eax, [rcx + rbx*4 + 4]    ; 如果 EAX > sortMe[RBX + 1]，则交换
          jna dontSwap

          ; sortMe[RBX] > sortMe[RBX + 1]，因此交换数组元素：

          mov r8d, [rcx + rbx*4 + 4]
          mov [rcx + rbx*4 + 4], eax
          mov [rcx + rbx*4], r8d
          mov didSwap, true

dontSwap:
          inc rbx                       ; 下一次循环迭代
          jmp inner

; 退出内循环，测试是否重复外循环：

xInner:   cmp didSwap, true
          je outer

          pop r8
          pop rdx
          pop rcx
          pop rbx
          pop rax
          ret
sort      endp

; 以下是“asmMain”函数的实现。

          public asmMain
asmMain   proc
          push rbx

; 以下提供的是“魔法”指令，此处暂时不做解释：

          sub rsp, 40

; 对“sortMe”数组进行排序：
```

```
        lea rcx, sortMe
        mov rdx, sortSize               ; 数组中包含 16 个元素
        call sort

; 显示已经排好序的数组：

        xor rbx, rbx
dispLp: mov r8d, sortMe[rbx*4]
        mov rdx, rbx
        lea rcx, fmtStr
        call printf

        inc rbx
        cmp rbx, sortSize
        jb dispLp

        add rsp, 40
        pop rbx
        ret                             ; 返回到调用方
asmMain endp
        end
```

汇编和运行该示例代码的命令如下所示：

```
C:\>sbuild listing4-7

C:\>echo off
Assembling: listing4-7.asm
c.cpp

C:\>listing4-7
Calling Listing 4-7:
Sortme[0] = 1
Sortme[1] = 2
Sortme[2] = 3
Sortme[3] = 4
Sortme[4] = 5
Sortme[5] = 6
Sortme[6] = 7
Sortme[7] = 8
Sortme[8] = 9
Sortme[9] = 10
Sortme[10] = 11
Sortme[11] = 12
Sortme[12] = 13
Sortme[13] = 14
Sortme[14] = 15
Sortme[15] = 16
Listing 4-7 terminated
```

冒泡排序算法通过比较数组中的相邻元素来完成排序任务。cmp 指令（“; 如果 EAX > sortMe[RBX + 1]”注释之前的 cmp 指令）将 EAX（包含 sortMe[RBX * 4]）与 sortMe[RBX*4 + 4] 进行比较。因为 sortMe 数组的每个元素都为 4 个字节（dword 对象），因此索引 [rbx * 4 + 4] 引用的是 [rbx * 4] 的下一个元素。

与冒泡排序的典型情况一样，如果最内层的循环执行完成而不交换任何数据，则此算法终止。如果数据事先已经排好序，则冒泡排序非常有效，只对数据进行一次遍历即可。遗憾的是，如果事先并没有对数据进行排序（最糟糕的情况是，数据按相反的顺序排列），那么这个算法将非常低效。但是，冒泡排序很容易实现和理解（因此在一些导论教科书中会继续使用该示例）。

4.10　多维数组

x86-64 硬件可以轻松处理一维数组。遗憾的是，x86-64 中不存在一种神奇的寻址模式，可以用于轻松地访问多维数组元素。访问多维数组需要一些额外的工作和指令。

在具体讨论如何声明或者访问多维数组之前，最好先弄清楚如何在内存中实现多维数组。第一个问题是找出将多维数据对象存储到一维内存空间中的具体方法。

首先考虑一下 Pascal 语言中的数组“ A:array[0..3,0..3] of char;”。这个数组包含 16 个字节，被组织为 4 行，每一行有 4 个字符。我们必须绘制该数组中每 16 个字节和主存中 16 个连续字节的对应关系。图 4-2 显示了一种方法。

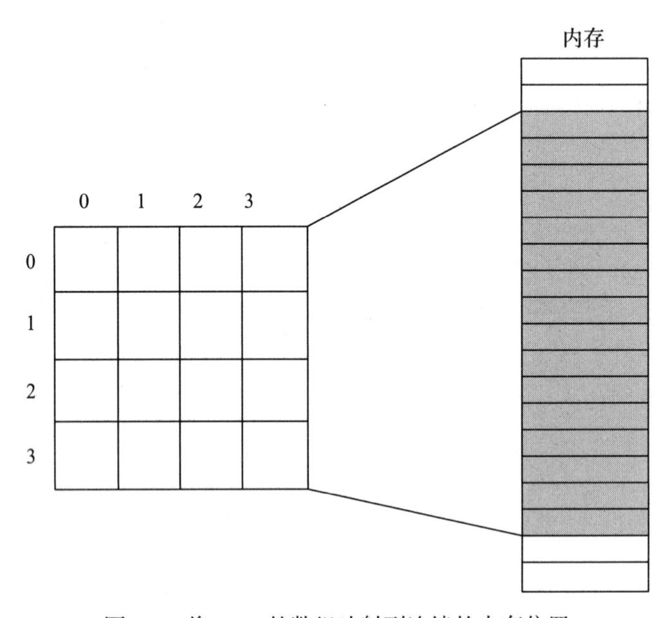

图 4-2　将 4 × 4 的数组映射到连续的内存位置

只要满足以下两个条件，实际的映射关系就不重要：（1）每个元素映射到唯一的内存位置（即数组中没有两个数据元素占用相同的内存位置）；（2）映射是一致的（即数组中的给定元素始终映射到相同的内存位置）。因此，我们真正需要的是一个具有两个输入参数（行和列）的函数，这个函数将生成相对于含 16 个内存位置的线性数组的偏移量。

现在，任何满足这些约束的函数都可以正常工作。实际上，我们可以随机选择一个映射，只要该映射满足一致性。然而，我们真正想要的是一个在运行时能够高效计算的映射，并且这个映射适用于任何大小的数组（不仅是 4 × 4 的数组，甚至不限于二维数组）。虽然存在大量符合这些要求的函数，但大多数程序员和高级程序设计语言都使用以下两个函数：行优先顺序（row-major ordering）函数和列优先顺序（column-major ordering）函数。

4.10.1　行优先顺序

行优先顺序将连续的元素分配到连续的内存位置，先在行之间移动，然后在列之间移动。行优先顺序数组中各元素与内存位置的映射关系如图 4-3 所示。

行优先顺序是大多数高级程序设计语言所采用的方法，这种方法很容易使用机器语言实现和应用。从第一行（行编号为 0）开始放置，接着将第二行连接到第一行的末尾，然后将第三行连接到第二行的末尾，再连接第四行，依此类推（参见图 4-4）。

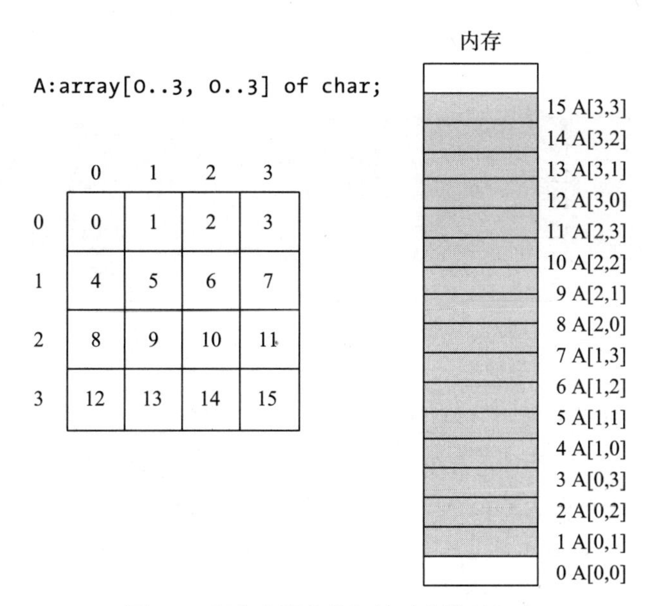

图 4-3 行优先顺序数组的元素排列方式

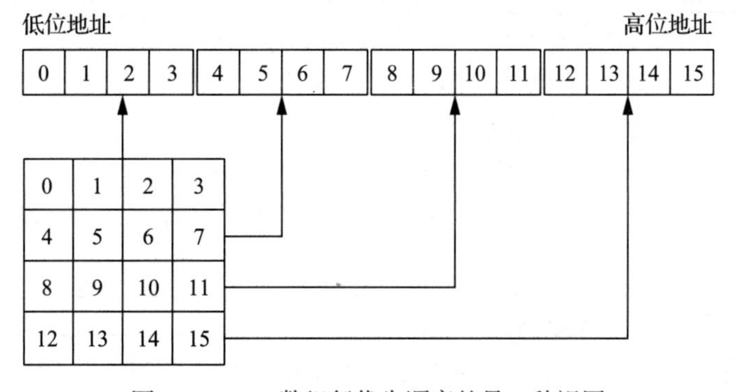

图 4-4 4 × 4 数组行优先顺序的另一种视图

对计算一维数组元素地址的公式稍加修改，就得到了将索引值的列表转换为偏移量的实际函数。计算行优先顺序的二维数组偏移量的公式如下所示：

```
element_address =
    base_address + (col_index * row_size + row_index) * element_size
```

其中，base_address 依然是数组第一个元素的地址（在本例中为 A[0][0]），element_size 是数组中单个元素的大小（以字节为单位），col_index 是数组中左边的索引，row_index 是数组中右边的索引，row_size 是数组中每一行的元素个数（在本例中为 4，因为每一行有 4 个元素）。假设 element_size 为 1，则这个公式计算的是每个数组元素相对于基址的偏移量，如下所示：

```
列索引      行索引      数组元素的偏移量
0           0           0
0           1           1
0           2           2
0           3           3
1           0           4
1           1           5
```

```
1          2        6
1          3        7
2          0        8
2          1        9
2          2        10
2          3        11
3          0        12
3          1        13
3          2        14
3          3        15
```

对于三维数组，计算每个数组元素的内存偏移量的公式如下：

```
Address = Base +
    ((depth_index * col_size + col_index) * row_size + row_index) * element_size
```

其中，col_size 是每一列的数据元素个数，row_size 是每一行的数据元素个数。在 C/C++ 语言中，如果将三维数组声明为 type A[i][j][k]，那么 row_size 等于 k、col_size 等于 j。

对于四维数组，在 C/C++ 语言中声明为 type A[i][j][k][m]，计算数组元素地址的公式如下所示：

```
Address = Base +
    (((left_index * depth_size + depth_index) * col_size + col_index) *
    row_size + row_index) * element_size
```

其中，depth_size 等于 j，col_size 等于 k，row_size 等于 m。left_index 表示数组最左边的索引。

到目前为止，读者也许已经发现了一种模式。存在一个通用公式，可以计算任意维数组的内存偏移量。但是，我们很少会使用超过四个维度的数组。

另一种简单的方法是，将行优先数组看作数组的数组。请考虑下面的一维 Pascal 数组定义：

```
A: array [0..3] of sometype;
```

其中，sometype 是由“sometype = array [0..3] of char;”定义的类型。

A 是一维数组，该数组的每一个元素恰好也是数组，但我们可以暂时忽略这个事实。计算一维数组元素地址的公式如下：

```
element_address = Base + index * element_size
```

在本例中，element_size 恰好为 4，因为数组 A 的每个元素都是一个由 4 个字符组成的数组。因此，该公式计算 4×4 字符数组中每一行的基址（参见图 4-5）。

当然，一旦计算了每一行的基址，就可以重新应用一维公式来获得特定元素的地址。虽然这样并不会影响计算结果，但处理多个一维计算，可能比处理复杂的多维数组计算要容易一些。

考虑一个定义为“A:array [0..3, 0..3, 0..3, 0..3, 0..3] of char;”的 Pascal 数组，我们可以将这个五维数组看作元素为数组的一维数组。以下 Pascal 代码给出了相应的定义：

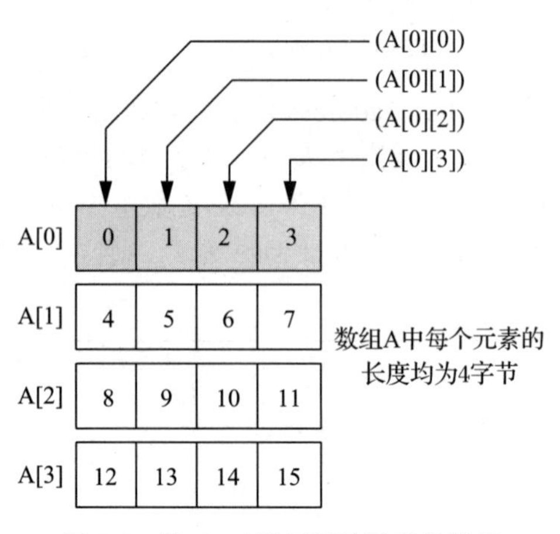

图 4-5　将 4×4 数组视为数组的数组

```
type
    OneD = array[0..3] of char;
    TwoD = array[0..3] of OneD;
    ThreeD = array[0..3] of TwoD;
    FourD = array[0..3] of ThreeD;
var
    A: array[0..3] of FourD;
```

OneD 的大小为 4 字节。因为 TwoD 包含 4 个 OneD 数组，所以它的大小是 16 字节。同样，ThreeD 包含 4 个 TwoD，因此它的大小是 64 字节。最后，FourD 包含 4 个 ThreeD，因此它的长度是 256 字节。为了计算 A[b, c, d, e, f] 的地址，可以采用以下的步骤。

（1）使用公式“*Base* + b * *size*”计算 A[b] 的地址，其中 *size* 是 256 字节。下一步计算将这个结果用作新的基址。

（2）使用公式“*Base* + c * *size*”计算 A[b, c] 的地址，其中 *Base* 是上一步计算获得的值，*size* 是 64。这个结果将用作下一次计算的新基址。

（3）使用公式“*Base* + d * *size*”计算 A[b, c, d] 的基址，其中 *Base* 是上一步计算获得的值，*size* 为 16。这个结果将用作下一次计算的新基址。

（4）使用公式“*Base* + e * *size*”计算 A[b, c, d, e] 的地址，其中 *Base* 是上一步计算获得的值，*size* 为 4。这个结果将用作下一次计算的新基址。

（5）最后，使用公式“*Base* + f * *size*”计算 A[b, c, d, e, f] 的地址，其中 *Base* 是上一步计算获得的值，*size* 为 1（显然，可以忽略这个最终的乘法）。此时获得的结果就是特定元素的地址。

在汇编语言中，很少使用高维数组的一个主要原因在于，汇编语言更加凸显了这种访问方式的低效性。在 Pascal 程序中，很容易书写 A[b, c, d, e, f] 之类的代码，并且无须知道编译器正在对代码执行什么操作。汇编语言程序员则比较小心谨慎，因为使用高维数组会出现混乱。事实上，优秀的汇编语言程序员会尽量避免使用二维数组，并且在迫不得已使用高维数组时，为了高效访问高维数组中的数据，常常会使用一些技巧。

4.10.2　列优先顺序

列优先顺序是高级程序设计语言中经常用来计算数组元素地址的另一个函数。FORTRAN 语言以及各种版本的 BASIC 语言（例如，旧版本的 Microsoft BASIC）都使用这个方法来索引数组。

在行优先顺序中，当我们在连续的内存位置间移动时，最右边的索引增长得最快。在列优先顺序中，最左边的索引增长得最快。列优先顺序数组的组织示意图如图 4-6 所示。

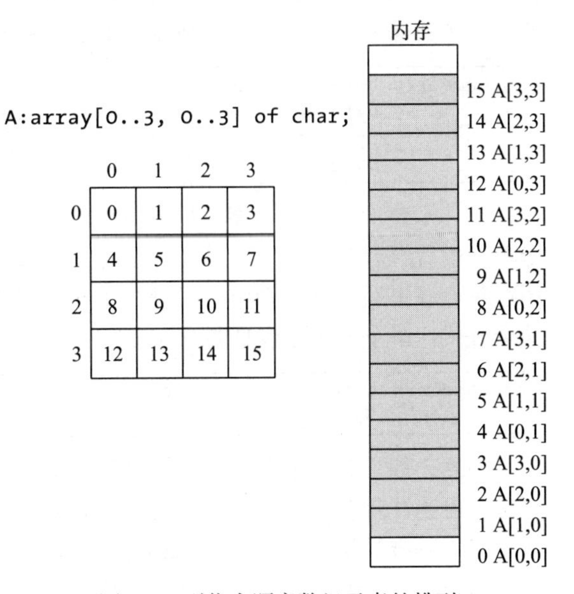

图 4-6　列优先顺序数组元素的排列

当使用列优先顺序时，计算数组元素地址的公式与行优先顺序中的公式类似，只是需要调换索引和大小。

对于二维列优先顺序的数组：

```
element_address =
    base_address + (row_index * col_size + col_index) * element_size
```

对于三维列优先顺序的数组：

```
Address =
    Base + ((row_index * col_size + col_index) *
    depth_size + depth_index) * element_size
```

对于四维列优先顺序的数组：

```
Address =
    Base + (((row_index * col_size + col_index) * depth_size + depth_index)
    left_size + left_index) * element_size
```

4.10.3　为多维数组分配存储空间

一个 $m \times n$ 的数组包含 $m \times n$ 个元素，并且需要 $m \times n \times$ element_size 个字节的存储空间。要为这个数组分配存储空间，必须保留指定大小的内存空间。像往常一样，有许多不同的方法可以完成这项任务。为了在 MASM 中声明多维数组，可以使用如下声明：

```
array_name element_type size1*size2*size3*...*sizen dup (?)
```

其中，$size_1$ 到 $size_n$ 是数组各个维度的大小。

例如，以下是 4×4 字符数组的声明：

```
GameGrid byte 4*4 dup (?)
```

下面是另一个示例，演示如何声明三维字符串数组（假设该数组包含指向字符串的 64 位指针）：

```
NameItems qword 2 * 3 * 3 dup (?)
```

与一维数组的情况一样，可以在声明之后，使用数组常量的值将数组的每个元素初始化为特定值。数组常量会忽略维度信息，最重要的是数组常量中的元素个数必须与实际数组中的元素个数保持一致。以下示例显示了带有初始值的数组 GameGrid 的声明：

```
GameGrid byte 'a', 'b', 'c', 'd'
         byte 'e', 'f', 'g', 'h'
         byte 'i', 'j', 'k', 'l'
         byte 'm', 'n', 'o', 'p'
```

上述示例的书写方式能够提高可读性（这种书写方式非常值得推荐）。MASM 不会将四个单独的行解释为数组中数据的表示行，但阅读该代码的程序员会这样理解，这就是建议采用这种方式书写数据的理由。关键在于，数组常量中要包含 16（即 4×4）个字符。很显然，这个方式比以下方式更容易阅读和理解：

```
GameGrid byte 'a', 'b', 'c', 'd', 'e', 'f', 'g', 'h', 'i', 'j', 'k', 'l', 'm',
    'n', 'o', 'p'
```

当然，如果数组很大，是一个包含海量行的数组，或者一个具有多个维度的数组，那么要实现可读性就有些不切实际。在这种情况下，建议使用详细的注释进行解释。

对于一维数组，可以使用 dup 运算符，以相同的值初始化大型数组的每个元素。以下示例初始化一个 256×64 的字节数组，其中每个字节都初始化为值 0FFh：

```
StateValue byte 256*64 dup (0FFh)
```

建议使用常量表达式来计算数组元素的数量，而不是简单地使用字面常量 16 384（即 256 × 64）。这样，可以更清楚地表明这个代码正在初始化大小为 256 × 64 的数组的每一个元素。

可以用来提高程序可读性的另一个 MASM 技巧是，使用嵌套的 dup 声明。以下是 MASM 中嵌套 dup 声明的示例：

```
StateValue byte 256 dup (64 dup (0FFh))
```

MASM 会复制括号内的任何内容，复制次数由 dup 运算符（这包括嵌套的 dup 声明前面的常量指定）。上述示例指示："将括号内的内容复制 256 次。"在括号内，也有一个 dup 运算符，它指示："复制 0FFh 值 64 次"，因此外部 dup 运算符将复制 64 个 0FFh 值 256 次。

使用" dup of dup（ …of dup)"语法声明多维数组，可能是一种很好的编程规范（programming convention）。这种方式可以更清楚地表明我们正在创建一个多维数组，而不是一个包含大量元素的一维数组。

4.10.4　使用汇编语言访问多维数组元素

前文我们已经讨论了计算多维数组元素地址的公式。本节将讨论如何使用汇编语言访问这些数组中的元素。

使用 mov、shl 和 imul 指令可以方便地实现各种多维数组偏移量公式的计算。首先，让我们考虑一个二维数组：

```
    .data
i   sdword       ?
j   sdword       ?
TwoD sdword      4 dup (8 dup (?))

    .
    .
    .

; 为了执行操作 TwoD[i, j] := 5，可以使用以下代码。
; 请注意，数组索引计算公式为 (i *8 + j) * 4。

    mov ebx, i ; 请记住，零扩展到 RBX
    shl rbx, 3 ; 乘以 8
    add ebx, j ; 同样，零扩展结果到 RBX㊀
    mov TwoD[rbx*4], 5
```

请注意，此代码不需要在 x86-64 上使用两个寄存器的寻址模式（至少在使用 LARGEADDRESSAWARE:NO 汇编选项时不需要）。虽然自然而然会想到用 TwoD[rbx][rsi] 这样的寻址模式访问二维数组，但这并不是使用这种寻址模式的唯一目的。

现在考虑第二个示例，访问一个三维数组中的元素（同样，假设使用了编译选项 LARGEADDRESSAWARE:NO）：

```
    .data
i   dword ?
j   dword ?
k   dword ?
```

㊀ 假设在 shl 操作后，RBX 的高阶 32 位为零，则 add 指令进行零扩展到 RBX。这通常是一个安全的假设，但是如果"i"的值很大，则需要小心谨慎。

```
ThreeD sdword 3 dup (4 dup (5 dup (?)))
        .
        .
        .
; 为了执行操作 ThreeD[i,j,k] := ESI，可以使用以下代码。
; 该代码计算 ThreeD[i,j,k] 的地址：((i*4 + j)*5 + k)*4。

    mov ebx, i ; 零扩展到 RBX
    shl ebx, 2 ; 每列 4 个元素
    add ebx, j
    imul ebx, 5 ; 每行 5 个元素
    add ebx, k
    mov ThreeD[rbx*4], esi
```

上述代码使用 imul 指令将 RBX 中的数据乘以 5，因为 shl 指令只能将寄存器中的数据乘以 2 的幂。虽然有许多方法可以将寄存器中的数据乘以除了 2 的幂以外的常数，但使用 imul 指令会更方便[㊀]。还要记住，32 位通用寄存器上的操作会自动将其结果零扩展到 64 位寄存器。

4.11　记录 / 结构

另外一种主要的复合数据类型是 Pascal 中的记录或者 C/C++/C# 中的结构[㊁]。Pascal 语言的术语可能会更贴切，因为“记录”这个术语可以避免与更一般的术语“数据结构”相混淆。但是，MASM 使用术语“结构”，因此本书也将采用该术语。

数组是同构的，即数组中每个元素的类型均相同；而结构中的元素可以有不同的类型。数组允许通过整数索引选择特定的元素；而对于结构，必须按名称选择元素（也就是字段）。

结构的最终目标是将不同（但逻辑上相关）的数据封装到单个包中。使用 Pascal 的记录对学生进行声明是一个典型的示例：

```
student =
    record
        Name: string[64];
        Major: integer;
        SSN: string[11];
        Midterm1: integer;
        Midterm2: integer;
        Final: integer;
        Homework: integer;
        Projects: integer;
    end;
```

大多数 Pascal 编译器将记录中的每个字段分配到连续的内存位置。这就意味着 Pascal 将为姓名保留前 65 字节[㊂]，接下来的两个字节保存专业代码（假设为 16 位整数），再接下来的 12 字节保存社会保险号，依此类推。

4.11.1　MASM 的结构声明

在 MASM 中，可以使用 struct/ends 声明来创建记录类型，对前面的记录进行如下编码：

```
student   struct
```

㊀ 第 6 章将详细讨论除了 2 的幂以外的常数乘法。

㊁ 在其他程序设计语言中，记录和结构也有其他名称，大多数人至少能识别其中一个名称。

㊂ 除了字符串中的所有字符外，字符串还需要一个额外的字节来对长度进行编码。

```
sName    byte 65 dup (?) ; "Name"是MASM的保留字
Major    word ?
SSN      byte 12 dup (?)
Midterm1 word ?
Midterm2 word ?
Final    word ?
Homework word ?
Projects word ?
student  ends
```

正如所见，MASM 声明类似于 Pascal 声明。与 Pascal 声明一样，在本示例中，sName 和 SSN 字段使用字符数组而不是字符串。此外，MASM 声明假定整数是无符号 16 位值（这可能适用于这种类型的数据结构）。

结构中的字段名必须是唯一的，同一名称不能在同一记录中出现两次或多次。但是，所有字段名都是局部适用于所在记录的。因此，可以在程序的其他地方或不同的记录中重用这些字段名。

只要定义 struct/ends 声明，就可以在源文件中的任何位置使用该声明。struct 声明实际上并不为 student 变量分配任何存储空间，而且我们必须显式声明 student 类型的变量。以下示例演示了如何执行此操作：

```
    .data
John student {}
```

其中，有趣的操作数（{}）符合 MASM 风格，必须牢记。

对 John 变量的声明在内存中分配了 89 字节的存储空间，如图 4-7 所示。

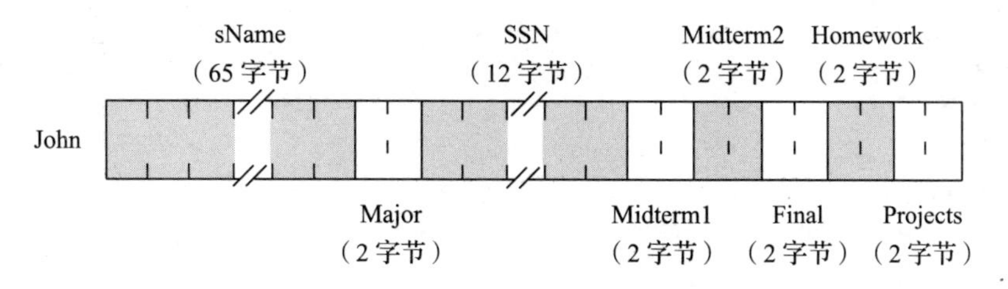

图 4-7　学生数据结构在内存中的存储分配

如果标签 John 对应于该记录的基址，则 sName 字段将位于偏移量 John + 0 处，Major 字段位于偏移量 John + 65 处，SSN 字段位于偏移量 John + 67 处，依此类推。

4.11.2　访问记录 / 结构字段

为了访问结构的元素，我们需要知道从结构的开始地址到所需访问字段的偏移量。例如，变量 John 中的 Major 字段相对于 John 基址的偏移量是 65。因此，可以使用以下指令将 AX 中的数据存储在此字段中：

```
mov word ptr John[65], ax
```

遗憾的是，存储一个结构中所有字段的偏移量，这与使用结构的最终目标相违背。毕竟，如果必须处理这些数字偏移量，那么为什么要使用结构，而不是直接使用字节数组呢？

幸运的是，MASM 允许我们使用与大多数高级程序设计语言相同的机制来引用记录中的字段名：使用点（.）运算符。为了将 AX 中的数据存储到 Major 字段中，可以使用指令“mov John.Major, ax”来代替上一条指令。这样的指令更具可读性，当然也更易于使用。

点运算符的使用并没有引入新的寻址模式。指令“move John.Major, ax”仍然使用PC相对寻址模式。MASM只需将John基址与Major字段的偏移量（65）相加，就可以得到需要编码到指令中的实际位移量。

当处理在某个静态段（“.data”“.const”或“.data?”）中声明，并通过PC相对寻址模式进行访问的结构变量时，点运算符可以很好地完成任务。然而，如果有的是一个指向记录对象的指针，会发生什么呢？考虑下面的代码片段：

```
mov rcx, sizeof student ; student 结构的大小
call malloc ; 返回指针到 RAX
mov [rax].Final, 100
```

遗憾的是，Final字段名是student结构的本地名称。因此，MASM将报错：此代码序列中未定义Final名称。为了解决这个问题，在使用指针引用时，可以将结构名称加到点运算符名称列表中。以下是上述代码的正确形式：

```
mov rcx, sizeof student ; student 结构的大小
call malloc
mov [rax].student.Final, 100
```

4.11.3　嵌套MASM结构

MASM允许我们定义结构类型本身为结构字段。考虑下面两个结构声明：

```
grades   struct
Midterm1 word ?
Midterm2 word ?
Final    word ?
Homework word ?
Projects word ?
grades   ends

student struct
sName    byte 65 dup (?) ; “Name”是 MASM 的保留字
Major    word ?
SSN      byte 12 dup (?)
sGrades  grades {}
student  ends
```

在该示例中，sGrades字段保存了以前在grades结构中作为单个字段的所有分数字段。请注意，此特例与前面的示例具有相同的内存布局（具体请参见图4-7）。grades结构本身不添加任何新数据，只是在自己的子结构下组织所有的分数字段。

为了访问这些子字段，可以使用与C/C++（以及大多数其他支持记录/结构的高级程序设计语言）相同的语法。如果前几节中声明的John变量是这种新的结构类型，则可以使用以下语句访问它的Homework字段：

```
mov ax, John.sGrades.Homework
```

4.11.4　初始化结构字段

如下所示的典型结构声明未对structType中的字段进行初始化（类似于在其他变量声明中使用“?”操作数）：

```
        .data
```

```
structVar structType {}
```

在 MASM 中，通过在上述声明中操作数字段的大括号之间，加入以逗号分隔的项列表，我们能为结构的所有字段提供初始值，如程序清单 4-8 所示。

程序清单 4-8　初始化结构的字段

```
; 程序清单 4-8

; 一个简单的结构初始化示例。

         option casemap:none
nl       =        10

         .const
ttlStr   byte     "Listing 4-8", 0
fmtStr   byte     "aString: maxLen:%d, len:%d, string data:'%s'"
         byte     nl, 0

; 定义一个字符串描述符的结构:
strDesc  struct
maxLen   dword    ?
len      dword    ?
strPtr   qword    ?
strDesc  ends

         .data

; 以下是我们将使用的字符串数据，用来初始化字符串描述符:

charData byte     "Initial String Data", 0
len      =        lengthof charData ; 包含 0 字节

; 创建一个使用 charData 字符串值初始化的字符串描述符:

aString  strDesc  {len, len, offset charData}

         .code
         externdef printf:proc

; 将程序标题返回到 C++ 程序:

         public getTitle
getTitle proc
         lea rax, ttlStr
         ret
getTitle endp

; 以下是“asmMain”函数的实现。

         public asmMain
asmMain  proc

; 以下提供的是“魔法”指令，此处暂时不做解释:

         sub rsp, 48

; 显示字符串描述符的字段。

         lea rcx, fmtStr
         mov edx, aString.maxLen ; 零扩展!
         mov r8d, aString.len ; 零扩展!
```

```
        mov r9, aString.strPtr
        call printf

        add rsp, 48 ; 恢复 RSP
        ret             ; 返回到调用方
asmMain endp
        end
```

程序清单 4-8 的构建命令和运行结果如下所示：

```
C:\>build listing4-8

C:\>echo off
Assembling: listing4-8.asm
c.cpp

C:\>listing4-8
Calling Listing 4-8:
aString: maxLen:20, len:20, string data:'Initial String Data'
Listing 4-8 terminated
```

如果结构的字段是数组对象，则需要用特殊语法来初始化该数组数据。请考虑下面的结构定义：

```
aryStruct struct
aryField1 byte 8 dup (?)
aryField2 word 4 dup (?)
aryStruct ends
```

初始化操作数必须是字符串或单个项。因此，以下初始化代码不合法：

```
a aryStruct {1,2,3,4,5,6,7,8, 1,2,3,4}
```

上述代码（可能）是想使用 {1,2,3,4,5,6,7,8} 来初始化 aryField1，使用 {1,2,3,4} 来初始化 aryField2。然而，MASM 不会接受该语法。MASM 的操作数字段中只需要两个值（一个用于初始化 aryField1，一个用于初始化 aryField2）。解决方案是将两个数组的数组常量放在它们自己的大括号中：

```
a aryStruct {{1,2,3,4,5,6,7,8}, {1,2,3,4}}
```

如果为给定数组元素提供太多的初始值，那么 MASM 将报告错误信息。如果提供的初始值太少，MASM 又将默认地使用值 0 填充剩余的数组元素：

```
a aryStruct {{1,2,3,4}, {1,2,3,4}}
```

该示例将使用 {1,2,3,4,0,0,0,0} 初始化 a.aryField1，并使用 {1,2,3,4} 初始化 a.aryField2。

如果字段是字节数组，则可以使用字符串（字符数不超过数组大小）替换字节值列表：

```
b aryStruct {"abcdefgh", {1,2,3,4}}
```

如果提供的字符太少，MASM 将用 0 字节填充字节数组的其余部分；如果提供的字符太多，则会产生错误。

4.11.5　结构的数组

创建一系列结构是完全合理的操作。为此，需要创建一个结构类型，然后使用标准数组声明的语法。以下示例演示了如何执行此操作：

```
recElement struct
    该记录的字段
recElement ends
    .
    .
    .
    .data
recArray recElement 4 dup ({})
```

为了访问这个数组中的元素，可以使用标准的数组索引方法。因为 recArray 是一个一维数组，所以可以使用公式“base_address + index * lengthof(recElement)”计算该数组中元素的地址。例如，为了访问 recArray 的元素，可以使用如下代码：

```
; 访问 recArray 的第 i 个元素：
; RBX := i*lengthof(recElement)

imul ebx, i, sizeOf recElement ; 零扩展 EBX 到 RBX!
mov eax, recArray.someField[rbx] ; LARGEADDRESSAWARE:NO!
```

整个变量名之后是索引规范。请记住，这是汇编语言，不是高级程序设计语言（在高级程序设计语言中，可能会使用 recArray[i].someField）。

当然，也可以创建多维记录数组。可以使用行优先顺序或列优先顺序函数来计算这些记录中元素的地址。唯一真正改变之处（与数组相比较）是每个元素的大小变成记录对象的大小：

```
        .data
rec2D   recElement 4 dup (6 dup ({}))
        .
        .
        .
; 访问 rec2D 的元素 [i,j]，并将其 someField 加载到 EAX：

    imul ebx, i, 6
    add ebx, j
    imul ebx, sizeof recElement
    lea rcx, rec2D ; 为了避免要求编译选项“LARGEADDRESSAWARE:NO”
    mov eax, [rcx].recElement.someField[rbx*1]
```

4.11.6 在记录中对齐字段

为了在程序中实现最佳的性能，或者确保 MASM 的结构正确映射到高级程序设计语言中的记录或者结构，通常需要对记录中字段的对齐进行控制。例如，我们可能希望确保双字字段的偏移量是 4 的倍数。可以使用 align 伪指令执行此操作。以下代码将创建具有未对齐字段的结构：

```
Padded struct
b    byte     ?
d    dword    ?
b2   byte     ?
b3   byte     ?
w    word     ?
Padded ends
```

MASM 按如下方式在内存中组织此结构的字段[⊖]：

⊖ 顺便说一下，如果希望 MASM 向用户提供此信息，那么请在 ml64.exe 中键入“Fl”命令行选项。这将指示 MASM 生成一个清单文件，其中包含此信息。

```
                         名称                           偏移量大小     类型
Padded   . . . . . . . . . . . . . .                    00000009
b        . . . . . . . . . . . . . . .                  00000000       byte
d        . . . . . . . . . . . . . . .                  00000001       dword
b2       . . . . . . . . . . . . . . .                  00000005       byte
b3       . . . . . . . . . . . . . . .                  00000006       byte
w        . . . . . . . . . . . . . . .                  00000007       word
```

从上述示例中可以看出，d 和 w 字段都在奇数偏移量上对齐，这可能会导致性能较低。在理想情况下，我们希望 d 在双字偏移量（4 的倍数）上对齐，w 在偶数偏移量上对齐。

通过向结构中添加 align 伪指令，可以解决对齐问题，如下所示：

```
Padded struct
b   byte   ?
    align  4
d   dword  ?
b2  byte   ?
b3  byte   ?
    align  2
w   word   ?
Padded ends
```

现在，MASM 将为每个字段分配以下偏移量：

```
                         名称                           偏移量大小     类型
Padded   . . . . . . . . . . . . . .                    0000000C
b        . . . . . . . . . . . . . . .                  00000000       byte
d        . . . . . . . . . . . . . . .                  00000004       dword
b2       . . . . . . . . . . . . . . .                  00000008       byte
b3       . . . . . . . . . . . . . . .                  00000009       byte
w        . . . . . . . . . . . . . . .                  0000000A       word
```

正如所见，d 目前在 4 字节的偏移量上对齐，w 在偶数偏移量上对齐。

MASM 提供了一个附加选项，能够自动对齐结构声明中的各个对象。将 struct 语句的操作数设为一个值（必须是 1、2、4、8 或 16），MASM 将自动把结构中的所有字段对齐到该字段大小的倍数偏移量处或指定为操作数的值处，以较小值为准。请考虑下面的例子：

```
Padded struct 4
b     byte          ?
d     dword         ?
b2    byte          ?
b3    byte          ?
w     word          ?
Padded ends
```

以下是 MASM 为此结构生成的对齐方式：

```
                         名称                           偏移量大小     类型
Padded   . . . . . . . . . . . . . .                    0000000C
b        . . . . . . . . . . . . . . .                  00000000       byte
d        . . . . . . . . . . . . . . .                  00000004       dword
b2       . . . . . . . . . . . . . . .                  00000008       byte
b3       . . . . . . . . . . . . . . .                  00000009       byte
w        . . . . . . . . . . . . . . .                  0000000A       word
```

请注意，MASM 在双字边界上合理对齐 d，在字边界上合理对齐 w（边界在结构中）。还需要注意的是，w 在双字边界上没有对齐（即使结构操作数是 4），这是因为 MASM 使用操作数或字段大小中较小的一个值作为对齐值（w 的大小为 2）。

4.12 联合

记录 / 结构定义根据记录中每个字段的大小为这些字段分配不同的偏移量。这种行为与在“.data?”“.data”或“.const”段中内存偏移量的分配非常相似。MASM 提供了第二种类型的结构声明，即联合（union）。联合不会为每个对象分配不同的地址，它的每个字段都有相同的偏移量 0。以下示例演示了联合声明的语法：

```
unionType union
该联合的字段（语法上与结构声明中的字段相同）
unionType ends
```

MASM 仍然使用 ends（而不是 endu）来表示联合的结束，这看起来似乎很奇怪。如果确实对此感到困扰，那么只需为 endu 创建一个 textequ，如下所示：

```
endu textequ <ends>
```

现在，我们就可以如偿所愿地使用 endu 来标记联合的结束。

访问联合字段的方式与访问结构字段的方式完全相同：使用点符号和字段名。以下是联合类型声明和联合类型变量的具体示例：

```
numeric union
i   sdword        ?
u   dword         ?
q   qword         ?
numeric ends
    .
    .
    .
    .data
number numeric {}
    .
    .
    .
mov number.u, 55
    .
    .
    .
mov number.i, -62
    .
    .
    .
mov rbx, number.q
```

关于联合对象，特别需要注意的是，联合的所有字段在结构中具有相同的偏移量。在前面的示例中，字段 number.u、number.i 和 number.q 都有相同的偏移量 0。因此，联合的各个字段在内存中相互重叠，这类似于 x86-64 的 8 位、16 位、32 位和 64 位通用寄存器彼此重叠的方式。通常情况下，一次只能访问联合的一个字段，不能同时操作特定联合变量的不同字段，因为写入一个字段会覆盖其他字段的内容。在前面的示例中，对字段 number.u 的任何修改，都会改变字段 number.i 和 number.q 的内容。

程序员之所以使用联合，通常有两个原因：节省内存空间和创建别名。节省内存空间是联合这个数据结构在设计时的预期用途。为了了解联合的工作原理，我们将前面示例中的联合类型 numeric 与对应的结构类型 numericRec 进行比较：

```
numericRec struct
```

```
i  sdword          ?
u  dword           ?
q  qword           ?
numericRec ends
```

如果声明了一个 numericRec 类型的变量，例如 n，那么我们可以访问 n.i、n.u 和 n.q 字段，就像我们声明变量为 numeric 类型时一样。两者之间的区别在于 numericRec 对象为结构的每个字段分配单独的存储空间，而 numeric 对象为联合的所有字段分配相同的存储空间。“ sizeof numericRec”的结果为 16，因为该记录包含两个双字字段和一个四字（real64）字段。然而，“ sizeof numeric”的结果为 8，因为联合类型的所有字段均占用相同的内存空间，并且联合类型对象的大小是该对象最大字段的大小（参见图 4-8）。

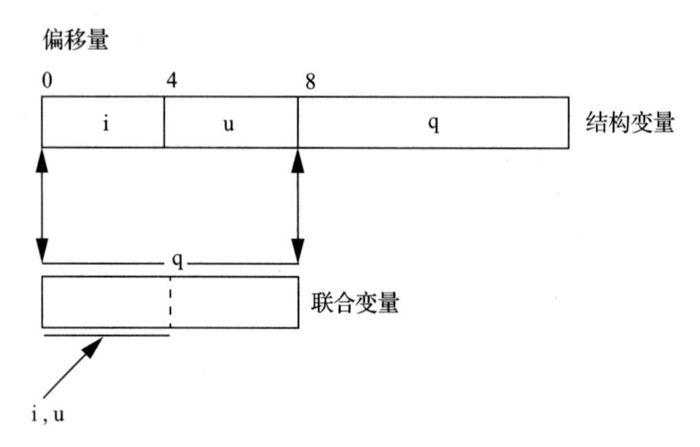

图 4-8　联合变量与结构变量的布局

除了节省内存空间外，程序员还经常使用联合在代码中创建别名。别名（alias）是同一个内存对象的不同名称。虽然别名通常是导致程序混乱的根源之一，因此应该谨慎使用别名，但是有时使用别名也会带来便利。例如，在程序的某一个段中，可能需要一直使用类型强制来引用不同类型的同一对象。可以使用 MASM 的 textequ 指令来简化此过程，也可以使用联合变量，并为该变量定义若干字段，这些字段表示想为对象采取的不同类型。举个例子，请考虑下面的代码：

```
CharOrUns union
chr byte   ?
u   dword  ?
CharOrUns ends

    .data
v CharOrUns {}
```

基于上述的声明，我们可以通过访问 v.u 来操作一个无符号 32 位对象。如果在某个时候，我们需要将此 dword 变量的低阶字节视为字符，则可以通过访问 v.chr 变量来操作，例如：

```
mov v.u, eax
mov ch, v.chr
```

在 MASM 程序中，使用联合的方法与使用结构的方法完全相同。特别是，对联合的声明可以作为结构中的字段，对结构的声明也可以作为联合中的字段，联合中可以包含对数组的声明，我们也可以创建联合数组，等等。

4.12.1　匿名联合

在结构声明中，可以放置联合声明，而无须为联合对象指定字段名。以下示例演示了其语法：

```
HasAnonUnion struct
r   real8         ?

union
u   dword         ?
i   sdword        ?
    ends

s   qword         ?
HasAnonUnion ends

    .data
v HasAnonUnion {}
```

只要匿名联合出现在记录中，我们就可以访问该联合的各个字段，就像这些字段是记录中未封闭的字段一样。例如，在前面的示例中，可以分别使用语法 v.u 和 v.i 访问 v 变量的 u 和 i 字段。u 和 i 字段在记录中具有相同的偏移量 8，因为这两个字段在 real8 对象之后。v 中字段与 v 的基址之间的偏移量如下所示：

```
v.r             0
v.u             8
v.i             8
v.s             12
```

“sizeof(v)”的结果是 20，因为 u 和 i 字段仅占用 4 字节。

MASM 还允许在联合中使用匿名结构。如果想要了解更多相关的信息，请参阅 MASM 文档，其语法和用法与结构中的匿名联合相同。

4.12.2　可变类型

联合在程序中的一个主要用途是创建可变类型（variant type，也被称为变体类型）。在程序运行的过程中，可变类型变量可以动态更改其类型。可变类型对象在程序中的某一个地方是整数类型，在程序的另一个地方则切换为字符串类型，然后在其他地方还可以更改为实数类型。许多超高级程序设计语言（very high-level language，VHLL）系统使用动态类型系统（即可变类型对象）来降低程序的总体复杂性。事实上，许多超高级程序设计语言的支持者坚持认为，使用动态类型系统可以使用少量的代码行实现复杂的程序功能。

如果可以在超高级程序设计语言中创建可变类型对象，那么当然也可以在汇编语言中创建可变类型对象。在本节中，我们将了解如何使用联合数据结构创建可变类型。

在程序执行过程中的任何一个给定时刻，可变类型对象都有特定的类型。在程序控制下，变量可以切换到不同的类型。因此，当程序处理可变类型对象的时候，必然使用 if 语句、switch 语句（或者类似语句）并根据对象的当前类型执行不同的指令。超高级程序设计语言可以透明地完成这种操作。

在汇编语言中，我们必须自己提供用于测试数据类型的代码。为了实现这一点，可变类型需要对象值之外的附加信息。具体来说，可变类型对象需要一个字段来指定对象的当前类型。这个字段 [通常称为 tag（标记）字段] 是枚举类型或者整数类型的，用于指定对象在给定时刻的类型。以下代码演示如何创建可变类型：

```
VariantType struct
tag dword     ? ; 0——无符号 32 位数 , 1——32 位整数 , 2——64 位实数

    union
u   dword     ?
i   sdword    ?
r   real8     ?
ends
VariantType ends

    .data
v VariantType {}
```

程序将通过测试 v.tag 字段的取值，来确定 v 对象的当前类型。基于此测试，程序将操作 v.i、v.u 或 v.r 字段。

当然，在对可变类型对象进行操作时，程序的代码必须不断测试标记字段，并针对 dword、sdword 或者 real8 值执行不同的指令序列。如果程序中经常使用可变类型字段，那么建议编写相应的过程（例如，vadd、vsub、vmul 和 vdiv）来处理这些操作。

4.13　微软 ABI 注释

微软 ABI 要求数组中的各个字段按其自然大小对齐：从结构开头到给定字段的偏移量必须是字段大小的倍数。除此之外，整个结构必须在一个内存地址上对齐，该地址是结构中最大对象大小的倍数（最多 16 字节）。最后，整个结构的大小必须是结构中最大元素大小的倍数（必须在结构的末尾添加填充字节以适应结构的大小）。

微软 ABI 希望数组从内存中元素大小的倍数地址处开始存储。例如，如果有一个元素为 32 位对象的数组，则该数组必须从 4 字节的边界开始。

当然，如果不需要将数组或结构数据传递给另一种程序设计语言（即只在汇编代码中处理结构或数组），那么可以根据需要对齐（或不对齐）数据。

4.14　拓展阅读资料

有关内存中数据结构表示的其他信息，请参考阅读作者编写的教材 *Write Great Code* (Volume 1)。为了深入研究数据类型，请参阅有关数据结构和算法的教科书。当然，MASM 在线文档（https://www.microsoft.com/）是一个很好的信息来源。

4.15　自测题

1. 将寄存器乘以常数的 imul 指令的两操作数形式是什么？
2. 将寄存器乘以常数，并将结果保留在目标寄存器中的 imul 指令的三操作数形式是什么？
3. 将一个寄存器乘以另一个寄存器的 imul 指令的语法是什么？
4. 什么是明示常量？
5. 用于创建明示常量的伪指令是什么（有哪些）？
6. 文本相等（equate）和数值相等有什么区别？
7. 请解释如何使用相等伪指令定义长度大于 8 个字符的字面字符串。
8. 什么是常量表达式？
9. 可以使用哪个运算符来确定 byte 伪指令的操作数字段中数据元素的个数？

10. 什么是位置计数器？
11. 哪个运算符用于返回当前位置计数器？
12. 如何计算在“.data”段中两个声明之间的字节数？
13. 如何使用 MASM 创建一组枚举型数据常量？
14. 如何使用 MASM 定义自己的数据类型？
15. 什么是指针？指针是如何实现的？
16. 如何在汇编语言中解引用指针？
17. 如何在汇编语言中声明指针变量？
18. 为了获取静态数据对象（例如，位于“.data”段中）的地址，可以使用哪个运算符？
19. 在程序中使用指针时，常见的五个问题是什么？
20. 什么是悬空指针？
21. 什么是内存泄漏？
22. 什么是复合数据类型？
23. 什么是以零结尾的字符串？
24. 什么是带长度前缀的字符串？
25. 什么是字符串描述符？
26. 什么是数组？
27. 数组的基址是什么？
28. 请给出一个使用 dup 运算符的数组声明示例。
29. 请描述如何创建一个数组，该数组的元素在汇编时初始化。
30. 访问以下数组中元素的公式是什么？
    a. 一维数组“dword A[10]”
    b. 二维数组“word W[4, 8]”
    c. 三维数组“real8 R[2, 4, 6]”
31. 什么是行优先顺序？
32. 什么是列优先顺序？
33. 请给出一个使用嵌套 dup 运算符的二维数组声明（例如，字数组 W[4,8]）示例。
34. 什么是记录 / 结构？
35. 可以使用什么 MASM 伪指令来声明记录 / 结构？
36. 可以使用什么运算符访问记录 / 结构的字段？
37. 什么是联合？
38. 在 MASM 中，可以使用什么伪指令来声明联合？
39. 联合中字段的内存组织方式与记录 / 结构中字段的内存组织方式有什么区别？
40. 什么是结构中的匿名联合？

第二部分

The Art of 64-Bit Assembly: x86-64 Machine Organization and Programming

汇编语言程序设计

过　　程

在面向过程的程序设计语言中，代码的基本单位是过程。过程是一组指令，用于计算值或者执行操作（例如打印或读取字符值）。本章将讨论 MASM 如何实现过程、参数和局部变量。在本章结束时，读者应该能熟练编写自己的过程和函数，并充分理解参数传递和微软 ABI 的调用约定。

5.1　实现过程

在大多数面向过程的程序设计语言中，都使用调用 / 返回机制来实现过程。代码调用一个过程，该过程完成其工作，然后过程返回到调用方。调用和返回指令构成了 x86-64 的过程调用机制。调用方代码使用 call 指令调用一个过程，过程使用 ret 指令返回到调用方。例如，以下 x86-64 指令调用 C 标准库中的 printf 函数：

```
call printf
```

遗憾的是，C 标准库并没有提供给我们需要的所有例程。大多数情况下，我们必须编写自己的过程。为此，可以使用 MASM 的过程声明功能。基本的 MASM 过程声明采用以下的形式：

```
proc_name proc options
    Procedure statements
proc_name endp
```

过程声明位于程序中的“.code”段。在上面的语法示例中，proc_name 表示需要定义的过程的名称。过程名称可以是任何有效（并且唯一）的 MASM 标识符。

下面是 MASM 过程声明的一个具体示例。调用该过程时，它将值 0 存储到 RCX 指向的 256 个双字中：

```
zeroBytes proc
          mov eax, 0
          mov edx, 256
repeatlp: mov [rcx+rdx*4-4], eax
          dec rdx
          jnz repeatlp
          ret
zeroBytes endp
```

读者可能已经注意到，这个简单的过程不需要使用向 RSP 寄存器加上一个值和从 RSP 寄存器中减去一个值的“魔法”指令。当过程将调用其他 C/C++ 代码（或者调用由符合微软 ABI 的程序设计语言编写的其他代码）时，微软 ABI 才要求使用“魔法”指令。由于本示例中的小过程不调用任何其他过程，因此不需要执行“魔法”指令。还要注意的是，上述代码片段使用循环索引从 256 倒数到 0，反向填充（从末尾端到起始端，而正向填充是从起始端到末尾端）了大小为 256 的双字数组。这是汇编语言中的一种常见方法。

可以使用x86-64的call指令调用此过程。在程序执行期间，当代码执行到ret指令时，程序将返回到其调用方，并开始执行call指令之后的第一条指令。程序清单5-1中的代码提供了一个调用zeroBytes过程的示例。

程序清单5-1 一个简单的过程调用示例

```
; 程序清单 5-1

; 简单过程调用示例。

        option  casemap:none
nl      =       10

        .const
ttlStr  byte    "Listing 5-1", 0

        .data
dwArray dword   256 dup (1)

        .code

; 将程序标题返回到 C++ 程序：

         public getTitle
getTitle proc
         lea rax, ttlStr
         ret
getTitle endp

; 以下是用户编写的过程，该过程使用值 0 初始化一个缓存区。

zeroBytes proc
          mov eax, 0
          mov edx, 256
repeatlp: mov [rcx+rdx*4-4], eax
          dec rdx
          jnz repeatlp
          ret
zeroBytes endp

; 以下是“asmMain”函数的实现。

        public asmMain
asmMain proc

; 以下提供的是“魔法”指令，此处暂时不做解释：

        sub     rsp, 48

        lea     rcx, dwArray
        call    zeroBytes

        add     rsp, 48   ; 恢复 RSP
        ret               ; 返回到调用方
asmMain endp
        end
```

5.1.1 call和ret指令

x86-64的call指令有两个作用。该指令首先将紧跟在call之后的过程的地址（64位）

压入栈中，然后将控制权转移到指定过程的地址。call 指令压入栈中的值称为返回地址（return address）。

当过程希望返回到调用方，并且继续执行 call 指令后的第一条语句时，大多数过程会执行 ret（return）指令。ret 指令从栈中弹出一个 64 位的返回地址，并将控制权间接传输到该地址。

以下是一个最简短过程的示例：

```
minimal proc
    ret
minimal endp
```

使用 call 指令调用此过程，过程 minimal 将只从栈中弹出返回地址并返回到调用方。如果过程不包含 ret 指令，那么程序在遇到 endp 语句时将不会返回到调用方，而是继续执行内存中紧跟该过程的任何代码。

程序清单 5-2 中的示例代码演示了这个问题。主程序调用 noRet 过程，该过程直接进入 followingProc 过程（打印消息“followingProc was called”）。

程序清单 5-2　演示过程中缺失 ret 指令所产生的影响

```
; 程序清单 5-2
; 一个缺失 ret 指令的过程。

              option casemap:none
nl            =      10

   .const
ttlStr        byte   "Listing 5-2", 0
fpMsg         byte   "followingProc was called", nl, 0

              .code
              externdef printf:proc

; 将程序标题返回到 C++ 程序：

              public getTitle
getTitle      proc
              lea rax, ttlStr
              ret
getTitle      endp

; noRet 过程——演示过程缺失返回指令 ret 时的行为。

noRet         proc
noRet         endp

followingProc proc
              sub  rsp, 28h
              lea  rcx, fpMsg
              call printf
              add  rsp, 28h
              ret
followingProc endp

; 以下是“asmMain”函数的实现。

              public asmMain
asmMain       proc
              push   rbx
```

```
                sub     rsp, 40   ; “魔法”指令

                call    noRet

                add     rsp, 40   ; “魔法”指令
                pop     rbx
                ret               ; 返回到调用方
asmMain         endp
                end
```

尽管在某些罕见的情况下，可能需要这种行为，但在大多数程序中，如果过程缺失 ret 指令，通常表示程序存在缺陷。因此，请一定要牢记，必须使用 ret 指令从过程显式返回。

5.1.2 过程中的标签

过程可能包含语句标签，就像汇编语言程序中的主过程一样（本书大多数示例中主过程的名称为 asmMain，就 MASM 而言，主过程也只是一个过程声明）。但是，请注意，过程中定义的语句标签是该过程的本地标签，这些符号在过程之外是不可见的。

在大多数情况下，建议在过程中使用带作用域的符号（scoped symbol）（有关作用域的讨论，请参阅 5.4 节）。我们不必担心源文件中不同过程之间的名称空间污染（namespace pollution，指符号名称冲突）问题。然而，MASM 的名称作用域界定有时会产生问题。实际上，我们可能希望引用过程外部的语句标签。

在逐个标签的基础上执行此操作的一种方法是，使用全局语句标签（global statement label）声明。全局语句标签与过程中的常规语句标签类似，只是符号后面有两个冒号（::）而不是一个冒号（:），示例如下所示：

```
globalSymbol:: mov eax, 0
```

全局语句标签在过程外部可见。我们可以使用无条件跳转指令或者有条件跳转指令，使控制权从过程的外部跳转到全局符号，甚至可以使用 call 指令来调用该全局符号（在这种情况下，全局符号将成为过程的第二个入口点）。通常情况下，一个过程存在多个入口点会被视为糟糕的程序设计风格，并且通常会导致程序设计错误。因此，在汇编语言过程中很少使用全局符号。

如果出于某种原因，我们不希望 MASM 将过程中的所有语句标签视为该过程的本地标签，则可以使用以下语句打开作用域和关闭作用域：

```
option scoped
option noscoped
```

“option scoped”伪指令将禁用过程（该指令之后的所有过程）中的作用域。“option scoped”伪指令将重新打开作用域。因此，可以关闭单个过程（或一组过程）的作用域，然后立即将其重新打开。

5.2 保存机器的状态（一）

请仔细阅读程序清单 5-3。这个程序试图打印 20 行内容，每一行都有 40 个空格和 1 个星号。程序中存在一个微妙的错误，导致了一个死循环。主程序使用“jnz printLp”指令创建一个循环，该循环调用 PrintSpaces 过程 20 次。这个过程使用 EBX 对其打印的 40 个空格进行计数，然后返回内容为 0 的 ECX。接着，主程序打印 1 个星号和 1 个换行符，并递减 ECX，之后重复，因为 ECX 不是 0（此时它的值始终为 0FFFF_FFFFh）。

问题的原因在于，print40Spaces 子例程没有保留 EBX 寄存器的内容。保留寄存器的内容意味着在进入子例程时保存寄存器的内容，并在离开前恢复寄存器的内容。如果 print40Spaces 子例程保留了 EBX 寄存器的内容，那么程序清单 5-3 将可以正常运行。

程序清单 5-3　包含一个非预期死循环的程序

```
; 程序清单 5-3

; 保留寄存器内容的（失败）示例。

                option casemap:none
nl              =          10

                .const
ttlStr          byte       "Listing 5-3", 0
space           byte       " ", 0
asterisk        byte       '*, %d', nl, 0

                .code
                externdef printf:proc

; 将程序标题返回到 C++ 程序：

                public getTitle
getTitle        proc
                lea rax, ttlStr
                ret
getTitle        endp

; print40Spaces 过程——打印一个包含 40 个空格的字符序列到控制台显示器。

print40Spaces proc
                sub  rsp, 48      ; “魔法”指令
                mov  ebx, 40
printLoop:      lea  rcx, space
                call printf
                dec  ebx
                jnz  printLoop    ; 直到 EBX == 0
                add  rsp, 48      ; “魔法”指令
                ret
print40Spaces endp

; 以下是“asmMain”函数的实现。

                public asmMain
asmMain         proc
                push    rbx

; 以下提供的是“魔法”指令，此处暂时不做解释：

                sub     rsp, 40   ; “魔法”指令

                mov     rbx, 20
astLp:          call    print40Spaces
                lea     rcx, asterisk
                mov     rdx, rbx
                call    printf
                dec     rbx
                jnz     astLp

                add     rsp, 40   ; “魔法”指令
```

```
                pop     rbx
                ret     ; 返回到调用方
asmMain         endp
                end
```

当需要将寄存器中的值用于其他用途时，可以使用 x86-64 的 push 和 pop 指令来保留这些值。请考虑以下关于 Print40Spaces 的实现代码：

```
print40Spaces proc
    push rbx
    sub rsp, 40    ; “魔法”指令
    mov ebx, 40
printLoop: lea rcx, space
    call printf
    dec ebx
    jnz printLoop ; 直到 EBX == 0
    add rsp, 40    ; “魔法”指令
    pop rbx
    ret
print40Spaces endp
```

print40Spaces 使用 push 和 pop 指令保存和恢复 RBX 的内容。调用方（即包含调用指令的代码）和被调用方（即子例程）都可以负责保留寄存器的内容。在前面的示例中，是由被调用方负责的。

程序清单 5-4 显示了调用方如何保留寄存器的内容（主程序将 RBX 的值保存在静态内存空间，而不是栈中。5.12 节将更清晰地展示为什么要这样实现）。

程序清单 5-4　由调用方负责寄存器值保留的演示示例

```
; 程序清单 5-4

;（调用方）保留寄存器内容的示例

                option casemap:none
nl              =         10

   .const
ttlStr          byte      "Listing 5-4", 0
space           byte      " ", 0
asterisk        byte      '*, %d', nl, 0

                .data
saveRBX         qword     ?

                .code
                externdef printf:proc

; 将程序标题返回到 C++ 程序：

                public getTitle
getTitle        proc
                lea rax, ttlStr
                ret
getTitle        endp

; print40Spaces 过程——打印一个包含 40 个空格的字符序列到控制台显示器。

print40Spaces proc
                sub  rsp, 48    ; “魔法”指令
                mov  ebx, 40
```

```
printLoop:     lea  rcx, space
               call printf
               dec  ebx
               jnz  printLoop ; 直到 EBX == 0
               add  rsp, 48   ; "魔法" 指令
               ret
print40Spaces endp

; 以下是 "asmMain" 函数的实现。

               public asmMain
asmMain        proc
               push    rbx

; 以下提供的是 "魔法" 指令，此处暂时不做解释：

               sub     rsp, 40

               mov     rbx, 20
astLp:         mov     saveRBX, rbx
               call    print40Spaces
               lea     rcx, asterisk
               mov     rdx, saveRBX
               call    printf
               mov     rbx, saveRBX
               dec     rbx
               jnz     astLp

               add     rsp, 40
               pop     rbx
               ret     ; 返回到调用方
asmMain        endp
               end
```

使用被调用方保留寄存器的数据具有两个优点：空间开销小和可维护性高。如果被调用方（过程）保留所有受影响的寄存器的数据，则该过程包含的 push 和 pop 指令只存在一个副本。如果调用方保留寄存器的数据，则程序需要在每个调用语句的前后设置一组保留指令。这使程序不仅更加冗长，而且更难维护。要记住每次过程调用中需要保存和恢复哪一个寄存器并不是一件容易的事。

另外，子例程保留其修改的所有寄存器时，可能其中有些寄存器是不必要保留的。在前面的示例中，print40Spaces 过程没有保留 RBX 的内容。尽管 print40Spaces 更改了 RBX 中的数据，但这不会影响程序的正常运行。如果调用方正在保留寄存器的内容，则不必保留那些自身不关心的寄存器的内容。

让调用方保留寄存器的内容存在的一个主要问题是，程序可能会随着时间的推移而改变。我们可能会修改调用代码或过程以使用其他的寄存器。当然，这样的更改可能会影响那些必须保留的寄存器集。更糟糕的是，如果修改是针对子例程本身的，则需要定位对该例程的每次调用，并验证该子例程没有更改调用代码使用的任何寄存器。

针对寄存器内容的保留，汇编语言程序员遵守一个通用的约定：除非有充分的理由（性能方面），否则大多数程序员将保留过程中修改的所有寄存器（并且不会返回修改后的寄存器中的值）。这种方式可以降低程序中出现缺陷的可能性，因为过程中修改了调用方希望保留的寄存器内容。当然，对于易失性和非易失性寄存器，我们可以遵循有关微软 ABI 的规则，但这种调用约定会降低程序员（以及其他程序）的工作效率。

保存寄存器内容并不是保存运行环境的全部。我们还可以压入和弹出子例程可能更改的变量和其他值。因为 x86-64 允许压入和弹出内存单元，所以也可以轻松保留这些值。

5.3 过程和栈

由于过程使用栈保存返回地址，因此在过程中压入和弹出数据时必须小心谨慎。请考虑以下简单（但是有缺陷的）的过程：

```
MessedUp proc

    push rax
    ret

MessedUp endp
```

在程序遇到 ret 指令时，x86-64 栈的形式如图 5-1 所示。

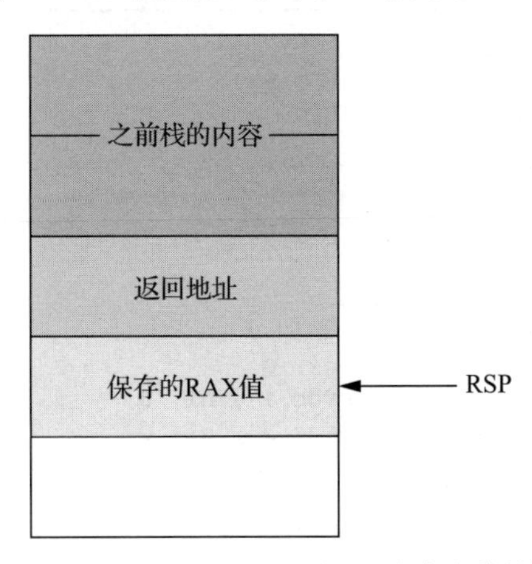

图 5-1 在执行 MessedUp 过程中 ret 指令之前的栈内容

ret 指令并不知道栈顶部的值不是有效地址，该指令仅仅是弹出栈顶部存着的值并跳转到该位置。在本示例中，栈顶部包含保存的 RAX 值。由于压入栈的 RAX 值不太可能是正确的返回地址，因此该程序可能会崩溃，或者显示另一个未定义的行为。因此，在过程中将数据压入栈中后，必须注意在从过程返回之前正确地弹出该数据。

在执行 ret 语句之前从栈中弹出额外数据也会对程序造成严重破坏。请考虑以下有一定缺陷的程序：

```
MessedUp2 proc

    pop rax
    ret

MessedUp2 endp
```

在上述示例定义的过程中，当到达 ret 指令时，x86-64 栈的内容如图 5-2 所示。

ret 指令再次盲目地弹出栈顶部存着的数据，并尝试返回到该地址。上一个示例中的栈顶部不太可能包含有效的返回地址（因为包含 RAX 中的值），而在本示例中，栈顶部确实有可能包含返回地址。遗憾的是，这并不是 messedUp2 过程的正确返回地址，它是调用 messedUp2 的过程的返回地址。为了理解此代码的效果，请考虑程序清单 5-5 中的代码。

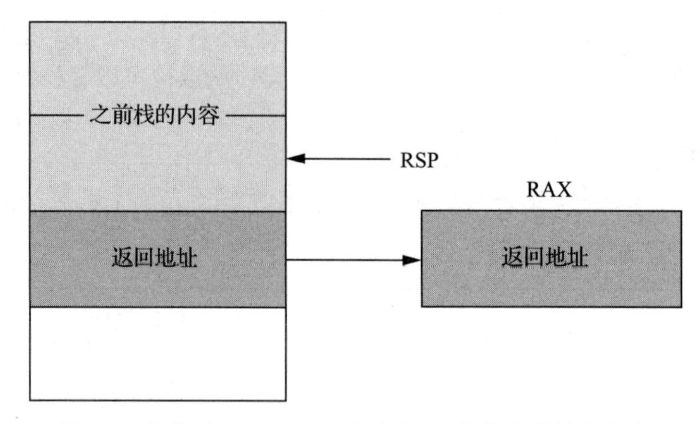

图 5-2　在执行 MessedUp2 程序中 ret 指令之前的栈内容

程序清单 5-5　从栈中弹出过多数据所产生的影响

```
; 程序清单 5-5

; 错误地弹出了返回地址。

          option casemap:none
nl        =       10

   .const
ttlStr    byte    "Listing 5-5", 0
calling   byte    "Calling proc2", nl, 0
call1     byte    "Called proc1", nl, 0
rtn1      byte    "Returned from proc 1", nl, 0
rtn2      byte    "Returned from proc 2", nl, 0

          .code
          externdef printf:proc

; 将程序标题返回到 C++ 程序:

          public getTitle
getTitle  proc
          lea rax, ttlStr
          ret
getTitle  endp

; proc1 过程——被 proc2 调用，但返回到主程序。

proc1     proc
          pop  rcx     ; 从栈顶部弹出返回地址
          ret
proc1     endp

proc2     proc
          call proc1   ; 永远不会返回到这里

; 这段代码永远不会执行，因为对 proc1 的调用会将返回地址从栈中弹出，
; 并直接返回到 asmMain。

          sub  rsp, 40
          lea  rcx, rtn1
          call printf
          add  rsp, 40
          ret
```

```
proc2       endp

; 以下是“asmMain”函数的实现。

            public asmMain
asmMain     proc

            sub  rsp, 40
            lea  rcx, calling
            call printf

            call proc2
            lea  rcx, rtn2
            call printf

            add  rsp, 40
            ret           ; 返回到调用方
asmMain     endp
            end
```

因为在进入过程 proc1 时，有效的返回地址位于栈顶部，所以我们可能认为该程序可以正常工作。但是，当从 proc1 过程返回时，此代码直接返回到 asmMain 程序，而不是返回到 proc2 过程中的正确返回地址。因此，调用 proc1 之后，proc2 过程中剩余的所有代码都不会被执行。

在阅读源代码时，我们很难找出这些语句不执行的原因，因为这些语句紧跟在对 proc1 过程的调用之后。除非仔细观察，否则看不出程序正在从栈中弹出一个额外的返回地址，并因此不会返回到 proc2，而是直接返回到调用 proc2 的调用方。因此，在过程中压入和弹出数据时必须小心谨慎，并验证过程中的 push 指令和 pop 指令之间是否存在一对一的关系[㊀]。

5.3.1 激活记录

无论何时调用过程，程序都会使用称为激活记录（activation record）的数据结构，将某些信息（包括返回地址、参数和自动局部变量）与该过程调用相关联[㊁]。程序在调用（激活）过程时创建激活记录，结构中的数据以与记录相同的方式组织在一起。

注意：本节首先讨论由假想的编译器创建的传统激活记录，忽略微软 ABI 的参数传递约定。完成初步讨论后，本章将结合微软 ABI 约定继续加以阐述。

激活记录的构造从调用方的代码开始。调用方在栈中为参数数据（如果有）留出空间，并将数据复制到栈中。然后 call 指令将返回地址压入栈中。此后，激活记录的构造将在过程本身中继续进行。该过程将寄存器和其他重要状态信息压入栈中，并在激活记录中为局部变量留出空间，也许还更新 RBP 寄存器，以使其指向激活记录的基址。

为了查看传统激活记录的内容形式，请考虑下面的 C++ 过程声明：

```
void ARDemo(unsigned i, int j, unsigned k)
{
    int a;
    float r;
```

㊀ 一个可能的建议是始终按相同的顺序压入寄存器：RAX，RBX，RCX，RDX，RSI，RDI，R8，…，R15（省略没有压入的寄存器）。这样，可以使对代码的视觉检查更容易。

㊁ 另一个用于描述激活记录的术语，称为栈帧（stack frame）。

```
    char c;
    bool b;
    short w
    .
    .
    .
}
```

每当程序调用上述 ARDemo 过程时，首先将参数数据压入栈中。在最初的 C/C++ 调用约定中（忽略微软 ABI 约定），调用代码将参数按它们在参数列表中出现的相反顺序（从右到左）压入栈中。因此，调用代码首先压入参数 k 的值，然后压入参数 j 的值，最后压入参数 i 的数据。压入参数后，程序调用 ARDemo 过程。进入 ARDemo 过程的时候，栈就包含这 4 个数据项，它们的排列方式如图 5-3 所示。按相反的顺序压入参数值，使得这些参数值将以正确的顺序出现在栈中（第一个参数位于内存中的最低地址处）。

注意：x86-64 的 push 指令能够将 16 位或 64 位对象压入栈中。出于性能方面的原因，我们希望 RSP 始终在 8 字节边界上对齐（导致很大程度上不会压入 16 位对象）。出于该原因和其他原因，现代程序总是为每个参数保留至少 8 字节空间，而不管参数的实际大小如何。

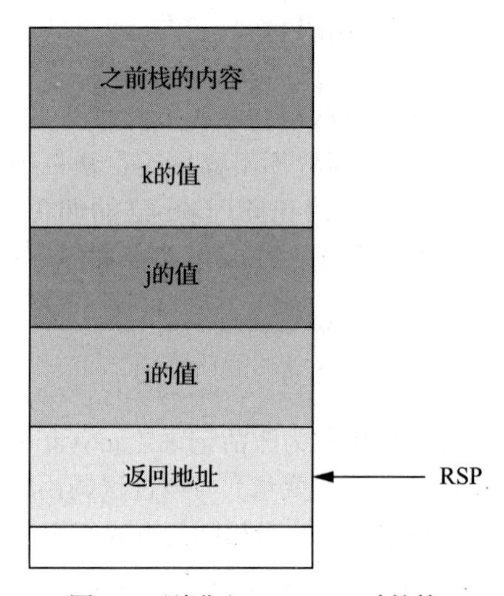

图 5-3　刚进入 ARDemo 时的栈

注意：在进行系统调用时，微软 ABI 要求栈在 16 字节边界上对齐。虽然汇编程序对此没有要求，但在用户需要进行系统调用（调用 OS 或者 C 标准库）时，如果栈在 16 字节边界上对齐，那么将非常便捷。

ARDemo 过程中的前几条指令将 RBP 的当前值压入栈中，然后将 RSP 的值复制到 RBP 中[⊖]。接下来，代码将栈指针放在内存中，从而为局部变量留出空间。结果将产生如图 5-4 所示的栈组织形式。

注意：与参数不同，激活记录中的局部变量大小不必是 8 字节的倍数。但是，整个局部变量块的大小必须是 16 字节的倍数，以便 RSP 按照微软 ABI 的要求在 16 字节边界上保持对齐。因此，图 5-4 中包含可能的填充字节。

⊖ 从技术上讲，除非打开某些选项，否则很少有实际的优化 C/C++ 编译器会这样做。然而，本章忽略了这些优化，选择了一个更容易理解的示例。

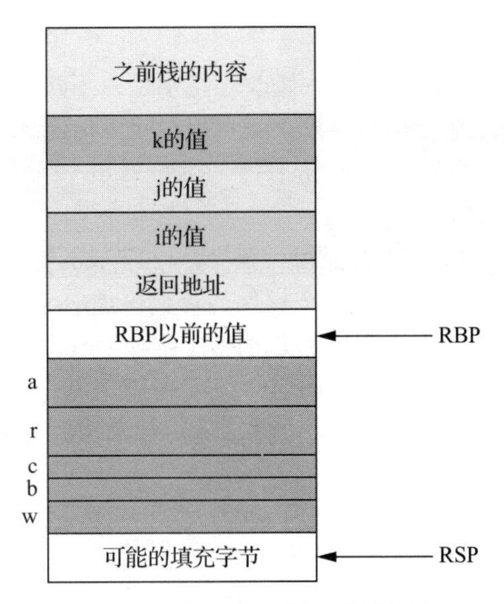

图 5-4 ARDemo 过程的激活记录

5.3.1.1 访问激活记录中的对象

为了访问激活记录中的对象，必须使用从 RBP（基指针）寄存器到所需对象的偏移量。我们最感兴趣的两个数据项是参数和局部变量，可以从基于 RBP 寄存器的正偏移量处访问参数，从基于 RBP 寄存器的负偏移量处访问局部变量，如图 5-5 所示。

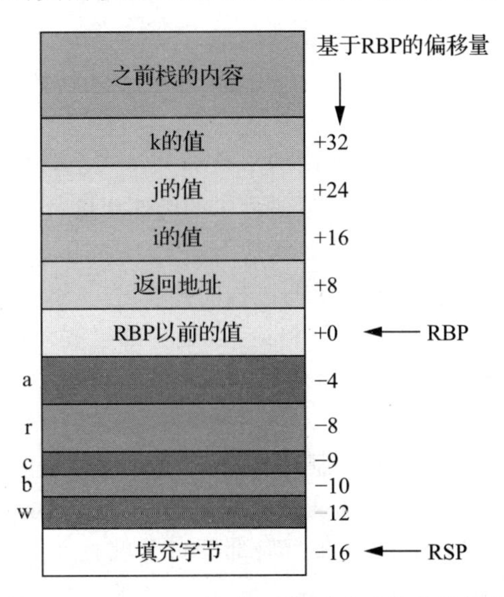

图 5-5 ARDemo 过程激活记录中对象的偏移量

英特尔特别保留了 RBP 寄存器，用作指向激活记录基址的指针。这就是应该避免在常规计算中使用 RBP 寄存器的原因。如果任意更改 RBP 寄存器中的值，则可能无法访问当前过程的参数和局部变量。

局部变量在等于其自身大小的偏移量上对齐（如字符在一字节地址上对齐，短整数 / 字在两字节地址上对齐，长整数 / 整数 / 无符号整数 / 双字在四字节地址上对齐）。在 ARDemo 过程的示例中，所有的局部变量恰好被分配到适当的地址（假设编译器按照声明变量时的顺序分配存储空间）。

5.3.1.2　使用微软 ABI 参数约定

微软 ABI 对激活记录模型进行了一些修改，特别是以下几个方面。

- 调用方在寄存器中传递前四个参数，而不是在栈中传递（尽管调用方仍必须在栈中为这些参数保留存储空间）。
- 参数始终为 8 字节的值。
- 调用方必须在栈中为参数数据保留（至少）32 字节的空间，即使参数数量少于五个（如果有五个或更多参数，则对每个额外的参数再加上 8 字节）。
- 在 call 指令将返回地址压入栈中之前，RSP 必须在 16 字节边界上对齐。

有关更多信息，请参阅 1.16 节中的内容。只有在调用 Windows 或其他与微软 ABI 兼容的代码时，才必须遵循这些约定。对于用户自己编写和调用的汇编语言过程，可以遵循任何约定。

5.3.2　汇编语言的标准进入指令序列

过程的调用方负责为栈中的参数分配存储空间，并将参数数据移动到适当的位置。在最简单的情况下，这只需要使用 64 位 push 指令将数据压入栈中，使用 call 指令将返回地址压入栈中，由过程来负责构造激活记录的其余部分。可以使用以下汇编语言的标准进入序列（standard entry sequence）代码来完成上述操作：

```
push rbp              ; 保存 RBP 以前值的副本
mov rbp, rsp          ; 获取指向激活记录的指针，并存储到 RBP
sub rsp, num_vars     ; 分配局部变量（和填充字节）的存储空间
```

如果过程中没有任何局部变量，那么不需要执行上述代码片段中的第 3 条指令“sub rsp, num_vars”。

num_vars 表示过程的局部变量所占用的字节数，是一个常量，应是 16 的倍数（以保证 RSP 寄存器在 16 字节边界上对齐）[⊖]。如果过程中的局部变量所占用的字节数不是 16 的倍数，则在从 RSP 中减去该常量之前，应将其上调到下一个 16 的倍数。这样做将略微增加过程用于存储局部变量的空间的大小，但不会影响过程的操作。

如果符合微软 ABI 规范的程序调用用户自己编写的过程，那么栈将在执行 call 指令之前，在 16 字节边界上对齐。当返回地址向栈中添加 8 字节后，一旦进入用户编写的过程，栈将立即在 (RSP mod 16) == 8 的地址上对齐（在 8 字节地址上对齐，但在 16 字节地址上不对齐）。将 RBP 压入栈中（在将 RSP 复制到 RBP 之前，保存旧值）会向栈中再添加 8 字节，因此 RSP 现在是 16 字节对齐的。也就是说，假设栈在调用之前是 16 字节对齐的，并且从 RSP 中减去的数值是 16 的倍数，那么在为局部变量分配存储空间之后，栈将是 16 字节对齐的。

如果在进入过程时无法确保 RSP 是 16 字节对齐的，那么可以在过程一开始，就使用以下指令序列强制 RSP 在 16 字节对齐：

```
push rbp
mov rbp, rsp
sub rsp, num_vars        ; 为局部变量留出空间
and rsp, -16             ; 强制 4 字栈对齐
```

⊖ 将栈在 16 字节边界上对齐是微软 ABI 规范的要求，而不是硬件要求。硬件仅要求在 8 字节地址边界上对齐。但是，如果要调用任何与微软 ABI 规范兼容的代码，则需要保持栈在 16 字节边界上对齐。

其中，“-16”相当于0FFFF_FFFF_FFFF_FFF0h。and指令序列强制栈在16字节边界上对齐（减小栈指针的值，使其为16的倍数）。

ARDemo激活记录只有12字节的本地存储空间。因此对于局部变量，从RSP中减去12不会使栈在16字节边界上对齐。然而，前面指令序列中的and指令保证RSP是16字节对齐的，不管进入过程时RSP的值是多少（其中增加了填充字节，如图5-5所示）。RSP不在16字节边界上对齐虽然节省了若干字节，但执行指令所需的CPU周期会更长。当然，如果用户知道在调用之前栈已合理对齐，则可以省去额外的and指令，只从RSP中减去16，而不是减去12（换句话说，在ARDemo过程所需的基础上多保留4字节，以保持栈对齐）。

5.3.3 汇编语言的标准退出指令序列

在过程返回到调用方之前，需要清理激活记录。因此，标准MASM过程和过程调用假定清理激活记录是过程的责任，尽管这可以由过程和过程调用方共同承担。

如果一个过程没有任何参数，则退出指令序列非常简单，只需要如下的三条指令：

```
mov rsp, rbp        ; 释放局部变量并清理栈
pop rbp             ; 还原指向调用方激活记录的指针
ret                 ; 返回到调用方
```

在微软ABI规范中（与纯汇编过程相反），调用方负责清理栈中存着的参数。因此，如果用户正在编写一个需要从C/C++代码（或者其他符合微软ABI规范的代码）中调用的过程，那么该过程不必对栈中的参数做任何事情。

如果仅从汇编语言程序中调用用户自己编写的过程，则可以让被调用方（过程）在返回到调用方时，使用以下标准退出指令序列来清理栈中的参数，而不是让调用方来清理：

```
mov rsp, rbp          ; 释放局部变量并清理栈
pop rbp               ; 还原指向调用方激活记录的指针
ret parm_bytes        ; 返回到调用方，并弹出参数
```

ret指令的parm_bytes操作数是一个常量，指定了返回指令弹出返回地址后需要从栈中删除的参数数据字节数。例如，前面的ARDemo示例代码为参数保留了3个四字（因为我们希望栈始终在四字边界上对齐）。因此，标准退出指令序列将采用以下形式：

```
mov rsp, rbp
pop rbp
ret 24
```

如果没有为ret指令指定一个16位的常量操作数，那么x86-64将不会在返回时从栈中弹出参数。在执行call指令后的第一条指令时，这些参数仍将位于栈中。类似地，如果指定的值太小，则从过程返回时，某些参数将保留在栈中。如果指定的ret操作数太大，ret指令又会将调用方的一些数据从栈中弹出，这种操作通常会带来灾难性的后果。

顺便说一句，英特尔在指令集中添加了一条特殊指令leave，以缩短标准退出指令序列。此指令将RBP复制到RSP中，然后弹出RBP。以下的指令序列等同于前面示例中给出的标准退出指令序列：

```
leave
ret optional_const
```

两种方式用户可以自行选择。大多数编译器会生成leave指令（因为该指令较短），因此一般建议使用leave指令。

5.4 局部（自动）变量

大多数高级语言中的过程和函数都允许用户声明局部变量（local variable）。局部变量通常仅在过程内部可访问，调用过程的代码无法访问这些局部变量。

在高级程序设计语言中，局部变量具有两个特殊属性：作用域和生存期（lifetime）。标识符的作用域确定了编译期间该标识符在源文件中的哪些位置可见（可访问）。在大多数高级程序设计语言中，一个过程中局部变量的作用域是该过程的主体，在该过程之外无法访问这些变量。

作用域是符号的编译时属性，而生存期是运行时属性。变量的生存期从存储空间第一次绑定变量开始，到存储空间不再可用于该变量为止。静态对象（在“.data”“.const”“.data?”和“.code”段中声明的对象）的生存期相当于应用程序的全部运行时。当程序第一次将变量加载到内存中时，程序会为这些变量分配存储空间，这些变量会一直拥有这些存储空间，直到程序终止。

局部变量[或者更恰当地说，自动变量（automatic variable）]在进入过程时就被分配了存储空间，并且当过程返回到其调用方时，该存储空间被返回以供其他用途。此处的名称“自动”是指程序在过程调用和返回时自动为变量分配存储空间和返回变量的分配存储空间。

与主程序一样，过程可以通过引用名称（使用PC相对寻址模式）访问所有全局的“.data”“.data?”或者“.const”对象。访问全局对象既方便又容易。当然，访问全局对象会使程序更难阅读、理解和维护，因此应避免在过程中使用全局变量。虽然对于某些给定的问题，在过程中访问全局变量有可能是最佳的解决方案，但目前我们可能不会编写这样的代码。因此，在做出选择之前，我们应该仔细考虑所有可能的选项[⊖]。

5.4.1 局部变量的低级别实现

在程序实现中，可以使用基于激活记录基址（RBP）的负偏移量来访问过程中的局部变量。考虑程序清单5-6中的MASM过程，其主要作用是演示局部变量的使用方法。

程序清单 5-6　访问局部变量的示例过程

```
; 程序清单 5-6

; 访问局部变量。

              option casemap:none
              .code

; 有符号双字 a 位于相对 RBP 的偏移量 -4 处。
; 有符号双字 b 位于相对 RBP 的偏移量 -8 处。

; 在进入过程时，ECX 和 EDX 分别包含将存储到局部变量 a 和 b 中的值：

localVars     proc
              push rbp
              mov rbp, rsp
              sub rsp, 16       ; 为 a 和 b 留出空间

              mov [rbp-4], ecx  ; a = ECX
              mov [rbp-8], edx  ; b = EDX
```

⊖ 反对访问全局变量的论点不适用于其他全局符号。在自己编写的程序中访问全局常量、类型、过程和其他对象是完全合理和可行的。

```
    ; 以下是使用局部变量 a 和 b 的其他代码：
                mov rsp, rbp
                pop rbp
                ret
localVars       endp
```

标准进入指令序列分配了 16 字节的存储空间，即使局部变量 a 和 b 只需要 8 字节。这将使栈始终在 16 字节边界上对齐。如果这种分配对于一个特定的过程不是必需的，那么减去 8 也同样有效。

localVars 过程的激活记录如图 5-6 所示。

当然，必须通过基于 RBP 的偏移量来引用局部变量是非常可怕的。这样的代码不仅难以阅读（[rbp-4] 是 a 变量还是 b 变量？），而且非常难以维护。例如，如果用户决定不再使用变量 a，则必须查找 [rbp-8]（以访问变量 b）的每个匹配项，并将其更改为 [rbp-4]。

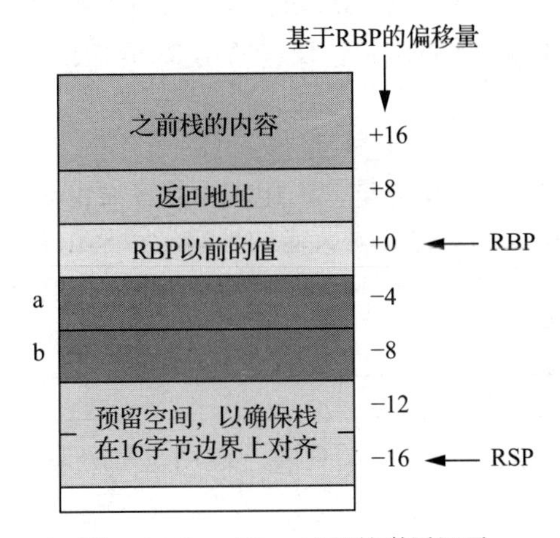

图 5-6　LocalVars 过程的激活记录

一个稍微改进版的解决方案是对局部变量名使用相等伪指令。请考虑以下的程序清单 5-7（程序清单 5-6 的改进版）。

程序清单 5-7　使用相等伪指令的局部变量

```
; 程序清单 5-7
; 访问局部变量 #2。

            option casemap:none
            .code

; localVars——演示局部变量的访问。

; 有符号双字 a 位于相对 RBP 的偏移量 -4 处。
; 有符号双字 b 位于相对 RBP 的偏移量 -8 处。

; 在进入过程时，ECX 和 EDX 分别包含将存储到局部变量 a 和 b 中的值：
a           equ     <[rbp-4]>
b           equ     <[rbp-8]>
localVars   proc
            push    rbp
            mov     rbp, rsp
            sub     rsp, 16     ; 为 a 和 b 留出空间

            mov     a, ecx
            mov     b, edx
```

```
; 以下是使用局部变量 a 和 b 的其他代码:
              mov     rsp, rbp
              pop     rbp
              ret
localVars     endp
```

与程序清单 5-6 相比较，程序清单 5-7 更易于阅读和维护。当然，还可以继续改进这个利用相等伪指令实现的程序。例如，以下四个等式是完全合法的：

```
a equ <[rbp-4]>
b equ a-4
d equ b-4
e equ d-4
```

MASM 会将 [rbp-4] 与 a、[rbp-8] 与 b、[rbp-12] 与 d、[rbp-16] 与 e 分别关联在一起。然而，不建议过多地使用这种相等伪指令。MASM 为局部变量（和参数）提供了一个类似的高级声明，如果用户真的希望自己的声明可维护，建议使用 local 伪指令。

5.4.2 MASM 的 local 伪指令

对局部变量使用相等伪指令需要大量的工作，而且容易出错，如指定错误的偏移量，从过程中添加和删除局部变量也是一件令人头痛的事情。幸运的是，MASM 提供了一个 local 伪指令，允许我们指定局部变量，并且 MASM 会自动计算并填充局部变量的偏移量。伪指令 local 的语法形式如下所示：

```
local list_of_declarations
```

其中，list_of_declarations 是局部变量声明列表，使用逗号分隔各个局部变量。局部变量声明有以下两种主要形式：

```
identifier:type
identifier [elements]:type
```

其中，type 是一种常见的 MASM 数据类型（byte、word、dword 等），identifier 是我们声明的局部变量的名称。第二种形式声明的是局部数组，其中 elements 是数组元素的数量。elements 必须是 MASM 可以在汇编时解析的常量表达式。

如果 local 伪指令出现在过程中，那么必须紧跟在过程声明（即 proc 伪指令）之后。一个过程可以有多个 local 语句，这些语句必须在过程声明之后一起出现。下面是一个局部变量声明示例：

```
procWithLocals proc
    local var1:byte, local2:word, dVar:dword
    local qArray[4]:qword, rlocal:real4
    local ptrVar:qword
    local userTypeVar:userType
    .
    . ; 过程中的其他语句。
    .
procWithLocals endp
```

MASM 自动将适当的偏移量与通过 local 伪指令声明的每个变量相关联。MASM 从当前偏移量（从 0 开始）中减去变量的大小，然后向下取对象大小的倍数，为变量分配偏移量。例如，如果使用 typedef 将 userType 定义为 real8，那么 MASM 为 procWithLocals 过程中的局部变量分配偏移量的结果将如以下的 MASM 清单输出所示：

```
var1 . . . . . . . . . . . . . . byte   rbp - 00000001
local2 . . . . . . . . . . . . . word   rbp - 00000004
dVar . . . . . . . . . . . . . . dword  rbp - 00000008
qArray . . . . . . . . . . . . . qword  rbp - 00000028
rlocal . . . . . . . . . . . . . dword  rbp - 0000002C
ptrVar . . . . . . . . . . . . . qword  rbp - 00000034
userTypeVar . . . . . . . . . .  qword  rbp - 0000003C
```

除了为每个局部变量分配偏移量外，MASM 还将 [rbp-constant] 寻址模式分别与这些符号关联在一起。因此，如果在过程中使用类似于“mov ax, local2”的语句，MASM 将用 [rbp-4] 替换符号 local2。

当然，在进入过程时，仍然必须为栈中的局部变量分配存储空间。也就是说，我们仍然必须提供标准进入以及标准退出指令序列的代码。这意味着我们必须将局部变量所需的所有存储空间相加，以便在将 RSP 的值移动到 RBP 后，可以从 RSP 中减去该值。同样，这也是一项繁重的工作，可能会导致过程中出现缺陷（例如，错误地统计了局部变量存储空间的字节数），因此在手动计算存储空间需求时必须小心谨慎。

为了解决这个问题，MASM 提供了一种解决方案：option 伪指令。在本书前面的示例中，我们已经看到了“option casemap:none”“option noscoped”和“option scoped”伪指令，option 伪指令实际上支持大量参数，用于控制 MASM 的行为。使用 local 伪指令时，可以使用以下两个 option 操作数控制过程代码的生成：prologue 和 epilogue。这些操作数通常采用以下两种形式：

```
option prologue:PrologueDef
option prologue:none
option epilogue:EpilogueDef
option epilogue:none
```

默认情况下，MASM 假定 prologue:none 和 epilogue:none。当将 none 指定为 prologue 和 epilogue 时，MASM 不会额外生成任何代码来对过程中局部变量的存储空间进行分配和释放。程序员将负责提供程序的标准进入和标准退出指令序列代码。

如果在源文件中插入“option prologue:PrologueDef”（default prologue generation，默认序言生成）和“option epilogue:EpilogueDef”（default epilogue generation，默认结语生成），那么以下所有过程将自动为用户生成合适的标准进入和标准退出指令序列（假设过程中包含 local 伪指令）。在一个过程中，MASM 将在最后一条 local 伪指令之后（和第一条机器指令之前）立即自动地生成标准进入指令序列（序言），包含通常的标准进入指令序列：

```
push rbp
mov rbp, rsp
sub rsp, local_size
```

其中，local_size 是一个常量，用于指定局部变量的数量（可能还要加上额外数量，以保证栈在 16 字节边界上对齐）。（MASM 通常假定在执行 push rbp 指令之前，栈在 mod 16 == 8 边界上对齐。）

为了保证 MASM 自动生成的序言代码正常工作，该过程必须只有一个入口点。如果将一个全局语句标签定义为第二个入口点，MASM 将无法判断在何处生成序言代码。在第二个入口点进入过程将产生问题，除非程序员自己显式加入了标准进入指令序列。友情提醒：每个过程都应该只有一个入口点。

为结语生成标准退出指令序列有点麻烦。虽然汇编语言过程很少有一个以上的入口点，但通常有多个出口点。毕竟，出口点是由程序员编写 ret 指令来控制的，而不是由伪指令（例如 endp）控制。MASM 通过自动将找到的所有 ret 指令转换为标准退出指令序列，来处理多个出口点的问题：

```
leave
ret
```

当然，前提是设置了“option epilogue:EpilogueDef”。

我们可以控制 MASM 是否彼此独立地生成序言（标准进入指令序列）和结语（标准退出指令序列）。因此，用户可以自己编写 leave 指令，同时让 MASM 生成标准进入指令序列。

关于“prologue:”和“epilogue:”选项的最后一点说明如下：除了指定“prologue:PrologueDef”和“epilogue:EpilogueDef”之外，还可以在“prologue:”或“epilogue:”选项之后提供宏标识符（macro identifier）。如果提供了宏标识符，那么 MASM 将为标准进入指令序列或退出指令序列展开该宏。有关宏的更多信息，请参阅第 13 章中的相关内容。

在本书的后续示例程序中，大多数程序将继续对局部变量采用 textequ 声明，而不是 local 伪指令，以保证更显式地使用 [rbp-constant] 寻址模式和局部变量偏移量。

5.4.3　自动存储分配

自动存储分配的一大优势是，可以让多个过程高效地共享一个固定的内存池。例如，假设连续调用三个过程，如下所示：

```
call ProcA
call ProcB
call ProcC
```

第一个过程（上述代码片段中的 ProcA）在栈中分配其局部变量。当 ProcA 返回时，将释放栈存储。进入 ProcB 后，程序使用 ProcA 刚刚释放的内存空间为 ProcB 的局部变量分配存储。类似地，当 ProcB 返回并且程序调用 ProcC 时，ProcC 将 ProcB 最近释放的栈空间分配给其局部变量。这种内存重用可以有效地利用系统资源，也是使用自动变量的最大优势。

至此，我们已经讨论了汇编语言如何为局部变量分配和释放存储空间，因此很容易可以理解为什么自动变量在对同一过程的两次调用之间不保持其值。一旦过程返回到它的调用方，自动变量的存储空间就会丢失，变量值也会丢失。因此，必须始终假设局部变量对象在进入过程时是未初始化的。如果需要在对过程的两次调用之间保持变量的值，则应使用一种静态变量声明类型。

5.5　参数

尽管许多过程是完全独立的，但大多数过程需要输入数据并将数据返回给调用方。参数（parameter）是向过程传入以及从过程传出的值。在纯粹的汇编语言中，传递参数可能是一件非常麻烦的事情。

在讨论参数时，需要考虑的第一件事是如何将参数传递给一个过程。熟悉 Pascal 或 C/C++ 语言的人，可能已经了解传递参数的两种方法：按值传递（pass by value）和按引用传递（pass by reference）。任何可以在高级程序设计语言中完成的事情，都可以在汇编语言中完成（显然，高级程序设计语言代码最终会编译成机器代码），但我们必须提供指令序列，以便以适当的方式访问参数。

在处理参数时，我们将面临的另一个问题是传递参数到什么位置。参数可以传递到很多位置：寄存器中、栈中、代码流中、全局变量中，或者这些位置方式的组合中。本章将针对这些内容展开讨论。

5.5.1 按值传递

按值传递的参数只是调用方将值传递给过程。按值传递的参数是仅向过程传入的参数。可以将这些参数传递给过程，但过程无法通过这些参数来返回值。请考虑以下的C/C++函数调用：

```
CallProc(I);
```

如果按值传递参数I，那么在过程CallProc内，无论参数I发生了什么变化，CallProc都不会更改参数I的值。

因为必须将数据的副本传递给过程，所以该方法应该仅用于传递小数据对象，例如字节、字、双字和四字。对于大型数组和记录，按值传递的效率非常低（因为必须创建每个对象的副本并将其传递给过程）[⊖]。

5.5.2 按引用传递

为了按引用传递参数，必须传递变量的地址而不是其值。换句话说，必须传递一个指向数据的指针。过程必须解引用此指针才能访问数据。当必须修改实参或者在过程之间传递大型数据结构时，按引用传递参数会非常有用。因为x86-64中的指针是64位大小的，所以按引用传递的参数由一个四字值组成。

可以通过以下两种常见的方式计算内存中对象的地址：offset运算符和lea指令。对在“.data”“.data?”“.const”或“.code”段中声明的任何静态变量，都可以使用offset运算符获取其地址。程序清单5-8演示了如何获取静态变量（staticVar）的地址，并将该地址通过RCX寄存器传递给过程（someFunc）。

程序清单5-8 使用offset运算符获取静态变量的地址

```
; 程序清单 5-8

; 演示如何使用 offset 运算符获取静态变量的地址。

            option casemap:none

            .data
staticVar   dword ?

            .code
            externdef someFunc:proc

getAddress  proc
            mov       rcx, offset staticVar
            call      someFunc

            ret
getAddress  endp
            end
```

⊖ 微软ABI规范不允许按值传递大于64位的对象。如果用户正在编写与微软ABI规范兼容的代码，那么传递大型对象的低效性是无关紧要的。

使用 offset 运算符会引发两个问题。一个问题是，该运算符只能计算静态变量的地址，无法获取局部变量或者参数的地址，也无法计算涉及复杂内存寻址模式（例如，[rbx+rdx*1-5]）的内存引用的地址。另一个问题是，汇编类似于“ mov rcx, offset staticVar”这样的指令，会生成较多的字节（因为 offset 运算符返回 64 位常量）。如果查看 MASM 生成的汇编列表（可以使用“/Fl”命令行选项），可以发现这个指令占用的字节比较多：

```
00000000    48/ B9              mov rcx, offset staticVar
            0000000000000000 R
0000000A    E8 00000000 E       call someFunc
```

正如所见，mov 指令的长度为 10（即 0Ah）字节。

在前文的示例中，我们多次使用了获取变量地址的第二种方法：lea 指令（例如，在调用 printf 之前将格式字符串的地址加载到 RCX 中）。程序清单 5-9 是程序清单 5-8 中的重构，只是使用了 lea 指令。

程序清单 5-9　使用 lea 指令获取变量的地址

```
; 程序清单 5-9
; 演示如何使用 lea 指令获取变量的地址。

            option casemap:none

            .data
staticVar   dword   ?

            .code
            externdef someFunc:proc

getAddress  proc
            lea rcx, staticVar
            call someFunc

            ret
getAddress  endp
            end
```

查看 MASM 为此代码生成的清单，我们发现 lea 指令只有 7 字节的长度：

```
00000000  48/ 8D 0D       lea   rcx, staticVar
            00000000 R
00000007  E8 00000000 E   call  someFunc
```

因此，如果没有其他区别，那么使用 lea 指令的程序比使用 offset 运算符的更短。

使用 lea 指令的另一个优点是，该指令可以接受任何内存寻址模式，而不仅是静态变量的名称。例如，如果 staticVar 是一个 32 位整数数组，那么可以使用如下指令，将当前元素的地址（由 RDX 寄存器索引）加载到 RCX 中：

```
lea rcx, staticVar[rdx*4] ; 假设 LARGEADDRESSAWARE:NO
```

按引用传递参数的效率通常比按值传递参数的效率要低。每次访问按引用传递的参数时，都必须解引用，这比简单地使用一个值要慢，因为解引用通常需要至少两条指令。但是，当传递大型数据结构时，按引用传递参数会更快，因为在调用过程之前不必复制大型数据结构。当然，可能需要使用指针访问大型数据结构（例如数组）中的元素，因此按引用传递大型数组时，几乎不会损失效率。

5.5.3 参数的底层实现

参数传递机制是调用方和被调用方（过程）之间的约定。双方必须就参数数据的出现位置及形式（例如，值或地址）达成一致。如果一个人编写的汇编语言过程，仅供他编写的其他汇编语言代码调用，那么可以控制双方的约定，并决定在何处以及如何传递参数。

但是，如果外部代码将调用某过程，或者某过程将调用外部代码，那么该过程必须遵守外部代码使用的调用约定。在64位Windows系统上，毫无疑问，调用约定是Windows ABI规范。

在讨论Windows调用约定之前，我们先考虑自己编写调用代码的情况（因此，我们可以完全控制调用约定）。以下各节将深入讨论在纯汇编语言代码中传递参数的各种方式（在这些方式中，不存在与微软ABI规范相关的开销）。

5.5.3.1 在寄存器中传递参数

在讨论了如何将参数传递给过程之后，接下来要讨论的是在何处传递参数，这取决于这些参数的大小和数量。如果需要向过程传递少量参数，那么寄存器是传递这些参数的最佳位置。如果将单个参数传递给过程，则应该根据数据的类型，使用表5-1中列出的对应寄存器。

表5-1 按大小划分的参数传递位置

数据大小	用于传递的寄存器
字节	CL
字	CX
双字	ECX
四字	RCX

这不是一条严格的规定。但是，使用这些寄存器来传递参数会非常方便，因为它们与微软ABI规范中的第一个参数寄存器相匹配（大多数人在其中传递单个参数）。

如果需要通过x86-64的多个寄存器，将多个参数传递给一个过程，那么应该按照以下的顺序使用各个寄存器：

```
第一个                                                    最后一个
RCX, RDX, R8, R9, R10, R11, RAX, XMM0/YMM0-XMM5/YMM5
```

通常情况下，应该在通用寄存器中传递整数和其他非浮点值，并在XMM*x*/YMM*x*寄存器中传递浮点值。这不是严格的要求，但微软保留这些寄存器用于传递参数和局部变量（易失性变量），因此使用这些寄存器传递参数不会影响微软ABI非易失性寄存器。当然，如果打算让符合微软ABI规范的代码调用自己编写的过程，则必须严格遵守微软调用约定（请参阅第5.6节的相关内容）。

注意： 可以使用movsd指令将双精度值加载到一个XMM寄存器中[⊖]。movsd指令的语法如下所示：

movsd XMM_n, mem_{64}

当然，如果编写的是纯汇编语言代码（没有调用其他人编写的代码，也没有被其他人编写的代码调用），那么可以使用相适应的大多数通用寄存器（RSP是一个例外，应该避免使用RBP，但允许使用其他的寄存器）。XMM/YMM寄存器的使用原则同上。

作为一个例子，请考虑strfill(s,c)过程，该过程将字符c（在AL寄存器中按值传递）复制到字符串s中的每个字符位置（在RDI寄存器中按引用传递），直到出现零终止字节（具体请参见程序清单5-10）。

⊖ 英特尔重载了movsd助记符的含义。当movsd助记符有两个操作数（第一个是XMM寄存器，第二个是64位内存位置）时，movsd表示“移动标量双精度”（move scalar double-precision）浮点值。当movsd助记符没有操作数时，movsd是一条字符串指令，代表“移动字符串双字”（move string double word）。

程序清单 5-10　通过寄存器将参数传递给 strfill 过程

```
; 程序清单 5-10

; 演示如何通过寄存器传递参数。

            option casemap:none

            .data
staticVar   dword  ?

            .code
            externdef someFunc:proc

; strfill——使用一个字符覆盖一个字符串中的各位。

; RDI——指向以零结尾的字符串（例如，一个 C/C++ 字符串）的指针。
; AL——需要存储到字符串中的字符。

strfill     proc
            push  rdi   ; 保留 RDI，因为 RDI 会被修改

; 循环直至到达字符串的末尾：
whlNot0:    cmp   byte ptr [rdi], 0
            je    endOfStr

; 使用通过寄存器 AL 传递给该过程的字符，覆盖字符串中的字符：

            mov   [rdi], al

; 移动到字符串中的下一个字符，并重复该过程：

            inc   rdi
            jmp   whlNot0

endOfStr:   pop   rdi
            ret
strfill     endp
            end
```

为了调用 strfill 过程，需要在调用之前，将字符串数据的地址加载到 RDI 寄存器中，将字符值加载到 AL 寄存器中。以下代码片段演示了对 strfill 过程的典型调用方法：

```
lea rdi, stringData   ; 将字符串的地址加载到 RDI 中
mov al, ' '           ; 使用空白符填充字符串
call strfill
```

在上述代码片段中，字符串按引用传递，字符数据按值传递。

5.5.3.2　在代码流中传递参数

另一个可以传递参数的地方是紧跟在 call 指令之后的代码流中。请考虑下面的 print 例程，此例程将字面字符串常量打印到标准输出设备上：

```
call print
byte "This parameter is in the code stream.",0
```

通常情况下，子例程会将控制权返回给紧跟在 call 指令之后的第一条指令。如果某处发生了这种情况，x86-64 将尝试把“ This parameter is in the code stream.”字符串对应的 ASCII 编码解释为指令。这将产生非预期的结果。幸运的是，在从子例程返回之前，可以跳过这个字符串。

那么，应该如何访问这些参数呢？非常简单，因为栈中的返回地址是指向这些参数的。请考虑在程序清单 5-11 中所示的 print 过程的实现。

程序清单 5-11　print 过程的实现（使用代码流参数）

```
; 程序清单 5-11

; 演示如何使用代码流传递参数。

            option  casemap:none
nl          =       10
stdout      =       -11

            .const
ttlStr      byte    "Listing 5-11", 0

            .data
soHandle    qword   ?
bWritten    dword   ?

            .code

            ; 用于 Windows API 调用的“魔法”相等伪指令：

            extrn   __imp_GetStdHandle:qword
            extrn   __imp_WriteFile:qword

; 将程序标题返回到 C++ 程序：

            public  getTitle
getTitle    proc
            lea     rax, ttlStr
            ret
getTitle    endp

; 以下是 print 过程的实现。
; 要求调用 print 过程的指令后包含一个以零结尾的字符串。

print       proc
            push    rbp
            mov     rbp, rsp
            and     rsp, -16            ; 确保栈对齐到 16 字节
            sub     rsp, 48             ; 按微软 ABI 规范设置栈

; 获取紧跟在 call 指令后面的指向字符串的指针，并扫描零终止字节。
            mov     rdx, [rbp+8]        ; 此处是返回地址
            lea     r8, [rdx-1]         ; R8 = 返回地址 - 1
search4_0:  inc     r8                  ; 移动到下一个字符
            cmp     byte ptr [R8], 0    ; 是否为字符串末尾？
            jne     search4_0

; 修改返回地址，并计算字符串的长度：

            inc     r8                  ; 指向新的返回地址
            mov     [rbp+8], r8         ; 保存返回地址
            sub     r8, rdx             ; 计算字符串的长度
            dec     r8                  ; 不包括 0 字节

; 调用 WriteFile，将字符串打印到控制台：

; WriteFile(fd, bufAdrs, len, &bytesWritten);
```

```
; 注意：指向缓冲区（字符串）的指针已经保存在 RDX 中。
; 字符串的长度已经保存在 R8 中。
; 只需要将文件描述符（句柄）加载到 RCX 中：

              mov     rcx, soHandle      ; 零扩展!
              lea     r9, bWritten       ; "bWritten" 的地址保存在 R9 中
              call    __imp_WriteFile

              leave
              ret
print         endp

; 以下是 "asmMain" 函数的实现。

              public asmMain
asmMain       proc
              push    rbp
              mov     rbp, rsp
              sub     rsp, 40

; 使用 "stdout" 参数调用 getStdHandle,
; 以获得可用于调用 write 的标准输出句柄。
; 必须在第一次调用 print 过程之前设置一个句柄。

              mov     ecx, stdout        ; 零扩展!
              call    __imp_GetStdHandle
              mov     soHandle, rax      ; 保存句柄

; 演示通过调用 print 过程在代码流中传递参数：

              call    print
              byte    "Hello, world!", nl, 0

; 根据微软 ABI 规范进行清理：

              leave
              ret     ; 返回到调用方
asmMain       endp
              end
```

程序清单 5-11 中包含一个机器指令习惯用法。以下指令本身并没有将地址加载到 R8 中。

```
lea r8, [rdx-1]
```

这实际上是一条计算 R8 = RDX−1 的算术指令（通常需要一条指令，而不是两条指令）。这是汇编语言程序中 lea 指令的常见用法。因此，这是一个小小的编程技巧，建议读者熟悉这个技巧。

除了演示如何在代码流中传递参数外，print 例程还展示了另一个概念：可变长度参数（variable-length parameter）。紧跟在 call 指令后面的字符串可以是任意长度。零终止字节标志着参数列表的结束。

处理可变长度参数的方法有两种：一种方法是使用一个特殊的终止值（例如 0）；另一种方法是传递一个特殊的长度值，以指示子例程需要传递的参数数量。这两种方法各有优缺点。

使用特殊值终止参数列表时，需要选择一个不会出现在列表中的数值。例如，print 使用 0 作为终止值，因此无法打印 NUL 字符（该字符的 ASCII 编码为 0）。有时候，这并不算一个限制。指定一个长度参数是传递可变长度参数列表的另一种机制。虽然这不需要任何特

殊代码，也不限制传递给子例程的可能数值的范围，但是设置长度参数并维护结果代码，都将是真正的噩梦[⊖]。

尽管在代码流中传递参数提供了一定的便利，但也存在一些缺点。首先，如果我们不能提供过程所需参数的精确数目，那么子例程将执行混乱。考虑 print 过程的示例。这个过程打印一个字符串的内容，直到遇见一个零终止字节，然后将控制权返回给该字节后面的第一条指令。假如字符串中缺失了零终止字节，那么 print 例程将把后面的操作码字节作为 ASCII 字符打印，直到遇见一个值为零的字节。零字节经常出现在指令的中间，print 例程可能会将控制权返回到另一个指令的中间，这可能会导致机器崩溃。

插入一个额外的数值 0，这是程序员在 print 例程中遇到的另一个问题，并且这个问题的出现频率比我们预想的要高。在这种情况下，print 例程将在遇到第一个零字节时返回，并尝试将随后的 ASCII 字符作为机器码来执行。尽管存在一定的问题，但代码流是传递固定值参数的有效场所。

5.5.3.3 在栈中传递参数

大多数高级程序设计语言使用栈来传递大量参数，因为这种方法相当有效。虽然在栈中传递参数的效率略低于在寄存器中传递参数的效率，但寄存器数量是有限的（特别是如果我们的程序只限于使用微软 ABI 为此预留的 4 个寄存器），并且通过寄存器传递参数时，只能传递少数的值或者引用参数。栈则允许我们轻松地传递大量参数数据。这就是大多数程序在栈中传递参数的原因（至少当传递的参数个数超过 3 个到 6 个的时候）。

为了在栈中手动传递参数，可以在调用子例程之前立即将这些参数压入栈中。然后，子例程从栈内存中读取这些数据，并对其进行适当的操作。请考虑下面的高级程序设计语言函数调用：

```
CallProc(i,j,k);
```

回到 32 位汇编语言的时代，我们可以使用如下指令序列将这些参数传递给 CallProc 过程：

```
push k ; 假设 i、j 和 k 都是 32 位变量
push j
push i
call CallProc
```

遗憾的是，随着 x86-64 64 位 CPU 的出现，指令集中删除了 32 位的 push 指令（64 位 push 指令取代了 32 位）。如果需要使用 push 指令将参数传递给过程，则这些参数必须是 64 位操作数[⊜]。

因为将 RSP 保持在适当的边界（8 或 16 字节）上对齐是至关重要的，所以微软 ABI 只要求每个参数在栈中占用 8 字节，并且不允许在栈中存储更大的参数。如果我们能够控制参数约定的双方（调用方和被调用方），那么可以向过程传递更大的参数。但是，最好确保所有参数大小都是 8 字节的倍数。

一个简单的解决方案是将所有变量设置为 qword 对象。然后，可以在调用过程之前使用 push 指令将这些对象直接压入栈中。但是，并非所有对象（例如，字符）都适合 64 位，甚

⊖ 如果参数列表频繁更改，尤其如此。

⊜ 实际上，x86-64 允许我们将 16 位操作数压入栈中。然而，当使用 16 位 push 指令时，保持 RSP 在 8 字节或 16 字节边界上合理对齐将是导致程序错误的主要根源。此外，使用 16 位 push 指令压入一个 32 位的值需要两条指令，因此使用 16 位 push 指令不具备高性价比。

至那些可能是 64 位的对象（例如，整数）通常也不需要使用太多的存储空间。

对较小对象执行 push 指令的一种技巧是使用类型强制。请考虑下面对 CallProc 过程的调用指令序列：

```
push qword ptr k
push qword ptr j
push qword ptr i
call CallProc
```

上述指令序列从与变量 i、j 和 k 相关联的地址开始压入 64 位的值，而不管这些变量的大小。如果 i、j 和 k 变量是更小的对象（可能是 32 位的整数），则这些 push 指令将把这些变量的值连同变量之外的其他数据一起压入栈中。只要 CallProc 过程按这些参数值的实际大小（例如，32 位）处理它们，并忽略为每个参数压入栈中的高阶位，那么结果通常会正常工作。

将变量以外的数据压入栈中，可能会产生一个问题。如果变量恰好位于内存中某一页的末尾，而下一页又是不可读的，那么将额外数据压入栈中可能会导致从下一个内存页压入数据，从而产生内存访问冲突（这也将使程序崩溃）。因此，如果使用此方法，则必须确保这些变量不会恰好出现在内存页的末尾（因为此时可能无法访问内存中的下一页）。实现这个要求的最简单方法是，确保以这种方式压入栈中的变量绝不是在数据段中声明的最后一个变量，例如：

```
i     dword   ?
j     dword   ?
k     dword   ?
pad   qword   ? ; 确保 k 变量之外至少有 64 位的存储空间
```

虽然将额外数据压入栈中是可行的，但这仍然是一种值得怀疑的编程实践。更好的方法是完全不使用 push 指令，使用一个不同的指令将参数数据移动到栈中。

将数据“压入”栈中的另一种方法是将 RSP 寄存器的值减去适当的内存数量，然后使用 mov（或其他类似的）指令将数据简单地移动到栈中。请考虑下面对 CallProc 过程的调用指令序列：

```
sub rsp, 12
mov eax, k
mov [rsp+8], eax
mov eax, j
mov [rsp+4], eax
mov eax, i
mov [rsp], eax
call CallProc
```

虽然与前面的示例相比，该示例需要的指令数量加倍（目前 8 条指令，之前只需 4 条指令），但这个指令序列是安全的（因为不可能访问那些不可访问的内存页）。此外，这个指令序列只将参数所需数量的数据压入栈中（每个对象占用 32 位，3 个对象总共占用 12 字节）。

这种方法的主要问题是，RSP 寄存器中的地址不在 8 字节边界上对齐，这是非常糟糕的。在最坏的情况下，拥有一个未对齐（到 8 字节边界）的栈会使程序崩溃。即使在最好的情况下，这种方法也会影响程序的性能。因此，即使希望将参数作为 32 位整数传递，也应该在调用之前为栈中的参数分配 8 字节倍数的存储空间。前面的示例可以编码如下：

```
sub rsp, 16 ; 分配 8 个字节整数倍的存储空间
mov eax, k
mov [rsp+8], eax
mov eax, j
mov [rsp+4], eax
mov eax, i
mov [rsp], eax
call CallProc
```

请注意，在这种方式下，CallProc 过程将忽略栈中分配的额外 4 字节（千万不要忘记在返回时从栈中删除这个额外的存储空间）。

为了满足微软 ABI 规范（事实上，也是 x86-64 CPU 的大多数应用程序二进制接口）的要求，即每个参数只消耗 8 字节（即使参数数据本身更小），我们可以使用以下代码（所使用的指令数量与之前相同，只是要使用多一点的栈空间）：

```
sub rsp, 24 ; 分配 8 字节倍数的存储空间
mov eax, k
mov [rsp+16], eax
mov eax, j
mov [rsp+8], eax
mov eax, i
mov [rsp], eax
call CallProc
```

mov 指令将数据分布在 8 字节边界上。栈中每个 64 位数据项的高阶双字将包含垃圾（此指令序列之前栈内存中的任何数据）。但这没关系，CallProc 过程将忽略这些额外的数据，并仅对每个参数值的低阶 32 位进行操作。

进入 CallProc 过程后，使用这个指令序列，x86-64 栈的内容如图 5-7 所示。

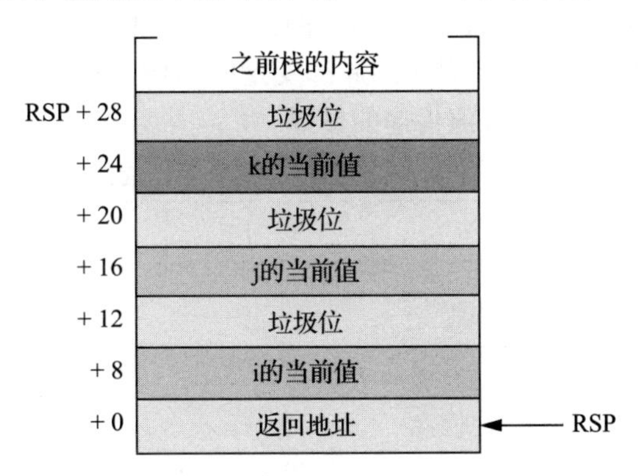

图 5-7　进入 CallProc 过程后的栈布局

如果我们自己编写的过程包括标准进入指令序列和标准退出指令序列，那么可以通过基于 RBP 寄存器的索引直接访问激活记录中的参数值。请考虑以下声明中 CallProc 过程激活记录的布局方式：

```
CallProc proc
    push rbp        ; 这是标准进入指令序列
    mov rbp, rsp    ; 将激活记录的基址写入 RBP
    .
    .
    .
    leave
    ret 24
```

假设我们已将三个四字参数压入栈中，则在刚执行 CallProc 过程中的“mov rbp, rsp”之后，栈的布局应该与图 5-8 类似。

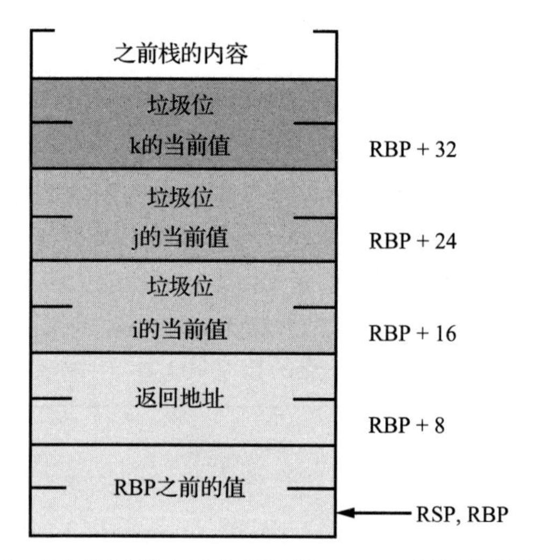

图 5-8　执行标准进入指令序列后 CallProc 过程的激活记录

现在，可以通过基于 RBP 寄存器的索引来访问这三个参数：

```
mov eax, [rbp+32] ; 访问参数 k
mov ebx, [rbp+24] ; 访问参数 j
mov ecx, [rbp+16] ; 访问参数 i
```

5.5.3.4　访问栈中的值参数

访问按值传递的参数与访问局部变量对象的方法完全相同。其中的一种实现方法是使用相等伪指令，具体步骤可以参考前面访问局部变量的示例。程序清单 5-12 提供了一个示例程序，其中的过程访问主程序中按值传递的参数。

程序清单 5-12　值参数的演示

```
; 程序清单 5-12

; 访问栈中的参数。
        option  casemap:none

nl          =       10
stdout      =       -11

            .const
ttlStr      byte    "Listing 5-12", 0
fmtStr1     byte    "Value of parameter: %d", nl, 0

            .data
value1      dword   20
value2      dword   30

            .code
            externdef printf:proc

; 将程序标题返回到 C++ 程序：

            public  getTitle
getTitle    proc
```

```
            lea     rax, ttlStr
            ret
getTitle    endp

theParm     equ     <[rbp+16]>
ValueParm   proc
            push    rbp
            mov     rbp, rsp

            sub rsp,32              ; “魔法”指令

            lea     rcx, fmtStr1
            mov     edx, theParm
            call    printf

            leave
            ret
ValueParm   endp

; 以下是“asmMain”函数的实现。

            public  asmMain
asmMain     proc
            push    rbp
            mov     rbp, rsp
            sub     rsp, 40

            mov     eax, value1
            mov     [rsp], eax      ; 存储参数到栈中
            call    ValueParm

            mov     eax, value2
            mov     [rsp], eax
            call    ValueParm

; 根据微软 ABI 规范进行清理:

            leave
            ret                     ; 返回到调用方

asmMain     endp
            end
```

虽然可以在代码中使用匿名地址 [rbp+16] 来访问 theParm 的值，但使用相等伪指令的方式，可以增加代码的可读性和可维护性。

5.5.4 使用 proc 伪指令声明参数

MASM 为声明过程参数提供了另一种解决方案——proc 伪指令。可以将参数列表作为 proc 伪指令的操作数，如下所示：

```
    proc_name proc parameter_list
```

其中，parameter_list 是一个或者多个参数声明组成的列表，列表中参数之间使用逗号分隔。每个参数声明的形式如下：

```
    parm_name:type
```

其中，parm_name 是有效的 MASM 标识符，type 是一种常见的 MASM 类型（proc、byte、

word、dword 等)。参数列表声明与 local 伪指令的操作数相同，但有一个例外：MASM 不允许将数组作为参数。(MASM 参数假定正在使用微软 ABI，而微软 ABI 仅允许 64 位参数。)

作为 proc 操作数的参数声明假定执行了标准进入指令序列，并且程序将基于 RBP 寄存器访问参数，保存的 RBP 和返回地址值分别位于 RBP 寄存器的偏移量 0 和 8 处（因此第一个参数将从偏移量 16 开始）。MASM 为每个参数分配偏移量，偏移量之间相差 8 字节（根据微软 ABI 规范）。作为示例，请考虑下面的参数声明：

```
procWithParms proc k:byte, j:word, i:dword
     .
     .
     .
procWithParms endp
```

k 的偏移量为 [rbp+16]，j 的偏移量为 [rbp+24]，i 的偏移量为 [rbp+32]。同样，无论参数的数据类型如何，偏移量始终为 8 字节的倍数。

根据微软 ABI 规范，MASM 将在栈中为前四个参数分配存储空间，即使我们通常在 RCX、RDX、R8 和 R9 中传递这些参数。这 32 字节的存储空间（从 rbp+16 开始）在微软 ABI 术语中称为“影子存储器”(shadow storage[⊖])。进入过程后，参数值不会出现在影子存储器中，而是出现在寄存器中。过程可以将寄存器值保存在预分配的影子存储器中，也可以将该存储器用于其他任何目的（例如存储额外的局部变量）。但是，如果过程引用在 proc 操作数字段声明的参数名，并且期望访问参数数据，那么该过程应该将这些寄存器中的值存储到影子存储器中（假设参数通过寄存器 RCX、RDX、R8 和 R9 进行传递）。当然，如果在调用过程之前将这些参数压入栈中（在汇编语言中，忽略微软 ABI 调用约定），那么数据已经就位，因此不必担心影子存储器的问题。

当调用一个在 proc 伪指令的操作数字段声明其参数的过程时，不要忘记 MASM 假定用户是按照参数在参数列表中出现的相反顺序将参数压入栈中的，以确保列表中的第一个参数位于栈中的最低内存地址处。例如，如果需要调用前面代码片段中的 procWithParms 过程，通常会使用以下代码将各个参数压入栈中：

```
mov eax, dwordValue
push rax ; 参数必须为 64 位
mov ax, wordValue
push rax
mov al, byteValue
push rax
call procWithParms
```

另一种可能的解决方案（代码稍微多几个字节，但通常速度更快）是使用以下代码：

```
sub rsp, 24 ; 为参数保留存储空间
mov eax, dwordValue ; i
mov [rsp+16], eax
mov ax, wordValue
mov [rsp+8], ax ; j
mov al, byteValue
mov [rsp], al ; k
call procWithParms
```

请记住，如果被调用方负责清理栈，那么可以在前面两个指令序列之后使用“ add rsp,

⊖ 在其他各种文档中，也称为 shadow store。

24”指令从栈中删除参数。当然，也可以通过指定添加到 RSP 中作为 ret 指令操作数的数值，让过程自己来清理栈，如本章前面所述。

5.5.5 访问栈中的引用参数

由于将对象的地址作为引用参数传递，因此在过程中访问引用参数比访问值参数困难一些，必须解引用一个引用参数的指针。

在程序清单 5-13 中，RefParm 过程有一个按引用传递的参数。按引用传递的参数其实是一个指向对象的（64 位）指针。为了访问与参数关联的值，代码必须将该四字地址加载到 64 位寄存器中，并间接访问数据。程序清单 5-13 中的“ mov rax, theParm”指令将指针提取到 RAX 寄存器中，然后过程 RefParm 使用 [rax] 寻址模式访问 theParm 的实际值。

程序清单 5-13 访问引用参数

```
; 程序清单 5-13

; 访问栈中的引用参数。

        option  casemap:none
nl          =       10

            .const
ttlStr      byte    "Listing 5-13", 0
fmtStr1     byte    "Value of parameter: %d", nl, 0

            .data
value1      dword   20
value2      dword   30

            .code
            externdef printf:proc

; 将程序标题返回到 C++ 程序：

            public  getTitle
getTitle    proc
            lea     rax, ttlStr
            ret
getTitle    endp

theParm     equ     <[rbp+16]>
RefParm     proc
            push    rbp
            mov     rbp, rsp

            sub     rsp, 32         ; “魔法”指令

            lea     rcx, fmtStr1
            mov     rax, theParm    ; 解引用参数
            mov     edx, [rax]
            call    printf

            leave
            ret
RefParm     endp

; 以下是“asmMain”函数的实现。

            public  asmMain
```

```
asmMain     proc
            push    rbp
            mov     rbp, rsp
            sub     rsp, 40

            lea     rax, value1
            mov     [rsp], rax      ; 将地址存储到栈中

            call    RefParm
            lea     rax, value2
            mov     [rsp], rax
            call    RefParm

; 根据微软 ABI 规范进行清理：

            leave
            ret     ; 返回到调用方

asmMain     endp
            end
```

程序清单 5-13 的构建命令和代码输出结果如下所示：

```
C:\>build listing5-13

C:\>echo off
Assembling: listing5-13.asm
c.cpp

C:\>listing5-13
Calling Listing 5-13:
Value of parameter: 20
Value of parameter: 30
Listing 5-13
```

正如所见，访问按引用传递的参数（小对象）的效率比访问值参数的效率稍低，因为需要一条额外的指令将地址加载到 64 位指针寄存器中（而且必须保留一个 64 位寄存器）。如果需要经常访问引用参数，则这些额外的指令真的会慢慢累积，从而降低程序的效率。此外，在计算中很容易忘记解引用一个引用参数，并且直接使用数值的地址。因此，除非确实需要改变实参的值，否则应该使用“按值传递”的方式将小对象传递给过程。

在传递大对象（例如数组和记录）的场合，使用引用参数会变得高效。当按值传递这些对象时，调用代码必须复制实参，针对大对象的复制过程是效率低下的。因为计算大对象的地址与计算小标量对象的地址一样高效，所以按引用传递大对象时不会损失任何效率。在该过程中，我们仍然必须解引用指针以访问对象，但是将解引用的成本与复制该大对象的成本相对比，由于间接寻址而导致的效率损失是最小的。程序清单 5-14 中的代码演示了如何使用按引用传递来初始化记录数组。

程序清单 5-14　按引用传递记录数组

```
; 程序清单 5-14

; 按引用传递一个大对象。

        option casemap:none
nl          =       10
NumElements =       24

Pt          struct
```

```
x           byte    ?
y           byte    ?
Pt          ends

            .const
ttlStr      byte    "Listing 5-14", 0
fmtStr1     byte    "RefArrayParm[%d].x=%d", 0
fmtStr2     byte    "RefArrayParm[%d].y=%d", nl, 0

            .data
index       dword   ?
Pts         Pt      NumElements dup ({})

            .code
            externdef printf:proc

; 将程序标题返回到 C++ 程序:

            public  getTitle
getTitle    proc
            lea     rax, ttlStr
            ret
getTitle   endp

ptArray     equ     <[rbp+16]>
RefAryParm  proc
            push    rbp
            mov     rbp, rsp

            mov     rdx, ptArray
            xor     rcx, rcx            ; RCX = 0

; 当 ECX < NumElements 时，初始化各数组元素。
; x = ECX/8, y = ECX % 8。

ForEachEl:  cmp     ecx, NumElements
            jnl     LoopDone

            mov     al, cl
            shr     al, 3               ; AL = ECX / 8
            mov     [rdx][rcx*2].Pt.x, al

            mov     al, cl
            and     al, 111b            ; AL = ECX % 8
            mov     [rdx][rcx*2].Pt.y, al
            inc     ecx
            jmp     ForEachEl

LoopDone:   leave
            ret
RefAryParm  endp

; 以下是“asmMain”函数的实现。

            public  asmMain
asmMain     proc
            push    rbp
            mov     rbp, rsp
            sub     rsp, 40

; 初始化数组:
```

```
            lea     rax, Pts
            mov     [rsp], rax              ; 保存地址到栈中
            call    RefAryParm

; 显示数组:

            mov     index, 0
dispLp:     cmp     index, NumElements
            jnl     dispDone

            lea     rcx, fmtStr1
            mov     edx, index              ; 零扩展!
            lea     r8, Pts                 ; 获取数组基址
            movzx   r8, [r8][rdx*2].Pt.x    ; 获取 x 字段
            call    printf

            lea     rcx, fmtStr2
            mov     edx, index              ; 零扩展!
            lea     r8, Pts                 ; 获取数组基址
            movzx   r8, [r8][rdx*2].Pt.y    ; 获取 y 字段
            call    printf

            inc     index
            jmp     dispLp

; 根据微软 ABI 规范进行清理:

dispDone:
            leave
            ret     ; 返回到调用方

asmMain     endp
            end
```

程序清单 5-14 的构建命令和代码输出结果如下所示：

```
C:\>build listing5-14

C:\>echo off
Assembling: listing5-14.asm
c.cpp

C:\>listing5-14
Calling Listing 5-14:
RefArrayParm[0].x=0 RefArrayParm[0].y=0
RefArrayParm[1].x=0 RefArrayParm[1].y=1
RefArrayParm[2].x=0 RefArrayParm[2].y=2
RefArrayParm[3].x=0 RefArrayParm[3].y=3
RefArrayParm[4].x=0 RefArrayParm[4].y=4
RefArrayParm[5].x=0 RefArrayParm[5].y=5
RefArrayParm[6].x=0 RefArrayParm[6].y=6
RefArrayParm[7].x=0 RefArrayParm[7].y=7
RefArrayParm[8].x=1 RefArrayParm[8].y=0
RefArrayParm[9].x=1 RefArrayParm[9].y=1
RefArrayParm[10].x=1 RefArrayParm[10].y=2
RefArrayParm[11].x=1 RefArrayParm[11].y=3
RefArrayParm[12].x=1 RefArrayParm[12].y=4
RefArrayParm[13].x=1 RefArrayParm[13].y=5
RefArrayParm[14].x=1 RefArrayParm[14].y=6
RefArrayParm[15].x=1 RefArrayParm[15].y=7
RefArrayParm[16].x=2 RefArrayParm[16].y=0
RefArrayParm[17].x=2 RefArrayParm[17].y=1
```

```
RefArrayParm[18].x=2 RefArrayParm[18].y=2
RefArrayParm[19].x=2 RefArrayParm[19].y=3
RefArrayParm[20].x=2 RefArrayParm[20].y=4
RefArrayParm[21].x=2 RefArrayParm[21].y=5
RefArrayParm[22].x=2 RefArrayParm[22].y=6
RefArrayParm[23].x=2 RefArrayParm[23].y=7
Listing 5-14 terminated
```

从本例中可以看出，按引用传递大对象非常有效。

5.6 调用约定和微软 ABI

在 32 位程序的那个时代，不同的编译器和程序设计语言通常使用完全不同的参数传递约定。因此，使用 Pascal 语言编写的程序无法调用 C/C++ 函数（至少使用本机 Pascal 参数传递约定）。类似地，如果没有程序员的特殊帮助，C/C++ 程序也无法调用 FORTRAN、BASIC 或者其他程序设计语言编写的函数。这简直是一个巴别塔（Tower of Babel，古巴比伦的通天塔）情形，因为两种语言互不兼容[一]。

为了解决这些问题，CPU 制造商（例如，英特尔）设计了一套称为应用程序二进制接口（application binary interface，ABI）的协议，以提供过程调用的一致性。遵循 CPU 制造商 ABI 的程序设计语言，可以调用其他程序设计语言编写的函数和过程（前提条件是这些程序设计语言也遵循相同的 ABI）。这样做让程序设计语言拥有了互操作性。

对于在 Windows 下运行的程序，微软采用了英特尔 ABI 的一个子集，并创建了微软调用约定（大多数人称之为微软 ABI）。下一节将详细讨论微软调用约定。然而，有必要先讨论存在于微软 ABI 之前的许多其他调用约定[二]。

Pascal 调用约定是较早的正式调用约定之一。在这个调用约定中，调用方按参数在实参列表中的出现顺序（从左到右）将参数压入栈中。在 80x86/x86-64 CPU 中，栈在内存中向下扩展，第一个参数位于栈的最高地址处，最后一个参数位于栈的最低地址处。

在栈中，虽然参数看起来是向后显示的，但计算机并不在意这一点。毕竟，过程将使用数字偏移量来访问参数，而不关心偏移量具体的值是多少[三]。另外，对于简单的编译器，生成将参数按其在源文件中出现的顺序压入栈的代码要容易得多，因此 Pascal 调用约定使编译器编写者工作得更轻松（尽管优化编译器通常会重新排列代码）。

Pascal 调用约定的另一个特性是被调用方（过程本身）负责在子例程返回时从栈中删除参数数据。这会将清理代码本地化到过程中，从而避免在对过程的每次调用中重复执行删除参数的操作。

Pascal 调用序列的最大缺点是很难处理可变长度参数列表。如果第一次调用过程时有 3 个参数，第二次调用过程时有 4 个参数，则第一个参数的偏移量将根据实参的数量而变化。此外，如果参数的数量变化，则过程在结束运行后清理栈时会更加困难（尽管肯定不可能）。这对 Pascal 程序来说不是问题，因为标准 Pascal 不允许用户编写的过程和函数包含变化的参数列表。然而，对于像 C/C++ 这样的程序设计语言，这是一个问题。

[一] 在《圣经》的创世纪篇的巴别塔故事中，上帝改变了建造巴别塔的人们的语言，使他们无法相互交流。

[二] 需要注意的是，英特尔的 ABI 和微软的 ABI 并不完全相同。遵循英特尔 ABI 的编译器不一定与微软语言（以及遵循微软 ABI 的其他语言）兼容。

[三] 严格而言，这并不正确。± 127 范围内的偏移量只需要一字节的编码长度，因此较小的偏移量相比于较大的偏移量更可取。超过 128 字节的参数是很少见的，所以对于大多数程序来说这不是一个大问题。

由于C（和其他基于C的程序设计语言）支持长度可变的参数列表（例如printf函数），因此C语言采用了不同的调用约定：C调用约定（C calling convention），也称为cdecl调用约定（cdecl calling convention）。在C语言中，调用方按参数在实参列表中出现的相反顺序将参数压入栈中。因此，首先将最后一个参数压入栈中，最后将第一个参数压入栈中。

因为栈是后进先出的数据结构，所以第一个参数最终位于栈中的最低地址处（并且与返回地址相差固定的偏移量，通常在内存中位于返回地址的正上方。无论栈中有多少实参，以上都成立）。此外，由于C语言支持变化的参数列表，因此在从函数返回后，由调用方清理栈中的参数。

另一种在32位英特尔计算机上使用的常见调用约定是STDCALL。STDCALL基本上是前两种调用约定的组合，参数从右向左传递（和在C调用约定中一样）。但是，被调用方负责在返回之前清理栈中的参数。

上述三种调用约定中存在同一个问题：它们都只使用内存将参数传递给过程。当然，传递参数最有效的地方是机器寄存器。这催生了第四种常见的调用约定，称为FASTCALL调用约定（FASTCALL calling convention）。在FASTCALL调用约定中，调用程序通过寄存器将参数传递给过程。然而，由于寄存器在大多数CPU上是有限的资源，因此FASTCALL调用约定通常只通过寄存器传递前三个到前六个参数。如果需要传递更多参数，则通过栈传递剩余的参数（通常以相反的顺序，如C调用约定和STDCALL调用约定的执行方式）。

5.7　微软ABI和微软调用约定

本章反复提到了微软ABI规范。本节将正式描述微软调用约定。

注意：请记住，只有在以下两种情况下才需要遵循微软ABI规范：当需要调用另一个遵循微软ABI规范的函数时；或者当外部代码正调用我们编写的函数，并希望该函数遵循微软ABI规范时。如果不是以上两种情况，那么可以使用适合于代码的任何调用约定。

5.7.1　数据类型和微软ABI

正如1.16节、3.14节和4.13节所述，数据根据类型的不同，本身大小为1、2、4或8字节（具体请参见表1-6）。所有类型的变量都应该在内存中按其本身大小对齐。

对于参数，所有过程/函数参数必须正好占用64位。如果数据对象小于64位，则参数值的高阶位（超出实参本身大小的位）未定义（且不保证为0）。过程应该只访问参数本身大小涵盖的实际数据位，并忽略高阶位。

如果参数的本身大小大于64位，则微软ABI规范要求调用方按引用传递参数，而不是按值传递参数（即调用方必须传递数据的地址）。

5.7.2　参数位置

微软ABI规范使用FASTCALL调用约定的一个变体，该变体要求调用方在寄存器中传递前四个参数。表5-2列出了传递这些参数的寄存器位置。

表5-2　FASTCALL参数位置

参数	标量参数/引用参数	浮点值参数
1	RCX	XMM0
2	RDX	XMM1
3	R8	XMM2
4	R9	XMM3
5～n	栈（从右到左）	栈（从右到左）

如果过程包含浮点值参数，则调用约定将不在该参数位置使用通用寄存器。假设有以下C/C++函数：

```
void someFunc(int a, double b, char *c, double d)
```

按照微软调用约定，调用方应在 RCX（的低阶 32 位）中传递 a，在 XMM1 中传递 b，在 R8 中传递指向 c 的指针，在 XMM3 中传递 d，跳过 RDX、R9、XMM0 和 XMM2。该规则还有一个例外：对于 vararg（variable number of parameters，参数数量可变的）以及未完全原型化的（unprototyped，也称为没有显式定义参数的）函数，必须把浮点值复制在相应的通用寄存器中（具体内容请参见 https://docs.microsoft.com/en-us/cpp/build/x64-calling-convention?view=msvc-160#parameter-passing/）。

尽管微软调用约定要求在寄存器中传递前四个参数，但该调用约定仍然要求调用方在栈中为这些参数分配存储空间（影子存储器）。实际上，即使过程参数少于四个（或过程压根没有参数）微软调用约定也要求调用方在栈中为四个参数分配存储空间。调用方不需要将参数数据复制到栈存储区域，将参数数据保留在寄存器中就足够了，只是栈空间必须存在。微软编译器假定栈空间存在，并将使用栈空间来保存寄存器值（例如，如果过程要调用另一个过程，那么需要在此调用期间保留当前寄存器值）。有时，微软的编译器将影子存储器用作局部变量。

如果正调用符合微软调用约定的外部函数（例如 C/C++ 库函数），并且没有分配影子存储器，那么应用程序几乎是会崩溃的。

5.7.3 易失性和非易失性寄存器

微软 ABI 规范声明某些寄存器是易失性（volatile）的，而其他寄存器是非易失性（nonvolatile）的。易失性意味着过程可以修改寄存器的内容而不保留其值。非易失性则意味着如果过程修改寄存器的值，则必须保留其值。表 5-3 列出了寄存器及对应的易失性 / 非易失性。

表 5-3 寄存器的易失性 / 非易失性

寄存器	易失性 / 非易失性
RAX	易失性
RBX	非易失性
RCX	易失性
RDX	易失性
RDI	非易失性
RSI	非易失性
RBP	非易失性
RSP	非易失性
R8	易失性
R9	易失性
R10	易失性
R11	易失性
R12	非易失性
R13	非易失性
R14	非易失性
R15	非易失性
XMM0/YMM0	易失性
XMM1/YMM1	易失性
XMM2/YMM2	易失性

（续）

寄存器	易失性 / 非易失性
XMM3/YMM3	易失性
XMM4/YMM4	易失性
XMM5/YMM5	易失性
XMM6/YMM6	XMM6 非易失性，YMM6 的上半部分为易失性
XMM7/YMM7	XMM7 非易失性，YMM7 的上半部分为易失性
XMM8/YMM8	XMM8 非易失性，YMM8 的上半部分为易失性
XMM9/YMM9	XMM9 非易失性，YMM9 的上半部分为易失性
XMM10/YMM10	XMM10 非易失性，YMM10 的上半部分为易失性
XMM11/YMM11	XMM11 非易失性，YMM11 的上半部分为易失性
XMM12/YMM12	XMM12 非易失性，YMM12 的上半部分为易失性
XMM13/YMM13	XMM13 非易失性，YMM13 的上半部分为易失性
XMM14/YMM14	XMM14 非易失性，YMM14 的上半部分为易失性
XMM15/YMM15	XMM15 非易失性，YMM15 的上半部分为易失性
FPU	易失性，但返回时必须清空 FPU 栈
方向标志位	返回时必须清除

在过程中，使用非易失性寄存器是完全合理的。但是，必须保留这些寄存器值，以便从函数返回时恢复其值。如果没有将影子存储器用于任何其他用途，那么这是在过程调用期间保存和恢复非易失性寄存器值的最佳场所，例如：

```
someProc proc
    push rbp
    mov rbp, rsp
    mov [rbp+16], rbx ; 将 RBX 的值保存在参数 1 的影子存储器中
    .
    . ; 过程的代码
    .
    mov rbx, [rbp+16] ; 从影子存储器中恢复 RBX 的值
    leave
    ret
someProc endp
```

当然，如果将影子存储器用在了其他用途，那么可以将非易失性寄存器的值保存在局部变量中，甚至可以压入和弹出寄存器的值：

```
someProc proc           ; 通过压入保存 RBX 的值
    push rbx            ; 注意，这会影响参数的偏移量
    push rbp
    mov rbp, rsp
    .
    . ; 过程的代码
    .
    leave
    pop rbx             ; 从栈中恢复 RBX 的值
    ret
someProc endp

someProc2 proc          ; 在局部变量中保存 RBX 的值
    push rbp
    mov rbp, rsp
    sub rsp, 16         ; 保持栈对齐
    mov [rbp-8], rbx    ; 保存 RBX 的值
```

```
    .
    . ; 过程的代码
    .
    mov rbx, [rbp-8]      ; 恢复 RBX 的值
    leave
    ret
someProc2 endp
```

5.7.4　栈对齐

正如前文已经多次提到过的，无论何时调用过程，微软 ABI 都要求栈在 16 字节边界上对齐。当 Windows 将控制权转移到我们自己编写的汇编代码时（或者当另一个符合 Windows ABI 的代码调用我们的汇编代码时），可以保证栈将在 8 字节边界上对齐，而不是在 16 字节边界上（因为栈在 16 字节边界上对齐后，返回地址消耗了 8 字节）。在汇编代码中，如果不需要关心栈是否在 16 字节边界上对齐，则可以对栈执行任何操作（但是，应该至少使栈保持在 8 字节边界上对齐）。

如果计划调用遵循微软调用约定的代码，则必须确保在调用之前栈已经合理对齐。存在两种方法可以确保栈合理对齐：在进入代码后，仔细管理对 RSP 寄存器的任何修改（这样无论何时进行调用，都可以了解栈是否在 16 字节边界上对齐）；在进行调用之前，强制栈进行适当的对齐。使用以下指令可以轻松强制栈在 16 字节边界上对齐：

```
and rsp, -16
```

但是，必须在设置调用参数之前，执行此指令。如果恰巧在执行 call 指令之前（但在将所有参数放置到栈中之后）执行此指令，则可能会导致 RSP 在内存中下移，参数在进入过程时将不会处于预期的偏移量处。

假设不知道 RSP 的状态，且要调用一个需要 5 个参数（40 字节，不是 16 字节的倍数）的过程，那么可以采用以下典型的调用指令序列：

```
    sub rsp, 40 ; 为前四个“影子参数”和第五个参数留出空间
    and rsp, -16 ; 确保 RSP 目前在 16 字节边界上对齐

; 以下代码将前四个参数移动到寄存器中，
; 并将第五个参数移动到位置 [rsp+32] 处：
    mov rcx, parm1
    mov rdx, parm2
    mov r8, parm3
    mov r9, parm4
    mov rax, parm5
    mov [rsp+32], rax
    call procWith5Parms
```

上述代码片段存在的唯一问题是，在返回时很难清理栈（因为无法判断 and 指令在栈中保留了多少字节）。但是，下一节将介绍，很少会在单个过程调用之后清理栈，因此不必担心这里出现的栈清理问题。

5.7.5　参数设置和清理（“魔法”指令的作用）

微软 ABI 规范要求调用方设置参数，然后在从函数返回时清理（从栈中删除）参数。从理论上讲，这意味着调用符合微软 ABI 的函数的过程如下所示：

```
; 为参数留出空间。parm_size 是一个常数，
```

```
; 其大小为所需的参数字节数（包括“影子参数”所需的 32 字节）。

    sub rsp, parm_size

    用于将参数复制到栈中的代码

    call procedure

; 在调用过程之后，清理栈：

    add rsp, parm_size
```

上述用于设置和清理参数的指令序列存在两个问题。首先，必须为程序中的每次调用重复指令序列“sub rsp, parm_size”和“add rsp, parm_size”（这可能效率很低）。其次，有时将栈与 16 字节边界对齐会迫使我们向下调整栈，而具体的调整量是一个未知的值，因此我们不知道具体要向 RSP 添加多少字节来清理栈。

如果在给定的过程中包含若干次调用，那么可以通过只在栈中设置和清理一次参数来优化这两个过程。为了理解其工作原理，请考虑下面的代码序列：

```
; 第一次过程调用：

    sub rsp, parm_size ; 为 proc1 的参数分配存储空间
    用于将参数复制到寄存器和栈中的代码
    call proc1
    add rsp, parm_size ; 清理栈

; 第二次过程调用：

    sub rsp, parm_size2 ; 为 proc2 参数分配存储空间
    用于将参数复制到寄存器和栈中的代码
    call proc2
    add rsp, parm_size2 ; 清理栈
```

仔细研读上述代码片段，应该可以发现，第一条 add 和第二条 sub 指令是有些多余的。如果用 parm_size 和 parm_size2 中的较大值修改第一条 sub 指令以减小栈大小，并使用这个较大值替换最终的 add 指令，则可以删除在两次调用之间出现的 add 和 sub 指令：

```
; 第一次过程调用：

    sub rsp, max_parm_size ; 为所有参数分配存储空间
    用于将 proc1 的参数复制到寄存器和栈中的代码
    call proc1
    用于将 proc2 的参数复制到寄存器和栈中的代码
    call proc2
    add rsp, max_parm_size ; 清理栈
```

如果可以确定过程中所有调用所需的最大参数字节数，则可以在整个过程中删除所有单独的栈分配和栈清理指令（不要忘记，最小参数大小为 32 字节，即使过程完全没有参数，这是影子存储器的要求）。

有些场景下，操作起来更容易。如果我们的过程包含局部变量，则可以将分配局部变量的 sub 指令与为参数分配存储空间的 sub 指令组合使用。类似地，如果我们使用的是标准进入指令序列和标准退出指令序列，则当退出过程时，过程最后的 leave 指令将自动清理所有的参数（以及局部变量）。

在本书中，已经出现了很多“魔法”的加法指令和减法指令，示例中虽然使用了这些指

令，但没有展开解释和讨论。现在，我们应该知道这些指令的作用了：这些“魔法”指令为局部变量分配存储空间，为被调用的过程分配所有的参数空间，以及保持栈在16字节边界上对齐。

下面是关于使用标准进入指令序列和标准退出指令序列设置局部变量和参数空间的过程的最后一个示例：

```
rbxSave  equ [rbp-8]
someProc proc
         push rbp
         mov rbp, rsp
         sub rsp, 48          ; 同时保持栈在 16 字节边界上对齐
         mov rbxSave, rbx     ; 保留 RBX
         .
         .
         .
         lea rcx, fmtStr
         mov rdx, rbx         ; 打印 RBX（假定）中的值
         call printf
         .
         .
         .
         mov rbx, rbxSave     ; 恢复 RBX
         leave                ; 清理栈
         ret
someProc endp
```

但是，如果使用以上技巧为过程的参数分配存储空间，则无法使用push指令将数据压入栈中。由于已经为参数在栈中分配了存储空间，因此当复制第五个及之后的参数时，必须使用mov指令将数据复制到栈中（使用[rsp+常量]寻址模式）。

5.8 函数和函数的返回结果

函数是将结果返回给调用方的过程。在汇编语言中，过程和函数之间几乎不存在语法上的差异，这就是MASM没有为函数提供特定声明的原因。然而，过程和函数之间也存在一些语义上的差异，虽然可以在MASM中以相同的方式声明过程和函数，但两者的使用方式不同。

过程是完成任务的一系列机器指令，过程执行的结果就是该任务完成了。函数执行一系列机器指令的主要目的则是计算某个值，并将计算结果返回给调用方。当然，函数也可以执行任务，过程无疑也可以计算值，但主要区别在于函数的目的是返回计算结果，而过程没有这个要求。

在汇编语言中，不需要使用特殊语法专门定义函数。就MASM而言，一切都是proc。在一个代码段中，程序员通过过程的执行明确地决定在某个地方（通常在寄存器中）返回函数结果，这个代码段就成为了函数。

x86-64的寄存器是返回函数结果的最常见位置。C标准库中的strlen例程是一个典型通过CPU中的某个寄存器返回值的函数示例，该函数在RAX寄存器中返回字符串（将其地址作为参数传递）的长度。

按照惯例，程序员会尝试分别在AL、AX、EAX和RAX寄存器中返回8位、16位、32位和64位（非实数）结果。这是大多数高级语言返回这些类型结果的地方，也是微软ABI声明应该返回函数结果的地方。例外情况是针对浮点数的。微软ABI声明应该在XMM0寄存

器中返回浮点数。

当然，AL、AX、EAX 和 RAX 寄存器并没有什么特别神圣的地方。只要方便，我们可以在任何寄存器中返回函数的结果。当然，如果要调用符合微软 ABI 的函数（例如 strlen 函数），那么别无选择，只能在 RAX 寄存器中获取函数的返回结果（例如，strlen 在 RAX 中返回 64 位整数）。

如果需要返回大于 64 位的函数结果，那么显然必须在 RAX（RAX 只能保存 64 位值）以外的其他位置返回。对于长度略大于 64 位的值（例如，128 位，甚至可能多达 256 位），可以将结果拆分为多个部分，并在两个或者多个寄存器中返回这些部分。函数在 RDX:RAX 寄存器对中返回 128 位的值是很常见的。当然，XMM/YMM 寄存器是返回较大值的另一个好地方。请记住，这些方案与微软 ABI 不兼容，只有在调用我们自己编写的代码时才实用。

如果需要返回一个大对象作为函数结果（例如，一个包含 1000 个元素的数组），那么显然无法在寄存器中返回函数结果。可以采用如下两种常见的方法处理大的返回结果：一种方法是将返回值作为引用参数传递，另一种方法是在堆中为对象分配存储空间（例如，使用 C 标准库中的 malloc 函数）并在 64 位寄存器中返回指向该对象的指针。当然，如果返回一个指向已在堆中分配的存储空间的指针，则调用程序必须在完成处理之后，释放这些存储空间。

5.9 递归

当一个过程调用自身时，就会发生递归。例如，以下是一个递归过程的示例：

```
Recursive proc

    call Recursive
    ret

Recursive endp
```

当然，CPU 永远不会从这个过程返回。因为进入 Recursive 过程后，这个过程将立即再次调用自身，控制权永远不会传递到过程的最后。在这种特殊情况下，失控的递归会导致无限循环[⊖]。

与循环结构相类似，递归需要终止条件才能停止无限递归。上述递归过程可以使用终止条件来重写，如下所示：

```
Recursive proc

    dec eax
    jz allDone
    call Recursive
allDone:
    ret

Recursive endp
```

这个修改后的 Recursive 过程，会在调用自身若干次后返回，具体的调用次数由 EAX 寄存器中的值决定。每次递归调用时，过程都会将 EAX 寄存器中的值递减 1，然后再次调用自身。最终，递归过程将 EAX 中的值递减为 0，并从每次递归调用中返回，直到返回到原始调用方。

⊖ 实际上并不是无限循环。栈将溢出，Windows 将在栈溢出时引发异常。

然而，到目前为止，还没有真正需要使用递归来实现的示例。毕竟，我们可以按如下方式，高效地实现上述过程：

```
Recursive proc
iterLp:
    dec eax
    jnz iterLp
    ret
Recursive endp
```

这两个示例都会重复执行过程的主体代码，重复的次数由 EAX 寄存器中的值决定[⊖]。事实证明，只有少数递归算法无法使用迭代的方式来实现。然而，许多递归算法比实现同一功能的迭代算法效率更高，而且在大多数情况下，递归形式的算法更容易理解。

快速排序算法（quicksort algorithm）可能是最著名的常以递归形式实现的算法。该算法的 MASM 实现如程序清单 5-15 所示。

程序清单 5-15　快速排序的递归实现

```
; 程序清单 5-15
; 递归版本的快速排序。
        option casemap:none
nl          =       10
numElements =       10
            .const
ttlStr      byte    "Listing 5-15", 0
fmtStr1     byte    "Data before sorting: ", nl, 0
fmtStr2     byte    "%d"; 使用 fmtStr3 的 nl 和 0
fmtStr3     byte    nl, 0
fmtStr4     byte    "Data after sorting: ", nl, 0
            .data
theArray    dword   1,10,2,9,3,8,4,7,5,6
            .code
            externdef printf:proc
; 将程序标题返回到 C++ 程序：
            public getTitle
getTitle    proc
            lea     rax, ttlStr
            ret
getTitle    endp
; quicksort——使用快速排序算法对数组进行排序。
; 以下是 C 语言中该算法的实现，供读者参考：
  void quicksort(int a[], int low, int high)
  {
      int i,j,Middle;
      if(low < high)
      {
          Middle = a[(low+high)/2];
          i = low;
          j = high;
          do
          {
              while(a[i] <= Middle) i++;
              while(a[j] > Middle) j--;
              if(i <= j)
              {
                  swap(a[i],a[j]);
                  i++;
```

⊖ 第二个示例会更快，因为它没有 call/ret 指令带来的开销。

```
                j--;
            }
        } while(i <= j);
        // 对两个子数组进行递归排序。
        if(low < j) quicksort(a,low,j-1);
        if(i < high) quicksort(a,j+1,high);
    }
}
; Args:
    ; RCX (_a): 指向需要排序的数组的指针
    ; RDX (_lowBnd): 需要排序的数组的下界索引
    ; R8 (_highBnd): 需要排序的数组的上界索引
_a          equ     [rbp+16] ; 指向数组的指针
_lowBnd     equ     [rbp+24] ; 数组的下界
_highBnd    equ     [rbp+32] ; 数组的上界
; 局部变量（寄存器保存区域）：
saveR9      equ     [rbp+40] ；寄存器 R9 的影子存储器
saveRDI     equ     [rbp-8]
saveRSI     equ     [rbp-16]
saveRBX     equ     [rbp-24]
saveRAX     equ     [rbp-32]
; 在过程的主体中，这些寄存器的含义如下所示：
; RCX：指向需要排序数组的基址的指针。
; EDX：数组的下界（32 位索引）。
; R8D：数组的上界（32 位索引）。
; EDI：数组的索引（i）。
; ESI：数组的索引（j）。
; R9D：需要比较的中间元素。
quicksort   proc
            push    rbp
            mov     rbp, rsp
            sub     rsp, 32
; 这段代码不会影响寄存器 RCX 的值，因此不需要保存 RCX 的值。
; 如果代码会影响 RDX 和 R8 的值，就需要在这里保存这些寄存器的值。
; 保存我们所使用的其他寄存器的值：
            mov     saveRAX, rax
            mov     saveRBX, rbx
            mov     saveRSI, rsi
            mov     saveRDI, rdi
            mov     saveR9, r9
            mov     edi, edx            ; i = low
            mov     esi, r8d            ; j = high
; 将实际上数组的中间元素作为枢轴元素。
            lea     rax, [rsi+rdi*1]   ; RAX = i+j
            shr     rax, 1              ; (i + j)/2
            mov     r9d, [rcx][rax*4] ; Middle = ary[(i + j)/2]
; 重复此操作，直到 EDI 和 ESI 中的索引彼此交叉
;（EDI 中的索引从数组开始处的索引递增到末尾处的，ESI 中的索引从数组末尾处的索引递减到开始处的）。
rptUntil:
; 从数组的开始正向扫描，查找第一个大于或等于中间元素的元素：
            dec     edi ; 可抵消以下 inc 指令的影响
while1:     inc     edi ; i = i + 1
            cmp     r9d, [rcx][rdi*4] ; 当 Middle > ary[i] 时
            jg      while1
; 从数组末尾反向扫描，查找第一个小于或等于中间元素的元素。
            inc     esi ; 可抵消以下 dec 指令的影响
while2:     dec     esi ; j = j - 1
            cmp     r9d, [rcx][rsi*4] ; 当 Middle < ary[j] 时
            jl      while2
; 如果我们在两个索引彼此交叉之前就停止了，
; 那么交换此时两个索引处元素（因为这两个元素与中间元素的顺序都不对）。
```

```
              cmp     edi, esi ; 如果 i <= j
              jnle    endif1
              mov     eax, [rcx][rdi*4] ; 交换 ary[i] 和 ary[j]
              mov     r9d, [rcx][rsi*4]
              mov     [rcx][rsi*4], eax
              mov     [rcx][rdi*4], r9d
              inc     edi        ; i = i + 1
              dec     esi        ; j = j - 1
endif1:       cmp     edi, esi   ; 直到 i > j
              jng     rptUntil
; 我们刚刚将数组中的所有元素都放在了相对于数组中间元素的正确位置，
; 即索引大于中间元素索引的所有元素在数值上也都大于中间元素，
; 索引小于中间元素索引的所有元素现在也都小于中间元素。
; 遗憾的是，中间元素两侧的两半数组尚未排好序。
; 如果这两半数组中有多个元素（只有零个或一个元素表明数组已经排好序），
; 则递归调用 quicksort 对它们进行排序。
              cmp     edx, esi   ; 如果 lowBnd < j
              jnl     endif2
              ; 注意：a 依旧保存在 RCX 中，low 依旧保存在 RDX 中。
              ; 需要保存 R8（高位）。
              ; 注意：quicksort 不要求栈对齐。
              push    r8
              mov     r8d, esi
              call    quicksort ; (a, low, j)
              pop r8
endif2:       cmp     edi, r8d   ; 如果 i < high
              jnl     endif3
              ; 注意：a 依旧保存在 RCX 中，high 依旧保存在 R8D 中。
              ; 需要保存 RDX（低位）。
              ; 注意：quicksort 不要求栈对齐。
              push    rdx
              mov     edx, edi
              call    quicksort ; (a, i, high)
              pop     rdx
; 恢复寄存器并离开：
endif3:
              mov     rax, saveRAX
              mov     rbx, saveRBX
              mov     rsi, saveRSI
              mov     rdi, saveRDI
              mov     r9, saveR9
              leave
              ret
quicksort     endp
; 打印数组元素的小实用程序：
printArray    proc
              push    r15
              push    rbp
              mov     rbp, rsp
              sub     rsp, 40   ; 影子参数
              lea     r9, theArray
              mov     r15d, 0
whileLT10:    cmp     r15d, numElements
              jnl     endwhile1
              lea     rcx, fmtStr2
              lea     r9, theArray
              mov     edx, [r9][r15*4]
              call    printf
              inc     r15d
              jmp     whileLT10
endwhile1:    lea     rcx, fmtStr3
```

```
            call    printf
            leave
            pop     r15
            ret
printArray  endp
; 以下是“asmMain”函数的实现：
            public  asmMain
asmMain     proc
            push    rbp
            mov     rbp, rsp
            sub     rsp, 32 ; 影子存储器
; 显示未排序的数组：
            lea     rcx, fmtStr1
            call    printf
            call    printArray
; 对数组进行排序：
            lea     rcx, theArray
            xor     rdx, rdx                ; low = 0
            mov     r8d, numElements-1      ; high = 9
            call    quicksort               ; (theArray, 0, 9)
; 显示排序结果：
            lea     rcx, fmtStr4
            call    printf
            call    printArray
            leave
            ret     ; 返回到调用方
asmMain     endp
            end
```

以上程序的构建命令和示例输出结果如下所示：

```
C:\>build listing5-15

C:\>echo off
Assembling: listing5-15.asm
c.cpp

C:\>listing5-15
Calling Listing 5-15:
Data before sorting:
1
10
2
9
3
8
4
7
5
6
Data after sorting:
1
2
3
4
5
6
7
8
9
10
Listing 5-15 terminated
```

请注意，在上述快速排序过程中，使用寄存器储存所有的局部变量。快速排序函数是一个叶子函数（leaf function），它不调用任何其他函数。因此，快速排序函数不需要栈在 16 字节边界上对齐。此外，上述快速排序过程保留所有修改了值的寄存器（甚至是易失性寄存器），这适用于所有的纯汇编过程（仅由其他汇编语言过程调用）。这只是一种很好的编程实践，虽然它的效率稍低。

5.10　过程指针

x86-64 的调用指令允许三种基本形式，即 PC 相对调用（通过过程名称）、通过 64 位通用寄存器的间接调用以及通过四字指针变量的间接调用。call 指令支持以下（低级）语法：

```
call proc_name       ; 直接调用过程 proc_name
call reg64           ; 间接调用过程，该过程的地址位于 reg64 中
call qwordVar        ; 间接调用过程，该过程的地址位于 qwordVar（一个四字变量）中
```

前文我们一直使用第一种形式，所以这里不再赘述。第二种形式中，过程的地址是在该过程中执行的第一条指令的字节地址。在冯·诺依曼体系结构机器（如 x86-64）中，系统将机器指令与其他数据一起存储在内存中。CPU 在执行指令操作码之前先从内存中获取指令操作码。当执行第二种形式的调用指令时，x86-64 首先将返回地址压入栈中，然后开始从寄存器值指定的地址处提取下一个操作码字节（指令）。

调用指令的第三种形式从内存中的一个四字变量中，获取过程的第一条指令的地址。尽管此指令使用的是对过程的直接寻址，但我们应该意识到，任何合法的内存寻址模式都可用在这里。例如，“call procPtrTable[rbx*8]”是完全合法的，此语句从四字数组（procPtrTable）中获取一个四字，该四字所包含的值就是将要调用过程的地址。

MASM 将过程名称视为静态对象。因此，可以使用 offset 运算符和过程名称，或者使用 lea 指令来计算过程的地址。例如，“offset proc_name”是 proc_name 过程中第一条指令的地址。因此，以下三个指令序列最终都会调用 proc_name 过程：

```
call proc_name
.
.
.
mov rax, offset proc_name
call rax
.
.
.
lea rax, proc_name
call rax
```

因为过程的地址适合 64 位对象，所以可以将这样的地址存储到四字变量中。实际上，可以使用类似如下的代码，用过程地址来初始化四字变量：

```
p proc
    .
    .
    .
p endp
    .
    .
    .
    .data
```

```
ptrToP qword offset p
     .
     .
     .
     call ptrToP ;如果 ptrToP 没有改变则调用 p
```

与所有指针对象一样，不要想通过指针变量间接调用一个过程，除非已经使用适当的地址对该变量进行了初始化。在两种情形下可以初始化过程指针变量：允许初始化操作的“.data”和“.const”段；可以在运行时计算例程的地址（一个 64 位值），并将该 64 位地址直接存储到过程指针中的情形。以下代码片段演示了初始化过程指针的两种情形：

```
     .data
ProcPointer qword offset p ; 使用 p 的地址初始化 ProcPointer
     .
     .
     .
     call ProcPointer ; 第一次调用，调用过程 p

; 使用 q 的地址重新加载 ProcPointer。

     lea rax, q
     mov ProcPointer, rax
     .
     .
     .
     call ProcPointer ; 该调用将调用过程 q
```

尽管本节中的所有示例都使用静态变量声明（“.data”“.const”“.data?”），但是不要认为只能在静态变量声明段中声明简单的过程指针。我们还可以将过程指针（刚好是四字变量）声明为局部变量，将其作为参数传递，或将其声明为记录或联合的字段。

5.11　过程参数

参数列表中的过程指针十分重要。一种常见的操作是通过传递过程的地址来从几个过程中选择某个过程进行调用。当然，过程参数（procedural parameter）只是一个包含过程地址的四字参数，因此这实际上与使用局部变量来保存过程指针没有什么区别（除了调用方使用过程的地址来初始化参数以间接调用过程）。

在 MASM 的 proc 伪指令中使用参数列表时，可以使用“proc”类型说明符指定过程指针类型；例如：

```
procWithProcParm proc parm1:word, procParm:proc
```

可以使用以下的调用指令，调用此参数指向的过程：

```
call procParm
```

5.12　保存机器的状态（二）

在 5.2 节中，我们讨论了如何使用 push 和 pop 指令在过程调用中保存寄存器的状态（由被调用方负责保存寄存器）。很显然，这是在过程调用中保存寄存器状态的一种方法，但肯定不是唯一的方法，也不总是（甚至通常不是）保存和恢复寄存器的最佳方法。

push 和 pop 指令有两个主要优点：这两个指令都很短小（压入或弹出一个 64 位寄存器只需要使用一字节的指令操作码），并且可以处理常量和内存操作数。同时，这两个指令确实也存在缺点：这两个指令都会修改栈指针，仅适用于两字节或八字节的寄存器，只适用于通用整数寄存器（以及 FLAGS 寄存器），并且可能比将寄存器数据移动到栈中的等效指令慢。通常情况下，更好的解决方案是在局部变量空间中保留存储空间，并简单地在栈中的局部变量和寄存器之间移动数据。

考虑下面的过程声明，该声明使用 push 和 pop 指令来保存寄存器：

```
preserveRegs proc
    push rax
    push rbx
    push rcx
    .
    .
    .
    pop rcx
    pop rbx
    pop rax
    ret
preserveRegs endp
```

可以通过以下代码实现同样的功能：

```
preserveRegs proc
saveRAX  textequ  <[rsp+16]>
saveRBX  textequ  <[rsp+8]>
saveRCX  textequ  <[rsp]>

    sub rsp, 24 ; 为局部变量留出空间
    mov saveRAX, rax
    mov saveRBX, rbx
    mov saveRCX, rcx
    .
    .
    .
    mov rcx, saveRCX
    mov rbx, saveRBX
    mov rax, saveRAX
    add rsp, 24 ; 清理局部变量
    ret
preserveRegs endp
```

上述代码片段的缺点是，为了在栈中为保存寄存器值的局部变量分配存储空间以及撤销分配的存储空间，需要两条额外的指令。push 和 pop 指令会自动分配存储空间，从而我们无须提供这些额外的指令。对于这样的一个简单情况，push 和 pop 指令可能是更好的解决方案。

对于更复杂的过程，尤其是那些需要使用栈中的参数或者具有局部变量的过程，不需要任何额外的指令，过程就会设置激活记录，并从 RSP 中减去较大的数字：

```
    option prologue:PrologueDef
    option epilogue:EpilogueDef
preserveRegs proc  parm1:byte, parm2:dword
    local  localVar1:dword, localVar2:qword
    local  saveRAX:qword, saveRBX:qword
    local  saveRCX:qword

    mov saveRAX, rax
    mov saveRBX, rbx
    mov saveRCX, rcx
```

```
        .
        .
        .
        mov rcx, saveRCX
        mov rbx, saveRBX
        mov rax, saveRAX
        ret
    preserveRegs endp
```

MASM 会自动生成代码，为栈中的 saveRAX、saveRBX 和 saveRCX（以及所有其他局部变量）分配存储空间，并在返回时清理局部变量占用的存储空间。

当在栈中为局部变量以及也许要传递给所调用函数的参数分配存储空间时，通过压入和弹出寄存器来保存寄存器的方法会导致问题出现。例如，请考虑以下的过程示例：

```
    callsFuncs proc
    saveRAX  textequ <[rbp-8]>
    saveRBX  textequ <[rbp-16]>
    saveRCX  textequ <[rbp-24]>
        push rbp
        mov rbp, rsp
        sub rsp, 48 ; 为局部变量和参数留出空间
        mov saveRAX, rax ; 在局部变量中保留寄存器
        mov saveRBX, rbx
        mov saveRCX, rcx
        .
        .
        .
        mov [rsp], rax ; 存储 parm1
        mov [rsp+8], rbx ; 存储 parm2
        mov [rsp+16], rcx ; 存储 parm3
        call theFunction
        .
        .
        .
        mov rcx, saveRCX ; 恢复寄存器
        mov rbx, saveRBX
        mov rax, saveRAX
        leave ; 清理局部变量
        ret
    callsFuncs endp
```

如果这个函数在从 RSP 中减去 48 后，往栈中压入 RAX、RBX 和 RCX，那么这些保存的寄存器将位于栈中函数向 theFunction 传递参数 parm1、parm2 和 parm3 的位置。这就是在使用构建包含本地存储激活记录的函数时，push 和 pop 指令不能很好地工作的原因所在。

5.13 微软 ABI 注释

本章全面阐述了微软调用约定。具体而言，符合微软 ABI 的函数必须遵循以下规则。

- （标量）参数必须在 RCX、RDX、R8 和 R9 中传递，然后压入栈中。浮点参数分别使用 XMM0、XMM1、XMM2 和 XMM3 替换 RCX、RDX、R8 和 R9。
- vararg 函数（例如 printf）和未完全原型化的函数在通用（整数）寄存器和 XMM 寄存器中都要传递浮点值。（值得一提的是，printf 似乎很适合仅在整数寄存器中传递浮点值，尽管这可能是本书编写过程中使用 MSVC 版本的一个意外。）
- 所有参数的大小必须小于或等于 64 位，大于 64 位的参数必须按引用传递。
- 在栈中，参数始终占用 64 位（8 字节），而不管参数的实际大小是多少，小于 64 位

的对象的高阶位未定义。

- 栈必须在 16 字节边界上对齐，才可执行 call 指令。
- 寄存器 RAX、RCX、RDX、R8、R9、R10、R11、XMM0/YMM0 ~ XMM5/YMM5 是易失性的。如果需要在整个调用中保存寄存器的值，则调用方必须在整个调用中保留这些寄存器。还请注意，YMM0 ~ YMM15 的高阶 128 位是易失性的，如果调用方需要在整个调用中保留这些位，则必须保留这些寄存器。
- 寄存器 RBX、RSI、RDI、RBP、RSP、R12 ~ R15、XMM6 ~ XMM15 是非易失性的。如果被调用方更改了这些寄存器的值，则必须保留这些寄存器。YMM0L ~ YMM15L，即 YMM0 ~ YMM15 的低阶 128 位是非易失性的，这些寄存器的高阶 128 位是易失性的。如果一个过程要保存寄存器 YMM0 ~ YMM15 的低阶 128 位，那么该过程应该保留所有位（微软 ABI 中的这种不一致性是为了支持在不支持 YMM 寄存器的 CPU 上运行的遗留代码）。
- 标量函数通过 RAX 寄存器返回（64 位或更少的）值。对于小于 64 位的返回值，RAX 的高阶位未定义。
- 如果函数返回值大于 64 位，那么必须为返回值分配存储空间，并在第一个参数（RCX）中将该存储空间的地址传递给函数。当函数返回时，必须在 RAX 寄存器中返回该指针。
- 函数在 XMM0 寄存器中返回浮点结果（双精度或者单精度值）。

5.14　拓展阅读资料

本书 32 位版本的电子版（可以在 https://artofasm.randallhyde.com/ 找到）包含一整“卷”关于高级过程和中级过程的描述。尽管 32 位版本的那本书涵盖了 32 位汇编语言程序设计的相关内容，但书中的概念可以直接用于 64 位汇编，只需使用 64 位地址代替 32 位地址即可。

虽然本章中的信息涵盖了汇编程序员通常需使用的 99% 的知识，但读者可能会发现有关过程和参数的其他信息也很有趣。特别是，电子版涵盖了额外的参数传递机制，如按值 / 结果传递、按结果传递、按名称传递、按惰性求值（lazy evaluation，又被译为惰性计算、延迟计算）传递，并且更详细地介绍了可以传递参数的位置。电子版还包括迭代器、形实转换程序（thunk，又译为形实替换程序）和其他高级过程类型。最后，在编译器构造方面，一本好的教科书将介绍对过程的运行时支持的更多细节。

有关微软 ABI 的更多信息，请在微软网站（或互联网）上搜索关键字“Microsoft calling conventions”（微软调用约定）。

5.15　自测题

1. 逐步解释 call 指令是如何工作的。
2. 逐步解释 ret 指令是如何工作的。
3. 带有数值常量操作数的 ret 指令的作用是什么？
4. 在栈中为返回地址压入什么值？
5. 什么是名称空间污染？
6. 如何在过程中定义单个全局符号？
7. 如何使过程中的所有符号不受作用域限制（即过程中的所有符号都是全局的）？
8. 解释如何使用 push 和 pop 指令保存函数中寄存器的值。

9. 使用调用方保存寄存器主要有哪些缺点？
10. 使用被调用方保存寄存器主要有哪些缺点？
11. 在函数开始时往栈中压入值，之后如果未能及时弹出该值，会发生什么情况？
12. 如果从函数的栈中弹出额外的数据（指未在函数中压入栈的数据），会发生什么情况？
13. 什么是激活记录？
14. 哪个寄存器通常指向激活记录，并提供对该记录中数据的访问？
15. 当使用微软 ABI 时，为典型参数在栈中保留了多少字节？
16. 过程的标准进入指令序列是什么？
17. 过程的标准退出指令序列是什么？
18. 如果 RSP 中的当前值未知，可以使用什么指令强制栈指针在 16 字节边界上对齐？
19. 变量的作用域是什么？
20. 变量的生存期是多少？
21. 什么是自动变量？
22. 系统何时为自动变量分配存储空间？
23. 解释在过程中声明局部 / 自动变量的两种方法。
24. 给定以下过程的源代码片段，请给出每个局部变量的偏移量：

```
procWithLocals proc
    local  var1:word, local2:dword, dVar:byte
    local  qArray[2]:qword, rlocal[2]:real4
    local  ptrVar:qword
    .
    . ; 过程中的其他语句。
    .
procWithLocals endp
```

25. 在源文件中，可以插入什么语句来指示 MASM 自动生成过程的标准进入指令序列和标准退出指令序列？
26. 当 MASM 自动为过程生成一个标准进入指令序列时，该如何确定将代码序列放置在何处？
27. 当 MASM 自动为过程生成一个标准退出指令序列时，该如何确定将代码序列放置在何处？
28. 按值传递的参数传递给函数的值是什么？
29. 按引用传递的参数传递给函数的值是什么？
30. 当向函数传递四个整数参数时，Windows ABI 要求在何处传递这些参数？
31. 当传递的前四个参数中有一个浮点数时，Windows ABI 要求在何处传递这些参数？
32. 当向函数传递四个以上的参数时，Windows ABI 要求在何处传递这些参数？
33. Windows ABI 中的易失性寄存器和非易失性寄存器有什么区别？
34. Windows ABI 中哪些寄存器是易失性的？
35. Windows ABI 中哪些寄存器是非易失性的？
36. 在代码流中传递参数时，函数如何访问参数数据？
37. 什么是影子参数？
38. 如果函数只有一个 32 位的整数参数，那么该函数需要多少字节的影子存储器？
39. 如果函数有两个 64 位的整数参数，那么该函数需要多少字节的影子存储器？
40. 如果函数有六个 64 位的整数参数，那么该函数需要多少字节的影子存储器？
41. 在以下 proc 过程声明中，MASM 将为每个参数关联哪些偏移量？

```
procWithParms proc parm1:byte, parm2:word, parm3:dword, parm4:qword
```

42. 假设在上一题中，parm4 是一个按引用传递的字符参数，那么如何将该字符加载到 AL 寄存器中（请给出具体的代码序列）？

43. 在以下 proc 过程声明中，MASM 将为每个局部变量关联哪些偏移量？

```
procWithLocals proc
    local lclVar1:byte, lclVar2:word, lclVar3:dword,lclVar4:qword
```

44. 将大数组传递给过程的最佳方法是什么？
45. ABI 代表什么？
46. 返回函数结果的最常见位置在哪里？
47. 什么是过程参数？
48. 如何调用按参数传递给函数 / 过程的过程？
49. 如果一个过程具有局部变量，那么在该过程中保存寄存器的最佳方法是什么？

算术运算

本章讨论汇编语言中的算术运算。通过本章的学习，读者应该能够将算术表达式和赋值语句从高级程序设计语言（例如 Pascal 和 C/C++）翻译成 x86-64 汇编语言。

6.1 x86-64 整数算术指令

在学习如何使用汇编语言对算术表达式进行编码之前，最好先讨论 x86-64 指令集中我们尚未介绍的一些算术指令。在前几章中，我们已经介绍了大部分算术指令和逻辑指令，因此本节将介绍读者需要的其余几条指令。

6.1.1 符号扩展指令和零扩展指令

一些算术运算需要在运算前使用符号或零对值进行扩展。本节首先讨论符号扩展指令和零扩展指令。x86-64 提供了多条指令，用于将较小的数值符号扩展或者零扩展成较大的数值。表 6-1 列出了对 AL、AX、EAX 和 RAX 寄存器进行符号扩展的指令。

表 6-1 符号扩展 AL、AX、EAX 和 RAX 的指令

指令	说明
cbw	通过符号扩展，将 AL 中的字节转换为 AX 中的字
cwd	通过符号扩展，将 AX 中的字转换为 DX:AX 中的双字
cdq	通过符号扩展，将 EAX 中的双字转换为 EDX:EAX 中的四字
cqo	通过符号扩展，将 RAX 中的四字转换为 RDX:RAX 中的八字
cwde	通过符号扩展，将 AX 中的字转换为 EAX 中的双字
cdqe	通过符号扩展，将 EAX 中的双字转换为 RAX 中的四字

请注意，cwd（convert word to double word，将字转换为双字）指令不会将 AX 中的字符号扩展成 EAX 中的双字，而是将符号扩展结果中的高阶字存储到 DX 寄存器中（符号 DX:AX 表示一个双字值，DX 包含值的高 16 位，AX 包含值的低 16 位）。如果希望将 AX 中的字符号扩展到 EAX 中，那么应该使用 cwde 指令。与之类似，cdq 指令将 EAX 符号扩展到 EDX:EAX 中。如果希望将 EAX 符号扩展到 RAX 中，那么可以使用 cdqe 指令。

对于一般的符号扩展操作，x86-64 提供了 mov 指令的扩展——movsx（move with sign extension，带符号扩展的移动指令），该指令复制数据，并在复制时对数据进行符号扩展。movsx 指令的语法与 mov 相似：

```
movsxd dest, source ; 如果 dest 为 64 位，source 为 32 位
movsx dest, source ; 适用于所有其他的操作数组合
```

这两个指令与 mov 指令在语法上的最大区别在于，目标操作数通常必须大于源操作数[⊖]。例如，如果源操作数是字节，那么目标操作数必须是字、双字或四字。同时，目标操作

⊖ 在两种特殊情况下，目标和源操作数大小相同。然而，这两条指令不是特别有用。

数必须是寄存器，而源操作数可以是内存位置[⊖]。movsx 指令不允许常量操作数。

无论出于何种原因，在（使用 movsxd 而非 movsx）将 32 位操作数符号扩展到 64 位寄存器中时，MASM 都需要不同的指令助记符（指令名称）。

如果要对一个值进行零扩展，那么可以使用 movzx 指令。movzx 指令没有 movsx 的限制，只要目标操作数大于源操作数，该指令就可以正常工作。该指令还允许 8 位到 16 位、32 位或 64 位的转换，以及 16 位到 32 位或 64 位的转换。没有将 32 位转换到 64 位的指令（事实证明这是不必要的）。

由于历史原因，x86-64 CPU 系列在执行 32 位操作时，总是将寄存器从 32 位零扩展到 64 位。因此，为了将 32 位寄存器零扩展成 64 位寄存器，只需将（32 位）寄存器向其自身移动即可。例如：

```
mov eax, eax ; 将 EAX 零扩展到 RAX 中
```

无须使用 movzx 指令，就可以轻松地将某些 8 位寄存器（AL、BL、CL 或 DL）零扩展成 16 位寄存器（AX、BX、CX 或 DX），只需要将对应的高阶寄存器（AH、BH、CH 或 DH）设置为 0[⊜]。为了将 AX 零扩展成 DX:AX，或者将 EAX 零扩展成 EDX:EAX，只需要将 DX 或者 EDX 设置为 0。

因为指令编码的限制，x86-64 不允许将 AH、BH、CH 或 DH 寄存器零扩展或符号扩展成任何 64 位寄存器。

6.1.2 mul 指令和 imul 指令

前文我们已经讨论了 x86-64 指令集中 imul 指令的一个子集（请参阅 4.1 节的相关内容）。本节将介绍 imul 的扩展精度版本以及无符号的 mul 指令。

乘法指令为我们提供了 x86-64 指令集中另一种不规则的体验。与 mov 指令一样，x86-64 指令集中的 add、sub 等指令也都支持两个操作数。遗憾的是，原始 8086 操作码字节中没有足够的位数来支持所有的指令，因此 x86-64 将 mul（unsigned multiply，无符号乘法）和 imul（signed integer multiply，有符号整数乘法）指令视为单操作数指令，就像 inc、dec 和 neg 指令一样。然而，乘法是一个具有两个操作数的运算。为了化解这之间的矛盾，x86-64 总是假定累加器（AL、AX、EAX 或 RAX）是目标操作数。

mul 指令和 imul 指令的另一个问题是，不能使用这两个指令将累加器乘以常量。英特尔很快发现需要支持常量的乘法，并增加更通用版本的 imul 指令来解决这个问题。然而，我们必须知道，基本的 mul 指令和 imul 指令并不像第 4 章中讨论的 imul 那样支持全范围的操作数。

单操作数乘法指令根据符号的有无采取不同的形式，首先是无符号时的指令：

```
mul reg8    ; 返回 AX
mul reg16   ; 返回 DX:AX
mul reg32   ; 返回 EDX:EAX
mul reg64   ; 返回 RDX:RAX
mul mem8    ; 返回 AX
mul mem16   ; 返回 DX:AX
mul mem32   ; 返回 EDX:EAX
mul mem64   ; 返回 RDX:RAX
```

⊖ 这种限制并没有那么严格，因为一般在寄存器中进行算术运算之前，先进行符号扩展。

⊜ 之后将发现，零扩展成 DX:AX 或 EDX:EAX 与 cwd 和 cdq 指令一样必要。

然后是有符号时的指令：

```
imul reg8   ; 返回 AX
imul reg16  ; 返回 DX:AX
imul reg32  ; 返回 EDX:EAX
imul reg64  ; 返回 RDX:RAX
imul mem8   ; 返回 AX
imul mem16  ; 返回 DX:AX
imul mem32  ; 返回 EDX:EAX
imul mem64  ; 返回 RDX:RAX
```

两个 *n* 位值相乘的结果可能需要多达 2×*n* 位的存储空间来保存。因此，如果操作数是 8 位数，那么乘法结果可能需要 16 位的存储空间。同样，16 位操作数的乘法会产生 32 位的结果，32 位操作数的乘法会产生 64 位的结果，而 64 位操作数的乘法需要多达 128 位的存储空间才能保存结果。表 6-2 列出了各种乘法计算。

表 6-2　mul 和 imul 操作

指令	计算
mul $operand_8$	AX = AL × $operand_8$（无符号）
imul $operand_8$	AX = AL × $operand_8$（有符号）
mul $operand_{16}$	DX:AX = AX × $operand_{16}$（无符号）
imul $operand_{16}$	DX:AX = AX × $operand_{16}$（有符号）
mul $operand_{32}$	EDX:EAX = EAX × $operand_{32}$（无符号）
imul $operand_{32}$	EDX:EAX = EAX × $operand_{32}$（有符号）
mul $operand_{64}$	RDX:RAX = RAX × $operand_{64}$（无符号）
imul $operand_{64}$	RDX:RAX = RAX × $operand_{64}$（有符号）

如果 8 位 ×8 位、16 位 ×16 位、32 位 ×32 位或 64 位 ×64 位的乘积结果分别需要超过 8、16、32 或 64 位的存储空间，那么 mul 指令和 imul 指令将设置进位标志位和溢出标志位。mul 和 imul 将影响符号标志位和零标志位的值。

注意： 执行 mul 和 imul 这两个指令之后，符号标志位和零标志位的值没有意义。

在学习 8.1 节时，我们将大量使用单操作数形式的 mul 指令和 imul 指令。但是，除非我们正在执行多精度任务，否则可能需要使用更通用的多操作数版本的 imul 指令，而不是扩展精度的 mul 指令或 imul 指令。通用 imul（具体请参见第 4 章）并不能完全替代这两个指令，除了操作数个数不同之外，还存在一些其他的差异。以下规则仅适用于通用（多操作数）imul 指令。

- 没有可用的 8 位 ×8 位多操作数 imul 指令。
- 通用 imul 指令不会产生 2×*n* 位的结果，它会将结果截断为 *n* 位。也就是说，16 位 ×16 位的乘法会产生一个 16 位的结果。同样，32 位 ×32 位的乘法会产生一个 32 位的结果。如果结果超出了目标寄存器的范围，那么这些指令将设置进位标志位和溢出标志位。

6.1.3　div 指令和 idiv 指令

x86-64 的除法指令执行 128 位 /64 位的除法、64 位 /32 位的除法、32 位 /16 位的除法以及 16 位 /8 位的除法。这些指令的语法形式如下所示：

```
div reg8
div reg16
```

```
div reg32
div reg64

div mem8
div mem16
div mem32
div mem64

idiv reg8
idiv reg16
idiv reg32
idiv reg64

idiv mem8
idiv mem16
idiv mem32
idiv mem64
```

div 指令执行的是无符号除法运算。如果操作数是 8 位操作数，则 div 指令将 AX 寄存器除以这个操作数，将得到的商存储在 AL 中，将余数（模）存储在 AH 中。如果操作数是 16 位的数，则 div 指令将 DX:AX 中的 32 位数除以这个操作数，将得到的商存储在 AX 中，将余数存储在 DX 中。对于 32 位操作数，div 指令将 EDX:EAX 中的 64 位值除以这个操作数，将得到的商存储在 EAX 中，将余数存储在 EDX 中。同样，对于 64 位操作数，div 指令将 RDX:RAX 中的 128 位值除以这个操作数，将得到的商存储在 RAX 中，将余数存储在 RDX 中。

div 指令或 idiv 指令的任何变体都不允许将值除以常数。如果要将一个值除以一个常数，则需要创建一个使用该常数进行初始化的内存对象（最好在“.const”段中），然后将内存值用作 div 或 idiv 的操作数。例如：

```
    .const
ten dword 10
    .
    .
    .
div ten; 将 EDX:EAX 除以 10
```

idiv 指令用于计算有符号的商和余数。idiv 指令的语法与 div 的相同（除了使用 idiv 助记符），但在执行 idiv 指令之前，为 idiv 创建有符号操作数时可能需要不同于为 div 创建无符号操作数时的指令序列。

在 x86-64 上，不能简单地将一个无符号 8 位数值除以另一个无符号 8 位数值。如果分母是 8 位的数值，则分子必须是一个 16 位的数值。如果需要将一个无符号 8 位数值除以另一个无符号 8 位数值，则必须将分子加载到 AL 寄存器中，然后将 0 移动到 AH 寄存器中，以将分子零扩展到 16 位。在执行 div 指令之前未对 AL 进行零扩展，可能会导致 x86-64 产生错误的结果！当需要将两个 16 位无符号数值相除时，必须将 AX 寄存器（包含分子）零扩展到 DX 寄存器中。为此，只需将 0 加载到 DX 寄存器中。如果需要将一个 32 位数值除以另一个 32 位数值，则必须在除法之前将 EAX 寄存器零扩展到 EDX 中（通过将 0 加载到 EDX 中）。类似地，为了将一个 64 位数值除以另一个 64 位数值，必须在除法之前将 RAX 零扩展到 RDX 中（例如，使用“xor rdx, rdx”指令）。

如果处理的是有符号整数值，则在执行 idiv 指令之前，需要将 AL 符号扩展到 AX 中、将 AX 符号扩展到 DX 中、将 EAX 符号扩展到 EDX 中，或者将 RAX 符号扩展到 RDX 中。

为此，可以使用 cbw、cwd、cdq 或者 cqo 指令[⊖]。如果没有执行符号扩展操作，那么可能会产生不正确的结果。

x86-64 的除法指令还存在另外一个问题：使用该指令时，可能会出现致命的错误。当然，尝试将一个值除以 0 会导致致命的错误。再有是，商可能太大，从而超出 RAX、EAX、AX 或 AL 寄存器的存储范围。例如，对于 16 位 /8 位的除法 8000h/2，将产生商 4000h，余数 0。4000h 超出了 8 位寄存器的存储范围。如果发生这种情况，或者尝试除以 0，则 x86-64 将生成除法异常或者整数溢出异常。这通常意味着我们的程序会崩溃。如果真发生了这种情况，那么可能的原因是在执行除法运算之前，没有对分子进行符号扩展或零扩展。因为这个错误可能会导致程序崩溃，所以在使用除法时，应该非常小心地选择数值。

在除法运算后，x86-64 的进位标志位、溢出标志位、符号标志位和零标志位是未定义的，因此此时不能通过检查标志位来测试问题所在。

6.1.4　重温 cmp 指令

如 2.10.3 节所述，cmp 指令根据减法运算（左操作数 - 右操作数）的结果更新 x86-64 的标志位。x86-64 以适当的方式设置标志位，以便我们可以将此指令解读为“比较左操作数和右操作数”。通过使用条件设置指令检查 FLAGS 寄存器中的相应标志位（具体情况请参见 6.1.5 中的相关内容）或者使用条件跳转指令（第 2 章或第 7 章），可以测试比较结果。

在探索 cmp 指令时，首先需要研究该指令是如何影响标志位的。请考虑以下的 cmp 指令：

```
cmp ax, bx
```

上述指令执行 AX−BX 的计算，并根据计算的结果设置标志位。以下描述设置标志位的规则（当然也可以参见表 6-3）。

- **ZF（零标志位）**：当且仅当 AX=BX（AX−BX 的结果为 0）时，设置零标志位。因此，可以使用零标志位来测试两个操作数相等或者不相等。
- **SF（符号标志位）**：如果结果为负数，则将符号标志位设置为 1。乍一看，可能会认为，当 AX 小于 BX 时，才会设置该标志位，但情况并非总是如此。如果 AX = 7FFFh，BX = −1（0FFFFh），那么从 AX 中减去 BX，结果得到 8000h，这是一个负数（因此将设置符号标志位）。所以无论如何，对于有符号数的比较，符号标志位并不包含正确的状态。对于无符号操作数，假设 AX = 0FFFFh 并且 BX = 1。此时，AX 大于 BX，但两者的差是 0FFFEh，结果仍然是负数。事实证明，结合符号标志位和溢出标志位，可以正确地比较两个有符号值的大小。
- **OF（溢出标志位）**：如果 AX 减去 BX 产生了向上溢出或者向下溢出，那么在 cmp 操作后会设置溢出标志位。如前所述，在进行有符号比较时，会同时使用符号标志位和溢出标志位。
- **CF（进位标志位）**：如果从 AX 中减去 BX 时需要借位，那么在 cmp 操作后会设置进位标志位。只有当 AX 小于 BX 时，才会发生这种情况，其中 AX 和 BX 都是无符号值。

⊖　还可以使用 movsx 指令，将 AL 符号扩展到 AX 中。

表 6-3　执行 cmp 后的条件代码设置

无符号操作数	有符号操作数
ZF：相等 / 不相等	ZF：相等 / 不相等
CF：Left < Right（C = 1） Left ⩾ Right（C = 0）	CF：无意义
SF：无意义	SF：请参见本节中的讨论
OF：无意义	OF：请参见本节中的讨论

基于上述 cmp 指令设置标志位的方式，可以使用以下标志位测试两个操作数的比较结果：

```
cmp Left, Right
```

对于有符号数的比较，同时使用 SF 和 OF，其规则如下：

- 如果 [(SF = 0) and (OF = 1)] 或者 [(SF = 1) and (OF = 0)]，则有符号数的比较结果为 Left < Right。
- 如果 [(SF = 0) and (OF = 0)] 或者 [(SF = 1) and (OF = 1)]，则有符号数的比较结果为 Left ⩾ Right。

请注意，如果左操作数小于右操作数，那么 (SF xor OF) 结果为 1。相反，如果左操作数大于或等于右操作数，那么（SF xor OF）结果为 0。

为了理解为什么会按这种方式设置这些标志位，请考虑表 6-4 中的示例。

表 6-4　减法运算后，SF 和 OF 的设置

左操作数	减	右操作数	SF	OF
0FFFFh（−1）	−	0FFFEh（−2）	0	0
8000h（−32 768）	−	0001h	0	1
0FFFEh（−2）	−	0FFFFh（−1）	1	0
7FFFh（32 767）	−	0FFFFh（−1）	1	1

请记住，cmp 运算实际上是一个减法运算。因此，表 6-4 中的第 1 个示例计算 (−1) − (−2)，结果为 (+1)。结果为正值，没有出现溢出，因此 SF 和 OF 均为 0。因为 (SF xor OF) 结果为 0，所以左操作数大于或等于右操作数。

在第 2 个示例中，cmp 指令计算 (−32 768) − (+1)，结果为 (−32 769)。由于 16 位有符号整数不能表示该值，因此该值被截断为 7FFFh（+32 767），并设置溢出标志位。结果为正值（至少为 16 位值），因此 CPU 将清除符号标志位。因为 (SF xor OF) 结果为 1，所以左操作数小于右操作数。

在第 3 个示例中，cmp 指令计算 (−2) − (−1)，结果为 (−1)。此时没有出现溢出，因此 OF 为 0，并且结果为负，因此 SF 为 1。因为 (SF xor OF) 结果为 1，所以左操作数小于右操作数。

在第 4 个（最后一个）示例中，cmp 计算 (+32 767) − (−1)，结果为 (+32 768)，并设置溢出标志位。此外，结果被截断为 8000h (−32 768)，因此也设置了符号标志位。因为 (SF xor OF) 结果为 0，所以左操作数大于或等于右操作数。

6.1.5　setcc 指令

setcc（set on condition，按条件设置）指令根据 FLAGS 寄存器中的值，将单字节操作数

（寄存器或内存）设置为 0 或 1。setcc 指令的一般格式如下：

```
setcc reg8
setcc mem8
```

setcc 代表在表 6-5、表 6-6 和表 6-7 中出现的助记符。如果条件为假，则这些指令在相应的操作数中存储 0；如果条件为真，则这些指令在 8 位操作数中存储 1。

表 6-5　用于测试标志位的 setcc 指令

指令	说明	条件	备注
setc	如果进位，则置 1	进位标志位 = 1	等价于 setb、setnae
setnc	如果不进位，则置 1	进位标志位 = 0	等价于 setnb、setae
setz	如果为零，则置 1	零标志位 = 1	等价于 sete
setnz	如果不为零，则置 1	零标志位 = 0	等价于 setne
sets	如果有符号，则置 1	符号标志位 = 1	
setns	如果无符号，则置 1	符号标志位 = 0	
seto	如果溢出，则置 1	溢出标志位 = 1	
setno	如果未溢出，则置 1	溢出标志位 = 0	
setp	如果有奇偶校验，则置 1	奇偶校验标志位 = 1	等价于 setpe
setpe	如果为偶，则置 1	奇偶校验标志位 = 1	等价于 setp
setnp	如果无奇偶校验，则置 1	奇偶校验标志位 = 0	等价于 setpo
setpo	如果为奇，则置 1	奇偶校验标志位 = 0	等价于 setnp

表 6-5 中的 setcc 指令仅对标志位进行测试，操作没有任何其他含义。例如，在移位、循环移位、位测试或者算术运算后，可以使用 setc 指令检查进位标志位。

setp/setpe 指令和 setnp/setpo 指令检查奇偶校验标志位。为了完整，本节给出了这些指令的说明，但不会花太多时间讨论奇偶校验标志位。在现代编码中，奇偶校验标志位通常仅用于检查 FPU 的 NaN 情况。

cmp 指令可以与 setcc 指令协同工作。cmp 操作完成后，处理器的标志位会立即提供与操作数比较结果相关的信息。这些标志位能向我们反映一个操作数是否小于、等于或大于另一个操作数。

当 cmp 操作执行后，另外两组 setcc 指令就开始派上用场了。第一组指令处理无符号比较的结果（参见表 6-6），第二组指令处理有符号比较的结果（参加表 6-7）。

表 6-6　用于无符号比较的 setcc 指令

指令	说明	条件	备注
seta	如果高于（>），则置 1	进位标志位 = 0，零标志位 = 0	等价于 setnbe
setnbe	如果不低于或等于（not ≤），则置 1	进位标志位 = 0，零标志位 = 0	等价于 seta
setae	如果高于或等于（≥），则置 1	进位标志位 = 0	等价于 setnc、setnb
setnb	如果不低于（not <），则置 1	进位标志位 = 0	等价于 setnc、setae
setb	如果低于（<），则置 1	进位标志位 = 1	等价于 setc、setnae
setnae	如果不高于或等于（not ≥），则置 1	进位标志位 = 1	等价于 setc、setb
setbe	如果低于或等于（≤），则置 1	进位标志位 = 1 或者零标志位 = 1	等价于 setna
setna	如果不高于（not >），则置 1	进位标志位 = 1 或者零标志位 = 1	等价于 setbe
sete	如果等于（==），则置 1	零标志位 = 1	等价于 setz
setne	如果不等于（≠），则置 1	零标志位 = 0	等价于 setnz

表 6-7 用于有符号比较的 setcc 指令

指令	说明	条件	备注
setg	如果大于（>），则置 1	符号标志位 == 溢出标志位并且零标志位 == 0	等价于 setnle
setnle	如果不小于或等于（not ≤），则置 1	符号标志位 == 溢出标志位并且零标志位 == 0	等价于 setg
setge	如果大于或等于（≥），则置 1	符号标志位 == 溢出标志位	等价于 setnl
setnl	如果不小于（not <），则置 1	符号标志位 == 溢出标志位	等价于 setge
setl	如果小于（<），则置 1	符号标志位 ≠ 溢出标志位	等价于 setnge
setnge	如果不大于或等于（not ≥），则置 1	符号标志位 ≠ 溢出标志位	等价于 setl
setle	如果小于或等于（≤），则置 1	符号标志位 ≠ 溢出标志位并且零标志位 == 1	等价于 setng
setng	如果不大于（not >），则置 1	符号标志位 ≠ 溢出标志并且零标志位 == 1	等价于 setle
sete	如果等于（=），则置 1	零标志位 == 1	等价于 setz
setne	如果不等于（≠），则置 1	零标志位 == 0	等价于 setnz

setcc 指令特别有用，因为这些指令可以将操作数的比较结果转换为布尔值（false/true 或者 0/1）。当将语句从高级程序设计语言（例如 Swift 或 C/C++）转换为汇编语言时，这一点尤为重要。以下示例显示了如何以这种方式使用这些指令：

```
; bool = a <= b:
    mov eax, a
    cmp eax, b
    setle bool ; bool 是一个字节变量
```

由于 setcc 指令的结果为 0 或 1，因此可以将结果与 and 和 or 指令一起使用，以计算复杂的布尔值：

```
; bool = ((a <= b) && (d == e)):

    mov eax, a
    cmp eax, b
    setle bl
    mov eax, d
    cmp eax, e
    sete bh
    and bh, bl
    mov bool, bh
```

6.1.6 test 指令

就像 cmp 指令实际上是 sub 指令一样，x86-64 的 test 指令实际上是 and 指令。具体地，test 指令对其两个操作数进行逻辑与运算，并根据结果设置条件码标志位，但是该指令不会将逻辑与运算的结果存储到目标操作数中。test 指令的语法类似于 and 指令，具体如下：

```
test operand1, operand2
```

如果逻辑与运算的结果为 0，那么 test 指令将设置零标志位。如果结果的高阶位包含 1，那么 test 指令将设置符号标志位。test 指令总是清除进位标志位和溢出标志位。

test 指令的主要用途是检查单个位是否包含 0 或 1。请考虑指令“test al, 1”。这个指令对 AL 和值 1 进行逻辑与运算，如果 AL 的第 0 位包含 0，那么结果为 0（设置零标志位），因为常量 1 中的所有其他位都是 0。相反，如果 AL 的第 0 位包含 1，则结果不是 0，因此 test 指令将清除零标志位。因此，可以在这个 test 指令之后测试零标志位，以查看第 0 位是否包含 0 或者 1（例如，使用 setz 或 setnz 指令，或者 jz/jnz 指令）。

test 指令还可以检查指定位集中的所有位是否包含 0。当且仅当 AL 寄存器的低阶 4 位均包含 0 时，指令“test al, 0fh”才会设置零标志位。

test 指令的一个重要用途是检查寄存器是否包含 0。指令“test reg, reg”（其中两个操作数是同一个寄存器）将对寄存器 reg 与其自身进行逻辑与运算。如果寄存器包含 0，则运算结果为 0，CPU 将设置零标志位。然而，如果寄存器包含一个非零值，则逻辑与运算将会产生相同的非零值，因此 CPU 会清除零标志位。所以，可以在执行该指令后，立即检查零标志位（例如，使用 setz 或 setnz 指令，或者 jz 和 jnz 指令），以查看寄存器是否包含 0。以下是示例：

```
        test eax, eax
        setz bl ; 如果 EAX 包含 0，那么 BL 会被设置为 1
        .
        .
        .
        test bl, bl
        jz bxIs0

        BL != 0 时执行的操作

bxIs0:
```

测试指令的一个主要缺陷是，立即数（常量）操作数不能大于 32 位（与大多数指令的情况一样），因此使用该指令测试 31 位以外的位将非常困难。对于单个位的测试，可以使用 bt（bit test，位测试）指令（具体请参见 12.2 节中的相关内容）。否则，必须将 64 位常量移动到寄存器中（mov 指令不支持 64 位立即数操作数），然后根据新加载寄存器中的 64 位常量值测试目标寄存器。

6.2 算术表达式

汇编语言的初学者几乎都震惊于该语言中没有常见的算术表达式（arithmetic expression）。在大多数高级程序设计语言中，算术表达式看起来类似于自己的代数等价形式。例如：

```
x = y * z;
```

在汇编语言中要完成与上述语句相同的任务，则需要几个语句：

```
mov eax, y
imul eax, z
mov x, eax
```

显然，算术表达式的高级程序设计语言版本更容易键入、阅读和理解。虽然需要大量的键入，但将算术表达式转换为汇编语言并不困难。就像手工解决问题一样，通过逐步求解，可以轻松地将任何算术表达式分解为等价的汇编语言语句序列。

6.2.1 简单赋值语句

最容易转换为汇编语言的表达式是简单赋值（simple assignment）语句。简单赋值将单个值复制到变量中，并可采用以下两种形式：

```
variable = constant
```

或者

```
var1 = var2
```

将第一种形式的赋值转换为汇编语言非常简单，只需使用以下的汇编语言语句：

```
mov variable, constant
```

上述 mov 指令将常量复制到变量中。

第二种形式的赋值稍微复杂一些，因为 x86-64 不提供内存到内存的 mov 指令。因此，为了将一个内存变量复制到另一个内存变量中，必须通过寄存器来移动数据。按照惯例（出于效率方面的原因），大多数程序员倾向于使用 AL、AX、EAX 或 RAX 寄存器。例如：

```
var1 = var2;
```

可以转换为以下汇编语言语句：

```
mov eax, var2
mov var1, eax
```

其中假设 var1 和 var2 是 32 位变量。对于 8 位的变量，则应使用 AL 寄存器；对于 16 位变量，则应使用 AX 寄存器；对于 64 位变量，则应使用 RAX 寄存器。

当然，如果已经将 AL、AX、EAX 或 RAX 寄存器用作他用，那么也可以使用其他寄存器来完成任务。请记住，通常会使用寄存器来将数据从一个内存单元转移到另一个内存单元。

6.2.2 简单表达式

稍微复杂一点的是简单表达式（simple expression）。一个简单的表达式采用如下的形式：

```
var1 = term1 op term2;
```

其中，var1 是一个变量，term1 和 term2 是变量或者常量，op 是算术运算符（加法、减法、乘法等）。大多数表达式采用的是这种形式。因此，毫无疑问，x86-64 体系结构针对这种类型的表达式进行了优化。

这种类型表达式的典型转换形式为：

```
mov eax, term1
op eax, term2
mov var1, eax
```

其中，op 是对应于指定操作的助记符（例如，“+”对应于 add，“-”对应于 sub，等等）。

请注意，使用编译时表达式和一条 mov 指令，即可轻松处理简单表达式“var1 = const1 op const2;”。例如，为了计算“var1 = 5 + 3;”，可以使用一条指令“mov var1, 5 + 3”。

还需要注意，此处存在一些不一致的地方。在处理 x86-64 上的 (i)mul 和 (i)div 指令时，必须使用 AL、AX、EAX 和 RAX 寄存器，以及 AH、DX、EDX 和 RDX 寄存器。不能像在其他操作中一样使用任意的寄存器。此外，在执行除法操作，将一个 16 位、32 位或者 64 位数除以另一个数时，请不要忘记使用符号扩展指令。最后，不要忘记一些指令可能会导致溢出。在执行算术运算后，可能需要检查向上溢出（或者向下溢出）情况。

以下是常见简单表达式的示例：

```
; x = y + z;（加法）：
    mov eax, y
    add eax, z
    mov x, eax
```

```
; x = y - z; (减法):
    mov eax, y
    sub eax, z
    mov x, eax

; x = y * z; (无符号数乘法):
    mov eax, y
    mul z ; 请注意，该操作会消除 EDX
    mov x, eax

; x = y * z; (有符号数乘法):
    mov eax, y
    imul eax, z ; 不会影响 EDX！
    mov x, eax

; x = y div z; (无符号数除法):
    mov eax, y
    xor edx, edx ; 将 EAX 零扩展到 EDX 中
    div z
    mov x, eax

; x = y idiv z; (有符号数除法):
    mov eax, y
    cdq ; 将 EAX 符号扩展到 EDX 中
    idiv z
    mov x, eax

; x = y % z; (无符号数除法的余数):
    mov eax, y
    xor edx, edx ; 将 EAX 零扩展到 EDX 中
    div z
    mov x, edx ; 注意：余数存储在 EDX 中

; x = y % z; (有符号数除法的余数):
    mov eax, y
    cdq ; 将 EAX 符号扩展到 EDX 中
    idiv z
    mov x, edx ;余数存储在 EDX 中
```

某些一元运算也可以归类于简单表达式，从而与一般规则产生不一致。一元运算的一个示例是取反（negation）运算。在高级程序设计语言中，取反运算有以下两种可能的形式：

```
var = -var
```

或者

```
var1 = -var2
```

请注意，“ var = -constant”实际上是一个简单赋值，而不是简单表达式。可以将一个负常量指定为 mov 指令的操作数：

```
mov var, -14
```

为了处理“var1=-var1”，可以使用以下汇编语言语句：

```
; var1 = -var1;

neg var1
```

如果涉及两个不同的变量，则可以使用以下的语句：

```
; var1 = -var2;

mov eax, var2
neg eax
mov var1, eax
```

6.2.3 复杂表达式

复杂表达式（complex expression）是任何包含两个以上的操作数和一个以上的运算符的算术表达式。复杂表达式在用高级程序设计语言编写的程序中很普遍。复杂表达式可能包括括号，用于确保运算符优先级、函数调用、数组访问等。本节将概述转换复杂表达式方面的一些规则。

对于包含三个操作数以及两个运算符的复杂表达式，很容易将其转换为汇编语言代码。例如：

```
w = w - y - z;
```

很显然，将该语句直接转换为汇编语言，需要两条 sub 指令。然而，即使如此简单的表达式，转换也没那么简单，有如下两种转换方法：

```
mov eax, w
sub eax, y
sub eax, z
mov w, eax
```

以及：

```
mov eax, y
sub eax, z
sub w, eax
```

第二种转换方法貌似更好，因为代码更简洁。但是，第二种方法会产生错误的结果（假设原始语句具有类似 C 语言的语义）。问题的根源在于运算的结合性（associativity）。上述第二种方法的指令序列计算的是 w = w − (y − z)，这与 w = (w − y) − z 不同。在子表达式周围放置括号的方式会影响表达式的运算结果。请注意，如果对较短的语句格式感兴趣，那么可以使用以下的指令序列：

```
mov eax, y
add eax, z
sub w, eax
```

上述指令序列将计算 w = w − (y + z)，等价于 w = (w − y) − z。

优先级（precedence）是转换语句产生问题的另一个根源。请考虑以下表达式：

```
x = w * y + z;
```

同样，我们可以使用以下的两种方式计算这个表达式的值：

```
x = (w * y) + z;
```

或者：

```
x = w * (y + z);
```

至此，我们可能认为这种解释太不靠谱了。可以看出，计算表达式的正确方法是使用第一种形式。然而，事实并非如此。例如，APL 程序设计语言简单地以从右到左的方式计算表达式的值，并且各运算符具有相同的优先级。究竟哪一种方法是“正确的”，完全取决于我们如何定义算术系统中的优先级。

请考虑以下的表达式：

```
x op1 y op2 z
```

如果 op1 的优先级高于 op2，那么将计算 (x op1 y) op2 z，否则，将计算 x op1 (y op2 z)。根据所涉及的运算符和操作数，这两种计算可能会产生不同的结果。

大多数高级程序设计语言使用一组固定的优先级规则，来描述包含两个或多个不同运算符的表达式中的求值顺序。在这类程序设计语言中，通常先计算乘法和除法结果，再计算加法和减法结果。在支持指数运算的程序设计语言（例如 FORTRAN 和 BASIC）中，通常在乘法和除法之前进行指数运算。这些规则是直观的，因为几乎每个人都在高中之前学会了它们。

当将表达式转换为汇编语言时，必须确保首先计算具有最高优先级的子表达式。以下示例演示了这种规则：

```
; w = x + y * z:

    mov ebx, x
    mov eax, y ; 必须先计算 y * z，因为“*”的优先级高于“+”
    imul eax, z
    add eax, ebx
    mov w, eax
```

如果表达式中出现的两个运算符具有相同的优先级，则可以根据结合性规则确定求值顺序。大多数运算符都满足左结合性，这意味着运算符按照从左到右的方式求值。加法、减法、乘法和除法都满足左结合性。满足右结合性的运算符按照从右向左的方式求值。FORTRAN 中的指数运算符就是一个满足右结合性的很好示例：

```
2**2**3
```

等价于：

```
2**(2**3)
```

不等价于：

```
(2**2)**3
```

优先级和结合性规则决定了表达式的求值顺序。这些规则间接地告诉我们，应该在表达式中的哪些位置放置括号以确定求值的顺序。当然，也可以使用括号覆盖默认的优先级和结合性。然而，最终的目标是为了正确计算给定表达式的值，汇编代码必须先完成某些操作再完成其他操作。以下示例说明了这一原则：

```
; w = x - y - z:

    mov eax, x     ; 所有运算符的优先级相同，且因为这些运算符都满足左结合性，
    sub eax, y     ; 因此我们需要从左到右计算表达式的值
    sub eax, z
    mov w, eax

; w = x + y * z:
```

```
    mov eax, y      ; 由于乘法运算符优先级高于加法运算符,
    imul eax, z     ; 因此必须首先计算 y * z
    add eax, x
    mov w, eax

; w = x / y - z:
    mov eax, x      ; 由于除法运算符优先级高于减法运算符,
    cdq             ; 因此必须首先计算除法
    idiv y
    sub eax, z
    mov w, eax

; w = x * y * z:
    mov eax, y      ; 加法运算和乘法运算都满足可交换性,
    imul eax, z     ; 因此此处连乘（x*y*z）的求值顺序随意
    imul eax, x
    mov w, eax
```

结合性规则有一个例外：如果一个表达式涉及乘法运算和除法运算，通常最好先执行乘法运算。例如，给定如下的一个表达式：

```
w = x / y * z ; 注意：该表达式为 (x * z) / y，而非 x / (y * z)
```

通常情况下，最好先计算 x*z，然后将结果除以 y；而不是将 x 除以 y，再将商乘以 z。

推荐先乘法后除法的计算方法，其原因有两个。首先，我们知道 imul 指令总是产生 64 位的结果（假设操作数是 32 位的），首先执行乘法运算可以自动将乘积符号扩展到 EDX 寄存器中，这样就不必在执行除法之前对 EAX 进行符号扩展了。

其次，为了提高计算的准确性。我们知道，（整数）除法通常会产生不精确的结果。例如，计算 5/2，结果为 2，而不是 2.5；计算 (5/2) × 3 将得到 6。然而，如果计算 (5 × 3)/2，那么得到的值是 7，这更接近真实的商（7.5）。因此，如果我们遇到以下形式的表达式：

```
w = x / y * z;
```

那么通常将其转换为以下的汇编代码：

```
mov eax, x
imul z ; 注意：使用扩展的 imul！
idiv y
mov w, eax
```

如果需要编码的算法依赖于除法运算的截断效果，则不能使用此技巧来改进算法。友情提醒：必须完全理解将要转换为汇编语言的任何表达式。如果语义规定必须首先执行除法，就应该先执行除法运算。

请考虑下面的语句：

```
w = x - y * x;
```

因为减法是不可交换的，所以不能先计算 y*x，然后从 x 中减去这个结果。与使用简单的乘法和加法指令序列不同，我们必须将 x 加载到寄存器中，将 y 和 x 相乘（将两者的乘积结果保留在一个不同的寄存器中），然后从 x 中减去该乘积结果。例如：

```
mov ecx, x
mov eax, y
imul eax, x
sub ecx, eax
mov w, ecx
```

这个简单的例子演示了在表达式计算过程中需要使用临时变量。这段代码使用 ECX 寄存器暂时保存 x 的一个副本，直到计算出 y 和 x 的乘积结果。随着表达式复杂性的增加，对临时变量的需求也会增加。请考虑下面的 C 语句：

```
w = (a + b) * (y + z);
```

遵循代数求值的常规规则：首先计算括号内的两个子表达式（即优先级最高的两个子表达式），并将各自的计算结果值暂存起来，然后计算两个结果值的乘积。处理像这样的复杂表达式的一种方法是将其简化为一系列简单表达式，这些表达式的结果最终会出现在临时变量中。例如，可以将上面的 C 语句转换为以下的指令序列：

```
temp1 = a + b;
temp2 = y + z;
w = temp1 * temp2;
```

因为将简单表达式转换为汇编语言非常容易，所以现在可以很容易地在汇编代码中计算以前的复杂表达式。代码如下所示：

```
mov eax, a
add eax, b
mov temp1, eax
mov eax, y
add eax, z
mov temp2, eax
mov eax, temp1
imul eax, temp2
mov w, eax
```

这段代码效率极低，因为需要在数据段中声明几个临时变量。然而，通过尽可能多地在 x86-64 寄存器中保存临时变量，可以很容易地优化上述代码。使用 x86-64 寄存器保存临时结果，这样重构后的代码如下所示：

```
mov eax, a
add eax, b
mov ebx, y
add ebx, z
imul eax, ebx
mov w, eax
```

以下是另一个示例：

```
x = (y + z) * (a - b) / 10;
```

上述复杂的表达式可以简化为 4 个简单表达式：

```
temp1 = (y + z)
temp2 = (a - b)
temp1 = temp1 * temp2
x = temp1 / 10
```

可以将上述 4 个简单表达式转换为以下的汇编语言语句：

```
    .const
ten         dword 10
    .
    .
    .
    mov eax, y     ; 计算 EAX = y + z
```

```
add eax, z
mov ebx, a      ; 计算 EBX = a - b
sub ebx, b
imul ebx        ; 将 EAX 符号扩展到 EDX 中
idiv ten
mov x, eax
```

需要牢记的是，为了提高效率，应该在寄存器中保存临时值。只有在无可用的寄存器时，才使用内存单元来保存。

从根本上而言，将复杂表达式转换为汇编语言，与手工求解表达式非常相似。不同之处在于，在计算的每个阶段，我们只需编写用来计算结果的汇编代码，无须做实际的计算。

6.2.4　可交换性运算符

使用 op 代表一个运算符，如果以下关系成立，那么该运算符满足可交换性：

```
(A op B) = (B op A)
```

正如上一节所述，由于可交换性运算符的操作数顺序无关紧要，因此可以重新排列计算顺序，使计算更容易或更高效。一般而言，重新排列计算顺序可以减少使用的临时变量。在表达式中，每当遇到一个满足可交换性的运算符时，都应该检查是否可以使用更好的指令序列，以减小代码的大小，或者提高代码的运行速度。

表 6-8 和表 6-9 分别列出了高级程序设计语言中常用的可交换性运算符和不可交换性运算符。

表 6-8　常用的可交换性二元运算符

<table>
<tr><th>Pascal</th><th>C/C++</th><th>描述</th></tr>
<tr><td>+</td><td>+</td><td>加法</td></tr>
<tr><td>*</td><td>*</td><td>乘法</td></tr>
<tr><td>and</td><td>&& 或 &</td><td>逻辑与、按位与</td></tr>
<tr><td>or</td><td>|| 或 |</td><td>逻辑或、按位或</td></tr>
<tr><td>xor</td><td>^</td><td>逻辑异或、按位异或</td></tr>
<tr><td>=</td><td>==</td><td>相等</td></tr>
<tr><td><></td><td>!=</td><td>不相等</td></tr>
</table>

表 6-9　常用的不可交换性二元运算符

Pascal	C/C++	描述
-	-	减法
/ 或 div	/	除法
mod	%	取模或余数
<	<	小于
<=	<=	小于或等于
>	>	大于
>=	>=	大于或等于

6.3　逻辑（布尔）表达式

请考虑以下 C/C++ 程序中的表达式：

```
b = ((x == y) && (a <= c)) || ((z - a) != 5);
```

此处，b 是一个布尔变量，其余的变量都是整数。

虽然只需要一个位来表示布尔值，但大多数汇编语言程序员会分配一个完整的字节或字来表示布尔变量。大多数程序员（事实上，还有一些程序设计语言，比如 C）选择 0 来表示 false，选择其他任何值来表示 true。有些人则更喜欢使用 1 和 0 分别表示 true 和 false，且不允许使用任何其他值。还有人选择所有二进制位均为 1（0FFFF_FFFF_FFFF_FFFFh、0FFFF_FFFFh、0FFFFh 或 0FFh）的值来表示 ture，选择 0 表示 false。此外，也可以使用正值表示 true，负值表示 false。上述这些机制各有优缺点。

仅使用 0 和 1 表示 false 和 true 有两大优点。首先，setcc 指令会产生这两个结果，因此该方案与该指令兼容。其次，x86-64 逻辑指令（and、or、xor，以及个别情况下的 not）完全按照我们的预期对这些值进行运算。也就是说，如果有两个布尔变量 a 和 b，那么以下指令将对这两个变量执行基本的逻辑运算：

```
; d = a and b:
    mov al, a
    and al, b
    mov d, al

; d = a || b:

    mov al, a
    or al, b
    mov d, al

; d = a xor b:

    mov al, a
    xor al, b
    mov d, al

; b = not a:

    mov al, a              ; 注意：not 指令不能正确计算 al = not al。
    not al                 ; 因为“not 0”不等于 1。
    and al, 1              ; 可以使用 and 指令来解决这个问题。
    mov b, al

    mov al, a              ; 实现“b = not a”的另一个方法。
    xor al, 1              ; 反转第 0 位。
    mov b, al
```

正如注释指出的，not 指令无法正确计算逻辑非。对 0 按位取反将得到 0FFh，对 1 按位取反将得到 0FEh，结果都不是 0 或 1。然而，将结果与 1 相加，就得到了正确的结果。请注意，使用“xor al, 1”指令，可以更有效地实现 not 运算，因为该指令只影响低阶位。

事实证明，用 0 表示 false，用其他值表示 true 具有很多微妙的优势。具体来说，对 true 或 false 的测试，通常隐含在逻辑指令的执行过程中。然而，这种机制有一个很大的缺点：不能使用 x86-64 的 and、or、xor 和 not 指令来实现相同名称的布尔运算。考虑两个数值 55h 和 0AAh，它们都是非零的值，所以都代表 true 值。但是，如果使用 x86-64 的 and 指令，对 55h 和 0AAh 进行逻辑与运算，那么得到的结果为 0。“true and true”结果应该为 true，而不是 false。虽然我们可以解释这样的情况，但通常需要一些额外的指令，而且在做布尔运算时效率较低。

使用非零值表示 true，使用 0 表示 false 的系统是一个算术逻辑系统（arithmetic logical system）。使用两个不同的值（例如 0 和 1）来表示 false 和 true 的系统称为布尔逻辑系统（Boolean logical system），或简称为布尔系统。我们可以根据方便使用任何一种系统。考虑以下的布尔表达式：

```
b = ((x == y) and (a <= d)) || ((z - a) != 5);
```

得到的简单表达式可能如下所示：

```
mov eax, x
cmp eax, y
sete al          ; AL = x == y;
```

```
mov ebx, a
cmp ebx, d
setle bl          ; BL = a <= d;
and bl, al        ; BL = (x = y) and (a <= d);

mov eax, z
sub eax, a
cmp eax, 5
setne al
or al, bl         ; AL = ((x == y) && (a <= d)) ||
mov b, al         ; ((z - a) != 5);
```

在使用布尔表达式时，不要忘记，使用代数变换简化表达式可以优化代码。在第7章中，我们还将讨论如何使用控制流来计算布尔结果，这通常比本节示例所用的完整的布尔求值（complete Boolean evaluation）更加高效。

6.4 机器和算术运算的习惯用法

习惯用法（idiom）是一种特殊性（或者一种特色）。一些算术运算和x86-64指令具有一些特殊性，可供我们在编写汇编语言代码时利用。有些人认为，使用机器和算术运算的习惯用法，是一种技巧式编程（tricky programming），因此在编写规范的程序中应该避免使用。虽然仅为了技巧而避免技巧是明智的，但许多机器和算术运算的习惯用法是众所周知的，并且在汇编语言程序中非常常见，因此有必要对这些习惯用法展开讨论。

6.4.1 不使用 mul 或 imul 的乘法运算

当乘以一个常数时，有时可以使用移位指令、加法指令和减法指令来代替乘法指令，以编写更加快速的代码。

我们知道，对指定操作数执行shl指令，与将指定操作数乘以2的结果相同。将操作数左移2位意味着将操作数乘以4，左移3位意味着将操作数乘以8。通常情况下，将操作数左移 n 位意味着将操作数乘以 2^n。使用一系列的移位指令和加法指令，或者移位指令和减法指令，可以将任何值乘以常数。例如，为了将AX寄存器中的值乘以10，只需将其乘以8，然后加上原始值的2倍即可。也就是说，$10 \times AX = 8 \times AX + 2 \times AX$。其实现代码如下所示：

```
shl ax, 1      ; 将AX乘以2
mov bx, ax     ; 保存2 * AX，留为后用
shl ax, 2      ; 将AX乘以8（实际上是乘了4，但AX已包含乘以2的值）
add ax, bx     ; 将AX * 2 加上AX * 8，结果得到AX * 10
```

如果查看指令的执行时间，则该移位+加法示例在80x86系列的某些处理器上需要的时钟周期比mul指令需要的少。当然，代码要稍长一些（仅长几字节而已），但为了性能改进这通常是很值得的。

还可以使用带移位的减法指令来执行乘法运算。考虑以下乘以7的运算：

```
mov ebx, eax        ; 保存EAX * 1
shl eax, 3          ; EAX = EAX * 8
sub eax, ebx        ; EAX * 8 - EAX * 1就是EAX * 7
```

初级汇编语言程序员常犯的一个错误是减去或者加上了1或2，而不是减去或者加上 $EAX \times 1$ 或 $EAX \times 2$。以下指令序列不能正确计算 $EAX \times 7$：

```
shl eax, 3
sub eax, 1
```

它计算的是 (8 × EAX)−1，与我们要计算的完全不同（当然，除非 EAX=1）。在使用移位指令、加法指令和减法指令执行乘法运算时，请务必注意这个陷阱。

还可以使用 lea 指令来计算某些乘积结果，诀窍是使用缩放索引寻址模式。以下示例演示了一些简单的情况：

```
lea eax, [ecx][ecx]       ; EAX = ECX * 2
lea eax, [eax][eax * 2]   ; EAX = ECX * 3
lea eax, [eax * 4]        ; EAX = ECX * 4
lea eax, [ebx][ebx * 4]   ; EAX = EBX * 5
lea eax, [eax * 8]        ; EAX = EAX * 8
lea eax, [edx][edx * 8]   ; EAX = EDX * 9
```

随着时间的推移，英特尔（和 AMD）已经将 imul 指令的性能提高到了一定的程度，此时尝试使用强度削弱优化（strength reduction optimization，例如使用移位和加法代替乘法）来提高性能几乎没有意义。建议读者参考英特尔和 AMD 的文档（特别是指令执行时间的相关章节），以确定多指令序列的速度是否更快。通常情况下，单移位指令（用于乘以 2 的幂）或者 lea 指令将产生比 imul 更好的结果。除此之外，建议通过测量和观察对性能进行评估。

6.4.2 不使用 div 或 idiv 的除法运算

正如 shl 指令可以用于模拟乘以 2 的幂一样，shr 和 sar 指令可以模拟除以 2 的幂。遗憾的是，我们不能轻易地使用移位指令、加法指令和减法指令，来执行对任意常数的除法运算，这个技巧只有在除以 2 的幂时才有用。另外，不要忘记，sar 指令会舍入到负无穷大，而 idiv 指令会舍入到 0。

我们也可以通过乘以一个值的倒数，来除以这个值。因为 mul 指令比 div 指令快，所以乘以倒数通常比做除法快。

在处理整数时，为了乘以倒数，我们必须采取一定的变通手段。如果要乘以 1/10，而在执行乘法之前，无法将值 1/10 加载到 x86-64 整数寄存器中，那么可以将 1/10 乘以 10，并执行乘法运算，然后将结果除以 10，就会得到最终结果。当然，这么做没有任何好处，并且仿佛是无用功，因为现在做的是乘以 10 再除以 10。但是，假设将 1/10 乘以 65 536（得到 6554），这个乘法运算相当于用 65 536 除以 10。这样仍然执行了正确的运算，而且事实证明，如果我们以正确的方式处理问题，还可以顺便得到除法运算的结果。请考虑以下将 AX 除以 10 的代码：

```
mov dx, 6554      ; 6554 = round(65 536 / 10)
mul dx
```

上述代码执行完成后将 AX/10 的结果保存在了 DX 寄存器中。

为了理解上述代码的实现原理，首先考虑当使用 mul 指令将 AX 乘以 65 536（1_0000h）时的情况，这条指令将 AX 移动到 DX 中，并将 AX 设置为 0（乘以 1_0000h 相当于左移 16 位）。乘以 6554（即 65 536 除以 10 的结果）将 AX 除以 10 后得到的结果放入了 DX 寄存器。因为 mul 比 div 指令执行速度快，所以这种方法比使用除法运算符稍快一些。

当需要除以一个常数时，乘以一个倒数的方法效果会更好。甚至可以使用这种方法来除以一个变量，但是计算倒数的开销只有在对相同的值执行超多次除法的情况下才会得到适当的抵消。

6.4.3 使用 AND 实现模 *n* 计数器

如果要实现一个计数器变量，当其最大计数值为 2^n-1 时就重置为 0，则可以使用以下的代码：

```
inc CounterVar
and CounterVar, n_bits
```

其中，n_bits 是一个二进制数值，包含 *n* 位 1，这些 1 采用右对齐的方式。例如，为了创建在 0 和 15（即 2^4-1）之间循环的计数器，可以使用以下的代码：

```
inc CounterVar
and CounterVar, 00001111b
```

6.5 浮点算术运算

整数算术运算无法表示分数数值。因此，现代 CPU 支持实数的近似算术运算：浮点算术运算。为了表示实数，大多数浮点格式使用科学计数法，用一定数量的位表示尾数，用较少的位表示指数。

例如，在数值 3.456e+12 中，尾数为 3.456，指数数字为 12。因为在基于计算机的表示中，位数是固定的，所以计算机只能表示尾数中一定数量的数字 [称为有效数字（signifcant digit）]。例如，一个浮点数表示只能处理 3 个有效数字，那么 3.456e+12 中的第 4 个数字（即其中的 6）就不能用该格式准确地表示，因为 3 个有效数字只能正确表示 3.45e+12。

由于基于计算机的浮点数表示也使用有限的位数来表示指数，因此浮点数值的范围也有一定的限制。单精度格式浮点数的取值范围为 $10^{\pm 38}$，双精度格式浮点数的取值范围 $10^{\pm 308}$（扩展精度格式浮点数的取值范围高达 $10^{\pm 4\,932}$）。浮点数的取值范围被称为值的动态范围（dynamic range）。

浮点数算术运算的主要问题在于，它不遵循代数的标准规则。普通代数规则只适用于无限精度（infinite precision）的算术运算。

考虑一条简单的语句“x= x+1”，其中 x 是整数。在任何现代计算机上，只要不发生溢出，该语句都遵循代数的普通规则。也就是说，该语句仅在 x 取某些值（minint $\leqslant$ x < maxint）时有效。大多数程序员对此驾轻就熟，因为他们很清楚程序中的整数不遵循标准代数规则 [例如，5/2（5 整除 2）不等于 2.5]。

整数不遵循标准代数规则，因为计算机使用有限的位数来表示整数。在计算机中不能表示高于最大整数或者低于最小整数的（整数）值。浮点数值也存在同样的问题，并且问题更加糟糕。毕竟，整数是实数的子集。因此，浮点数必须代表相同的无限整数集。然而，任意两个整数值之间存在无穷多个实数值。除了必须将值限制在最大值和最小值的数据范围之间，同样无法表示任意一对整数之间的所有值。

为了演示有限精度算术运算的影响，我们将在示例中采用简化的十进制浮点数格式。我们的浮点数格式包括 3 位有效数字组成的尾数和 2 位十进制数字组成的指数。尾数和指数都是有符号值，如图 6-1 所示。

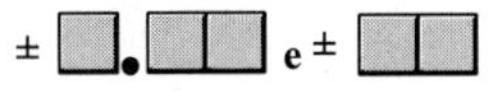

图 6-1 一种浮点数格式

在计算两个用科学计数法表示的数值的加法和减法结果时，我们必须调整这两个值，使它们的指数相同。乘法和除法则不要求指数相同；乘法后的指数是两个操作数指数之和，除法后的指数是被除数和除数的指数之差。

例如，当将 1.2e1 加上 4.5e0 时，我们必须调整这两个值，使它们的指数相同。一种方法是将 4.5e0 转换为 0.45e1，然后将 1.2el 和 0.45el 相加，结果为 1.65e1。由于计算和结果都只需要 3 位有效数字，因此我们可以通过图 6-1 所示的浮点数表示法来计算正确的结果。但是，假设我们要将 1.23e1 和 4.56e0 相加。虽然这两个值都可以使用含 3 位有效数字的格式表示，但计算以及结果中的有效数字均超出了 3 位。也就是说，1.23e1 + 0.456e1 需要 4 位精度才能计算出 1.686 的正确结果，因此我们必须将结果舍入或截断为包含 3 位有效数字。舍入通常会产生最准确的结果，因此对结果进行舍入，结果为 1.69e1。

事实上，不是将两个值相加后进行舍入（即计算出和 1.686e1 后，将其舍入为 1.69e1），而是在将 4.56e0 转换为 0.456e1 时进行，因为表示 0.456e1 的值需要用 4 位有效数字。在转换过程中，我们必须将 0.456e1 舍入为 0.46e1，以便结果含 3 位有效数字。然后，1.23e1 和 0.46e1 相加产生最终（舍入）之和 1.69e1。

正如所见，缺乏精度（在计算中要保持的数字或位数）会影响准确性（计算的正确性）。

在加法 / 减法示例中，我们能够对结果进行舍入，因为在计算过程中保留了 4 位有效数字（特别是在将 4.56e0 转换为 0.456e1 时）。如果在计算过程中，浮点数计算被限制为含 3 位有效数字，那么将不得不截断较小数字的最后一个数字，得到 0.45e1，最后的求和结果为 1.68e1，这是一个不太准确的值。

为了提高浮点数计算的准确性，非常有必要在计算过程中保留一位或多位额外数字（例如用于将 4.56e0 转换为 0.456e1 的额外数字）。计算过程中可用的额外数字称为保护数字（guard digit。如果采用二进制格式，则称为保护位，即 guard bit）。在长链计算中，保护数字会大大提高精度。

在一系列浮点运算中，误差可能会累积，并极大地影响计算本身。例如，假设要将 1.23e3 加上 1.00e0。在进行加法运算前，调整这两个数使其指数相同，这会产生 1.23e3 和 0.001e3。即使舍入，这两个值之和也是 1.23e3。这对我们而言似乎完全合理，毕竟我们只能保留三位有效数字，所以添加一个小值应该完全不会影响结果。然而，假设我们将 1.00e0 添加到 1.23e3 上 10 次[⊖]。第一次将 1.00e0 加到 1.23e3 上时，得到 1.23e3。在第二次、第三次、第四次……第十次将 1.00e0 加到 1.23e3 上时，结果依然是 1.23e3。而如果我们将 1.00e0 和自身相加 10 次，然后将结果（1.00e1）与 1.23e3 相加，那么将得到不同的结果 1.24e3。这引出了有关有限精度算术运算的第一个重要规则：

求值的顺序会影响结果的准确性。

在进行浮点数的加法和减法运算时，如果数量级（指数）彼此接近，则会得到更准确的结果。如果要执行包含一系列加法和减法的计算，那么应该尝试对值进行适当分组。

加法和减法的另一个问题是，最终可能会导致错误的精度（false precision）。考虑计算 1.23e0 − 1.22e0，结果为 0.01e0。虽然结果在数学上相当于 1.00e−2，但后一种形式表明最后两位数字正好是 0。遗憾的是，此时我们只有一位有效数字（请记住，原始结果是 0.01e0，前两个 0 是有效数字）。实际上，一些浮点单元（floating-point unit，FPU）或软件包可能会在低阶位置插入随机数字（或二进制位）。这一现象引出了关于有限精度算术运算的第二条重要规则：

⊖ 但不是在同一计算中，在计算过程中，保护数字可以保持第 4 位有效数字。

将两个具有相同符号的数值相减（或者将两个具有不同符号的数值相加），可能会生成高阶有效数字（二进制位）为 0 的结果。这会将最终结果中的有效数字（二进制位）位数减少相同的数量。

乘法和除法本身不会产生特别差的结果，它们往往是受值中已经存在的误差的影响。例如，本应将 1.24e0 乘以 2，结果却将 1.23e0 乘以 2，那么结果的准确性会降低。这一现象引出了有限精度算术运算的第三条重要规则：

当执行一系列涉及加法、减法、乘法和除法的计算时，请尝试先执行乘法和除法运算。

通常情况下，通过应用正规代数变换，可以调整计算顺序，以便首先进行乘法和除法运算。例如，假设我们想要计算 x * (y + z)。通常情况下，会把 y 和 z 相加，然后用它们的累加和乘以 x。但是，如果将 x * (y + z) 变换成 x * y + x * z，然后通过先执行乘法来计算最终结果，那么会得到更高的精度[⊖]。

乘法和除法本身也有问题。当将两个非常大或者非常小的数值相乘时，很可能会产生向上溢出或者向下溢出。当将一个小数值除以一个大数值，或者将一个大数值除以一个小的数值时，也会出现同样的情况。这一现象引出了在对数值进行乘法或者除法时应该遵守的第四条规则：

当对一组数值进行乘法和除法运算时，尽量安排大数值和小数值之间的乘法运算，以及数量级相同的数值之间的除法运算。

考虑到所有的计算（包括将输入字符串转换为浮点数）都存在误差，因此永远不应该比较两个浮点数是否相等。在二进制浮点格式中，产生相同（数学）结果的不同计算中的最少有效位可能不同。例如，1.31e0 + 1.69e0 应该得到 3.00e0，1.50e0 + 1.50e0 也应该得到 3.00e0。但是，如果将 (1.31e0 + 1.69e0) 与 (1.50e0 + 1.50e0) 进行比较，我们可能会发现这两个和并不相等。当且仅当两个操作数中的所有位（或数字）完全相同时，相等性测试才会成功。由于在两次不同的应产生相同结果的浮点数计算后，不一定会产生相同的结果，因此直接测试相等性可能不起作用。故而，我们应该使用以下测试：

```
if Value1 >= (Value2 - error) and Value1 <= (Value2 + error) then ...
```

处理相等性比较的另一种常见方法是使用以下形式的语句：

```
if abs(Value1 - Value2) <= error then ...
```

误差应该是一个略大于计算中潜在的最大误差量的值。确切值取决于我们使用的特定浮点数格式。以下是我们在本节中陈述的最后一条规则：

比较两个浮点数时，总是应该比较第一个值是否在将第二个值加上或减去一个小误差值得到的数值范围内。

使用浮点数时，可能还会出现许多其他的小问题。本书只能指出一些主要的问题，读者必须意识到，不能像对待实数的算术运算那样对待浮点数的算术运算，因为有限精度算术运算中存在不准确的地方。有关细节，请参考相关的数值分析或科学计算方面的优秀教科书。无论打算在哪一门程序设计语言中使用浮点算法，都应该花时间研究有限精度算术运算对计算结果的影响。

⊖ 当然，缺点是现在必须执行两次乘法，而不是一次乘法，因此可能会较慢。

6.5.1　x86-64 上的浮点数

在二十世纪七十年代末，8086 CPU 首次出现的时候，半导体技术还没有达到可以让英特尔直接在 8086 CPU 上设置浮点数指令的程度。因此，英特尔设计了一种方案，就是使用第二块芯片，即 8087 浮点单元（8087 floating-point unit，或者 x87 FPU）来执行浮点计算[㊀]。英特尔奔腾芯片发布后，半导体技术已发展到可以将 FPU 完全集成到 x86 CPU 上的程度。如今，x86-64 仍然包含 x87 FPU 设备，但也可以通过使用 SSE、SSE2、AVX 和 AVX2 指令集来扩展浮点功能。

本节将介绍 x86 FPU 指令集。后续的章节将通过 AVX2 指令集，讨论 SSE 更高级的浮点功能。

6.5.2　FPU 寄存器

x87 FPU 向 x86-64 添加了 14 个寄存器：8 个浮点数据寄存器、1 个控制寄存器、1 个状态寄存器、1 个标记寄存器、1 个指令指针寄存器、1 个数据指针寄存器和 1 个操作码寄存器。浮点数据寄存器类似于 x86-64 的通用寄存器集，因为所有的浮点计算都在这些寄存器中完成。控制寄存器包含一些二进制位，用于决定 FPU 如何处理某些退化情况，例如不准确计算的舍入问题；还包含控制精度等的二进制位。状态寄存器类似于 x86-64 的 FLAGS 寄存器，包含条件码标志位和其他几个描述 FPU 状态的浮点标志位。标记寄存器包含若干组位，用于确定 8 个浮点数据寄存器中每个寄存器的数据状态。指令指针寄存器、数据指针寄存器和操作码寄存器包含有关最后执行的浮点指令的特定状态信息。本文中不讨论上述罗列的最后 4 个寄存器，有关更多的详细信息请参阅英特尔文档。

6.5.2.1　FPU 浮点数据寄存器

FPU 提供 8 个 80 位的浮点数据寄存器，这些寄存器被组织为一个栈，这与 x86-64 CPU 上通用寄存器的组织方式有很大不同。MASM 将这些寄存器称为 ST(0)、ST(1)、…、ST(7)[㊁]。

FPU 寄存器集和 x86-64 寄存器集之间的最大区别是栈的组织方式。在 x86-64 CPU 上，无论发生什么情况，AX 寄存器始终是 AX 寄存器。然而，在 FPU 上，寄存器集是可存储 8 个 80 位浮点数值的栈（具体请参见图 6-2）。

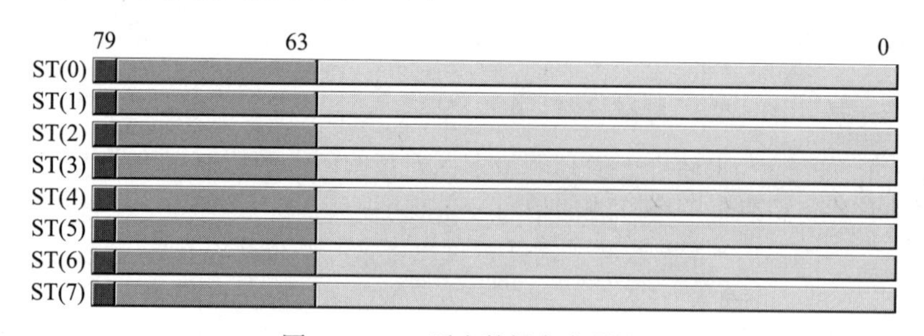

图 6-2　FPU 浮点数据寄存器栈

其中，ST(0) 存放栈顶的项，ST(1) 存放栈中的下一项，依此类推。许多浮点指令将数据项压入栈或者从栈中弹出数据项，在将某个数据项压入栈中后，ST(1) 将存放 ST(0) 之前存放的内容。适应寄存器编号的变化需要一些思考和实践，但这也是一个容易克服的问题。

㊀　英特尔还将这个设备称为数值数据处理器（Numeric Data Processor，NDP）、数值处理器扩展（Numeric Processor Extension，NPX）和数学协处理器。

㊁　通常情况下，程序员会对这些寄存器名使用文本相等伪指令，以便可以使用标识符 ST0 到 ST7。

6.5.2.2 FPU 控制寄存器

当英特尔设计 8087（本质上就是 IEEE 浮点标准）的时候，并没有浮点硬件方面的标准可供参考。不同的计算机（大型机和微型机）制造商有不同的浮点格式，相互并不兼容。在编写一些应用程序时，还必须考虑这些不同浮点格式的特殊性。

英特尔希望设计一款能够与大多数软件一起工作的 FPU（请记住，英特尔开始设计 8087 的时候，IBM PC 已经上市了三到四年，所以英特尔不能依靠 PC 上“堆积如山”的可用软件使其芯片变得受欢迎）。遗憾的是，在这些较旧的浮点数格式中发现的许多功能是互不兼容的。例如，在某些浮点数系统中，精度不足时会进行舍入，在其他情况下会发生截断。有些应用程序只能在某个浮点数系统中正常运作，在另一个浮点数系统中则不能。

英特尔希望尽可能多的应用程序能够在做尽可能少改动的条件下在其 8087 FPU 上正常运作，因此添加了一个特殊的寄存器，即 FPU 控制寄存器，允许用户为 FPU 选择一种可能的操作模式。80x87 的 16 位控制寄存器的位组织方式如图 6-3 所示。

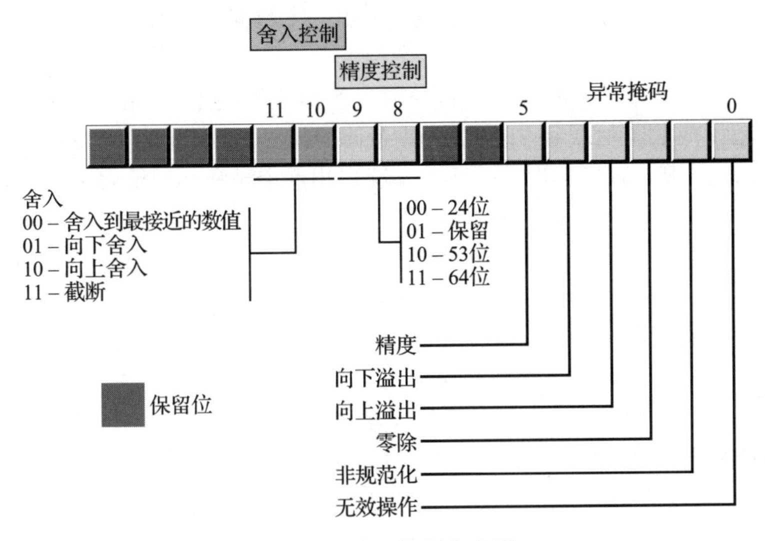

图 6-3 FPU 控制寄存器

FPU 控制寄存器的第 10 位和第 11 位根据表 6-10 中的值提供舍入控制。

两位默认设置为 00。FPU 将高于最低有效位的一半的值向上舍入，将低于最低有效位的一半的值向下舍入。如果低于最低有效位的值正好是最低有效位的一半，则 FPU 将该值向最低有效位为 0 的值舍入。对于长串计算，这种方法提供了一种合理的、自动的方法来保持最大精度。

表 6-10 舍入控制

第 10 位和第 11 位	功能
00	舍入到最接近的数值
01	向下舍入
10	向上舍入
11	截断

对于要求精确性的计算，提供了向上舍入和向下舍入的选项。通过将舍入控制设置为向下舍入并执行该操作，再将舍入控制设置为向上舍入并重复该操作，可以确定最小范围和最大范围，真实结果将落在这两个范围之间。

截断选项强制所有的计算将多余的位截断（即舍去多余的位）。如果准确性对于用户很重要，则用户很少使用这个选项。但是，在将旧软件移植到 FPU 时，可以使用此选项来提供相应的帮助。在将浮点数转换为整数时，这个选项也非常有用。因为大多数软件在将浮点数转换为整数时都期望将结果截断，所以需要使用截断 / 舍入模式来实现这一点。

控制寄存器的第 8 位和第 9 位指定了计算期间的精度。按照 IEEE 754 标准的要求，提供该功能是为了与旧软件兼容。精度控制位使用表 6-11 中的值。

表 6-11　尾数精度的控制位

第 8 位和第 9 位	精度控制
00	24 位
01	保留
10	53 位
11	64 位

使用精度为 53 位（即 64 位浮点格式）而不是 64 位（即 80 位浮点格式）的浮点值时，一些 CPU 可能运行得更快。有关更多的详细信息，请参阅特定处理器的帮助文档。通常情况下，CPU 将这两位默认设置为 11，以选择 64 位的尾数精度。

第 0 位到第 5 位是异常掩码（exception mask），类似于 x86-64 的 FLAGS 寄存器中的开中断位。如果这些位包含 1，则 FPU 将忽略相应的条件码。但是，如果其中任何一位包含 0，并且出现了相应的条件状态，那么 FPU 会立即生成一个中断，以便程序能够处理退化的条件状态。

第 0 位对应于无效操作的错误，通常是编程错误导致的。引发无效操作异常的情况包括将 8 个以上的数据项压入栈中、试图从空栈中弹出一个数据项、求负数的平方根，或者加载非空寄存器等。

第 1 位用于掩盖试图操作非规范化数值时发生的非规范化（denormalized）中断。当用户将任意扩展精度的数值加载到 FPU 中，或者使用超出 FPU 能力范围的非常小的数值时，就会发生非规范化异常。通常情况下，用户不会启用这个异常。如果启用了此异常并且 FPU 生成了此类中断，则 Windows 运行时系统将引发异常。

第 2 位用于掩盖零除（zero-divide）异常。当该位为 0 时，如果试图将非零值除以 0，则 FPU 将生成一个中断。如果不启用零除异常，则当执行一个 0 作为除数的除法时，FPU 将生成 NaN。建议通过程序将该位设置为 0，以启用零除异常。请注意，如果程序生成这个中断，那么 Windows 运行时系统将引发异常。

第 3 位用于掩盖向上溢出异常。当某个计算的结果溢出，或者用户试图存储因太大而无法放入目标操作数中的值（例如，将较大的扩展精度值存储到单精度变量中）时，FPU 将引发向上溢出异常。如果启用了此异常并且 FPU 生成了这个中断，那么 Windows 运行时系统将引发异常。

第 4 位（如果设置）用于掩盖向下溢出异常。当计算结果因太小而无法放入目标操作数中时，会发生向下溢出。与向上溢出一样，当将较小的扩展精度值存储到较小的变量（单精度或双精度）中，或者当计算结果太小而无法扩展精度时，就会发生这种异常。如果启用了此异常并且 FPU 生成了这个中断，那么 Windows 运行时系统将引发异常。

第 5 位控制是否发生精度异常。当 FPU 产生不精确的计算结果（通常是内部舍入操作的结果）时，就会发生精度异常。尽管许多操作会产生精确的计算结果，但还有更多操作产生的结果并不精确。例如，将 1 除以 10 将产生不精确的结果。因此，这个掩码位通常设置为 1，因为不精确的结果很常见。如果启用了此异常并且 FPU 生成了这个中断，那么 Windows 运行时系统将引发异常。

目前，控制寄存器的第 6、7 位以及第 12 ~ 15 位尚未定义，作为保留供将来使用（第 7 位和第 12 位在较旧的 FPU 上有效，但目前不再使用）。

FPU 提供两条指令——fldcw（load control word，加载控制字）和 fstcw（store control word，存储控制字），分别用于向控制寄存器中加载和存储控制寄存器的内容。这两条指令均具有单个操作数，并且操作数必须是 16 位的内存单元。fldcw 指令从指定的内存位置加载数据到控制寄存器，fstcw 将控制寄存器的数据存储到指定的内存单元。这两条指令的语法形式如下所示：

```
fldcw mem16
fstcw mem16
```

下面的示例代码将舍入控制设置为“截断”，同时将尾数精度设置为“24位”：

```
    .data
fcw16 word ?
    .
    .
    .
    fstcw fcw16
    mov ax, fcw16
    and ax, 0f0ffh; 清空第 8~11 位
    or ax, 0c00h; 舍入控制 = %11, 尾数精度 = %00
    mov fcw16, ax
    fldcw fcw16
```

6.5.2.3 FPU 状态寄存器

当读取FPU的16位状态寄存器时，该寄存器为我们提供FPU的状态信息。状态寄存器的布局如图6-4所示。fstsw指令将16位浮点状态寄存器存储到字变量中。

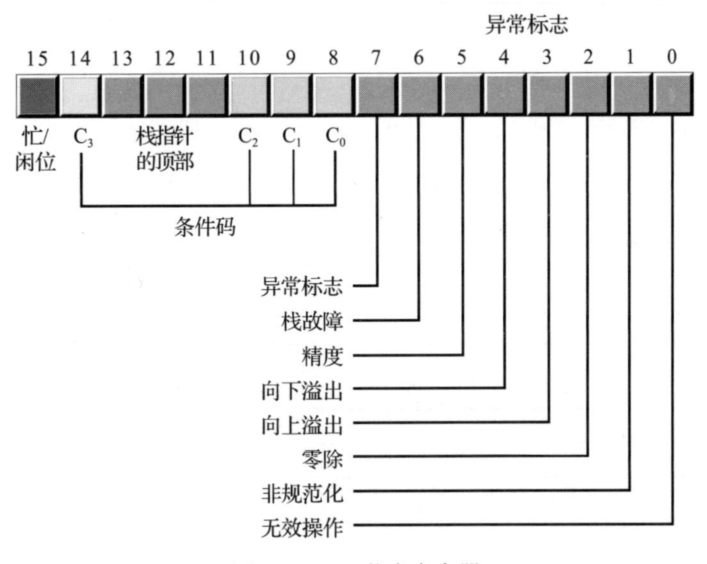

图6-4 FPU状态寄存器

第0～5位是各类异常标志。这些位的排列顺序与控制寄存器中的异常掩码位相同。如果满足相应的条件，则设置该位为1。这些位独立于控制寄存器中的异常掩码位。FPU设置并清除这些位时，并不考虑相应掩码位的设置。

第6位表示栈故障（stack fault）。当栈向上溢出或向下溢出时，就会发生栈故障。如果该位的值为1，那么C_1条件码位将确定是否存在栈向上溢出（$C_1 = 1$）或者栈向下溢出（$C_1 = 0$）条件。

只要有错误条件码位被设置为1，状态寄存器的第7位就会被设置为1。第7位是第0~5位的逻辑或运算的结果。程序可以通过测试该位，快速确定是否存在错误条件。

第8、9、10、14位是协处理器条件码位。有许多不同的指令可以设置条件码位，分别如表6-12和表6-13所示。

表 6-12　FPU 的比较条件码位（X=“任意值”）

指令	条件码位				条件
	C_3	C_2	C_1	C_0	
fcom	0	0	X	0	ST > 源操作数
fcomp	0	0	X	1	ST < 源操作数
fcompp	1	0	X	0	ST = 源操作数
ficom	1	1	X	1	ST 或者源操作数不可比较
ficomp					
ftst	0	0	X	0	ST 为正
	0	0	X	1	ST 为负
	1	0	X	0	ST 为零（正零或负零）
	1	1	X	1	ST 不可比较
fxam	0	0	0	0	不支持
	0	0	1	0	不支持
	0	1	0	0	+ 规范化
	0	1	1	0	− 规范化
	1	0	0	0	+ 0
	1	0	1	0	− 0
	1	1	0	0	+ 非规范化
	1	1	1	0	− 非规范化
	0	0	0	1	+NaN
	0	0	1	1	−NaN
	0	1	0	1	+ 无穷
	0	1	1	1	− 无穷
	1	0	X	1	空寄存器
fucom	0	0	X	0	ST > 源操作数
fucomp	0	0	X	1	ST < 源操作数
fucompp	1	0	X	0	ST = 源操作数
	1	1	X	1	无序或不可比较

表 6-13　FPU 的条件码位（X=“任意值”）

指令	条件码标志位			
	C_3	C_2	C_1	C_0
fcom、fcomp、fcompp、ftst、fucom、fucomp、fucompp、ficom、ficomp	比较结果，参见表 6-12	操作数是不可比较的	置为 0	比较结果，参见表 6-12
fxam	参见表 6-12	参见表 6-12	结果的符号，或栈向上溢出 / 向下溢出（如果栈异常位置为 1）	参见表 6-12
fprem、fprem1	商的第 0 位	0 代表简化完成，1 代表简化未完成	商的第 0 位，或栈向上溢出 / 向下溢出（如果栈异常位置为 1）	商的第 2 位
fist、fbstp、frndint、fst、fstp、fadd、fmul、fdiv、fdivr、fsub、fsubr、fscale、fsqrt、fpatan、f2xm1、fyl2x、fyl2xp1	未定义	未定义	如果发生异常，则为舍入方向，否则置为 0	未定义

（续）

指令	条件码标志位			
	C_3	C_2	C_1	C_0
fptan、fsin、fcos、fsincos	未定义	如果在数值范围内，则置为 1，否则置为 0	如果栈异常位置为 1，则发生向上舍入或栈向上溢出 / 向下溢出。如果 C_2 置为 1，则未定义	未定义
fchs、fabs、fxch、fincstp、fdecstp、const loads、fxtract、fld、fild、fbld、fstp（80 位）	未定义	未定义	如果栈异常位置为 1，则置为 0 或栈向上溢出 / 向下溢出	未定义
fldenv、frstor	还原内存操作数	还原内存操作数	还原内存操作数	还原内存操作数
fldcw、fstenv、fstcw、fstsw、fclex	未定义	未定义	未定义	未定义
finit、fsave	清空为 0	清空为 0	清空为 0	清空为 0

FPU 状态寄存器的第 11 ～ 13 位提供栈顶的寄存器编号。在计算过程中，FPU 将程序员提供的逻辑寄存器编号（模 8）加到第 11 ～ 13 位上，以确定运行时的物理寄存器编号。

状态寄存器的第 15 位是“忙 / 闲”位（busy bit）。当 FPU 忙时，就会设置该位为 1。这个标志位是 FPU 作为一个独立芯片时的历史产物，大多数程序一般不会访问此位。

6.5.3 FPU 数据类型

FPU 支持 7 种数据类型：3 种整数类型（integer type）、1 种压缩十进制（packed decimal type）类型和 3 种浮点数据类型（floating-point data type）。整数类型支持 16 位、32 位和 64 位的整数，然而使用 CPU 的整数单元进行整数运算通常更快一些。压缩十进制类型提供 18 位的有符号十进制（BCD）整数。BCD 格式的主要作用是在字符串和浮点数之间进行转换。其余 3 种浮点数据类型是 32 位、64 位和 80 位浮点数据类型。80x87 数据类型如图 6-5、图 6-6 和图 6-7 所示。请注意，为了便于将来参考，x87 支持的最大 BCD 值是 18 位 BCD 值（在这种格式中，第 72 ～ 78 位尚未使用）。

FPU 通常以规范化（normalized）的格式存储数值。当浮点数格式是规范化的时，尾数的高阶位始终为 1。在 32 位和 64 位的浮点格式中，FPU 实际上不存储该位，它总是假设尾数的高阶位是 1。因此，32 位和 64 位的浮点数始终是规范化的。在扩展精度的 80 位浮点格式中，FPU 没有假设尾数的高阶位为 1，尾数的高阶位作为位串的一部分出现。

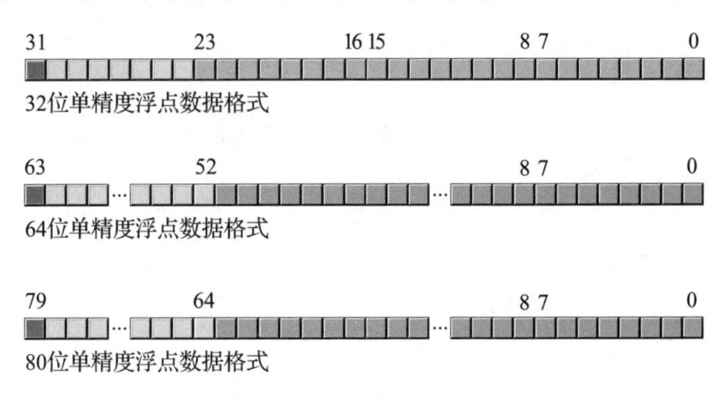

图 6-5 FPU 浮点数据格式

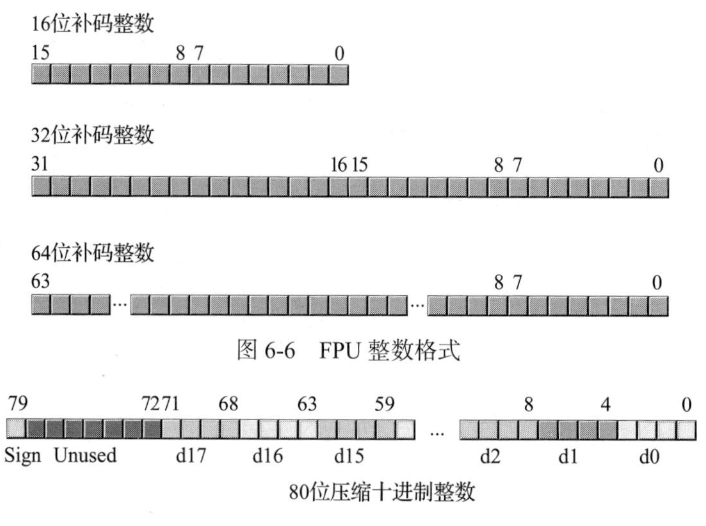

图 6-6　FPU 整数格式

图 6-7　FPU 压缩十进制格式

规范化的浮点数值为一个给定的位数提供最大的精度。然而，许多非规范化的浮点数值不能使用 80 位的数据格式来表示。这些值非常接近于 0，并且表示尾数高阶位不是 0 的一组值。FPU 支持一种称为非规范化浮点数值的特殊 80 位数据形式。非规范化浮点数值允许 FPU 编码非常小的值（这种值 FPU 使用规范化浮点数值无法编码），但非规范化浮点数值提供的精度比规范化浮点数值要低。因此，在计算中使用非规范化浮点值可能会稍微降低准确度。当然，这总比将非规范化浮点数值降低到 0 要好（这样可能会使计算更加不准确）。但必须记住，如果使用非常小的值，计算可能会失去一些准确性。FPU 状态寄存器包含一个二进制位，可以用于检测 FPU 何时在计算中使用非规范化浮点数值。

6.5.4　FPU 指令集

FPU 向 x86-64 指令集添加了许多指令。这些指令分为以下类别：数据移动指令（data movement instruction）、转换指令、算术指令、比较指令、常量指令、超越函数指令以及其他指令（miscellaneous instruction）。以下各节将分别讨论这些类别的指令。

6.5.5　FPU 数据移动指令

数据移动指令负责在 FPU 的内部寄存器和内存之间传输数据。数据移动指令包括 fld、fst、fstp 和 fxch。fld 指令总是将其操作数压入浮点栈中。fstp 指令总是在存储数据后从栈顶弹出该数据。其余指令不影响栈中的数据项。

6.5.5.1　fld 指令

fld 指令将 32 位、64 位或 80 位浮点数值加载到栈中。此指令先将 32 位和 64 位操作数转换为 80 位扩展精度值，然后将该转换后的值压入浮点栈中。

fld 指令首先将栈顶指针（状态寄存器的第 11 ~ 13 位）减 1，然后将 80 位的数值存储在新的栈顶指针指向的物理寄存器中。如果 fld 指令的源操作数是浮点数寄存器 st(i)，那么 FPU 用于加载操作的实际寄存器的编号在递减栈顶指针之前。因此，“fld st(0)”将复制栈顶的值。

如果发生栈向上溢出，那么 fld 指令将设置栈故障位。如果加载 80 位的非规范化数值，那么该指令将设置非规范化异常位。如果试图将一个空的浮点数寄存器加载到栈顶（或者执行另一个无效的操作），则该指令设置无效操作位。

以下是一些示例：

```
fld st(1)
fld real4_variable
fld real8_variable
fld real10_variable
fld real8 ptr [rbx]
```

无法直接将 32 位的整数寄存器加载到浮点栈中，即使该寄存器包含 real4 数值。为此，必须首先将整数寄存器存储到内存单元中，然后使用 fld 指令将该内存单元压入 FPU 栈中。例如：

```
mov tempReal4, eax ; 将 EAX 中的 real4 值存储到内存单元
fld tempReal4 ; 将该值压入 FPU 栈中
```

6.5.5.2 fst 和 fstp 指令

fst 和 fstp 指令可以将浮点数栈顶的数值复制到另一个浮点数寄存器中，也可以复制到 32 位、64 位或（仅限 fstp）80 位内存变量中。在将数据复制到 32 位或 64 位的内存变量中时，FPU 将栈顶的 80 位扩展精度值舍入为较小的格式，舍入格式由 FPU 控制寄存器中的舍入控制位指定。

在访问 ST(0) 中的数据后，通过增加状态寄存器中的栈顶指针，fstp 指令弹出栈顶的值并将其移动到目标位置。如果目标操作数是浮点寄存器，则 FPU 会在将数据从栈顶弹出之前，将数值存储在指定的寄存器编号处。

执行“ fstp st(0)”指令可以有效地将数据从栈顶弹出，而无须进行数据传输。以下是一些示例：

```
fst real4_variable
fst real8_variable
fst realArray[rbx * 8]
fst st(2)
fstp st(1)
```

上述示例中最后一条指令有效地弹出了 ST(1)，ST(0) 成为了栈顶元素。

如果发生栈向下溢出（试图存储一个空寄存器栈中的数值），fst 和 fstp 指令将设置栈异常位。如果在存储操作期间发生精度损失（例如，在将 80 位的扩展精度值存储到 32 位或 64 位的内存变量中时，一些位在转换期间丢失了），那么 fst 和 fstp 指令将设置精度位。当将 80 位的数值存储到 32 位或 64 位内存变量中，但转换后的数值太小无法放入目标操作数中时，fst 和 fstp 指令将设置向下溢出异常位。同理，如果栈顶的数值太大，无法放入 32 位或者 64 位内存变量中，那么这些指令将设置向上溢出异常位。如果发生无效操作（例如对空寄存器进行存储操作），fst 和 fstp 指令将设置无效操作标志位。最后，如果在存储操作期间发生舍入（仅当存储到 32 位或 64 位的内存变量中时才会发生这种情况，必须舍入尾数以适应目标操作数的大小），或者发生栈错误，则这些指令将设置 C_1 条件码标志位。

注意：由于 FPU 指令集中存在与指令编码相关的特殊性，因此不能使用 fst 指令将数据存储到 real10 内存变量中。但是，可以使用 fstp 指令存储 80 位的数据。

6.5.5.3 fxch 指令

fxch 指令将栈顶的数值与另一个 FPU 寄存器进行交换。该指令有两种形式：一种是将一个 FPU 寄存器作为操作数，另一种是不包含任何操作数。第一种形式的 fxch 指令将位于

栈顶的数据与指定的寄存器交换。第二种形式的 fxch 指令将位于栈顶的数据与 ST(1) 交换。

许多 FPU 指令（例如，fsqrt）仅操作于寄存器栈顶。如果要对不在寄存器栈顶的数据执行此类操作，则可以使用 fxch 指令将该寄存器与栈顶的数据进行交换并执行所需的操作，然后使用 fxch 指令将栈顶的数据与原始寄存器交换。以下示例计算 ST(2) 的平方根：

```
fxch st(2)
fsqrt
fxch st(2)
```

如果栈为空，则 fxch 指令设置栈异常位；如果将空寄存器指定为操作数，则设置无效操作位；该指令总是清除 C_1 条件码标志位。

6.5.6 转换指令

FPU 对 80 位的实数执行所有算术运算。从某种意义上说，fld 和 fst/fstp 指令是转换指令，因为这些指令会自动在内部的 80 位实数格式与 32 位和 64 位的内存格式之间进行转换。尽管如此，我们还是将这些指令归类为数据移动指令，而不是转换指令，因为这些指令主要是在内存之间移动实数值。FPU 提供了其他 6 条指令，可以在转移数据时，实现浮点数与整数或 BCD 格式之间的转换。这些指令包括 fild、fist、fistp、fisttp、fbld 和 fbstp。

6.5.6.1　fild 指令

fild（integer load，整数加载）指令将 16 位、32 位或 64 位补码整数转换为 80 位扩展精度的格式，并将转换后的结果压入栈中。fild 指令只需要一个操作数，这个操作数为字、双字或四字整数变量的地址。不能指定 x86-64 的 16 位、32 位或 64 位通用寄存器作为该指令的操作数。如果需要将 x86-64 通用寄存器的数值压入 FPU 栈中，那么必须首先将其存储到内存变量中，然后使用 fild 指令将这个内存变量压入 FPU 栈中。

如果在压入转换后的数值时发生栈向上溢出，则 fild 指令将设置相应的栈异常位和 C_1 条件码标志位。例如：

```
fild word_variable
fild dword_val[rcx * 4]
fild qword_variable
fild sqword ptr [rbx]
```

6.5.6.2　fist、fistp 和 fisttp 指令

fist、fistp 和 fisttp 指令将栈顶的 80 位扩展精度变量转换为 16 位、32 位或（仅限 fistp/fisttp）64 位的整数，并将转换后的结果存储到单个操作数指定的内存变量中。fist 和 fistp 指令根据 FPU 控制寄存器中（第 10 位和第 11 位）的舍入设置，将栈顶的数值转换为整数。fisttp 指令始终使用截断模式进行数据转换。与 fild 指令一样，fist、fistp 和 fisttp 指令不允许将 x86-64 的通用 16 位、32 位或 64 位寄存器指定为目标操作数。

fist 指令将栈顶的数值转换为整数，然后存储转换后的结果，该指令并不会影响浮点寄存器栈的内容。fistp 和 fisttp 指令则会在将转换后的数值存储之后，将数值从浮点寄存器栈中弹出。

如果浮点寄存器栈为空（这也将清除 C_1 条件码标志位），则这些指令将设置栈异常位。如果发生舍入（即 ST(0) 中的数值包含小数部分），则这些指令将设置精度（不精确操作）位和 C_1 条件码标志位。如果转换后的结果太小（小于 1 但大于 0，或者小于 0 但大于 −1），则这些指令将设置向下溢出异常位。以下是一些示例：

```
fist word_var[rbx * 2]
fist dword_var
fisttp dword_var
fistp qword_var
```

fist 和 fistp 指令使用舍入控制设置来确定在存储操作期间如何将浮点数据转换为整数。舍入控制通常默认设置为舍入模式，然而大多数程序员希望 fist/fistp 指令在转换过程中截断小数部分。如果希望 fist/fistp 指令在将浮点数值转换为整数时截断浮点数值，则需要在浮点控制寄存器中适当设置舍入控制位（或者使用 fisttp 指令截断转换后的结果，而不考虑舍入控制位）。下面是一个示例：

```
          .data
fcw16     word   ?
fcw16_2   word   ?
IntResult sdword ?
          .
          .
          .
    fstcw fcw16
    mov ax, fcw16
    or ax, 0c00h ; 舍入模式 = %11（截断）
    mov fcw16_2, ax ; 存储和重载控制字
    fldcw fcw16_2
    fistp IntResult ; 截断 ST(0) 并存储为 32 位整数
    fldcw fcw16 ; 恢复原始的舍入控制模式
```

6.5.6.3 fbld 和 fbstp 指令

fbld 和 fbstp 指令加载并存储 80 位 BCD 数值。fbld 指令将 BCD 数值转换为与其等效的 80 位扩展精度值，并将转换后的结果压入栈中。fbstp 指令从栈顶弹出扩展精度实数值，将其转换为 80 位 BCD 数值（根据浮点控制寄存器中的位进行舍入），并将转换后的结果存储在目标内存操作数指定的地址中。注意，没有 fbst 指令。

如果发生栈向上溢出，则 fbld 指令将设置栈异常位和 C_1 条件码标志位。如果试图加载无效的 BCD 数值，则结果未定义。如果出现栈向下溢出（栈为空），则 fbstp 指令设置栈异常位并清除 C_1 条件码标志位。该指令设置向下溢出标志位的条件与 fist 和 fistp 指令相同。例如：

```
; 假设栈中的数据项少于 8 项，
; 以下代码序列相当于一条 fbst 指令：

    fld st(0)
    fbstp tbyte_var

; 以下示例轻松地将 80 位 BCD 值转换为 64 位整数：
    fbld tbyte_var
    fistp qword_var
```

这两条指令对于在字符串格式和浮点格式之间的转换特别有用。除了 fild 和 fist 指令，还可以使用 fbld 和 fbstp 指令在整数和字符串格式之间进行转换。

6.5.7 算术指令

算术指令是 FPU 指令集的子集，这个子集很小却很重要。算术指令分为两大类：对实数进行操作的指令，以及对实数和整数值进行操作的指令。

6.5.7.1 fadd、faddp 和 fiadd 指令

fadd、faddp 和 fiadd 指令的语法形式如下所示：

```
fadd
faddp
fadd st(i), st(0)
fadd st(0), st(i)
faddp st(i), st(0)
fadd mem32
fadd mem64
fiadd mem16
fiadd mem32
```

没有操作数的 fadd 指令是 faddp 指令的同义词。faddp 指令（也没有操作数）从栈顶弹出两个值，将这两个值相加，然后将相加后的和压回栈中。

后面两种形式的 fadd 指令（第 3 行和第 4 行）都带两个 FPU 寄存器操作数，其行为类似于 x86-64 的 add 指令。这两种形式的指令将源寄存器操作数的数值加到目标寄存器操作数的数值中。其中一个寄存器操作数必须是 ST(0)。

faddp 指令带有两个操作数，该指令将 ST(0)（必须始终是源操作数）与目标操作数相加，然后弹出 ST(0)。目标操作数必须是其他 FPU 寄存器之一。

最后两种形式的 fadd 指令（第 6 行和第 7 行）都带有内存操作数，分别将 32 位和 64 位浮点变量加到 ST(0) 的值中。在执行加法之前，它们将 32 位和 64 位操作数转换为 80 位扩展精度的数值。请注意，此指令不允许使用 80 位的内存操作数。还有指令用于将内存中的 16 位和 32 位整数累加到 ST(0) 中：“fiadd mem_{16}”和“fiadd mem_{32}”。

在不同的情况下，这些指令可能会引发栈异常、精度异常、向下溢出异常、向上溢出异常、非规范化异常和无效操作异常。如果出现栈故障异常，则 C_1 条件码标志位表示栈向上溢出、向下溢出，或舍入方向（参见表 6-13）。

程序清单 6-1 演示了 fadd 指令各种形式的使用方法。

程序清单 6-1 fadd 指令的演示示例

```
; 程序清单 6-1
; 演示 fadd 指令各种形式的使用方法

        option casemap:none

nl          =       10

            .const
ttlStr      byte    "Listing 6-1", 0
fmtSt0St1   byte    "st(0):%f, st(1):%f", nl, 0
fmtAdd1     byte    "fadd: st0:%f", nl, 0
fmtAdd2     byte    "faddp: st0:%f", nl, 0
fmtAdd3     byte    "fadd st(1), st(0): st0:%f, st1:%f", nl, 0
fmtAdd4     byte    "fadd st(0), st(1): st0:%f, st1:%f", nl, 0
fmtAdd5     byte    "faddp st(1), st(0): st0:%f", nl, 0
fmtAdd6     byte    "fadd mem: st0:%f", nl, 0

zero        real8   0.0
one         real8   1.0
two         real8   2.0
minusTwo    real8   -2.0

            .data
st0         real8   0.0
```

```
st1         real8   0.0

            .code
            externdef printf:proc

; 将程序标题返回到 C++ 程序：

            public  getTitle
getTitle    proc
            lea rax, ttlStr
            ret
getTitle    endp

; printFP——打印 st0 以及（可能）st1 的值。
; 调用方必须在 RCX 中传递指向 fmtStr 的指针。

printFP     proc
            sub rsp, 40

; 对于 vararg 函数（例如，printf 调用），
; 双精度值必须出现在 RDX 和 R8 中，而不是在 XMM1 和 XMM2 中。
; 注意：如果格式化字符串中只有一个双精度值，
; 那么 printf 调用将忽略 R8 中的第二个值。

            mov     rdx, qword ptr st0
            mov     r8, qword ptr st1
            call    printf
            add     rsp, 40
            ret
printFP     endp

; 以下是“asmMain”函数的实现。

            public  asmMain
asmMain     proc
            push    rbp
            mov     rbp, rsp
            sub     rsp, 48             ; 影子存储器

; 演示各种 fadd 指令：

            mov     rax, qword ptr one
            mov     qword ptr st1, rax
            mov     rax, qword ptr minusTwo
            mov     qword ptr st0, rax
            lea     rcx, fmtSt0St1
            call    printFP

; fadd（等同于 faddp）：

            fld     one
            fld     minusTwo
            fadd                        ; 弹出 st(0)！
            fstp    st0

            lea     rcx, fmtAdd1
            call    printFP

; faddp:

            fld     one
            fld     minusTwo
```

```
            faddp                   ; 弹出 st(0)!
            fstp    st0

            lea     rcx, fmtAdd2
            call    printFP

; fadd st(1), st(0):
            fld     one
            fld     minusTwo
            fadd    st(1), st(0)
            fstp    st0
            fstp    st1

            lea     rcx, fmtAdd3
            call    printFP

; fadd st(0), st(1):

            fld     one
            fld     minusTwo
            fadd    st(0), st(1)
            fstp    st0
            fstp    st1

            lea     rcx, fmtAdd4
            call    printFP

; faddp st(1), st(0):

            fld     one
            fld     minusTwo
            faddp   st(1), st(0)
            fstp    st0

            lea     rcx, fmtAdd5
            call    printFP

; faddp mem64:
            fld     one
            fadd    two
            fstp    st0

            lea     rcx, fmtAdd6
            call    printFP

            leave
            ret     ; 返回到调用方
asmMain     endp
            end
```

程序清单 6-1 中代码的构建命令和输出结果如下所示：

```
C:\>build listing6-1

C:\>echo off
Assembling: listing6-1.asm
c.cpp

C:\>listing6-1
Calling Listing 6-1:
st(0):-2.000000, st(1):1.000000
```

```
fadd: st0:-1.000000
faddp: st0:-1.000000
fadd st(1), st(0): st0:-2.000000, st1:-1.000000
fadd st(0), st(1): st0:-1.000000, st1:1.000000
faddp st(1), st(0): st0:-1.000000
fadd mem: st0:3.000000
Listing 6-1 terminated
```

6.5.7.2 fsub、fsubp、fsubr、fsubrp、fisub 和 fisubr 指令

这 6 个指令的语法如下所示：

```
fsub
fsubp
fsubr
fsubrp

fsub   st(i), st(0)
fsub   st(0), st(i)
fsubp  st(i), st(0)
fsub   mem32
fsub   mem64

fsubr  st(i), st(0)
fsubr  st(0), st(i)
fsubrp st(i), st(0)
fsubr  mem32
fsubr  mem64

fisub  mem16
fisub  mem32
fisubr mem16
fisubr mem32
```

如果不带操作数，那么 fsub 与 fsubp 指令（不带操作数）相同。在不带操作数的情况下，fsubp 指令从寄存器栈中弹出 ST(0) 和 ST(1)，计算 ST(1)−ST(0)，然后将得到的差值压回栈中。fsubr 和 fsubrp 指令（reverse subtraction，反向减法）同前两个指令的操作方式相同，只是这两个指令计算 ST(0)−ST(1)。

如果带两个寄存器操作数（目标操作数，源操作数），则 fsub 指令计算目标操作数 = 目标操作数 − 源操作数。在两个寄存器中，其中一个必须为 ST(0)。使用两个寄存器作为操作数的 fsubp 指令同样计算目标操作数 = 目标操作数 − 源操作数，在计算出差值之后从栈中弹出 ST(0)。对于 fsubp 指令，源操作数必须是 ST(0)。

如果带两个寄存器操作数，则 fsubr 和 fsubrp 指令的工作方式与 fsub 和 fsubp 指令类似，只是这两个指令计算目标操作数 = 源操作数 − 目标操作数。

“fsub mem_{32}”“fsub mem_{64}”“fsubr mem_{32}”和“fsubr mem_{64}”指令接受 32 位或 64 位内存操作数。这些指令将内存操作数转换为 80 位扩展精度值，并从 ST(0) 中减去该值（fsub 指令），或从该值中减去 ST(0)（fsubr 指令），然后将结果存储回 ST(0)。还有从 ST(0) 中减去内存中 16 位和 32 位整数的指令：“fisub mem_{16}”和“fisub mem_{32}”（也有对应的“fisubr mem_{16}”和“fisubr mem_{32}”）。

在不同的情况下，这些指令可能会引发栈异常、精度异常、向下溢出异常、向上溢出异常、非规范化异常和无效操作异常。如果出现栈故障异常，则 C_1 条件码标志位表示栈向上溢出、向下溢出，或指示舍入方向（参见表 6-13）。

程序清单 6-2 演示了 fsub/fsubr 指令各种形式的使用方法。

程序清单 6-2　fsub/fsubr 指令的演示示例

```
; 程序清单 6-2
; 演示 fsub/fsubr 指令各种形式的使用方法。

        option casemap:none

nl          =       10

            .const
ttlStr      byte    "Listing 6-2", 0
fmtSt0St1   byte    "st(0):%f, st(1):%f", nl, 0
fmtSub1     byte    "fsub: st0:%f", nl, 0
fmtSub2     byte    "fsubp: st0:%f", nl, 0
fmtSub3     byte    "fsub st(1), st(0): st0:%f, st1:%f", nl, 0
fmtSub4     byte    "fsub st(0), st(1): st0:%f, st1:%f", nl, 0
fmtSub5     byte    "fsubp st(1), st(0): st0:%f", nl, 0
fmtSub6     byte    "fsub mem: st0:%f", nl, 0
fmtSub7     byte    "fsubr st(1), st(0): st0:%f, st1:%f", nl, 0
fmtSub8     byte    "fsubr st(0), st(1): st0:%f, st1:%f", nl, 0
fmtSub9     byte    "fsubrp st(1), st(0): st0:%f", nl, 0
fmtSub10    byte    "fsubr mem: st0:%f", nl, 0

zero        real8   0.0
three       real8   3.0
minusTwo    real8   -2.0

            .data
st0         real8   0.0
st1         real8   0.0

            .code
            externdef printf:proc

; 将程序标题返回到 C++ 程序：

            public  getTitle
getTitle    proc
            lea     rax, ttlStr
            ret
getTitle    endp

; printFP——打印 st0 和（可能）st1 的值。
; 调用方必须在 RCX 中传递指向 fmtStr 的指针。

printFP     proc
            sub     rsp, 40

; 对于 vararg 函数（例如，printf 调用），
; 双精度值必须出现在 RDX 和 R8 中，而不是在 XMM1 和 XMM2 中。
; 注意：如果格式化字符串中只有一个双精度值，
; 那么 printf 调用将忽略 R8 中的第二个值。

            mov     rdx, qword ptr st0
            mov     r8, qword ptr st1
            call    printf
            add     rsp, 40
            ret
printFP     endp

; 以下是“asmMain”函数的实现。
```

```
            public    asmMain
asmMain     proc
            push      rbp
            mov       rbp, rsp
            sub       rsp, 48       ; 影子存储器

; 演示各种 fsub 指令:

            mov       rax, qword ptr three
            mov       qword ptr st1, rax
            mov       rax, qword ptr minusTwo
            mov       qword ptr st0, rax

            lea       rcx, fmtSt0St1
            call      printFP

; fsub (等同于 fsubp):
            fld       three
            fld       minusTwo
            fsub                    ; 弹出 st(0) !
            fstp      st0

            lea       rcx, fmtSub1
            call      printFP

; fsubp:
            fld       three
            fld       minusTwo
            fsubp                   ; 弹出 st(0) !
            fstp      st0

            lea       rcx, fmtSub2
            call      printFP

; fsub st(1), st(0):

            fld       three
            fld       minusTwo
            fsub      st(1), st(0)
            fstp      st0
            fstp      st1

            lea       rcx, fmtSub3
            call      printFP

; fsub st(0), st(1):

            fld       three
            fld       minusTwo
            fsub      st(0), st(1)
            fstp      st0
            fstp      st1

            lea       rcx, fmtSub4
            call      printFP

; fsubp st(1), st(0):

            fld       three
            fld       minusTwo
            fsubp     st(1), st(0)
```

```
            fstp    st0

            lea     rcx, fmtSub5
            call    printFP

; fsub mem64:

            fld     three
            fsub    minusTwo
            fstp    st0

            lea     rcx, fmtSub6
            call    printFP

; fsubr st(1), st(0):

            fld     three
            fld     minusTwo
            fsubr   st(1), st(0)
            fstp    st0
            fstp    st1

            lea     rcx, fmtSub7
            call    printFP

; fsubr st(0), st(1):

            fld     three
            fld     minusTwo
            fsubr   st(0), st(1)
            fstp    st0
            fstp    st1

            lea     rcx, fmtSub8
            call    printFP

; fsubrp st(1), st(0):

            fld     three
            fld     minusTwo
            fsubrp  st(1), st(0)
            fstp    st0

            lea     rcx, fmtSub9
            call    printFP

; fsubr mem64:

            fld     three
            fsubr   minusTwo
            fstp    st0

            lea     rcx, fmtSub10
            call    printFP

            leave
            ret     ; 返回到调用方
asmMain     endp
            end
```

程序清单 6-2 的构建命令和输出结果如下所示：

```
C:\>build listing6-2

C:\>echo off
Assembling: listing6-2.asm
c.cpp

C:\>listing6-2
Calling Listing 6-2:
st(0):-2.000000, st(1):3.000000
fsub: st0:5.000000
fsubp: st0:5.000000
fsub st(1), st(0): st0:-2.000000, st1:5.000000
fsub st(0), st(1): st0:-5.000000, st1:3.000000
fsubp st(1), st(0): st0:5.000000
fsub mem: st0:5.000000
fsubr st(1), st(0): st0:-2.000000, st1:-5.000000
fsubr st(0), st(1): st0:5.000000, st1:3.000000
fsubrp st(1), st(0): st0:-5.000000
fsubr mem: st0:-5.000000
Listing 6-2 terminated
```

6.5.7.3 fmul、fmulp 和 fimul 指令

fmul 和 fmulp 指令将两个浮点数相乘。fimul 指令将整数与浮点值相乘。这些指令使用以下的形式：

```
fmul
fmulp

fmul st(0), st(i)
fmul st(i), st(0)
fmul mem32
fmul mem64

fmulp st(i), st(0)
fimul mem16
fimul mem32
```

如果不带操作数，则 fmul 是 fmulp 指令的同义词。不带操作数的 fmulp 指令将弹出 ST(0) 和 ST(i)，将这两个值相乘，并将所得乘积压回栈中。带两个寄存器操作数的 fmul 指令计算目标操作数 = 目标操作数 × 源操作数，两个操作数中必须有一个为 ST(0)。

“fmulp st(0), st(i)”指令计算 ST(i) = ST(i) × ST(0)，然后从栈中弹出 ST(0)。此指令使用从栈中弹出的 ST(0) 之前的 i 值。“fmul mem32”和“fmul mem64”指令分别需要 32 位和 64 位的内存操作数。这些指令将指定的内存变量转换为 80 位的扩展精度值，然后将 ST(0) 乘以该数值。还有指令可以将内存中的 16 位和 32 位整数乘以 ST(0)：“fimul mem16”和“fimul mem32”。

在不同的情况下，这些指令可能会引发栈异常、精度异常、向下溢出异常、向上溢出异常、非规范化异常和无效操作异常。如果在计算期间发生舍入，则这些指令将设置 C_1 条件码标志位。如果出现栈故障异常，则 C_1 条件码标志位表示栈向上溢出或向下溢出。

程序清单 6-3 演示了 fmul 指令的各种形式的使用方法。

程序清单 6-3 fmul 指令的演示

```
; 程序清单 6-3
; 演示 fmul 指令各种形式的使用方法。

        option casemap:none
```

```
nl          =       10

            .const
ttlStr      byte    "Listing 6-3", 0
fmtSt0St1   byte    "st(0):%f, st(1):%f", nl, 0
fmtMul1     byte    "fmul: st0:%f", nl, 0
fmtMul2     byte    "fmulp: st0:%f", nl, 0
fmtMul3     byte    "fmul st(1), st(0): st0:%f, st1:%f", nl, 0
fmtMul4     byte    "fmul st(0), st(1): st0:%f, st1:%f", nl, 0
fmtMul5     byte    "fmulp st(1), st(0): st0:%f", nl, 0
fmtMul6     byte    "fmul mem: st0:%f", nl, 0

zero        real8   0.0
three       real8   3.0
minusTwo    real8   -2.0

            .data
st0         real8   0.0
st1         real8   0.0

            .code
            externdef printf:proc

; 将程序标题返回到 C++ 程序：
            public  getTitle
getTitle    proc
            lea     rax, ttlStr
            ret
getTitle    endp

; printFP——打印 st0 和（可能）st1 的值。
; 调用方必须在 RCX 中传递指向 fmtStr 的指针。

printFP     proc
            sub     rsp, 40

; 对于 vararg 函数（例如，printf 调用），
; 双精度值必须出现在 RDX 和 R8 中，而不是在 XMM1 和 XMM2 中。
; 注意：如果格式化字符串中只有一个双精度值，
; 那么 printf 调用将忽略 R8 中的第二个值

            mov     rdx, qword ptr st0
            mov     r8, qword ptr st1
            call    printf
            add     rsp, 40
            ret
printFP     endp

; 以下是“asmMain”函数的实现。
            public  asmMain
asmMain     proc
            push    rbp
            mov     rbp, rsp
            sub     rsp, 48         ; 影子存储器

; 演示各种 fmul 指令：

            mov     rax, qword ptr three
            mov     qword ptr st1, rax
            mov     rax, qword ptr minusTwo
            mov     qword ptr st0, rax
```

```
            lea     rcx, fmtStoSt1
            call    printFP

; fmul (等同于 fmulp):

            fld     three
            fld     minusTwo
            fmul                        ; 弹出 st(0) !
            fstp    st0

            lea     rcx, fmtMul1
            call    printFP

; fmulp:
            fld     three
            fld     minusTwo
            fmulp                       ; 弹出 st(0) !
            fstp    st0

            lea     rcx, fmtMul2
            call    printFP

; fmul st(1), st(0):

            fld     three
            fld     minusTwo
            fmul    st(1), st(0)
            fstp    st0
            fstp    st1

            lea     rcx, fmtMul3
            call    printFP

; fmul st(0), st(1):

            fld     three
            fld     minusTwo
            fmul    st(0), st(1)
            fstp    st0
            fstp    st1

            lea     rcx, fmtMul4
            call    printFP

; fmulp st(1), st(0):

            fld     three
            fld     minusTwo
            fmulp   st(1), st(0)
            fstp    st0

            lea     rcx, fmtMul5
            call    printFP

; fmulp mem64:

            fld     three
            fmul    minusTwo
            fstp    st0

            lea     rcx, fmtMul6
```

```
            call     printFP

            leave
            ret      ; 返回到调用方
asmMain     endp
            end
```

程序清单 6-3 的构建命令和输出结果如下所示：

```
C:\>build listing6-3

C:\>echo off
Assembling: listing6-3.asm
c.cpp

C:\>listing6-3
Calling Listing 6-3:
st(0):-2.000000, st(1):3.000000
fmul: st0:-6.000000
fmulp: st0:-6.000000
fmul st(1), st(0): st0:-2.000000, st1:-6.000000
fmul st(0), st(1): st0:-6.000000, st1:3.000000
fmulp st(1), st(0): st0:-6.000000
fmul mem: st0:-6.000000
Listing 6-3 terminated
```

6.5.7.4　fdiv、fdivp、fdivr、fdivrp、fidiv 和 fidivr 指令

这 6 个指令使用以下的形式：

```
fdiv
fdivp
fdivr
fdivrp

fdiv st(0), st(i)
fdiv st(i), st(0)
fdivp st(i), st(0)

fdivr st(0), st(i)
fdivr st(i), st(0)
fdivrp st(i), st(0)

fdiv mem32
fdiv mem64
fdivr mem32
fdivr mem64

fidiv mem16
fidiv mem32
fidivr mem16
fidivr mem32
```

如果不带操作数，则 fdiv 指令是 fdivp 指令的同义词。不带操作数的 fdivp 指令计算 ST(1) = ST(1) / ST(0)。fdivr 和 fdivrp 指令的工作方式与 fdiv 和 fdivp 类似，只是这两个指令计算 ST(0) / ST(1) 而不是 ST(1) / ST(0)。

如果带两个寄存器操作数，则这些指令计算以下的商：

```
fdiv st(0), st(i)          ; st(0) = st(0)/st(i)
fdiv st(i), st(0)          ; st(i) = st(i)/st(0)
fdivp st(i), st(0)         ; st(i) = st(i)/st(0)，然后弹出 st(0)
```

```
fdivr st(0), st(i)        ; st(0) = st(i)/st(0)
fdivr st(i), st(0)        ; st(i) = st(0)/st(i)
fdivrp st(i), st(0)       ; st(i) = st(0)/st(i) ，然后弹出 st(0)
```

执行除法运算后，fdivp 和 fdivrp 指令还会弹出 ST(0)。这两条指令中 i 的值是在弹出 ST(0) 之前计算出来的。

在不同的情况下，这些指令可能会引发栈异常、精度异常、向下溢出异常、向上溢出异常、非规范化异常、零除异常和无效操作异常。如果在计算期间发生舍入，则这些指令将设置 C_1 条件码标志位。如果出现栈故障异常，则 C_1 条件码标志位表示栈向上溢出或向下溢出。

程序清单 6-4 演示了 fdiv/fdivr 指令的各种形式的使用方法。

程序清单 6-4 fdiv/fdivr 指令的演示示例

```
; 程序清单 6-4
; 演示 fdiv/fdivr 指令各种形式的使用方法。

        option casemap:none

nl          =       10

            .const
ttlStr      byte    "Listing 6 4", 0
fmtStSt1    byte    "st(0):%f, st(1):%f", nl, 0
fmtDiv1     byte    "fdiv: st0:%f", nl, 0
fmtDiv2     byte    "fdivp: st0:%f", nl, 0
fmtDiv3     byte    "fdiv st(1), st(0): st0:%f, st1:%f", nl, 0
fmtDiv4     byte    "fdiv st(0), st(1): st0:%f, st1:%f", nl, 0
fmtDiv5     byte    "fdivp st(1), st(0): st0:%f", nl, 0
fmtDiv6     byte    "fdiv mem: st0:%f", nl, 0
fmtDiv7     byte    "fdivr st(1), st(0): st0:%f, st1:%f", nl, 0
fmtDiv8     byte    "fdivr st(0), st(1): st0:%f, st1:%f", nl, 0
fmtDiv9     byte    "fdivrp st(1), st(0): st0:%f", nl, 0
fmtDiv10     byte   "fdivr mem: st0:%f", nl, 0

three       real8   3.0
minusTwo    real8   -2.0

            .data
st0         real8   0.0
st1         real8   0.0

            .code
            externdef printf:proc

; 将程序标题返回到 C++ 程序：
            public  getTitle
getTitle    proc
            lea     rax, ttlStr
            ret
getTitle    endp

; printFP——打印 st0 和（可能）st1 的值。
; 调用方必须在 RCX 中传递指向 fmtStr 的指针。

printFP     proc
            sub     rsp, 40

; 对于 vararg 函数（例如，printf 调用），
; 双精度值必须出现在 RDX 和 R8 中，而不是在 XMM1 和 XMM2 中。
; 注意：如果格式化字符串中只有一个双精度值，
```

```
; 那么 printf 调用将忽略 R8 中的第二个值。

            mov     rdx, qword ptr st0
            mov     r8, qword ptr st1
            call    printf
            add     rsp, 40
            ret
printFP     endp

; 以下是“asmMain”函数的实现。

            public asmMain
asmMain     proc
            push    rbp
            mov     rbp, rsp
            sub     rsp, 48             ; 影子存储器

; 演示各种 fdiv 指令：

            mov     rax, qword ptr three
            mov     qword ptr st1, rax
            mov     rax, qword ptr minusTwo
            mov     qword ptr st0, rax

            lea     rcx, fmtSt0St1
            call    printFP

; fdiv（等同于 fdivp）：

            fld     three
            fld     minusTwo
            fdiv                        ; 弹出 st(0)！
            fstp    st0

            lea     rcx, fmtDiv1
            call    printFP

; fdivp：

            fld     three
            fld     minusTwo
            fdivp                       ; 弹出 st(0)！
            fstp    st0

            lea     rcx, fmtDiv2
            call    printFP

; fdiv st(1), st(0)：

            fld     three
            fld     minusTwo
            fdiv    st(1), st(0)
            fstp    st0
            fstp    st1

            lea     rcx, fmtDiv3
            call    printFP

; fdiv st(0), st(1)：

            fld     three
```

```
            fld         minusTwo
            fdiv        st(0), st(1)
            fstp        st0
            fstp        st1

            lea         rcx, fmtDiv4
            call        printFP

; fdivp st(1), st(0):

            fld         three
            fld         minusTwo
            fdivp       st(1), st(0)
            fstp        st0

            lea         rcx, fmtDiv5
            call        printFP

; fdiv mem64:
            fld         three
            fdiv        minusTwo
            fstp        st0

            lea         rcx, fmtDiv6
            call        printFP

; fdivr st(1), st(0):

            fld         three
            fld         minusTwo
            fdivr       st(1), st(0)
            fstp        st0
            fstp        st1

            lea         rcx, fmtDiv7
            call        printFP

; fdivr st(0), st(1):

            fld         three
            fld         minusTwo
            fdivr       st(0), st(1)
            fstp        st0
            fstp        st1

            lea         rcx, fmtDiv8
            call        printFP

; fdivrp st(1), st(0):
            fld         three
            fld         minusTwo
            fdivrp      st(1), st(0)
            fstp        st0

            lea         rcx, fmtDiv9
            call        printFP

; fdivr mem64:

            fld         three
            fdivr       minusTwo
```

```
                fstp    st0

                lea     rcx, fmtDiv10
                call    printFP

                leave
                ret     ; 返回到调用方
asmMain         endp
                end
```

程序清单 6-4 的构建命令和代码输出结果如下所示：

```
C:\>build listing6-4

C:\>echo off
Assembling: listing6-4.asm
c.cpp

C:\>listing6-4
Calling Listing 6-4:
st(0):-2.000000, st(1):3.000000
fdiv: st0:-1.500000
fdivp: st0:-1.500000
fdiv st(1), st(0): st0:-2.000000, st1:-1.500000
fdiv st(0), st(1): st0:-0.666667, st1:3.000000
fdivp st(1), st(0): st0:-1.500000
fdiv mem: st0:-1.500000
fdivr st(1), st(0): st0:-2.000000, st1:-0.666667
fdivr st(0), st(1): st0:-1.500000, st1:3.000000
fdivrp st(1), st(0): st0:-0.666667
fdivr mem: st0:-0.666667
Listing 6-4 terminated
```

6.5.7.5　fsqrt 指令

fsqrt 指令不带任何操作数。该指令计算栈顶数值的平方根，并使用计算后的结果替换 ST(0)。栈顶的数值必须为 0 或正数，否则 fsqrt 指令将生成无效操作异常。

在不同的情况下，该指令可能会引发栈异常、精度异常、非规范化异常和无效操作异常。如果在计算期间发生舍入，则该指令将设置 C_1 条件码标志位。如果出现栈故障异常，则 C_1 条件码标志位表示栈向上溢出或向下溢出。

下面是一个示例：

```
; 计算 z = sqrt(x**2 + y**2):
    fld x           ; 加载 x
    fld st(0)       ; 在栈顶复制 x
    fmulp           ; 计算 x**2

    fld y           ; 加载 y
    fld st(0)       ; 复制 y
    fmul            ; 计算 y**2

    faddp           ; 计算 x**2 + y**2
    fsqrt           ; 计算 sqrt(x**2 + y**2)
    fstp z          ; 将结果存储到 z
```

6.5.7.6　fprem 和 fprem1 指令

fprem 和 fprem1 指令计算部分余数（partial remainder)(可能需要对该值进行额外的计算才能产生实际余数)。在 IEEE 的浮点标准出台之前，英特尔就已经设计出了 fprem 指令。在

IEEE 浮点标准的最终草案中，fprem 的定义与英特尔最初的设计略有不同。为了保持与使用 fprem 指令的现有软件的兼容性，英特尔设计了一条新的指令来处理 IEEE 的部分余数运算：fprem1 指令。在新的软件中，都应该采用 fprem1 指令，因此我们在这里只讨论 fprem1 指令，使用 fprem 指令的方式与此完全相同。

fprem1 指令计算 ST(0) / ST(1) 的部分余数。如果 ST(0) 和 ST(1) 的指数之差小于 64，则 fprem1 指令可以在一次运算中计算出精确的余数。否则，必须执行 fprem1 指令两次或多次才能获得正确的余数值。C_2 条件码指示计算何时完成。请注意，fprem1 指令不会将两个操作数从栈中弹出，而是在 ST(0) 中保留部分余数，在 ST(1) 中保留原始除数。如果需要计算另一个部分余数来完成结果，则仍然可以使用这些数值。

如果栈顶没有两个数值，那么 fprem1 指令将设置栈异常位。如果计算的结果太小，那么该指令会设置向下溢出和非规范异常位。如果栈顶数值不适合计算部分余数的操作，则设置无效操作位。如果计算部分余数的操作未完成（或者栈向上溢出），则设置 C_2 条件码标志位。最后，该指令分别使用商的第 0 位、第 1 位和第 2 位加载 C_1、C_2 和 C_0。

例如：

```
; 计算 z = x % y:
    fld y
    fld x
repeatLp:
    fprem1
    fstsw ax        ; 获取条件码标志位到 AX
    and ah, 1       ; 检查 C2 是否为 1
    jnz repeatLp    ; 重复，直到 C2 为 0
    fstp z          ; 存储余数
    fstp st(0)      ; 弹出旧的 y 值
```

6.5.7.7 frndint 指令

frndint 指令使用在控制寄存器中指定的舍入算法将栈顶的数值舍入为最接近的整数。如果栈顶没有数值，那么该指令将设置栈异常位（在这种情况下，该指令也将清除 C_1 条件码标志位）。如果产生了精度损失，那么该指令将设置精度位和非规范异常位。如果栈顶的数值不是有效数字，则该指令将设置无效操作位。请注意，栈顶的结果仍然是一个浮点数值，只是没有了小数部分。

6.5.7.8 fabs 指令

fabs 指令通过清除 ST(0) 的尾数符号位来计算 ST(0) 的绝对值。如果栈为空，则该指令将设置栈异常位和无效操作位。

下面是一个示例：

```
; 计算 x = sqrt(abs(x)):
    fld x
    fabs
    fsqrt
    fstp x
```

6.5.7.9 fchs 指令

fchs 指令通过反转尾数符号位来更改 ST(0) 值的符号（这是浮点求反指令）。如果栈为空，则该指令将设置栈异常位和无效操作位。

例如：

```
; 如果 x 为正，则计算 x = -x；如果 x 为负，则计算 x = x。
```

```
; 即强制 x 为负值。
    fld x
    fabs
    fchs
    fstp x
```

6.5.8 比较指令

FPU 提供了几个用于比较实数值的指令。fcom、fcomp 和 fcompp 指令比较栈顶的两个数值，并根据比较结果设置相应的条件码标志位。ftst 指令将栈顶的数值与 0 进行比较。

通常情况下，大多数程序在比较之后立即测试条件码标志位。遗憾的是，并没有测试 FPU 条件码标志位的指令。为了实现测试，我们可以使用 fstsw 指令将浮点状态寄存器复制到 AX 寄存器中，然后使用 sahf 指令将 AH 寄存器复制到 x86-64 的条件码标志位中。这样，就可以通过测试标准的 x86-64 标志位，来测试条件码标志位。这种方法将 C_0 条件码标志位复制到进位标志位、将 C_2 条件码标志位复制到奇偶校验标志位、将 C_3 条件码标志位复制到零标志位。sahf 指令不会将 C_1 条件码标志位复制到 x86-64 的任何标志位中。

由于 sahf 指令不会将任何 FPU 状态位复制到符号标志位或者溢出标志位中，因此不能使用有符号比较指令。换言之，在测试浮点数的比较结果时，使用无符号运算（例如 seta、setb、ja、jb 指令）。这些指令通常测试无符号数值，然而浮点数是有符号数值。但是，还是要使用无符号的操作。就像使用 cmp 指令比较无符号数值一样，fstsw 和 sahf 指令会设置 x86-64 的 FLAGS 寄存器。

x86-64 处理器提供了一组额外的浮点数比较指令，其中的指令直接影响 x86-64 条件码标志位。有了这些指令，就不必非得使用 fstsw 和 sahf 将 FPU 状态复制到 x86-64 条件码标志位中了。这些指令包括 fcomi 和 fcomip。这些指令的使用方式和 fcom、fcomp 指令一样，当然，省去了手动将状态位复制到 FLAGS 寄存器的操作。

6.5.8.1 fcom、fcomp 和 fcompp 指令

fcom、fcomp 和 fcompp 指令将 ST(0) 与指定的操作数进行比较，并根据比较结果设置相应的 FPU 条件码标志位。这些指令的语法形式如下所示：

```
fcom
fcomp
fcompp

fcom st(i)
fcomp st(i)

fcom mem32
fcom mem64
fcomp mem32
fcomp mem64
```

如果不带操作数，那么 fcom、fcomp 和 fcompp 指令将 ST(0) 与 ST(1) 进行比较，并根据比较的结果设置相应的 FPU 标志位。此外，fcomp 指令将 ST(0) 从栈中弹出，fcompp 指令将 ST(0) 与 ST(1) 均从栈中弹出。

如果带一个寄存器操作数，那么 fcom 和 fcomp 指令将 ST(0) 与指定的寄存器进行比较。fcomp 指令在比较后还会弹出 ST(0)。

如果带一个 32 位或者 64 位的内存操作数，那么 fcom 和 fcomp 指令将内存变量转换为 80 位扩展精度值，然后将 ST(0) 与该数值进行比较，并根据比较的结果设置相应的条件码

标志位。fcomp 指令在比较后还会弹出 ST(0)。

如果两个操作数不可比较（例如，NaN），则这些指令会设置 C_2 条件码标志位（使用 sahf 指令时，会设置奇偶校验标志位）。在比较中，如果可能会出现非法的浮点数值，则应在检查所需的条件码标志位（例如，使用 setp/setnp 或 jp/jnp 指令）之前检查奇偶校验标志位是否存在错误。

如果寄存器栈顶没有两个数据项，那么这些指令将设置栈故障位。如果其中一个或两个操作数为非规范化数值，那么这些指令将设置非规范化异常位。如果两个操作数中有一个或者两个都是 NaN，那么这些指令会设置无效操作标志位。这些指令始终清除 C_1 条件码标志位。

让我们看一个浮点数比较的例子：

```
          fcompp
          fstsw ax
          sahf
          setb al        ; 如果 st(0) < st(1)，则 AL = true
          .
          .
          .
          fcompp
          fstsw ax
          sahf
          jnb st1GEst0

     ; 满足条件 st(0) < st(1) 时，需要执行的代码

     st1GEst0:
```

因为 x86-64 的所有 64 位 CPU 都支持 fcomi 和 fcomip 指令，所以应该考虑使用这些指令，因为这些指令免除了将 FPU 状态字存储到 AX 中，以及在测试条件码标志位之前将 AH 复制到 FLAGS 寄存器中的操作。另外，fcomi 和 fcomip 指令只支持有限数量的操作数形式（fcom 和 fcomp 指令更加通用）。

程序清单 6-5 是一个示例程序，演示了各种 fcom 指令的使用。

程序清单 6-5　演示 fcom 指令使用的示例

```
; 程序清单 6-5
; 演示 fcom 指令的使用方法。

        option  casemap:none

nl          =       10

            .const
ttlStr      byte    "Listing 6-5", 0
fcomFmt     byte    "fcom %f < %f is %d", nl, 0
fcomFmt2    byte    "fcom(2) %f < %f is %d", nl, 0
fcomFmt3    byte    "fcom st(1) %f < %f is %d", nl, 0
fcomFmt4    byte    "fcom st(1) (2) %f < %f is %d", nl, 0
fcomFmt5    byte    "fcom mem %f < %f is %d", nl, 0
fcomFmt6    byte    "fcom mem %f (2) < %f is %d", nl, 0
fcompFmt    byte    "fcomp %f < %f is %d", nl, 0
fcompFmt2   byte    "fcomp (2) %f < %f is %d", nl, 0
fcompFmt3   byte    "fcomp st(1) %f < %f is %d", nl, 0
fcompFmt4   byte    "fcomp st(1) (2) %f < %f is %d", nl, 0
fcompFmt5   byte    "fcomp mem %f < %f is %d", nl, 0
fcompFmt6   byte    "fcomp mem (2) %f < %f is %d", nl, 0
fcomppFmt   byte    "fcompp %f < %f is %d", nl, 0
```

```
fcomppFmt2  byte     "fcompp (2) %f < %f is %d", nl, 0

three       real8    3.0
zero        real8    0.0
minusTwo    real8    -2.0

            .data
st0         real8    ?
st1         real8    ?

            .code
            externdef printf:proc

; 将程序标题返回到 C++ 程序：

            public   getTitle
getTitle    proc
            lea      rax, ttlStr
            ret
getTitle    endp

; printFP——打印 st0 和（可能）st1 的值。
; 调用方必须在 RCX 中传递指向 fmtStr 的指针。

printFP     proc
            sub      rsp, 40

; 对于 vararg 函数（例如，printf 调用），
; 双精度值必须出现在 RDX 和 R8 中，而不是在 XMM1 和 XMM2 中。
; 注意：如果格式化字符串中只有一个双精度值，
; 那么 printf 调用将忽略 R8 中的第二个值。

            mov      rdx, qword ptr st0
            mov      r8, qword ptr st1
            movzx    r9, al
            call     printf
            add      rsp, 40
            ret
printFP     endp

; 以下是“asmMain”函数的实现。

            public   asmMain
asmMain     proc
            push     rbp
            mov      rbp, rsp
            sub      rsp, 48          ; 影子存储器

; fcom 指令的示例：

            xor      eax, eax
            fld      three
            fld      zero
            fcom
            fstsw    ax
            sahf
            setb     al
            fstp     st0
            fstp     st1

            lea      rcx, fcomFmt
```

```
            call      printFP

; fcom 指令的示例 2:

            xor       eax, eax
            fld       zero
            fld       three
            fcom
            fstsw     ax
            sahf
            setb      al
            fstp      st0
            fstp      st1

            lea       rcx, fcomFmt2
            call      printFP

; "fcom st(i)" 指令的示例:

            xor       eax, eax
            fld       three
            fld       zero
            fcom      st(1)
            fstsw     ax
            sahf
            setb      al
            fstp      st0
            fstp      st1

            lea       rcx, fcomFmt3
            call      printFP

; fcom st(i) 指令的示例 2:

            xor       eax, eax
            fld       zero
            fld       three
            fcom      st(1)
            fstsw     ax
            sahf
            setb      al
            fstp      st0
            fstp      st1

            lea       rcx, fcomFmt4
            call      printFP

; "fcom mem64" 指令的示例:
            xor       eax, eax
            fld       three             ; 从不在栈中，所以复制以备输出
            fstp      st1
            fld       zero
            fcom      three
            fstsw     ax
            sahf
            setb      al
            fstp      st0

            lea       rcx, fcomFmt5
            call      printFP

; "fcom mem64" 指令的示例 2:
```

```
            xor     eax, eax
            fld     zero            ; 从不在栈中，所以复制以备输出
            fstp    st1
            fld     three
            fcom    zero
            fstsw   ax
            sahf
            setb    al
            fstp    st0

            lea     rcx, fcomFmt6
            call    printFP

; fcomp 指令的示例：

            xor     eax, eax
            fld     zero
            fld     three
            fst     st0             ; 因为会弹出
            fcomp
            fstsw   ax
            sahf
            setb    al
            fstp    st1

            lea     rcx, fcompFmt
            call    printFP

; fcomp 指令的示例 2：

            xor     eax, eax
            fld     three
            fld     zero
            fst     st0             ; 因为会弹出
            fcomp
            fstsw   ax
            sahf
            setb    al
            fstp    st1

            lea     rcx, fcompFmt2
            call    printFP

; fcomp 指令的示例 3：

            xor     eax, eax
            fld     zero
            fld     three
            fst     st0             ; 因为会弹出
            fcomp   st(1)
            fstsw   ax
            sahf
            setb    al
            fstp    st1

            lea     rcx, fcompFmt3
            call    printFP

; fcomp 指令的示例 4：

            xor     eax, eax
```

```
            fld         three
            fld         zero
            fst         st0                 ; 因为会弹出
            fcomp       st(1)
            fstsw       ax
            sahf
            setb        al
            fstp        st1

            lea         rcx, fcompFmt4
            call        printFP

; fcomp 指令的示例 5:

            xor         eax, eax
            fld         three
            fstp        st1
            fld         zero
            fst         st0                 ; 因为会弹出
            fcomp       three
            fstsw       ax
            sahf
            setb        al

            lea         rcx, fcompFmt5
            call        printFP

; fcomp 指令的示例 6:

            xor         eax, eax
            fld         zero
            fstp        st1
            fld         three
            fst         st0                 ; 因为会弹出
            fcomp       zero
            fstsw       ax
            sahf
            setb        al

            lea         rcx, fcompFmt6
            call        printFP

; fcompp 指令的示例:

            xor         eax, eax
            fld         zcro
            fst         st1                 ; 因为会弹出
            fld         three
            fst         st0                 ; 因为会弹出
            fcompp
            fstsw       ax
            sahf
            setb        al

            lea         rcx, fcomppFmt
            call        printFP

; fcompp 指令的示例 2:

            xor         eax, eax
            fld         three
```

```
            fst     st1             ; 因为会弹出
            fld     zero
            fst     st0             ; 因为会弹出
            fcompp
            fstsw   ax
            sahf
            setb    al

            lea     rcx, fcomppFmt2
            call    printFP

            leave
            ret     ; 返回到调用方
asmMain     endp
            end
```

程序清单 6-5 中代码的构建命令和输出结果如下所示：

```
C:\>build listing6-5

C:\>echo off
Assembling: listing6-5.asm
c.cpp

C:\>listing6-5
Calling Listing 6-5:
fcom 0.000000 < 3.000000 is 1
fcom(2) 3.000000 < 0.000000 is 0
fcom st(1) 0.000000 < 3.000000 is 1
fcom st(1) (2) 3.000000 < 0.000000 is 0
fcom mem 0.000000 < 3.000000 is 1
fcom mem 3.000000 (2) < 0.000000 is 0
fcomp 3.000000 < 0.000000 is 0
fcomp (2) 0.000000 < 3.000000 is 1
fcomp st(1) 3.000000 < 0.000000 is 0
fcomp st(1) (2) 0.000000 < 3.000000 is 1
fcomp mem 0.000000 < 3.000000 is 1
fcomp mem (2) 3.000000 < 0.000000 is 0
fcompp 3.000000 < 0.000000 is 0
fcompp (2) 0.000000 < 3.000000 is 1
Listing 6-5 terminated
```

注意：x87 FPU 还提供进行无序比较的指令：fucom、fucomp 和 fucompp。这些指令在功能上等同于 fcom、fcomp 和 fcompp 指令，只是在不同条件下引发异常。有关更多详细信息，请参阅英特尔文档。

6.5.8.2　fcomi 和 fcomip 指令

fcomi 和 fcomip 指令将 ST(0) 与指定的操作数进行比较，并根据比较的结果设置相应的 FLAGS 条件码标志位。这些指令的使用方式与 fcom 和 fcomp 指令类似，只是在执行这些指令后可以直接测试 CPU 的标志位，而无须先将 FPU 状态位移动到 FLAGS 寄存器中。这些指令的语法形式如下所示：

```
fcomi st(0), st(i)
fcomip st(0), st(i)
```

请注意，不存在“弹出 – 弹出”版本的指令（fcomipp）。如果只希望比较 FPU 栈中最顶部的两个数据项，那么必须显式地弹出该数据项（例如，使用“fstp st(0)”指令）。

程序清单 6-6 是一个示例程序，演示了 fcomi 和 fcomip 指令的操作方法。

程序清单 6-6 演示浮点数比较的示例程序

```
; 程序清单 6-6
; 演示 fcomi 和 fcomip 指令的使用方法。

        option  casemap:none
nl          =         10

            .const
ttlStr      byte      "Listing 6-6", 0
fcomiFmt    byte      "fcomi %f < %f is %d", nl, 0
fcomiFmt2   byte      "fcomi(2) %f < %f is %d", nl, 0
fcomipFmt   byte      "fcomip %f < %f is %d", nl, 0
fcomipFmt2  byte      "fcomip (2) %f < %f is %d", nl, 0

three       real8     3.0
zero        real8     0.0
minusTwo    real8     -2.0

            .data
st0         real8     ?
st1         real8     ?

            .code
            externdef printf:proc

; 将程序标题返回到 C++ 程序:

            public    getTitle
getTitle    proc
            lea       rax, ttlStr
            ret
getTitle    endp

; printFP——打印 st0 和(可能)st1 的值。
; 调用方必须在 RCX 中传递指向 fmtStr 的指针。

printFP     proc
            sub       rsp, 40

; 对于 vararg 函数(例如, printf 调用),
; 双精度值必须出现在 RDX 和 R8 中,而不是在 XMM1 和 XMM2 中。
; 注意:如果格式化字符串中只有一个双精度值,
; 那么 printf 调用将忽略 R8 中的第二个值

            mov       rdx, qword ptr st0
            mov       r8, qword ptr st1
            movzx     r9, al
            call      printf
            add       rsp, 40
            ret
printFP     endp

; 以下是“asmMain”函数的实现。

            public    asmMain
asmMain     proc
            push      rbp
            mov       rbp, rsp
            sub       rsp, 48           ;影子存储器

; 测试是否 0 < 3。
```

```
; 注意：ST(0) 包含 0，ST(1) 包含 3。

            xor     eax, eax
            fld     three
            fld     zero
            fcomi   st(0), st(1)
            setb    al
            fstp    st0
            fstp    st1
            lea     rcx, fcomiFmt
            call    printFP

; 测试是否 3 < 0。
; 注意：ST(0) 包含 0，ST(1) 包含 3。

            xor     eax, eax
            fld     zero
            fld     three
            fcomi   st(0), st(1)
            setb    al
            fstp    st0
            fstp    st1
            lea     rcx, fcomiFmt2
            call    printFP

; 测试是否 3 < 0。
; 注意：ST(0) 包含 0，ST(1) 包含 3。

            xor     eax, eax
            fld     zero
            fld     three
            fst     st0             ; 因为会弹出
            fcomip  st(0), st(1)
            setb    al
            fstp    st1
            lea     rcx, fcomipFmt
            call    printFP

; 测试是否 0 < 3。
; 注意：ST(0) 包含 0，ST(1) 包含 3。

            xor     eax, eax
            fld     three
            fld     zero
            fst     st0             ; 因为会弹出
            fcomip  st(0), st(1)
            setb    al
            fstp    st1
            lea     rcx, fcomipFmt2
            call    printFP

            leave
            ret     ; 返回到调用方
asmMain     endp
            end
```

程序清单 6-6 中代码的构建命令和输出结果如下所示：

```
C:\>build listing6-6

C:\>echo off
```

```
Assembling: listing6-6.asm
c.cpp

C:\>listing6-6
Calling Listing 6-6:
fcomi 0.000000 < 3.000000 is 1
fcomi(2) 3.000000 < 0.000000 is 0
fcomip 3.000000 < 0.000000 is 0
fcomip (2) 0.000000 < 3.000000 is 1
Listing 6-6 terminated
```

注意：x87 FPU 还提供了两条进行无序比较的指令：fucomi 和 fucomip。这两条指令在功能上等同于 fcomi 和 fcomip 指令，只是会在不同条件下引发异常。有关更多详细信息，请参阅英特尔文档。

6.5.8.3 ftst 指令

ftst 指令将 ST(0) 中的数值与 0.0 进行比较。如果 ST(1) 包含 0.0，则该指令的行为像 fcom 指令一样。ftst 指令不区分 −0.0 和 +0.0。如果 ST(0) 中的数值是 −0.0 或 +0.0，那么 ftst 将设置 C_3 条件码标志位以表示相等（或无序）。ftst 指令不会从栈中弹出 ST(0)。

下面是一个示例：

```
ftst
fstsw ax
sahf
sete al     ; 如果栈顶的值 = 0.0，那么设置 AL 为 1
```

6.5.9 常量指令

FPU 提供了多条常量指令，用于将常用常量加载到 FPU 的寄存器栈中。如果出现栈向上溢出，那么这些指令会设置栈故障位、无效操作位以及 C_1 条件码标志位，否则不会影响 FPU 标志位。在常量指令类别中包含以下特定的指令：

```
fldz        ; 压入 +0.0
fld1        ; 压入 +1.0
fldpi       ; 压入 pi（3.14159…）
fldl2t      ; 压入 log2(10)
fldl2e      ; 压入 log2(e)
fldlg2      ; 压入 log10(2)
fldln22     ; 压入 ln(2)
```

6.5.10 超越函数指令

FPU 提供 8 条超越函数（transcendental function）指令（对数和三角函数的计算指令），用于计算正弦、余弦、部分正切、部分反正切、2^x-1、$y \times \log_2(x)$ 和 $y \times \log_2(x+1)$。根据各种代数恒等式，我们可以使用这些指令轻松计算大多数其他常见的超越函数。

6.5.10.1 f2xm1 指令

f2xm1 指令计算 $2^{ST(0)}-1$。ST(0) 中的数值必须在 −1.0 到 +1.0 之间。如果 ST(0) 超出数据范围，f2xm1 指令将生成一个未定义的结果，但不会引发异常。计算得到的数值将替换 ST(0) 中的数值。

下面是一个使用恒等式 $10^i=2^{i \times \log2(10)}$ 计算 10^i 的示例。这只适用于小范围的 i 值，即不会导致 ST(0) 超出 −1.0 到 +1.0 的数据范围：

```
fld i
fldl2t
fmul
f2xm1
fld1
fadd
```

因为 f2xm1 指令计算 2^x-1，所以上面的代码在计算结束时会将结果加上 1.0。

6.5.10.2　fsin、fcos 和 fsincos 指令

这些指令从寄存器栈顶弹出数值，计算其正弦、余弦或者正弦余弦混合运算的结果，并将算得的结果压回栈中。fsincos 指令依次将原始操作数的正弦值和余弦值压入栈，因此该指令将 cos(ST(0)) 保存在 ST(0) 中，将 sin(ST(0)) 保存在 ST(1) 中。

这些指令假设 ST(0) 指定了一个以弧度为单位的角度，该角度的取值范围为 $-2^{63} < \text{ST}(0) < +2^{63}$。如果原始操作数超出了这个取值范围，则这些指令将设置 C_2 条件码标志位，并保持 ST(0) 不变。可以使用除数为 2π 的 fprem1 指令，将操作数减小到合理的取值范围。

这些指令根据相应的计算结果，设置栈故障（或舍入）/C_1、精度、向下溢出、非规范化和无效操作异常位。

6.5.10.3　fptan 指令

fptan 计算 ST(0) 的正切值，用算得的正切值替换 ST(0)，然后将 1.0 压入栈中。与 fsin 和 fcos 指令一样，ST(0) 的数值必须以弧度为单位，并在 $-2^{63} < \text{ST}(0) < +2^{63}$ 取值范围内。如果数值不在该取值范围内，则 fptan 将设置 C_2 条件码标志位，以表明并没有发生转换。与 fsin、fcos 和 fsincos 指令一样，可以使用除数为 2π 的 fprem1 指令将此操作数减小到合理的取值范围。

如果参数无效（即弧度 0 或 π，导致除数为 0），则结果未定义，并且 fptan 指令不会引发异常。fptan 指令将根据操作要求，设置栈故障 / 舍入、精度、向下溢出、非规范化、无效操作异常位，以及 C_2 和 C_1 条件码标志位。

6.5.10.4　fpatan 指令

fpatan 指令要求栈顶有两个数值。fpatan 指令弹出栈顶的两个数值，并计算 $\text{ST}(0) = \tan^{-1}(\text{ST}(1) / \text{ST}(0))$。结果数值是栈中以弧度表示的值的比率的反正切值。如果要计算特定数值的反正切值，那么可以使用 fld1 指令创建适当的比率，然后执行 fpatan 指令。

如果计算过程中出现问题，那么 fpatan 指令会设置栈故障 /C_1、精度、向下溢出、非规范化和无效操作异常位。如果必须对计算的结果进行舍入，则会设置 C_1 条件码标志位。

6.5.10.5　fyl2x 指令

fyl2x 指令计算 $\text{ST}(0) = \text{ST}(1) \times \log2(\text{ST}(0))$。指令本身没有操作数，但要求 FPU 栈中包含两个操作数，分别为 ST(1) 和 ST(0)，因此其语法形式如下所示：

```
fyl2x
```

为了计算任何其他基的对数，可以使用算术恒等式 $\log_n(x) = \log_2(x) / \log_2(n)$。具体地，首先计算 $\log_2(n)$ 并将其倒数压入栈中，然后将 x 压入栈上并执行 fyl2x 指令，就得到了 $\log_n(x)$ 的结果。

如果必须对数值进行舍入，那么 fyl2x 指令将设置 C_1 条件码标志位。如果未出现舍入或发生了栈向上溢出，则清除 C_1 条件码标志位。执行本指令后，剩余的浮点数条件码标志位未定义。fyl2x 指令会引发以下浮点数异常：无效操作、非规范化结果、向上溢出、向下溢出和不精确结果。请注意，当使用 fyl2x 指令（用于计算 $\log_{10}$ 和 ln）时，fldl2t 和 fldl2e

指令非常有用。

6.5.10.6 fyl2xp1 指令

fyl2xp1 根据 FPU 栈中的两个操作数，计算 $ST(0) = ST(1) \times \log_2(ST(0) + 1.0)$。该指令的语法形式如下所示：

```
fyl2xp1
```

该指令的其他相关内容与 fyl2x 相同。

6.5.11 其他指令

FPU 包含几个附加指令，用于控制 FPU、同步操作，并允许我们测试或设置各种状态位，包括 finit/fninit、fldcw/fstcw、fclex/fnclex 和 fstsw/fnstsw。

6.5.11.1 finit 和 fninit 指令

finit 和 fninit 指令对 FPU 进行初始化，以确保其正常运行。在执行任何其他 FPU 指令之前，我们自己编写的代码应该先执行其中一条初始化指令。这些指令将控制寄存器初始化为 37Fh，将状态寄存器初始化为 0，将标记字初始化为 0FFFFh。其他寄存器不受影响。

以下是语法形式示例：

```
finit
fninit
```

finit 和 fninit 指令之间的区别在于，finit 指令在初始化 FPU 之前首先检查是否存在挂起的浮点异常，而 fninit 指令不进行这样的检查。

6.5.11.2 fldcw 和 fstcw 指令

fldcw 和 fstcw 指令需要一个 16 位的内存操作数，指令形式如下所示：

```
fldcw mem16
fstcw mem16
```

fldcw 指令负责从内存单元中加载控制字，fstcw 指令负责将控制字存储到 16 位的内存单元中。

当使用 fldcw 指令打开其中一个异常时，如果在启用该异常时设置了相应的异常标志位，则在 CPU 执行下一条指令之前，FPU 将立即生成一个中断。因此，在更改 FPU 异常启用位之前，应该使用 fclex 指令清除所有挂起的中断。

6.5.11.3 fclex 和 fnclex 指令

fclex 和 fnclex 指令清除 FPU 状态寄存器中的所有异常位、栈故障位和“忙 / 闲”位。

以下是语法形式示例：

```
fclex
fnclex
```

这两个指令之间的差异与 finit 和 fninit 指令之间的差异相同：fclex 指令会检查是否存在挂起的浮点异常。

6.5.11.4 fstsw 和 fnstsw 指令

这些指令将 FPU 的状态字存储到 16 位的内存单元或 AX 寄存器中，指令形式如下所示：

```
fstsw ax
fnstsw ax
fstsw mem16
fnstsw mem16
```

这些指令有些特殊，因为它们可以将 FPU 中的数值复制到一种 x86-64 通用寄存器（特别是 AX 寄存器）中。这样做的目的是使 CPU 能够轻松地使用 sahf 指令测试条件码寄存器。fstsw 和 fnstsw 指令之间的差异与 fclex 和 fnclex 指令之间的差异相同。

6.6 将浮点数表达式转换为汇编语言

由于 FPU 寄存器的组织架构不同于 x86-64 整数寄存器集，因此将涉及浮点操作数的算术表达式与将整数表达式转换为汇编语言的方法略有不同。所以，有必要花一些时间讨论如何手动将浮点数表达式转换成汇编语言。

FPU 使用后缀表示法（postfix notation）[⊖]进行算术运算。一旦习惯了使用后缀表示法，那么转换算术运算表达式实际上就方便多了，因为不必担心临时变量的分配问题，这些变量总是会出现在 FPU 的栈中。后缀表示法与标准的中缀表示法（infix notation）不同，它将操作数放在运算符之前。表 6-14 提供了中缀表示法以及相应的后缀表示法的简单示例。

表 6-14　中缀表示法到后缀表示法的转换

中缀表示法	后缀表示法
5 + 6	5 6 +
7 − 2	7 2 −
y × z	y z ×
a / b	a b /

类似于“5 6 +”的后缀表达式可以描述为：“将 5 压入栈，将 6 压入栈，然后从栈顶弹出值（6），并将该值（6）与当前栈顶的数值（5）相加。”这个描述是否听起来很熟悉呢？这正是 fld 和 fadd 指令执行的操作。实际上，可以使用以下的代码来完成这个计算：

```
fld five    ; 在某个地方声明：five real8 5.0（或 real4/real10）
fld six     ; 在某个地方声明：six real8 6.0（或 real4/real10）
fadd        ; 结果 11.0 现位于 FPU 栈的栈顶
```

正如所见，后缀表示法是一种方便的表示法，因为很容易可以将这个表示法转换为 FPU 指令。

后缀表示法的另一个优点是不需要任何括号。表 6-15 中的示例演示了一些稍微复杂的中缀表示法到后缀表示法的转换。

表 6-15　更复杂的中缀表示法到后缀表示法的转换

中缀表示法	后缀表示法
(y + z) * 2	y z + 2 *
y * 2 − (a + b)	y 2 * a b + −
(a + b) * (c + d)	a b + c d + *

后缀表达式“y z + 2 *”可以描述为：“压入 y，压入 z，然后在栈中对这两个值做加法运算（在栈中生成 y + z），接下来压入 2，并在栈中对两个数值（2 和 y + z）做乘法运算，结果为 (y + z) 的 2 倍。”同样，我们可以将这些后缀表达式直接转换为汇编语言。下面的代码演示了表 6-15 中每一个表达式的转换过程：

```
; y z + 2 *
    fld y
    fld z
    fadd
    fld const2      ; const2 real8 2.0（在“.data”段中声明）
    fmul

; y 2 * a b + -
    fld y
    fld const2      ; const2 real8 2.0（在“.data”段中声明）
```

⊖ 该方法也被称为逆波兰表示法、逆波兰记法（Reverse Polish notation，RPN）。

```
    fmul
    fld a
    fld b
    fadd
    fsub

; a b + c d + *
    fld a
    fld b
    fadd
    fld c
    fld d
    fadd
    fmul
```

6.6.1 将算术表达式转换为后缀表示法

对于包含两个操作数和一个运算符的简单表达式，从中缀表示法到后缀表示法的转换非常简单：只需将运算符从中缀位置移动到后缀位置（即将运算符从两个操作数之间移动到第二个操作数之后）。例如，将“5 + 6”转换为“5 6 +”。除了要注意将操作数分隔以避免混淆（即分不清是5和6，还是56）之外，将简单的中缀表达式转换为后缀表达式非常简单。

对于复杂的表达式，将其转换为后缀表达式的思想是，首先将简单的子表达式转换为后缀表达式，然后将每个转换后的子表达式视为剩余表达式中的单个操作数。下面的讨论围绕着使用方括号来完成到后缀表示法的转换，因此很容易看出哪些文本需要在转换中作为单个操作数来处理。

至于对整数表达式的转换，最好从最里面的带括号的子表达式开始，然后按照优先级、结合性以及其他带括号的子表达式的顺序，从里向外进行转换。作为具体的示例，请考虑以下的表达式：

```
x = ((y - z) * a) - (a + b * c) / 3.14159
```

第一种可能的转换是将子表达式 (y − z) 转换为后缀表达式：

```
x = ([y z -] * a) - (a + b * c) / 3.14159
```

转换后的后缀子表达式包含在方括号中，目的只是将其与中缀表达式分开，以便于阅读。请记住，为了进行转换，我们将把方括号内的文本视为单个操作数。因此，可以将 [y z -] 视为一个变量名或者一个常量。

下一步是将子表达式 ([y z -] * a) 转换成后缀表达式。这将产生以下的结果：

```
x = [y z - a *] - (a + b * c) / 3.14159
```

接下来，我们将转换括号中的表达式 (a + b * c)。因为乘法的优先级高于加法，所以我们首先转换 b * c：

```
x = [y z - a *] - (a + [b c *]) / 3.14159
```

转换好 b * c 后，我们可以完成括号中表达式的转换：

```
x = [y z - a *] - [a b c * +] / 3.14159
```

结果只剩下两个中缀运算符，即减法和除法。因为除法具有更高的优先级，因此首先转换除法，得到：

```
x = [y z - a *] - [a b c * + 3.14159 /]
```

现在，转换最后一个中缀运算（减法），就完成整个表达式到后缀表达式的转换了：

```
x = [y z - a *] [a b c * + 3.14159 /] -
```

删除方括号后，会产生以下后缀表示法的最终表达式：

```
x = y z - a * a b c * + 3.14159 / -
```

针对以下表达式，以下步骤演示了另一种从中缀表示法到后缀表示法的转换：

```
a = (x * y - z + t) / 2.0
```

（1）对括号内的表达式进行转换。因为乘法的优先级最高，所以先将其转换为如下的表达式：

```
a = ([x y *] - z + t) / 2.0
```

（2）继续转换括号中的表达式，我们注意到加法和减法具有相同的优先级，所以根据结合性来决定下一步要做什么。加法和减法运算符都满足左结合性，所以必须将表达式按照从左向右的顺序进行转换。这意味着需要首先转换减法运算符：

```
a = ([x y * z -] + t) / 2.0
```

（3）接下来转换括号内的加法运算符。由于已经完成了括号内运算符的转换，因此我们可以去掉括号：

```
a = [x y * z - t +] / 2.0
```

（4）转换最后的中缀运算符（除号）。这将产生以下的结果：

```
a = [x y * z - t + 2.0 /]
```

（5）去掉方括号，得到：

```
a = x y * z - t + 2.0 /
```

6.6.2　将后缀表示法转换为汇编语言

将一个算术表达式转换成后缀表达式之后，再完成到汇编语言的转换就非常容易。只需要在遇到操作数时使用 fld 指令，在遇到运算符时使用适当的算术指令即可。本节使用上一节中已完成的示例，来演示此过程的简单性。示例为：

```
x = y z - a * a b c * + 3.14159 / -
```

（1）将 y 转换为“fld y”。

（2）将 z 转换为“fld z”。

（3）将 - 转换为“fsub”。

（4）将 a 转换为“fld a”。

（5）将 * 转换为“fmul”。

（6）按照从左到右的方式，为表达式生成以下的代码：

```
fld y
fld z
fsub
```

```
fld a
fmul
fld a
fld b
fld c
fmul
fadd
fldpi        ; 加载 pi（3.14159）
fdiv
fsub
fstp x       ; 将结果存储到 x 中
```

以下是上一节中第二个示例的转换结果：

```
a = x y * z - t + 2.0 /
    fld x
    fld y
    fmul
    fld z
    fsub
    fld t
    fadd
    fld const2      ;（在“.data”段中声明 const2 real8 2.0）
    fdiv
    fstp a          ; 将结果存储到 a 中
```

正如所见，将中缀表示法转换成后缀表示法之后，再转换为汇编语言就非常简单。还要注意的是，与整数表达式的转换不同，这里不需要任何显式的临时变量。事实证明，FPU 栈为我们提供了临时数据[⊖]。基于上述原因，将浮点数表达式转换为汇编语言实际上比将整数表达式转换为汇编语言更容易。

6.7 SSE 浮点数算术运算

尽管 x87 FPU 相对易于使用，但随着 CPU 功能的增强，FPU 基于栈的设计遇到了性能瓶颈。早在 1999 年，英特尔在其奔腾 III CPU 中引入单指令多数据流扩展指令集（Streaming SIMD Extensions，SSE）后，决定打破 FPU 的性能瓶颈，并在 SSE 指令集中添加可以使用 XMM 寄存器的标量（非向量 / 非矢量）浮点指令。大多数现代程序倾向于使用 SSE（及更高版本）寄存器和指令进行 x87 FPU 上的浮点数运算，并仅使用在 x87 上才可用的 x87 运算。

SSE 指令集支持两种浮点数据类型，包括 32 位单精度值（英特尔称之为标量单精度操作）和 64 位双精度值（英特尔称之为标量双精度操作）[⊜]。SSE 不支持 x87 FPU 的 80 位扩展精度浮点数据类型。如果需要扩展精度格式，则必须使用 x87 FPU。

6.7.1 SSE MXCSR 寄存器

SSE MXCSR 寄存器是一个 32 位的状态和控制寄存器，用于控制 SSE 浮点数的运算。第 16 位到第 32 位是保留位，目前尚未定义。表 6-16 列出了该寄存器低阶 16 位的功能。

⊖ 当然，前提是假设计算不会太复杂，不会超出 FPU 栈的八元素限制。

⊜ 本书通常使用标量来表示非浮点数的原子（非复合）数据类型（例如，字符、布尔型、整数等）。事实上，浮点值（不属于更大的复合数据类型）也是标量。英特尔使用标量来区别于向量（SSE 也支持向量运算）。

表 6-16　SSE MXCSR 寄存器

位	名称	功能
0	IE	无效操作异常标志位。如果尝试了无效操作，则设置该位
1	DE	非规范性异常标志位。如果产生了产生非规范化值，则设置该位
2	ZE	零除异常标志位。如果试图除以 0，则设置该位
3	OE	向上溢出异常标志位。如果向上溢出了，则设置该位
4	UE	向下溢出异常标志位。如果向下溢出了，则设置该位
5	PE	精度异常标志位。如果存在精度异常，则设置该位
6	DAZ	非规范化值为 0。如果设置了该位，则将非规范化值视为 0
7	IM	无效操作掩码。如果设置了该位，则忽略无效操作异常
8	DM	非规范化掩码。如果设置了该位，则忽略非规范化异常
9	ZM	零除掩码。如果设置了该位，则忽略零除异常
10	OM	向上溢出掩码。如果设置了该位，则忽略向上溢出异常
11	UM	向下溢出掩码。如果设置了该位，则忽略向下溢出异常
12	PM	精度掩码。如果设置了该位，则忽略精度异常
13 14	舍入控制	00：舍入到最近的值。01：向负无穷大方向舍入 10：向正无穷大方向舍入。11：向 0 方向舍入（截断）
15	FTZ	归零。如果设置了该位，则所有向下溢出条件将寄存器设置为 0

可以通过以下的两条指令访问 SSE MXCSR 寄存器：

```
ldmxcsr mem32
stmxcsr mem32
```

ldmxcsr 指令从指定的 32 位内存单元加载数据到 MXCSR 寄存器。stmxcsr 指令将 MXCSR 寄存器的当前内容存储到指定的内存单元。

到目前为止，这两条指令最常见的用途是设置舍入模式。在使用 SSE 浮点指令的典型程序中，通常会在“舍入到最近的值”和“向 0 方向舍入（截断）”模式之间进行切换。

6.7.2　SSE 浮点移动指令

SSE 指令集提供了两条在 XMM 寄存器和内存之间移动浮点值的指令，即 movss（移动标量单精度浮点值）和 movsd（移动标量双精度浮点值）。这两条指令的语法形式如下所示：

```
movss xmmn, mem32
movss mem32, xmmn
movsd xmmn, mem64
movsd mem64, xmmn
```

对于标准的通用寄存器，movss 和 movsd 指令在适当的内存单元（包含 32 位或者 64 位浮点值）以及某个 XMM 寄存器（XMM0 ~ XMM15，共 16 个）之间移动数据。

为了获得最佳的性能，movss 内存操作数应该出现在双字对齐的内存地址处，movsd 内存操作数应该出现在四字对齐的内存地址处。虽然内存操作数在内存中并没有合理对齐，这些指令也能正常工作，但采用未对齐的访问会影响性能。

除了 movss 和 movsd 指令（在 XMM 寄存器之间，或者在 XMM 寄存器与内存之间移动浮点值）之外，还有其他两条非常实用的 SSE 移动指令，即 movd 和 movq（在 XMM 与通用寄存器之间移动数据），其语法形式如下所示：

```
movd reg32, xmmn
movd xmmn, reg32
movq reg64, xmmn
movq xmmn, reg64
```

这些指令还有一种允许源操作数使用内存单元的形式。但是，应该使用 movss 和 movsd 指令将浮点变量移动到 XMM 寄存器中。

在调用 printf 之前（当打印浮点值时），使用 movq 和 movd 指令对将 XMM 寄存器复制到 64 位的通用寄存器上特别有用。正如前文所述，这些指令也非常适用于 SSE 上的浮点数比较。

6.7.3 SSE 浮点算术指令

英特尔 SSE 指令集添加了以下形式的浮点算术指令：

```
addss xmmn, xmmn
addss xmmn, mem32
addsd xmmn, xmmn
addsd xmmn, mem64

subss xmmn, xmmn
subss xmmn, mem32
subsd xmmn, xmmn
subsd xmmn, mem64

mulss xmmn, xmmn
mulss xmmn, mem32
mulsd xmmn, xmmn
mulsd xmmn, mem64

divss xmmn, xmmn
divss xmmn, mem32
divsd xmmn, xmmn
divsd xmmn, mem64

minss xmmn, xmmn
minss xmmn, mem32
minsd xmmn, xmmn
minsd xmmn, mem64

maxss xmmn, xmmn
maxss xmmn, mem32
maxsd xmmn, xmmn
maxsd xmmn, mem64

sqrtss xmmn, xmmn
sqrtss xmmn, mem32
sqrtsd xmmn, xmmn
sqrtsd xmmn, mem64

rcpss xmmn, xmmn
rcpss xmmn, mem32

rsqrtss xmmn, xmmn
rsqrtss xmmn, mem32
```

addsx、subsx、mulsx 和 divsx 指令执行预期的浮点算术运算。minsx 指令计算两个操作数的最小值，并将最小值存储到目标（第一个）操作数中。maxsx 指令执行相同的操作，但计算的是两个操作数的最大值。sqrtsx 指令计算源（第二个）操作数的平方根，并将结果存储到目标（第一个）操作数中。rcpsx 指令计算源操作数的倒数，并将结果存储到目标操作数中[⊖]。rsqrtsx 指令计算平方根的倒数[⊜]。

与通用整数指令相比，SSE 指令的操作数语法有一定的限制，即目标操作数必须始终是 XMM 寄存器。

6.7.4　SSE 浮点数比较

与整数比较指令和 x87 FPU 比较指令相比，SSE 浮点数比较的工作方式有很大不同。SSE 不是使用一条通用指令来设置标志位（由 setcc 或者 jcc 指令测试），而是提供了一组特定于条件的比较指令，将 true（全 1）或者 false（全 0）存储到目标操作数中，然后可以测试结果值是否为真。以下是 SSE 提供的浮点数比较指令集：

```
cmpss xmm_n, xmm_m/mem_32, imm_8
cmpsd xmm_n, xmm_m/mem_64, imm_8

cmpeqss xmm_n, xmm_m/mem_32
cmpltss xmm_n, xmm_m/mem_32
cmpless xmm_n, xmm_m/mem_32
cmpunordss xmm_n, xmm_m/mem_32
cmpneqss xmm_n, xmm_m/mem_32
cmpnltss xmm_n, xmm_m/mem_32
cmpnless xmm_n, xmm_m/mem_32
cmpordss xmm_n, xmm_m/mem_32
cmpeqsd xmm_n, xmm_m/mem_64
cmpltsd xmm_n, xmm_m/mem_64
cmplesd xmm_n, xmm_m/mem_64
cmpunordsd xmm_n, xmm_m/mem_64
cmpneqsd xmm_n, xmm_m/mem_64
cmpnltsd xmm_n, xmm_m/mem_64
cmpnlesd xmm_n, xmm_m/mem_64
cmpordsd xmm_n, xmm_m/mem_64
```

立即常量是一个介于 0 和 7 之间的值，用于表示表 6-17 中的比较方式。

在这些指令中，不带第三个（立即）操作数的指令是 MASM 提供的特殊伪操作指令，可以自动提供适当的第三个操作数。假设操作数是有序的，则可以使用 nlt 形式代替 ge，使用 nle 形式代替 gt。

如果其中一个（或两个）操作数是无序的（通常是 NaN），则无序比较将返回 true。如果两个操作数都是有序的，则有序比较将返回 true。

表 6-17　SSE 比较立即操作数

imm_8	比较方式
0	第一个操作数 == 第二个操作数
1	第一个操作数 < 第二个操作数
2	第一个操作数 <= 第二个操作数
3	第一个操作数与第二个操作数是无序的
4	第一个操作数≠第二个操作数
5	第一个操作数不小于第二个操作数（≥）
6	第一个操作数不小于或等于第二个操作数（>）
7	第一个操作数与第二个操作数是有序的

如前所述，这些指令在目标寄存器中保留全 0 或者全 1，以表示 false 或者 true。如果希望基于这些条件来实现分支决策，那么应该将目标 XMM 寄存器移动到通用寄存器中，并测试该寄存器是否为零。可以使用如下的 movq 或 movd 指令来完成相应的操作：

[⊖] 根据英特尔的文档，倒数运算只是一个近似值。根据定义，平方根运算也是一种近似，因为它会产生无理数的结果。

[⊜] 同样是一个近似值。

```
cmpeqsd xmm0, xmm1
movd eax, xmm0          ; 移动 true/false 到 EAX 中
test eax, eax           ; 测试 true/false
jnz xmm0EQxmm1          ; xmm0 == xmm1 时的分支
; xmm0 != xmm1 时执行的代码。
```

6.7.5 SSE 浮点数转换

x86-64 提供了几种浮点数转换指令，可以在浮点和整数格式之间进行转换。表 6-18 列出了这些指令以及相应的语法。

表 6-18 SSE 浮点数转换指令

指令语法	描述
cvtsd2si $reg_{32/64}$, xmm_n/mem_{64}	将标量双精度浮点数转换为 32 位或 64 位整数。使用 MXCSR 中的当前舍入模式确定如何处理小数部分。转换后的结果将存储在一个通用 32 位或 64 位寄存器中
cvtsd2ss xmm_n, xmm_n/mem_{64}	将标量双精度浮点数（在 XMM 寄存器或内存中）转换为标量单精度浮点数，并将转换后的结果保留在目标 XMM 寄存器中。使用 MXCSR 中的当前舍入模式来确定如何处理不精确的转换
cvtsi2sd xmm_n, $reg_{32/64}$/$mem_{32/64}$	将整数寄存器或内存中的 32 位或 64 位整数转换为双精度浮点值，转换后的保留在 XMM 寄存器中
cvtsi2ss xmm_n, $reg_{32/64}$/$mem_{32/64}$	将整数寄存器或内存中的 32 位或 64 位整数转换为单精度浮点值，转换后的保留在 XMM 寄存器中
cvtss2sd xmm_n, xmm_n/mem_{32}	将 XMM 寄存器或内存中的单精度浮点值转换为双精度值，转换后的保留在目标 XMM 寄存器中
cvtss2si $reg_{32/64}$, xmm_n/mem_{32}	将 XMM 寄存器或内存中的单精度浮点值转换为整数，转换后的结果保留在通用的 32 位或 64 位寄存器中。使用 MXCSR 中的当前舍入模式来确定如何处理不精确的转换
cvttsd2si $reg_{32/64}$, xmm_n/mem_{64}	将标量双精度浮点数转换为 32 位或 64 位整数。转换使用截断（不使用 MXCSR 中的舍入控制设置）完成。转换后的结果存储在通用 32 位或 64 位寄存器中
cvttss2si $reg_{32/64}$, xmm_n/mem_{32}	将标量单精度浮点数转换为 32 位或 64 位整数。转换使用截断（不使用 MXCSR 中的舍入控制设置）完成。转换后的结果存储在通用的 32 位或 64 位寄存器中

6.8 拓展阅读资料

英特尔和 AMD 处理器手册全面描述了每个整数和浮点数算术指令的操作，包括这些指令如何影响 FLAGS 和 FPU 状态寄存器中的条件码标志位和其他标志位的详细描述。为了编写良好的汇编语言代码，需要非常熟悉算术指令如何影响执行环境，因此建议花点时间阅读英特尔和 AMD 手册。

第 8 章将讨论多精度整数的算术运算。有关处理大于 64 位整数操作数的详细信息，也请参阅第 8 章。

CPU 后续迭代中的 x86-64 SSE 指令集支持使用 AVX 寄存器集进行浮点数算术运算。有关 AVX 浮点数指令集的详细信息，请参阅英特尔和 AMD 文档。

6.9　自测题

1. 单操作数 imul 和 mul 指令的隐含操作数是什么？
2. 8 位 mul 操作的结果大小是多少？ 16 位 mul 操作的结果大小是多少？ 32 位 mul 操作的结果大小是多少？ 64 位 mul 操作的结果大小是多少？ CPU 把乘积的结果放在哪里？
3. x86 div 指令会产生什么结果？
4. 使用 idiv 执行有符号 16 位 ×16 位除法时，在执行 idiv 指令之前必须做什么？
5. 使用 div 执行无符号 32 位 ×32 位除法时，在执行 div 指令之前必须做什么？
6. 导致 div 指令产生异常的两种情况是什么？
7. mul 和 imul 指令如何表示向上溢出？
8. mul 和 imul 指令如何影响零标志位？
9. 扩展精度（单操作数）imul 指令和更通用的（多操作数）imul 指令之间有什么区别？
10. 在执行 idiv 指令之前，通常会使用哪些指令对累加器进行符号扩展？
11. div 和 idiv 指令如何影响进位标志位、零标志位、向上溢出标志位和符号标志位？
12. cmp 指令如何影响零标志位？
13. cmp 指令如何影响进位标志位（关于无符号比较）？
14. cmp 指令如何影响符号标志位和溢出标志位（关于有符号比较）？
15. setcc 指令采用什么操作数？
16. setcc 指令对其操作数执行什么操作？
17. test 指令和 and 指令之间有什么区别？
18. test 指令和 and 指令之间有什么相似之处？
19. 请解释如何使用 test 指令查看操作数中的某个二进制位是 1 还是 0。
20. 将以下表达式转换为汇编语言（假设所有变量都是有符号的 32 位整数）：

```
x = x + y
x = y - z
x = y * z
x = y + z * t
x = (y + z) * t
x = -((x * y) / z)
x = (y == z) && (t != 0)
```

21. 在不使用 imul 或 mul 指令的情况下，计算以下表达式（假设所有变量都是有符号的 32 位整数）：

```
x = x * 2
x = y * 5
x = y * 8
```

22. 在不使用 div 或 idiv 指令的情况下，计算以下表达式（假设所有变量都是无符号的 16 位整数）：

```
x = x / 2
x = y / 8
x = z / 10
```

23. 使用 FPU，将以下表达式转换为汇编语言（假设所有变量均为 real8 浮点值）：

```
x = x + y
x = y - z
x = y * z
x = y + z * t
x = (y + z) * t
x = -((x * y) / z)
```

24. 使用 SSE 指令，将以下表达式转换为汇编语言（假设所有变量均为 real4 浮点值）：

```
x = x + y
x = y - z
x = y * z
x = y + z * t
```

25. 使用 FPU 指令，将以下表达式转换为汇编语言；假设 b 是一个单字节布尔变量，x、y 和 z 是 real8 浮点变量：

```
b = x < y
b = x >= y && x < z
```

低级控制结构

本章讨论如何将高级程序设计语言控制结构转换为汇编语言控制语句。迄今为止，本书的示例都是采用特殊的方式来构建汇编语言控制结构。本章将正式阐述如何控制汇编语言程序的操作。通过本章的学习，读者应该能够将高级程序设计语言控制结构转换为相应的汇编语言。

汇编语言中的控制结构由条件分支和间接跳转组成。本章将讨论这些指令，以及如何模拟高级程序设计语言的控制结构（例如，if/else 语句、switch 语句和 loop 语句）。本章还将讨论标签（条件分支和跳转语句的目标），以及汇编语言源文件中标签的作用域。

7.1 语句标签

在讨论跳转指令以及如何使用跳转指令模拟控制结构之前，有必要深入讨论汇编语言中的语句标签（statement label）。在汇编语言程序中，标签表示地址的符号名。使用类似 LoopEntry 的名称而不是类似于 0AF1C002345B7901Eh 的数字地址，这样可以更加方便地引用代码中的位置。因此，在源代码中，汇编语言的低级控制结构广泛使用标签。

可以使用（代码）标签执行以下三种任务：通过（有条件或无条件）跳转指令将控制权转移到标签、通过 call 指令调用标签、获取标签的地址。当希望在程序的后期间接地将控制权转移到标签地址时，获取标签地址将非常有用。

以下代码序列演示了在程序中获取标签地址的两种方法（使用 lea 指令和 offset 运算符）：

```
stmtLbl:
    .
    .
    .
    mov rcx, offset stmtLbl2
    .
    .
    .
    lea rax, stmtLbl
    .
    .
    .
stmtLbl2:
```

因为地址是 64 位的数据，所以通常使用 lea 指令将地址加载到 64 位的通用寄存器中。由于 lea 指令使用了相对于当前指令的 32 位位移量，因此指令编码明显短于 mov 指令（除了操作码字节外，mov 指令还对一个完整的 8 字节常量进行编码）。

7.1.1 在过程中使用局部符号

在过程（proc/endp）中定义的语句标签是该过程的局部标签，站在从词法上确定作用域的角度来看：该语句标签仅在该过程中可见，不能在过程之外引用该语句标签。程序清单 7-1

演示了不能在另一个过程中引用在当前过程中定义的符号（请注意，由于存在错误，该程序将无法正常编译）。

程序清单 7-1　从词法上确定作用域的符号的演示

```
; 程序清单 7-1

; 演示局部符号。
; 注意，这个程序不能编译。由于存在未定义符号的错误，因此编译将失败。

          option casemap:none

          .code

hasLocalLbl proc

localStmtLbl:
          ret
hasLocalLbl endp

; 以下是“asmMain”函数的实现。

asmMain proc

asmLocal: jmp asmLocal      ; 正确
          jmp localStmtLbl  ; 错误：在 asmMain 中未定义
asmMain   endp
end
```

对该文件进行汇编的命令（以及相应的诊断消息）如下所示：

```
C:\>ml64 /c listing7-1.asm
Microsoft (R) Macro Assembler (x64) Version 14.15.26730.0
Copyright (C) Microsoft Corporation. All rights reserved.

Assembling: listing7-1.asm
listing7-1.asm(26) : error A2006:undefined symbol : localStmtLbl
```

如果用户确实想访问过程外的语句（或者任何其他）标签，则可以使用 option 伪指令关闭程序某个段内的局部作用域：

```
option noscoped
option scoped
```

第一种形式（option noscoped）指示 MASM 停止将（proc/endp 内部的）符号作为其所在过程中的局部符号。第二种形式（option scoped）恢复过程中符号的词法作用域。因此，使用这两个指令，可以打开或者关闭源文件各个段中的作用域（如果愿意，可以只包含一条语句）。程序清单 7-2 演示了如何使用 option 伪指令，使包含在过程之中的符号成为全局符号（请注意，这个程序仍然存在有编译错误）。

程序清单 7-2　option scoped 和 option noscoped 伪指令

```
; 程序清单 7-2

; 演示局部符号 #2。
; 注意，这个程序不能编译。因为程序中存在两个未定义符号的错误，所以编译将失败。

          option casemap:none

          .code
```

```
hasLocalLbl proc

localStmtLbl:
        option noscoped
notLocal:
        option scoped
isLocal:
        ret
hasLocalLbl endp

; 以下是“asmMain”函数的实现。

asmMain proc
        lea rcx, localStmtLbl     ; 编译错误
        lea rcx, notLocal         ; 编译正确
        lea rcx, isLocal          ; 编译错误
asmMain endp
        end
```

程序清单 7-2 的构建命令（以及相应的诊断输出结果）如下所示：

```
C:\>ml64 /c listing7-2.asm
Microsoft (R) Macro Assembler (x64) Version 14.15.26730.0
Copyright (C) Microsoft Corporation. All rights reserved.

Assembling: listing7-2.asm
listing7-2.asm(29) : error A2006:undefined symbol : localStmtLbl
listing7-2.asm(31) : error A2006:undefined symbol : isLocal
```

从 MASM 的输出结果中可以看出，notLocal 符号（出现在“option noscoped”伪指令之后）没有生成未定义符号的错误。但是，hasLocalLbl 过程中的局部符号 localStmtLbl 和 isLocal，在该过程之外是未定义的。

7.1.2　使用标签地址初始化数组

MASM 还允许我们使用语句标签的地址来对四字变量进行初始化。但是，在变量声明的初始化部分出现的标签受一些限制。其中最重要的限制是，符号必须与试图使用该符号的数据声明位于相同的词法作用域内。因此，qword 伪指令必须出现在与语句标签相同的过程中，或者用户必须使用“option noscoped”伪指令使符号成为全局符号。程序清单 7-3 演示了使用语句标签地址对 qword 变量进行初始化的两种方法。

程序清单 7-3　使用语句标签的地址对 qword 变量进行初始化

```
; 程序清单 7-3

; 使用语句标签的地址对 qword 变量进行初始化。

            option casemap:none

            .data
lblsInProc  qword globalLbl1, globalLbl2        ; 来自 procWLabels

            .code

; procWLabels —— 过程，包含私有（在词法作用域内）符号和全局符号。
; 该过程实际上不是一个可执行的过程。

procWLabels proc
privateLbl:
```

```
            nop    ; "No operation"(无操作)，仅占用空间
            option noscoped
globalLbl1: jmp    globalLbl2
globalLbl2: nop
            option scoped
privateLbl2:
            ret
dataInCode  qword  privateLbl, globalLbl1
            qword  globalLbl2, privateLbl2
procWLabels endp
            end
```

使用以下命令对程序清单 7-3 进行编译，不会出现汇编错误：

```
ml64 /c /Fl listing7-3.asm
```

查看 MASM 生成的输出文件 listing7-3.lst，可以发现 MASM 使用语句标签的（相对于段的 / 可重定位的）偏移量正确地对 qword 声明进行初始化：

```
00000000                .data
00000000       lblsInProc qword globalLbl1, globalLbl2
    0000000000000001 R
    0000000000000003 R
    .
    .
    .
00000005 dataInCode qword privateLbl, globalLbl1
    0000000000000000 R
    0000000000000001 R
00000015  0000000000000003 R qword globalLbl2, privateLbl2
    0000000000000004 R
```

将控制权转移到过程内部的语句标签通常被视为糟糕的编程实践。除非我们有充分的理由这么做，否则应该避免这种编程行为。

由于 x86-64 上的地址是 64 位的，因此通常借助 qword 伪指令（如前面的示例所示）用语句标签的地址对数据对象进行初始化。但是，如果我们的程序（总是）小于 2GB，并且程序中设置了 LARGEADDRESSAWARE:NO 编译选项（通过运行 sbuild.bat 程序），那么可以使用 dword 数据声明来保存标签的地址。当然，如果程序存储空间超过 2GB，那么在 64 位程序中使用 32 位地址可能会出现问题。

7.2　无条件控制转移

jmp（jump）指令将控制权无条件地转移到程序中的另一个位置。这个跳转指令有三种形式，包括一种直接跳转和两种间接跳转。这三种形式的语法如下所示：

```
jmp label
jmp reg64
jmp mem64
```

第一条指令是直接跳转，到目前为止，我们已经在各种示例程序中使用了该指令。对于直接跳转，通常使用语句标签指定目标地址。语句标签可以出现在可执行机器指令的所在行，也可以出现在可执行机器指令的前一行。直接跳转指令完全等同于高级程序设计语言中的 goto 语句[⊖]。

⊖ 在高级程序设计语言中一般禁止使用 goto 语句，与此不同，在汇编语言中使用 jmp 指令是不可或缺的方法。

下面是直接跳转指令的一个示例：

```
    Statements
    jmp laterInPgm
    .
    .
    .
laterInPgm:
    Statements
```

7.2.1 寄存器间接跳转

前面给出的 jmp 指令的第二种形式（jmp reg64）是寄存器间接跳转指令，该指令将控制权转移到指定的 64 位通用寄存器中存着的地址指向的指令处。为了使用这种形式的 jmp 指令，必须在执行 jmp 之前，将机器指令地址加载到 64 位寄存器中。当存在多条路径，每条路径将不同地址加载到寄存器，并且这些路径汇聚在同一条 jmp 指令上的时候，控制权将转移至由到该点的路径确定的适当位置处。

程序清单 7-4 从用户那里读取一个包含整数值的字符串，使用 C 标准库中的函数 strtol 将该字符串转换为二进制整数值。strtol 函数在报告程序错误方面表现得并不理想，因此该程序测试返回结果以验证用户的输入是否正确，并根据验证后的结果，使用寄存器间接跳转将控制权转移到不同的代码路径。

程序清单 7-4 的第一部分包含常量、变量、外部声明和（常用的）getTitle 函数。

程序清单 7-4　jmp 指令的寄存器间接跳转

```
; 程序清单 7-4 (一)

; 演示寄存器间接跳转。

            option  casemap:none
nl          =       10
maxLen      =       256
EINVAL      =       22      ; “魔法”C stdlib（标准库）常量，无效参数
ERANGE      =       34      ; 值超出范围

            .const
ttlStr      byte    "Listing 7-4", 0
fmtStr1     byte    "Enter an integer value between "
            byte    "1 and 10 (0 to quit): ", 0

badInpStr   byte    "There was an error in readLine "
            byte    "(ctrl-Z pressed?)", nl, 0

invalidStr  byte    "The input string was not a proper number"
            byte    nl, 0

rangeStr    byte    "The input value was outside the "
            byte    "range 1-10", nl, 0

unknownStr  byte    "There was a problem with strToInt "
            byte    "(unknown error)", nl, 0

goodStr     byte    "The input value was %d", nl, 0

fmtStr      byte    "result:%d, errno:%d", nl, 0

            .data
```

```
            externdef _errno:dword    ; C 代码返回的错误
endStr      qword  ?
inputValue  dword  ?
buffer      byte   maxLen dup (?)

            .code
            externdef readLine:proc
            externdef strtol:proc
            externdef printf:proc

; 将程序标题返回到 C++ 程序：

            public getTitle
getTitle    proc
            lea    rax, ttlStr
            ret
getTitle    endp
```

程序清单 7-4 的第二部分是 strToInt 函数，该函数是一个封装 C 标准库中 strtol 函数的包装器函数，可以更彻底地处理来自用户的错误输入。有关函数的返回值，请参见注释。

```
; 程序清单 7-4（二）
; strToInt —— 将字符串转换为整数，并检查存在的错误。

; 参数：
; RCX —— 指向字符串的指针，该字符串（仅）包含需要转换为整数的十进制数字。

; 返回值：
; RAX —— 如果转换成功，则保存转换后的整数值。
; RCX —— 转换状态。取值为以下之一：
;   0 —— 转换成功。
;   1 —— 字符串开头为非法字符（或空字符串）。
;   2 —— 字符串末尾为非法字符。
;   3 —— 值太大，超过 32 位有符号整数的范围。

strToInt    proc
strToConv   equ    [rbp+16]        ; 此处清空 RCX。
endPtr      equ    [rbp-8]         ; 保存指向 str 末尾的指针
            push   rbp
            mov    rbp, rsp
            sub    rsp, 32h        ; “影子存储器 + 16 字节”对齐

            mov    strToConv, rcx  ; 保存，以便后面可以测试

            ; RCX 已经保存了 strtol 函数的字符串参数：

            lea    rdx, endPtr     ; 指向字符串末尾的指针
            mov    r8d, 10         ; 十进制转换
            call   strtol

; 返回值：
; RAX —— 如果转换成功，则包含转换后的值。
; endPtr —— 指向字符串中最后一个字符后面的 1 位。

; 如果 strtol 返回结果为 endPtr == strToConv，那么在字符串开头存在非法的数字。

            mov    ecx, 1          ; 先假设转换失败
            mov    rdx, endPtr
            cmp    rdx, strToConv
            je     returnValue
```

```
; 如果 endPtr 没有指向零字节，那么字符串的末尾存在垃圾数据。
            mov     ecx, 2          ; 假设末尾存在垃圾数据
            mov     rdx, endPtr
            cmp     byte ptr [rdx], 0
            jne     returnValue

; 如果返回结果值为 7FFF_FFFFh 或 8000_0000h（分别为最大 long 值和最小 long 值）。
; 并且 C 的全局变量“_errno”中包含 ERANGE，那么结果为取值范围错误。

            mov     ecx, 0          ; 假设输入正确
            cmp     _errno, ERANGE
            jne     returnValue
            mov     ecx, 3          ; 假设超出取值范围
            cmp     eax, 7fffffffh
            je      returnValue
            cmp     eax, 80000000h
            je      returnValue

; 如果程序执行到此处，则证明输入的是正确的数字。

            mov     ecx, 0
returnValue:
            leave
            ret
strToInt    endp
```

程序清单 7-4 的最后一部分是主程序，这是我们最感兴趣的代码部分。主程序根据 strToInt 返回的结果，将需要执行代码的地址加载到 RBX 寄存器。strToInt 函数返回以下状态之一（有关解释说明，请参阅前面代码中的注释）：

- 有效输入。
- 字符串开头为非法字符。
- 字符串末尾为非法字符。
- 取值范围错误。

然后，程序根据 RBX 中保存的值（用于指定 strToInt 返回的结果类型），将控制权转移到 asmMain 的不同部分。

```
; 程序清单 7-4（三）
; 以下是“asmMain”函数的实现。
            public asmMain
asmMain     proc
saveRBX     equ     qword ptr [rbp-8]       ; 必须保存 RBX
            push    rbp
            mov     rbp, rsp
            sub     rsp, 48                 ; 影子存储器
            mov     saveRBX, rbx            ; 必须保存 RBX

            ; 提示用户输入一个 1~10 之间的值：

repeatPgm:  lea     rcx, fmtStr1
            call    printf

            ; 获取用户的输入：

            lea     rcx, buffer
            mov     edx, maxLen             ; 零扩展！
            call    readLine
            lea     rbx, badInput           ; 初始化状态机
```

```
            test    rax, rax                ; 输入错误时，RAX 为 "-1"
            js      hadError                ;（仅针对 readLine 返回负值的情况）

            ; 调用 strToInt 函数，将字符串转换为整数，并检查存在的错误：

            lea     rcx, buffer             ; 指向需要转换的字符串的指针
            call    strToInt
            lea     rbx, invalid
            cmp     ecx, 1
            je      hadError
            cmp     ecx, 2
            je      hadError
            lea     rbx, range
            cmp     ecx, 3
            je      hadError

            lea     rbx, unknown
            cmp     ecx, 0
            jne     hadError

; 程序运行至此，表明输入有效，并且保存在 EAX 中。

; 首先，检查用户是否输入了 0（表示退出程序）。

            test    eax, eax                ; 测试是否为 0
            je      allDone

; 我们需要验证数值是否位于 1~10 范围内。

            lea     rbx, range
            cmp     eax, 1
            jl      hadError
            cmp     eax, 10
            jg      hadError

; 假设此处包含了一系列处理输入数值的代码。

            lea     rbx, goodInput
            mov     inputValue, eax

; 不同的代码流在此处汇聚，执行一些公共代码。
; 我们假设这样。为了简洁，此处并不存在这样的代码。

hadError:

; 在公共代码（与 RBX 没有冲突）的末尾，
; 根据 RBX 中的指针值分出五个不同的代码流：

            jmp     rbx

; 如果 readLine 返回错误，则跳转到此处：

badInput:   lea     rcx, badInpStr
            call    printf
            jmp     repeatPgm

; 如果字符串中有非数字字符，则跳转到此处：

invalid:    lea     rcx, invalidStr
            call    printf
            jmp     repeatPgm
```

```
; 如果输入值超出范围，则跳转到此处：

range:      lea    rcx, rangeStr
            call   printf
            jmp    repeatPgm

; 应该不会跳转到此处，除非 strToInt 函数返回的值超出 0~3 的取值范围。
unknown:    lea    rcx, unknownStr
            call   printf
            jmp    repeatPgm

; 如果用户输入正确，则跳转到此处。
goodInput:  lea    rcx, goodStr
            mov    edx, inputValue        ; 零扩展!
            call   printf
            jmp    repeatPgm

; 当用户通过输入值 0 选择“退出程序”时，跳转到此处：
allDone:    mov    bx, saveRBX            ; 在返回前，必须先恢复
            leave
            ret                           ; 返回到调用方
asmMain     endp
            end
```

程序清单 7-4 中代码的构建命令和示例运行结果如下所示：

```
C:\>build listing7-4

C:\>echo off
Assembling: listing7-4.asm
c.cpp

C:\>listing7-4
Calling Listing 7-4:
Enter an integer value between 1 and 10 (0 to quit): ^Z
There was an error in readLine (ctrl-Z pressed?)
Enter an integer value between 1 and 10 (0 to quit): a123
The input string was not a proper number
Enter an integer value between 1 and 10 (0 to quit): 123a
The input string was not a proper number
Enter an integer value between 1 and 10 (0 to quit): 1234567890123
The input value was outside the range 1-10
Enter an integer value between 1 and 10 (0 to quit): -1
The input value was outside the range 1-10
Enter an integer value between 1 and 10 (0 to quit): 11
The input value was outside the range 1-10
Enter an integer value between 1 and 10 (0 to quit): 5
The input value was 5
Enter an integer value between 1 and 10 (0 to quit): 0
Listing 7-4 terminated
```

7.2.2　内存间接跳转

jmp 指令的第三种形式是内存间接跳转，该指令从内存单元中获取四字值（地址）并跳转到该地址。这与寄存器间接跳转指令相类似，只是地址出现在内存单元而不是寄存器中。

程序清单 7-5 演示了这种形式的 jmp 指令的一个非常简单的用法。

程序清单 7-5　使用内存间接跳转指令

```
; 程序清单 7-5
```

```
; 演示内存间接跳转。

    option casemap:none
nl          =       10

            .const
ttlStr      byte    "Listing 7-5", 0
fmtStr1     byte    "Before indirect jump", nl, 0
fmtStr2     byte    "After indirect jump", nl, 0

            .code
            externdef printf:proc

; 将程序标题返回到 C++ 程序:
            public  getTitle
getTitle    proc
            lea     rax, ttlStr
            ret
getTitle    endp

; 以下是“asmMain”函数的实现。

            public  asmMain
asmMain     proc
            push    rbp
            mov     rbp, rsp
            sub     rsp, 48         ; 影子存储器

            lea     rcx, fmtStr1
            call    printf
            jmp     memPtr

memPtr      qword   ExitPoint

ExitPoint:  lea     rcx, fmtStr2
            call    printf

            leave
            ret     ; 返回到调用方
asmMain     endp
            end
```

程序清单 7-5 的构建命令和输出结果如下所示：

```
C:\>build listing7-5

C:\>echo off
Assembling: listing7-5.asm
c.cpp

C:\>listing7-5
Calling Listing 7-5:
Before indirect jump
After indirect jump
Listing 7-5 terminated
```

请注意，如果使用无效的指针值执行间接跳转，则很容易导致系统崩溃。

7.3　条件跳转指令

尽管第 2 章提供了条件跳转指令的概述，但是由于条件跳转是使用汇编语言创建控制结

构的主要工具，因此有必要进一步展开讨论条件跳转指令。

与无条件跳转指令不同，条件跳转指令不提供间接跳转形式。条件跳转指令只允许跳转到程序中的语句标签。

在英特尔的文档中，为许多条件跳转指令定义了各种同义词或者别名。表 7-1、表 7-2 和表 7-3 列出了特定指令的所有别名，以及与之相反的指令。稍后我们将讨论相反指令的作用。

表 7-1　测试标志位的 jcc 指令

指令	描述	条件	别名	相反指令
jc	如果进位，则跳转	进位标志位 = 1	jb、jnae	jnc
jnc	如果不进位，则跳转	进位标志位 = 0	jnb、jae	jc
jz	如果为零，则跳转	零标志位 = 1	je	jnz
jnz	如果不为零，则跳转	零标志位 = 0	jne	jz
js	如果有符号，则跳转	符号标志位 = 1		jns
jns	如果无符号，则跳转	符号标志位 = 0		js
jo	如果溢出，则跳转	溢出标志位 = 1		jno
jno	如果未溢出，则跳转	溢出标志位 = 0		jo
jp	如果有奇偶校验，则跳转	奇偶校验标志位 = 1	jpe	jnp
jpe	如果奇偶校验为偶数，则跳转	奇偶校验标志位 = 1	jp	jpo
jnp	如果无奇偶校验，则跳转	奇偶校验标志位 = 0	jpo	jp
jpo	如果奇偶校验为奇数，则跳转	奇偶校验标志位 = 0	jnp	jpe

表 7-2　用于无符号数比较的 jcc 指令

指令	描述	条件	别名	相反指令
ja	如果高于（>），则跳转	进位标志位 = 0， 零标志位 = 0	jnbe	jna
jnbe	如果不低于或等于（not ≤），则跳转	进位标志位 =0， 零标志位 = 0	ja	jbe
jae	如果高于或等于（≥），则跳转	进位标志位 = 0	jnc、jnb	jnae
jnb	如果不低于（not <），则跳转	进位标志位 = 0	jnc、jae	jb
jb	如果低于（<），则跳转	进位标志位 = 1	jc、jnae	jnb
jnae	如果不高于或等于（not ≥），则跳转	进位标志位 = 1	jc、jb	jae
jbe	如果低于或等于（≤），则跳转	进位标志位 = 1 或者零标志位 = 1	jna	jnbe
jna	如果不高于（not >），则跳转	进位标志位 = 1 或者零标志位 = 1	jbe	ja
je	如果等于（=），则跳转	零标志位 = 1	jz	jne
jne	如果不等于（≠），则跳转	零标志位 = 0	jnz	je

表 7-3　用于有符号数比较的 jcc 指令

指令	描述	条件	别名	相反指令
jg	如果大于（>），则跳转	符号标志位 = 溢出或者零标志位 = 0	jnle	jng
jnle	如果不小于或等于（not ≤），则跳转	符号标志位 = 溢出或者零标志位 = 0	jg	jle
jge	如果大于或等于（≥），则跳转	符号标志位 = 溢出	jnl	jnge
jnl	如果不小于（not <），则跳转	符号标志位 = 溢出	jge	jl
jl	如果小于（<），则跳转	符号标志位≠溢出	jnge	jnl
jnge	如果不大于或等于（not ≥），则跳转	符号标志位≠溢出	jl	jge
jle	如果小于或等于（≤），则跳转	符号标志位≠溢出或者零标志位 = 1	jng	jnle

（续）

指令	描述	条件	别名	相反指令
jng	如果不大于（not >），则跳转	符号标志位≠溢出或者零标志位 = 1	jle	jg
je	如果等于（=），则跳转	零标志位 = 1	jz	jne
jne	如果不等于（≠），则跳转	零标志位 =0	jnz	je

在许多情况下，我们需要生成与特定跳转指令相反的指令（本节后面将给出示例）。除了两个特殊情况外，以下相反分支（opposite branch，也称为 N/No N）规则描述了如何生成相反分支。

- 如果 jcc 指令的第二个字母不是 n，则在 j 之后插入 n。例如，je 变为 jne，jl 变为 jnl。
- 如果 jcc 指令的第二个字母是 n，则从指令中删除这个 n。例如，jng 变成 jg，jne 变成 je。

此规则的两个例外情况是 jpe（jump if parity is even，奇偶校验为偶数时跳转）和 jpo（jump if parity is odd，奇偶校验为奇数时跳转）[⊖]。但是，可以使用别名 jp 和 jnp 作为 jpe 和 jpo 的同义词，N/No N 规则适用于 jp 和 jnp。

注意：虽然我们知道 jge 是 jl 的相反指令，但最好养成习惯，使用 jnl 而不是 jge（g 代表 greater，e 代表 equal）作为 jl（l 代表 less）的相反跳转指令。在一个重要的情况下，很容易就会思考“greater 是 less 的反义词”，然后使用 jg 代替了 jge。始终遵循 N/No N 规则，可以避免这种混淆。

x86-64 条件跳转指令能够根据特定的条件，将程序流拆分为两条路径。假设我们想在 BX 等于 CX 的情况下递增 AX 寄存器，那么可以通过以下代码实现：

```
    cmp bx, cx
    jne SkipStmts;
    inc ax
SkipStmts:
```

通常的做法是当条件为真时使用相反的分支跳过需要执行的指令，而不是直接检查相等性并跳转到分支代码来处理该条件。针对当前示例，就是如果 BX 不等于 CX，则跳过递增指令。始终使用前面给出的 N/No N 规则来选择相反分支。

还可以使用条件跳转指令来实现循环。例如，以下代码序列从用户处读取字符序列，并将每个字符存储在数组的连续元素中，直到用户按 ENTER 键（换行符）为止：

```
    mov edi, 0
RdLnLoop:
    call getchar            ; 将字符读入 AL 寄存器的函数
    mov Input[rdi], al      ; 存储读取的字符
    inc rdi                 ; 移动到下一个字符
    cmp al, nl              ; 检查用户是否按下 ENTER 键
    jne RdLnLoop
```

条件跳转指令仅测试 x86-64 标志位，不会对其产生任何影响。

从效率的角度来看，需要注意的是，每个条件跳转指令都包含两种机器代码编码：两字节的形式和六字节的形式。

两字节形式的编码由 jcc 操作码和其后一字节的 PC 相对位移量组成。一字节的位移量允许指令将控制权转移到当前指令周围约 ±127 字节内的目标指令。考虑到 x86-64 指令的

[⊖] 从技术上讲，除了 jpe 和 jpo 指令之外，上述相反分支规则也不适用于 jcxz、jecxz 和 jrcxz 指令。因此，可以说，该规则有五个例外情况。但是，本节没有提到 jcxz、jecxz 和 jrcxz 指令，因此说只有两种例外情况。

平均长度可能为四到五字节，两字节形式的 jcc 能够在大约 20 条到 25 条指令内跳转到目标指令处。

因为 20 条到 25 条指令的范围不足以满足所有的条件跳转，所以 x86-64 提供了第二种形式（六字节的形式），这种形式具有两字节的操作码和四字节的位移量。六字节的形式能够跳转到当前指令周围约 ±2GB 内的指令，这应该能满足任何合理程序的要求。

如果可以跳转到附近的标签，而不是很远的标签（并且仍然实现相同的结果），那么跳转到附近的标签将使代码更短，并且可能执行速度更快。

7.4 “蹦床”

在极少数情况下，需要跳转到超出六字节的 jcc 指令范围的位置，此时可以使用如下所示的指令序列：

```
          jncc skipJmp          ; 与我们想使用的 JMP PC 相对地址跳转相反的跳转指令
          jmp destPtr           ; 同样会限制在 ±2GB 内，
destPtr qword destLbl           ; 因此代码必须使用间接跳转
skipJmp:
```

相反的条件分支将控制权转移到代码中的通常贯穿点（fall-though point）（该贯穿点是指如果条件为 false，则通常会贯穿执行到的代码）。如果条件为真，则控制权将转移到内存间接跳转指令，该指令通过 64 位指针跳转到原始的目标位置。

上述指令序列被称为蹦床（trampoline），因为程序跳转到这点之后，会跳转到程序中的更远处（就像在蹦床上一直跳，会跳得越来越高一样）。蹦床对于使用 PC 相对寻址模式的无条件跳转指令的调用非常有用（因此，被限制在当前指令周围 ±2GB 内）。

程序一般很少使用蹦床跳转到程序中的另一个点。然而，当把控制权转移到一个动态链接库或操作系统子例程时，由于目标可能位于内存中很远的地方，因此使用蹦床实现跳转将非常有用。

7.5 条件移动指令

有时，在进行比较或其他条件测试之后，只须将一个值加载到寄存器中（如果测试或比较失败，则不加载该值）。由于执行分支会有一定的开销，因此 x86-64 CPU 支持一组条件移动指令 cmovcc。关于这些指令，请参见表 7-4、表 7-5 和表 7-6，指令的通用语法形式如下所示：

```
cmovcc reg16, reg16
cmovcc reg16, mem16
cmovcc reg32, reg32
cmovcc reg32, mem32
cmovcc reg64, reg64
cmovcc reg64, mem64
```

目标操作数总是一个通用寄存器（16 位、32 位或 64 位）。只能使用这些指令从内存加载数据到寄存器中，或将数据从一个寄存器复制到另一个寄存器中，不能使用这些指令有条件地将数据存储到内存中。

表 7-4　测试标志位的 cmovcc 指令

指令	描述	条件	别名
cmovc	如果进位，则移动	进位标志位 = 1	cmovb、cmovnae
cmovnc	如果不进位，则移动	进位标志位 = 0	cmovnb、cmovae

（续）

指令	描述	条件	别名
cmovz	如果为零，则移动	零标志位 = 1	cmove
cmovnz	如果不为零，则移动	零标志位 = 0	cmovne
cmovs	如果有符号，则移动	符号标志位 = 1	
cmovns	如果无符号，则移动	符号标志位 = 0	
cmovo	如果溢出，则移动	溢出标志位 = 1	
cmovno	如果未溢出，则移动	溢出标志位 = 0	
cmovp	如果有奇偶校验，则移动	奇偶校验标志位 = 1	cmovpe
cmovpe	如果奇偶校验为偶数，则移动	奇偶校验标志位 = 1	cmovp
cmovnp	如果无奇偶校验，则移动	奇偶校验标志位 = 0	cmovpo
cmovpo	如果奇偶校验为奇数，则移动	奇偶校验标志位 = 0	cmovnp

表 7-5　用于无符号数比较的 cmovcc 指令

指令	描述	条件	别名
cmova	如果高于（>），则移动	进位标志位 =0，零标志位 = 0	cmovnbe
cmovnbe	如果不低于或等于（not ≤），则移动	进位标志位 =0，零标志位 = 0	cmova
cmovae	如果高于或等于（≥），则移动	进位标志位 = 0	cmovnc、cmovnb
cmovnb	如果不低于（not <），则移动	进位标志位 = 0	cmovnc、cmovae
cmovb	如果低于（<），则移动	进位标志位 = 1	cmovc、cmovnae
cmovnae	如果不高于或等于（not ≥），则移动	进位标志位 = 1	cmovc、cmovb
cmovbe	如果低于或等于（≤），则移动	进位标志位 =1 或者零标志位 = 1	cmovna
cmovna	如果不高于（not >），则移动	进位标志位 =1 或者零标志位 = 1	cmovbe
cmove	如果等于（=），则移动	零标志位 = 1	cmovz
cmovne	如果不等于（≠），则移动	零标志位 = 0	cmovnz

表 7-6　用于有符号数比较的 cmovcc 指令

指令	描述	条件	别名
cmovg	如果大于（>），则移动	符号标志位 = 溢出或者零标志位 = 0	cmovnle
cmovnle	如果不小于或等于（not ≤），则移动	符号标志位 = 溢出或者零标志位 = 0	cmovg
cmovge	如果大于或等于（≥），则移动	符号标志位 = 溢出	cmovnl
cmovnl	如果不小于（not <），则移动	符号标志位 = 溢出	cmovge
cmovl	如果小于（<），则移动	符号标志位 != 溢出	cmovnge
cmovnge	如果不大于或等于（not ≥），则移动	符号标志位 != 溢出	cmovl
cmovle	如果小于或等于（≤），则移动	符号标志位 != 溢出或者零标志位 = 1	cmovng
cmovng	如果不大于（not >），则移动	符号标志位 != 溢出或者零标志位 = 1	cmovle
cmove	如果等于（=），则移动	零标志位 =1	cmovz
cmovne	如果不等于（≠），则移动	零标志位 =0	cmovnz

此外，还有一组条件浮点数移动指令（fcmovcc），在 ST0 和 FPU 栈中的另一个 FPU 寄存器之间移动数据。遗憾的是，在现代程序中，这些指令的作用并不大。如果读者有兴趣使用这些指令，请参阅英特尔文档以了解更多的详细信息。

7.6　使用汇编语言实现通用控制结构

本节将介绍如何使用纯汇编语言实现选择结构、循环结构和其他控制结构。

7.6.1　选择结构

在选择结构的最基本形式中，决策（decision）是代码中的一个分支，根据特定条件在两个可能的执行路径之间切换。通常情况下（但并不总是），条件指令序列是使用条件跳转指令来实现的。条件指令与如下的高级程序设计语言中的 if/then/endif 语句相对应：

```
if ( 表达式 ) then
    语句
endif;
```

为了将上述条件语句转换为汇编语言，必须编写代码对 if 语句中的表达式进行求值，如果表达式的计算结果为 false，则必须跳过语句。例如，对于以下 C 语言中的条件语句：

```
if (a == b)
{
    printf("a is equal to b \ n");
}
```

可以将其转换为如下所示的汇编代码：

```
    mov eax, a            ; 假设 a 和 b 均为 32 位整数
    cmp eax, b
    jne aNEb
    lea rcx, aIsEqlBstr   ; "a is equal to b \ n"
    call printf
aNEb:
```

一般来说，条件语句可以分为三个基本类别，即 if 语句、switch/case 语句和间接跳转。在接下来的几节中，我们将描述这些程序结构，以及如何使用这些程序结构和如何使用汇编语言来实现这些程序结构。

7.6.2　if/then/else 语句序列

最常见的条件语句是 if/then/endif 以及 if/then/else/endif 语句。这两种语句的流程图如图 7-1 所示。

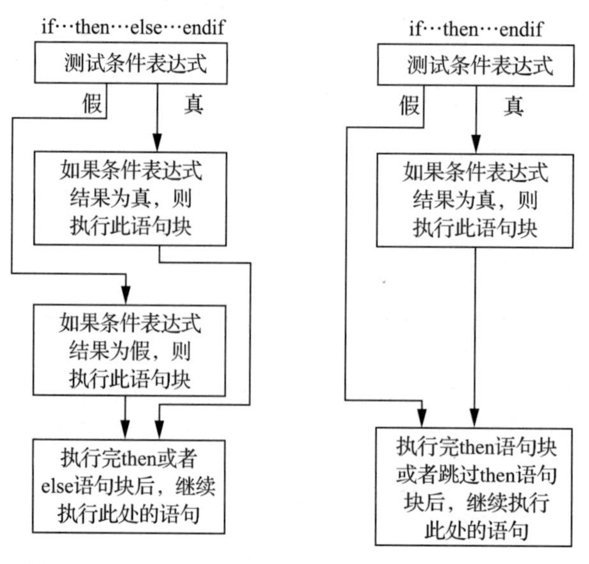

图 7-1　if/then/else/endif 和 if/then/endif 语句的流程图

if/then/endif 语句只是 if/then/else/endif 语句的特例，它带有一个空的 else 语句块。x86-64 汇编语言中 if/then/else/endif 语句的基本实现如下所示：

```
        测试条件表达式的语句序列
            jcc ElseCode;

        对应于 then 语句块的语句序列
            jmp EndOfIf

    ElseCode:
        对应于 else 语句块的语句序列

    EndOfIf:
```

其中，jcc 表示某个条件跳转指令。

例如，为了将以下的 C/C++ 语句转换为汇编语言代码：

```
    if (a == b)
        c = d;
    else
        b = b + 1;
```

可以使用以下的 x86-64 代码：

```
        mov eax, a
        cmp eax, b
        jne ElseBlk
        mov eax, d
        mov c, eax
        jmp EndOfIf;

    ElseBlk:
        inc b

    EndOfIf:
```

对于像“a==b”这样的简单表达式，生成与 if/then/else/endif 语句相对应的正确汇编代码非常简单。如果表达式比较复杂，那么生成对应汇编代码的复杂度也会增加。请考虑以下的 C/C++ 语句：

```
    if (((x > y) && (z < t)) || (a != b))
        c = d;
```

为了转换与此类似的复杂 if 语句，可以将其分解为 3 个 if 语句的序列，如下所示：

```
    if (a != b) c = d;
        elseif(x > y)
    if (z < t)
        c = d;
```

上述转换基于以下 C/C++ 等价语句：

```
    if (expr1 && expr2) Stmt;
```

等价于

```
    if (expr1) if(expr2) Stmt;
```

并且

```
if (expr1 || expr2) Stmt;
```

等价于

```
if (expr1) Stmt;
else if (expr2) Stmt;
```

前一个 if 语句可以实现为以下的汇编语言代码：

```
; if (((x > y) && (z < t)) || (a != b))c = d;

    mov eax, a
    cmp eax, b
    jne DoIf;
    mov eax, x
    cmp eax, y
    jng EndOfIf;
    mov eax, z
    cmp eax, t
    jnl EndOfIf;
DoIf:
    mov eax, d
    mov c, eax
EndOfIf:
```

汇编语言中复杂条件语句的最大问题可能出现在当编写代码后试图弄清楚自己做了什么时。高级程序设计语言所提供的表达式更容易阅读和理解。为了用汇编语言更清晰地实现 if/then/else/endif 语句，良好的代码注释是必不可少的。上例的优雅代码实现如下所示：

```
; if ((x > y) && (z < t)) or (a != b) c = d;
; 实现如下：
; 如果“a != b”为真则跳转到 DoIf:

    mov eax, a
    cmp eax, b
    jne DoIf

; 如果“x>y”为假则跳转到 EndOfIf:

    mov eax, x
    cmp eax, y
    jng EndOfIf

; 如果“z<t”为假则跳转到 EndOfIf:

    mov eax, z
    cmp eax, t
    jnl EndOfIf

; then 语句块：

DoIf:
    mov eax, d
    mov c, eax

; if 语句的结束。

EndOfIf:
```

诚然，对于这样一个简单的例子来说，上述代码太冗长了。以下的实现可能更满足要求：

```
; if (((x > y) && (z < t)) || (a != b)) c = d;
; 测试布尔表达式:

            mov eax, a
            cmp eax, b
            jne DoIf
            mov eax, x
            cmp eax, y
            jng EndOfIf
            mov eax, z
            cmp eax, t
            jnl EndOfIf

; then 语句块:

DoIf:
            mov eax, d
            mov c, eax

; if 语句的结束。

EndOfIf:
```

然而，随着 if 语句变得越来越复杂，代码注释的多少（和质量）会变得越来越重要。

7.6.3 使用完整布尔求值实现复杂的 if 语句

许多布尔表达式涉及合取（and）或者析取（or）运算。本节介绍如何将此类布尔表达式转换为汇编语言。我们可以通过两种方式来实现这一转换：使用完整布尔求值（complete Boolean evaluation），或者使用短路布尔求值（short-circuit Boolean evaluation）。本节将讨论完整布尔求值。下一节讨论短路布尔求值。

通过完整布尔求值进行转换，与将算术表达式转换为汇编语言几乎完全相同。但是，对于布尔求值，不需要将结果存储在变量中，一旦表达式求值完成，即检查结果为假（0）还是为真（1 或非 0），以执行布尔表达式指示的操作。通常情况下，如果布尔表达式的结果为假，最后一条逻辑指令（and / or）将设置零标志位；如果结果为真，则清除零标志位，因此不必显式测试布尔表达式的求值结果。请考虑以下的 if 语句，并使用完整布尔求值将其转换为相应的汇编语言代码：

```
; if (((x < y) && (z > t)) || (a != b))
;          Stmt1

    mov   eax, x
    cmp   eax, y
    setl  bl              ; 将 x < y 存储在 BL 中
    mov   eax, z
    cmp   eax, t
    setg  bh              ; 将 z > t 存储到 BH 中
    and   bl, bh          ; 将 (x < y) && (z > t) 存储到 BL 中
    mov   eax, a
    cmp   eax, b
    setne bh              ; 将 a != b 存储到 BH 中
    or    bl, bh          ; 将 (x < y) && (z > t) || (a != b) 存储到 BL 中
    je    SkipStmt1       ; 结果为 false 时的分支

    此处是 Stmt1 的代码

SkipStmt1:
```

上述代码片段计算 BL 寄存器中的一个布尔结果，然后在计算结束时测试这个值，以判断该值为真还是假。如果结果为假，则该语句序列跳过与 Stmt1 相关联的代码。本例中需要注意的重要一点是，程序将执行计算该布尔结果涉及的所有指令（直到 je 指令）。

7.6.4 短路布尔求值

如果愿意花费更多的精力，则通常可以通过短路布尔求值的方法，将布尔表达式转换为更短更快的汇编语言指令序列。短路布尔求值方法试图通过只执行部分指令，来确定表达式的结果是真还是假。

考虑表达式 a && b。一旦我们确定 a 是假，就不需要对 b 进行求值了，因为表达式的结果不可能是真。如果 b 是一个复杂的子表达式，而不只是一个布尔变量，那么很明显，只计算 a 将更加有效。

作为一个具体的例子，考虑上一节中的子表达式 ((x < y) && (z > t))。一旦确定 x 不小于 y，就不需要检查 z 是否大于 t 了，因为无论 z 和 t 的值如何，整个表达式的结果都将为假。以下代码片段显示了如何对这个表达式实现短路布尔求值：

```
; if ((x < y) && (z > t)) then …

    mov eax, x
    cmp eax, y
    jnl TestFails
    mov eax, z
    cmp eax, t
    jng TestFails

    if 语句中 then 子句的代码

TestFails:
```

一旦确定 x 不小于 y，代码就将跳过进一步的测试。当然，如果 x 小于 y，那么程序必须测试 z 以查看其是否大于 t。如果 z 不大于 t，则程序将跳过 then 子句。只有当程序同时满足这两个条件时，代码才会执行 then 子句中的代码。

对于逻辑或运算，可以采用类似的短路方法。如果第一个子表达式的计算结果为真，则无须测试第二个操作数。无论第二个操作数的值是什么，整个表达式的计算结果仍然为真。下面的示例演示了使用带析取的短路求值方法：

```
; if (ch < 'A' || ch > 'Z')
;    then printf( "Not an uppercase char");
; endif;

    cmp ch, 'A'
    jb ItsNotUC
    cmp ch, 'Z'
    jna ItWasUC

ItsNotUC:
    处理 ch 的代码（如果 ch 不是大写字母）

ItWasUC:
```

因为合取和析取运算符满足可交换性，所以如果更方便的话，可以根据情况先对左操作数或右操作数求值[㊀]。作为本节的最后一个示例，请考虑前一节中的完整布尔表达式：

㊀ 但是，请注意，有些表达式依赖于最左边的子表达式进行单向求值，以使最右边的子表达式有效。例如，C/C++ 中的一个常见测试是 if (x != NULL && x -> y) …。

```
; if (((x < y) && (z > t)) || (a != b)) Stmt1 ;

    mov eax, a
    cmp eax, b
    jne DoStmt1
    mov eax, x
    cmp eax, y
    jnl SkipStmt1
    mov eax, z
    cmp eax, t
    jng SkipStmt1

DoStmt1:
    此处是 Stmt1 的代码

SkipStmt1:
```

上述示例中的代码首先对 a != b 求值，因为该表达式代码更短、运行更快[⊖]，然后对剩余的子表达式求值。这是汇编语言程序员用来优化代码的常用技巧[⊜]。

7.6.5 短路布尔求值和完整布尔求值的比较

当使用完整布尔求值时，针对表达式的代码序列中的每个语句都将执行，而短路布尔求值可能不需要执行与布尔表达式相关联的每一条语句。正如我们在前两节中所看到的，基于短路布尔求值的代码通常更短并且执行更快。

然而，在某些情况下，短路布尔求值可能会产生不正确的结果。给定一个有"副作用"的表达式，短路布尔求值将产生与完整布尔求值不同的计算结果。请考虑下面的 C/C++ 示例：

```
if ((x == y) && (++z != 0)) Stmt ;
```

使用完整布尔求值，可能会生成以下的代码：

```
    mov eax, x      ; 检查是否 x == y
    cmp eax, y
    sete bl
    inc z           ; ++z
    cmp z, 0        ; 检查递增后的 z 是否为 0
    setne bh
    and bl, bh      ; 测试 x == y && ++z != 0
    jz SkipStmt

    此处是 Stmt 相关的代码

SkipStmt:
```

使用短路布尔求值，可能会生成以下的代码：

```
    mov eax, x      ; 检查是否 x == y
    cmp eax, y
    jne SkipStmt
    inc z           ; ++z——如果 z 变成 0，则设置零标志位
    je SkipStmt     ; 检查递增后的 z 是否为 0

    此处是 Stmt 相关的代码

SkipStmt:
```

⊖ 当然，如果我们能预测子表达式 a != b 在绝大多数情况下都是错误的，那么最好最后再测试该条件。

⊜ 当然，这是假设所有的比较结果为真或者为假的概率相同。

请注意这两种转换之间非常微妙但又重要的区别：如果 x 等于 y，则第一个版本仍然会递增 z，并在执行 Stmt 相关的代码之前，将递增后的 z 与 0 进行比较；对于第二个版本，如果发现 x 等于 y，则跳过递增 z 的代码。因此，当 x 等于 y 时，这两个代码片段的行为是不同的。

上述两种实现方案看起来都无明显错误，需要根据具体情况来判断，在 x 等于 y 的情况下，我们可能希望也可能不希望代码对 z 进行递增。但是，最重要的是要意识到这两种实现方案会产生不同的结果。因此，如果此代码对 z 的影响对于我们编写的程序很重要，那么应该选择合适的实现方案。

许多程序利用短路布尔求值，并依赖程序不对表达式中某些成分进行求值的事实。下面的 C/C++ 代码片段演示了需要短路布尔计算的最常见示例：

```
if (pntr != NULL && *pntr == 'a') Stmt ;
```

如果 pntr 为空指针，则表达式为假，并且无须计算表达式的其余部分。此语句依赖短路布尔运算来实现正确的操作。如果 C/C++ 使用完整的布尔运算，则当 pntr 为空指针时，表达式的后半部分将需要解引用一个空指针。

请考虑使用完整布尔求值对该语句进行转换：

```
; 完整布尔求值：

    mov rax, pntr
    test rax, rax ; 检查 RAX 是否为 0（NULL 即是 0）
    setne bl
    mov al, [rax] ; 获取 *pntr 到 AL 中
    cmp al, 'a'
    sete bh
    and bl, bh
    jz SkipStmt

    此处是 Stmt 相关的代码

SkipStmt:
```

如果 pntr 包含空指针（0），则该程序将尝试通过“ mov al,[rax]”指令访问内存中位置 0 处的数据。在大多数操作系统中，这将导致内存访问故障（一般保护故障）。

现在考虑利用短路布尔求值的转换：

```
; 短路布尔求值：

    mov rax, pntr          ; 检查 pntr 是否包含空指针（0），
    test rax, rax          ; 如果是，则立即跳过 Stmt 语句块
    jz SkipStmt
    mov al, [rax]          ; 如果执行到此处，那么表示 pntr 包含一个非 0 值
    cmp al, 'a'            ; 因此，检查它是否指向字符“a”
    jne SkipStmt

    此处是 Stmt 相关的代码

SkipStmt:
```

在本例中，不存在解引用空指针的问题。如果 pntr 包含空指针，则此代码会跳过试图访问 pntr 包含的内存地址的语句。

7.6.6 使用汇编语言高效地实现 if 语句

在汇编语言中，为了高效地编码 if 语句，除了考虑选择短路布尔求值而不是完整布尔求值之外，还需要考虑其他的因素。为了使用汇编语言编写可以高效执行的代码，必须仔细分析各种分支情况，并适当地生成相应的处理代码。本节提供了一些建议，我们可以将其应用到自己的程序中，以提高程序的性能。

7.6.6.1 了解程序中的数据

程序员经常错误地假设数据是随机的。事实上，数据很少是随机的，如果我们知道程序中通常使用的数值类型，就可以编写更好的代码。为了说明其原因，请考虑下面的 C/C++ 语句：

```
if ((a == b) && (c < d)) ++i;
```

因为 C/C++ 使用短路布尔求值，所以这段代码将测试 a 是否等于 b。如果 a 等于 b，接着将测试 c 是否小于 d。如果预期 a 在大多数情况下都等于 b，且 c 在大多数情况下不小于 d，则此语句的执行速度将比预期的要慢。请考虑该代码的 MASM 实现：

```
        mov eax, a
        cmp eax, b
        jne DontIncI

        mov eax, c
        cmp eax, d
        jnl DontIncI

        inc i

DontIncI:
```

正如所见，如果 a 在大多数情况下等于 b，而 c 在大多数情况下不小于 d，则几乎每次都必须执行所有六条指令，以确定整个表达式的结果为假。现在考虑下面的实现，该实现利用了这个结论以及“&&”运算符满足可交换性的事实：

```
        mov eax, c
        cmp eax, d
        jnl DontIncI

        mov eax, a
        cmp eax, b
        jne DontIncI

        inc i

DontIncI:
```

在上述代码片段中，首先检查 c 是否小于 d。如果大多数情况下 c 不小于 d，则在典型情况下，该代码仅执行三条指令（与前一示例中的六条指令相比）就可以确定必须要跳到标签 DontIncI 处。

这一事实在汇编语言中比在高级程序设计语言中更为明显，汇编程序通常情况下比实现同一功能的高级程序设计语言程序更快的主要原因之一在于：汇编语言中的优化比高级程序设计语言中的更为明显。当然，这里的关键是理解数据的行为，这样就可以做出类似前面示例中的明智决策。

7.6.6.2　重新排列表达式

即使数据是随机的（或者无法确定输入值将如何影响决策），重新排列表达式中的各个数据项也仍然可能有效。有些计算要比其他计算花费更长的时间。例如，div 指令比简单的 cmp 指令要慢得多。因此，如果有如下语句，则可能需要重新排列表达式，从而优先执行 cmp 指令：

```
if ((x % 10 = 0) && (x != y) ++x;
```

转换为汇编代码后，上述 if 语句将变为：

```
        mov eax, x              ; 计算X % 10
        cdq                     ; 必须符号扩展EAX为EDX:EAX
        idiv ten                ; 在“.const”段中声明了“ten dword 10”
        test edx, edx           ; 余数存储在EDX中，并测试其是否为0
        jnz SkipIf

        mov eax, x
        cmp eax, y
        je SkipIf

        inc x

    SkipIf:
```

其中，idiv 指令非常耗时（通常比本例中的大多数其他指令慢 50 到 100 倍）。除非余数为 0 的可能性比 x 等于 y 的可能性高出 50 到 100 倍，否则最好先进行比较运算，再进行余数运算：

```
        mov eax, x
        cmp eax, y
        je SkipIf

        mov eax, x              ; 计算X % 10
        cdq                     ; 必须符号扩展EAX为EDX:EAX
        idiv ten                ; 在“.const”段中声明了“ten dword 10”
        test edx, edx           ; 检查余数（EDX）是否为0
        jnz SkipIf

        inc x

    SkipIf:
```

因为当发生短路布尔求值时，运算符“&&”和“||”是不可交换的，所以需要仔细考虑这些转换。以上示例之所以有效，是因为重新排列“&&”运算符求值顺序后不存在可能被屏蔽的副作用或异常。

7.6.6.3　解构代码

结构化代码有时比非结构化代码效率低，因为结构化代码引入了非结构化代码中可能不存在的代码复制或者额外分支[⊖]。在大多数情况下，这是可容忍的，因为非结构化代码很难阅读和维护，牺牲一些性能来换取可维护的代码通常是可以接受的。然而，在某些情况下，需要尽可能地提高性能，因此可能会选择牺牲代码的可读性。

采用以前编写的结构化代码，并以非结构化方式重写此代码以提高性能，这被称为解构代码（destructuring code）。非结构化代码和解构代码的区别在于，非结构化代码最初就是按

⊖ 在高级程序设计语言中，通常可以避免这种情况，因为编译器将优化代码，生成非结构化的机器代码。遗憾的是，当使用汇编语言编写时，我们会得到与自己编写的汇编代码完全相同的机器代码。

非结构化方式编写的，而解构代码一开始是结构化代码，后来被有目的地以非结构化方式重构，以提高效率。纯非结构化代码通常很难阅读和维护。解构代码并没有那么糟糕，因为我们将把代码非结构化所带来的损害限制在那些绝对必要的部分。

解构代码的一种经典方法是使用代码移动（code movement）（将程序中的代码段物理移动到其他地方），将程序中很少执行的代码移动到经常会执行的代码之外。代码移动可以通过两种方式提高程序的效率。

首先，被移动的分支比没有移动的分支更昂贵（比较耗时）[⊖]。如果将很少执行的代码移动到程序中的另一个地方，并在很少使用分支的情况下跳转到该代码，那么大多数时候程序会直接贯穿执行最频繁使用的代码。

其次，顺序机器指令会消耗高速缓存的存储。如果将很少执行的语句从正常代码流移动到程序的另一段（很少加载到高速缓存中的段），这将提高系统的缓存性能。

例如，考虑下面的伪 C/C++ 语句：

```
if (see_if_an_error_has_occurred)
{
    没有错误时执行的语句
}
else
{
    错误处理语句
}
```

在普通代码中，我们期望错误发生的频率较低。因此，我们期望 if 的 then 子句比 else 子句执行得更频繁。前面的代码可以转换为以下汇编代码：

```
    cmp see_if_an_error_has_occurred, true
    je HandleTheError

        没有错误时执行的语句

    jmp EndOfIf;
HandleTheError:
        错误处理语句
EndOfIf:
```

如果表达式的求值结果为假，则该代码将贯穿执行普通语句，然后跳过错误处理语句。将控制权从程序中的一点转移到另一点的指令（例如，jmp 指令）往往比较慢。执行一组连续的指令比在程序中到处跳转要快得多。遗憾的是，前面的代码不允许这样做。

解决这个问题的一种方法是将代码的 else 子句移动到程序中的其他地方。可以按如下方式重构代码：

```
    cmp see_if_an_error_has_occurred, true
    je HandleTheError

        没有错误时执行的语句

EndOfIf:
```

在程序中的其他某个点（通常在 jmp 指令之后），插入以下的代码：

```
HandleTheError:
```

⊖ 在大多数情况下，这是正确的。在某些体系结构下，特殊的分支预测硬件会降低分支的成本。

```
    错误处理语句
    jmp EndOfIf;
```

这个程序并没有缩短，但将原始序列中的jmp指令移动到了else子句的末尾。由于else子句很少执行，因此将jmp指令从then子句（该子句执行频繁）移动到else子句中将带来明显的性能提升，此时只使用顺序代码执行then子句。在许多注重时效性的代码段中，这种方法非常奏效。

7.6.6.4　直接计算而非分支跳转

在许多x86-64系列的处理器上，分支（跳转）指令比许多其他指令要消耗资源。出于这个原因，有时候，比起在一个指令序列中与执行数量较少的涉及分支的指令，执行数量更多的其他指令反而性能更好。

例如，请考虑简单的赋值：eax = abs(eax)。遗憾的是，不存在计算整数绝对值的x86-64指令。显然，处理这一问题的方法是使用一个指令序列，该指令序列使用条件跳转跳过neg指令（如果EAX中为负数，则在EAX中创建一个正数）：

```
    test eax, eax
    jns ItsPositive;

    neg eax

ItsPositive:
```

现在请考虑下面的指令序列（同样可以完成这项任务）：

```
; 如果 EAX 为负数，那么将 EDX 设置为 0FFFF_FFFFh;
; 如果 EAX 为 0 或正数，那么将 EDX 设置为 0000_0000:

    cdq

; 如果 EAX 为负数，则以下指令将反转 EAX 中的所有位;
; 否则，不影响 EAX。

    xor eax, edx

; 如果 EAX 为负数，则以下指令将 1 累加到 EAX 中;
; 否则，不修改 EAX 的值。

    and edx, 1     ; EDX = 0 或者 1（如果 EAX 为负数，则 EDX =1）
    add eax, edx
```

如果执行该指令序列之前EAX为负数，则此代码将反转EAX中的所有位，然后将EAX加1。也就是说，对EAX中的值取反。如果EAX为0或正数，则此代码不会更改EAX中的值。

虽然前一个示例只需3条指令，而这个指令序列需要4条指令，但这个指令序列中没有控制转移指令，因此在许多x86-64 CPU上，这个指令序列执行的速度可能会更快。当然，如果使用前面介绍的cmovns指令，那么可以写成以下3条指令（其中不包含控制转移指令）：

```
mov edx, eax
neg edx
cmovns eax, edx
```

这个示例说明了充分理解指令集的必要性！

7.6.7　switch/case 语句

C/C++ 的 switch 语句采用以下形式：

```
switch ( 表达式 )
{
    case const1:
        Stmts1: 表达式的求值结果等于 const1 时需要执行的代码
    case const2:
        Stmts2: 表达式的求值结果等于 const2 时需要执行的代码
    .
    .
    .
    case constn:
        Stmtsn: 表达式的求值结果等于 constn 时需要执行的代码
    default:        ; 注意：default 部分是可选的
        Stmts_ default: 表达式的求值结果不等于任何 case 值时需要执行的代码
}
```

执行该语句时，会根据常量 const1 到 constn 检查表达式的求值结果。如果找到匹配项，则执行相应的语句。

C/C++ 对 switch 语句进行了一些限制。首先，switch 语句只允许整数表达式（或底层类型可以是整数的表达式）。其次，case 子句中的所有常量都必须是唯一的。稍后，我们将解释为什么 C/C++ 会设定这些限制。

7.6.7.1　switch 语句的语义

大多数入门级编程教科书引入 switch/case 语句时，都将 switch/case 语句解释为 if/then/elseif/else/endif 语句序列。这些教科书中可能会声称以下两段 C/C++ 代码是等价的：

```
switch ( 表达式 )
{
    case 0: printf("i=0"); break;
    case 1: printf("i=1"); break;
    case 2: printf("i=2"); break;
}

if (eax == 0)
    printf("i=0");
else if (eax == 1)
    printf("i=1");
else if (eax == 2)
    printf("i=2");
```

虽然这两个代码段在语义上可能是相同的，但它们的实现通常是不同的。if/then/elseif/else/endif 语句链对序列中的每个条件语句进行比较，而 switch 语句通常使用间接跳转通过一次计算将控制权转移到多个语句中的某一个中。

7.6.7.2　switch 语句的 if/else 实现

switch（以及 if/else/elseif）语句可以使用以下的汇编语言代码来实现：

```
; if/then/else/endif 形式：

    mov eax, i
    test eax, eax          ; 检查是否为 0
    jnz Not0

    "打印 i = 0" 的代码
```

```
    jmp EndCase

Not0:
    cmp eax, 1
    jne Not1

    "打印 i = 1"的代码
    jmp EndCase

Not1:
    cmp eax, 2
    jne EndCase;

    "打印 i = 2" 的代码
EndCase:
```

关于这段代码，可能唯一值得注意的是，确定最后一个 case 比确定第一个 case 是否执行所需的时间更长。这是因为 if/else/elseif 版本实现了对所有 case 值的线性搜索（linear search），从头到尾逐个检查 case 的值，直到找到匹配项。

7.6.7.3　使用间接跳转实现 switch 语句

使用间接跳转表（indirect jump table），可以更快地实现 switch 语句。这个实现使用 switch 表达式作为地址表的索引，每个地址都指向需要执行的目标 case 的代码。请考虑下面的示例：

```
; 间接跳转版本。

    mov eax, i
    lea rcx, JmpTbl
    jmp qword ptr [rcx][rax * 8]

JmpTbl qword Stmt0, Stmt1, Stmt2

Stmt0:
    "打印 i = 0" 的代码
    jmp EndCase;

Stmt1:
    "打印 i = 1" 的代码
    jmp EndCase;

Stmt2:
    "打印 i = 2" 的代码

EndCase:
```

首先，switch 语句需要创建一个指针数组，其中每个元素都包含代码中一个语句标签的地址（这些标签必须附加到 switch 语句中的每种 case 下要执行的指令序列上）。在前面的示例中，使用语句标签 Stmt0、Stmt1 和 Stmt2 的地址对 JmpTbl 数组进行初始化，就是为了达到这个目的。这里因为标签是过程的局部标签，所以将这个数组放置在过程中。但是，请注意，用户必须将数组放置在一个永远不会作为代码执行的位置（例如，在本例中，紧跟在 jmp 指令之后）。

程序将 i 的值加载到 RAX 寄存器中（假设 i 是一个 32 位的整数，mov 指令将 EAX 符号扩展到 RAX 中），然后将该值用作 JmpTbl 数组的索引（RCX 保存 JmpTbl 数组的基址），并将控制权转移到指定位置包含的 8 字节地址处。例如，如果 RAX 的值为 0，则“jmp [rcx] [rax*8]”指令将获取地址 JmpTbl+0（RAX×8=0）处的四字。因为表中的第一个四字包含 Stmt0 的地址，所以 jmp 指令将控制权转移到 Stmt0 标签后面的第一条指令。同样地，如果 i（故 RAX）的值为 1，则间接 jmp 指令从表中获取偏移量 8 处的四字，并将控制权转移到 Stmt1 标签后面的第一条指令（因为 Stmt1 的地址在表中的偏移量 8 处）。最后，如果 i 或 RAX 的值为 2，那么这个代码片段将控制权转移到 Stmt2 标签后面的语句，因为该语句出现在 JmpTbl 表中的偏移量 16 处。

随着添加更多（连续）的 case，跳转表的实现方式将比 if/elseif 的实现方式更加高效（无论在存储空间，还是在运行速度方面）。除了简单的一些 case 外，前者几乎总是更快，而且通常比后者快一大截。只要 case 值是连续的，则前者版本的代码通常也较小。

7.6.7.4　非连续跳转表元素和范围限制

如果需要包含非连续的 case 标签，或者无法确保 switch 值不超出指定范围，那么会发生什么情况？对于 C/C++ 的 switch 语句，这种情况将把控制权转移到 switch 语句之后的第一条语句（或者如果 switch 语句包含 default case，那么把控制权转移到 default case 语句）。

然而，在前面的例子中并没有发生这种情况。如果变量 i 的值不是 0、1 或者 2，则执行前面的代码会生成未定义的结果。例如，如果在执行代码时 i 的值为 5，则间接 jmp 指令将获取 JmpTbl 中偏移量 40（5×8）处的四字，并将控制权转移到该地址。遗憾的是，JmpTbl 没有 6 个元素，因此程序将获取 JmpTbl 后面的第 6 个四字的值，并将其用作目标地址，这通常会使程序崩溃或将控制权转移到意想不到的位置。

解决方案是在间接 jmp 之前放置一些指令，以验证 switch 选择值是否在合理范围之内。在前面的示例中，我们可能希望在执行 jmp 指令之前，先验证 i 的值是否在 0 到 2 的取值范围内。如果 i 的值在这个取值范围外，则程序应该直接跳转到 endcase 标签（这相当于跳转到整个 switch 语句之后的第一个语句）。以下是改进后的代码：

```
        mov eax, i
        cmp eax, 2
        ja EndCase
        lea rcx, JmpTbl
        jmp qword ptr [rcx][rax * 8]

    JmpTbl qword Stmt0, Stmt1, Stmt2

    Stmt0:
        "打印 i = 0" 的代码
        jmp EndCase;

    Stmt1:
        "打印 i = 1" 的代码
        jmp EndCase;

    Stmt2:
        "打印 i = 2" 的代码

    EndCase:
```

尽管前面的示例处理了选择值超出 0 到 2 这个取值范围的问题，但程序仍然受到一些严格的限制，具体如下：

- case 必须以值 0 开头，也就是说在本例中，最小的 case 常量必须为 0；
- case 值必须是连续的。

打破第一个限制非常容易，可以分两步来解决。首先，在确定 case 值是否合法之前，将 case 选择值与下限值和上限值进行比较。例如：

```
; switch语句指定了case 5、6和7。
; 警告：该代码片段不能正常运行。
; 请阅读代码，并找出程序不能正常运行的原因。

    mov eax, i
    cmp eax, 5
    jb EndCase
    cmp eax, 7      ; 在间接跳转之前，
    ja EndCase      ; 验证i的值是否位于5 ~ 7的取值范围中
    lea rcx, JmpTbl
    jmp qword ptr [rcx][rax * 8]

JmpTbl qword Stmt5, Stmt6, Stmt7

Stmt5:
    "打印 i = 5" 的代码
    jmp EndCase;

Stmt6:
    "打印 i = 6" 的代码
    jmp EndCase;

Stmt7:
    "打印 i = 7"的代码

EndCase:
```

该代码片段添加了一对额外的指令——cmp 和 jb，以测试选择值是否位于 5~7 之间。如果选择值超过了这个取值范围，那么控制权将转移到 EndCase 标签，否则通过间接 jmp 指令转移控制权。遗憾的是，正如注释指出的，这段代码存在问题。

考虑变量 i 的值为 5 时会发生什么情况：代码将验证 5 是否位于 5 ~ 7 的取值范围内，然后在偏移量 40（5 × 8）处取出四字（地址），并跳转到该地址。然而，与之前一样，这会在表的边界之外加载 8 字节，并且不会将控制权转移到所定义的位置。

一种解决方案是在执行 jmp 指令之前，将 EAX 的值减去最小的 case 选择值，如下例所示：

```
; switch语句指定了case 5、6和7。
; 警告：存在一种更好的解决方法，请继续阅读下文。

    mov eax, i
    cmp eax, 5
    jb EndCase
    cmp eax, 7      ; 在间接跳转之前，验证i值是否位于5 ~ 7的取值范围中。
    ja EndCase
    sub eax, 5      ; 将5 ~ 7变换为0 ~ 2。
    lea rcx, JmpTbl
    jmp qword ptr [rcx][rax * 8]

JmpTbl qword Stmt5, Stmt6, Stmt7

Stmt5:
    "打印 i = 5"的代码
    jmp EndCase;

Stmt6:
    "打印 i = 6"的代码
    jmp EndCase;
```

```
Stmt7:
    "打印 i = 7"的代码

EndCase:
```

通过将 EAX 中的值减去 5，我们强制在执行 jmp 指令之前，将 EAX 的值设置为 0、1 或 2。因此，case 选择值 5 跳转到 Stmt5，case 选择值 6 将控制权转移到 Stmt6，case 选择值 7 跳转到 Stmt7。

为了改进这段代码，可以将 sub 指令合并到 jmp 指令的地址表达式中来消除 sub 指令。下面的代码执行此操作：

```
; switch 语句指定了 case 5、6 和 7:

    mov eax, i
    cmp eax, 5
    jb EndCase
    cmp eax, 7              ; 在间接跳转之前，
    ja EndCase              ; 验证 i 值是否位于 5 ~ 7 的取值范围中
    lea rcx, JmpTbl
    jmp qword ptr [rcx][rax * 8 - 5 * 8]        ; 5 * 8 用于补偿零索引

JmpTbl qword Stmt5, Stmt6, Stmt7

Stmt5:
    "打印 i = 5" 的代码
    jmp EndCase;

Stmt6:
    "打印 i = 6" 的代码
    jmp EndCase;

Stmt7:
    "打印 i = 7" 的代码

EndCase:
```

C/C++ 的 switch 语句提供了一个 default 子句，如果 case 选择值与所有 case 值都不匹配，就会执行该子句。例如：

```
switch (表达式)
{
    case 5: printf("ebx = 5"); break;
    case 6: printf("ebx = 6"); break;
    case 7: printf("ebx = 7"); break;
    default
        printf("ebx does not equal 5, 6, or 7");
}
```

在纯汇编语言中实现等价于 default 子句的语句非常容易。只需在代码开头的 jb 和 ja 指令中使用不同的目标标签即可。以下示例实现了与前一个 C/C++ 示例类似的 MASM switch 语句：

```
; switch 语句指定了 case 5、6 和 7,
; 并且包含一个 default 子句:

    mov eax, i
    cmp eax, 5
    jb DefaultCase
```

```
        cmp eax, 7              ; 在间接跳转之前，
        ja DefaultCase                  ; 验证 i 值是否位于 5 ~ 7 的取值范围中
        lea rcx, JmpTbl
        jmp qword ptr [rcx][rax * 8 - 5 * 8]        ; 5 * 8 用于补偿零索引

    JmpTbl qword Stmt5, Stmt6, Stmt7

    Stmt5:
        "打印 i = 5" 的代码
        jmp EndCase

    Stmt6:
        "打印 i = 6" 的代码
        jmp EndCase

    Stmt7:
        "打印 i = 7" 的代码
        jmp EndCase

    DefaultCase:
        "打印 EBX does not equal 5, 6, or 7" 的代码

    EndCase:
```

前面提到的第二个限制（即 case 值必须是连续的值），通过在跳转表中插入额外的元素，也非常容易打破。请考虑下面 C/C++ 的 switch 语句：

```
    switch (i)
    {
        case 1 printf("i = 1"); break;
        case 2 printf("i = 2"); break;
        case 4 printf("i = 4"); break;
        case 8 printf("i = 8"); break;
        default:
            printf("i is not 1, 2, 4, or 8");
    }
```

最小的 switch 值为 1，最大的 switch 值为 8。因此，间接跳转指令之前的代码需要将 i 的值与 1 和 8 进行比较。即使 i 的值在 1 到 8 之间，也仍然可能不是合法的 case 选择值。但是，由于 jmp 指令使用 case 选择值表索引到一个四字表中，因此该表必须有 8 个四字元素。

为了处理位于 1 到 8 之间且非 case 选择值的值，只需在没有相应 case 子句的每个跳转表元素中放置 default 子句的语句标签（如果没有 default 子句，则放置指定了 endswitch 之后第一条指令的标签）。下面的代码演示了这种方法：

```
    ; switch 语句指定了 case 1、2、4 和 8，
    ; 并且包含一个 default 子句：

        mov eax, i
        cmp eax, 1
        jb DefaultCase
        cmp eax, 8              ; 在间接跳转之前，
        ja DefaultCase          ; 验证 i 值是否位于 1 ~ 8 的取值范围中
        lea rcx, JmpTbl
        jmp qword ptr [rcx][rax * 8 - 1 * 8]        ; 1 * 8 用于补偿零索引

    JmpTbl qword Stmt1, Stmt2, DefaultCase, Stmt4
        qword DefaultCase, DefaultCase, DefaultCase, Stmt8
```

```
Stmt1:
    "打印 i = 1" 的代码
    jmp EndCase

Stmt2:
    "打印 i = 2" 的代码
    jmp EndCase

Stmt4:
    "打印 i = 4" 的代码
    jmp EndCase

Stmt8:
    "打印 i = 8" 的代码
    jmp EndCase

DefaultCase:
    "打印  i does not equal 1, 2, 4, or 8" 的代码

EndCase:
```

7.6.7.5　稀疏跳转表

switch 语句目前的实现方法存在一个问题：如果 case 值包含跨度很大的非连续元素，那么跳转表可能会变得非常大。下面的 switch 语句将生成一个非常大的代码文件：

```
switch(i)
{
    case 1: Stmt1 ;
    case 100: Stmt2 ;
    case 1000: Stmt3 ;
    case 10000: Stmt4 ;
    default: Stmt5 ;
}
```

在这种情况下，如果使用 if 语句序列而不是使用间接跳转语句来实现 switch 语句，那么程序将小得多。但是，请记住一件事：跳转表的大小通常不会影响程序的执行速度。不管跳转表包含两个数据项还是两千个数据项，switch 语句执行多路分支的时间都是一样的。if 语句的实现所需要的时间则随 case 语句中 case 标签的数量呈线性增加。

与 Pascal 或 C/C++ 等高级程序设计语言相比，使用汇编语言的最大优势在于：我们可以选择 switch 等语句的实际实现方法。在某些情况下，可以将 switch 语句实现为 if/then/elseif 语句序列，也可以将其实现为跳转表，还可以实现为两者的混合，例如：

```
switch(i)
{
    case 0: Stmt0 ;
    case 1: Stmt1 ;
    case 2: Stmt2 ;
    case 100: Stmt3 ;
    default: Stmt4 ;
}
```

上述 switch 语句可以实现为以下汇编代码：

```
mov eax, i
cmp eax, 100
je DoStmt3;
cmp eax, 2
```

```
ja TheDefaultCase
lea rcx, JmpTbl
jmp qword ptr [rcx][rax * 8]
.
.
.
```

如果我们想使用大小不超过 2GB 的程序（使用 LARGEADDRESSAWARE:NO 命令行选项），那么可以改进 switch 语句的实现，并节省一条指令：

```
; switch 语句指定了 case 5、6 和 7,
; 并且包含一个 default 子句:

    mov eax, i
    cmp eax, 5
    jb DefaultCase
    cmp eax, 7                  ; 在间接跳转之前,
    ja DefaultCase              ; 验证 i 值是否位于 5 ~ 7 的取值范围中
    jmp JmpTbl[rax * 8 - 5 * 8] ; 5 * 8 用于补偿零索引

JmpTbl qword Stmt5, Stmt6, Stmt7

Stmt5:
    "打印 i = 5" 的代码
    jmp EndCase

Stmt6:
    "打印 i = 6" 的代码
    jmp EndCase

Stmt7:
    "打印 i = 7" 的代码
    jmp EndCase

DefaultCase:
    "打印  EBX does not equal 5, 6, or 7" 的代码

EndCase:
```

这段代码删除了“lea rcx, JmpTbl”指令，并用“jmp JmpTbl[rax * 8 - 5 * 8]”指令替换了“jmp [rcx][rax * 8]”指令。虽说这是一处小小的改进，但也提升了程序的性能（因为该序列不仅少了一条指令，而且少使用了一个寄存器）。当然，需要经常意识到编写不支持大地址的 64 位程序的危险性。

一些 switch 语句有稀疏的 case，但在整个 case 集中有一组连续的 case。请考虑下面 C/C++ 的 switch 语句：

```
switch (表达式)
{
    case 0:
        case 0 的代码
        break;

    case 1:
        case 1 的代码
        break;

    case 2:
        case 2 的代码
```

```
        break;

    case 10:
        case 10 的代码
        break;

    case 11:
        case 11 的代码
        break;

    case 100:
        case 100 的代码
        break;

    case 101:
        case 101 的代码
        break;

    case 103:
        case 103 的代码
        break;

    case 1000:
        case 1000 的代码
        break;

    case 1001:
        case 1001 的代码
        break;

    case 1003:
        case 1003 的代码
        break;

default:
        default case 的代码
        break;
} // switch 语句的结束
```

可以将包含跨度较广的多组（几乎）连续 case 的 switch 语句转换为汇编语言代码，为每个连续的组使用一个跳转表实现，然后使用比较指令来确定需要执行的跳转表指令序列。上述 C/C++ 代码的一个可能实现如下所示：

```
; 假设表达式已计算，并且结果保存在 EAX/RAX 中

    cmp eax, 100
    jb try0_11
    cmp eax, 103
    ja try1000_1003
    cmp eax, 100
    jb default
    lea rcx, jt100
    jmp qword ptr [rcx][rax * 8 - 100 * 8]
jt100 qword case100, case101, default, case103

try0_11: cmp ecx, 11              ; 此处处理 cases 0 ~ 11
    ja defaultCase
    lea rcx, jt0_11
    jmp qword ptr [rcx][rax * 8]
jt0_11 qword case0, case1, case2, defaultCase
```

```
    qword defaultCase, defaultCase, defaultCase
    qword defaultCase, defaultCase, defaultCase
    qword case10, case11

try1000_1003:
    cmp eax, 1000
    jb defaultCase
    cmp eax, 1003
    ja defaultCase
    lea rcx, jt1000
    jmp qword ptr [rcx][rax * 8 - 1000 * 8]
jt1000 qword case1000, case1001, defaultCase, case1003
    .
    .
    .
此处是实际 case 的代码
```

上述代码序列将组 0 ～ 2 和组 10 ～ 11 组合成一个组（需要 7 个额外的跳转表元素），以避免编写额外的跳转表序列。

当然，对于类似的简单 case 组，只使用比较和分支指令序列可能会更加简单。为了说明问题，本节中的例子适当做了简化。

7.6.7.6　switch 语句其他的替代方案

如果 switch 语句中的 case 稀疏到除了逐 case 比较表达式的值之外别无他择，那么会发生什么？代码是否注定要被翻译成等价的 if/elseif/else/endif 序列？答案是并非必须。然而，在考虑其他替代方案之前，需要强调，不是所有创建的 if/elseif/else/endif 序列都是等同的。请回顾上一个例子。一个简单的实现可能如下所示：

```
if (unsignedExpression <= 11)
{
    针对 case 0 ~ 11 的 switch 语句
}
else if (unsignedExpression >= 100 && unsignedExpression <= 101)
{
    针对 case 100 ~ 101 的 switch 语句
}
else if (unsignedExpression >= 1000 && unsignedExpression <= 1003)
{
    针对 case 1000 ~ 1003 的 switch 语句
}
else
{
    default case 的代码
}
```

比较两种实现，前一种实现首先基于值 100 进行比较，并将小于 100 的 case 0 ～ 11 和大于 100 的 case 1000 ～ 1003 分成两支处理，从而有效地创建了一个小的二分查找（binary search），减少了比较的数量。在高级程序设计语言代码中很难看到节省空间的相关操作，但在汇编代码中，可以计算在最佳情况和最坏情况下所执行的指令数，并观察对标准线性搜索方法所做的改进，该方法只需按照 case 值在 switch 语句中出现的顺序来比较这些值[⊖]。

如果 switch 语句中的 case 太稀疏（根本不存在有意义的组），例如 1、10、100、1000、10000 的示例，那么将无法（合理地）使用跳转表来实现 switch 语句。更好的解决方案是对 case 进行排序，并使用二分查找法对它们进行测试，而不是直接进行线性搜索（这可能会很慢）。

⊖ 当然，如果稀疏 switch 语句中包含大量组，那么平均而言，二分查找将比线性搜索快得多。

使用二分查找法时，首先将表达式值与中间 case 值进行比较。如果小于中间值，则在值列表的前半部分重复搜索；如果大于中间值，则在值列表的后半部分重复搜索；如果等于中间值，那么很明显，需要进入代码来处理该测试。1、10、100、… 示例的二分查找法实现版本如下所示：

```
; 假设表达式已计算，并且结果保存在 EAX 中。

    cmp eax, 100
    jb try1_10
    ja try1000_10000

    此处是处理 case 100 的代码
    jmp AllDone

try1_10:
    cmp eax,1
    je case1
    cmp eax, 10
    jne defaultCase

    这里是处理 case 10 的代码
    jmp AllDone

case1:
    这里是处理 case 1 的代码
    jmp AllDone

try1000_10000:
    cmp eax, 1000
    je case1000
    cmp eax, 10000
    jne defaultCase

    这里是处理 case 10000 的代码
    jmp AllDone

case1000:
    这里是处理 case 1000 的代码
    jmp AllDone

defaultCase:
    此处是处理 defaultCase 的代码
AllDone:
```

本节介绍的方法有许多可能的替代方法。例如，一种常见的解决方案是创建一个包含一组记录（结构）的表，每个记录都是一个二元组，包含 case 值和跳转地址。这样无须使用冗长的比较指令序列，使用短循环就可对表中的所有元素进行遍历，搜索 case 值，如果存在匹配项，则将控制权转移到相应的跳转地址。这个方法比本节中的其他方法要慢，但比传统的 if/elseif/else/endif 实现更节省代码[⊖]。

请注意，defaultCase 标签经常出现在（非跳转表）switch 实现中的几个 jcc 指令中。由于条件跳转指令有两种编码，一种是二字节形式，另一种是六字节形式，因此应该尝试将 defaultCase 放在这些条件跳转附近，以便尽可能使用简短形式的 jcc 指令。虽然本节中的示例通常将跳转表（占用大量字节）放在紧接着相应的间接跳转的位置，但我们可以将这些表

⊖ 只要稍加努力，如果表已排序，那么可以使用二分查找法。

移动到过程中的其他位置，以帮助条件跳转指令保持简短。针对 1、10、100、…的示例，实现该思想的代码如下所示：

```
; 假设表达式已计算，并且结果保存在 EAX/RAX 中。

    cmp eax, 100
    jb try0_13
    cmp eax, 103
    ja try1000_1003
    lea rcx, jt100
    jmp qword ptr [rcx][rax * 8 - 100 * 8]

try0_13: cmp ecx, 13      ; 此处处理 cases 0 ~ 13
    ja defaultCase
    lea rcx, jt0_13
    jmp qword ptr [rcx][rax * 8]

try1000_1003:
    cmp eax, 1000         ; 此处处理 cases 1000~ 1003
    jb defaultCase
    cmp eax, 1003
    ja defaultCase
    lea rcx, jt1000
    jmp qword ptr [rcx][rax * 8 - 1000 * 8]

defaultCase:
    将 defaultCase 放在这里，使所有跳转到 defaultCase 的条件跳转均靠近它

    jmp AllDone

jt0_13 qword case0, case1, case2, case3
    qword defaultCase, defaultCase, defaultCase
    qword defaultCase, defaultCase, defaultCase
    qword case10, case11, case12, case13
jt100 qword case100, case101, case102, case103
jt1000 qword case1000, case1001, case1002, case1003
    .
    .
    .
此处是实际 case 的实现代码
```

7.7　状态机和间接跳转

在汇编语言程序中，另一种常见的控制结构是状态机（state machine）。状态机使用状态变量（state variable）来控制程序流。FORTRAN 程序设计语言通过指定的 goto 语句提供了这种功能。C 语言的某些变体，例如自由软件基金会（Free Software Foundation，FSF）提供的 GCC（GNU Compiler Collection，GNU 编译器套件）也提供了类似的功能。在汇编语言中，间接跳转可以实现状态机。

那么什么是状态机呢？简单而言，状态机是一段代码，通过进入和离开某些特定的状态来跟踪代码的执行历史。在本章中，我们假设状态机是一段代码，以某种方式记住代码的执行历史（代码的状态），并根据所记录的历史信息执行代码段。

从真正意义上讲，所有的程序都是状态机。CPU 寄存器和内存中的值构成了该机器的状态。不过，我们将使用更受约束的视图。在大多数情况下，只有一个变量（或者 RIP 寄存器中的值）表示当前状态。

考虑一个具体的例子。假设有一个过程，第一次调用它时需要执行一种操作，第二次调用它时需要执行另一种操作，第三次调用它时需要执行其他的操作，第四次调用它时需要执行新的操作。在第四次调用之后，该过程会按顺序重复这四个操作。

例如，假设我们希望该过程在第一次调用中将 EAX 和 ECX 相加，在第二次调用中将 EAX 和 ECX 相减，在第三次调用中将 EAX 和 ECX 相乘，在第四次调用中将 EAX 和 ECX 相除。可以使用程序清单 7-6 中所示的代码实现该过程。

程序清单 7-6　状态机的示例

```
; 程序清单 7-6
; 一个简单的状态机示例。

        option  casemap:none
nl      =       10

        .const
ttlStr  byte    "Listing 7-6", 0
fmtStr0 byte    "Calling StateMachine, "
        byte    "state=%d, EAX=5, ECX=6", nl, 0
fmtStr0b byte   "Calling StateMachine, "
        byte    "state=%d, EAX=1, ECX=2", nl, 0
fmtStrx byte    "Back from StateMachine, "
        byte    "state=%d, EAX=%d", nl, 0
fmtStr1 byte    "Calling StateMachine, "
        byte    "state=%d, EAX=50, ECX=60", nl, 0
fmtStr2 byte    "Calling StateMachine, "
        byte    "state=%d, EAX=10, ECX=20", nl, 0
fmtStr3 byte    "Calling StateMachine, "
        byte    "state=%d, EAX=50, ECX=5", nl, 0

        .data
state   byte 0

        .code
        externdef printf:proc

; 将程序标题返回到 C++ 程序：

        public getTitle
getTitle proc
        lea rax, ttlStr
        ret
getTitle endp

StateMachine proc
        cmp state, 0
        jne TryState1

; 状态 0：将 ECX 累加到 EAX 上，并切换到状态 1：

        add eax, ecx
        inc state           ; 状态 0 变成状态 1
        jmp exit

TryState1:
        cmp state, 1
        jne TryState2

; 状态 1：从 EAX 中减去 ECX，并切换到状态 2：
```

```
        sub eax, ecx
        inc state           ; 状态 1 变成状态 2
        jmp exit

TryState2: cmp state, 2
        jne MustBeState3

; 如果是状态 2，将 ECX 乘以 EAX，并切换到状态 3：

        imul eax, ecx
        inc state           ; 状态 2 变成状态 3
        jmp exit

; 如果这里不是前面的状态之一，那么肯定是状态 3，
; 因此将 EAX 除以 ECX，并切换回状态 0。

MustBeState3:
        push rdx            ; 保存 RDX，因为它会被 div 指令改变
        xor edx, edx        ; 将 EAX 零扩展到 EDX 中
        div ecx
        pop rdx             ; 恢复前面保存的 RDX 的值
        mov state, 0        ; 重置 state 变量为 0

exit: ret

StateMachine endp

; 以下是“asmMain”函数的实现。

        public asmMain
asmMain proc
        push rbp
        mov rbp, rsp
        sub rsp, 48         ; 影子存储器

        mov state, 0        ; 只是为了安全起见

; 演示状态 0：

        lea rcx, fmtStr0
        movzx rdx, state
        call printf

        mov eax, 5
        mov ecx, 6
        call StateMachine

        lea rcx, fmtStrx
        mov r8, rax
        movzx edx, state
        call printf

; 演示状态 1：
        lea rcx, fmtStr1
        movzx rdx, state
        call printf

        mov eax, 50
        mov ecx, 60
        call StateMachine
```

```
        lea rcx, fmtStrx
        mov r8, rax
        movzx edx, state
        call printf

; 演示状态 2:
        lea rcx, fmtStr2
        movzx rdx, state
        call printf

        mov eax, 10
        mov ecx, 20
        call StateMachine

        lea rcx, fmtStrx
        mov r8, rax
        movzx edx, state
        call printf

; 演示状态 3:
        lea rcx, fmtStr3
        movzx rdx, state
        call printf

        mov eax, 50
        mov ecx, 5
        call StateMachine

        lea rcx, fmtStrx
        mov r8, rax
        movzx edx, state
        call printf

; 演示回到状态 0:

        lea rcx, fmtStr0b
        movzx rdx, state
        call printf

        mov eax, 1
        mov ecx, 2
        call StateMachine

        lea rcx, fmtStrx
        mov r8, rax
        movzx edx, state
        call printf

        leave
        ret                 ; 返回到调用方
asmMain endp
        end
```

程序清单 7-6 的构建命令和代码输出结果如下所示：

```
C:\>build listing7-6

C:\>echo off
Assembling: listing7-6.asm
c.cpp
```

```
C:\>listing7-6
Calling Listing 7-6:
Calling StateMachine, state=0, EAX=5, ECX=6
Back from StateMachine, state=1, EAX=11
Calling StateMachine, state=1, EAX=50, ECX=60
Back from StateMachine, state=2, EAX=-10
Calling StateMachine, state=2, EAX=10, ECX=20
Back from StateMachine, state=3, EAX=200
Calling StateMachine, state=3, EAX=50, ECX=5
Back from StateMachine, state=0, EAX=10
Calling StateMachine, state=0, EAX=1, ECX=2
Back from StateMachine, state=1, EAX=3
Listing 7-6 terminated
```

从技术上讲，这个过程并不是状态机，反而是变量 state 和 cmp/jne 指令构成了状态机。该过程只不过是通过 if/then/elseif 结构实现的 switch 语句，唯一不同的是，它可以记住自己被调用了多少次[⊖]，并且根据调用次数的不同做出不同的行为。

虽然这是所需状态机的正确实现，但并不是特别有效。当然，聪明的读者会意识到，使用实际的 switch 语句，而不是 if/then/elseif/endif 语句，可以使实现的代码运行得更快一些。然而，还存在一个更好的解决方案。

在汇编语言中，使用间接跳转实现状态机是很常见的。该方法不需要一个包含 0、1、2 或 3 这样的值的状态变量，而是使用一个地址加载状态变量，此地址是一进入过程就执行的代码的地址。这种实现只需跳转到该地址，状态机可以省去那些为选择正确代码片段而做的测试。使用间接跳转实现状态机的示例请参见以下的程序清单 7-7。

程序清单 7-7 使用间接跳转实现的状态机

```
; 程序清单 7-7
; 一个间接跳转状态机示例。

          option casemap:none
nl        =         10

          .const
ttlStr    byte      "Listing 7-7", 0
fmtStr0   byte      "Calling StateMachine, "
          byte      "state=0, EAX=5, ECX=6", nl, 0

fmtStr0b  byte      "Calling StateMachine, "
          byte      "state=0, EAX=1, ECX=2", nl, 0

fmtStrx   byte      "Back from StateMachine, "
          byte      "EAX=%d", nl, 0

fmtStr1   byte      "Calling StateMachine, "
          byte      "state=1, EAX=50, ECX=60", nl, 0

fmtStr2   byte      "Calling StateMachine, "
          byte      "state=2, EAX=10, ECX=20", nl, 0

fmtStr3   byte      "Calling StateMachine, "
          byte      "state=3, EAX=50, ECX=5", nl, 0

          .data
state     qword     state0
```

⊖ 实际上，该过程记住了自己被调用次数的模 4 结果。

```
            .code
            externdef printf:proc

; 将程序标题返回到 C++ 程序：

            public getTitle
getTitle proc
            lea rax, ttlStr
            ret
getTitle endp

; 状态机版本 2.0 —— 使用间接跳转。

            option noscoped         ; statex 标签必须是全局标签
StateMachine proc

            jmp state

; 状态 0：将 ECX 累加到 EAX 上，并切换到状态 1：

state0:     add eax, ecx
            lea rcx, state1
            mov state, rcx
            ret

; 状态 1：从 EAX 中减去 ECX，并切换到状态 2：

state1:     sub eax, ecx
            lea rcx, state2
            mov state, rcx
            ret

; 如果是状态 2，则将 ECX 乘以 EAX，并切换到状态 3：

state2:     imul eax, ecx
            lea rcx, state3
            mov state, rcx
            ret

state3:     push rdx            ; 保存 RDX，因为它会被 div 指令改变
            xor edx, edx        ; 将 EAX 零扩展到 EDX 中
            div ecx
            pop rdx             ; 恢复前面保存的 RDX 的值
            lea rcx, state0
            mov state, rcx
            ret
StateMachine endp
            option scoped

; 以下是“asmMain”函数的实现。

            public asmMain
asmMain     proc
            push rbp
            mov rbp, rsp
            sub rsp, 48         ; 影子存储器
            lea rcx, state0
            mov state, rcx      ; 只是为了安全起见

; 演示状态 0：
```

```
        lea rcx, fmtStr0
        call printf

        mov eax, 5
        mov ecx, 6
        call StateMachine

        lea rcx, fmtStrx
        mov rdx, rax
        call printf

; 演示状态 1:

        lea rcx, fmtStr1
        call printf

        mov eax, 50
        mov ecx, 60
        call StateMachine

        lea rcx, fmtStrx
        mov rdx, rax
        call printf

; 演示状态 2:

        lea rcx, fmtStr2
        call printf

        mov eax, 10
        mov ecx, 20
        call StateMachine

        lea rcx, fmtStrx
        mov rdx, rax
        call printf

; 演示状态 3:

        lea rcx, fmtStr3
        call printf

        mov eax, 50
        mov ecx, 5
        call StateMachine

        lea rcx, fmtStrx
        mov rdx, rax
        call printf

; 演示返回到状态 0:

        lea rcx, fmtStr0b
        call printf

        mov eax, 1
        mov ecx, 2
        call StateMachine

        lea rcx, fmtStrx
        mov rdx, rax
```

```
        call printf

        leave
        ret                 ; 返回到调用方
asmMain endp
        end
```

程序清单 7-7 的构建命令和代码输出结果如下所示：

```
C:\>build listing7-7

C:\>echo off
Assembling: listing7-7.asm
c.cpp

C:\>listing7-7
Calling Listing 7-7:
Calling StateMachine, state=0, EAX=5, ECX=6
Back from StateMachine, EAX=11
Calling StateMachine, state=1, EAX=50, ECX=60
Back from StateMachine, EAX=-10
Calling StateMachine, state=2, EAX=10, ECX=20
Back from StateMachine, EAX=200
Calling StateMachine, state=3, EAX=50, ECX=5
Back from StateMachine, EAX=10
Calling StateMachine, state=0, EAX=1, ECX=2
Back from StateMachine, EAX=3
Listing 7-7 terminated
```

StateMachine 过程开头的 jmp 指令，将控制权转移到状态变量所指向的位置。第一次调用 StateMachine 过程时，状态变量指向 State0 标签。此后的调用中，代码的每个子部分将状态变量设置为指向相应的后续代码。

7.8 循环结构

循环结构是组成典型程序的最后一种基本控制结构（共顺序结构、选择结构和循环结构三种）。与许多其他结构一样，我们会发现，汇编语言将把循环结构应用到很多意想不到的地方。

大多数高级程序设计语言都隐藏了隐含的循环结构。例如，考虑 BASIC 语言中的语句“ if A$ = B$ then 100”。这个 if 语句比较两个字符串，如果字符串相等，则跳转到标签为 100 的语句。利用汇编语言实现时，我们需要编写一个循环，将 A$ 中的字符与 B$ 中相应的字符逐一进行比较，当且仅当所有字符都匹配时，跳转到标签为 100 的语句[⊖]。

程序循环由三个部分组成：可选的初始化部分、可选的循环终止测试（loop-termination test）和循环体（body）。在程序设计过程中，这三个部分的编写顺序会极大地影响循环的执行方式。这些部分的三种不同排列经常出现在程序中，即 while 循环、repeat/until 循环（相当于 C/C++ 语言中的 do/while）和无限循环（例如，C/C++ 语言中的 for(;;)）。

7.8.1 while 循环

最常见的循环结构是 while 循环。在 C/C++ 语言中，while 循环结构采用以下的语法形式：

⊖ 当然，C 标准库提供了 strcmp 例程，可以用于比较字符串，从而有效地隐藏了循环结构。然而，如果我们自己编写这个函数，那这个操作的循环性质将是显而易见的。

```
while( 表达式 ) 语句 ( 块 );
```

在 while 循环中，循环终止测试出现在循环的开头。这样放置循环终止测试的直接结果是，如果表达式结果始终为假，则循环体可能永远不被执行。

请考虑下面 C/C++ 语言中的 while 循环：

```
i = 0;
while (i < 100)
{
    ++i;
}
```

语句"i=0 ;"是该循环结构的初始化代码。i 是一个循环控制变量，因为该变量控制循环体的执行。"i < 100"是循环终止条件：只要 i 小于 100，循环就不会终止。单语句"++i;"（递增 i）是在每次循环迭代中执行的循环体。

在 C/C++ 语言中，使用 if 和 goto 语句，可以轻松合成 while 循环。例如，可以使用以下 C 语言代码替换前面 C 语言中的 while 循环：

```
i = 0;
WhileLp:
if (i < 100)
{
    ++i;
    goto WhileLp;
}
```

更一般地，按照如下方式，可以构造任意的 while 循环：

```
可选的初始化代码

UniqueLabel:
if ( 表达式 )
{
    循环体
    goto UniqueLabel;
}
```

因此，可以使用本章前面的方法，将 if 语句转换为汇编语言，并添加一条 jmp 指令来生成 while 循环。本节中的示例可以转换为以下纯 x86-64 汇编代码[⊖]：

```
    mov i, 0
WhileLp:
    cmp i, 100
    jnl WhileDone
    inc i
    jmp WhileLp;

WhileDone:
```

7.8.2 repeat/until 循环

repeat/until（do/while）循环在循环的末尾而不是开头测试终止条件。在 Pascal 语言中，repeat/until 循环采用以下的语法形式：

⊖ MASM 实际上会将大多数 while 语句转换为与本节所述不同的 x86-64 代码。有关这种差异的原因，将在本书 7.9.1 节中详细阐述，彼时我们会探讨如何编写更高效的循环代码。

```
可选的初始化代码
repeat
    循环体
until ( 终止条件 );
```

这与以下 C/C++ 中的 do/while 循环类似：

```
可选的初始化代码
do
{
    循环体
} while ( 表达式 );
```

在这个语句序列中，首先执行初始化代码，然后执行循环体，最后测试循环终止条件，以检查循环是否应该重复。如果表达式的求值结果为真，则循环将重复，否则循环将终止。关于 repeat/until 循环，应该注意以下两个要点：循环终止测试出现在循环的末尾，以及因此循环体总是至少执行一次。

与 while 循环一样，使用 if 语句和 goto 语句可以合成 repeat/until 循环。可以使用以下代码：

```
初始化代码
SomeUniqueLabel:
    循环体
if ( 表达式 ) goto SomeUniqueLabel;
```

基于前面几节中介绍的知识，可以轻松地使用汇编语言来合成 repeat/until 循环。以下是一个简单的示例：

```
repeat (Pascal 代码 )
    write('Enter a number greater than 100:');
    readln(i);
until(i > 100);

// 可以将上述 Pascal 代码转换为 if/goto 代码：
RepeatLabel:
    write('Enter a number greater than 100:');
    readln(i);
if (i <= 100) then goto RepeatLabel;

// 也可以将上述代码转换为如下的汇编代码：
RepeatLabel:
    call print
    byte "Enter a number greater than 100: ", 0
    call readInt   ; 用于从用户处读取整数的函数

    cmp eax, 100   ; 假设 readInt 在 EAX 中返回整数值
    jng RepeatLabel
```

7.8.3 无限循环

while 循环在循环开始时测试终止条件，repeat/until/do/while 循环在循环结束时测试终止条件，那么还能测试终止条件的唯一位置就是循环的中间了。C/C++ 高级程序设计语言中的“for(;;)”循环与 break 语句相结合，提供了这种功能。C/C++ 语言中的无限循环采用以下的语法形式：

```
for (;;)
```

```
{
    循环体
}
```

该形式中没有明确的终止条件。除非另外提供，否则“for(;;)”结构将形成一个无限循环。break 语句通常用于处理循环的终止。请考虑下面使用“for(;;)”结构的 C++ 代码：

```
for (;;)
{
    cin >> 字符 ;
    if( 字符 == '.') break;
    cout << 字符 ;
}
```

将无限循环转换为纯汇编语言非常容易。只需要一个标签和一条 jmp 指令。本例中的 break 语句其实也是一条 jmp 指令（或条件跳转）。上述代码的纯汇编语言版本如下所示：

```
foreverLabel:

    call getchar   ; 假设该过程在 AL 中返回一个字符
    cmp al, '.'
    je ForIsDone
    mov cl, al     ; 将从 getchar 中读取的字符传递给 putchar
    call putcchar  ; 假设该过程打印 CL 中的字符
    jmp foreverLabel

ForIsDone:
```

7.8.4 for 循环

标准的 for 循环是 while 循环的一种特殊形式，for 循环将循环体重复执行特定的次数［因此被称为确定（definite）循环］。在 C/C++ 中，for 循环的语法形式如下所示：

```
for ( 初始化语句 ; 表达式 ; 递增语句 )
{
    语句块
}
```

上述语句相当于：

```
初始化语句 ;
while ( 表达式 )
{
    语句块
    递增语句 ;
}
```

从传统意义上讲，程序使用 for 循环来处理按顺序访问的数组和其他对象。我们通常使用初始化语句初始化一个循环控制变量，然后使用循环控制变量作为数组（或其他数据类型）的索引。例如：

```
for (i = 0; i < 7; ++i)
{
    printf("Array Element = %d \ n", SomeArray[i]);
}
```

为了将上述语句转换为纯汇编语言，可以先将 for 循环转换为等效的 while 循环，如下所示：

```
i = 0;
while (i < 7)
{
    printf("Array Element = %d \ n", SomeArray[i]);
    ++i;
}
```

然后，使用 7.8.1 节中阐述的方法，将代码转换成如下所示的纯汇编语言：

```
          xor rbx, rbx             ; 使用 RBX 保存循环索引
WhileLp:  cmp ebx, 7
          jnl EndWhileLp

          lea rcx, fmtStr          ; fmtStr = "Array Element = %d", nl, 0
          lea rdx, SomeArray
          mov rdx, [rdx][rbx * 4]  ; 假设 SomeArray 为 4 字节整数
          call printf

          inc rbx
          jmp WhileLp;
EndWhileLp:
```

7.8.5 break 和 continue 语句

C/C++ 中的 break 和 continue 语句都可以转换为一条 jmp 指令。break 指令直接终止包含 break 语句的循环，continue 语句重新启动包含 continue 语句的循环。

为了将 break 语句转换为纯汇编语言，只需使用一条 goto/jmp 指令，将控制权转移到循环结束后的第一条语句以终止循环。这可以通过在循环体后放置一个标签并跳转到该标签处来实现。下面的代码片段针对各种循环演示了这种转换方法。

```
// 从一个 for 循环中跳出：
for (;;)
{
    语句块
    // break;
    goto BreakFromForever;
    语句块
}
BreakFromForever:

// 从一个 for 循环中跳出：
for (initStmt; expr; incStmt)
{
    语句块
    // break;
    goto BrkFromFor;
    语句块
}
BrkFromFor:

// 从一个 while 循环中跳出：
while (expr)
{
    语句块
    // break;
    goto BrkFromWhile;
    语句块
}
```

```
BrkFromWhile:

// 从一个 repeat/until 循环中跳出(do/while 循环相类似):
repeat
    语句块
    // break;
    goto BrkFromRpt;
    语句块
until (expr);
BrkFromRpt:
```

在纯汇编语言中，将相应的控制结构转换为汇编代码，并使用 jmp 指令替换 goto 语句。

与 break 语句相比，continue 语句稍微复杂一些。虽然仍可以使用一条 jmp 指令实现 continue 语句，但是对于每个不同的循环，目标标签最终并不都位于同一个位置。图 7-2、图 7-3、图 7-4 和图 7-5 分别显示了 continue 语句为不同循环转移控制权的目标位置。

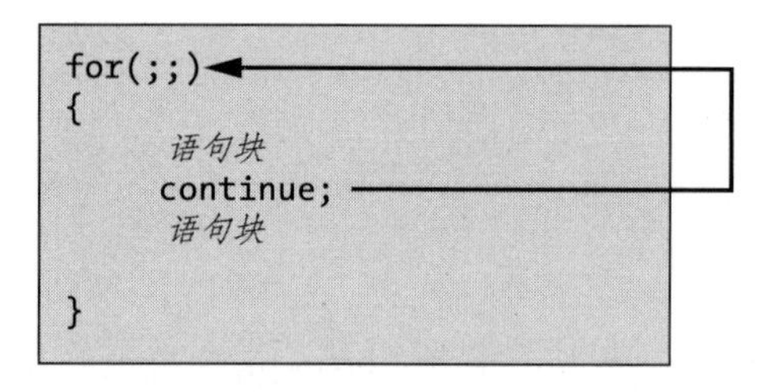

图 7-2　for (;;) 循环中转移控制权的目标位置

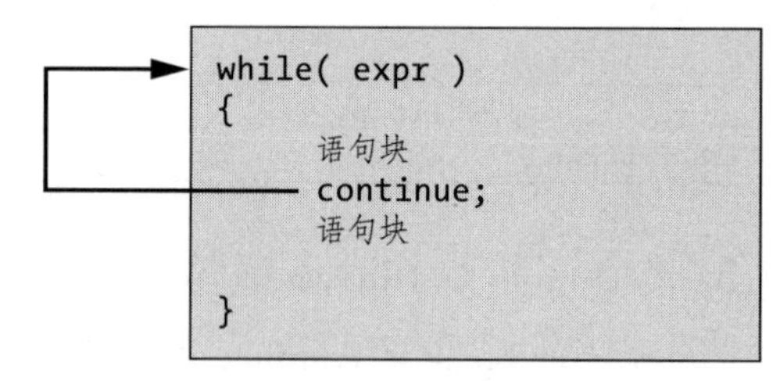

图 7-3　while 循环中转移控制权的目标位置

```
for( initStmt; expr; incStmt )
{
    语句块
    continue;
    语句块
}
```

请注意：continue语句强制incStmt子句的执行，然后将控制转移到对循环终止条件的测试上

图 7-4　for 循环中转移控制权的目标位置

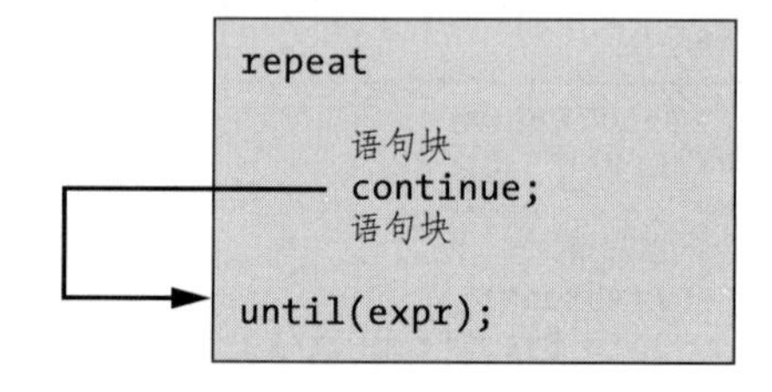

图 7-5　repeat/until 循环中转移控制权的目标位置

下面的代码片段演示了针对各种循环类型，如何将 continue 语句转换为相应的 jmp 指令：

- 针对 for(;;)/continue/endfor：

```
; 将带 continue 语句的 for(;;) 循环转换为纯汇编代码:
for (;;)
{
    语句块
    continue;
    语句块
}

; 转换后的代码:

foreverLbl:
    语句块
    ; continue;
    jmp foreverLbl
    语句块
    jmp foreverLbl
```

- 针对 while/continue/endwhile：

```
; 将带 continue 语句的 while 循环转换为纯汇编代码：
while(expr)
{
    语句块
    continue;
    语句块
}

; 转换后的代码：
whlLabel:
    对 expr 进行求值的代码
    jcc EndOfWhile          ; 如果 expr 为假，则跳出循环
    语句块
    ; continue;
    jmp whlLabel            ; 执行到 continue 时，跳转到循环的开头
    语句块
    jmp whlLabel            ; 重复代码
EndOfWhile:
```

- 针对 for/continue/endfor：

```
; 将带 continue 语句的 for 循环转换为纯汇编代码：
for(initStmt; expr; incStmt)
{
    语句块
    continue;
    语句块
}

; 转换后的代码：

    初始化语句
ForLpLbl:
    对 expr 进行求值的代码
    jcc EndOfFor    ; 如果 expr 为假，则跳出循环
    语句块

    ; continue;
    jmp ContFor     ; 执行到 continue 时，跳转到 incStmt

    语句块
ContFor:
    incStmt
    jmp ForLpLbl

EndOfFor:
```

- 针对 repeat/continue/until：

```
repeat
    语句块
    continue;
    语句块
until (expr);

do
{
    语句块
    continue;
```

```
    语句块
} while (!expr);

; 转换后的代码:

RptLpLbl:
    语句块
    ; continue;
    jmp ContRpt    ; continue 分支，跳转到终止条件测试
    语句块
ContRpt:
    测试 expr 的代码
    jcc RptLpLbl   ; 如果 expr 的结果为假，则跳转
```

7.8.6 寄存器和循环结构

考虑到 x86-64 访问寄存器的效率高于访问内存位置，因此寄存器是放置循环控制变量（尤其是小循环）的理想位置。然而，寄存器是一种有限的资源，只有 16 个通用寄存器（有些寄存器，例如 RSP 和 RBP 是为特殊目的而保留的）。与内存相比，无法在寄存器中放置太多数据，尽管寄存器的使用效率比内存要高。

循环对寄存器来说是一个特殊的挑战。寄存器非常适合存放循环控制变量，因为寄存器操作效率高，并且可以作为数组和其他数据结构的索引（循环控制变量的常见用途）。然而，当以这种方式使用寄存器时，寄存器受限的可用性往往会引发问题。请考虑下面的代码，因为该代码试图重用已经被使用的寄存器（CX），所以不能正常工作（会导致外部循环的循环控制变量出现错误）：

```
    mov cx, 8
loop1:
    mov cx, 4
loop2:
    语句块
    dec cx
    jnz loop2

    dec cx
    jnz loop1
```

当然，上述代码的目的是创建一组嵌套循环。所谓的嵌套循环，就是一个循环中包含另一个循环。外循环（loop1）总共执行 8 次，每执行一次外循环，内循环（loop2）会重复 4 次。遗憾的是，两个循环使用相同的寄存器作为循环控制变量。因此，这将形成一个无限循环。由于遇到第二条 dec 指令时 CX 的值始终为 0，因此控制权将始终转移到 loop1 标签（因为递减 0 会产生非 0 的结果）。此处的解决方案是保存和恢复 CX 寄存器的值，或者使用不同的寄存器代替外部循环的 CX，分别如以下两个代码段所示：

```
    mov cx, 8
loop1:
    push rcx
    mov cx, 4
loop2:
    语句块
    dec cx
    jnz loop2;

    pop rcx
```

```
    dec cx
    jnz loop1
```

或者

```
    mov dx,8
loop1:
    mov cx, 4
loop2:
    语句块
    dec cx
    jnz loop2

    dec dx
    jnz loop1
```

在汇编语言程序中，寄存器内容被破坏是导致循环结果错误的主要原因之一，所以务必注意这个问题。

7.9　循环结构的性能改进

由于循环结构是程序中性能问题的主要根源，因此在尝试提高程序速度的时候，循环结构是一个值得重点关注的地方。虽然关于如何编写高效程序的讨论超出了本章的范围，但在程序中设计循环时，我们应该了解本节的概念。本节所阐述的内容都旨在从循环中删除不必要的指令，以减少执行循环中单次迭代所需的时间。

7.9.1　将终止条件移动到循环的末尾

请考虑以下代码给出的三种循环结构的程序流图：

```
repeat/until 循环:
    初始化代码
        循环体
    循环终止条件测试
    循环之后的代码

while 循环:
    初始化代码
    循环终止条件测试
        循环体
        跳转回测试
    循环之后的代码

无限循环:
    初始化代码
        循环体第一部分
        循环终止条件测试
        循环体第二部分
        跳转回循环体第一部分
    循环之后的代码
```

正如所见，repeat/until 循环是最简单的循环，简单性体现在这类循环的汇编语言实现上。请考虑以下 repeat/until 循环和 while 循环，二者在语义上相同：

```
; 包含一个 while 循环的示例:

    mov esi, edi
    sub esi, 20
```

```
; while (ESI <= EDI)

whileLp: cmp esi, edi
    jnle endwhile

    语句块

    inc esi
    jmp whileLp
endwhile:

; 包含一个 repeat/until 循环的示例：

    mov esi, edi
    sub esi, 20
repeatLp:

    语句块

    inc esi
    cmp esi, edi
    jng repeatLp
```

在循环结束时，对循环终止条件的测试允许我们从循环中删除 jmp 指令，如果循环嵌套在其他循环中，则这将非常重要。考虑到循环的定义，可以很容易地看到循环将执行整整 20 次，这表明将 repeat/until 循环转换为汇编语言是非常简单的，而且总是可以实现的。

遗憾的是，这种转换并不总是那么容易。请考虑下面的 C 语言代码：

```
while (esi <= edi)
{
    语句块
    ++esi;
}
```

在这个特定的例子中，根本不知道在进入循环时 ESI 包含什么值。因此，不能假设循环体将至少执行一次，使得必须在执行循环体之前测试循环终止条件。然而，加一条 jmp 指令，这个测试就可以放在循环的末尾：

```
    jmp WhlTest
TopOfLoop:
    语句块
    inc esi
WhlTest: cmp esi, edi
    jle TopOfLoop
```

尽管代码与原始 while 循环一样长，但 jmp 指令只执行一次，而不是每次循环重复时都执行一次。然而，效率的轻微提高，其代价是可读性的轻微损失（所以一定要加注释）。与原始实现相比，第二个代码序列更接近意大利面条式代码（spaghetti code，杂乱无章的代码），而这往往能换来小小的性能提升。因此，我们应该仔细分析代码，以确保牺牲代码可读性来提升性能是值得的。

7.9.2　反向执行循环

结合 x86-64 上各类标志的性质，从某个数值开始迭代直至下降到（或者上升到）0 的循环，比从 0 迭代到另一个指定值的循环效率更高。请比较以下 C/C++ 语言中 for 循环以及相对应的汇编语言代码：

```
for (j = 1; j <= 8; ++j)
{
    语句块
}

; 转换到纯汇编代码（同时使用 repeat/until 形式）:

mov j, 1
ForLp:
    语句块
    inc j
    cmp j, 8
    jle ForLp
```

现在考虑另一个循环，该循环也有 8 次迭代，但是该循环的循环控制变量是从 8 递减到 1，而不是从 1 递增到 8，从而节省了每次循环重复时的比较：

```
    mov j, 8
LoopLbl:
    语句块
    dec j
    jnz LoopLbl
```

在循环的每次迭代中节省 cmp 指令的执行时间，可能会使代码更快。遗憾的是，不能强制所有循环都反向执行。然而，稍加一点努力和采取一些类型强制，应该能够编写许多 for 循环，以便这些循环可以反向执行。

前面的例子运行效果很好，因为循环控制变量从 8 开始递减一直到 1。循环控制变量变为 0 时，循环终止。如果需要在循环控制变量变为 0 时执行循环，那会发生什么？例如，假设前面的循环需要从 7 递减到 0。只要下限为非负数，就可以用 jns 指令代替前面代码中的 jnz 指令：

```
    mov j, 7
LoopLbl:
    语句块
    dec j
    jns LoopLbl
```

这个循环将重复 8 次，j 的值从 7 递减到 0。当 j 的值从 0 递减至 −1 时，设置符号标志位，循环终止。

请记住，有些值可能看起来是正数，实际上是负数。如果循环控制变量是一个字节，则在补码系统中，128 到 255 之间的值都是负数。因此，使用 129 到 255（当然，也可以是 0）范围内的任何 8 位值初始化循环控制变量都会在循环体执行一次后终止循环。如果粗心大意，那么这将会导致错误。

7.9.3　使用循环不变式计算

循环不变式计算（loop invariant computation）是循环中的一种计算，这种计算总是产生相同的结果。因此，不必在循环内执行这样的计算，可以在循环外进行计算并在循环内引用该计算的结果值。下面的 C 代码演示了一个循环不变式计算：

```
for (i = 0; i < n; ++i)
{
    k = (j - 2) + i
}
```

由于在这个循环的整个执行过程中，j 永远不会改变，所以子表达式“j – 2”可以在循环之外进行计算：

```
jm2 = j - 2;
for (i = 0; i < n; ++i)
{
    k = jm2 + i;
}
```

虽然通过在循环外计算子表达式“j – 2”消除了一条指令，但这个计算中仍然有一个不变式的部分：将 j–2 加到 i 上 *n* 次。因为这个不变式部分在循环中执行 *n* 次，所以我们可以将前面的代码转换为以下内容：

```
k = (j - 2) * n;
for (i = 0; i < n; ++i)
{
    k = k + i;
}
```

上述代码可以转换为以下的汇编代码：

```
    mov eax, j
    sub eax, 2
    imul eax, n
    mov ecx, 0
lp: cmp ecx, n
    jnl loopDone
    add eax, ecx           ; 一条指令实现的循环体!
    inc ecx
    jmp lp
    loopDone:
    mov k, eax
```

对于这个特定的循环，实际上完全可以不使用循环计算结果（一个对应于前面迭代计算的公式）。不过，这个简单的例子演示了如何从循环中消除循环不变式的计算。

7.9.4　循环展开

对于较小的循环结构（也就是循环体只包含几条语句的循环），处理循环所需的开销可能占总处理时间的很大一部分。例如，请仔细阅读以下 Pascal 代码及其相关的 x86-64 汇编语言代码：

```
for i := 3 downto 0 do A[i] := 0;

    mov i, 3
    lea rcx, A
LoopLbl:
    mov ebx, i
    mov [rcx][rbx * 4], 0
    dec i
    jns LoopLbl
```

该循环重复执行 4 条指令，只有 1 条指令正在执行所需的操作（将 0 移动到数组 A 的指定元素中），其余 3 条指令用于控制循环。因此，逻辑上只需要 4 条指令的操作，该循环使用了 16 条指令来完成。

虽然我们可以基于目前提供的信息对这个循环做出许多改进，但是仔细地考虑这个循环所执行的任务，即将数值 0 存储到 A[0] ~ A[3] 中，可以想到一种更有效的方法是使用 4 条 mov 指令来完成相同的任务。例如，如果 A 是一个双字数组，那么使用下面的代码初始化数组 A 的速度比前面的代码要快得多：

```
mov A[0], 0
mov A[4], 0
mov A[8], 0
mov A[12], 0
```

虽然这只是一个简单的示例，但该示例展示了循环展开（loop unraveling，也称为 loop unrolling）的优越性。如果这个简单的循环隐藏在一组嵌套的循环中，那么 4:1 比例的指令缩减，可能会使相应程序的性能提高一倍。

当然，不可能展开所有的循环。执行次数可变的循环时就很难展开，因为很少有方法能在汇编时确定循环迭代的次数。因此，循环展开的过程最适用于执行次数已知的循环，即在汇编时有明确的循环执行次数。

即使以固定的迭代次数重复执行一个循环，循环展开也可能不是一个最佳的实现方法。当控制循环（以及处理其他有开销操作）的指令数量占循环中指令总数的很大比例时，循环展开将会带来显著的性能改进。例如，如果前一个循环的循环体中包含 36 条指令（不包括 4 条有开销的指令），那么性能改进最多只能达到 10%（与现在 300% 到 400% 的性能提升相比）。

因此，随着循环体变大或者迭代次数增加，循环展开的成本（所有必须插入程序中的额外代码）很快就会达到收益递减的程度。此外，将代码输入程序中可能会成为一件非常麻烦的事情。因此，循环展开技术最适用于小循环。

请注意，超标量 80x86 芯片（奔腾以及更高版本）具有分支预测硬件，并使用其他技术来提高性能。在这样的系统上循环展开实际上可能会减慢代码的运行速度，因为这些处理器被优化来执行小循环。无论何时应用“改进”技术来加速代码的运行，都应该衡量改进前后的性能，以确保有足够的收益来证明更改的合理性。

7.9.5　使用归纳变量

请考虑下面的 Pascal 循环结构：

```
for i := 0 to 255 do csetVar[i] := [];
```

在上述的代码片段中，程序将一个字符集数组（csetVar）中的每个元素初始化为空集。实现该功能的简单汇编代码如下所示：

```
    mov i, 0
    lea rcx, csetVar
FLp:

    ; 计算数组的索引
    ;（假设 csetVar 数组的每个元素包含 16 字节）。

    mov ebx, i     ; 零扩展到 RBX！
    shl ebx, 4

    ; 将该元素设置为空集（全 0）。

    xor rax, rax
    mov qword ptr [rcx][rbx], rax
    mov qword ptr [rcx][rbx + 8], rax
```

```
    inc i
    cmp i, 256
    jb FLp;
```

尽管展开这段代码仍将会提高程序的性能，但完成这项任务需要 1024 条指令，除非对时效性有严格要求的应用程序，否则指令的数量太过庞大。此时，可以使用归纳变量来减少循环体的执行时间。归纳变量的值完全取决于另一个变量的值。

在前面的示例中，数组 csetVar 的索引跟踪循环控制变量（始终等于循环控制变量的值乘以 16）。因为循环控制变量 i 没有出现在循环中的任何其他地方，所以对 i 执行计算是没有意义的。为什么不直接对数组索引值进行操作呢？下面的代码演示了这种技术：

```
    xor rbx, rbx            ; i * 16 位于 RBX 寄存器中
    xor rax, rax            ; 循环不变式
    lea rcx, csetVar        ; csetVar 数组的基地址
FLp:
    mov qword ptr [rcx][rbx], rax
    mov qword ptr [rcx][rbx + 8], rax

    add ebx, 16
    cmp ebx, 256 * 16
    jb FLp
; mov ebx, 256              ; 为了保持与 C 代码相同的语义
```

在该示例中，当代码在循环的每次迭代中，将循环控制变量（移动到 EBX 寄存器中以提高效率）增加 16 而不是增加 1 时，就会发生归纳行为。将循环控制变量乘以 16（以及最终的循环终止常量值）使得代码无须在循环的每次迭代中将循环控制变量乘以 16(也就是说，这个操作使得可以从之前的代码中删除 shl 指令)。此外，由于该代码不再引用原始循环控制变量（i)，因此可以保证循环控制变量始终位于 EBX 寄存器中。

7.10　拓展阅读资料

在作者编写的教科书 *Write Great Code*（Volume 2）中，讨论了各种高级语言控制结构在低级汇编语言中的实现方法。书中还讨论了各种应用于循环结构优化的优化技术，例如归纳、展开、强度归约等。

7.11　自测题

1. 获取程序中标签地址的两种典型机制是什么？
2. 为了使过程中出现的所有符号都是全局符号，可以使用什么语句？
3. 为了使过程中出现的所有符号都是局部符号，可以使用什么语句？
4. 间接 jmp 指令的两种语法形式是什么？
5. 什么是状态机？
6. 将一个分支转换为相反分支的一般规则是什么？
7. 将一个分支转换为相反分支的规则有哪些例外？
8. 什么是“蹦床”技术？
9. 条件移动指令的一般语法形式是什么？
10. 与条件跳转相比，条件移动指令具有什么优势？
11. 条件移动指令具有哪些缺点？
12. 请解释短路布尔求值和完整布尔求值之间的区别。
13. 使用完整布尔求值将以下 if 语句转换为汇编语言指令序列（假设所有变量都是无符号 32 位整数值)：

```
if (x == y || z > t)
{
    执行某些操作
}
if (x != y && z < t)
{
    then 语句块
}
else
{
    else 语句块
}
```

14. 使用短路布尔求值方法将上述语句转换为汇编语言（假设所有变量均为有符号 16 位整数值）。
15. 将以下 switch 语句转换为汇编语言（假设所有变量都是无符号 32 位整数值）:

```
switch (s)
{
    case 0: case 0 的代码 break;
    case 1: case 1 的代码 break;
    case 2: case 2 的代码 break;
    case 3: case 3 的代码 break;
}
switch (t)
{
    case 2: case 2 的代码 break;
    case 4: case 4 的代码 break;
    case 5: case 5 的代码 break;
    case 6: case 6 的代码 break;
    default: Default 的代码
}
switch (u)
{
case 10: case 10 的代码 break;
case 11: case 11 的代码 break;
case 12: case 12 的代码 break;
case 25: case 25 的代码 break;
case 26: case 26 的代码 break;
case 27: case 27 的代码 break;
default: Default 的代码
}
```

16. 将以下 while 循环转换为汇编代码（假设所有变量都是有符号 32 位整数值）:

```
while (i < j)
{
    循环体的代码
}
while (i < j && k != 0)
{
    循环体的代码，第 1 部分
    if (m == 5) continue;
    循环体的代码，第 2 部分
    if (n < 6) break;
    循环体的代码，第 3 部分
}

do
{
    循环体的代码
} while (i != j);
```

```
do
{
    循环体的代码，第 1 部分
    if (m != 5) continue;
    循环体的代码，第 2 部分
    if(n == 6) break;
    循环体的代码，第 3 部分
} while (i < j && k > j);

for (int i = 0; i < 10; ++i)
{
    循环体的代码
}
```

高级算术运算

本章讨论扩展精度算术运算、大小不同的操作数之间的算术运算，以及十进制算术运算。通过本章的学习，我们将了解如何对任意大小的整数操作数（包括大于 64 位的整数操作数）进行算术运算和逻辑运算，以及如何将不同大小的操作数转换为兼容格式。最后，我们将学习使用 x87 FPU 上的 x86-64 BCD 指令执行十进制算术运算，以便在必须使用十进制运算的少数应用程序中，可以成功地进行十进制算术运算。

8.1 扩展精度运算

与 HLL 相比，汇编语言的一大优点是：汇编语言不限制整数运算的大小。例如，标准 C 程序设计语言定义了三种整数大小，即 short int、int 和 long int[⊖]。在 PC 上，这些通常是 16 位整数和 32 位整数。

尽管 x86-64 机器指令限制只能使用一条指令处理 8 位、16 位、32 位或者 64 位的整数，但可以使用多条指令来处理任意大小的整数。要将 256 位整数值相加，也是能够实现的。本节将讨论如何将各种算术运算和逻辑运算从 16 位、32 位或 64 位扩展到任意多的位数。

8.1.1 扩展精度加法

x86-64 的 add 指令将两个 8 位、16 位、32 位或者 64 位数字相加。在执行完 add 指令之后，如果数字相加之和的高阶位有溢出，则设置 x86-64 的进位标志位。可以使用进位标志位的信息执行扩展精度加法运算。[⊜]先考虑手动执行多位数加法运算，如图 8-1 所示。

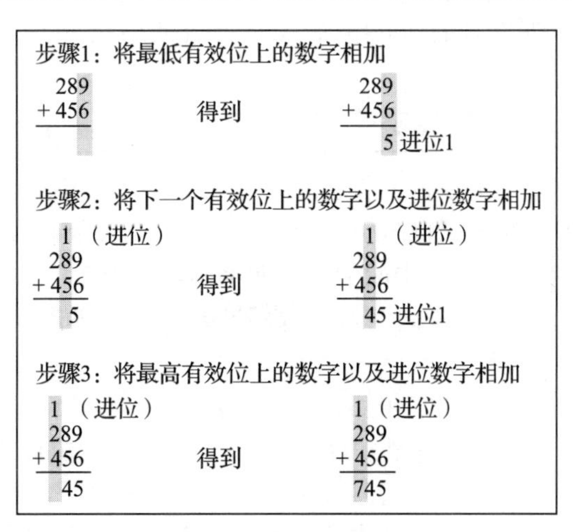

图 8-1 多位数加法运算

⊖ 较新的 C 标准还提供了 long long int，通常是 64 位整数。

⊜ 在本书中，使用多位数（multi-digit）和多字节（multi-byte）作为扩展精度的同义词。

x86-64 采用相同的方式处理扩展精度算术运算，不同之处在于：不是一次将两个数字相加，而是一次将两个字节、两个字、两个双字或者两个四字相加。请考虑图 8-2 中的十二字（192 位）的加法运算。

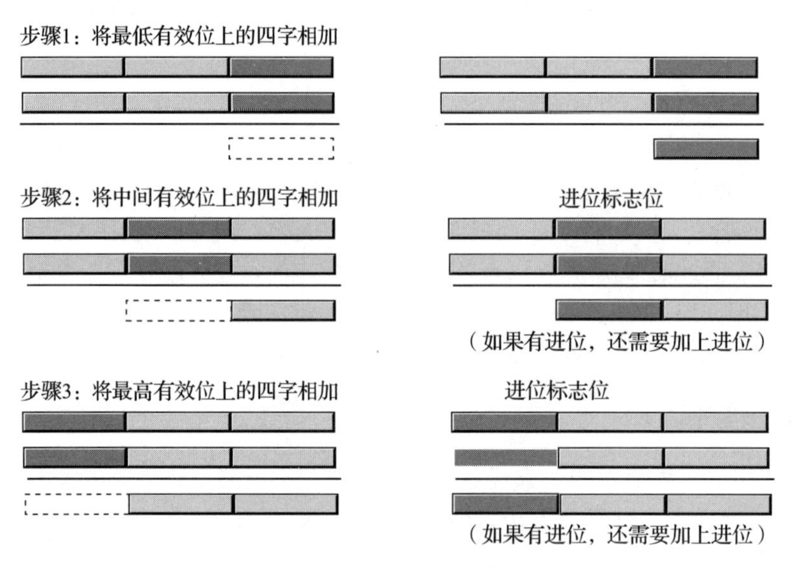
步骤1：将最低有效位上的四字相加
步骤2：将中间有效位上的四字相加
进位标志位
（如果有进位，还需要加上进位）
步骤3：将最高有效位上的四字相加
进位标志位
（如果有进位，还需要加上进位）

图 8-2　两个 192 位的对象相加

如上所述，该算法的思想是将一个较大的运算分解为一系列较小的运算。由于 x86 处理器系列（使用通用寄存器）一次最多可以计算 64 位的加法，因此运算必须以把 64 位或更少位当作一块的方式进行。以下是算法的具体步骤。

（1）使用 add 指令将两个低阶四字相加，就像在手动算法中将十进制数的两个低阶数字相加一样。如果低阶四字的加法有进位，则 add 指令将进位标志位设置为 1，否则该指令将清除进位标志位。

（2）使用 adc（add with carry，带进位的加法）指令，将两个 192 位数值中的第二对四字和上一次加法的进位（如果有的话）相加。adc 指令使用与 add 相同的语法，并执行几乎相同的运算：

```
adc 目标操作数 , 源操作数 ; 目标操作数 := 目标操作数 + 源操作数 + 进位标志位
```

与 add 指令的唯一区别在于：adc 指令将进位标志位的值与源操作数和目标操作数一起相加。adc 指令设置标志位的方式也与 add 指令相同（包括如果存在无符号数的溢出，则设置进位标志位）。这正是我们需要将中间的两个四字累加到 192 位总和中的原因所在。

（3）再次使用 adc 指令，将 192 位数值的高阶四字以及中间两个四字之和的进位标志位值相加。

总而言之，add 指令将低阶四字相加，adc 指令将所有其他四字对相加。在扩展精度加法序列的最后，进位标志位表示无符号溢出（前提是设置了进位标志位）。如果设置了溢出标志位，那么表示有符号溢出，并且符号标志位表示结果的符号。在扩展精度加法运算结束时，零标志位没有任何实际意义（该标志位只是意味着两个高阶四字之和为 0，并不表示整个运算结果为 0）。

例如，假设有两个 128 位（八字）的值要相加，定义如下所示：

```
        .data
```

```
X oword ?
Y oword ?
```

同样，假设希望将总和存储在第三个变量 Z（也是一个八字）中，则可以使用以下的 x86-64 代码完成此任务：

```
mov rax, qword ptr X            ; 将两个数的低阶 64 位相加，
add rax, qword ptr Y            ; 并将结果存储到 Z 的低阶四字中。
mov qword ptr Z, rax

mov rax, qword ptr X[8]         ; 将高阶 64 位（包括进位）相加，
adc rax, qword ptr Y[8]         ; 并将结果存储到 Z 的高阶 64 位中
mov qword ptr Z[8], rax
```

前三条指令将 X 和 Y 的低阶四字相加，并将相加的结果存储到 Z 的低阶四字中。后三条指令将 X 和 Y 的高阶四字以及低阶四字相加后的进位相加，并将相加的结果存储到 Z 的高阶四字中。

请记住，X、Y 和 Z 均是八字对象（128 位），“mov rax, X”形式的指令将尝试把 128 位数值加载到 64 位寄存器中。为了加载 64 位数值，特别是低阶 64 位，“qword ptr”运算符将符号 X、Y 和 Z 强制为 64 位。为了加载高阶四字，需要使用“X[8]”形式的地址表达式以及“qword ptr”运算符，因为 x86 内存空间会寻址字节，并且需要 8 个连续字节才能形成一个四字。

通过使用 adc 指令对更高阶数值进行加法，可以将该算法扩展到任意位数。例如，为了将两个 256 位数值（声明为 4 个四字的数组）相加，可以使用如下所示的代码：

```
    .data
BigVal1 qword 4 dup (?)
BigVal2 qword 4 dup (?)
BigVal3 qword 4 dup (?)   ; 保存加法的累加和
.
.
.
; 注意，不需要使用“qword ptr”，
; 因为 BitValx 的基本类型是四字。

    mov rax, BigVal1[0]
    add rax, BigVal2[0]
    mov BigVal3[0], rax

    mov rax, BigVal1[8]
    adc rax, BigVal2[8]
    mov BigVal3[8], rax

    mov rax, BigVal1[16]
    adc rax, BigVal2[16]
    mov BigVal3[16], rax

    mov rax, BigVal1[24]
    adc rax, BigVal2[24]
    mov BigVal3[24], rax
```

8.1.2　扩展精度减法

与加法一样，x86-64 执行多字节减法的方式与手动减法相同，区别在于每次减去整个字节、字、双字或者四字，而不是减去十进制数字。对低阶字节、低阶字、低阶双字或者低

阶四字使用 sub 指令，对高阶字节则使用 sbb（subtract with borrow，带借位的减法）指令。

以下示例演示了使用 x86-64 上的 64 位寄存器执行 128 位的减法运算：

```
          .data
Left      oword     ?
Right     oword     ?
Diff      oword     ?
          .
          .
          .
    mov rax, qword ptr Left
    sub rax, qword ptr Right
    mov qword ptr Diff, rax

    mov rax, qword ptr Left[8]
    sbb rax, qword ptr Right[8]
    mov qword ptr Diff[8], rax
```

以下示例演示了 256 位的减法运算：

```
          .data
BigVal1 qword 4 dup (?)
BigVal2 qword 4 dup (?)
BigVal3 qword 4 dup (?)
          .
          .
          .

; 计算 BigVal3 := BigVal1 - BigVal2。
; 注意：不需要强制 BigVal1、BigVal2 或 BigVal3 的类型，
; 因为他们的基本类型已经是四字。

    mov rax, BigVal1[0]
    sub rax, BigVal2[0]
    mov BigVal3[0], rax

    mov rax, BigVal1[8]
    sbb rax, BigVal2[8]
    mov BigVal3[8], rax

    mov rax, BigVal1[16]
    sbb rax, BigVal2[16]
    mov BigVal3[16], rax

    mov rax, BigVal1[24]
    sbb rax, BigVal2[24]
    mov BigVal3[24], rax
```

8.1.3　扩展精度比较

遗憾的是，没有可用于执行扩展精度比较的“带借位的比较”（compare with borrow）指令。幸运的是，仅使用 cmp 指令，就可以比较扩展精度值，稍后我们将讨论具体的实现方法。

考虑两个无符号的数值 2157h 和 1293h。这两个数值的低阶字节不影响比较结果，简单比较高阶字节（21h 和 12h）就可以知道第一个值大于第二个值。

只有当高阶字节相等时，这对数值的两个字节才需要都查看。在其他所有情况下，只比较高阶字节即可了解有关数值的所有信息。这适用于任意数量的字节，而不仅是两个字节。下面的代码用来比较两个有符号 128 位整数，首先比较它们的高阶四字，只有当高阶四字相

等时才比较低阶四字：

```
; 在以下代码序列中，
; 如果 QwordValue > QwordValue2，则将控制权转移到 "IsGreater"。
; 如果 QwordValue < QwordValue2，则将控制权转移到 "IsLess"。
; 如果 QwordValue = QwordValue2，则执行序列后的指令。
; 为了测试不相等性，可以将代码中的 "IsGreater"
; 和 "IsLess" 操作数更改为 "NotEqual"。

    mov rax, qword ptr QWordValue[8]      ; 获取高阶四字
    cmp rax, qword ptr QWordValue2[8]
    jg IsGreater
    jl IsLess;

    mov rax, qword ptr QWordValue[0]      ; 如果高阶四字相等,
    cmp rax, qword ptr QWordValue2[0]     ; 那么必须比较低阶四字
    jg IsGreater
    jl IsLess

; 如果两个值相等，那么会执行此处的代码。
```

为了比较无符号值，可以使用 ja 和 jb 指令分别代替 jg 和 jl 指令。

基于上述示例中的指令序列，可以合成任何比较指令。例如以下一些示例演示了有符号数值的比较指令，如果需要比较无符号数值，只需用 ja、jae、jb 和 jbe 指令分别替换 jg、jge、jl 和 jle 指令即可。这些示例中，均假设声明：

```
        .data
OW1     oword       ?
OW2     oword       ?
OW1q    textequ     <qword ptr OW1>
OW2q    textequ     <qword ptr OW2>
```

下面的示例代码实现了对 128 位数值的测试，以查看是否 OW1<OW2（均为有符号数值）。如果 OW1 < OW2，则控制权转移到 IsLess 标签。反之，控制权将转移到下一条语句：

```
    mov rax, OW1q[8]        ; 获取高阶双字
    cmp rax, OW2q[8]
    jg NotLess
    jl IsLess

    mov rax, OW1q[0]        ; 如果高阶四字相等,
    cmp rax, OW2q[0]        ; 则执行此处的比较
    jl IsLess
NotLess:
```

下面是对 128 位数值的测试，检查是否 OW1 <= OW2（均为有符号的数值）。如果条件为真，则代码将跳转到 IsLessEQ 标签处：

```
    mov rax, OW1q[8]        ; 获取高阶双字
    cmp rax, OW2q[8]
    jg NotLessEQ
    jl IsLessEQ
    mov rax, QW1q[0]        ; 如果高阶四字相等,
    cmp rax, QW2q[0]        ; 则执行此处的比较
    jle IsLessEQ
NotLessEQ:
```

下面是对 128 位数值的测试，检查是否 OW1 > OW2（均为有符号的数值）。如果测试条件为真，则跳转至 IsGtr 标签处：

```
        mov rax, QW1q[8]       ; 获取高阶双字
        cmp rax, QW2q[8]
        jg IsGtr
        jl NotGtr

        mov rax, QW1q[0]       ; 如果高阶四字相等，
        cmp rax, QW2q[0]       ; 则执行此处的比较
        jg IsGtr
    NotGtr:
```

以下是对 128 位数值的测试，检查是否 OW1 >= OW2（均为有符号的数值）。如果该测试条件为真，则代码将跳转到 IsGtrEQ 标签处：

```
        mov rax, QW1q[8]       ; 获取高阶双字
        cmp rax, QW2q[8]
        jg IsGtrEQ
        jl NotGtrEQ

        mov rax, QW1q[0]       ; 如果高阶四字相等，
        cmp rax, QW2q[0]       ; 则执行此处的比较
    jge IsGtrEQ
    NotGtrEQ:
```

下面是对 128 位数值的测试，检查是否 OW1 == OW2（有符号或者无符号的数值）。如果 OW1 == OW2，则代码将跳转到 IsEqual 标签处。如果两个数值不相等，则执行下一条指令：

```
        mov rax, QW1q[8]       ; 获取高阶双字
        cmp rax, QW2q[8]
        jne NotEqual

        mov rax, QW1q[0]       ; 如果高阶四字相等，
        cmp rax, QW2q[0]       ; 则执行此处的比较
        je IsEqual
    NotEqual:
```

下面是对 128 位数值的测试，检查是否 OW1!=OW2（有符号或者无符号的数值）。如果 OW1 != OW2，则代码将跳转到 IsNotEqual 标签处。如果两个数值相等，则执行下一条指令：

```
        mov rax, QW1q[8]       ; 获取高阶双字
        cmp rax, QW2q[8]
        jne IsNotEqual

        mov rax, QW1q[0]       ; 如果高阶四字相等，
        cmp rax, QW2q[0]       ; 则执行此处的比较
        jne IsNotEqual

    ; 如果两个数值相等，则执行此处的代码。
```

为了将前面的代码推广到大于 128 位的对象，可以从对象的高阶四字开始比较，只要相应的四字相等，就接着处理下一个四字，这样直到对象的低阶四字。以下示例比较两个 256 位的数值（无符号的数值），以查看第一个值是否小于或等于第二个值：

```
            .data
    Big1    qword     4 dup (?)
    Big2    qword     4 dup (?)
            .
```

```
        .
        .
        mov rax, Big1[24]
        cmp rax, Big2[24]
        jb isLE
        ja notLE

        mov rax, Big1[16]
        cmp rax, Big2[16]
        jb isLE
        ja notLE

        mov rax, Big1[8]
        cmp rax, Big2[8]
        jb isLE
        ja notLE

        mov rax, Big1[0]
        cmp rax, Big2[0]
        jnbe notLE
isLE:
        当 Big1 <= Big2 时执行的代码
        .
        .
        .
notLE:
        当 Big1 > Big2 时执行的代码
```

8.1.4 扩展精度乘法

虽然 8 × 8、16 × 16、32 × 32 或者 64 × 64 位乘法通常就足够了，但有时可能需要将较大的数值相乘。与手动将两个数值相乘时相同，可以使用 x86-64 单操作数 mul 和 imul 指令进行扩展精度乘法运算。首先，请考虑手动执行多位数乘法的方法，如图 8-3 所示。

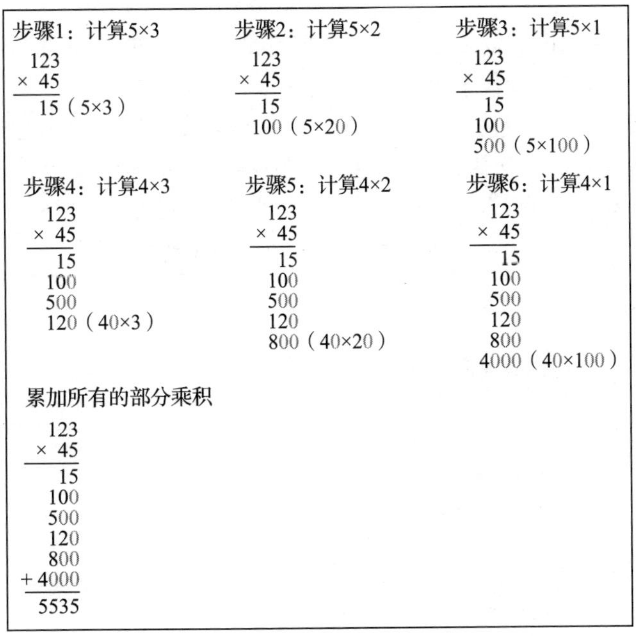

```
步骤1：计算5×3        步骤2：计算5×2        步骤3：计算5×1
  123                  123                  123
× 45                 × 45                 × 45
-----                -----                -----
   15（5×3）            15                   15
                       100（5×20）          100
                                            500（5×100）

步骤4：计算4×3        步骤5：计算4×2        步骤6：计算4×1
  123                  123                  123
× 45                 × 45                 × 45
-----                -----                -----
   15                   15                   15
  100                  100                  100
  500                  500                  500
  120（40×3）           120                  120
                       800（40×20）          800
                                           4000（40×100）

累加所有的部分乘积
  123
× 45
-----
   15
  100
  500
  120
  800
+4000
-----
 5535
```

图 8-3 多位数乘法

x86-64 以同样的方式进行扩展精度乘法，区别在于它将整个字节、字、双字和四字相乘，而不是数字，如图 8-4 所示。

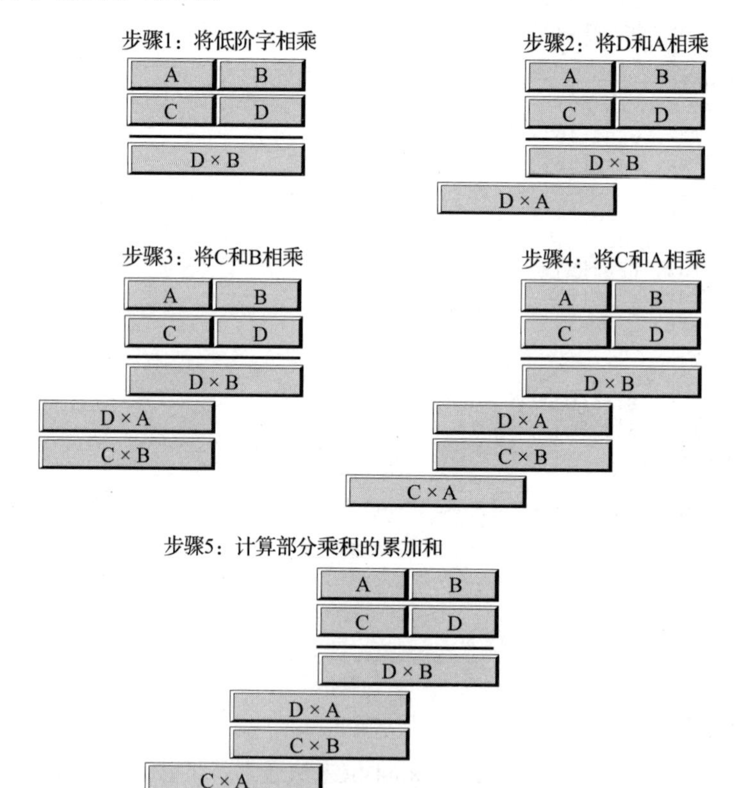

图 8-4　扩展精度乘法

在执行扩展精度乘法时，需要牢记的一个要点是：必须同时执行扩展精度加法。把所有的部分乘积累加起来需要执行若干次加法运算。

程序清单 8-1 演示了如何使用 32 位指令将两个 64 位数值相乘（生成 128 位结果）。从技术上讲，可以使用一条指令执行 64 位乘法，但本例演示了另一种方法，使用 x86-64 的 64 位寄存器而不是 32 位寄存器，就可以轻松地将乘法运算扩展到 128 位。

程序清单 8-1　扩展精度乘法

```
; 程序清单 8-1
; 128 位乘法运算。

        option casemap:none
nl      =       10

        .const
ttlStr  byte    "Listing 8-1", 0
fmtStr1 byte    "%d * %d = %I64d (verify:%I64d)", nl, 0

        .data
op1     qword   123456789
op2     qword   234567890
product oword   ?
product2 oword  ?
```

```
        .code
        externdef printf:proc

; 将程序标题返回到 C++ 程序：

        public getTitle
getTitle proc
        lea rax, ttlStr
        ret
getTitle endp

; mul64——通过执行 64×64 位的乘法，
; 将传递到 RDX 和 RAX 中的两个 64 位值相乘，生成 128 位的结果。
; 通过将 32 位寄存器切换为 64 位寄存器，算法可以很容易地扩展到 128×128 位的乘法。
; 将结果存储到 R8 指向的位置。

mul64   proc
mp      equ             <dword ptr [rbp - 8]>           ; 乘数
mc      equ             <dword ptr [rbp - 16]>          ; 被乘数
prd     equ             <dword ptr [r8]>                ; 乘法结果

        push rbp
        mov rbp, rsp
        sub rsp, 24

        push rbx                ; 保存这些寄存器的值
        push rcx

; 保存传递到寄存器中的参数：

        mov qword ptr mp, rax
        mov qword ptr mc, rdx

; 将乘数和被乘数的低阶双字相乘。
        mov eax, mp
        mul mc                  ; 将低阶双字相乘
        mov prd, eax            ; 保存乘积的低阶双字
        mov ecx, edx            ; 保存部分乘积结果的高阶双字

        mov eax, mp
        mul mc[4]               ; 执行乘法：mp(LO) * mc(HO)
        add eax, ecx            ; 累加到部分乘积中
        adc edx, 0              ; 注意，不要忘记进位！

        mov ebx, eax            ; 现在保存部分乘积
        mov ecx, edx

; 将乘数和被乘数的高阶字相乘。

        mov eax, mp[4]          ; 获取乘数的高阶字
        mul mc                  ; 乘以被乘数的低阶字
        add eax, ebx            ; 累加到部分乘积中
        mov prd[4], eax         ; 保存部分乘积
        adc ecx, edx            ; 加上进位！

        mov eax, mp[4]          ; 将 2 个高阶双字相乘
        mul mc[4]
        add eax, ecx            ; 加到部分乘积中
        adc edx, 0              ; 注意，不要忘记进位！

        mov prd[8], eax         ; 保存结果的高阶四字
```

```
        mov prd[12], edx

; 至此，EDX:EAX 包含了 64 位的结果。

        pop rcx                 ; 恢复这些寄存器
        pop rbx
        leave
        ret
mul64   endp

; 以下是“asmMain”函数的实现。

        public asmMain
asmMain proc
        push rbp
        mov rbp, rsp
        sub rsp, 64             ; 影子存储器

; 测试 mul64 函数：

        mov rax, op1
        mov rdx, op2
        lea r8, product
        call mul64

; 使用一个 64 位乘法以测试结果：

        mov rax, op1
        mov rdx, op2
        imul rax, rdx
        mov qword ptr product2, rax

; 打印结果：

        lea rcx, fmtStr1
        mov rdx, op1
        mov r8, op2
        mov r9, qword ptr product
        mov rax, qword ptr product2
        mov [rsp + 32], rax
        call printf

        leave
        ret                     ; 返回到调用方
asmMain endp
        end
```

以上代码仅适用于无符号操作数。为了将两个有符号数值相乘，必须在相乘之前记下操作数的符号，取两个操作数的绝对值进行无符号乘法，然后根据原始操作数的符号调整乘积的符号。有符号操作数的乘法留给读者作为练习题。

程序清单 8-1 中的示例非常简单，因为可以将部分乘积保存在不同的寄存器中。如果需要将较大的数值相乘，则需要在临时（内存）变量中保留部分乘积。除此之外，程序清单 8-1 使用的算法可推广到任意数量的双字。

8.1.5　扩展精度除法

使用 div 和 idiv 指令无法合成通用的实现“*n* 位 /*m* 位”的除法指令，尽管可以使用 div 指令实现将 *n* 位数除以 64 位数这一不太通用的除法运算。通用的扩展精度除法需要一系列

移位和减法指令（这个过程需要相当多的指令，而且运行速度要慢得多）。本节介绍扩展精度除法的两种实现方法，会使用 div 指令、移位指令以及减法指令。

8.1.5.1　使用 div 指令的特殊形式

对于 128 位数除以 64 位数的除法运算，只要商不超过 64 位，就可以直接使用 div 和 idiv 指令进行处理。但是，如果商超过 64 位，则必须执行扩展精度的除法运算。

例如，假设要将 0004_0000_0000_1234h 除以 2。一种想当然的实现方法如下（假设数值保存在一对四字变量中，其中一个四字变量名为 divident，用于存放被除数；另一个四字变量名为 divisor，用于存放除数 2）：

```
; 该代码“不能”执行!

mov rax, qword ptr dividend[0]         ; 获取被除数，即 dividend 到 EDX:EAX 中
mov rdx, qword ptr dividend[8]
div divisor                            ; 将 RDX:RAX 除以除数，即 divisor
```

虽然这段代码语法正确，可以进行编译，但在运行时会引发除法错误的异常。使用 div 指令时，商必须可以保存到 RAX 寄存器中，2_0000_091Ah 将超过寄存器能保存的数值范围，这是一个 66 位的数（如果希望看到这段代码产生在范围内的结果，则可以尝试除以 8）。

解决该问题的方法是将（零扩展或符号扩展后的）被除数的高阶双字除以除数，再使用余数和被除数的低阶双字重复这个除法过程，如下所示：

```
          .data
dividend  qword    1234h, 4
divisor   qword    2                ; 被除数 / 除数 = 2_0000_091Ah
quotient  qword    2 dup (?)
remainder qword    ?
    .
    .
    .
    mov rax, dividend[8]
    xor edx, edx                    ; 针对无符号除法的零扩展
    div divisor
    mov quotient[8], rax            ; 保存商的高阶四字
    mov rax, dividend[0]            ; 该代码在 div 指令之前，
    div divisor                     ; 不会将 RAX 零扩展到 RDX 中。
    mov quotient[0], rax            ; 保存商的低阶四字
    mov remainder, rdx              ; 保存余数
```

用来保存商的变量 quotient 是 128 位的，因为结果可能需要与被除数一样多的位（例如，如果将被除数除以 1）。无论被除数和除数操作数的大小如何，余数永远不会大于 64 位（在本例中）。因此，本例中的余数变量 remainder 只是一个四字。

为了正确计算“128 位 /64 位”，首先计算“ dividend[8]/divisor”（ 64 位 /64 位）。这个除法所得到的商将成为最终商的高阶四字，得到的余数将成为 RDX 的扩展，用作除法的后半部分运算。代码的后半部分计算“rdx:divident[0]/divisor”，生成商的低阶四字和除法的余数。代码不会在第二条 div 指令之前将 RAX 零扩展到 RDX 中，因为 RDX 已经包含不会被干扰的有效位。

上述的“128 位 /64 位”的运算是通用除法算法（该算法将任意大小的数值除以一个 64 位的除数）的一个特例。通用算法如下：

（1）将被除数的高阶四字移动到 RAX 中，并将其零扩展到 RDX 中；

（2）除以除数；

（3）将 RAX 中的值存储到商结果变量的相应四字位置（即除法运算之前加载到 RAX 中的被除数的四字位置）；

（4）在不修改 RDX 的情况下，将被除数中下一个较低阶的四字加载到 RAX 中；

（5）重复第（2）步到第（4）步，直到被除数中所有的四字处理完毕。

最后，RDX 寄存器将包含余数，商将出现在目标变量 [第（3）步存储的结果的地方] 中。程序清单 8-2 演示了如何将一个 256 位的数除以一个 64 位的数，从而生成一个 256 位的商和一个 64 位的余数。

程序清单 8-2　无符号的 256 位数除以 64 位数的扩展精度除法运算

```
; 程序清单 8-2
; 256 位数除以 64 位数。
        option casemap:none
nl      =               10

        .const
ttlStr  byte    "Listing 8-2", 0
fmtStr1 byte    "quotient = "
        byte    "%08x_%08x_%08x_%08x_%08x_%08x_%08x_%08x"
        byte    nl, 0

fmtStr2 byte    "remainder = %I64x", nl, 0

        .data
; op1 是一个 256 位的值。选择适当的初始值以更方便地验证结果。

op1     oword   2222eeeeccccaaaa8888666644440000h
        oword   2222eeeeccccaaaa8888666644440000h

op2     qword   2
result  oword   2 dup (0)               ; 同样是 256 位
remain  qword   0

        .code
        externdef printf:proc

; 将程序标题返回到 C++ 程序：

        public getTitle
getTitle proc
        lea rax, ttlStr
        ret
getTitle endp

; div256 —— 执行 256 位数除以 64 位数的除法运算。
; dividend —— 在 RCX 中按引用传递的被除数。
; divisor —— 在 RDX 中传递的除数。
; quotient —— 在 R8 中按引用传递的商。
; remainder —— 在 R9 中按引用传递的余数。

div256    proc
divisor   equ           <qword ptr [rbp - 8]>
dividend  equ           <qword ptr [rcx]>
quotient  equ           <qword ptr [r8]>
remainder equ           <qword ptr [r9]>

          push rbp
          mov rbp, rsp
          sub rsp, 8
```

```
            mov divisor, rdx

            mov rax, dividend[24]          ; 首先执行高阶四字除法
            xor rdx, rdx                   ; 零扩展到 RDS 中
            div divisor                    ; 除以高阶字
            mov quotient[24], rax          ; 保存高阶结果

            mov rax, dividend[16]          ; 获取被除数四字 #2
            div divisor                    ; 继续执行除法运算
            mov quotient[16], rax          ; 保存四字 #2

            mov rax, dividend[8]           ; 获取被除数四字 #1
            div divisor                    ; 继续执行除法运算
            mov quotient[8], rax           ; 保存四字 #1

            mov rax, dividend[0]           ; 获取被除数低阶四字
            div divisor                    ; 继续执行除法运算
            mov quotient[0], rax           ; 存储低阶四字

            mov remainder, rdx             ; 保存余数

            leave
            ret
div256      endp

; 以下是“asmMain”函数的实现。

            public asmMain
asmMain     proc
            push rbp
            mov rbp, rsp
            sub rsp, 80                    ; 影子存储器

; 测试div256函数:

            lea rcx, op1
            mov rdx, op2
            lea r8, result
            lea r9, remain
            call div256

; 打印结果:

            lea rcx, fmtStr1
            mov edx, dword ptr result[28]
            mov r8d, dword ptr result[24]
            mov r9d, dword ptr result[20]
            mov eax, dword ptr result[16]
            mov [rsp + 32], rax
            mov eax, dword ptr result[12]
            mov [rsp + 40], rax
            mov eax, dword ptr result[8]
            mov [rsp + 48], rax
            mov eax, dword ptr result[4]
            mov [rsp + 56], rax
            mov eax, dword ptr result[0]
            mov [rsp + 64], rax
            call printf

            lea rcx, fmtStr2
            mov rdx, remain
```

```
            call printf

            leave
            ret                         ; 返回到调用方
asmMain     endp
            end
```

程序清单 8-2 的构建命令和代码输出结果如下所示（可以查看输出结果来验证除法是否正确，注意每个数值都是原始值的一半）：

```
C:\>build listing8-2

C:\>echo off
Assembling: listing8-2.asm
c.cpp

C:\>listing8-2
Calling Listing 8-2:
quotient = 11117777_66665555_44443333_22220000_11117777_66665555_44443333_22
220000
remainder = 0
Listing 8-2 terminated
```

通过向序列中添加额外的 mov-div-mov 指令，可以将该代码的适用对象扩展到任意位数。与上一节中的扩展精度乘法一样，此扩展精度除法算法仅适用于无符号的操作数。为了对两个有符号的操作数进行除法运算，必须记下两个操作数的符号，取两个操作数的绝对值进行无符号数除法，然后根据两个操作数的符号设置运算结果的符号。

8.1.5.2　通用的 *N* 位数除以 *M* 位数的运算

为了使用大于 64 位的除数，必须使用移位和减法的策略来实现除法运算，这个策略虽然有效，但非常慢。和乘法一样，理解计算机如何进行除法的最好方法是研究如何手动进行长除法运算。针对 3456 除以 12 的除法运算，考虑手动执行该运算所需的步骤，如图 8- 5 所示。

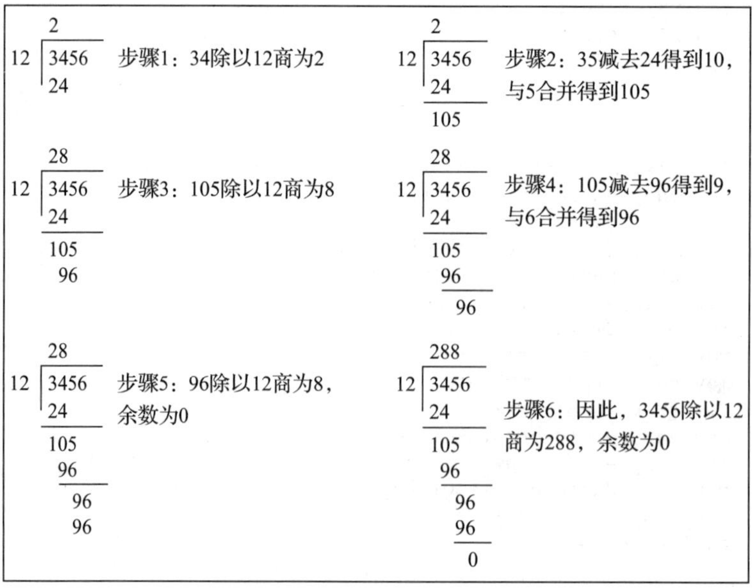

```
   2                                     2
12|3456   步骤1：34除以12商为2           12|3456   步骤2：35减去24得到10，
   24                                      24      与5合并得到105
                                          ----
                                          105

   28                                     28
12|3456   步骤3：105除以12商为8          12|3456   步骤4：105减去96得到9，
   24                                      24      与6合并得到96
  ----                                    ----
  105                                     105
   96                                      96
                                           ---
                                            96

   28                                     288
12|3456   步骤5：96除以12商为8，         12|3456
   24     余数为0                          24      步骤6：因此，3456除以12
  ----                                    ----     商为288，余数为0
  105                                     105
   96                                      96
   ---                                     ---
    96                                      96
    96                                      96
                                            ---
                                             0
```

图 8-5　手动逐位除法运算

实际上，这个算法在二进制中更加容易实现，因为在中间步骤中，不必猜测上一步中余数和被除数下一位合并的数值除以 12 所得到的商，也不必将 12 乘以所猜测的商以获得要减去的数值（本步的余数）。在二进制算法的每一步中，合并数值除以除数的商只能为 0 或者 1。作为一个示例，考虑 27（11011）除以 3（11）的除法运算，如图 8-6 所示。

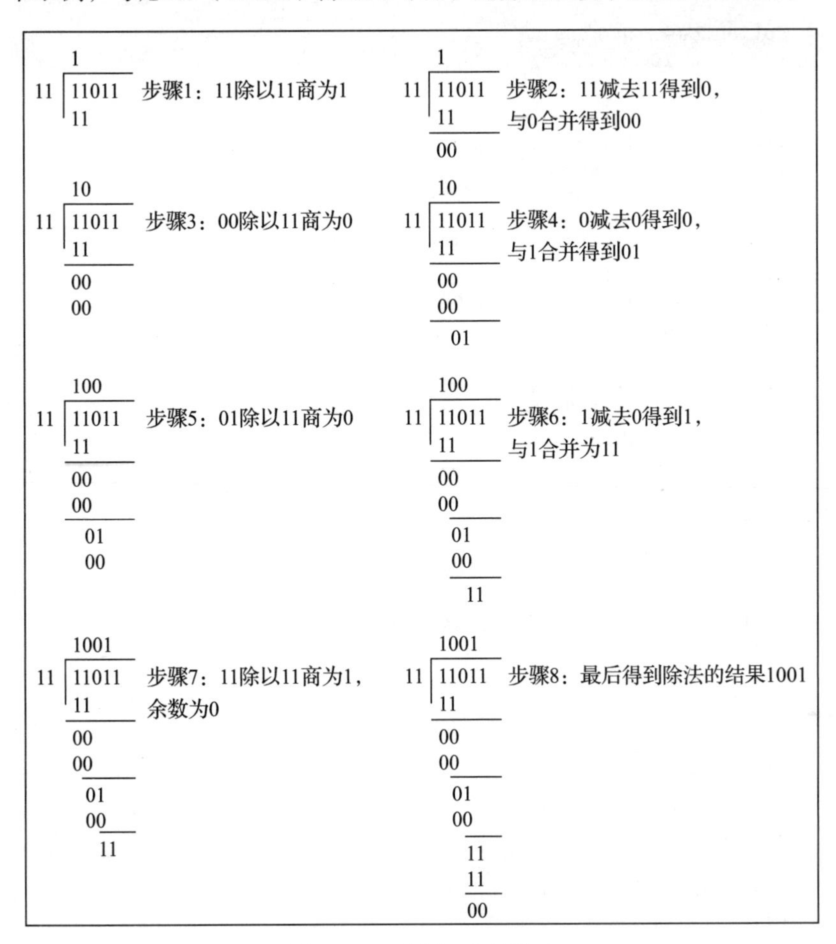

图 8-6　二进制中的长除法

以下算法实现了上述二进制除法运算，采用同时计算商和余数的方式：

```
Quotient := Dividend;
Remainder := 0;
for i := 1 to NumberBits do

    Remainder:Quotient := Remainder:Quotient SHL 1;
    if Remainder >= Divisor then

        Remainder := Remainder - Divisor;
        Quotient := Quotient + 1;

    endif
endfor
```

NumberBits 是变量 Remainder（余数）、Quotient（商）、Divisor（除数）和 Dividend（被除数）中的位数。SHL 是左移位运算符。语句“Quotient := Quotient + 1;”将 Quotient 的低阶位设

置为 1，因为该算法先前将 Quotient 向左移动了 1 位。程序清单 8-3 实现了该算法。

程序清单 8-3　扩展精度除法运算

```
; 程序清单 8-3
; 128 位数除以 128 位数的除法运算。

        option casemap:none
nl      =       10

        .const
ttlStr  byte    "Listing 8-3", 0
fmtStr1 byte    "quotient = "
        byte    "%08x_%08x_%08x_%08x"
        byte    nl, 0

fmtStr2 byte    "remainder = "
        byte    "%08x_%08x_%08x_%08x"
        byte    nl, 0

fmtStr3 byte    "quotient (2) = "
        byte    "%08x_%08x_%08x_%08x"
        byte    nl, 0

        .data
; op1 是一个 128 位值。选择适当的初始值以更方便地验证结果。

op1     oword   2222eeeeccccaaaa8888666644440000h
op2     oword   2
op3     oword   11117777666655554444333322220000h
result  oword   ?
remain  oword   ?

        .code
        externdef printf:proc

; 将程序标题返回到 C++ 程序:
        public getTitle
getTitle proc
        lea rax, ttlStr
        ret
getTitle endp

; div128 —— 该过程使用以下算法执行一个通用的 128 位 /128 位的除法运算
;         (假设所有的变量都是 128 位数)。
; Quotient := Dividend;
; Remainder := 0;
; for i := 1 to NumberBits do
;  Remainder:Quotient := Remainder:Quotient SHL 1;
;  if Remainder >= Divisor then
;         Remainder := Remainder - Divisor;
;         Quotient := Quotient + 1;
; endif
; endfor

; 传递的数据:
; 128 位的被除数，在 RCX 按引用传递。
; 128 位的除数，在 RDX 中按引用传递。

; 返回的数据:
; 指向 128 位商的指针存储在 R8 中。
; 指向 128 位余数的指针存储在 R9 中。
```

```
div128      proc
remainder   equ <[rbp - 16]>
dividend    equ <[rbp - 32]>
quotient    equ <[rbp - 32]>        ; 被除数的别名
divisor     equ <[rbp - 48]>

          push rbp
          mov rbp, rsp
          sub rsp, 48
          push rax
          push rcx

          xor rax, rax              ; 将余数，即 remainder 初始化为 0
          mov remainder, rax
          mov remainder[8], rax

; 将被除数复制到局部存储中：

          mov rax, [rcx]
          mov dividend, rax
          mov rax, [rcx+8]
          mov dividend[8], rax

; 将除数复制到局部存储中：

          mov rax, [rdx]
          mov divisor, rax
          mov rax, [rdx + 8]
          mov divisor[8], rax

          mov cl, 128               ; 分离出 CL 中的二进制位

; 计算 Remainder:Quotient := Remainder:Quotient SHL 1。
repeatLp:  shl qword ptr dividend[0], 1  ; 通过余数进行 256 位扩展精度移位
          rcl qword ptr dividend[8], 1
          rcl qword ptr remainder[0], 1
          rcl qword ptr remainder[8], 1

; 进行 128 位的比较，检查余数是否大于或等于除数。

          mov rax, remainder[8]
          cmp rax, divisor[8]
          ja isGE
          jb notGE

          mov rax, remainder
          cmp rax, divisor
          ja isGE
          jb notGE

; Remainder := Remainder - Divisor。

isGE:     mov rax, divisor
          sub remainder, rax
          mov rax, divisor[8]
          sbb remainder[8], rax

; Quotient := Quotient + 1。

          add qword ptr quotient, 1
          adc qword ptr quotient[8], 0
```

```
        notGE: dec cl
        jnz repeatLp

; 将商（保留在被除数变量中）和余数复制到它们的返回位置。

        mov rax, quotient[0]
        mov [r8], rax
        mov rax, quotient[8]
        mov [r8][8], rax

        mov rax, remainder[0]
        mov [r9], rax
        mov rax, remainder[8]
        mov [r9][8], rax

        pop rcx
        pop rax
        leave
        ret
div128  endp

; 以下是“asmMain”函数的实现。

        public asmMain
asmMain proc
        push rbp
        mov rbp, rsp
        sub rsp, 64             ; 影子存储器

; 测试div128函数：

        lea rcx, op1
        lea rdx, op2
        lea r8, result
        lea r9, remain
        call div128

; 打印结果：

        lea rcx, fmtStr1
        mov edx, dword ptr result[12]
        mov r8d, dword ptr result[8]
        mov r9d, dword ptr result[4]
        mov eax, dword ptr result[0]
        mov [rsp + 32], rax
        call printf

        lea rcx, fmtStr2
        mov edx, dword ptr remain[12]
        mov r8d, dword ptr remain[8]
        mov r9d, dword ptr remain[4]
        mov eax, dword ptr remain[0]
        mov [rsp + 32], rax
        call printf

; 测试div128函数：

        lea rcx, op1
        lea rdx, op3
        lea r8, result
        lea r9, remain
```

```
            call div128

; 打印结果:

            lea rcx, fmtStr3
            mov edx, dword ptr result[12]
            mov r8d, dword ptr result[8]
            mov r9d, dword ptr result[4]
            mov eax, dword ptr result[0]
            mov [rsp + 32], rax
            call printf

            lea rcx, fmtStr2
            mov edx, dword ptr remain[12]
            mov r8d, dword ptr remain[8]
            mov r9d, dword ptr remain[4]
            mov eax, dword ptr remain[0]
            mov [rsp + 32], rax
            call printf

            leave
            ret                         ; 返回到调用方
asmMain     endp
            end
```

程序清单 8-3 的构建命令和代码输出结果如下所示：

```
C:\>build listing8-3

C:\>echo off
Assembling: listing8-3.asm
c.cpp

C:\>listing8-3
Calling Listing 8-3:
quotient = 11117777_66665555_44443333_22220000
remainder = 00000000_00000000_00000000_00000000
quotient (2) = 00000000_00000000_00000000_00000002
remainder = 00000000_00000000_00000000_00000000
Listing 8-3 terminated
```

此代码没有检查被 0 除的情况（如果尝试被 0 除，则将生成值 0FFFF_FFFF_FFFF_FFFFh），而且此代码只处理无符号的数值，速度非常慢（比 div 和 idiv 指令慢一到两个数量级）。为了处理被 0 除的情况，可以在运行此代码之前先检查除数是否为 0；如果除数为 0，则返回相应的错误代码。对有符号数值的处理与前面的除法算法相同：先记下符号，取操作数的绝对值进行无符号数除法，然后修正除法运算结果的符号。

可以使用以下技巧来提高该除法运算的性能。检查除数变量是否仅使用 32 位。在通常情况下，即使除数是一个 128 位变量，其值本身也在 32 位的范围内（也就是说，除数的高阶双字是 0），然后可以使用 div 指令，这样要快得多。改进后的算法有点复杂，因为必须首先判断高阶四字中的数值是否为 0，但平均而言，改进后的算法运行速度要快得多，同时仍然能够实现任意两对数值的除法运算。

8.1.6 扩展精度取反操作

neg 指令不提供通用的扩展精度形式。然而，取反操作相当于从 0 中减去一个数值，因此我们可以使用 sub 和 sbb 指令来轻松模拟扩展精度数值的取反操作。以下代码提供了一种使用扩展精度减法操作，从 0 中减去一个值（320 位）来对该值取反的简单方法：

```
        .data
Value qword 5 dup (?)       ; 320 位值
        .
        .
        .
        xor rax, rax            ; RAX = 0
        sub rax, Value
        mov Value, rax

        mov eax, 0              ; 这里不能使用 XOR:
        sbb rax , Value[8]      ; 必须保留进位标志位!
        mov Value[8], rax

        mov eax, 0              ; 零扩展!
        sbb rax, Value[16]
        mov Value[16], rax

        mov eax, 0
        sbb rax, Value[24]
        mov Value[24], rax

        mov rax, 0
        sbb rax, Value[32]
        mov Value[32], rax
```

对较小值（128 位）取反的一种更有效的方法是使用 neg 和 sbb 指令的组合，这种方法基于取反操作等同于用 0 减去操作数这一事实。特别地，如果从 0 中减去目标值，那么将用与 sub 指令相同的处理方式设置标志位。实现代码如下所示（假设对 RDX:RAX 中的 128 位数值取反）：

```
    neg rdx
    neg rax
    sbb rdx, 0
```

前两条指令分别对 128 位结果的高阶四字和低阶四字取反。然而，如果对低阶四字的取反存在借位（将“neg rax”视为从 0 中减去 RAX，可能会产生进位 / 借位），则不是从高阶四字中减去该借位。如果对 RAX 取反时没有发生借位，则该序列末尾的 sbb 指令不会从 RDX 中减去任何内容；如果从 0 中减去 RAX 时需要借位，则从 RDX 中减去 1。

通过一些技巧，可以将该方案的适用对象扩展到 128 位以上。然而，对大约 256 位（当然，一旦超过 256 位）的值，使用一般的“从零减去（subtract-from-zero）”的方案需要的指令更少。

8.1.7　扩展精度 AND 运算

执行 *n* 字节的 AND 运算很简单：只需对两个操作数中相应的各对字节进行 AND 运算，并保存结果。例如，为了对两个 128 位长的操作数执行 AND 运算，可以使用以下的代码：

```
    mov rax, qword ptr source1
    and rax, qword ptr source2
    mov qword ptr dest, rax
    mov rax, qword ptr source1[8]
    and rax, qword ptr source2[8]
    mov qword ptr dest[8], rax
```

为了将这个方法的适用对象扩展到任意数量的四字，只需要对操作数中相应的字节、字、双字或四字对进行逻辑 AND 运算。

该指令序列根据最后一次 AND 运算的值设置标志位。如果最后对高阶四字进行 AND 运算，则将正确设置除了零标志位以外的所有其他标志位。如果需要在这个指令序列后测试零标志位，那么对两个结果双字进行逻辑 OR 运算（或者，同时将两个结果双字与 0 进行比较）。

注意：还可以使用 XMM 和 YMM 寄存器执行扩展精度逻辑运算（一次最多 256 位）。有关详细信息，请参见第 11 章。

8.1.8　扩展精度 OR 运算

多字节逻辑 OR 运算的执行方式与多字节逻辑 AND 运算相同，可以对两个操作数中对应的各个字节对进行 OR 运算。例如，为了对两个 192 位的数值进行 OR 运算，可以使用以下的代码：

```
mov rax, qword ptr source1
or rax, qword ptr source2
mov qword ptr dest, rax

mov rax, qword ptr source1[8]
or rax, qword ptr source2[8]
mov qword ptr dest[8], rax

mov rax, qword ptr source1[16]
or rax, qword ptr source2[16]
mov qword ptr dest[16], rax
```

与前一个示例一样，并没有为整个运算正确地设置零标志位。如果需要在扩展精度 OR 运算之后测试零标志位，则必须对所有的结果双字对执行逻辑 OR 运算。

8.1.9　扩展精度 XOR 运算

与其他逻辑运算一样，扩展精度 XOR 运算对两个操作数中相应的各对字节进行 XOR 运算，以获得扩展精度的运算结果。以下代码序列对两个 64 位操作数进行操作，计算这两个操作数的异或值，并将结果存储到一个 64 位的变量中：

```
mov rax, qword ptr source1
xor rax, qword ptr source2
mov qword ptr dest, rax

mov rax, qword ptr source1[8]
xor rax, qword ptr source2[8]
mov qword ptr dest[8], rax
```

前两节中有关零标志位以及 XMM 和 YMM 寄存器的说明，同样适用于扩展精度 XOR 运算。

8.1.10　扩展精度 NOT 运算

not 指令反转指定操作数中的所有位。扩展精度 NOT 运算通过对所有受影响的操作数执行 not 指令来完成。例如，为了对 RDX:RAX 中的值执行 128 位的 NOT 运算，可以执行以下的指令：

```
not rax
```

```
not rdx
```

请记住，对指定的操作数执行两次 NOT 指令，将得到原始值。此外，对一个值与全 1（0FFh、0FFFFh、0FFFF_FFFFh 或 0FFFF_FFFF_FFFF_FFFFh）进行 XOR 运算，等同于对该值进行 NOT 运算。

8.1.11 扩展精度移位运算

扩展精度移位运算需要移位和循环移位指令。本节将讨论如何构造这些运算。

8.1.11.1 扩展精度左移位运算

128 位 shl 指令的形式示意图如图 8-7 所示。

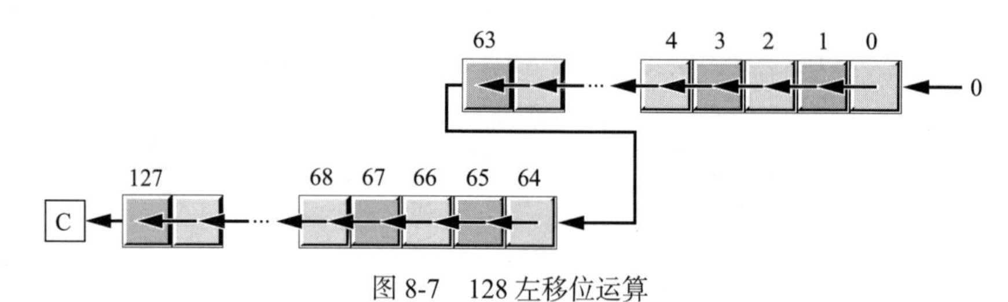

图 8-7 128 左移位运算

为了使用机器指令实现图 8-7 中的运算，必须首先将低阶四字向左移位（例如，使用 shl 指令），并从第 63 位捕获输出（这一点可以使用进位标志位方便地实现）；然后，将该位移位到高阶四字的低阶位中，同时将所有其他位向左移位（并使用进位标志位捕获输出）。

可以使用 shl 和 rcl 指令来实现上述 128 位的移位运算。例如，为了将 RDX:RAX 中的 128 位数据向左移动一个位置，可以使用以下的指令：

```
shl rax, 1
rcl rdx, 1
```

shl 指令将 0 移动到 128 位操作数的第 0 位，并将第 63 位移动到进位标志位。然后，rcl 指令将进位标志位的值移动到第 64 位，并将第 127 位移动到进位标志位。结果正好符合预期。

使用此方法，对扩展精度值一次只能移动一位。既不能使用 CL 寄存器将扩展精度操作数一次移动多位，也不能指定大于 1 的常量值。

为了对大于 128 位的操作数执行左移位，可以使用额外的 rcl 指令。扩展精度左移位运算总是从最低有效的四字开始，并且每个后续的 rcl 指令都对下一个最高有效的双字进行操作。例如，为了对内存位置执行 192 位左移位操作，可以使用以下的指令：

```
shl qword ptr Operand[0], 1
rcl qword ptr Operand[8], 1
rcl qword ptr Operand[16], 1
```

如果需要将数据移动两位或更多位，则可以将前面的序列重复执行所需的次数（一个常量的移位次数），或者将指令放入循环中以重复执行指令一定的次数。例如，以下代码将 192 位的数值 Operand 向左移动，移动的位数由 CL 寄存器指定：

```
ShiftLoop:
    shl qword ptr Operand[0], 1
    rcl qword ptr Operand[8], 1
    rcl qword ptr Operand[16], 1
    dec cl
    jnz ShiftLoop
```

8.1.11.2　扩展精度右移位和扩展精度算术右移位运算

shr 和 sar 的实现方式与 shl 类似，只是必须从操作数的高阶字开始，一直到低阶字：

```
; 扩展精度 sar:
sar qword ptr Operand[16], 1
rcr qword ptr Operand[8], 1
rcr qword ptr Operand[0], 1

; 扩展精度 shr:
shr qword ptr Operand[16], 1
rcr qword ptr Operand[8], 1
rcr qword ptr Operand[0], 1
```

扩展精度移位运算设置标志位的方式，不同于对应的 8 位、16 位、32 位和 64 位移位运算，因为循环移位指令对标志位的影响不同于移位指令。幸运的是，在移位运算后，通常会对进位标志位进行测试，而扩展精度移位运算（即循环移位指令）会正确设置进位标志位。

8.1.11.3　高效的扩展精度多位移位运算

shld 和 shrd 指令可以高效地实现扩展精度多位移位运算。这些指令的语法形式如下所示：

```
shld Operand1, Operand2, constant
shld Operand1, Operand2, cl
shrd Operand1, Operand2, constant
shrd Operand1, Operand2, cl
```

shld 指令的工作原理如图 8-8 所示。

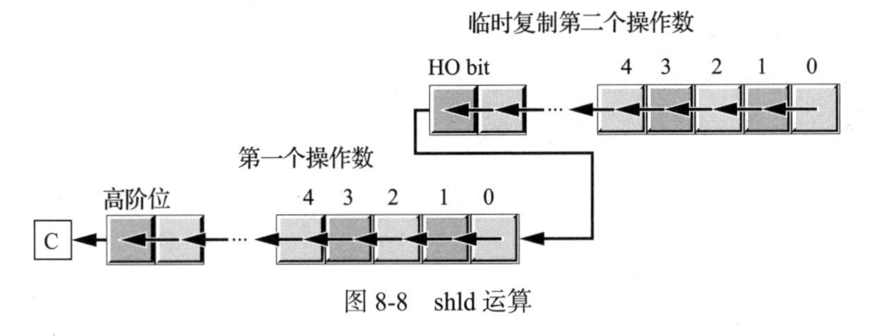

图 8-8　shld 运算

第二个操作数 $Operand_2$ 必须是一个 16 位、32 位或 64 位的寄存器，第一个操作数 $Operand_1$ 可以是寄存器也可以是内存位置，这两个操作数的大小必须相同。第三个操作数 constant 或者 cl，用于指定需要移位的位数，可以是 0 到 $n-1$ 范围内的数值，其中 n 是前两个操作数的大小。

shld 指令向左移动第二个操作数中一些位的副本，将移位结果存储到第一个操作数指定的位置，移位位数由第三个操作数指定。高阶位被移入进位标志位中，第二个操作数的高阶位移入第一个操作数的低阶位中。如果第三个操作数（移位计数器）为 n，则 shld 将第 $n-1$ 位移位到进位标志位中（显然，此指令只保留最后移位到进位标志位的位）。shld 指令按以下的方式设置标志位。

- 如果移位计数器为 0，则 shld 指令不会影响任何标志位。
- 进位标志位包含从第一个操作数的高阶位移出的最后一位。
- 如果移位计数器为 1，则在第一个操作数的符号标志位在移位过程中发生变化的情况下，设置溢出标志位的值为 1。如果移位计数器不是 1，则溢出标志位未定义。
- 如果移位操作的结果为 0，则设置零标志位为 1。

- 符号标志位将包含结果的高阶位。

shrd 指令与 shld 指令类似，当然，shrd 指令是将各个位向右移位，而不是向左移位。shrd 的工作原理示意图请参考图 8-9。

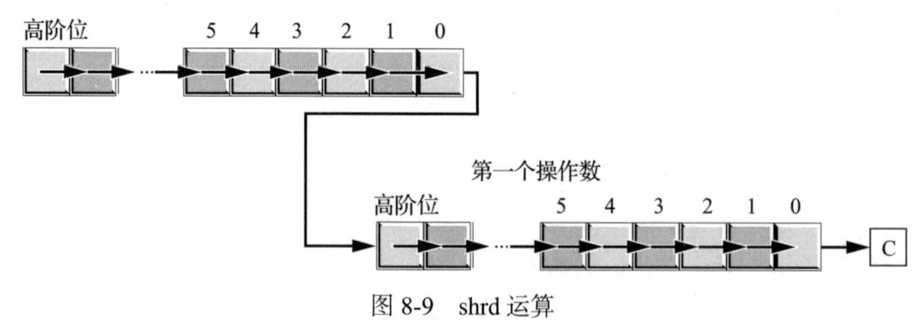

图 8-9　shrd 运算

shrd 指令按以下方式设置标志位。

- 如果移位计数器为 0，则 shrd 指令不会影响任何标志位。
- 进位标志位包含从第一个操作数的低阶位移出的最后一位。
- 如果移位计数器为 1，则在第一个操作数的高阶位发生变化的情况下，设置溢出标志位的值为 1。如果移位计数不是 1，则溢出标志位未定义。
- 如果移位操作的结果为 0，则设置零标志位为 1。
- 符号标志位将包含结果的高阶位。

请考虑下面的代码序列：

```
    .data
ShiftMe qword 012345678h, 90123456h, 78901234h
    .
    .
    .
    mov rax, ShiftMe[8]
    shld ShiftMe[16], rax, 6
    mov rax, ShiftMe[0]
    shld ShiftMe[8], rax, 6
    shl ShiftMe[0], 6
```

第一条 shld 指令将 ShiftMe[8] 中的位移位到 ShiftMe[16] 中，而不影响 ShiftMe[8] 中的值。第二条 shld 指令将 ShiftMe 中的位移位到 ShiftMe[8] 中。最后，shl 指令将低阶双字移位适当的位数。

关于这段代码，需要注意两个要点。第一，与其他扩展精度左移位运算不同，该序列从高阶四字开始处理直到低阶四字。第二，进位标志位不包含高阶移位运算的进位。如果需要在该点保存进位标志位，则需要在第一条 shld 指令后将该标志位压入栈中，并在 shl 指令后从栈中将其弹出。

可以使用 shrd 指令执行扩展精度右移位运算。shrd 指令的工作方式几乎与前面的代码序列相同，只是它从低阶四字开始处理直到高阶四字。使用 shrd 指令执行扩展精度右移位运算的解决方案作为练习题留给读者。

8.1.12　扩展精度循环移位运算

rcl 和 rcr 指令的工作方式与 shl 和 shr 指令类似。例如，为了执行 192 位数值的 rcl 和

rcr 运算，可以使用以下的指令：

```
rcl qword ptr Operand[0], 1
rcl qword ptr Operand[8], 1
rcl qword ptr Operand[16], 1

rcr qword ptr Operand[16], 1
rcr qword ptr Operand[8], 1
rcr qword ptr Operand[0], 1
```

上述代码与扩展精度移位运算代码之间的唯一区别在于：第一条指令是 rcl 或 rcr，而不是 shl 或 shr。

由于对输入位的处理方式不同，因此执行扩展精度 rol 或 ror 运算并不是那么简单。可以使用 bt、shld 和 shrd 指令来实现扩展精度 rol 或 ror 指令[⊖]。以下代码显示了如何使用 shld 和 bt 指令来执行 128 位数值的扩展精度 rol 运算：

```
; 计算 "rol RDX:RAX, 4":
mov rbx, rdx
shld rdx, rax, 4
shld rax, rbx, 4
bt rbx, 28 ; 如果需要，设置进位标志位
```

扩展精度 ror 指令与此相类似，只是需要记住，它先处理操作对象的低阶位，最后再处理高阶位。

8.2 对不同大小的操作数进行运算

在某些情况下，可能需要对大小不同的一对操作数进行运算。例如，可能需要将一个字和一个双字相加，或者从一个字值中减去一个字节值。为此，需要将较小的操作数扩展到与较大操作数大小相同，然后对两个相同大小的操作数进行运算。对于有符号操作数，这里的扩展是符号扩展；对于无符号操作数，这里的扩展是零扩展。这种方法适用于任何运算。

以下示例演示将字节变量和字变量相加的运算：

```
        .data
var1    byte      ?
var2    word      ?
        .
        .
        .
; 无符号加法运算:
        movzx ax, var1
        add ax, var2

; 有符号加法运算:
        movsx ax, var1
        add ax, var2
```

在这两种情况下，字节变量都被加载到 AL 寄存器中，并扩展到 16 位，然后累加到字操作数中。如果可以选择运算的顺序（例如，将 8 位值与 16 位值相加），那么这段代码的效果将非常好。

有时无法指定运算的顺序。可能 16 位值已经在 AX 寄存器中，并且希望向其累加一个 8 位值。对于无符号的加法运算，可以使用以下的代码：

⊖ 有关 bt（bit test，位测试）指令的讨论，请参见第 12 章。

```
mov ax, var2         ; 将16位值加载到AX中。
.                    ; 执行一些其他运算，将16位值保留在AX中。
.
add al, var1         ; 加上8位值。
adc ah, 0            ; 将进位标志位累加到高阶字中。
```

在这个示例中，第一条 add 指令将 var1 处的字节值与累加器中数值的低阶字节相加。adc 指令将低阶字节加法运算所得的进位标志位加到累加器的高阶字节中。如果忽略 adc 指令，则可能无法得到正确的结果。

将 8 位有符号操作数与 16 位有符号数值相加要困难一些。遗憾的是，无法向 AX 的高阶字添加立即值，因为高阶扩展字节可以是 0 或 0FFh。如果可以使用寄存器，那么最佳方法是执行以下的指令：

```
mov bx, ax           ; BX是可用的寄存器。
movsx ax, var1
add ax, bx
```

如果没有额外的寄存器可以使用，那么可以尝试以下的代码：

```
push ax              ; 保存字值。
movsx ax, var1       ; 将8位操作数符号扩展到16位。
add ax, [rsp]        ; 加上前面的字值。
add rsp, 2           ; 从栈中弹出垃圾项。
```

能这样做是因为 x86-64 可以将 16 位寄存器压入栈中。这里有一条建议：不要让 RSP 寄存器长时间未对齐（不在 8 字节边界上）。如果使用 32 位或 64 位寄存器，那么在使用完栈之后，必须将完整的 64 位寄存器压入栈，并将 RSP 加上 8。

另一种方法是将累加器中的 16 位值存储到一个内存位置，然后像上面一样继续处理：

```
mov temp, ax
movsx ax, var1
add ax, temp
```

所有这些示例都将字节值添加到了字值中。通过零扩展或符号扩展较小操作数的大小，可以轻松地将任意两个不同大小的变量相加。

作为最后一个例子，请考虑将 8 位有符号值累加到八字（128 位）值中：

```
          .data
OVal      qword     ?
BVal      byte      ?
          .
          .
          .
movsx rax, BVal
cqo
add rax, qword ptr OVal
adc rdx, qword ptr OVal[8]
```

8.3 十进制算术运算

x86-64 CPU 使用二进制数字系统作为其本机内部表示。在计算发展的早期，设计师认为十进制（以 10 为基数）算术运算在商业计算中更加准确。虽然数学家已经证明事实并非如此，然而的确有些算法依靠十进制算术运算来产生正确的结果。因此，尽管十进制算术运算通常比二进制算术运算效率低并且精度也低，但对十进制算术运算的需求仍然存在。

为了以本机二进制格式表示十进制数，最常用的方法是使用二进制编码的十进制（binary-coded decimal，BCD）表示法。这个表示法使用 4 个二进制位来表示 10 个可能的十进制数字（请参见表 8-1），这些含 4 个二进制位的值等于 0 到 9 范围内的相应十进制值。当然，4 个二进制位实际上可以代表 16 个不同的数值，不过 BCD 格式忽略除 0 到 9 以外的 6 个二进制位组合。因为每个 BCD 数字都需要 4 个二进制位，所以我们可以使用一个字节表示一个两位数的 BCD 值。这意味着我们可以使用单个字节来表示 0 到 99 范围内的十进制数值（在二进制中，单个字节可表示的数值范围是 0 到 255）。

表 8-1　BCD 表示法

BCD 表示法	等价的十进制数	BCD 表示法	等价的十进制数	BCD 表示法	等价的十进制数
0000	0	0110	6	1100	非法值
0001	1	0111	7	1101	非法值
0010	2	1000	8	1110	非法值
0011	3	1001	9	1111	非法值
0100	4	1010	非法值		
0101	5	1011	非法值		

8.3.1　字面 BCD 常量

MASM 既不提供也不需要字面 BCD 常量，因为 BCD 仅仅是十六进制表示法的一种形式，并且不使用 0Ah 到 0Fh 之间的数值，所以可以使用 MASM 的十六进制表示法轻松创建 BCD 常量。例如，以下 mov 指令将 BCD 数值 99 复制到 AL 寄存器中：

```
mov al, 99h
```

需要牢记的要点是：一定不能对 BCD 数值使用 MASM 字面十进制常量。也就是说，指令“mov al, 95”不会将 95 的 BCD 表示加载到 AL 寄存器中，而是会将 5Fh 加载到 AL 中，这是一个非法的 BCD 值。

8.3.2　使用 FPU 的压缩十进制算术运算

为了提高依赖于十进制算术运算的应用程序的性能，英特尔将对十进制算术运算的支持直接集成到 FPU 中。FPU 支持精度高达 18 位的十进制数值，计算时使用 FPU 的所有算术功能，从加法运算到超越函数运算。假设可以接受 18 位的精度和其他一些限制，那么在 FPU 上执行十进制算术运算将是正确的选择。

FPU 只支持一种 BCD 数据类型，即一种 10 字节的 18 位压缩十进制数值。压缩十进制格式使用前 9 字节保存标准压缩十进制格式的 BCD 值。第 1 个字节包含两个低阶数字，第 9 个字节包含两个高阶数字，第 10 个字节的高阶位保存符号位，FPU 会忽略第 10 个字节中的剩余位（这些位用来创建可能的 BCD 值，这些值是 FPU 无法以本机浮点格式准确表示的）。

FPU 使用反码表示法来表示负的 BCD 值。如果数值为负，那么符号位为 1；如果数值为正，那么符号位为 0。如果数值为 0，那么符号位可以是 0 或 1，因为在二进制反码表示法中，0 有两种不同的表示形式。

MASM 的 tbyte 类型是标准数据类型，用于定义压缩 BCD 变量。fbld 和 fbstp 指令需要 tbyte 型的操作数（可以使用十六进制 /BCD 值进行初始化）。

FPU 不完全支持十进制算术运算，而是提供了两条指令——fbld 和 fbstp，用于当数据进出 FPU 时，将数据在压缩十进制和二进制浮点格式之间进行转换。将 BCD 值转换为二进制浮点格式后，fbld（float/BCD load）指令将 80 位压缩 BCD 值加载到 FPU 栈的顶部。fbstp（float/BCD store and pop）指令从栈顶弹出浮点数值，并将其转换为压缩 BCD 值，然后将 BCD 值存储到目标内存位置。这意味着其中的计算是使用二进制算术运算完成的。如果有一个完全依赖于十进制算术运算的算法，那么在使用 FPU 实现该算法时，可能会失败[⊖]。

压缩 BCD 格式和浮点格式之间的转换会稍微有点复杂。fbld 和 fbstp 指令可能非常慢（例如，比 fld 和 fstp 指令慢两个数量级以上）。因此，如果仅实现简单的加法或者减法运算，这些指令可能会很费时费力。

由于 FPU 将压缩十进制值转换为内部浮点格式，因此可以在同一种计算中混合压缩十进制、浮点和（二进制）整数格式。下面的代码片段演示了其实现方法：

```
    .data
tb  tbyte 654321h
two real8 2.0
one dword 1

    fbld tb
    fmul two
    fiadd one
    fbstp tb

; 此时，TB 中包含值 1308643h。
```

FPU 将压缩十进制值视为整数值。因此，如果计算结果中产生了小数结果，则 fbstp 指令将根据当前 FPU 的舍入模式，对计算结果进行舍入。如果需要使用小数值，那么应该使用浮点值的结果。

8.4　拓展阅读资料

Donald Knuth 编写的 *The Art of Computer Programming* 的 Volume 2—— *Seminumeric Algorithms* (Addison-Wesley Professional, 1997）中，包含了许多关于十进制算术运算和扩展精度算术运算的有用信息，美中不足的是该书描述的是通用信息，并且没有描述这些运算在 x86-64 汇编语言中的实现方法。有关 BCD 算术运算的更多信息，可以访问以下网站。

- BCD 算术运算教程：*http://homepage.divms.uiowa.edu/～jones/bcd/bcd.html*。
- 通用十进制算术运算：*http://speleotrove.com/decimal/*。
- 英特尔十进制浮点数学库：*https://software.intel.com/en-us/articles/intel-decimal-floating-point-math-library/*。

8.5　自测题

1. 编写计算 $x = y + z$ 的代码，假设：
   a. x、y 和 z 是 128 位整数。
   b. x 和 y 是 96 位整数，z 是 64 位整数。
   c. x、y 和 z 是 48 位整数。
2. 编写计算 $x = y - z$ 的代码，假设：

⊖ 这种算法的一个示例是：通过将数字往左移 1 位实现该数字乘以 10 的运算。然而，这样的操作在 FPU 内部是不可能的，所以在 FPU 内部有这类错误行为的算法很少。

a. x、y 和 z 是 192 位整数。

b. x、y 和 z 是 96 位整数。

3. 编写计算 $x = y \times z$ 的代码，假设 x、y 和 z 是 128 位无符号整数。
4. 编写计算 $x = y / z$ 的代码，假设 x 和 y 是 128 位有符号整数，z 是 64 位有符号整数。
5. 假设 x 和 y 是 128 位无符号整数，将以下内容转换为汇编语言代码：

   a. if ($x == y$) then code

   b. if ($x < y$) then code

   c. if ($x > y$) then code

   d. if ($x != y$) then code
6. 假设 x 和 y 是 96 位有符号整数，将以下内容转换为汇编语言代码：

   a. if ($x == y$) then code

   b. if ($x < y$) then code

   c. if ($x > y$) then code
7. 假设 x 和 y 是 128 位有符号整数，使用两种不同的方法，将以下内容转换为汇编语言代码：

   a. $x = -x$

   b. $x = -y$
8. 假设 x、y 和 z 都是 128 位整数值，将以下内容转换为汇编语言代码：

   a. $x = y$ & z（按位逻辑与）

   b. $x = y \mid z$（按位逻辑或）

   c. $x = y$ ^ z（按位逻辑异或）

   d. $x = \sim y$（按位逻辑非）

   e. $x = y << 1$（按位左移）

   f. $x = y >> 1$（按位右移）
9. 假设 x 和 z 是 128 位有符号值，将 $x = y >> 1$（按位算术右移）转换为汇编语言代码。
10. 编写汇编语言代码，通过进位标志位对 x 中的 128 位数值进行循环移位（左移 1 位）。
11. 编写汇编语言代码，通过进位标志位对 x 中的 128 位数值进行循环移位（右移 1 位）。

第 9 章

The Art of 64-Bit Assembly: x86-64 Machine Organization and Programming

数 值 转 换

本章将讨论各种数字格式之间的转换，包括整数到十进制字符串、整数到十六进制字符串、浮点数到字符串、十六进制字符串到整数、十进制字符串到整数以及实数字符串到浮点数的转换。除了基本转换之外，本章还将讨论错误处理（针对字符串到数值的转换）、性能增强，以及标准精度转换（8 位、16 位、32 位和 64 位整数格式）和扩展精度转换（例如，128 位整数和字符串之间的转换）。

9.1 将数值转换为字符串

到目前为止，本书一直依赖 C 标准库来执行数值输入 / 输出（将数值数据输出到显示器，并从用户处读取数值数据）。然而，C 标准库没有提供扩展精度数值的输入 / 输出功能（甚至 64 位数值的输入 / 输出也存在问题，本书一直在使用从微软的扩展到 printf 函数的路径来输出 64 位数值）。因此，本章将详细讨论如何在汇编语言中实现（部分）数值的输入 / 输出。因为大多数操作系统只支持字符或字符串格式的输入和输出，所以我们不会进行实际的数值输入 / 输出，而是编写在数值和字符串之间转换的函数，然后进行字符串的输入 / 输出。

本节中的示例特别适用于 64 位（非扩展精度）和 128 位值，但算法是通用的并且适用对象可以扩展到任意位数。

9.1.1 将数值转换为十六进制字符串

将数值转换为十六进制字符串相对比较简单，只需将二进制表示中的所有半字节（4 位）转换为对应的十六进制字符（“0”到“9”或“A”到“F”）即可。请考虑清单 9-1 中的 btoh（byte to hex，字节到十六进制）函数，该函数从 AL 寄存器中获取一个字节，并通过 AH（高阶半字节）和 AL（低阶半字节）返回两个对应的字符。

注意：为了简洁，程序清单 9-1 中只显示了 btoh 函数。可以访问 https://artofasm.randallhyde.com/ 网址获得完整的程序清单 9-1。

程序清单 9-1　将一个字节转换为两个十六进制字符的函数

```
; btoh —— 该过程将 AL 寄存器中的二进制值转换为
;         两个十六进制字符，并在 AH（高阶半字节）
;         和 AL（高阶半字节）寄存器中返回这两个字符。
btoh proc

    mov     ah, al              ; 先转换高阶半字节
    shr     ah, 4               ; 将高阶半字节移动到低阶半字节
    or      ah, '0'             ; 转换为字符
    cmp     ah, '9' + 1         ; 是否位于 A ~ F 范围
    jb      AHisGood

; 将 3Ah ~ 3Fh 转换为 A ~ F:

    add ah, 7
```

```
; 这里转换低阶半字节:
AHisGood: and al, 0Fh           ; 去掉高阶半字节
    or al, '0'                  ; 转换为字符
    cmp al, '9' + 1             ; 是否位于 A ~ F 范围
    jb ALisGood

; 将 3Ah ~ 3Fh 转换为 A ~ F:

    add al, 7
ALisGood: ret
btoh endp
```

可以将 0 到 9 范围内的任何数值转换为相应的 ASCII 字符，方法是对 0（30h）与数值进行按位或运算。遗憾的是，该方法将 0Ah ～ 0Fh 范围内的数值映射到了 3Ah ～ 3Fh 范围内的数值。因此，程序清单 9-1 中的代码会检查是否生成了大于 3Ah 的值，并加上 7 以生成位于 41h ～ 46h（A 到 F）范围内的最终字符代码。

我们已经可以将一个字节转换成一对十六进制字符，那么创建一个字符串并输出到显示器就十分简单了。我们可以为数字中的每个字节调用 btoh 函数，并将相应的字符存储在字符串中。程序清单 9-2 提供了 btoStr（byte to string，字节到字符串）、wtoStr（word to string，字到字符串）、dtoStr（double word to string，双字到字符串）和 qtoStr (quad word to string，四字到字符串）函数的示例。

程序清单 9-2　btoStr、wtoStr、dtoStr 和 qtoStr 函数

```
; 程序清单 9-2
; 数字到十六进制字符串的转换函数。

        option casemap:none
nl      =    10

        .const
ttlStr  byte     "Listing 9-2", 0
fmtStr1 byte     "btoStr: Value=%I64x, string=%s"
        byte nl, 0

fmtStr2 byte     "wtoStr: Value=%I64x, string=%s"
        byte nl, 0

fmtStr3 byte     "dtoStr: Value=%I64x, string=%s"
        byte nl, 0

fmtStr4 byte     "qtoStr: Value=%I64x, string=%s"
        byte nl, 0

        .data
buffer  byte 20   dup (?)

        .code
        externdef printf:proc

; 将程序标题返回到 C++ 程序:

        public getTitle
getTitle proc
        lea rax, ttlStr
        ret
getTitle endp
```

```
; btoh —— 该过程将 AL 寄存器中的二进制值转换为
;        两个十六进制字符，并在 AH（高阶半字节）
;        和 AL（低阶半字节）寄存器中返回这两个字符。
btoh      proc
          mov ah, al        ; 先转换高阶半字节
          shr ah, 4         ; 将高阶半字节移动到低阶半字节
          or ah, '0'        ; 转换为字符
          cmp ah, '9' + 1   ; 是否位于 A ~ F 范围之内
          jb AHisGood

; 将 3Ah ~ 3Fh 转换为 A ~ F：

          add ah, 7

; 这里转换低阶半字节：

AHisGood:and al, 0Fh        ; 去掉高阶半字节
          or al, '0'        ; 转换为字符
          cmp al, '9' + 1   ; 是否位于 A ~ F 范围之内
          jb ALisGood

; 将 3Ah ~ 3Fh 转换为 A ~ F：

          add al, 7
ALisGood: ret
btoh      endp

; btoStr —— 将 AL 中的字节转换为十六进制字符串，
;          并将其存储在 RDI 指向的缓冲区中。
;          缓冲区必须至少有 3 字节的空间。
;          此函数以零终止字符串。

btoStr    proc
          push rax
          call btoh         ; 执行转换

; 通过被转换为十六进制格式的两个字符，
; 在 [RDI] 处创建一个以零终止的字符串：

          mov [rdi], ah
          mov [rdi + 1], al
          mov byte ptr [rdi + 2], 0
           pop rax
          ret
btoStr    endp

; wtoStr —— 将 AX 中的字转换为十六进制字符串，
;          并将其存储在 RDI 指向的缓冲区中。
;          缓冲区必须至少有 5 字节的空间。
;          此函数以零终止字符串。

wtoStr    proc
          push rdi
          push rax          ; 注意：将低阶字节保留在 [RSP] 处

; 使用 btoStr 函数，将高阶字节转换为字符串：

          mov al, ah
          call btoStr

          mov al, [rsp]     ; 获取低阶字节
```

```
        add rdi, 2       ; 跳过高阶字符
        call btoStr

        pop rax
        pop rdi
        ret
wtoStr  endp

; dtoStr —— 将EAX中的双字转换为十六进制字符串，
;         并将其存储在RDI指向的缓冲区中。
;         缓冲区必须至少有9字节的空间。
;         此函数以零终止字符串。

dtoStr  proc
        push rdi
        push rax         ; 注意：将低阶字保留在[RSP]处

; 使用wtoStr函数，将高阶字转换为字符串：

        shr eax, 16
        call wtoStr

        mov ax, [rsp]    ; 获取低阶字
        add rdi, 4       ; 跳过高阶字符
        call wtoStr

        pop rax
        pop rdi
        ret
dtoStr  endp

; qtoStr —— 将RAX中的四字转换为十六进制字符串，
;         并将其存储在RDI指向的缓冲区中。
;         缓冲区必须至少有17字节的空间。
;         此函数以零终止字符串。

qtoStr  proc
        push rdi
        push rax         ; 注意：将低阶双字保留在[RSP]处

; 使用dtoStr函数，将高阶双字转换为字符串：

        shr rax, 32
        call dtoStr

        mov eax, [rsp]   ; 获取低阶双字
        add rdi, 8       ; 跳过高阶字符
        call dtoStr

        pop rax
        pop rdi
        ret
qtoStr  endp

; 以下是“asmMain”函数的实现。

        public asmMain
asmMain proc
        push rdi
        push rbp
        mov rbp, rsp
```

```
        sub rsp, 64         ; 影子存储器

; 由于所有的 (x) toStr 函数都会保留 RDI，
; 因此我们只需要将以下语句执行一次：

        lea rdi, buffer

; 演示调用 btoStr 函数：

        mov al, 0aah
        call btoStr

        lea rcx, fmtStr1
        mov edx, eax
        mov r8, rdi
        call printf

; 演示调用 wtoStr 函数：

        mov ax, 0a55ah
        call wtoStr

        lea rcx, fmtStr2
        mov edx, eax
        mov r8, rdi
        call printf

; 演示调用 dtoStr 函数：

        mov eax, 0aa55FF00h
        call dtoStr

        lea rcx, fmtStr3
        mov edx, eax
        mov r8, rdi
        call printf

; 演示调用 qtoStr 函数：

        mov rax, 1234567890abcdefh
        call qtoStr

        lea rcx, fmtStr4
        mov rdx, rax
        mov r8, rdi
        call printf

        leave
        pop rdi
        ret                 ; 返回到调用方
asmMain endp
        end
```

程序清单9-2的构建命令和示例输出结果如下所示：

```
C:\>build listing9-2

C:\>echo off
Assembling: listing9-2.asm
c.cpp
```

```
C:\>listing9-2
Calling Listing 9-2:
btoStr: Value=aa, string=AA
wtoStr: Value=a55a, string=A55A
dtoStr: Value=aa55ff00, string=AA55FF00
qtoStr: Value=1234567890abcdef, string=1234567890ABCDEF
Listing 9-2 terminated
```

在程序清单 9-2 中，每个后续函数都建立在前面函数所完成工作的基础上。例如，wtoStr 函数调用 btoStr 函数两次，将 AX 中的 2 个字节转换为由 4 个十六进制字符组成的字符串。如果在代码调用这些函数的任意地方都内联扩展这些函数，那么代码会更快（但代码会长得多）。如果只需要这些函数中的某一个，那么值得额外将该函数调用的任意其他函数内联扩展。

以下是 qtoStr 函数的一个改进版本，包括两处改进：将对 dtoStr 函数、wtoStr 函数和 btoStr 函数的调用内联扩展，以及使用一个简单的表查找（数组访问）来执行从半字节到十六进制字符的转换（有关表查找的更多信息，请参阅第 10 章）。程序清单 9-3 显示了这个更快版本的 qtoStr 函数框架。

注意：由于程序清单 9-3 比较长并且存在冗余性，因此大部分代码被删除，但缺少的代码是显而易见的。完整的程序清单 9-3 可以在以下网址获得：https://artofasm.randallhyde.com/。

程序清单 9-3　qtoStr 函数的更快版本

```
; qtoStr —— 将 RAX 中的四字转换为十六进制字符串，
;           并将其存储在 RDI 指向的缓冲区中。
;           缓冲区必须至少有 17 字节的空间。
;           此函数以零终止字符串。

hexChar byte    "0123456789ABCDEF"

qtoStr  proc
        push rdi
        push rcx
        push rdx
        push rax                    ; 将低阶双字保留在 [RSP] 处

        lea rcx, hexChar

        xor edx, edx                ; 零扩展！
        shld rdx, rax, 4
        shl rax, 4
        mov dl, [rcx][rdx * 1]      ; 表查找
        mov [rdi], dl

; 输出第 56 ~ 59 位的内容：

        xor edx, edx
        shld rdx, rax, 4
        shl rax, 4
        mov dl, [rcx][rdx * 1]
        mov [rdi + 1], dl

; 输出第 52 ~ 55 位的内容：

        xor edx, edx
        shld rdx, rax, 4
        shl rax, 4
        mov dl, [rcx][rdx * 1]
```

```
        mov [rdi + 2], dl
        .
        .
        .

限于篇幅，省略了输出第 8 ~ 51 位内容的代码。
如果查看此处显示的其他半字节的输出，那么该代码应该是显而易见的。
        .
        .
        .
; 输出第 4 ~ 7 位的内容:

        xor edx, edx
        shld rdx, rax, 4
        shl rax, 4
        mov dl, [rcx][rdx * 1]
        mov [rdi + 14], dl

; 输出第 0 ~ 3 位的内容:

        xor edx, edx
        shld rdx, rax, 4
        shl rax, 4
        mov dl, [rcx][rdx * 1]
        mov [rdi + 15], dl

; 零终止字符串:

        mov byte ptr [rdi + 16], 0
        pop rax
        pop rdx
        pop rcx
        pop rdi
        ret
qtoStr  endp
```

接下来编写一个包含以下循环的简短主程序：

```
            lea rdi, buffer
            mov rax, 07fffffffh
loopit:     call qtoStr
            dec eax
            jnz loopit
```

然后在旧的 2012 年时代的 2.6 GHz Intel Core i7 处理器上运行该程序，使用秒表工具得到了 qtoStr 函数的内联版本和原始版本的大致计时：

- 内联版本：19 秒。
- 原始版本：85 秒。

正如所见，内联版本的速度明显快了（四倍），但我们可能不会经常将 64 位数字转换为十六进制字符串，来证明内联版本的笨拙代码是正确的。

值得一提的是，可以使用一个更大的十六进制字符表（256 个 16 位的元素），一次转换一整个字节，而不是一个半字节，从而将时间缩短近一半。这需要的指令数是内联版本的一半（尽管该表将扩大 32 倍）。

9.1.2　将扩展精度十六进制值转换为字符串

扩展精度十六进制值到字符串的转换十分简单，这种转换只是上一节中普通十六进制转换例程的扩展。例如，下面是一个128位的十六进制值转换函数：

```
; otoStr —— 将 RDX:RAX 中的八字转换为十六进制字符串，
;            并将其存储在 RDI 指向的缓冲区中。
;            缓冲区必须至少有 33 字节的空间。
;            此函数以零终止字符串。

otoStr      proc
            push    rdi
            push    rax        ; 注意：将低阶四字保留在 [RSP] 处

; 使用 qtoStr 函数，将每个四字转换为字符串：

            mov     rax, rdx
            call    qtoStr

            mov     rax, [rsp]      ; 获取低阶四字
            add     rdi, 16         ; 跳过高阶字符
            call    qtoStr

            pop     rax
            pop     rdi
            ret
otoStr      endp
```

9.1.3 将无符号十进制值转换为字符串

十进制输出比十六进制输出稍微复杂一些，因为二进制数的高阶位会影响十进制表示的低阶位（十六进制值则不然，这就是十六进制输出十分简单的原因所在）。因此，我们必须通过每次从二进制数中提取一个十进制数字的方式，来创建一个二进制数的十进制表示。

无符号十进制输出最常见的解决方案是连续将值除以10，直到结果变为0。第一次除法得到的余数是0到9之间的值，该值对应于十进制数的低阶位。连续除以10（及其相应的余数）可从数字中提取连续的数字。

这个问题的迭代解决方案通常会为足够大的字符串分配存储空间，以容纳整个数字。然后，代码提取循环中的十进制数字，并将这些十进制数字逐个放入字符串中。在转换过程结束后，例程以相反的顺序打印字符串中的字符（记住，除法算法首先提取低阶数字，最后提取高阶数字，我们需要以相反的顺序打印这些数字）。

本节采用递归解决方案，因为递归实现更优雅一些。递归解决方案将该值除以10，将余数保存在局部变量中。如果商不是0，则例程递归地调用自身，并先输出任何前导数字。递归调用（输出所有前导数字）返回时，递归算法再输出与余数相关的数字以完成操作。以下是打印十进制值789时的递归处理过程。

（1）将789除以10。商是78，余数是9。

（2）将余数，即9保存在局部变量中，并使用商，即78递归地调用例程。

（3）递归调用1：将78除以10。商是7，余数是8。

（4）将余数，即8保存在局部变量中，并使用商，即7递归地调用例程。

（5）递归调用2：将7除以10。商是0，余数是7。

（6）将余数，即7保存在局部变量中。因为商是0，所以不需要递归地调用例程。

（7）输出保存在局部变量中的余数，即7。返回到调用方，即返回到递归调用1。

（8）返回到递归调用1：输出在递归调用1中保存在局部变量中的余数，即8。返回到

调用方，即返回到原始调用。

（9）原始调用：输出在原始调用中保存在局部变量中的余数，即 9。返回到输出例程的原始调用方。

程序清单 9-4 实现了上述递归算法。

程序清单 9-4　无符号整数到字符串的转换函数（递归解决方案）

```
; 程序清单 9-4
; 无符号整数到字符串的转换函数。

        option casemap:none
nl          =       10

            .const
ttlStr      byte    "Listing 9-4", 0
fmtStr1     byte    "utoStr: Value=%I64u, string=%s"
            byte    nl, 0

            .data
buffer      byte    24 dup (?)

            .code
            externdef printf:proc

; 将程序标题返回到 C++ 程序：

            public getTitle
getTitle    proc
            lea rax, ttlStr
            ret
getTitle    endp

; utoStr 函数 —— 无符号整数到字符串的转换。
; 输入：
; RAX：需要转换的无符号整数。
; RDI：保存转换后字符串的位置。
; 注意：64 位整数的转换结果字符串为 21 字节（包含零终止字节）。

utoStr      proc
            push rax
            push rdx
            push rdi

; 针对 0，进行特别处理：

            test rax, rax
            jnz doConvert

            mov byte ptr [rdi], '0'
            inc rdi
            jmp allDone
doConvert:  call rcrsvUtoStr

; 以零终止字符串并返回：

allDone:    mov byte ptr [rdi], 0
            pop rdi
            pop rdx
            pop rax
            ret
```

```
utoStr     endp

ten        qword   10

; 下面是进行实际转换的递归代码：

rcrsvUtoStr proc

           xor rdx, rdx             ; 零扩展 RAX 为 RDX
           div ten
           push rdx                 ; 保存输出值
           test eax, eax            ; 当 RAX 为 0 时，退出
           jz allDone

; 递归调用以处理 value % 10：

           call rcrsvUtoStr
allDone:   pop rax                  ; 提取需要打印的字符
           and al, 0Fh              ; 转换为 0 ~ 9
           or al, '0'
           mov byte ptr [rdi], al ; 保存到缓冲区中
           inc rdi                  ; 下一个字符的位置
           ret
rcrsvUtoStr endp

; 以下是“asmMain”函数的实现。

           public   asmMain
asmMain    proc
           push rdi
           push rbp
           mov rbp, rsp
           sub rsp, 56              ; 影子存储器

; 由于所有的（x）toStr 函数都会保留 RDI，
; 因此我们只需要执行一次以下语句：

           lea rdi, buffer
           mov rax, 1234567890
           call utoStr

; 打印结果：
           lea rcx, fmtStr1
           mov rdx, rax
           mov  r8, rdi
           call  printf

           leave
           pop rdi
           ret ; 返回到调用方

asmMain    endp
           end
```

程序清单 9-4 的构建命令和程序输出结果如下所示：

```
C:\>build listing9-4

C:\>echo off
Assembling: listing9-4.asm
c.cpp
```

```
C:\>listing9-4
Calling Listing 9-4:
utoStr: Value=1234567890, string=1234567890
Listing 9-4 terminated
```

与十六进制输出不同，实际上不需要分别提供字节大小、字大小或者双字大小的数字到十进制字符串的转换函数。只需将较小的值零扩展到64位就足够了。与十六进制转换不同，qtoStr函数没有输出前导0，因此所有大小（64位及更小）的变量的输出都是相同的。

十六进制转换非常快速，而且我们并不经常调用它，与此不同，我们会经常调用整数到字符串的转换函数。因为该转换函数使用div指令，所以速度相当慢，好在我们可以使用fist和fbstp指令来提速。

fbstp指令将当前位于FPU栈顶的80位浮点值转换为18位压缩BCD值。fist指令允许我们将64位整数加载到FPU栈中。因此，大多数情况下，使用这两条指令可以将64位整数转换为压缩BCD值，该过程将每4位编码为一个十进制数字。因此，可以使用与将十六进制数转换为字符串相同的算法，将fbstp指令生成的压缩BCD结果转换为字符串。

使用fist和fbstp指令将整数转换为字符串的唯一缺点是：英特尔的压缩BCD格式只支持18位，而64位整数最多可以有19位。因此，任何基于fbstp指令的utoStr函数都必须将第19位作为特例处理。考虑到所有这些情况，程序清单9-5提供了这个新版本的utoStr函数。

程序清单9-5 基于fist和fbstp指令的utoStr函数

```
; 程序清单 9-5
; 使用 fist 和 fbstp 指令的无符号整数到字符串的快速转换函数。

        option casemap:none
nl          = 10

            .const
ttlStr      byte    "Listing 9-5", 0
fmtStr1     byte    "utoStr: Value=%I64u, string=%s"
            byte    nl, 0

            .data
buffer      byte  30 dup (?)

            .code
            externdef printf:proc

; 将程序标题返回到 C++ 程序：
            public getTitle
getTitle    proc
            lea rax, ttlStr
            ret
getTitle    endp

; utoStr —— 无符号整数到字符串的转换函数。

; 输入：
; RAX：需要转换的无符号整数。
; RDI：保存转换后字符串的位置。

; 注意：64 位整数的转换结果字符串为 21 字节
;（包含零终止字节）。

bigNum      qword   1000000000000000000
utoStr      proc
```

```
            push rcx
            push rdx
            push rdi
            push rax
            sub rsp, 10

; 快速测试0，以处理特殊情况：

            test rax, rax
            jnz not0
            mov byte ptr [rdi], '0'
            jmp allDone

; fbstp 指令仅支持18位数字。
; 64位整数最多可以有19位数字。
; 在这里处理第19位可能的数字：

not0:       cmp rax, bigNum
            jb lt19Digits

; 数值包含19位（可以是0 ~ 9）。
; 抽取第19个数字：

            xor edx, edx
            div bigNum             ; 第19位数字位于AL中
            mov [rsp + 10], rdx    ; 余数
            or  al, '0'
            mov [rdi], al
            inc rdi

; 需要转换的数值非0。
; 使用BCD加载和存储指令，将整数转换为BCD：

lt19Digits: fild qword ptr [rsp + 10]
            fbstp tbyte ptr [rsp]

; 首先跳过BCD值中的前导0
;（最多19位，因此最高有效位将位于DH的低阶半字节中）。

            mov dx, [rsp + 8]
            mov rax, [rsp]
            mov ecx, 20
            jmp testFor0

Skip0s:     shld rdx, rax, 4
            shl rax, 4
testFor0:   dec ecx                ; 统计已经处理过的数字。
            test dh, 0fh           ; 由于数值非0，
            jz Skip0s              ; 因此总是会终止。

; 此时，代码遇到了第一个非0数字。
; 将剩余的数字转换为字符串：

cnvrtStr:   nd dh, 0fh
            dh, '0'
            v [rdi], dh
            c rdi
            v dh, 0
            ld rdx, rax, 4
            l rax, 4
            c ecx
```

```
            z cnvrtStr

; 以零终止字符串并返回：

allDone:    ov byte ptr [rdi], 0
            d rsp, 10
            p rax
            p rdi
            p rdx
            p rcx
            t
utoStr      ndp

; 以下是“asmMain”函数的实现。

            public asmMain
asmMain     proc
            push rbp
            mov rbp, rsp
            sub rsp, 64         ; 影子存储器

; 由于所有的 (x) toStr 函数都会保留 RDI，
; 因此我们只需要执行一次以下语句：

            lea rdi, buffer
            mov  rax, 9123456789012345678
            call  utoStr

            lea rcx, fmtStr1
            mov rdx, 9123456789012345678
            lea r8, buffer
            call printf

            leave
            ret                 ; 返回到调用方
asmMain     endp
            end
```

程序清单 9-5 的构建命令和示例输出结果如下所示：

```
C:\>build listing9-5

C:\>echo off
Assembling: listing9-5.asm
c.cpp

C:\>listing9-5
Calling Listing 9-5:
utoStr: Value=9123456789012345678, string=9123456789012345678
Listing 9-5 terminated
```

程序清单 9-5 中的程序确实使用了 div 指令，但该指令只执行一到两次，而且仅当数字有 19 或 20 位时才会执行。因此，此 div 指令的执行时间对 utoStr 函数的执行速度几乎没有影响（特别是当我们考虑实际打印 19 位数字的频率时）。

以下是作者在 2.6 GHz circa-2012 Core i7 处理器上测量的执行时间。

- 原始的 utoStr 函数：108 秒。
- 基于 fist 和 fbstp 指令的 utoStr 函数：11 秒。

很显然，基于 fist 和 fbstp 指令的 utoStr 函数运行速度更快。

9.1.4　将有符号整数值转换为字符串

为了将有符号整数值转换为字符串，首先检查该数值是否为负数，如果是，则输出一个负号“-”并对该数值取反；然后调用 utoStr 函数来完成将数值转换为字符串的任务。程序清单 9-6 显示了相关代码。

注意：完整的程序清单 9-6 可以在以下网址获得：https://artofasm.randallhyde.com/。

程序清单 9-6　有符号整数到字符串的转换

```
; itoStr——有符号整数到字符串的转换。

; 输入：
; RAX：需要转换的有符号整数。
; RDI：目标缓冲区地址。

itoStr     proc
           push rdi
           push rax
           test rax, rax
           jns notNeg

; 数值为负，输出一个“-”符号，并将数值取反

           mov byte ptr [rdi], '-'
           inc rdi
           neg rax

; 调用 utoStr 函数，将非负的数值转换为字符串：

notNeg:    call utoStr
           pop rax
           pop rdi
           ret
itoStr     endp
```

9.1.5　将扩展精度无符号整数转换为字符串

对于扩展精度输出，整个字符串转换算法中唯一需要扩展精度算术运算的是除以 10 的运算。因为我们正用扩展精度值除以一个容易放入四字中的值，所以可以使用用了 div 指令的快速（且简单）扩展精度除法算法。程序清单 9-7 利用这种方法实现了一个 128 位十进制数输出的例程。

程序清单 9-7　128 位的扩展精度十进制输出例程

```
; 程序清单 9-7
; 将扩展精度无符号整数值转换为字符串的函数。

        option casemap:none
nl        =     10

          .const
ttlStr    byte      "Listing 9-7", 0
fmtStr1   byte      "otoStr(0): string=%s", nl, 0
fmtStr2   byte      "otoStr(1234567890): string=%s", nl, 0
fmtStr3   byte      "otoStr(2147483648): string=%s", nl, 0
fmtStr4   byte      "otoStr(4294967296): string=%s", nl, 0
fmtStr5   byte      "otoStr(FFF...FFFF): string=%s", nl, 0

          .data
```

```
buffer   byte     40 dup (?)
b0       oword    0
b1       oword    1234567890
b2       oword    2147483648
b3       oword    4294967296

; 最大的八字值
;（其十进制表示 =340 282 366 920 938 463 463 374 607 431 768 211 455）:

b4       oword  0FFFFFFFFFFFFFFFFFFFFFFFFFFFFFFFFh

         .code
         externdef printf:proc

; 将程序标题返回到 C++ 程序:

         public getTitle
getTitle proc
         lea rax, ttlStr
         ret
getTitle endp

; DivideBy10——使用用了 div 指令的快速扩展精度除法算法，将除数除以 10。

; 在变量 quotient 中返回商。
; 在 RAX 中返回余数。
; RDX 中为垃圾值。

; RCX——指向八字被除数以及接收商的位置。

ten      qword   10

DivideBy10 proc
parm       equ <[rcx]>

           xor edx, edx        ; 零扩展!
           mov rax, parm[8]
           div ten
           mov parm[8], rax

           mov rax, parm
           div ten
           mov parm, rax
           mov eax, edx        ; 余数（总是 0 ~ 9！）
           ret
DivideBy10 endp

; otoStr 函数的递归版本。
; 一个单独的 shell 过程调用该函数，
; 这样代码就不必在每次递归调用时保留它（以及 DivideBy10）使用的所有寄存器。

; 函数调用时:
; 栈: 包含八字的输入 / 输出参数（输入为被除数，输出为商）。
; RDI: 包含放置输出字符串的位置。

; 注意: 该函数在返回时，必须清理栈（参数）。

rcrsvOtoStr proc
value        equ     <[rbp + 16]>
remainder    equ     <[rbp - 8]>
             push    rbp
```

```
        mov rbp, rsp
        sub rsp, 8
        lea rcx, value
        callDivideBy10
        mov remainder, al

; 如果商（左边的值）不是 0，则递归调用此例程以输出高阶数字。

        mov rax, value
        or rax, value[8]
        jz allDone

        mov rax, value[8]
        push rax
        mov rax, value
        push rax
        call rcrsvOtoStr

allDone: mov al, remainder
        or al, '0'
        mov [rdi], al
        inc rdi
        leave
        ret 16                      ; 从栈中移除参数
rcrsvOtoStr endp

; 非递归 shell 调用上述例程，
; 因此无须在每次递归调用时保存所有寄存器。

; 调用函数时：
; RDX:RAX：包含需要输出的八字。
; RDI：保存字符串的缓冲区（至少 40 字节）。

otostr  proc
        push rax
        push rcx
        push rdx
        push rdi

; 0 的特殊情况：

        test rax, rax
        jnz not0
        test rdx, rdx
        jnz not0
        mov byte ptr [rdi], '0'
        inc rdi
        jmp  allDone

not0:   push rdx
        push rax
        call rcrsvOtoStr

; 在退出前，以零终止字符串：

allDone: mov byte ptr [rdi], 0
        pop rdi
        pop rdx
        pop rcx
        pop rax
        ret
```

```
otostr   endp

; 以下是“asmMain”函数的实现。

         public asmMain
asmMain  proc
         push rdi
         push rbp
         mov rbp, rsp
         sub rsp, 56      ; 影子存储器

; 由于所有的(x)toStr函数都会保留RDI,
; 因此我们只需要执行一次以下语句:

         lea rdi, buffer

; 将b0转换为字符串，并打印结果:

         mov rax, qword ptr b0
         mov rdx, qword ptr b0[8]
         call otostr

         lea rcx, fmtStr1
         lea rdx, buffer
         call printf

; 将b1转换为字符串，并打印结果:

         mov rax, qword ptr b1
         mov rdx, qword ptr b1[8]
         call otostr

         lea rcx, fmtStr2
         lea rdx, buffer
         call printf

; 将b2转换为字符串，并打印结果:

         mov rax, qword ptr b2
         mov rdx, qword ptr b2[8]
         call otostr

         lea rcx, fmtStr3
         lea rdx, buffer
         call printf

; 将b3转换为字符串，并打印结果:

         mov rax, qword ptr b3
         mov rdx, qword ptr b3[8]
         call otostr

         lea rcx, fmtStr4
         lea rdx, buffer
         call printf

; 将b4转换为字符串，并打印结果:

         mov rax, qword ptr b4
         mov rdx, qword ptr b4[8]
         call   otostr
```

```
        lea rcx, fmtStr5
        lea rdx, buffer
        call printf

        leave
        pop rdi
        ret             ; 返回到调用方
asmMain endp
        end
```

程序清单 9-7 的构建命令和程序输出结果如下所示：

```
C:\>build listing9-7

C:\>echo off
Assembling: listing9-7.asm
c.cpp

C:\>listing9-7
Calling Listing 9-7:
otoStr(0): string=0
otoStr(1234567890): string=1234567890
otoStr(2147483648): string=2147483648
otoStr(4294967296): string=4294967296
otoStr(FFF...FFFF):
string=340282366920938463463374607431768211455
Listing 9-7 terminated
```

遗憾的是，我们无法使用 fbstp 指令来提升该算法的性能，因为 fbstp 被限制使用在 80 位 BCD 值上。

9.1.6　将扩展精度有符号十进制值转换为字符串

实现了扩展精度无符号十进制数的输出例程，编写扩展精度有符号十进制数的输出例程就十分简单了。基本算法与前面给出的 64 位整数的算法相类似。

（1）检查数值的符号。

（2）如果为正，则调用无符号输出例程打印转换结果。如果为负，则先打印负号；然后对数值取反，并调用无符号输出例程来打印转换结果。

为了检查扩展精度整数的符号，可以测试数字的高阶位。为了对较大的值取反，最好的解决方案可能是用 0 减去该值。程序清单 9-8 是 i128toStr 函数的快速版本，其中利用了上一节中的 otoStr 例程。

注意：完整的程序清单 9-8 可以从以下网址获得：https://artofasm.randallhyde.com/。

程序清单 9-8　128 位有符号整数到字符串的转换

```
; i128toStr——将 128 位有符号整数转换为字符串。

; 输入：
; RDX:RAX：需要转换的有符号整数。
; RDI：指向接收字符串的缓冲区的指针。

i128toStr   proc
            push rax
            push rdx
            push  rdi

            test rdx, rdx  ; 判断数值是否为负
```

```
            jns notNeg

            mov byte ptr [rdi], '-'
            inc rdi
            neg rdx          ; 128 位取反
            neg rax
            sbb  rdx, 0

notNeg:     call otostr
            pop rdi
            pop rdx
            pop rax
            ret
i128toStr   endp
```

9.1.7　格式化转换

在前面几节中的代码中，使用最少的必要字符位，将有符号整数和无符号整数转换为字符串。为了良好地创建格式化值表，需要在实际打印数字之前，编写在数字字符串前面补充适当填充内容的函数。只要有了这些例程的“未格式化”版本，实现格式化版本就十分简单了。

第一步是编写 iSize 和 uSize 例程，以计算显示值所需的最小字符位数。实现该例程的一种算法类似于数值到字符串的转换例程。事实上，唯一的区别是，这里在进入例程（例如，非递归 shell 例程）时将计数器初始化为 0，然后在每次递归调用中递增该计数器，而不是输出一个数字。(如果数字为负，则不要忘记递增 iSize 中的计数器，因为必须考虑负号的输出。) 在计算完成后，这些例程应该返回 EAX 寄存器中操作数的大小。

上述转换方案存在的唯一的问题是速度较慢（因为使用递归和 div 指令，所以速度不是很快）。事实证明，简单地将整数值与 1、10、100、1000 等进行比较的暴力（brute force，也称为蛮力、穷举或枚举）版方法，其处理速度要快得多。下面是执行此操作的代码：

```
; uSize——确定保存 64 位数值到字符串的转换所需的字符位数量。

; 输入:
; RAX: 需要检查的数值。

; 返回值:
; RAX: 所需的字符位数量。

dig2        qword   10
dig3        qword   100
dig4        qword   1000
dig5        qword   10000
dig6        qword   100000
dig7        qword   1000000
dig8        qword   10000000
dig9        qword   100000000
dig10       qword   1000000000
dig11       qword   10000000000
dig12       qword   100000000000
dig13       qword   1000000000000
dig14       qword   10000000000000
dig15       qword   100000000000000
dig16       qword   1000000000000000
dig17       qword   10000000000000000
dig18       qword   100000000000000000
dig19       qword   1000000000000000000
```

```
dig20       qword   10000000000000000000

uSize       proc
            push rdx
            cmp rax, dig10
            jae ge10
            cmp rax, dig5
            jae ge5
            mov edx, 4
            cmp rax, dig4
            jae allDone
            dec edx
            cmp rax, dig3
            jae allDone
            dec edx
            cmp rax, dig2
            jae allDone
            dec edx
            jmp allDone

ge5:        mov edx, 9
            cmp rax, dig9
            jae allDone
            dec edx
            cmp rax, dig8
            jae allDone
            dec edx
            cmp rax, dig7
            jae allDone
            dec edx
            cmp rax, dig6
            jae allDone
            dec edx        ; 必须是 5
            jmp allDone

ge10:       cmp rax, dig14
            jae ge14
            mov edx, 13
            cmp rax, dig13
            jae allDone
            dec edx
            cmp rax, dig12
            jae allDone
            dec edx
            cmp rax, dig11
            jae allDone
            dec edx        ; 必须是 10
            jmp allDone

ge14:       mov edx, 20
            cmp rax, dig20
            jae allDone
            dec edx
            cmp rax, dig19
            jae allDone
            dec edx
            cmp rax, dig18
            jae allDone
            dec edx
            cmp rax, dig17
            jae allDone
```

```
            dec  edx
            cmp rax, dig16
            jae allDone
            dec edx
            cmp rax, dig15
            jae allDone
            dec  edx        ; 必须是 14

allDone:    mov rax, rdx    ; 返回统计的位数
            pop rdx
            ret
uSize       endp
```

对于有符号整数，可以使用以下代码：

```
; iSize——确定 64 位有符号整数所需的打印位数量。

iSize       proc
            test rax, rax
            js isNeg

            jmp uSize      ; 实际上是一次调用和返回

; 如果数字为负，则将其取反，调用 uSize 函数，
; 然后将结果的位数加 1（用于“-”字符）：

isNeg:      neg rax
            call uSize
            inc rax
            ret
iSize       endp
```

对于扩展精度大小的运算，暴力方法很快就会变得十分笨拙（64 位已经非常糟糕了）。最好的解决方案是将扩展精度值除以 10 的幂，例如，除以 1e+18），这将使数字的大小减少 18 位。重复该过程，直到商小于或等于 64 位为止（跟踪将该数字除以 1e+18 的次数）。当商在 64 位（19 或 20 个数字）的范围内时，调用 64 位 uSize 函数，并添加通过除法运算减去的数字位数（每除以一次 1e+18 就减去一次 18）。具体的实现方法作为练习题留给读者去完成。

实现了 iSize 和 uSize 例程后，编写格式化的输出例程 utoStrSize 或 itoStrSize 就十分简单了。在刚进入例程时，这些例程将调用相应的 iSize 或 uSize 例程来确定数字的字符位数。如果 iSize 或者 uSize 返回的值大于最小大小参数的值（传递到 utoStrSize 或 itoStrSize 中），则无须进行其他格式化。如果参数大小的值大于 iSize 或 uSize 返回的值，则程序必须计算这两个值之间的差，并在进行数字转换之前向输出字符串填充足够多的空格（或者其他填充字符）。程序清单 9-9 展示了 utoStrSize 和 itoStrSize 函数。

注意： 完整的程序清单 9-9 可以在以下网址获得：https://artofasm.randallhyde.com/。下面的程序清单中省略了实际的 utoStrSize 和 itoStrSize 函数之外的所有函数。

程序清单 9-9　格式化的整数到字符串的转换函数

```
; utoStrSize——将无符号整数转换为至少具有 minDigits 个字符位的格式化字符串。
;              如果实际的位数小于 minDigits，则该过程将插入
;              足够数量的“填充”字符，以扩展字符串的大小。

; 输入：
; RAX：需要转换为字符串的数值。
```

```
;  CL：minDigits（最小打印位数）。
; CH：填充字符。
; RDI：指向输出字符串的缓冲区指针。

utoStrSize  proc
            push rcx
            push rdi
            push rax
            call uSize      ; 获取实际的数字位数是否大于或等于最小字符数
            sub cl, al
            jbe justConvert

; 如果最小字符数大于实际的数字位数，则需要输出填充字符。

; 注意，上面这段代码使用了 sub 指令而不是 cmp 指令。
; 因此，CL 现在包含需要输出到字符串的填充字符数
;（此时 CL 始终为正，因为负结果和零结果会跳转到 justConvert）。

padLoop:    mov [rdi], ch
            inc rdi
            dec cl
            jne padLoop

; 字符串中已经添加了所有必要的填充字符。
; 调用 utoStr 函数将数值转换为字符串并附加到缓冲区：

justConvert:
            mov rax, [rsp]      ; 提取原始值
            call utoStr

            pop  rax
            pop rdi
            pop rcx
            ret
utoStrSize  endp

; itoStrSize——将有符号整数转换为至少具有 minDigits 个字符位的格式化字符串。
;             如果实际的位数小于 minDigits，则该过程将插入
;             足够数量的“填充”字符，以扩展字符串的大小。

; 输入：
; RAX：需要转换为字符串的数值。
; CL：minDigits（最小打印位数）。
; CH：填充字符。
; RDI：指向输出字符串的缓冲区指针。

itoStrSize  proc
            push rcx
            push rdi
            push rax
            call iSize          ; 获取实际的数字位数是否大于或等于最小字符数
            sub cl, al
            jbe justConvert

; 如果最小字符数大于实际的数字位数，则需要输出填充字符。

; 注意，上面这段代码使用了 sub 指令而不是 cmp 指令。
; 因此，CL 现在包含需要输出到字符串的填充字符数
;（此时 CL 始终为正，因为负结果和零结果会跳转到 justConvert）。

padLoop:    mov [rdi], ch
```

```
            inc rdi
            dec cl
            jne padLoop

; 字符串中已经添加了所有必要的填充字符。
; 调用 utoStr 函数将数值转换为字符串并附加到缓冲区中：

justConvert:
            mov rax, [rsp]      ; 提取原始值
            call itoStr
            pop rax
            pop rdi
            pop rcx
            ret
itoStrSize  endp
```

9.1.8 将浮点值转换为字符串

到目前为止，本章中出现的代码处理的是将整数值转换为字符串（通常用于向用户输出）的情况。将浮点值转换为字符串同样重要，本节将介绍这种转换的实现方法。

可以采用以下两种形式将浮点值转换为字符串。

- 十进制计数法转换（例如，± *xxx.yyy* 的格式）。
- 指数（或者科学）计数法转换（例如，± *x.yyyyy*e ± *zz* 的格式）。

无论最终输出格式如何，将浮点形式的值转换为字符串都需要两种不同的操作。首先，必须将尾数转换为适当的数字字符串。其次，必须将指数转换为数字字符串。

然而，这并不是将两个整数值转换为十进制字符串，并将它们合并（尾数和指数之间有一个 e）的简单情况。首先，尾数不是整数值，而是一个小数点固定的小数二进制值。如果简单地将尾数视为 *n* 位二进制值（其中 *n* 是尾数位数），那么大部分情况下会导致不正确的转换。其次，虽然指数差不多是一个整数值[⊖]，但指数代表的是 2 的幂，而不是 10 的幂。将 2 的幂显示为整数值不适用于十进制浮点表示。如何处理这两个问题（小数尾数和 2 的指数）是导致将浮点值转换为字符串具有复杂性的主要原因所在。

虽然 x86-64 有三种浮点格式，即单精度（32 位 real4）、双精度（64 位 real8）和扩展精度（80 位 real10），但 x87 FPU 在将值加载到 FPU 时会自动将 real4 和 real8 格式转换为 real10。因此，在转换过程中，针对所有浮点运算，通过使用 x87 FPU，我们只需编写将 real10 值转换为字符串形式的代码。

real10 浮点值包含一个 64 位的尾数。这个尾数不是 64 位的整数，而是大于 0 略小于 2 的一个值。第 63 位通常是 1。如果第 63 位为 0，则尾数是非规范化的，表示 0 到大约 3.65×10^{-4951} 之间的数值。

为了以十进制形式输出精度约为 18 位的尾数，处理方法是将浮点值连续乘以或除以 10，直到浮点值大于 1e+18 略小于 1e+19（即 9.9999…e+18）。只要指数在适当的范围内，尾数位就会形成一个 18 位整数值（没有小数部分），此时就可以（使用我们熟悉的 fbstp 指令）将其转换为十进制字符串，以获得构成尾数值的 18 位数字。在实践中，可以乘以或除以 10 的高次幂，以得到 1e+18 到 1e+19 范围内的值。这种实现方式更快（因为更少的浮点操作）也更准确（同样因为更少的浮点操作）。

注意：64 位整数可以生成略多于 18 位的有效数字（最大无符号 64 位值为 18 446 744

⊖　该值实际上是一个有偏的指数。然而，很容易将其转换成有符号的二进制整数。

073 709 551 615，或者 20 位），但 fbstp 指令只生成 18 位的结果。此外，将数值除以或乘以 10，使数值位于 1e+18 至 1e+19 范围的浮点操作序列将引入少量误差，导致 fbstp 指令不会产生完全准确的低阶数字。因此，将输出限制为 18 位有效数字是合理的。[⊖]

为了将指数转换为适当的十进制字符串，需要跟踪乘以 10 或者除以 10 的次数。每除以 10，十进制指数值就加 1；每乘以 10，十进制指数值就减 1。在这个过程结束后，从十进制指数值中减去 18（因为该过程所生成的值的指数为 18），然后将十进制指数值转换为字符串。

9.1.8.1　转换浮点数的指数

为了将指数转换为十进制数字字符串，可以使用以下算法。

（1）如果数字为 0.0，则直接生成尾数并输出字符串“ 000000000000000000”（注意字符串开头的空格）。

（2）将十进制指数初始化为 0。

（3）如果指数值为负，则输出一个负号字符（-），并对指数值取反；如果为正，则输出一个空格字符。

（4）如果指数的值（可能是取反后的结果）小于 1.0，则转至步骤（8）。

（5）正指数：将指数值依次与 10 的更低次幂进行比较，从大到小，依次为 10^{+4096}、10^{+2048}、10^{+1024}、…、10^0。每次比较后，如果当前值大于 10 的幂，则除以 10 的幂，然后将指数（10 的幂）4096、2048、…、0 累加到十进制指数值上。

（6）重复步骤（5），直到指数值为 0（即确保 1.0 ≤数值 <10.0）。

（7）转至步骤（10）。

（8）负指数：将数字依次与 10 的更高次幂进行比较，从小到大，依次为 10^{-4096}、10^{-2048}、10^{-1024}、…、10^0。每次比较后，如果当前值小于 10 的幂，则除以 10 的幂，然后从十进制指数值中减去指数（10 的幂）4096、2048、…、0。

（9）重复步骤（8），直到指数为 0（即确保 1.0 ≤数值 <10.0）。

（10）某些合法的浮点数太大，无法使用 18 位数字表示（例如，9 223 372 036 854 775 807 不超过 63 位，但需要超过 18 位的有效数字来表示）。具体来说，在 403A_DE0B_6B3A_763F_FF01h 到 403A_DE0B_6B3A_763F_FFFFh 范围内的值大于 999 999 999 999 999 999，但仍不超过 64 位尾数。fbstp 指令无法将这些值转换为压缩 BCD 值。

为了解决这个问题，代码应该显式测试这个数据范围内的值，并将这些值舍入到 1e+17（如果发生这种情况，则应该增加十进制指数值）。在某些情况下，值可能大于 1e+19。在这种情况下，最后一次除以 10.0 就可以解决问题。

（11）至此，浮点值就是一个可以由 fbstp 指令转换为压缩 BCD 值的合理数字，因此转换函数使用 fbstp 指令进行转换。

（12）最后，使用将数值转换为十六进制（BCD）的运算，将压缩 BCD 值转换为 ASCII 字符的字符串。

程序清单 9-10 提供了实现尾数到字符串的转换函数 FPDigits 的（简略版）代码和数据。FPDigits 函数将尾数转换为 18 位数字的序列，并返回 EAX 寄存器中的十进制指数值。该函数不会在字符串中任意放置小数点，也根本不会处理指数。

注意：完整的程序清单 9-10 可以在以下网址获得：https://artofasm.randallhyde.com/。

⊖ 大多数程序处理的是精度约为 16 位的 64 位双精度浮点值，因此在处理双精度值时，18 位的限制就足够了。

程序清单 9-10　浮点尾数到字符串的转换

```
            .data

            align 4

; TenTo17——保存值 1.0e+17。
;           用于将浮点数设置为 x.xxxxxxxxxxxxe+17。

TenTo17  real10  1.0e+17

; PotTblN——保存 10 的 0 次幂、10 的 -1 次幂、10 的 -2 次幂、…、10 的 -4096 次幂。
PotTblN     real10  1.0,
                    1.0e-1,
                    1.0e-2,
                    1.0e-4,
                    1.0e-8,
                    1.0e-16,
                    1.0e-32,
                    1.0e-64,
                    1.0e-128,
                    1.0e-256,
                    1.0e-512,
                    1.0e-1024,
                    1.0e-2048,
                    1.0e-4096

; PotTblP——保存 10 的 0 次幂、10 的 1 次幂、10 的 2 次幂、…、10 的 4096 次幂。

            align   4
PotTblP     real10  1.0,
                    1.0e+1,
                    1.0e+2,
                    1.0e+4,
                    1.0e+8,
                    1.0e+16,
                    1.0e+32,
                    1.0e+64,
                    1.0e+128,
                    1.0e+256,
                    1.0e+512,
                    1.0e+1024,
                    1.0e+2048,
                    1.0e+4096

; ExpTbl——整数，等价于上表中的幂。

            align   4
ExpTab      dword   0,
                    1,
                    2,
                    4,
                    8,
                    16,
                    32,
                    64,
                    128,
                    256,
                    512,
                    1024,
                    2048,
```

```
                4096
          .
          .
          .

*************************************************************
; FPDigits——用于将FPU栈（ST(0)）中的浮点数转换为数字字符串。

; 进入条件：
; ST(0)：需要转换的80位数值。
; 注意：代码要求2个空闲的FPU栈元素。
; RDI：指向FPDigits用来存储输出字符串的数组，该数组的大小至少为18字节。

; 退出条件：
; RDI：指向转换后的数字字符串。
; RAX：包含数值的指数。
; CL：包含尾数的符号（" "或者"-"）。
; ST(0)：从栈中弹出。

*************************************************************

P10TblN     equ  <real10 ptr [r8]>
P10TblP     equ  <real10 ptr [r9]>
xTab        equ  <dword ptr [r10]>

FPDigits    proc
            push rbx
            push rdx
            push rsi
            push r8
            push r9
            push r10

; 特殊情况：数值为0。

            ftst
            fstsw ax
            sahf
            jnz fpdNotZero

; 数值为0，作为特殊情况将其输出。

            fstp tbyte ptr [rdi]    ; 从FPU栈中弹出值
            mov rax, "00000000"
            mov [rdi], rax
            mov [rdi + 8], rax
            mov [rdi + 16], ax
            add rdi, 18
            xor edx, edx            ; 返回的指数为0
            mov bl, ' '             ; 符号为正
            jmp fpdDone

fpdNotZero:

; 如果数值不为0，则修正值的符号。

            mov bl, ' '       ; 假设值为正
            jnc WasPositive ; 上面sahf指令设置的标志位
            fabs              ; 仅处理正值
            mov bl, '-'       ; 设置返回结果的符号
```

```
WasPositive:

; 得到 1 到 10 之间的数字，这样就可以判断指数是多少。
; 首先检查一下指数为正还是为负。

            xor edx, edx    ; 将指数初始化为 0
            fld1
            fcomip st(0), st(1)
            jbe PosExp

; 至此，我们得到了一个介于 0 和 1 之间的值。
; 这意味着这个数值的指数为负。
; 重复将这个数值乘以 10 的适当次幂，直至得到处于 1 到 10 范围内的值。

            mov esi, sizeof PotTblN ; 在最后一个元素之后
            mov ecx, sizeof ExpTab  ; 同上
            lea r8, PotTblN
            lea r9, PotTblP
            lea r10, ExpTab

CmpNegExp:
            sub esi, 10     ; 移动到前一个元素
            sub ecx, 4      ; 置零高阶字节
            jz test1

            fld P10TblN[rsi * 1]  ; 获取 10 的当前次幂
            fcomip st(0), st(1)   ; 与 NOS 比较
            jbe CmpNegExp         ; 当 Table >= value 时

            mov eax, xTab[rcx * 1]
            test eax, eax
            jz didAllDigits

            sub edx, eax
            fld P10TblP[rsi * 1]
            fmulp
            jmp CmpNegExp

; 如果余数“正好”为 1.0，那么可以跳转到 InRange1_10;
; 否则，需要继续乘以 10.0，因为我们做得有点过头了。

test1:

            fld1
            fcomip st(0), st(1)
            je InRange1_10

didAllDigits:

; 运行到此处，
; 代表已经索引了 PotTblN 中的所有元素，因此必须停止。

            fld P10TblP[10] ; 10.0
            fmulp
            dec edx
            jmp InRange1_10

; 此时，我们得到了一个等于或大于 1 的数字。
; 再一次，我们的任务是获得介于 1 和 10 之间的值。

PosExp:
```

```
            mov esi, sizeof PotTblP ; 在最后一个元素之后
            mov ecx, sizeof ExpTab  ; 同上
            lea r9, PotTblP
            lea r10, ExpTab

CmpPosExp:
            sub esi, 10         ; 向后移动一个元素
            sub ecx, 4          ; PotTblP 和 ExpTbl
            fld P10TblP[rsi * 1]
            fcomip st(0), st(1)
            ja CmpPosExp;
            mov eax, xTab[rcx * 1]
            test eax, eax
            jz InRange1_10

            add edx, eax
            fld P10TblP[rsi * 1]
            fdivp
            jmp CmpPosExp

InRange1_10:

; 至此，数值范围：1 <= x < 10。
; 将其乘以 1e+18，
; 以将最高有效位放入第 18 个打印位置。
; 然后将结果转换为 BCD 值，并存储在内存中。

            sub rsp, 24         ; 为 BCD 结果留出空间
            fld TenTo17
            fmulp

; 我们需要检查浮点结果，
; 以确保它没超出可以合法转换为 BCD 值的范围。

; 不合法值的范围如下所示：
; >999 999 999 999 999 999 … <1 000 000 000 000 000 000
; $403a_de0b_6b3a_763f_ff01 … $403a_de0b_6b3a_763f_ffff
; 如果结果值位于上述不合法值的范围内，则将结果舍入到 $403a_de0b_6b3a_7640_0000：

            fstp real10 ptr [rsp]
            cmp word ptr [rsp + 8], 403ah
            jne noRounding

            cmp dword ptr [rsp + 4], 0de0b6b3ah
            jne noRounding

            mov eax, [rsp]
            cmp eax, 763fff01h
            jb noRounding;
            cmp eax, 76400000h
            jae TooBig

            fld TenTo17
            inc edx             ; 递增 exp，这实际上是 10^18
            jmp didRound

; 执行到此处，代表上面获取了 1 <= x <= 10
; 数据范围内的值存在问题，我们得到的是一个等于
; 或稍大于 10e+18 的值。需要对此进行修正。

TooBig:
```

```
            lea r9, PotTblP
            fld real10 ptr [rsp]
            fld P10TblP[10]    ; /10
            fdivp
            inc edx            ; 由于 fdiv，调整 exp
            jmp didRound

noRounding:
            fld real10 ptr [rsp]
didRound:
            fbstp tbyte ptr [rsp]

; 栈中的数据包含 18 个 BCD 数字。
; 将这些数据转换为 ASCII 字符，
; 并将转换的结果存储在 EDI 指向的目标位置。

            mov ecx, 8
repeatLp:
            mov al, byte ptr [rsp + rcx]
            shr al, 4          ; 总是位于 0 ~ 9 的数据范围
            or al, '0'
            mov [rdi], al
            inc rdi

            mov al, byte ptr [rsp + rcx]
            and al, 0fh
            or al, '0'
            mov [rdi], al
            inc rdi

            dec ecx
            jns repeatLp

            add rsp, 24        ; 从栈中移除 BCD 数据

fpdDone:

            mov eax, edx       ; 在 EAX 中返回指数
            mov cl, bl         ; 在 CL 中返回符号
            pop r10
            pop r9
            pop r8
            pop rsi
            pop rdx
            pop rbx
            ret
FPDigits    endp
```

9.1.8.2　将浮点值转换为十进制字符串

FPDigits 函数完成了将浮点值转换为使用十进制表示法的字符串所需的大部分工作：该函数将尾数转换为数字字符串，并提供十进制整数形式的指数。尽管十进制格式没有明确显示指数值，但将浮点值转换为十进制字符串的过程需要（十进制）指数值来确定小数点的位置。除了调用方提供的一些额外参数外，获取 FPDigits 函数的输出，并将其转换为适当格式的十进制数字字符串相对而言比较容易。

需要编写的最后一个函数是 r10ToStr，这是将 real10 值转换为字符串时调用的主函数。这是一个转换二进制浮点值的格式化输出函数，转换时使用标准格式化选项来控制输出宽度、小数点后的位数，以及在没有数字出现的地方写入的填充字符（通常填充字符是一个空

格）。调用 r10ToStr 函数需要以下参数：

- r10。需要转换为字符串的 real10 值（如果 r10 是 real4 或 real8 值，则在将其加载到 FPU 中时，FPU 会自动将其转换为 real10 值）。
- fWidth。字段宽度。这是字符串将占用的总字符位数。该计数包括符号（可以是空格或负号）占用的空间，但不包括字符串零终止字节所占用的空间。字段宽度必须大于 0，并且小于或等于 1024。
- decDigits。小数点右边的数字位数。该值必须至少比 fWidth 小 3，因为必须留出空间以容纳符号字符、小数点左侧的至少一个数字以及小数点。如果该值为 0，则转换例程将不会向字符串输出小数点。这是一个无符号值，如果调用方提供了一个负数，那么该过程会将其视为一个非常大的正值（并返回一个错误）。
- fill。填充字符。如果 r10ToStr 函数生成的数字字符串的字符数小于 fWidth，则该函数将右对齐输出字符串中的数值，并用该填充字符（通常是空格字符）填充最左边的字符。
- buffer。用于接收数字字符串的缓冲区。
- maxLength。缓冲区的大小（包括零终止字节）。如果转换例程试图创建大小大于 maxLength 的字符串（表示 fWidth 大于或等于此值），则它将返回错误。

字符串输出操作仅包含三个实际任务：正确定位小数点（如果存在），仅复制由 fWidth 值指定的数字，并将截断的数字舍入进输出数字。

舍入操作是上述过程中最有趣的部分。r10ToStr 函数在舍入之前将 real10 值转换为 ASCII 字符，因为转换后更容易对结果进行舍入。这也使得舍入操作需要在显示的最低有效位之后的（ASCII）数字上加 5。如果所得的和超过（字符）9，则舍入算法必须在显示的最低有效数字上加 1。如果总和超过 9，则算法必须从字符数字中减去（值）10，并在下一个最低有效位上加 1。重复进行该过程，直到达到最高有效位或直到给定数字没有进位为止（即和不超过 9）。在（罕见的）情况下，舍入冒泡算法将遍历所有的数字（例如，假设字符串为“9999999…9”），此时舍入算法必须将字符串替换为“10000…0”，并将十进制指数增加 1。

对于具有负指数和非负指数的值，将它们转换为字符串并输出的实现算法有所不同。负指数可能是最容易处理的。以下是输出具有负指数的值的算法。

（1）首先将 decDigits 加上 3。

（2）如果 decDigits 小于 4，则函数将其设置为 4，作为默认值[⊖]。

（3）如果 decDigits 大于 fWidth，则函数将向字符串输出 fWidth 个“#”字符，并返回。

（4）如果 decDigits 小于 fWidth，则向输出字符串输出 (fWidth − decDigits) 个填充字符（fill）。

（5）如果 r10 为负，则输出“-0.”到字符串；否则，输出“ 0.”到字符串（如果为非负，则在 0 前面有一个前导空格字符）。

（6）接下来，输出转换后的数字。如果字段宽度小于 21（18 加上用于前导字符“ 0.”或“ -0.”的 3），则函数将输出转换后的数字字符串中指定数量（fWidth）的字符。如果宽度大于 21，则函数将输出转换后的数字中所有的 18 位数字，并在其后加上填充字段宽度所

⊖ 这是因为小数值（指数为负时）总是包含一个前导负号字符（-）或空格字符、一个 0、一个小数点（.）以及至少一个数字，总共四个数字。

需数量的“0”字符。

（7）最后，函数以零终止字符串，并返回。

如果指数为正或0，则转换稍微复杂一些。首先，代码必须确定结果所需的字符位数。计算公式如下所示：

```
exponent + 2 + decDigits + (0 if decDigits is 0, 1 otherwise)
```

公式中的exponent（指数）值是小数点左边的位数（减1）。公式中之所以包含数字2，是因为符号字符（空格或负号）总是会占用一位，且小数点左边总是至少包含一个数字。公式中的decDigits是小数点后的位数。此外，如果存在小数点（也就是说，如果decDigits大于0），则该等式为3小数点字符加1。

一旦计算出所需的宽度，函数就会将该值与调用方提供的fWidth值进行比较。如果计算的结果值大于fWidth，则函数将输出fWidth个“#”字符并返回，否则函数将数字输出到输出字符串。

与负指数一样，代码首先确定数字是否会占用输出字符串中的所有字符位。如果不会，那么代码将计算fWidth和实际字符数之间的差值，并输出fill字符以填充数字字符串。接下来，代码输出一个空格或负号符号（取决于原始值的符号）。然后，函数输出小数点左边的数字（通过递减exponent值）。如果decDigits值不为零，则函数输出小数点字符和FPDigits生成的数字字符串中剩余的所有数字。如果函数超过FPDigits生成的18位数字（小数点之前或之后），则函数使用“0”字符填充其余的位置。最后，函数输出字符串的零终止字节，并返回给调用方。

程序清单9-11提供了r10ToStr函数的源代码。

注意： 完整的程序清单9-11可以在以下网址获得：https://artofasm.randallhyde.com/。限于篇幅，下面的程序清单只提供了实际的r10ToStr函数的实现代码。

程序清单9-11　r10ToStr转换函数

```
*********************************************************
; r10ToStr——将real10浮点数转换为相应的数字字符串。
;              请注意，此函数始终输出使用十进制表示法的字符串。
;              对于科学记数法，可以使用e10ToBuf例程。

; 进入时：
; r10：需要转换的real10值。
; 通过ST(0)传递。

; fWidth：数值的字段宽度
;（注意：这是“精确的”字段宽度，不是最小字段宽度）
; 通过EAX（RAX）传递。

; decimalpts：小数点后显示的数字位数。
; 通过EDX（RDX）传递。

; fill：当数字长度小于指定的字段宽度时，所使用的填充字符。
; 通过CL（RCX）传递。

; buffer：将结果字符存储在此字符串中。
; 通过RDI传递的地址。

; maxLength：最大字符串长度。
; 通过R8d（R8）传递。

; 退出时：
```

```
; 缓冲区包含新格式化的字符串。
; 如果格式化的值不符合指定的宽度，
; 则 r10ToStr 函数将在该字符串中存储“#”字符。

; Carry：如果成功，则清除进位标志位；如果发生异常，则设置进位标志位。
; 如果宽度大于缓冲区指定的字符串的最大长度，
; 则此例程返回时将设置进位标志位，
; 并且 RAX=-1、-2 或者 -3。
***********************************************************

r10ToStr    proc

; 局部变量：

fWidth     qu <dword ptr [rbp - 8]>       ; RAX：32 位无符号数
decDigits  equ <dword ptr [rbp - 16]>     ; RDX：32 位无符号数
fill       equ <[rbp - 24]>               ; CL：字符
bufPtr     equ <[rbp - 32]>               ; RDI：指针
exponent   equ <dword ptr [rbp - 40]>     ; 32 位无符号数
sign       equ <byte ptr [rbp - 48]>      ; 字符
digits     equ <byte ptr [rbp - 128]>     ; char[80]
maxWidth   = 64                           ; 必须小于 80 - 2

           push rdi
           push rbx
           push rcx
           push rdx
           push rsi
           push rax
           push rbp
           mov rbp, rsp
           sub rsp, 128       ; 128 字节的局部变量

; 首先，确保数值符合指定的字符串要求。

           cmp eax, r8d       ; R8d = 最大长度
           jae strOverflow

; 如果宽度为 0，则引发一个异常：

           test eax, eax
           jz voor            ; 值超过数据范围

           mov bufPtr, rdi
           mov qword ptr decDigits, rdx
           mov fill, rcx
           mov qword ptr fWidth, rax

; 如果宽度太大，则引发一个异常：

           cmp eax, maxWidth
           ja badWidth

; 接下来，开始执行转换。
; 首先处理尾数数字：

           lea rdi, digits     ; 在这里保存结果
           call FPDigits       ; 将 r80 转换为字符串
           mov exponent, eax   ; 保存指数结果
           mov   sign, cl      ; 保存尾数的符号字符

; 将数字字符串舍入到我们希望为该数值显示的有效位数：
```

```
            cmp    eax, 17
            jl     dontForceWidthZero
            xor    rax, rax      ; 如果指数为负或太大，则设置宽度为 0

dontForceWidthZero:
            mov rbx, rax        ; 实际上仅 8 位
            add ebx, decDigits  ; 计算舍入位
            cmp ebx, 17
            jge dontRound       ; 如果遇到一个大数值，则跳过

; 为将值舍入到有效位数，
; 转到正在处理的最后一个数字之后的数字（EAX 当前包含小数位数），
; 然后将该数字加上 5。
; 将任何溢出保存到剩余的数字位。

            inc ebx             ; 最后一个有效数字的索引 + 1
            mov al, digits[rbx * 1] ; 获取数字
            add al, 5           ; 舍入（例如，+ 0.5）
            cmp al, '9'
            jbe dontRound

            mov digits[rbx * 1], '0' + 10 ; 强制为 0

whileDigitGT9:                  ;（参见下面的“sub 10”）
            sub digits[rbx * 1], 10      ; 减去溢出，
            dec ebx                      ; 进位到前一个数字
            js hitFirstDigit             ; 数字（直到 # 中的第一个数字）
            inc digits[rbx * 1]
            cmp digits[rbx], '9'         ; 如果大于“9”，则溢出
            ja whileDigitGT9
            jmp dontRound

hitFirstDigit:

; 执行到此处，表示已经到达了数值的第 1 位。
; 所以我们必须将字节字符串中的所有字符下移一位，
; 并在第一个字符的位置放置一个“1”。

            mov    ebx, 17

repeatUntilEBXeq0:
            mov al, digits[rbx * 1]
            mov digits[rbx * 1 + 1], al
            dec ebx
            jnz repeatUntilEBXeq0

            mov digits, '1'
            inc exponent        ; 因为增加了一个数字

dontRound:

; 分别处理正指数和负指数。

            mov rdi, bufPtr     ; 在这里存储输出结果
            cmp exponent, 0
            jge positiveExponent

; 负指数：
; 这里处理介于 0 和 1.0 之间的值（负指数表示 10 的负次幂）。

; 计算数值的宽度。
```

```
; 由于该值介于0和1之间，所以宽度计算很容易：
; 只是将指定的十进制位数加上3
;(因为我们需要为前导“-0.”留出空间)。

            mov ecx, decDigits
            add ecx, 3
            cmp ecx, 4
            jae minimumWidthIs4

            mov ecx, 4          ; 最小可能的宽度为4

minimumWidthIs4:
            cmp ecx, fWidth
            ja widthTooBig

; 该数值适合指定的字段宽度，
; 因此输出任何必要的前导字符。

            mov al, fill
            mov edx, fWidth
            sub edx, ecx
            jmp testWhileECXltWidth

whileECXltWidth:
            mov [rdi], al
            inc rdi
            inc ecx

testWhileECXltWidth:
              cmp   ecx, fWidth
              jb    whileECXltWidth

; 根据数值的符号，输出“0.””或者“-0.”。

            mov al, sign
            cmp al, '-'
            je isMinus

            mov al, ' '
isMinus:    mov [rdi], al
            inc rdi
            inc edx

            mov word ptr [rdi], '.0'
            add rdi, 2
            add edx, 2

; 现在输出小数点后的数字：

            xor ecx, ecx     ; 在ECX中对数字的个数进行计数
            lea rbx, digits ; 指向输出数据的指针

; 如果当前指数为负，或者如果输出超过18个的有效数字，
; 那么只需输出一个零字符。

repeatUntilEDXgeWidth:
            mov al, '0'
            inc exponent
            js noMoreOutput

            cmp ecx, 18
```

```
            jge noMoreOutput

            mov al, [rbx]
            inc ebx

noMoreOutput:
            mov [rdi], al
            inc rdi
            inc ecx
            inc edx
            cmp edx, fWidth
            jb repeatUntilEDXgeWidth
            jmp r10BufDone

; 如果数字的实际宽度大于调用方指定的宽度，
; 则输出一系列“#”字符来表示错误。

widthTooBig:

; 数字的长度超过指定的字段宽度，
; 因此在字符串中填入“#”字符，以指示错误。

            mov ecx, fWidth
            mov al, '#'
fillPound:  mov [rdi], al
            inc rdi
            dec ecx
            jnz fillPound
            jmp r10BufDone

; 这里处理指数为正的数值的情况。

positiveExponent:

; 计算小数点“.”左边的数字的个数。
; 计算方法如下:

;               Exponent        ; “.”左边的数字的个数
;           +   2               ; 允许符号，因此“.”左边总是有1位数字
;           +   decimalpts      ; 加上“.”右边的数字
;           +   1               ; 如果包含一个小数点

          mov edx, exponent     ; “.”左边的数字的个数
          add edx, 2            ; 1位 + 符号位
          cmp decDigits, 0
          je decPtsIs0

          add edx, decDigits    ; “.”右边的数字的个数
          inc edx               ; 为“.”保留位置

decPtsIs0:

; 确保结果符合指定的字段宽度。

          cmp edx, fWidth
          ja widthTooBig

; 如果实际打印位置数小于指定的字段宽度，
; 则在此处输出前导填充字符。

          cmp edx, fWidth
```

```
        jae noFillChars

        mov ecx, fWidth
        sub ecx, edx
        jz noFillChars
        mov al, fill
fillChars: mov [rdi], al
        inc rdi
        dec ecx
        jnz fillChars

noFillChars:

; 输出符号字符。

        mov al, sign
        cmp al, '-'
        je outputMinus;

        mov al, ' '
outputMinus:
        mov [rdi], al
        inc rdi

; 这里输出数值的数字。

        xor ecx, ecx           ; 统计输出字符的数量
        lea rbx, digits        ; 指向输出数字的指针

; 计算小数点前后要输出的位数。

        mov edx, decDigits     ; 小数点后的字符个数
        add edx, exponent      ; 小数点前的字符个数
        inc edx                ; 小数点前总是包含一个数字

; 如果输出的数字少于 18 位，则继续并输出下一个数字。
; 如果超过 18 位，则输出零。

repeatUntilEDXeq0:
        mov al, '0'
        cmp ecx, 18
        jnb putChar

        mov al, [rbx]
        inc rbx

putChar: mov [rdi], al
        inc rdi

; 如果指数递减为零，则输出一个小数点。

        cmp exponent, 0
        jne noDecimalPt
        cmp decDigits, 0
        je noDecimalPt

        mov al, '.'
        mov [rdi], al
        inc rdi

noDecimalPt:
        dec exponent           ; 倒数到“.”
```

```
        inc ecx             ; 至此输出的数字个数
        dec edx             ; 输出的总数字个数
        jnz repeatUntilEDXeq0

; 以零终止字符串，并退出：

r10BufDone: mov byte ptr [rdi], 0
        leave
        clc                 ; 没有错误
        jmp popRet

badWidth: mov rax, -2       ; 非法宽度
        jmp ErrorExit

strOverflow:
        mov rax, -3         ; 字符串溢出
        jmp ErrorExit

voor: or rax, -1            ; 范围错误
ErrorExit: leave
        stc                 ; 错误
        mov [rsp], rax      ; 返回时，修改 RAX

popRet: pop rax
        pop rsi
        pop rdx
        pop rcx
        pop rbx
        pop rdi
        ret

r10ToStr endp
```

9.1.8.3　将浮点数值转换为指数形式

将浮点数值转换为指数（科学记数法）形式比将其转换为十进制形式要容易一些。尾数总是采用 *sx.y* 的形式，其中 *s* 是负号或空格，*x* 正好是一个十进制数字，*y* 是一个或多个十进制数字。FPDigits 函数几乎完成了创建该字符串需要的所有工作。指数转换函数需要输出带有符号和小数点字符的尾数字符串，然后输出数字的十进制指数。指数值（FPDigits 函数在 EAX 寄存器中返回的十进制整数）到字符串的转换，就是本章前面给出的数值到十进制字符串的转换，只是使用不同的输出格式。

本章介绍的函数允许我们将指数的位数指定为 1、2、3 或 4。如果指数需要的位数超过调用方指定的位数，则函数返回一个错误信息。如果需要的位数少于调用方指定的位数，则该函数会在指数前填充前导 0。为了模拟典型的浮点数值转换形式，为单精度数值指定 2 的指数位数，为双精度数值指定 3 的指数位数，为扩展精度数值指定 4 的指数位数。

程序清单 9-12 提供了一个实现数值转换的函数框架，该函数将十进制指数值转换为适当的字符串形式，并将该字符串输出到缓冲区。此函数使 RDI 指向最后一个指数数字之后的数字，并且不以零终止字符串。这个函数实际上只是一个辅助函数，用于为程序清单 9-13 中的 e10ToStr 函数输出字符。

注意： 完整的程序清单 9-12 可以在以下网址获得：https://artofasm.randallhyde.com/。限于篇幅，下面的清单只提供了实际的 expToBuf 函数。

程序清单 9-12　指数转换函数

```
;*************************************************************
; expToBuf——缓冲区中的无符号整数。
```

```
; 用于输出最多4位指数。

; 输入:
; EAX: 要转换的无符号整数。
; ECX: 打印宽度1~4。
; RDI: 指向缓冲区的指针。

; FPU: 使用FPU栈。

; 返回:
; RDI: 指向缓冲区末尾的指针。

expToBuf proc

expWidth    equ <[rbp + 16]>
exp         equ <[rbp + 8]>
bcd         equ <[rbp - 16]>

            push rdx
            push rcx        ; 位于[rbp + 16]处
            push rax        ; 位于[rbp + 8]处
            push rbp
            mov rbp, rsp
            sub rsp, 16

; 验证指数数字计数是否位于范围1~4内:

            cmp rcx, 1
            jb badExp
            cmp rcx, 4
            ja badExp
            mov rdx, rcx

; 验证实际指数是否不超过数字的位数:

            cmp rcx, 2
            jb oneDigit
            je twoDigits
            cmp rcx, 3
            ja fillZeros        ; 4位数字，没有错误
            cmp eax, 1000
            jae badExp
            jmp fillZeros

oneDigit:   cmp eax, 10
            jae badExp
            jmp fillZeros

twoDigits:  cmp eax, 100
            jae badExp

; 在指数中填充0:

fillZeros:  mov byte ptr [rdi + rcx * 1 - 1], '0'
            dec ecx
            jnz fillZeros

; 将RDI指向缓冲区的末尾:

            lea rdi, [rdi + rdx * 1 - 1]
            mov byte ptr [rdi + 1], 0
```

```
            push rdi                    ; 保存指向末尾的指针

; 快速测试 0，以处理特殊情况：

            test eax, eax
            jz allDone

; 要转换的数字不是 0。
; 使用 BCD 加载和存储，以将整数转换为 BCD：

            fild dword ptr exp          ; 获取整数值
            fbstp tbyte ptr bcd         ; 转换为 BCD

; 首先跳过 BCD 值中的前导 0
;（最多 10 位，因此最高有效位将位于第 4 字节的高阶半字节）。

            mov eax, bcd                ; 获取指数数字
            mov ecx, expWidth           ; 全部数字的个数

OutputExp:  mov dl, al
            and dl, 0fh
            or dl, '0'
            mov [rdi], dl
            dec rdi
            shr ax, 4
            jnz OutputExp

; 以零终止字符串，并返回：

allDone:    pop rdi
            leave
            pop rax
            pop rcx
            pop rdx
            clc
            ret

badExp:     leave
            pop rax
            pop rcx
            pop rdx
            stc
            ret

expToBuf    endp
```

程序清单 9-13 中实际的 e10ToStr 函数与 r10ToStr 函数类似。尾数的输出并不复杂，因为形式是固定的，但最后输出指数时还需要额外的处理。有关此代码中操作的详细信息，请参阅 9.1.8 节的相关内容。

注意： 完整的程序清单 9-13 可以在以下网址获得：https://artofasm.randallhyde.com/。限于篇幅，以下程序清单中仅提供了实际的 e10ToStr 函数。

程序清单 9-13　e10ToStr 转换函数

```
***********************************************************
; e10ToStr——将 real10 浮点数转换为相应的数字字符串。
; 请注意，此函数使用科学记数法输出字符串。
; 要输出由十进制表示法表示的字符串，请使用 r10ToStr 例程。

; 进入时：
```

```
; e10：要转换的real10值。
; 通过ST(0)传递。

; fWidth：数值的字段宽度
;（注意：这是“精确的”字段宽度，不是最小字段宽度）。
; 通过RAX（低阶32位）传递。

; fill：当数字小于指定的字段宽度时，使用的填充字符。
; 通过RCX传递。

; buffer：将结果字符存储在此缓冲区中。
; 通过RDI传递的地址。

; expDigs：指数数字的个数（real4时为2、real8时为3、real10时为4）。
; 通过RDX传递（低阶8位）。

; maxLength：最大缓冲区大小。
; 通过R8传递。

; 退出时：

; RDI：执行转换后的字符串的末尾。

; 缓冲区包含新格式化的字符串。
; 如果格式化的值不符合指定的宽度，
; 则e10ToStr将在该字符串中存储“#”字符。

; 如果存在错误，那么EAX 包含-1、-2、-3，
; 分别表示错误：值超出范围、错误宽度、字符串溢出。
**********************************************************
; 与整数到字符串的转换不同，此例程始终右对齐指定字符串中的数字。
; 宽度必须是正数，负值是非法的
;（实际上，负数被视为“真的”大正数，总是会引发字符串溢出异常）。
**********************************************************

e10ToStr  proc
fWidth    equ <[rbp - 8]>     ; RAX
buffer    equ <[rbp - 16]>    ; RDI
expDigs   equ <[rbp - 24]>    ; RDX
rbxSave   equ <[rbp - 32]>
rcxSave   equ <[rbp - 40]>
rsiSave   equ <[rbp - 48]>
Exponent  equ <dword ptr [rbp - 52]>
MantSize  equ <dword ptr [rbp - 56]>
Sign      equ <byte ptr [rbp - 60]>
Digits    equ <byte ptr [rbp - 128]>

          push rbp
          mov rbp, rsp
          sub rsp,128

          mov buffer, rdi
          mov rsiSave, rsi
          mov rcxSave, rcx
          mov rbxSave, rbx
          mov fWidth, rax
          mov expDigs, rdx

          cmp eax, r8d
          jae strOvfl
          mov byte ptr [rdi + rax * 1], 0 ; 零终止字符串
```

```
; 首先，确保宽度不为 0。

            test eax, eax
            jz voor

; 为了安全，不允许宽度超过 1024:

            cmp eax, 1024
            ja badWidth

; 接下来，开始执行转换。

            lea rdi, Digits      ; 在这里保存结果字符串
            call FPDigits        ; 将 e80 转换为数字字符串
            mov Exponent, eax    ; 保存指数结果
            mov Sign, cl         ; 保存尾数的符号字符

; 验证是否有足够的空间来保存尾数符号、小数点、两个尾数数字、“E”和指数符号。
; 还要加上指数所需的数字位数（real4 时为 2，real8 时为 3，real10 时为 4）。

; -1.2e+00    :real4
; -1.2e+000   :real8
; -1.2e+0000  :real10

            mov ecx, 6           ; 上述字符的字符位置
            add ecx, expDigs     ; 指数的数字个数
            cmp ecx, fWidth
            jbe goodWidth

; 如果宽度值太小，导致无法容纳转换的结果，
; 那么输出一系列字符“#…#”:

              mov     ecx, fWidth
              mov     al, '#'
              mov     rdi, buffer
fillPound:    mov     [rdi], al
              inc     rdi
              dec     ecx
              jnz     fillPound
              jmp     exit_eToBuf

; 现在，宽度足够容纳这个数字，
; 那么开始进行转换并输出字符串:

goodWidth:

            mov ebx, fWidth      ; 计算要显示的尾数数字的个数
            sub ebx, ecx
            add ebx, 2           ; ECX 允许 2 个尾数数字
            mov MantSize,ebx

; 将数字舍入到指定的打印位数。
;（注意：由于最多有 18 位有效数字，
; 因此如果字段宽度大于 18 位，则请不要执行舍入操作。）

            cmp ebx, 18
            jae noNeedToRound

; 要将该值舍入到有效位数，
; 转到正在处理的最后一个数字之后的数字（EAX 当前包含小数位数），
; 然后将该数字加上 5。将任何溢出保存到剩余的数字位。
```

```
            mov al, Digits[rbx * 1] ; 获取最低有效位 + 1
            add al, 5               ; 舍入(例如, + 0.5)
            cmp al, '9'
            jbe noNeedToRound
            mov Digits[rbx * 1], '9' + 1
            jmp whileDigitGT9Test

whileDigitGT9:

; 减去溢出并将进位加到前一位
;(除非碰到数字中的第一位)。

            sub Digits[rbx * 1], 10
            dec ebx
            cmp ebx, 0
            jl firstDigitInNumber

            inc Digits[rbx * 1]
            jmp whileDigitGT9Test

firstDigitInNumber:

; 执行到此处，表示已经到达了数值的第 1 位。
; 所以我们必须将字节字符串中的所有字符下移一位，
; 并在第一个字符的位置放置一个“1”。

            mov ebx, 17

repeatUntilEBXeq0:
            mov al, Digits[rbx * 1]
            mov Digits[rbx * 1 + 1], al
            dec ebx
            jnz repeatUntilEBXeq0

            mov Digits, '1'
            inc Exponent            ; 因为增加了一个数字
            jmp noNeedToRound

whileDigitGT9Test:
            cmp Digits[rbx], '9'  ; 如果字符 > “9”，则溢出
            ja whileDigitGT9

noNeedToRound:

; 至此，可以输出字符串。
; 这非常简单，只需要从 digits 数组中复制数据，
; 并添加一个指数(加上一些其他简单字符)。

            xor ecx, ecx            ; 统计输出尾数的数字个数
            mov rdi, buffer
            xor edx, edx            ; 统计输出字符的个数
            mov al, Sign
            cmp al, '-'
            je noMinus

            mov al, ' '

noMinus:    mov [rdi], al

; 如果要输出的尾数数字超过两个，
; 则输出第一个字符和后面的小数点。
```

```
            mov al, Digits
            mov [rdi + 1], al
            add rdi, 2
            add edx, 2
            inc  ecx
            cmp ecx, MantSize
            je noDecPt

            mov al, '.'
            mov [rdi], al
            inc rdi
            inc edx

noDecPt:

; 在这里输出剩余的尾数数字。
; 请注意，如果调用方请求输出超过 18 位数字，
; 则此例程将输出 0 作为额外的数字。

            jmp whileECXltMantSizeTest

whileECXltMantSize:

            mov al, '0'
            cmp ecx, 18
            jae justPut0

            mov al, Digits[rcx * 1]

justPut0:
            mov [rdi], al
            inc rdi
            inc ecx
            inc edx

whileECXltMantSizeTest:
            cmp ecx, MantSize
            jb whileECXltMantSize

; 输出指数:

            mov byte ptr [rdi], 'e'
            inc rdi
            inc edx
            mov al, '+'
            cmp Exponent, 0
            jge noNegExp

            mov al, '-'
            neg Exponent

noNegExp:
            mov [rdi], al
            inc rdi
            inc edx

            mov eax, Exponent
            mov ecx, expDigs
            call expToBuf
            jc error
```

```
exit_eToBuf:
          mov rsi, rsiSave
          mov rcx, rcxSave
          mov rbx, rbxSave
          mov rax, fWidth
          mov rdx, expDigs
          leave
          clc
          ret

strOvfl:  mov rax, -3
          jmp error

badWidth: mov rax, -2
          jmp error

voor:     mov rax, -1
error:    mov rsi, rsiSave
          mov rcx, rcxSave
          mov rbx, rbxSave
          mov rdx, expDigs
          leave
          stc
          ret

e10ToStr  endp
```

9.2 字符串到数值的转换例程

在将数值转换为字符串的例程与将字符串转换为数值的例程之间，存在两个基本区别。首先，数值到字符串的转换通常不会出错[⊖]。其次，字符串到数值的转换必须处理实际上可能发生的错误（例如，非法字符和数值溢出等）。

典型的数值输入操作包括从用户处读取字符串，然后将该字符串转换为内部数值表示。例如，在 C++ 语言中，类似“cin >> i32;”的语句从用户处读取一行文本，并将该行文本开头的数字序列转换为 32 位有符号整数（假设 i32 是 32 位的整数对象）。语句“ cin >> i32;”会跳过字符串中可能位于实际数字字符之前的某些字符，如前导空格字符。输入字符串还可能包含数字输入末尾之外的其他数据（例如，可能从同一输入行读取两个整数值），因此输入转换例程必须确定数值数据在输入流中的结束位置。

通常情况下，C++ 通过从分隔符（delimiter）字符集中查找字符来实现这一点。分隔符字符集可以由“非数字的任何字符”组成，也可以是空白字符集（空格、制表符等），还可以是一些其他字符，例如逗号（,）或其他标点符号。为了举例说明，本节中的代码假定数字之前可能包含前导空格或制表符（ASCII 代码 9），转换将在遇到的第一个非数字字符时停止。以下是可能的错误情况。

- 字符串开头（空格或制表符后）完全没有数字。
- 数字字符串对于预期的数字大小（例如，64 位）来说太大。

由调用方确定数字字符串是否以无效字符结尾（从函数调用返回时）。

9.2.1 将十进制字符串转换为整数

这里描述的是将包含十进制数字的字符串转换为数值的基本算法。

⊖ 前提是假设已经分配了足够大的缓冲区，这样转换例程就不会在缓冲区的末尾以外写入数据。

（1）将累加器变量的值初始化为 0。
（2）跳过字符串中的前导空格或制表符。
（3）获取空格或制表符后的第一个字符。
（4）如果字符不是数字，则返回错误。如果字符是数字，则转至步骤（5）。
（5）将数字字符转换为数值（使用“AND 0Fh”指令）。
（6）将累加器设置为：累加器 =（累加器 ×10）+ 当前数值。
（7）如果发生溢出，则返回并报告错误信息。如果没有发生溢出，则进入步骤（8）。
（8）从字符串中提取下一个字符。
（9）如果字符是数字，则返回到步骤（5），否则进入步骤（10）。
（10）返回成功，累加器包含转换后的数值。

如果输入为有符号整数，那么可以使用相同的转换算法，只是要进行以下修改。

- 如果第一个非空格或制表符字符是负号（-），则应将标志位设置为 1，表示该数值为负数，并跳过“-”字符（如果第一个字符不是“-”，则清除标志位）。
- 在成功结束转换后，如果标志位为 1，则在返回前对整数结果取反（在进行取反操作时，需要检查是否溢出）。

程序清单 9-14 实现了上述转换算法。

程序清单 9-14　字符串到数值的转换

```
; 程序清单 9-14
; 字符串到数值的转换。

        option  casemap:none

false     =     0
true      =     1
tab       =     9
nl        =     10

          .const
ttlStr    byte      "Listing 9-14", 0
fmtStr1   byte      "strtou: String='%s'", nl
          byte      "value=%I64u", nl, 0

fmtStr2   byte      "Overflow: String='%s'", nl
          byte      "value=%I64x", nl, 0

fmtStr3   byte      "strtoi: String='%s'", nl
          byte      " value=%I64i",nl, 0

unexError byte      "Unexpected error in program", nl, 0

value1    byte      " 1", 0
value2    byte      "12 ", 0
value3    byte      " 123 ", 0
value4    byte      "1234", 0
value5    byte      "1234567890123456789", 0
value6    byte      "18446744073709551615", 0
OFvalue   byte      "18446744073709551616", 0
OFvalue2  byte      "999999999999999999999", 0

ivalue1   byte      " -1", 0
ivalue2   byte      "-12 ", 0
ivalue3   byte      " -123 ", 0
```

```
ivalue4   byte     "-1234", 0
ivalue5   byte     "-1234567890123456789", 0
ivalue6   byte     "-9223372036854775807", 0
OFivalue  byte     "-9223372036854775808", 0
OFivalue2 byte     "-99999999999999999999", 0

          .data
buffer    byte     30 dup (?)

          .code
          externdef printf:proc

; 返回程序标题到 C++ 程序：

          public getTitle
getTitle  proc
          lea rax, ttlStr
          ret
getTitle  endp

; strtou——将字符串数据转换为 64 位无符号整数。

; 输入：
; RDI：指向包含要转换的字符串的缓冲区。

; 输出：
; RAX：如果转换成功，则包含转换后的字符串；
; 如果发生错误，则包含错误代码。

; RDI：指向数值字符串之后的第一个字符。
; 如果发生错误，则 RDI 的值恢复到原始值。
; 在成功转换之后，调用方可以检查位于 [RDI] 处的字符，
; 以查看数值数字之后的字符是否为合法的数值分隔符。

; C：（进位标志位）如果发生错误，则设置进位标志位；
; 如果转换成功，则清除进位标志位。
; 发生错误时，RAX 包含 0（非法初始字符），或 0FFFFFFFFFFFFFFFFh（溢出）。

strtou    proc
          push rdi          ; 万一我们必须恢复 RDI
          push rdx          ; 被 mul 占用
          push rcx          ; 保存输入字符
          xor edx, edx      ; 零扩展！
          xor eax, eax      ; 零扩展！

; 以下循环跳过字符串开始位置的空白符（空格或制表符）。

          dec rdi           ; 因为下面的 inc 指令
skipWS:   inc rdi
          mov cl, [rdi]
          cmp cl, ' '
          je skipWS
          cmp al, tab
          je skipWS

; 如果此处没有任何数值数字，则返回一个错误。

          cmp cl, '0'       ; 注意："0" < "1" < … < "9"
          jb badNumber
          cmp cl, '9'
          ja badNumber
```

```
; 可以看出，第一个数字没问题。接下来将数字字符串转换为数值形式：

convert:  and ecx, 0fh      ; 转换成数值，在 RCX 中
          mul ten           ; 累加器 *= 10
          jc overflow
          add rax, rcx      ; 累加器 += digit
          jc overflow
          inc rdi           ; 移动到下一个字符
          mov cl, [rdi]
          cmp cl, '0'
          jb endOfNum
          cmp cl, '9'
          jbe convert

; 执行到此处，表示成功地将字符串转换为了数值形式：

endOfNum: pop rcx
          pop rdx

; 由于转换成功，因此 RDI 指向转换所得数字之后的第一个字符。
; 因此，我们不从栈中恢复 RDI。
; 只需将栈指针增加 8 字节，即可丢弃栈中保存的 RDI 的值。

          add rsp, 8
          clc               ; 在进位标志位中，返回成功代码
          ret

; badNumber：如果字符串的第一个字符为无效数字，则执行下面的代码。

badNumber: mov rax, 0
          pop rcx
          pop rdx
          pop rdi
          stc               ; 在进位标志位中，返回错误代码
          ret

overflow: mov rax, -1       ; 0FFFFFFFFFFFFFFFFh
          pop rcx
          pop rdx
          pop rdi
          stc               ; 在进位标志位中，返回错误代码
          ret

ten       qword   10

strtou    endp

; strtoi——将字符串数据转换为 64 位有符号整数。

; 输入：
; RDI：指向包含要转换的字符串的缓冲区。

; 输出：
; RAX：如果转换成功，则包含转换后的字符串；
; 如果发生错误，则包含错误代码。

; RDI：指向数值字符串之后的第一个字符。
; 如果发生错误，则 RDI 的值恢复到原始值。
; 在成功转换之后，调用方可以检查位于 [RDI] 处的字符，
; 以查看位于数值数字之后的字符是否为合法的数值分隔符。
```

```
; C：(进位标志位) 如果发生错误，则设置进位标志位；
; 如果转换成功，则清除进位标志位。
; 发生错误时，RAX 包含 0 (非法初始字符)，或 0FFFFFFFFFFFFFFFFh (溢出)。

strtoi    proc
negFlag   equ <byte ptr [rsp]>
          push rdi                  ; 万一我们必须恢复 RDI
          sub rsp, 8

; 假设数值为非负数值。

          mov negFlag, false

; 以下循环跳过字符串开始位置的空白符 (空格或制表符)。

          dec rdi                   ; 因为下面的 inc 指令
skipWS:   inc rdi
          mov al, [rdi]
          cmp al, ' '
          je skipWS
          cmp al, tab
          je  skipWS

; 如果遇到的第一个字符为 "-",
; 那么跳过该字符，但要记住该数值为负数。

          cmp al, '-'
          jne notNeg
          mov negFlag, true
          inc rdi                   ; 跳过 "-"

notNeg:   call strtou               ; 将字符串转换为整数
          jc hadError

; strtou 成功返回。检查标志位，
; 如果标志位为 1，则对输入值取反。

          cmp negFlag, true
          jne itsPosOr0

          cmp rax, tooBig           ; 数值太大
          ja overflow
          neg rax
itsPosOr0: add rsp, 16              ; 转换成功，因此无须恢复 RDI
          clc                       ; 在进位标志位中，返回成功代码
          ret

; 如果发生了错误，则需要用栈中保存的值恢复 RDI:

overflow: mov rax, -1               ; 指示溢出
hadError: add rsp, 8                ; 移除局部变量
          pop rdi
          stc                       ; 在进位标志位中，返回错误代码
          ret

tooBig    qword 7fffffffffffffffh
strtoi    endp

; 以下是 "asmMain" 函数的实现。

          public asmMain
```

```
asmMain     proc
            push rbp
            mov rbp, rsp
            sub rsp, 64                     ; 影子存储器

; 测试无符号转换：

            lea rdi, value1
            call strtou
            jc UnexpectedError

            lea rcx, fmtStr1
            lea rdx, value1
            mov r8, rax
            call printf

            lea rdi, value2
            call strtou
            jc UnexpectedError

            lea rcx, fmtStr1
            lea rdx, value2
            mov r8, rax
            call printf

            lea rdi, value3
            call strtou
            jc UnexpectedError

            lea rcx, fmtStr1
            lea rdx, value3
            mov r8, rax
            call printf

            lea rdi, value4
            call strtou
            jc UnexpectedError

            lea rcx, fmtStr1
            lea  rdx, value4
            mov r8, rax
            call printf

            lea rdi, value5
            call strtou
            jc UnexpectedError

            lea rcx, fmtStr1
            lea rdx, value5
            mov r8, rax
            call printf

            lea rdi, value6
            call strtou
            jc UnexpectedError

            lea rcx, fmtStr1
            lea rdx, value6
            mov r8, rax
            call printf
```

```
            lea rdi, OFvalue
            call strtou
            jnc UnexpectedError
            test rax, rax                   ; 溢出时，非零
            jz UnexpectedError

            lea rcx, fmtStr2
            lea rdx, OFvalue
            mov r8, rax
            call printf

            lea rdi, OFvalue2
            call strtou
            jnc UnexpectedError
            test rax, rax                   ; 溢出时，非零
            jz UnexpectedError

            lea rcx, fmtStr2
            lea rdx, OFvalue2
            mov r8, rax
            call printf

; 测试有符号转换：

            lea rdi, ivalue1
            call strtoi
            jc UnexpectedError

            lea rcx, fmtStr3
            lea rdx, ivalue1
            mov r8, rax
            call printf

            lea rdi, ivalue2
            call strtoi
            jc UnexpectedError

            lea rcx, fmtStr3
            lea rdx, ivalue2
            mov r8, rax
            call printf

            lea rdi, ivalue3
            call strtoi
            jc UnexpectedError

            lea rcx, fmtStr3
            lea rdx, ivalue3
            mov r8, rax
            call printf

            lea rdi, ivalue4
            call strtoi
            jc UnexpectedError

            lea rcx, fmtStr3
            lea rdx, ivalue4
            mov r8, rax
            call printf

            lea rdi, ivalue5
```

```
            call strtoi
            jc UnexpectedError

            lea rcx, fmtStr3
            lea rdx, ivalue5
            mov r8, rax
            call printf

            lea rdi, ivalue6
            call strtoi
            jc UnexpectedError

            lea rcx, fmtStr3
            lea rdx, ivalue6
            mov r8, rax
            call printf

            lea rdi, OFivalue
            call strtoi
            jnc UnexpectedError
            test rax, rax                ; 溢出时，非零
            jz UnexpectedError

            lea rcx, fmtStr2
            lea rdx, OFivalue
            mov r8, rax
            call printf

            lea rdi, OFivalue2
            call strtoi
            jnc UnexpectedError
            test rax, rax                ; 溢出时，非零
            jz UnexpectedError

            lea rcx, fmtStr2
            lea rdx, OFivalue2
            mov r8, rax
            call printf

            jmp allDone

UnexpectedError:
            lea rcx, unexError
            call printf

allDone:    leave
            ret                          ; 返回到调用方
asmMain     endp
            end
```

程序清单 9-14 的构建命令和示例输出结果如下所示：

```
C:\>build listing9-14

C:\>echo off
 Assembling: listing9-14.asm
c.cpp

C:\>listing9-14
Calling Listing 9-14:
strtou: String='1'
```

```
    value=1
strtou: String='12'
    value=12
strtou: String='123'
    value=123
strtou: String='1234'
    value=1234
strtou: String='1234567890123456789'
    value=1234567890123456789
strtou: String='18446744073709551615'
    value=18446744073709551615
Overflow: String='18446744073709551616'
    value=ffffffffffffffff
Overflow: String='99999999999999999999'
    value=ffffffffffffffff
strtoi: String='-1'
    value=-1
strtoi: String='-12'
    value=-12
strtoi: String='-123'
    value=-123
strtoi: String='-1234'
    value=-1234
strtoi: String='-1234567890123456789'
    value=-1234567890123456789
strtoi: String='-9223372036854775807'
    value=-9223372036854775807
Overflow: String='-9223372036854775808'
    value=ffffffffffffffff
Overflow: String='-99999999999999999999'
    value=ffffffffffffffff
Listing 9-14 terminated
```

对于扩展精度字符串到数值的转换，只需修改 strtou 函数，使其具有扩展精度累加器，然后执行乘以 10 的扩展精度乘法（而不是标准乘法）。

9.2.2 将十六进制字符串转换为数值形式

与十六进制数值输出一样，编写一个处理十六进制输入的输入例程非常容易。以下是十六进制字符串转换到数值的基本算法。

（1）将扩展精度累加器的值初始化为 0。

（2）对于每个属于有效十六进制数字的输入字符，重复步骤（3）至步骤（6）；当输入字符不是有效的十六进制数字时，转到步骤（7）。

（3）将十六进制字符转换为 0 到 15（0h 到 0Fh）范围内的数值。

（4）如果扩展精度累加器值的高阶 4 位非零，则引发异常。

（5）将当前扩展精度值乘以 16（即左移 4 位）。

（6）将转换后的十六进制数值累加到累加器中。

（7）检查当前输入字符以查看该字符是否为有效的分隔符。如果不是，则引发异常。

程序清单 9-15 实现了 64 位数值的扩展精度十六进制输入例程。

程序清单 9-15 十六进制字符串到数值的转换

```
; 程序清单 9-15
; 十六进制字符串到数值的转换。

        option casemap:none
```

```
false           =       0
true            =       1
tab             =       9
nl              =       10

                .const
ttlStr          byte    "Listing 9-15", 0
fmtStr1         byte    "strtoh: String='%s' "
                byte    "value=%I64x", nl, 0

fmtStr2         byte    "Error, RAX=%I64x, str='%s'", nl, 0
fmtStr3         byte    "Error, expected overflow: RAX=%I64x, "
                byte    "str='%s'", nl, 0

fmtStr4         byte    "Error, expected bad char: RAX=%I64x, "
                byte    "str='%s'", nl, 0

hexStr          byte    "1234567890abcdef", 0
hexStrOVFL      byte    "1234567890abcdef0", 0
hexStrBAD       byte    "x123", 0

                .code
                externdef printf:proc

; 返回程序标题到 C++ 程序:

                public getTitle
getTitle        proc
                lea     rax, ttlStr
                ret
getTitle        endp

; strtoh——将十六进制字符串转换为 64 位无符号整数。

; 输入:
; RDI: 指向包含要转换的字符串的缓冲区。

; 输出:
; RAX: 如果转换成功，则包含转换后的字符串;
; 如果发生错误，则包含错误代码。

; RDI: 指向十六进制字符串末尾之后的第一个字符。
; 如果发生错误，则 RDI 的值恢复到原始值。
; 在成功转换之后，调用方可以检查位于 [RDI] 处的字符，
; 以查看数值数字之后的字符是否为合法的数值分隔符。

; C: (进位标志位) 如果发生错误，则设置进位标志位;
; 如果转换成功，则清除进位标志位。
; 发生错误时，RAX 包含 0 (非法初始字符)，或 0FFFFFFFFFFFFFFFFh (溢出)。

strtoh          proc
                push    rcx         ; 保存输入字符
                push    rdx         ; 特殊掩码值
                push    rdi         ; 万一我们必须恢复 RDI

; 该代码将使用 RDX 中的值来测试，
; 并查看在左移 4 位时 RAX 中是否会发生溢出:

                mov     rdx, 0F000000000000000h
                xor     eax, eax ; 累加器清零
```

```
; 以下循环跳过字符串开始位置的空白符(空格或制表符)。

            dec     rdi         ; 因为下面的 inc 指令
skipWS:     inc     rdi
            mov     cl, [rdi]
            cmp     cl, ' '
            je      skipWS
            cmp     al, tab
            je      skipWS

; 如果此处没有十六进制数字,则返回一个错误。

            cmp     cl, '0'   ; 注意:"0" < "1" < … < "9"
            jb      badNumber
            cmp     cl, '9'
            jbe     convert
            and     cl, 5fh   ; 小写字母到大写字母的粗糙转换
            cmp     cl, 'A'
            jb      badNumber
            cmp     cl, 'F'
            ja      badNumber
            sub     cl, 7     ; 将 41h ~ 46h 映射到 3Ah ~ 3Fh

; 可以看出,第一个数字没有问题。
; 接下来将数字字符串转换为数值形式:

convert:    test    rdx, rax ; 检查累加当前数字后,
            jnz     overflow  ; 是否会导致溢出

            and     ecx, 0fh ; 转换为数值,在 RCX 中

; 将 64 位累加器乘以 16,并加上新的数字:

            shl     rax, 4
            add     al, cl    ; 在低阶 4 位之外永远不会溢出

; 移动到下一个字符:

            inc     rdi
            mov     cl, [rdi]
            cmp     cl, '0'
            jb      endOfNum
            cmp     cl, '9'
            jbe     convert
            and     cl, 5fh   ; 小写字母到大写字母的粗糙转换
            cmp     cl, 'A'
            jb      endOfNum
            cmp     cl, 'F'
            ja      endOfNum
            sub     cl, 7     ; 将 41h ~ 46h 映射到 3Ah ~ 3Fh
            jmp     convert

; 执行到此处,表示成功将字符串转换为了数值形式:

endOfNum:

; 由于转换成功,因此 RDI 指向转换所得数字之后的第一个字符。
; 因此,我们不从栈中恢复 RDI。
; 只需将栈指针增加 8 个字节,即可丢弃栈中保存的 RDI 的值。

            add     rsp, 8    ; 移除原始的 RDI 值
```

```
            pop     rdx         ; 恢复 RDX
            pop     rcx         ; 恢复 RCX
            clc                 ; 在进位标志位中，返回成功代码
            ret

; badNumber：如果字符串的第一个字符为无效数字，则执行下面的代码。

badNumber:  xor     rax, rax
            jmp     errorExit

overflow:   or      rax, -1     ; 当溢出时，返回“-1”
errorExit:  pop     rdi         ; 如果发生了错误，则恢复 RDI
            pop     rdx
            pop     rcx
            stc                 ; 在进位标志位中，返回错误代码
            ret
strtoh      endp

; 这里是“asmMain”函数的实现。

            public asmMain
asmMain     proc
            push    rbp
            mov     rbp, rsp
            sub     rsp, 64     ; 影子存储器

; 测试十六进制转换：

            lea     rdi, hexStr
            call    strtoh
            jc      error

            lea     rcx, fmtStr1
            mov     r8, rax
            lea     rdx, hexStr
            call    printf

; 测试发生溢出的转换：

            lea     rdi, hexStrOVFL
            call    strtoh
            jnc     unexpected

            lea     rcx, fmtStr2
            mov     rdx, rax
            mov     r8, rdi
            call    printf

; 测试错误字符：

            lea     rdi, hexStrBAD
            call    strtoh
            jnc     unexp2

            lea     rcx, fmtStr2
            mov     rdx, rax
            mov     r8, rdi
            call    printf
            jmp     allDone

unexpected: lea     rcx, fmtStr3
```

```
                mov     rdx, rax
                mov     r8, rdi
                call    printf
                jmp     allDone

unexp2:         lea     rcx, fmtStr4
                mov     rdx, rax
                mov     r8, rdi
                call    printf
                jmp     allDone

error:          lea     rcx, fmtStr2
                mov     rdx, rax
                mov     r8, rdi
                call    printf

allDone:        leave
                ret     ; 返回到调用方
asmMain         endp
                end
```

程序清单 9-15 的构建命令和代码输出结果如下所示：

```
C:\>build listing9-15

C:\>echo off
Assembling: listing9-15.asm
c.cpp

C:\>listing9-15
Calling Listing 9-15:
strtoh: String='1234567890abcdef' value=1234567890abcdef
Error, RAX=ffffffffffffffff, str='1234567890abcdef0'
Error, RAX=0, str='x123'
Listing 9-15 terminated
```

对于处理大于 64 位的数值的十六进制字符串转换，必须使用扩展精度左移 4 位的操作。程序清单 9-16 显示了将 strtoh 函数扩展为处理 128 位转换所需的修改。

注意：由于程序清单 9-16 太过冗长，因此删除了其中大部分通用的代码。完整的程序清单 9-16 可以在以下的网址获取：https://artofasm.randallhyde.com/。

程序清单 9-16　128 位十六进制字符串到数值的转换

```
; strtoh128——将字符串数据转换为 128 位无符号整数。

; 输入：
; RDI：指向包含要转换的字符串的缓冲区。

; 输出：
; RDX：RAX：如果转换成功，则包含转换后的字符串；
; 如果发生错误，包含错误代码。

; RDI：指向十六进制字符串之后的第一个字符。
; 如果发生错误，则 RDI 的值恢复到原始值。
; 在成功转换之后，调用方可以检查位于 [RDI] 处的字符，
; 以查看数值数字之后的字符是否为合法的数值分隔符。

; C：（进位标志位）如果发生错误，则设置进位标志位；
; 如果转换成功，则清除进位标志位。
; 发生错误时，RAX 包含 0（非法初始字符），或 0FFFFFFFFFFFFFFFFh（溢出）。
```

```
strtoh128    proc
             push    rbx        ; 特殊掩码值
             push    rcx        ; 要处理的输入字符
             push    rdi        ; 万一我们必须恢复 RDI

; 该代码将使用 RDX 中的值来测试,
; 并查看在左移 4 位时 RAX 中是否会发生溢出:

             mov     rbx, 0F000000000000000h
             xor     eax, eax ; 累加器清零
             xor     edx, edx

; 以下循环跳过字符串开始位置的空白符(空格或制表符)。

             dec     rdi        ; 因为下面的 inc 指令
skipWS:      inc     rdi
             mov     cl, [rdi]
             cmp     cl, ' '
             je      skipWS
             cmp     al, tab
             je      skipWS

; 如果此处没有十六进制数字,则返回一个错误。

             cmp     cl, '0'    ; 注意:"0" < "1" < … < "9"
             jb      badNumber
             cmp     cl, '9'
             jbe     convert
             and     cl, 5fh    ; 小写字母到大写字母的粗糙转换
             cmp     cl, 'A'
             jb      badNumber
             cmp     cl, 'F'
             ja      badNumber
             sub     cl, 7      ; 将 41h ~ 46h 映射到 3Ah ~ 3Fh

; 可以看出,第一个数字没有问题。
; 将数字字符串转换为数值形式:

convert:     test    rdx, rax ; 检查累加当前数字后,
             jnz     overflow   ; 是否会导致溢出

             and     ecx, 0fh ; 转换为数值,在 RCX 中

; 将 64 位累加器乘以 16,并加上新的数字:

             shld    rdx, rax, 4
             shl     rax, 4
             add     al, cl     ; 在低阶 4 位以外永远不会溢出

; 移动到下一个字符:

             inc     rdi
             mov     cl, [rdi]
             cmp     cl, '0'
             jb      endOfNum
             cmp     cl, '9'
             jbe     convert
             and     cl, 5fh    ; 小写字母到大写字母的粗糙转换
             cmp     cl, 'A'
             jb      endOfNum
             cmp     cl, 'F'
```

```
                ja      endOfNum
                sub     cl, 7     ; 将 41h ~ 46h 映射到 3Ah ~ 3Fh
                jmp     convert

; 执行到此处，表示成功将字符串转换为了数值形式:

endOfNum:

; 由于转换成功，因此 RDI 指向转换所得数字之后的第一个字符。
; 因此，我们不从栈中恢复 RDI。
; 只需将栈指针增加 8 字节，即可丢弃栈中保存的 RDI 的值。

                add     rsp, 8    ; 移除原始的 RDI 值
                pop     rcx       ; 恢复 RCX
                pop     rbx       ; 恢复 RBX
                clc               ; 在进位标志位中，返回成功代码
                ret

; badNumber: 如果字符串的第一个字符为无效数字，则执行下面的代码。

badNumber:      xor     rax, rax
                jmp     errorExit

overflow:       or      rax, -1   ; 当溢出时，返回 "-1"
errorExit:      pop     rdi       ; 如果发生了错误，则恢复 RDI
                pop     rcx
                pop     rbx
                stc               ; 在进位标志位中，返回错误代码
                ret
strtoh128       endp
```

9.2.3 将无符号十进制字符串转换为整数

无符号十进制输入的算法与十六进制输入的算法几乎相同。事实上，除了此算法只接受十进制数字，两者唯一的区别是将每个输入字符的累加值乘以 10 而不是 16（一般来说，任何基数对应的转换算法都是相同的，只需将累加值乘以输入值的基数）。程序清单 9-17 演示了如何实现 64 位无符号十进制输入的例程。

程序清单 9-17 无符号十进制字符串到数值的转换

```
; 程序清单 9-17
; 64 无符号十进制字符串到数值的转换。

        option casemap:none
false           =       0
true            =       1
tab             =       9
nl              =       10

                .const
ttlStr          byte    "Listing 9-17", 0
fmtStr1         byte    "strtou: String='%s' value=%I64u", nl, 0
fmtStr2         byte    "strtou: error, rax=%d", nl, 0

qStr        byte    "12345678901234567", 0

                .code
                externdef printf:proc

; 返回程序标题到 C++ 程序:
```

```
            public getTitle
getTitle    proc
            lea     rax, ttlStr
            ret
getTitle    endp

; strtou——将字符串数据转换为 64 位无符号整数。

; 输入：
; RDI：指向包含要转换的字符串的缓冲区。

; 输出：
; RAX：如果转换成功，则包含转换后的字符串；
; 如果发生错误，则包含错误代码。

; RDI：指向数值字符串之后的第一个字符。
; 如果发生错误，则 RDI 的值恢复到原始值。
; 在成功转换之后，调用方可以检查位于 [RDI] 处的字符，
; 以查看数值数字之后的字符是否为合法的数值分隔符。

; C：(进位标志位) 如果发生错误，则设置进位标志位；
; 如果转换成功，则清除进位标志位。
; 发生错误时，RAX 包含 0 (非法初始字符)，或 0FFFFFFFFFFFFFFFFh (溢出)。

strtou  proc
            push    rcx       ; 保存输入字符
            push    rdx       ; 保存，用于乘法运算
            push    rdi       ; 万一我们必须恢复 RDI

            xor     rax, rax ; 将累加器清零

; 以下循环跳过字符串开始位置的空白符 (空格或制表符)。

            dec     rdi       ; 因为下面的 inc 指令
skipWS:     inc     rdi
            mov     cl, [rdi]
            cmp     cl, ' '
            je      skipWS
            cmp     al, tab
            je      skipWS

; 如果此处没有数值数字，则返回一个错误。

            cmp     cl, '0'  ; 注意："0" < "1" < … < "9"
            jb      badNumber
            cmp     cl, '9'
            ja      badNumber

; 可以看出，第一个数字没有问题。
; 接下来将数字字符串转换为数值形式：

convert:    and     ecx, 0fh ; 转换为数值，在 RCX 中

; 将 64 位累加器乘以 10：

            mul     ten
            test    rdx, rdx ; 测试是否溢出
            jnz     overflow
            add     rax, rcx
            jc      overflow
```

```
; 移动到下一个字符：

                inc     rdi
                mov     cl, [rdi]
                cmp     cl, '0'
                jb      endOfNum
                cmp     cl, '9'
                jbe     convert

; 执行到此处，表示成功将字符串转换为了数值形式：

endOfNum:

; 由于转换成功，因此 RDI 指向转换所得数字之后的第一个字符。
; 因此，我们不从栈中恢复 RDI。
; 只需将栈指针增加 8 个字节，即可丢弃栈中保存的 RDI 的值。

                add     rsp, 8    ; 移除原始的 RDI 值
                pop     rdx       ; 恢复 RDX
                pop     rcx       ; 恢复 RCX
                clc               ; 在进位标志位中，返回成功代码
              ret

; badNumber：如果字符串的第一个字符为无效数字，则执行以下的代码。

badNumber:      xor     rax, rax
                jmp     errorExit

overflow:       mov     rax, -1   ; 0FFFFFFFFFFFFFFFFh
errorExit:      pop     rdi
                pop     rdx
                pop     rcx
                stc               ; 在进位标志位中，返回错误代码
                ret

ten             qword   10

strtou          endp

; 这里是“asmMain”函数的实现。

                public asmMain
asmMain         proc
                push    rbp
                mov     rbp, rsp
                sub     rsp, 64   ; 影子存储器

; 测试十进制转换：

                lea     rdi, qStr
                call    strtou
                jc      error

                lea     rcx, fmtStr1
                mov     r8, rax
                lea     rdx, qStr
                call    printf
                jmp     allDone

error:          lea     rcx, fmtStr2
                mov     rdx, rax
```

```
            call    printf

allDone:    leave
            ret                 ; 返回到调用方
asmMain     endp
            end
```

程序清单 9-17 的构建命令和示例输出结果如下所示：

```
C:\>build listing9-17

C:\>echo off
Assembling: listing9-17.asm
c.cpp

C:\>listing9-17
Calling Listing 9-17:
strtou: String='12345678901234567' value=12345678901234567
Listing 9-17 terminated
```

是否可以创建一个使用 fbld（x87 FPU BCD 存储）指令的更快的函数？也许不可以。对于整数转换，fbstp 指令要快得多，因为标准算法会多次执行（非常慢的）div 指令。十进制字符串到数值的转换使用 mul 指令，这比 div 要快得多。虽然作者还没有真正尝试过这种方法，但作者猜测，使用 fbld 指令并不会产生更快的运行代码。

9.2.4　扩展精度字符串到无符号整数的转换

与整数的大小无关，（十进制）字符串到数值的转换算法都是相同的。读取一个十进制字符，将其转换为整数，将累加的结果乘以 10，然后与转换后的字符相加。对于大于 64 位的值，唯一会发生变化的是乘以 10 的运算以及加法运算。例如，为了将字符串转换为 128 位的整数，需要能够将 128 位的数值乘以 10，并将 8 位的数值（零扩展到 128 位）与 128 位的数值相加。

程序清单 9-18 演示了如何实现 128 位无符号十进制的输入例程。除了 128 位乘以 10 的运算和 128 位的加法运算之外，该代码在功能上与 64 位字符串到整数的转换相同。

注意：由于程序清单 9-18 太过冗长，因此删除了很大一部分代码。完整的程序清单 9-18 可以从以下网址获取：https://artofasm.randallhyde.com/。

程序清单 9-18　扩展精度无符号十进制的输入

```
; strtou128——将字符串数据转换为 128 位无符号整数。

; 输入：
; RDI：指向包含要转换的字符串的缓冲区。

; 输出：
; RDX：RAX：如果转换成功，则包含转换后的字符串；
; 如果发生错误，则包含错误代码。

; RDI：指向数值字符串之后的第一个字符。
; 如果发生错误，则 RDI 的值恢复到原始值。
; 在成功转换之后，调用方可以检查位于 [RDI] 处的字符，
; 以查看数值数字之后的字符是否为合法的数值分隔符。

; C：（进位标志位）如果发生错误，则设置进位标志位；
; 如果转换成功，则清除进位标志位。
; 发生错误时，RAX 包含 0（非法初始字符），或 0FFFFFFFFFFFFFFFFh（溢出）。
```

```
strtou128  proc
accumulator equu     <[rbp - 16]>
partial     equ      <[rbp - 24]>
            push     rcx       ; 保存输入字符
            push     rdi       ; 万一我们必须恢复 RDI
            push     rbp
            mov      rbp, rsp
            sub      rsp, 24   ; 在这里累加结果

            xor      edx, edx ; 零扩展!
            mov      accumulator, rdx
            mov      accumulator[8], rdx

; 以下循环跳过字符串开始位置的空白符(空格或制表符)。

            dec      rdi       ; 因为下面的 inc 指令
skipWS:     inc      rdi
            mov      cl, [rdi]
            cmp      cl, ' '
            je       skipWS
            cmp      al, tab
            je       skipWS

; 如果此处没有数值数字,则返回一个错误。

            cmp      cl, '0'          ; 注意: "0" < "1" < … < "9"
            jb       badNumber
            cmp      cl, '9'
            ja       badNumber

; 可以看出,第一个数字没有问题。
; 将字符串转换为数值形式:

convert:    and      ecx, 0fh         ; 转换为数值,在 RCX 中

; 将 128 位累加器乘以 10:

            mov      rax, accumulator
            mul      ten
            mov      accumulator, rax
            mov      partial, rdx     ; 保存部分乘积结果
            mov      rax, accumulator[8]
            mul      ten
            jc       overflow1
            add      rax, partial
            mov      accumulator[8], rax
            jc       overflow1

; 将当前字符累加到 128 位累加器中:

            mov      rax, accumulator
            add      rax, rcx
            mov      accumulator, rax
            mov      rax, accumulator[8]
            adc      rax, 0
            mov      accumulator[8], rax
            jc       overflow2

; 移动到下一个字符:

            inc      rdi
```

```
            mov     cl, [rdi]
            cmp     cl, '0'
            jb      endOfNum
            cmp     cl, '9'
            jbe     convert

; 执行到此处，表示成功将字符串转换为了数值形式：

endOfNum:

; 由于转换成功，因此 RDI 指向转换后数字之外的第一个字符。
; 因此，我们不从栈中恢复 RDI。
; 只需将栈指针增加 8 个字节，即可丢弃栈中保存的 RDI 的值。

            mov     rax, accumulator
            mov     rdx, accumulator[8]
            leave
            add     rsp, 8    ; 移除原始的 RDI 值
            pop     rcx       ; 恢复 RCX
            clc               ; 在进位标志位中，返回成功代码
            ret

; badNumber：如果字符串的第一个字符为无效数字，则执行下面的代码。

badNumber:  xor     rax, rax
            xor     rdx, rdx
            jmp     errorExit

overflow1:  mov     rax, -1
            cqo               ; 同样，RDX = -1
            jmp     errorExit

overflow2:  mov     rax, -2   ; 0FFFFFFFFFFFFFFFEh
            cqo               ; 为了保持一致性

errorExit:  leave             ; 从栈中移除累加器
            pop     rdi
            pop     rcx
            stc               ; 在进位标志位中，返回错误代码
            ret

ten         qword   10

strtou128   endp
```

9.2.5　扩展精度有符号十进制字符串到整数的转换

有了无符号十进制字符串的输入例程，编写有符号十进制字符串的输入例程就非常简单了，下面描述其算法。

（1）处理输入流开头的任何分隔符。

（2）如果下一个输入字符是负号，则处理该字符，并设置表示数字为负数的标志位；否则直接跳到步骤（3）。

（3）调用无符号十进制字符串的输入例程，将字符串的其余部分转换为整数。

（4）检查返回结果，确保其高阶位为 0。如果结果的高阶位为 1，则引发数值超出范围的异常。

（5）如果代码在步骤（2）中遇到负号，则对结果取反。

上述算法的实现代码，留作读者的编程练习题。

9.2.6　实数字符串到浮点值的转换

将代表浮点数的字符串转换为 80 位 real10 比将 real10 值转换为字符串稍微简单一些。因为十进制转换（没有指数）是更一般的科学计数法转换的子集，所以只要我们能够处理科学计数法，就可以实现十进制转换。除此之外，基本算法是将尾数字符转换为压缩 BCD 值（因此函数可以使用 fbld 指令实现字符串到数字的转换），然后读取（可选）指数并相应地调整 real10 指数。以下是实现转换的算法。

（1）首先去掉所有前导空格或制表符（以及任何其他的分隔符）。

（2）检查是否存在前导正号（+）或负号（-）字符，如果存在，则跳过这些符号。如果数值为负，则将符号标志位设置为 1；如果数值为非负，则将符号标志位设置为 0。

（3）将指数值初始化为 -18。该算法将根据字符串中的尾数数字创建左对齐的压缩 BCD 值，并提供给 fbld 指令。左对齐的压缩 BCD 值始终大于或等于 10^{-18}。因此，将指数初始化为 -18。

（4）初始化有效数字计数器变量为 18，该变量对迄今为止处理的有效数字进行计数。

（5）如果数值开头包含前导 0，则跳过这些前导 0（遇到小数点左侧的前导 0 时，不要修改指数或有效数字计数器）。

（6）在处理完前导 0 之后，如果扫描遇到小数点，则转至步骤（11）；否则进入步骤（7）。

（7）对于在小数点左侧遇到的每个非零数字，如果有效数字计数器不为 0，则在有效数字计数器指定的位置（计数器减 1）将非零数字插入“数字字符串”数组[⊖]。请注意，这将以相反的顺序将字符插入字符串中。

（8）每遇到小数点左侧的一个数字，就将指数值（初始值为 -18）增加 1。

（9）如果有效数字计数器不为 0，则将有效数字计数器的值（这将作为数字字符串数组的索引）减 1。

（10）如果遇到的第一个非数字字符不是小数点，则跳到步骤（14）。

（11）跳过小数点字符。

（12）对于在小数点右侧遇到的每个数字，只要有效数字计数器不为 0，就将数字（按相反顺序）累加到数字字符串数组中。如果有效数字计数器大于 0，则将计数器减 1。此外，还要将指数值减 1。

（13）如果算法到目前为止一个十进制数字也没有遇到，则报告非法字符异常，并返回。

（14）如果当前字符不是 e 或 E，则转至步骤（20）[⊜]；否则，跳过字符 e 或 E 并继续执行步骤（15）。

（15）如果下一个字符是“+”或“-”，则跳过该字符。如果符号字符为“-”，则将标志位设置为 1，否则将其设置为 0（请注意，该指数符号标志位与本算法前面设置的尾数符号标志位不同）。

（16）如果下一个字符不是十进制数字，则报告错误。

（17）将数字字符串（从当前十进制数字字符开始）转换为整数。

⊖　如果有效数字计数器为 0，则算法已经处理了 18 个有效数字，并将忽略任何其他数字，因为 real10 格式不能表示超过 18 个的有效数字。

⊜　一些字符串格式还允许使用 d 或 D 表示双精度数值。选择取决于用户是否希望也允许这样做（如果算法遇到 e 或 E 以及 d 或 D，则可能检查数值的范围）。

（18）将转换后的整数累加到指数值中（在本算法开始时，指数值被初始化为 −18）。

（19）如果指数值超出范围 −4930 至 +4930，则报告超出范围的异常。

（20）将由若干字符构成的数字字符串数组转换为 18 位（9 字节）压缩 BCD 值，方法是抽取每个字符的高阶 4 位，将每对字符分别合并为一个字节（将每对字符中奇数索引的字节左移 4 位，并对其与偶数索引的字节进行逻辑或运算），然后将高阶（第 10 个）字节设置为 0。

（21）将压缩 BCD 值转换为 real10 值（使用 fbld 指令）。

（22）取指数的绝对值（但保留指数的符号）。该值将为 13 位或更少（4096 的第 12 位为 1，因此对于 4930 或更小的值，它们的第 0 ～ 13 位中某些位为 1，以及所有其他位为 0）。

（23）如果指数为正，则对于指数中的每个设置位（即取值为 1 的位），将当前 real10 值乘以该位指定的 10 的幂。例如，如果设置了位 12、10 和 1，则将 real10 值乘以 10^{4096}、10^{1024} 和 10^{2}。

（24）如果指数为负，则对于指数中的每个设置位（即取值为 1 的位），将当前 real10 值除以该位指定的 10 的幂。例如，如果设置了位 12、10 和 1，则将 real10 值除以 10^{4096}、10^{1024} 和 10^{2}。

（25）如果尾数为负（算法开始时的第一个符号标志位为 1），则对浮点数值取反。

程序清单 9-19 提供了该算法的一个实现。

程序清单 9-19　strToR10 函数

```
; 程序清单 9-19
; 实数字符串到浮点数值的转换

            option  casemap:none
false       =       0
true        =       1
tab         =       9
nl          =       10

            .const
ttlStr      byte    "Listing 9-19", 0
fmtStr1     byte    "strToR10: str='%s', value=%e", nl, 0

fStr1a      byte    "1.234e56",0
fStr1b      byte    "-1.234e56",0
fStr1c      byte    "1.234e-56",0
fStr1d      byte    "-1.234e-56",0
fStr2a      byte    "1.23",0
fStr2b      byte    "-1.23",0
fStr3a      byte    "1",0
fStr3b      byte    "-1",0
fStr4a      byte    "0.1",0
fStr4b      byte    "-0.1",0
fStr4c      byte    "0000000.1",0
fStr4d      byte    "-0000000.1",0
fStr4e      byte    "0.1000000",0
fStr4f      byte    "-0.1000000",0
fStr4g      byte    "0.0000001",0
fStr4h      byte    "-0.0000001",0
fStr4i      byte    ".1",0
fStr4j      byte    "-.1",0

values      qword   fStr1a, fStr1b, fStr1c, fStr1d,
                    fStr2a, fStr2b,
```

```
                fStr3a, fStr3b,
                fStr4a, fStr4b, fStr4c, fStr4d,
                fStr4e, fStr4f, fStr4g, fStr4h,
                fStr4i, fStr4j,
                0

            align   4
PotTbl      real10  1.0e+4096,
                    1.0e+2048,
                    1.0e+1024,
                    1.0e+512,
                    1.0e+256,
                    1.0e+128,
                    1.0e+64,
                    1.0e+32,
                    1.0e+16,
                    1.0e+8,
                    1.0e+4,
                    1.0e+2,
                    1.0e+1,
                    1.0e+0

            .data
r8Val       real8   ?

            .code
            externdef printf:proc

; 返回程序标题到 C++ 程序:

            public  getTitle
getTitle    proc
            lea     rax, ttlStr
            ret
getTitle    endp
*********************************************************
; strToR10——RSI 指向表示浮点数值的字符串。
; 此例程将该字符串转换为相应的浮点值,
; 并将结果保留在 FPU 栈的顶部。
; 返回时, ESI 指向该例程无法转换的第一个字符。

; 与其他 ATOx 例程一样, 如果存在转换错误,
; 或 ESI 包含 NULL, 则此例程将引发异常。
*********************************************************

strToR10    proc

sign        equ     <cl>
expSign     equ     <ch>

DigitStr    equ     <[rbp - 20]>
BCDValue    equ     <[rbp - 30]>
rsiSave     equ     <[rbp - 40]>

            push    rbp
            mov     rbp, rsp
            sub     rsp, 40

            push    rbx
            push    rcx
            push    rdx
```

```
            push    r8
            push    rax

; 验证 RSI 是否不是 NULL。

            test    rsi, rsi
            jz      refNULL

; 将 DigitStr 和 BCDValue 数组置零。

            xor     rax, rax
            mov     qword ptr DigitStr, rax
            mov     qword ptr DigitStr[8], rax
            mov     dword ptr DigitStr[16], eax

            mov     qword ptr BCDValue, rax
            mov     word ptr BCDValue[8], ax

; 跳过序列中的前导空白符（空格或制表符）。

            dec     rsi
whileDelimLoop:
            inc     rsi
            mov     al, [rsi]
            cmp     al, ' '
            je      whileDelimLoop
            cmp     al, tab
            je      whileDelimLoop

; 检查“+”或者“-”。

            cmp     al, '-'
            sete    sign
            je      doNextChar
            cmp     al, '+'
            jne     notPlus
doNextChar: inc     rsi             ; 跳过“+”或者“-”
           mov al, [rsi]

notPlus:

; 将 EDX 初始化为 -18，因为我们必须考虑 BCD 转换
;（默认情况下会生成一个数字 *10^18）。
; EDX 保存该值的十进制指数。

            mov     rdx, -18

; 将 EBX 初始化为 18，这是要处理的小数点左侧的有效数字位数，
; 也是 DigitStr 数组的索引。

            mov     ebx, 18 ; 零扩展！

; 至此，我们处理好了所有的前导符号字符。
; 因此，下一个字符必须是十进制数字或小数点。
            mov     rsiSave, rsi    ; 保存，以查看下一个字符
            cmp     al, '.'
            jne     notPeriod

; 如果第一个字符是小数点，那么第二个字符需要是十进制数字。

            inc     rsi
```

```
            mov     al, [rsi]

notPeriod:
            cmp     al, '0'
            jb      convError
            cmp     al, '9'
            ja      convError
            mov     rsi, rsiSave    ; 返回到原始字符
            mov     al, [rsi]
            jmp     testWhlAL0

; 消除任何前导 0（它们不会影响值或有效数字位数）。

whileAL0:   inc     rsi
            mov     al, [rsi]
testWhlAL0: cmp     al, '0'
            je      whileAL0

; 如果遇到的字符是小数点，
; 则需要去掉紧跟在小数点后的零，因为它们不算作有效数字。
; 然而，与小数点之前的零不同，这些零确实会影响数字的值，
; 每处理一个这样的零，都必须将当前指数减 1。

            cmp     al, '.'
            jne     testDigit

            inc     edx             ; 抵消下面的 dec 指令
repeatUntilALnot0:
            dec     edx
            inc     rsi
            mov     al, [rsi]
            cmp     al, '0'
            je      repeatUntilALnot0
            jmp     testDigit2

; 如果去掉前导 0 后没有遇到小数点，
; 那么表示在小数点之前有数字序列。在这里处理这些数字。

; 小数点左边的每一位数字都会使数字增加 10 的额外幂。在这里处理。
whileADigit:
            inc     edx

; 保存所有有效数字，但忽略第 18 位以后的任何数字。

            test    ebx, ebx
            jz      Beyond18

            mov     DigitStr[rbx * 1], al
            dec     ebx

Beyond18:   inc     rsi
            mov     al, [rsi]

testDigit:
            sub     al, '0'
            cmp     al, 10
            jb      whileADigit

            cmp     al, '.'-'0'
            jne     testDigit2
```

```
            inc     rsi             ; 跳过小数点
            mov     al, [rsi]
            jmp     testDigit2

; 接下来，处理小数点右边的数字。

whileDigit2:
            test    ebx, ebx
            jz      Beyond18_2

            mov     DigitStr[rbx * 1], al
            dec     ebx

Beyond18_2: inc     rsi
            mov     al, [rsi]

testDigit2: sub     al, '0'
            cmp     al, 10
            jb      whileDigit2

; 至此，我们已经处理了尾数。
; 现在，查看是否存在需要处理的指数。

            mov     al, [rsi]
            cmp     al, 'E'
            je      hasExponent
            cmp     al, 'e'
            jne     noExponent

hasExponent:
            inc     rsi
            mov     al, [rsi]       ; 跳过字符“E”
            cmp     al, '-'
            sete    expSign
            je      doNextChar_2
            cmp     al, '+'
            jne     getExponent;

doNextChar_2:
            inc     rsi             ; 跳过“+”或者“-”
            mov     al, [rsi]

;可以看出，至此我们已经处理了字符 E 和可选的符号字符。
; 因此至少有一位小数数字。

getExponent:
            sub     al, '0'
            cmp     al, 10
            jae     convError

            xor     ebx, ebx        ; 在 EBX 中计算指数值
ExpLoop:    movzx   eax, byte ptr [rsi] ; 零扩展到 RAX！
            sub     al, '0'
            cmp     al, 10
            jae     ExpDone

            imul    ebx, 10
            add     ebx, eax
            inc     rsi
            jmp     ExpLoop
```

```
; 如果指数为负，则将计算的结果取反。

ExpDone:
            cmp     expSign, false
            je      noNegExp

            neg     ebx

noNegExp:

; 加上 BCD 调整（记住，当加载到 FPU 中时，
;  DigitStr 中的数值默认乘以 10^18。EDX 中的数值会为此进行调整）。

            add     edx, ebx

noExponent:

; 验证指数是否位于范围 -4930 ~ +4930 内
;（这是 80 位浮点数值的最大动态范围）。

            cmp     edx, 4930
            jg      voor                ; 值超出了范围
            cmp     edx, -4930
            jl      voor

; 现在将 DigitStr 变量（非压缩 BCD 值）转换为压缩 BCD 值。

            mov     r8, 8
for9:       mov     al, DigitStr[r8 * 2 + 2]
            shl     al, 4
            or      al, DigitStr[r8 * 2 + 1]
            mov     BCDValue[r8 * 1], al

            dec     r8
            jns     for9

            fbld    tbyte ptr BCDValue

; 好的，我们已经将尾数加载到 FPU 中了。
; 现在将尾数乘以 10 的指数幂，指数是我们计算出的（目前在 EDX 中）。

; 这段代码借助于 10 的幂表，来使计算更加精确。

; 我们想确定 10 的哪一次方刚好小于我们的指数。
; 我们正在检查的 10 的幂是 10**4096、10**2048、10**1024、10**512 等。
; 执行此检查的一种巧妙方法是将指数中的位向左移位。
; 第 12 位是 4096 位。
; 所以如果设置了第 12 位，则指数 >=10**4096。
; 否则，检查下一位的指数是否 >=10**2048，以此类推。

            mov     ebx, -10            ; 初始化索引为 10 的幂表
            test    edx, edx
            jns     positiveExponent

; 这里处理负指数。

            neg     edx
            shl     edx, 19             ; 位 0 ~ 12 变成位 19 ~ 31
            lea     r8, PotTbl

whileEDXne0:
```

```
            add     ebx, 10
            shl     edx, 1
            jnc     testEDX0

            fld     real10 ptr [r8][rbx * 1]
            fdivp

testEDX0:   test    edx, edx
            jnz     whileEDXne0
            jmp     doMantissaSign

; 这里处理正指数。

positiveExponent:
            lea     r8, PotTbl
            shl     edx, 19         ; 位 0 ~ 12 变成位 19 ~ 31
            jmp     testEDX0_2

whileEDXne0_2:
            add     ebx, 10
            shl     edx, 1
            jnc     testEDX0_2

            fld     real10 ptr [r8][rbx * 1]
            fmulp

testEDX0_2: test    edx, edx
            jnz     whileEDXne0_2

; 如果尾数为负，则将结果取反。

doMantissaSign:
            cmp     sign, false
            je      mantNotNegative

            fchs

mantNotNegative:
            clc                     ; 指示转换成功
            jmp     Exit

refNULL:    mov     rax, -3
            jmp     ErrorExit

convError:  mov     rax, -2
            jmp     ErrorExit

voor:       mov     rax, -1         ; 值超出了数据范围
            jmp     ErrorExit

illChar:    mov     rax, -4

ErrorExit:  stc                     ; 指示转换失败
            mov     [rsp], rax      ; 保存错误代码
Exit:       pop     rax
            pop     r8
            pop     rdx
            pop     rcx
            pop     rbx
            leave
            ret
```

```
strToR10    endp

; 以下是“asmMain”函数的实现。

            public  asmMain
asmMain     proc
            push    rbx
            push    rsi
            push    rbp
            mov     rbp, rsp
            sub     rsp, 64         ; 影子存储器

; 测试浮点数值的转换:

            lea     rbx, values
ValuesLp:   cmp     qword ptr [rbx], 0
            je      allDone

            mov     rsi, [rbx]
            call    strToR10
            fstp    r8Val

            lea     rcx, fmtStr1
            mov     rdx, [rbx]
            mov     r8, qword ptr r8Val
            call    printf
            add     rbx, 8
            jmp     ValuesLp

allDone:    leave
            pop     rsi
            pop     rbx
            ret                     ; 返回到调用方
asmMain     endp
            end
```

程序清单 9-19 的构建命令和示例输出结果如下所示:

```
C:\>build listing9-19

C:\>echo off
Assembling: listing9-19.asm
c.cpp

C:\>listing9-19
Calling Listing 9-19:
strToR10: str='1.234e56', value=1.234000e+56
strToR10: str='-1.234e56', value=-1.234000e+56
strToR10: str='1.234e-56', value=1.234000e-56
strToR10: str='-1.234e-56', value=-1.234000e-56
strToR10: str='1.23', value=1.230000e+00
strToR10: str='-1.23', value=-1.230000e+00
strToR10: str='1', value=1.000000e+00
strToR10: str='-1', value=-1.000000e+00
strToR10: str='0.1', value=1.000000e-01
strToR10: str='-0.1', value=-1.000000e-01
strToR10: str='0000000.1', value=1.000000e-01
strToR10: str='-0000000.1', value=-1.000000e-01
strToR10: str='0.1000000', value=1.000000e-01
strToR10: str='-0.1000000', value=-1.000000e-01
strToR10: str='0.0000001', value=1.000000e-07
```

```
strToR10: str='-0.0000001', value=-1.000000e-07
strToR10: str='.1', value=1.000000e-01
strToR10: str='-.1', value=-1.000000e-01
Listing 9-19 terminated
```

9.3　拓展阅读资料

Donald Knuth 编写的 *The Art of Computer Programming* 第 2 卷 *Seminumeric Algorithms* 中，包含了许多关于十进制算术运算和扩展精度算术运算的有用信息，尽管该书描述的是通用信息，并且没有描述在 x86-64 汇编语言中的实现方法，但仍然很值得借鉴。

9.4　自测题

1. 编写代码，将 AL 中的 8 位十六进制数值转换为两个十六进制数字（放在 AH 和 AL 中）。
2. dToStr 函数将产生多少个十六进制数字？
3. 请解释如何使用 qToStr 函数编写 128 位的十六进制输出例程。
4. 为了生成运行速度最快的 64 位十进制数值到字符串的转换函数，应该使用什么指令？
5. 如果给定一个实现无符号十进制数值到字符串转换的函数，那么如何实现有符号十进制数值到字符串的转换？
6. utoStrSize 函数的参数是什么？
7. 如果数值需要的打印位超过 minDigits 参数指定的，uSizeToStr 函数将生成什么字符串？
8. r10ToStr 函数的参数是什么？
9. 如果输出字符串的大小超过了 fWidth 参数指定的字符串大小，则 r10ToStr 函数将生成什么字符串？
10. e10ToStr 函数的参数是什么？
11. 什么是分隔符字符？
12. 在字符串到数值的转换过程中可能发生的两种错误是什么？

表　查　找

本章将讨论如何使用表查找方法来加快计算速度或降低计算的复杂性。早在 x86 编程的初期，使用查找表的方法代替开销大的计算就是提高程序性能的常用方法。如今，现代系统中的内存速度限制了使用查找表的方法所能获得的性能增益。然而，对于复杂的计算，查找表仍然是编写高性能代码的可行技术。本章演示了使用表查找技术时的空间 / 速度权衡。

10.1　表

对于汇编语言程序员而言，表就是一个数组，包含初始化值，这些值一经创建便不会更改。在汇编语言中，可以将表用于各种用途：计算函数、控制程序流，或者只是查找内容。一般来说，表提供了一种快速机制，以牺牲程序中空间的方式来执行操作（额外空间用来保存表数据）。在本节中，我们将探讨汇编语言程序中表的一些可能用途。

注意：由于表通常包含在程序执行期间不会更改的初始化数据，因此“.const”段是放置表对象的最佳场所。

10.1.1　通过表查找进行函数计算

一个看似简单的高级语言算术表达式，可能等同于相当数量的 x86-64 汇编语言代码，因此计算成本可能会很高。汇编语言程序员通常预先计算许多值，并对这些值使用表查找的方法来加速程序。采用这种方法的优点是更简单，而且通常效率更高。

请考虑下面的 Pascal 语句：

```
if (character >= 'a') and (character <= 'z') then
character := chr(ord(character) - 32);
```

如果 character 在 a ～ z 的范围内，则上述 Pascal 的 if 语句将 character 变量的值从小写字母转换为大写字母。执行相同操作的 MASM 代码总共需要 7 条机器指令，如下所示：

```
mov al, character
cmp al, 'a'
jb notLower
cmp al, 'z'
ja notLower

and al, 5fh          ; 在该代码中，等同于 sub(32, al)
mov character, al
notLower:
```

然而，使用表查找技术，可以将此指令序列缩减为以下的 4 条指令：

```
mov al, character
lea rbx, CnvrtLower
xlat
mov character, al
```

xlat 指令执行以下的操作：

```
mov al, [rbx + al * 1]
```

xlat 指令使用 AL 寄存器的当前值作为数组索引，该数组的基址在 RBX 中。该指令获取数组中指定索引处的字节，并将该字节复制到 AL 寄存器中。英特尔称此指令为转换（translate）指令，因为程序员通常执行该指令，使用表查找技术将字符从一种形式转换为另一种形式，这正是它在本例中的用途。

在上一个示例中，CnvrtLower 是一个大小为 256 字节的表，其中索引 0 ～ 60h 处的值为 0 ～ 60h、索引 61h ～ 7Ah 处的值为 41h ～ 5Ah、索引 7Bh ～ 0FFh 处的值为 7Bh ～ 0FFh。因此，如果 AL 寄存器包含 0 ～ 60h 或 7Ah ～ 0FFh 范围内的数值，则 xlat 指令将返回相同的数值，实际上 AL 寄存器的值保持不变。但是，如果 AL 寄存器包含 61h ～ 7Ah（a ～ z 的 ASCII 码）范围内的值，则 xlat 指令将 AL 寄存器中的值替换为 41h ～ 5Ah（A ～ Z 的 ASCII 码）范围内的值，从而将小写字母转换为大写字母。

随着函数复杂度的增加，表查找方法的性能优势显著增加。虽然我们几乎从不使用表查找的方法来将小写字母转换为大写字母，但在想切换字母的大小写时，可以考虑会发生什么情况。例如，通过以下的计算：

```
mov al, character
cmp al, 'a'
jb notLower
cmp al, 'z'
ja allDone

and al, 5fh
jmp allDone

notLower:
cmp al, 'A'
jb allDone
cmp al, 'Z'
ja allDone

or al, 20h
allDone:
mov character, al
```

该代码有 13 条机器指令。

如果使用表查找技术，则实现同一个计算函数的代码如下：

```
mov al, character
lea rbx, SwapUL
xlat
mov character, al
```

正如所见，当使用表查找技术来计算函数时，只需要改变表，代码则保持不变。

10.1.1.1　函数域和范围

如果通过表查找方法来计算函数，则该函数有一个有限的域（也就是该函数可接受的输入值的集合），因为函数域中的每个元素都需要在查找表中有一个相对应的元素。例如，我们之前的大小写转换函数将 256 个字符的扩展 ASCII 字符集合作为函数域。sin 或 cos 等函数接受（无限的）实数集作为可能的输入值。通过查找表的方法来实现一个域为实数集的函数是非常不切实际的，因为必须将函数域限制为一个很小的集合。

大多数查找表都非常小，通常只包含 10 ～ 256 个元素，很少超过 1000 个元素。大多数程序员没有耐心创建含 1000 个元素的表，并验证其正确性（尽管可以通过程序设计的方式生成表）。

基于查找表实现的函数存在的另一个限制是，函数域中的元素必须基本上是连续的。查找表技术将函数输入值作为表的索引，并返回索引处的元素值。假设一个函数可以接受值 0、100、1000 和 10 000，则基于输入值的范围，该函数需要查找表中含 10 001 个不同的元素。因此，无法通过表查找技术有效地创建这样的函数。在本节中，我们将假设函数域是一个基本连续的值集。

函数的范围（range）是函数可能产生的输出值的集合。从表查找的角度来看，函数的范围决定了每个表元素的大小。例如，如果函数的范围是整数值 0 到 255，那么每个表元素都需要一字节；如果函数的范围为 0 到 65 535，则每个表元素都需要两字节，依此类推。

通过表查找技术可以实现的最佳函数是那些域和范围始终为 0 到 255（或者此范围的子集）的函数。任何这样的函数都可以使用“ lea rbx, table”和“ xlat”两个指令来计算。唯一需要改变的是查找表。前面介绍的字母大小写转换例程就是此类函数的良好示范。

一旦函数的范围或域的取值超出了范围 0 ～ 255，就不能（方便地）使用 xlat 指令来计算函数值了。有以下三种情况需要考虑。

- 函数域在 0 ～ 255 之外，但范围在 0 ～ 255 之内。
- 函数域在 0 ～ 255 之内，但范围在 0 ～ 255 之外。
- 函数的域和范围都在 0 ～ 255 之外。

我们将在以下各节中分别讨论上述三种情况。

10.1.1.2 函数域在 0 ～ 255 之外，但范围在 0 ～ 255 之内

如果函数的域在 0 ～ 255 之外，但范围 0 ～ 255 之内，那么查找表中的元素将超过 256 个，但可以使用一个字节表示每个元素。因此，查找表可以是字节数组。除了那些可以使用 xlat 指令的查找之外，这类函数是最有效的。请考虑下面的 Pascal 函数调用：

```
B := Func(X);
```

其中，Func 的声明如下所示：

```
function Func(X:dword):byte;
```

可以很容易地将以上的函数调用转换为以下的 MASM 代码：

```
mov edx, X              ; 零扩展到 RDX 中!
lea rbx, FuncTable
mov al, [rbx][rdx * 1]
mov B, al
```

上述代码片段将函数参数加载到 RDX 中，使用此值（处于范围 0 ～ ?? 内）作为 FuncTable 表的索引，获取该位置的字节，并将结果存储到 B 中。显然，对每个可能的 X 值，该表格都必须包含一个与之对应的有效元素。例如，假设希望将 80 × 25 的基于文本的视频显示器上 0 ～ 1999（80 × 25 的视频显示器上有 2000 个字符位置）范围内的光标位置映射到屏幕上的 X（0 ～ 79）坐标或 Y（0 ～ 24）坐标，那么可以通过以下的公式计算 X 坐标：

```
X = Posn % 80;
```

并且使用以下的公式计算 Y 坐标：

```
Y = Posn / 80;
```

其中 Posn 是屏幕上的光标位置。可以使用以下的 x86-64 代码进行计算：

```
mov ax, Posn
mov cl, 80
div cl

; 现在，X 位于 AH 中、Y 位于 AL 中。
```

然而，x86-64 上的 div 指令非常慢。如果需要对写入屏幕的每个字符完成此计算，则会严重降低视频显示代码的速度。以下代码则通过查找表实现这两个坐标计算，可以显著提高代码的性能：

```
lea rbx, yCoord
movzx ecx, Posn           ; 如果 Posn 为无符号 32 位值，
mov al, [rbx][rcx * 1]    ; 而不是无符号 16 位值，
lea rbx, xCoord           ; 则可以使用简单的 mov 指令
mov ah, [rbx][rcx * 1]
```

请记住，将数值加载到 ECX 寄存器中会自动将该数值零扩展到 RCX 寄存器中。因此，这个代码序列中的 movzx 指令，实际上将 Posn 零扩展到了 RCX 寄存器中，而不仅是 ECX 寄存器中。

如果愿意接受“LARGEADDRESSAWARE:NO”链接选项的限制（请参阅 3.7.3 节中的相关内容），那么可以进一步简化上述代码：

```
movzx ecx, Posn            ; 如果 Posn 为无符号 32 位值，
mov al, yCoord[rcx * 1]    ; 而不是无符号 16 位值，
mov ah, xCoord[rcx * 1]    ; 则可以使用简单的 mov 指令
```

10.1.1.3　函数域在 0 ～ 255 之内但范围在 0 ～ 255 之外，或两者都在 0 ～ 255 之外

如果函数域在 0 ～ 255 之内，但范围在 0 ～ 255 之外，则查找表将包含 256 个或更少的元素，但每个条目需要两个或更多字节。如果函数的范围和域都在 0 ～ 255 之外，则每个元素将需要两个或更多字节，并且该表将包含 256 个以上的元素。

回想一下第 4 章，对一维数组（表是数组的特例）进行索引的公式如下：

```
element_address = Base + index * element_size
```

如果位于函数范围内的元素需要 2 字节，则必须在对表进行索引之前将索引乘以 2。同样，如果每个元素需要 3 字节、4 字节或更多的字节，则索引必须乘以每个表元素的大小，然后才能用作表的索引。例如，假设有一个函数 F(*x*)，其（伪）Pascal 声明如下所示：

```
function F(x:dword):word;
```

可以使用以下的 x86-64 代码（当然还有相应的名为 F 的表）创建此函数：

```
movzx ebx, x
lea r8, F
mov ax, [r8][rbx * 2]
```

如果采用“LARGEADDRESSAWARE:NO”链接选项的编译程序，那么可以按照如下代码来简化程序：

```
movzx ebx, x
mov ax, F[rbx * 2]
```

任何域较小且大概率连续的函数都适宜通过表查找的方法进行计算。在某些情况下，非连续域也是可以接受的，只要该域可以被强制为一个适当的值集（前文已经讨论的一个示例是处理 switch 语句表达式）。这种操作被称为调节（conditioning），我们将在下一节展开讨论。

10.1.1.4 域调节

域调节是在函数域中获取一个值集，并对其进行处理，使其更适合作为该函数的输入。请考虑以下的函数：

```
sin x = sin x|(x∈[-2π,2π])
```

以上式子表明计算机中定义的函数 sin(x) 等价于数学意义上的函数 sinx，其中：

```
-2π <= x <= 2π
```

正如我们所知，正弦函数是一个周期函数，该函数接受任意实数作为输入值。然而，用于计算正弦的公式只接受这些值中一个较小的集合。

这一范围限制并未导致任何实际问题，通过简单地计算 sin(x mod (2 * pi))，我们可以求出任何输入值的正弦。修改输入值以便我们可以轻松地计算一个函数的方法称为调节输入（conditioning the input）。在前面的示例中，我们计算 x mod 2 * pi，并将结果用作 sin 函数的输入。这样，在不影响结果的情况下，将 x 截断为了函数所需的域值。我们也可以将调节输入这种方法应用于表查找。事实上，缩放索引以处理字元素就是一种调节输入的方法。请考虑以下的 Pascal 函数：

```
function val(x:word):word; begin
    case x of
        0: val := 1;
        1: val := 1;
        2: val := 4;
        3: val := 27;
        4: val := 256;
        otherwise val := 0;
    end;
end;
```

此函数计算 0 到 4 范围内的 x 值，如果 x 超出此范围，则返回 0。x 可以取 65 536 个不同的值（作为一个 16 位的字），但创建一个包含 65 536 个字却只有前 5 个元素非零的表，这将非常浪费存储空间。此时，使用调节输入的方法，就可以通过查找表来计算这个函数。以下的汇编语言代码遵循了这一原则：

```
mov   ax, 0       ; AX = 0，假设 x > 4
movzx ebx, x      ; 注意：RBX 的高阶位必须都为 0！
lea   r8, val
cmp   bx, 4
ja    defaultResult

mov   ax, [r8][rbx * 2]

defaultResult:
```

上述代码片段检查 x 的值是否超出范围 0 ～ 4。如果 x 的值超出了范围，则手动将 AX 寄存器的值设置为 0；否则，代码会通过 val 表来查找函数值。通过调节输入的方法，可以实现几个原本无法通过查找表实现的函数。

10.1.2　生成表

使用表查找方法需要解决的一个大问题是，第一步必须创建表。如果表中包含许多元素，则尤其困难。首先计算出需要放入表中的数据，然后费力地输入数据，最后检查数据以确保其有效，这将是一个非常耗时并且索然无味的过程。对于大多数表，这个过程是无法避免的。但是，也有某些表，存在一种更好的方法：让计算机自动生成表。

最好的描述方式是举例说明。请考虑以下对正弦函数的修改：

$$\sin(x)\times r = \left\langle \frac{(r\times(1000\times\sin x))}{1000} \middle| [x\in 0,359] \right\rangle$$

上述公式表明，x 是一个介于 0 和 359 之间的整数，r 也必须是一个整数。计算机可以通过以下的代码计算该公式：

```
Thousand dword 1000
    .
    .
    .
lea   r8, Sines
movzx ebx, x
mov   eax, [r8][rbx * 2] ; 获取 sin(x) * 1000 的值
imul  r                  ; 注意，这里将 EAX 扩展到 EDX 中
idiv  Thousand           ; 计算 (r *(sin(x) * 1000)) / 1000
```

（如果可以接受 LARGEADDRESSAWARE:NO 的限制，则这通常将带来一定的改进。）

请注意，不能仅因为乘以 1000 和除以 1000 的这两个运算看起来是可以相互抵消的，就去掉公式中的这两个运算。此外，这段代码必须严格按照指定的顺序计算这个函数。

我们需要完成的是创建表，一个包含 360 个不同值的表 Sines，这些值对应于角度（以度为单位）的正弦值乘以 1000。程序清单 10-1 中的 C/C++ 程序可以生成这个表。

程序清单 10-1　生成 Sines 表的 C 程序

```
// 程序清单 10-1：GenerateSines
// 为汇编语言查找表生成正弦值表的 C 程序。

#include <stdlib.h>
#include <stdio.h>
#include <math.h>
int main(int argc, char **argv)
{
    FILE *outFile;
    int angle;
    int r;

    // 打开文件：

    outFile = fopen("sines.asm", "w");

    // 生成声明的初始部分并写入输出文件中：

    fprintf
    (
        outFile,
        "Sines:" // sin(0) = 0
    );

    // 生成 Sines 表：
```

```
    for(angle = 0; angle <= 359; ++angle)
    {
        // 使用以下公式将以度为单位的角度转换为以弧度为单位的:

        // radians = angle * 2.0 * pi / 360.0;

        // 乘以 1000, 并将取整后的结果存储到整数变量 r 中。

        double theSine =
            sin
            (
                angle * 2.0 *
                3.14159265358979323846 /
                360.0
            );
        r = (int) (theSine * 1000.0);

        // 将整数写入源文件中, 每行 8 个。
        // 注意: 如果 (angle AND %111) 等于 0, 则 angle 可以被 8 整除,
        // 并且必须先输出一个换行符。

        if((angle & 7) == 0)
        {
            fprintf(outFile, "\n\tword\t");
        }
        fprintf(outFile, "%5d", r);

        if ((angle & 7) != 7)
        {
            fprintf(outFile, ",");
        }
    } // endfor
    fprintf(outFile, "\n");

    fclose(outFile);
    return 0;

} // end main
```

此程序生成以下的输出结果（为简洁，省略了部分结果）：

```
Sines:
    word      0,   17,   34,   52,   69,   87,  104,  121
    word    139,  156,  173,  190,  207,  224,  241,  258
    word    275,  292,  309,  325,  342,  358,  374,  390
    word    406,  422,  438,  453,  469,  484,  499,  515
    word    529,  544,  559,  573,  587,  601,  615,  629
    word    642,  656,  669,  681,  694,  707,  719,  731
    word    743,  754,  766,  777,  788,  798,  809,  819
    word    829,  838,  848,  857,  866,  874,  882,  891
    word    898,  906,  913,  920,  927,  933,  939,  945
    word    951,  956,  961,  965,  970,  974,  978,  981
    word    984,  987,  990,  992,  994,  996,  997,  998
    word    999,  999, 1000,  999,  999,  998,  997,  996
    word    994,  992,  990,  987,  984,  981,  978,  974
    word    970,  965,  961,  956,  951,  945,  939,  933
    word    927,  920,  913,  906,  898,  891,  882,  874
                                .
                                .
                                .
    word   -898, -891, -882, -874, -866, -857, -848, -838
```

```
        word    -829, -819, -809, -798, -788, -777, -766, -754
        word    -743, -731, -719, -707, -694, -681, -669, -656
        word    -642, -629, -615, -601, -587, -573, -559, -544
        word    -529, -515, -500, -484, -469, -453, -438, -422
        word    -406, -390, -374, -358, -342, -325, -309, -292
        word    -275, -258, -241, -224, -207, -190, -173, -156
        word    -139, -121, -104,  -87,  -69,  -52,  -34,  -17
```

显然，相比于手工输入（并验证）这些数据，编写生成这些数据的 C 程序要简单得多。甚至，不一定要使用 C（或者 Pascal/Delphi、Java、C#、Swift 以及其他高级语言）编写这个表生成程序。因为程序只执行一次，所以表生成程序的性能不是问题。

一旦运行了这个表生成程序，剩余的工作就是从文件（本例中为 sines.asm）中将表剪切并粘贴到实际使用表的程序中。

10.1.3　表查找的性能

在个人计算机的早期，表查找是进行高性能计算的首选方式。如今，CPU 比主存快 10 倍到 100 倍的情况并不少见。因此，使用表查找方法，可能不会比使用机器指令执行相同的计算更快。然而，片上 CPU 中高速缓存子系统的运行速度接近 CPU 的速度。因此，如果表驻留在 CPU 的高速缓存中，则表查找可以非常高效。这意味着使用表查找获得良好性能的方法是使用小的表（因为缓存的空间有限），以及其中元素用户会经常引用的表（因此表将驻留在高速缓存中）。

有关高速缓存操作的详细信息，以及如何优化高速缓存使用的详细信息，请参见 *Write Great Code* 的第 1 卷或者 *The Art of Assembly Language* 的电子版（见 https://www.randallhyde.com/）。

10.2　拓展阅读资料

Donald Knuth 编写的 *The Art of Computer Programming* 的第 3 卷 *Searching and Sorting*（Addison-Wesley Professional，1998）中，包含了许多关于在查找表中搜索数据的有用信息。在给定情况下，当无法直接访问数组时，查找数据将是另一种选择。

10.3　自测题

1. 函数的域是什么？
2. 函数的范围是什么？
3. xlat 指令的作用是什么？
4. 哪些域和范围值允许使用 xlat 指令？
5. 提供实现以下函数的代码（使用伪 C 语言函数原型和 f 作为表名称）：
   a. byte f(byte input)
   b. word f(byte input)
   c. byte f(word input)
   d. word f(word input)
6. 什么是域调节？
7. 在现代处理器上，为什么表查找可能效率不高？

SIMD 指令

本章将讨论 x86-64 上的向量指令（vector instruction）。这类特殊的指令提供了并行处理功能，传统上称为单指令多数据（single-instruction, multiple-data，SIMD）指令，因为按字面意思理解，就是一条指令并发地处理多条数据。由于这种并发性，SIMD 指令的执行速度通常比构成标准 x86-64 指令集的单指令单数据（single-instruction, single-data，SISD）指令或者标量（scalar）指令快几倍（理论上，可高达 32 倍到 64 倍）。

实际上，x86-64 提供了三个向量指令集：多媒体扩展（Multimedia Extensions，MMX）指令集、数据流单指令多数据扩展（Streaming SIMD Extensions，SSE）指令集和高级向量扩展（Advanced Vector Extensions，AVX）指令集。本书不讨论 MMX 指令集，因为这些指令已经过时了（SSE 指令集等效于 MMX 指令集）。

x86-64 向量指令集（SSE/AVX）几乎与标量指令集的规模一样大。仅有关 SSE/AVX 程序设计和算法的内容，就足以编写一整本书。然而，这不是本书的重点，有关 SIMD 和并行算法的高级主题超出了本书讨论范围。因此本章仅介绍一定数量的 SSE/AVX 指令，但没有展开讨论这些指令的应用和算法。

本章从讨论一些预备知识开始。首先，讨论 x86-64 向量体系结构和流数据类型。然后，讨论如何使用 cpuid 指令检测各种向量指令（并非所有型号的 x86-64 CPU 都支持全部的向量指令集）的使用对象。由于大多数向量指令需要数据操作数满足特殊的内存对齐要求，因此本章还将讨论 MASM 段。

11.1 SSE/AVX 体系结构

首先，我们快速了解一下 x86-64 CPU 中的 SSE 和 AVX 功能。SSE 和 AVX 指令包含若干变体：原始 SSE、增强 SSE2、SSE3、SSE4（SSE4.1 和 SSE4.2）、AVX、AVX2（AVX 和 AVX2 有时被称为 AVX-256）以及 AVX-512。SSE3 是与 Pentium 4F (Prescott) CPU（英特尔第一款 64 位 CPU）同时推出的。因此，可以假定所有英特尔 64 位 CPU 都支持 SSE3 和早期的 SIMD 指令。

SSE/AVX 体系结构主要有如下的三代。

- SSE 体系结构，它（在 64 位 CPU 上）提供了 16 个 128 位的 XMM 寄存器，支持整数和浮点数据类型。
- AVX/AVX2 体系结构，支持 16 个 256 位的 YMM 寄存器（也支持整数和浮点数数据类型）。
- AVX-512 体系结构，支持多达 32 个 512 位的 ZMM 寄存器。

作为一般规则，本章在各个示例中均遵循 AVX2 和早期指令的要求。有关 AVX-512 等附加指令集扩展的讨论，请参阅英特尔和 AMD CPU 手册。本章不会描述每一条 SSE 或 AVX 指令。大多数流指令都有非常特殊的用途，在一般应用程序中并不是特别有用。

11.2　流数据类型

SSE 和 AVX 编程模型支持两种基本数据类型：标量和向量。标量数据包含一个单精度或双精度浮点数值。向量数据包含多个浮点数值或整数数值（介于 2 个和 32 个值之间，取决于字节、字、双字、四字、单精度或双精度的标量数据类型，以及 128 位或 256 位的寄存器和内存大小）。

XMM 寄存器（XMM0 ～ XMM15）可以保存一个 32 位的浮点数值（标量）或四个单精度的浮点数值（向量）。YMM 寄存器（YMM0 ～ YMM15）可以保存八个单精度（32 位）的浮点数值（向量），具体请参见图 11-1。

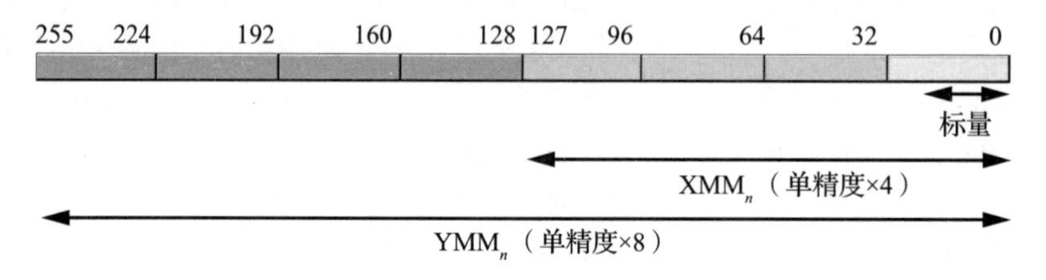

图 11-1　打包单精度浮点和标量单精度浮点数据类型

XMM 寄存器可以保存一个双精度的标量值或包含一对双精度值的向量。YMM 寄存器可以保存包含四个双精度浮点数值的向量，如图 11-2 所示。

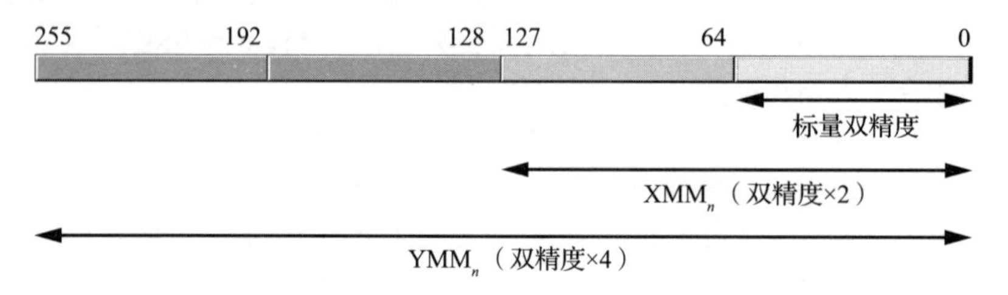

图 11-2　打包双精度浮点和标量双精度浮点数据类型

XMM 寄存器可以保存 16 字节的数值（YMM 寄存器可以保存 32 字节的数值），允许 CPU 用一条指令执行 16（32）字节大小数值的计算（具体请参见图 11-3）。

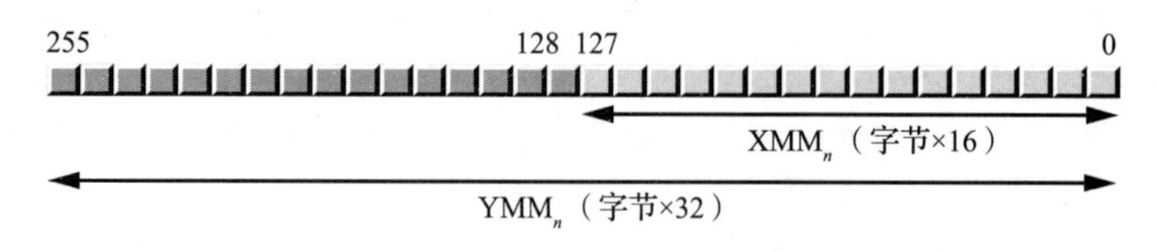

图 11-3　打包字节数据类型

XMM 寄存器可以保存 8 字的数值（YMM 寄存器可以保存 16 字的数值），允许 CPU 使用一条指令执行 8（16）个 16 位（字）大小整数的计算（具体请参见图 11-4）。

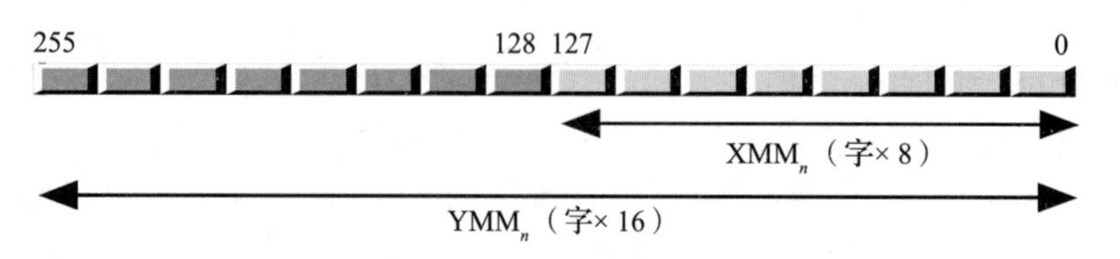

图 11-4　打包字数据类型

XMM 寄存器可以保存 4 个双字的数值（YMM 寄存器可以保存 8 个双字的数值），允许 CPU 用一条指令执行 4（8）个 32 位（双字）大小整数的计算（具体请参见图 11-5）。

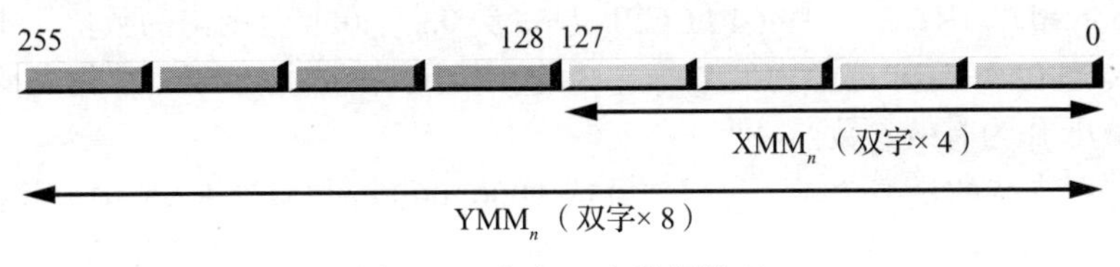

图 11-5 打包双字数据类型

XMM 寄存器可以保存 2 个四字的数值（YMM 寄存器可以保存 4 个四字的数值），允许 CPU 用一条指令执行 2（4）个 64 位（四字）数值的计算（具体请参见图 11-6）。

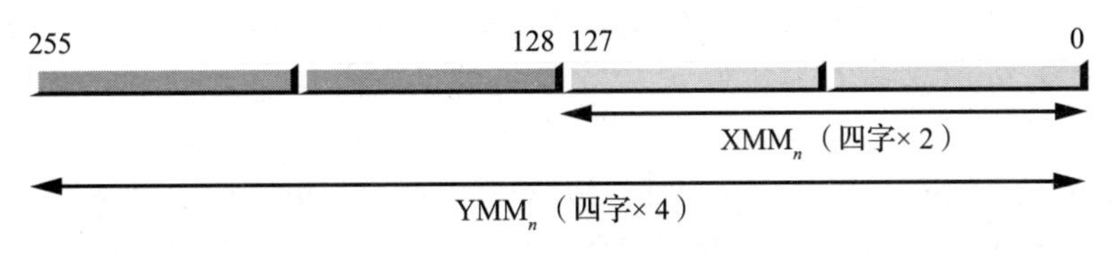

图 11-6 打包四字数据类型

英特尔的文档称 XMM 和 YMM 寄存器中的向量元素为通道（lane）。例如，128 位 XMM 寄存器包含 16 字节，其中第 0 ～ 7 位为通道 0、第 8 ～ 15 位为通道 1、第 16 ～ 23 位为通道 2,……，第 120 ～ 127 位为通道 15。256 位 YMM 寄存器包含 32 字节大小的通道，512 位 ZMM 寄存器包含 64 字节大小的通道。

类似地，128 位 XMM 寄存器包含 8 个字大小的通道（通道 0 ～ 7）。256 位 YMM 寄存器包含 16 个字大小的通道（通道 0 ～ 15）。在支持 AVX-512 的 CPU 上，ZMM 寄存器（512 位）包含 32 个字大小的通道，编号为 0 ～ 31。

XMM 寄存器包含 4 个双字大小的通道（通道 0 ～ 3），还包含 4 个单精度（32 位）浮点数通道（同样，编号为 0 ～ 3）。YMM 寄存器包含 8 个双字或单精度通道（通道 0 ～ 7）。AVX2 ZMM 寄存器包含 16 个双字或单精度大小的通道（通道 0 ～ 15）。

XMM 寄存器支持 2 个四字大小的通道（或 2 个双精度通道），编号为 0 和 1。正如预期，YMM 寄存器支持的数量是其两倍（4 个通道，编号为 0 ～ 3），AVX2 ZMM 寄存器支持的通道数量是其 4 倍（8 个通道，编号为 0 ～ 7）。

若干 SSE/AVX 指令引用了这些寄存器中的各种通道。特别是混排（shuffle）和解包（unpack）指令允许我们在 SSE 和 AVX 操作数的通道之间移动数据。

11.3 使用 cpuid 区分指令集

英特尔在 1978 年推出了 8086（此后不久又推出了 8088）微处理器。几乎后来的每一代 CPU，英特尔都会在指令集中添加新的指令。在本章之前，本书采用的指令普遍适用于所有 x86-64 CPU（英特尔和 AMD）。本章将介绍仅适用于较新型号 x86-64 CPU 的指令。英特尔提供了 cpuid 指令，让程序员能够确定他们的应用程序使用的是哪一种 CPU，以便动态地避免在旧处理器上使用新的指令。

cpuid 指令要求在 EAX 寄存器中传递一个参数 [称为叶子（leaf）函数]。该指令根据 EAX 中传递的数值，返回有关不同 32 位寄存器中 CPU 的各种信息。应用程序可以测试返回信息，以查看特定的 CPU 功能是否可用。

随着英特尔推出新的指令，会修改 cpuid 的行为以反映这些变化。具体来说，英特尔会修改程序在 EAX 中合法传递给 cpuid 的数值的范围，这就是“所支持的最高功能”（highest function supported）。因此，一些 64 位 CPU 只接受 0h ~ 05h 范围内的数值。本章讨论的指令可能要求传递 0h ~ 07h 范围内的数值。因此，使用 cpuid 指令时，首先需要验证它是否接受 EAX = 07h 作为有效参数。

为了确定所支持的最高功能，可以将 0 或 8000_0000h 加载到 EAX 中，并执行 cpuid 指令（所有 64 位 CPU 都支持这两个函数值）。返回值是可以在 EAX 中传递给 cpuid 的最大值。英特尔和 AMD 的文档（具体请参阅 https://en.wikipedia.org/wiki/CPUID）列出了各种 CPU 的 cpuid 返回值。在本章中，我们只需验证所支持的最高功能是 01h（所有 64 位 CPU 都满足该要求），或者验证所支持的最高功能是 07h（对于某些指令）。

除了提供所支持的最高功能外，使用参数 EAX = 0h（或 8000_0002h）的 cpuid 指令还会在 EBX、ECX 和 EDX 寄存器中返回 12 个字符的供应商 ID。对于 x86-64 芯片，有以下两种结果。

- GenuineIntel（EBX 为 756e_6547h，EDX 为 4965_6e69h，ECX 为 6c65_746eh）。
- AuthenticateMD（EBX 为 6874_7541h，EDX 为 6974_6E65h，ECX 为 444D_4163h）。

为了确定 CPU 是否可以执行大多数 SSE 和 AVX 指令，必须执行参数 EAX = 01h 的 cpuid 指令，并测试 ECX 寄存器中的不同位。对于一些更高级的功能（高级位操作功能和 AVX2 指令），则需要执行参数 EAX = 07h 的 cpuid 指令，并检查 EBX 寄存器中的结果。cpuid 指令（参数 EAX = 01h）在 ECX 的不同位中，返回有趣的 SSE/AVX 功能标志，如表 11-1 所示。当 EAX = 07h 时，cpuid 指令在 EBX 中返回位操作或 AVX2 标志，如表 11-2 所示。如果设置了对应的位，则 CPU 支持特定的指令（集）。

表 11-1　英特尔 cpuid 功能标志位（EAX=1）

位	ECX
0	支持 SSE3
1	支持 PCLMULQDQ
9	支持 SSSE3
19	CPU 支持 SSE4.1 指令集
20	CPU 支持 SSE4.2 指令集
28	高级向量扩展

表 11-2　英特尔 cpuid 功能标志位（EAX = 7，ECX = 0）

位	EBX
3	位操作指令集 1
5	高级向量扩展 2（AVX2）
8	位操作指令集 2

程序清单 11-1 旨在查询 CPU 的供应商 ID 和基本功能。

程序清单 11-1　cpuid 演示程序

```
; 程序清单 11-1
; cpuid 指令演示。

            option casemap:none

nl          =       10

            .const
ttlStr byte "Listing 11-1", 0

            .data
maxFeature dword    ?
VendorID byte       14 dup (0)
```

```
            .code
            externdef printf:proc

; 将程序标题返回到 C++ 程序:

            public getTitle
getTitle proc
            lea rax, ttlStr
            ret
getTitle    endp

; 用于调试:
print       proc
            push rax
            push rbx
            push rcx
            push rdx
            push r8
            push r9
            push r10
            push r11

            push rbp
            mov rbp, rsp
            sub rsp, 40
            and rsp, -16

            mov rcx, [rbp + 72]          ; 返回地址
            call printf

            mov rcx, [rbp + 72]
            dec rcx
skipTo0:inc rcx
            cmp byte ptr [rcx], 0
            jne skipTo0
            inc rcx
            mov [rbp + 72], rcx

            leave
            pop r11
            pop r10
            pop r9
            pop r8
            pop rdx
            pop rcx
            pop rbx
            pop rax
            ret
print       endp

; 以下是“asmMain”函数的实现。

            public asmMain
asmMain     proc
            push rbx
            push rbp
            mov rbp, rsp
            sub rsp, 56           ; 影子存储器

            xor eax, eax
            cpuid
```

```
                mov maxFeature, eax
                mov dword ptr VendorID, ebx
                mov dword ptr VendorID[4], edx
                mov dword ptr VendorID[8], ecx

                lea rdx, VendorID
                mov r8d, eax
                call print
                byte "CPUID(0): Vendor ID='%s', "
                byte "max feature=0%xh", nl, 0

; 在所有支持 cpuid 指令的 CPU 上都可以用叶子函数 1,
; 无须对其进行测试。

                mov eax, 1
                cpuid
                mov r8d, edx
                mov edx, ecx
                call print
                byte "cpuid(1), ECX=%08x, EDX=%08x", nl, 0

; 极有可能所有现代 CPU（例如 x86-64）都支持叶子函数 7
; 但我们仍将测试其可用性。

                cmp maxFeature, 7
                jb allDone

                mov eax, 7
            xor ecx, ecx
                cpuid
                mov edx, ebx
                mov r8d, ecx
                call print
                byte "cpuid(7), EBX=%08x, ECX=%08x", nl, 0

allDone:        leave
                pop rbx
                ret ; 返回到调用方
asmMain         endp
                end
```

在安装了英特尔 i7-3720QM CPU 的一套较旧的 MacBook Pro Retina 上并行运行以上程序，得到以下的输出结果：

```
C:\>build listing11-1

C:\>echo off
Assembling: listing11-1.asm
c.cpp

C:\>listing11-1
Calling Listing 11-1:
CPUID(0): Vendor ID='GenuineIntel', max feature=0dh
cpuid(1), ECX=ffba2203, EDX=1f8bfbff
cpuid(7), EBX=00000281, ECX=00000000
Listing 11-1 terminated
```

运行结果表明，该 CPU 支持 SSE3 指令集（ECX 的第 0 位为 1）、SSE4.1 和 SSE4.2 指令集（ECX 的第 19 位和第 20 位为 1），以及 AVX 指令集（第 28 位为 1）。这些指令集基本上涵盖了本章描述的指令。大多数现代 CPU 都支持这些指令集（英特尔于 2012 年发布了

i7-3720QM)。该处理器不支持英特尔指令集（扩展位操作指令和 AVX2 指令集）上一些更有趣的扩展功能。在这个（古老的）MacBook Pro 上，使用这些指令的程序将无法执行。

在较新的 CPU（iMac Pro 10-core Intel Xeon W-2150B）上运行程序清单 11-1，会产生以下的输出结果：

```
C:\>listing11-1
Calling Listing 11-1:
CPUID(0): Vendor ID='GenuineIntel', max feature=016h
cpuid(1), ECX=fffa3203, EDX=1f8bfbff
cpuid(7), EBX=d09f47bb, ECX=00000000
Listing 11-1 terminated
```

正如所见，从扩展功能位来看，较新的 Xeon CPU 确实支持这些附加的指令。在程序清单 11-2 的代码片段中，对程序清单 11-1 进行了简单修改，以测试 BMI1 和 BMI2 位操作指令集的可用性（在程序清单 11-1 中的 allDone 标签之前插入以下代码片段）。

程序清单 11-2　BMI1 和 BMI2 指令集的测试

```
; 测试扩展位操作指令
; (BMI1 和 BMI2):

            and ebx, 108h                   ; 测试第 3 位和第 8 位
            cmp ebx, 108h                   ; 这两位都必须设置为 1
            jne Unsupported
            call print
            byte "CPU supports BMI1 & BMI2", nl, 0
            jmp allDone

Unsupported:
            call print
            byte "CPU does not support BMI1 & BMI2 "
            byte "instructions", nl, 0

allDone:    leave
            pop rbx
            ret ; 返回到调用方
asmMain     endp
```

以下是在英特尔 i7-3720QM CPU 上的构建命令和程序输出结果：

```
C:\>build listing11-2

C:\>echo off
Assembling: listing11-2.asm
c.cpp

C:\>listing11-2
Calling Listing 11-2:
CPUID(0): Vendor ID='GenuineIntel', max feature=0dh
cpuid(1), ECX=ffba2203, EDX=1f8bfbff
cpuid(7), EBX=00000281, ECX=00000000
CPU does not support BMI1 & BMI2 instructions
Listing 11-2 terminated
```

在 iMac Pro（英特尔 Xeon W-2150B）上运行程序清单 11-2 的结果如下所示：

```
C:\>listing11-2
Calling Listing 11-2:
CPUID(0): Vendor ID='GenuineIntel', max feature=016h
cpuid(1), ECX=fffa3203, EDX=1f8bfbff
```

```
cpuid(7), EBX=d09f47bb, ECX=00000000
CPU supports BMI1 & BMI2
Listing 11-2 terminated
```

11.4　完整的段语法和段对齐

稍后将会介绍，SSE 和 AVX 内存数据需要在 16 字节、32 字节甚至 64 字节边界上对齐。尽管可以使用 align 伪指令来对齐数据，但在使用精简的段伪指令（本书中迄今为止展示的）时，不能在超出 16 字节的边界上对齐。如果需要在超过 16 字节的边界上对齐，则必须使用 MASM 完整段声明。

如果需要创建对段属性具有完全控制权的段，则需要使用 segment 和 ends 伪指令[⊖]。段声明的通用语法形式如下所示：

```
segname segment readonly alignment 'class'
        statements
segname ends
```

segname 是一个标识符，这是段的名称（在段结束的 ends 伪指令之前也必须出现一个）。并不要求这个标识符是唯一的，可以有多个段声明共享相同的名称。MASM 在生成目标文件代码时，会组合具有相同名称的段。应避免使用段名称“_TEXT”“_DATA”“_BSS”和“_CONST”，因为 MASM 将这些名称分别用于“.code”“.data”“.data?”和“.const”伪指令。

readonly（只读）选项为空，或者为 MASM 保留字“readonly”。该选项提示 MASM，该段将包含只读（常量）数据。如果试图（直接）将数值存储到在只读段声明的变量中，则 MASM 会报错，并告知无法修改只读段。

alignment 选项也是可选的，允许指定以下选项之一：

- byte
- word
- dword
- para
- page
- align(*n*)（*n* 是一个常量，必须为 2 的幂）

对齐选项指示 MASM 为该特定段生成的第一个字节必须出现在对齐选项的倍数地址处。byte、word 和 dword 保留字分别指定 1、2 和 4 字节的对齐方式。para 对齐选项指定段落的对齐方式（16 字节）。page 对齐选项指定 256 字节的地址对齐方式。最后，align(*n*) 对齐选项允许指定任何 2 的幂（1、2、4、8、16、32 等）的地址对齐方式。

如果没有明确指定，则默认的段对齐方式是段落对齐（16 字节）。这也是精简段伪指令（“.code”“.data”“.data ?”和“.const”）的默认对齐方式。

如果存在一些（SSE/AVX）数据对象，必须从 32 字节或 64 字节的倍数地址处开始，那么需要创建使用 64 字节对齐方式的新数据段。以下是这种段的一个例子：

```
dseg64  segment align(64)
obj64   oword 0, 1, 2, 3            ; 从 64 字节边界开始
b       byte 0                      ; 打乱了对齐
        align 32                    ; 设置对齐到 32 字节
obj32   oword 0, 1                  ; 从 32 字节边界开始
```

⊖ MASM 使用相同的伪指令 ends 来结束结构和段。

```
dseg64   ends
```

可选的 class 字段是一个字符串（由撇号和单引号分隔），通常是以下名称之一：CODE、DATA 或 CONST。请注意，MASM 和微软链接器将组合具有相同类名称的段，即使这些段的段名称不同。

根据需要，本章将提供这些段声明的示例。

11.5 SSE、AVX 和 AVX2 内存操作数对齐

SSE 和 AVX 指令通常允许访问各种大小的内存操作数。所谓的标量指令（对单个数据元素进行操作），可以访问字节、字、双字和四字大小的内存操作数。在许多方面，这些类型的内存访问类似于由非 SIMD 指令实现的内存访问。SSE、AVX 和 AVX2 指令集扩展还可以访问内存中的打包操作数或向量操作数。与标量内存操作数不同，对打包内存操作数的访问具有严格的规则限制。本节讨论这些规则。

SSE 指令集的一条指令最多可访问 128 位（即 16 字节）的内存操作数。大多数的多操作数 SSE 指令可以指定 XMM 寄存器或 128 位内存操作数作为源（第二个）操作数。一般来说，这些内存操作数必须出现在内存中 16 字节对齐的地址上（即内存地址的低阶 4 位必须全为 0）。

注意：如果试图访问未对齐到 16 字节的地址处的 128 位数据对象，则几乎所有 SSE、AVX 和 AVX2 指令都会生成内存对齐故障。应该始终确保 SSE 打包操作数要合理对齐。

由于段的默认对齐选项为 para（16 字节），因此可以使用 align 伪指令轻松确保任何 16 字节的打包数据对象都是 16 字节对齐的：

```
align 16
```

如果试图在使用 byte、word 或 dword 对齐类型定义的段中执行“align 16”，那么 MASM 将报告错误。“align 16”可以在使用 para、page 或 align(*n*) 选项（其中 *n* 大于或等于 16）的情况下正常工作。

如果使用 AVX 指令访问 256 位（32 字节）的内存操作数，则必须确保这些内存操作数从 32 字节的地址边界开始。遗憾的是，“align 32”不能正常运行，因为默认的段对齐方式是段落对齐，并且段的对齐地址必须大于或等于该段中出现的任何 align 伪指令的操作数字段。因此，为了能够定义 AVX 指令可用的 256 位变量，必须明确定义在（最小）32 字节边界上对齐的（数据）段，例如：

```
avxData      segment align(32)
             align 32              ; 该指令实际上是冗余的
someData     oword 0, 1            ; 256 位数据
             .
             .
             .
avxData      ends
```

虽然下面的陈述有些冗余，但是非常重要，因此值得重复：

如果试图访问未对齐到 32 字节的地址处的 256 位数据对象，则几乎所有 AVX/AVX2 指令都会生成内存对齐故障。应该始终确保 AVX 打包操作数要合理对齐。

如果将 AVX2 扩展指令与 512 位内存操作数一起使用，则必须确保这些操作数出现在内存中 64 字节的倍数地址处。对于 AVX 指令，必须定义一个对齐地址大于或等于 64 字节的

段，例如：

```
avx2Data    segment align(64)
someData    oword 0, 1, 2, 3      ; 512 位数据
            .
            .
            .
avx2Data    ends
```

必须要牢记以下要点（请别嫌啰唆）：

如果试图访问未对齐到 64 字节的地址处的 512 位数据对象，则几乎所有 AVX-512 指令都会生成内存对齐故障。应该始终确保 AVX-512 打包操作数要合理对齐。

如果在同一应用程序中使用 SSE、AVX 和 AVX2 数据类型，则可以创建一个数据段来保存所有这些数据值，并对这个段使用 64 字节的对齐选项，而不是为每个数据类型大小创建一个段。请记住，段的对齐地址必须大于或等于特定数据类型所需的对齐地址。因此，对于 SSE 和 AVX/AVX2 变量，以及 AVX-512 变量，64 字节的对齐方式均可以满足要求，实现代码如下所示：

```
SIMDData    segment align(64)
sseData     oword   0             ; 64 字节对齐，也是 16 字节对齐
            align   32            ; 对 AVX 数据进行对齐操作
avxData     oword   0, 1          ; 32 字节数据对齐到 32 字节地址
            align   64
avx2Data    oword   0, 1, 2, 3    ; 64 字节数据
            .
            .
            .
SIMDData ends
```

如果指定的对齐选项比需要的大得多（例如 256 字节的 page 对齐），则可能会不必要地浪费内存空间。

当 SSE、AVX 和 AVX2 数据值是静态变量或全局变量时，align 伪指令可以运行得很好。如果需要在栈中创建局部变量或在堆中创建动态变量，那会发生什么情况呢？即使我们的程序遵循微软 ABI，也只能保证在进入程序（或过程）时栈中 16 字节的对齐方式。类似地，根据堆管理函数的不同，不能保证 malloc（或类似）函数返回的地址与 SSE、AVX 或 AVX2 数据对象合理对齐。

在一个过程中，可以通过分配额外的存储空间，将对象大小减 1 的结果加到分配的地址上，然后使用 and 指令将地址的低阶位（16 字节对齐的对象为 4 位，32 字节对齐的对象为 5 位，64 字节对齐的对象为 6 位）归零，来为对齐到 16、32 或 64 字节的变量分配存储空间。然后使用该指针引用该对象。以下的示例代码演示了如何执行该操作：

```
sseproc     proc
sseptr      equ     <[rbp - 8]>
avxptr      equ     <[rbp - 16]>
avx2ptr     equ     <[rbp - 24]>
            push rbp
            mov rbp, rsp
            sub rsp, 160

; 将比当前栈指针高 64 字节的地址加载到 RAX 中。
; 在 64 字节对齐的地址将位于 RSP 和 RSP+63 之间。

            lea rax, [rsp + 63]
```

```
; 屏蔽 RAX 的低阶 6 位。这将在 RAX 中生成一个地址，
; 该地址在 64 字节边界上对齐，位于 RSP 和 RSP+63 之间：

            and rax, -64 ; 0FFFF…FC0h

; 将此在 64 字节对齐的地址另存为指向 AVX2 数据的指针：

            mov avx2ptr, rax

; 将 64 加到 AVX2 的地址上。这将跳过 AVX2 的数据。
; 地址也是 64 字节对齐的（这还意味着地址是 32 字节对齐的）。
; 将其用作 AVX 数据的地址：

            add rax, 64
            mov avxptr, rax

; 将 32 加到 AVX 的地址上。这将跳过 AVX 的数据。
; 地址也是 32 字节对齐的（这还意味着它是 16 字节对齐的）。
; 将其用作 SSE 数据的地址：

            add rax, 32
            mov sseptr, rax
            .
            . 使用 avx2ptr、avxptr 和 sseptr，
            . 访问 AVX2、AVX 和 SSE 数据区的代码

            leave
            ret
sseproc     endp
```

对于在堆中分配的数据，可以执行相同的操作：分配额外的存储空间（可达最多字节数的 2 倍减去 1），将对象大小减去 1 的结果（15、31 或 63）加到地址上，然后用 -64、-32 或 -16 屏蔽新形成的地址，分别生成一个 64、32 或 16 字节对齐的数据对象。

11.6　SIMD 数据移动指令

x86-64 CPU 提供多种数据移动指令，用于在（SSE/AVX）寄存器之间复制数据、将数据从内存加载到寄存器中，以及将寄存器中的数值存储到内存中。以下各小节分别阐述这些指令。

11.6.1　(v)movd 和 (v)movq 指令

对于 SSE 指令集，movd（move dword，移动双字）和 movq（move qword，移动四字）指令将数值从 32 位或 64 位通用寄存器或内存单元分别复制到 XMM[⊖]寄存器的低阶双字和四字：

```
movd xmmn, reg32/mem32
movq xmmn, reg64/mem64
```

这些指令将数值零扩展到 XMM 寄存器中的剩余高阶位，如图 11-7 和图 11-8 所示。

以下指令将 XMM 寄存器的低阶 32 位或 64 位存储到双字或四字的内存位置或者通用寄存器中：

```
movd reg32/mem32, xmmn
movq reg64/mem64, xmmn
```

⊖ xmm_n 表示 XMM0 ～ XMM15。

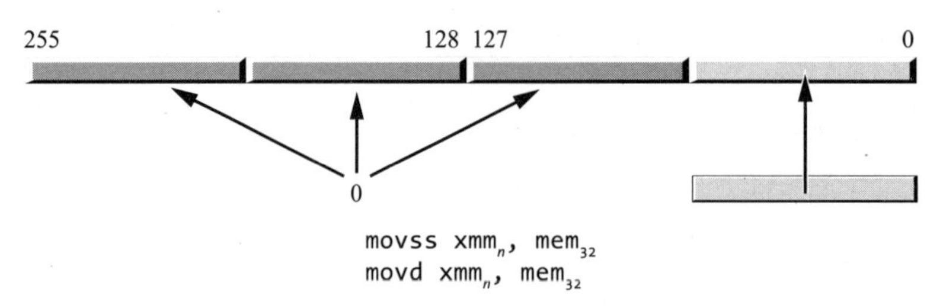

图 11-7　将 32 位数值从内存移动到 XMM 寄存器（带零扩展）

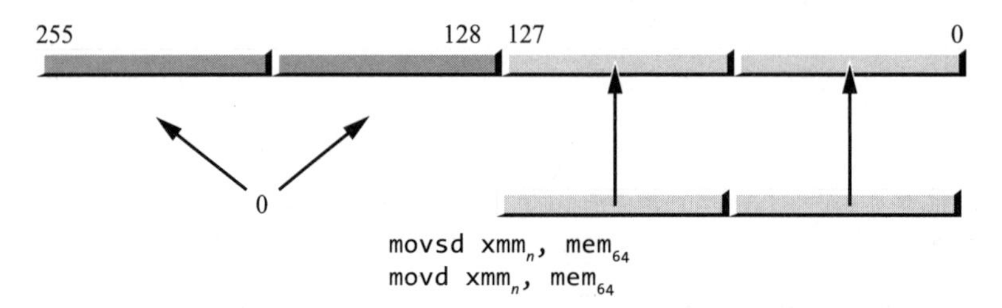

图 11-8　将 64 位数值从内存移动到 XMM 寄存器（带零扩展）

movq 指令还允许将数据从一个 XMM 寄存器的低阶四字复制到另一个 XMM 寄存器（但无论出于何种原因，movd 指令都不允许使用两个 XMM 寄存器作为操作数）：

```
movq xmmn, xmmn
```

对于 AVX 指令集，可以使用以下形式的指令：

```
vmovd xmmn, reg32/mem32
vmovd reg32/mem32, xmmn
vmovq xmmn, reg64/mem64
vmovq reg64/mem64, xmmn
```

目标操作数为 XMM 的指令也会将其数值零扩展到高阶位（最高可到第 255 位，而标准 SSE 指令不会修改 YMM 寄存器高阶位）。

由于 movd 和 movq 指令访问内存中的 32 位和 64 位数值（而不是 128、256 或 512 位数值），因此这些指令不要求自己的内存操作数在 16、32 或 64 字节对齐。当然，如果指令的操作数在内存中是双字（movd）或四字（movq）对齐的，则指令的执行速度可能会更快一些。

11.6.2　(v)movaps、(v)movapd 和 (v)movdqa 指令

movaps（move aligned, packed single，移动对齐打包单精度值）、movapd（move aligned, packed double，移动对齐打包双精度值）和 movdqa（move double quad-word aligned，移动双四字对齐值）指令在内存和 XMM 寄存器之间或两个 XMM 寄存器之间移动 16 字节的数据。AVX 版本（带有前缀 v）的指令在内存和 XMM 或 YMM 寄存器之间或两个 XMM 或 YMM 寄存器之间，移动 16 字节或 32 字节的数据（涉及 XMM 寄存器的移动会将相应 YMM 寄存器的所有高阶位归零）。内存位置必须分别在 16 字节或 32 字节的边界上对齐，否则 CPU 将产生未对齐的访问故障。

三条 mov* 指令都将 16 字节的数据加载到 XMM 寄存器中，并且理论上可以互换。实际上，英特尔可能会针对其移动的数据类型（单精度浮点数值、双精度浮点数值或整数数值）优化操作，因此建议为所使用的数据类型选择合适的指令。同样，三条 vmov* 指令都将 16

字节或 32 字节的数据加载到 XMM 或 YMM 寄存器中，并且可以互换。

这些指令采用以下的形式：

movaps xmm_n, mem_{128}	vmovaps xmm_n, mem_{128}	vmovaps ymm_n, mem_{256}
movaps mem_{128}, xmm_n	vmovaps mem_{128}, xmm_n	vmovaps mem_{256}, ymm_n
movaps xmm_n, xmm_n	vmovaps xmm_n, xmm_n	vmovaps ymm_n, ymm_n
movapd xmm_n, mem_{128}	vmovapd xmm_n, mem_{128}	vmovapd ymm_n, mem_{256}
movapd mem_{128}, xmm_n	vmovapd mem_{128}, xmm_n	vmovapd mem_{256}, ymm_n
movapd xmm_n, xmm_n	vmovapd xmm_n, xmm_n	vmovapd ymm_n, ymm_n
movdqa xmm_n, mem_{128}	vmovdqa xmm_n, mem_{128}	vmovdqa ymm_n, mem_{256}
movdqa mem_{128}, xmm_n	vmovdqa mem_{128}, xmm_n	vmovdqa mem_{256}, ymm_n
movdqa xmm_n, xmm_n	vmovdqa xmm_n, xmm_n	vmovdqa ymm_n, ymm_n

对于 (v)movaps 指令，操作数 mem_{128} 必须是包含 4 个单精度浮点数值的向量（数组）；对于 (v)movapd 指令，操作数 mem_{128} 必须是 2 个双精度浮点数值的向量；对于 (v)movdqa 指令，操作数 mem_{128} 必须是 1 个 16 字节的数值（16 字节、8 字、4 个双字或 2 个四字）。如果不能保证操作数在 16 字节的边界上对齐，则可以使用 movups、movupd 或 movdqu 指令。

对于 vmovaps 指令，操作数 mem_{256} 必须是 8 个单精度浮点数值的向量（数组）；对于 vmovapd 指令，操作数 mem_{256} 必须是 4 个双精度浮点数值的向量；对于 vmovdqa 指令，操作数 mem_{256} 必须是 1 个 32 字节的数值（32 字节、16 字、8 个双字或 4 个四字）。如果无法保证操作数是 32 字节对齐的，则可以使用 vmovups、vmovupd 或 vmovdqu 指令。

虽然物理机器指令本身并不特别关心内存操作数的数据类型，但 MASM 的汇编语法会检查数据类型。如果所使用的指令不属于以下类型，则需要使用操作数类型强制。

- movaps 指令允许 real4、dword 和 oword 类型的操作数。
- movapd 指令允许 real8、qword 和 oword 类型的操作数。
- movdqa 指令仅允许 oword 类型的操作数。
- vmovaps 指令允许 real4、dword 和 ymmword ptr 类型的操作数（当使用 YMM 寄存器时）。
- vmovapd 指令允许 real8、qword 和 ymmword ptr 类型的操作数（当使用 YMM 寄存器时）。
- vmovdqa 指令仅允许 ymmword ptr 类型的操作数（当使用 YMM 寄存器时）。

通常情况下，我们会发现 memcpy（memory copy，内存复制）函数使用 (v)movapd 指令实现超高性能的操作。有关更多的详细信息，可以访问 Agner Fog 的网站：https://www.agner.org/optimize/。

11.6.3 (v)movups、(v)movupd 和 (v)movdqu 指令

当无法保证打包数据内存操作数位于 16 字节或 32 字节的地址边界时，可以使用 (v)movups（move unaligned packed single-precision，移动未对齐的打包单精度值）、(v)movupd（move unaligned packed double-precision，移动未对齐的打包双精度值）和 (v)movdqu（move double quad-word unaligned，移动双四字未对齐值）指令，在 XMM 或 YMM 寄存器和内存之间移动数据。

注意：这些指令的运行速度通常比相应的对齐指令要慢。因此，如果需要在 XMM 或 YMM 寄存器之间移动数据，或者知道内存操作数位于 16 字节对齐或 32 字节对齐的地址

处，那么应该使用相应的对齐指令。

相对于对齐的移动指令，所有未对齐的移动指令都执行相同的操作：向内存（和从内存中）复制 16（32）字节的数据。各种数据类型的约定与相应的对齐数据移动指令的约定相同。

11.6.4　对齐和未对齐移动指令的性能

程序清单 11-3 和 11-4 提供了示例程序，演示了使用对齐和未对齐内存访问的 mova* 和 movu* 指令的性能。

程序清单 11-3　对齐内存访问的计时代码

```
; 程序清单 11-3
; 打包指令和非打包指令的性能测试。
; 此程序针对对齐数据访问进行计时。

        option casemap:none
nl          =       10

            .const
ttlStr      byte    "Listing 11-3", 0
dseg        segment align(64) 'DATA'

; 对齐的数据类型：

            align   64
alignedData byte    64 dup (0)
dseg        ends

            .code
            externdef printf:proc

; 将程序标题返回到 C++ 程序：

            public  getTitle
getTitle    proc
            lea     rax, ttlStr
            ret
getTitle    endp

; 用于调试的代码：
print       proc

; 为简洁，此处省略了打印代码。
; 实际代码请参见程序清单 11-1。

print       endp

; 以下是“asmMain”函数的实现。
            public  asmMain
asmMain     proc
            push    rbx
            push    rbp
            mov     rbp, rsp
            sub     rsp, 56             ; 影子存储器

            call    print
            byte    "Starting", nl, 0

            mov     rcx, 4000000000 ; 4,000,000,000
            lea     rdx, alignedData
```

```
            mov     rbx, 0
rptLp:      mov     rax, 15
rptLp2:     movaps  xmm0, xmmword ptr [rdx + rbx * 1]
            movapd  xmm0, real8 ptr   [rdx + rbx * 1]
            movdqa  xmm0, xmmword ptr [rdx + rbx * 1]
            vmovaps ymm0, ymmword ptr [rdx + rbx * 1]
            vmovapd ymm0, ymmword ptr [rdx + rbx * 1]
            vmovdqa ymm0, ymmword ptr [rdx + rbx * 1]
            vmovaps zmm0, zmmword ptr [rdx + rbx * 1]
            vmovapd zmm0, zmmword ptr [rdx + rbx * 1]

            dec     rax
            jns     rptLp2

            dec     rcx
            jnz     rptLp

            call    print
            byte    "Done", nl, 0
allDone:    leave
            pop rbx
            ret     ; 返回到调用方
asmMain     endp
            end
```

程序清单 11-4　未对齐内存访问的计时代码

```
; 程序清单 11-4
; 打包指令和非打包指令的性能测试。
; 此程序针对未对齐数据访问进行计时。
        option casemap:none
nl          =       10

            .const
ttlStr      byte    "Listing 11-4", 0
dseg    segment align(64) 'DATA'

; 对齐数据类型:
            align   64
alignedData byte    64 dup (0)
dseg        ends

            .code
            externdef printf:proc

; 将程序标题返回到 C++ 程序:

            public  getTitle
getTitle    proc
            lea     rax, ttlStr
            ret
getTitle    endp

; 用于调试的代码:

print       proc
; 为简洁，此处省略了打印代码。
; 实际代码请参见程序清单 11-1。
print       endp

; 以下是 "asmMain" 函数的实现。
```

```
            public  asmMain
asmMain     proc
            push    rbx
            push    rbp
            mov     rbp, rsp
            sub     rsp, 56         ; 影子存储器
            call    print
            byte    "Starting", nl, 0

            mov     rcx, 4000000000 ; 4,000,000,000
            lea     rdx, alignedData
rptLp:      mov     rbx, 15
rptLp2:
            movups  xmm0, xmmword ptr [rdx + rbx * 1]
            movupd  xmm0, real8 ptr [rdx + rbx * 1]
            movdqu  xmm0, xmmword ptr [rdx + rbx * 1]
            vmovups ymm0, ymmword ptr [rdx + rbx * 1]
            vmovupd ymm0, ymmword ptr [rdx + rbx * 1]
            vmovdqu ymm0, ymmword ptr [rdx + rbx * 1]
            vmovups zmm0, zmmword ptr [rdx + rbx * 1]
            vmovupd zmm0, zmmword ptr [rdx + rbx * 1]
            dec     rbx
            jns     rptLp2

            dec     rcx
            jnz     rptLp

            call    print
            byte    "Done", nl, 0

allDone:    leave
            pop     rbx
            ret     ; 返回到调用方
asmMain     endp
            end
```

在 3GHz Xeon W CPU 上执行程序清单 11-3 中的代码，大约需要 1 分 7 秒。在同一个处理器上，执行程序清单 11-4 中的代码，需要 1 分 55 秒。正如所见，在对齐的地址边界上访问 SIMD 数据有时候具有一定的优势。

11.6.5 (v)movlps 和 (v)movlpd 指令

(v)movl* 指令和 (v)movh* 指令可能看起来就像普通的移动指令，这些指令的行为与许多其他 SSE/AVX 移动指令类似。然而，这些指令的设计目的是支持打包和解包浮点数向量。具体来说，这些指令允许我们将来自两个不同源位置的两对单精度浮点操作数或一对双精度浮点操作数合并到一个 XMM 寄存器中。

(v)movlps 指令使用以下形式的语法：

```
movlps xmm_dest, mem_64
movlps mem_64, xmm_src
vmovlps xmm_dest, xmm_src, mem_64
vmovlps mem_64, xmm_src
```

“movlps xmm_{dest}, mem_{64}”指令将一对单精度浮点值复制到目标 XMM 寄存器的两个低阶 32 位通道中，如图 11-9 所示。此指令不会改变高阶 64 位的值。

“movlps mem_{64}, xmm_{src}”指令将低阶 64 位（两个低阶单精度通道）从 XMM 源寄存器复制到指定的内存单元。在功能上，这相当于 movq 或 movsd 指令（因为该指令将 64 位数

据复制到内存中)，但如果 XMM 寄存器的低阶 64 位实际上包含的是两个单精度数值，则该指令可能会稍快一些。

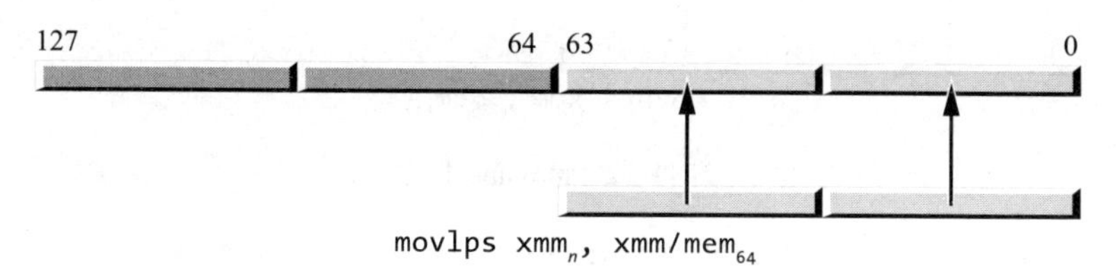

图 11-9 movlps 指令

vmovlps 指令有三个操作数：目标 XMM 寄存器、源 XMM 寄存器和源（64 位）内存位置。这条指令将两个单精度数值从内存单元复制到目标 XMM 寄存器的低阶 64 位，将源寄存器的高阶 64 位（也包含两个单精度数值）复制到目标寄存器的高阶 64 位。图 11-10 显示了其操作。请注意，此指令将一对操作数与一条指令合并在了一起。

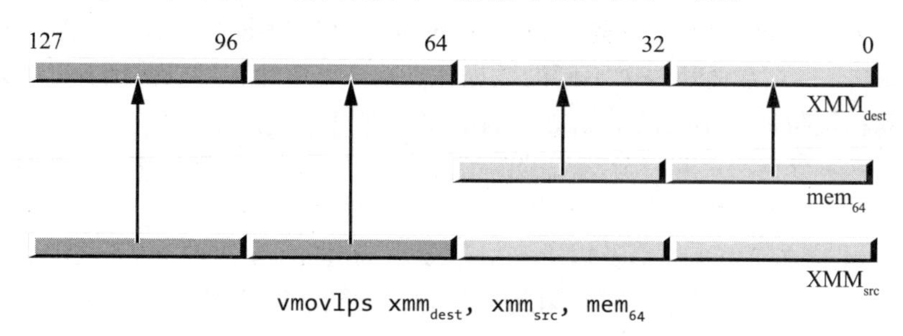

图 11-10 vmovlps 指令

与 movsd 指令一样，movlpd（move low packed double，移动低阶打包双精度值）指令将源操作数的低阶 64 位（一个双精度浮点数值）复制到目标操作数的低阶 64 位。不同之处在于，当将数据从内存单元移动到 XMM 寄存器时，movlpd 指令不会对数值进行零扩展，而 movsd 指令会将数值零扩展到目标 XMM 寄存器的高阶 64 位。（在 XMM 寄存器之间复制数据时，movsd 和 movlpd 指令都不会进行零扩展。当然，在将数据存储到内存时，也不会进行零扩展。）[⊖]

11.6.6 movhps 和 movhpd 指令

movhps 和 movhpd 指令将 64 位的数值（对于 movhps 是两个单精度浮点数值，对于 movhpd 是一个双精度浮点数值）移动到目标 XMM 寄存器的高阶四字中。图 11-11 显示了 movhps 指令的操作，图 11-12 显示了 movhpd 指令的操作。

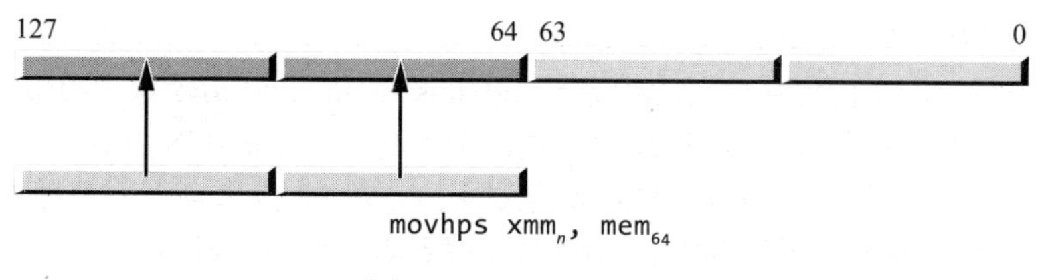

图 11-11 movhps 指令

⊖ vmovlps 和 vmovlpd 指令将把数据零扩展到相应 YMM 寄存器的高阶位，而不管 XMM 寄存器中发生了什么。

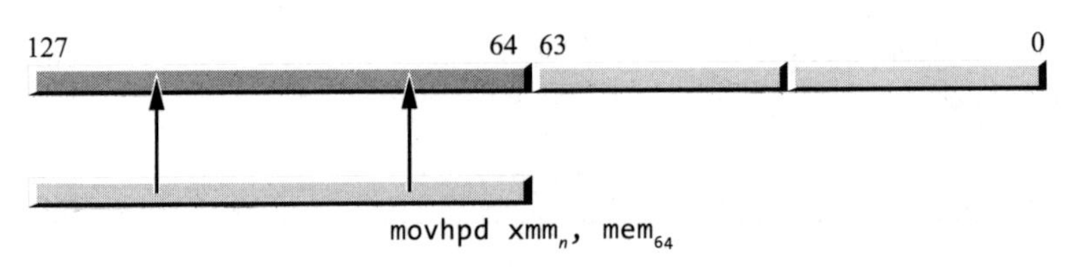

图 11-12　movhpd 指令

movhps 和 movhpd 指令还可以将 XMM 寄存器的高阶四字存储到内存中。这两条指令所允许的语法形式如下所示：

```
movhps xmm_n, mem_64
movhps mem_64, xmm_n
movhpd xmm_n, mem_64
movhpd mem_64, xmm_n
```

这些指令不会影响 YMM 寄存器（如果 CPU 上有 YMM 寄存器）的 128 位到 255 位。

通常可以使用 movlps 指令（先）和 movhps 指令（后）将 4 个单精度浮点数值加载到 XMM 寄存器中，浮点数值从两个不同的数据源获取（类似地，可以使用 movlpd 和 movhpd 指令将一对双精度数值从不同的数据源加载到单个 XMM 寄存器中）。相反，也可以使用该指令将向量结果一分为二，并将分割后的两部分存储在不同的数据流中。这可能是该指令的预期作用。当然，要是可以将该指令用于其他目的，也是鼓励的。

MASM（14.15.26730.0 版本及以上）似乎要求 movhps 操作数为 64 位的数据类型，并且不允许 real4 操作数。[⊖]因此，在使用此指令时，可能必须使用“qword ptr”显式强制包含两个 real4 值的数组：

```
r4m     real4   1.0, 2.0, 3.0, 4.0
r8m     real8   1.0, 2.0
        .
        .
        .
        movhps  xmm0, qword ptr r4m2
        movhpd  xmm0, r8m
```

11.6.7　vmovhps 和 vmovhpd 指令

尽管 AVX 指令扩展提供了 vmovhps 和 vmovhpd 指令，但这两条指令并不是 SSE 提供的 movhps 和 movhpd 指令的简单扩展。这些指令的语法形式如下所示：

```
vmovhps xmm_dest, xmm_src, mem_64
vmovhps mem_64, xmm_src
vmovhpd xmm_dest, xmm_src, mem_64
vmovhpd mem_64, xmm_src
```

其中，将数据存储到 64 位内存单元的指令与 movhps 和 movhpd 指令行为类似。将数据加载到 XMM 寄存器的指令要求两个源操作数，这两个指令将完整的 128 位数值（4 个单精度数值或 2 个双精度数值）加载到目标 XMM 寄存器中。高阶 64 位来自于内存操作数，低阶 64 位来自于源 XMM 寄存器的低阶四字，如图 11-13 所示。这些指令还将数值零扩展到（覆盖）YMM 寄存器的高阶 128 位。

⊖　这可能是一个错误，可能会在 MASM 的更高版本中得到更正。

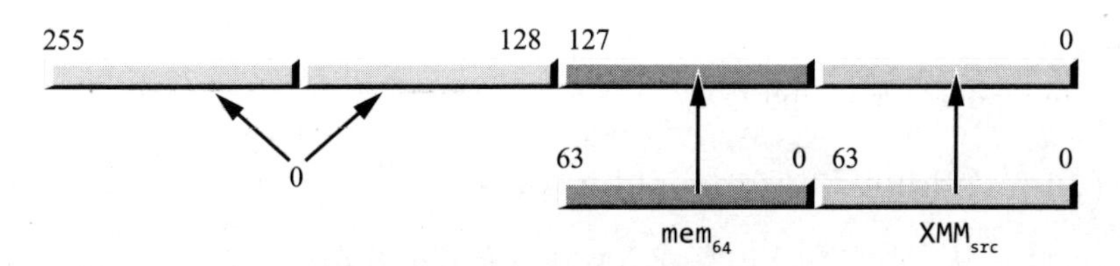

图 11-13 vmovhpd 和 vmovhps 指令

与 movhps 指令不同，MASM 允许 vmovhps 指令接受 real4 源操作数：

```
r4m     real4   1.0, 2.0, 3.0, 4.0
r8m     real8   1.0, 2.0
        .
        .
        .
        vmovhps xmm0, xmm1, r4m
        vmovhpd xmm0, xmm1, r8m
```

11.6.8 movlhps 和 vmovlhps 指令

movlhps 指令将一对 32 位单精度浮点数值从源 XMM 寄存器的低阶四字移动到目标 XMM 寄存器的高阶 64 位中，保持目标寄存器的低阶 64 位不变。如果目标寄存器位于支持 256 位 AVX 寄存器的 CPU 上，则此指令还保持覆盖的 YMM 寄存器的高阶 128 位不变。

这些指令的语法形式如下所示：

```
movlhps xmmdest, xmmsrc
vmovlhps xmmdest, xmmsrc1, xmmsrc2
```

不能使用这些指令在内存和 XMM 寄存器之间移动数据只能在 XMM 寄存器之间传输数据。这些指令不存在双精度版本。

vmovlhps 指令与 movlhps 指令类似，但存在以下的区别。

- vmovlhps 指令需要三个操作数：两个源 XMM 寄存器和一个目标 XMM 寄存器。
- vmovlhps 指令将第一个源寄存器的低阶四字复制到目标寄存器的低阶四字中。
- vmovlhps 指令将第二个源寄存器的低阶四字复制到目标寄存器的第 64 至 127 位。
- vmovlhps 指令将结果零扩展到（覆盖）YMM 寄存器的高阶 128 位。

不存在 vmovlhpd 指令。

11.6.9 movhlps 和 vmovhlps 指令

movhlps 指令的语法形式如下所示：

```
movhlps xmmdest, xmmsrc
```

movhlps 指令将一对 32 位的单精度浮点数值从源寄存器的高阶四字复制到目标寄存器的低阶四字中，目标寄存器的高阶 64 位保持不变（这与 movlhps 相反）。该指令仅在 XMM 寄存器之间复制数据，不允许使用内存操作数。

vmovhlps 指令需要三个 XMM 寄存器操作数，其语法形式如下所示：

```
vmovhlps xmmdest, xmmsrc1, xmmsrc2
```

此指令将第一个源寄存器的高阶 64 位复制到目标寄存器的高阶 64 位，将第二个源寄存器的高阶 64 位复制到目标寄存器的第 0 到 63 位，最后，将结果零扩展到（覆盖）YMM 寄存器的高阶位。

不存在 movhlpd 或 vmovhlpd 指令。

11.6.10 (v)movshdup 和 (v)movsldup 指令

movshdup 指令从源操作数（内存或 XMM 寄存器）移动两个奇数索引的单精度浮点数值，并将每个元素复制到目标 XMM 寄存器中，如图 11-14 所示。

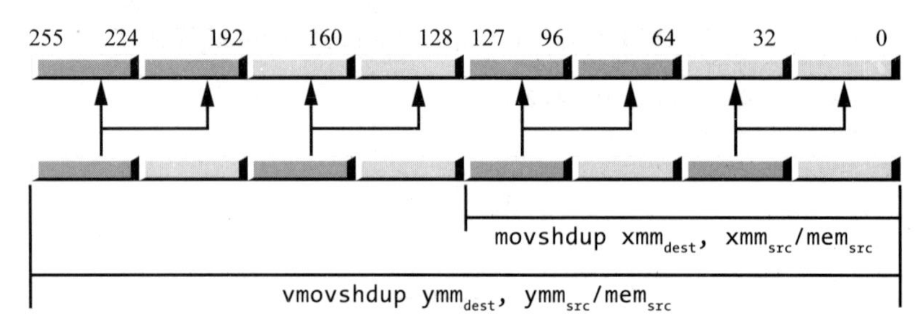

图 11-14　movshdup 和 vmovshdup 指令

这个指令忽略 XMM 寄存器的偶数通道索引处的单精度浮点数值。vmovshdup 指令的工作方式与其相同，不过是在 YMM 寄存器中复制四个单精度数值，而不是两个（当然，还要将高阶位清零）。这些指令的语法形式如下所示：

```
movshdup xmmdest, mem128/xmmsrc
vmovshdup xmmdest, mem128/xmmsrc
vmovshdup ymmdest, mem256/ymmsrc
```

movsldup 指令的工作原理与 movshdup 指令类似，区别在于 movsldup 指令将源 XMM 寄存器中偶数索引处的两个单精度数值复制到目标 XMM 寄存器。同样，vmovsldup 指令在偶数索引处复制源 YMM 寄存器中的四个双精度数值，如图 11-15 所示。

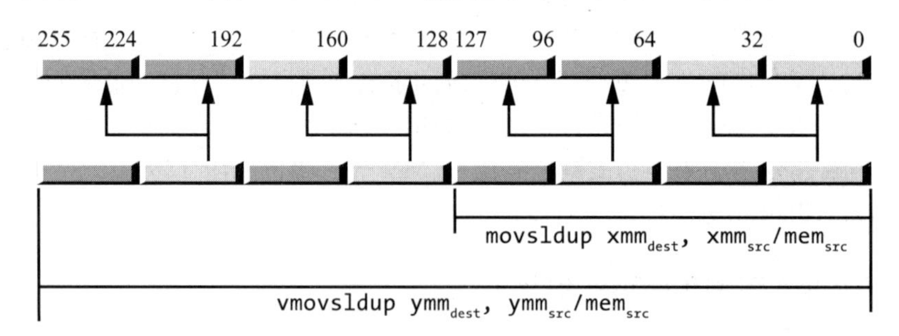

图 11-15　movsldup 和 vmovsldup 指令

(v)movsldup 指令的语法形式如下所示：

```
movsldup xmmdest, mem128/xmmsrc
vmovsldup xmmdest, mem128/xmmsrc
vmovsldup ymmdest, mem256/ymmsrc
```

11.6.11 (v)movddup 指令

movddup 指令将双精度数值从源 XMM 寄存器的低阶 64 位或 64 位内存单元复制到目标 XMM 寄存器的低阶 64 位，然后该指令还将数值复制到同一目标寄存器的第 64 位到第

127 位，如图 11-16 所示。

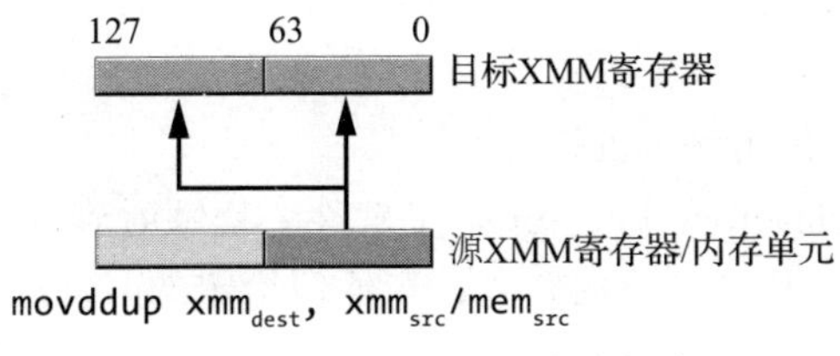

图 11-16　movddup 指令的行为

该指令不会影响 YMM 寄存器的高阶 128 位（如果适用的话）。该指令的语法形式如下所示：

```
movddup xmm_dest, mem64/xmm_src
```

vmovddup 指令在 XMM、YMM 目标寄存器，以及 XMM、YMM 源寄存器或源 128 位内存单元、256 位内存单元上运行。128 位版本的工作原理与 movddup 指令相同，区别在于 128 位版本的 vmovddup 指令将目标 YMM 寄存器的高阶位清零。256 位版本将源操作数中偶数索引（0 和 2）处的一对双精度值复制到目标 YMM 寄存器中相应的索引处，并在目标中的奇数索引处复制这些数值，如图 11-17 所示。

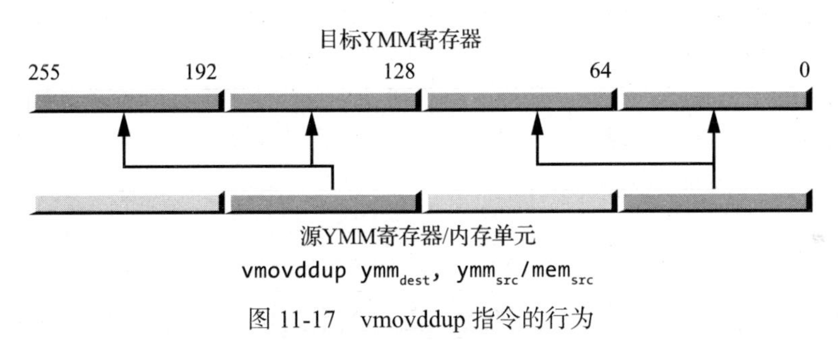

图 11-17　vmovddup 指令的行为

(v)movddup 指令的语法形式如下所示：

```
movddup xmm_dest, mem64/xmm_src
vmovddup ymm_dest, mem256/ymm_src
```

11.6.12　(v)lddqu 指令

(v)lddqu 指令在操作上与 (v)movdqu 指令相同。在（内存）源操作数没有合理对齐并且跨越内存中的缓存线边界时，可以选用此指令来提高性能。有关该指令及其性能限制的更多详细信息，可以参阅英特尔或 AMD 文档（特别是优化手册）。

这些指令的语法形式如下所示：

```
lddqu xmm_dest, mem128
vlddqu xmm_dest, mem128
vlddqu ymm_dest, mem256
```

11.6.13　性能问题和 SIMD 移动指令

当我们在编程模型级别查看 SSE/AVX 指令的语义时，可能会疑惑为什么某些指令会出现在指令集中。例如，movq、movsd 和 movlps 指令都可以从内存单元将 64 位数值加载到 XMM 寄存器的低阶 64 位。为什么要设三条指令？为什么不使用一条指令将 64 位数值从内存中的四字复制到 XMM 寄存器的低阶 64 位（64 位数值可以是 64 位整数、一对 32 位整数、64 位双精度浮点数值或一对 32 位单精度浮点数值）？可以从微体系结构（microarchitecture）这个术语出发寻求解答。

x86-64 宏体系结构（macroarchitecture）是软件工程师看到的程序设计模型。在宏体系结构中，XMM 寄存器是一种 128 位的资源，在任何给定的时间，XMM 寄存器都可以保存 128 位的位数组（或整数）、一对 64 位的整数值、一对 64 位的双精度浮点数值、一个含四个单精度浮点数值的集合、一个含四个双字整数的集合、8 字或 16 字节数据。所有这些数据类型相互重叠，就像 8 位、16 位、32 位和 64 位通用寄存器相互重叠一样（这被称为混叠）。如果将两个双精度浮点数值加载到 XMM 寄存器中，然后修改第 0 到 15 位的（整数）字，则也会更改 XMM 寄存器低阶四字中双精度数值中的相同位（0 到 15）。x86-64 程序设计模型的语义要求实现这种操作。

然而，在微体系结构的级别，对于整数、单精度数值和双精度数值，CPU 不需要使用相同的物理位存放（即使它们相互重叠到同一寄存器）。微体系结构可以留出单独的位集合来保存单个寄存器的整数、单精度数值和双精度数值。举个例子，当我们使用 movq 指令将 64 位数值加载到 XMM 寄存器中时，该指令实际上可能会将这些位复制到底层的整数寄存器中（而不会影响单精度或双精度子寄存器）。同样，movlps 指令会将一对单精度数值复制到单精度寄存器中，movsd 指令会将一个双精度数值复制到双精度寄存器中（参见图 11-18）。这些独立的子寄存器（整数、单精度和双精度）可以直接连接到处理其特定数据类型的算术或逻辑单元上，从而使这些子寄存器上的算术和逻辑运算更加高效。只要数据位于适当的子寄存器中，一切就都会顺利执行。

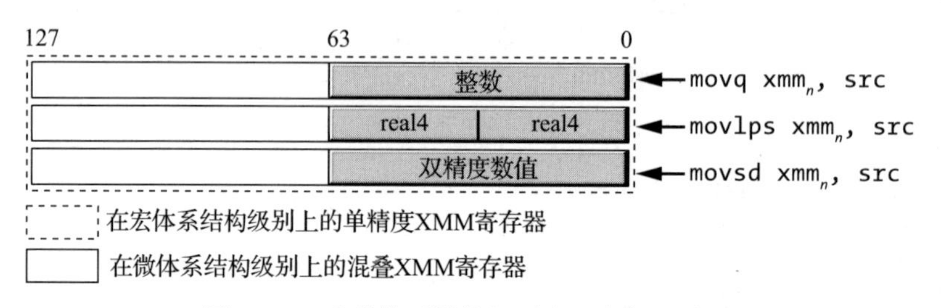

图 11-18　在微体系结构级别中的寄存器别名

然而，如果使用 movq 指令将一对单精度浮点数值加载到 XMM 寄存器中，然后尝试对这两个数值执行单精度向量操作，会发生什么情况？在宏体系结构的级别上，两个单精度数值位于 XMM 寄存器的适当位处，因此执行的操作必须是合法操作。然而，在微体系结构的级别上，这两个单精度浮点数值位于整数子寄存器中，而不是单精度子寄存器中。底层微体系结构必须要注意到数值位于错误的子寄存器中，并且在执行单精度算术运算或逻辑运算之前，将数值移动到适当的（单精度）子寄存器。这可能会带来轻微的延迟（当微体系结构移动数据时），这就是我们应该为数据类型选择适当的移动指令的原因所在。

注意：虽然无法通过使用适用于数据类型的指令来确保程序运行得更快，但至少它不会运行得更慢。

11.6.14　关于 SIMD 移动指令的一些说明

SIMD 数据移动指令是一堆令人困惑的指令。这些指令的语法不一致，许多指令重复其他指令的操作，并且存在一些令人困惑的不规则问题。刚接触 x86-64 指令集的人可能会问："为什么指令集会这样设计呢？"确实，究竟为什么呢？

这个问题的产生有其历史原因。在最早的 x86 CPU 上不存在 SIMD 指令。英特尔将 MMX 指令集添加到了奔腾系列 CPU 中。那时（20 世纪 90 年代初），最新的技术只允许英特尔添加几条额外的指令，MMX 寄存器的大小被限制为 64 位。此外，软件工程师和计算机系统设计师才刚刚开始探索现代计算机的多媒体功能，因此不完全清楚哪些指令（和数据类型）是支持几十年后的软件类型所必需的。因此，最早的 SIMD 指令和数据类型在作用域上受到限制。

随着时间的推移，CPU 包含了更多的硅资源，软件工程师以及系统工程师发现了计算机的新用途（以及在这些计算机上运行的新算法），作为响应，英特尔（和 AMD）通过添加新的 SIMD 指令来支持这些更现代的多媒体应用。例如，最初的 MMX 指令只支持整数数据类型，英特尔在 SSE 指令集中增加了对浮点数据类型的支持，因为多媒体应用需要实数数据类型。然后，英特尔将整数类型从 64 位扩展到 128 位、256 位甚至 512 位。对于每一个扩展，英特尔（和 AMD）都必须保留旧的指令集扩展，以允许旧的软件在新的 CPU 上运行。

总而言之，较新的指令集不断增加新指令，这些指令与较旧的指令具有相同的功能，并且包含一些附加功能。这就是为什么像 movaps 和 vmovaps 这样的指令在功能上有相当大的重叠。如果早些时候就拥有了可用的 CPU 资源（例如，在 CPU 上放置 256 位的 YMM 寄存器），那么几乎不需要 movaps 指令，使用 vmovaps 指令就可以完成所有的任务。[⊖]

从理论上讲，我们可以从头开始，设计一个最小的指令集来处理当前 x86-64 的所有操作，而不需要现有指令集中存在的所有 kruft 和 kludges，从而创建一个体系结构优雅的 x86-64 变体。然而，这样的 CPU 将失去 x86-64 的主要优势：运行数十年来为英特尔体系结构编写的软件的能力。保留运行所有这些旧软件的能力的代价是汇编语言程序员（和编译器编写人员）必须处理指令集中的所有不规则情况。

11.7　混排和解包指令

SSE/AVX 的混排（shuffle）和解包（unpack）指令是移动指令的变体。除了移动数据外，这些指令还可以重新排列出现在 XMM 和 YMM 寄存器不同通道中的数据。

11.7.1　(v)pshufb 指令

pshufb 指令是第一条打包字节混排 SIMD 指令（最早出现在 MMX 指令集中）。由于其起源，该指令的语法和行为与指令集中的其他混排指令略有不同。pshufb 指令的语法形式如下所示：

```
pshufb xmm_dest, xmm/mem_128
```

第一个（目标）操作数是 XMM 寄存器，pshufb 指令将混排（重新排列）该寄存器的字节通道。第二个操作数（XMM 寄存器或 128 位的八字内存单元）是一个 16 字节值的数组，其中包含控制混排操作的索引。如果第二个操作数是内存单元，则该八字值必须在 16 字节的边界上对齐。

第二个操作数中的每个字节（通道）分别为第一个操作数中相应的字节通道选择一个数值，如图 11-19 所示。

⊖ 当然，除了在 128 位数据集上操作时，遇到的 YMM 寄存器的置零和保留高阶位的问题。

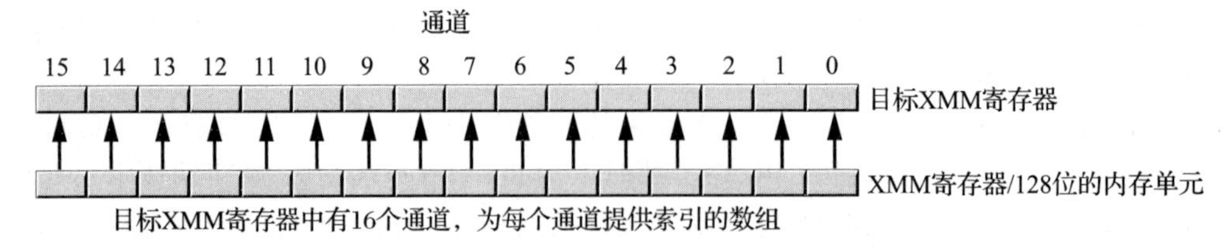

图 11-19　pshufb 指令的通道索引对应关系

第二个操作数中的 16 个字节索引均采取如图 11-20 所示的形式。

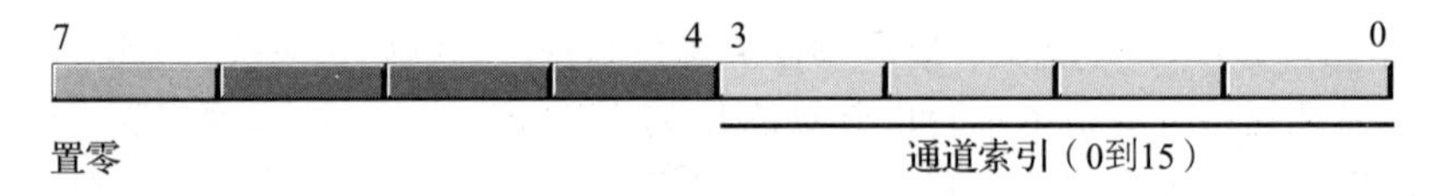

图 11-20　pshufb 字节索引

pshufb 指令忽略索引字节中的第 4 位到第 6 位。第 7 位为置零位，如果该位包含 1，则 pshufb 指令将忽略通道索引位，并将 0 存储到目标 XMM 寄存器中的相应字节；如果该位的值为 0，则 pshufb 指令执行混排操作。

pshufb 混排以通道为基本操作单位。指令首先生成目标 XMM 寄存器的临时副本。然后，对于每个索引字节（其高阶位为 0），pshufb 指令从与索引通道匹配的目标 XMM 寄存器通道处复制由索引的低阶 4 位指定的通道，如图 11-21 所示。在本例中，第 6 个通道中的索引包含值 00000011b，这将选择临时（原始目标 XMM 寄存器）值的第 3 个通道中的数值，并将其复制到目标 XMM 寄存器的第 6 个通道。pshufb 指令对所有 16 个通道重复此操作。

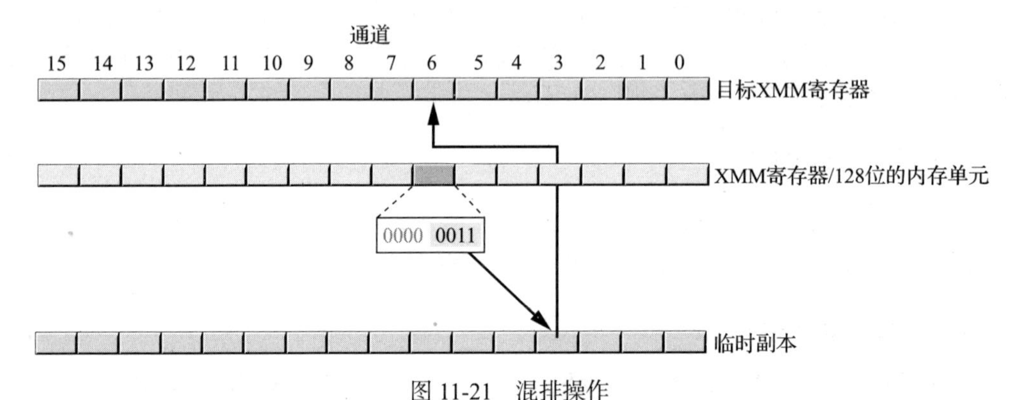

图 11-21　混排操作

AVX 指令集扩展引入了 vpshufb 指令。该指令的语法形式如下所示：

```
vpshufb xmm_dest, xmm_src, xmm_index/mem_128
vpshufb ymm_dest, ymm_src, ymm_index/mem_256
```

AVX 变体添加了一个源寄存器，而不是使用目标 XMM 寄存器同时作为源寄存器和目标寄存器。vpshufb 指令从源 XMM 寄存器中选择源字节，而不是在操作之前创建目标 XMM 寄存器的临时副本并从该副本中选取值。除此之外，由于这些指令将目标 XMM 寄存器的高阶位设置为 0，因此 128 位变体与 SSE 的 pshufb 指令的操作相同。

除了 128 位的 XMM 寄存器，AVX 指令还允许指定 256 位的 YMM 寄存器。[⊖]

⊖ AVX-512 扩展还允许 vshufb 指令使用 512 位 ZMM 寄存器。

11.7.2 (v)pshufd 指令

SSE 扩展首先引入了 pshufd 指令。AVX 扩展添加了 vpshufd 指令。这些指令与 (v)pshufb 指令的类似之处是，对 XMM 和 YMM 寄存器中的双字（不是双精度数值）进行混排。然而，(v)pshufd 指令指定混排索引的方式与它们不同。(v)pshufd 指令的语法形式如下所示：

```
pshufd  xmm_dest, xmm_src/mem_128, imm_8
vpshufd xmm_dest, xmm_src/mem_128, imm_8
vpshufd ymm_dest, ymm_src/mem_256, imm_8
```

第一个操作数（xmm_{dest} 或 ymm_{dest}）是存储混排后数值的目标操作数。第二个操作数是源操作数，指令将从源操作数中选择需要放入目标寄存器的双字。通常情况下，如果源操作数是内存操作数，则必须将其对齐到适当的（16 字节或 32 字节）边界。第三个操作数是一个 8 位立即数，用于指定要从源操作数中选择的双字的索引。

对于带有 xmm_{dest} 操作数的 (v)pshufd 指令，imm_8 操作数的编码如表 11-3 所示。第 0、1 位中的数值从源操作数中选择一个特定的双字，并放入 xmm_{dest} 操作数的双字 0 中。第 2、3 位中的数值从源操作数中选择一个双字，并放入 xmm_{dest} 操作数的双字 1 中。第 4、5 位中的数值从源操作数中选择一个双字，并放入 xmm_{dest} 操作数的双字 2 中。最后，第 6、7 位中的数值从源操作数中选择一个双字，并放入 xmm_{dest} 操作数的双字 3 中。

表 11-3 (v)pshufd imm_8 操作数的数值

位的位置	目标通道
0、1	0
2、3	1
4、5	2
6、7	3

128 位 pshufd 和 vpshufd 指令之间的区别在于，pshufd 保持底层 YMM 寄存器的高阶 128 位不变，而 vpshufd 将底层 YMM 寄存器的高阶 128 位清零。

vpshufd 指令的 256 位变体（当使用 YMM 寄存器作为源操作数和目标操作数时）仍然使用 8 位立即数作为索引值。每两位索引值操作 YMM 寄存器中的两个双字值。第 0、1 位控制双字 0 和双字 4，第 2、3 位控制双字 1 和双字 5，第 4、5 位控制双字 2 和双字 6，第 6、7 位控制双字 3 和双字 7，如表 11-4 所示。

表 11-4 指令“vpshufd ymm_{dest}, ymm_{src}/mem_{src}, imm_8”的双字传输

索引	将 ymm/mem_{src} [索引] 复制到	将 ymm/mem_{src} [索引 + 4] 复制到
imm_8 的第 0、1 位	ymm_{dest}[0]	ymm_{dest}[4]
imm_8 的第 2、3 位	ymm_{dest}[1]	ymm_{dest}[5]
imm_8 的第 4、5 位	ymm_{dest}[2]	ymm_{dest}[6]
imm_8 的第 6、7 位	ymm_{dest}[3]	ymm_{dest}[7]

256 位版本的 vpshufd 指令灵活性稍差，因为该指令一次复制两个双字，而不是一次复制一个双字。256 位版本的 vpshufd 指令处理低阶 128 位的方式与 128 位版本的完全相同，它还使用相同的混排模式将源操作数的高阶 128 位中的相应通道复制到 YMM 目标寄存器。遗憾的是，我们无法使用 vpshufd 指令独立控制 YMM 寄存器的高阶和低阶部分。如果确实需要独立地混排双字，则可以使用 vpshufb 指令和适当的索引来复制四字节（而非复制单个双字）。

11.7.3 (v)pshuflw 和 (v)pshufhw 指令

pshuflw 和 vpshuflw 指令以及 pshufhw 和 vpshufhw 指令为 XMM 或 YMM 寄存器中的

16 位（字）混排提供支持。这些指令的语法形式如下所示：

```
pshuflw   xmm_dest, xmm_src/mem_128, imm_8
pshufhw   xmm_dest, xmm_src/mem_128, imm_8

vpshuflw  xmm_dest, xmm_src/mem_128, imm_8
vpshufhw  xmm_dest, xmm_src/mem_128, imm_8

vpshuflw  ymm_dest, ymm_src/mem_256, imm_8
vpshufhw  ymm_dest, ymm_src/mem_256, imm_8
```

128 位的 lw 指令变体将源操作数的高阶 64 位复制到 xmm_{dest} 操作数中的相同位置。然后，它们使用索引（imm_8）操作数，在 xmm_{src}/mem_{128} 操作数的低阶四字中选择字通道 0 到 3，并移动到目标操作数的低阶 4 个通道中。例如，如果 imm_8 的低阶两位为 10b，则 pshuflw 指令将源操作数的第 2 个通道复制到目标操作数的第 0 个通道（参见图 11-22）。请注意，pshuflw 指令不会修改重叠的 YMM 寄存器的高阶 128 位，而 vpshuflw 指令会将这些高阶位清零。

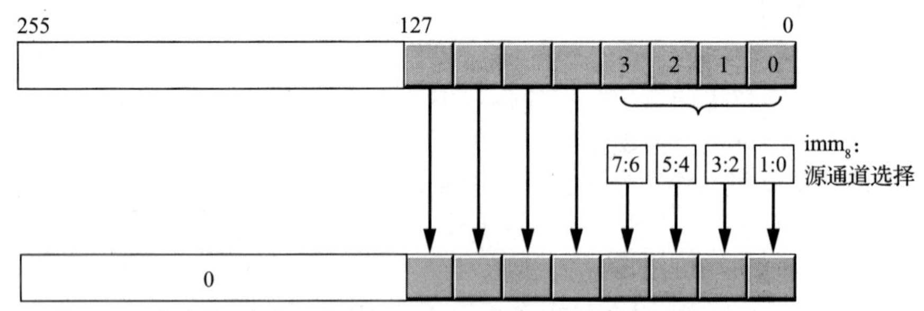

图 11-22 “(v)pshuflw xmm, xmm/mem, imm_8”的操作

256 位的 vpshuflw 指令（带有一个 YMM 目标寄存器）一次复制两对字，一对在 YMM 目标寄存器和 256 位源操作数位置的高阶 128 位中，另一对在低阶 128 位中，如图 11-23 所示。对低阶 128 位和高阶 128 位的索引（imm_8）选择是相同的。

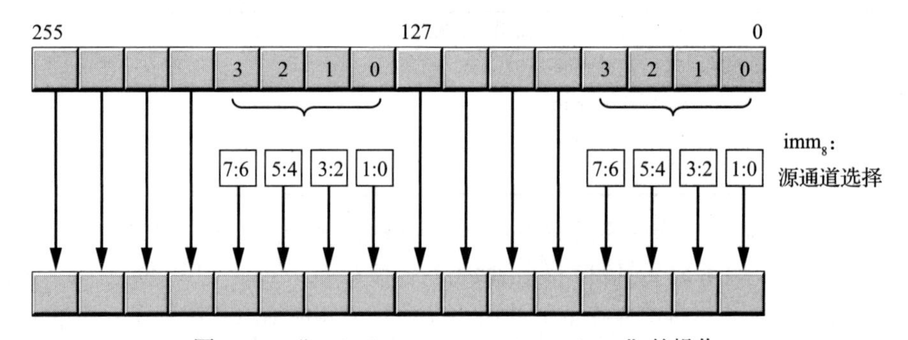

图 11-23 “vpshuflw ymm, ymm/mem, imm_8”的操作

128 位的 hw 指令变体将源操作数的低阶 64 位复制到目标操作数中的相同位置。然后，它们使用索引操作数选择 128 位源操作数中的第 4 字到第 7 字（索引为 0 ～ 3），并移动到目标操作数的高阶四字通道中（具体请参见图 11-24）。

256 位 vpshufhw 指令（带有一个 YMM 目标寄存器）一次复制两对字，一对在 YMM 目标寄存器和 256 位源操作数位置的高阶 128 位，另一对在低阶 128 位，如图 11-25 所示。

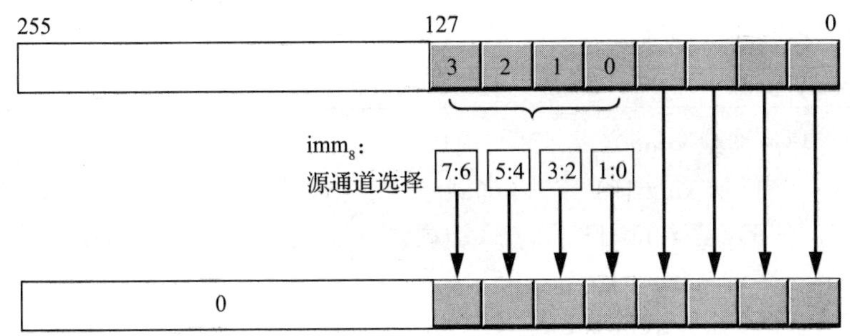

图 11-24 (v)pshufhw 操作

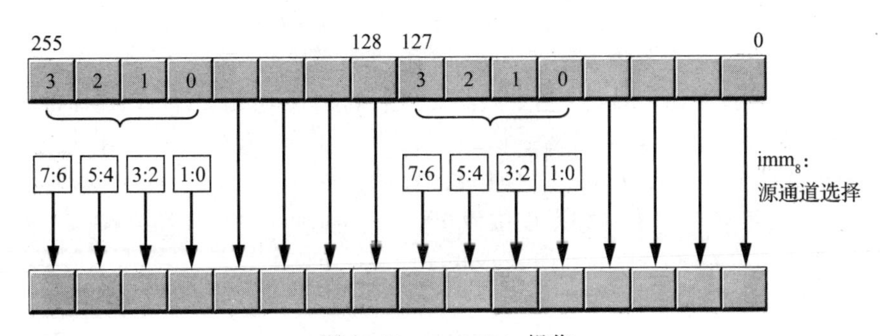

图 11-25 vpshufhw 操作

11.7.4 shufps 和 shufpd 指令

混排指令 shufps 和 shufpd 从源操作数中提取单精度数值或双精度数值，并将所提取的值放置在目标操作数的指定位置中。第三个操作数是一个 8 位的立即数，用于选择从源操作数中提取哪些数值以移动到目标寄存器中。这两条指令的语法形式如下所示：

```
shufps xmmsrc1/dest, xmmsrc2/mem128, imm8
shufpd xmmsrc1/dest, xmmsrc2/mem128, imm8
```

对于 shufps 指令，第二个源操作数是一个 8 位的立即数，实际上是一个由两位数值组成的四元素数组。

imm_8 操作数的第 0、1 位从 $xmm_{src1/dest}$ 操作数的 1 个（共 4 个）通道中选择一个单精度数值，并存储到目标操作数的第 0 个通道中。第 2、3 位从 $xmm_{src1/dest}$ 操作数的 1 个（共 4 个）通道中选择一个单精度数值，并存储到目标操作数的第 1 个通道中（目标操作数也是 $xmm_{src1/dest}$）。

imm_8 操作数的第 4、5 位从 xmm_{src2}/mem_{src2} 操作数的 1 个（共 4 个）通道中选择一个单精度数值，并存储到目标操作数的第 2 个通道中。第 6、7 位从 xmm_{src2}/mem_{src2} 操作数的 1 个（共 4 个）通道中选择一个单精度数值，并存储到目标操作数的第 3 个通道中。

图 11-26 显示了 shufps 指令的操作。

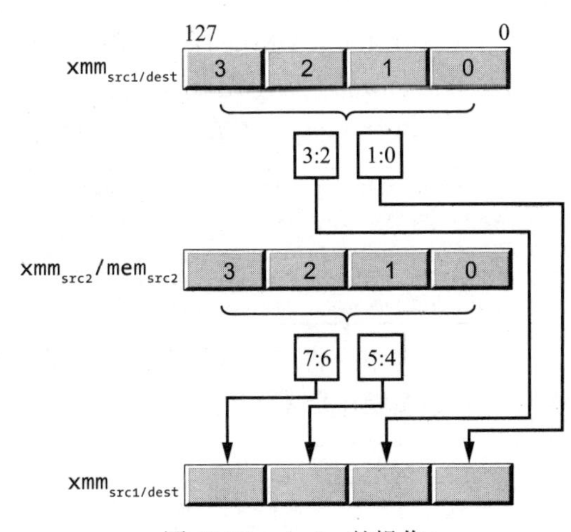

图 11-26 shufps 的操作

例如，指令：

```
shufps xmm0, xmm1, 0E4h ; 0E4h = 11 10 01 00
```

使用以下单精度数值加载 xmm0：

- xmm0[0 ～ 31] 从 xmm1[0 ～ 31] 加载
- xmm0[32 ～ 63] 从 xmm1[32 ～ 63] 加载
- xmm0[64 ～ 95] 从 xmm1[64 ～ 95] 加载
- xmm0[96 ～ 127] 从 xmm1[96 ～ 127] 加载

如果第二个操作数（xmm_{src2}/mem_{src2}）与第一个操作数（$xmm_{src1/dest}$）相同，则可以重新排列 xmm_{dest} 寄存器中的 4 个单精度数值（这可能就是指令取名混排的缘由）。

shufpd 指令的工作原理是类似的，不过是混排双精度数值。由于一个 XMM 寄存器中只有两个双精度数值，因此只需要一位就可以在这些数值之间进行选择。同样，由于目标寄存器中只有两个双精度数值，因此该指令只需要两个（位）数组元素就可以选择目标。结果就是，第三个操作数 imm_8 值实际上只是一个 2 位的数值，指令将忽略 imm_8 操作数中的第 2 ～ 7 位。imm_8 操作数的第 0 位从 $xmm_{src1/dest}$ 操作数中选择第 0 个通道和第 0 ～ 63 位（如果该位为 0），或者第 1 个通道和第 64 ～ 127 位（如果该位为 1），并放入第 0 个通道和 xmm_{dest} 的第 0 ～ 63 位。imm_8 操作数的第 1 位从 xmm_{src2}/mem_{128} 操作数中选择第 0 个通道和第 0 ～ 63 位（如果该位为 0），或者第 1 个通道和第 64 ～ 127 位（如果该位为 1），并放入第 1 个通道和 xmm_{dest} 的第 64 ～ 127 位。图 11-27 显示了该指令的操作。

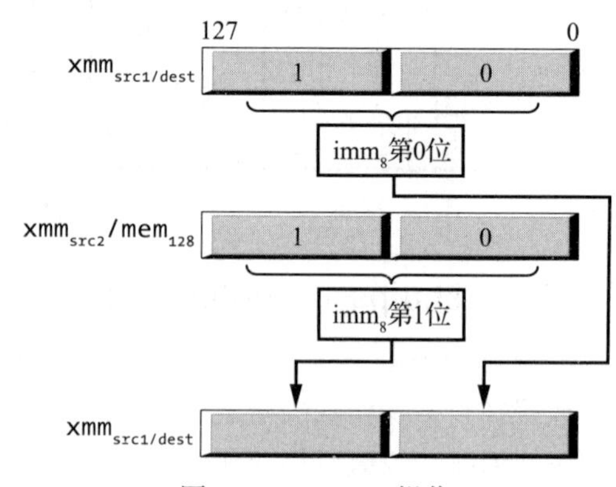

图 11-27　shufpd 操作

注意：这些指令不会修改任何重叠的 YMM 寄存器的高阶 128 位的值。

11.7.5　vshufps 和 vshufpd 指令

vshufps 和 vshufpd 指令与 shufps 和 shufpd 类似。这两个指令允许在 128 位 XMM 寄存器或者 256 位 YMM 寄存器中对数值进行混排。[⊖]vshufps 和 vshufpd 指令包含四个操作数：一个目标 XMM 或 YMM 寄存器、两个源操作数（第一个源操作数必须是 XMM 或 YMM 寄存器，第二个源操作数可以是 XMM 或 YMM 寄存器，也可以是 128 位内存单元或 256 位内存单元）和一个 imm_8 操作数。这些指令的语法形式如下所示：

```
vshufps xmm_dest, xmm_src1, xmm_src2/mem_128, imm_8
vshufpd xmm_dest, xmm_src1, xmm_src2/mem_128, imm_8

vshufps ymm_dest, ymm_src1, ymm_src2/mem_256, imm_8
vshufpd ymm_dest, ymm_src1, ymm_src2/mem_256, imm_8
```

SSE 混排指令将目标寄存器用作隐式源操作数，AVX 混排指令则允许我们指定显式目标操作数和源操作数（这些操作数可以不同，也可以相同，或者任意组合）。

⊖ 这些指令还允许我们在 ZMM 寄存器中对值进行混排。然而，本书基本上没有涉及 AVX-512 指令集扩展。如果读者有兴趣使用这些指令的 512 位变体，那么请参阅英特尔和 AMD 文档。

对于 256 位 vshufps 指令，imm$_8$ 操作数是含四个 2 位值（位 0:1、2:3、4:5 和 6:7）的数组。这些 2 位值从源位置选择四个单精度数值中的一个，如表 11-5 所述。

表 11-5　vshufps 目标的选择

imm$_8$ 位	目标	imm$_8$ 值			
		00	01	10	11
76 54 32 **10**	dest[0 ～ 31]	src$_1$[0 ～ 31]	src$_1$[32 ～ 63]	src$_1$[64 ～ 95]	src$_1$[96 ～ 127]
	dest[128 ～ 159]	src$_1$[128 ～ 159]	src$_1$[160 ～ 191]	src$_1$[192 ～ 223]	src$_1$[224 ～ 255]
76 54 **32** 10	dest[32 ～ 63]	src$_1$[0 ～ 31]	src$_1$[32 ～ 63]	src$_1$[64 ～ 95]	src$_1$[96 ～ 127]
	dest[160 ～ 191]	src$_1$[128 ～ 159]	src$_1$[160 ～ 191]	src$_1$[192 ～ 223]	src$_1$[224 ～ 255]
76 **54** 32 10	dest[64 ～ 95]	src$_2$[0 ～ 31]	src$_2$[32 ～ 63]	src$_2$[64 ～ 95]	src$_2$[96 ～ 127]
	dest[192 ～ 223]	src$_2$[128 ～ 159]	src$_2$[160 ～ 191]	src$_2$[192 ～ 223]	src$_2$[224 ～ 255]
76 54 32 10	dest[96 ～ 127]	src$_2$[0 ～ 31]	src$_2$[32 ～ 63]	src$_2$[64 ～ 95]	src$_2$[96 ～ 127]
	dest[224 ～ 255]	src$_2$[128 ～ 159]	src$_2$[160 ～ 191]	src$_2$[192 ～ 223]	src$_2$[224 ～ 255]

如果两个源操作数相同，则可选择任何顺序对单精度数值进行混排（如果目标操作数和两个源操作数相同，则可以任意混排寄存器中的双字）。

vshufps 指令还允许指定 XMM 寄存器和 128 位内存操作数。在这种形式中，该指令的行为与 shufps 指令非常相似，只是需要指定两个不同的 128 位源操作数（而不是一个 128 位源操作数），并将相应 YMM 寄存器的高阶 128 清零。如果目标操作数与第一个源操作数不同，则这可能很有用。如果 vshufps 的第一个源操作数与目标操作数是相同的 XMM 寄存器，则应该使用 shufps 指令，因为其机器编码较短。

vshufpd 指令是 shufpd 指令到 256 位的扩展（加上额外的第二个源操作数）。由于 256 位 YMM 寄存器中存在 4 个双精度数值，因此 vshufpd 指令需要 4 位来选择源索引（而 shufpd 指令只需要 2 位）。表 11-6 描述了 vshufpd 指令如何将数据从源操作数复制到目标操作数。

表 11-6　vshufpd 指令的目标选择

imm$_8$ 位	目标	imm$_8$ 值	
		0	1
7654 3 2 1 **0**	dest[0 ～ 63]	src$_1$[0 ～ 63]	src$_1$[64 ～ 127]
7654 3 2 **1** 0	dest[64 ～ 127]	src$_2$[0 ～ 63]	src$_2$[64 ～ 127]
7654 3 **2** 1 0	dest[128 ～ 191]	src$_1$[128 ～ 191]	src$_1$[192 ～ 255]
7654 **3** 2 1 0	dest[192 ～ 255]	src$_2$[128 ～ 191]	src$_2$[192 ～ 255]

与 vshufps 指令一样，如果需要使用带有三个操作数版本的 shufpd 指令，则 vshufpd 也允许指定 XMM 寄存器。

11.7.6　(v)unpcklps、(v)unpckhps、(v)unpcklpd 和 (v)unpckhpd 指令

解包（和合并）指令是混排指令的简化变体。这些指令从源操作数的固定位置复制单精度数值和双精度数值，并将这些数值插入目标操作数的固定位置。基本上，这些指令是具有固定混排模式的混排指令，只是没有 imm$_8$ 操作数。

unpcklps 和 unpckhps 指令从一个（共两个）源操作数中选择其单精度操作数的一半，合并（交织）这些数值，然后将合并的结果存储到目标操作数（与第一个源操作数相同）。这两条指令的语法形式如下所示：

```
unpcklps xmmdest, xmmsrc/mem128
unpckhps xmmdest, xmmsrc/mem128
```

xmm_{dest} 操作数同时用作第一个源操作数和目标操作数。xmm_{src}/mem_{128} 操作数是第二个源操作数。

两者之间的区别在于选择源操作数的方式不同。unpcklps 指令将两个低阶单精度值从源操作数复制到第 32 ～ 63 位（双字 1）和第 96 ～ 127 位（双字 3）的位置。该指令只保留目标操作数中的双字 0，并将双字 1 中最初的值复制到双字 2。图 11-28 显示了该操作。

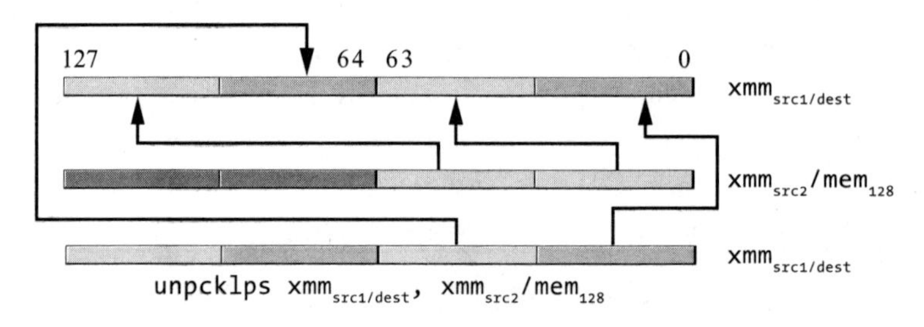

图 11-28　unpcklps 指令的操作

unpckhps 指令将两个高阶单精度值从两个源操作数复制到目标寄存器中，如图 11-29 所示。

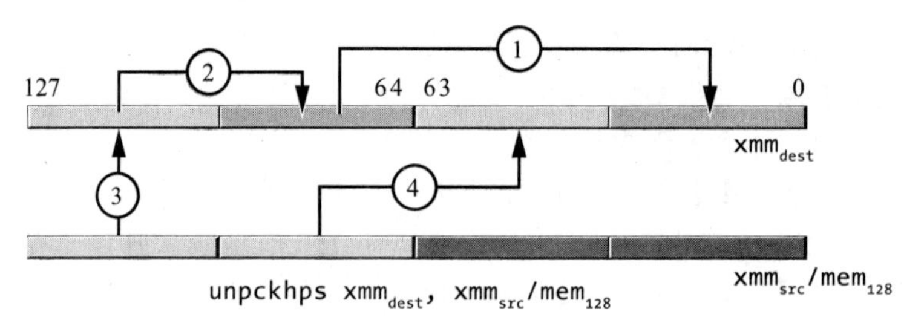

图 11-29　unpckhps 指令的操作

unpcklpd 和 unpckhpd 指令与 unpcklps 和 unpckhps 指令的作用相同，当然，这两个指令是在双精度数值而不是单精度数值上操作的。图 11-30 和 11-31 显示了这两个指令的操作。

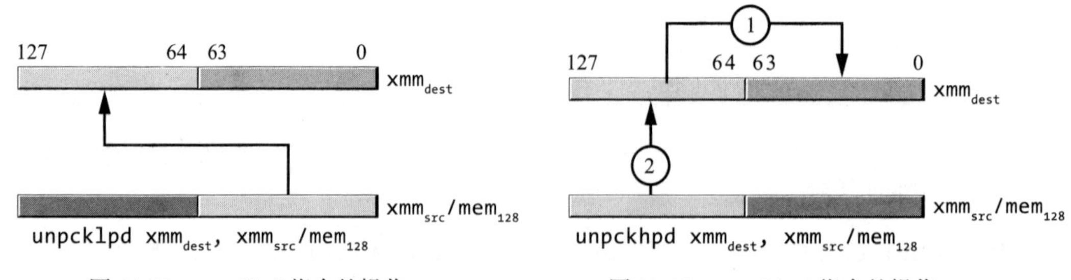

图 11-30　unpcklpd 指令的操作　　图 11-31　unpckhpd 指令的操作

注意：这些指令不会修改任何重叠的 YMM 寄存器的高阶 128 位。

vunpcklps、vunpckhps 指令的语法形式如下所示：

```
vunpcklps xmmdest, xmmsrc1, xmmsrc2/mem128
vunpckhps xmmdest, xmmsrc1, xmmsrc2/mem128

vunpcklps ymmdest, ymmsrc1, ymmsrc2/mem256
```

```
vunpckhps ymmdest, ymmsrc1, ymmsrc2/mem256
```

这些指令的工作原理与不带 v 的指令变体的类似，但存在以下的不同之处。

- AVX 变体支持使用 YMM 寄存器和 XMM 寄存器。
- AVX 变体需要三个操作数。第一个操作数（目标操作数）和第二个操作数（第一个源操作数）必须是 XMM 或 YMM 寄存器。第三个操作数（第二个源操作数）可以是 XMM 或 YMM 寄存器，也可以是 128 位内存单元或 256 位内存单元。两个操作数形式的指令只是三个操作数形式指令的特例，其中第一个操作数和第二个操作数指定相同的寄存器名称。
- 128 位的变体将 YMM 寄存器的高阶位全部清零，而不是保持这些位的值不变。

当然，带有 YMM 寄存器的 AVX 指令将单精度数值或双精度数值交织两次。交织扩展以直观的方式进行，使用 vunpcklps 指令（参见图 11-32）。

- 第一个源操作数中的单精度数值（第 0～31 位）首先被写入目标操作数的第 0～31 位。
- 第二个源操作数中的单精度数值（第 0 ～ 31 位）被写入目标操作数的第 32 ～ 63 位。
- 第一个源操作数中的单精度数值（第 32 ～ 63 位）被写入目标操作数的第 64 ～ 95 位。
- 第二个源操作数中的单精度数值（第 32 ～ 63 位）被写入目标操作数的第 96 ～ 127 位。
- 第一个源操作数中的单精度数值（第 128 ～ 159 位）被首先写入到目标操作数的第 128 ～ 159 位。
- 第二个源操作数中的单精度数值（第 128 ～ 159 位）被写入目标操作数的第 160 ～ 191 位。
- 第一个源操作数中的单精度数值（第 160 ～ 191 位）被写入目标操作数的第 192 ～ 223 位。
- 第二个源操作数中的单精度数值（第 160 ～ 191 位）被写入目标操作数的第 224 ～ 255 位。

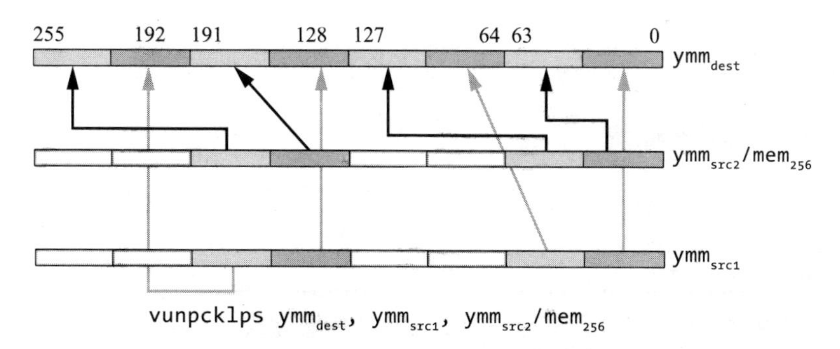

图 11-32　vunpcklps 指令的操作

vunpckhps 指令（参见图 11-33）执行以下操作。

- 第一个源操作数中的单精度数值（第 64 ～ 95 位）首先被写入目标操作数的第 0 ～ 31 位。
- 第二个源操作数中的单精度数值（第 64 ～ 95 位）被写入目标操作数的第 32 ～ 63 位。
- 第一个源操作数中的单精度数值（第 96 ～ 127 位）被写入目标操作数的第 64 ～ 95 位。
- 第二个源操作数中的单精度数值（第 96～127 位）被写入目标操作数的第 96～127 位。

同样，vunpcklpd 和 vunpckhpd 指令移动双精度数值。

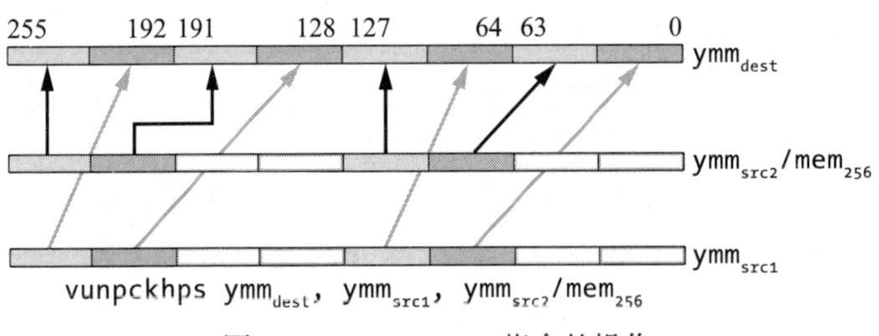

图 11-33　vunpckhps 指令的操作

11.7.7　整数解包指令

punpck* 指令提供了一组整数解包指令，作为浮点数解包指令的补充。这些指令如表 11-7 所示。

表 11-7　整数解包指令

指令	说明	指令	说明
punpcklbw	解包低字节到字	punpckldq	解包低双字到四字
punpckhbw	解包高字节到字	punpckhdq	解包高双字到四字
punpcklwd	解包低字到双字	punpcklqdq	解包低四字到八字（双四字）
punpckhwd	解包高字到双字	punpckhqdq	解包高四字到八字（双四字）

11.7.7.1　punpck* 指令

punpck* 指令从两个不同的源操作数中各提取一半的字节、字、双字或四字，并将这些值合并到目标 SSE 寄存器中。这些指令的语法形式如下所示：

```
punpcklbw xmm_dest, xmm_src
punpcklbw xmm_dest, mem_src
punpckhbw xmm_dest, xmm_src
punpckhbw xmm_dest, mem_src
punpcklwd xmm_dest, xmm_src
punpcklwd xmm_dest, mem_src
punpckhwd xmm_dest, xmm_src
punpckhwd xmm_dest, mem_src
punpckldq xmm_dest, xmm_src
punpckldq xmm_dest, mem_src
punpckhdq xmm_dest, xmm_src
punpckhdq xmm_dest, mem_src
punpcklqdq xmm_dest, xmm_src
punpcklqdq xmm_dest, mem_src
punpckhqdq xmm_dest, xmm_src
punpckhqdq xmm_dest, mem_src
```

图 11-34 到图 11-41 分别显示了这些指令的数据传输方式。

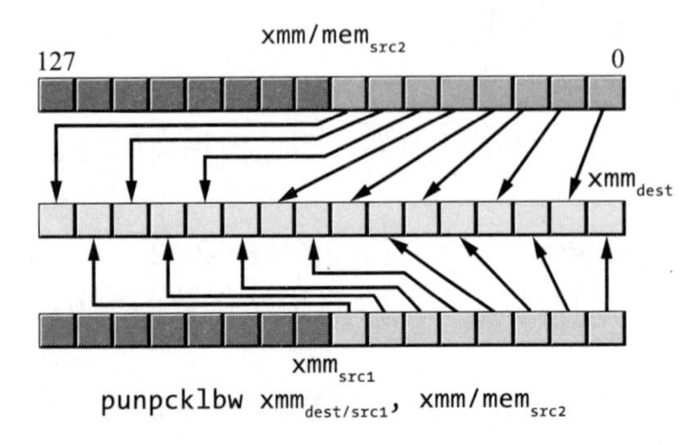

图 11-34　punpcklbw 指令的操作

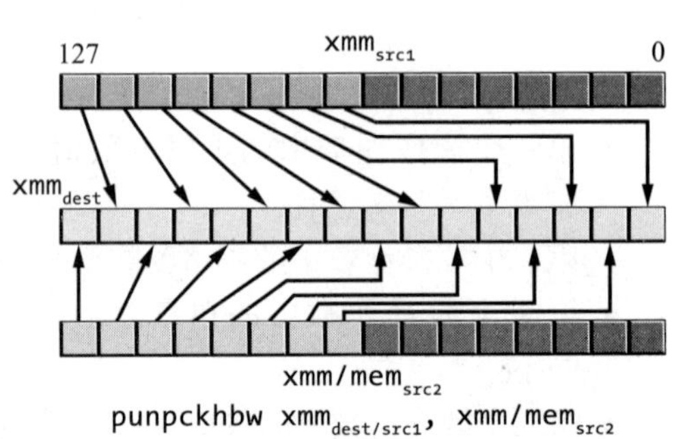

图 11-35　punpckhbw 指令的操作

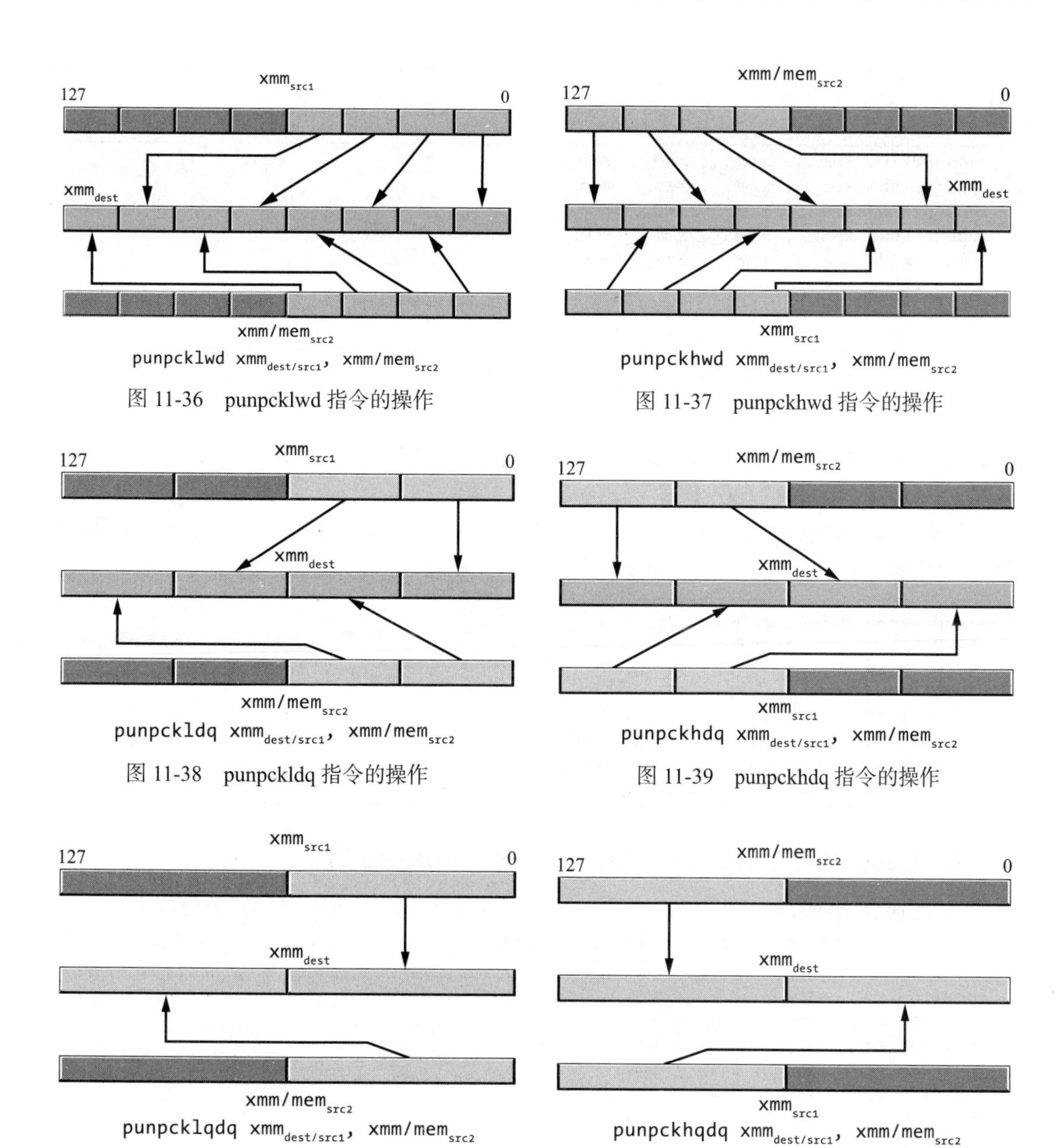

图 11-36　punpcklwd 指令的操作

图 11-37　punpckhwd 指令的操作

图 11-38　punpckldq 指令的操作

图 11-39　punpckhdq 指令的操作

图 11-40　punpcklqdq 指令的操作

图 11-41　punpckhqdq 指令的操作

注意：这些指令不会修改任何重叠的 YMM 寄存器的高阶 128 位。

11.7.7.2　vpunpck* SSE 指令

AVX vpunpck* 指令提供了一组 AVX 整数解包指令，作为 SSE 整数解包指令变体的补充。这些指令如表 11-8 所示。

表 11-8　AVX 整数解包指令

指令	说明	指令	说明
vpunpcklbw	解包低字节到字	vpunpckldq	解包低双字到四字
vpunpckhbw	解包高字节到字	vpunpckhdq	解包高双字到四字
vpunpcklwd	解包低字到双字	vpunpcklqdq	解包低四字到八字（双四字）
vpunpckhwd	解包高字到双字	vpunpckhqdq	解包高四字到八字（双四字）

vpunpck* 指令从两个不同的源操作数中各提取一半的字节、字、双字或四字，并将这些值合并到目标 AVX 或 SSE 寄存器中。这些指令的 SSE 形式的语法如下所示：

```
vpunpcklbw xmm_dest, xmm_src1, xmm_src2/mem_128
vpunpckhbw xmm_dest, xmm_src1, xmm_src2/mem_128
vpunpcklwd xmm_dest, xmm_src1, xmm_src2/mem_128
vpunpckhwd xmm_dest, xmm_src1, xmm_src2/mem_128
vpunpckldq xmm_dest, xmm_src1, xmm_src2/mem_128
vpunpckhdq xmm_dest, xmm_src1, xmm_src2/mem_128
vpunpcklqdq xmm_dest, xmm_src1, xmm_src2/mem_128
vpunpckhqdq xmm_dest, xmm_src1, xmm_src2/mem_128
```

从功能上看，这些 AVX 指令（vpunpck*）与 SSE（punpck*）指令之间的唯一区别在于，SSE 变体保持 YMM AVX 寄存器的高阶位（第 128 ～ 255 位）不变，而 AVX 变体将结果零扩展到 256 位。有关这些指令的操作说明，请参见图 11-34 至图 11-41。

11.7.7.3　vpunpck* AVX 指令

AVX vpunpck* 指令还支持使用 AVX YMM 寄存器，在这种情况下，解包和合并操作从 128 位扩展到 256 位。这些指令的语法如下所示：

```
vpunpcklbw ymm_dest, ymm_src1, ymm_src2/mem_256
vpunpckhbw ymm_dest, ymm_src1, ymm_src2/mem_256
vpunpcklwd ymm_dest, ymm_src1, ymm_src2/mem_256
vpunpckhwd ymm_dest, ymm_src1, ymm_src2/mem_256
vpunpckldq ymm_dest, ymm_src1, ymm_src2/mem_256
vpunpckhdq ymm_dest, ymm_src1, ymm_src2/mem_256
vpunpcklqdq ymm_dest, ymm_src1, ymm_src2/mem_256
vpunpckhqdq ymm_dest, ymm_src1, ymm_src2/mem_256
```

11.7.8　(v)pextrb、(v)pextrw、(v)pextrd 和 (v)pextrq 指令

(v)pextrb、(v)pextrw、(v)pextrd 和 (v)pextrq 指令从 128 位 XMM 寄存器中提取字节、字、双字或四字，并将该数据复制到通用寄存器或内存单元。这些指令的语法如下所示：

```
pextrb reg_32, xmm_src, imm_8   ; imm_8 = 0 ~ 15
pextrb reg_64, xmm_src, imm_8   ; imm_8 = 0 ~ 15
pextrb mem_8, xmm_src, imm_8    ; imm_8 = 0 ~ 15
vpextrb reg_32, xmm_src, imm_8  ; imm_8 = 0 ~ 15
vpextrb reg_64, xmm_src, imm_8  ; imm_8 = 0 ~ 15
vpextrb mem_8, xmm_src, imm_8   ; imm_8 = 0 ~ 15

pextrw reg_32, xmm_src, imm_8   ; imm_8 = 0 ~ 7
pextrw reg_64, xmm_src, imm_8   ; imm_8 = 0 ~ 7
pextrw mem_16, xmm_src, imm_8   ; imm_8 = 0 ~ 7
vpextrw reg_32, xmm_src, imm_8  ; imm_8 = 0 ~ 7
vpextrw reg_64, xmm_src, imm_8  ; imm_8 = 0 ~ 7
vpextrw mem_16, xmm_src, imm_8  ; imm_8 = 0 ~ 7

pextrd reg_32, xmm_src, imm_8   ; imm_8 = 0 ~ 3
pextrd mem_32, xmm_src, imm_8   ; imm_8 = 0 ~ 3
vpextrd mem_64, xmm_src, imm_8  ; imm_8 = 0 ~ 3
vpextrd reg_32, xmm_src, imm_8  ; imm_8 = 0 ~ 3
vpextrd reg_64, xmm_src, imm_8  ; imm_8 = 0 ~ 3
vpextrd mem_32, xmm_src, imm_8  ; imm_8 = 0 ~ 3

pextrq reg_64, xmm_src, imm_8   ; imm_8 = 0 ~ 1
pextrq mem_64, xmm_src, imm_8   ; imm_8 = 0 ~ 1
vpextrq reg_64, xmm_src, imm_8  ; imm_8 = 0 ~ 1
```

```
vpextrq mem64, xmmsrc, imm8 ; imm8 = 0 ~ 1
```

字节指令和字指令要求将 32 位、64 位通用寄存器，或与指令要求大小（即 pextrb 指令要求字节大小的内存操作数，pextrw 指令要求字大小的操作数，依此类推）相同的内存单元作为其目标操作数（第一个操作数）。源操作数（第二个操作数）是一个 128 位的 XMM 寄存器。索引操作数（第三个操作数）是一个 8 位的立即数，用于指定索引（通道号）。这些指令获取由 8 位立即数指定的通道中的字节、字、双字或四字，并将该数据复制到目标操作数中。双字和四字的指令变体分别要求 32 位和 64 位通用寄存器。如果目标操作数是 32 位或 64 位通用寄存器，则在必要时，指令将数值零扩展到 32 位或 64 位。

注意：这些指令不支持从 YMM 寄存器的高阶 128 位中提取数据。

11.7.9 (v)pinsrb、(v)pinsrw、(v)pinsrd 和 (v)pinsrq 指令

(v)pinsr{b, w, d, q} 指令从通用寄存器或内存单元中获取字节、字、双字或四字，并将该数据存储到 XMM 寄存器的通道中。这些指令的语法如下所示：[⊖]

```
pinsrb xmmdest, reg32, imm8           ; imm8 = 0 ~ 15
pinsrb xmmdest, mem8, imm8            ; imm8 = 0 ~ 15
vpinsrb xmmdest, xmmsrc2, reg32, imm8 ; imm8 = 0 ~ 15
vpinsrb xmmdest, xmmsrc2, mem8, imm8  ; imm8 = 0 ~ 15

pinsrw xmmdest, reg32, imm8           ; imm8 = 0 ~ 7
pinsrw xmmdest, mem16, imm8           ; imm8 = 0 ~ 7
vpinsrw xmmdest, xmmsrc2, reg32, imm8 ; imm8 = 0 ~ 7
vpinsrw xmmdest, xmmsrc2, mem16, imm8 ; imm8 = 0 ~ 7

pinsrd xmmdest, reg32, imm8           ; imm8 = 0 ~ 3
pinsrd xmmdest, mem32, imm8           ; imm8 = 0 ~ 3
vpinsrd xmmdest, xmmsrc2, reg32, imm8 ; imm8 = 0 ~ 3
vpinsrd xmmdest, xmmsrc2, mem32, imm8 ; imm8 = 0 ~ 3

pinsrq xmmdest, reg64, imm8           ; imm8 = 0 ~ 1
pinsrq xmmdest, xmmsrc2, mem64, imm8  ; imm8 = 0 ~ 1
vpinsrq xmmdest, xmmsrc2, reg64, imm8 ; imm8 = 0 ~ 1
vpinsrq xmmdest, xmmsrc2, mem64, imm8 ; imm8 = 0 ~ 1
```

目标操作数（第一个操作数）是一个 128 位的 XMM 寄存器。pinsr* 指令要求将一个内存单元或一个 32 位通用寄存器作为其源操作数（第二个操作数），不过 pinsrq 指令除外，该指令要求一个 64 位的寄存器。索引操作数（第三个操作数）是一个 8 位的立即数，用于指定索引（通道号）。

这些指令从通用寄存器或内存单元中获取字节、字、双字或四字，并将其复制到 XMM 寄存器中由 8 位立即数指定的通道处。pinsr{b, w, d, q} 指令保持底层 YMM 寄存器中的所有高阶位不变（如果适用）。

vpinsr{b, w, d, q} 指令将数据从 XMM 源寄存器复制到目标寄存器中，然后将字节、字、双字或四字复制到目标寄存器中的指定位置。这些指令将数值零扩展到底层 YMM 寄存器的全部高阶位。

11.7.10 (v)extractps 和 (v)insertps 指令

extractps 和 vextractps 指令在功能上等同于 pextrd 和 vpextrd 指令。这两个指令从 XMM

⊖ 英特尔和 AMD 的文档交换了第二个和第三个操作数。本书采用英特尔语法。

寄存器中提取 32 位（单精度浮点）数值，并将其移动到 32 位通用寄存器或 32 位内存单元中。(v)extractps 指令的语法如下所示：

```
extractps reg32, xmmsrc, imm8
extractps mem32, xmmsrc, imm8
vextractps reg32, xmmsrc, imm8
vextractps mem32, xmmsrc, imm8
```

insertps 和 vinsertps 指令将一个 32 位的浮点数值插入 XMM 寄存器中，并且有可能将 XMM 寄存器中的其他通道清零。这些指令的语法如下所示：

```
insertps xmmdest, xmmsrc, imm8
insertps xmmdest, mem32, imm8
vinsertps xmmdest, xmmsrc1, xmmsrc2, imm8
vinsertps xmmdest, xmmsrc1, mem32, imm8
```

对于 insertps 和 vinsertps 指令，imm_8 操作数包含表 11-9 中列出的字段。

表 11-9　insertps 和 vinsertps 指令的 imm_8 位字段

位	含义
6、7	仅当源操作数是 XMM 寄存器时：从源 XMM 寄存器中选择 32 位的通道（0、1、2 或 3）。如果源操作数是 32 位的内存单元，则指令将忽略此字段，并使用内存单元中的全部 32 位
4、5	指定目标 XMM 寄存器中用于存储单精度数值的通道
3	如果设置该位，则将 xmm_{dest} 第 3 个通道的值清零
2	如果设置该位，则将 xmm_{dest} 第 2 个通道的值清零
1	如果设置该位，则将 xmm_{dest} 第 1 个通道的值清零
0	如果设置该位，则将 xmm_{dest} 第 0 个通道的值清零

在带有 AVX 扩展的 CPU 上，insertps 指令不修改 YMM 寄存器的高阶位，vinsertps 指令将高阶全部清零。

在执行插入操作之前，vinsertps 指令首先将 xmm_{src1} 寄存器复制到 xmm_{dest} 中。对应的 YMM 寄存器的高阶各位设置为 0。

x86-64 不提供 (v)extractpd 或 (v)insertpd 指令。

11.8　SIMD 算术和逻辑运算

SSE 和 AVX 指令集扩展提供了各种标量与向量算术运算和逻辑运算。

6.7 节中已经介绍了使用标量 SSE 指令集的浮点算术运算，本节不再重复讨论。本节将讨论向量（或打包）算术指令和逻辑指令。

向量指令在 SSE 或 AVX 寄存器中的不同数据通道上并行执行多个操作。给定两个源操作数，典型的 SSE 指令将同时进行 2 个双精度浮点数值运算、2 个四字整数运算、4 个单精度浮点数值运算、4 个双字整数运算、8 个字整数运算或 16 个字节运算。AVX 寄存器（YMM）的通道数量增加了一倍，因此并行计算的数量增加了一倍。

图 11-42 显示了 SSE 和 AVX 指令如何执行并行计算。指令从两个源位置的同一通道获取一个数值，执行计算，将结果存储到目标位置的同一通道。对于源操作数和目标操作数中的每个通道，此过程同时发生。例如，如果一对 XMM 寄存器包含 4 个单精度浮点数值，则 SIMD 打包浮点加法指令将在源操作数的相应通道中执行单精度数值的加法运算，并将单精度加法的结果存储到目标 XMM 寄存器的相应通道中。

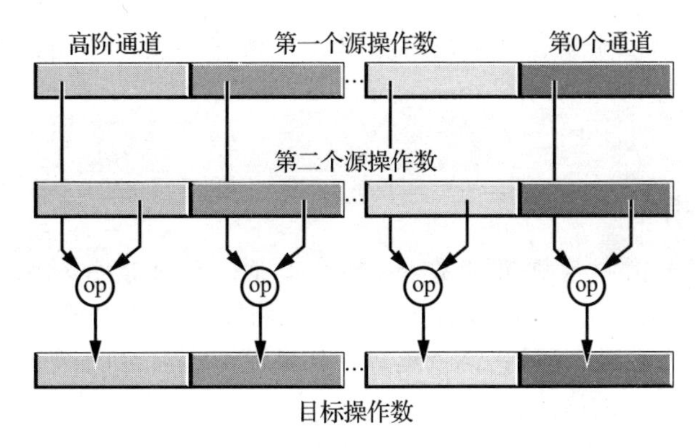

图 11-42　SIMD 并行算术运算和逻辑运算

对某些操作，例如逻辑 AND、ANDN（and not）、OR 和 XOR，不必分成通道，因为无论指令的大小如何，这些操作都会有相同的执行结果。通道的大小只有一位。因此，相应的 SSE/AVX 指令对其整个操作数进行操作，而不考虑通道的大小。

11.9　SIMD 逻辑（按位操作）指令

SSE 和 AVX 指令集扩展提供了表 11-10 所示的逻辑操作（使用 C/C++ 按位运算符的语法）。

表 11-10　SSE/AVX 逻辑指令

操作	说明
andpd	dest = dest and source（128 位操作数）
vandpd	dest = source1 and source2（128 位或 256 位操作数）
andnpd	dest = dest and ~source（128 位操作数）
vandnpd	dest = source1 and ~source2（128 位或 256 位操作数）
orpd	dest = dest | source（128 位操作数）
vorpd	dest = source1 | source2（128 位或 256 位操作数）
xorpd	dest = dest ^ source（128 位操作数）
vxorpd	dest = source1 ^ source2（128 位或 256 位操作数）

这些指令的语法如下所示：

```
andpd xmm_dest, xmm_src/mem_128
vandpd xmm_dest, xmm_src1, xmm_src2/mem_128
vandpd ymm_dest, ymm_src1, ymm_src2/mem_256

andnpd xmm_dest, xmm_src/mem_128
vandnpd xmm_dest, xmm_src1, xmm_src2/mem_128
vandnpd ymm_dest, ymm_src1, ymm_src2/mem_256

orpd xmm_dest, xmm_src/mem_128
vorpd xmm_dest, xmm_src1, xmm_src2/mem_128
vorpd ymm_dest, ymm_src1, ymm_src2/mem_256

xorpd xmm_dest, xmm_src/mem_128
vxorpd xmm_dest, xmm_src1, xmm_src2/mem_128
vxorpd ymm_dest, ymm_src1, ymm_src2/mem_256
```

SSE 指令（不带 v 前缀）保持底层 YMM 寄存器的高阶位不变（如果适用）。具有 128 位操作数的 AVX 指令（带有 v 前缀）则将结果零扩展到 YMM 寄存器的高阶位。

如果源操作数（第二个操作数）是内存单元，则它必须在适当的边界上对齐（例如，mem_{128} 值在 16 字节的边界上对齐，mem_{256} 值在 32 字节的边界上对齐），否则将导致运行时内存对齐故障。

11.9.1　(v)ptest 指令

ptest（打包测试）指令与标准整数 test 指令类似。ptest 指令对两个操作数执行逻辑 AND 运算，如果运算结果为 0，则设置零标志位。将第一个操作数的每一位反转，然后对反转结果和第二个操作数进行逻辑 AND 运算，如果运算结果为 0，则 ptest 指令设置进位标志位。ptest 指令支持以下的语法：

```
ptest xmm_src1, xmm_src2/mem_128
vptest xmm_src1, xmm_src2/mem_128
vptest ymm_src1, ymm_src2/mem_256
```

注意：ptest 指令仅在支持 SSE4.1 指令集（及更高版本）扩展的 CPU 上可用，vptest 指令则需要 AVX 的支持。128 位 SSE（ptest）和 AVX（vptest）指令的功能完全相同，但 SSE 编码效率更高。

11.9.2　字节移位指令

SSE 和 AVX 指令集扩展还支持一组逻辑和算术移位指令。首先要讨论的是 pslldq 和 psrldq 指令。虽然这两个指令以 p 开头，表明它们是打包（向量）指令，但这些指令只是 128 位的逻辑左移位和右移位指令。这两个指令的语法如下所示：

```
pslldq xmm_dest, imm_8
vpslldq xmm_dest, xmm_src, imm_8
vpslldq ymm_dest, ymm_src, imm_8
psrldq xmm_dest, imm_8
vpsrldq xmm_dest, xmm_src, imm_8
vpsrldq ymm_dest, ymm_src, imm_8
```

pslldq 指令将其目标 XMM 寄存器向左移位若干字节数，这个字节数由 imm_8 操作数指定。此指令将 0 移位到空出的低阶字节中。

vpslldq 指令获取源寄存器（XMM 或 YMM）中的数值，将该数值向左移位 imm_8 个字节，然后将结果存储到目标寄存器中。对于 128 位的变体，此指令将结果零扩展到底层 YMM 寄存器（在支持 AVX 的 CPU 上）的第 128 位至第 255 位中。

psrldq 和 vpsrldq 指令的操作与 (v)pslldq 类似，区别在于这两个指令将操作数向右移位，而不是向左。这些都是逻辑右移位操作，因此这些操作将 0 移位到操作数的高阶字节中，从第 0 位移出的所有位都将丢失。

pslldq 和 psrldq 指令对字节而不是位进行移位。例如，许多 SSE 指令产生字节掩码 0 或 0FFh，表示布尔结果。这些指令通过一次移位整个字节，来移位这些字节掩码中某一个里的等效位。

11.9.3　位移位指令

SSE/AVX 指令集扩展还提供在两个或多个整数通道上并行工作的向量位移位操作。这些指令提供了逻辑左移位、逻辑右移位和算术右移位操作的字、双字和四字的变体，其语法如下所示：

```
shift xmm_dest, imm_8
shift xmm_dest, xmm_src/mem_128
vshift xmm_dest, xmm_src, imm_8
vshift xmm_dest, xmm_src, mem_128
vshift ymm_dest, ymm_src, imm_8
vshift ymm_dest, ymm_src, xmm/mem_128
```

其中，shift = psllw、pslld、psllq、psrlw、psrld、psrlq、psraw 或 psrad，vshift = vpsllw、vpslld、vpsllq、vpsrlw、vpsrld、vpsrlq、vpsraw、vpsrad 或 vpsraq。

(v)psl* 指令将其操作数向左移位，(v)psr* 指令将其操作数向右移位。(v)psll* 和 (v)psrl* 指令均为逻辑移位指令，将 0 移位到移位操作所腾出的位中。从操作数移出的任何位都将丢失。(v)psra* 指令是算术右移指令。当将各通道的各个位向右移位时，这些指令会复制各通道的高阶位，从低阶位移出的所有位都将丢失。

SSE 两操作数指令将第一个操作数同时视为源操作数和目标操作数。第二个操作数指定要移位的位数（8 位立即数常量，或者 XMM 寄存器、128 位内存单元中的数值）。无论移位计数的大小如何，只有低阶第 4、5 或 6 位的计数才有意义（取决于通道的大小）。

AVX 三操作数指令为移位操作指定单独的源寄存器和目标寄存器。这些指令从源寄存器获取值，将其移位指定的位数，并将移位后的结果存储到目标寄存器中。源寄存器保持不变（当然，除非该指令为源操作数和目标操作数指定了相同的寄存器）。对于 AVX 指令，源寄存器和目标寄存器可以是 XMM（128 位）寄存器或 YMM（256 位）寄存器。第三个操作数可以是 8 位立即数常量、XMM 寄存器或 128 位内存单元，用于指定位移位的计数（与 SSE 指令相同）。即使源寄存器和目标寄存器是 256 位的 YMM 寄存器，也可以为计数指定 XMM 寄存器。

带 w 后缀的指令对 16 位的操作数（128 位的目标操作数为 8 个通道，256 位的目标操作数为 16 个通道）进行移位。带 d 后缀的指令对 32 位的操作数（128 位的目标操作数为 4 个通道，256 位的目标操作数为 8 个通道）进行移位。带 q 后缀的指令对 64 位的操作数（128 位的操作数为 2 个通道，256 位的操作数为 4 个通道）进行移位。

11.10 SIMD 整数算术指令

SSE 和 AVX 指令集扩展主要处理浮点运算。然而，这些指令确实包含一组有符号和无符号整数算术运算指令。本节将讨论 SSE/AVX 整数算术指令。

11.10.1 SIMD 整数加法

SIMD 整数加法指令见表 11-11。这些指令不会影响任何标志位，因此在执行这些指令期间，不会指示何时发生溢出（有符号或无符号）。在执行加法运算之前，程序本身必须确保源操作数都在适当的范围内。如果在加法过程中产生了进位，则进位将丢失。

表 11-11 SIMD 整数加法指令

指令	操作数	说明
paddb	xmm_{dest}, xmm/mem_{128}	16 通道的字节加法运算
vpaddb	xmm_{dest}, xmm_{src1}, xmm_{src2}/mem_{128}	16 通道的字节加法运算
vpaddb	ymm_{dest}, ymm_{src1}, ymm_{src2}/mem_{256}	32 通道的字节加法运算
paddw	xmm_{dest}, xmm/mem_{128}	8 通道的字加法运算
vpaddw	xmm_{dest}, xmm_{src1}, xmm_{src2}/mem_{128}	8 通道的字加法运算

（续）

指令	操作数	说明
vpaddw	ymm_{dest}, ymm_{src1}, ymm_{src2}/mem_{256}	16 通道的字加法运算
paddd	xmm_{dest}, xmm/mem_{128}	4 通道的双字加法运算
vpaddd	xmm_{dest}, xmm_{src1}, xmm_{src2}/mem_{128}	4 通道的双字加法运算
vpaddd	ymm_{dest}, ymm_{src1}, ymm_{src2}/mem_{256}	8 通道的双字加法运算
paddq	xmm_{dest}, xmm/mem_{128}	2 通道的四字加法运算
vpaddq	xmm_{dest}, xmm_{src1}, xmm_{src2}/mem_{128}	2 通道的四字加法运算
vpaddq	ymm_{dest}, ymm_{src1}, ymm_{src2}/mem_{256}	4 通道的四字加法运算

这些加法指令称为垂直加法运算，因为如果我们将两个源操作数堆叠在彼此的顶部（在打印页上），则通道加法运算会垂直进行（对于相应的加法操作，一个源通道位于第二个源通道的正上方）。

打包加法运算忽略加法操作的任何溢出，只保留每个加法的低阶字节、字、双字或四字。只要永远不可能出现溢出现象，这就不是问题。然而，对于某些算法（尤其是音频和视频，这些数据通常使用打包加法），截断溢出可能会产生奇怪的结果。

更完美的解决方案是使用饱和算术运算（saturation arithmetic）。对于无符号加法，饱和算术运算将溢出值剪裁（或饱和）到指令可以处理的最大可能值。例如，如果两个字节值的相加之和超过 0FFh，则饱和算术运算将产生 0FFh，即可能的最大无符号 8 位值（同样，如果出现向下溢出，则饱和减法将产生 0）。对于有符号饱和算术运算，剪裁发生在最大正值和最小负值处（例如，正值为 7Fh/+127，负值为 80h/−128）。

x86 SIMD 指令同时提供有符号和无符号的饱和算术运算指令，但运算仅限于 8 位和 16 位的数值。[⊖]这些指令列举在表 11-12 中。

表 11-12　SIMD 整数的饱和加法运算指令

指令	操作数	说明
paddsb	xmm_{dest}, xmm/mem_{128}	16 通道的字节有符号饱和加法运算
vpaddsb	xmm_{dest}, xmm_{src1}, xmm_{src2}/mem_{128}	16 通道的字节有符号饱和加法运算
vpaddsb	ymm_{dest}, ymm_{src1}, ymm_{src2}/mem_{256}	32 通道的字节有符号饱和加法运算
paddsw	xmm_{dest}, xmm/mem_{128}	8 通道的字有符号饱和加法运算
vpaddsw	xmm_{dest}, xmm_{src1}, xmm_{src2}/mem_{128}	8 通道的字有符号饱和加法运算
vpaddsw	ymm_{dest}, ymm_{src1}, ymm_{src2}/mem_{256}	16 通道的字有符号饱和加法运算
paddusb	xmm_{dest}, xmm/mem_{128}	16 通道的字节无符号饱和加法运算
vpaddusb	xmm_{dest}, xmm_{src1}, xmm_{src2}/mem_{128}	16 通道的字节无符号饱和加法运算
vpaddusb	ymm_{dest}, ymm_{src1}, ymm_{src2}/mem_{256}	32 通道的字节无符号饱和加法运算
paddusw	xmm_{dest}, xmm/mem_{128}	8 通道的字无符号饱和加法运算
vpaddusw	xmm_{dest}, xmm_{src1}, xmm_{src2}/mem_{128}	8 通道的字无符号饱和加法运算
vpaddusw	ymm_{dest}, ymm_{src1}, ymm_{src2}/mem_{256}	16 通道的字无符号饱和加法运算

通常情况下，padd* 和 vpadd* 指令都接受 128 位 XMM 寄存器（16 个 8 位的加法或 8 个 16 位的加法）。padd* 指令保持相应 YMM 目标寄存器的高阶位不受干扰，vpadd* 变体则清零高阶位。还要注意的是，padd* 指令只有两个操作数（目标寄存器也是源寄存器），而

⊖ 8 位加法运算一般足以满足视频处理，16 位加法运算足以用于高端视频编码。16 位饱和算术运算适用于普通音频，高端音频则需要 24 位算术运算。

vpadd* 指令有两个源操作数和一个目标操作数。带有 YMM 寄存器的 vpadd* 指令提供了两倍数量的并行加法运算。

11.10.2 水平加法运算

SSE/AVX 指令集还支持表 11-13 中列出的 3 条水平加法运算指令。

表 11-13 水平加法运算指令

指令	说明
(v)phaddw	16 位（字）水平加法运算
(v)phaddd	32 位（双字）水平加法运算
(v)phaddsw	16 位（字）水平加法和饱和运算

水平加法指令将两个源操作数中的相邻字或双字相加，并将相加后的结果存储到目标通道中，如图 11-43 所示。

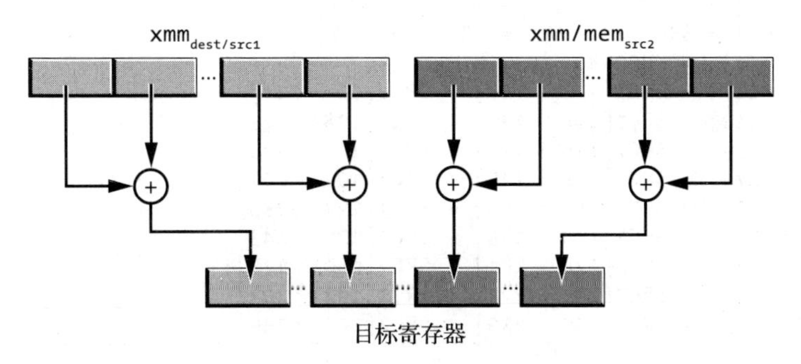

图 11-43 水平加法运算的操作

phaddw 指令的语法如下所示：

```
phaddw xmm_dest, xmm_src/mem_128
```

该指令执行以下计算：

```
temp[0 ~ 15] = xmm_dest[0 ~ 15] + xmm_dest[16 ~ 31]
temp[16 ~ 31] = xmm_dest[32 ~ 47] + xmm_dest[48 ~ 63]
temp[32 ~ 47] = xmm_dest[64 ~ 79] + xmm_dest[80 ~ 95]
temp[48 ~ 63] = xmm_dest[96 ~ 111] + xmm_dest[112 ~ 127]
temp[64 ~ 79] = xmm_src/mem_128[0 ~ 15] + xmm_src/mem_128[16 ~ 31]
temp[80 ~ 95] = xmm_src/mem_128[32 ~ 47] + xmm_src/mem_128[48 ~ 63]
temp[96 ~ 111] = xmm_src/mem_128[64 ~ 79] + xmm_src/mem_128[80 ~ 95]
temp[112 ~ 127] = xmm_src/mem_128[96 ~ 111] + xmm_src/mem_128[112 ~ 127]
xmm_dest = temp
```

与大多数 SSE 指令一样，phaddw 指令不影响对应 YMM 目标寄存器的高阶位，只影响低阶 128 位。

128 位 vphaddw 指令的语法如下所示：

```
vphaddw xmm_dest, xmm_src1, xmm_src2/mem_128
```

该指令执行以下的计算：

```
xmm_dest[0 ~ 15] = xmm_src1[0 ~ 15] + xmm_src1[16 ~ 31]
xmm_dest[16 ~ 31] = xmm_src1[32 ~ 47] + xmm_src1[48 ~ 63]
xmm_dest[32 ~ 47] = xmm_src1[64 ~ 79] + xmm_src1[80 ~ 95]
xmm_dest[48 ~ 63] = xmm_src1[96 ~ 111] + xmm_src1[112 ~ 127]
xmm_dest[64 ~ 79] = xmm_src2/mem_128[0 ~ 15] + xmm_src2/mem_128[16 ~ 31]
xmm_dest[80 ~ 95] = xmm_src2/mem_128[32 ~ 47] + xmm_src2/mem_128[48 ~ 63]
xmm_dest[96 ~ 111] = xmm_src2/mem_128[64 ~ 79] + xmm_src2/mem_128[80 ~ 95]
xmm_dest[111 ~ 127] = xmm_src2/mem_128[96 ~ 111] + xmm_src2/mem_128[112 ~ 127]
```

vphaddw 指令将对应 YMM 目标寄存器的高阶所有 128 位清零。

256 位 vphaddw 指令的语法如下所示：

```
vphaddw ymm_dest, ymm_src1, ymm_src2/mem_256
```

vphaddw 指令并不是简单地以直观的方式扩展 128 位的指令版本，而是混合了如下的计算（其中 SRC1 是 ymm_{src1}，SRC2 是 ymm_{src2}/mem_{256}）：

```
ymm_dest[0 ~ 15] = SRC1[16 ~ 31] + SRC1[0 ~ 15]
ymm_dest[16 ~ 31] = SRC1[48 ~ 63] + SRC1[32 ~ 47]
ymm_dest[32 ~ 47] = SRC1[80 ~ 95] + SRC1[64 ~ 79]
ymm_dest[48 ~ 63] = SRC1[112 ~ 127] + SRC1[96 ~ 111]
ymm_dest[64 ~ 79] = SRC2[16 ~ 31] + SRC2[0 ~ 15]
ymm_dest[80 ~ 95] = SRC2[48 ~ 63] + SRC2[32 ~ 47]
ymm_dest[96 ~ 111]  = SRC2[80 ~ 95] + SRC2[64 ~ 79]
ymm_dest[112 ~ 127] = SRC2[112 ~ 127] + SRC2[96 ~ 111]
ymm_dest[128 ~ 143] = SRC1[144 ~ 159] + SRC1[128 ~ 143]
ymm_dest[144 ~ 159] = SRC1[176 ~ 191] + SRC1[160 ~ 175]
ymm_dest[160 ~ 175] = SRC1[208 ~ 223] + SRC1[192 ~ 207]
ymm_dest[176 ~ 191] = SRC1[240 ~ 255] + SRC1[224 ~ 239]
ymm_dest[192 ~ 207] = SRC2[144 ~ 159] + SRC2[128 ~ 143]
ymm_dest[208 ~ 223] = SRC2[176 ~ 191] + SRC2[160 ~ 175]
ymm_dest[224 ~ 239] = SRC2[208 ~ 223] + SRC2[192 ~ 207]
ymm_dest[240 ~ 255] = SRC2[240 ~ 255] + SRC2[224 ~ 239]
```

11.10.3　双字大小的水平加法运算

phaddd 指令的语法如下所示：

```
phaddd xmm_dest, xmm_src/mem_128
```

该指令执行以下的计算：

```
temp[0 ~ 31] = xmm_dest[0 ~ 31] + xmm_dest[32 ~ 63]
temp[32 ~ 63] = xmm_dest[64 ~ 95] + xmm_dest[96 ~ 127]
temp[64 ~ 95] = xmm_src/mem128[0 ~ 31] + xmm_src/mem_128[32 ~ 63]
temp[96 ~ 127] = xmm_src/mem128[64 ~ 95] + xmm_src/mem_128[96 ~ 127]
xmm_dest = temp
```

128 位 vphaddd 指令的形式如下所示：

```
vphaddd xmm_dest, xmm_src1, xmm_src2/mem_128
```

该指令执行以下的计算：

```
xmm_dest[0 ~ 31] = xmm_src1[0 ~ 31] + xmm_src1[32 ~ 63]
xmm_dest[32 ~ 63] = xmm_src1[64 ~ 95] + xmm_src1[96 ~ 127]
xmm_dest[64 ~ 95] = xmm_src2/mem_128[0 ~ 31] + xmm_src2/mem_128[32 ~ 63]
xmm_dest[96 ~ 127] = xmm_src2/mem_128[64 ~ 95] + xmm_src2/mem_128[96 ~ 127]
(ymm_dest[128 ~ 255] = 0)
```

与 vphaddw 指令一样，256 位 vphaddd 指令的形式如下所示：

```
vphaddd ymm_dest, ymm_src1, ymm_src2/mem_256
```

该指令执行以下的计算：

```
ymm_dest[0 ~ 31] = ymm_src1[32 ~ 63] + ymm_src1[0 ~ 31]
ymm_dest[32 ~ 63] = ymm_src1[96 ~ 127] + ymm_src1[64 ~ 95]
ymm_dest[64 ~ 95] = ymm_src2/mem_128[32 ~ 63] + ymm_src2/mem_128[0 ~ 31]
```

```
ymm_dest[96 ~ 127] = ymm_src2/mem_128[96 ~ 127] + ymm_src2/mem_128[64 ~ 95]
ymm_dest[128 ~ 159] = ymm_src1[160 ~ 191] + ymm_src1[128 ~ 159]
ymm_dest[160 ~ 191] = ymm_src1[224 ~ 255] + ymm_src1[192 ~ 223]
ymm_dest[192 ~ 223] = ymm_src2/mem_128[160 ~ 191] + ymm_src2/mem_128[128 ~ 159]
ymm_dest[224 ~ 255] = ymm_src2/mem_128[224 ~ 255] + ymm_src2/mem_128[192 ~ 223]
```

如果在水平加法运算过程中出现溢出，则 (v)phaddw 和 (v)phaddd 指令会简单地忽略溢出，并将结果的低阶 16 位或 32 位存储到目标位置中。

(v)phaddsw 指令的语法形式如下所示：

```
phaddsw xmm_dest, xmm_src/mem_128
vphaddsw xmm_dest, xmm_src1, xmm_src2/mem_128
vphaddsw ymm_dest, ymm_src1, ymm_src2/mem_256
```

(v)phaddsw 指令（带饱和的水平有符号整数加法，字）与 (v)phaddw 指令的形式略有不同：该指令不只是将低阶位存储到目标通道的结果中，还对结果进行饱和处理。饱和是指将任何（正）溢出的数值设置为 7FFFh，而与实际结果无关。同样，任何负溢出的数值设置为 8000h。

饱和算术运算适用于音频和视频处理。如果在将两个声音样本相加时使用标准（环绕 / 模）加法运算，结果将是可怕的咔哒声。另外，饱和只会产生一个剪裁过的音频信号。虽然这并不理想，但这个音频信号听起来比模运算的结果要好得多。类似地，对于视频处理，饱和产生的是褪色（白色）的颜色，而模运算产生的是奇异颜色。

遗憾的是，对于双字操作数，没有带饱和的水平加法运算指令（例如，用来处理 24 位的音频）。

11.10.4　SIMD 整数减法运算

SIMD 整数减法运算指令见表 11-14。和 SIMD 加法运算指令一样，整数减法运算指令不会影响任何标志位，一切进位、借位、向上溢出或向下溢出的信息均会丢失。这些指令从第一个源操作数（仅对于 SSE 指令，也是目标操作数）中减去第二个源操作数，并将结果存储到目标操作数中。

表 11-14　SIMD 整数减法运算指令

指令	操作数	说明
psubb	xmm_{dest}, xmm/mem_{128}	16 通道的字节减法运算
vpsubb	xmm_{dest}, xmm_{src}, xmm/mem_{128}	16 通道的字节减法运算
vpsubb	ymm_{dest}, ymm_{src}, ymm/mem_{256}	32 通道的字节减法运算
psubw	xmm_{dest}, xmm/mem_{128}	8 通道的字减法运算
vpsubw	xmm_{dest}, xmm_{src}, xmm/mem_{128}	8 通道的字减法运算
vpsubw	ymm_{dest}, ymm_{src}, ymm/mem_{256}	16 通道的字减法运算
psubd	xmm_{dest}, xmm/mem_{128}	4 通道的双字减法运算
vpsubd	xmm_{dest}, xmm_{src}, xmm/mem_{128}	4 通道的双字减法运算
vpsubd	ymm_{dest}, ymm_{src}, ymm/mem_{256}	8 通道的双字减法运算
psubq	xmm_{dest}, xmm/mem_{128}	2 通道的四字减法运算
vpsubq	xmm_{dest}, xmm_{src}, xmm/mem_{128}	2 通道的四字减法运算
vpsubq	ymm_{dest}, ymm_{src}, ymm/mem_{256}	4 通道的四字减法运算

(v)phsubw、(v)phsubd 和 (v)phsubsw 水平减法运算指令的工作原理与水平加法运算指令相同，区别在于它们计算两个源操作数的差，而不是和。

同样，还有一组有符号与无符号字节和字饱和减法运算指令（参见表 11-15）。对于有符号的指令，字节大小的指令将正溢出的值饱和为 7Fh（+127），将负溢出的值饱和为 80h（−128）。字大小的指令将正溢出的值饱和为 7FFFh（+32 767），将负溢出的值饱和为 8000h（−32 768）。无符号饱和指令将正溢出的值饱和为 0FFFFh（+65 535），将负溢出的值饱和为 0。

表 11-15　SIMD 整数饱和减法运算指令

指令	操作数	说明
psubsb	xmm_{dest}, xmm/mem_{128}	16 通道的字节有符号饱和减法运算
vpsubsb	xmm_{dest}, xmm_{src}, xmm/mem_{128}	16 通道的字节有符号饱和减法运算
vpsubsb	ymm_{dest}, ymm_{src}, ymm/mem_{256}	32 通道的字节有符号饱和减法运算
psubsw	xmm_{dest}, xmm/mem_{128}	8 通道的字有符号饱和减法运算
vpsubsw	xmm_{dest}, xmm_{src}, xmm/mem_{128}	8 通道的字有符号饱和减法运算
vpsubsw	ymm_{dest}, ymm_{src}, ymm/mem_{256}	16 通道的字有符号饱和减法运算
psubusb	xmm_{dest}, xmm/mem_{128}	16 通道的字节无符号饱和减法运算
vpsubusb	xmm_{dest}, xmm_{src}, xmm/mem_{128}	16 通道的字节无符号饱和减法运算
vpsubusb	ymm_{dest}, ymm_{src}, ymm/mem_{256}	32 通道的字节无符号饱和减法运算
psubusw	xmm_{dest}, xmm/mem_{128}	8 通道的字无符号饱和减法运算
vpsubusw	xmm_{dest}, xmm_{src}, xmm/mem_{128}	8 通道的字无符号饱和减法运算
vpsubusw	ymm_{dest}, ymm_{src}, ymm/mem_{256}	16 通道的字无符号饱和减法运算

11.10.5　SIMD 整数乘法运算

SSE/AVX 指令集扩展在某种程度上支持乘法运算。逐通道进行乘法运算要求两个 n 位值的运算结果不得超过 n 位，但 $n \times n$ 乘法可以产生 $(2 \times n)$ 位的结果。因此，当溢出丢失时，逐通道进行乘法运算会产生问题。基本的打包整数乘法运算将一对通道相乘，并将结果的低阶位存储在目标通道中。对于扩展算术运算，打包整数乘法运算指令生成结果的高阶位。

表 11-16 中的指令处理 16 位的乘法运算。(v)pmullw 指令将源操作数通道中出现的 16 位数值相乘，并将结果的低阶字存储到相应的目标通道中。本指令适用于有符号和无符号的数值。(v)pmulhw 指令计算两个有符号字值的乘积，并将结果的高阶字存储到目标通道中。对于无符号操作数，(v)pmulhuw 执行相同的任务。通过使用相同的操作数执行 (v)pmullw 和 (v)pmulh(u)w，可以计算 16 × 16 位乘法的完整 32 位结果。（可以使用 punpck* 指令将结果合并为 32 位的整数。）

表 11-16　SIMD 16 位打包整数乘法运算指令

指令	操作数	说明
pmullw	xmm_{dest}, xmm/mem_{128}	8 通道的字乘法运算，产生乘积的低阶字
vpmullw	xmm_{dest}, xmm_{src}, xmm/mem_{128}	8 通道的字乘法运算，产生乘积的低阶字
vpmullw	ymm_{dest}, ymm_{src}, ymm/mem_{256}	16 通道的字乘法运算，产生乘积的低阶字
pmulhuw	xmm_{dest}, xmm/mem_{128}	8 通道的字无符号乘法运算，产生乘积的高阶字
vpmulhuw	xmm_{dest}, xmm_{src}, xmm/mem_{128}	8 通道的字无符号乘法运算，产生乘积的高阶字
vpmulhuw	ymm_{dest}, ymm_{src}, ymm/mem_{256}	16 通道的字无符号乘法运算，产生乘积的高阶字
pmulhw	xmm_{dest}, xmm/mem_{128}	8 通道的字有符号乘法运算，产生乘积的高阶字
vpmulhw	xmm_{dest}, xmm_{src}, xmm/mem_{128}	8 通道的字有符号乘法运算，产生乘积的高阶字
vpmulhw	ymm_{dest}, ymm_{src}, ymm/mem_{256}	16 通道的字有符号乘法运算，产生乘积的高阶字

表 11-17 列出了打包乘法运算指令的 32 位版本和 64 位版本。不存在 (v)pmulhd 或 (v)pmulhq

指令。如果需要处理 32 位和 64 位打包乘法运算，可以参考 (v)pmuludq 和 (v)pmuldq 指令。

表 11-17 SIMD 32 位和 64 位打包整数乘法运算指令

指令	操作数	说明
pmulld	xmm_{dest}, xmm/mem_{128}	4 通道的双字乘法运算，产生乘积的低阶双字
vpmulld	xmm_{dest}, $xmmsrc$, xmm/mem_{128}	4 通道的双字乘法运算，产生乘积的低阶双字
vpmulld	ymm_{dest}, $ymmsrc$, ymm/mem_{256}	8 通道的双字乘法运算，产生乘积的低阶双字
vpmullq	xmm_{dest}, $xmmsrc$, xmm/mem_{128}	2 通道的四字乘法运算，产生乘积的低阶四字
vpmullq	ymm_{dest}, $ymmsrc$, ymm/mem_{256}	4 通道的四字乘法运算，产生乘积的低阶四字（仅在 AVX-512 CPU 上可用）

在发展过程中的某个时刻，英特尔引入 (v)pmuldq 和 (v)pmuludq 来执行有符号和无符号 32 × 32 位乘法，生成 64 位的结果。这些指令的语法形式如下所示：

```
pmuldq xmmdest, xmm/mem128
vpmuldq xmmdest, xmmsrc1, xmm/mem128
vpmuldq ymmdest, ymmsrc1, ymm/mem256

pmuludq xmmdest, xmm/mem128
vpmuludq xmmdest, xmmsrc1, xmm/mem128
vpmuludq ymmdest, ymmsrc1, ymm/mem256
```

128 位的指令变体将通道 0 和通道 2 中出现的双字相乘，并将 64 位的结果存储到四字通道 0 和 1 中（双字通道 0 和 1 以及 2 和 3）。在带有 AVX 寄存器的 CPU[⊖]上，pmuldq 和 pmuludq 指令不会影响 YMM 寄存器的高阶 128 位。vpmuldq 和 vpmuludq 指令将结果零扩展到 256 位。256 位的指令变体将通道 0、2、4 和 6 中出现的双字相乘，产生 64 位的运算结果，并且存储在四字通道 0、1、2 和 3（双字通道 0 和 1、2 和 3、4 和 5 以及 6 和 7）中。

pclmulqdq 指令能够将两个四字数值相乘，从而产生 128 位的运算结果。该指令的语法形式如下所示：

```
pclmulqdq xmmdest, xmm/mem128, imm8
vpclmulqdq xmmdest, xmmsrc1, xmmsrc2/mem128, imm8
```

这些指令将 xmm_{dest} 和 xmm_{src} 中的一对四字值相乘，并将 128 位的运算结果保留在 xmm_{dest} 中。imm_8 操作数指定将哪个四字用作源操作数。表 11-18 列出了 pclmulqdq 指令中 imm_8 的可能取值，表 11-19 列出了 vpclmulqdq 指令中 imm_8 的可能取值。

表 11-18 pclmulqdq 指令的 imm_8 操作数值

imm_8	结果
00h	$xmm_{dest} = xmm_{dest}[0 \sim 63] * xmm/mem_{128}[0 \sim 63]$
01h	$xmm_{dest} = xmm_{dest}[64 \sim 127] * xmm/mem_{128}[0 \sim 63]$
10h	$xmm_{dest} = xmm_{dest}[0 \sim 63] * xmm/mem_{128}[64 \sim 127]$
11h	$xmm_{dest} = xmm_{dest}[64 \sim 127] * xmm/mem_{128}[64 \sim 127]$

表 11-19 vpclmulqdq 指令的 imm_8 操作数值

imm_8	结果
00h	$xmm_{dest} = xmm_{src1}[0 \sim 63] * xmm_{src2}/mem_{128}[0 \sim 63]$
01h	$xmm_{dest} = xmms_{rc1}[64 \sim 127] * xmm_{src2}/mem_{128}[0 \sim 63]$
10h	$xmm_{dest} = xmm_{src1}[0 \sim 63] * xmm_{src2}/mem_{128}[64 \sim 127]$
11h	$xmm_{dest} = xmm_{src1}[64 \sim 127] * xmm_{src2}/mem_{128}[64 \sim 127]$

⊖ 其中设置了传统 128 位版本的 SSE4.1 功能。有关详细信息，请参阅英特尔文档。

与往常一样，pclmulqdq 指令保持对应 YMM 目标寄存器中的高阶 128 位不变，而 vpclmulqdq 指令将这些位清零。

11.10.6　SIMD 整数平均值

(v)pavgb 和 (v)pavgw 指令计算两个字节集或字集的平均值。这些指令将源操作数和目标操作数的字节或字通道中的数值相加，将求和结果除以 2，然后对平均结果进行舍入，并将平均结果保留在目标操作数通道中。这些指令的语法形式如下所示：

```
pavgb xmm_dest, xmm/mem_128
vpavgb xmm_dest, xmm_src1, xmm_src2/mem_128
vpavgb ymm_dest, ymm_src1, ymm_src2/mem_256
pavgw xmm_dest, xmm/mem_128
vpavgw xmm_dest, xmm_src1, xmm_src2/mem_128
vpavgw ymm_dest, ymm_src1, ymm_src2/mem_256
```

128 位 pavgb 和 vpavgb 指令计算 16 字节大小的平均值（针对源操作数和目标操作数中的 16 个通道）。vpavgb 指令的 256 位变体计算 32 字节大小的平均值。

128 位 pavgw 和 vpavgw 指令计算 8 字大小的平均值（针对源操作数和目标操作数中的 8 个通道）。vpavgw 指令的 256 位变体计算 16 字节大小的平均值。

vpavgb 和 vpavgw 指令计算第一个 XMM 或 YMM 源操作数和第二个 XMM、YMM 或内存源操作数的平均值，并将得到的平均值存储在目标 XMM 或 YMM 寄存器中。

遗憾的是，x86-64 并没有提供 (v)pavgd 或 (v)pavgq 指令。毫无疑问，这些指令最初用于混合 8 位和 16 位音频流或视频流（或图像处理），x86-64 CPU 设计师从未觉得有必要将其扩展到 16 位之外（尽管 24 位音频在专业音频工程师看来非常常见）。

11.10.7　SIMD 整数的最小值和最大值

SSE4.1 指令集扩展增加了 8 条打包整数最小值和最大值指令，如表 11-20 所示。这些指令扫描一对 128 位或 256 位操作数的通道，并将最大值或最小值从该通道复制到目标操作数中的相同通道。

表 11-20　SIMD 最小值和最大值指令

指令	说明
(v)pmaxsb	将两个源通道的有符号字节值中的最大值设置到对应的目标字节通道
(v)pmaxsw	将两个源通道的有符号字值中的最大值设置到对应的目标字通道
(v)pmaxsd	将两个源通道的有符号双字值中的最大值设置到对应的目标双字通道
vpmaxsq	将两个源通道的有符号四字值中的最大值设置到对应的目标四字通道（该指令要求 AVX-512）
(v)pmaxub	将两个源通道的无符号字节值中的最大值设置到对应的目标字节通道
(v)pmaxuw	将两个源通道的无符号字值中的最大值设置到对应的目标字通道
(v)pmaxud	将两个源通道的无符号双字值中的最大值设置到对应的目标双字通道
vpmaxuq	将两个源通道的无符号四字值中的最大值设置到对应的目标四字通道（该指令要求 AVX-512）
(v)pminsb	将两个源通道的有符号字节值中的最小值设置到对应的目标字节通道
(v)pminsw	将两个源通道的有符号字值中的最小值设置到对应的目标字通道
(v)pminsd	将两个源通道的有符号双字值中的最小值设置到对应的目标双字通道
vpminsq	将两个源通道的有符号四字值中的最小值设置到对应的目标四字通道（该指令要求 AVX-512）
(v)pminub	将两个源通道的无符号字节值中的最小值设置到对应的目标字节通道
(v)pminuw	将两个源通道的无符号字值中的最小值设置到对应的目标字通道

（续）

指令	说明
(v)pminud	将两个源通道的无符号双字值中的最小值设置到对应的目标双字通道
vpminuq	将两个源通道的无符号四字值中的最小值设置到对应的目标四字通道（该指令要求 AVX-512）

这些指令的通用语法形式如下所示[⊖]：

```
pmxxyz xmmdest, xmmsrc/mem128
vpmxxyz xmmdest, xmmsrc1, xmmsrc2/mem128
vpmxxyz ymmdest, ymmsrc1, ymmsrc2/mem256
```

SSE 指令计算源操作数和目标操作数中相应通道的最小值或最大值，并将最小值或最大值结果存储到目标寄存器相应的通道中。AVX 指令计算两个源操作数相同通道中的最小值或最大值，并将最小值或最大值结果存储到目标寄存器相应的通道中。

11.10.8 SIMD 整数的绝对值

SSE/AVX 指令集扩展提供三组指令，用于计算有符号字节、字和双字整数的绝对值：(v)pabsb、(v)pabsw 和 (v)pabsd。[⊜]这些指令的语法形式如下所示：

```
pabsb xmmdest, xmmsrc/mem128
vpabsb xmmdest, xmmsrc/mem128
vpabsb ymmdest, ymmsrc/mem256

pabsw  xmmdest, xmmsrc/mem128
vpabsw xmmdest, xmmsrc/mem128
vpabsw ymmdest, ymmsrc/mem256

pabsd  xmmdest, xmmsrc/mem128
vpabsd xmmdest, xmmsrc/mem128
vpabsd ymmdest, ymmsrc/mem256
```

在支持 AVX 寄存器的系统上操作时，SSE 的 pabsb、pabsw 和 pabsd 指令保持 YMM 寄存器的高阶位不变。AVX 指令的 128 位版本（vpabsb、vpabsw 和 vpabsd）将结果零扩展到高阶位。

11.10.9 SIMD 整数符号调整指令

(v)psignb、(v)psignw 和 (v)psignd 指令将源通道的符号应用到对应的目标通道。该算法的工作原理如下：

```
if 源通道的值 < 0 then
    将对应目标通道的值取反
else if 源通道的值 = 0
    将对应目标通道的值设置为 0
else
    保持对应目标通道的值不变
```

这些指令的语法形式如下所示：

```
psignb xmmdest, xmmsrc/mem128
vpsignb xmmdest, xmmsrc1, xmmsrc2/mem128
vpsignb ymmdest, ymmsrc1, ymmsrc2/mem256
```

⊖ *xx* 表示 ax 或 in，*y* 表示 s 或者 u，*z* 表示 b、w、d 或者 q。

⊜ AVX-512 指令集实际上包括第 4 组绝对值指令（vpvasq）。有关更多详细信息，请参阅英特尔文档。

```
psignw   xmm_dest, xmm_src/mem_128
vpsignw xmm_dest, xmm_src1, xmm_src2/mem_128
vpsignw ymm_dest, ymm_src1, ymm_src2/mem_256

psignd   xmm_dest, xmm_src/mem_128
vpsignd xmm_dest, xmm_src1, xmm_src2/mem_128
vpsignd ymm_dest, ymm_src1, ymm_src2/mem_256
```

通常情况下，128 位的 SSE 指令保持 YMM 寄存器的高阶位不变（如果适用），128 位 AVX 指令将结果零扩展到 YMM 寄存器的高阶位。

11.10.10　SIMD 整数比较指令

(v)pcmpeqb、(v)pcmpeqw、(v)pcmpeqd、(v)pcmpeqq、(v)pcmpgtb、(v)pcmpgtw、(v)pcmpgtd 和 (v)pcmpgtq 指令能够比较打包有符号整数。这些指令比较操作数的不同通道中相应的字节、字、双字或四字[⊖]（取决于指令后缀），然后将比较结果存储在相应的目标通道中。

11.10.10.1　SSE 比较是否相等的指令

SSE 比较是否相等的指令（pcmpeq*）的语法形式如下所示：

```
pcmpeqb xmm_dest, xmm_src/mem_128          ; 比较 16 个字节
pcmpeqw xmm_dest, xmm_src/mem_128          ; 比较 8 个字
pcmpeqd xmm_dest, xmm_src/mem_128          ; 比较 4 个双字
pcmpeqq xmm_dest, xmm_src/mem_128          ; 比较 2 个四字
```

这些指令执行以下的计算：

```
xmm_dest[lane] = xmm_dest[lane] == xmm_src/mem_128[lane]
```

其中，对于 pcmpeqb 指令，lane 的取值范围为 0 ～ 15；对于 pcmpeqw 指令，lane 的取值范围为 0 ～ 7；对于 pcmpeqd 指令，lane 的取值范围为 0 ～ 3；对于 pcmpeqq 指令，lane 的取值为 0、1。如果同一通道中的两个数值相等，则“==”运算符将生成全 1 的值；如果数值不相等，则将生成全 0 的值。

11.10.10.2　SSE 比较是否大于的指令

SSE 比较是否大于的指令（pcmpgt*）的语法形式如下所示：

```
pcmpgtb xmm_dest, xmm_src/mem_128          ; 比较 16 个字节
pcmpgtw xmm_dest, xmm_src/mem_128          ; 比较 8 个字
pcmpgtd xmm_dest, xmm_src/mem_128          ; 比较 4 个双字
pcmpgtq xmm_dest, xmm_src/mem_128          ; 比较 2 个四字
```

这些指令执行以下的计算：

```
xmm_dest[lane] = xmm_dest[lane] > xmm_src/mem_128[lane]
```

其中，lane 的取值与比较是否相等的指令中的相同。如果 xmm_{dest} 通道中的有符号整数大于对应的 xmm_{src}/mem_{128} 通道中的有符号数值，那么“>”运算符将生成全 1 的值。

在支持 AVX 的 CPU 上，对 SSE 打包整数之间的比较将保留底层 YMM 寄存器高阶位的值。

11.10.10.3　AVX 比较指令

比较指令的 128 位变体的语法形式如下所示：

⊖　四字比较仅在支持 SSE4.1 指令集扩展的 CPU 上可用。

```
vpcmpeqb xmmdest, xmmsrc1, xmmsrc2/mem128        ; 比较 16 个字节
vpcmpeqw xmmdest, xmmsrc1, xmmsrc2/mem128        ; 比较 8 个字
vpcmpeqd xmmdest, xmmsrc1, xmmsrc2/mem128        ; 比较 4 个双字
vpcmpeqq xmmdest, xmmsrc1, xmmsrc2/mem128        ; 比较 2 个四字

vpcmpgtb xmmdest, xmmsrc1, xmmsrc2/mem128        ; 比较 16 个字节
vpcmpgtw xmmdest, xmmsrc1, xmmsrc2/mem128        ; 比较 8 个字
vpcmpgtd xmmdest, xmmsrc1, xmmsrc2/mem128        ; 比较 4 个双字
vpcmpgtq xmmdest, xmmsrc1, xmmsrc2/mem128        ; 比较 2 个四字
```

这些指令执行以下的计算：

```
xmmdest[lane] = xmmsrc1[lane] == xmmsrc2/mem128[lane]
xmmdest[lane] = xmmsrc1[lane] > xmmsrc2/mem128[lane]
```

这些 AVX 指令将底层 YMM 寄存器的所有高阶位清零。

这些指令的 256 位变体的语法形式如下所示：

```
vpcmpeqb ymmdest, ymmsrc1, ymmsrc2/mem256        ; 比较 32 个字节
vpcmpeqw ymmdest, ymmsrc1, ymmsrc2/mem256        ; 比较 16 个字
vpcmpeqd ymmdest, ymmsrc1, ymmsrc2/mem256        ; 比较 8 个双字
vpcmpeqq ymmdest, ymmsrc1, ymmsrc2/mem256        ; 比较 4 个四字

vpcmpgtb ymmdest, ymmsrc1, ymmsrc2/mem256        ; 比较 32 个字节
vpcmpgtw ymmdest, ymmsrc1, ymmsrc2/mem256        ; 比较 16 个字
vpcmpgtd ymmdest, ymmsrc1, ymmsrc2/mem256        ; 比较 8 个双字
vpcmpgtq ymmdest, ymmsrc1, ymmsrc2/mem256        ; 比较 4 个四字
```

这些指令执行以下的计算：

```
ymmdest[lane] = ymmsrc1[lane] == ymmsrc2/mem256[lane]
ymmdest[lane] = ymmsrc1[lane] > ymmsrc2/mem256[lane]
```

当然，256 位和 128 位指令之间的主要区别在于，256 位变体支持 2 倍的带符号整数通道：32 个字节、16 个字、8 个双字以及 4 个四字。

11.10.10.4 比较是否小于的指令

x86-64 没有提供比较是否小于的打包指令。通过反转操作数并使用比较是否大于的指令，可以合成比较是否小于的操作。也就是说，如果 x < y，那么 y > x 也是正确的。如果两个打包操作数都位于 XMM 或 YMM 寄存器中，则交换寄存器中的值时会相对容易（尤其是在使用带有三个操作数的 AVX 指令时）。如果第二个操作数是内存操作数，则必须首先将该操作数加载到寄存器中，以便反转操作数（内存操作数必须始终是第二个操作数）。

11.10.10.5 使用打包比较的结果

剩下的问题是如何处理打包比较结果。对 SSE/AVX 打包有符号整数进行比较的操作不会影响条件码标志位（因为它们比较多个值，其中只有一个比较可以移动到标志位中）。因此，打包比较操作只会产生布尔结果。可以将这些结果与打包 and 指令（pand、vpand、pandn 和 vpandn）、打包 or 指令（por 和 vpor）或打包 xor 指令（pxor 和 vpxor）一起使用，以屏蔽或修改其他打包数据值。当然，也可以提取单个通道的数值并通过条件跳转进行测试。接下来描述其简单的实现方法。

11.10.10.6 (v)pmovmskb 指令

(v)pmovmskb 指令从 XMM 或 YMM 寄存器中的所有字节中提取高阶位，并将 16 位或 32 位（分别）存储到通用寄存器中。这些指令将通用寄存器的所有高阶位设置为 0（这些位超出了保存掩码所需的位）。其语法形式如下所示：

```
pmovmskb reg, xmmsrc
vpmovmskb reg, xmmsrc
vpmovmskb reg, ymmsrc
```

其中，reg 是任意 32 位或 64 位通用整数寄存器。带有 XMM 源寄存器的 pmovmskb 和 vpmovmskb 指令的语义相同，但 pmovmskb 指令的编码效率更高。

(v)pmovmskb 指令将符号位从每个字节通道复制到通用寄存器中相应位的位置。该指令将 XMM 寄存器的第 7 位（通道 0 的符号位）复制到目标寄存器的第 0 位，将 XMM 寄存器的第 15 位（通道 1 的符号位）复制到目标寄存器的第 1 位，将 XMM 寄存器的第 23 位（通道 2 的符号位）复制到目标寄存器的第 2 位，以此类推。

128 位的指令仅填充目标寄存器的第 0 ～ 15 位（将其他所有位清零）。vpmovmskb 指令的 256 位形式对目标寄存器的第 0 ～ 31 位（如果指定 64 位寄存器，则将所有高阶位清零）进行填充。

在执行 (v)pcmpeqb 或 (v)pcmpgtb 指令之后，可以使用 pmovmskb 指令从 XMM 或 YMM 寄存器中的每个字节通道中提取一个位。请考虑下面的代码序列：

```
pcmpeqb xmm0, xmm1
pmovmskb eax, xmm0
```

执行这两条指令后，如果 XMM0 的第 0 个字节等于 XMM1 的第 0 个字节，则 EAX 的第 0 位将为 1；否则，EAX 的第 0 位将为 0。同样，EAX 的第 1 位将包含比较 XMM0 的第 1 个字节和 XMM1 的第 1 个字节后的结果，可以类推出其他各字节的比较结果（最高到 EAX 的第 15 位）。

遗憾的是，没有提供 pmovmskw、pmovmskd 和 pmovmsq 指令。通过使用以下代码序列，可以获得与 pmovmskw 指令相同的结果：

```
pcmpeqw xmm0, xmm1
pmovmskb eax, xmm0
mov cl, 0                ; 将结果保存到此处
shr ax, 1                ; 将通道 7 的结果移出
rcl cl, 1                ; 移入 1 位到 CL 中
shr ax, 1                ; 忽略该位
shr ax, 1                ; 将通道 6 的结果移出
rcl cl, 1                ; 将通道 6 的结果移入 CL 中
shr ax, 1                ; 忽略该位
shr ax, 1                ; 将通道 5 的结果移出
rcl cl, 1                ; 将通道 5 的结果移入 CL 中
shr ax, 1                ; 忽略该位
shr ax, 1                ; 将通道 4 的结果移出
rcl cl, 1                ; 将通道 4 的结果移入 CL 中
shr ax, 1                ; 忽略该位
shr ax, 1                ; 将通道 3 的结果移出
rcl cl, 1                ; 将通道 3 的结果移入 CL 中
shr ax, 1                ; 忽略该位
shr ax, 1                ; 将通道 2 的结果移出
rcl cl, 1                ; 将通道 2 的结果移入 CL 中
shr ax, 1                ; 忽略该位
shr ax, 1                ; 将通道 1 的结果移出
rcl cl, 1                ; 将通道 1 的结果移入 CL 中
shr ax, 1                ; 忽略该位
shr ax, 1                ; 将通道 0 的结果移出
rcl cl, 1                ; 将通道 0 的结果移入 CL 中
```

因为 pcmpeqw 指令产生一个字序列（包含 0000h 或 0FFFFh），pmovmskb 指令需要字节值，pmovmskb 指令产生的结果是我们预期的 2 倍，并且每个奇数编号的位都是前面偶数编号的位的重复（因为输入是 0000h 或 0FFFFh）。所以以上代码获取每个奇数编号的位（从第 15 位开始向下处理），并跳过偶数编号的位。虽然这段代码很容易理解，但它比较冗长并且执行速度缓慢。如果愿意接受通道号与位号不匹配的 8 位结果，那么可以使用如下更高效的代码：

```
pcmpeqw xmm0, xmm1
pmovmskb eax, xmm0
shr al, 1                     ; 将奇数位移动到偶数位置
and al, 55h                   ; 将奇数位置零，保留偶数位
and ah, 0aah                  ; 将偶数位置零，保留奇数位
or al, ah                     ; 将两组位合并在一起
```

如图 11-44 所示，在各个位的位置将通道交织在一起。通常情况下，在软件中处理这种重新排列是很容易的。当然，也可以使用含 256 个元素的查找表按照自己的意愿重新排列各个位。如果只是测试单个位，而不是将这些位用作某种掩码，那么可以直接使用 pmovmskb 指令测试留在 EAX 中位的信息，不必把这些位合并成一个字节。

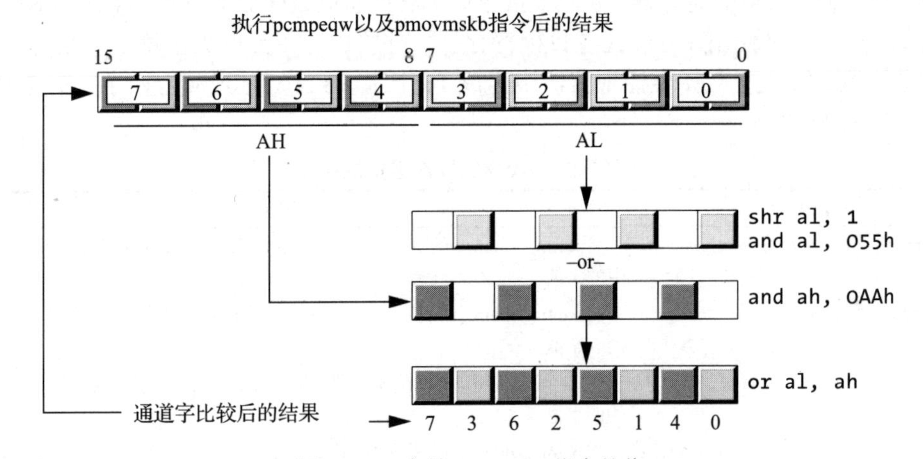

图 11-44 合并 pcmpeqw 指令的位

在执行双字或四字打包比较时，还可以使用此处为 pcmpeqw 指令提供的方案。然而，浮点掩码移动指令打破了使用适合数据类型的 SIMD 指令的规则，从而更有效地完成了这个比较。

11.10.11 整数转换

SSE 和 AVX 指令集扩展提供了将整数值从一种形式转换为另一种形式的各种指令，包含可以将较小的数值转换为较大的数值的零扩展指令和符号扩展指令。其他指令将较大的数值转换为较小的数值。本节将介绍这些指令。

11.10.11.1 打包零扩展指令

带零扩展的移动指令执行表 11-21 中的转换操作。

表 11-21 SSE4.1 和 AVX 打包零扩展指令

语法	说明
pmovzxbw xmm_{dest}, xmm_{src}/mem_{64}	将 xmm_{src}/mem_{64} 的低阶 8 字节中的一系列 8 个字节值零扩展到 xmm_{dest} 中的字值

（续）

语法	说明
pmovzxbd xmm_{dest}, xmm_{src}/mem_{32}	将 xmm_{src}/mem_{32} 的低阶 4 字节中的一系列 4 个字节值零扩展到 xmm_{dest} 中的双字值
pmovzxbq xmm_{dest}, xmm_{src}/mem_{16}	将 xmm_{src}/mem_{16} 的低阶 2 字节中的一系列 2 个字节值零扩展到 xmm_{dest} 中的四字值
pmovzxwd xmm_{dest}, xmm_{src}/mem_{64}	将 xmm_{src}/mem_{64} 的低阶 8 字节中的一系列 4 个字值零扩展到 xmm_{dest} 中的双字值
pmovzxwq xmm_{dest}, xmm_{src}/mem_{32}	将 xmm_{src}/mem_{32} 的低阶 4 字节中的一系列 2 个字值零扩展到 xmm_{dest} 中的四字值
pmovzxdq xmm_{dest}, xmm_{src}/mem_{64}	将 xmm_{src}/mem_{64} 的低阶 8 字节中的一系列 2 个双字值零扩展到 xmm_{dest} 中的四字值

还有一组类似的 AVX 指令（语法相同，但指令助记符包含一个前缀 v）。与往常不同的是，SSE 指令保持 YMM 寄存器的高阶位不变，而 AVX 指令将 YMM 寄存器的所有高阶位清零。

通过允许使用 YMM 寄存器，AVX2 指令集扩展将通道数增加了一倍。采用与 SSE/AVX 指令类似的操作数（使用 YMM 代替目标寄存器，并将内存单元的大小增加一倍），并处理两倍的通道数，以在 YMM 目标寄存器中生成 16 个字、8 个双字或 4 个四字。有关详细信息，请参见表 11-22。

表 11-22　AVX2 打包零扩展指令

语法	说明
vpmovzxbw ymm_{dest}, xmm_{src}/mem_{128}	将 xmm_{src}/mem_{128} 的低阶 16 字节中的一系列 16 个字节值零扩展到 ymm_{dest} 中的字值
vpmovzxbd ymm_{dest}, xmm_{src}/mem_{64}	将 xmm_{src}/mem_{64} 的低阶 8 字节中的一系列 8 个字节值零扩展到 ymm_{dest} 中的双字值
vpmovzxbq ymm_{dest}, xmm_{src}/mem_{32}	将 xmm_{src}/mem_{32} 的低阶 4 字节中的一系列 4 个字节值零扩展到 ymm_{dest} 中的四字值
vpmovzxwd ymm_{dest}, xmm_{src}/mem_{128}	将 xmm_{src}/mem_{128} 的低阶 16 字节中的一系列 8 个字值零扩展到 ymm_{dest} 中的双字值
vpmovzxwq ymm_{dest}, xmm_{src}/mem_{64}	将 xmm_{src}/mem_{64} 的低阶 8 字节中的一系列 4 个字值零扩展到 ymm_{dest} 中的四字值
vpmovzxdq ymm_{dest}, xmm_{src}/mem_{128}	将 xmm_{src}/mem_{128} 的低阶 16 字节中的一系列 4 个双字值零扩展到 ymm_{dest} 中的四字值

11.10.11.2　打包符号扩展指令

SSE/AVX/AVX2 指令集扩展提供了一组可比较的指令，用于对字节、字和双字进行符号扩展。SSE 打包符号指令一览表如表 11-23 所示。

表 11-23　SSE 打包符号扩展指令

语法	说明
pmovsxbw xmm_{dest}, xmm_{src}/mem_{64}	将 xmm_{src}/mem_{64} 的低阶 8 字节中的一系列 8 个字节值符号扩展到 xmm_{dest} 中的字值
pmovsxbd xmm_{dest}, xmm_{src}/mem_{32}	将 xmm_{src}/mem_{32} 的低阶 4 字节中的一系列 4 个字节值符号扩展到 xmm_{dest} 中的双字值
pmovsxbq xmm_{dest}, xmm_{src}/mem_{16}	将 xmm_{src}/mem_{16} 的低阶 2 字节中的一系列 2 个字节值符号扩展到 xmm_{dest} 中的四字值

（续）

语法	说明
pmovsxwd xmm_{dest}, xmm_{src}/mem_{64}	将 xmm_{src}/mem_{64} 的低阶 8 字节中的一系列 4 个字值符号扩展到 xmm_{dest} 中的双字值
pmovsxwq xmm_{dest}, xmm_{src}/mem_{32}	将 xmm_{src}/mem_{32} 的低阶 4 字节中的一系列 2 个字值符号扩展到 xmm_{dest} 中的四字值
pmovsxdq xmm_{dest}, xmm_{src}/mem_{64}	将 xmm_{src}/mem_{64} 的低阶 8 字节中的一系列 2 个双字值符号扩展到 xmm_{dest} 中的四字值

还存在一组相应的 AVX 指令（其助记符具有前缀 v）。通常情况下，SSE 指令和 AVX 指令之间的区别在于，SSE 指令保持 YMM 寄存器的高阶位不变（如果适用），AVX 指令则将所有的高阶位清零。

支持 AVX2 的处理器还允许使用 YMM 目标寄存器，它将指令可以处理的（输出）值数量增加了一倍。具体请参见表 11-24。

表 11-24　AVX 打包符号扩展指令

语法	说明
vpmovsxbw ymm_{dest}, xmm_{src}/mem_{128}	将 xmm_{src}/mem_{128} 的低阶 16 字节中的一系列 16 个字节值符号扩展到 ymm_{dest} 中的字值
vpmovsxbd ymm_{dest}, xmm_{src}/mem_{64}	将 xmm_{src}/mem_{64} 的低阶 8 字节中的一系列 8 个字节值符号扩展到 ymm_{dest} 中的双字值
vpmovsxbq ymm_{dest}, xmm_{src}/mem_{32}	将 xmm_{src}/mem_{32} 的低阶 4 字节中的一系列 4 个字节值符号扩展到 ymm_{dest} 中的四字值
vpmovsxwd ymm_{dest}, xmm_{src}/mem_{128}	将 xmm_{src}/mem_{128} 的低阶 16 字节中的一系列 8 个字值符号扩展到 ymm_{dest} 中的双字值
vpmovsxwq ymm_{dest}, xmm_{src}/mem_{64}	将 xmm_{src}/mem_{64} 的低阶 8 字节中的一系列 4 个字值符号扩展到 ymm_{dest} 中的四字值
vpmovsxdq ymm_{dest}, xmm_{src}/mem_{128}	将 xmm_{src}/mem_{128} 的低阶 16 字节中的一系列 4 个双字值符号扩展到 ymm_{dest} 中的四字值

11.10.11.3　带饱和的打包符号扩展

除了将较小的有符号数值或无符号数值转换为较大的数据格式外，支持 SSE/AVX/AVX2 的 CPU 还能够通过饱和处理将较大的数值转换为较小的数值，具体情况请参见表 11-25。

表 11-25　带饱和的 SSE 打包符号扩展指令

语法	描述
packsswb xmm_{dest}, xmm_{src}/mem_{128}	使用有符号饱和将 16 个有符号字值（来自两个 128 位的源操作数）打包到 128 位目标寄存器中的 16 个字节通道中
packuswb xmm_{dest}, xmm_{src}/mem_{128}	使用无符号饱和将 16 个无符号字值（来自两个 128 位的源操作数）打包到 128 位目标寄存器中的 16 个字节通道中
packssdw xmm_{dest}, xmm_{src}/mem_{128}	使用有符号饱和将 8 个有符号双字值（来自两个 128 位的源操作数）打包到 128 位目标寄存器中的 8 个字值中
packusdw xmm_{dest}, xmm_{src}/mem_{128}	使用无符号饱和将 8 个无符号双字值（来自两个 128 位的源操作数）打包到 128 位目标寄存器中的 8 个字值中

饱和运算检查其操作数，查看数值是否超出结果范围（有符号字节的范围为 −128 ～ +127，无符号字节的范围为 0 ～ 255，有符号字的范围为 −32 768 ～ +32 767，无符号字的范围为 0 ～ 65 535）。当将一个数值饱和到一个字节时，如果有符号源操作数的值小于 −128，则字节饱和将该值设置为 −128。当将一个数值饱和到一个字时，如果有符号源操

作数的值小于 −32 768，则有符号饱和运算将该数值设置为 −32 768。类似地，如果有符号字节或字的值超过 +127 或 +32 767，则饱和运算将分别使用 +127 或 +32 767 替换该数值。对于无符号操作，饱和运算将数值限制为 +255（对于字节）或 +65 535（对于字）。无符号数值永远不小于 0，因此无符号饱和运算仅将数值剪裁为 +255 或 +65 535。

支持 AVX 的 CPU 提供这些指令的 128 位变体，支持三个操作数：两个源操作数和一个独立的目标操作数。这些指令（助记符与 SSE 指令相同，但带有前缀 v）的语法形式如下所示：

```
vpacksswb xmmdest, xmmsrc1, xmmsrc2/mem128
vpackuswb xmmdest, xmmsrc1, xmmsrc2/mem128
vpackssdw xmmdest, xmmsrc1, xmmsrc2/mem128
vpackusdw xmmdest, xmmsrc1, xmmsrc2/mem128
```

这些指令大致相当于 SSE 变体，只是这些指令使用 xmm_{src1} 作为第一个源操作数，而不是 xmm_{dest}（SSE 指令使用 xmm_{dest} 作为第一个源操作数）。此外，SSE 指令不会修改 YMM 寄存器的高阶位（如果 CPU 上有），而 AVX 指令会将 YMM 寄存器的所有高阶位清零。

支持 AVX2 的 CPU 还允许使用 YMM 寄存器（以及 256 位的内存单元）将指令可饱和的值的数量增加一倍（具体情况参见表 11-26）。当然，在使用这些指令之前，不要忘记检查 AVX2（以及 AVX）的兼容性。

表 11-26　带饱和的 AVX 打包符号扩展指令

语法	说明
vpacksswb ymm_{dest}, ymm_{src1}, ymm_{src2}/mem_{256}	使用有符号饱和将 32 个有符号字值（来自两个 256 位的源操作数）打包到 256 位目标寄存器中的 32 个字节通道中
vpackuswb ymm_{dest}, ymm_{src1}, ymm_{src2}/mem_{256}	使用无符号饱和将 32 个无符号字值（来自两个 256 位的源操作数）打包到 256 位目标寄存器中的 32 个字节通道中
vpackssdw ymm_{dest}, ymm_{src1}, ymm_{src2}/mem_{256}	使用有符号饱和将 16 个有符号双字值（来自两个 256 位的源操作数）打包到 256 位目标寄存器中的 16 个字值中
vpackusdw ymm_{dest}, ymm_{src1}, ymm_{src2}/mem_{256}	使用无符号饱和将 16 个无符号双字值（来自两个 256 位的源操作数）打包到 256 位目标寄存器中的 16 个字值中

11.11　SIMD 浮点算术运算

SSE 和 AVX 指令集扩展为第 6 章中描述的所有标量浮点指令提供等价的打包算术运算指令。128 位 SSE 打包浮点指令具有以下的通用语法（其中 instr 是表 11-27 中的浮点指令之一）：

```
instrps xmmdest, xmmsrc/mem128
instrpd xmmdest, xmmsrc/mem128
```

打包单精度（*ps）指令同时执行 4 个单精度浮点操作。打包双精度（*pd）指令同时执行 2 个双精度浮点操作。与 SSE 指令的典型情况一样，这些打包算术运算指令执行如下的计算：

```
xmmdest[lane] = xmmdest[lane] op xmmsrc/mem128[lane]
```

其中，对于打包单精度指令，lane 的取值范围为 0 ～ 3；对于打包双精度指令，lane 的取值范围为 0 ～ 1。op 表示运算（例如，加法或减法）。当 SSE 指令在支持 AVX 扩展的 CPU 上执行时，SSE 指令保持 AVX 寄存器的高阶位不变。

128 位 AVX 打包浮点指令的语法形式如下所示[⊖]：

⊖ 二元运算有两个操作数。例如，加法是二元运算：x+y。一元运算只有一个操作数。例如，sqrt(*x*)。

```
vinstrps xmmdest, xmmsrc1, xmmsrc2/mem128        ; 用于二元运算
vinstrpd xmmdest, xmmsrc1, xmmsrc2/mem128        ; 用于二元运算
vinstrps xmmdest, xmmsrc/mem128                  ; 用于一元运算
vinstrpd xmmdest, xmmsrc/mem128                  ; 用于一元运算
```

这些指令执行以下的计算：

```
xmmdest[lane] = xmmsrc1[lane] op xmmsrc2/mem128[lane]
```

其中 op 对应于与特定指令相关联的操作（例如，vaddps 指令执行打包单精度加法运算）。这些 128 位 AVX 指令将底层的 YMM 寄存器所有高阶位清零。

256 位 AVX 打包浮点指令的语法形式如下所示：

```
vinstrps ymmdest, ymmsrc1, ymmsrc2/mem256        ; 用于二元运算
vinstrpd ymmdest, ymmsrc1, ymmsrc2/mem256        ; 用于二元运算
vinstrps ymmdest, ymmsrc/mem256                  ; 用于一元运算
vinstrpd ymmdest, ymmsrc/mem256                  ; 用于一元运算
```

这些指令执行以下的计算：

```
ymmdest[lane] = ymmsrc1[lane] op ymmsrc/mem256[lane]
```

其中，op 对应于与特定指令相关联的操作（例如，vaddps 指令是打包单精度加法运算）。由于这些指令作用于 256 位的操作数，因此它们计算的数据通道数是 128 位指令计算的两倍。具体来说，这些指令同时计算 8 个单精度结果（v*ps 指令）或 4 个双精度结果（v*pd 指令）。

表 11-27 列举了 SSE/AVX 打包指令的列表。

表 11-27 浮点算术指令

指令	通道数	指令
addps	4	执行 4 个单精度浮点数值的加法运算
addpd	2	执行 2 个双精度浮点数值的加法运算
vaddps	4/8	执行 4 个（128 位内存单元 /XMM 操作数）或 8 个（256 位内存单元 /YMM 操作数）单精度浮点数值的加法运算
vaddpd	2/4	执行 2 个（128 位内存单元 /XMM 操作数）或 4 个（256 位内存单元 /YMM 操作数）双精度浮点数值的加法运算
subps	4	执行 4 个单精度浮点数值的减法运算
subpd	2	执行 2 个双精度浮点数值的减法运算
vsubps	4/8	执行 4 个（128 位内存单元 /XMM 操作数）或 8 个（256 位内存单元 /YMM 操作数）单精度浮点数值的减法运算
vsubpd	2/4	执行 2 个（128 位内存单元 /XMM 操作数）或 4 个（256 位内存单元 /YMM 操作数）双精度浮点数值的减法运算
mulps	4	执行 4 个单精度浮点数值的乘法运算
mulpd	2	执行 2 个双精度浮点数值的乘法运算
vmulps	4/8	执行 4 个（128 位内存单元 /XMM 操作数）或 8 个（256 位内存单元 /YMM 操作数）单精度浮点数值的乘法运算
vmulpd	2/4	执行 2 个（128 位内存单元 /XMM 操作数）或 4 个（256 位内存单元 /YMM 操作数）双精度浮点数值的乘法运算
divps	4	执行 4 个单精度浮点数值的除法运算
divpd	2	执行 2 个双精度浮点数值的除法运算
vdivps	4/8	执行 4 个（128 位内存单元 /XMM 操作数）或 8 个（256 位内存单元 /YMM 操作数）单精度浮点数值的除法运算

（续）

指令	通道数	指令
vdivpd	2/4	执行 2 个（128 位内存单元 /XMM 操作数）或 4 个（256 位内存单元 /YMM 操作数）双精度浮点数值的除法运算
maxps	4	计算 4 对单精度浮点数值的最大值
maxpd	2	计算 2 对双精度浮点数值的最大值
vmaxps	4/8	计算 4 对（128 位内存单元 /XMM 操作数）或 8 对（256 位内存单元 /YMM 操作数）单精度浮点数值的最大值
vmaxpd	2/4	计算 2 对（128 位内存单元 /XMM 操作数）或 4 对（256 位内存单元 /YMM 操作数）双精度浮点数值的最大值
minps	4	计算 4 对单精度浮点数值的最小值
minpd	2	计算 2 对双精度浮点数值的最小值
vminps	4/8	计算 4 对（128 位内存单元 /XMM 操作数）或 8 对（256 位内存单元 /YMM 操作数）单精度浮点数值的最小值
vminpd	2/4	计算 2 对（128 位内存单元 /XMM 操作数）或 4 对（256 位内存单元 /YMM 操作数）双精度浮点数值的最小值
sqrtps	4	计算 4 个单精度浮点数值的平方根
sqrtpd	2	计算 2 个双精度浮点数值的平方根
vsqrtps	4/8	计算 4 个（128 位内存单元 /XMM 操作数）或 8 个（256 位内存单元 /YMM 操作数）单精度浮点数值的平方根
vsqrtpd	2/4	计算 2 个（128 位内存单元 /XMM 操作数）或 4 个（256 位内存单元 /YMM 操作数）双精度浮点数值的平方根
rsqrtps	4	计算 4 个单精度浮点数值的近似平方根倒数①
vrsqrtps	4/8	计算 4 个（128 位内存单元 /XMM 操作数）或 8 个（256 位内存单元 /YMM 操作数）单精度浮点数值的近似平方根倒数

① 相对误差≤ 1.5×2^{-12}。

SSE/AVX 指令集扩展还包括浮点水平加法指令和浮点水平减法指令。这些指令的语法形式如下所示：

```
haddps   xmm_dest, xmm_src/mem_128
vhaddps  xmm_dest, xmm_src1, xmm_src2/mem_128
vhaddps  ymm_dest, ymm_src1, ymm_src2/mem_256
haddpd   xmm_dest, xmm_src/mem_128
vhaddpd  xmm_dest, xmm_src1, xmm_src2/mem_128
vhaddpd  ymm_dest, ymm_src1, ymm_src2/mem_256

hsubps   xmm_dest, xmm_src/mem_128
vhsubps  xmm_dest, xmm_src1, xmm_src2/mem_128
vhsubps  ymm_dest, ymm_src1, ymm_src2/mem_256
hsubpd   xmm_dest, xmm_src/mem_128
vhsubpd  xmm_dest, xmm_src1, xmm_src2/mem_128
vhsubpd  ymm_dest, ymm_src1, ymm_src2/mem_256
```

整数水平加法和水平减法指令将同一寄存器中相邻通道里的数值相加或相减，并将结果存储在目标寄存器（通道 2）中，如图 11-43 所示。

11.12　SIMD 浮点比较指令

与整数打包比较指令一样，SSE/AVX 浮点比较指令比较两组浮点数值（单精度或双精度，取决于指令的语法），并将布尔值（全 1 表示 true，全 0 表示 false）形式的结果存储到目标通道中。然而，浮点比较指令比整数比较指令综合性更强。部分原因是浮点数算法更复杂，然而 CPU 设计者不断增加的硅预算也是原因之一。

11.12.1 SSE 和 AVX 的比较指令

有两组基本浮点数比较指令：(v)cmpps（用于比较一组打包单精度数值）、(v)cmppd（用于比较一组打包双精度数值）。这些指令没有将比较类型编码到助记符中，而是使用 imm_8 操作数的数值来指定比较类型。这些指令的通用语法形式如下所示：

```
cmpps   xmm_dest, xmm_src/mem_128, imm_8
vcmpps  xmm_dest, xmm_src1, xmm_src2/mem_128, imm_8
vcmpps  ymm_dest, ymm_src1, ymm_src2/mem_256, imm_8

cmppd   xmm_dest, xmm_src/mem_128, imm_8
vcmppd  xmm_dest, xmm_src1, xmm_src2/mem_128, imm_8
vcmppd  ymm_dest, ymm_src1, ymm_src2/mem_256, imm_8
```

imm_8 操作数指定需要比较的类型。表 11-28 列出了 32 种可能的比较类型。

表 11-28 cmpps 和 cmppd 指令的 imm_8 值[①]

imm_8	说明	结果				信号
		A < B	A = B	A > B	无序	
00h	EQ, ordered, quiet	0	1	0	0	No
01h	LT, ordered, signaling	1	0	0	0	Yes
02h	LE, ordered, signaling	1	1	0	0	Yes
03h	Unordered, quiet	0	0	0	1	No
04h	NE, unordered, quiet	1	0	1	1	No
05h	NLT, unordered, signaling	0	1	1	1	Yes
06h	NLE, unordered, signaling	0	0	1	1	Yes
07h	Ordered, quiet	1	1	1	0	No
08h	EQ, unordered, quiet	0	1	0	1	No
09h	NGE, unordered, signaling	1	0	0	1	Yes
0Ah	NGT, unordered, signaling	1	1	0	1	Yes
0Bh	False, ordered, quiet	0	0	0	0	No
0Ch	NE, ordered, quiet	1	0	1	0	No
0Dh	GE, ordered, signaling	0	1	1	0	Yes
0Eh	GT, ordered, signaling	0	0	1	0	Yes
0Fh	True, unordered, quiet	1	1	1	1	No
10h	EQ, ordered, signaling	0	1	0	0	Yes
11h	LT, ordered, quiet	1	0	0	0	No
12h	LE, ordered, quiet	1	1	0	0	No
13h	Unordered, signaling	0	0	0	1	Yes
14h	NE, unordered, signaling	1	0	1	1	Yes
15h	NLT, unordered, quiet	0	1	1	1	No
16h	NLE, unordered, quiet	0	0	1	1	No
17h	Ordered, signaling	1	1	1	0	Yes
18h	EQ, unordered, signaling	0	1	0	1	Yes
19h	NGE, unordered, quiet	1	0	0	1	No
1Ah	NGT, unordered, quiet	1	1	0	1	No

（续）

imm₈	说明	结果				信号
		A < B	A = B	A > B	无序	
1Bh	False, ordered, signaling	0	0	0	0	Yes
1Ch	NE, ordered, signaling	1	0	1	0	Yes
1Dh	GE, ordered, quiet	0	1	1	0	No
1Eh	GT, ordered, quiet	0	0	1	0	No
1Fh	True, unordered, signaling	1	1	1	1	Yes

① 有灰色背景的项只在支持 AVX 扩展的 CPU 上才可用。

“true”和“false”的比较总是将 true 或 false 结果存储到目标通道中。在大多数情况下，这些比较并不是特别有用。pxor、xorps、xorpd、vxorps 和 vxorpd 指令可能更适合将 XMM 或 YMM 寄存器的值设置为 0。在 AVX2 之前，使用“true”比较是将 XMM 或 YMM 寄存器中的所有位设置为 1 的最短指令，尽管 pcmpeqb 指令也比较常用（请注意后一条指令的微体系结构的效率不高）。

请注意，不支持 AVX 的 CPU 并没有提供 GT、GE、NGT 和 NGE 指令。在这些 CPU 上，可以使用逆运算（例如，NLT 代表 GE）或者交换操作数，并使用相反的条件（就像打包整数比较一样）。

11.12.2　无序比较与有序比较

当被比较的两个源操作数中至少有一个是 NaN 时，无序（unorder）关系成立；当两个源操作数都不是 NaN 时，有序（order）关系成立。通过有序比较和无序比较，可以使用比较操作将错误条件传递为 false 或 true，这取决于我们如何解释通道中出现的最终布尔结果。顾名思义，无序的结果是不可比较的。当比较两个值（其中一个不是数字）时，必须始终将结果视为比较失败。

为了处理这种情况，可以使用有序或无序的比较操作来强制结果为 false 或 true，这与使用比较结果时的最终预期相反。例如，假设我们正在比较一系列值，如果所有比较都有效，则希望得到的掩码为真（例如，我们正在测试所有第一个源操作数的值是否大于相应的第二个源操作数的值）。在这种情况下，我们将使用有序比较，如果要比较的值中有一个为 NaN，则会强制特定通道为 false。另外，如果在比较后检查所有条件是否为 false，那么只要有值为 NaN，就使用无序比较将结果强制为 true。

11.12.3　信号比较与安静比较

当一个操作产生安静的（quiet）NaN 时，信号（signaling）比较会引发一个无效的算术运算异常（IA）。安静比较则不会引发异常，只会反映在 MXCSR 中的状态里。请注意，还可以在 MXCSR 寄存器中屏蔽信号异常；如果要允许异常，则必须将 MXCSR 中的 IM[无效操作掩码（invalid operation mask）第 7 位] 显式设置为 0。

11.12.4　指令的同义词

MASM 支持使用某些同义词，因此不必记住 32 种编码。表 11-29 列出了这些同义词。在该表中，x_1 表示目标操作数（XMM_n 或 YMM_n），x_2 表示源操作数（XMM_n/mem_{128} 或 YMM_n/mem_{256}，视情况而定）。

表 11-29 通用打包浮点比较指令的同义词

同义词	指令	同义词	指令
cmpeqps x_1, x_2	cmpps x_1, x_2, 0	cmpeqpd x_1, x_2	cmppd x_1, x_2, 0
cmpltps x_1, x_2	cmpps x_1, x_2, 1	cmpltpd x_1, x_2	cmppd x_1, x_2, 1
cmpleps x_1, x_2	cmpps x_1, x_2, 2	cmplepd x_1, x_2	cmppd x_1, x_2, 2
cmpunordps x_1, x_2	cmpps x_1, x_2, 3	cmpunordpd x_1, x_2	cmppd x_1, x_2, 3
cmpneqps x_1, x_2	cmpps x_1, x_2, 4	cmpneqpd x_1, x_2	cmppd x_1, x_2, 4
cmpnltps x_1, x_2	cmpps x_1, x_2, 5	cmpnltpd x_1, x_2	cmppd x_1, x_2, 5
cmpnleps x_1, x_2	cmpps x_1, x_2, 6	cmpnlepd x_1, x_2	cmppd x_1, x_2, 6
cmpordps x_1, x_2	cmpps x_1, x_2, 7	cmpordpd x_1, x_2	cmppd x_1, x_2, 7

使用同义词允许我们这样编写相应的指令：

```
cmpeqps xmm0, xmm1
```

而不用像以下这样：

```
cmpps xmm0, xmm1, 0        ; 比较 xmm0 和 xmm1 是否相等
```

显然，采用同义词的代码更容易阅读和理解。并非所有可能的比较指令都具有同义词。要为 MASM 不支持的指令创建可读的同义词，可以使用宏（或更可读的符号常量）。有关宏的更多信息，请参阅第 13 章。

11.12.5 AVX 扩展比较

以下指令的 AVX 版本允许带三个寄存器操作数：目标 XMM 或 YMM 寄存器、源 XMM 或 YMM 寄存器、源 XMM、YMM 寄存器或 128 位、256 位内存单元（后跟用来指定比较类型的 imm_8 操作数）。这些指令的基本语法形式如下所示：

```
vcmpps xmm_dest, xmm_src1, xmm_src2/mem_128, imm_8
vcmpps ymm_dest, ymm_src1, ymm_src2/mem_256, imm_8
vcmppd xmm_dest, xmm_src1, xmm_src2/mem_128, imm_8
vcmppd ymm_dest, ymm_src1, ymm_src2/mem_256, imm_8
```

128 位的 vcmpps 指令将 xmm_{src1} 寄存器各通道中的 4 个单精度浮点数值与对应的 xmm_{src2}/mem_{128} 通道中的数值进行比较，并将 true（全 1）或 false（全 0）结果存储到 xmm_{dest} 寄存器的对应通道中。256 位 vcmpps 指令将 ymm_{src1} 寄存器各通道中的 8 个单精度浮点数值与对应的 ymm_{src2}/mem_{256} 通道中的数值进行比较，并将 true 或 false 结果存储到 ymm_{dest} 寄存器的对应通道中。

vcmppd 指令比较两个通道（128 位版本）或四个通道（256 位版本）中的双精度数值，并将结果存储到目标寄存器的对应通道中。

和 SSE 比较指令一样，AVX 指令也提供了同义词，使得用户无须记忆 32 个 imm_8 值。表 11-30 列出了 32 个指令同义词。

表 11-30 AVX 打包比较指令

imm_8	指令	imm_8	指令
00h	vcmpeqps 或者 vcmpeqpd	04h	vcmpneqps 或者 vcmpneqpd
01h	vcmpltps 或者 vcmpltpd	05h	vcmpltps 或者 vcmpltpd
02h	vcmpleps 或者 vcmplepd	06h	vcmpleps 或者 vcmplepd
03h	vcmpunordps 或者 vcmpunordpd	07h	vcmpordps 或者 vcmpordpd

（续）

imm_8	指令	imm_8	指令
08h	vcmpeq_uqps 或者 vcmpeq_uqpd	14h	vcmpneq_usps 或者 vcmpneq_uspd
09h	vcmpngeps 或者 vcmpngepd	15h	vcmpnlt_uqps 或者 vcmpnlt_uqpd
0Ah	vcmpngtps 或者 vcmpngtpd	16h	vcmpnle_uqps 或者 vcmpnle_uqpd
0Bh	vcmpfalseps 或者 vcmpfalsepd	17h	vcmpord_sps 或者 vcmpord_spd
0Ch	vcmpneq_oqps 或者 vcmpneq_oqpd	18h	vcmpeq_usps 或者 vcmpeq_uspd
0Dh	vcmpgeps 或者 vcmpgepd	19h	vcmpnge_uqps 或者 vcmpnge_uqpd
0Eh	vcmpgtps 或者 vcmpgtpd	1Ah	vcmpngt_uqps 或者 vcmpngt_uqpd
0Fh	vcmptrueps 或者 vcmptruepd	1Bh	vcmpfalse_osps 或者 vcmpfalse_ospd
10h	vcmpeq_osps 或者 vcmpeq_ospd	1Ch	vcmpneq_osps 或者 vcmpneq_ospd
11h	vcmplt_oqps 或者 vcmplt_oqpd	1Dh	vcmpge_oqps 或者 vcmpge_oqpd
12h	vcmple_oqps 或者 vcmple_oqpd	1Eh	vcmpgt_oqps 或者 vcmpgt_oqpd
13h	vcmpunord_sps 或者 vcmpunord_spd	1Fh	vcmptrue_usps 或者 vcmptrue_uspd

注意：vcmpfalse* 指令始终将目标通道设置为 false（全 0），vcmptrue* 指令始终将目标通道设置为 true（全 1）。

11.12.6　使用 SIMD 比较指令

和整数比较（请参见 11.10.10 节相关的内容）一样，浮点数值比较指令会生成一个布尔结果向量，用于屏蔽数据通道上的进一步操作。可以使用打包逻辑指令（pand 和 vpand、pandn 和 vpandn、por 和 vpor，以及 pxor 和 vpxor）来处理这些结果。也可以提取单个通道值，并使用条件跳转进行测试，尽管这绝对不是 SIMD 的做法。接下来将描述提取这些掩码的方法。

11.12.7　(v)movmskps 和 (v) movmskpd 指令

movmskps 和 movmskpd 指令从打包单精度和双精度浮点源操作数中提取符号位，并将这些位存储到通用寄存器的低阶 4（或 8）位。指令的语法形式如下所示：

```
movmskps reg, xmmsrc
movmskpd reg, xmmsrc
vmovmskps reg, ymmsrc
vmovmskpd reg, ymmsrc
```

其中，reg 是任意的 32 位或 64 位通用整数寄存器。

movmskps 指令从 XMM 源寄存器中提取 4 个单精度浮点数值的符号位，并将这些位复制到目标寄存器的低阶 4 位，如图 11-45 所示。

movmskpd 指令将源 XMM 寄存器中 2 个双精度浮点数值的符号位复制到目标寄存器的第 0 位和第 1 位，如图 11-46 所示。

vmovmskps 指令从 XMM 和 YMM 源寄存器中提取 4 个和 8 个单精度浮点数值的符号位，并将这些位复制到目标寄存器的低阶 4 位和 8 位。图 11-47 显示了使用 YMM 源寄存器的操作方式。

vmovmskpd 指令将源 YMM 寄存器中的 4 个双精度浮点数值的符号位复制到目标寄存器的第 0 ～ 3 位，如图 11-48 所示。

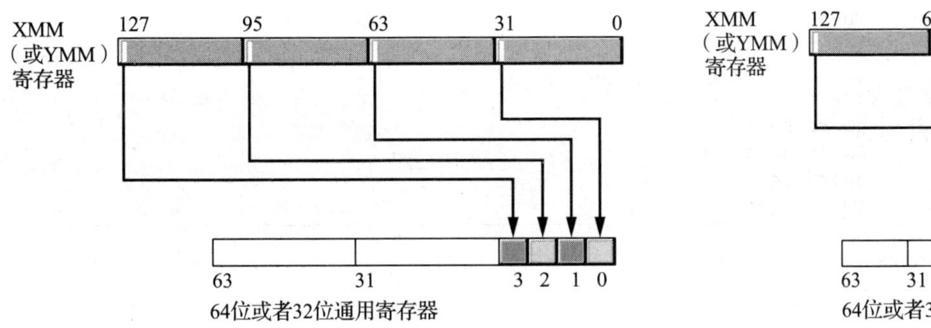

图 11-45　movmskps 指令的操作

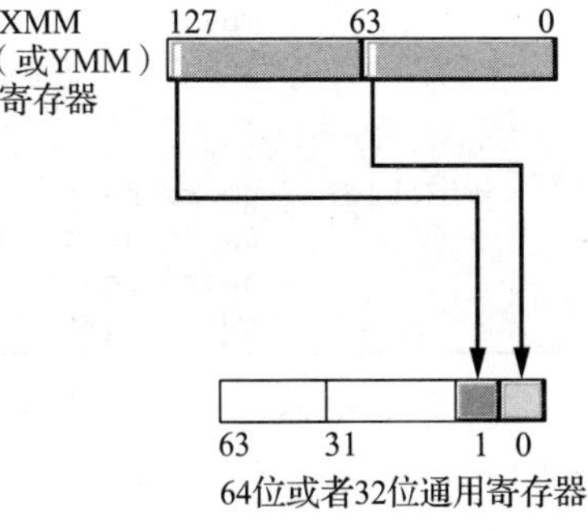

图 11-46　movmskpd 指令的操作

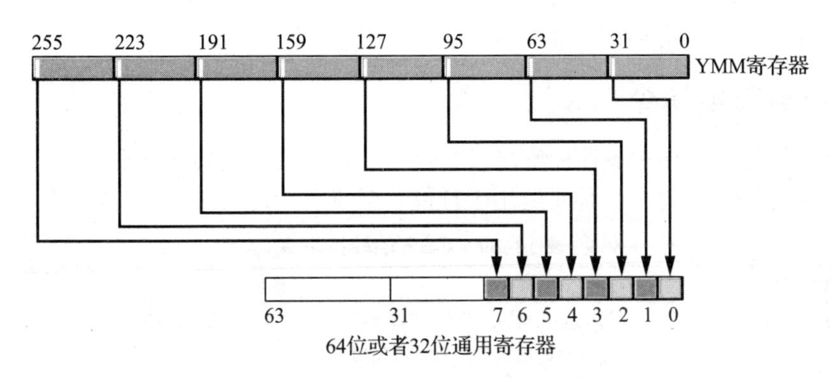

图 11-47　vmovmskps 指令的操作

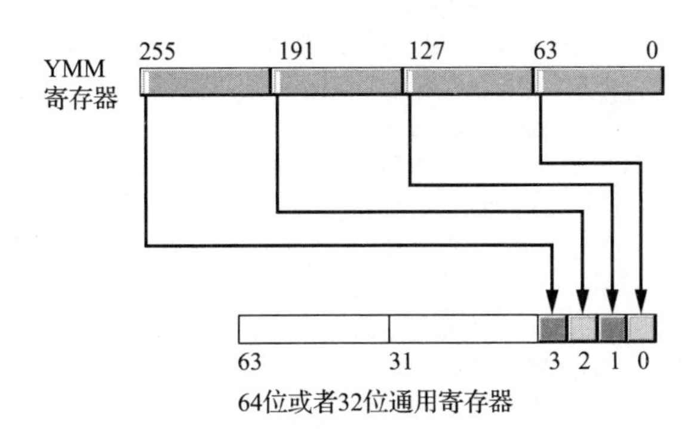

图 11-48　vmovmskpd 指令的操作

带有 XMM 源寄存器的该指令将两个双精度浮点数值的符号位复制到目标寄存器的第 0 位和第 1 位。在任何情况下，这些指令都将结果零扩展到通用目标寄存器的高阶位。请注意，这些指令不允许内存操作数。

尽管这些指令规定数据类型为打包单精度数值和打包双精度数值，但也可以在 32 位整数（movmskps 和 vmovmskps 指令）和 64 位整数（movmskpd 和 vmovmskpd 指令）上使用。特别是，这些指令非常适合在（双字或四字）打包整数比较或单精度浮点数值、双精度浮点数值比较之后，从各个通道中提取一位布尔值（请记住，尽管打包浮点数比较指令会进行浮点数值的比较，但其结果实际上是整数值）。

考虑以下的指令序列：

```
cmpeqpd xmm0, xmm1
```

```
                movmskpd rax, xmm0          ; 移动 2 位到 RAX 中
                lea rcx, jmpTable
                jmp qword ptr [rcx][rax*8]

jmpTable        qword nene
                qword neeq
                qword eqne
                qword eqeq
```

因为 movmskpd 从 XMM0 中提取 2 位并将其存储到 RAX 中，所以这段代码可以使用 RAX 作为跳转表的索引来选择 4 个不同的分支标签。如果两个比较结果不相等，则执行标签 nene 处的代码。当通道 0 的值相等但通道 1 的值不相等时，执行标签 neeq 处的代码。当通道 0 的值不相等但通道 1 的值相等时，执行标签 eqne 处的代码。当两组通道都包含相等的值时，所执行代码分支标签为 eqeq。

11.13　浮点转换指令

本书前文描述了几种在各种标量浮点数值和整数格式之间转换数据的指令（参见 6.7.5 节的相关内容）。这些指令的变体也适用于打包数据转换。表 11-31 列出了常用的一些指令。

表 11-31　SSE 的转换指令

指令语法	说明
cvtdq2pd *xmm*$_{dest}$, *xmm*$_{src}$/*mem*$_{64}$	将 xmm$_{src}$/mem$_{64}$ 中的 2 个打包有符号双字整数转换为 xmm$_{dest}$ 中的 2 个打包双精度浮点数值。如果存在 YMM 寄存器，则该指令保持其高阶位不变
vcvtdq2pd *xmm*$_{dest}$, *xmm*$_{src}$/*mem*$_{64}$	（AVX）将 xmm$_{src}$/mem$_{64}$ 中的 2 个打包有符号双字整数转换为 xmm$_{dest}$ 中的 2 个打包双精度浮点数值。该指令将底层 YMM 寄存器的所有高阶位清零
vcvtdq2pd *ymm*$_{dest}$, *xmm*$_{src}$/*mem*$_{128}$	（AVX）将 xmm$_{src}$/mem$_{128}$ 中的 4 个打包有符号双字整数转换为 ymm$_{dest}$ 中的 4 个打包双精度浮点数值
cvtdq2ps *xmm*$_{dest}$, *xmm*$_{src}$/*mem*$_{128}$	将 xmm$_{src}$/mem$_{128}$ 中的 4 个打包有符号双字整数转换为 xmm$_{dest}$ 中的 4 个打包双精度浮点数值。如果存在 YMM 寄存器，则该指令保持其高阶位不变
vcvtdq2ps *xmm*$_{dest}$, *xmm*$_{src}$/*mem*$_{128}$	（AVX）将 xmm$_{src}$/mem$_{128}$ 中的 4 个打包有符号双字整数转换为 xmm$_{dest}$ 中的 4 个打包单精度浮点数值。如果存在 YMM 寄存器，则该指令将底层 YMM 寄存器的所有高阶位清零
vcvtdq2ps *ymm*$_{dest}$, *ymm*$_{src}$/*mem*$_{256}$	（AVX）将 ymm$_{src}$/mem$_{256}$ 中的 8 个打包有符号双字整数转换为 ymm$_{dest}$ 中的 8 个打包单精度浮点数值。如果存在 YMM 寄存器，则该指令将底层 YMM 寄存器的所有高阶位清零
cvtpd2dq *xmm*$_{dest}$, *xmm*$_{src}$/*mem*$_{128}$	将 xmm$_{src}$/mem$_{128}$ 中的 2 个打包双精度浮点数值转换为 xmm$_{dest}$ 中的 2 个打包有符号双字整数。如果存在 YMM 寄存器，则该指令保持其高阶位不变。从浮点数值到整数的转换使用当前的 SSE 舍入模式
vcvtpd2dq *xmm*$_{dest}$, *xmm*$_{src}$/*mem*$_{128}$	（AVX）将 xmm$_{src}$/mem$_{128}$ 中的 2 个打包双精度浮点数值转换为 xmm$_{dest}$ 中的 2 个打包有符号双字整数。该指令将底层 YMM 寄存器的所有高阶位清零。从浮点数值到整数的转换使用当前的 AVX 舍入模式
vcvtpd2dq *xmm*$_{dest}$, *ymm*$_{src}$/*mem*$_{256}$	（AVX）将 ymm$_{src}$/mem$_{256}$ 中的 4 个打包双精度浮点数值转换为 xmm$_{dest}$ 中的 4 个打包有符号双字整数。从浮点数值到整数的转换使用当前的 AVX 舍入模式
cvtpd2ps *xmm*$_{dest}$, *xmm*$_{src}$/*mem*$_{128}$	将 xmm$_{src}$/mem$_{128}$ 中的 2 个打包双精度浮点数值转换为 xmm$_{dest}$ 中的 2 个打包单精度浮点数值。如果存在 YMM 寄存器，则该指令保持其高阶位不变
vcvtpd2ps *xmm*$_{dest}$, *xmm*$_{src}$/*mem*$_{128}$	（AVX）将 xmm$_{src}$/mem$_{128}$ 中的 2 个打包双精度浮点数值转换为 xmm$_{dest}$ 中的 2 个打包单精度浮点数值。该指令将底层 YMM 寄存器的所有高阶位清零
vcvtpd2ps *ymm*$_{dest}$, *ymm*$_{src}$/*mem*$_{256}$	（AVX）将 ymm$_{src}$/mem$_{256}$ 中的 4 个打包双精度浮点数值转换为 ymm$_{dest}$ 中的 4 个打包单精度浮点数值

（续）

指令语法	说明
cvtps2dq *xmm*$_{dest}$, *xmm*$_{src}$/*mem*$_{128}$	将 xmm$_{src}$/mem$_{128}$ 中的 4 个打包单精度浮点数值转换为 xmm$_{dest}$ 中的 4 个打包有符号双字整数。如果存在 YMM 寄存器，则该指令保持其高阶位不变。从浮点数值到整数的转换使用当前的 SSE 舍入模式
vcvtps2dq *xmm*$_{dest}$, *xmm*$_{src}$/*mem*$_{128}$	（AVX）将 xmm$_{src}$/mem$_{128}$ 中的 4 个打包单精度浮点数值转换为 xmm$_{dest}$ 中的 4 个打包有符号双字整数。该指令将底层 YMM 寄存器的所有高阶位清零。从浮点数值到整数的转换使用当前的 AVX 舍入模式
vcvtps2dq *ymm*$_{dest}$, *ymm*$_{src}$/*mem*$_{256}$	（AVX）将 ymm$_{src}$/mem$_{256}$ 中的 8 个打包单精度浮点数值转换为 ymm$_{dest}$ 中的 8 个打包有符号双字整数。从浮点数值到整数的转换使用当前的 AVX 舍入模式
cvtps2pd *xmm*$_{dest}$, *xmm*$_{src}$/*mem*$_{64}$	将 xmm$_{src}$/mem$_{64}$ 中的 2 个打包单精度浮点数值转换为 xmm$_{dest}$ 中的 2 个打包双精度浮点数值。如果存在 YMM 寄存器，则该指令保持其高阶位不变
vcvtps2pd *xmm*$_{dest}$, *xmm*$_{src}$/*mem*$_{64}$	（AVX）将 xmm$_{src}$/mem$_{64}$ 中的 2 个打包单精度浮点数值转换为 xmm$_{dest}$ 中的 2 个打包双精度浮点数值。该指令将底层 YMM 寄存器的所有高阶位清零
vcvtps2pd *ymm*$_{dest}$, *xmm*$_{src}$/*mem*$_{128}$	（AVX）将 xmm$_{src}$/mem$_{128}$ 中的 4 个打包单精度浮点数值转换为 ymm$_{dest}$ 中的 4 个打包双精度浮点数值
cvttpd2dq *xmm*$_{dest}$, *xmm*$_{src}$/*mem*$_{128}$	将 xmm$_{src}$/mem$_{128}$ 中的 2 个打包双精度浮点数值转换为 xmm$_{dest}$ 中的 2 个打包有符号双字整数，其中使用了截断方式。如果存在 YMM 寄存器，则该指令保持其高阶位不变
vcvttpd2dq *xmm*$_{dest}$, *xmm*$_{src}$/*mem*$_{128}$	（AVX）将 xmm$_{src}$/mem$_{128}$ 中的 2 个打包双精度浮点数值转换为 xmm$_{dest}$ 中的 2 个打包有符号双字整数，其中使用了截断方式。该指令将底层 YMM 寄存器的所有高阶位清零
vcvttpd2dq *xmm*$_{dest}$, *ymm*$_{src}$/*mem*$_{256}$	（AVX）将 ymm$_{src}$/mem$_{256}$ 中的 4 个打包双精度浮点数值转换为 xmm$_{dest}$ 中的 4 个打包有符号双字整数，其中使用了截断方式
cvttps2dq *xmm*$_{dest}$, *xmm*$_{src}$/*mem*$_{128}$	将 xmm$_{src}$/mem$_{128}$ 中的 4 个打包单精度浮点数值转换为 xmm$_{dest}$ 中的 4 个打包有符号双字整数，其中使用了截断方式。如果存在 YMM 寄存器，则该指令保持其高阶位不变
vcvttps2dq *xmm*$_{dest}$, *xmm*$_{src}$/*mem*$_{128}$	（AVX）将 xmm$_{src}$/mem$_{128}$ 中的 4 个打包单精度浮点数值转换为 xmm$_{dest}$ 中的 4 个打包有符号双字整数，其中使用了截断方式。该指令将底层 YMM 寄存器的所有高阶位清零
vcvttps2dq *ymm*$_{dest}$, *ymm*$_{src}$/*mem*$_{256}$	（AVX）将 ymm$_{src}$/mem$_{256}$ 中的 8 个打包单精度浮点数值转换为 ymm$_{dest}$ 中的 8 个打包有符号双字整数，其中使用了截断方式

11.14 对齐 SIMD 内存访问

大多数 SSE 和 AVX 指令要求其内存操作数位于 16 字节（SSE）或 32 字节（AVX）边界，但这种条件并不总是可以成立的。处理未对齐内存地址的最简单方法是使用不需要对齐内存操作数的指令，如 movdqu、movups 和 movupd 等。然而，使用未对齐的数据移动指令对性能的影响，往往会破坏使用 SSE/AVX 指令的主旨。

对齐 SIMD 指令使用数据的诀窍是，使用标准通用寄存器处理前几个数据项，直到到达正确对齐的地址。例如，假设希望使用 pcmpeqb 指令来比较大字节数组中 16 个字节的数据块。pcmpeqb 指令要求其内存操作数位于在 16 字节对齐的地址处，因此如果内存操作数尚未对齐到 16 字节，则可以使用标准（非 SSE）指令处理数组中的第一个 1 ～ 15 字节，直到到达 pcmpeqb 指令要求的适当地址；例如：

```
cmpLp:  mov  al, [rsi]
        cmp  al, someByteValue
```

```
        je   foundByte
        inc  rsi
        test rsi, 0Fh
        jnz  cmpLp
这里使用 SSE 指令，因为 RSI 现在是 16 字节对齐的
```

如果 RSI 的低阶 4 位包含 0，则对 RSI 与 0Fh 进行“与”运算，结果将产生 0（并设置零标志位）。如果 RSI 的低阶 4 位包含 0，则其包含的地址在 16 字节的边界上对齐。[㊀]

这种方法的唯一缺点是，在获得合适的地址之前，必须单独处理多达 15 字节的数据。这是 6×15（即 90）条机器指令。然而，对于大的数据块（例如，超过 48 字节或 64 字节），可以分摊单字节比较的成本，这种方法并没有那么糟糕。

为了提高这段代码的性能，可以修改初始地址，使其从 16 个字节的边界开始。对 0FFFFFFFFFFFFFFF0h（−16）和 RSI 中的值（在这个特定示例中）进行与运算，修改 RSI 使其保留包含原始地址的 16 字节数据块的起始地址[㊁]：

```
and rsi, -16
```

为了避免在数据结构开始之前匹配意外的字节，我们可以创建一个掩码来覆盖额外的字节。例如，假设使用以下指令序列一次性地快速比较 16 字节的内容：

```
        sub      rsi, 16
cmpLp:  add      rsi, 16
        movdqa   xmm0, xmm2       ; XMM2 中包含要测试的字节
        pcmpeqb  xmm0, [rsi]
        pmovmskb eax, xmm0
        ptest    eax, eax
        jz       cmpLp
```

如果在执行此代码之前使用 and 指令来对齐 RSI 寄存器，那么在比较前 16 字节的时候，可能会得到错误的结果。为了解决这个问题，我们可以创建一个掩码，消除意外比较中的任何位。为了创建这个掩码，我们从全 1 位开始，将 16 字节的数据块开头到我们要比较的第一个实际数据项的地址之间的所有位清零。可以使用以下表达式来计算此掩码：

```
-1 << (startAdrs & 0xF)   ; 注意: "-1" 就是全 1 位
```

这将在需要比较的数据之前的位置中创建若干值为 0 的位，然后在之后的位置中创建值为 1 的位（对于前 16 字节）。我们可以使用这个掩码将 pmovmskb 指令中不需要的结果位设置为零。下面的代码片段演示了这种技术：

```
        mov rcx, rsi
        and rsi, -16        ; 对齐到 16 位
        and ecx, 0fH        ; 去掉数据开头的偏移量
        mov ebx, -1         ; 0FFFFFFFFh——全 1 位
        shl ebx, cl         ; 创建掩码

; 第一个 1 ～ 16 字节的特殊情况:

        movdqa   xmm0, xmm2
        pcmpeqb  xmm0, [rsi]
        pmovmskb eax, xmm0
```

㊀ 与值 1Fh 进行逻辑与运算可以实现 32 字节对齐。

㊁ 补码数字系统的一个良好特性是，对 2 的幂求反会产生除数字的低阶 $\log_2(pwrOf2)$ 位之外的全 1 位。例如，−32 的低阶 5 位为 0，−16 的低阶 4 位为 0，−8 的低阶 3 位为 0，−4 的低阶 2 位为 0，−2 的最低位为 0。

```
          and eax, ebx
          jnz      foundByte

cmpLp:    add rsi, 16
          movdqa    xmm0, xmm2      ; XMM2 包含需要测试的字节
          pcmpeqb   xmm0, [rsi]
          pmovmskb  eax, xmm0
          test eax, eax
          jz        cmpLp

foundByte:
          当 16 字节的块中，至少存在一个 XMM2 中的字节和 RSI 处的数据
          之间的匹配时，需要执行的操作
```

例如，假设地址已在 16 字节的边界上对齐。对该值与 0Fh 进行逻辑与运算，结果会得到 0。将 -1 左移位到零位置，将产生 -1（全 1 位）。稍后，当代码使用在 pcmpeqb 和 pmovmskb 指令之后获得的掩码对其进行逻辑与运算时，结果不会改变。因此，代码会测试所有 16 个字节（如果原始地址是在 16 字节对齐的，我们会这样做）。

当 RSI 中的地址在低阶 4 位为 0001b 时，实际数据从偏移量 1 开始进入 16 字节的数据块。因此，在比较 XMM2 中的值和 [RSI] 处的 16 字节时，我们希望忽略第一个字节。在这种情况下，掩码是 0FFFFFFFEh，除了第 0 位中的 0 之外，其他位全是 1。比较之后，如果 EAX 的第 0 位包含 1（意味着偏移量 0 处的字节匹配），则逻辑与运算操作会删除该位（使用值 0 替换），所以不会影响比较的结果。同样，如果数据块的起始偏移量为 2、3、…、15，则 shl 指令修改 EBX 中的位掩码，以消除在第一次比较操作中考虑的这些偏移量处的字节。因此，只需要 11 条指令就可以完成与原始（逐字节比较的方法）示例中（最多）90 多条指令相同的工作。

11.15 对齐字、双字和四字对象的地址

在对齐非字节大小的对象时，指针会按对象的大小（字节）递增，直到获得在 16（或 32）字节对齐的地址。但是，这仅在对象大小为 2、4 或 8 时有效（因为任何其他值都可能错过那些是 16 的倍数的地址）。

例如，可以逐字处理字对象数组的前几个元素（其中数组的第一个元素出现在内存中的偶数地址），将指针递增 2，直到获得一个可以被 16（或 32）整除的地址。不过，请注意，只有当对象数组的起始地址是元素大小的倍数时，此方案才有效。例如，如果一个字值数组从内存中的奇数地址开始，则无法通过一系列加 2 运算获得一个可以被 16 或 32 整除的地址。如果不先将数据移动到在内存中正确对齐的另一个位置，就无法使用 SSE/AVX 指令来处理该数据。

11.16 使用相同值的几个副本填充 XMM 寄存器

对于许多 SIMD 算法，在 XMM 或 YMM 寄存器中需要相同值的多个副本。对于单精度和双精度浮点数，可以使用 (v)movddup、(v)movshdup、(v)pinsd、(v)pinsq 和 (v)pshufd 指令。例如，如果内存中有一个单精度浮点数值 r4var，并且希望在 XMM0 中复制该数值，则可以使用以下的代码：

```
movss xmm0, r4var
pshufd xmm0, xmm0, 0       ; 通道 3、2、1 和 0 来自于通道 0
```

为了将一对双精度浮点数值从 r8var 复制到 XMM0 中，可以使用以下的代码：

```
movsd xmm0, r8var
pshufd xmm0, xmm0, 44h     ; 通道 0 复制到通道 0 和通道 2，通道 1 复制到通道 1 和通道 3
```

当然，pshufd 指令实际上用于双字整数操作，因此在 movsd 或 movss 指令之后立即使用 pshufd 指令可能会导致额外的延迟（时间）。尽管 pshufd 指令允许内存操作数，但该操作数必须是一个在 16 字节对齐的 128 位内存操作数，因此该指令不适用于通过 XMM 寄存器直接复制浮点数值。

对于双精度浮点数值，可以使用 movddup 指令将 XMM 寄存器低阶位中的单个 64 位浮点数值复制到高阶位：

```
movddup xmm0, r8var
```

movddup 指令允许未对齐的 64 位内存操作数，因此该指令可能是复制双精度数值的最佳选择。

为了在整个 XMM 寄存器中复制字节、字、双字或四字整数值，pshufb、pshufw、pshufd 或 pshufq 指令是不错的选择。例如，为了在 XMM0 中复制单个字节，可以使用以下的指令序列：

```
movzx eax, byteToCopy
movd xmm0, eax
pxor xmm1, xmm1            ; 掩码，以在整个过程中复制第 0 个字节
pshufb xmm0, xmm1
```

XMM1 操作数是一个字节数组，包含用于将数据从 XMM0 中的位置复制到自身的掩码。值 0 将 XMM0 中的第 0 个字节复制到 XMM0 中的所有其他位。对这段代码，可以通过简单地更改 XMM1 中的掩码值来复制字、双字和四字。当然也可以使用 pshufw 或 pshufd 指令来完成这些复制。下面是另一个从 XMM0 中复制一个字节的变体：

```
movzx eax, byteToCopy
mov ah, al
movd xmm0, eax
punpcklbw xmm0, xmm0              ; 将字节 0 和字节 1 复制到字节 2 和字节 3
pshufd xmm0, xmm0, 0              ; 复制低阶双字
```

11.17　将一些常用常量加载到 XMM 和 YMM 寄存器中

不存在允许将立即数常量加载到寄存器中的 SSE/AVX 指令。然而，可以使用一些习惯用法（技巧）将某些常用常量加载到 XMM 或 YMM 寄存器中。本节讨论其中一些惯用技巧。

使用与通用整数寄存器相同的习惯技巧（XOR 寄存器本身），可以将 0 加载到 SSE/AVX 寄存器中。例如，为了将 XMM0 中的所有位设置为 0，可以使用以下指令：

```
pxor xmm0, xmm0
```

为了将 XMM 或 YMM 寄存器中的所有位设置为 1，可以使用 pcmpeqb 指令，如下所示：

```
pcmpeqb xmm0, xmm0
```

因为任何给定的 XMM 或 YMM 寄存器都等于自身，所以该指令在 XMM0（或指定的任何 XMM 或 YMM 寄存器）的所有字节中存储 0FFh。

如果要将 8 位数值 01h 加载到 XMM 寄存器的所有 16 字节中，则可以使用以下的代码

(此代码来自英特尔):

```
pxor xmm0, xmm0
pcmpeqb xmm1, xmm1
psubb xmm0, xmm1            ; 0 - (-1) 等于 (1)
```

如果要创建 16 位或 32 位的结果(例如,XMM0 中的 4 个 32 位双字,每个双字都包含值 00000001H),则可以在本例中用 psubw 或 psubd 指令替换 psubb 指令。

如果希望值为 1 的位位于不同的位位置(而不是每个字节的第 0 位),那么可以在前面的序列之后使用 pslld 指令重新定位位。例如,如果我们想用 8080808080808080h 加载 XMM0 寄存器,则可以使用以下的指令序列:

```
pxor xmm0, xmm0
pcmpeqb xmm1, xmm1
psubb xmm0, xmm1
pslld xmm0, 7               ; 每个字节的 01h → 80h
```

当然,可以向 pslld 指令提供不同的立即数常量,以便将 02h、04h、08h、10h、20h 或 40h 加载到寄存器中的每个字节。

这里有一个巧妙的技巧[⊖],可以用来将 2^n-1(在这个数字中,从第 1 位到第 n 位均为 1)加载到 SSE/AVX 寄存器的所有通道中:

```
; 对于 16 位通道:

pcmpeqd xmm0, xmm0          ; 将所有的位均设置为 1
psrlw   xmm0, 16 - n        ; 清除 xmm0 的前 16 - n 位

; 对于 32 位通道:

pcmpeqd xmm0, xmm0          ; 将所有的位设置为 1
psrld   xmm0, 32 - n        ; 清除 xmm0 的前 32 - n 位

; 对于 64 位通道:

pcmpeqd xmm0, xmm0          ; 将所有的位设置为 1
psrlq   xmm0, 64 - n        ; 清除 xmm0 的前 64 - n 位
```

还可以通过向左移位而不是向右移位来加载反转数(NOT(2^n − 1),所有取值为 1 的位均位于寄存器末尾的 n 个位位置):

```
; 对于 16 位通道:

pcmpeqd xmm0, xmm0          ; 将所有的位设置为 1
psllw   xmm0, n             ; 清除 xmm0 的后 n 位

; 对于 32 位通道:

pcmpeqd xmm0, xmm0          ; 将所有的位设置为 1
pslld   xmm0, n             ; 清除 xmm0 的后 n 位

; 对于 64 位通道:

pcmpeqd xmm0, xmm0          ; 将所有的位设置为 1
psllq   xmm0, n             ; 清除 xmm0 的后 n 位
```

⊖ 该技巧由 Raymond Chen 建议:https://blogs.msdn.microsoft.com/oldnewthing/。

当然，也可以将“常量”加载到 XMM 或 YMM 寄存器中，方法是将该常量放入内存位置（最好是在 16 字节或 32 字节对齐的），然后使用 movdqu 或 movdqa 指令将该值加载到寄存器中。但是，请记住，如果内存中的数据没有出现在高速缓存中，则这样的操作可能会相对缓慢。如果常数足够小，那么另一种可能性是将常数加载到 32 位或 64 位整数寄存器中，并使用 movd 或 movq 指令将该值复制到 XMM 寄存器中。

11.18　设置、清除、反转和测试 SSE 寄存器中的单个位

下面是陈雷蒙（Raymond Chen）提出的另一套技巧，用于设置、清除或测试 XMM 寄存器中的单个位（https://blogs.msdn.microsoft.com/oldnewthing/20141222-00/?p=43333/）。

为了在清除所有其他位的情况下设置单个位（第 *n* 位，假设 *n* 为常数），可以使用以下的宏：

```
; setXBit —— 设置 SSE 寄存器 xReg 中的第 n 位。

setXBit macro   xReg, n
        pcmpeqb xReg, xReg        ; 在 xReg 中设置所有位
        psrlq   xReg, 63          ; 将两个 64 位通道设置为 01h
        if      n lt 64
        psrldq  xReg, 8           ; 清除高通道
        else
        pslldq  xReg, 8           ; 清除低通道
        endif
        if      (n and 3fh) ne 0
        psllq   xReg, (n and 3fh)
        endif
        endm
```

一旦可以使用单个设置位填充 XMM 寄存器，就可以使用该寄存器的值在另一个 XMM 寄存器中设置、清除、反转或测试该位。例如，为了设置 XMM1 中的第 *n* 位，而不影响 XMM1 中的任何其他位，可以使用以下代码序列：

```
setXBit xmm0, n            ; 在不影响其他位的前提下，
por xmm1, xmm0             ; 设置 XMM1 中的第 n 位
```

为了清除 XMM 寄存器中的第 *n* 位，可以使用相同的指令序列，只是要使用 vpandn 指令替换 por 指令：

```
setXBit xmm0, n            ; 在不影响其他位的前提下，
vpandn xmm1, xmm0, xmm1    ; 清除 XMM1 中的第 n 位
```

为了反转位，只需使用 pxor 指令替换 por 或 vpandn 指令：

```
setXBit xmm0, n            ; 在不影响其他位的前提下，
pxor xmm1, xmm0            ; 反转 XMM1 中的第 n 位
```

为了测试是否设置了某个位，可以采用几种不同的方法。如果 CPU 支持 SSE4.1 指令集扩展，那么可以使用 ptest 指令：

```
setXBit xmm0, n            ; 测试 XMM1 的第 n 位
ptest xmm1, xmm0
jnz bitNisSet              ; 如果第 n 位为 0，则不跳转
```

对于不支持 ptest 指令的旧 CPU，可以按如下方式使用 pmovmskb 指令：

```
; 请注意：psllq 对位进行移位，而不是对字节进行移位。
; 如果第 n 位不在给定字节的位位置 7，则将其移动到该位置。
; 例如：如果 n = 0，那么 (7 - (0 and 7)) 等于 7，
; 因此，psllq 指令将第 0 位移动到第 7 位。

movdqa xmm0, xmm1
if 7 - (n and 7)
psllq xmm0, 7 - (n and 7)
endif

; 现在需要测试的位在 " 某个 " 字节的第 7 位，
; 使用 pmovmskb 指令将所有的第 7 位提取到 AX 中：

pmovmskb eax, xmm0

; 现在使用（整数）测试指令测试该位：

test    ax, 1 shl (n / 8)
jnz     bitNisSet
```

11.19　使用单个递增索引来处理两个向量

有的时候，代码需要同时处理两个数据块，在循环执行期间递增指向这两个数据块的指针。一个简单的方法是使用缩放索引寻址模式。如果 R8 和 R9 包含指向需要处理的数据的指针，则可以使用以下的代码依次处理这两个数据块：

```
            dec rcx
blkLoop:    inc rcx
            mov eax, [r8][rcx * 4]
            cmp eax, [r9][rcx * 4]
            je  theyreEqual
            cmp eax, sentinelValue
            jne blkLoop
```

这段代码遍历两个用于比较值的双字数组（在相同索引的数组中搜索相等的值）。这个循环使用 4 个寄存器遍历这 2 个数组：EAX（用于比较数组中的两个值），R8 和 R9（保存两个指向数组的指针），以及 RCX（索引寄存器）。

通过递增该循环中的 R8 和 R9 寄存器，可以从该循环中消除 RCX（假设可以修改 R8 和 R9 中的值）：

```
            sub r8, 4
            sub r9, 4
blkLoop:    add r8, 4
            add r9, 4
            mov eax, [r8]
            cmp eax, [r9]
            je  theyreEqual
            cmp eax, sentinelValue
            jne blkLoop
```

该方案需要在循环中使用一条额外的 add 指令。如果这个循环十分注重执行速度，那么插入这个额外的 add 指令可能会得不偿失。

然而，有一个秘诀，可以在循环的每次迭代中只递增一个寄存器的值：

```
            sub r9, r8                    ; R9 = R9 - R8
            sub r8, 4
```

```
blkLoop:    add r8, 4
            mov eax, [r8]
            cmp eax, [r9][r8 * 1]        ; 地址 = R9 + R8
            je  theyreEqual
            cmp eax, sentinelValue
            jne blkLoop
```

其中的注释解释了使用的技巧。在代码的开头，从 R9 中减去 R8 的值，并将结果保留在 R9 中。在循环体中，使用 [r9][r8 * 1] 缩放索引寻址模式（其有效地址为 r8 和 r9 之和，从而将 r9 恢复为其原始值，至少在循环的第一次迭代中是这样）来补偿此减法运算。现在，因为 cmp 指令的内存地址是 R8 和 R9 之和，所以向 R8 加 4 也会向 cmp 指令使用的有效地址加 4。因此，在循环的每次迭代中，mov 和 cmp 指令都会查看各自数组的连续元素，但代码只需增加一个指针。

注意：在该示例中，始终在缩放索引寻址模式下使用“* 1”缩放因子。将 4 加到 R8 寄存器时，会调整操作数（4 字节）的大小。

当使用 SSE 和 AVX 指令处理 SIMD 数组时，该方案尤其有效，因为 XMM 和 YMM 寄存器分别为 16 字节和 32 字节，所以不能使用常规比例因子（1、2、4 或 8）来索引打包数据值的数组。在遍历数组时，必须向指针添加 16（或 32），因此失去了缩放索引寻址模式的优越性。例如：

```
; 假设 R9 和 R8 指向包含 20 个双精度值的（在 32 字节对齐）的数组。
; 假设 R10 指向包含 20 个双精度值的（在 32 字节对齐）的目标数组。
            sub r9, r8               ; R9 = R9 - R8
            sub r10, r8              ; R10 = R10 - R8
            sub r8, 32
            mov ecx, 5               ; 包含 20 （即 5×4） 个双精度值的向量
addLoop:    add r8, 32
            vmovapd ymm0, [r8]
            vaddpd ymm0, ymm0, [r9][r8 * 1]        ; 地址 = R9 + R8
            vmovapd [r10][r8 * 1], ymm0            ; 地址 = R10 + R8
            dec ecx
            jnz addLoop
```

11.20　将两个地址对齐到同一个内存边界

在上一个例子中，vmovapd 和 vaddpd 指令要求它们的内存操作数在 32 字节处对齐，否则将出现一般保护故障（内存访问冲突）。如果可以控制数组在内存中的位置，则可以指定数组的对齐方式。如果无法控制数据在内存中的位置，则有两种选择：无视性能损失，处理未对齐的数据；将数据移动到正确对齐的位置。

如果必须处理未对齐的数据，则可以使用未对齐移动指令替换对齐移动指令（例如，使用 vmovupd 指令替换 vmovdqa 指令），或者使用未对齐移动指令将数据加载到 YMM 寄存器中，然后使用所需的指令对该寄存器中的数据进行操作。例如：

```
addLoop:    add r8, 32
            vmovupd ymm0, [r8]
            vmovupd ymm1, [r9][r8 * 1]   ; 地址 = R9 + R8
            vaddpd ymm0, ymm0, ymm1
            vmovupd [r10][r8 * 1], ymm0  ; 地址 = R10 + R8
            dec ecx
            jnz addLoop
```

遗憾的是，vaddpd 指令不支持对内存的未对齐访问，因此必须在打包加法运算之前，将第二个数组（由 R9 指向）中的值加载到另一个寄存器（YMM1）中。这是未对齐访问的缺点：不仅未对齐的移动速度较慢，而且可能需要使用其他寄存器和指令来处理未对齐的数据。

当存在一个将来会得到反复使用的数据操作数时，推荐将数据移动到可以控制其对齐方式的内存位置。移动数据是一项开销大的操作，然而如果有一个标准的数据块，需要与许多其他数据块进行比较，那么可以在需要执行的所有操作中分摊将该数据块移动到一个新位置的成本。

当一个（或两个）数据数组出现在不是子元素大小整数倍的地址处时，移动数据尤其有用。例如，如果有一个以奇数地址开始的双字数组，则在不移动数据的情况下，永远无法将指向该数组数据的指针与 16 字节的边界对齐。

11.21 处理长度不是 SSE/AVX 寄存器大小倍数的数据块

使用 SIMD 指令遍历大型数据集，一次处理 2、4、8、16 或 32 个值，通常可以使得 SIMD 算法（向量化算法）的运行速度比 SISD（标量）算法的运行速度快一个数量级。然而，两个边界条件会产生问题：数据集的开始（当起始地址可能没有合理对齐时）以及数据集的结束（当可能没有足够数量的数组元素来完全填充 XMM 或 YMM 寄存器时）。前文已经解决了数据集（未对齐数据）开始边界条件的问题。本节将讨论结束边界条件的问题。

在大多数情况下，当数组末尾的数据处理完成时（并且 XMM 和 YMM 寄存器需要更多的数据来执行打包操作），可以使用与前面给出的对齐指针相同的技术：将更多数据加载到寄存器中，并屏蔽掉不需要的结果。例如，如果字节数组中只剩下 8 字节需要处理，则可以加载 16 字节，执行该操作，并忽略最后 8 字节的结果。在本章前面的比较循环示例中，可以执行以下操作：

```
movdqa xmm0, [r8]
pcmpeqd xmm0, [r9]
pmovmskb eax, xmm0
and eax, 0ffh                ; 屏蔽最后 8 个比较
cmp eax, 0ffh
je matchedData
```

在大多数情况下，访问数据结构末尾以外的数据（在本例中，R8、R9 或两者都指向的数据）不会影响程序的正常执行。但是，正如我们在 3.1.6 节中所讨论的，如果额外的数据碰巧跨越 MMU 页，并且新的页不允许读取访问，则 CPU 将生成一般保护故障（内存访问或分段故障）。因此，除非知道内存中的数组之后是有效数据（至少在指令引用的范围内），否则不应该访问该内存区域，这样做可能会使我们的软件崩溃。

这个问题有以下两种解决方案。第一种解决方案是，可以在与寄存器大小相同的地址边界处对齐内存访问（例如，XMM 寄存器的 16 字节对齐方式）。使用 SSE/AVX 指令访问数据结构末尾以外的数据不会跨越页边界（因为在 16 字节边界对齐的 16 字节访问将始终位于同一 MMU 页面内，在 32 字节边界的 32 字节访问也是如此）。

第二种解决方案是在访问内存之前检查内存地址。虽然在不触发访问故障的情况下无法访问新的页[⊖]，但可以检查地址本身，查看在该地址访问 16（或 32）字节是否会访问新页

⊖ 据我所知，至少在本书的编写过程中，还不存在一种方便的方法可以用于测试是否可以访问内存中的字节而不会导致故障。从理论上讲，可以编写一个异常处理程序，但是触发和处理异常的代价非常高昂。

中的数据。如果会，那么可以在访问下一页的数据之前采取一些预防措施。例如，不必继续在 SIMD 模式下处理数据，可以降级到 SISD 模式，使用标准标量指令处理数据直到数组的末尾。

为了测试 SIMD 访问是否会跨越 MMU 页边界，假设 R9 包含使用 SSE 指令访问内存中 16 字节时所处的地址，可以使用以下的代码片段：

```
mov eax, r9d
and eax, 0fffh
cmp eax, 0ff0h
ja willCrossPage
```

每个 MMU 页都是 4KB 的，位于内存中的 4KB 地址边界上。因此，地址的低阶 12 位提供与该地址相关联的 MMU 页的索引。前面的代码检查地址的页偏移量是否大于 0FF0h（4080），如果大于，那么从该地址开始访问 16 字节将跨越页边界。如果需要检查 32 字节的访问，则需要检查值 0FE0h。

11.22　CPU 功能的动态测试

本章的开始部分就曾提到，在测试 CPU 功能集以确定它支持哪些扩展时，最好的解决方案是根据某些功能的存在与否，动态选择一组功能。为了演示如何动态测试和使用（或避免）某些 CPU 功能，特别是测试是否存在 AVX 扩展，本书将修改（并扩展）到目前为止在示例中使用的 print 过程。

前文使用的 print 过程非常方便，但该过程没有保留任何在调用 printf 时可以（合法）修改的 SSE 或 AVX 寄存器。print 过程的通用版本应保留易失性的 XMM 和 YMM 寄存器以及通用寄存器。

但是问题在于，我们无法编写在所有 CPU 上都可以运行的通用版 print 过程。如果仅保留 XMM 寄存器，那么代码可以在任何 x86-64 CPU 上运行。但是，如果 CPU 支持 AVX 扩展，并且程序使用 YMM0 ～ YMM5，则 print 例程将仅保留这些寄存器的低阶 128 位，因为它们是对应的 XMM 寄存器的别名。如果保存易失性的 YMM 寄存器，那么该代码在不支持 AVX 扩展的 CPU 上会崩溃。因此，解决技巧是编写代码以动态确定 CPU 中是否存在 AVX 寄存器，如果存在，则保留这些寄存器，否则只保留 SSE 寄存器。

实现这一点的简单方法，也可能是关于 print 函数最合适的解决方案，就是简单地将 cpuid 指令附加到 print 过程中，并在保存（和恢复）寄存器之前立即测试结果。以下的代码片段演示了实现方法：

```
AVXSupport  =    10000000h              ; 第 28 位
print    proc

; 保留所有易失性寄存器
;（对调用此过程的汇编代码非常友好）：

         push    rax
         push    rbx                    ; cpuid 会干扰 EBX
         push    rcx
         push    rdx
         push    r8
         push    r9
         push    r10
         push    r11
```

```
; 在栈中为 AVX/SSE 寄存器保留空间。
; 注意：SSE 寄存器只需要 96 字节，
; 但如果我们保留 AVX 寄存器所需的全部 128 字节，
; 并在运行 SSE 代码时忽略额外的 64 字节，则代码更容易处理。
        sub     rsp, 192

; 确定我们是否必须保留 YMM 寄存器：

        mov     eax, 1
        cpuid
        test    ecx, AVXSupport   ; 测试第 19 位和第 20 位
        jnz     preserveAVX

; 不支持 AVX，所以只需保留 XMM0 ～ XMM3 寄存器：

        movdqu  xmmword ptr [rsp + 00], xmm0
        movdqu  xmmword ptr [rsp + 16], xmm1
        movdqu  xmmword ptr [rsp + 32], xmm2
        movdqu  xmmword ptr [rsp + 48], xmm3
        movdqu  xmmword ptr [rsp + 64], xmm4
        movdqu  xmmword ptr [rsp + 80], xmm5
        jmp     restOfPrint

; YMM0 ～ YMM3 被视为易失性的，所以保留这些寄存器：

preserveAVX:
        vmovdqu ymmword ptr [rsp + 000], ymm0
        vmovdqu ymmword ptr [rsp + 032], ymm1
        vmovdqu ymmword ptr [rsp + 064], ymm2
        vmovdqu ymmword ptr [rsp + 096], ymm3
        vmovdqu ymmword ptr [rsp + 128], ymm4
        vmovdqu ymmword ptr [rsp + 160], ymm5

restOfPrint:
        这里包含 print 函数的其余代码
```

在 print 函数结束时，若需要恢复所有寄存器的内容，则可以进行另一个测试，以确定是否需要恢复 XMM 或 YMM 寄存器[⊖]。

对于其他函数，如果不希望在每次函数调用时承担执行 cpuid（并保留它修改的所有寄存器）的代价，那么解决技巧是编写三个函数：一个用于 SSE CPU，一个用于 AVX CPU，以及一个特殊函数（只调用一次，用于选择将来要调用前两个函数中的哪一个）。使这种方法有效的秘诀是间接调用。我们不直接调用这些函数中的任何一个，而是使用需要调用的函数的地址来初始化指针，并使用指针间接调用这三个函数。对于当前的示例，我们将此指针命名为 print，并使用第三个函数（choosePrint）的地址对其进行初始化：

```
        .data
print   qword       choosePrint
```

choosePrint 函数的代码如下所示：

```
; 第一次调用时，确定 CPU 是否支持 AVX 指令，
; 并将 "print" 指针设置为指向 print_AVX 或 print_SSE：

choosePrint proc
            push rax                        ; 保留被 cpuid 修改的寄存器
```

⊖ 方便的话，也可以保存 cpuid 结果并测试标志位。

```
            push rbx
            push rcx
            push rdx

            mov eax, 1
            cpuid
            test ecx, AVXSupport        ; 测试 AVX 的第 28 位
            jnz doAVXPrint

            lea rax, print_SSE          ; 从现在起，直接调用 print_SSE
            mov print, rax

; 返回地址必须指向跟在对此函数的调用之后的格式字符串！
; 所以我们必须清除栈和跳转到 print_SSE。

            pop rdx
            pop rcx
            pop rbx
            pop rax
            jmp print_SSE

doAVXPrint: lea rax, print_AVX          ; 从现在起，直接调用 print_AVX
            mov print, rax

; 返回地址必须指向跟在此函数的调用之后的格式字符串！
; 所以我们必须清除栈和跳转到 print_ AVX。

            pop rdx
            pop rcx
            pop rbx
            pop rax
            jmp print_AVX
choosePrint endp
```

print_SSE 过程在不支持 AVX 的 CPU 上运行，print_AVX 过程在支持 AVX 的 CPU 上运行。choosePrint 过程执行 cpuid 指令，以确定 CPU 是否支持 AVX 扩展。如果支持，则使用 print_AVX 过程的地址来初始化 print 指针；如果不支持，则将 print_SSE 的地址存储到 print 变量中。

choosePrint 不是在用户调用 print 之前必须调用的显式初始化过程。choosePrint 过程只执行一次（假设我们通过 print 指针调用该过程而不是直接调用它）。第一次执行后，print 指针包含对应于 CPU 的 print 函数的地址，choosePrint 不再会执行。

调用 print 指针就像调用其他任何 print 过程一样。例如：

```
call print
byte "Hello, world!", nl, 0
```

设置 print 指针后，choosePrint 必须将控制权转移到合适的打印过程（print_SSE 或 print_AVX），以完成用户期望的工作。因为保留的寄存器值位于栈中，而实际的打印例程只需要返回地址，所以 choosePrint 过程将首先恢复它保存的所有（通用）寄存器，然后跳转到（不调用）合适的打印过程。choosePrint 过程执行跳转而不是调用，因为指向格式字符串的返回地址已经位于栈的顶部。从 print_SSE 或 print_AVX 程序返回时，控制权将返回给调用 choosePrint 过程的调用方（通过 print 指针）。

程序清单 11-5 显示了完整的 print 函数，包括 print_SSE 和 print_AVX，以及一个调用 print 的简单主程序。本书已经扩展了 print 函数，以接受 R10 和 R11，以及 RDX、R8 和 R9

中的参数（此函数保留 RCX 寄存器的值，以便在调用 print 后保存格式字符串的地址）。

程序清单 11-5 动态选择打印过程

```
; 程序清单 11-5

; 通用打印程序，动态选择 CPU 功能。

        option  casemap:none

nl          =       10

; SSE4.2 功能标志位（位于 ECX 中）：

SSE42       =       00180000h           ; 第 19 位和第 20 位
AVXSupport  =       10000000h           ; 第 28 位

; cpuid 位（EAX = 7, EBX 寄存器）

AVX2Support = 20h                       ; 第 5 位 = AVX

        .const
ttlStr byte "Listing 11-5", 0

        .data
        align   qword
print   qword   choosePrint             ; 指向 print 函数的指针

; 用于测试的浮点值：

fp1     real8   1.0
fp2     real8   2.0
fp3     real8   3.0
fp4     real8   4.0
fp5     real8   5.0

        .code
        externdef printf:proc

; 将程序标题返回到 C++ 程序：

        public getTitle
getTitle proc
        lea     rax, ttlStr
        ret
getTitle endp

***************************************************************

; print —— printf 的“快速”形式，该形式允许在代码流中格式字符串跟在调用之后。
; 最多支持 RDX、R8、R9、R10 和 R11 中的 5 个附加参数。

; 此函数保存所有微软 ABI 的易失性寄存器、参数寄存器和返回结果寄存器，
; 以便代码可以调用该函数，而不必担心任何寄存器被修改
;（此代码假定 Windows ABI 将 YMM4 ～ YMM15 视为非易失性寄存器）。

; 当然，这段代码假设 CPU 支持 AVX 指令。

; 在以下寄存器中最多允许 5 个参数：

; RDX : 参数 #1
; R8 : 参数 #2
```

```
; R9 : 参数 #3
; R10 : 参数 #4
; R11 : 参数 #5

; 请注意，必须在这些寄存器中传递浮点值。
;  printf函数要求整数寄存器中包含实数值。

; 这个函数有两个版本，一个在没有 AVX 功能的 CPU 上运行（没有 YMM 寄存器），
; 另一个在有 AVX 功能的 CPU 上运行（有 YMM 寄存器）。
; 两个版本之间的区别在于它们将保留哪些寄存器
;（print_SSE 只保留 XMM 寄存器，并将在不支持 YMM 寄存器的 CPU 上正常运行；
;  print_AVX 将在支持 AVX 的 CPU 上保留易失性 YMM 寄存器）。

; 第一次调用时，确定 CPU 是否支持 AVX 指令，
; 并将“print”指针设置为指向 print_AVX 或 print_SSE：
choosePrint proc
         push    rax                      ; 保存 cpuid 修改的寄存器
         push    rbx
         push    rcx
         push    rdx

         mov     eax, 1
         cpuid
         test    ecx, AVXSupport          ; 测试 AVX 的第 28 位
         jnz     doAVXPrint

         lea     rax, print_SSE           ; 从现在起，直接调用 print_SSE
         mov     print, rax

; 返回地址必须指向跟在对此函数的调用之后的格式字符串！
; 所以我们必须清除栈和跳转到 print_SSE。

         pop     rdx
         pop     rcx
         pop     rbx
         pop     rax
         jmp     print_SSE

doAVXPrint: lea     rax, print_AVX        ; 从现在起，直接调用 print_AVX
         mov     print, rax ; print_AVX directly

; 返回地址必须指向跟在对此函数的调用之后的格式字符串！
; 所以我们必须清除栈和跳转到 print_ AVX。

         pop     rdx
         pop     rcx
         pop     rbx
         pop     rax
         jmp     print_AVX
choosePrint endp

; 保存易失性 AVX 寄存器（YMM0 ～ YMM3）的 print 版本：

         print_AVX proc

; 保留所有易失性寄存器
;（对调用此过程的汇编代码非常友好）：

         push     rax
         push     rbx
         push     rcx
```

```
          push    rdx
          push    r8
          push    r9
          push    r10
          push    r11

; YMM0 ～ YMM7 被认为是易失性的，所以保留这些寄存器：

          sub rsp, 256
          vmovdqu ymmword ptr [rsp + 000], ymm0
          vmovdqu ymmword ptr [rsp + 032], ymm1
          vmovdqu ymmword ptr [rsp + 064], ymm2
          vmovdqu ymmword ptr [rsp + 096], ymm3
          vmovdqu ymmword ptr [rsp + 128], ymm4
          vmovdqu ymmword ptr [rsp + 160], ymm5
          vmovdqu ymmword ptr [rsp + 192], ymm6
          vmovdqu ymmword ptr [rsp + 224], ymm7

          push    rbp

returnAdrs textequ <[rbp + 328]>

          mov     rbp, rsp
          sub     rsp, 128
          and     rsp, -16

; 格式字符串（在 RCX 中传递）位于返回地址指向的位置，
; 将其加载到 RCX 中：

             mov     rcx, returnAdrs

; 为了处理 3 个以上的参数（再加上 RCX，总共 4 个），必须在栈中传递数据。
; 但是，对于打印的调用方来说，栈不可用，所以使用 R10 和 R11 作为额外参数
;（这些寄存器中可能只含垃圾数据，但为了以防万一传递它们）：

          mov     [rsp + 32], r10
          mov     [rsp + 40], r11
          call    printf

; 需要修改返回地址，使其指向零终止字节之外。
; 可以使用一个快速的 strlen 函数来实现，但是 printf 太慢了，
; 不能真正为我们节省任何运行时间。

          mov     rcx, returnAdrs
          dec     rcx
skipTo0:  inc     rcx
          cmp     byte ptr [rcx], 0
          jne     skipTo0
          inc     rcx
          mov     returnAdrs, rcx

          leave
          vmovdqu ymm0, ymmword ptr [rsp + 000]
          vmovdqu ymm1, ymmword ptr [rsp + 032]
          vmovdqu ymm2, ymmword ptr [rsp + 064]
          vmovdqu ymm3, ymmword ptr [rsp + 096]
          vmovdqu ymm4, ymmword ptr [rsp + 128]
          vmovdqu ymm5, ymmword ptr [rsp + 160]
          vmovdqu ymm6, ymmword ptr [rsp + 192]
          vmovdqu ymm7, ymmword ptr [rsp + 224]
          add     rsp, 256
```

```
          pop     r11
          pop     r10
          pop     r9
          pop     r8
          pop     rdx
          pop     rcx
          pop     rbx
          pop     rax
          ret
print_AVX endp

; 在不支持 AVX 的 CPU 上运行的版本，
; 保留易失性 SSE 寄存器（XMM0 ～ XMM3）:

print_SSE proc

; 保留所有易失性寄存器
;（对调用此过程的汇编代码非常友好）:

          push    rax
          push    rbx
          push    rcx
          push    rdx
          push    r8
          push    r9
          push    r10
          push    r11

; XMM0 ～ XMM3 被认为是易失性的，所以保留这些寄存器：

          sub     rsp, 128
          movdqu  xmmword ptr [rsp + 00], xmm0
          movdqu  xmmword ptr [rsp + 16], xmm1
          movdqu  xmmword ptr [rsp + 32], xmm2
          movdqu  xmmword ptr [rsp + 48], xmm3
          movdqu  xmmword ptr [rsp + 64], xmm4
          movdqu  xmmword ptr [rsp + 80], xmm5
          movdqu  xmmword ptr [rsp + 96], xmm6
          movdqu  xmmword ptr [rsp + 112], xmm7

          push    rbp

returnAdrs textequ <[rbp + 200]>

          mov     rbp, rsp
          and     rsp, -16

; 格式字符串（在 RCX 中传递）位于返回地址指向的位置，
; 将其加载到 RCX 中：

             mov     rcx, returnAdrs

; 为了处理 3 个以上的参数（再加上 RCX，总共 4 个），必须在栈中传递数据。
; 但是，对于打印的调用方来说，栈不可用，所以使用 R10 和 R11 作为额外参数
;（这些寄存器中可能只含垃圾数据，但为了以防万一传递它们）:

          mov     [rsp + 32], r10
          mov     [rsp + 40], r11
          call    printf

; 需要修改返回地址，使其指向零终止字节之外。
```

```
; 可以使用一个快速的 strlen 函数来实现，但是 printf 太慢了，
; 不能真正为我们节省任何运行时间。

        mov     rcx, returnAdrs
        dec     rcx
skipTo0: inc    rcx
        cmp     byte ptr [rcx], 0
        jne     skipTo0
        inc     rcx
        mov     returnAdrs, rcx

        leave
        movdqu  xmm0, xmmword ptr [rsp + 00]
        movdqu  xmm1, xmmword ptr [rsp + 16]
        movdqu  xmm2, xmmword ptr [rsp + 32]
        movdqu  xmm3, xmmword ptr [rsp + 48]
        movdqu  xmm4, xmmword ptr [rsp + 64]
        movdqu  xmm5, xmmword ptr [rsp + 80]
        movdqu  xmm6, xmmword ptr [rsp + 96]
        movdqu  xmm7, xmmword ptr [rsp + 112]
        add     rsp, 128
        pop     r11
        pop     r10
        pop     r9
        pop     r8
        pop     rdx
        pop     rcx
        pop     rbx
        pop     rax
        ret
print_SSE endp

***************************************************************
; 以下是“asmMain”函数的实现。

        public  asmMain
asmMain proc
        push    rbx
        push    rsi
        push    rdi
        push    rbp
        mov     rbp, rsp
        sub     rsp, 56             ; 影子存储器

; 非常简单的示例，不带参数：

        call print
        byte "Hello, world!", nl, 0

; 简单的示例，带整数参数：

        mov     rdx, 1              ; 用于 printf 的参数 #1
        mov     r8, 2               ; 用于 printf 的参数 #2
        mov     r9, 3               ; 用于 printf 的参数 #3
        mov     r10, 4              ; 用于 printf 的参数 #4
        mov     r11, 5              ; 用于 printf 的参数 #5
        call    print
        byte    "Arg 1=%d, Arg2=%d, Arg3=%d "
        byte    "Arg 4=%d, Arg5=%d", nl, 0

; 浮点操作数的演示。请注意，参数 1、参数 2 和参数 3 必须在 RDX、R8 和 R9 中传递。
```

```
; 必须将参数 4 和参数 5 加载到 R10 和 R11 中。

          mov     rdx, qword ptr fp1
          mov     r8, qword ptr fp2
          mov     r9, qword ptr fp3
          mov     r10, qword ptr fp4
          mov     r11, qword ptr fp5
          call    print
          byte    "Arg1=%6.1f, Arg2=%6.1f, Arg3=%6.1f "
          byte    "Arg4=%6.1f, Arg5=%6.1f ", nl, 0

allDone:  leave
          pop     rdi
          pop     rsi
          pop     rbx
          ret                               ; 返回到调用方
asmMain   endp
          end
```

程序清单 11-5 中的代码构建命令和输出结果如下所示：

```
C:\>build listing11-5

C:\>echo off
Assembling: listing11-5.asm
c.cpp

C:\>listing11-5
Calling Listing 11-5:
Hello, World!
Arg 1=1, Arg2=2, Arg3=3 Arg 4=4, Arg5=5
Arg1= 1.0, Arg2= 2.0, Arg3= 3.0 Arg4= 4.0, Arg5= 5.0
Listing 11-5 terminated
```

11.23　MASM include 伪指令

在本书的每个示例程序清单中都包含 print 过程的源代码会浪费大量空间。将上一节的新版本代码放进每个程序清单中是不切实际的。在第 15 章中，我们将讨论可用于将大型项目分解为可管理部分的包含文件、库和其他功能。然而，同时有必要讨论 MASM include 伪指令，以便可以消除本书示例程序中大量不必要的代码重复。

MASM include 伪指令的语法形式如下所示：

```
include source_filename
```

其中，source_filename 是文本文件的名称（通常位于包含此 include 伪指令的源文件的同一目录中）。MASM 将获取源文件，并在 include 伪指令处将其插入汇编语言代码中，就像该文件中的文本出现在正在汇编的源文件中一样。

例如，我们提取了与新的 print 过程相关的所有源代码（choosePrint、print_AVX 和 print_SSE 过程，以及 print 四字变量），并将它们插入 print.inc 源文件中[⊖]。在本书后面的程序清单中，我们将简单地在代码中放置以下指令来代替 print 函数：

```
include print.inc
```

⊖ “.inc”是 MASM 程序员用于包含文件的典型后缀。

我们还将 getTitle 过程放入了该过程自己的头文件（getTitle.inc）中，以便能够从示例清单中删除公共代码。

11.24　其他 SIMD 指令

本章并没有展开讨论所有的 SSE、AVX、AVX2 和 AVX512 指令。如前所述，大多数 SIMD 指令有着特定的用途（例如交织或解交织与视频或音频信息相关的字节），在特定的问题领域之外，这些用途不是很有用。其他指令（至少在本书编写时）足够新，无法在今天使用的许多 CPU 上执行。如果读者有兴趣了解更多 SIMD 指令的有关信息，请查看下一节中的内容。

11.25　拓展阅读资料

有关 AMD CPU 上 cpuid 指令的更多信息，请参阅 2010 年 AMD 文档“CPUID Specifcation”（CPUID 规范），位于 https://www.amd.com/system/files/TechDocs/25481.pdf。对于英特尔 CPU，请查看“Intel Architecture and Processor Identifcation with CPUID Model and Family Numbers”（英特尔体系结构和处理器识别与 CPUID 型号和系列编号），位于 https://software.intel.com/en-us/articles/intel-architecture-and-processor-identifcation-with-cpuid-model-and-family-numbers/。

微软的网站（尤其是 Visual Studio 文档）提供了有关 MASM segment 伪指令和 x86-64 段的更多信息。例如，在互联网上搜索关键字 MASM Segment Directive（MASM 伪段指令），会弹出如下的搜索结果页面：https://docs.microsoft.com/en-us/cpp/assembler/masm/segment?view=msvc-160/。

有关所有 SIMD 指令的完整讨论，请参阅 *Intel® 64 and IA-32 Architectures Software Developer's Manual* 的第 2 卷：*Instruction Set Reference*

可以在英特尔的网站上轻松找到如下文档，例如：

- https://software.intel.com/en-us/articles/intel-sdm/。
- https://software.intel.com/content/www/us/en/develop/download/intel-64-and-ia-32-architectures-sdm-combined-volumes-1-2a-2b-2c-2d-3a-3b-3c-3d-and-4.html。

对应的 AMD 文档的网址为：https://www.amd.com/system/fles/TechDocs/40332.pdf。

虽然本章介绍了许多 SSE/AVX/AVX2 指令以及这些指令的功能，但并没有花太多时间描述如何在典型程序中使用这些指令。读者可以很容易地在互联网上找到许多使用 SSE 和 AVX 指令的有用的高性能算法。以下 URL 提供了一些示例。

SIMD 编程教程：

- SSE Arithmetic:http://www.tommesani.com/index.php/simd/46-sse-arithmetic.html。
- x86/x64 SIMD Instruction List:https://www.officedaytime.com/simd512e/。
- Basics of SIMD Programming:http://ftp.cvut.cz/kernel/people/geoff/cell/ps3-linux-docs/CellProgrammingTutorial/ BasicsOfSIMDProgramming.html。

排序算法：

- A Novel Hybrid Quicksort Algorithm Vectorized Using AVX-512 on Intel Skylake:https://arxiv.org/pdf/1704.08579.pdf。
- Register Level Sort Algorithm on Multi-Core SIMD Processors:http://olab.is.s.u-tokyo.ac.jp/~kamil.rocki/xiaochen_rocki_IA3_SC13.pdf。

- Fast Quicksort Implementation Using AVX Instructions:http://citeseerx.ist.psu.edu/viewdoc/download?doi=10.1.1.1009.7773&rep=rep1&type=pdf。

查找算法：

- SIMD-Friendly Algorithms for Substring Searching:http://0x80.pl/articles/simd-strfnd.html。
- Fast Multiple String Matching Using Streaming SIMD Extensions Technology:https://citeseerx.ist.psu.edu/viewdoc/download?doi= 10.1.1.1041.3831&rep=rep1&type=pdf。
- k-Ary Search on Modern Processors:https://event.cwi.nl/damon2009/DaMoN09-KarySearch.pdf。

11.26 自测题

1. 如何确定 CPU 上是否支持特定的 SSE 或 AVX 功能？
2. 为什么检查 CPU 的制造商很重要？
3. 在 cpuid 指令中使用哪些 EAX 设置来获取功能标志位？
4. 什么功能标志位可以指示 CPU 支持 SSE4.2 指令集？
5. 以下伪指令使用的默认段的名称是什么？
   a. “.code”
   b. “.data”
   c. “.data?”
   d. “.const”
6. 默认的段对齐方式是什么？
7. 如何创建在 64 字节边界对齐的数据段？
8. 哪些指令集扩展支持 YMM*x* 寄存器？
9. 什么是通道（lane）？
10. 标量指令和向量指令之间的区别是什么？
11. SSE 内存操作数（XMM）通常必须在哪个内存边界上对齐？
12. AVX 内存操作数（YMM）通常必须在哪个内存边界上对齐？
13. AVX-512 内存操作数（ZMM）通常必须在哪个内存边界上对齐？
14. 可以使用什么指令将数据从 32 位通用整数寄存器移动到 XMM 和 YMM 寄存器的低阶 32 位？
15. 可以将使用什么指令将数据从 64 位通用整数寄存器移动到 XMM 和 YMM 寄存器的低阶 64 位？
16. 可以使用哪三条指令将 16 字节从对齐的内存位置加载到 XMM 寄存器？
17. 可以使用哪三条指令将任意内存地址处的 16 字节加载到 XMM 寄存器？
18. 如果希望将一个 XMM 寄存器的高阶 64 位移到另一个 XMM 寄存器的高阶 64 位，而不影响目标寄存器的低阶 64 位，则可以使用什么指令？
19. 如果需要将 XMM 寄存器的低阶 64 位中的双精度值复制到另一个 XMM 寄存器的两个四字（低阶和高阶）中，则可以使用什么指令？
20. 可以使用哪条指令重新排列 XMM 寄存器中的字节？
21. 可以使用哪条指令重新排列 XMM 寄存器中的双字通道？
22. 可以使用哪些指令从 XMM 寄存器中提取字节、字、双字或四字，并将它们移动到通用寄存器中？
23. 可以使用哪些指令在通用寄存器中获取字节、字、双字或四字，并将其插入 XMM 寄存器中的某个位置？
24. andnpd 指令的作用是什么？
25. 可以使用哪条指令将 XMM 寄存器中的字节向左移位一个字节（8 位）？

26. 可以使用哪条指令将 XMM 寄存器中的字节向右移位一个字节（8 位）？
27. 如果希望将 XMM 寄存器的两个四字向左移位 *n* 位，那么可以使用什么指令？
28. 如果希望将 XMM 寄存器的两个四字向右移位 *n* 位，那么可以使用什么指令？
29. 当一个加法的结果超出 8 位的范围时，paddb 指令会发生什么？
30. 垂直加法和水平加法的区别是什么？
31. pcmpeqb 指令将比较结果存放在哪里？该指令如何表明结果是 true？
32. 不存在 pcmpltq 指令。解释如何在小于的条件下，比较一对 XMM 寄存器中的通道。
33. pmovmskb 指令的作用是什么？
34. 以下指令同时执行了多少次加法？
    a. addps
    b. addpd
35. 如果在 RAX 寄存器中有一个指向数据的指针，并且想要强制该地址在 16 字节的边界上对齐，则可以使用什么指令？
36. 如何将 XMM0 寄存器中所有位设置为 0？
37. 如何将 XMM1 寄存器中所有位设置为 1？
38. 在汇编过程中，可以使用什么伪指令将源文件的内容插入当前源文件中？

位 操 作

对内存中的位进行操作可能是汇编语言最著名的特性。就连以位操作（bit manipulation）著称的 C 程序设计语言，也没有提供完整的位操作指令集。

本章将讨论如何使用 x86-64 汇编语言处理内存和寄存器中的位串（bit string）。首先回顾迄今为止出现的位操作指令，并介绍一些新的指令，然后回顾在内存中对位串进行打包和解包的相关知识，这是许多位操作运算的基础。最后，讨论几种基于位的算法及其在汇编语言中的实现。

12.1 什么是位数据

位操作是指处理位数据（bit data）：由不连续或者不是 8 位的倍数长的位串组成的数据类型。一般来说，这样的位对象不会表示数字整数，尽管我们不会对位串设置此限制。

位串是由一个或多个二进制位组成的连续序列。位串不必在任何特殊点开始或结束。例如，位串可以从内存中某个字节的第 7 位开始，一直到下一个字节的第 6 位结束。同样，位串可以从 EAX 寄存器的第 30 位开始，占用 EAX 寄存器的高阶 2 位，然后从 EBX 寄存器的第 0 位继续直到第 17 位结束。在内存中，各个位必须是物理连续的（也就是说，除非跨越字节边界，否则位的编号总是在增加，而在字节边界上，内存地址将增加一字节）。在寄存器中，如果一个位串跨越寄存器边界，则应用程序将定义连续寄存器，但该位串始终从第二个寄存器的第 0 位继续。

同值位序列（bit run）是一系列具有相同值的二进制位。全 0 位序列（run of zeros）是一个包含全 0 的位串，全 1 位序列（run of ones）是一个包含全 1 的位串。位串中的第一个设置位（first set bit）是第一个包含 1 的位所在的位置，即出现在可能的全 0 位序列之后的第一个 1 位。第一个清除位（first clear bit）的定义与之类似。最后一个设置位（last set bit）是包含 1 的位串中最后一个位所在的位置，字符串的其余部分构成一个不间断的全 0 位序列。最后一个清除位（last clear bit）的定义也与之类似。

位集（bit set）是一个较大数据结构中的位集合，不一定是连续的。例如，在某一个双字中，其第 0 ～ 3、7、12、24 和 31 位形成一个位集。通常情况下，我们将处理作为容器对象（container object，是一种封装位集的数据结构）一部分的位集，其大小不超过 32 位或者 64 位，尽管这个限制完全是人为设定的。位串是位集的一种特殊情况。

位偏移量（bit offset）是从边界位置（通常是字节边界）到指定位的位数，我们在边界位置上从 0 开始对位进行编号。

掩码（mask）是一个由位构成的序列，我们将使用掩码来对另一个值中的某些位进行操作。例如，位串 0000_1111_0000b 与 and 指令一起使用时，会屏蔽（清除）第 4 ～ 7 位之外的所有位。同样，如果将该掩码与 or 指令一起使用，则可以设置目标操作数中的第 4 ～ 7 位。术语“掩码”表示将这些位字符串与 and 指令一起使用。在这些情况下，全 1 和全 0 就像我们在涂抹东西时使用的胶带，它们能够在屏蔽某些位的同时保持其他位不变。

有了这些定义，我们就可以开始进行位操作了！

12.2 操作位的指令

位操作通常包括六种行为，即设置位、清除位、反转位、测试和比较位、从位串中提取位以及将位插入位串中。最基本的位操作指令是 and、or、xor、not、test、shift 和 rotate 指令。接下来将回顾这些指令，重点介绍如何使用这些指令来操作内存或者寄存器中的位。

12.2.1 and 指令

and 指令可使用全 0 替换位序列中不需要的位。该指令特别适用于隔离与其他无关数据合并在一起的位串或位集，这里即使不是无关数据，至少也是不属于该位串或位集的数据。例如，假设一个位串占用 EAX 寄存器的第 12 ～ 24 位，那么我们可以使用以下指令将 EAX 中的所有其他位清除，从而隔离该位串（参见图 12-1）：

```
and eax, 1111111111111000000000000b
```

从理论上讲，也可以使用 or 指令将所有不需要的位屏蔽为 1，而不是 0。然而，让不需要的位包含 0，通常会使以后的比较操作以及其他操作更容易。

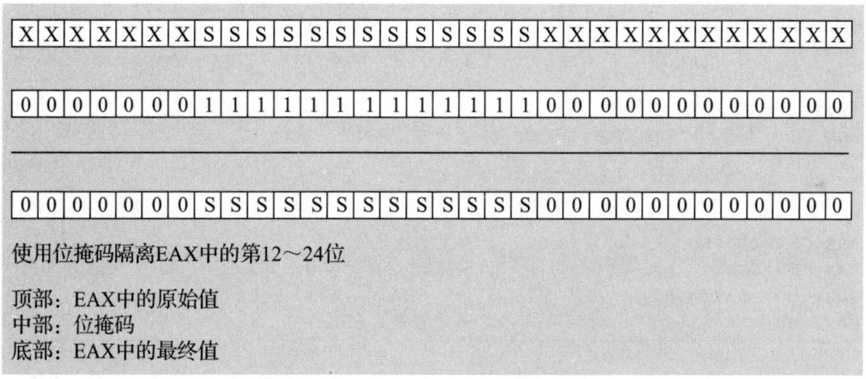

X	X	X	X	X	X	X	S	S	S	S	S	S	S	S	S	S	S	S	S	X	X	X	X	X	X	X	X	X	X	X	X
0	0	0	0	0	0	0	1	1	1	1	1	1	1	1	1	1	1	1	1	0	0	0	0	0	0	0	0	0	0	0	0
0	0	0	0	0	0	0	S	S	S	S	S	S	S	S	S	S	S	S	S	0	0	0	0	0	0	0	0	0	0	0	0

使用位掩码隔离EAX中的第12～24位

顶部：EAX中的原始值
中部：位掩码
底部：EAX中的最终值

图 12-1　使用 and 指令隔离位串

清除了位集中不需要的位之后，就可以对所设置的位进行操作了。例如，为了查看 EAX 寄存器第 12 ～ 24 位的位串中是否包含 12F3h，可以使用以下代码：

```
and eax, 1111111111111000000000000b
cmp eax, 1001011110011000000000000b
```

以下是另一个解决方案，使用常量表达式，更容易理解：

```
and eax, 1111111111111000000000000b
cmp eax, 12F3h shl 12
```

为了使与该值一起使用的常量和其他值更易于处理，可以在屏蔽位值后使用 shr 指令将其与第 0 位对齐，如下所示：

```
and eax, 1111111111111000000000000b
shr eax, 12
cmp eax, 12F3h
需要使用位于第 0 位的位串的其他操作
```

12.2.2　or 指令

当需要将位集插入另一个位串中时，or 指令特别有效，以下是具体的步骤。

（1）清除源操作数中位集周围的所有位。

（2）清除目标操作数中需要插入位集的所有位。

（3）对位集和目标操作数进行 or 运算。

例如，假设 EAX 寄存器的第 0 ～ 12 位包含一个值，我们希望在不影响 EBX 寄存器中任何其他位的情况下将该值插入 EBX 寄存器的第 12 ～ 24 位。首先，将 EAX 寄存器中第 13 位及更高位的内容清除，将 EBX 寄存器中第 12 ~24 位的内容清除。接下来，将 EAX 寄存器中的位向左移位，以便位串占据 EAX 寄存器的第 12 ～ 24 位。最后，通过 or 运算将 EAX 寄存器中的值合并到 EBX 寄存器中（参见图 12-2），具体代码如下所示：

```
and eax, 1FFFh          ; 将 EAX 中第 0 ～ 12 位的内容清除
and ebx, 0FE000FFFh     ; 将 EBX 中第 12 ～ 24 位的内容清除
shl eax, 12             ; 将第 0 ～ 12 位移动到第 12 ～ 24 位
or  ebx, eax            ; 合并位集到 EBX 中
```

在图 12-2 中，所需位（AAAAAAAAAAAAA）组成了位串。然而，即使处理的是一组不连续的位，这个算法也仍然有效，只需要创建一个在适当位置包含 1 的位掩码。

当使用位掩码时，如果还像以前的例子中那样，使用字面数字常量，那就属于非常糟糕的编程风格。建议始终在 MASM 中创建符号常量。将这些符号常量与一些常量表达式相结合，可以生成更易于阅读和维护的代码。当前示例代码可以进行以下更合适的重构：

```
StartPosn  = 12
BitMask    = 1FFFh shl StartPosn  ; 掩码占据第 12 ～ 24 位
.
.
.
shl eax, StartPosn                ; 移动到指定的位置
and eax, BitMask                  ; 从 EAX 中清除第 0 ～ 12 位
and ebx, not BitMask              ; 清除 EBX 中的第 12 ～ 24 位
or  ebx, eax                      ; 合并位集到 EBX 中
```

EBX:
X|X|X|X|X|X|X|Y|Y|Y|Y|Y|Y|Y|Y|Y|Y|Y|Y|Y|X|X|X|X|X|X|X|X|X|X|X|X

EAX:
U|U|U|U|U|U|U|U|U|U|U|U|U|U|U|U|U|U|U|A|A|A|A|A|A|A|A|A|A|A|A|A

第一步：清除EAX中不需要的位（即标有字符U的位）

EBX:
X|X|X|X|X|X|X|Y|Y|Y|Y|Y|Y|Y|Y|Y|Y|Y|Y|Y|X|X|X|X|X|X|X|X|X|X|X|X

EAX:
0|0|0|0|0|0|0|0|0|0|0|0|0|0|0|0|0|0|0|A|A|A|A|A|A|A|A|A|A|A|A|A

第二步：清除EBX中的目标位字段

EBX:
X|X|X|X|X|X|X|0|0|0|0|0|0|0|0|0|0|0|0|0|X|X|X|X|X|X|X|X|X|X|X|X

EAX:
0|0|0|0|0|0|0|0|0|0|0|0|0|0|0|0|0|0|0|A|A|A|A|A|A|A|A|A|A|A|A|A

第三步：将EAX中的位向左移位12位，使其与目标位字段对齐

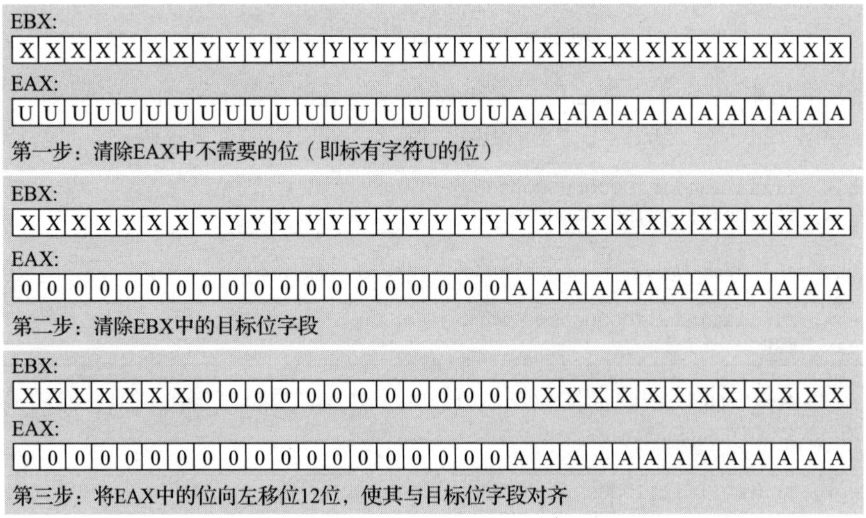

图 12-2　将 EAX 的第 0 ～ 12 位插入 EBX 的第 12~ 24 位中

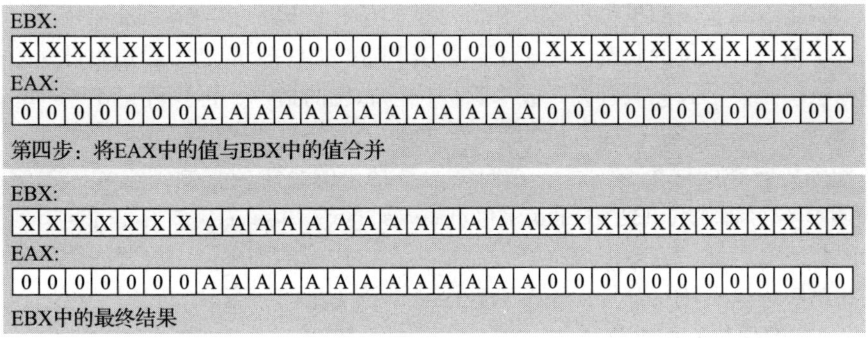

EBX:

X|X|X|X|X|X|X|0|0|0|0|0|0|0|0|0|0|0|0|0|X|X|X|X|X|X|X|X|X|X|X|X

EAX:

0|0|0|0|0|0|0|A|A|A|A|A|A|A|A|A|A|A|A|A|0|0|0|0|0|0|0|0|0|0|0|0

第四步：将EAX中的值与EBX中的值合并

EBX:

X|X|X|X|X|X|X|A|A|A|A|A|A|A|A|A|A|A|A|A|X|X|X|X|X|X|X|X|X|X|X|X

EAX:

0|0|0|0|0|0|0|A|A|A|A|A|A|A|A|A|A|A|A|A|0|0|0|0|0|0|0|0|0|0|0|0

EBX中的最终结果

图 12-2　将 EAX 的第 0 ～ 12 位插入 EBX 的第 12~ 24 位中（续）

使用编译时的 not 运算符对位掩码进行反转，可以避免在程序中创建另一个常量（只要修改 BitMask 常量，该常量就必须更改）。在一个程序中，必须维护两个值相互依赖的独立符号并不是一件好事。

当然，除了将一个位集与另一个位集合并外，or 指令还可以用于强制位串中的位为 1。将源操作数中不同位的内容设置为 1，可以使用 or 指令强制目标操作数中相对应的位为 1。

12.2.3　xor 指令

xor 指令允许我们反转位集中选定的位。如果需要反转目标操作数中的所有位，则 not 指令更合适。如果希望在不影响其他位的情况下反转所选位，那么 xor 是一个不错的选择。

关于 xor 操作的一个有趣的事实是，该操作允许我们以几乎任何可以想象的方式操作已知数据。例如，如果知道某个字段包含 1010b，那么可以通过对该字段与 1010b 进行异或运算，将字段强制为 0。类似地，可以通过对字段与 0101b 进行异或运算，将字段强制为 1111b。虽然这似乎是一种浪费，因为可以使用 and/or 指令轻松地将这个 4 位字符串强制为 0 或全 1，但 xor 指令有两个优点。首先，不局限于强制字段为全 0 或全 1，通过 xor 可以将这些位设置为 16 个有效组合中的任意一个。其次，如果需要同时操作目标操作数中的其他位，则 and/or 指令可能无法实现。

例如，假设已知一个字段包含 1010b，如果希望将该字段强制为 0，而同一操作数中的另一个字段包含 1000b，并且希望将该字段增加 1（即将该字段设置为 1001b）。不能使用一条 and 或 or 指令同时完成这两个操作，但可以用一条 xor 指令实现。只需对第一个字段与 1010b 进行 xor 运算，对第二个字段与 0001b 进行 xor 运算。但是，请记住，只有在知道目标操作数中位集的当前值时，此技巧才有效。

12.2.4　通过逻辑指令修改标志位

除了设置、清除和反转目标操作数中的位外，and、or 和 xor 指令还影响 FLAGS 寄存器中的各种条件码。这些指令执行以下操作。

- 始终清除进位标志位和溢出标志位。
- 如果运算结果的高阶位为 1，则设置符号标志位，否则清除符号标志位。也就是说，这些指令将结果的高阶位复制到符号标志位中。
- 如果运算结果为零，则设置符号标志位；如果运算结果不为零，则清除符号标志位。
- 如果目标操作数的低阶字节中有偶数个 1，则设置奇偶校验标志位；如果有奇数个 1，则清除奇偶校验标志位。

因为这些指令总是清除进位标志位和溢出标志位，所以不能期望系统在执行这些指令的过程中保持这两种标志位的状态。许多汇编语言程序中的一个常见错误是假设这些指令不会影响进位标志位。许多人会执行设置或清除进位标志位的指令，再执行 and、or 或 xor 指令，然后尝试测试前一条指令进位标志位的状态。这样的做法是错误的。

这些指令更有趣的一个方面是，它们将运算结果的高阶位复制到符号标志位中，使得可以通过测试符号标志位（使用 cmovs 和 cmovns、sets 和 setns，或 js 和 jns 指令）轻松测试高阶位的状态。因此，许多汇编语言程序员会在操作数的高阶位中放置一个重要的布尔变量，以便在逻辑运算后使用符号标志位来轻松测试该变量的状态。

12.2.4.1　奇偶校验标志位

奇偶校验是一种简单的错误检测方案，最初用于电报和其他串行通信协议。其思想是统计一个字符中被取 1 的位数，并在传输中包含一个额外的二进制位，以指示该字符中取 1 的位有偶数个还是奇数个。通信的接收端将对这些位进行计数，并验证额外的奇偶校验标志位是否表示传输成功。奇偶校验标志位的作用是帮助计算这个额外位的值，尽管奇偶校验已经被硬件取代[⊖]。

如果操作数的低阶字节包含偶数个值为 1 的位，那么 x86-64 的 and、or 和 xor 指令将设置奇偶校验标志位。这里需要重申一个重要事实：奇偶校验标志位只反映目标操作数低阶字节中取 1 的位数，不包括字、双字或其他大小的操作数中的高阶字节。这个指令集仅使用低阶字节来计算奇偶校验标志位，因为使用奇偶校验的通信程序通常是面向字符的传输系统（如果一次传输超过 8 位的信息，则可以使用更好的错误检查方案）。

12.2.4.2　零标志位

零标志位设置是使用 and、or 和 xor 指令产生的一个更重要的结果。事实上，程序经常在 and 指令之后检查零标志位，因此英特尔添加了一条单独的指令 test，其主要作用是在不影响任何指令操作数的情况下，对两个操作数进行逻辑 and 运算并设置标志位。

在执行 and 或 test 指令后，零标志位有三个主要用途：（1）检查操作数中的特定位是否已被设置；（2）检查位集中的几个位里是否至少有一位已被设置；（3）检查操作数是否为 0。用途（1）实际上是用途（2）的一种特殊情况，其位集中只包含一个位。接下来，我们将一一探讨这些用途。

为了测试给定操作数中是否已设置了特定位，可以使用 and 和 test 指令，对一个包含要测试的单个设置位的常数值操作数进行测试。这会将操作数中的所有其他位清除，如果操作数在该测试位的位置包含一个 0，则在测试位位置保留 0；如果操作数包含 1，则保留 1。因为结果中的所有其他位都是 0，所以如果该特定位为 0，则整个结果将是 0；如果该位的位置上包含 1，则整个结果将为非零。x86-64 以零标志位反映了这种状态（Z=1 表示该位值为 0，Z=0 表示该位值为 1）。以下指令序列演示了如何测试是否设置了 EAX 中的第 4 位：

```
test eax, 10000b   ; 检查第 4 位，判断该位上的值是 0 还是 1
jnz bitIsSet
如果第 4 位的值为 0，则执行此处的代码
.
.
.
bitIsSet:          ; 如果第 4 位的值为 1，则跳转到此处
```

⊖　串行通信芯片和其他使用奇偶校验进行错误检查的通信硬件通常会计算硬件中的奇偶校验，因而不必使用软件来实现奇偶校验。

还可以使用and和test指令查看是否设置了几个位中的任何一位。只需提供一个常数，该常数中所有需要测试的位都包含一个1（其他位都包含0）。如果被测操作数中有一个或多个位中包含值1，则对操作数与该常数进行and运算，结果将产生非零值。以下示例测试是否设置了EAX中第1、2、4和7位：

```
test eax, 10010110b
jz noBitsSet
如果其中一个位的值为 1，则执行此处指定的任意操作
noBitsSet:
```

不能使用一个单独的and或者test指令来查看位集中的所有对应位是否都等于1。为了做到这一点，必须首先屏蔽不在集合中的位，然后将结果与掩码本身进行比较。如果结果等于掩码，则位集中的所有位都包含1。此操作必须使用and指令，因为test指令不会修改结果。以下示例检查位集中的所有位（bitMask）是否都等于1：

```
and eax, bitMask
cmp eax, bitMask
jne allBitsArentSet

; 执行到此处，表示 EAX 中与 bitMask 里
; 的设置位相对应的所有位都等于 1。

如果所有的位都匹配，则执行此处指定的任意操作


allBitsArentSet:
```

当然，一旦我们将cmp指令插入其中，就不必检查位集中的所有位是否都包含1了。我们可以通过指定适当的值作为cmp指令的操作数来检查任何值的组合。

请注意，只有当EAX（或其他目标操作数）中的所有位在常量操作数中出现1的位置都是0时，test和and指令才会在前面的代码序列中设置零标志位。这表明了检查位集中是否为全1的另一种方法：在使用and或test指令之前，反转EAX中的值。然后，如果零标志位已被设置，就可以知道（原始）位集中所有的位均为1。例如：

```
not eax
test eax, bitMask
jnz NotAllOnes

; 执行到此处，表示 EAX 中与 bitMask 里
; 的设置位相对应的所有位都等于 1。

在此处执行任何需要执行的操作
NotAllOnes:
```

在前面的描述中，都暗示bitMask（源操作数）是常量，但也可以使用变量或其他寄存器。在执行前面示例中的test、and或cmp指令之前，只需使用适当的位掩码加载该变量或寄存器即可。

12.2.5 位测试指令

另一个可以用来操作位的指令集是位测试（bit test）指令。这些指令包括bt（bit test，位测试）、bts（bit test and set，位测试和设置）、btc（bit test and complement，位测试和取补）和btr（bit test and reset，位测试和复位）。bt*x*指令的语法形式如下所示：

```
btx bits_to_test, bit_number
btx reg16, reg16
btx reg32, reg32
btx reg64, reg64
btx reg16, constant
btx reg32, constant
btx reg64, constant
btx mem16, reg16
btx mem32, reg32
btx mem64, reg64
btx mem16, constant
btx mem32, constant
btx mem64, constant
```

其中，*x* 为空、s、c 或 r。

bt*x* 指令的第二个操作数是一个位编号，用于指定在第一个操作数中检查哪个位。如果第一个操作数是寄存器，则第二个操作数必须包含介于 0 和寄存器大小（以位为单位）减 1 之间的值。因为 x86-64 的最大（通用）寄存器是 64 位的，所以该值的最大值为 63（对于 64 位寄存器）。如果第一个操作数是内存位置，则位计数不限于 0 到 63 范围内的值。如果第二个操作数是常数，则位计数可以是 0 到 255 范围内的任何 8 位值。如果第二个操作数是寄存器，则对位计数的取值没有（实际）限制，而且位计数的取值允许负的位偏移量。

bt 指令将指定位从第二个操作数复制到进位标志位中。例如，“bt eax, 8”指令将 EAX 寄存器的第 8 位复制到进位标志位中。在执行此指令后，可以测试进位标志位，以确定 EAX 中第 8 位的值是 1 还是 0。

bts、btc 和 btr 指令在测试时操作所测试的位。这些指令可能很慢（取决于使用的处理器），因此如果性能是用户最关心的问题，尤其如果使用的是旧型号的 CPU，则应避免使用这些指令。当相对于便利性，更关注性能时，应该始终尝试两种不同的算法——一种方法是使用这些指令，另一种方法是使用 and 和 or 指令并测量性能差异，然后从这两种方法中选择最好的一种。

12.2.6　使用移位和循环移位指令操作位

移位和循环移位指令是另一个可用于操作和测试位的指令集。这些指令将高阶位（左移位和循环移位）或低阶位（右移位和循环移位）移动到进位标志位。因此，可以在执行其中一条指令后测试进位标志位，以确定操作数高阶位或低阶位的原始设置；例如：

```
shr al, 1
jc LOBitWasSet
```

移位和循环移位指令的优越性在于，这些指令会自动在操作数中上移或下移位，以便下一个需要测试的位处于正确的位置，这特别适用于在循环内的操作。

移位和循环移位指令对于对齐位串以及打包和解包数据非常重要。第 2 章包含几个例子，本章中前面的一些示例也都使用了移位指令。

12.3　作为位累加器的进位标志位

位测试、移位和循环移位指令将根据操作和所选位，设置或清除进位标志位。由于这些指令将其“位结果”存放在进位标志位中，因此通常可以方便地将进位标志位视为位操作的 1 位寄存器或累加器。在本节中，我们将探讨在进位标志位中使用该位结果可以实现的一些操作。

有的指令使用进位标志位作为某种输入值，这样的指令对于在进位标志位中对位结果进行操作很有用。例如：

- adc, sbb
- rcl, rcr
- cmc, clc 以及 stc
- cmovc, cmovnc
- jc, jnc
- setc, setnc

adc 和 sbb 指令将其操作数与进位标志位相加或相减，因此如果已将位结果计算到进位标志位中，则可以使用这些指令将其计算为加法或减法。

为了保存进位标志位的结果，可以使用循环进位指令（rcl 和 rcr），将进位标志位移动到目标操作数的低阶位或高阶位。这些指令可用于将一组位结果打包为字节、字或双字值。

使用 cmc（complement carry，补码进位）指令可以轻松反转位运算的结果，还可以使用 clc 和 stc 指令在涉及进位标志位的一系列位操作之前初始化进位标志位。

测试进位标志位的指令，例如 jc、jnc、cmovc、cmovnc、setc 和 setnc，当计算后会在进位标志位中留下位结果时，这些指令非常有用。

如果有一系列的位计算，并希望测试这些计算是否产生一组特定的 1 位结果，则可以将寄存器或内存位置清除，并使用 rcl 或 rcr 指令将每个结果移位到该位置。位操作完成后，比较寄存器或内存位置，将结果与常量值进行比较。如果要测试涉及 and 和 or 运算的一系列结果，那么可以使用 setc 和 setnc 指令将寄存器设置为 0 或 1，然后使用 and 和 or 指令合并结果。

12.4 位串的打包和解包

常见的位操作是将位串插入操作数中，或者从操作数中提取位串。本节将正式描述其实现方法。

出于我们的目的，本节将假设正在处理适合作为字节、字、双字或四字操作数的位字符串。跨越对象边界的大位串需要额外处理，我们将在本节后面讨论跨越四字边界的位串。

在打包和解包位串时，必须考虑其起始位的位置和长度。起始位的位置是较大操作数中字符串的低阶位的位编号。长度是操作数中的位数。

为了将数据插入（打包到）目标操作数中，可以从右对齐（从第 0 位开始）的长度适当的位串开始，并将其零扩展到 8、16、32 或 64 位；然后将该数据插入另一个 8、16、32 或 64 位大小的操作数的适当起始位置。无法保证目标位包含任何特定值。

前两个步骤（可以按任何顺序进行）将目标操作数中的相应位清除，并对位串的副本进行移位，以便低阶位从适当的位开始。接下来是对移位结果与目标操作数进行 or 运算。结果会将位串插入目标操作数中（参见图 12-3）。

以下三条指令将已知长度的位串插入目标操作数中，如图 12-3 所示。这些指令假定源操作数在 BX 中，目标操作数在 AX 中：

```
shl bx, 5
and ax, 1111111000011111b
or ax, bx
```

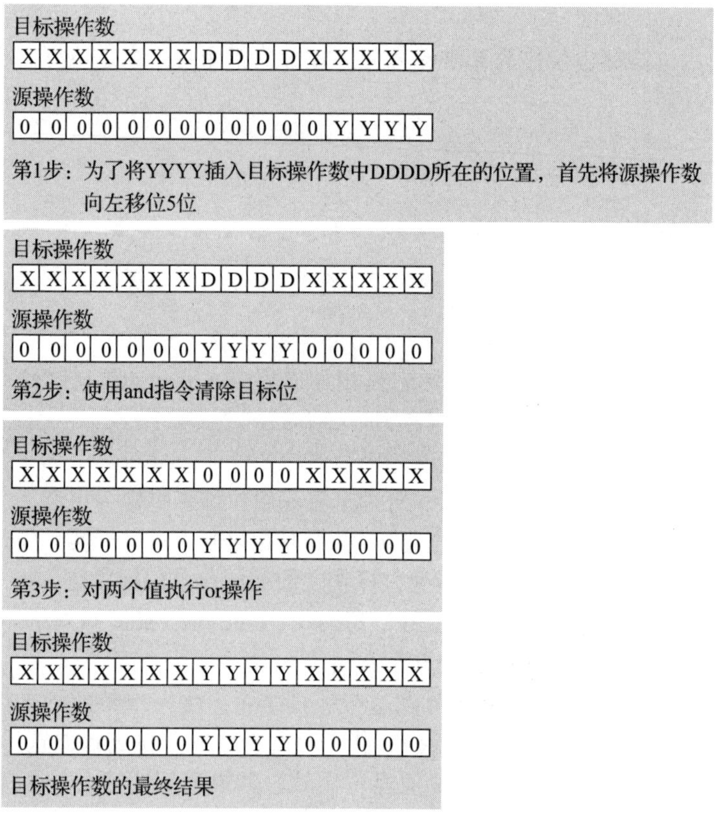

目标操作数

X	X	X	X	X	X	X	D	D	D	D	X	X	X	X	X

源操作数

0	0	0	0	0	0	0	0	0	0	0	0	Y	Y	Y	Y

第1步：为了将YYYY插入目标操作数中DDDD所在的位置，首先将源操作数向左移位5位

目标操作数

X	X	X	X	X	X	X	D	D	D	D	X	X	X	X	X

源操作数

0	0	0	0	0	0	0	Y	Y	Y	Y	0	0	0	0	0

第2步：使用and指令清除目标位

目标操作数

X	X	X	X	X	X	X	0	0	0	0	X	X	X	X	X

源操作数

0	0	0	0	0	0	0	Y	Y	Y	Y	0	0	0	0	0

第3步：对两个值执行or操作

目标操作数

X	X	X	X	X	X	X	Y	Y	Y	Y	X	X	X	X	X

源操作数

0	0	0	0	0	0	0	Y	Y	Y	Y	0	0	0	0	0

目标操作数的最终结果

图 12-3　将位串插入目标操作数

如果在编写程序时不知道长度和起始位置（也就是说，必须在运行时计算这些值），那么可以使用查找表来插入位串。假设我们有两个 8 位值：所插入字段起始位的位置和非零的 8 位长度值。此外，还假设源操作数在 EBX 中，目标操作数在 EAX 中。程序清单 12-1 中的 mergeBits 过程演示了实现方法。

程序清单 12-1　插入位串，其中位串长度和起始位置是变量

```
; 程序清单 12-1

; 演示如何将位串插入寄存器中。
; 请注意，汇编和链接这个程序时必须使用选项：LARGEADDRESSAWARE:NO。

        option casemap:none
nl      =     10

        .const
ttlStr byte "Listing 12-1", 0

; 下表中的索引指定每个位置的位串长度。
; 此表中有 65 个元素（每个元素都对应 0 ～ 64 之间的位长度）。

            .const
MaskByLen equ this qword
    qword 0
    qword 1, 3, 7, 0fh
    qword 1fh, 3fh, 7fh, 0ffh
    qword 1ffh, 3ffh, 7ffh, 0fffh
```

```
    qword 1fffh, 3fffh, 7fffh, 0ffffh
    qword 1ffffh, 3ffffh, 7ffffh, 0fffffh
    qword 1fffffh, 3fffffh, 7fffffh, 0ffffffh
    qword 1ffffffh, 3ffffffh, 7ffffffh, 0fffffffh
    qword 1fffffffh, 3fffffffh, 7fffffffh, 0ffffffffh

    qword 1ffffffffh, 03ffffffffh
    qword 7ffffffffh, 0fffffffffh

    qword 1fffffffffh, 03fffffffffh
    qword 7fffffffffh, 0ffffffffffh

    qword 1ffffffffffh, 03ffffffffffh
    qword 7ffffffffffh, 0fffffffffffh

    qword 1fffffffffffh, 03fffffffffffh
    qword 7fffffffffffh, 0ffffffffffffh

    qword 1ffffffffffffh, 03ffffffffffffh
    qword 7ffffffffffffh, 0fffffffffffffh

    qword 1fffffffffffffh, 03fffffffffffffh
    qword 7fffffffffffffh, 0ffffffffffffffh

    qword 1ffffffffffffffh, 03ffffffffffffffh
    qword 7ffffffffffffffh, 0fffffffffffffffh

    qword 1fffffffffffffffh, 03fffffffffffffffh
    qword 7fffffffffffffffh, 0ffffffffffffffffh

Val2Merge qword 12h, 1eh, 5555h, 1200h, 120h
LenInBits byte 5, 9, 16, 16, 12
StartPosn byte 7, 4, 4, 12, 18

MergeInto   qword 0ffffffffh, 0, 12345678h
            qword 11111111h, 0f0f0f0fh

            include getTitle.inc
            include print.inc

            .code

; mergeBits(Val2Merge, MergeWith, Start, Length):
; Length (LenInBits[i]) 值通过 DL 传递。
; Start (StartPosn[i]) 通过 CL 传递。
; Val2Merge (Val2Merge[i]) 和 MergeWith (MergeInto[i]) 通过 RBX 和 RAX 传递。

; mergeBits 结果通过 RAX 返回。

mergeBits   proc
            push rbx
            push rcx
            push rdx
            push r8
            movzx edx, dl           ; 零扩展到 RDX
            mov rdx, MaskByLen[rdx * 8]
            shl rdx, cl
            not rdx
            shl rbx, cl
            and rax, rdx
            or rax, rbx
```

```
            pop r8
            pop rdx
            pop rcx
            pop rbx
            ret
mergeBits endp

; 以下是“asmMain”函数的实现。

            public asmMain
asmMain     proc
            push rbx
            push rsi
            push rdi
            push rbp
            mov rbp, rsp
            sub rsp, 56   ; 影子存储器

; 以下循环调用 mergeBits:

; mergeBits(Val2Merge[i], MergeInto[i], StartPosn[i], LenInBits[i]);
; 其中“i”从 4 递减到 0。
; 数组中最后一个元素的索引:

            mov r10, (sizeof LenInBits) - 1
testLoop:

; 获取 Val2Merge 元素，并在显示器上显示其值。

            mov rdx, Val2Merge[r10 * 8]
            call print
            byte "merge( %x, ", 0
            mov rbx, rdx

; 获取 MergeInto 元素，并在显示器上显示其值。

            mov rdx, MergeInto[r10 * 8]
            call print
            byte "%x, ", 0
            mov rax, rdx

; 获取 StartPosn 元素，并在显示器上显示其值。

            movzx edx, StartPosn[r10 * 1]       ; 零扩展到 RDX
            call print
            byte "%d, ", 0
            mov rcx, rdx

; 获取 LenInBits 元素，并在显示器上显示其值。

            movzx edx, LenInBits[r10 * 1]       ; 零扩展到 RDX
            call print
            byte "%d ) = ", 0

; 调用 mergeBits(Val2Merge, MergeInto, StartPosn, LenInBits)

            call mergeBits

; 显示函数的结果（在 RAX 中返回）。
; 对于该程序，结果始终为 32 位，
; 因此只打印 RAX 的低阶 32 位:
```

```
            mov edx, eax
            call print
            byte "%x", nl, 0

; 重复数组中的每个元素。

            dec r10
            jns testLoop
allDone:    leave
            pop rdi
            pop rsi
            pop rbx
            ret         ; 返回到调用方
asmMain     endp
            end
```

下面是程序清单 12-1 中代码的构建命令和输出结果。由于该程序直接访问数组（而不是将其地址加载到寄存器中，这会混淆代码），因此构建该程序必须使用编译选项“LARGEADDRESSAWARE:NO”，并且需要使用 sbuild.bat 批处理文件：

```
C:\>sbuild listing12-1

C:\>echo off
Assembling: listing12-1.asm
c.cpp

C:\>listing12-1
Calling Listing 12-1:
merge(120, f0f0f0f, 18, 12) = 4830f0f
merge(1200, 11111111, 12, 16) = 11200111
merge(5555, 12345678, 4, 16) = 12355558
merge(1e, 0, 4, 9) = 1e0
merge(12, ffffffff, 7, 5) = fffff97f
Listing 12-1 terminated
```

MaskByLen 表（程序清单 12-1）中的每个元素都包含表中索引指定的值为 1 的位数。使用“mergeBits Length”参数值作为该表的索引，将获取一个与长度值相同的位串，该位串各个位的值均为 1。mergeBits 函数获取一个合适的掩码，将其向左移位，以便将全 1 序列的低阶位与我们要插入数据的字段起始位置相匹配，然后反转掩码，并使用反转的值将目标操作数中的合适位清除。

为了从较大的操作数中提取位串，只需屏蔽不需要的位，然后将结果左移位，直到位串的低阶位被移到目标操作数的第 0 位。例如，为了提取 EBX 中从第 5 位开始的 4 位长的字段，并将结果保留在 EAX 中，可以使用以下代码：

```
mov eax, ebx                ; 将数据复制到目标操作数
and eax, 111100000b         ; 清除不需要的位
shr eax, 5                  ; 右对齐到第 0 位
```

在编写程序的时候，即使事先并不知道位串的长度和起始位置，也仍然可以提取所需的位串。代码类似于插入操作（但是稍微简单一点）。假设我们知道插入位串时所使用的 Length 和 start 值，那么可以使用以下代码（假设源操作数 = EBX 和目标操作数 = EAX）提取相应的位串：

```
movzx edx, Length
lea r8, MaskByLen               ; 程序清单 12-1 中的表
```

```
mov rdx, [r8][rdx * 8]
mov cl, StartingPosition
mov rax, rbx
shr rax, cl
and rax, rdx
```

到目前为止的所有示例都假设位串完全位于四字（或更小）的对象中。如果位串长度小于或等于 64 位，则满足该情况。但是，如果位串的长度加上其在对象中的起始位置（模 8）大于 64，则这个位串将跨越对象中的四字边界。

提取这样的位串最多需要三个操作：第一个操作用于提取位串的起始位置（直到第一个四字边界），第二个操作用于复制整个四字（假设位串很长，需要若干个四字存放），最后一个操作复制位串末尾最后一个四字中的剩余位。如何实现该操作留给读者作为练习题。

12.5　提取位和创建位掩码的 BMI1 指令

如果 CPU 支持 BMI1（bit manipulation instructions set 1，位操作指令集 1）指令集扩展[㊀]，那么可以使用 bextr（bit extraction，位提取）指令从 32 位或 64 位通用寄存器中提取位。bextr 指令的语法形式如下所示：

```
bextr reg_dest, reg_src, reg_ctrl
bextr reg_dest, mem_src, reg_ctrl
```

所有操作数的大小必须相同，并且必须是 32 位或者 64 位寄存器（或内存位置）。

bextr 指令将两个参数编码到 reg_{ctrl} 中，如下为具体操作。

- reg_{ctrl} 的第 0~7 位指定源操作数中起始位的位置（对于 32 位操作数，该值必须在 0 ～ 31 之间；对于 64 位操作数，该值必须在 0 ～ 63 之间）。
- reg_{ctrl} 的第 8 ～ 15 位指定从源操作数中提取的位数。

bextr 指令将从 reg_{src} 或 mem_{src} 中提取指定的位，并将这些位（向下移位到第 0 位）存储在 reg_{dest} 中。一般来说，应该尝试使用 RAX 和 EAX、RBX 和 EBX、RCX 和 ECX，或 RDX 和 EDX 作为 ctrl（控制）寄存器，因为可以使用 AH 和 AL、BH 和 BL、CH 和 CL 以及 DH 和 DL 这些 8 位寄存器来轻松地对起始值和长度值进行操作。程序清单 12-2[㊁]提供了 bextr 指令的快速演示。

程序清单 12-2　bextr 指令的示例

```
; 程序清单 12-2
; 演示从一个寄存器中提取位串。

        option casemap:none
nl          =       10

            .const
ttlStr byte "Listing 12-2", 0

            include getTitle.inc
            include print.inc

; 以下是“asmMain”函数的实现。
```

㊀ 为了了解如何检查是否存在 BMI1 和 BMI2 指令集扩展，请参阅程序清单 11-2。

㊁ 该程序清单包含一些可与本章其他程序清单共享的代码，其特有的代码包含在“;>>>>”和“;<<<<”注释中。

```
            .code
            public asmMain
asmMain     proc
            push rbx
            push rsi
            push rdi
            push rbp
            mov rbp, rsp
            sub rsp, 56             ; 影子存储器

; >>>> 不同程序清单的特有代码:

            mov rax, 123456788abcdefh
            mov bl, 4
            mov bh, 16
            bextr rdx, rax, rbx
            call print
            byte "Extracted bits: %x", nl, 0

; <<<< 特有代码结束。

allDone:    leave
            pop rdi
            pop rsi
            pop rbx
            ret                     ; 返回到调用方
asmMain     endp
end
```

程序清单 12-2 的构建命令和输出结果如下所示：

```
C:\>build listing12-2

C:\>echo off
Assembling: listing12-2.asm
c.cpp

C:\>listing12-2
Calling Listing 12-2:
Extracted bits: bcde
Listing 12-2 terminated
```

BMI1 指令集扩展还包括一条提取寄存器中编号最低的设置位的指令：blsi（extract lowest set isolated bit，提取最低设置隔离位）。blsi 指令的语法形式如下所示：

```
blsi regdest, regsrc
blsi regdest, memsrc
```

指令中两个操作数的大小必须相同，可以是 32 位或者 64 位。此指令定位源操作数（寄存器或内存）中的最低设置位，将最低设置位复制到目标寄存器，并将目标寄存器中的所有其他位清零。如果源操作数的值为 0，则 blsi 指令将 0 复制到目标寄存器，并设置零标志位和进位标志位。程序清单 12-3 是该指令的简单演示（请注意，省略了程序清单 12-2 中的共享代码）。

程序清单 12-3　blsi 指令的简单演示

```
; >>>> 不同程序清单的特有代码:
mov r8, 12340000h
blsi edx, r8
call print
```

```
byte "Extracted bit: %x", nl, 0
; <<<< 特有代码结束。
```

将这个代码片段插入框架示例程序并运行，将产生以下的输出结果：

```
Extracted bit: 40000
```

将 BMI1 的 andn 指令与 blsi 结合使用会非常有帮助。andn 指令的通用语法形式如下所示：

```
andn reg_dest, reg_src1, reg_src2
andn reg_dest, reg_src1, mem_src2
```

所有操作数的大小必须相同，并且必须是 32 位或者 64 位。此指令对 reg_{src1} 中值的反转副本与第三个操作数（第二个源操作数）进行逻辑与运算，并将结果存储到 reg_{dest} 操作数中。

在提取 blsi 的源操作数中编号最低的设置位后，使用紧跟在 blsi 指令之后的 andn 指令删除该位。程序清单 12-4 演示了这个操作（按照惯例，省略了共通代码）。

程序清单 12-4　提取和删除操作数中的最低设置位

```
; >>>> 不同程序清单的特有代码：
mov  r8, 12340000h
blsi edx, r8
andn r8, rdx, r8

; 输出值 1 位于 RDX 中（提取的位），
; 输出值 2 位于 R8 中（删除最低设置位后的值）。

call print
byte "Extracted bit: %x, result: %x", nl, 0

; <<<< 特有代码结束。
```

运行该代码，将产生以下的输出结果：

```
Extracted bit: 40000, result: 12300000
```

提取低阶位并保留剩余位（如程序清单 12-4 中的 blsi 和 andn 指令所执行的操作）是一种常见的操作，英特尔甚至创建了一条指令来专门处理此任务：blsr（重置最低设置位）。blsr 的通用语法形式如下所示：

```
blsr reg_dest, reg_src
blsr reg_dest, mem_src
```

blsr 指令的两个操作数大小必须相同，并且必须是 32 位或者 64 位。此指令从源操作数获取数据，将编号最低的设置位设置为 0，并将结果复制到目标寄存器。如果源操作数包含 0，则该指令将 0 复制到目标操作数并设置进位标志位。

程序清单 12-5 演示了该指令的用法。

程序清单 12-5　blsr 指令的示例

```
; >>>> 不同程序清单的特有代码：

mov  r8, 12340000h
blsr edx, r8

; 输出值 1 位于 RDX 中（提取的位），结果值。

call print
byte "Value with extracted bit: %x", nl, 0
```

```
; <<<< 特有代码结束。
```

下面是这个代码片段的输出结果（插入测试程序框架之后）：

```
Value with extracted bit: 12300000
```

另一个有用的 BMI1 指令是 blsmsk。该指令通过搜索编号最低的设置位来创建位掩码，然后创建一个直到最低设置位（包含该位）为全 1 的位掩码。blsmsk 指令将剩余位设置为 0。如果原始值为 0，则 blsmsk 将目标寄存器中的所有位设置为 1，并设置进位标志位。blsmsk 指令的通用语法形式如下所示：

```
blsmsk reg_dest, reg_src
blsmsk reg_dest, mem_src
```

程序清单 12-6 是 blsmsk 指令的一个示例代码片段。

程序清单 12-6 blsmsk 指令的示例

```
; >>>> 不同程序清单的特有代码：

mov r8, 12340000h
blsmsk edx, r8

; 输出值 1 位于 RDX 中（掩码）。

call print
byte "Mask: %x", nl, 0

; <<<< 特有代码结束。
```

以上示例的输出结果如下所示：

```
Mask: 7ffff
```

特别需要注意的是，blsmsk 指令生成的掩码，在保存源文件中最低设置位的位置包含一位 1。通常情况下，可能需要一个在最低设置位之前（不包含该位）为全 1 的位掩码。使用 blsi 和 dec 指令很容易实现，如程序清单 12-7 所示。

程序清单 12-7 创建不包含最低设置位的位掩码

```
; >>>> 不同程序清单的特有代码：

mov r8, 12340000h
blsi rdx, r8
dec rdx

; 输出值 1 位于 RDX 中（掩码）。

call print
byte "Mask: %x", nl, 0

; <<<< 特有代码结束。
```

以下是程序输出结果：

```
Mask:3ffff
```

BMI1 指令的最后一条是 tzcnt（trailing zero count，末尾零计数）。该指令的通用语法形式如下所示：

```
tzcnt regdest, regsrc
tzcnt regdest, memsrc
```

通常情况下，tzcnt 指令两个操作数的大小必须相同。tzcnt 指令在 BMI1 指令中是唯一的，因为该指令允许 16 位、32 位和 64 位操作数。

tzcnt 指令用于统计源操作数中低阶 0 位的数量（从低阶位开始，向高阶位统计）。该指令对值为 0 的位进行计数，并将计数结果存储到目标寄存器中。当然，值为 0 的二进制位的计数也是源操作数中第一个设置位的位索引。如果源操作数为 0，则此指令将设置进位标志位（在这种情况下，指令还将目标寄存器设置为操作数的大小）。

为了使用 bextr、blsi、blsr 和 blsmsk 指令实现对值为 0 的位的搜索和提取，可以在执行这些指令之前反转源操作数。同样，为了使用 tzcnt 指令来统计末尾设置位的数量，可以先反转源操作数。[⊖]

在程序中使用 bextr、blsi、blsr、blsmsk、tzcnt 或 andn 指令时，不要忘记测试 BMI1 指令集扩展是否存在。并非所有 x86-64 CPU 都支持这些指令。

12.6　合并位集和分配位串

如果插入的位集（或者提取的结果位集）的形状（shape）与主对象中位集的形状相同，那么插入和提取位集与插入和提取位串的方法基本相同。位集的形状描述的是集合中各个位的分布情况，会忽略集合的起始位位置。包含位 0、4、5、6 和 7 的位集的形状与包含位 12、16、17、18 和 19 的位集的形状相同，因为这些位的分布是相同的。

插入或提取该位集的代码与上一节中插入或提取位串的代码几乎相同，唯一的区别是所使用的掩码值不同。例如，为了将 EAX 中从第 0 位开始的位集，插入 EBX 中从第 12 位开始的对应位集中，可以使用以下的代码：

```
and ebx, not 11110001000000000000b           ; 屏蔽目标位
shl eax, 12                                   ; 将源位移动到位置
or  ebx, eax                                  ; 将位集合并到 EBX 中
```

然而，假设在 EAX 中的第 0 ～ 4 中包含 5 位，并且希望将这 5 位合并到 EBX 的第 12、16、17、18 和 19 位中。在对这些值与 EBX 进行逻辑或操作之前，必须将这些值分配到 EAX 中的各个位处。考虑到这个特殊的位集中包含两个由值 1 组成的序列，这个过程在某种程度上得到了简化。以下代码以一种取巧的方式分配各个位：

```
and ebx, not 11110001000000000000b
and eax, 11110001000000000000b               ; 屏蔽目标位
shl eax, 2                                    ; 展开位：1 ～ 4 到 3 ～ 6、0 到 2
btr eax, 2                                    ; 第 2 位 → 进位标志位，然后清除第 2 位
rcl eax, 13                                   ; 移位进位标志位，并将位放入最终位置
or  ebx, eax                                  ; 将位集合并到 EBX 中
```

带 btr 指令的这种技巧效果非常好，因为原始源操作数中只有 1 个位的位置不正确。如果所有的位都位于彼此相对错误的位置上，那么这个方案就不是一个有效的解决方案。稍后我们将讨论一个更通用的解决方案。

提取位集并将其中的各个位收集（collect）或合并（coalesce）成一个位串并不是那么容易的事。然而，我们仍然可以使用一些技巧。请考虑下面的代码，该代码从 EBX 中提取位

⊖ 某些 AMD 处理器包含这些操作的指令。有关更多细节，请参见 AMD 文献。

集，并将结果放入 EAX 的第 0 ～ 4 位：

```
    mov eax, ebx
    and eax, 11110001000000000000b    ; 去除不需要的位
    shr eax, 5                        ; 将第 12 位放入第 7 位，依此类推
    shr ah,  3                        ; 将第 11 ～ 14 位移动到第 8 ～ 11 位
    shr eax, 7                        ; 向下移动到第 0 位
```

该代码将（原始的）第 12 位移动到第 7 位（即 AL 的高阶位）。同时，代码将第 16 ～ 19 位向下移动到第 11 ～ 14 位（AH 的第 3 ～ 6 位）。然后，该代码将 AH 中的第 3 ～ 6 位向下移动到第 0 位。这将定位位集的高阶位，使其与 AL 中剩余的位相邻。最后，该代码将所有位下移到第 0 位。同样，这也不是一个通用的解决方案，但是仔细思考，会发现该代码展示了一个解决该问题的聪明方法。

前面的合并和分配算法仅适用于特定的位集。要实现一个通用的解决方案（也许可以指定一个掩码，然后相应地对各个位进行分配或者合并）相对比较困难。下面的代码演示了如何根据位掩码中的值对位串中的各个位进行分配：

```
    ; EAX : 最初包含一个值，我们将 EBX 中的位插入其中。
    ; EBX : 低阶位，包含需要插入 EAX 中的值。
    ; EDX : 带有全 1 的位图，指示插入 EAX 中的哪些位置。
    ; CL : 暂时（临时）寄存器。

                mov cl, 32            ; 统计循环移位的位数
                jmp DistLoop

    CopyToEAX:
                rcr ebx, 1            ; 不要使用 shr，必须保留 Z（零）标志位
                rcr eax, 1
                jz  Done
    DistLoop:   dec cl
                shr edx, 1
                jc  CopyToEAX
                ror eax, 1            ; 保留 EAX 中的当前位
                jnz DistLoop

    Done:       ror eax, cl           ; 重新定位剩余位
```

如果将 11001001b 加载到 EDX 中，则这段代码将把第 0 ～ 3 位复制到 EAX 中的第 0、3、6 和 7 位。请注意短路测试，该测试用于检查是否耗尽了 EDX 中的值（通过检查 EDX 中的 0）。循环移位指令不会影响零标志位，但移位指令会影响。因此，在没有更多需要分配的位时（也就是当 EDX 变为 0 的时候），前面的 shr 指令将设置零标志位。

用于合并位的通用算法比一般的分配算法效率稍高。以下代码将通过 EDX 中的位掩码从 EBX 中提取位，并将结果保留在 EAX 中：

```
    ; EAX : 目标寄存器。
    ; EBX : 源寄存器。
    ; EDX : 带有全 1 的位图，指示需要复制到 EAX 中的位。
    ; 不保留 EBX 和 EDX。

            xor eax, eax      ; 清除目标寄存器
            jmp ShiftLoop

    ShiftInEAX:
            rcl ebx, 1        ; EBX 到 EAX
            rcl eax, 1
```

```
ShiftLoop:
        shl edx, 1          ; 查看是否需复制一个位
        jc  ShiftInEAX      ; 如果设置了进位标志位，则复制位
        rcl ebx, 1          ; 与当前位无关，跳过
        jnz ShiftLoop       ; 只要 EDX 中有位，就重复
```

这个代码序列还利用了移位和循环移位指令的一个隐蔽特性：移位指令影响零标志位，而循环移位指令不影响零标志位。因此，“ shl edx, 1” 指令在 EDX 变为 0（移位之后）时会设置零标志位。如果进位标志位也被设置了，则代码将执行一次额外的循环，以便将一个位移到 EAX 中。但下一次代码将 EDX 向左移 1 位时，EDX 仍为 0，因此将清除进位标志位。在这个迭代中，代码跳出循环。

另一种合并位的方法是通过查找表。一次获取一个字节的数据（这样我们的表就不会变得太大），可以使用这个字节的值作为索引，然后进入一个查找表，将所有的位向下合并到第 0 位。最后，可以将每个字节低端的位合并在一起。在某些情况下，这可能会产生更有效的合并算法。具体的实现方法留给读者作为练习题。

12.7　使用 BMI2 指令合并和分配位串

英特尔的 BMI2（bit manipulation instructions set 2，位操作指令集 2）[⊖]指令集扩展包括一组方便的指令，可以用于插入或提取任意的位集：pdep（parallel bits deposit，并行位存放）和 pext（parallel bits extract，并行位提取）。如果这些指令在我们的 CPU 上可用，则指令可以处理本章中非 BMI 指令提供的许多任务。这些指令确实是非常强大的指令。这些指令的语法形式如下所示：

```
pdep reg_dest, reg_src, reg_mask
pdep reg_dest, reg_src, mem_mask
pext reg_dest, reg_src, reg_mask
pext reg_dest, reg_src, mem_mask
```

这些指令所有操作数的大小必须相同，并且必须是 32 位或者 64 位。

pext 指令从源（第二个）寄存器中提取任意位串，并将这些位合并到目标寄存器中从第 0 位开始的连续位中。第三个操作数，即掩码控制 pext 指令从源操作数中提取哪些位。

掩码操作数在 pext 指令将从源寄存器提取内容的位置处取 1。图 12-4 显示了位掩码的工作原理。对于掩码操作数中每一个值为 1 的位，pext 指令都将源寄存器中的对应位复制到目标寄存器中的下一个可用位的位置（从第 0 位开始）。

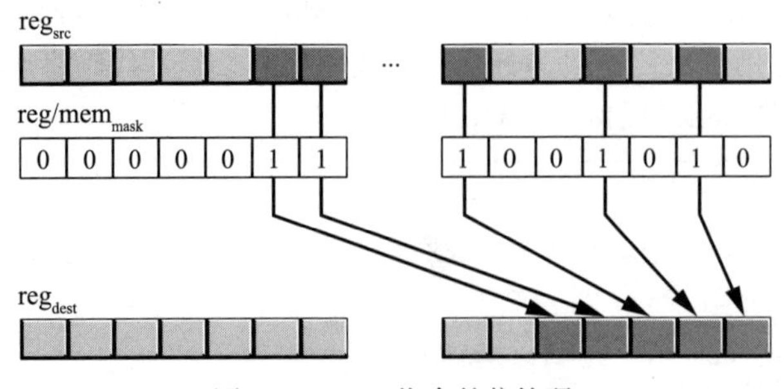

图 12-4　pext 指令的位掩码

⊖ 参见程序清单 11-2，了解如何检查 BMI1 和 BMI2 指令集扩展的可用性。

程序清单12-8是一个示例程序片段和输出结果，该程序演示了pext指令的使用方法（与往常一样，该清单省略了共享代码）。

程序清单12-8　pext指令的示例

```
; >>>> 不同程序清单的特有代码:

mov r8d, 12340000h
mov r9d, 0F0f000Fh
pext edx, r8d, r9d

; 输出值1位于RDX中（掩码）。

call print
byte "Extracted: %x", nl, 0

; <<<< 特有代码结束。
--------------------------------------------------------------------------------
Extracted: 240
```

pdep指令与pext指令相反。该指令获取从源寄存器操作数的低阶位开始的连续位集，并使用掩码操作数中值为1的二进制位来确定位置，将这些位分配到目标寄存器中，如图12-5所示。pdep指令将目标寄存器中所有其他位的值设置为0。

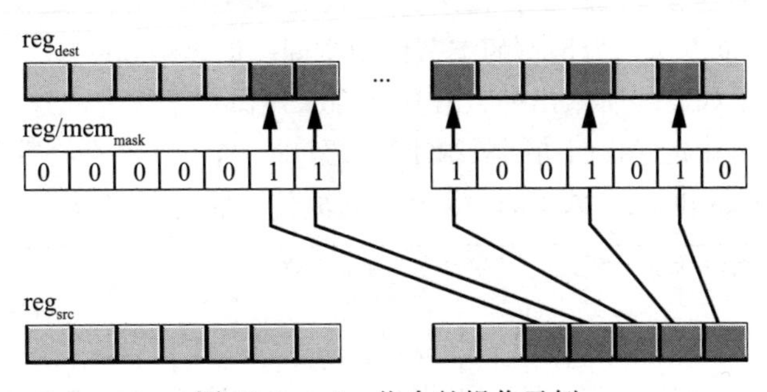

图12-5　pdep指令的操作示例

程序清单12-9是pdep指令及其产生的输出的示例。

程序清单12-9　pdep指令的示例

```
mov r8d, 1234h
mov r9d, 0F0FF00Fh
pdep edx, r8d, r9d

; 输出值1位于RDX中（掩码）。

call print
byte "Distributed: %x", nl, 0
--------------------------------------------------------------------------------
Distributed: 1023004
```

在程序中使用pdep或pext指令时，不要忘记测试BMI2指令集扩展是否存在。并非所有x86-64 CPU都支持这些指令。

12.8　打包的位串数组

虽然可以创建大小不是8位倍数的元素数组，但效率要低得多。这样做的缺点是，计算数组元素的“地址”并操作该数组元素需要大量额外的工作。在本节中，我们将讨论几个示例，在一个元素长度为任意位数的数组中打包和解包数组元素。

为什么需要位对象数组？原因很简单：节省空间。假设一个对象只占用3位，那么如果打包数据，而不是为每个对象分配一整个字节，那么在同一空间中可以获得2.67倍的元素。对于非常大的数组，这可以节省大量的成本。当然，这种节省空间的代价是速度降低：必须执行额外的指令来打包和解包数据，从而降低对数据的访问速度。

在较大的位块中定位数组元素的位偏移量的计算方法，与标准数组访问中的基本相同：

```
element_address_in_bits = base_address_in_bits + index * element_size_in_bits
```

要想以位为单位来计算元素的地址，就需要将其转换为字节地址（因为我们在访问内存时必须使用字节地址），并提取指定的元素。由于数组元素的基址（几乎）总是从字节边界开始，因此我们可以使用以下的等式来简化该任务：

```
byte_of_1st_bit =base_address + (index * element_size_in_bits) / 8

offset_to_1st_bit =(index * element_size_in_bits)
```

例如，假设我们有一个包含200个3位对象的数组，那么可以将其声明如下：

```
                .data
AO3Bobjects byte (200 * 3)/8 + 2 dup (?)        ; "+2" 用于处理截断
```

前一维度中的常量表达式为足够的字节保留空间，以容纳600位（200个元素，每个元素的长度为3位）。正如注释所指出的，表达式在末尾添加了2个额外字节，以确保我们不会丢失任何奇数位[⊖]，并允许我们访问数组末尾以外的一个字节（在将数据存储到数组时）。

现在假设我们想要访问这个数组的第 *i* 个3位元素。那么可以使用以下代码提取这些位：

```
; 提取 AO3Bobjects 中的第 i 组 3 位，并将该值保留在 EAX 中。

xor  ecx, ecx                      ; 把 i/8 的余数放在这里
mov  eax, i                        ; 获取数组的索引
lea  rax, [rax + rax * 2]          ; RAX := RAX * 3 (3 bits/element)
shrd rcx, rax, 3                   ; RAX / 8 → RAX 并且 RAX mod 8 → RCX
                                   ;（高阶位）
shr  rax, 3                        ; 注意：shrd 不会修改 EAX
rol  rcx, 3                        ; 将余数放入 RCX 的低阶 3 位中

; 接下来，获取包含我们要提取的 3 个位的字。
; 我们必须提取一个字，因为最后一、两位可能会跨越字节边界
;（即字节中的位偏移量 6 和 7）。

lea r8, AO3Bobjects
mov ax, [r8][rax * 1]
shr ax, cl                         ; 将位集向下移动到第 0 位
and eax, 111b                      ; 移除其他的位（包含高阶 RAX）
```

在数组中插入一个元素稍微困难一些。除了计算数组元素的基址和位偏移量以外，还必须创建一个掩码来清除需要插入新数据的目标中的位。程序清单12-10将EAX的低阶3位插入AO3Bobjects数组的第 *i* 个元素中。

程序清单 12-10　将值 7（111b）存储到 3 位元素的数组中

```
; 程序清单 12-10
```

⊖ 在这个例子中不会发生这种情况，因为600可以被8整除，但一般来说，我们不能指望总是能够被整除，2个额外的字节通常不会带来什么影响。

```
; 使用blsi和dec创建位掩码。

            option casemap:none
nl          =     10

            .const
ttlStr      byte "Listing 12-10", 0

Masks       equ this word
            word not 0111b, not 00111000b
            word not 000111000000b, not 1110b
            word not 01110000b, not 001110000000b
            word not 00011100b, not 11100000b

            .data
i           dword 5
AO3Bobjects byte (200*3)/8 + 2 dup (?) ; "+2"用于处理截断

            include getTitle.inc
            include print.inc

            .code

; 以下是"asmMain"函数的实现。

            public asmMain
asmMain     proc
            push rbx
            push rsi
            push rdi
            push rbp
            mov rbp, rsp
            sub rsp, 56             ; 影子存储器

            mov eax, 7              ; 需要存储的值

            mov ebx, i              ; 获取数组的索引
            mov ecx, ebx            ; 使用低阶3位作为Masks表的索引
            and ecx, 111b
            lea r8, Masks
            mov dx, [r8][rcx * 2]          ; 获取位掩码

; 将数组中的索引转换为位索引。
; 为此，将索引乘以3:

            lea rbx, [rbx + rbx * 2]

; 除以8，获取EBX中的字节索引，
; 和ECX中的位索引(余数):

            shrd ecx, ebx, 3
            shr ebx, 3
            rol ecx, 3

; 获取正在插入的位集，并清除这些位。

            lea r8, AO3Bobjects
            and dx, [r8][rbx * 1]

; 将我们的3个位放置到合适的位置。
```

```
                shl ax, cl

; 合并位集到目标。

                or dx, ax

; 存储回内存。

                mov [r8][rbx * 1], dx
                mov edx, dword ptr AO3Bobjects
                call print
                byte "value:%x", nl, 0
allDone:        leave
                pop rdi
                pop rsi
                pop rbx
                ret                             ; 返回到调用方
asmMain         endp
                end
```

将程序清单 12-10 中的代码插入框架汇编集文件，会产生以下的输出结果：

```
value:38000
```

print 语句打印 AO3Bobjects 的前 32 位。因为每个元素是 3 位的，所以数组看起来像：

```
000 000 000 000 000 111 000 000 000 000 00 …
```

其中，第 0 位是最左边的位。翻转 32 位以使其更具可读性，并将其分组为 4 位块（以便于转换为十六进制），我们得到：

```
0000 0000 0000 0011 1000 0000 0000 0000
```

结果是 38000h。

程序清单 12-10 使用一个查找表来生成清除数组中适当位所需的掩码。除了给定位偏移量需要清除的位上的 3 个 0（注意使用 not 运算符反转表中的常数），该数组的每个元素都包含全 1。

12.9 查找位

一种常见的位操作是定位一个位序列的末尾。此操作的一种特殊情况是在 16、32、64 位值中定位第一个（或最后一个）设置位或者清除位。在本节中，我们将探讨处理这种特殊情况的方法。

术语“第一个设置位”指从某个值的第 0 位开始向高阶位扫描，得到的第一个包含 1 的位。“第一个清除位”的定义与之类似。“最后一个设置位”是从某个值的最高位开始向第 0 位扫描，得到的第一个包含 1 的二进制位。“最后一个清除位”的定义与之类似。

显然，要扫描第一位或最后一位，可以在循环中使用移位指令，并在将 1（或 0）移位到进位标志位之前计算迭代次数。由迭代次数确定所要查找的位置。

下面是一些示例代码，用于检查 EAX 中的第一个设置位，并在 ECX 中返回该位所在的位置信息：

```
        mov ecx, -32            ; 在 ECX 中统计位的位置
TstLp:  shr eax, 1              ; 检查当前位的位置是否包含 1
        jc  Done                ; 如果包含 1，则退出循环
```

```
        inc ecx                 ; 把位计数器加 1
        jnz TstLp               ; 如果此循环执行了 32 次，则退出

Done:   add cl, 32              ; 调整循环计数器，使其保留位的位置

; 此时，CL 包含第一个设置位所在的位位置。
; 如果 EAX 最初包含 0（不存在设置位），则 CL 包含 32。
```

这段代码的唯一技巧在于，代码将循环计数器从 -32 递增到 0，而不是从 32 递减到 0。这使得在循环终止后计算位位置稍微容易一些。

这种特殊循环的缺点是实现代价很高。此循环重复多达 32 次，具体取决于 EAX 中的原始值。如果我们正在检查的值通常在 EAX 的低阶位中包含很多 0，那么该段代码运行速度会相当慢。

搜索第一个（或最后一个）设置位是一种常见的操作，因此英特尔专门添加了两个指令来加速这一过程。这两个指令是 bsf（bit scan forward，位向前扫描）和 bsr（bit scan reverse，位向后扫描）。两个指令的语法形式如下所示：

```
bsr dest_reg, reg_src
bsr dest_reg, mem_src
bsf dest_reg, reg_src
bsf dest_reg, mem_src
```

这两个指令的源操作数和目标操作数的大小必须相同（16 位、32 位或 64 位）。目标操作数必须是寄存器。源操作数可以是寄存器或内存位置。

bsf 指令扫描源操作数中的第一个设置位（从位位置 0 开始）。bsr 指令从高阶位扫描到低阶位，来查找源操作数中的最后一个设置位。如果这些指令在源操作数中找到一个被设置为 1 的位，则清除零标志位，并将位位置放入目标寄存器中。如果源寄存器包含 0（也就是说，不存在被设置为 1 的位），那么这些指令将设置零标志位，并在目标寄存器中留下一个不确定的值。执行这些指令后，应该立即测试零标志位，以验证目标寄存器的值。下面是一个示例：

```
mov ebx, SomeValue          ; 需要检查其位的值
bsf eax, ebx                ; 在 EAX 中放置第一个设置位的位置
jz  NoBitsSet               ; 如果 SomeValue 包含 0，则进行分支跳转
mov FirstBit, eax           ; 保存第一个设置位的位置
.
.
.
```

bsr 指令的使用方式相同，只是该指令计算操作数中最后一个设置位的位位置（从高阶位扫描到低阶位时找到的第一个设置位）。

x86-64 CPU 不提供定位第一个包含 0 的位的指令。但是，先反转源操作数（或者如果必须保留源操作数的值，则扫描源操作数的副本），然后搜索第一个设置位，就可以轻松地扫描清除位，这对应于原始操作数值中的第一个包含 0 的位。

bsf 和 bsr 指令是复杂的 x86-64 指令，可能比其他指令慢。在某些情况下，使用离散指令定位第一个设置位可能会更快。但是，由于这些指令的执行时间因 CPU 而异，因此在将这些指令用于时间关键型代码之前，应该首先测试这些指令的性能。

注意，bsf 和 bsr 指令不会影响源操作数。常见的操作是提取（并清除）操作数中的第一个或者最后一个设置位。如果源操作数位于寄存器中，则可以在找到位后使用 btr（或 btc）

指令清除该位。下面是一些实现这一结果的代码：

```
bsf ecx, eax              ; 在 EAX 中定位第一个设置位
jz  noBitFound            ; 找到 1 个位后，清除它
btr eax, ecx              ; 清除刚找到的位
noBitFound:
```

在这个指令序列的末尾，零标志位指示是否找到了设置位（注意 btr 指令不会影响零标志位）。

由于 bsf 和 bsr 指令只支持 16 位、32 位和 64 位操作数，因此必须自己想办法计算 8 位操作数中第一个设置位的位置，这会稍微不同。有几种合理的方法。首先，可以将 8 位操作数零扩展成 16 位或者 32 位，然后使用 bsf 或者 bsr 指令。其次，可以创建一个查找表，其中每个元素都包含用作表索引的值中的位数，再使用 xlat 指令“计算”这个数值中的第一个位位置（必须将值 0 作为特殊情况来处理）。再次，可以使用本节开头的移位算法，对于一个 8 位操作数，这并不是完全低效的解决方案。

假设操作数中只有一个同值位序列，那么可以使用 bsf 和 bsr 指令来确定同值位序列的大小。只需定位同值位序列中的第一个设置位和最后一个设置位（如前一个示例所示），然后计算两个值的差（并加 1）。当然，只有当值中的第一个设置位和最后一个设置位之间没有 0 时，此方案才有效。

12.10　统计位的个数

在上一节中，最后的示例演示了一个普遍存在的问题的一种具体情况：统计位的个数。遗憾的是，该示例有一个严重的局限：示例只对源操作数包含的全 1 位序列计数。本节讨论关于这个问题更一般的解决方案。

对于互联网新闻组，几乎每周都有人询问如何统计寄存器操作数中位的个数。这是一个常见的要求，毫无疑问是因为许多汇编语言课程教师会将这项任务作为一个项目布置给他们的学生，作为向学生教授移位和循环移位指令的一种方式。具体的实现方式如下所示：

```
; BitCount1:

; ; 对 EAX 寄存器中的位进行计数，并在 EBX 中返回计数。

                mov cl, 32          ; 统计 EAX 中的 32 个位
                xor ebx, ebx        ; 在这里存储计数累加器
CntLoop:        shr eax, 1          ; 将位从 EAX 移位到进位标志位
                adc bl, 0           ; 将进位标志位累加到 EBX 寄存器中
                dec cl              ; 重复 32 次
                jnz CntLoop
```

该代码的“诀窍”是，使用 adc 指令将进位标志位添加到 BL 寄存器中。因为计数将小于 32，所以结果不会超过 BL 的范围。

不管诀窍是否生效，这个指令序列都执行得并不是特别快。前面的循环总是执行 32 次，所以这个代码序列执行 130 条指令（每次对四条指令进行迭代，再加上两条额外的指令）。

为了获得更有效的解决方案，可以使用 popcnt（population count，指总计数，在 SSE 4.1 指令集中引入）指令，该指令对源操作数中值为 1 的位进行计数，并将值存储到目标操作数中：

```
popcnt reg_dest, reg_src
```

```
popcnt regdest, memsrc
```

popcnt 指令操作数的大小必须相同，并且必须是 16 位、32 位或 64 位。

12.11 反转位串

教师布置给学生的另一个常见程序设计项目是反转操作数中的位（本身就是一个有用的函数）。程序需要将低阶位与高阶位交换，并且将第一位与次高阶位交换，依此类推。教师期望的典型解决方案如下所示：

```
; 反转 EAX 中的 32 位，将结果保留在 EBX 中：

            mov cl, 32      ; 将 EAX 中的当前位移动到进位标志位
RvsLoop:    shr eax, 1
            rcl ebx, 1      ; 将位向后移回到 EBX 中
            dec cl
            jnz RvsLoop
```

与前面的示例一样，这段代码对于 32 位的操作数而言，需要重复循环 32 次，总共 129 条指令（对于 64 位操作数，需要执行的指令数量将加倍）。通过展开循环，可以将其减少到 64 条指令，但这仍然有点耗时。

优化问题的最佳解决方案通常是使用更好的算法，而不是试图选择更快的指令来加速代码的执行。例如，在前一节中，我们可以使用一个更复杂的算法代替简单的“移位和计数”算法，从而加快对位串中位的计数。在前面的例子中，诀窍是并行地做尽可能多的工作。

假设我们只想交换 32 位数值中的奇数位和偶数位。使用以下代码能轻松交换 EAX 中的奇数位和偶数位：

```
mov edx, eax            ; 将奇数位复制一份
shr eax, 1              ; 将偶数位移动到奇数位的位置
and edx, 55555555h      ; 隔离奇数位
and eax, 55555555h      ; 隔离偶数位
shl edx, 1              ; 将奇数位移动到偶数位的位置
or  eax, edx            ; 合并位并完成交换
```

交换偶数位和奇数位可以部分逆转数字中的所有位。执行上述代码序列后，可以使用以下代码交换相邻的位对，以交换 32 位数值中所有半字节包含的各个位：

```
mov edx, eax            ; 将奇数编号的位对复制一份
shr eax, 2              ; 将偶数的位对移动到奇数位对的位置
and edx, 33333333h      ; 隔离奇数位位对
and eax, 33333333h      ; 隔离偶数位位对
shl edx, 2              ; 将奇数位对移动到偶数位对的位置
or  eax, edx            ; 合并位并完成交换
```

完成上述指令序列后，可以使用以下代码，交换 32 位寄存器中相邻的半字节。同样，唯一的区别是位掩码和移位的长度。

```
mov edx, eax            ; 将奇数编号的半字节复制一份
shr eax, 4              ; 将偶数的半字节移动到奇数半字节的位置
and edx, 0f0f0f0fh      ; 隔离奇数的半字节
and eax, 0f0f0f0fh      ; 隔离偶数的半字节
shl edx, 4              ; 将奇数的半字节移动到偶数半字节的位置
or  eax, edx            ; 合并位并完成交换
```

读者可能已经发现了代码实现的具体模式，并且猜出在接下来的两个步骤中，必须交

换这个对象中的字节和字。虽可以像前面的示例那样使用代码来实现，但存在一种更好的方法，那就是使用 bswap（byte swap，字节交换）指令。bswap 指令的语法形式如下所示：

```
bswap reg32
```

bswap 指令交换指定 32 位寄存器中的第 0 字节和第 3 字节，以及第 1 字节和第 2 字节，这正是反转位时（以及在小端模式和大端模式数据格式之间转换数据时）所需的。不需要再插入 12 条指令来交换字节和字，只需在前面的指令之后使用“bswap eax”指令即可完成任务。最终的代码指令序列如下所示：

```
mov edx, eax              ; 将数据中的奇数位复制一份
shr eax, 1                ; 将偶数位移动到奇数位的位置
and edx, 55555555h        ; 隔离奇数位
and eax, 55555555h        ; 隔离偶数位
shl edx, 1                ; 将奇数位移动到偶数位的位置
or  eax, edx              ; 合并位并完成交换

mov edx, eax              ; 将奇数编号的位对复制一份
shr eax, 2                ; 将偶数的位对移动到奇数位对的位置
and edx, 33333333h        ; 隔离奇数的位对
and eax, 33333333h        ; 隔离偶数的位对
shl edx, 2                ; 将奇数的位对移动到偶数位对的位置
or  eax, edx              ; 合并位并完成交换

mov edx, eax              ; 将奇数编号的半字节复制一份
shr eax, 4                ; 将偶数的半字节移动到奇数半字节的位置
and edx, 0f0f0f0fh        ; 隔离奇数的半字节
and eax, 0f0f0f0fh        ; 隔离偶数的半字节
shl edx, 4                ; 将奇数的半字节移动到偶数半字节的位置
or  eax,edx               ; 合并位并完成交换

bswap eax                 ; 交换字节和字
```

这个算法只需要 19 条指令，执行速度比之前的位移位的循环结构要快得多。当然，这个指令序列确实会消耗更多的内存。如果希望节省内存而不是时钟周期，那么循环结构可能是更好的解决方案。

12.12　合并位串

另一种常见的位串操作是合并或交织两个来源不同的位，来生成单个位串。以下示例代码序列通过合并两个 16 位串中的交替位来创建一个 32 位串：

```
; 将两个 16 位串合并为一个 32 位串。
; AX : 偶数位的来源。
; BX : 奇数位的来源。
; CL : 暂时（临时）寄存器。
; EDX : 目标寄存器

            mov  cl, 16
MergeLp:    shrd edx, eax, 1      ; 从 EAX 中移位一位到 EDX 中
            shrd edx, ebx, 1      ; 从 EBX 中移位一位到 EDX 中
            dec  cl
            jne  MergeLp;
```

这个特定的示例将两个 16 位的数值合并在一起，在结果值中这两个数值的位交替出现。为了更快地实现这段代码，展开循环以消除一半的指令。

只需稍加修改，我们就可将四个 8 位数值，或者源字符串中的其他位集合并在一起。例如，以下代码从 EAX 中复制第 0 ～ 5 位，从 EBX 中复制第 0 ～ 4 位，从 EAX 中复制第 6 ～ 11 位，从 EBX 中复制第 5 ～ 15 位，从 EAX 中复制第 12 ～ 15 位：

```
shrd edx, eax, 6
shrd edx, ebx, 5
shrd edx, eax, 6
shrd edx, ebx, 11
shrd edx, eax, 4
```

当然，如果 BMI2 指令集可用，则也可以使用 pextr 指令提取各种位，以插入另一个寄存器中。

12.13 提取位串

我们还可以在多个目标操作数之间提取和分配位串中的位。以下代码采用 EAX 中的 32 位数值，并在 BX 和 DX 寄存器之间交替分配该数值的每一个位：

```
            mov cl, 16          ; 统计循环迭代的次数
ExtractLp:  shr  eax, 1         ; 将偶数位提取到 (E)BX 中
            rcr ebx, 1
            shr eax, 1          ; 将奇数位提取到 (E)DX 中
            rcr edx, 1
            dec cl              ; 重复 16 次
            jnz ExtractLp
            shr ebx, 16         ; 需要将结果从 EBX 和 EDX 的高阶字节移动到低阶字节
            shr edx, 16
```

这个指令序列执行 99 条指令（循环内的 6 条指令重复执行了 16 次，循环外还包含 3 条指令）。可以展开这个循环并使用其他技巧，但可能会增加复杂性。

如果 BMI2 指令集扩展可用，那么还可以使用 pext 指令高效地执行此任务：

```
mov  ecx, 55555555h     ; 奇数位位置
pext edx, eax, ecx      ; 将奇数位放入 EDX 中
mov  ecx, 0aaaaaaaah    ; 偶数位位置
pext ebx, eax, ecx      ; 将偶数位放入 EBX 中
```

12.14 搜索位模式

另一个比较实用的并且与位相关的操作是在一个位串中搜索特定位模式。例如，用户可能希望定位位串中 1011b 第 次出现时的位索引，该索引从某个特定位置开始。在本节中，我们将探索一些简单的算法来完成这项任务。

为了搜索特定的位模式，我们需要了解以下四项。

- 需要搜索的模式（pattern）。
- 正在搜索的模式的长度。
- 将在其中进行搜索的位串（source）。
- 将在其中进行搜索的位串的长度。

实现这类搜索的基本思路是根据模式的长度创建一个掩码，并使用掩码值屏蔽源位串的一个副本。然后我们可以直接将模式与被屏蔽的源位串进行比较，以检查它们是否相等。如果二者相等，则程序结束；如果二者不相等，则增加一个位位置计数器，将源位串向右移位一个位置，然后重试。重复此操作 *n* 次，其中 *n*= length(source) − length(pattern)。如果尝试

n 次后，仍然没有检测到位模式，则算法失败（因为我们将耗尽源位串中可能与模式长度匹配的所有位）。下面是一个简单的算法，可以在整个 EBX 寄存器中搜索一个 4 位的位模式：

```
        mov cl, 28              ; 尝试 28 次，因为 32 - 4 = 28（len(src) - len(pat)）
        mov ch, 1111b           ; 用于比较的掩码
        mov al, pattern         ; 需要搜索的模式
        and al, ch              ; 屏蔽 AL 中不需要的位
        mov ebx, source         ; 获取 source 的值
ScanLp: mov dl, bl              ; 复制 EBX 的低阶 4 位
        and dl, ch              ; 屏蔽不需要的位
        cmp al, dl              ; 检查是否匹配模式
        jz  Matched
        dec cl                  ; 重复指定的次数
        shr ebx, 1
        jnz ScanLp

; 如果无法匹配位串，则执行任何需要执行的操作。

        jmp Done

Matched:

; 执行到此处，表示匹配到了位串。
; 可以通过计算获取模式在 source 中的位置：28 - CL。

Done:
```

位串扫描是字符串匹配（string matching）的一种特殊情况。字符串匹配是人们在计算机科学中深入研究的问题，许多用于字符串匹配的算法也适用于位串匹配。这些算法超出了本章的讨论范围，但为了让读者预览其工作原理，我们需要计算模式和当前源位之间的函数（如 xor 或 sub），并将结果作为索引输入查找表，以确定可以跳过多少个位。这样的算法可以让我们跳过若干个位，而不是在扫描循环的每次迭代中只移位一个位（就像前面的算法那样）。

12.15　拓展阅读资料

AMD Athlon 优化指南包含许多基于位的计算的有用算法。要是想了解有关位搜索算法的更多信息，可以查阅关于数据结构和算法的教科书，学习有关字符串匹配算法的相关内容。

关于位处理的终极权威图书可能是 Henry S. Warren 编写的 *Hacker's Delight*（第 2 版）。虽然该书以 C 程序设计语言为例，但几乎所有的概念都适用于汇编语言程序。

12.16　自测题

1. 可以使用什么通用指令清除寄存器中的位？
2. 可以使用什么指令清除寄存器中由位编号指定的位？
3. 可以使用什么通用指令来设置寄存器中的位？
4. 可以使用什么指令在寄存器中设置由位编号指定的位？
5. 可以使用什么通用指令来反转寄存器中的位？
6. 可以使用什么指令来反转寄存器中由位编号指定的位？
7. 可以使用什么通用指令来测试寄存器中取 0 和 1 的位（或位组）？
8. 可以使用什么指令来测试寄存器中由位编号指定的单个位？

9. 可以使用哪条指令提取和合并一个位集？
10. 可以使用哪条指令在寄存器中定位和插入一个位集？
11. 可以使用哪一条指令从一个较大的位串中提取子位串？
12. 什么指令允许搜索寄存器中的第一个设置位？
13. 什么指令允许搜索寄存器中的最后一个设置位？
14. 如何搜索寄存器中的第一个清除位？
15. 如何搜索寄存器中的最后一个清除位？
16. 可以使用什么指令来统计一个寄存器中的位数？

宏和 MASM 编译时语言

本章将讨论 MASM 编译时语言，包括非常重要的宏展开工具（macro expansion facility）。宏是一个标识符，汇编程序会将其展开为额外的文本（通常是多行文本），从而允许将大量代码缩写为一个标识符。MASM 的宏工具实际上是计算机语言中的一种计算机语言。也就是说，我们可以在 MASM 源文件中编写简短的小程序，其目的是生成将由 MASM 汇编的其他 MASM 源代码。

这种语言中的语言（language inside a language），也称为编译时语言（compile-time language，CTL），由宏（等效于过程的编译时语言）、条件（if 语句）、循环结构和其他语句组成。本章将介绍 MASM 编译时语言的许多特性，并展示如何使用 MASM 编译时语言来减少编写汇编语言代码所需的工作量。

13.1 编译时语言的概述

MASM 实际上是将两种语言合并到一个程序中。运行时语言（runtime language）是我们在前面所有章节中学习过的标准 x86-64/MASM 汇编语言。之所以称其为运行时语言，因为编写的程序在运行可执行文件时执行。MASM 包含第二种语言（即 MASM 编译时语言）的解释器。MASM 源文件包含 MASM CTL 和运行时程序的指令，MASM 在汇编（编译）期间执行 CTL 程序。一旦 MASM 完成汇编，CTL 程序就将终止（具体请参见图 13-1）。

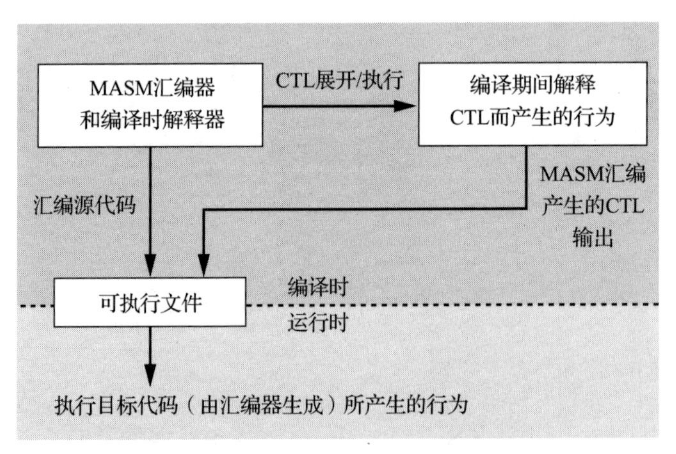

图 13-1　编译时执行和运行时执行的比较

CTL 应用程序并不是 MASM 生成的运行时可执行文件的一部分，尽管 CTL 应用程序可以为我们编写部分运行时程序，事实上，这正是 CTL 的主要用途。使用自动代码生成技术，CTL 可以轻松优雅地输出重复代码。通过学习如何使用 MASM CTL，并正确应用 MASM CTL，可以像开发高级程序设计语言应用程序一样快速地开发汇编语言应用程序（甚至比它更快，因为 MASM 的 CTL 允许我们创建高级语言的构造）。

13.2　echo 和“.err”伪指令

读者可能还记得，本书第 1 章从编写典型程序——“Hello, world!”程序开始，这个程序也是大多数人学习一门新的编程语言时编写的第一个程序。程序清单 13-1 包含了使用 MASM 编译时语言编写的基本“Hello, world!”程序。

程序清单 13-1　编译时语言版本的“Hello, world!”程序

```
; 程序清单 13-1
; CTL 版本的 "Hello, world!" 程序。

echo Listing 13-1: Hello, world!
end
```

在这个程序中，唯一的 CTL 语句是 echo 语句[⊖]。end 语句是必须的，否则 MASM 会报错。在 MASM 程序汇编期间，echo 语句显示其参数列表的文本表示。因此，使用以下命令编译前面的程序：

```
ml64 /c listing13-1.asm
```

MASM 汇编程序将立即打印以下的文本：

```
Listing 13-1: Hello, world!
```

除了显示与 echo 参数列表关联的文本外，echo 语句对程序的汇编没有影响。该语句对于调试 CTL 程序、显示汇编进度、显示汇编过程中所发生的假设和默认操作非常有用。

尽管汇编语言调用 print 也可将文本发送到标准输出中，但 MASM 源文件中的以下两组语句之间存在着很大的差异：

```
echo "Hello World"

call print
byte "Hello World", nl,0
```

第一条语句在汇编过程中打印 Hello World（以及一个换行符），对可执行程序没有影响。后两条语句不会影响汇编过程（除了在可执行文件中生成代码）。但是，当运行可执行文件时，后两条语句会打印字符串 Hello World，后跟一个换行符序列。

与 echo 伪指令一样，“.err”伪指令也会在汇编过程中向控制台显示一个字符串，但这必须是一个文本字符串（由符号“<”和“>”分隔）。“.err”语句将文本显示为 MASM 错误诊断的一部分。此外，“.err”语句会递增错误计数器，这将导致 MASM 在处理完当前源文件后停止汇编过程（不再进行汇编或者链接）。当 CTL 代码发现自己创建有效代码的动作受到阻挡时，通常会使用“.err”语句在汇编过程中显示一个错误消息。例如：

```
.err <Statement must have exactly one operand>
```

13.3　编译时常量和变量

与运行时语言一样，编译时语言也支持常量和变量。可以使用 textequ 或者 equ 伪指令声明编译时常量，使用“=”伪指令（编译时赋值语句）声明编译时变量。例如：

```
inc_by equ 1
```

⊖　%out 是 echo 的同义词（以防在任何 MASM 源文件中看到 %out）。

```
ctlVar = 0
ctlVar = ctlVar + inc_by
```

13.4 编译时表达式和运算符

在 CTL 赋值语句中，MASM CTL 支持常量表达式。有关常量表达式（也是 CTL 表达式和运算符）的讨论，请参见 4.3 节中的相关内容。

除了第 4 章中讨论的运算符和函数外，MASM 还包括几个额外的 CTL 运算符、函数和伪指令，都非常有用。下面将展开讨论。

13.4.1 MASM 转义运算符（!）

第一个有用的运算符是“!”。将该运算符放置在另一个符号前面时，该运算符指示 MASM 将该字符视为文本，而不是特殊符号。例如，“!;”将创建一个由分号字符组成的文本常量，而不是一条注释（注释指示 MASM 忽略符号“;”后面的所有文本）。对于 C/C++ 程序员来说，这类似于字符串常量中的反斜杠转义字符“\”。

13.4.2 MASM 求值运算符（%）

第二个有用的 CTL 运算符是“%”。百分号运算符指示 MASM 对其后面的表达式求值，并使用求值结果替换该表达式。例如，考虑下面的代码序列：

```
num10       =           10
text10      textequ     <10>
tn11        textequ     %num10 + 1
```

在汇编语言源文件中对此代码序列进行汇编，并指示 MASM 生成汇编列表，将报告以下三个符号：

```
num10 . . . . . . . . . . . . . . Number 0000000Ah
text10 . . . . . . . . . . . . . .Text    10
tn11 . . . . . . . . . . . . . . .Text    11
```

num10 正确地报告为数值（十进制数字 10），text10 报告为文本符号（包含字符串“10”），tn11 报告为文本符号（正如我们所期望的，因为此代码序列使用 textequ 伪指令来定义它）。但是，并不是 tn11 包含字符串“%num10 + 1”，而是 MASM 计算表达式“num10 + 1”，生成数值 11，然后将其转换为了文本数据。（顺便说一下，为了在文本字符串中添加百分号，可以使用文本序列“<!%>”）

如果将“%”运算符放在源代码行的第一列，则 MASM 会将该行中的所有数值表达式转换为文本形式。这非常有利于 echo 伪指令的执行。这种方式可以使 echo 伪指令显示数值相等的值，而不是简单地显示相等的名称。

13.4.3 catstr 伪指令

catstr 伪指令的语法形式如下所示：

```
identifier catstr string1, string2, ...
```

identifier（标识符）是一个（到目前为止）未定义的符号。string1 和 string2 操作数是包括在符号“<”和“>”中的文本数据。这个语句将两个字符串串连在一起，然后将串连结果存储到标识符中。请注意，identifier 是文本对象，而不是字符串对象。如果在代码中指定该标识符，则 MASM 将使用文本字符串替换该标识符，并尝试处理该文本数据，就像该文本数据是源代码输入的一部分一样。

catstr 语句允许使用逗号分隔两个或多个操作数。catstr 伪指令将按照文本值在操作数字段中出现的顺序串连文本值。下面的语句将生成文本数据“Hello, World!”：

```
helloWorld catstr <Hello>, <, >, <World!!>
```

本例中需要两个感叹号，因为“!”运算符指示 MASM 将下一个符号视为文本而不是运算符。如果只有一个“!”符号，那么 MASM 认为我们试图在字符串中包含一个“>”符号，并报告一个错误（因为没有结束符号“>”）。在文本字符串中放置“!!”，指示 MASM 将第二个“!”符号作为文本字符。

13.4.4 instr 伪指令

instr 伪指令搜索一个字符串中是否存在另一个字符串。该伪指令的语法形式如下所示：

```
identifier instr start, source, search
```

其中，identifier 是一个符号，MASM 会将 search 字符串在 source 字符串中的偏移量放入其中。搜索从 source 中的 start 位置开始。与常规处理不一样，source 中的第一个字符位于第 1 位而不是第 0 位。以下示例在字符串“Hello World”中搜索“World”(从字符位置 1 开始，它是 H 字符的索引)：

```
WorldPosn instr 1, <Hello World>, <World>
```

以上语句将 WorldPosn 定义为一个值为 7 的数字（如果从位置 1 开始计数，则字符串“World”位于“Hello World”中的位置 7）。

13.4.5 sizestr 伪指令

sizestr 伪指令计算字符串的长度。[⊖]该伪指令的语法形式如下所示：

```
identifier sizestr string
```

其中，identifier 是 MASM 存储字符串长度的符号，string 是字符串文本（该伪指令计算的是它的长度）。例如：

```
hwLen sizestr <Hello World>
```

将符号 hwLen 定义为数字，并将其设置为值 11。

13.4.6 substr 伪指令

substr 伪指令从较大的字符串中提取子字符串。此伪指令的语法形式如下所示：

```
identifier substr source, start, len
```

其中，identifier 是 MASM 将创建的符号（键入 TEXT，将使用子字符串的字符对其进行初始化），source 是 MASM 将从中提取子字符串的源字符串，start 是从字符串中进行提取时的起始位置，len 是要提取的子字符串的长度。len 操作数是可选的，如果没有指定这个操作数，那么 MASM 将假定我们要用字符串的剩余部分（从 start 位置开始到字符串结束）作为子字

⊖ 读者肯定想知道为什么取这个名字，因为 MASM 已经将 length 保留字用在了其他用途。

符串。下面是一个从字符串“Hello World”中提取“Hello”的示例：

```
hString substr <Hello World>, 1, 5
```

13.5 条件汇编（编译时决策）

MASM 的编译时语言提供了一个条件语句 if，允许我们在汇编时做出不同的决策。if 语句有两个主要的用法。if 的传统用法是支持条件汇编，允许在汇编过程中包含或排除代码，具体取决于程序中各种符号或常量值的状态。另一个用法是支持 MASM 编译时语言中的标准 if 语句决策过程。本节讨论 MASM if 语句的这两种用法。MASM 编译时 if 语句的最简单形式如下：

```
if constant_boolean_expression
    Text
endif
```

在编译时，MASM 将对 if 之后的表达式求值。这个表达式必须是一个计算结果为整数值的常量表达式。如果表达式的计算结果为 true（非零），则 MASM 将继续处理源文件中的文本，就像 if 语句不存在一样。但是，如果表达式的计算结果为 false（零），则 MASM 会将 if 和相应的 endif 子句之间的所有文本视为注释（即忽略该文本），如图 13-2 所示。

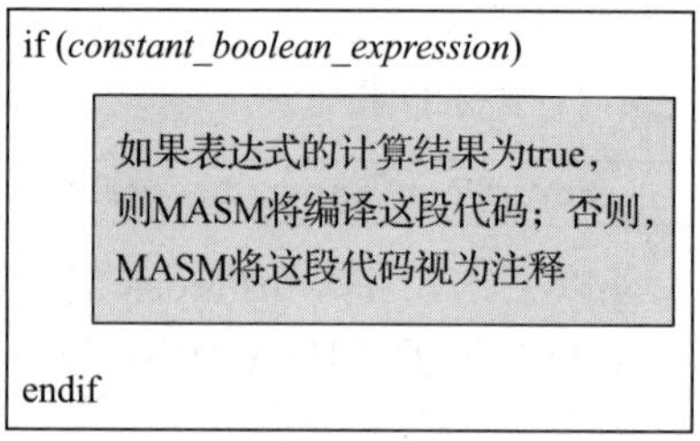

编译时表达式中的标识符都必须是常量标识符或 MASM 编译时函数调用（带有适当的参数）。因为 MASM 会在汇编时计算这些表达式，所以这些表达式中不能包含运行时变量。

MASM 的 if 语句支持以直观方式运行的可选 elseif 和 else 子句。if 语句的完整语法形式如下所示：

图 13-2 MASM 编译时 if 语句的操作

```
if constant_boolean_expression1
    Text
elseif constant_boolean_expression2
    Text
else
    Text
endif
```

如果第一个布尔表达式的计算结果为 true，那么 MASM 将处理 elseif 子句之前的文本。然后跳过接下来遇到 endif 子句之前的所有其他文本（也就是说，将这些文本视为注释）。MASM 继续以正常方式处理 endif 子句之后的文本。

如果第一个布尔表达式的计算结果为 false，那么 MASM 将跳过接下来遇到 elseif、else 或 endif 子句之前的所有文本。如果遇到 elseif 子句（如前一示例中所示），则 MASM 将对与该子句相关联的布尔表达式求值。如果求值结果为 true，那么 MASM 将处理 elseif 和 else 子句之间的文本（如果 else 子句不存在，则处理 endif 子句）。如果在处理该文本的过程中，MASM 遇到另一个 elseif，或者如前一个例子中的 else 子句，那么 MASM 将忽略所有接下来的文本，直到找到相应的 endif。如果上一个示例中的第一个和第二个布尔表达式的计算结果都为 false，则 MASM 将跳过与它们相关联的文本，并开始处理 else 子句中的文本。

通过包含零个或多个 elseif 子句，并可选地提供 else 子句，可以创建几乎无限多种 if 语句序列。

条件汇编的一个传统用途是开发软件，用以轻松配置多种环境。例如，fcomip 指令使浮点比较更加容易，但该指令仅在奔腾 Pro 及更高版本的处理器上可用。为了实现在支持该指令的处理器上使用该指令，在旧处理器上则使用标准浮点数比较指令，大多数工程师使用条件汇编将单独的指令序列嵌入同一源文件中（而不是编写和维护两个版本的程序）。以下的示例程序演示了如何执行此操作：

```
; 设置 true (1)，以使用 fcomixx 指令。

PentProOrLater = 0
    .
    .
    .
    if PentProOrLater
        fcomip st(0), st(1)     ; 比较 ST1 和 ST0，并设置标志位
    else
        fcomp                   ; 比较 ST1 和 ST0
        fstsw ax                ; 将 FPU 条件码位移动到 FLAGS 寄存器
        sahf
    endif
```

正如目前编写的那样，此代码片段将编译 else 子句中的三条指令，并忽略 if 和 else 子句之间的代码（因为常量 PentProOrLater 为 false）。通过将 PentProOrLater 的值更改为 true，可以指示 MASM 编译单个 fcomip 指令，而不是三指令序列。

尽管只需要维护一个源文件，但条件汇编不允许创建一个在所有处理器上都可以高效运行的可执行文件。在使用这种技术时，我们仍然需要通过对源文件进行两次编译来创建两个可执行程序（一个用于奔腾 Pro 和更高版本的处理器，一个用于更早版本的处理器）：在第一次汇编期间，必须将 PentProOrLater 常量设为 false；在第二次汇编期间，必须将其设置为 true。

熟悉其他程序设计语言（如 C/C++）中条件汇编的人，可能想知道 MASM 是否支持 C 语言中“#ifdef”语句之类的语句。答案是肯定的。可以使用 #ifdef 伪指令对前面的代码进行如下的修改：

```
; 注意：如果要为奔腾 Pro 或更高版本的 CPU 编译此代码，则请取消下一行的注释。

; PentProOrLater = 0            ; 值和类型无关
    .
    .
    .
ifdef PentProOrLater
    fcomip st(0), st(1)         ; 比较 ST1 和 ST0，并设置标志位
else
    fcomp                       ; 比较 ST1 和 ST0
    fstsw ax                    ; 将 FPU 条件码位移动到 FLAGS 寄存器
    sahf
endif
```

条件汇编的另一个常见用途是在程序中引入调试和测试代码。许多 MASM 程序员使用的一种典型调试技术是在代码的关键点插入打印语句，以便他们能够跟踪代码，并在各个检查点显示重要的值。

然而，这种技术存在一个大问题，程序员必须在完成项目之前删除调试代码。另外存在如下的两个问题。

- 程序员经常忘记删除一些调试语句，这会在最终程序中产生缺陷。

- 在删除调试语句之后，程序员通常会发现，他们稍后需要使用相同的语句以调试不同的问题。因此，他们反复插入和删除相同的调试语句。

条件汇编可以为这个问题提供解决方案。定义一个符号（比如 debug）来控制程序中的调试输出，可以通过修改一行源代码来激活或停用所有调试输出。下面的代码片段演示了该解决方案：

```
; 设置为 true 以激活调试输出。
debug    =    0
        .
        .
        .
if debug
        echo *** DEBUG build
        mov edx, i
        call print
        byte "At point A, i=%d", nl, 0
else
        echo *** RELEASE build
endif
```

只要将所有调试输出语句包括在 if 语句（类似于示例中所示的）中，就不必担心调试输出会意外出现在最终应用程序中。通过将调试符号设置为 false，可以自动禁用所有此类输出。同样，在调试语句达到其直接目的后，不必从程序中删除所有调试语句。通过使用条件汇编，可以在代码中保留这些语句，因为这些语句很容易被停用。稍后，如果我们决定在编译期间查看相同的调试信息，则可以将调试符号设置为 true 来重新激活。

尽管程序配置和调试控制是条件汇编的两种更常见的传统用法，但不要忘记 if 语句在 MASM CTL 中提供了基本的条件语句。在编译时程序中使用 if 语句的方式与在 MASM 或其他语言中使用 if 语句的方式相同。本章后面将介绍大量使用 if 语句的示例，以充分展示其性能。

13.6　重复汇编（编译时循环）

MASM 的 while..endm、for..endm 和 forc..endm 语句[⊖]提供编译时循环结构。while 语句指示 MASM 在汇编过程中重复处理相同的语句序列。这让构造数据表，以及为编译时程序提供传统的循环结构变得非常便利。

while 语句的语法形式如下所示：

```
while constant_boolean_expression
    Text
endm
```

当 MASM 在汇编过程中遇到 while 语句时，会计算常量布尔表达式的值。如果表达式的求值结果为 false，则 MASM 将跳过 while 和 endm 子句之间的文本（如果表达式的求值结果为 false，则行为类似于 if 语句）。当表达式的求值结果为 true 时，MASM 将处理 while 和 endm 子句之间的语句，然后“跳回”源文件中 while 语句的开头，并重复此过程，如图 13-3 所示。

⊖ 注意，endm 代表 end macro（结束宏）。MASM 将所有的 CTL 循环指令视为 MASM 宏工具的变体。irp 和 irpc 分别是 for 和 forc 的同义词。

while(*constant_boolean_expression*)

只要表达式为真，MASM 就会反复编译此代码。它有效地将该语句序列的多个副本插入源文件中（副本的确切数量取决于循环控制表达式的值）。

endm

图 13-3　MASM 编译时 while 语句的操作

为了理解这个过程的原理，请考虑程序清单 13-2 中的程序。

程序清单 13-2　while..endm 的演示示例

```
; 程序清单 13-2
; CTL while 循环结构的演示程序。

        option casemap:none
nl      =       10

        .const
ttlStr  byte "Listing 13-2", 0

        .data
ary     dword 2, 3, 5, 8, 13

        include getTitle.inc
        include print.inc

        .code

; 以下是"asmMain"函数的实现。

        public asmMain
asmMain proc
        push rbx
        push rbp
        mov rbp, rsp
        sub rsp, 56                 ; 影子存储器

i       =       0
        while i LT lengthof ary   ; 5

        mov edx, i                  ; 这是一个常量!
        mov r8d, ary[i * 4]         ; 索引是一个常量
        call print
        byte "array[%d] = %d", nl, 0

i       = i + 1
        endm

allDone:leave
        pop rbx
        ret                 ; 返回到调用方
asmMain endp
        end
```

程序清单 13-2 的构建命令和代码输出结果如下所示：

```
C:\>build listing13-2
```

```
C:\>echo off
Assembling: listing13-2.asm
c.cpp

C:\>listing13-2
Calling Listing 13-2:
array[0] = 2
array[1] = 3
array[2] = 5
array[3] = 8
array[4] = 13
Listing 13-2 terminated
```

在汇编过程中，while 循环重复了 5 次。每次重复循环时，MASM 汇编程序都会处理 while 和 endm 伪指令之间的语句。因此，前面的程序实际上相当于程序清单 13-3 所示的代码片段。

程序清单 13-3　等价于程序清单 13-2 中代码的程序

```
.
.
.
mov edx, 0                          ; 这是一个常量!
mov r8d, ary[0]                     ; 索引是一个常量
call print
byte "array[%d] = %d", nl, 0

mov edx, 1                          ; 这是一个常量!
mov r8d, ary[4]                     ; 索引是一个常量
call print
byte "array[%d] = %d", nl, 0

mov edx, 2                          ; 这是一个常量!
mov r8d, ary[8]                     ; 索引是一个常量
call print
byte "array[%d] = %d", nl, 0

mov edx, 3                          ; 这是一个常量!
mov r8d, ary[12]                    ; 索引是一个常量
call print
byte "array[%d] = %d", nl, 0

mov edx, 4                          ; 这是一个常量!
mov r8d, ary[16]                    ; 索引是一个常量
call print
byte "array[%d] = %d", nl,
```

通过上述示例可以发现，while 语句有助于构造重复的代码序列，尤其是可以用于展开循环。MASM 提供了两种形式的 for..endm 循环。这两个循环的一般形式如下所示：

```
for identifier, <arg1, arg2, ..., argn>
    .
    .
    .
endm

forc identifier, <string>
    .
    .
    .
endm
```

for 循环的第一种形式（简单 for）分别针对“<”和“>”括号之间指定的每个参数重复一次代码。在循环的每次重复中，for 循环将 identifier 设置为当前参数的文本：在循环的第一次迭代中，将 identifier 设置为 arg1 ；在第二次迭代中，将 identifier 设置为 arg2 ；……直到最后一次迭代时，identifier 被设置为 arg*n*。例如，以下 for 循环将生成把 RAX、RBX、RCX 和 RDX 寄存器压入栈中的代码：

```
for reg, <rax, rbx, rcx, rdx>
push reg
endm
```

上述的 for 循环等价于以下的代码片段：

```
push rax
push rbx
push rcx
push rdx
```

forc 编译时循环针对第二个参数指定的字符串中出现的每个字符重复执行其循环体。例如，以下 forc 循环为字符串中的每个字符生成一个十六进制字节值：

```
        forc hex, <0123456789ABCDEF>
hexNum  catstr <0>,<hex>,<h>
        byte hexNum
        endm
```

事实证明，for 循环比 forc 的用途更加广泛。尽管如此，forc 有时还是很方便的。在大多数情况下，当使用这些循环结构时，我们会传递一组可变的参数，而不是一个固定的字符串。稍后我们将会看到，这些循环结构非常适合于处理宏参数。

13.7 宏（编译时过程）

宏是一种对象，语言处理器在编译期间会使用其他文本替换宏对象。宏是使用较短的文本序列替换冗长且重复的文本序列的最佳方案。MASM 的宏除了扮演传统的角色（例如，C/C++ 中的“#define”）之外，还充当编译时语言的过程或函数的等价物。

宏是 MASM 的主要功能之一。接下来将探讨 MASM 的宏处理工具，以及宏与其他 MASM CTL 控制结构之间的关系。

13.8 标准宏

MASM 支持一个简单的宏工具，允许我们以类似于声明过程的方式定义宏。典型的简单宏声明采用以下的形式：

```
macro_name macro arguments
    宏功能体
        endm
```

以下代码是宏声明的具体示例：

```
neg128  macro
        neg rdx
        neg rax
        sbb rdx, 0
        endm
```

执行该宏代码，将计算 RDX:RAX 中 128 位值的补码。

为了执行与 neg128 相关联的代码，可以在需要执行这些指令的位置指定宏的名称。例如：

```
mov     rax, qword ptr i128
mov     rdx, qword ptr i128[8]
neg128
```

以上指令看起来和所有其他指令一样。宏的最初目的是创建合成指令，以简化汇编语言程序设计。

虽然不需要使用 call 指令来调用宏，但从程序的角度来看，调用宏就像调用过程一样会执行一系列指令。通过使用以下的过程声明，可以以过程的形式来实现这个简单的宏：

```
neg128p proc
        neg rdx
        neg rax
        sbb rdx, 0
        ret
neg128p endp
```

以下两条语句都将对 RDX:RAX 中的值进行取反运算：

```
neg128
call neg128p
```

这两种方法（宏调用与过程调用）之间的区别在于，宏以内联方式展开文本，而过程调用会生成对位于文本别处的对应过程的调用。也就是说，MASM 将调用 neg128 的语句直接替换为以下的文本：

```
neg rdx
neg rax
sbb rdx, 0
```

另外，MASM 将过程调用 call neg128p 替换为 call 指令的机器代码：

```
call neg128p
```

在宏调用和过程调用之间进行选择时需要考虑两者的效率。宏调用比过程调用稍快，因为宏调用不执行 call 指令以及相应的 ret 指令，但宏调用会使程序变长，因为每个调用宏的地方都会将宏扩展到宏主体的文本。如果宏的主体很长，并且整个程序多次调用了宏，那么最终的可执行文件就会变得更长。此外，如果宏的主体所执行的指令不止几条，那么 call 和 ret 序列的开销对代码的总体执行时间几乎没有影响，因此节省的执行时间几乎可以忽略不计。除此之外，如果过程的主体非常短（如前面的 neg128 示例），则宏实现可以更快，并且不会将程序的大小扩展太多。关于宏调用和过程调用的经验法则如下：

将宏用于时间关键型的简短程序单元。对于较长的代码块和执行时间不那么关键的情况，则使用过程。

与过程相比，宏还有许多其他缺点。宏不能有局部变量，宏参数的工作方式与过程参数不同，宏不支持（运行时）递归，宏调试比过程调试稍微困难一些（此处仅举宏的几个缺点）。因此，除非性能非常关键，否则不应该使用宏来代替过程。

13.9　宏参数

与过程一样，宏允许我们定义参数，这些参数允许在每次宏调用时提供不同的数据，这样就可以编写通用的宏，其行为根据所提供的参数而变化。通过在编译时处理这些宏参数，就可以编写非常复杂的宏。

宏参数的声明语法非常简单。可以在宏声明中提供参数名列表作为操作数：

```
neg128  macro reg64HO, reg64LO
        neg   reg64HO
        neg   reg64LO
        sbb   reg64HO, 0
        endm
```

调用宏时，可以将实参作为参数提供给宏调用：

```
neg128 rdx, rax
```

13.9.1 标准宏参数展开

MASM 会自动将类型 text 与宏参数关联。这意味着在宏展开的过程中，MASM 会将出现的所有形参替换为用户提供的文本（实参）。通过文本替换进行传递（pass by textual substitution）的语义与按值传递或者按引用传递的语义略有不同，在这里有必要探讨一下。

请考虑下面的宏调用，使用之前定义的 neg128 宏：

```
neg128 rdx, rax
neg128 rbx, rcx
```

这两个调用会展开为以下的代码：

```
; neg128 rdx, rax

    neg rdx
    neg rax
    sbb rdx, 0

; neg128 rbx, rcx

    neg rbx
    neg rcx
    sbb rbx, 0
```

宏调用不会生成参数的本地副本（就像按值传递方式一样），也不会将实参的地址传递给宏。“neg128 rdx, rax”形式的宏调用相当于以下的内容：

```
reg64HO textequ <rdx>
reg64LO textequ <rax>

        neg reg64HO
        neg reg64LO
        sbb reg64HO, 0
```

文本对象立即内联展开其字符串值，从而为“neg128 rdx, rax”生成前一个展开形式。

宏参数不局限于内存、寄存器或常量操作数，指令或过程操作数也是如此。任何文本都可以，只要该文本的展开在使用形参的地方都是合法的。类似地，形参可能出现在宏主体的任何地方，而不仅是内存、寄存器或常量操作数合法的地方。请考虑下面的宏声明和示例调用，演示如何将形参展开到整个指令中：

```
chkError    macro instr, jump, target
```

```
            instr
            jump target
            endm

        chkError <cmp eax, 0>, jnl, RangeError          ; 示例 1
            .
            .
            .
        chkError <test bl, 1>, jnz, ParityError         ; 示例 2

; 示例 1 展开为:

        cmp  eax, 0
        jnl  RangeError

; 示例 2 展开为:

        test bl, 1
        jnz  ParityError
```

我们使用符号“<”和“>”将完整的 cmp 和 test 指令括起来作为单个字符串（通常情况下，这些指令中的逗号会将指令拆分为两个宏参数）。

通常情况下，MASM 假设逗号之间的所有文本都构成一个宏参数。当 MASM 遇到左括号（包括左圆括号、左花括号或者左尖括号）时，将会处理左括号后的所有文本，直到遇到相对应的右括号，忽略括号内可能出现的逗号。当然，MASM 不会将字符串常量中的逗号（以及括号符号）作为实参的结尾。因此，以下宏及其调用是完全合法的：

```
_print  macro strToPrint
        call print
        byte strToPrint, nl, 0
        endm
        .
        .
        .
        _print "Hello, world!"
```

MASM 将“Hello, world!”视为单个参数，因为逗号出现在文本字符串常量中，刚好符合我们的直觉判断。

当 MASM 展开宏参数时，可能会遇到一些问题，因为参数被展开为文本，而不是值。请考虑下面的宏声明及其调用：

```
Echo2nTimes macro n, theStr
echoCnt = 0
        while echoCnt LT n * 2

        call  print
        byte  theStr, nl, 0

echoCnt = echoCnt + 1
        endm
        endm

        .
         .
         .
         Echo2nTimes 3 + 1, "Hello"
```

本示例在汇编过程中显示 Hello 字符串 5 次，而不是我们直观预期的 8 次。这是因为前面的 while 语句将展开为：

```
while echoCnt LT 3 + 1 * 2
```

“n”的实参为 3+1，因为 MASM 直接展开这个文本而不是 n，所以会得到错误的文本展开。在编译时，MASM 将 3 + 1 * 2 计算为值 5，而不是值 8（当 MASM 通过值而不是文本替换传递此参数时，结果才会得到值 8）。

当传递数值参数时可能包含编译时表达式，此问题的常见解决方案是在宏中的形参周围加括号。例如，可以按如下方式重构前面的宏：

```
Echo2nTimes macro n, theStr
echoCnt =          0
        while echoCnt LT (n) * 2

        call print
        byte theStr, nl, 0

echoCnt = echoCnt + 1
        endm ; while
        endm ; macro
```

现在，宏调用被展开为以下代码，生成的结果符合直观预期：

```
while echoCnt LT (3 + 1) * 2
call print
byte theStr, nl, 0
endm
```

如果我们无法控制宏定义（这个宏定义可能是我们所使用的库模块的一部分，并且无法更改，因为这样做可能会破坏现有代码），则这个问题还有另一个解决方案：在宏调用中的参数之前使用 MASM 的“%”运算符，以便 CTL 解释器在展开参数之前对表达式求值。例如：

```
Echo2nTimes %3 + 1, "Hello"
```

这将使得 MASM 正确地生成对 print 过程（和相关数据）的 8 次调用。

13.9.2 可选和必需的宏参数

作为一般规则，MASM 将宏参数视为可选参数。如果定义了一个指定两个参数的宏，并且只使用其中一个参数调用该宏，则 MASM（通常）不会报错。此时，它将简单地使用空字符串替换第二个参数的展开。在某些情况下，这是可以接受的，甚至可能是可取的。

但是，假设我们省略了前面给出的 neg128 宏中的第二个参数，则这将编译成一个缺少操作数的 neg 指令，MASM 将报告一个错误信息；例如：

```
neg128  macro arg1, arg2        ; 第 6 行
        neg arg1                ; 第 7 行
        neg arg2                ; 第 8 行
        sbb arg1, 0             ; 第 9 行
        endm                    ; 第 10 行
                                ; 第 11 行
        neg128 rdx              ; 第 12 行
```

以下是 MASM 报告的错误信息：

```
listing14.asm(12) : error A2008:syntax error : in instruction
neg128(2): Macro Called From
listing14.asm(12): Main Line Code
```

其中，“(12)”告诉我们错误发生在源文件的第 12 行。“neg128(2)”这一行告诉我们，错误发生在 neg128 宏的第 2 行。很难看出到底是什么原因导致了这个错误。

一种解决方案是在宏中使用条件汇编来测试两个参数是否存在。最初，我们可能会使用以下的代码：

```
neg128  macro reg64HO, reg64LO

        if reg64LO eq <>
        .err <neg128 requires 2 operands>
        endif

        neg reg64HO
        neg reg64LO
        sbb reg64O, 0
        endm
        .
        .
        .
        neg128 rdx
```

遗憾的是，该方案并不成功，原因如下：首先，eq 运算符不适用于文本操作数。MASM 将在尝试应用此运算符之前展开文本操作数，因此上例中的 if 语句实际上是：

```
if eq
```

因为 MASM 使用空字符串替换 eq 运算符周围的两个操作数，所以当然会产生语法错误。即使 eq 运算符周围有非空文本操作数，也仍然会失败，因为 eq 运算符需要数值操作数。MASM 通过引入几个用于文本操作数和宏参数的附加条件 if 语句来解决这个问题。表 13-1 列出了这些额外的 if 语句。

表 13-1　文本处理条件 if 语句

语句	文本操作数	含义
ifb[①]	*arg*	如果为空：如果 *arg* 求值的结果为一个空字符串，则返回 true
ifnb	*arg*	如果非空：如果 *arg* 求值的结果为一个非空字符串，则返回 true
ifdif	arg_1, arg_2	如果不同：如果 arg_1 和 arg_2 不同（区分大小写），则返回 true
ifdifi	arg_1, arg_2	如果不同：如果 arg_1 和 arg_2 不同（不区分大小写），则返回 true
ifidn	arg_1, arg_2	如果完全相同：如果 arg_1 和 arg_2 完全相同（区分大小写），则返回 true
ifidni	arg_2, arg_2	如果完全相同：如果 arg_1 和 arg_2 完全相同（不区分大小写），则返回 true

① 注意，“ifb *arg*”是“ifidn <*arg*>, <>”的缩写。

使用这些条件 if 语句的方式与标准 if 语句完全相同。我们也可以在这些 if 语句之后使用 elseif 或 else 子句，但不存在这些 if 语句的 elseifb、elseifnb 等变体（只有带布尔表达式的标准 elseif 才可以跟在这些语句的后面）。

下面的代码片段演示了如何使用 ifb 语句来确保 neg128 宏正好带两个参数。不需要检查 reg64HO 是否也为空；如果 reg64HO 为空，则 reg64LO 也将为空，ifb 语句将报告相应的错误信息：

```
neg128  macro reg64HO, reg64LO
```

```
        ifb <reg64LO>
        .err <neg128 requires 2 operands>
        endif

        neg reg64HO
        neg reg64LO
        sbb reg64HO, 0
        endm
```

在程序中使用 ifb 指令时要非常小心。很容易就会将文本符号传递给宏，最后测试该符号的名称是否为空，而不是文本本身。请考虑以下的代码片段：

```
symbol  textequ <>
        neg128 rax, symbol        ; 生成一个错误
```

neg128 调用包含两个参数，其中第二个参数不能为空，因此 ifb 指令对参数列表很满意。然而，在宏内部，当 neg128 在 neg 指令之后展开 reg64LO 时，展开的是空字符串，因而产生错误信息（这是 ifb 指令应该防范之处）。

处理缺失的宏参数的另一种方法是：给宏定义行中的参数加一个“:req”后缀，显式地告诉 MASM 该参数是必需的。请考虑以下的 neg128 宏的定义：

```
neg128  macro reg64HO:req, reg64LO:req
        neg reg64HO
        neg reg64LO
        sbb reg64HO, 0
        endm
```

在存在“:req”选项的情况下，如果缺少一个或多个宏参数，则 MASM 将报告以下的错误信息：

```
listing14.asm(12) : error A2125:missing macro argument
```

13.9.3 默认宏参数值

处理缺少的宏参数的一种方法是为这些参数定义默认值。请考虑以下关于 neg128 宏的定义：

```
neg128  macro reg64HO:=<rdx>, reg64LO:=<rax>
        neg reg64HO
        neg reg64LO
        sbb reg64HO, 0
        endm
```

如果宏调用行中不存在实际值，则“:=”运算符告诉 MASM 使用运算符右侧的文本常量替换所关联的宏参数。请考虑以下对 neg128 的两次调用：

```
neg128              ; 参数的默认值为“RDX, RAX”
neg128 rbx          ; 使用 RBX:RAX 作为 128 位的寄存器对
```

13.9.4 具有可变数量参数的宏

可以指示 MASM 允许在宏调用中使用可变数量的参数：

```
varParms    macro varying:vararg
            Macro body
            endm
```

```
        .
        .
        .
        varParms 1
        varParms 1, 2
        varParms 1, 2, 3
        varParms
```

在宏中，MASM 将创建一个 <arg1, arg2, …, argn> 形式的文本对象，并将其指定给关联的参数名（在前面的示例中为 varying）。可以使用 MASM 的 for 循环来提取可变参数的各个值。例如：

```
varParms    macro varying:vararg
            for curArg, <varying>
            byte curArg
            endm          ; for 循环的结束
            endm          ; 宏的结束

            varParms 1
            varParms 1, 2
            varParms 1, 2, 3
            varParms <5 dup (?)>
```

包含上述源代码的汇编列表输出如下所示：

```
00000000                        .data
                    varParms    macro varying:vararg
                                for curArg, <varying>
                                byte curArg
                                endm          ; for 循环的结束
                                endm          ; 宏的结束

                                varParms 1
00000000 01            2        byte 1
                                varParms 1, 2
00000001 01            2        byte 1
00000002 02            2        byte 2
                                varParms 1, 2, 3
00000003 01            2        byte 1
00000004 02            2        byte 2
00000005 03            2        byte 3
                                varParms <5 dup (?)>
00000006 00000005 [    2        byte 5 dup (?)
         00
         ]
```

一个宏最多只能有一个 vararg 参数。如果宏有多个参数，并且有一个是 vararg 参数，则 vararg 参数必须是最后一个参数。

13.9.5 宏展开运算符（&）

在宏中，可以使用“&”运算符将宏名称（或其他文本符号）替换为其实际值。此运算符在任何地方都是有效的，即使是使用字符串字面量。请考虑以下的示例：

```
expand  macro parm
        byte '&parm', 0
        endm

        .data
```

```
        expand a
```

本例中的宏调用展开为以下的代码：

```
byte 'a', 0
```

如果出于某种原因，需要在宏中生成字符串 '!&parm'（宏的参数之一是 parm），则必须使用“&”运算符。注意 '!&parm' 将无法避开“&”运算符。在这种特定情况下，一个有效的解决方案是重写 byte 伪指令：

```
expand  macro  parm
        byte   '&', 'parm', 0
        endm
```

现在，“&”运算符不会导致字符串中 parm 的展开。

13.10　宏中的局部符号

请考虑以下的宏声明：

```
jzc     macro target
        jnz NotTarget
        jc target
NotTarget:
        endm
```

上面的宏模拟一条指令，如果设置了零标志位和进位标志位，则该指令将跳转到指定的目标位置。反之，如果清除了零标志位或者进位标志位，那么这个宏立即将控制权转移到宏调用之后的指令。

上面的宏存在一个严重的问题。如果在程序中不止一次使用这个宏，那么会发生以下情况：

```
jzc Dest1
.
.
.
jzc Dest2
.
.
.
```

前面的宏调用将展开为以下的代码：

```
        jnz NotTarget
        jc Dest1
NotTarget:
        .
        .
        .
        jnz NotTarget
        jc Dest2
NotTarget:
        .
        .
        .
```

在宏展开的过程中，这两个宏调用生成相同的标签 NotTarget。当 MASM 处理这段代码时，会因为存在重复的符号定义而报错。

MASM 解决这个问题的方法是允许在宏中使用局部符号。局部宏符号对于特定的宏调用是唯一的。必须使用 local 伪指令明确指示 MASM 哪些符号是局部符号：

```
macro_name macro optional_parameters
        local list_of_local_names
        Macro body
        endm
```

list_of_local_names（局部名称列表）是由一个或多个 MASM 标识符组成的序列，标识符之间采用逗号进行分隔。每当 MASM 在特定宏调用中遇到其中一个名称时，就会自动使用一个唯一的名称替换该标识符。对于每个宏调用，MASM 都会使用不同的名称替换局部符号。

可以使用以下宏代码纠正 jzc 宏中的问题：

```
jzc     macro target
        local NotTarget
        jnz NotTarget
        jc target
NotTarget:

        endm
```

现在，每当 MASM 处理这个宏时，都会自动将一个唯一的符号与 NotTarget 的每次出现相关联。这可以防止在未将 NotTarget 声明为局部符号时发生符号重复的错误。

MASM 生成形如“??nnnn”的符号，其中 nnnn 是对应每个局部符号的（唯一的）四位十六进制数。所以，在汇编程序清单中看到一些类似于“??0000”的符号时，我们就会知道这些符号来自何处。

宏定义可以有多个 local 伪指令，每个指令都有自己的局部名称列表。但是，如果一个宏中有多个 local 语句，那么这些 local 语句都应该紧跟在 macro 伪指令之后。

注意：与过程中的局部符号不同，我们不会将类型附加给局部宏符号。宏声明中的 local 伪指令只接受标识符列表，符号的类型将始终为文本。

13.11 exitm 伪指令

MASM 的 exitm 伪指令（可能只出现在宏中）指示 MASM 立即终止对宏的处理。MASM 将忽略宏中的任何其他文本行。如果将宏视为一个过程，则 exitm 伪指令就是返回语句。

exitm 伪指令在条件汇编指令序列中非常有用。也许在检查了某些宏参数是否存在后，我们可能希望停止处理宏，以避免 MASM 出现其他的错误。例如，请考虑前面曾经讨论过的 neg128 宏：

```
neg128  macro reg64HO, reg64LO

        ifb <reg64LO>
        .err <neg128 requires 2 operands>
        exitm
        endif

        neg reg64HO
        neg reg64LO
        sbb reg64HO, 0
        endm
```

在条件汇编中没有 exitm 伪指令的情况下，此宏将尝试汇编“neg reg64LO”指令，因为 reg64LO 展开为空字符串，所以会生成另一个错误。

13.12　MASM 宏函数语法

最初，MASM 的宏设计允许程序员创建替换助记符。程序员可以使用宏来替换汇编语言源文件中的机器指令或者其他语句（或语句序列）。宏只能在源文件中创建整行输出文本。这使得程序员无法使用类似于以下的宏调用：

```
mov rax, some_macro_invocation(arguments)
```

现如今，MASM 支持额外的语法，允许我们创建宏函数。MASM 宏函数的定义看起来与普通宏定义完全一样，只是增加了一个功能：使用带有文本参数的 exitm 伪指令从宏中返回函数结果。请考虑程序清单 13-4 中的 upperCase 宏函数。

程序清单 13-4　示例宏函数

```
; 程序清单 13-4
; CTL 示例宏函数程序。

        option casemap:none
nl          =     10

            .const
ttlStr byte "Listing 13-4", 0

; upperCase 宏函数。

; 将文本参数转换为字符串，
; 将所有小写字符转换为大写字符。

upperCase   macro   theString
            local   resultString, thisChar, sep
resultStr   equ     <>  ; 将函数结果初始化为“ ”
sep         textequ <>  ; 将分隔符初始化为“ ”

            forc    curChar, theString

; 检查字符是否为小写字符。
; 如果是，则将其转换为大写字符；
; 否则，直接按原样将其输出到 resultStr。
; 将当前字符连接到结果字符串的末尾
;（如果这不是附加到 resultStr 的第一个字符，则使用“,”分隔符）

            if ('&curChar' GE 'a') and ('&curChar' LE 'z')
resultStr   catstr resultStr, sep, %'&curChar'-32
            else
resultStr   catstr resultStr, sep, %'&curChar'
            endif

; 第一次迭代遍历时，sep 是空字符串。
; 对于所有其他迭代，sep 是各个值之间的逗号分隔符。

sep         textequ <, >
            endm    ; for 循环的结束

            exitm <resultStr>
            endm    ; 宏的结束
```

```
; 演示 upperCase 宏函数的使用方法：

            .data
chars       byte    "Demonstration of upperCase"
            byte    "macro function:"
            byte    upperCase(<abcdEFG123>), nl, 0

            .code
            externdef printf:proc

; 将程序标题返回到 C++ 程序：

            public  getTitle
getTitle    proc
            lea     rax, ttlStr
            ret
getTitle    endp

; 以下是“asmMain”函数的实现。

            public  asmMain
asmMain     proc
            push    rbx
            push    rbp
            mov     rbp, rsp
            sub     rsp, 56             ; 影子存储器

            lea     rcx, chars          ; 打印转换为大写的字符
            call    printf

allDone:    leave
            pop     rbx
            ret     ; 返回到调用方
asmMain     endp
            end
```

每当调用 MASM 宏函数时，必须始终在宏名称后面加一对括号，将宏的参数括起来。即使宏没有参数，也必须有一对空括号。这就是 MASM 区分标准宏和宏函数的方式。

MASM 的早期版本包括用于 sizestr 等伪指令的函数（对于 sizestr 伪指令，使用 @sizestr 的名称）。MASM 的最新版本删除了这些函数。但是，我们可以轻松编写自己的宏函数来替换这些缺失的函数。下面是 @sizestr 函数的一个快速替换：

```
; @sizestr —— 替换微软从 MASM 中删除的 MASM @sizestr 函数。

@sizestr    macro theStr
            local theLen
theLen      sizestr <theStr>
            exitm <&theLen>
            endm
```

exitm 指令中的“&”运算符在将值返回给调用宏函数的调用方之前，强制 @sizestr 宏展开在“<”和“>”字符串分隔符内与 theLen 局部符号相关的文本。如果没有“&”运算符，则 @sizestr 宏将返回“??0002”（MASM 为局部符号 theLen 创建的唯一符号）形式的文本。

13.13　宏作为编译时过程和函数

尽管程序员通常使用宏来扩展一系列机器指令，但绝对不要求宏的主体中包含任何可执

行指令。实际上，许多宏只包含编译时语言的语句（例如，if、while、for、赋值语句等）。通过只在宏的主体中放置编译时语言的语句，可以有效地使用宏来编写编译时过程和函数。

以下 unique 宏是编译时函数的一个很好的示例，可返回一个字符串结果：

```
unique  macro
        local theSym
        exitm <theSym>
        endm
```

每当代码引用这个宏时，MASM 都会使用文本 theSym 替换宏调用。MASM 生成独特的符号（例如“??0000”）来表示局部宏符号。因此，每次调用 unique 宏都会生成一系列符号，例如“??0000”“??0001”“??0002”等。

13.14　编写编译时“程序”

MASM 编译时语言允许我们编写短小的程序，这种程序可以编写其他程序，特别地，用以自动创建大型或复杂的汇编语言序列。接下来将讨论此类编译时程序的简单示例。

13.14.1　在编译时构建数据表

在前面章节中，本书建议可以编写程序为汇编语言程序生成大型复杂的查找表。第 10 章提供了 C++ 程序，这些程序可以生成表以粘贴到汇编程序中。在本节中，我们将使用 MASM 编译时语言，在程序汇编期间为使用表的程序构建数据表。

编译时语言的一个常见用途是，在运行时使用 xlat 指令为字母的大小写转换操作构建 ASCII 字符查找表。程序清单 13-5 演示了如何构建大写字母转换表和小写字母转换表[⊖]。注意，使用宏作为编译时过程，可以降低表生成代码的复杂性。

程序清单 13-5　使用编译时语言生成大小写字母的转换表

```
; 程序清单 13-5
; 使用宏创建一个查找表。

        option casemap:none
nl              =       10

                .const
ttlStr          byte "Listing 13-5", 0
fmtStr1         byte "testString converted to UC:", nl
                byte "%s", nl, 0

fmtStr2         byte "testString converted to LC:", nl
                byte "%s", nl, 0

testString      byte "This is a test string ", nl
                byte "Containing UPPERCASE ", nl
                byte "and lowercase chars", nl, 0

emitChRange macro start, last
                local index, resultStr
index           =       start
                while index lt last
                byte index
```

⊖ 在现代处理器上，实现大小写字母之间转换的最有效方式可能不是使用查找表。然而，这只是使用编译时语言生成表的一个示例。这些转换原则是正确的，即使代码并不是最优的。

```
index       =     index + 1
            endm
            endm

; 将小写字符转换为大写字符的查找表。
; 每个索引处的字节均包含该索引的值，
; 但索引“a”到“z”处的字节除外，
; 这些字节包含值“A”到“Z”。
; 因此，如果程序使用 ASCII 字符的数值作为该表的索引，
; 并检索该字节，会将字符转换为大写。

lcToUC      equ this byte
            emitChRange 0, 'a'
            emitChRange 'A', %'Z'+1
            emitChRange %'z'+1, 0ffh

; 同上。
; 但此表将大写字符转换为小写字符。

UCTolc      equ this byte
            emitChRange 0, 'A'
            emitChRange 'a', %'z'+1
            emitChRange %'Z'+1, 0ffh

            .data

; 在这里存储目标字符串：

toUC        byte 256 dup (0)
TOlc        byte 256 dup (0)

            .code
            externdef printf:proc

; 将程序标题返回到 C++ 程序：

            public getTitle
            getTitle proc
            lea rax, ttlStr
            ret
getTitle    endp

; 以下是“asmMain”函数的实现。

            public asmMain
asmMain     proc
            push rbx
            push rdi
            push rsi
            push rbp
            mov rbp, rsp
            sub rsp, 56             ; 影子存储器

; 将 testString 中的字符转换为大写：

            lea rbx, lcToUC
            lea rsi, testString
            lea rdi, toUC
            jmp getUC

toUCLp:     xlat
```

```
            mov [rdi], al
            inc rsi
            inc rdi
getUC:      mov al, [rsi]
            cmp al, 0
            jne toUCLp

; 显示转换后的字符串:

            lea rcx, fmtStr1
            lea rdx, toUC
            call printf

; 将 testString 中的字符转换为小写:

            lea rbx, UCTolc
            lea rsi, testString
            lea rdi, TOlc
            jmp getLC
toLCLp:     xlat
            mov [rdi], al
            inc rsi
            inc rdi
getLC:      mov al, [rsi]
            cmp al, 0
            jne toLCLp

; 显示转换后的字符串:
            lea rcx, fmtStr2
            lea rdx, TOlc
            call printf

allDone:    leave
            pop rsi
            pop rdi
            pop rbx
            ret                     ; 返回到调用方
asmMain     endp
            end
```

程序清单 13-5 中代码的构建命令和示例输出结果如下所示:

```
C:\>build listing13-5

C:\>echo off
Assembling: listing13-5.asm
c.cpp

C:\>listing13-5
Calling Listing 13-5:
testString converted to UC:
THIS IS A TEST STRING
CONTAINING UPPERCASE
AND LOWERCASE CHARS
testString converted to LC:
this is a test string
containing uppercase
and lowercase chars
Listing 13-5 terminated
```

13.14.2　展开循环

可以展开循环来提高某些汇编语言程序的性能。然而，这需要大量额外的编码，尤其是有许多次循环迭代的情况。幸运的是，MASM 的编译时语言工具，特别是 while 循环，可以帮助完成展开循环的任务。只须额外键入少量的编码内容，再加上一个循环体，就可以根据我们的需求多次展开循环。

如果只是想将同一代码序列重复一定的次数，那么展开代码尤其简单。我们所要做的就是在 while..endm 循环中包括代码序列，并循环执行指定的迭代次数。例如，如果想要将 Hello World 字符串打印 10 次，那么可以进行如下的编码：

```
count = 0
while count LT 10
    call print
    byte "Hello World", nl, 0

count = count + 1
endm
```

尽管这段代码看起来类似于高级语言中的 while 循环，但请记住二者之间根本的区别：前面的代码只是在程序中包含 10 个直接调用 print 函数的语句。如果使用一个实际的循环来编码，那么只需要对 print 函数的 1 个调用语句，以及很多额外的逻辑来循环并执行这个调用语句 10 次。

如果循环中的任何指令引用循环控制变量的值或另一个值，则展开循环会变得稍微复杂一些，该值会随着循环的每次迭代而变化。一个典型的例子是将整数数组的每个元素设置为 0 的循环：

```
        xor eax, eax      ; 将 EAX 和 RBX 设置为 0
        xor rbx, rbx
        lea rcx, array
whlLp:  cmp rbx, 20
        jae loopDone
        mov [rcx][rbx * 4], eax
        inc rbx
        jmp whlLp

loopDone:
```

在这个代码片段中，循环使用循环控制变量的值（存储在 RBX 寄存器中）作为 array 的索引。简单地将“mov[rcx][ebx*4]，eax”语句复制 20 次的做法，并不是展开这个循环的正确方式。在本例中，必须使用一个位于 0~76（对应的循环索引乘以 4）数值范围内的适当常数索引代替 rbx*4。正确展开此循环应该产生以下的代码序列：

```
mov [rcx][0 * 4], eax
mov [rcx][1 * 4], eax
mov [rcx][2 * 4], eax
mov [rcx][3 * 4], eax
mov [rcx][4 * 4], eax
mov [rcx][5 * 4], eax
mov [rcx][6 * 4], eax
mov [rcx][7 * 4], eax
mov [rcx][8 * 4], eax
mov [rcx][9 * 4], eax
mov [rcx][10 * 4], eax
mov [rcx][11 * 4], eax
```

```
mov [rcx][12 * 4], eax
mov [rcx][13 * 4], eax
mov [rcx][14 * 4], eax
mov [rcx][15 * 4], eax
mov [rcx][16 * 4], eax
mov [rcx][17 * 4], eax
mov [rcx][18 * 4], eax
mov [rcx][19 * 4], eax
```

使用以下编译时代码序列，可以轻松地完成此操作：

```
iteration = 0
while iteration LT 20
    mov [rcx][iteration * 4], eax
    iteration = iteration + 1
endm
```

如果循环中的语句使用循环控制变量的值，则只有在编译时已知这些值时，才能展开此类循环。当控制迭代次数由用户输入（或者是其他运行时信息）时，则无法展开循环。

当然，如果在这个循环之前，代码序列将数组的地址加载到 RCX 寄存器中，则我们也可以使用以下的 while 循环，从而省略 RCX 寄存器：

```
iteration = 0
while iteration LT 20
    mov array[iteration * 4], eax
    iteration = iteration + 1
endm
```

注意：这个宏展开仍然使用 PC 相对寻址模式，因此不必使用 LARGEADDRESSAWARE:NO 选项。

13.15 模拟高级语言的过程调用

在汇编语言中调用过程（函数）是一件非常麻烦的事。将参数加载到寄存器、将值压入栈以及其他行为，都是十分分散注意力的事情。与汇编语言函数的调用相比，高级语言过程调用更具可读性，也更易于编写。宏提供了一种很好的机制，可以使用类似高级语言程序设计的方式来调用过程和函数。

13.15.1 模拟高级语言的调用（无参数）

当然，最简单的例子是调用一个没有任何参数的汇编语言过程：

```
someProc    macro
            call _someProc
            endm

_someProc   proc
            .
            .
            .
_someProc   endp
            .
            .
            .
        someProc   ; 调用过程
```

这个简单的示例演示了本书中通过宏调用来调用过程时遵循的两个约定。

- 如果过程以及对过程的所有调用都出现在同一个源文件中，那么可以将宏定义放在过程之前，以便于查找。
- 如果通常将过程命名为 someProc，那么可以将该过程的名称更改为 _someProc，然后使用 someProc 作为宏名称。

虽然使用 someProc 形式的宏调用与使用 call someProc 调用过程相比的优势似乎有些模糊，但保持所有过程调用的一致性（通过对所有过程调用使用宏调用）将有助于提高程序的可读性。

13.15.2 模拟高级语言的调用（带有一个参数）

一个稍复杂的示例是调用带有单个参数的过程。假设我们遵循微软 ABI 并在 RCX 寄存器中传递参数，则最简单的解决方案如下所示：

```
someProc     macro parm1
             mov rcx, parm1
             call _someProc
             endm
             .
             .
             .
             someProc Parm1Value
```

如果需要按值传递 64 位整数，则以上的宏运行良好。如果参数是 8 位、16 位或 32 位的值，则可以将 mov 指令中的 RCX 替换为 CL、CX 或 ECX。[⊖]

如果我们按引用传递第一个参数，那么在本例中，需要使用 lea 指令替换 mov 指令。由于引用参数始终为 64 位值，因此 lea 指令通常采用如下所示的形式：

```
lea rcx, parm1
```

最后，如果需要传递 real4 或 real8 值作为参数，则需要将以下指令中的某个替换为上一个宏中的 mov 指令：

```
movss xmm0, parm1 ; 用于real4参数
movsd xmm0, parm1 ; 用于real8参数
```

只要实参是一个内存变量或者一个合适的整数常量，这个简单的宏定义就可以很好地工作，并且可以处理很大一部分的实际情况。

例如，如果采用当前的宏方案，使用单个参数（格式字符串）调用 C 标准库中的 printf 函数，则可以按如下的方式编写宏[⊜]：

```
cprintf macro parm1
        lea rcx, parm1
        call printf
        endm
```

因此，我们可以按以下的方式调用这个宏：

```
cprintf fmtStr
```

⊖ 对于 8 位或 16 位值，有些人甚至会使用“movzx ecx, parm1”指令，以确保在进入过程时，ECX 和 RCX 的高阶位都为 0。

⊜ 我们不能在这里选择函数的名称。必须调用 printf 函数，不能在代码中随意将其命名为 _printf。因此，该宏使用标识符 cprintf（用于调用 printf）。

其中，（假设）fmtStr 是“.data”段中 byte 对象的名称，包含 printf 格式字符串。

对于更高级的过程调用语法，我们应该允许类似以下的调用形式：

```
cprintf "This is a printf format string"
```

遗憾的是，按照宏当前的编写方式，这将生成以下（语法不正确）的语句：

```
lea rcx, "This is a printf format string"
```

可以修改这个宏以允许宏调用，方法如下：

```
cprintf macro parm1
        local fmtStr
        .data
fmtStr  byte parm1, nl, 0
        .code
        lea rcx, fmtStr
        call printf
        endm
```

使用字符串常量调用这个宏时，将展开为以下的代码：

```
        .data
fmtStr  byte "This is a printf format string", nl, 0
        .code
        lea rcx, fmtStr   ; 技术上，fmtStr 将类似于“??0001”
        call printf
```

注意：在代码序列中插入一个“.data”段是完全正确的。在“.code”伪指令出现时，MASM 在遇到“.data”伪指令的情况下会继续在程序计数器偏移量处生成新的对象代码。

这种新形式的宏存在的唯一问题是，它不再接受类似以下形式的调用：

```
cprintf fmtStr
```

其中，fmtStr 是“.data”段中的字节对象。我们真心希望有一个可以接受两种形式的宏。

13.15.3 使用 opattr 确定参数类型

确定参数类型的诀窍是使用 opattr 运算符。该运算符返回一个整数值，其某些位是根据后面表达式的类型设置的。特别地，如果表达式是可重定位的或者以其他方式引用内存，则将设置第 2 位。因此，如果变量（如 fmtStr）作为参数，则会设置该位；如果传递字符串字面量作为参数，则会清除该位（正如我们所知，对于长度超过 8 个字符的字符串字面量，opattr 运算符实际上返回值 0）。现在请考虑程序清单 13-6 中的代码。

程序清单 13-6　宏中的 opattr 运算符

```
; 程序清单 13-6
; opattr 运算符的演示示例。

        option casemap:none

nl      =       10

        .const
ttlStr  byte "Listing 13-6", 0
fmtStr  byte nl, "Hello, World! #2", nl, 0

        .code
```

```
        externdef printf:proc

; 将程序标题返回到 C++ 程序：

        public getTitle
getTitle proc
        lea rax,ttlStr
        ret
getTitle endp

; cprintf 宏：

; cprintf fmtStr
; cprintf "Format String"

cprintf  macro fmtStrArg
         local fmtStr, attr, isConst

attr     = opattr fmtStrArg
isConst  = (attr and 4) eq 4
         if (attr eq 0) or isConst
         .data
fmtStr   byte fmtStrArg, nl, 0
         .code
         lea rcx, fmtStr

         else
         lea rcx, fmtStrArg

         endif
         call printf
         endm

atw      = opattr "Hello World"
bin      = opattr "abcdefghijklmnopqrstuvwxyz"

; 以下是“asmMain”函数的实现。

         public  asmMain
asmMain  proc
         push rbx
         push rdi
         push rsi
         push rbp
         mov rbp, rsp
         sub rsp, 56              ; 影子存储器

         cprintf "Hello World!"
         cprintf fmtStr

allDone: leave
         pop rsi
         pop rdi
         pop rbx
         ret ; 返回到调用方
asmMain  endp
         end
```

程序清单 13-6 的构建命令和示例输出结果如下所示：

```
C:\>build listing13-6
```

```
C:\>echo off
Assembling: listing13-6.asm
c.cpp

C:\>listing13-6
Calling Listing 13-6:
Hello World!
Hello, World! #2
Listing 13-6 terminated
```

这个 cprintf 宏并不完美。例如，C/C++ 的 printf 函数允许多个参数，而这个宏无法处理多个参数。但这个宏确实演示了如何根据传递给 cprintf 的参数类型，来处理对 printf 的两个不同的调用。

13.15.4　模拟高级语言的调用（带有固定数量的参数）

将宏调用机制从一个参数推广到两个或更多参数（假设参数数量固定）非常简单。只需要添加更多的形参，并在宏定义中处理这些参数。程序清单 13-7 是对程序清单 9-11 的重构，使用宏调用来处理对 r10ToStr 和 e10ToStr 的调用，以及一些对 printf 的固定调用（因为这是一个很长的程序，为简洁起见，所以只包括宏和一些调用）。

程序清单 13-7　将浮点值转换为字符串的宏调用实现

```
                .
                .       ; 程序清单中的大约 1200 行代码。
                .

; r10ToStr ——宏，为 _r10ToStr 过程创建类似高级语言的调用。

; 参数：
; r10：必须是 real4、real8 或 real10 变量的名称。
; dest：必须是保存字符串结果的字节缓冲区的名称。

; wdth：字符串的输出宽度，为整数常量或双字变量。

; dPts：小数点后的位置数，为整数常量或双字变量。

; fill：填充字符，为字符常量或字节变量。

; mxLen：输出字符串的最大长度，为整数常量或双字变量。

r10ToStr    macro   r10, dest, wdth, dPts, fill, mxLen
            fld     r10

; dest 是与字符串变量关联的标签：

            lea     rdi, dest

; wdth 是常量或双字变量：

            mov     eax, wdth

; dPts 是一个常量或双字变量，保存小数点位置数：

            mov     edx, dPts

; 处理填充字符。
; 如果它是一个常量，那么直接将其加载到 ECX（零扩展到 RCX）中。
; 如果它是一个变量，那么将其零扩展后移动到 ECX（也就是零扩展到 RCX）中。
```

```
; 注意：如果填充字符是一个常量，则 opattr 的第 2 位为 1。

            if      ((opattr fill) and 4) eq 4
            mov     ecx, fill
            else
            movzx   ecx, fill
            endif

; mxLen 是常量或双字变量。

            mov     r8d, mxLen
            call    _r10ToStr
            endm

; e10ToStr ——宏，为 _e10ToStr 过程创建类似高级语言的调用。

; 参数：
; e10：必须是 real4、real8 或 real10 变量的名称。
; dest：必须是保存字符串结果的字节缓冲区的名称。

; wdth：字符串的输出宽度，为整数常量或双字变量。

; xDigs：指数的位数。

; fill：填充字符，为字符常量或字节变量。

; mxLen：输出字符串的最大长度，为整数常量或双字变量。

e10ToStr    macro   e10, dest, wdth, xDigs, fill, mxLen
            fld     e10

; dest 是与字符串变量关联的标签：

            lea     rdi, dest

; wdth 是常量或双字变量：

            mov     eax, wdth

; xDigs 是保存小数点位置数的常量或双字变量：

            mov     edx, xDigs

; 处理填充字符。
; 如果它是一个常量，那么直接将其加载到 ECX（零扩展到 RCX）中。
; 如果它是一个变量，那么将其零扩展后移动到 ECX（也就是零扩展到 RCX）中。

; 注意：如果填充字符是一个常量，则 opattr 的第 2 位为 1。

            if      ((opattr fill) and 4) eq 4
            mov     ecx, fill
            else
            movzx   ecx, fill
            endif

; mxLen 是常量或双字变量。

            mov     r8d, mxLen
            call    _e10ToStr
            endm
```

```
; puts ——宏，使用 printf 打印字符串。

; 参数：

; fmt：格式化字符串（必须是字节变量或字符串常量）。

; theStr：需要打印的字符串（必须是字节变量、寄存器或字符串常量）。

puts        macro    fmt, theStr
            local    strConst, bool

            lea      rcx, fmt

            if       ((opattr theStr) and 2)

; 如果是内存操作数：

            lea      rdx, theStr

            elseif   ((opattr theStr) and 10h)

; 如果是寄存器操作数：

            mov      rdx, theStr

            else

; 假设它必须是一个字符串常量。

            data
strConst    byte     theStr, 0

            .code
            lea      rdx, strConst

            endif

            call     printf
            endm

            public   asmMain
asmMain     proc
            push     rbx
            push     rsi
            push     rdi
            push     rbp
            mov      rbp, rsp
            sub      rsp, 64        ; 影子存储器

; F 输出：

            r10ToStr r10_1, r10str_1, 30, 16, '*', 32
            jc      fpError
            puts    fmtStr1, r10str_1

            r10ToStr r10_1, r10str_1, 30, 15, '*', 32
            jc      fpError
            puts    fmtStr1, r10str_1
            .
            .      ; 类似于程序清单 9-10 中的代码，
            .      ; 不过使用的是宏调用而不是过程调用。
```

```
; E 输出:
            e10ToStr e10_1, r10str_1, 26, 3, '*', 32
            jc      fpError
            puts    fmtStr3, r10str_1

            e10ToStr e10_2, r10str_1, 26, 3, '*', 32
            jc      fpError
            puts    fmtStr3, r10str_1
            .
            .       ; 类似于程序清单 9-10 中的代码,
            .       ; 不过使用的是宏调用而不是过程调用。
```

将这三个函数的模拟高级语言调用与程序清单 9-11 中的原始过程调用进行比较:

```
; F 输出 :

fld     r10_1
lea     rdi, r10str_1
mov     eax, 30             ; fWidth
mov     edx, 16             ; decimalPts
mov     ecx, '*'            ; Fill
mov     r8d, 32             ; maxLength
call    r10ToStr
jc      fpError

lea     rcx, fmtStr1
lea     rdx, r10str_1
call    printf

fld     r10_1
lea     rdi, r10str_1
mov     eax, 30             ; fWidth
mov     edx, 15             ; decimalPts
mov     ecx, '*'            ; Fill
mov     r8d, 32             ; maxLength
call    r10ToStr
jc      fpError

lea     rcx, fmtStr1
lea     rdx, r10str_1
call    printf
.
. ; 程序清单 9-10 中的其他代码。
.
; E 输出:

fld     e10_1
lea     rdi, r10str_1
mov     eax, 26             ; fWidth
mov     edx, 3              ; expDigits
mov     ecx, '*'            ; Fill
mov     r8d, 32             ; maxLength
call    e10ToStr
jc      fpError

lea     rcx, fmtStr3
lea     rdx, r10str_1
call    printf

fld     e10_2
lea     rdi, r10str_1
```

```
mov     eax, 26             ; fWidth
mov     edx, 3              ; expDigits
mov     ecx, '*'            ; Fill
mov     r8d, 32             ; maxLength
call    e10ToStr
jc      fpError

lea     rcx, fmtStr3
lea     rdx, r10str_1
call    printf
.
. ; 程序清单 9-10 中的其他代码。
.
```

很显然，使用宏实现的版本更容易阅读（事实证明，调试和维护也更容易）。

13.15.5 模拟高级语言的调用（带有可变参数列表）

有些程序需要不同数量的参数，C/C++ 中的 printf 函数就是一个典型的例子。有些过程虽然可能只支持固定数量的参数，但使用可变的参数列表可以更好地编写。例如，考虑本书所有示例中出现的 print 过程。从技术上讲，其字符串参数（在代码流中位于对 print 的调用之后）是单字符串参数。请考虑以下使用宏实现的对 print 的调用：

```
print   macro arg
        call _print
        byte arg, 0
        endm
```

可以按如下的方式调用此宏：

```
print "Hello, World!"
```

此宏存在的唯一问题是不支持多个参数，而我们通常希望在其调用中提供多个参数，例如：

```
print "Hello, World!", nl, "It's a great day!", nl
```

遗憾的是，该宏不接受这个参数列表。然而，接收多个参数是 print 宏的自然用法，因此在调用 _print 函数后，有必要修改 print 宏以处理多个参数，并将这些参数组合为单个字符串。程序清单 13-8 提供了这样一种实现。

程序清单 13-8　print 宏的可变参数的实现

```
; 程序清单 13-8
; 模拟高级语言过程调用（具有可变的参数列表）。

        option  casemap:none
nl      =       10

        .const
ttlStr  byte    "Listing 13-8", 0

        .code
        externdef printf:proc

        include getTitle.inc

; 注意：不包括 print.inc。因为这段代码使用宏进行打印。

; print ——宏，模拟高级语言的 _print 函数调用序列
```

```
;（它本身就是 printf 函数的外壳封装）。

; 如果 print 单独出现在一行中（没有参数），
; 则输出一个由单个换行符（和零终止字节）组成的字符串。
; 如果有一个或多个参数，则输出每个参数，并在所有参数后附加一个 0 字节。

; 例如：
;         print
;         print  "Hello, World!"
;         print  "Hello, World!", nl

print     macro  arg1, optArgs:vararg
          call   _print

          ifb    <arg1>

; 如果 print 不带参数，则打印换行符：

          byte   nl, 0

          else

; 如果我们有一个或多个参数，则输出各个参数：

          byte   arg1

          for    oa, <optArgs>

          byte   oa

          endm

; 以零终止字符串。

          byte   0

          endif
          endm

_print    proc
          push   rax
          push   rbx
          push   rcx
          push   rdx
          push   r8
          push   r9
          push   r10
          push   r11

          push   rbp
          mov    rbp, rsp
          sub    rsp, 40
          and    rsp, -16

          mov    rcx, [rbp + 72]          ; 返回地址
          call   printf

          mov    rcx, [rbp + 72]
          dec    rcx
skipTo0:  inc    rcx
          cmp    byte ptr [rcx], 0
```

```
          jne     skipToo
          inc     rcx
          mov     [rbp + 72], rcx

          leave
          pop     r11
          pop     r10
          pop     r9
          pop     r8
          pop     rdx
          pop     rcx
          pop     rbx
          pop     rax
          ret
_print    endp

p         macro   arg
          call    _print
          byte    arg, 0
          endm

; 以下是“asmMain”函数的实现。

          public asmMain
asmMain   proc
          push    rbx
          push    rdi
          push    rsi
          push    rbp
          mov     rbp, rsp
          sub     rsp, 56          ; 影子存储器

          print   "Hello world"
          print
          print   "Hello, World!", nl

allDone:  leave
          pop     rsi
          pop     rdi
          pop     rbx
          ret                      ; 返回到调用方
asmMain   endp
          end
```

程序清单 13-8 中代码的构建命令和输出结果如下所示：

```
C:\>build listing13-8

C:\>echo off
Assembling: listing13-8.asm
c.cpp

C:\>listing13-8
Calling Listing 13-8:
Hello world
Hello, World!
Listing 13-8 terminated
```

有了这个新的 print 宏，我们现在可以通过简单地列出 print 调用中的参数，以模拟高级语言的方式调用 _print 过程：

```
print "Hello World", nl, "How are you today?", nl
```

以上调用将生成一个字节伪指令，用于连接所有单个字符串组成部分。

顺便说一句，请注意，可以将包含多个参数的字符串传递给原始（单参数）版本的print。通过将以下的宏调用：

```
print "Hello World", nl
```

重写为以下的宏调用：

```
print <"Hello World", nl>
```

就可以获得期望的输出结果。MASM将“<”和“>”括号之间的所有内容视为单个参数。然而，必须经常在多个参数周围添加这些括号有些麻烦（而且会导致代码的不一致性，因为单个参数不需要这些括号）。因此，带有可变参数的print宏实现是一个更好的解决方案。

13.16 调用宏

曾经有一段时间，MASM提供了一个特殊的伪指令invoke。可以使用invoke伪指令来调用一个过程，并传递参数（这个伪指令同时借助proc伪指令，可以确定程序所需参数的数量和类型）。然后，微软在修改MASM以支持64位代码时，从MASM语言中删除了invoke语句。

然而，一些有进取心的程序员在64位版本的MASM中，编写MASM宏来模拟invoke伪指令。invoke宏不仅本身非常有用，还提供了一个很好的范例，说明如何编写高级宏来调用过程。有关invoke宏的更多信息，可以访问https://www.masm32.com/，并下载MASM32 SDK。MASM32 SDK包括一组用于64位程序的宏（以及其他的实用程序），其中包括invoke宏。

13.17 高级宏参数解析

前几节提供了宏参数处理的示例，用于确定宏参数的类型，以确定需要生成的代码的类型。通过仔细检查参数的属性，宏可以就如何处理该参数做出各种选择。本节介绍处理宏参数时可以使用的一些更高级的技术。

显然，opattr编译时运算符是查看宏参数时可以使用的一种最重要的工具。此运算符的语法形式如下所示：

```
opattr expression
```

注意，opattr运算符的后面是一个通用地址表达式，不局限于一个符号。

opattr运算符返回一个整数值，该整数值是指定关联表达式的opattr属性的位掩码。如果opattr运算符后面的表达式包含前向引用符号或者非法表达式，那么opattr运算符将返回0。根据微软的相关文档，opattr运算符的返回值如表13-2所示。

表13-2 opattr运算符的返回值

位	含义	
0	表达式中有一个代码标签	
1	表达式是可重定位的	
2	表达式是一个常量表达式	
3	表达式使用直接（PC相对）寻址	
4	表达式是一个寄存器	
5	表达式不包含未定义的符号（已过时）	
6	表达式是栈段内存表达式	
7	表达式引用外部符号	
8～11	语言类型[①]	
	值	语言
	0	无语言类型
	1	C
	2	SYSCALL
	3	STDCALL
	4	Pascal
	5	FORTRAN
	6	BASIC

① 64位代码通常不支持语言类型，因此这些位通常为0。

实际上，微软的文档并不能很好地解释 MASM 是如何设置位的。例如，请考虑下面的 MASM 语句：

```
codeLabel:
opcl = opattr codeLabel              ; 设置 opcl 为 25h 或者 0010_0101b
opconst = opattr 0                   ; 设置 opconst 为 36 或者 0010_0100b
```

opconst 设置了第 2 位和第 5 位，正如表 13-2 所示。然而，opcl 设置了第 0、2 和 5 位，其中第 0 位和第 5 位有意义，但第 2 位（表达式是常量表达式）没有意义。在宏中，如果只测试第 2 位来确定操作数是否为常量（必须承认，在本章前面的示例中已经列举过），那么设置第 2 位并假定其为常量时，可能会遇到麻烦。

可能最明智的做法是屏蔽第 0 ～ 7 位（或者可能只屏蔽第 0 ～ 6 位），并将结果与 8 位的值进行比较，而不是简单地测试掩码位。表 13-3 列出了一些可以测试的常用值。

表 13-3　opattr 运算符结果的 8 位值

值	含义
0	未定义的（前向引用）符号或非法表达式
34/22h	内存访问形式 [reg + const]
36/24h	常量
37/25h	代码标签（过程名称或带有后缀 “:” 的符号）或偏移量 code_label 形式
38/26	偏移量 label 形式的表达式，其中 label 是 “.data” 段中的一个变量
42/2Ah	全局符号（例如，“.data” 段中的符号）
43/2Bh	内存访问形式 [reg + code_label]，其中 code_label 是带有后缀 “:” 的过程名称或符号
48/30h	寄存器（通用寄存器、MM、XMM、YMM、ZMM、浮点 /ST 或其他专用寄存器）
98/62h	栈相对内存访问（[rsp + *xxx*] 和 [rbp + *xxx*] 形式的内存地址）
165/0A5h	外部代码符号（37/25h，并且设置了第 7 位）
171/ABh	外部数据符号（43/2Bh，并且设置了第 7 位）

正如前文所指出的那样，opattr 运算符最大的问题可能是它认为常量表达式可以放入 64 位的整数中。这就给两种重要的常量类型 [字符串字面量（长度超过 8 个字符）和浮点常量] 带来了问题。opattr 运算符对这两种参数都返回 0。㊀

13.17.1　检测字符串字面常量

虽然 opattr 运算符不能帮助我们确定操作数是否是字符串，但我们可以使用 MASM 的字符串处理操作来测试操作数中的第一个字符，以确定该字符是否为一个引号。下面的代码可以执行这种操作：

```
; testStr 是一个宏函数，
; 用于测试其操作数是否为字符串字面量。

testStr     macro  strParm
            local  firstChar

            ifnb   <strParm>
firstChar   substr <strParm>, 1, 1

            ifidn  firstChar,<!">
```

㊀ MASM 将含 1 ～ 8 个字符的序列视为整数值，所以短字符串（含 8 个或更少字符）可以用作表达式。

```
; 第一个字符为“"”，因此假设它是一个字符串。

                exitm  <1>
                endif  ; ifidn
                endif  ; ifnb

; 如果宏执行到此处，那么可以肯定参数不是字符串。

                exitm  <0>
                endm
```

注意： 该宏只查找前导引号（"），但 MASM 字符串也可以使用单引号（'）分隔符。如何拓展该宏以处理单引号的任务作为练习题留给读者。

请考虑以下对 testStr 宏的两个调用示例：

```
isAStr  = testStr("String Literal")
notAStr = testStr(someLabel)
```

MASM 将符号 isAStr 设置为值 1，将符号 notAStr 设置为值 0。

13.17.2 检测实数常量

MASM 的 opattr 运算符不支持的另一种字面量类型是实数常量（real constant）。同样，可以通过编写一个宏来测试一个参数是否为实数常量。遗憾的是，解析实数并不像检查字符串常量那么容易：不存在一个单独的前导字符可以表明某个字面量是一个浮点常量。宏必须逐个字符显式解析操作数并对其进行验证。

首先，定义 MASM 浮点数常量的语法形式如下所示：

```
Sign     ::= (+|-)
Digit    ::= [0-9]
Mantissa ::= (Digit)+ | '.' Digit)+ | (Digit)+ '.' Digit*
Exp      ::= (e|E) Sign? Digit? Digit? Digit?
Real     ::= Sign? Mantissa Exp?
```

实数由可选符号、尾数和可选指数组成。尾数至少包含一个数字，还可以包含一个小数点，小数点左边或右边有（或两边都有）一个数字。然而，尾数本身不能是一个小数点。

测试实数常量的宏函数应该可以用以下方式调用：

```
isReal = getReal(some_text)
```

其中，some_text 是我们想要测试的文本数据，以判断该文本数据是否是一个实数常量。getReal 的宏实现如下所示：

```
; getReal —— 解析一个实数常量。
; 返回值:
; true  : 如果参数包含语法正确的实数（并且没有额外的字符）。
; false : 如果数字字符串中存在任何非法字符或其他语法错误。

getReal macro   origParm
        local   parm, curChar, result

; 复制参数，这样我们就不会删除原始字符串中的字符。

parm    textequ &origParm

; 必须至少有一个字符:
```

```
        ifb     parm
        exitm   <0>
        endif

; 提取可选的符号：

        if      isSign(parm)
curChar textequ extract1st(parm)         ; 跳过符号字符
        endif

; 获取必须的尾数：

        if      getMant(parm) eq 0
        exitm   <0>                      ; 错误的尾数
        endif

; 提取可选的指数：

result  textequ getExp(parm)
        exitm   <&result>

        endm    ; getReal
```

测试实数常量是一个复杂的过程，因此有必要一步一步地讨论这个宏（以及所有从属宏）的实现。

（1）复制原始参数字符串。在处理过程中，getReal 将在解析字符串时从参数字符串中删除字符。因此该宏复制一个副本，以防止破坏传递给该宏的原始文本字符串内容。

（2）检查是否为空白参数。如果调用方传入空字符串，那么结果不是有效的实数常量，getReal 必须返回 false。一开始就检查空字符串很重要，因为代码的其余部分假设字符串至少包含一个字符。

（3）调用 getSign 宏函数。如果该函数（其定义稍后介绍）的参数中第一个字符是“+”或“-”符号，则该函数返回 true；否则，返回 false。

（4）如果第一个字符是符号字符，则调用 extract1st 宏：

```
curChar textequ extract1st(parm)         ;跳过符号字符
```

extract1st 宏返回其参数的第一个字符作为函数结果（该语句将其赋给 curChar 符号），然后删除其参数的第一个字符。因此，如果传递给 getReal 的原始字符串是 +1，则该语句将符号“+”放入 curChar，并删除 parm 中的第一个字符（生成字符串 1）。extract1st 宏的定义“-”同样稍后介绍。

getReal 实际上并不使用分配给 curChar 的符号字符。这个 extract1st 宏调用完全是为了删除 parm 中的第一个字符。

（5）调用 getMant。如果该宏函数的字符串参数的前缀是有效尾数，则该宏函数将返回 true。如果尾数不包含至少一个数字，则返回 false。请注意，如果遇到的第一个非尾数字符（如果尾数中有两个或更多小数点，则第二个小数点也是非尾数字符），那么 getMant 将停止处理字符串。getMant 函数并不处理非法字符，从 getMant 返回后，会让 getReal 查看剩余的字符，以确定整个字符串是否有效。作为一个副作用，getMant 从其处理的参数字符串中删除所有前导字符。

（6）调用 getExp 宏函数来处理任何（可选）尾随指数。getExp 宏还负责确保后面没有垃圾字符（因为垃圾字符会导致解析失败）。

isSign 宏相当简单。以下是 isSign 宏的实现：

```
; isSign —— 宏函数，
; 如果其参数的第一个字符是 "+" 或 "-"，则返回 true

isSign      macro  parm
            local  FirstChar
            ifb    <parm>
            exitm  <0>
            endif

FirstChar   substr parm, 1, 1
            ifidn  FirstChar, <+>
            exitm  <1>
            endif
            ifidn  FirstChar, <->
            exitm  <1>
            endif
            exitm  <0>
            endm
```

isSign 宏使用 substr 操作从参数中提取第一个字符，然后将其与符号字符（+ 或 -）进行比较。如果是符号字符，则返回 true，否则返回 false。

extract1st 宏函数从传递给它的参数中删除第一个字符，并将该字符作为函数结果返回。作为副作用，该宏函数还从传递给它的参数中删除第一个字符。下面 extract1st 宏函数的实现：

```
extract1st  macro   parm
            local   FirstChar
            ifb     <%parm>
            exitm   <>
            endif
FirstChar   substr  parm, 1, 1
            if      @sizestr(%parm) GE 2
parm        substr  parm, 2
            else
parm        textequ <>
            endif

            exitm   <FirstChar>
            endm
```

ifb 指令检查参数字符串是否为空。如果为空，那么 extract1st 宏函数会立即返回空字符串，而无须进一步修改其参数。

请注意 parm 参数前的 % 运算符。parm 参数实际上展开为包含实数常量的字符串变量的名称。结果类似于“??0005”，因为在 getReal 函数中复制了原始参数。如果只指定 ifb <parm>，则 ifb 指令将看到 <??0005>，因为该值不是空的。将 % 运算符放在 parm 符号之前指示 MASM 对表达式求值（表达式只是“??0005”符号），并将其替换为求值得到的文本（在本例中，该文本是实际字符串）。

如果字符串不是空的，则 extract1st 宏函数使用 substr 指令从字符串中提取第一个字符，并将该字符分配给 FirstChar 符号。extract1st 宏函数将返回此值作为函数结果。

接下来，extract1st 宏函数必须从参数字符串中删除第一个字符。extract1st 宏函数使用 @sizestr 函数来确定字符串中是否至少包含两个字符。如果的确至少包含两个字符，那么 extract1st 宏函数使用 substr 指令从参数中提取从第二个字符位置开始的所有字符。该宏函数将此子字符串重新分配给传入的参数。如果 extract1st 宏函数正在处理字符串中的最后一个字符（即 @sizestr 返回 1），则代码不能使用 substr 指令，因为索引将超出范围。如果 @sizestr 返回的值小于 2，则 if 指令的 else 部分将返回空字符串。

下一个 getReal 的从属宏函数是 getMant，该宏函数负责解析浮点常量的尾数部分。其实现如下所示：

```
getMant      macro parm
             local curChar, sawDecPt, rpt
sawDecPt     = 0
curChar      textequ extract1st(parm)          ; 获取第 1 个字符
             ifidn curChar, <.>                ; 检查小数点
sawDecPt     = 1
curChar      textequ extract1st(parm)          ; 获取第 2 个字符
             endif

; 必须至少有 1 个数字：

             if isDigit(curChar) eq 0
             exitm   <0>                       ; 错误的尾数
             endif

; 处理 0 个或多个数字。
; 如果我们还没有看到小数点，那么只允许正好一个。

; 如果 parm 中至少还有一个字符，则至少循环一次：

rpt          = @sizestr(%parm)
             while rpt

; 从 parm 中获取第一个字符，检查它是小数点还是数字：

curChar      substr parm, 1, 1
             ifidn curChar, <.>
rpt          = sawDecPt eq 0
sawDecPt     = 1
             else
rpt          = isDigit(curChar)
             endif

; 如果 char 是合法的，那么从 parm 中提取字符：

             if rpt
curChar      textequ extract1st(parm)          ; 获取下一个字符
             endif

; 只要还有更多的字符并且当前字符是合法的，
; 就重复循环：

rpt          = rpt and (@sizestr(%parm) gt 0)
             endm ; while

; 如果我们至少看到了一个数字，那么表示得到了一个有效的尾数。
; 如果遇到不是数字的第一个字符或第二个“.”字符，那么停止处理。

             exitm <1>
             endm ; getMant
```

尾数必须至少包含一个十进制数字。尾数可以包含 0 个或 1 个小数点（小数点可能出现在第一个数字之前，在尾数的末尾，或者在一个数字串的中间）。getMant 宏函数使用局部符号 sawDecPt 来跟踪是否已经遇到小数点。该函数首先将 sawDecPt 初始化为 false（0）。

有效的尾数必须至少包含一个字符（因为尾数必须至少有一个十进制数字）。所以getMant要做的下一件事是从参数字符串中提取第一个字符（并将这个字符放在curChar中）。如果第一个字符是英文句点（小数点），则宏将sawDecPt设置为true。

getMant函数使用while指令处理尾数中的其他字符。局部变量rpt控制while循环的执行。如果第一个字符是英文句点或十进制数字，则getMant开头的代码将rpt设置为true。isDigit宏函数测试其参数的第一个字符，如果是字符0到9中的任意一个字符，则返回true。isDigit的定义稍后将给出。

如果参数中的第一个字符是英文句点或十进制数字，那么getMant函数将从字符串开头删除该字符。如果新参数字符串长度大于0，那么将首次执行while循环体。

while循环从当前参数字符串中获取第一个字符（目前还没有删除该字符），并测试这个字符是否为十进制数字或英文句点字符。如果是十进制数字，则循环将从参数字符串中删除该字符并重复。如果当前字符是英文句点，那么代码首先检查是否已经遇到过小数点（使用sawDecPt）。如果这是第二个小数点，则函数返回true（稍后的代码将处理第二个英文句点字符）。如果代码还未遇到过小数点，那么循环将sawDecPt设置为true，并继续执行循环。

只要看到十进制数字、单个小数点或长度大于0的字符串，while循环就会重复。循环完成后，getMant函数将返回true。getMant函数返回false的唯一条件是，该函数一个十进制数字也没有测试到（在字符串开头或字符串开头小数点之后）。

isDigit宏函数是一个穷举函数，该宏函数基于10个十进制数字测试其第一个字符。此函数不会从其参数中删除任何字符。isDigit宏函数的源代码如下所示：

```
isDigit     macro parm
            local FirstChar
            if @sizestr(%parm) eq 0
            exitm <0>
            endif

FirstChar   substr parm, 1, 1
            ifidn FirstChar, <0>
            exitm <1>
            endif
            ifidn FirstChar, <1>
            exitm <1>
            endif
            ifidn FirstChar, <2>
            exitm <1>
            endif
            ifidn FirstChar, <3>
            exitm <1>
            endif
            ifidn FirstChar, <4>
            exitm <1>
            endif
            ifidn FirstChar, <5>
            exitm <1>
            endif
            ifidn FirstChar, <6>
            exitm <1>
            endif
            ifidn FirstChar, <7>
            exitm <1>
            endif
            ifidn FirstChar, <8>
```

```
        exitm <1>
        endif
        ifidn FirstChar, <9>
        exitm <1>
        endif
        exitm <0>
        endm
```

唯一值得说明的是 @sizestr 中的 % 运算符（前面解释了其原因）。

现在我们来讨论 getReal 中的最后一个辅助函数：getExp（获取指数）宏函数。其实现如下所示：

```
getExp      macro parm
            local curChar

; 如果没有指数，则返回成功。

            if @sizestr(%parm) eq 0
            exitm <1>
            endif

; 提取下一个字符，如果不是“e”或“e”字符，则返回失败：

curChar     textequ extract1st(parm)
            if isE(curChar) eq 0
            exitm <0>
            endif

; 提取下一个字符：

curChar     textequ extract1st(parm)

; 如果出现可选符号字符，则将其从字符串中删除：

            if isSign(curChar)
curChar     textequ extract1st(parm)                ; 跳过符号字符
            endif                                   ; isSign

; 必须至少有一位数字：

            if isDigit(curChar) eq 0
            exitm <0>
            endif

; 或者，我们最多可以有三个额外的数字：

            if @sizestr(%parm) gt 0
curChar     textequ extract1st(parm)                ; 跳过第 1 个数字
            if isDigit(curChar) eq 0
            exitm  <0>
            endif
            endif

            if @sizestr(%parm) gt 0
curChar     textequ extract1st(parm)                ; 跳过第 2 个数字
            if isDigit(curChar) eq 0
            exitm <0>
            endif
            endif
```

```
            if @sizestr(%parm) gt 0
curChar     textequ extract1st(parm)          ; 跳过第 3 个数字
            if isDigit(curChar) eq 0
            exitm <0>
            endif
            endif

; 执行到此处，表示存在一个合法的指数。

            exitm <1>
            endm ; getExp
```

指数在实数常量中是可选的。因此，这个宏函数首先要检查是否被传递了一个空字符串。如果的确如此，则这个宏函数会立即返回成功。同样，“ifb <%parm>”指令必须在 parm 参数之前包含 % 运算符。

如果参数字符串不是空的，则字符串中的第一个字符必须是字符 e 或 E。如果第一个字符并不是字符 e 或 E，则此函数将返回 false。使用 isE 辅助函数检查字符 e 或 E，其实现如下所示（注意使用 ifidni，不区分大小写）：

```
isE         macro  parm
            local  FirstChar
            if     @sizestr(%parm) eq 0
            exitm  <0>
            endif

FirstChar   substr parm, 1, 1
            ifidni  FirstChar, <e>
            exitm  <1>
            endif
            exitm  <0>
            endm
```

接下来，getExp 函数查找可选的符号字符。如果遇到符号字符，那么将其从字符串开头删除。e 或 E 和符号字符后面必须至少有一个十进制数字，至多有四个十进制数字。getExp 中的其余代码处理这个问题。

程序清单 13-9 演示了本节中出现的宏代码片段。请注意，这是一个纯编译时程序，程序的所有行为都发生在 MASM 汇编源代码时。该程序不会生成任何可执行的机器代码。

程序清单 13-9　包含 getReal 宏的测试代码的编译时程序

```
; 程序清单 13-9

; 这是一个编译时程序。
; 它不会生成任何可执行代码。

; 几个有用的宏函数：

; mout —— 与 echo 类似，但允许使用“%”运算符。

; testStr —— 测试操作数以查看它是否为字符串字面常量。

; @sizestr —— 处理缺少的 MASM 函数。

; isDigit —— 测试参数的第一个字符，检查它是否是十进制数字。

; isSign —— 测试参数的第一个字符，检查它是否是“+”或“-”字符。

; extract1st —— 从参数中删除第一个字符（副作用），并将该字符作为函数结果返回。
```

```
; getReal —— 解析参数，如果它是一个合理的实数常量，则返回 true。

; 为 getReal 宏函数测试字符串和调用：

注意：实际的宏代码已展示在前面的代码片段中，
为了简洁，已从该清单中删除

mant1      textequ <1>
mant2      textequ <.2>
mant3      textequ <3.4>
rv4        textequ <1e1>
rv5        textequ <1.e1>
rv6        textequ <1.0e1>
rv7        textequ <1.0e + 1>
rv8        textequ <1.0e - 1>
rv9        textequ <1.0e12>
rva        textequ <1.0e1234>
rvb        textequ <1.0E123>
rvc        textequ <1.0E + 1234>
rvd        textequ <1.0E - 1234>
rve        textequ <-1.0E - 1234>
rvf        textequ <+1.0E - 1234>
badr1      textequ <>
badr2      textequ <a>
badr3      textequ <1.1.0>
badr4      textequ <e1>
badr5      textequ <1ea1>
badr6      textequ <1e1a>

% echo get_Real(mant1) = getReal(mant1)
% echo get_Real(mant2) = getReal(mant2)
% echo get_Real(mant3) = getReal(mant3)
% echo get_Real(rv4) = getReal(rv4)
% echo get_Real(rv5) = getReal(rv5)
% echo get_Real(rv6) = getReal(rv6)
% echo get_Real(rv7) = getReal(rv7)
% echo get_Real(rv8) = getReal(rv8)
% echo get_Real(rv9) = getReal(rv9)
% echo get_Real(rva) = getReal(rva)
% echo get_Real(rvb) = getReal(rvb)
% echo get_Real(rvc) = getReal(rvc)
% echo get_Real(rvd) = getReal(rvd)
% echo get_Real(rve) = getReal(rve)
% echo get_Real(rvf) = getReal(rvf)
% echo get_Real(badr1) = getReal(badr1)
% echo get_Real(badr2) = getReal(badr2)
% echo get_Real(badr3) = getReal(badr3)
% echo get_Real(badr4) = getReal(badr4)
% echo get_Real(badr5) = getReal(badr5)
% echo get_Real(badr5) = getReal(badr5)
end
```

程序清单 13-9 的构建命令和（编译时）程序输出结果如下所示：

```
C:\>ml64 /c listing13-9.asm
Microsoft (R) Macro Assembler (x64) Version 14.15.26730.0
Copyright (C) Microsoft Corporation. All rights reserved.

Assembling: listing13-9.asm
get_Real(1) = 1
get_Real(.2) = 1
```

```
get_Real(3.4) = 1
get_Real(1e1) = 1
get_Real(1.e1) = 1
get_Real(1.0e1) = 1
get_Real(1.0e + 1) = 1
get_Real(1.0e - 1) = 1
get_Real(1.0e12) = 1
get_Real(1.0e1234) = 1
get_Real(1.0E123) = 1
get_Real(1.0E + 1234) = 1
get_Real(1.0E - 1234) = 1
get_Real(-1.0E - 1234) = 1
get_Real(+1.0E - 1234) = 1
get_Real() = 0
get_Real(a) = 0
get_Real(1.1.0) = 0
get_Real(e1) = 0
get_Real(1ea1) = 0
get_Real(1ea1) = 0
```

13.17.3 检测寄存器

虽然 opattr 运算符提供一个位来指示其操作数是否为 x86-64 寄存器，但这是 opattr 运算符提供的唯一信息。特别地，opattr 运算符的返回值不会指示具体是哪个寄存器，因此无法区分是通用寄存器、XMM、YMM、ZMM、MM、ST 还是其他寄存器，也无法获知寄存器的大小。幸运的是，我们只需稍作处理，使用 MASM 的条件汇编语句和其他运算符，就可以确定以上所有的信息。

首先，以下是一个简单的宏函数 isReg，根据操作数是否为寄存器而返回 1 或 0。这是一个封装了 opattr 运算符的简单外壳，用于返回寄存器第 4 位的设置：

```
isReg   macro parm
        local result
result  textequ %(((opattr &parm) and 10h) eq 10h)
        exitm <&result>
        endm
```

虽然这个函数提供了一些便利，但并没有比 opattr 运算符提供更多的信息。我们想知道操作数中出现了什么寄存器，以及该寄存器的大小。

程序清单 13-10（可以从以下网址获取：http://artofasm.randallhyde.com/）提供大量有用的宏函数和相等伪指令，用于在自定义的宏中处理寄存器操作数。以下段落描述了一些非常有用的相等伪指令和宏。

程序清单 13-10 包含一组将寄存器名称映射为数值的相等伪指令。这些指令使用 reg*XXX* 形式的符号，其中 *XXX* 是寄存器名（全部大写）。示例包括 regAL、regSIL、regR8B、regAX、regBP、regR8W、regEAX、regEBP、regR8D、regRAX、regRSI、regR15、regST、regST0、regMM0、regXMM0 和 regYMM0。

还有一个关于符号 regNone 的特殊相等伪指令，表示非寄存器的实体。这些指令为这些符号指定 1 到 117 之间的数值（regNone 的值为 0）。

所有这些相等指令（一般来说，为寄存器分配数值）的作用在于：通过使用条件汇编，方便在宏中测试特定的寄存器（或寄存器范围）。

程序清单 13-10 中的一组有用的宏将寄存器名的文本形式（即 AL、AX、EAX、RAX 等）转换为数字形式（regAL、regAX、regEAX、regRAX 等）。最通用的宏函数是 whichReg(register)。

此函数接受一个文本对象，并为该文本返回相应的 reg*XXX* 值。如果作为参数传递的文本不是有效的通用寄存器、FPU、MMX、XMM 或 YMM 寄存器之一，则 whichReg 将返回值 regNone。以下是 whichReg 宏函数的一些调用示例：

```
alVal   = whichReg(al)
axTxt   textequ <ax>
axVal   = whichReg(axTxt)

aMac    macro parameter
        local regVal
regVal  = whichReg(parameter)
        if regVal eq regNone
        .err <Expected a register argument>
        exitm
        endif
        .
        .
        .
        endm
```

whichReg 宏函数接受 x86-64 通用寄存器、FPU、MMX、XMM 或 YMM 寄存器中的任何一个作为参数。在许多情况下，我们可能希望将寄存器集限制为这些寄存器的特定子集。因此，程序清单 13-11（可以从以下网址 http://artofasm.randallhyde.com/ 获取）提供以下的宏函数。

- isGPReg(text)：为任何通用（8 位、16 位、32 位或 64 位）寄存器返回非零寄存器值；如果参数不是这些寄存器中的任何一个，则返回 regNone(0)。
- is8BitReg(text)：为任何通用 8 位寄存器返回非零寄存器值；否则，将返回 regNone(0)。
- is16BitReg(text)：为任何通用 16 位寄存器返回非零寄存器值；否则，将返回 regNone(0)。
- is32BitReg(text)：为任何通用 32 位寄存器返回非零寄存器值；否则，将返回 regNone(0)。
- is64BitReg(text)：为任何通用 64 位寄存器返回非零寄存器值；否则，将返回 regNone(0)。
- isFPReg(text)：为任何 FPU 寄存器（ST 和 ST(0) ~ ST(7)）返回非零寄存器值；否则，将返回 regNone(0)。
- isMMReg(text)：为任何 MMX 寄存器（MM0 ~ MM7）返回非零寄存器值；否则，将返回 regNone(0)。
- isXMMReg(text)：为任何 XMM 寄存器（XMM0 ~ XMM15）返回非零寄存器值；否则，将返回 regNone(0)。
- isYMMReg(text)：为任何 YMM 寄存器（YMM0 ~ YMM15）返回非零寄存器值；否则，将返回 regNone(0)。

如果需要其他寄存器分类，则可以很容易地编写自己的宏函数来返回适当的值。例如，如果需要测试特定寄存器是否是一种 Windows ABI 参数寄存器（RCX、RDX、R8 或 R9），那么可以创建以下的宏函数：

```
isWinParm macro theReg
        local regVal, isParm
regVal  = whichReg(theReg)
isParm  = (regVal eq regRCX) or (regVal eq regRDX)
isParm  = isParm or (regVal eq regR8)
isParm  = isParm or (regVal eq regR9)

        if isParm
```

```
        exitm <%regVal>
        endif
        exitm <%regNone>
        endm
```

如果已经将文本形式的寄存器转换为其数值形式，那么在某个时候可能需要将该数值转换回文本，以便将该寄存器用作指令的一部分。程序清单 13-10 中的 toReg(reg_num) 宏实现了这一功能。如果为其提供位于取值范围 1 ～ 117 内的数值（对应于寄存器的数值），则该宏将返回与该寄存器数值相对应的文本。例如：

```
mov toReg(1), 0            ; 等价于: mov al, 0
```

（请注意，regAL=1。）

将 regNone 传递给 toReg 宏后，toReg 宏将返回一个空字符串。任何超出 0 ～ 117 范围的数值都将产生未定义的符号错误消息。

在宏中操作时，如果已将寄存器作为参数传递，则可能会发现需要将该寄存器转换为更大规模的寄存器（例如，将 AL 转换为 AX、EAX 或 RAX，将 AX 转换为 EAX 或 RAX，或将 EAX 转换为 RAX）。程序清单 13-11 提供了以下几个宏来实现向上转换。这些宏函数接受寄存器的数值作为其参数输入，并生成包含实际寄存器名称的文本结果。

- reg8To16：将 8 位通用寄存器转换为 16 位的等效寄存器。[⊖]
- reg8To32：将 8 位通用寄存器转换为 32 位的等效寄存器。
- reg8To64：将 8 位通用寄存器转换为 64 位的等效寄存器。
- reg16To32：将 16 位通用寄存器转换为 32 位的等效寄存器。
- reg16To64：将 16 位通用寄存器转换为 64 位的等效寄存器。
- reg32To64：将 32 位通用寄存器转换为 64 位的等效寄存器。

程序清单 13-10 中另一个有用的宏函数是 regSize(reg_value) 宏。该宏函数返回作为参数传递的寄存器数值的大小（以字节为单位）。以下是该宏函数的一些调用示例：

```
alSize      = regSize(regAL)      ; 返回 1
axSize      = regSize(regAX)      ; 返回 2
eaxSize     = regSize(regEAX)     ; 返回 4
raxSize     = regSize(regRAX)     ; 返回 8
stSize      = regSize(regST0)     ; 返回 10
mmSize      = regSize(regMM0)     ; 返回 8
xmmSize     = regSize(regXMM0)    ; 返回 16
ymmSize     = regSize(regYMM0)    ; 返回 32
```

当编写宏来处理通用代码时，程序清单 13-10 中的宏和相等伪指令非常有用。例如，假设需要创建一个 putInt 宏，该宏接受任意 8 位、16 位或 32 位的寄存器操作数，并将该寄存器对应的数值打印为整数。我们希望在打印之前，可以传递任意（通用）寄存器，并在必要时对其进行展开。程序清单 13-12 是这个宏一种可能的实现方式。

程序清单 13-12　putInt 宏函数测试程序

```
; 程序清单 13-12

; 演示 putInt 宏。

; putInt —— 该宏需要 8 位、16 位或 32 位通用寄存器参数。它将寄存器对应的数值打印为整数。
```

⊖ 寄存器 AH、BH、CH 和 DH 分别转换为与 AL、BL、CL 和 DL 相同的寄存器。

```
putInt  macro theReg
        local regVal, sz
regVal  = isGPReg(theReg)

; 在执行任何其他操作之前，首先确保传递的参数为寄存器：

        if regVal eq regNone
        .err <Expected a register>
        endif

; 获取寄存器的大小，以便确定是否需要对其对应的数值进行符号扩展：

sz      =     regSize(regVal)

; 如果是 64 位寄存器，则报告错误：

        if sz gt 4
        .err 64-bit register not allowed
        endif

; 如果是 1 字节或 2 字节的寄存器，则需要将其对应的数值扩展到 EDX 中：

        if (sz eq 1) or (sz eq 2)
        movsx edx, theReg

; 如果是 32 位的寄存器，但不是 EDX，
; 那么需要将其移动到 EDX 中
;（如果寄存器是 EDX，则不必生成移动指令，因为数据已经在期望的地方）：

        elseif regVal ne regEDX
        mov edx, theReg
        endif

; 将 EDX 中的值打印为整数：

        call print
        byte "%d", 0
        endm

        option casemap:none
nl      =     10

        .const
ttlStr  byte "Listing 13-12", 0

注意：为了简洁，这里省略了几千行代码，
包括程序清单 13-11 中的大部分代码以及 putInt 宏。

        .code

        include getTitle.inc
        include print.inc
        public asmMain
asmMain proc
        push rbx
        push rbp
        mov rbp, rsp
        sub rsp, 56                 ; 影子存储器

        call print
        byte "Value 1:", 0
```

```
        mov al, 55
        putInt al

        call print
        byte nl, "Value 2:", 0
        mov cx, 1234
        putInt cx

        call print
        byte nl, "Value 3:", 0
        mov ebx, 12345678
        putInt ebx

        call print
        byte nl, "Value 4:", 0
        mov edx, 1
        putInt edx

        call print
        byte nl, 0

allDone: leave
         pop rbx
         ret                    ; 返回到调用方
asmMain  endp
         end
```

程序清单 13-12 的构建命令和示例输出结果如下所示：

```
C:\>build listing13-12

C:\>echo off
Assembling: listing13-12.asm
c.cpp

C:\>listing13-11
Calling Listing 13-12:
Value 1:55
Value 2:1234
Value 3:12345678
Value 4:1
Listing 13-12 terminated
```

虽然程序清单 13-12 是一个相对简单的示例，但应该能让我们很好地了解如何使用程序清单 13-10 中的宏。

13.17.4　编译时数组

编译时常量数组（constant array）是仅在编译时存在的数组，该数组的数据在运行时不存在。遗憾的是，MASM 没有为这种有用的 CTL 数据类型提供直接的支持。幸运的是，可以使用其他 MASM CTL 特性来模拟编译时数组。

本节将讨论两种模拟编译时数组的方法：文本字符串和相等伪指令列表（每个数组元素对应于一个相等伪指令）。相等伪指令列表可能是最简单的实现方法，因此本节首先讨论它。

在程序清单 13-11（在线提供）中，一个非常有用的函数（toUpper）将字符串中的所有文本转换为大写字符。寄存器宏使用该宏将寄存器的名称转换为大写字符（因此寄存器名称之间的比较是不区分大小写的）。toUpper 宏相对比较简单。该宏提取字符串中的每个字符，并检查该字符的值是否位于 a ～ z 的范围内，如果位于 a ～ z 的范围内，则使用该字符所对应的数值作为数组的索引（从 a ~z 进行索引），以提取相应的数组元素值（数组中每个元素的值为 A ～ Z）。下面是 toUpper 宏的实现：

```
; toUpper —— 将字符串中的字母字符转换为大写字母。

toUpper      macro lcStr
             local result

; 在“result”中生成结果字符串：

result       textequ <>

; 对于源字符串中的每个字符，将其转换为大写字符。

             forc eachChar, <lcStr>

; 检查一下是否为小写字符：

             if ('&eachChar' ge 'a') and ('&eachChar' le 'z')

; 如果是小写字符，则将其转换为符号 "lc_*"，其中 "*" 是小写字符。
; 下面的相等伪指令将此字符映射为大写字符：

eachChar     catstr <lc_>,<eachChar>
result       catstr result, &eachChar

             else

; 如果不是小写字符，则只需将其附加到字符串末尾：

result       catstr result, <eachChar>

             endif
             endm          ; forc
             exitm result  ; 返回结果字符串
             endm
```

处理数组访问的“魔法”语句是以下两个语句：

```
eachChar    catstr <lc_>,<eachChar>
result      catstr result, &eachChar
```

每当这个宏函数遇到小写字符时，“ eachChar catstr”操作将生成一个形式为 lc_a、lc_b、…、lc_z 的字符串。“ result catstr”操作会将其展开为一个标签，格式为 lc_a、…，并将结果连接到结果字符串（这是一个寄存器的名称）的末尾。在程序清单 13-11 中 toUpper 宏的后面，我们紧接着会发现以下的相等伪指令：

```
lc_a        textequ <A>
lc_b        textequ <B>
lc_c        textequ <C>
lc_d        textequ <D>
lc_e        textequ <E>
lc_f        textequ <F>
lc_g        textequ <G>
lc_h        textequ <H>
lc_i        textequ <I>
lc_j        textequ <J>
lc_k        textequ <K>
lc_l        textequ <L>
```

```
lc_m        textequ <M>
lc_n        textequ <N>
lc_o        textequ <O>
lc_p        textequ <P>
lc_q        textequ <Q>
lc_r        textequ <R>
lc_s        textequ <S>
lc_t        textequ <T>
lc_u        textequ <U>
lc_v        textequ <V>
lc_w        textequ <W>
lc_x        textequ <X>
lc_y        textequ <Y>
lc_z        textequ <Z>
```

因此，lc_a 将展开为字符 A，lc_b 将展开为字符 B，依此类推。这个相等伪指令序列形成 toUpper 使用的查找表（数组）。该数组应该被称为 lc_，数组的索引是数组名称的后缀（a ～ z）。toUpper 宏访问元素 lc_[character] 的方法是将字符附加到 lc_ 后，然后展开为等于 lc_character 的文本（通过将 & 运算符应用于宏生成的 eachChar 字符串实现展开）。

请注意以下两个要点。首先，数组[1]索引不必是整数（或序数）值，任何一个字符串都可以作为索引。其次，如果提供的索引不在范围 a ～ z 内，则 toUpper 宏将尝试展开一个 lc_*xxxx* 形式的符号，这将导致一个未定义的标识符。因此，要提供不在范围内的索引，MASM 将报告未定义符号的错误。这对于 toUpper 宏来说不是问题，因为 toUpper 在构造 lc_*xxxx* 符号之前会使用条件 if 语句来验证索引。

程序清单 13-11 还提供了实现编译时数组的另一种方法的示例：使用文本字符串保存数组元素，并使用 substr 从该字符串中提取数组元素。is*XX*BitReg 宏（包括 is8BitReg、is16BitReg 等）将两个数据数组传递给更通用的 lookupReg 宏。以下是 is16BitReg 宏[2]的实现：

```
all16Regs catstr    <AX>,
                    <BX>,
                    <CX>,
                    <DX>,
                    <SI>,
                    <DI>,
                    <BP>,
                    <SP>,
                    <R8W>,
                    <R10W>,
                    <R11W>,
                    <R12W>,
                    <R13W>,
                    <R14W>,
                    <R15W>

all16Lens catstr    <2>, <0>,            ; AX
                    <2>, <0>,            ; BX
                    <2>, <0>,            ; CX
                    <2>, <0>,            ; DX
                    <2>, <0>,            ; SI
```

[1] 从技术上讲，这种类型的数据结构是字典或关联数组。然而，在现在的场景下，这种类型的数据结构是一个完美的数组。

[2] 这个宏包括几处轻微的修改（使用 catstr 而不是 textequ 伪指令），因此在本书中更具可读性。在功能上讲，这个宏与实际源代码中出现的宏相同。

```
                        <2>, <0>,                ; DI
                        <2>, <0>,                ; BP
                        <2>, <0>,                ; SP
                        <3>, <0>, <0>,           ; R8W
                        <3>, <0>, <0>,           ; R9W
                        <4>, <0>, <0>, <0>,      ; R10W
                        <4>, <0>, <0>, <0>,      ; R11W
                        <4>, <0>, <0>, <0>,      ; R12W
                        <4>, <0>, <0>, <0>,      ; R13W
                        <4>, <0>, <0>, <0>,      ; R14W
                        <4>, <0>, <0>, <0>       ; R15W

is16BitReg macro parm
            exitm lookupReg(parm, all16Regs, all16Lens)
            endm    ; is16BitReg
```

all16Regs 字符串是寄存器名称的列表（所有名称都连接在一起形成一个字符串）。lookupReg 宏将使用 MASM 的 instr 伪指令在寄存器名称字符串中搜索用户提供的寄存器（parm）。如果 instr 伪指令在名称列表中找不到寄存器，则 parm 不是有效的 16 位寄存器，instr 伪指令将返回值 0。如果 instr 伪指令确实在 all16Regs 中找到了 parm 指定的字符串，那么 instr 伪指令将匹配的（非零）索引返回到 all16Regs 中。非零索引本身并不意味着 lookupReg 宏找到了有效的 16 位寄存器。例如，如果用户提供 PR 作为寄存器名称，那么 instr 伪指令将在 all16Regs 字符串中返回一个非零索引（SP 寄存器最后一个字符的索引，R 来自 R8W 寄存器名称中的第一个字符）。同样，如果调用方将字符串 R8 传递给 is16BitReg，那么 instr 伪指令将返回 R8W 项的第一个字符的索引，但 R8 不是有效的 16 位寄存器。

尽管 instr 伪指令可以拒绝寄存器名称（通过返回 0），但如果 instr 伪指令返回非零值，则需要进行额外的验证，这就是 all16Lens 数组的用武之地。lookupReg 宏使用 instr 伪指令返回的索引作为 all16Lens 数组的索引。如果返回的索引为 0，则 all16Regs 中的索引不是有效的寄存器索引（这是一个指向不在寄存器名称开头的字符串的索引）。如果 all16Regs 的索引都指向非零值，那么 lookupReg 宏会将该值与 parm 字符串的长度进行比较。如果比较结果是相等，则 parm 将保留一个实际的 16 位寄存器名称；如果比较结果是不相等，则表明 parm 太长或太短，并且不是有效的 16 位寄存器名称。下面是完整的 lookupReg 宏的实现：

```
; lookupReg —— 给定一个（需要进一步做验证的）寄存器和一个查找表，
; 将该寄存器转换为相应的数值形式。

lookupReg   macro   theReg, regList, regIndex
            local   regUpper, regConst, inst, regLen, indexLen

; 将（可能的）寄存器转换为大写字符：

regUpper    textequ toUpper(theReg)
regLen      sizestr <&theReg>

; 是否存在于 regList 中？如果不存在，则不是寄存器。

inst        instr   1, regList, &regUpper
            if      inst ne 0

regConst    substr  &regIndex, inst, 1
            if      &regConst eq regLen

; 这是一个寄存器（采用文本形式）。创建一个形式为
; “regXX”的标识符，其中“XX”表示寄存器的名称。
```

```
regConst    catStr  <reg>,regUpper

            ifdef   &regConst

; 返回“regXX”作为函数结果。
; 这是寄存器对应的数值。

            exitm   regConst
            endif
            endif
            endif

; 如果参数字符串不在 regList 中，
; 则返回“regNone”作为函数结果：

            exitm   <regNone>
            endm    ; lookupReg
```

请注意，lookupReg 还使用寄存器值常量（regNone、regAL、regBL 等）作为关联编译时数组（具体请请参阅 regConst 的定义）。

13.18 使用宏编写宏

宏的一个高级用途是使用宏调用来创建一个或多个新的宏。如果将宏声明嵌套在另一个宏中，则调用包含（外部）宏将展开被包含宏的定义，并在该点定义该宏。当然，多次调用包含宏，可能会得到一个重复的宏定义，除非在构造新宏时特别小心（也就是说，每次调用包含宏时都给它指定一个新名称）。在一些情况下，能够及时生成宏是非常有用的。

考虑上一节中的编译时数组示例。如果要使用多个相等伪指令的方法创建编译时数组，则必须为所有数组元素手动定义相等伪指令，然后才能使用该数组。这可能会非常枯燥，尤其是当数组包含大量元素时。幸运的是，很容易可以创建一个宏来自动化该过程。

下面的宏声明接受两个参数，即需要创建的数组的名称和需要放入数组的元素个数。该宏生成定义列表（使用“=”伪指令，而不是 textequ 伪指令），每个元素都被初始化为 0：

```
genArray    macro   arrayName, elements
            local   index, eleName, getName

; 遍历数组中的每个元素：

index       =       0
            while   index lt &elements

; 生成 textequ 语句以定义数组的单个元素，例如：

; aryXX = 0

; 其中 "XX" 是索引（0 ~ (elements - 1)）。

eleName     catstr <&arrayName>,%index,< = 0>

; 展开刚刚使用 catstr 伪指令创建的文本。

            eleName

; 转到下一个数组索引：

index       =       index + 1
```

```
            endm    ; while

            endm    ; genArray
```

例如，以下宏调用创建 10 个数组元素，分别命名为 ary0 到 ary9：

```
genArray ary, 10
```

可以使用名称 ary0、ary1、ary2、…、ary9 直接访问数组元素。如果希望以编程方式（可能在编译时 while 循环中）访问这些数组元素，则必须使用 catstr 伪指令创建一个包含数组名（ary）和索引的相等文本。如果有一个宏函数可以为我们创建这个文本，那就更加方便了。编写实现该功能的宏非常简单：

```
ary_get     macro index
            local element
element     catstr <ary>,%index
            exitm <element>
            endm
```

有了这个宏，就可以使用宏调用 ary_get(index) 轻松访问 ary 数组的元素了。还可以编写宏，将值存储到 ary 数组的指定元素中：

```
ary_set macro index, value
        local assign
assign  catstr <ary>, %index, < = >, %value
        assign
        endm
```

这两个宏非常有用，我们可能希望将这两个宏包含在使用 genArray 宏创建的每个数组中。那么为什么不让 genArray 宏为我们编写这些宏呢？程序清单 13-13 提供了 genArray 的一个实现，可以提供上述功能。

程序清单 13-13 编写另外一对宏的宏

```
; 程序清单 13-13

; 这是一个编译时程序。
; 不会生成任何可执行代码。

          option casemap:none

genArray macro    arrayName, elements
          local   index, eleName, getName

; 遍历数组中的每个元素：

index     =       0
          while   index lt &elements

; 生成 textequ 语句以定义数组的单个元素，例如：

; aryXX = 0

; 其中“XX”是索引（0 ~ (elements - 1)）。

eleName   catstr  <&arrayName>,%index,< = 0>

; 展开刚刚使用 catstr 伪指令创建的文本。
```

```
          eleName

; 转到下一个数组索引:

index     =         index + 1
          endm      ; while

; 创建宏函数以从数组中检索值:

getName   catstr    <&arrayName>,<_get>

getName   macro     theIndex
          local     element
element   catstr    <&arrayName>,%theIndex
          exitm     <element>
          endm

; 创建一个宏，为数组元素赋值。

setName   catstr    <&arrayName>,<_set>

setName   macro     theIndex, theValue
          local     assign
assign    catstr    <&arrayName>, %theIndex, < = >, %theValue
          assign
          endm
          endm      ; genArray

; mout —— 代替 echo 伪指令。允许使用操作数字段中的“%”运算符展开文本符号。

mout      macro     valToPrint
          local     cmd
cmd       catstr    <echo >, <valToPrint>
          cmd
             endm

; 创建一个包括 10 个元素的数组 (ary):

             genArray ary, 10

; 将数组的每个元素初始化为其索引值:

index     =         0
          while     index lt 10
          ary_set index, index
index     =         index + 1
          endm

; 打印数组值:

index     =         0
          while     index lt 10

value     =         ary_get(index)
          mout      ary[%index] = %value
index     =         index + 1
          endm
          end
```

程序清单 13-13 中编译时程序的构建命令和示例输出结果如下所示：

```
C:\>ml64 /c /Fl listing13-13.asm
Microsoft (R) Macro Assembler (x64) Version 14.15.26730.0
Copyright (C) Microsoft Corporation. All rights reserved.

Assembling: listing13-13.asm
ary[0] = 0
ary[1] = 1
ary[2] = 2
ary[3] = 3
ary[4] = 4
ary[5] = 5
ary[6] = 6
ary[7] = 7
ary[8] = 8
ary[9] = 9
```

13.19　编译时程序的性能

在编写编译时程序的时候，请记住 MASM 是在汇编期间对这些程序进行解释的。MASM 会对源文件产生巨大的影响。实际上，创建无限循环是很有可能的，这将导致 MASM 在汇编过程中（似乎）被挂起。请考虑下面的小例子：

```
true     = 1
         while true
         endm
```

任何对包含此序列的 MASM 源文件的汇编尝试都将锁定系统，直到用户按下 CTRL-C 快捷键（或者使用其他机制中止汇编过程）。

即使没有无限循环，也很容易创建需要大量时间处理的宏。如果在源文件中使用此类宏数百次（甚至数千次）（对于某些复杂的打印型宏来说，这很常见），则 MASM 可能需要一段时间来处理源文件。请注意这一点（当 MASM 似乎被挂起时，请耐心等待，这可能只是因为编译时程序需要一段比较长的时间来完成正在处理的任务）。

如果我们怀疑编译时程序已经进入无限循环，那么可以使用 echo 伪指令（或者类似于本章中的 mout 宏）帮助我们追踪编译时程序中的无限循环（或者其他错误）。

13.20　拓展阅读资料

本章尽管花了大量时间来描述 MASM 的宏支持和编译时语言特性，但并没有深入挖掘 MASM 的各种可能性。遗憾的是，微软的文档几乎忽略了对 MASM 宏工具的描述。了解 MASM 高级宏编程的最佳途径可能是打开 http://www.masm32.com/board/index.php。

由 Nabajyoti Barkakati 和本书作者共同编写的 *The Waite Group's Microsoft Macro Assembler Bible* 是一本比较老的书，该书涵盖了 MASM 版本 6。该书还详细讨论了 Microsoft 的宏工具（以及目前缺乏文档记录的其他伪指令）。另外，MASM 6.*x* 手册仍然可以在各个网站上找到。尽管本手册与最新版本的 MASM 相比已经过时（例如，本手册没有涵盖任何 64 位指令或者寻址模式），但本手册在描述 MASM 的宏功能以及许多 MASM 指令方面做得相当不错。读者在阅读旧文档时请记住，微软已经禁用了 MASM 中的许多功能。

13.21　自测题

1. CTL 表示什么？

2. CTL 程序何时执行?
3. 在汇编过程中，可以使用什么伪指令打印消息（非错误消息）?
4. 在汇编过程中，可以使用什么伪指令打印错误消息?
5. 可以使用什么指令创建 CTL 变量?
6. 在 MASM 中，宏转义字符运算符是什么?
7. 在 MASM 中，% 运算符的功能是什么?
8. 在 MASM 中，宏 & 运算符的作用是什么?
9. catstr 伪指令的作用是什么?
10. 在 MASM 中，instr 伪指令的作用是什么?
11. sizestr 伪指令的作用是什么?
12. substr 伪指令的作用是什么?
13. 在条件汇编伪指令中，最主要的四条伪指令是什么?
14. 可以使用什么伪指令来创建编译时循环?
15. 在循环中，可以使用什么伪指令从 MASM 文本对象中提取字符?
16. 可以使用什么伪指令定义宏?
17. 如何在 MASM 源文件中调用宏?
18. 如何在宏声明中指定宏参数?
19. 如何指定宏参数是必需的?
20. 如何指定宏参数是可选的?
21. 如何指定可变数量的宏参数?
22. 如果不许使用“:req”后缀，请解释如何手动测试宏参数是否存在。
23. 如何在宏中定义局部符号?
24. 在不处理宏中任何额外语句的情况下，可以使用什么伪指令（通常在条件汇编序列中）立即终止宏展开?
25. 如何从宏函数返回文本值?
26. 为了确定宏参数是机器寄存器还是内存变量，可以使用什么运算符来测试该宏参数?

串 指 令

串是存储在连续内存位置中的值的集合。x86-64 CPU 可以处理四种类型的串：字节串、字串、双字串和四字串。

x86-64 微处理器系列支持几种专门用于处理串的指令。这些串指令可以移动串、比较串、在串中搜索特定的值、将串初始化为固定的值，以及对串执行其他的基本操作。x86-64 的串指令在对数组、表和记录进行赋值以及比较时很有用，这些串指令可能会大大加快数组操作代码的速度。本章将探讨串指令的各种用法。

14.1 x86-64 串指令

x86-64 系列的所有成员都支持以下五个串指令：movs*x*、cmps*x*、scas*x*、lods*x* 和 stos*x*。[1]（其中，*x* 表示 b、w、d 或 q，代表字节、字、双字或四字。从一般意义上讨论这些串指令时，本书通常会省略 x。）移动（move）、比较（compare）、扫描（scan）、加载（load）和存储（store）是构建大多数其他串操作的原语。

串指令作用于内存块（连续的线性数组）。例如，movs 指令将字节序列从一个内存单元移动到另一个内存单元，cmps 指令对两个内存块进行比较，scas 指令扫描内存块以获取特定的值。然而，源块和目标块（以及指令所需的任何其他值）并不是作为显式操作数来提供的。串指令使用以下的特定寄存器作为操作数。

- RSI（源索引）寄存器。
- RDI（目标索引）寄存器。
- RCX（计数）寄存器。
- AL、AX、EAX 和 RAX 寄存器。
- FLAGS 寄存器中的方向标志位。

例如，movs 指令从 RSI 指定的源地址将 RCX 个元素复制到 RDI 指定的目标地址。同样，cmps 指令对 RSI 指向的长度为 RCX 的串和 RDI 指向的串进行比较。

接下来的各节将描述如何使用这五条指令，首先讨论指令的前缀，指令的前缀用于让指令执行预期的操作：对 RSI 指向的串中的每个值重复执行相应的操作。[2]

14.1.1 rep、repe、repz 以及 repnz 和 repne 前缀

串指令本身不会对数据串进行操作。例如，movs 指令只复制单个字节、字、双字或四字。本节的“重复”前缀指示 x86-64 对多字节的串执行操作，具体来说就是将一个串操作

---

[1] x86-64 处理器支持两条额外的串指令：ins（输入来自输入端口的数据串）和 outs（把数据串输出到输出端口）。本书不考虑这两条指令，因为它们是特权指令，并且不能在标准的 64 位操作系统应用程序中执行。

[2] MASM 重载了 movsd 和 cmpsd 指令的含义。在没有操作数的情况下，这些指令是移动串双精度指令和比较串双精度指令；指定操作数后，这些指令是移动标量双精度和比较标量双精度指令。

最多重复执行 RCX 次[⊖]。带重复前缀的串指令的语法形式如下所示：

```
rep 前缀：
    rep movsx (x 是 b、w、d 或 q)
    rep stosx

repe 前缀：(注意：repz 是 repe 的同义词 )
    repe cmpsx
    repe scasx

repne 前缀：(注意：repnz 是 repne 的同义词)
    repne cmpsx
    repne scasx
```

使用 lods 指令时，通常不会带重复前缀。

rep 前缀指示 CPU“按照 RCX 寄存器指定的次数重复操作”。repe 前缀表示“在比较结果相等时，或者达到 RCX 指定的次数（以先失败的条件为准）时重复操作”。repne 前缀的作用是“在比较结果不相等时，或者达到 RCX 指定的次数时重复操作”。事实证明，大多数字符串比较都使用 repe 指令；repne 指令主要与 scas*x* 指令一起使用，用于在一个字符串中定位指定的字符（例如零终止字节）。

可以使用一条带重复前缀的指令来处理整个串。串指令（不带重复前缀）可用作串基本操作来合成更强大的串操作。

14.1.2　方向标志位

FLAGS 寄存器中的方向标志位用于控制 CPU 处理字符串的方式。如果方向标志位为 0，那么 CPU 会在对每个串元素进行操作后递增 RSI 和 RDI 的值。例如，执行 movs 指令，会将 RSI 中的字节、字、双字或四字移动到 RDI，然后将 RSI 和 RDI 递增 1、2、4 或 8。在该指令之前指定 rep 前缀后，CPU 会为串中每个元素增加 RSI 和 RDI 的值（RCX 中的计数值指定元素的数量）。操作完成之后，RSI 和 RDI 寄存器将指向串之后的第一项。

如果方向标志位为 1，那么 x86-64 会在处理每个串元素后减少 RSI 和 RDI 的值（同样，RCX 指定重复串操作的串元素个数）。操作完成之后，RSI 和 RDI 寄存器将指向串之前的第一个字节、字、双字或四字。

可以使用 cld（clear direction flag，清除方向标志位）和 std（set direction flag，设置方向标志位）指令，更改方向标志位的值。

微软 ABI 要求在进入（符合微软 ABI 的）程序时，方向标志位为 0。因此，如果在一个过程中设置了方向标志位，那么只要使用完方向标志位（尤其是在调用任何其他代码或者从该过程返回之前），就应该清除方向标志位。

14.1.3　movs 指令

movs 指令的语法形式如下所示：

```
movsb
movsw
movsd
movsq
rep movsb
rep movsw
```

⊖　例外情况是 cmps 和 scas 指令，这两条指令最多重复 RCX 寄存器中指定的次数。

```
rep movsd
rep movsq
```

movsb 指令获取地址 RSI 处的字节，将其存储在地址 RDI 处，然后将 RSI 和 RDI 寄存器的值递增 1 或者递减 1。如果存在 rep 前缀，那么 CPU 将检查 RCX 的值是否为 0。如果不为 0，则将字节从 RSI 移动到 RDI 中，并递减 RCX 寄存器的值。重复执行此过程，直到 RCX 的值变为 0。如果初始执行时 RCX 的值为 0，那么 movsb 指令不会复制任何数据字节。

movsw 指令获取地址 RSI 处的字，将其存储在地址 RDI 处，然后将 RSI 和 RDI 递增 2 或者递减 2。如果存在 rep 前缀，则 CPU 将此过程重复执行 RCX 次。

movsd 指令以类似的方式操作于双字。每次数据移动之后，它将 RSI 和 RDI 寄存器的值递增 4 或者递减 4。

movsq 指令对四字进行同样的操作。每次数据移动之后，它将 RSI 和 RDI 寄存器的值递增 8 或者递减 8。

例如，以下代码段将 384 字节的内容从 CharArray1 复制到 CharArray2 中：

```
CharArray1 byte 384 dup (?)
CharArray2 byte 384 dup (?)
          .
          .
          .
          cld
          lea rsi, CharArray1
          lea rdi, CharArray2
          mov rcx, lengthof(CharArray1) ; = 384
      rep movsb
```

如果使用 movsw 代替 movsb 指令，则该代码将移动 384 字（即 768 字节），而不是 384 字节：

```
WordArray1 word 384 dup (?)
WordArray2 word 384 dup (?)
          .
          .
          .
          cld
          lea rsi, WordArray1
          lea rdi, WordArray2
          mov rcx, lengthof(WordArray1) ; = 384
      rep movsw
```

请记住，RCX 寄存器包含元素计数，而不是字节计数。MASM 的 lengthof 运算符返回的是数组元素（此代码中是字）的数量，而不是字节的数量。

如果在执行 movsq、movsb、movsw 或 movsd 指令之前设置了方向标志位，那么 CPU 会在移动每个串元素后递减 RSI 和 RDI 寄存器的值。这意味着在执行 movsb、movsw、movsd 或 movsq 指令之前，RSI 和 RDI 寄存器必须指向各自串的最后一个元素。例如：

```
CharArray1 byte 384 dup (?)
CharArray2 byte 384 dup (?)
          .
          .
          .
          std
          lea rsi, CharArray1[lengthof(CharArray1) - 1]
          lea rdi, CharArray2[lengthof(CharArray1) - 1]
          mov rcx, lengthof(CharArray1);
      rep movsb
          cld
```

虽然有时从尾部到头部处理串是有用的，但通常情况下，我们按正向的顺序来处理串。对这样一类串操作——在源数据块和目标数据块重叠时移动字符串，要求必须能够沿两个方向处理串。请考虑以下代码中会发生的情况：

```
CharArray1 byte ?
CharArray2 byte 384 dup (?)
            .
            .
            .
            cld
            lea rsi, CharArray1
            lea rdi, CharArray2
            mov rcx, lengthof(CharArray2);
        rep movsb
```

在上述指令序列中，将 CharArray1 和 CharArray2 视为一对 384 字节的串来处理。但是，CharArray1 数组中的最后 383 字节与 CharArray2 数组中的前 383 字节重叠。我们来逐字节地跟踪这段代码的操作。当 CPU 执行 movsb 指令时，将会执行以下的操作。

（1）将 RSI 指向的字节（CharArray1）复制到 RDI 指向的字节（CharArray2）中。

（2）将 RSI 和 RDI 寄存器的值递增 1，将 RCX 寄存器的值递减 1。现在 RSI 寄存器指向 CharArray1 + 1（这是 CharArray2 的地址），RDI 寄存器指向 CharArray2 + 1。

（3）将 RSI 指向的字节复制到 RDI 指向的字节处。然而，这是最初从位置 CharArray1 复制的字节。因此，movsb 指令将原来位于位置 CharArray1 的值同时复制到位置 CharArray2 和 CharArray2 + 1。

（4）再次将 RSI 和 RDI 寄存器的值递增 1，并将 RCX 寄存器的值递减 1。

（5）将字节从位置 CharArray1 + 2（CharArray2 + 1）复制到位置 CharArray2 + 2。这也是最初出现在位置 CharArray1 的值。

循环的每次重复都会将 CharArray1 中的下一个元素复制到 CharArray2 数组中的下一个可用位置。其操作示意图类似于图 14-1。结果是 movsb 指令在整个字符串中复制了若干个 X。

当两个字符串存在如图 14-1 所示的重叠时，如果真的希望把一个数组移动到另一个数组中，那么应该从这两个字符串的末尾开始，将源字符串的每个元素移动到目标字符串中，如图 14-2 所示。

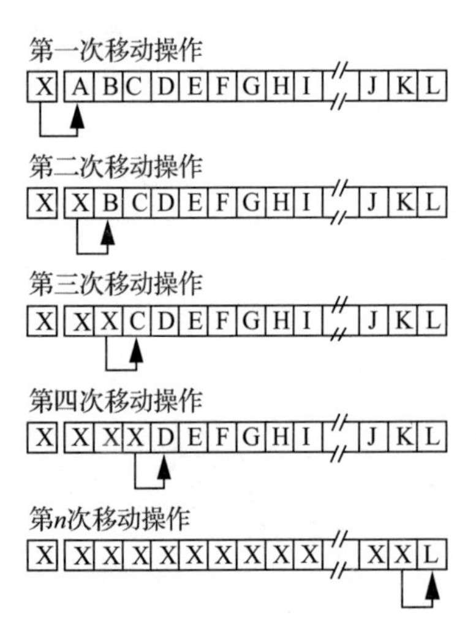

图 14-1　在两个重叠阵列之间复制数据（正向操作）

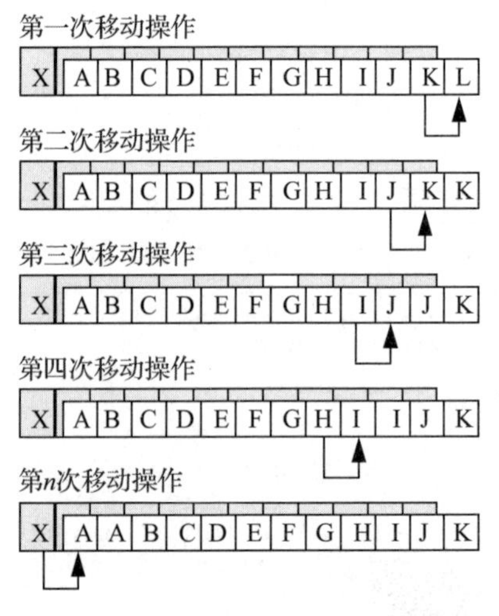

图 14-2　反向复制重叠数组中的数据

当两个串存在重叠并且源串的起始地址低于目标串时，设置方向标志位并将 RSI 和 RDI 指向串的末尾，可以（正确地）将一个串移动到另一个串中。如果两个串重叠，并且源串的起始地址高于目标串，则清除方向标志位，并将 RSI 和 RDI 指向两个串的开头。

如果两个串并没有重叠，则可以使用这两种方法中的任何一种在内存中移动串。通常情况下，方向标志位为 0 时的操作（即正向操作）是最容易的。

如果要使用单个字节、字、双字或四字填充数组，那么不建议使用 movs*x* 指令。另一条串指令 stos 更适合于此场景。

要将大量字节从一个数组移动到另一个数组时，使用 movsq 指令而非 movsb 指令能让复制操作更快。如果希望移动的字节数是 8 的偶数倍，那么修改十分容易：只需将要复制的字节数除以 8，将该值加载到 RCX 中，然后使用 movsq 指令。如果字节数不能被 8 整除，则可以使用 movsq 指令复制除了数组中最后 1、2、…、7 字节（即字节数除以 8 后的余数）以外的其他内容。例如，如果要高效地移动 4099 字节的内容，则可以使用以下的指令序列：

```
    lea  rsi, Source
    lea  rdi, Destination
    mov  rcx, 512          ; 复制 512 个四字 = 4096 个字节
rep movsq
    movsw                  ; 复制第 4097 个字节和 4098 个字节
    movsb                  ; 复制最后一个字节
```

使用此方法复制数据永远不需要超过四条的 movs*x* 指令，因为可以使用各不超过一条的 movsq、movsb、movsw 和 movsd 指令，来复制 1、…、7 字节内容。如果两个数组在四字边界上对齐，则前面的方案最有效。如果两个数组没有在四字边界上对齐，那么可能希望在 movsq 指令之前或者之后移动 movsb、movsw 或 movsd 指令（或全部三条），以便 movsq 处理四字对齐的数据。

如果在程序执行之前不知道需要复制的数据块的大小，则可以使用以下代码来提高字节块移动的性能：

```
    lea rsi, Source
    lea rdi, Destination
    mov rcx, Length
    shr rcx, 3          ; 除以 8
    jz  lessThan8       ; 仅当 8 个或更多字节时，执行 movsq 指令

rep movsq               ; 复制四字

lessThan8:
    mov rcx, Length
    and rcx, 111b       ; 计算（Length mod 8）
    jz  divisibleBy8    ; 仅当字节数 /8 <> 0 时，执行 movsb 指令

rep movsb               ; 复制剩余的 1、…、7 字节

divisibleBy8:
```

在许多计算机系统上，使用 movsq 指令是将块数据从一个位置复制到另一个位置的最快方法。虽然在某些 CPU 上可能存在更快的复制方法，但最终限制因素为内存总线的性能，因为 CPU 的速度比内存总线要快得多。因此，除非存在一个特殊的系统，否则编写花哨的代码来改进内存到内存的传输可能非常浪费时间。

此外，英特尔还改进了后续处理器上 movs*x* 指令的性能，使 movsb 指令在复制相同

字节数的时候，与 movsw、movsd 和 movsq 指令一样高效。在这些后续的处理器上，使用 movsb 指令来复制指定数量的字节，而不是使用前面描述的复杂处理过程，可能会更有效。

关于复制的基本原则是：如果一个数据块移动的速度非常很重要，那么应该尝试几种不同的方法，从中选择最快的方法（或者，如果这些方法的运行速度相同，则选择最简单的方法）。

14.1.4　cmps 指令

cmps 指令用于比较两个串。CPU 将 RDI 引用的值与 RSI 指向的值相比较。使用 repe 或 repne 前缀比较整个串时，RCX 包含源串中的元素个数。与 movs 指令一样，MASM 也允许使用该指令的以下几种形式：

```
cmpsb
cmpsw
cmpsd
cmpsq

repe cmpsb
repe cmpsw
repe cmpsd
repe cmpsq

repne cmpsb
repne cmpsw
repne cmpsd
repne cmpsq
```

在没有重复前缀的情况下，cmps 指令将 RSI 指向的值减去 RDI 指向的值，并根据结果更新标志位（将其丢弃）。在比较两个位置后，cmps 指令将 RSI 和 RDI 寄存器递增或者递减 1、2、4 或 8（分别对应于 cmpsb、cmpsw、cmpsd 和 cmpsq 指令）。如果方向标志位为 0，则 cmps 指令会递增 RSI 和 RDI 寄存器的值，否则会递减 RSI 和 RDI 寄存器的值。

请记住，RCX 寄存器中的值决定需要处理的元素数，而不是字节数。因此，在使用 cmpsw 指令时，RCX 指定需要比较的字的个数。同样，对于 cmpsd 和 cmpsq 指令，RCX 包含需要处理的双字和四字的个数。

如果两个串的元素相等并且 RCX 大于 0，则 repe 前缀会比较串中的下一个元素。如果元素不相等并且 RCX 大于 0，则 repne 前缀会比较串中的下一个元素。

执行“ repne cmps”指令之后，RCX 寄存器的值要么为 0（在这种情况下，两个串完全不同），要么为找到两个串中匹配元素之前比较的元素个数。虽然这种形式的 cmps 指令对于比较串不是特别有用，但对于定位两个字节、字或双字数组中的第一对匹配项非常有用。

14.1.4.1　比较字符串

通常按字典序（lexicographical order）比较字符串的大小，这是我们熟悉的标准字母顺序。对两个字符串中相对应的元素进行比较，直到遇到不匹配的字符或者较短字符串的结尾。如果两个字符串中相对应的字符不匹配，则基于单个字符比较两个字符串。如果两个字符串在较短字符串的长度范围内相对应的字符均匹配，则比较两个字符串的长度。当且仅当两个字符串的长度相等并且两个字符串中相对应的每对字符均相同时，这两个字符串才相等。只有当两个字符串在较短字符串的长度范围内相同时，字符串的长度才会影响最终的比较结果。例如，Zebra 比 Zebras 小，因为 Zebra 是两个字符串中较短的一个。然而，Zebra 比 AAAAAAAAAAH 要大！尽管 Zebra 比较短。

对于（ASCII）字符串，请按以下方式使用 cmpsb 指令。

（1）清除方向标志位。

（2）将较小字符串的长度加载到 RCX 寄存器中。

（3）将 RSI 和 RDI 寄存器指向需要比较的两个字符串中的第一个字符。

（4）将 repe 前缀与 cmpsb 指令一起使用，逐字节地比较字符串。

注意：即使字符串包含偶数个字符，也不能使用 cmpsw 或 cmpsd 指令，因为这些指令不会按词典序比较字符串。

（5）如果两个字符串相等，则比较它们的长度。

下面的代码对若干字符串进行比较：

```
        cld
        mov rsi, AdrsStr1
        mov rdi, AdrsStr2
        mov rcx, LengthSrc
        cmp rcx, LengthDest
        jbe srcIsShorter          ; 将较短字符串的长度加载到 RCX 中
          mov  rcx, LengthDest
srcIsShorter:
  repe  cmpsb
        jnz notEq
        mov rcx, LengthSrc
        cmp rcx, LengthDest

notEq:
```

如果使用字节来保存字符串长度，则应该适当调整此代码（即使用 movzx 指令将长度加载到 RCX 中）。

14.1.4.2　比较扩展精度整数

cmps 指令还可以用来比较多字的整数值（即扩展精度整数值）。串比较所需的设置，使这对于长度小于六个或八个双字的整数值不实用，但对于较大的整数值效果非常好。

与字符串不同，我们不能使用词典序来比较整数串。在比较字符串时，我们必须对从最低有效字节到最高有效字节之间的字符进行比较。在比较整数串时，我们必须从最高有效字节、字或双字比较到最低有效字节、字或双字。因此，为了比较两个 32 字节（256 位）的整数值，可以使用以下的代码：

```
      std
      lea rsi, SourceInteger[3 * 8]
      lea rdi, DestInteger[3 * 8]
      mov rcx, 4
repe cmpsq
      cld
```

上述代码片段从整数的最高有效四字比较到最低有效四字。当两个数值不相等或者 RCX 寄存器的值递减为 0 时（此时意味着这两个数值相等），cmpsq 指令结束。同样，标志位提供了比较的结果。

14.1.5　scas 指令

scas 指令用于搜索串中的特定元素，例如在另一个串中快速扫描一个 0。

与 movs 和 cmps 指令不同，scas 指令只需要目标串（由 RDI 指向）。源操作数是 AL（scasb）、AX（scasw）、EAX（scasd）或 RAX（scasq）寄存器中的值。scas 指令将累加器（AL、

AX、EAX 或 RAX）中的值与 RDI 指向的值相比较，然后将 RDI 递增（或递减）1、2、4 或 8。CPU 根据比较的结果设置标志位。

scas 指令的语法形式如下所示：

```
scasb
scasw
scasd
scasq

repe scasb
repe scasw
repe scasd
repe scasq

repne scasb
repne scasw
repne scasd
repne scasq
```

使用带 repe 前缀的 scas 来扫描串，该指令将搜索与累加器中的数值不匹配的元素。使用带 repne 前缀的 scas 扫描串时，该指令将搜索与累加器中的数值相等的第一个元素。这是违反直觉的，因为“repe scas”实际上在累加器中的值等于串操作数时扫描字符串，而“repne scas”在累加器中的值不等于串操作数时扫描字符串。

与 cmps 和 movs 指令一样，RCX 寄存器中的数值指定使用重复前缀时需要处理的元素数，而不是字节数。

14.1.6　stos 指令

stos 指令将累加器中的值存储到 RDI 指定的位置上。在存储值后，CPU 根据方向标志位的状态递增或递减 RDI。stos 指令有很多用途，它的主要用途是将数组和字符串初始化为常量值。例如，要将一个 256 字节的数组清零，可以使用以下的代码片段：

```
     cld
     lea rdi, DestArray
     mov rcx, 32           ; 32 个四字 = 256 字节
     xor rax, rax          ; 将 RAX 清零
rep stosq
```

这段代码一次写入 32 个四字而不是 256 字节，因为单个 stosq 操作（在一些旧 CPU 上）比四个 stosb 操作更快。

stos 指令有如下的八种形式：

```
stosb
stosw
stosd
stosq

rep stosb
rep stosw
rep stosd
rep stosq
```

stosb 指令将 AL 寄存器中的值存储到指定的内存位置，stosw 将 AX 寄存器中的值存储到指定的内存位置，stosd 将 EAX 寄存器中的值存储到指定的位置，stosq 将 RAX 寄存器中的值存储到指定的位置。使用 rep 前缀，此过程将重复执行，重复执行的次数由 RCX 寄存

器指定。

如果需要使用具有不同值的元素来初始化数组，则不能（简单地）使用 stos 指令。

14.1.7　lods 指令

lods 指令将 RSI 指向的字节、字、双字或四字复制到 AL、AX、EAX 或 RAX 寄存器中，然后将 RSI 寄存器递增或递减 1、2、4 或 8。使用 lods 指令从内存中提取字节（lodsb）、字（lodsw）、双字（lodsd）或四字（lodsq），以便进一步处理。

与 stos 指令一样，lods 指令有如下的八种形式：

```
lodsb
lodsw
lodsd
lodsq

rep lodsb
rep lodsw
rep lodsd
rep lodsq
```

用户可能永远不会在该指令中使用重复前缀，因为每次 lods 重复时，累加器寄存器都会被覆盖。重复操作结束时，累加器将包含从内存读取的最后一个值。[⊖]

14.1.8　使用 lods 和 stos 构建复杂的串函数

可以使用 lods 和 stos 指令生成任何特定的串操作。例如，假设我们想实现一个字符串操作：将字符串中的所有大写字符转换为小写字符。可以使用以下的代码片段：

```
    mov rsi, StringAddress   ; 将字符串地址加载到 RSI 中
    mov rdi, rsi             ; 同时指向 RDI
    mov rcx, stringLength    ; 假设预先计算了该值
    jrcxz skipUC             ; 如果长度为 0，那么不执行任何操作
rpt:
    lodsb                    ; 获取字符串中的下一个字符
    cmp al, 'A'
    jb  notUpper
    cmp al, 'Z'
    ja notUpper
    or al, 20h                ; 转换为小写字符
notUpper:
    stosb                     ; 将转换后的字符存储到字符串中
    dec rcx
    jnz rpt                   ; 当 RCX 为 0 时，设置零标志位
skipUC:
```

rpt 循环在 RSI 指定的位置获取字节，测试该字节是否是大写字符。如果是大写字符，则将其转换为小写字符（如果不是，则保持不变），并将结果字符存储在 RDI 指定的位置。然后重复执行此过程，重复执行的次数由 RCX 中的值指定。

因为 lods 和 stos 指令使用累加器作为中间位置，所以可以使用任何累加器操作来快速操作字符串元素。可以使用像 toLower（或 toUpper）这样简单的函数，也可以使用像数据加密那样复杂的函数。在将数据从一个串移动到另一个串时，甚至可以使用此指令序列来计算

⊖ 这里列出重复前缀，是因为它们是允许的。重复前缀不是很有用，但是允许存在。这种形式指令的唯一用途是“触摸”高速缓存中的项，以便将数据预加载到高速缓存中。然而，实现该功能有更好的方法。

哈希值、校验和以及 CRC 值。在移动字符串数据时，可以逐字符对字符串执行任何操作。

14.2　x86-64 串指令的性能

在早期的 x86-64 处理器中，使用串指令是操作字符串和数据块的最有效方式。然而，这些指令不是英特尔 RISC 核心指令集的一部分，与使用离散指令执行相同的操作相比，这些指令可能会更慢（尽管更紧凑）。英特尔已经在更高版本的处理器上优化了 movs 和 stos 指令，以使这些指令运行速度更快，但其他串指令的运算速度可能会相当慢。

在实现比较注重性能的程序时，往往建议使用不同的算法（含或者不含串指令的方法），并比较这些算法的性能来确定具体使用哪一种解决方案。由于串指令的运行速度与其他指令的运行速度不同，这取决于我们所使用的处理器，所以可以在希望代码正常运行的处理器上尝试我们的建议。

注意：在大多数处理器上，movs 指令比相应离散指令的执行速度要快。英特尔一直在努力优化 movs 指令，因为有太多注重性能的代码使用该指令。

14.3　SIMD 串指令

SSE4.2 指令集扩展包括四条用于操作字符串的强大指令。这些指令最初是在 2008 年推出的，所以今天使用的一些计算机可能不支持这些指令。在将这些指令用于广泛的商业应用中之前，务必使用 cpuid 来确定这些指令是否可用。

以下列出 SSE4.2 指令集提供的四条处理文本和字符串片段的指令。

- PCMPESTRI：打包比较显式长度（explicit-length）的字符串，返回索引。
- PCMPESTRM：打包比较显式长度的字符串，返回掩码。
- PCMPISTRI：打包比较隐式长度（implicit-length）的字符串，返回索引。
- PCMPISTRM：打包比较隐式长度的字符串，返回掩码。

隐式长度字符串使用一个哨兵（位于字符串的末尾）字节来标记字符串的结尾，一个例子是零终止字节（或对于 Unicode 字符而言，是字）。显式长度字符串是指用户为其提供了长度的字符串。

生成索引的指令返回源字符串中第一个（或最后一个）匹配项的索引。返回位掩码的指令返回一个全 0 或全 1 的数组，该数组标记两个输入字符串中每次出现的匹配项。

打包比较字符串指令是 x86-64 指令集中最复杂的指令之一。这些指令的语法形式如下所示：

```
pcmpXstrY xmmsrc1, xmmsrc2/memsrc2, imm8
vpcmpXstrY xmmsrc1, xmmsrc2/memsrc2, imm8
```

其中 *X* 为 E 或 I，*Y* 为 I 或 M。两种指令形式都使用 128 位操作数（此处，对于 v 前缀形式的指令，没有 256 位 YMM 寄存器），并且与大多数 SSE 指令不同，(v)pcmp*X*str*Y* 指令允许不在 16 字节边界上对齐的内存操作数（即便它们需要在 16 字节对齐的内存操作数，对于预期的操作也几乎毫无用处）。

(v)pcmp*X*str*Y* 指令比较一对 XMM 寄存器中相应的字节或字，将单个比较的结果组合成一个向量（位掩码），并返回所有比较的结果。imm_8 操作数控制各种比较属性。

14.3.1　打包比较的操作数大小

立即数操作数的第 0 位和第 1 位指定字符串元素的大小和类型。用于比较的元素可以是字节或字，也可以被视为无符号或有符号数值（具体请参见表 14-1）。

第 0 位指定字（Unicode）或字节（ASCII）操作数。第 1 位指定操作数是有符号数值还是无符号数值。通常情况下，对于字符串，使用无符号比较。但是，在某些情况下（或者在处理整数串而不是字符串时），可能需要指定有符号比较。

表 14-1　打包比较指令的 imm_8 操作数的第 0 位和第 1 位

位	位取值	含义
0-1	00	两个源操作数都包含 16 个无符号字节
	01	两个源操作数都包含 8 个无符号字
	10	两个源操作数都包含 16 个有符号字节
	11	两个源操作数都包含 8 个有无符号字

14.3.2　比较的类型

立即数操作数的第 2 位和第 3 位指定指令将如何比较两个字符串。共有四种比较类型：根据一个字符串中的字符集测试另一个字符串中的字符，根据字符范围测试一个字符串中的字符，直接进行字符串比较，或者在另一个字符串中搜索子字符串（具体请参见表 14-2）。

表 14-2　打包比较指令的 imm_8 操作数的第 2 位和第 3 位

位	位取值	含义
2-3	00	任意比较：将第二个源字符串中的每个字符与第一个源操作数中出现的一个字符集相比较
	01	范围比较：将第二个源操作数中的每个字符与第一个源操作数指定的字符范围相比较
	10	逐个比较：比较每个相对应的元素是否相等（两个操作数的逐字符比较）
	11	顺序比较：在第二个操作数指定的字符串中搜索第一个操作数指定的子字符串

imm_8 的第 2、3 位指定需要执行的比较类型，在英特尔术语中叫作聚合（aggregate）操作。逐个比较（10b）可能是最容易理解的一种比较。打包比较指令将比较两个字符串中的每对对应字符（从开始一直到字符串的末尾，稍后将详细介绍），并为字符串中每对字节或字的比较结果设置布尔值，如图 14-3 所示。这与 C/C++ 中 memcmp 或 strcmp 函数的操作等同。

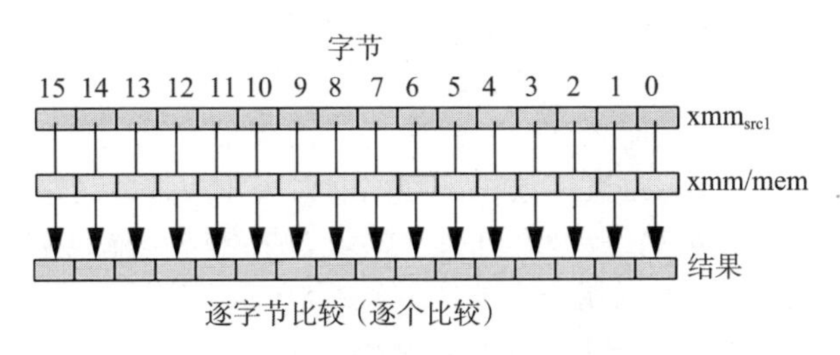

图 14-3　逐个比较聚合比较操作

任意比较会比较第二个源操作数（xmm_{src2}/mem_{src2}）中的每个字符，以查看它是否是第一个源操作数中的任何字符。例如，如果 xmm_{src1} 包含字符串 abcdefABCDEF（以及四个 0 字节），xmm_{src2}/mem_{src2} 包含 12AF89C0，则将产生比较结果 01001100b（A、F 和 C 字符所在的位置为 1）。还要注意，第一个字符（1）映射到第 0 位，A 和 F 字符映射到第 2 位和第 3 位。这与 C 标准库中的 strspn 和 strcspn 函数类似。

顺序比较用于在 xmm_{src2}/mem_{src2} 操作数中搜索 xmm_{src1}。例如，如果 xmm_{src2}/mem_{src2} 操作数包含字符串“never need shine”，而 xmm_{src1} 操作数包含字符串 ne（用 0 填充），则顺序

比较将生成向量 010000000100001b。这类似于 C 标准库中的 strstr 函数。

范围比较将 xmm_{src1} 操作数中的元素分成数据对（分别在寄存器中的偶数和奇数索引处）。第一个元素（字节或字）指定下限，第二个元素指定上限。xmm_{src1} 寄存器最多支持八字节范围或四字范围（如果需要更小的范围，则可以在剩余的对中填充 0）。此聚合操作将 xmm_{src2}/mem_{src2} 操作数中的每个字符依次与这些范围相比较，如果字符在其中一个指定范围（包括）内，则在结果向量中存储 true；如果字符不在这些范围之内，则存储 false。

14.3.3　结果的极性

立即数操作数的第 4 位和第 5 位指定结果的极性（polarity），具体请参见表 14-3。本章稍后将全面讨论这些位的含义（需要一些额外的注释）。

表 14-3　打包比较指令的 imm_8 操作数的第 4 位和第 5 位

位	位取值	含义
4-5	00	正极性
	01	负极性
	10	正掩码
	11	负掩码

14.3.4　输出处理

立即数操作数的第 6 位指定指令的结果（具体请参见表 14-4）。打包比较指令不使用第 7 位，该位的值应该始终为 0。

表 14-4　打包比较指令的 imm_8 操作数的第 6 位和第 7 位

位	位取值	含义
6	0	只针对 (v)pcm*X*stri 指令，在 ECX 中返回的索引是第一个结果
		只针对 (v)pcm*X*strm 指令，零扩展到 128 位的掩码在 XMM0 的低阶位
	1	只针对 (v)pcm*X*stri 指令，在 ECX 中返回的索引是最后一个结果
		只针对 (v)pcm*X*strm 指令，将位掩码扩展为字节或字掩码
7	0	此位为保留位，其值应该始终为 0

(v)pcmpestrm 和 (v)pcmpistrm 指令产生位掩码的结果，并将结果存储到 XMM0 寄存器中（这是固定的，CPU 不会通过这些指令的操作数来确定）。如果 imm_8 操作数的第 6 位的值为 0，那么这两条指令将位掩码打包成 8 位或 16 位，并将其存储到 XMM0 的低阶 8（或 16）位中，通过 XMM0 的高阶位对该值进行零扩展。如果 imm_8 的第 6 位为 1，则这些指令将在整个 XMM0 寄存器中存储位掩码（每个字节或字为全 1）。[㊀]

(v)pcmpestri 和 (v)pcmpistri 指令生成索引的结果，并在 ECX 寄存器中返回结果值[㊁]。如果 imm_8 操作数的第 6 位为 0，那么这两条指令将返回结果位掩码中低阶设置位的索引（即第一次匹配的结果）。如果 imm_8 操作数的第 6 位的值为 1，那么这些指令将返回结果位掩码中最高设置位的索引（即最后一次匹配的结果）。如果结果位掩码中没有设置位，那么这些指令在 ECX 寄存器中返回 16（用于字节比较）或 8（用于字比较）。虽然这些指令在内部生成位掩码的结果以计算索引，但它们不会覆盖 XMM0 寄存器（这跟 (v)pcmpestrm 和 (v)pcmpistrm 指令一样）。

14.3.5　打包字符串比较长度

(v)pcmp*X*str*Y* 指令存在一个 16 字节（XMM 寄存器大小）的比较限制，即使在带有 32 字节的 YMM 寄存器的 AVX 处理器上也是如此。为了比较较大的字符串，需要执行多条 (v)pcmp*X*str*Y* 指令。

㊀ 字节比较需要 16 位或 16 字节，而字比较需要 8 位或 8 字节来保存位掩码。

㊁ 零扩展到 RCX 中，也就是说，在打包比较指令产生索引值之后，RCX 的高阶 32 位将包含 0。

(v)pcmpistri 和 (v)pcmpistrm 指令使用隐式的字符串长度。字符串出现在 XMM 寄存器或内存中，第一个字符（如果有）出现在低阶字节中，然后是字符串中剩余的其他字符。字符串结束于零终止字节或字。如果超过 16 个字符（对于字节串）或者超过 8 个字符（对于字串），则寄存器（或 128 位内存）大小将分隔该字符串。

(v)pcmpestri 和 (v)pcmpestrm 指令使用显式的字符串长度。RAX 和 EAX 寄存器为 xmm_{src1} 中的字符串指定字符串长度，RDX 和 EDX 寄存器为 xmm_{src2}/mem_{src2} 中的字符串指定字符串长度。如果字符串长度大于 16（对于字节串）或者 8（对于字串），则指令会将长度饱和为 16 或 8。此外，(v)pcmpestri 和 (v)pcmpestrm 指令采用长度的绝对值，因此 −1 到 −16 相当于 1 到 16。

显式长度指令将长度饱和到 16（或 8），是为了允许程序在循环中处理更大的字符串。通过在循环中一次处理 16 字节（或 8 字），并将整个字符串长度递减（从某个较大的值减到 0），打包字符串操作将在每次循环迭代中操作 16 或 8 个字符，直到最后一次循环迭代。此时，指令将处理字符串中剩余的（“总长度 mod 16”或者“总长度 mod 8”个）字符。

显式长度指令采用长度的绝对值，是为了允许处理大字符串的代码将循环计数器（从较大的正值）递减为 0，或者将循环计数器（从负值）递增为 0，递增或递减取决于程序的处理便利性。

当长度（隐式或显式）小于 16（字节）或 8（字）时，XMM 寄存器（或 128 位内存位置）中的某些字符将无效。具体来说，在 RAX 和 EAX（或 RDX 和 EDX）中，零终止字符（对于隐式长度字符串）之后或计数之外的每个字符都将无效。不管是否存在无效字符，打包比较指令都会通过比较字符串中的所有字符来生成中间位向量结果。

由于两个输入字符串（在 xmm_{src1} 和 xmm_{src2}/mem_{src2} 中）的字符串长度不一定相等，所以存在四种可能的情况：第一个源操作数和第二个源操作数都无效，两个源操作数中正好有一个无效（而另一个有效，所以这里有两种情况），或者第一个源操作数和第二个源操作数都有效。根据哪个操作数有效或无效，打包比较指令可能会强制结果为 true 或 false。表 14-5 列出了这些指令如何根据 imm_8 操作数指定的比较类型（聚合操作）强制生成结果。

表 14-5　第一个源操作数和第二个源操作数有效或无效时的比较结果

第一个源操作数	第二个源操作数	任意比较	范围比较	逐个比较	顺序比较
无效	无效	强制 false	强制 false	强制 true	强制 true
无效	有效	强制 false	强制 false	强制 false	强制 true
有效	无效	强制 false	强制 false	强制 false	强制 false
有效	有效	结果	结果	结果	结果

为了理解表 14-5 中的各个项，必须单独考虑每个比较类型。

任意比较检查第二个源操作数中的每个字符是否出现在第一个源操作数指定的字符集中的某个位置。如果第一个源操作数中的某一个字符无效，则意味着指令正在与不在集合中的字符进行比较。在这种情况下，我们希望返回 false（不管第二个源操作数的有效性如何）。如果第一个源操作数是有效的，但第二个源操作数是无效的，则当前位于（或超出）字符串的末尾。这不是一个有效的比较，所以在这种情况下，任意比较也会导致错误的结果。

从某种意义上说，范围比较也是将源字符串（第二个操作数）与一组字符（由第一个源操作数中的范围指定）相比较。因此，与任意比较一样，如果其中一个（或两个）操作数无效，那么打包比较指令将强制结果为 false。

逐个比较是传统的字符串比较操作，将第二个源操作数中的字符串与第一个源操作数中的字符串进行比较。如果两个字符串中相对应的字符都无效，则表示已经超出了两个字符串的末尾。在这种情况下，打包比较指令强制结果为 true，因为这些指令此时实际上是在比较空字符串（而两个空字符串是相等的）。如果一个字符串中的一个字符有效，但另一个字符串中的对应字符无效，则将实际字符与空字符串进行比较，比较结果当然是不相等的，因此打包字符串比较指令强制产生 false 结果。

顺序比较操作在较大的字符串 xmm_{src2}/mem_{src2} 中搜索子字符串 xmm_{src1}。如果超出了两个字符串的末尾，则比较的是空字符串（一个空字符串始终是另一个空字符串的子字符串），因此打包比较指令返回一个 true 结果。如果搜索已经到达第一个源操作数（需要搜索的子字符串）中字符串的末尾，那么即使第二个源操作数中有更多字符，结果也是 true，因此在这种情况下，打包比较指令返回 true。但是，如果搜索已经到达第二个源操作数字符串的末尾，但没有到达第一个源操作数（子字符串）字符串的末尾，则顺序比较不可能返回 true，因此在这种情况下，打包比较指令强制返回结果 false。

如果极性位（imm_8 的第 4、5 位）包含 00b 或 10b，则极性位不会影响比较操作。如果包含 01b，则打包字符串比较指令在将数据复制到 XMM0（(v)pcmpistrm 和 (v)pcmpestrm）或计算索引（(v)pcmpestri 和 (v)pcmpistri）之前，反转临时位映射结果中的所有位。如果包含 11b，则打包字符串比较指令当且仅当相应的第二个源操作数字符有效时反转结果位。

14.3.6　打包字符串比较结果

关于打包字符串比较指令，最后要注意的是这些比较指令如何影响 CPU 的标志位。这些指令会影响条件码标志位，因此在 SSE/AVX 指令中并不常见。但是，这些比较指令不会以标准方式影响条件码标志位（例如，不能像使用 cmps 指令那样，使用进位标志位和零标志位来测试字符串是否小于或大于）。另外，这些指令会重载进位标志位、零标志位、符号标志位和溢出标志位的含义。此外，每条指令都独立定义了这些标志位的含义。

如果（内部）结果位映射中所有位的值都为 0（无比较），则所有 8 条指令 (v)pcmpestri、(v)pcmpistri、(v)pcmpestrm 和 (v)pcmpistrm 都会清除进位标志位；如果位映射中至少将其中一位的值设置为 1，则这些指令将设置进位标志位。请注意，在应用极性位后，进位标志位将被设置或清除。

零标志位表示第二个操作数的长度是否小于 16（对于字字符则为 8）。对于 (v)pcmpestri 和 (v)pcmpestrm 指令，如果 EDX 小于 16（对于字字符则为 8），则设置零标志位；对于 (v)pcmpistri 和 (v)pcmpistrm 指令，如果 xmm_{src2}/mem_{src2} 包含空字符，则设置零标志位。

符号标志位表示第一个操作数的长度是否小于 16（对于字字符则为 8）。对于 (v)pcmpestri 和 (v)pcmpestrm 指令，如果 EAX 小于 16（对于字字符则为 8），则设置符号标志位；对于 (v)pcmpistri 和 (v)pcmpistrm 指令，如果 xmm_{src1} 包含空字符，则设置零标志位。

溢出标志位包含结果位映射的位 0 设置（即源字符串的第一个字符是否匹配）。这在顺序比较后非常有用，例如，可以查看子字符串是否是较大字符串的前缀。

14.4　对齐和 MMU 页

(v)pcmp*X*str*Y* 指令非常友好，因为它们不要求内存操作数与 16 字节对齐。然而，这种不对齐本身会导致一个特殊问题：单个 (v)pcmp*X*str*Y* 指令内存访问可能会跨越 MMU 页边界。要知道，一些 MMU 页可能无法访问，如果 CPU 试图从中读取数据，则将产生一般保护故障。

如果字符串的长度小于 16 字节，并且在页边界之前结束，则使用 (v)pcmp*X*str*Y* 尝试访问该数据可能会在从内存中读取完整的 16 字节（包括字符串结尾之外的数据）时导致意外的页故障。虽然访问跨越字符串的数据期间进入一个新的、不可访问的 MMU 页是一种罕见的情况，但这种情况可能会发生，因此我们希望确保不要跨越 MMU 页边界访问数据，除非下一个 MMU 页包含实际数据。

如果在 16 字节边界上对齐了一个地址，并且从该地址开始从内存中访问 16 字节，那么可以不必担心跨入新的 MMU 页。MMU 页包含 16 字节的整数倍内容（MMU 页中有 256 个 16 字节的块）。如果 CPU 从 16 字节边界开始访问 16 字节，则该数据块的最后 15 字节将与第一个字节落入同一 MMU 页。这就是为什么大多数 SSE 内存访问都没有问题：它们需要 16 字节对齐的内存操作数。例外情况是未对齐的移动指令和 (v)pcmp*X*str*Y* 指令。

通常使用未对齐的移动指令（例如，movdqu 和 movupd）将 16 个实际字节的数据移动到 SSE/AVX 寄存器中，因此这些指令通常不会访问内存中的额外字节。然而，(v)pcmp*X*str*Y* 指令通常访问超出实际字符串末尾的数据字节。这些指令从内存中读取完整的 16 字节，即使字符串消耗的字节少于其中的 16 个。因此，当使用 (v)pcmp*X*str*Y* 指令（以及其他未对齐的移动指令，使用这些指令读取数据结构的结尾之外的内容）时，应该确保所提供的内存地址至少在 MMU 页的结尾前 16 字节处，或者内存中的下一页包含有效数据。

不存在允许我们测试内存中页的机器指令，因此无法查看应用程序是否可以合法访问一个页。故而，必须确保 (v)pcmp*X*str*Y* 指令的内存访问不会跨越页边界。

14.5 拓展阅读资料

Agner Fog 是世界上最著名的 x86（-64）汇编语言优化专家之一。在他的网站（https://www.agner.org/optimize/#manuals/）中，包含了大量关于优化内存移动以及其他字符串指令的更多信息。如果读者希望使用 x86 汇编语言编写快速的字符串代码，强烈推荐参考该网站。

T. Herselman 花费了大量时间编写高效的 memcpy 函数。可以通过网站 https://www.codeproject.com/Articles/1110153/Apex-memmove-the-fastest-memcpy-emmove-on-x-x-EVE/（或者在网上搜索 Apex memmove 关键字）了解相关信息。毫无疑问，这段代码的长度将说服读者坚持使用 movs 指令（该指令在现代 x86-64 CPU 上运行速度相当快）。

14.6 自测题

1. 通用串指令支持的操作数的大小是多少？
2. 五条通用的串指令是什么？
3. pcmp*X*str*Y* 指令支持的操作数大小是多少？
4. “rep movsb” 指令使用什么寄存器？
5. cmpsw 指令使用什么寄存器？
6. “repne scasb” 指令使用什么寄存器？
7. stosd 指令使用什么寄存器？
8. 如果希望在每次串操作后递增 RSI 和 RDI 寄存器的值，那么可以使用什么方向标志位设置？
9. 如果希望在每次串操作后递减 RSI 和 RDI 寄存器的值，那么可以使用什么方向标志位设置？
10. 如果某个函数或过程修改了方向标志位，那么该函数在返回前应该执行什么操作？
11. 如果一个函数修改了方向标志位的值，那么微软 ABI 需要它在返回前是设置还是清除方向标志位？
12. 英特尔为提高 x86-64 处理器的性能优化了哪些串指令？

13. 在使用 movs 指令之前，希望何时设置方向标志位？
14. 在使用 movs 指令之前，希望何时清除方向标志位？
15. 如果在执行 movs 指令时没有正确设置方向标志位，那么会发生什么情况？
16. 通常会在 cmpsb 指令中使用哪个串前缀来测试两个串是否相等？
17. 在比较两个串时，通常应如何设置方向标志位？
18. 在执行带有重复前缀的串指令之前，是否需要测试 RCX 的值是否为 0？
19. 如果希望在 C/C++ 字符串中搜索零终止字节，那么采用哪一条（通用）串指令最合适？
20. 如果希望使用 0 填充一个内存块，那么采用哪一条串指令最合适？
21. 如果希望编造一个自定义的串操作，那么可以使用哪些串指令？
22. 哪条串指令通常不会与重复前缀一起使用？
23. 在使用 pcmp*X*str*Y* 指令之前，应该执行什么操作？
24. 哪些 SSE 字符串指令会自动处理以零结尾的字符串？
25. 哪些 SSE 字符串指令需要显式长度值？
26. 在何处向 pcmp*X*str*Y* 指令传递显式长度？
27. 哪个 pcmp*X*str*Y* 聚合操作用于在一组字符中搜索指定的字符？
28. 哪个 pcmp*X*str*Y* 聚合操作用于比较两个字符串？
29. 哪个 pcmp*X*str*Y* 聚合操作用于检查一个字符串是否是另一个字符串的子字符串？
30. pcmp*X*str*Y* 指令和 MMU 页存在什么问题？

管理复杂的项目

大多数汇编语言源文件并不是独立程序。它们是大量源文件的组成部分，使用不同的语言，经过编译并链接在一起形成复杂的应用程序。大规模程序设计（programming in the large）是软件工程师创造的术语，用来描述处理大规模软件项目开发的过程、方法和工具。

虽然关于大规模一词，每个人都有自己的观点，但是分离式编译（separate compilation，又称为独立编译、单独编译、分别编译等）是支持大规模程序设计的比较流行的技术之一。使用分离式编译，首先将大规模源文件分解为可管理的单元块；然后将单独的文件编译成目标代码模块；最后，将目标模块链接在一起，形成一个完整的程序。如果需要对其中一个模块进行一些修改，那么只需重新汇编该模块，不需要重新汇编整个程序。一旦我们调试并测试了大部分代码，那么即使对程序的另一部分做一个小改动，继续汇编同样的代码也会浪费大量时间。想象一下，假如仅仅修改了一个程序的一行代码，结果在一台速度很快的电脑上，需要等 20 到 30 分钟才能汇编出一个程序，这将是无法忍受的一件事！

以下各节将讨论 MASM 为分离式编译提供的工具，以及如何在程序中有效地使用这些工具，以实现程序的模块化并缩短开发时间。

15.1 include 伪指令

在源文件中遇到 include 伪指令时，会在 include 伪指令处将指定的文件合并到编译文件中。include 伪指令的语法形式如下所示：

```
include filename
```

其中，filename 是一个有效的文件名。虽然按照惯例，MASM 所包含文件的后缀为“.inc”（include），但任何包含 MASM 汇编语言源代码的文件的名称都可以编译。在汇编过程中，包含在另一个文件中的文件，其本身也可能包含其他文件。

单独使用 include 伪指令不会提供分离式编译。可以使用 include 伪指令将一个大的源文件分解为单独的模块，并在编译文件时将这些模块连接在一起。以下示例将在编译程序期间包含两个文件 print.inc 和 getTitle.inc：

```
include print.inc
include getTitle.inc
```

现在，我们的程序将具有模块化的优越性，虽然程序无法节省任何开发时间。include 伪指令在编译过程中往自己所在的位置插入源文件，就像我们自己键入代码一样。MASM 仍然需要编译代码，这需要一定的时间。如果在程序集中包含大量源文件（例如一个巨大的库），则编译过程可能会花费很长时间。

一般而言，不应该使用 include 伪指令来包含上一个示例中所示的源代码。[⊖]取而代之，

⊖ 这么做并没有什么错，只是没有利用分离式编译的优越性而已。

应该使用 include 伪指令在程序中插入一组常见的常量、类型、外部过程声明和其他类似项。通常情况下，汇编语言包含（include）文件不包含任何机器代码（在宏之外）。在了解外部声明的工作方式之后，以这种方式使用包含文件的目的将变得更加清晰。

15.2　忽略重复包含的操作

当我们开始开发复杂的模块和库时，最终会发现一个大问题：一些头文件需要包含其他头文件。这其实并不是什么大问题，但当一个头文件包含另一个头文件、第二个头文件包含第三个头文件、第三个头文件包含第四个头文件、…、最后一个头文件包含第一个头文件时，就会出现问题。这是一个大问题，因为这种方式在编译器中创建了一个无限循环，使得 MASM“抱怨”重复的符号定义。毕竟，第一次读取头文件时，会处理该文件中的所有声明；第二次读取同一个头文件时，会将所有这些符号视为重复符号。

C/C++ 程序员熟知的忽略重复包含的标准技术是，使用条件汇编让 MASM 忽略包含文件的内容。诀窍是在 include 文件中的所有语句周围放置一个 ifndef（if not defined，如果没有定义）语句，将包含文件的文件名指定为 ifndef 操作数，用下划线代替句点（或者任何其他未定义的符号）。然后，在 ifndef 语句之后立即定义该符号（使用数字等式，通常是将为符号指定常量 0）。以下是 ifndef 实际使用的一个示例：

```
        ifndef  myinclude_inc     ; 文件名：myinclude.inc
myinclude_inc = 0

将包含文件的所有源代码行放在这里

; 以下语句应该是源文件中最后一个非空行：
        endif     ; myinclude_inc
```

在第二次包含同一个文件时，MASM 简单地跳过包含文件的内容（包括任何 include 伪指令），这可以防止无限循环和所有重复的符号定义。

15.3　汇编单元和外部伪指令

汇编单元（assembly unit）用于对源文件及其包含或间接包含的任何文件进行汇编。在汇编之后，一个汇编单元产生一个单独的“.obj”（对象）文件。微软链接器（linker）获取多个对象文件（由 MASM 或者其他编译器生成，例如 MSVC），并将它们汇编成一个可执行单元（一个“.exe”文件）。本节（其实是本章）的主要目的是描述这些汇编单元（“.obj”文件）在链接过程中如何相互传递链接信息。汇编单元是使用汇编语言创建模块化程序的基础。

为了使用 MASM 的汇编单元工具，必须至少创建两个源文件。一个源文件包含一组变量和过程，供第二个源文件使用。另一个源文件使用这些变量和过程，而无须了解这些变量和过程是如何实现的。

与使用 include 伪指令创建模块化程序（这种方式会浪费时间，因为 MASM 必须在每次汇编主程序时重新编译不存在任何错误的代码）不同，更好的解决方案是对需要调试的模块进行预汇编，然后将其与目标代码模块链接在一起。这正是 public、extern 和 externdef 伪指令所提供的功能。

从技术上讲，本书中出现的所有程序都是单独汇编的模块（这些模块与 C/C++ 主程序相链接，而不是与另一个汇编语言模块相链接）。汇编语言主程序 asmMain 只是一个与 C++ 兼容的函数，它从主程序调用通用的 c.cpp 程序。请考虑如下所示的 asmMain 函数的主体代码：

```
; 以下是“asmMain”函数的实现。

        public asmMain
asmMain proc
        .
        .
        .
asmMain endp
```

每一个包含 asmMain 函数的程序都有一条“public asmMain”语句，前文没有给出其定义或解释，本节进行补充说明。

MASM 源文件中的一般符号是该特定源文件的私有（private）符号，用户无法从其他源文件访问（当然，其他源文件不直接包括含有这些私有符号的文件）。也就是说，源文件中大多数符号的作用域仅限于该特定源文件（及其包含的任何文件）中的代码行。public 伪指令指示 MASM 将指定的符号作为汇编单元的全局符号，使得在链接阶段其汇编单元可以访问该符号。在链接阶段，其他汇编单元可以访问汇编单元的全局指定符号。本书中示例程序中的“public asmMain”语句，可以使得 asmMain 符号成为其所在源文件的全局符号，以便 c.cpp 程序可以调用 asmMain 函数。

仅仅让一个符号成为公有（public）类型的，并不足以在另一个源文件中使用该符号。需要使用该符号的源文件还必须将该符号声明为外部（external）符号。这会通知链接器，每当带有外部声明的文件使用公共符号时，链接器必须补充该符号的地址。例如，在以下的 c.cpp 源文件代码行中，将 asmMain 符号定义为外部符号（另外，此声明还定义了外部符号 getTitle 和 readLine）：

```
// extern “C” 命名空间可以防止 C++ 编译器的“名称篡改”。

extern "C"
{

    // asmMain 是汇编语言代码的“主程序”：

    void asmMain(void);

    // getTitle 返回一个指针，
    // 指向指定该程序标题的汇编代码中的字符串
    //（这使该程序具有通用性，用于本书中的大量示例程序）。

    char *getTitle(void);

    // 汇编语言程序调用的 C++ 函数：

    int readLine(char *dest, int maxLen);
};
```

注意，在这个例子中，readLine 是在 c.cpp 源文件中定义的 C++ 函数。C/C++ 没有明确的 public 声明。如果在一个源文件中为一个函数提供源代码，并将该函数声明为外部函数，那么 C/C++ 将通过外部声明自动使该符号成为公共符号。

MASM 实际上有两个外部符号声明指令，即 extern 和 externdef。[⊖]这两个伪指令的语法形式如下所示：

⊖ 从技术上讲，MASM 有三个外部伪指令。extrn 是 extern 的旧名称，二者是同义词。本书采用 extern 变体。

```
extern symbol:type {optional_list_of_symbol:type_pairs}
externdef symbol:type {optional_list_of_symbol:type_pairs}
```

其中，symbol 是要从另一个汇编单元使用的标识符，type 是该符号的数据类型。数据类型可以是以下的任意一种。

- proc：表示符号是过程（函数）名称或语句标签。
- 任何 MASM 内置数据类型（例如 byte、word、dword、qword、oword 等）。
- 任何用户自定义的数据类型（例如一个结构的名称）。
- abs：表示一个常量值。

abs 类型不用于声明一般外部常量，例如"someConst = 0"，这样的纯常量声明通常会出现在头文件（包含文件）中，稍后将讨论。abs 类型通常是为基于对象模块内的代码偏移量的常量保留的。例如，如果在汇编单元中有以下代码：

```
public someLen
someStr byte "abcdefg"
someLen = $-someStr
```

在 extern 声明中，someLen 的类型是 abs。

这两条伪指令都使用以逗号分隔元素的列表来允许多个符号声明；例如：

```
extern p:proc, b:byte, d:dword, a:abs
```

然而，基于作者的观点，如果将外部声明限制为每条语句一个符号，那么可以提高程序的可读性。

在程序中放置 extern 伪指令时，MASM 会像对待任何其他符号声明一样对待该声明。如果符号已经存在，则 MASM 将生成"符号重新定义"的错误。通常情况下，应该将所有外部声明放在源文件的开头附近，以避免任何作用域或前向引用问题。由于 public 伪指令实际上并没有定义符号，因此 public 伪指令的位置没有那么关键。有一些程序员将所有公共声明放在源文件的开头，还有一些程序员将公共声明放在符号的定义之前（本书在大多数类似的程序中对 asmMain 符号就是那样做的）。这两个位置都可以。

15.4　MASM 中的头文件

由于一个源文件中的公共符号可供多个汇编单元使用，因此出现了一个小问题：必须在使用该符号的所有文件中复制 extern 伪指令。对于少数符号来说，这不是什么大问题。然而，随着外部符号数量的增加，跨多个源文件维护所有这些外部符号变得很麻烦。MASM 解决方案与 C/C++ 解决方案相同，就是使用头文件（header file）。

头文件是包含多个汇编单元中常见的外部（和其他）声明的文件。这些文件之所以被称为头文件，是因为将代码注入源文件的 include 语句通常出现在使用这些文件的源文件的开头。事实证明，这是 MASM 中包含文件的主要用途：包含外部（和其他）公共声明。

15.5　externdef 伪指令

当开始使用带有大量库模块（汇编单元）的头文件时，我们会很快发现 extern 伪指令存在一个巨大的问题。通常情况下，我们会为大规模库函数集创建一个头文件，每个函数可能出现在自己的汇编单元中。某些库函数可能会使用同一个库模块（library module，是一系列对象文件）中的其他函数，因此该特定库函数的源文件可能希望包含库的头文件，以便引用其他库函数的外部名称。

遗憾的是，如果头文件包含当前源文件中函数的外部定义，则会发生“符号重新定义”的错误：

```
; header.inc
            ifndef header_inc
header_inc = 0

            extern func1:proc
            extern func2:proc

            endif  ; header_inc
```

对以下源文件进行汇编将生成错误，因为 func1 已经在 header.inc 中有定义：

```
; func1.asm

            include header.inc

            .code

func1       proc
            .
            .
            .
            call func2
            .
            .
            .
func1       endp
            end
```

C/C++ 不会遇到这个问题，因为外部关键字兼作公有声明和外部声明。

为了克服这个问题，MASM 引入了 externdef 伪指令。该伪指令类似于 C/C++ 的 external 伪指令：当符号不在源文件中时，该伪指令的行为类似于 extern 伪指令；当符号定义在源文件中时，该伪指令的行为类似于 public 伪指令。此外，源文件中可能会出现同一符号的多个 externdef 声明（但如果出现多个声明，则这些声明应该为符号指定相同的类型）。请考虑修改前面的 header.inc 头文件以使用 externdef 定义：

```
; header.inc
            ifndef header_inc
header_inc =   0

            externdef func1:proc
            externdef func2:proc

            endif ; header_inc
```

使用这个头文件，func1.asm 汇编单元将能够正确编译。

15.6 分离式编译

早在 11.23 节中，我们就开始将 print 和 getTitle 函数放在包含文件中，这样就可以简单地将它们包含在每一个需要使用这些函数的源文件中，而不是手动将这些函数剪切和粘贴到每个程序中。显然，这些程序都是很好的示例，它们应该被制作成汇编单元，并与其他程序链接在一起，而不是在汇编过程中包含在源文件中。

程序清单 15-1 是一个包含必要的 print 和 getTitle 声明的头文件[⊖]：

程序清单 15-1　aoalib.inc 头文件

```
; aoalib.inc——头文件，
; 包含外部函数定义、常量和其他项，
; 用于本书中的示例代码。

            ifndef aoalib_inc
aoalib_inc equu 0

; 常量定义：

; nl（换行符常量）：

nl          =   10

; SSE4.2 功能标志位（位于 ECX 中）：

SSE42       =   00180000h           ; 第 19 位和第 20 位
AVXSupport  =   10000000h           ; 第 28 位

; cpuid 位（EAX = 7，EBX 寄存器）：

AVX2Support =      20h              ; 第 5 位 = AVX

**********************************************************
; 外部数据声明：

        externdef ttlStr:byte
**********************************************************
; 外部函数声明：

        externdef print:qword
        externdef getTitle:proc

; print 函数将调用的 C/C++ 中 printf 函数的定义
;（一些 AoA 示例程序也直接调用这个函数）。

        externdef printf:proc

        endif                       ; aoalib_inc
```

程序清单 15-2 包含 11.23 节中使用的 print 函数，该函数被转换为一个汇编单元。

程序清单 15-2　汇编单元中的 print 函数

```
; print.asm——包含 SSE/AVX 动态可选 print 过程的汇编单元。

            include aoalib.inc

            .data
            align       qword
print       qword       choosePrint     ; 指向 print 函数的指针

            .code

; print——printf 的“快速”形式，允许格式字符串在代码流中位于调用之后。
; 最多支持 RDX、R8、R9、R10 和 R11 中的五个附加参数。
```

⊖ 该源文件也是通用的 aoalib.inc 头文件的一部分，用于封装本书中出现的各种库函数。

```
; 这个函数保存所有微软 ABI 易失性寄存器、参数寄存器和返回结果寄存器，
; 以便代码可以调用该函数，而不必担心任何寄存器被修改。
;（此代码假定 Windows ABI 将 YMM6 ~ YMM15 视为非易失性寄存器）。

; 当然，这段代码假设 CPU 支持 AVX 指令集。

; 最多允许五个参数：

; RDX：参数 #1
; R8：参数 #2
; R9：参数 #3
; R10：参数 #4
; R11：参数 #5

; 请注意，还必须在这些寄存器中传递浮点值。printf 函数要求整数寄存器中包含实数值。

; 这个程序有两个版本：
; 一个版本在没有 AVX 功能的 CPU 上运行（没有 YMM 寄存器），
; 另一个版本在有 AVX 功能的 CPU 上运行（有 YMM 寄存器）。
; 两者之间的区别在于它们各自保留了哪些寄存器。
; print_SSE 只保留 XMM 寄存器，并将在不支持
; YMM 寄存器的 CPU 上正常运行；print_AVX 将在
; 支持 AVX 的 CPU 上保留易失性 YMM 寄存器。

; 第一次调用时，会确定是否支持 AVX 指令集，
; 并将“print”指针设置为指向 print_AVX 或 print_SSE：

choosePrint proc
            push rax    ; 保留被 cpuid 修改的寄存器
            push rbx
            push rcx
            push rdx

            mov eax, 1
            cpuid
            test ecx, AVXSupport ; 测试 AVX 的第 28 位
            jnz doAVXPrint

            lea rax, print_SSE  ; 从现在起，直接调用 print_SSE
            mov print, rax

; 返回地址必须指向跟在对此函数的调用之后的格式字符串！
; 所以我们必须清除栈，并跳转到 print_SSE。

            pop rdx
            pop rcx
            pop rbx
            pop rax
            jmp print_SSE

doAVXPrint: lea rax, print_AVX  ; 从现在起，直接调用 print_ AVX
            mov print, rax

; 返回地址必须指向跟在对此函数的调用之后的格式字符串！
; 所以我们必须清除栈，并跳转到 print_ AVX。

            pop rdx
            pop rcx
            pop rbx
            pop rax
            jmp print_AVX
```

```
choosePrint endp

; 保存易失性 AVX 寄存器（YMM0 ~ YMM3）的 print 版本：

thestr      byte "YMM4:%I64x", nl, 0
print_AVX   proc

; 保留所有易失性寄存器（对调用此过程的汇编代码十分友好）:

            push rax
            push rbx
            push rcx
            push rdx
            push r8
            push r9
            push r10
            push r11

; YMM0 ~ YMM7 被视为易失性寄存器，因此保留这些寄存器：

            sub rsp, 256
            vmovdqu ymmword ptr [rsp + 000], ymm0
            vmovdqu ymmword ptr [rsp + 032], ymm1
            vmovdqu ymmword ptr [rsp + 064], ymm2
            vmovdqu ymmword ptr [rsp + 096], ymm3
            vmovdqu ymmword ptr [rsp + 128], ymm4
            vmovdqu ymmword ptr [rsp + 160], ymm5
            vmovdqu ymmword ptr [rsp + 192], ymm6
            vmovdqu ymmword ptr [rsp + 224], ymm7

            push rbp

returnAdrs  textequ <[rbp + 328]>

            mov rbp, rsp
            sub rsp, 256
            and rsp, -16

; 格式字符串（在 RCX 中传递）位于返回地址指向的位置；
; 将其加载到 RCX 中：

            mov rcx, returnAdrs

; 为了处理三个以上的参数（再加上 RCX，总共四个），
; 必须在栈中传递数据。但是，对于打印的调用方来说，栈不可用，
; 所以传递 R10 和 R11 作为额外参数
;（这些寄存器中可能只含垃圾数据，但以防万一）。

            mov [rsp + 32], r10
            mov [rsp + 40], r11
            call printf

; 需要修改返回地址，使其指向零终止字节之外。
; 可以使用一个快速的 strlen 函数来实现，
; 但是 printf 太慢了，因此不能真正节省运行时间。

            mov rcx, returnAdrs
            dec rcx
skipTo0:    inc rcx
            cmp byte ptr [rcx], 0
            jne skipTo0
```

```
            inc rcx
            mov returnAdrs, rcx
            leave

            vmovdqu ymm0, ymmword ptr [rsp + 000]
            vmovdqu ymm1, ymmword ptr [rsp + 032]
            vmovdqu ymm2, ymmword ptr [rsp + 064]
            vmovdqu ymm3, ymmword ptr [rsp + 096]
            vmovdqu ymm4, ymmword ptr [rsp + 128]
            vmovdqu ymm5, ymmword ptr [rsp + 160]
            vmovdqu ymm6, ymmword ptr [rsp + 192]
            vmovdqu ymm7, ymmword ptr [rsp + 224]
            add rsp, 256
            pop r11
            pop r10
            pop r9
            pop r8
            pop rdx
            pop rcx
            pop rbx
            pop rax
            ret
print_AVX   endp

; 在不支持 AVX 的 CPU 上运行的 print 版本：
; 将保留易失性 SSE 寄存器（XMM0 ~ XMM3）。

print_SSE   proc

; 保留所有易失性寄存器（对调用此过程的汇编代码十分友好）：

            push rax
            push rbx
            push rcx
            push rdx
            push r8
            push r9
            push r10
            push r11

; XMM0 ~ XMM3 被视为易失性寄存器，因此保留这些寄存器：

            sub rsp, 128
            movdqu xmmword ptr [rsp + 00], xmm0
            movdqu xmmword ptr [rsp + 16], xmm1
            movdqu xmmword ptr [rsp + 32], xmm2
            movdqu xmmword ptr [rsp + 48], xmm3
            movdqu xmmword ptr [rsp + 64], xmm4
            movdqu xmmword ptr [rsp + 80], xmm5
            movdqu xmmword ptr [rsp + 96], xmm6
            movdqu xmmword ptr [rsp + 112], xmm7

            push rbp

returnAdrs  textequ <[rbp + 200]>

            mov rbp, rsp
            sub rsp, 128
            and rsp, -16

; 格式字符串（在 RCX 中传递）位于返回地址指向的位置；
```

```
; 将其加载到 RCX 中:

            mov rcx, returnAdrs

; 为了处理三个以上的参数(再加上 RCX，总共四个)，
; 必须在栈中传递数据。但是，对于打印的调用方来说，栈不可用，
; 所以传递 R10 和 R11 作为额外参数。
;(这些寄存器中可能只含垃圾数据，但以防万一)。

            mov [rsp + 32], r10
            mov [rsp + 40], r11
            call printf

; 需要修改返回地址，使其指向零终止字节之外。
; 可以使用一个快速的 strlen 函数来实现，
; 但是 printf 太慢了，因此不能真正节省运行时间。

            mov rcx, returnAdrs
            dec rcx
skipTo0:    inc rcx
            cmp byte ptr [rcx], 0
            jne skipTo0
            inc rcx
            mov returnAdrs, rcx

            leave
            movdqu xmm0, xmmword ptr [rsp + 00]
            movdqu xmm1, xmmword ptr [rsp + 16]
            movdqu xmm2, xmmword ptr [rsp + 32]
            movdqu xmm3, xmmword ptr [rsp + 48]
            movdqu xmm4, xmmword ptr [rsp + 64]
            movdqu xmm5, xmmword ptr [rsp + 80]
            movdqu xmm6, xmmword ptr [rsp + 96]
            movdqu xmm7, xmmword ptr [rsp + 112]
            add    rsp, 128
            pop    r11
            pop    r10
            pop    r9
            pop    r8
            pop    rdx
            pop    rcx
            pop    rbx
            pop    rax
            ret
print_SSE   endp
            end
```

为了完成迄今为止使用的所有常见 aoalib 函数，请参见程序清单 15-3。

程序清单 15-3　作为汇编单元的 getTitle 函数

```
; getTitle.asm——将 getTitle 函数转换为汇编单元。

; 将程序标题返回到 C++ 程序:
            include aoalib.inc

            .code
getTitle    proc
            lea rax, ttlStr
            ret
getTitle    endp
            end
```

程序清单 15-4 是一个使用程序清单 15-2 和程序清单 15-3 中汇编单元的示例程序。

程序清单 15-4　使用 print 和 getTitle 汇编模块的主程序

```
; 程序清单 15-4

; 链接的演示。

            include aoalib.inc

            .data
ttlStr      byte "Listing 15-4", 0
*************************************************************
; 以下是“asmMain”函数的实现。

            .code
            public asmMain
asmMain     proc
            push rbx
            push rsi
            push rdi
            push rbp
            mov  rbp, rsp
            sub rsp, 56          ; 影子存储器

            call print
            byte "Assembly units linked", nl, 0

            leave
            pop rdi
            pop rsi
            pop rbx
            ret                  ; 返回到调用方
asmMain     endp
            end
```

那么，应该如何构建和运行这个程序呢？遗憾的是，这里无法用本书前面一直使用的 build.bat。可以使用以下的命令，将所有的单元汇编并且链接在一起：

```
ml64 /c print.asm getTitle.asm listing15-4.asm
cl /EHa c.cpp print.obj getTitle.obj listing15-4.obj
```

这些命令将正确编译所有的源文件，并将所生成的目标代码链接在一起，以生成可执行文件 c.exe。

遗憾的是，前面的命令破坏了分离式编译的主要优越性。当执行命令“ml64 /c print.asm getTitle.asm listing15-4.asm”时，将编译所有汇编源文件。请记住，分离式编译的一个主要作用是减少大规模项目的编译时间。虽然前面的命令有效，但无法发挥这一作用。

为了分别编译两个模块，必须分别针对它们运行 MASM。为了分别编译三个源文件，可以将 ml64 调用分解为以下三个单独的命令：

```
ml64 /c print.asm
ml64 /c getTitle.asm
ml64 /c listing15-4.asm
cl /EHa c.cpp print.obj getTitle.obj listing15-4.obj
```

当然，这个命令序列仍然对三个汇编源文件进行编译。然而，在第一次执行这些命令之后，就已经构建了 print.obj 和 getTitle.obj 文件。从这一点开始，只要不修改 print.asm 或者 getTitle.asm 源文件（并且不能删除 print.obj 或者 getTitle.obj 文件），就可以使用以下命令构

建并运行程序清单 15-4 中的程序：

```
ml64 /c listing15-4.asm
cl /EHa c.cpp print.obj getTitle.obj listing15-4.obj
```

现在，我们已经节省了编译 print.asm 和 getTitle.asm 所需的时间。

15.7 makefile 简介

本书中使用的 build.bat 文件比键入单个构建命令要方便得多，但 build.bat 支持的构建机制只适用于少数固定的源文件。虽然可以轻松构造一个批处理文件来编译大规模汇编项目中的所有文件，但运行批处理文件将会重新汇编项目中的每个源文件。虽然我们可以使用复杂的命令行函数来避免某些此类问题，但存在一种更简单的方法，那就是 makefile（生成文件）。

makefile 是一种特殊语言脚本（在 Unix 早期版本中设计），用于指定如何根据特定条件执行一系列由 make 程序执行的命令。如果已将 MSVC 和 MASM 作为 Visual Studio 的一部分进行了安装，那么可能还安装了（作为同一安装过程的一部分）微软的 make 变体：nmake.exe[⊖]。为了使用 nmake.exe，可以从 Windows 命令行执行该程序，如下所示：

```
nmake optional_arguments
```

如果在命令行中单独执行 nmake（不带任何参数），那么 nmake.exe 将搜索一个名为 makefile 的文件，并尝试处理该文件中的命令。对于许多项目来说，这非常方便。可以将项目的所有源文件放在一个目录（或者该目录的子目录）下，并将一个 makefile（名为 makefile）文件也放在该目录下。通过切换到该目录并执行 nmake（或者 make），就可以轻松地构建项目。

如果要使用不同于 makefile 的文件名，则必须在文件名前面加上“/f”选项，如下所示：

```
nmake /f mymake.mak
```

文件名可以不带扩展名“.mak”。但是，当使用名称不是 makefile 的生成文件时，使用扩展名“.mak”是一种流行的约定。

nmake 程序确实提供了许多命令行选项，可以使用“/help”选项将它们列出。有关其他命令行选项的说明，请查阅 nmake 的在线文档（大多数命令行选项是高级选项，对于大多数任务来说是不必要的）。

15.7.1 基本的 makefile 语法

makefile 是一个标准的 ASCII 文本文件，包含一系列命令行（或该序列的一组重复），如下所示：

```
target: dependencies
    commands
```

其中“target: dependencies”（目标 : 依赖项）行是可选的。commands（命令）项包含一个或多个命令行命令，也是可选的。target（目标）项（如果存在）必须从其所在的行的第一列开始。commands 项前面必须至少有一个空白字符（空格或制表符），即一定不能从所在行的第一列开始）。请考虑以下有效的 makefile：

⊖ nmake 代表 new make，这是微软表示它没有遵守标准 make 语言的方式。但这没关系，对于我们需要的简单操作，nmake 的行为与 Unix 变体一样。

```
c.exe:
  ml64 /c print.asm
  ml64 /c getTitle.asm
  ml64 /c listing15-4.asm
  cl /EHa c.cpp print.obj getTitle.obj listing15-4.obj
```

如果这些命令出现在名为 makefile 的文件中，并且用户执行了 nmake 命令，那么 nmake 执行这些命令的方式将和命令行解释器执行出现在批处理文件中的这些命令一样。

target 项是某种标识符或文件名。请考虑下面的 makefile：

```
executable:
  ml64 /c listing15-4.asm
  cl /EHa c.cpp print.obj getTitle.obj listing15-4.obj

library:
  ml64 /c print.asm
  ml64 /c getTitle.asm
```

以上语句将构建命令分为两组：一组由 executable 标签指定，另一组由 library 标签指定。

如果在没有任何命令行选项的情况下运行 nmake，那么 nmake 将只执行与 makefile 中第一个目标相关联的命令。在本例中，如果仅执行 nmake，则将汇编 listing15-4.asm、print.asm 和 getTitle.asm，编译 c.cpp，并尝试将生成的 c.obj 与 print.obj、getTitle.obj 和 listing15-4.obj 链接在一起。最终将成功生成 c.exe 可执行文件。

为了处理 library 目标后面的命令，可以将目标名称指定为 nmake 的命令行参数：

```
nmake library
```

上述 nmake 命令将编译 print.asm 和 getTitle.asm。因此，如果只执行一次该命令（并且此后不再修改 print.asm 或 getTitle.asm），则只需单独执行 nmake 命令即可生成可执行文件（如果希望明确说明正在生成可执行文件，则使用“nmake executable”命令）。

15.7.2　make 依赖项

尽管在命令行中指定需要构建的目标非常有用，但随着项目规模的扩大（包含越来越多源文件和库模块），随时跟踪需要重新编译的源文件可能会很麻烦，而且容易出错。万一不小心，就可能在对一个库模块进行了更改之后，忘记编译该库模块，从而导致应用程序仍然失败。make 依赖项允许我们自动化构建过程，以避免这些问题。

在 makefile 中，目标后面可以跟一个或多个（以空白字符分隔）依赖项：

```
target: dependency1 dependency2 dependency3 ...
```

依赖项是目标名称（出现在该 makefile 中的目标的名称）或文件名称。如果依赖项是目标名称（不是文件名），则 nmake 将执行与该目标相关联的命令。请考虑下面的 makefile：

```
executable:
    ml64 /c listing15-4.asm
    cl /EHa c.cpp print.obj getTitle.obj listing15-4.obj

library:
    ml64 /c print.asm
    ml64 /c getTitle.asm

all: library executable
```

其中，目标 all 取决于目标 library 和 executable，因此将执行与这些目标相关联的命令（按照 library 和 executable 的顺序，这一点很重要，因为必须首先构建 library 对象文件，然后才能将相关的对象模块链接到可执行程序中）。all 标识符是 makefiles 中的一个常见目标。实际上，all 标识符通常是生成文件中出现的第一个或第二个目标。

如果“target:dependencies”行变得太长而导致可读性太差（nmake 实际上不太关心行的长度），则可以通过将反斜杠字符（\）作为行中的最后一个字符，将一行内容拆分为多行。nmake 程序会将以反斜杠结尾的源代码行与 makefile 中的下一行合并在一起。

注意：反斜杠必须是一行的最后一个字符。不允许使用空白字符（制表符和空格）。

目标和依赖项也可以是文件。将文件指定为目标通常是为了指示 make 系统如何构建该特定文件。例如，我们可以将当前示例改写成如下的代码：

```
executable:
    ml64 /c listing15-4.asm
    cl /EHa c.cpp print.obj getTitle.obj listing15-4.obj

library: print.obj getTitle.obj

print.obj:
    ml64 /c print.asm

getTitle.obj:
    ml64 /c getTitle.asm

all: library executable
```

当依赖项与为文件的目标相关联时，可以将“target:dependencies”语句理解为“target 依赖于 dependencies”。在处理 make 命令时，nmake 会比较被指定为目标的文件和依赖文件的修改日期和时间戳。

如果目标的修改日期和时间戳早于任何依赖项（或目标文件不存在），则 nmake 将执行目标之后的命令。如果目标文件的修改日期和时间戳旧于（新于）所有依赖文件，则 nmake 将不执行命令。如果目标之后的某个依赖项本身是其他的目标，则 nmake 将首先执行该命令（以查看该命令是否修改目标对象，更改其修改日期和时间戳，并可能导致 nmake 执行当前目标的命令）。如果目标或依赖项只是一个标签（不是文件），那么 nmake 将其修改日期和时间戳视为比任何文件都旧。

请考虑以下对正运行的 makefile 文件示例的修改：

```
c.exe: print.obj getTitle.obj listing15-4.obj
    cl /EHa c.cpp print.obj getTitle.obj listing15-4.obj

listing15-4.obj: listing15-4.asm
    ml64 /c listing15-4.asm

print.obj: print.asm
    ml64 /c print.asm

getTitle.obj: getTitle.asm
    ml64 /c getTitle.asm
```

请注意，目标 all 和 library 均被删除（结果证明它们是不必要的），executable 被更改为 c.exe（最终的目标可执行文件）。

考虑目标 c.exe。由于 print.obj、getTitle.obj 和 listing15-4.obj 都是目标（同时也是文

件），因此 nmake 将首先执行这些目标。执行这些目标后，nmake 会将 c.exe 的修改日期和时间戳与这 3 个目标文件的修改日期和时间戳进行比较。如果 c.exe 比这些目标文件都旧，则 nmake 将在执行目标 c.exe 的代码行之后执行命令（以编译 c.cpp 并将其与目标文件相链接）。如果 c.exe 比其依赖对象文件更新，那么 nmake 将不执行命令。

对于目标 c.exe 后面的每个依赖对象文件，都会递归地执行相同的流程。在处理目标 c.exe 时，nmake 将转向并处理目标 print.obj、getTitle.obj 和 listing15-4.obj（按此顺序）。在每种情况下，nmake 都会比较“.obj”文件和对应的“.asm”文件的修改日期和时间戳。如果“.obj”文件比“.asm”文件新，那么 nmake 返回并处理目标 c.exe 而不做任何事情；如果“.obj”文件比“.asm”文件旧，那么 nmake 将执行相应的 ml64 命令以生成新的“.obj”文件。

如果 c.exe 比所有的“.obj”文件要新（并且所有的“.obj”文件都比“.asm”文件更新），则执行 nmake 不会做任何事情（只会报告 c.exe 是最新的，但不会处理 makefile 中的任何命令）。只要有文件过期（因为被修改了），makefile 就只编译并链接必要的文件将 c.exe 更新至最新。

到目前为止，makefile 缺少一个重要的依赖项：所有的“.asm”文件都包含 aoalib.inc 文件。如果修改了 aoalib.inc，那么可能需要重新编译这些“.asm”文件。程序清单 15-5 中添加了这个依赖项。该程序清单还演示了在 makefile 中，如何通过在行的开头使用“#”字符来包含注释。

程序清单 15-5　用来构建程序清单 15-4 的 makefile

```
# listing15-5.mak

# 关于程序清单 15-4 的 makefile。

listing15-4.exe:print.obj getTitle.obj listing15-4.obj
    cl /nologo /O2 /Zi /utf-8 /EHa /Felisting15-4.exe c.cpp \
    print.obj getTitle.obj listing15-4.obj

listing15-4.obj: listing15-4.asm aoalib.inc
    ml64 /nologo /c listing15-4.asm

print.obj: print.asm aoalib.inc
    ml64 /nologo /c print.asm

getTitle.obj: getTitle.asm aoalib.inc
    ml64 /nologo /c getTitle.asm
```

下面是使用程序清单 15-5 中的 makefile（listing15-5.mak）构建程序清单 15-4 中程序的 nmake 命令：

```
C:\>nmake /f listing15-5.mak

Microsoft (R) Program Maintenance Utility Version 14.15.26730.0
Copyright (C) Microsoft Corporation. All rights reserved.
ml64 /nologo /c print.asm
Assembling: print.asm
ml64 /nologo /c getTitle.asm
Assembling: getTitle.asm
ml64 /nologo /c listing15-4.asm
Assembling: listing15-4.asm
cl /nologo /O2 /Zi /utf-8 /EHa /Felisting15-4.exe c.cpp print.obj
getTitle.obj listing15-4.obj
c.cpp
```

```
C:\>listing15-4
Calling Listing 15-4:
Assembly units linked
Listing 15-4 terminated
```

15.7.3 clean 和 touch

在大多数专业生成的 makefile 中，我们会发现一个常见的目标是 clean（清理）。目标 clean 将删除一组适当的文件，以便在下次执行 makefile 时强制重新生成整个系统。此命令通常会删除所有与项目关联的“.obj”文件和“.exe”文件。程序清单 15-6 提供了一个目标 clean。

程序清单 15-6　目标 clean 的示例

```
# listing15-6.mak

# 程序清单 15-4 的 makefile。

listing15-4.exe:print.obj getTitle.obj listing15-4.obj
    cl /nologo /O2 /Zi /utf-8 /EHa /Felisting15-4.exe c.cpp \
    print.obj getTitle.obj listing15-4.obj

listing15-4.obj: listing15-4.asm aoalib.inc
    ml64 /nologo /c listing15-4.asm

print.obj: print.asm aoalib.inc
    ml64 /nologo /c print.asm

getTitle.obj: getTitle.asm aoalib.inc
    ml64 /nologo /c getTitle.asm

clean:
    del getTitle.obj
    del print.obj
    del listing15-4.obj
    del c.obj
    del listing15-4.ilk
    del listing15-4.pdb
    del vc140.pdb
    del listing15-4.exe

# clean 的另一种实现（如果读者喜欢冒险的话）：
# clean:
#    del *.obj
#    del *.ilk
#    del *.pdb
#    del *.exe
```

以下是关于清理和重新生成操作的示例：

```
C:\>nmake /f listing15-6.mak clean

Microsoft (R) Program Maintenance Utility Version 14.15.26730.0
Copyright (C) Microsoft Corporation. All rights reserved.
del getTitle.obj
del print.obj
del listing15-4.obj
del c.obj
del listing15-4.ilk
del listing15-4.pdb
del listing15-4.exe
```

```
C:\>nmake /f listing15-6.mak

Microsoft (R) Program Maintenance Utility Version 14.15.26730.0
Copyright (C) Microsoft Corporation. All rights reserved.
ml64 /nologo /c print.asm
Assembling: print.asm
ml64 /nologo /c getTitle.asm
Assembling: getTitle.asm
ml64 /nologo /c listing15-4.asm
Assembling: listing15-4.asm
cl /nologo /O2 /Zi /utf-8 /EHa /Felisting15-4.exe c.cpp
print.obj getTitle.obj listing15-4.obj
c.cpp
```

如果想要强制重新编译单个文件（不进行手动编辑和修改），则可以使用一个 UNIX 实用程序：touch（更新）。touch 程序接受文件名作为参数，并更新文件的修改日期和时间戳（无须修改文件）。例如，在使用程序清单 15-6 中的 makefile 构建程序清单 15-4 之后，如果执行以下的命令：

```
touch listing15-4.asm
```

然后再次执行清单 15-6 中的 makefile，则将重新汇编程序清单 15-4 中的代码，重新编译 c.cpp，并生成一个新的可执行文件。

遗憾的是，虽然 touch 是一个标准的 UNIX 应用程序，并且随每个 UNIX 和 Linux 发行版一起提供，但它不是标准的 Windows 应用程序。[⊖]幸运的是，可以很容易地在互联网上找到适用于 Windows 的 touch 版本，它也是一个编写起来相对简单的程序。

15.8 微软链接器和库代码

许多常见项目会重用开发人员很久以前创建的代码（或者会使用来自开发人员组织之外的源代码）。这些代码库是相对静态的（static）：在使用库代码的项目开发过程中，这些代码库很少发生更改。特别是，通常不会将库的构建合并到给定项目的 makefile 中。特定项目可能会将库文件列为 makefile 中的依赖项，但假设库文件是在其他地方构建的，并将其作为一个整体提供给项目。除此之外，库和一组对象代码文件之间还存在一个主要的区别，那就是封装（packaging）。

在处理真正的库对象文件集时，处理大量独立的对象文件可能会变得很麻烦。一个库可能包含数十个、数百个甚至数千个对象文件。列出所有这些对象文件（甚至仅列出一个项目使用的对象文件）是一项艰巨的工作，还可能会导致一致性错误。处理这个问题的一种常见方法是将各种对象文件合并到一个单独的包（文件）中，称该文件为库文件（library file）。在 Windows 下，库文件通常带有“.lib”后缀。

对于许多项目，通常会给定程序员一个库（.lib）文件，该文件将特定的库模块打包在一起。在构建自己的程序时，将此文件提供给链接器，链接器会自动从库中选择所需的对象模块。以下一点很重要：在构建可执行文件时，包含一个库并不会自动将该库中的所有代码插入可执行文件中。链接器足够“聪明”，可以只提取所需要的对象文件，而忽略不使用的对象文件（记住，库仅是包含若干对象文件的包）。

⊖ 也可以访问 https://docs.microsoft.com/en-us/windows/wsl/install-win10/，以了解如何在 Windows 下访问 Linux 实用程序。

所以，接下来的问题是："如何创建库文件？"简短的回答是："通过使用微软库管理器程序（lib.exe）。"lib 程序的基本语法形式如下所示：

```
lib /out:libname.lib list_of_.obj_files
```

其中，libname.lib 是想要生成的库文件的名称，list_of_.obj_files 是想要收集到库中的对象文件名列表（以空格为分隔符）。例如，如果想要将 print.obj 和 getTitle.obj 这两个文件合并放入库模块（aoalib.lib），则可以执行以下的命令：

```
lib /out:aoalib.lib getTitle.obj print.obj
```

一旦拥有了库模块，就可以在链接器（或 ml64、cl）命令行上指定该库模块，就像指定对象文件一样。例如，为将 aoalib.lib 模块链接到程序清单 15-4 中的程序上，可以使用以下命令：

```
cl /EHa /Felisting15-4.exe c.cpp listing15-4.obj aoalib.lib
```

lib 程序支持若干命令行选项。可以使用以下命令获得这些选项的列表：

```
lib /?
```

有关各种命令的说明，可以参阅微软在线文档。也许最有用的选项是：

```
lib /list lib_filename.lib
```

其中，lib_filename.lib 表示库文件名。上述命令将打印库模块中包含的对象文件列表。例如，"lib /list aoalib.lib"将生成以下的输出结果：

```
C:\>lib /list aoalib.lib
Microsoft (R) Library Manager Version 14.15.26730.0
Copyright (C) Microsoft Corporation. All rights reserved.

getTitle.obj
print.obj
```

MASM 提供了一个特殊的伪指令——includelib，允许我们指定需要包含的库。includelib 伪指令的语法形式如下所示：

```
includelib lib_filename.lib
```

其中，lib_filename.lib 是想要包含的库文件的名称。该指令在 MASM 生成的对象文件中嵌入一个命令，将此库文件名传递给链接器。然后，当处理包含 includelib 伪指令的对象模块时，链接器将自动加载库文件。

这个行为相当于手动（从命令行）给链接器指定库文件名。到底应该将 includelib 伪指令放在 MASM 源文件中，还是在链接器（或 ml64、cl）命令行中包含库名，这纯属个人偏好问题。根据作者的经验，大多数汇编语言程序员（尤其是编写独立汇编语言程序时）更喜欢 includelib 伪指令。

15.9　对象文件和库文件对程序大小的影响

程序中链接的基本单位是目标文件。当将多个目标文件组合成可执行文件时，微软链接器将从单个目标文件中提取所有数据，并合并到最终的可执行文件中。即使主程序并没有（直接或间接）调用对象模块中的所有函数或者使用该对象文件中的所有数据，也是如此。

因此，如果我们将 100 个例程放在一个汇编语言源文件中，并将它们编译成一个对象模块，那么链接器将在最终可执行文件中包含所有 100 个例程的代码，即使我们只使用其中一个例程。

如果想避免这种情况，则应该将这 100 个例程分解为 100 个单独的对象模块，并将生成的 100 个对象文件合并到一个库中。当微软链接器处理该库文件时，将挑选出包含程序要使用函数的单个对象文件，并仅将该对象文件合并到最终的可执行文件中。一般来说，这比在一个包含 100 个函数的对象文件中链接要高效得多。

上段最后一句话的关键词是“一般来说”。事实上，有时候仍然需要将多个函数合并到一个对象文件中。首先，考虑链接器将对象文件合并到可执行文件中时所发生的情况。为了确保正确对齐，每当链接器从对象文件中提取段或节（例如“.code”段）时，链接器都会添加足够的填充内容，以便该段中的数据在该段指定的对齐边界上对齐。大多数段有默认的 16 字节对齐方式，因此链接器将在 16 字节边界上对齐其链接的对象文件中的每个段。通常情况下，这并不太糟糕，尤其是在程序很大的情况下。然而，假设创建了 100 个非常短小的过程（每个过程都只有几字节），那么将会浪费大量的空间。

诚然，在现代计算机上，几百字节的浪费空间不算太大。然而，将其中几个过程组合成单个对象模块（即使我们根本没有调用所有这些过程）来填充一些浪费的空间可能更加实际。但是，过犹不及。一旦超出对齐边界，那么无论是填充，还是包含从未得到调用的代码，都会浪费空间。

15.10　拓展阅读资料

虽然由 Nabajyoti Barkakati 和本书作者共同编写的 *The Waite Group's Microsoft Macro Assembler Bible* 是一本比较老的书，涵盖了 MASM 版本 6，但该书详细地阐述了 MASM 的外部伪指令（extern、externdef 和 public）以及包含文件。

我们也可以在网上找到 MASM 6 手册（最近出版的版本）。

有关 makefile 的更多信息，请查看以下的资源。

- Wikipedia: https://en.wikipedia.org/wiki/Make_(software)。
- Robert Mecklenburg 编写的 *Managing Projects with GNU Make* 第 3 版。
- John Graham-Cumming 编写的 *The GNU Make Book*。

15.11　自测题

1. 可以使用什么语句来防止递归包含文件？
2. 什么是汇编单元？
3. 可以使用什么伪指令指示 MASM 符号是全局的，并且在当前源文件之外可见？
4. 可以使用什么伪指令指示 MASM 使用另一个对象模块中的全局符号？
5. 在汇编源文件中定义外部符号时，哪个伪指令可以防止重复符号的错误？
6. 可以使用什么外部数据类型声明来访问外部常量符号？
7. 可以使用什么外部数据类型声明来访问外部过程？
8. 微软的 make 程序的名称是什么？
9. makefile 的基本语法是什么？
10. 什么是 makefile 依赖项文件？
11. makefile clean 命令通常执行什么操作？
12. 什么是库文件？

独立的汇编语言程序

到目前为止，本书一直依赖 C/C++ 主程序来调用使用汇编语言编写的示例代码。虽然这可能是汇编语言在现实世界中最主要的用途，然而也可以使用汇编语言编写独立的代码（其中没有 C/C++ 主程序）。

在本章的上下文中，独立的汇编语言程序（stand-alone assembly language program）意味着我们用汇编语言编写一个可执行程序，而不是直接链接到 C/C++ 程序中来执行。在没有 C/C++ 主程序调用我们的汇编代码的情况下，不会受 C/C++ 库代码和运行时系统的拖累，因此我们的程序可以更小，也不会与 C/C++ 公有名称产生外部命名冲突。然而，我们必须编写相应的汇编代码或者调用 Win32 API 来完成 C/C++ 库实现的大部分工作。

Win32 API 是 Windows 操作系统的一个原始接口，该接口提供了成千上万个函数（数量众多，超出了本章能够讨论的范围），以供独立的汇编语言程序调用。本章将简单概述 Win32 应用程序（尤其是基于控制台的应用程序）。这些信息将帮助读者开始在 Windows 下编写独立的汇编语言程序。

为了从汇编程序中使用 Win32 API，需要从 https://www.masm32.com/ 网站下载 MASM32 库包[⊖]。本章中的大多数示例假设 MASM32 的 64 位包含文件位于用户系统的 C:\masm32 子目录下。

16.1 独立的“Hello,world!”程序

在向读者展示 Windows 独立汇编语言程序设计的一些奇妙之处之前，先编写一个独立的“Hello, world!”程序（具体请参见程序清单 16-1）。

程序清单 16-1 独立的“Hello, world!”程序

```
; 程序清单 16-1.asm
; 无处不在的“Hello, world!”程序的独立汇编语言版本。
; Windows Win32 API 中的链接：

includelib kernel32.lib

; 下面是两个 Windows 函数，
; 需要使用这两个函数将“Hello, world!”发送到标准控制台设备：

        extrn __imp_GetStdHandle:proc
        extrn __imp_WriteFile:proc

        .code
hwStr   byte        "Hello World!"
hwLen   =           $-hwStr
```

⊖ 尽管名称中包含 32，但 MASM32 库包含了 32 位和 64 位汇编语言程序的头文件。显然，我们关注的重点是 64 位库。

```
; 这是地地道道的汇编语言主程序:

main    proc

; 进入时，栈在 8 mod 16 上对齐。
; 为字节写入留出 8 字节的空间，
; 以确保 main 中调用的栈在 16 字节对齐（函数内部为 8 mod 16），
; 以上是根据 Windows API 的要求
;（供 __imp_GetStdHandle 和 __imp_WriteFile 使用。它们是使用 C/C++ 编写的）。

        lea rbx, hwStr
        sub rsp, 8
        mov rdi, rsp                ; 这里保留写入的字节数

; 注意: 必须为影子寄存器留出 32（20h）字节以存放参数（只需对所有函数执行一次）。
; 此外，WriteFile 带第 5 个参数（值为 NULL），
; 因此必须留出 8 字节来保存该指针（并将其初始化为零）。
; 最后，栈必须始终是 16 字节对齐的，所以再保留 8 字节的存储空间以确保这一点。

        sub rsp, 030h               ; 参数的影子存储器

; Handle = GetStdHandle(-11);
; 通过 ECX 传递单个参数。
; 通过 RAX 返回句柄。

        mov rcx, -11                        ; STD_OUTPUT（标准输出）
        call qword ptr __imp_GetStdHandle ; 通过 RAX 返回句柄

; WriteFile(handle, "Hello World!" , 12, &bytesWritten, NULL);
; 将参数 lpOverlapped 清零（设置为 NULL）:

        xor rcx, rcx
        mov [rsp + 4 * 8], rcx

        mov r9, rdi              ; 用于字节写入的地址在 R9 中
        mov r8d, hwLen           ; 写入的字符串的长度在 R8D 中
        lea rdx, hwStr           ; 指向字符串数据的指针在 RDX 中
        mov rcx, rax             ; 文件句柄在 RCX 中传递
        call qword ptr __imp_WriteFile

; 清理栈并返回:

        dd rsp, 38h
        ret
main    endp
        end
```

__imp_GetStdHandle 和 __imp_WriteFile 过程是 Windows 中的函数（它们是所谓的 Win32 API 的一部分，尽管执行的是 64 位代码）。当将数字 -11 作为参数传递时，__imp_GetStdHandle 过程会返回标准输出设备的句柄（不得不承认其神奇之处）。有了这个句柄，对 __imp_WriteFile 的调用将把输出发送到标准输出设备（控制台）。为了构建并运行此程序，可以使用以下的命令:

```
ml64 listing16-1.asm /link /subsystem:console /entry:main
```

其中，命令行选项"/link"指示 MASM 后面的命令（到行尾）将均被传递到链接器。命令行选项"/subsystem:console"指示链接器，该程序是一个控制台应用程序（也就是说，该程序将在命令行窗口中运行）。链接器选项"/entry:main"将主程序的名称传递给链接器。链

接器将该地址存储在可执行文件中的一个特殊位置，以便 Windows 可以在将可执行文件加载到内存后确定主程序的起始地址。

16.2 头文件和 Windows 接口

在程序清单 16-1 中的“Hello, world!”示例程序的开始部分，包含以下几行代码：

```
includelib kernel32.lib

; 下面是两个 Windows 函数，
; 需要使用这两个函数将“Hello, world!”发送到标准控制台设备：

extrn __imp_GetStdHandle:proc
extrn __imp_WriteFile:proc
```

kernel32.lib 库文件包含许多 Win32 API 函数的对象模块定义，包括 __imp_GetStdHandle 和 __imp_WriteFile 过程。将所有 Win32 API 函数的 extrn 伪指令插入汇编语言程序中，其工作量非常惊人。处理这些函数定义的正确方法是将它们包含在头（包含）文件中，然后将该文件包含在使用 Win32 API 函数编写的每个应用程序中。

坏消息是，创建一组合适的头文件也是一个工作量庞大的任务。好消息是，其他人已经为我们完成了所有的工作，他们提供了 MASM32 头文件。程序清单 16-2 是程序清单 16-1 的翻版，使用 MASM32 的 64 位头文件来获取 Win32 外部声明。请注意，我们通过一个头文件 listing16-2.inc 合并了 MASM32，而不是直接将其加以使用。稍后将进行解释。

程序清单 16-2　使用 MASM32 的 64 位头文件

```
; 程序清单 16-2

        include listing16-2.inc
        includelib kernel32.lib     ; 文件 I/O 库

; 仅包含我们需要的 masm64rt.inc 中的文件：

;       include \masm32\include64\masm64rt.inc
;       OPTION DOTNAME                          ; 用于宏文件
;       option casemap:none                     ; 区分大小写
;       include \masm32\include64\win64.inc
;       include \masm32\macros64\macros64.inc
;       include \masm32\include64\kernel32.inc

        .data
bytesWrtn qword   ?
hwStr     byte    "Listing 16-2", 0ah, "Hello, World!", 0
hwLen     =       sizeof hwStr

           .code

***********************************************************
; 以下是“asmMain”函数的实现。

        public asmMain
asmMain proc
        push rbx
        push rsi
        push rdi
        push r15
        push rbp
```

```
        mov rbp, rsp
        sub rsp, 56                ; 影子存储器
        and rsp, -16

        mov rcx, -11               ; STD_OUTPUT（标准输出）
        call __imp_GetStdHandle ; 返回句柄

        xor rcx, rcx
        mov bytesWrtn, rcx

        mov r9, rdi                ; 用于字节写入的地址在 R9 中
        mov r8d, hwLen             ; 写入的字符串的长度在 R8D 中
        lea rdx, hwStr             ; 指向字符串数据的指针在 RDX 中
        mov rcx, rax               ; 文件句柄在 RCX 中传递
        call__imp_WriteFile

allDone: leave
        pop r15
        pop rdi
        pop rsi
        pop rbx
        ret                     ; 返回到调用方
asmMain endp
        end
```

listing16-2.inc 头文件的内容如下所示：

```
; listing16-2.inc

; 从 MASM32 头文件中提取的头文件元素
;（使用该文件，而不是包含完整的 MASM32 头文件，
; 以避免名称空间污染并提高汇编速度）。

PPROTYPEDEF PTR PROC            ; 为了包含文件原型
externdef __imp_GetStdHandle:PPROC
externdef __imp_WriteFile:PPROC
```

程序清单 16-2 的构建命令和示例输出结果如下所示：

```
C:\>ml64 /nologo listing16-2.asm kernel32.lib /link /nologo /subsystem:console
/entry:asmMain
Assembling: listing16-2.asm

C:\>listing16-2
Listing 16-2
Hello, World!
```

MASM32 的头文件如下所示：

```
include \masm32\include64\masm64rt.inc
```

包含了作为 MASM32 的 64 位头文件一部分的所有其他成百上千个头文件。将这个 include 伪指令复制粘贴到自己的程序中，可以让应用程序访问大量的 Win32 API 函数、数据声明和其他内容（例如 MASM32 宏）。

然而，计算机需要花费一段时间来汇编源文件。这是因为单个 include 伪指令在汇编过程中包含了数万行代码。要是知道哪些头文件包含需要使用的实际声明，就可以通过只包含所需的文件来加快编译速度（就像在 listing16-2.asm 中使用 MASM32 的 64 位头文件那样）。

在程序中包含 masm64rt.inc，还会导致一个问题，就是所谓的“名称空间污染”。

MASM32 的头文件将成千上万个符号引入程序中，我们想要使用的符号可能已经在 MASM32 的头文件中定义了（只是用于不同的目的）。假如我们有一个文件 grep 实用程序，该程序可以在一个目录下的所有文件中搜索特定字符串，并在子目录下递归搜索特定字符串，我们就可以轻松地找到想要在文件中使用的特定符号的所有匹配项，并将该符号的定义复制到我们自己的源文件中（或者更好的方法是，复制到我们专门为此创建的头文件中）。这正是本章许多示例程序所采用的方法。

16.3　Win32 API 和 Windows ABI

Win32 API 函数都遵守 Windows ABI 调用约定。这意味着对这些函数的调用可以修改所有易失性寄存器（RAX、RCX、RDX、R8、R9、R10、R11、XMM0 ~ XMM5），但必须保留非易失性寄存器（此处未列出的其他寄存器）。此外，API 调用会在 RDX、RCX、R8、R9（以及 XMM0 ~ XMM3）中传递参数，然后在栈中传递参数。在调用 API 之前，栈必须对齐到 16 字节。

16.4　构建独立的控制台应用程序

首先查看上一节中的（简化的）构建命令[⊖]：

```
ml64 listing16-2.asm /link /subsystem:console /entry:asmMain
```

选项“/subsystem:console”指示链接器，除了应用程序可能创建的 GUI 窗口外，系统还必须为应用程序创建一个特殊窗口，以显示控制台信息。从 Windows 命令行运行该程序，它将使用 cmd.exe 程序中已打开的控制台窗口。

16.5　构建独立的 GUI 应用程序

为了创建不打开控制台窗口的纯 Windows GUI 应用程序，可以指定选项“/subsystem:windows”而不是“/subsystem:console”。程序清单 16-3 中的简单对话框应用程序是一个特别简单的 Windows 应用程序的示例。这个程序会显示一个简单的对话框，然后在用户单击对话框中的“OK”按钮时退出。

程序清单 16-3　一个简单的对话框应用程序

```
; 程序清单 16-3

; 对话框演示。

        include listing16-3.inc
        includelib user32.lib

        ; include \masm32\include64\masm64rt.inc

        .data

msg     byte        "Dialog Box Demonstration",0
DBTitle byte        "Dialog Box Title", 0

        .code
```

⊖　为了节省空间，此处删除了“/nologo”选项。这些选项不会影响编译的操作，只会减少一些微软输出。

```
*********************************************************
; 以下是“asmMain”函数的实现。

        public asmMain
asmMain proc
        push rbp
        mov rbp, rsp
        sub rsp, 56             ; 影子存储器
        and rsp, -16

        xor rcx, rcx            ; HWin = NULL
        lea rdx, msg            ; 需要显示的消息
        lea r8, DBTitle         ; 对话框标题
        mov r9d, MB_OK          ; 包含一个 OK 按钮
        call MessageBox

allDone  : leave
        ret                     ; 返回到调用方
asmMain endp
        end
```

头文件 listing16-3.inc 的内容如下所示：

```
; listing16-3.inc

; 从 MASM32 的头文件中提取的头文件元素
;(使用该文件，而不是包含完整的 MASM32 头文件，
; 以避免名称空间污染并提高汇编速度)。

PPROC TYPEDEF PTR PROC          ; 为了包含文件原型
MB_OK equ 0h
externdef __imp_MessageBoxA:PPROC
MessageBox equ <__imp_MessageBoxA>
```

程序清单 16-3 中代码的构建命令如下所示：

```
C:\>ml64 listing16-3.asm /link /subsystem:windows /entry:asmMain
```

图 16-1 显示了程序清单 16-3 的运行时输出结果。

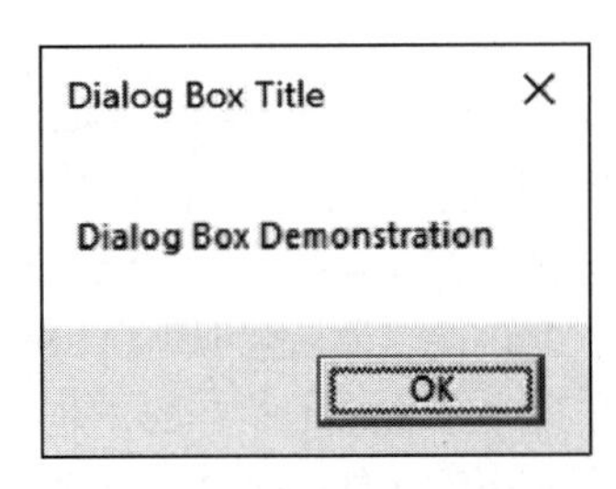

图 16-1　示例对话框输出

16.6 Windows API 的 MessageBox 函数概述

虽然使用汇编语言创建 GUI 应用程序远远超出了本书的讨论范围，但 MessageBox 函数非常有用（甚至在控制台应用程序中也是如此），因此值得加以简要概述。

MessageBox 函数包含以下的 4 个参数。

- RCX：Window 句柄。通常为 NULL（0），这意味着消息框是一个独立的对话框，与任何特定窗口都没有关联。

- RDX：消息指针。RDX 包含一个指向以零结尾的字符串的指针，该字符串将显示在消息框的主体中。
- R8：窗口标题。R8 包含一个指向以零结尾的字符串的指针，该字符串显示在消息框窗口的标题栏中。
- R9D：消息框类型。这是一个整数值，用于指定消息框中出现的按钮和其他图标的类型。典型取值如下：MB_OK、MB_OKCANCEL、MB_ABORTRETRYIGNORE、MB_YESNOCANCEL、MB_YESNO 和 MB_RETRYCANCEL。

MessageBox 函数在 RAX 中返回一个与按下的按钮对应的整数值（如果指定了 MB_OK，那么当用户单击 OK 按钮时，消息框返回该指定值）。

16.7 Windows 文件 I/O

本书中大多数示例代码中缺少了有关文件 I/O 的讨论。虽然通过 C 标准库调用，可以轻松地执行打开、读取、写入和关闭文件操作，但在本章中，似乎可以使用文件 I/O 作为示例来补充说明缺少的细节。

Win32 API 为文件 I/O 提供了许多有用的函数：读取和写入文件数据。本节介绍其中的一小部分函数。

- CreateFileA：打开现有文件或创建新文件的函数（不管名称如何）。
- WriteFile：将数据写入文件的函数。
- ReadFile：从文件中读取数据的函数。
- CloseHandle：关闭文件并将缓存数据发送到存储设备的函数。
- GetStdHandle：我们已经讨论过该函数，用于返回一个标准输入或输出设备（标准输入、标准输出或标准错误）的句柄。
- GetLastError：如果在执行这些函数时发生错误，则可以使用该函数检索Windows错误代码。

程序清单 16-4 演示了这些函数的使用方法，以及如何创建一些调用这些函数的实用过程。请注意，这段代码相当长，所以本节将其分成了较小的代码片段，并且每个代码片段前面都有单独的解释。

Win32 文件 I/O 函数都是 kernel32.lib 库模块的一部分。因此，程序清单 16-4 使用“includelib kernel32.lib”语句，以在构建阶段自动链接到此库中。为了加快汇编的速度并减少名称空间污染，该程序不会自动包含所有 MASM32 的等式文件（通过语句“include \masm32\include64\masm64rt.inc”）。取而代之的是，本程序从 MASM32 的头文件中收集了所有必要的等式以及其他定义，并将它们放在头文件 listing16-4.inc（本章稍后将出现）中。最后，该程序还包括头文件 aoalib.inc，仅是为了使用该文件中定义的几个常量（例如 cr 和 nl）。

程序清单 16-4 文件 I/O 演示程序

```
; 程序清单 16-4

; 文件 I/O 演示。

        include listing16-4.inc
        include aoalib.inc              ; 获取一些常量
        includelib kernel32.lib         ; 文件 I/O 库

        .const
Prompt  byte        "Enter (text) filename:", 0
```

```
badOpen  Msg        byte "Could not open file", cr, nl, 0

         .data

inHandle  dword     ?
inputLn   byte      256 dup (0)
fileBuffer byte     4096 dup (0)
```

下面的代码针对各个文件 I/O 函数构造封装器代码，旨在保留易失性寄存器的值。这些函数使用以下的宏定义来保存和恢复寄存器值：

```
         .code

rcxSave  textequ <[rbp - 8]>
rdxSave  textequ <[rbp - 16]>
r8Save   textequ <[rbp - 24]>
r9Save   textequ <[rbp - 32]>
r10Save  textequ <[rbp - 40]>
r11Save  textequ <[rbp - 48]>
xmm0Save textequ <[rbp - 64]>
xmm1Save textequ <[rbp - 80]>
xmm2Save textequ <[rbp - 96]>
xmm3Save textequ <[rbp - 112]>
xmm4Save textequ <[rbp - 128]>
xmm5Save textequ <[rbp - 144]>
var1     textequ <[rbp - 160]>

mkActRec macro
         push rbp
         mov rbp, rsp
         sub rsp, 256          ; 包含影子存储器
         and rsp, -16          ; 对齐到 16 字节
         mov rcxSave, rcx
         mov rdxSave, rdx
         mov r8Save, r8
         mov r9Save, r9
         mov r10Save, r10
         mov r11Save, r11
         movdqu xmm0Save, xmm0
         movdqu xmm1Save, xmm1
         movdqu xmm2Save, xmm2
         movdqu xmm3Save, xmm3
         movdqu xmm4Save, xmm4
         movdqu xmm5Save, xmm5
         endm

rstrActRec macro
         mov rcx, rcxSave
         mov rdx, rdxSave
         mov r8, r8Save
         mov r9, r9Save
         mov r10, r10Save
         mov r11, r11Save
         movdqu xmm0, xmm0Save
         movdqu xmm1, xmm1Save
         movdqu xmm2, xmm2Save
         movdqu xmm3, xmm3Save
         movdqu xmm4, xmm4Save
         movdqu xmm5, xmm5Save
         leave
         endm
```

注意：这些宏均假设代码不需要保留 AVX 寄存器（YMM 寄存器，甚至 ZMM 寄存器）。如果在支持 AVX 扩展的 CPU 上运行（并且需要保留 YMM0 ~ YMM5，甚至 ZMM0 ~ ZMM5），则需要修改这些宏来处理这些寄存器的保留问题。这些宏也不会保留 RAX 寄存器的值，因为几乎所有 Win32 API 函数都会在 RAX 中返回函数结果（如果没有其他内容，则返回错误代码）。

程序清单 16-4 中出现的第一个函数是 getStdOutHandle。这是一个针对 __imp_GetStdHandle 的封装器函数，该函数保留易失性寄存器，并显式请求标准输出设备句柄。该函数返回 RAX 寄存器中的标准输出设备句柄。在 getStdOutHandle 之后的是检索标准错误句柄和标准输入句柄的类似函数：

```
; getStdOutHandle——在 RAX 中返回标准输出句柄：

getStdOutHandle proc
         mkActRec
         mov rcx, STD_OUTPUT_HANDLE
         call __imp_GetStdHandle       ; 返回句柄
         rstrActRec
         ret
getStdOutHandle endp

; getStdErrHandle——在 RAX 中返回标准错误句柄：

getStdErrHandle proc
         mkActRec
         mov rcx, STD_ERROR_HANDLE
         call __imp_GetStdHandle       ; 返回句柄
         rstrActRec
         ret
getStdErrHandle endp

; getStdInHandle——在 RAX 中返回标准输入句柄：

getStdInHandle proc
          mkActRec
          mov rcx, STD_INPUT_HANDLE
          call __imp_GetStdHandle      ; 返回句柄
          rstrActRec
          ret
getStdInHandle endp
```

现在考虑 write 函数的封装器代码：

```
; write——将数据写入一个文件句柄。

; RAX：文件句柄。
; RSI：指向要写入的缓冲区的指针。
; RCX：要写入的缓冲区的长度。

; 返回值：
; RAX：实际写入的字节数。如果出现错误，则为 -1。

write   proc
        mkActRec

        mov rdx, rsi          ; 缓冲区地址
        mov r8, rcx           ; 缓冲区长度
        lea r9, var1          ; 写入的字节
```

```
        mov rcx, rax            ; 句柄
        xor r10, r10            ; 在栈中传递 lpOverlapped
        mov [rsp+4*8], r10
        call __imp_WriteFile
        testrax, rax            ; 检查是否存在错误
        mov rax, var1           ; 写入的字节数
        jnz rtnBytsWrtn         ; 如果 RAX 不为 0,
        mov rax, -1             ; 则返回错误状态码

rtnBytsWrtn:
        rstrActRec
        ret
write   endp
```

write 函数将数据从内存缓冲区写入由文件句柄指定的输出文件（如果要将数据写入控制台，也可以是标准输出句柄或标准错误句柄）。write 函数需要以下的参数数据。

- RAX：用于指定写入目标的文件句柄。这通常是通过 open 函数、openNew 函数（稍后将讨论）或 getStdOutHandle 函数、getStdErrHandle 函数获得的句柄。
- RSI：包含往其中写入文件的数据缓冲区的地址。
- RCX：（从缓冲区）写入文件的数据字节数。

此函数不遵循 Windows ABI 调用约定。虽然没有正式的汇编语言调用约定，但许多汇编语言程序员倾向于与 x86-64 字符串指令使用相同的寄存器。例如，源数据（缓冲区）在 RSI（源索引寄存器）中传递，计数（缓冲区大小）参数在 RCX 寄存器中。write 过程将数据移动到适当的位置，以便调用 __imp_WriteFile（以及设置其他参数）。

__imp_WriteFile 函数是实际的 Win32 API 写入函数（从技术上讲，__imp_WriteFile 是指向函数的指针，调用指令是通过该指针的间接调用）。__imp_WriteFile 具有以下的参数。

- RCX：文件句柄。
- RDX：缓冲区地址。
- R8：缓冲区大小（实际上是 R8D 中的 32 位）。
- R9：双字变量的地址，用于接收写入文件的字节数；如果写入操作成功，则这将等于缓冲区大小。
- [rsp+32]：lpOverlapped 值，只需将其设置为 NULL（0）。根据 Windows ABI，调用方在栈中传递第 4 个参数之后的所有参数，为前 4 个参数（影子参数）保留空间。

从 __imp_WriteFile 返回时，如果写入成功，那么 RAX 包含一个非零值（true）；如果存在错误，那么 RAX 包含一个零值（false）。出现错误时，可以调用 Win32 的 GetLastError 函数来检索错误代码。

请注意，write 函数返回写入 RAX 寄存器中文件的字节数。如果出现错误，write 函数会在 RAX 寄存器中返回 -1。

接下来是 puts 函数和 newLn 函数：

```
; puts——将以零结尾的字符串输出到标准输出设备。

; RSI：要打印到标准输出设备的字符串的地址。

            .data
stdOutHnd   qword 0
hasSOHndl   byte 0

            .code
```

```
puts        proc
            push rax
            push rcx
            cmp hasSOHndl, 0
            jne hasHandle
            call getStdOutHandle
            mov stdOutHnd, rax
            mov hasSOHndl, 1

; 计算字符串的长度:

hasHandle:  mov rcx, -1
lenLp:      inc rcx
            cmp byte ptr [rsi][rcx * 1], 0
            jne lenLp

            mov rax, stdOutHnd
            call write
            pop rcx
            pop rax
            ret
puts        endp

; newLn——将换行符序列输出到标准输出设备:

newlnSeq    byte cr, nl

newLn       proc
            push rax
            push rcx
            push rsi
            cmp hasSOHndl, 0
            jne hasHandle

            call getStdOutHandle
            mov stdOutHnd, rax
            mov hasSOHndl, 1

hasHandle:  lea rsi, newlnSeq
            mov rcx, 2
            mov rax, stdOutHnd
            call write

            pop rsi
            pop rcx
            pop rax
            ret
newLn       endp
```

puts 和 newLn 过程将字符串写入标准输出设备。puts 函数写入一个以零结尾的字符串（其地址通过 RSI 寄存器来传递）。newLn 函数将换行符序列（回车和换行）写入标准输出设备。

这两个函数有一个小小的优化：它们都只调用一次 getStdOutHandle 来获得标准输出设备句柄。在第一次调用这两个函数时，将调用 getStdOutHandle 并将结果缓存在 stdOutHnd 变量中，同时设置标志位（hasSOHndl），这表明缓存的值是有效的。此后，这些函数使用缓存的值来检索标准输出设备句柄，否则需要不断地调用 getStdOutHandle。

write 函数需要缓冲区长度，该函数不适用于以零结尾的字符串。因此，puts 函数必须在调用 write 函数之前明确指定以零结尾的字符串的长度。newLn 函数则不必这样做，因为该函数知道回车和换行序列的长度（2 个字符）。

程序清单 16-4 中的下一个函数是 read 函数的封装器：

```
; read——从一个文件句柄读取数据。

; EAX: 文件句柄。
; RDI: 指向从中读取数据的缓冲区。
; ECX: 要读取的数据的长度。

; 返回值:
; RAX: 实际读取的字节数。如果存在错误，则为 -1。

read        proc
            mkActRec

            mov rdx, rdi          ; 缓冲区地址
            mov r8, rcx           ; 缓冲区长度
            lea r9, var1          ; 读取的字节数
            mov rcx, rax          ; 句柄
            xor r10, r10          ; 在栈中传递 lpOverlapped
            mov [rsp+4*8], r10
            call __imp_ReadFile
            test rax, rax         ; 检查是否存在错误
            mov rax, var1         ; 读取的字节
            jnz rtnBytsRead       ; 如果 RAX 不为 0,
            mov rax, -1           ; 则返回错误状态码

rtnBytsRead:
            rstrActRec
            ret
read        endp
```

read 函数类似于 write 函数，它们的参数类似（但请注意，read 函数使用 RDI 作为缓冲区参数的目标地址）。

- RAX：文件句柄。
- RDI：目标缓冲区，用于存储从文件读取的数据。
- RCX：从文件中读取的字节数。

read 函数是 Win32 API 的 __imp_ReadFile 函数的封装器，具有以下的参数。

- RCX：文件句柄。
- RDX：文件缓冲区地址。
- R8：要读取的字节数。
- R9：接收实际读取字节数的双字变量的地址。
- [rsp+32]：重叠操作，应为 NULL（0）。根据 Windows ABI，调用方在栈中传递第 4 个参数之后的所有参数，为前 4 个参数（影子参数）保留空间。

如果在读取操作期间出现错误，则 read 函数在 RAX 中返回 -1。否则，该函数将返回从文件中读取的实际字节数。如果读取操作到达文件末尾（EOF），则返回值可以小于请求的读取量。0 返回值通常表示已达到 EOF。

open 函数可以打开现有文件进行读取、写入或同时进行读取和写入。该函数是 Windows API 的 CreateFileA 调用的封装器函数：

```
; open——打开现有文件进行读取或写入。

; RSI: 指向文件名字符串（以零结尾）的指针。
; RAX: 文件访问标志
```

```
; (GENERIC_READ、GENERIC_WRITE 或
; GENERIC_READ + GENERIC_WRITE)。

; 返回值:
; RAX: 打开文件的句柄
; (或者如果打开文件出现错误，则返回 INVALID_HANDLE_VALUE)。

open    proc
        mkActRec

        mov rcx, rsi            ; 文件名
        mov rdx, rax            ; 读取或写入访问
        xor r8, r8              ; 独占访问
        xor r9, r9              ; 无特殊的安全性
        mov r10, OPEN_EXISTING  ; 打开现有文件
        mov [rsp + 4 * 8], r10
        mov r10, FILE_ATTRIBUTE_NORMAL
        mov [rsp + 5 * 8], r10
        mov [rsp + 6 * 8], r9   ; NULL 模板 (template) 文件
        call __imp_CreateFileA
        rstrActRec
        ret
open    endp
```

open 过程有以下的 2 个参数。

- RSI：指向以零结尾的字符串的指针，该字符串包含要打开文件的名称。
- RAX：一组文件访问标志。这些通常是常量 GENERIC_READ（打开文件进行读取）、GENERIC_WRITE（打开文件进行写入）或者 GENERIC_READ + GENERIC_WRITE（打开文件进行读取和写入）。

在为 Windows 的 CreateFileA 函数设置适当的参数后，open 函数将调用该函数。CreateFileA 中的 A 后缀代表 ASCII。此特定函数要求调用方传递 ASCII 文件名。另一个函数 CreateFileW 需要 Unicode 文件名，编码为 UTF-16。在内部，Windows 使用 Unicode 文件名；调用 CreateFileA 时，Windows 会将 ASCII 文件名转换为 Unicode 文件名，然后调用 CreateFileW。open 函数使用 ASCII 字符。

CreateFileA 函数具有以下的参数。

- RCX：指向以零结尾（ASCII）字符串的指针，该字符串包含要打开文件的名称。
- RDX：读取和写入访问标志（GENERIC_READ 和 GENERIC_WRITE）。
- R8：共享模式标志（0 表示独占访问），用于在当前进程打开文件时，控制其他进程是否可以访问该文件。可能的标志值包括：FILE_SHARE_READ（文件共享读取）、FILE_SHARE_WRITE（文件共享写入）和 FILE_SHARE_DELETE（文件共享删除），或者以上标志值的组合。
- R9：指向安全描述符的指针。open 函数没有指定任何特殊的安全性，它只是将 NULL（0）作为此参数传递。
- [rsp+32]：该参数保存创建处置标志。open 函数打开一个现有的文件，因此会在这里传递参数 OPEN_EXISTING。其他可能的参数值包括：CREATE_ALWAYS、CREATE_NEW、OPEN_ALWAYS、OPEN_EXISTING 或 TRUNCATE_EXISTING。OPEN_EXISTING 值要求文件是现有的，否则将返回打开错误。作为第 5 个参数，该参数通过中传递（在第 5 个 64 位插槽中）。
- [rsp+40]：该参数包含文件属性。该函数仅使用 FILE_ATTRIBUTE_NORMAL 属性

（例如，非只读）。

- [rsp+48]：该参数是指向文件模板句柄的指针。open 函数不使用文件模板，因此在此参数中传递 NULL（0）。

open 函数在 RAX 寄存器中返回文件句柄。如果出现错误，则该函数将在 RAX 中返回 INVALID_HANDLE_VALUE。

openNew 函数也是 CreateFileA 函数的封装器：

```
; openNew——创建一个新文件并打开它进行写入。

; RSI：指向文件名字符串（以零结尾）的指针。

; 返回值：
; RAX：打开文件的句柄（如果打开文件时出错，则为 INVALID_HANDLE_VALUE ）。

openNew roc
        ctRec

        mov rcx, rsi                            ; 文件名
        mov rdx, GENERIC_WRITE+GENERIC_WRITE    ; 访问
        xor r8, r8                              ; 独占访问
        xor r9, r9                              ; 无安全性
        mov r10, CREATE_ALWAYS                  ; 打开一个新文件
        mov [rsp + 4 * 8], r10
        mov r10, FILE_ATTRIBUTE_NORMAL
        mov [rsp + 5 * 8], r10
        mov [rsp + 6 * 8], r9                   ; NULL 模板
        call __imp_CreateFileA
        rstrActRec
        ret
openNew endp
```

openNew 函数在磁盘上创建一个新的（空）文件。如果该文件已经存在，那么 openNew 函数将在打开新文件之前将其删除。openNew 函数与前面的 open 函数几乎相同，但存在以下两个区别。

- 调用方未通过 RAX 寄存器传递文件访问标志。文件访问标志总是假定为 GENERIC_WRITE。
- 该函数将 CREATE_ALWAYS 创建的处置标志传递给 CreateFileA，而不是 OPEN_EXISTING。

closeHandle 函数是 Windows 的 CloseHandle 函数的简单封装器，在 RAX 寄存器中传递需要关闭的文件的文件句柄。如果出现错误，则此函数在 RAX 中返回 0；如果文件关闭操作成功，则返回非零文件。这个封装器的唯一作用是保存整个 Windows 的 CloseHandle 调用中的所有易失性寄存器：

```
; closeHandle——关闭由文件句柄指定的文件。

; RAX：需要关闭的文件的句柄。

closeHandle proc
        mkActRec

        call __imp_CloseHandle

        rstrActRec
        ret
```

```
closeHandle endp
```

尽管这个程序没有显式地使用 getLastError，但确实提供了一个 getLastError 函数的封装器（只是为了展示如何编写该程序）。每当该程序中的某个 Windows 函数返回错误指示时，都必须调用 getLastError 来检索实际的错误代码。该函数没有输入参数，它返回在 RAX 中生成的最后一个 Windows 错误代码。

在函数返回错误指示后立即调用 getLastError 非常重要。如果在返回错误和检索错误代码之间调用任何其他 Windows 函数，则这些中间调用将重置上一个错误码值。

与 closeHandle 函数一样，getLastError 过程是 Windows 的 GetLastError 函数的一个非常简单的封装器，这个过程在整个调用中保留易失性寄存器的值：

```
; getLastError——返回上一个 Windows 错误的错误代码。

; 返回值：
; RAX：错误代码。

getLastError proc
             mkActRec
             call __imp_GetLastError
             rstrActRec
             ret
getLastError endp
```

stdin_read 是针对 reda 函数的简单封装器函数，该函数从标准输入设备（而不是另一个设备上的文件）中读取数据：

```
; stdin_read——从标准输入设备读取数据。

; RDI：接收数据的缓冲区。
; RCX：缓冲区计数（请注意，如果在读取到 RCX 字符之前出现换行符，
; 则数据输入将在换行符处停止）。

; 返回值：
; RAX：如果错误，那么为 -1；如果成功，那么为读取的字节数。

stdin_read proc
              .data
hasStdInHnd byte 0
stdInHnd      qword 0
              .code
              mkActRec
              cmp hasStdInHnd, 0
              jne hasHandle

              call getStdInHandle
              mov stdInHnd, rax
              mov hasStdInHnd, 1

hasHandle:    mov rax, stdInHnd   ; 句柄
              call read
              rstrActRec
              ret
stdin_read    endp
```

stdin_read 与 puts（以及 newLn）过程类似，但它在第一次调用时缓存标准输入句柄，并在后续调用中使用该缓存值。请注意，stdin_read 不会（直接）保留易失性寄存器。该函

数不直接调用任何 Windows 函数，因此不必保留易失性寄存器（stdin_read 调用 read 函数，而该函数会保留易失性寄存器）。stdin_read 函数包含以下的参数。

- RDI：指向目标缓冲区的指针，该缓冲区将接收从标准输入设备读取的字符。
- RCX：缓冲区大小（需要读取的最大字节数）。

该函数在 RAX 寄存器中返回实际读取的字节数，该值可能小于在 RCX 中传递的值。当用户按 ENTER 键时，该函数立即返回。该函数不以零来终止从标准输入设备读取的字符串。使用 RAX 寄存器中的值来确定字符串的长度。如果该函数由于用户在标准输入设备上按下 ENTER 键而返回，那么回车符将出现在缓冲区中。

stdin_getc 函数从标准输入设备读取单个字符，并在 AL 寄存器中返回该字符：

```
; stdin_getc——从标准输入设备读取单个字符，
; 并在 AL 寄存器中返回读取的字符。

stdin_getc  proc
            push rdi
            push rcx
            sub rsp, 8

            mov rdi, rsp
            mov rcx, 1
            call stdin_read
            test eax, eax           ; 读取时发生错误?
            jz getcErr
            movzx rax, byte ptr [rsp]

getcErr:    add rsp, 8
            pop rcx
            pop rdi
            ret
stdin_getc  endp
```

readLn 函数从标准输入设备读取一个字符串，并将其放置在调用方指定的缓冲区中。readLn 函数的参数如下所示。

- RDI：缓冲区的地址。
- RCX：最大缓冲区大小。（readLn 函数允许用户最多输入 RCX−1 个字符。）

该函数将在用户输入的字符串末尾放置一个零终止字节。此外，该函数还将去掉行尾的回车符（或换行符）。该函数返回 RAX 中的字符计数（不统计回车键）：

```
; readLn——从用户处读取一行文本。
; 自动处理退格字符（根据需要删除以前的字符）。
; 从函数返回的文本行以零结尾，不包括 ENTER 键（回车键）码或换行符。

; RDI：用于放置从用户处读取的文本行的缓冲区。
; RCX：最大缓冲区长度。

; 返回值：
; RAX：从用户处读取的字符数（不包括回车键）。

readLn      proc
            push rbx

            xor rbx, rbx            ; 字符计数
            test rcx, rcx           ; 允许的缓冲区为 0？
            je exitRdLn
            dec rcx                 ; 为零字节保留空间
```

```
readLp:
            call stdin_getc         ; 从标准输入设备读取 1 个字符
            test eax, eax           ; 处理类似于 ENTER（回车）的错误
            jz lineDone
            cmp al, cr              ; 检查 ENTER 键
            je lineDone
            cmp al, nl              ; 检查换行码
            je lineDone
            cmp al, bs              ; 处理退格字符
            jne addChar

; 如果出现退格字符，那么从输入缓冲区中删除前一个字符
;（假设存在前一个字符）。

            test rbx, rbx           ; 如果缓存区中没有字符。
            jz readLp               ; 那么忽略退格字符
            dec rbx
            jmp readLp

; 如果是一个普通字符（会将返回给调用方），
; 那么在有空间的情况下将该字符添加到缓冲区
;（如果缓冲区已满，则忽略该字符）。

addChar:    cmp ebx, ecx            ; 看看是否位于缓冲区的末尾
            jae readLp
            mov [rdi][rbx * 1], al  ; 将字符保存到缓冲区中
            inc rbx
            jmp readLp

; 当用户在输入过程中按 ENTER 键（或换行键）时，
; 程序将运行到此处，在字符串末尾添加一个零终止字节。

lineDone:   mo byte ptr [rdi][rbx * 1], 0

exitRdLn:   mo rax, rbx             ; 在 RAX 中返回字符计数
            pop rbx
            ret
readLn      endp
```

以下是程序清单 16-4 的主程序，它从用户处读取文件名，打开该文件，读取文件数据，并在标准输出设备上显示数据：

```
**********************************************************
; 以下是“asmMain”函数的实现。

        public asmMain
asmMain proc
        push rbx
        push rsi
        push rdi
        push rbp
        mov rbp, rsp
        sub rsp, 64                 ; 影子存储器
        and rsp, -16

; 从用户处读取文件名：

        lea rsi, prompt
        call puts

        lea rdi, inputLn
```

```
        mov rcx, lengthof inputLn
        call readLn

; 打开文件，读取其内容，并将内容显示到标准输出设备：

        lea rsi, inputLn
        mov rax, GENERIC_READ
        call open

        cmp  eax, INVALID_HANDLE_VALUE
        je   badOpen

       mov inHandle, eax

; 一次从文件中读取 4096 字节：

readLoop: mov eax, inHandle
        lea rdi, fileBuffer
        mov ecx, lengthof fileBuffer
        call read
        test eax, eax              ; EOF?
        jz allDone
        mov rcx, rax               ; 需要写入的字节

        call getStdOutHandle
        lea rsi, fileBuffer
        call write
        jmp readLoop

badOpen: lea rsi, badOpenMsg
        call puts

allDone: mov eax, inHandle
        call closeHandle
        leave
        pop rdi
        pop rsi
        pop rbx
        ret                        ; 返回到调用方
asmMain endp
        end
```

程序清单 16-4 的构建命令和示例输出结果如下所示：

```
C:\>nmake /nologo /f listing16-4.mak
ml64 /nologo listing16-4.asm /link /subsystem:console /entry:asmMain
Assembling: listing16-4.asm
Microsoft (R) Incremental Linker Version 14.15.26730.0
Copyright (C) Microsoft Corporation. All rights reserved.
/OUT:listing16-4.exe
listing16-4.obj
/subsystem:console
/entry:asmMain

C:\>listing16-4
Enter (text) filename:listing16-4.mak
listing16-4.exe: listing16-4.obj listing16-4.asm
ml64 /nologo listing16-4.asm \
/link /subsystem:console /entry:asmMain
```

头文件 listing16-4.inc 的内容如下所示：

```
; listing16-4.inc

; 从 MASM32 头文件中提取的头文件元素
;（使用该文件，而不是包含完整的 MASM32 头文件，
; 以避免名称空间污染并提高汇编速度）。

STD_INPUT_HANDLE equ -10
STD_OUTPUT_HANDLE equ -11
STD_ERROR_HANDLE equ -12
CREATE_NEW equ 1
CREATE_ALWAYS equ 2
OPEN_EXISTING equ 3
OPEN_ALWAYS equ 4
FILE_ATTRIBUTE_READONLY equ 1h
FILE_ATTRIBUTE_HIDDEN equ 2h
FILE_ATTRIBUTE_SYSTEM equ 4h
FILE_ATTRIBUTE_DIRECTORY equ 10h
FILE_ATTRIBUTE_ARCHIVE equ 20h
FILE_ATTRIBUTE_NORMAL equ 80h
FILE_ATTRIBUTE_TEMPORARY equ 100h
FILE_ATTRIBUTE_COMPRESSED equ 800h
FILE_SHARE_READ equ 1h
FILE_SHARE_WRITE equ 2h
GENERIC_READ equ 80000000h
GENERIC_WRITE equ 40000000h
GENERIC_EXECUTE equ 20000000h
GENERIC_ALL equ 10000000h
INVALID_HANDLE_VALUE equ -1

PPROC TYPEDEF PTR PROC              ; 为了包含文件的原型

externdef __imp_GetStdHandle:PPROC
externdef __imp_WriteFile:PPROC
externdef __imp_ReadFile:PPROC
externdef __imp_CreateFileA:PPROC
externdef __imp_CloseHandle:PPROC
externdef __imp_GetLastError:PPROC
```

listing16-4.mak makefile 的内容如下所示：

```
listing16-4.exe: listing16-4.obj listing16-4.asm
ml64 /nologo listing16-4.asm \
    /link /subsystem:console /entry:asmMain
```

16.8 Windows 应用程序

本章仅简要介绍在 Windows 下编写纯汇编语言应用程序的可能性。kernel32.lib 提供了成百上千个可以调用的函数，涵盖了各种不同的主题领域，如操作文件系统（例如，删除文件、在目录下查找文件名和更改目录）、创建线程并同步线程、处理环境字符串、分配和释放内存、操作 Windows 注册表、在特定时间段内睡眠、等待事件的发生等。

kernel32.lib 库只是 Win32 API 中的库之一。gdi32.lib 库包含了创建在 Windows 下运行的 GUI 应用程序所需的大部分函数。创建这样的应用程序远远超出了本书的讨论范围，但是如果我们想创建独立的 Windows GUI 应用程序，那么需要非常熟悉这个库的相关内容。对使用汇编语言创建独立的 Windows GUI 应用程序感兴趣的人，可以参考 16.9 节中提供的互联网资源链接。

16.9 拓展阅读资料

如果想要编写在 Windows 下运行的独立 64 位汇编语言程序，那么建议首先访问网站：https://www.masm32.com/。尽管该网站主要致力于创建在 Windows 下运行的 32 位汇编语言程序，但也为 64 位程序员提供了大量信息。更重要的是，此网站包含从 64 位汇编语言程序访问 Win32 API 所需的头文件。

如果真的想使用汇编语言编写基于 Win32 API 的 Windows 应用程序，那么 Charles Petzold 的 *Programming Windows* 第五版是不可或缺的参考书。这本书的出版日期较早（没有出版针对 C# 和 XAML 的更新版本），我们也许只能买到一本已经使用过的旧书。该书主要针对 C 语言（不是汇编语言）程序员，但是如果我们了解 Windows ABI（到目前为止，应该已经有所了解），那么将所有对 C 语言的调用翻译成汇编语言并不是那么困难。虽然关于 Win32 API 的大部分信息都可以在线获得（比如在 MASM32 网站上），但提供所有信息的单独参考书（非常厚！）是必不可少的。

在互联网上，有关 Win32 API 调用的另一个参考资源是软件分析师 Geoff Chappell 的 Win32 编程页面（https://www.geoffchappell.com/studies/windows/win32/）。

使用 x86 汇编语言编写 Windows 程序的原始标准是 Iczelion 的教程。虽然这些代码最初是为 32 位 x86 汇编语言编写的，但也有一些代码被翻译成了 64 位汇编语言，例如：http://masm32.com/board/index.php?topic=4190.0/。

HLA 标准库和示例（可以从网站 https://www.randallhyde.com/ 下载）包含大量 Windows 代码和 API 函数调用。虽然所提供的代码都是 32 位的，但将其转换为 64 位 MASM 代码非常简单。

16.10 自测题

1. 为了指示 MASM 构建一个控制台应用程序，需要使用什么链接器命令行选项？
2. 可以访问哪个网站来获取 Win32 编程信息？
3. 在所有的汇编语言源文件中包含“\masm32\include64\masm64rt”的主要缺点是什么？
4. 哪个链接器命令行选项允许我们指定汇编语言主程序的名称？
5. 允许打开对话框的 Win32 API 函数的名称是什么？
6. 什么是封装器代码？
7. 为了打开现有文件，可以使用的 Win32 API 函数是什么？
8. 可以使用什么 Win32 API 函数来检索上一个 Windows 错误代码？

安装和使用 Visual Studio

微软 Visual Studio 软件包中包含本书使用的 MASM 程序、微软 C++ 编译器、微软链接器和其他工具。读者可以在以下网址下载 Windows 版本下的 Visual Studio 社区版：https://visualstudio.microsoft.com/vs/community/。当然，相关的 URL 会随着时间的推移而变化。在 Web 搜索引擎上使用关键字 Microsoft Visual Studio，也可以查找到相应的网址。

A.1 安装 Visual Studio 社区版

下载 Visual Studio 社区版后，运行下载的安装程序。本附录没有提供详细的安装步骤，因为微软经常更改程序的用户界面，即使面对小的更新也是如此。当我们尝试运行安装程序时，安装说明可能已经过时。然而，主要的工作是确保下载并安装微软 Visual C++ 桌面工具。

A.2 为 MASM 创建命令行提示符

为了使用微软 Visual C++（MSVC）编译器和 MASM，我们需要使用 Visual Studio 提供的批处理文件初始化环境，然后打开命令行解释器（CLI），这样就可以构建和运行程序。我们有两种选择：使用 Visual Studio 安装程序创建的环境，或者创建自定义环境。编写本书时，Visual Studio 2019 安装程序创建了以下所示的多种 CLI 环境。

- VS 2019 的开发人员命令提示符。
- VS 2019 的开发者 PowerShell。
- VS 2019 的 x64 本机工具命令提示符。
- VS 2019 的 x64_x86 交叉工具命令提示符。
- VS 2019 的 x86 本机工具命令提示符。
- VS 2019 的 x86_x64 交叉工具命令提示符。

我们可以单击 Windows 任务栏上的“Start”（Windows 图标），然后导航并单击“Visual Studio 2019”文件夹来查找这些文件。x86 表示 32 位版本的 Windows，x64 表示 64 位版本的 Windows。

开发人员命令提示符、开发人员 PowerShell、x86 本机工具和 x64_x86 交叉工具以 32 位版本的 Windows 为目标，因此这些内容都不在本书的讨论范围之内。x86_x64 交叉工具的目标是 64 位 Windows，但环境中可用的工具本身是 32 位的。基本上，这些是提供给运行 32 位版本 Windows 的开发人员使用的工具。x64 本机工具适用于运行 64 位版本的 Windows 并且目标为 64 位 Windows 的用户。如今，32 位版本的 Windows 非常罕见，因此我们没有在 x86_x64 交叉工具下使用或测试本书的代码。理论上，32 位版本的 Windows 应该可以编译 64 位代码，但我们无法在这个 32 位的环境中运行 64 位代码。

我们已经使用和测试过 64 位 Windows 下运行的 x64 本机工具。右击“x64 Native

Tools”（x64 本机工具），执行“固定到开始屏幕”命令，可以将其固定到开始屏幕。或者，右击“x64 Native Tools”（x64 本机工具），执行“More”（更多）→“固定到任务栏”命令，可以将其固定到任务栏。

当然，我们还可以创建自定义环境。使用以下步骤创建 MASM 环境的命令行提示符的快捷方式。

（1）查找名为 vcvars64.bat 的文件（或类似的文件）。如果无法查找到文件 vcvars64.bat，则请尝试查找 vcvarsall.bat。在编写本附录时（使用 Visual Studio 2019），作者在以下目录中查找到了 vcvars64.bat 文件：C:\Program Files (x86)\Microsoft Visual Studio\2019\Community\VC\Auxiliary\Build\。

注意：vcvars.bat 或 vcvars32.bat 将无法工作（这些设置为 32 位版本的汇编器和 C++ 编译器设置环境变量，我们不会使用该环境）。

（2）创建文件的快捷方式（在 Windows 资源管理器中右键单击该文件，然后从弹出的快捷菜单中选择“创建快捷方式”）。将此快捷方式移动到 Windows 桌面并将其重命名为 VSCmdLine。

（3）右击桌面上的 VSCmdLine 快捷方式图标，然后单击“属性”命令，打开“属性”对话框，单击“快捷方式”选项卡。查找包含 vcvars64.bat 路径的“目标”文本框。其内容类似于：

```
"C:\Program Files (x86)\Microsoft Visual Studio\2019\Community\VC\Auxiliary\
    Build\vcvars64.bat"
```

在此路径前面添加前缀“cmd /k”：

```
cmd /k "C:\Program Files (x86)\Microsoft Visual Studio\2019\Community\VC\
    Auxiliary\Build\ vcvars64.bat"
```

cmd 命令是 Microsoft cmd.exe 命令行解释器。“/k”选项指示 cmd.exe 执行下面的命令（即 vcvars64.bat 文件），然后在命令执行完成后保持窗口打开状态。现在，当我们双击桌面上的 VSCmdLine 快捷方式图标时，将初始化所有环境变量，并使命令行窗口保持打开状态，以便可以从命令行执行 Visual Studio 工具（例如，MASM 和 MSVC）。

如果无法找到 vcvars64.bat，但存在一个 vcvarsall.bat，那么还需要将 x64 添加到命令行的末尾：

```
cmd /k "C:\Program Files (x86)\Microsoft Visual Studio\2019\Community\VC\
    Auxiliary\Build\vcvarsall.bat" x64
```

（4）在关闭快捷方式的“属性”对话框之前，请修改“起始位置”文本框，使其包含“C:\”或其他目录，在首次启动 Visual Studio 命令行工具时，通常会使用这些目录。

双击桌面上的 VSCmdLine 快捷方式图标；我们将看到一个命令窗口，其中包含以下显示文本：

```
**********************************************************************
** Visual Studio 2019 Developer Command Prompt v16.9.0
** Copyright (c) 2019 Microsoft Corporation
**********************************************************************
[vcvarsall.bat] Environment initialized for: 'x64'
```

在命令行中，键入 ml64 命令，这将产生以下类似的输出：

```
C:\>ml64
Microsoft (R) Macro Assembler (x64) Version 14.28.29910.0
Copyright (C) Microsoft Corporation. All rights reserved.
usage: ML64 [options] filelist [/link linkoptions]
Run "ML64 /help" or "ML64 /?" for more info
```

尽管 MASM 提示我们没有提供需要编译的文件名，但收到此消息的事实意味着 ml64.exe 位于执行路径中，因此表明系统已经正确设置好环境变量，可以运行 Microsoft 宏汇编器。

（5）作为最终测试，执行 cl 命令以验证我们是否可以运行 MSVC。结果应该获得以下类似的输出：

```
C:\>cl
Microsoft (R) C/C++ Optimizing Compiler Version 19.28.29910 for x64
Copyright (C) Microsoft Corporation. All rights reserved.
usage: cl [option...] filename... [/link linkoption...]
```

（6）最后，作为最后一项检查，在 Windows 开始菜单中找到 Visual Studio 应用程序。单击 Visual Studio 应用程序并验证是否打开了 Visual Studio IDE。如果愿意，可以创建此应用程序的快捷方式并将其放置在桌面上，以便可以通过双击桌面上的快捷方式图标打开 Visual Studio。

A.3　编辑、汇编和运行 MASM 源文件

可以使用某种文本编辑器来创建和维护 MASM 汇编语言源文件。如果读者还不熟悉 Visual Studio，并且需要一个更容易学习和使用的环境，则可以考虑下载文本编辑器（作者本人使用的是一种名为 CodeWright 的商用产品），第一步是创建一个简单的汇编语言源文件。

MASM 要求所有源文件的后缀为“.asm”。因此，使用我们选择的编辑器创建一个名称为 hw64.asm 文件，并在该文件中输入以下文本：

```
includelib kernel32.lib

    extrn __imp_GetStdHandle:proc
    extrn __imp_WriteFile:proc

    .CODE
hwStr byte "Hello World!"
hwLen = $-hwStr

main PROC
; 进入时，栈在 8 mod 16 处对齐。
; 为“bytesWritten”留出 8 个字节以确保 main 函数中
; 的调用将栈与 16 字节对齐（函数内部的 8 mod 16）。
    lea rbx, hwStr
    sub rsp, 8
    mov rdi, rsp ; Hold # of bytes written here

; 注意：必须为参数的影子寄存器保留 32 个字节（20h)(只需对所有函数执行一次)。
; 此外，WriteFile 第 5 个参数为 NULL，因此，
; 我们必须保留 8 个字节以保存该指针（并将其初始化为零)。
; 最后，栈必须始终是 16 字节对齐的，
; 因此需要再保留 8 个字节的存储空间以确保其对齐。

; 用于参数（args）的影子存储器（其值永远为 30h 字节 )。

    sub rsp, 030h
```

```
; Handle = GetStdHandle(-11);
; 通过 ECX 传递的单个参数。
; 通过 RAX 返回的句柄。

    mov rcx, -11 ; STD_OUTPUT
    call qword ptr __imp_GetStdHandle

; WriteFile(handle, "Hello World!" , 12, &bytesWritten, NULL);
; 将 LPOverlapped 参数置零（设置为 NULL）：

    mov qword ptr [rsp + 4 * 8], 0 ; 栈中的第 5 个参数

    mov r9, rdi                    ; R9 中字节写入的地址
    mov r8d, hwLen                 ; 字符串长度，保存在 R8D 中
    lea rdx, hwStr                 ; 指向字符串数据的指针，保存在 RDX 中
    mov rcx, rax                   ; 通过 RCX 传递的文件句柄
    call qword ptr __imp_WriteFile
    add rsp, 38h
    ret
main ENDP
    END
```

此处将不展开解释上述提供的（纯）汇编语言程序。本书的各章已经解释了相应的机器指令。

回顾源代码，我们将看到第一行的代码如下：

```
includelib kernel32.lib
```

kernel32.lib 是一个 Windows 库，其中包括此汇编语言程序使用的 GetStdHandle 和 WriteFile 函数。Visual Studio 安装包括这个文件，并且 vcvars64.bat 文件将其放置在包含路径中，以便链接器可以找到这个文件。如果在汇编和链接程序时（在下一步中）遇到问题，只需复制 kernel32.lib（在 Visual Studio 安装中可以找到其所处的位置）到包含正在构建的 hw64.asm 文件的目录中。

为了编译（汇编）该源文件，可以打开“命令行”窗口（之前我们已经创建了该窗口的快捷方式）以获得命令提示。然后输入以下命令：

```
ml64 hw64.asm /link /subsystem:console /entry:main
```

假设我们所输入的代码没有错误，则命令窗口的输出内容大致如下所示：

```
C:\MASM64>ml64 hw64.asm /link /subsystem:console /entry:main
Microsoft (R) Macro Assembler (x64) Version 14.28.29910.0
Copyright (C) Microsoft Corporation. All rights reserved.
Assembling: hw64.asm
Microsoft (R) Incremental Linker Version 14.28.29910.0
Copyright (C) Microsoft Corporation. All rights reserved.
/OUT:hw64.exe
hw64.obj
/subsystem:console
/entry:main
```

通过在命令行提示符下键入 hw64，可以运行汇编器生成的输出文件 hw64.exe。输出结果如下所示：

```
C:\MASM64>hw64
Hello World!
```

附录 B

The Art of 64-Bit Assembly: x86-64 Machine Organization and Programming

自测题参考答案

B.1 第 1 章自测题参考答案

1. cmd.exe
2. ml64.exe
3. 地址、数据和控制
4. AL、AH、AX 和 EAX
5. BL、BH、BX 和 EBX
6. SIL、SI 和 ESI
7. R8B、R8W 和 R8D
8. FLAGS、EFLAGS 和 RFLAGS
9. (a) 2、(b) 4、(c) 16、(d) 32、(e) 8
10. 可以使用 8 位表示的任何 8 位寄存器和任何常量
11. 32
12.

目标	常量大小
RAX	32
EAX	32
AX	16
AL	8
AH	8
mem_{32}	32
mem_{64}	32

注意：64 位加法操作数仅支持 32 位常量。

13. 64

注意：从技术上讲，由于传统原因，x86-64 允许 16 位和 32 位寄存器作为 lea 的目标操作数。然而，这样的指令通常不适用于计算实际内存地址（尽管它们可能适用于加法操作）。

14. 任何内存操作数都可以工作，无论其大小如何
15. call
16. ret
17. 应用程序二进制接口（Application binary interface）
18. (a) AL、(b) AX、(c) EAX、(d) RAX、(e) XMM0、(f) RAX
19. RCX 表示整数操作数，XMM0 用于浮点 / 向量操作数
20. RDX 用于整数操作数，XMM1 用于浮点 / 向量操作数
21. R8 用于整数操作数，XMM2 用于浮点 / 向量操作数

22. R9 用于整数操作数，XMM3 用于浮点 / 向量操作数
23. dword 或 sdword
24. qword

B.2 第 2 章自测题参考答案

1. $9\times10^3+3\times10^2+8\times10^1+4\times10^0+5\times10^{-1}+7\times10^{-2}+6\times10^{-3}$
2. (a) 10、(b) 12、(c) 7、(d) 9、(e) 3、(f) 15
3. (a) A、(b) E、(c) B、(d) D、(e) 2、(f) C、(g) CF、(h) 98D1
4. (a) 0001_0010_1010_1111、(b) 1001_1011_1110_0111、(c) 0100_1010、(d) 0001_0011_0111_1111、(e) 1111_0000_0000_1101、(f) 1011_1110_1010_1101、(g) 0100_1001_0011_1000
5. (a) 10、(b) 11、(c) 15、(d) 13、(e) 14、(f) 12
6. (a) 16、(b) 64、(c) 128、(d) 32、(e) 4、(f) 8、(g) 4
7. (a) 2、(b) 4、(c) 8、(d) 16
8. (a) 16、(b) 256、(c) 65、636、(d) 2
9. 4
10. 0 ~ 7
11. 第 0 位
12. 第 31 位
13. (a) 0、(b) 0、(c) 0、(d) 1
14. (a) 0、(b) 1、(c) 1、(d) 1
15. (a) 0、(b) 1、(c) 1、(d) 0
16. 1
17. AND
18. OR
19. NOT
20. XOR
21. not
22. 1111_1011
23. 0000_0010
24. (a) 和 (c) 和 (e)
25. neg
26. (a) 和 (c) 和 (d)
27. jmp
28. label:
29. Carry、overflow、zero、sign
30. JZ
31. JC
32. JA、JAE、JBE、JB、JE、JNE（以及同义词 JNA、JNAE、JNB、JNBE 以及其他同义词）
33. JG、JGE、JL、JLE、JE、JNE（以及同义词 JNG、JNGE、JNL 以及 JNLE）
34. 如果移位的结果为 0，则 ZF=1

35. 移出操作数的高阶位并放入进位标志位中
36. 如果下一个高阶位与移位前的高阶位不同，将设置 OF（溢出标志位）；否则，将被清除，尽管只针对 1 位移位
37. SF（符号标志位）被设置为等于结果的高阶位
38. 如果移位的结果为 0，则 ZF=1
39. 移出操作数的低阶位并放入进位标志位中
40. 如果下一个高阶位与移位前的高阶位不同，将设置 OF ；否则，将被清除，但仅针对 1 位移位
41. 在 SHR 指令之后，SF 总是被清除，因为 0 总是被移位到结果的高阶位中
42. 如果移位的结果为 0，则 ZF=1
43. 移出操作数的低阶位并放入进位标志位中
44. SAR 后的符号标志位始终为 0，因为符号标志位不可能改变
45. SF 设置为等于结果的高阶位，尽管从技术上讲它永远不会改变
46. 移出操作数的高阶位并放入进位标志位中
47. 它不会影响 ZF
48. 移出操作数的低阶位并放入进位标志位中
49. 不会影响符号标志位
50. 乘以 2
51. 除以 2
52. 乘法和除法
53. 减去它们，然后检查其差值是否小于一个小的误差值
54. 包含 1 位高阶尾数的值
55. 7
56. 30h ~ 39h
57. 单引号和双引号
58. UTF-8、UTF-16 和 UTF-32
59. 表示单个 Unicode 字符的标量整数值
60. 由 65 536 个不同的 Unicode 字符组成的块

B.3　第 3 章自测题参考答案

1. RIP
2. 操作码，机器指令的数值编码
3. 静态变量和标量变量
4. ± 2GB
5. 需要访问的内存位置的地址
6. RAX
7. lea
8. 所有寻址模式计算完成后获得的最终地址
9. 1、2、4 或 8
10. 2GB 总内存
11. 可以使用 VAR[REG] 寻址模式直接访问数组元素，使用 64 位寄存器作为数组的索引，

而无须先将数组地址加载到单独的基址寄存器中

12. .data 段可以保存初始化的数据值；.data? 段只能包含未初始化的变量
13. .code 和 .const
14. .data 和 .data?
15. 特定段（例如，.data）的偏移量
16. 使用 some_ID label some_type 指示 MASM 以下数据属于 some_type 类型，而实际上可能是另一种类型
17. MASM 将把它们合并成一个段
18. 使用 align 8 语句
19. 内存管理单元（Memory Management Unit）
20. 如果 b 位于 MMU 页面中最后一个字节的地址，而下一页不可读，那么从以 b 开头的内存位置加载一个字将产生一般保护故障
21. 一个常量表达式加上内存中变量的基址
22. 将以下操作数类型强制为其他类型
23. 小端模式的值出现在内存中，其低阶字节位于最低地址，高阶字节位于最高地址。大端模式则正好相反：其高阶字节出现在内存中的最低地址，低阶字节出现在内存中的最高地址
24. xchg al, ah
25. bswap eax
26. bswap rax
27. (a) 从 RSP 中减去 8，(b) 将数值存储在 RSP 所指位置的 RAX 中
28. (a) 将 RSP 指向的 8 个字节加载到 RAX 中，(b) 向 RSP 添加 8
29. 反向
30. 后进先出
31. 使用 [RSP ± const] 寻址模式将数据压入到栈中，或从栈中弹出数据
32. Windows ABI 要求栈在 16 字节边界上对齐；压入 RAX 可能会使栈在 8 字节（而不是 16 字节）边界上对齐

B.4 第 4 章自测题参考答案

1. imul reg, constant
2. imul destreg, srcreg, constant
3. imul destreg, srcreg
4. 一个符号（命名）常量，MASM 将在源文件中将该符号名称替换为字面常量
5. =, equ, textequ
6. 文本等式（text equate）将一个文本字符串替换为任意文本，数值等式（numeric equate）必须赋值一个可以使用 64 位整数表示的数值常量值
7. 在字符串文字周围使用文本分隔符 < 和 >；例如，<“a long string”>
8. 一种算术表达式，可以在 MASM 汇编过程中计算其值
9. lengthof
10. 当前段的偏移量
11. this 和 $

12. 使用常量表达式 $-startingLocation
13. 使用一系列（数值）等式，每个后续等式设置为前一个等式加 1 的值；例如：

```
val1 = 0
val2 = val1 + 1
val3 = val2 + 1
等等
```

14. 使用 typedef 伪指令
15. 指针是内存中的一个变量，它保存内存中另一个对象的地址
16. 将指针变量加载到 64 位寄存器中，并使用寄存器间接寻址模式引用该地址
17. 使用 qword 数据声明，或者其他大小为 64 位的数据类型
18. offset 运算符
19. (a) 未初始化的指针、(b) 使用指针保存非法值、(c) 在释放存储后使用指针（悬空指针）、(d) 在不再使用存储后未能释放存储（内存泄漏）、(e) 使用错误的数据类型访问间接数据
20. 释放内存后使用指针
21. 使用完后未能释放存储空间
22. 由较小的数据对象组成的聚合类型
23. 以 0 字节（或其他 0 值）结尾的字符序列
24. 包含长度值作为第一个元素的字符串
25. 描述符是一种数据类型，包含指针（指向字符数据）、字符串长度以及可能描述字符串数据的其他信息
26. 数据元素的同质集合（均具有相同类型）
27. 数组第一个元素的内存地址
28. array byte 10 dup (?)（作为一个示例）
29. 只需填写初始值作为 byte、word、dword 或其他数据声明伪指令的操作数字段。此外，还可以使用一个或多个常量值的序列作为 dup 运算符操作数；例如，5 dup (2, 3)
30. (a)base_address + index * 4 (4 是元素的大小)、(b) W[i,j] = base_address + (i * 8 + j) * 2 (2 是元素的大小)、(c) R[i,j,k] = base_address +(((i * 4) + j) * 6 + k) * 8 (8 是元素的大小)
31. 多维数组的一种组织形式，将数组中每一行的元素存储在连续的内存位置，然后将每一行依次存储在内存中
32. 多维数组的一种组织形式，将数组中每列的元素存储在连续的内存位置，然后将每列依次存储在内存中
33. W word 4 dup (8 dup (?))
34. 数据元素的异构集合（每个字段可以是不同的类型）
35. struct 和 ends
36. 点运算符
37. 数据元素的异构集合（每个字段可以是不同的类型）；联合中每个字段的偏移量从 0 开始
38. union 和 ends
39. 记录和结构的字段位于结构内的连续内存位置（每个字段都有自己的字节块）；联合的字段彼此重叠，每个字段从联合中的偏移量 0 开始
40. 一种未命名的联合，其字段被视为包含其结构的字段

B.5　第 5 章自测题参考答案

1. 它将返回地址压入栈上（调用后下一条指令的地址），然后跳到操作数指定的地址
2. 它从栈中弹出一个返回地址，并将该地址移动到 RIP 寄存器中，将控制权转移到当前过程调用之后的指令
3. 弹出返回地址后，CPU 将该值添加到 RSP，从栈中删除指定数量的参数字节
4. 过程之后的指令地址
5. 当源文件中定义了太多符号、标识符或名称，以至于很难在该源文件中选择新的、唯一的名称时，就会发生名称空间污染
6. 在名字后面加两个冒号；例如，id::
7. 在过程之前使用 option noscoped 伪指令
8. 在进入过程时，使用 push 指令将寄存器值保存在栈上；然后使用 pop 指令在从过程返回之前立即恢复寄存器值
9. 代码很难维护。（第二个问题（虽然不是大问题）需要更多的空间）
10. 性能，因为经常会保留不需要为调用代码保留的寄存器
11. 当子例程试图返回时，它使用栈上留下的垃圾作为返回地址，这通常会产生未定义的结果（程序崩溃）
12. 子例程使用调用之前栈上的任何内容作为返回地址，结果未定义
13. 与过程调用（激活）相关的数据集合，包括参数、局部变量、返回地址和其他项
14. RBP
15. 8 字节（64 位）
16.

```
push rbp
mov rbp, rsp
sub rsp, sizeOfLocals     ; 假设存在局部变量
```

17.

```
leave
ret
```

18. and rsp, -16
19. 源文件的一部分（通常是过程的主体），其中的符号在程序中可见并可用
20. 从为变量分配存储的那一刻起，到系统取消分配存储的那一刻为止
21. 变量，其存储在进入一个代码块（通常是一个过程）时自动分配，在退出该代码块时自动释放
22. 当进入过程（或者与自动变量相关的代码块）时
23. 使用 textequ 伪指令或者 MASM 的 local 伪指令
24. var1: −2; local2: −8（MASM 将变量与 dword 边界对齐）；dVar: −9; qArray: −32（数组的基址是最低的内存地址）；rlocal:−40（数组的基址是最低的内存地址）；ptrVar: −48
25. option prologue:PrologueDef 和 option epilogue:EpilogueDef。如果要关闭它，应该使用：option prologue:none 和 option epilogue:none
26. 在 MASM 为过程生成任何代码之前，在所有 local 伪指令之后
27. 无论哪里出现 ret 指令

28. 实参的值
29. 实参值的内存地址
30. RCX、RDX、R8 和 R9（或者这些寄存器的较小子组件）
31. XMM0、XMM1、XMM2 或者 XMM3
32. 在栈中，位于为寄存器中传递的参数保留的影子存储器位置（32 字节）的上方
33. 过程可以在不保留其值的情况下自由修改易失性寄存器，过程必须在整个过程调用中保留非易失性寄存器的值
34. RAX、RCX、RDX、R8、R9、R10、R11、XMM0、XMM1、XMM2、XMM3、XMM4、XMM5，以及所有 YMM 和 ZMM 寄存器的高阶 128 位
35. RBX、RSI、RDI、RBP、RSP、R12、R13、R14、R15 和 XMM6–XMM15。此外，从过程返回时，必须清除方向标志位
36. 使用 RBP 寄存器的正偏移量
37. 在栈上为调用方在 RCX、RDX、R8 和 R9 寄存器中传递的参数保留的存储空间
38. 32 字节
39. 32 字节
40. 32 字节

    注意：无论传递多少个参数（包括无参数），影子存储器都是相同的
41. parm1: RBP + 16; parm2: RBP + 24; parm3: RBP + 32; parm4: RBP + 40
42.

```
mov rax, parm4
mov al, [rax]
```

43. lclVar1: RBP − 1; lclVar2: RBP − 4（对齐到 2 字节边界）；lclVar3:RBP − 8; lclVar4: RBP − 16
44. 按引用传递
45. 应用程序二进制接口（Application binary interface）
46. 在 RAX 寄存器中
47. 作为参数传递的过程的地址
48. 间接调用。通常使用 call parm 指令，其中 parm 是过程参数，一个包含过程地址的 qword 变量。还可以将参数值加载到 64 位寄存器中，并通过该寄存器间接调用该过程
49. 分配本地存储空间来保存寄存器值，以便在进入过程时保留寄存器数据，并将其移动到该存储空间中，然后在过程返回之前将数据移回到寄存器中

B.6　第 6 章自测题参考答案

1. AL 用于 8 位操作数，AX 用于 16 位操作数，EAX 用于 32 位操作数，RAX 用于 64 位操作数
2. 8 位 mul 运算：16 位；16 位 mul 运算：32 位；32 位 mul 运算：64 位；64 位 mul 运算符：128 位。对于 8 × 8 的乘法，CPU 将乘法结果放置在 AX 中；对于 16 × 16 的乘法，CPU 将乘法结果放置在 DX:AX 中；对于 32 × 32 的乘法，CPU 将乘法结果放置在 EDX:EAX 中；对于 64 × 64 的乘法，CPU 将乘法结果放置在 RDX:RAX 中
3. 商位于 AL、AX、EAX 或 RAX 中，余数位于 AH、DX、EDX 或 RDX 中

4. 将 AX 符号扩展到 DX
5. 将 EAX 零扩展到 EDX
6. 除以 0 并产生一个不会进入累加器寄存器的商（AL、AX、EAX 或 RAX）
7. 通过设置进位标志位和溢出标志位
8. 它们会搅乱标志位；也就是说，使标志位处于未定义的状态
9. 扩展精度 imul 指令产生 $2 \times n$ 位的结果，使用隐含操作数（AL、AX、EAX 和 RAX），并修改 AH、DX、EDX 和 RDX 寄存器。此外，扩展精度 imul 指令不允许常量操作数，而通用 imul 指令则允许常量操作数
10. cbw、cwd、cdq 和 cqo
11. 它们会搅乱所有的标志位，使标志位处于未定义的状态
12. 如果两个操作数相等，则设置零标志位
13. 如果第一个操作数小于第二个操作数，则设置进位标志位
14. 如果第一个操作数小于第二个操作数，则符号标志位和溢出标志位是不同的；如果第一个操作数大于或等于第二个操作数，则它们是相同的
15. 8 位寄存器或内存位置
16. 如果条件为真，则将操作数设置为 1；如果条件不为真，则将操作数设置为 false
17. test 指令与 and 指令相同，只是 test 指令不将结果存储到目标（第一个）操作数；该指令仅仅设置了标志位
18. 它们以相同的方式设置条件标志位
19. 提供要测试的操作数作为第一个（目标）操作数，并在要测试的位位置提供包含单个 1 位的立即常数。测试指令之后，零标志位将包含所需位的状态
20. 以下是一些可能（而非唯一）的解决方案：

```
; x = x + y
mov eax, x
add eax, y
mov x, eax

; x = y - z
mov eax, y
sub eax, z
mov x, eax

; x = y * z
mov eax, y
imul eax, z
mov x, eax

; x = y + z * t
mov eax, z
imul eax, t
add eax, y
mov x, eax

; x = (y + z) * t
mov eax, y
add eax, z
imul eax, t
mov x, eax
```

```
; x = -((x*y)/z)
mov eax, x
imul y                  ; 注意：符号扩展到 EDX 中
idiv z
mov x, eax

; x = (y == z) && (t != 0)
mov eax, y
cmp eax, z
sete bl
cmp t, 0
setne bh
and bl, bh
movzx eax, bl           ; 因为 x 是一个 32 位的整数
mov x, eax
```

21. 以下是一些可能（而非唯一）的解决方案：

```
; x = x * 2
shl x, 1

; x = y * 5
mov eax, y
lea eax, [eax][eax*4]
mov x, eax

; 下面是另一种解决方案
mov eax, y
mov ebx, eax
shl eax, 2
add eax, ebx
mov x, eax

; x = y * 8
mov eax, y
shl eax, 3
mov x, eax
```

22.

```
; x = x /2
shr x, 1

; x = y / 8
mov ax, y
shr ax, 3
mov x, ax

; x = z / 10
movzx eax, z
imul eax, 6554 ; 或者 6553
shr eax, 16
mov x, ax
```

23.

```
; x = x + y
fld x
fld y
faddp
fstp x
```

```
; x = y - z
fld y
fld z
fsubp
fstp x

; x = y * z
fld y
fld z
fmulp
fstp x

; x = y + z * t
fld y
fld z
fld t
fmulp
faddp
fstp x

; x = (y + z) * t
fld y
fld z
faddp
fld t
fmulp
fstp x

; x = -((x * y)/z)
fld x
fld y
fmulp
fld z
fdivp
fchs
fstp x
```

24.

```
; x = x + y
movss xmm0, x
addss xmm0, y
movss x, xmm0

; x = y - z
movss xmm0, y
subss xmm0, z
movss x, xmm0

; x = y * z
movss xmm0, y
mulss xmm0, z
movss x, xmm0

; x = y + z * t
movss xmm0, z
mulss xmm0, t
addss xmm0, y
movss x, xmm0
```

25.

```
; b = x < y
```

```
fld y
fld x
fcomip st(0), st(1)
setb b
fstp st(0)

; b = x >= y && x < z
fld y
fld x
fcomip st(0), st(1)
setae bl
fstp st(0)
fld z
fld x
fcomip st(0), st(1)
setb bh
fstp st(0)
and bl, bh
mov b, bl
```

B.7　第 7 章自测题参考答案

1. 使用 lea 指令或 offset 运算符
2. option noscoped
3. option scoped
4. jmp reg64 和 jmp mem64
5. 在变量中或通过程序计数器保存历史信息的一段代码
6. 如果跳转助记符的第二个字母是 n，则删除 n；否则，插入一个 n 作为第二个字符
7. jpo 和 jpe

    注意：从技术上讲，jcxz、jecxz 和 jrcxz 指令也是例外
8. 一种短代码序列，用于将跳转或调用指令的范围扩展到 ±2GB 范围之外
9. cmovcc reg, src，其中 cc 是条件后缀之一（位于条件跳转之后），reg 是 16、32 或 64 位寄存器，src 是与 reg 大小相同的源寄存器或内存位置
10. 通过使用条件跳转，可以有条件地执行大量不同类型的指令，而无需承担控制传输的时间代价
11. 目标必须是寄存器，不允许使用 8 位寄存器
12. 表达式的完整布尔求值对表达式的所有部分进行求值，即使从逻辑上讲不需要这样做；一旦确定表达式必须为真或假，短路计算就会停止
13.

```
if(x == y || z > t)
{
        执行某些操作
}
        mov eax, x
        cmp eax, y
        sete bl
        mov eax, z
        cmp eax, t
        seta bh
        or bl, bh
        jz skipIF
```

```
        “执行某些操作”语句的代码
skipIF:

if(x != y && z < t)
{
        THEN 语句
}
Else
{
        ELSE 语句
}
        mov eax, x
        cmp eax, y
        setne bl
        mov eax, z
        cmp eax, t
        setb bh
        and bl, bh
        jz doElse
        THEN 语句的代码
        jmp endOfIF

doElse:
        ELSE 语句的代码
endOfIF:
```

14.

```
第 1 个 IF 语句:
    mov ax, x
    cmp ax, y
    jeq doBlock
    mov eax, z
    cmp eax, t
    jnl skipIF
doBlock:        “执行某些操作”语句的代码
skipIF:

第 2 个 IF 语句:
    mov eax, x
    cmp eax, y
    je doElse
    mov eax, z
    cmp eax, t
    jnl doElse
    THEN 语句的代码
    jmp endOfIF

doElse:
    ELSE 语句的代码
endOfIF:
```

15.

```
switch(s)
{
    case 0: case 0 code break;
    case 1: case 1 code break;
    case 2: case 2 code break;
    case 3: case 3 code break;
}
```

```
    mov eax, s          ; 零扩展!
    cmp eax, 3
    ja skipSwitch
    lea rbx, jmpTbl
    jmp [rbx][rax * 8]
jmpTbl qword case0, case1, case2, case3

case0: case 0 code
    jmp skipSwitch

case1: case 1 code
    jmp skipSwitch

case2: case 2 code
    jmp skipSwitch

case3: case 3 code

skipSwitch:

switch(t)
{
    case 2: case 0 code break;
    case 4: case 4 code break;
    case 5: case 5 code break;
    case 6: case 6 code break;
    default: default code
}

    mov eax, t ; 零扩展!
    cmp eax, 2
    jb swDefault
    cmp eax, 6
    ja swDefault
    lea rbx, jmpTbl
    jmp [rbx][rax * 8 - 2 * 8]
jmpTbl qword case2, swDefault, case4, case5, case6

swDefault: default code
    jmp endSwitch

case2: case 2 code
    jmp endSwitch

case4: case 4 code
    jmp endSwitch

case5: case 5 code
    jmp endSwitch

case6: case 6 code

endSwitch:

switch(u)
{
    case 10: case 10 code break;
    case 11: case 11 code break;
    case 12: case 12 code break;
    case 25: case 25 code break;
    case 26: case 26 code break;
```

```
    case 27: case 27 code break;
    default: default code
}

    lea rbx, jmpTbl1            ; 假设 cases 10-12
    mov eax, u                  ; 零扩展!
    cmp eax, 10
    jb swDefault
    cmp eax, 12
    jbe sw1
    cmp eax, 25
    jb swDefault
    cmp eax, 27
    ja swDefault
    lea rbx, jmpTbl2
    jmp [rbx][rax * 8 - 25 * 8]
sw1: jmp [rbx][rax*8-2*8]
jmpTbl1 qword case10, case11, case12
jmpTbl2 qword case25, case26, case27

swDefault: default code
    jmp endSwitch

case10: case 10 code
    jmp endSwitch

case11: case 11 code
    jmp endSwitch

case12: case 12 code
    jmp endSwitch

case25: case 25 code
    jmp endSwitch

case26: case 26 code
    jmp endSwitch

case27: case 27 code

endSwitch:
```

16.

```
while(i < j)
{
    循环体的代码
}

whlLp:
    mov eax, i
    cmp eax, j
    jnl endWhl
    循环体的代码
jmp whlLp
endWhl:

while(i < j && k != 0)
{
    循环体的代码, 第 1 部分
    if(m == 5) continue;
```

```
    循环体的代码，第 2 部分
    if(n < 6) break;
    循环体的代码，第 3 部分
}

; 假设使用短路求值:
whlLp:
    mov eax, i
    cmp eax, j
    jnl endWhl
    mov eax, k
    cmp eax, 0
    je endWhl
    循环体的代码，第 1 部分
    cmp m, 5
    je whlLp
    循环体的代码，第 2 部分
    cmp n, 6
    jl endWhl
    循环体的代码，第 3 部分
    jmp whlLp
endWhl:

do
{
    循环体的代码
} while(i != j);

doLp:
    循环体的代码
    mov eax, i
    cmp eax, j
    jne doLp

do
{
    循环体的代码，第 1 部分
    if(m != 5) continue;
    循环体的代码，第 2 部分
    if(n == 6) break;
    循环体的代码，第 3 部分
} while(i < j && k > j);

doLp:
    循环体的代码，第 1 部分
    cmp m, 5
    jne doCont
    循环体的代码，第 2 部分
    cmp n, 6
    je doExit
    循环体的代码，第 3 部分
doCont: mov eax, i
    cmp eax, j
    jnl doExit
    mov eax, k
    cmp eax, j
    jg doLp
doExit:

for(int i = 0; i < 10; ++i)
{
```

```
    循环体的代码
}

    mov i, 0
forLp: cmp i, 10
     jnl forDone
    循环体的代码
    inc i
    jmp forLp
forDone:
```

B.8　第 8 章自测题参考答案

1. 计算 x = y + z 的代码如下所示：

a.

```
mov rax, qword ptr y
add rax, qword ptr z
mov qword ptr x, rax
mov rax, qword ptr y[8]
adc rax, qword ptr z[8]
mov qword ptr x[8], rax
```

b.

```
mov rax, qword ptr y
add rax, qword ptr z
mov qword ptr x, rax
mov eax, dword ptr z[8]
adc eax, qword ptr y[8]
mov dword ptr x[8], eax
```

c.

```
mov eax, dword ptr y
add eax, dword ptr z
mov dword ptr x, eax
mov ax, word ptr z[4]
adc ax, word ptr y[4]
mov word ptr x[4], ax
```

2. 计算 x = y - z 的代码如下所示：

a.

```
mov rax, qword ptr y
sub rax, qword ptr z
mov qword ptr x, rax
mov rax, qword ptr y[8]
sbb rax, qword ptr z[8]
mov qword ptr x[8], rax
mov rax, qword ptr y[16]
sbb rax, qword ptr z[16]
mov qword ptr x[16], rax
```

b.

```
mov rax, qword ptr y
sub rax, qword ptr z
mov qword ptr x, rax
```

```
mov eax, dword ptr y[8]
sbb eax, dword ptr z[8]
mov dword ptr x[8], eax
```

3.

```
mov rax, qword ptr y
mul qword ptr z
mov qword ptr x, rax
mov rbx, rdx

mov rax, qword ptr y
mul qword ptr z[8]
add rax, rbx
adc rdx, 0
mov qword ptr x[8], rax
mov rbx, rdx

mov rax, qword ptr y[8]
mul qword ptr z
add x[8], rax
adc rbx, rdx

mov rax, qword ptr y[8]
mul qword ptr z[8]
add rax, rbx
mov qword ptr x[16], rax
adc rdx, 0
mov qword ptr x[24], rdx
```

4.

```
mov rax, qword ptr y[8]
cqo
idiv qword ptr z
mov qword ptr x[8], rax
mov rax, qword ptr y
idiv qword ptr z
mov qword ptr x, rax
```

5. 转换代码如下所示：

a.

```
; 注意：对于“==”比较，比较顺序（无论高阶还是低阶）无关

    mov rax, qword ptr x[8]
    cmp rax, qword ptr y[8]
    jne skipElse
    mov rax, qword ptr x
    cmp rax, qword ptr y
    jne skipElse
    then 代码
skipElse:
```

b.

```
    mov rax, qword ptr x[8]
    cmp rax, qword ptr y[8]
    jnb skipElse
    mov rax, qword ptr x
    cmp rax, qword ptr y
```

```
    jnb skipElse
    then 代码
skipElse:
```

c.

```
    mov rax, qword ptr x[8]
    cmp rax, qword ptr y[8]
    jna skipElse
    mov rax, qword ptr x
    cmp rax, qword ptr y
    jna skipElse
    then 代码
skipElse:
```

d.

```
; 注意：对于“!=”比较，比较顺序（无论高阶还是低阶）无关

    mov rax, qword ptr x[8]
    cmp rax, qword ptr y[8]
    jne doElse
    mov rax, qword ptr x
    cmp rax, qword ptr y
    je skipElse
doElse:
    then 代码
skipElse:
```

6. 转换代码如下所示：

a.

```
; 注意：对于“==”比较，比较顺序（无论高阶还是低阶）无关

    mov eax, dword ptr x[8]
    cmp eax, dword ptr y[8]
    jne skipElse
    mov rax, qword ptr x
    cmp rax, qword ptr y
    jne skipElse
    then 代码
skipElse:
```

b.

```
    mov eax, dword ptr x[8]
    cmp eax, dword ptr y[8]
    jnb skipElse
    mov rax, qword ptr x
    cmp rax, qword ptr y
    jnb skipElse
    then 代码
skipElse:
```

c.

```
    mov eax, dword ptr x[8]
    cmp eax, dword ptr y[8]
    jna skipElse
    mov rax, qword ptr x
    cmp rax, qword ptr y
```

```
    jna skipElse
    then 代码
skipElse:
```

7. 转换代码如下所示：

a.

```
neg qword ptr x[8]
neg qword ptr x
sbb qword ptr x[8], 0

xor rax, rax
xor rdx, rdx
sub rax, qword ptr x
sbb rdx, qword ptr x[8]
mov qword ptr x, rax
mov qword ptr x[8], rdx
```

b.

```
mov rax, qword ptr y
mov rdx, qword ptr y[8]
neg rdx
neg rax
sbb rdx, 0
mov qword ptr x, rax
mov qword ptr x[8], rdx
xor rdx, rdx
xor rax, rax
sub rax, qword ptr y
sbb rdx, qword ptr y[8]
mov qword ptr x, rax
mov qword ptr x[8], rdx
```

8. 转换代码如下所示：

a.

```
mov rax, qword ptr y
and rax, qword ptr z
mov qword ptr x, rax
mov rax, qword ptr y[8]
and rax, qword ptr z[8]
mov qword ptr x[8], rax
```

b.

```
mov rax, qword ptr y
or rax, qword ptr z
mov qword ptr x, rax
mov rax, qword ptr y[8]
or rax, qword ptr z[8]
mov qword ptr x[8], rax
```

c.

```
mov rax, qword ptr y
xor rax, qword ptr z
mov qword ptr x, rax
mov rax, qword ptr y[8]
xor rax, qword ptr z[8]
```

```
mov qword ptr x[8], rax
```

d.

```
mov rax, qword ptr y
not rax
mov qword ptr x, rax
mov rax, qword ptr y[8]
not rax
mov qword ptr x[8], rax
```

e.

```
mov rax, qword ptr y
shl rax, 1
mov qword ptr x, rax
mov rax, qword ptr y[8]
rcl rax, 1
mov qword ptr x[8], rax
```

f.

```
mov rax, qword ptr y[8]
shr rax, 1
mov qword ptr x[8], rax
mov rax, qword ptr y
rcr rax, 1
mov qword ptr x rax
```

9.

```
mov rax, qword ptr y[8]
sar rax, 1
mov qword ptr x[8], rax
mov rax, qword ptr y
rcr rax, 1
mov qword ptr x, rax
```

10.

```
rcl qword ptr x, 1
rcl qword ptr x[8], 1
```

11.

```
rcr qword ptr x[8], 1
rcr qword ptr x, 1
```

B.9　第 9 章自测题参考答案

1.

```
btoh        proc

            mov ah, al          ; 首先处理高阶半字节
            shr ah, 4           ; 将高阶半字节移位到低阶半字节
            or ah, '0'          ; 转换为字符
            cmp ah, '9' + 1     ; 位于范围 A ~ F 吗?
            jb AHisGood
```

```
; 将 3Ah ~ 3Fh 转换为 A ~ F。

          add ah, 7

; 此处处理低阶半字节。

AHisGood: and al, 0Fh          ; 去掉高阶半字节
          or al, '0'           ; 转换为字符
          cmp al, '9' + 1      ; 位于范围 A ~ F 吗?
          jb ALisGood

; 将 3Ah ~ 3Fh 转换为 A ~ F。
          add al, 7
ALisGood: ret
btoh      endp
```

2. 8
3. 调用 qToStr 两次：一次使用高阶 64 位，一次使用低阶 64 位。然后连接两个字符串
4. fbstp
5. 如果输入值为负数，则生成连字符（-），并对该值求反；然后调用无符号十进制转换函数。如果数字为 0 或正，只需调用无符号十进制转换函数
6.

```
; 输入:
; RAX：需要转换为字符串的数值。
; CL：minDigits（最小打印位置）。
; CH：填充字符。
; RDI：指向输出字符串的缓冲区指针。
```

7. 将产生所需的完整字符串；minDigits 参数指定最小字符串大小
8.

```
; 进入时:

; r10：需要转换的 Real10 值，通过 ST(0) 传递。

; fWidth：数值的字段宽度（请注意，这是一个精确的字段宽度，
; 而不是最小字段宽度）。通过 EAX（RAX）传递。

; decimalpts：小数点后显示的位数。通过 EDX（RDX）传递。

; fill：如果数字小于指定的字段宽度，则填充字符。通过 CL（RCX）传递。

; buffer：r10ToStr 将结果字符存储在此字符串中。在 RDI 中传递地址。

; maxLength：最大字符串长度。通过 R8D（R8）传递。
```

9. 包含 fWidth 个字符的字符串
10.

```
; 进入时:
; e10：需要转换的 Real10 值，通过 ST(0) 传递。

; width：数值的字段宽度（请注意，这是一个精确的字段宽度，
; 而不是最小字段宽度）。通过 RAX（低 32 位）传递。

; fill：如果数字小于指定的字段宽度，则填充字符。通过 RCX 传递。
```

```
; buffer：e10ToStr 将结果字符存储在此字符串中（通过 EDI 传递地址，低阶 32 位）。

; expDigs：指数位数（2 表示 real4，3 表示 real8，4 表示 real10）。
; 通过 RDX（低阶 8 位）传递。
```

11. 将一个字符序列与其他类似序列分开的字符，如数字字符串的开头或结尾
12. 输入中的非法字符和转换过程中的数值溢出

B.10 第 10 章自测题参考答案

1. 所有可能的输入（参数）值的集合
2. 所有可能的函数输出（返回）值的集合
3. 计算 AL = [RBX + AL × 1]
4. 字节值：域是 0 ～ 255 范围内所有整数的集合，范围也是 0 ～ 255 范围内所有整数的集合
5. 实现这些功能的代码如下：

a.

```
lea rbx, f
mov al, input
xlat
```

b.

```
lea rbx, f
movzx rax, input
mov ax, [rbx][rax * 2]
```

c.

```
lea rbx, f
movzx rax, input
mov al, [rbx][rax * 1]
```

d.

```
lea rbx, f
movzx rax, input
mov ax, [rbx][rax * 2]
```

6. 修改超出特定范围的输入值，使其位于函数的输入域内
7. 主内存非常慢，因此计算值可能比通过表查找要快

B.11 第 11 章自测题参考答案

1. 使用 cpuid 指令
2. 因为英特尔和 AMD 具有不同的功能集
3. EAX = 1
4. ECX 的第 20 位
5. (a) _TEXT、(b) _DATA、(c) _BSS、(d) CONST
6. PARA 或者 16 字节
7.

```
data segment align(64) 'DATA'
        .
```

```
        .
        .
    data ends
```

8. AVX/AVX2/AVX-256/AVX-512
9. SIMD 寄存器中的数据类型；通常为 1、2、4 或 8 字节的大小
10. 标量指令对单个数据进行操作；矢量指令同时对两个或多个数据进行操作
11. 16 字节
12. 32 字节
13. 64 字节
14. movd
15. movq
16. movaps、movapd 和 movdqa
17. movups、movupd 和 movdqu

    注意：lddqu 也有效。
18. movhps 或 movhpd
19. movddup
20. pshufb
21. pshufd，虽然 pshufb 也有效
22. (v)pextrb、(v)pextrw、(v)pextrd 或 (v)pextrq
23. (v)pinsrb、(v)pinsrw、(v)pinsrd 或 (v)pinsrq
24. 它将第二个操作数中的位取反，然后将这些取反后的位与第一个（目标）操作数进行逻辑与（AND）运算
25. pslldq
26. pslrdq
27. psllq
28. pslrq
29. 高阶位的进位被丢弃。
30. 在垂直加法中，CPU 对两个独立 XMM 寄存器的同一通道中的值求和；在水平加法中，CPU 对同一 XMM 寄存器的相邻通道中的值求和
31. 在目标 XMM 寄存器中，通过在目标 XMM 寄存器的相应通道中存储 0FFh（0 表示假）
32. 交换 pcmpgtq 指令的操作数
33. 它将 XMM 寄存器中每个字节的高阶位复制到通用 16 位寄存器的相应位位置；例如，通道 0 的第 7 位复制到第 0 位
34. (a) SSE 上为 4、AVX2 上为 8、(b) SSE 上为 2、AVX2 上为 4 个
35. and rax, -16
36. pxor xmm0, xmm0
37. pcmpeqb xmm1, xmm1
38. include

B.12　第 12 章自测题参考答案

1. and/andn

2. btr
3. or
4. bts
5. xor
6. btc
7. test/and
8. bt
9. pext
10. pdep
11. bextr
12. bsf
13. bsr
14. 反转寄存器并使用 bsf
15. 反转寄存器并使用 bsr
16. popcnt

B.13　第 13 章自测题参考答案

1. 编译时语言
2. 在汇编和编译过程中
3. echo（或 %out）
4. .err
5. = 伪指令
6. !
7. 使用表示编译时表达式值的文本替换表达式
8. 使用文本的扩展替换文本符号
9. 在汇编时连接两个或多个文本字符串，并将结果存储到文本符号中
10. 在 MASM 文本对象中的较大字符串中搜索子字符串，并将子字符串的索引返回到该对象中；如果子字符串未出现在较大的字符串中，则返回 0
11. 返回 MASM 文本字符串的长度
12. 从较大的 MASM 文本字符串返回一个子字符串
13. if、elseif、else 和 endif
14. while、for、forc 和 endm
15. forc
16. macro、endm
17. 指定需要进行文本展开的宏的名称
18. 作为宏指令的操作数
19. 在宏操作数字段中的参数名称后指定“:req”
20. 默认情况下，如果宏参数没有“:req”后缀，则宏参数是可选的
21. 在最后一个宏参数声明后使用 :vararg 后缀
22. 使用条件汇编指令，例如 ifb 或 ifnb，查看实际宏参数是否为空
23. 使用 local 伪指令

24. exitm
25. 使用 exitm <text>
26. opattr

B.14 第 14 章自测题参考答案

1. Bytes、words、dwords 和 qwords
2. movs、cmps、scas、stos 和 lods
3. Bytes 和 words
4. RSI、RDI 和 RCX
5. RSI 和 RDI
6. RCX、RSI 和 AL
7. RDI 和 EAX
8. Dir = 0
9. Dir = 1
10. 清除方向标志位；或者，保留其值
11. 清除
12. movs 和 stos
13. 当源数据块和目标数据块重叠时，源地址从比目标数据块低的内存地址开始
14. 这是默认条件；当源数据块和目标数据块重叠，并且源地址从比目标数据块更高的内存地址开始时，还可以清除方向标志位
15. 源数据块的部分可以在目标数据块中复制
16. repe
17. 方向标志位应该为 0
18. 否，当使用重复前缀时，串指令在串操作之前测试 RCX
19. scasb
20. stos
21. lods 和 stos
22. lods
23. 验证 CPU 是否支持 SSE 4.2 指令集
24. pcmpistri 和 pcmpistrm
25. pcmpestri 和 pcmpestrm
26. RAX 保存 src1 长度，RDX 保存 src2 长度
27. 任意比较或范围比较
28. 逐个比较
29. 顺序比较
30. pcmpXstrY 指令总是读取 16 字节的内存，即使字符串比这短，因此当读取字符串末尾以外的数据时，可能会出现 MMU 页面错误

B.15 第 15 章自测题参考答案

1. ifndef 和 endif
2. 源文件及其包含或间接包含的任何文件的集合

3. public
4. extern 和 externdef
5. externdef
6. abs
7. proc
8. nmake.exe
9. 以下形式的多个块：

```
target: dependencies
    commands
```

10. 依赖文件是当前文件正常运行所依赖的文件；在编译和链接当前文件之前，必须先更新和构建依赖文件
11. 删除旧对象和可执行文件，并删除其他垃圾内容
12. 对象文件的集合

B.16　第 16 章自测题参考答案

1. /subsystem:console
2. https://www.masm32.com/
3. 这会降低汇编过程的速度
4. /entry:procedure_name
5. MessageBox
6. 围绕函数调用并更改调用函数方式（例如，参数顺序和位置）的代码
7. __imp_CreateFileA
8. __imp_GetLastError

推荐阅读

汇编语言：基于x86处理器（原书第8版）

作者：Kip R. Irvine 译者：吴为民 ISBN：978-7-111-69043-6 定价：149.00元

本书全面细致地讲解汇编语言程序设计的各个方面，不仅是汇编语言本科课程的经典教材，还可作为计算机系统和体系结构的入门教材。本书专门为32位和64位Intel/Windows平台编写，用通俗易懂的语言描述学生需要掌握的核心概念，首要目标是教授学生编写并调试机器级程序，并帮助他们自然过渡到后续关于计算机体系结构和操作系统的高级课程。

现代x86汇编语言程序设计（原书第2版）

作者：Daniel Kusswurm 译者：江红 等 ISBN：978-7-111-68608-8 定价：129.00元

本书由上一版的x86-32全面更新至x86-64，主要面向软件开发人员，旨在通过实用的案例帮助读者快速理解x86-64汇编语言程序设计的概念，使用x86-64汇编语言以及AVX、AVX2和AVX-512指令集编写性能增强函数和算法，并利用不同的编程策略和技巧实现性能的最大化。书中包含大量可免费下载的源代码，便于读者实践。